DAS WELTALL

Die Entstehung des Universums
und des Sonnensystems,
der Sterne und Galaxien

VERLEGT BEI
KAISER

Schutzumschlagvorderseite:
Links: Voyager trifft Neptun. Diese Aufnahme von Neptun wurde von Voyager 2 am 22. 6. 1989 aus einer Entfernung von 92,2 Millionen Kilometern gemacht.
Die UV-Filter, Skylight und Orange Filter der Narrow-Angle Kamera wurden für diese Fotos verwendet.
Das obere Foto von Neptun ist so aufgenommen, wie ihn das menschliche Auge aus dieser Entfernung gesehen hätte.
Das untere Motiv zeigt die Details etwas deutlicher.
Rechts oben: Saturn, der Planet mit den Ringen.
Rechts unten: Eine der spektakulärsten Sonneneruptionen, aufgenommen im Dezember 1973 von Skylab. Die Erscheinung erstreckt sich über mehr als 588.000 km.

Einzig berechtigte Übertragung aus dem Italienischen Mag. Veronika Corsini-Neipp

ISBN 3-7043-6022-8
Dieses Buch stammt aus dem Material der „Großen Fabbri-Enzyklopädie der Natur"
Originaltitel: Grande Enciclopedia Fabbri della Natura

Einband: Volkmar Reiter unter Verwendung eines Fotos der United States Information Agency, Wien
Reproduktion: Schlick KG, Graz
Satz und Druck: DAREB DRUCK St. Veit
Bindearbeit: Kaiser Klagenfurt

Bildnachweis

FOTOGRAFISCHE QUELLEN

California Institute of Technology and the Carnegie Institution of Washington – Reproduced by Permission from the Hale Observatories: Seiten 11, 15, 19 (oben), 21, 27, 29
Foto Celestron, mit freundlicher Genehmigung der Prodotti Gianni: Seite 37
Journal of Geophysical Research Vol. 828, n° 28 – September 1977, Seite 4251: Seite 68
Kitt Peak National Observatory and the Cerro Tololo Inter-American Observatory, Copyrighted by the Association of University for Research in Astronomy, Incorporated: Seite 19 (unten links)
NASA: Seiten 24 (oben), 28 (unten), 33, 35, 36, 37 (unten), 39, 42, 43, 44, 45, 48, 49, 50, 51, 55, 56, 57, 58, 59, 60, 61, 64, 65, 66, 67, 68, 69, 70, 71, 75 (unten links), 76, 77, 80 (unten rechts), 81 (links), 82, 83, 84, 85, 87, 88, 89, 92, 93, 96, 97, 98, 99, 100, 101
Grazia Neri: Seite 23
United States Geological Survey: Seite 56 (in der Mitte) mit freundlicher Genehmigung der Zeitschrift Astronomia – Mailand: Seiten 19, 42, 43, 49, 50, 54, 88, 89
American Science & Engineering and NASA: Seite 146 (unten)
Cesare Baroni – Mailand: Seiten 108, 123 (Mitte), 126 (Venus: Foto I und II, Mars: Foto I und II, Jupiter: Foto I und II, Saturn: Foto I, II, III, Uranus: Foto II und III), 129 (oben rechts), 130 (oben), 131 (oben), 154, 164, 165, 172, 173 (oben), 176, 177 (oben), 181 (oben), 192, 192 (oben und in der Mitte), 196 (unten), 212, 214, 224, 236, 246
California Institute of Technology and the Carnegie Institution of Washington – Reproduced by Permission from the Hale Observatories: Seiten 103, 104, 105, 109 (links), 128 (unten rechts), 130 (unten links), 131 (unten links), 132, 134 (oben), 142 (rechts und oben links), 143 (links), 173 (unten), 177 (unten), 178 (oben), 179, 181 (unten), 187, 189, 194, 200, 208, 215, 218, 230, 232, 233, 238, 239, 241 (in der Mitte)
Foto Celestron, mit freundlicher Genehmigung der Prodotti Gianni: Seiten 126 (Venus: Foto III, Mars: Foto III, Jupiter: Foto III, 174 (oben links), 175 (oben links), 196 (oben)
Kitt Peak National Observatory and the Cerro Tololo Inter-American Observatory, Copyrighted by the Association of Universities for Research in Astronomy, Incorporated: Seiten 178 (unten), 188, 193, 195, 197, 198, 207, 217 (oben), 225, 228, 234, 242, 243
Lick Observatory: Seiten 131 (in der Mitte und unten rechts), 175 (oben rechts), 218 (oben und in der Mitte)
Naturhistorisches Museum, Mailand: Seiten 138 (unten), 139
NASA: Seiten 104, 105, 109 (in der Mitte), 122, 123, 125 (oben), 126 (Merkur: Foto V, Uranus: Foto II), 129 (unten in der Mitte, unten links, in der Mitte rechts, in der Mitte, oben rechts), 132, 134 (in der Mitte), 136 (unten), 144 (unten rechts), 146
Grazia Neri: Seite 140
Jack Novak/Grazia Neri: Seiten 144 (oben), 146 (oben)
Osservatorio astrofisico di Arcetri (Florenz): Seiten 142 (unten links), 143 (rechts)
Ostuni: Seite 145 (Fotoserie in der Mitte)
Mit freundlicher Genehmigung der IBM vom Hubble Atlas of Galaxies, Allan Saudage, Carnegie Institution, Washington: Seite 241 (unten)
Mit freundlicher Genehmigung des Reise und Verkehrs-Verlags: Seite 127
Sacramento Peak Observatory – Association of Universities for Research in Astronomy, INC: Seiten 144 (unten links), 167 SEF, Turin: Seite 138 (oben)
Smithsonian Institution – Astrophysic Observatory: Seite 136 (links)
Sprone Observatory – USA: Seite 210
Romano Vada/Fabbri: Seite 129 (oben links)
Silvio Valbusa: Seite 201
Yerkes Observatory Photograph: Seiten 130 (unten rechts), 131 (unten rechts), 136 (oben rechts), 174 (oben rechts), 190, 191, 199, 238, 239

ILLUSTRATOREN

Diagram Visual Information Limited: Seiten 28, 33, 46, 47, 50, 56, 57, 62, 63, 68, 69, 78, 79, 88, 89, 94, 95
Piergiorgio Sirtori: Seiten 29, 30, 31, 32, 34, 35, 36, 38, 40, 41, 42, 43, 44 (oben), 45, 48, 49, 53, 54, 59, 60, 61, 64, 65, 66, 67, 90 (oben rechts), 91, (oben), 96 (oben links)
Kartographisches Büro des Verlags Fabbri Editori: Seiten 73, 74, 76, 80, 81, 85, 90 (oben links), 91 (unten rechts), 96 (unten links), 97 (rechts), 98 (unten links), 99, 100, 102
Diagram Visual Information Limited: Seiten 106–107
Alessandro Fedini: Seiten 159, 160, 161, 163,
Piergiorgio Sirtori: Seiten 108, 109, 110, 111, 117, 118, 119, 121 (oben), 123, 124, 128, 133, 134, 135, 137, 141 (links), 142, 144, 145, 146, 147, 148, 157, 158, 162 (oben), 166, 167, 168, 169, 170, 171, 175, 180, 181, 182, 183, 184, 185, 194, 202 (oben), 203 (oben rechts), 209, 210, 211, 213 (in der Mitte), 216, 220, 221, 223, 229, 230, 231, 233, 234, 235, 238, 240, 244
Kartographisches Büro des Verlags Fabbri Editori: Seiten 112, 113, 114, 115, 120, 121, 137, 149, 150, 151, 152, 153, 154, 155, 156, 157, 159 (oben), 162 (unten), 165, 172, 192, 196, 197, 199, 203, 205, 212, 213, 236

Inhaltsverzeichnis

Redaktion

Verlagsdirektion: **Giuliana Zuccoli Bellantoni**
Chefredaktion: **Gisella Dedionigi**
Redaktion: **Wanda Paiato**
Redaktionssekretariat: **Anna Guarise, Angela Tonani**
Korrektur und Aktualisierung von: **Mario Di Martino, Ettore Tibaldi, Bianca Venturi, Vincenzo Zappalà**

Textautoren

CARL SAGAN

Professor für Astronomie und Weltraum an der Cornell University, Ithaca, USA; Direktor der Abteilung für Sternforschung an derselben Universität und einer der Leiter der Mission Viking.

GIOVANNI GODOLI

Professor für Astronomie und Astrophysik, Lehrstuhl für Solarphysik an der Universität Florenz und Astronom beim Observatorium von Arcetri.

STEPHEN DWORNIK

Chef des Planetology Programm der NASA; er ist einer der Verantwortlichen für die Missionen der amerikanischen Raumsonden zu den Planeten des Sonnensystems.

CARLO MARINO

Vom Lehrstuhl für Erdphysik an der Universität Mailand, Mitarbeiter und Vertragsbediensteter der NASA für die Anwendung der von den Satelliten gesammelten Daten.

FRANCO POTENZA

Physiker, Vortragender beim Städtischen Planetarium der Gemeinde Mailand.

Vorwort

von CARL SAGAN
Cornell University
Ithaca, New York

Dieses Buch ist der Natur gewidmet. Lange Zeit hindurch hat der Mensch nur Tiere, Pflanzen, Berge, Wüsten, mit einem Wort die Gesamtheit der uns umgebenden Umwelt und Organismen, die unsere Erde bilden oder sie bevölkern, als Bestandteil der Natur betrachtet. Darüber erstreckte sich der Himmel mit all seinen Farben, seinen Wolken und den Myriaden weitentfernter leuchtender Punkte, die nach Sonnenuntergang auftauchen: der »Planet Himmel«, der »Himmelsplanet«. Der Umstand, daß diese Himmelsobjekte keiner gründlichen wissenschaftlichen Analyse unterzogen werden konnten, hatte zur Folge, daß sie und unser Planet als getrennte Bereiche betrachtet wurden: einerseits die Erde als Objekt der Naturwissenschaften und andererseits der Himmel als Objekt der Astronomie, einer Wissenschaft, die der Mathematik viel näher verwandt ist als irgendeiner anderen Naturwissenschaft.

In diesem Jahrhundert und vor allem in den letzten Jahren hat sich diese Situation grundlegend geändert. Die Weiterentwicklung der Forschungsmethoden und die Konstruktion neuer Instrumente haben unsere Sicht des Universums vollkommen umgestaltet; z. B. ermöglicht uns das Radioteleskop, Informationen aus den dunkelsten Tiefen des Universums, von in Raum und Zeit weitentlegenen Orten zu empfangen, und die interplanetarischen Sonden gestatten uns, die Oberflächen weitentfernter Planeten so zu betrachten wie die unserer Erde und können uns gleichzeitig unseren Planeten so zeigen, als würde es sich dabei um einen weitentfernten Planeten handeln. Diese neuen Forschungsmethoden und -instrumente haben uns die kosmischen Zusammenhänge unseres Planeten enthüllt. Sie haben uns gezeigt, daß die Natur sehr viel weiter reicht als bis zu den Grenzen der Erde, und daß es nicht möglich ist, unsere Erde wirklich zu begreifen, ohne sie als Bestandteil des sie umgebenden Alls zu betrachten.

Wir leben in einem winzigen peripheren Punkt eines riesigen, mit Sternen übersäten Universums: man kann davon ausgehen, daß sich – wie wir in der Folge auch sehen werden – im derzeit beobachtbaren Universum 100–200 Milliarden Sterne in der Größe der Sonne und noch größer befinden, und viele dieser Sterne sind wie auch unser Sonnensystem mit einem Geleit an Planeten umgeben. Obwohl die einzelnen Himmelskörper dieses sternenübersäten Universums sehr unterschiedlich sind, gibt es in all dieser Vielfalt eine Verbindung. Es ist eine Verbindung, die auf die Ursprünge zurückgeht, auf die weit zurückliegenden, die das ganze Universum einschließen, sowie auf die neueren, die eher spezifisch das Sonnensystem betreffen.

Wie wir später genauer sehen werden, liegt der Ursprung unseres Universums ca. 10–15 Milliarden Jahre zurück. Zu jener Zeit war die gesamte Materie, aus der sich heute die Galaxien, Sterne, Planeten, Mineralien, Wolken, Tiere, Bäume und selbst der Mensch zusammensetzen, in der Form subatomarer Teilchen konzentriert. Die Materie war als Energie in einer unvorstellbar dichten und heißen Kugel mit einem Radius von kaum einem Zehnmilliardstel des heutigen Universums geballt. Eine gewaltige Explosion hat sie in alle Richtungen geschleudert, und seit diesem Moment hat die Materie begonnen, sich für uns sichtbar zu entwickeln. Sie bildete Himmelskörper, in und aus denen die chemischen Elemente entstanden, welche die Bausteine unserer lebenden und nicht lebenden Welt darstellen. Vor ungefähr fünf Milliarden Jahren hat sich dann eine für uns riesige, aber für das Universum winzigkleine Wolke, die aus Staub, Gas und aus diesen Elementen zusammengesetzt war, verdichtet, woraus die Sonne mit den sie umkreisenden Planeten, darunter auch die Erde, entstand.

Unser Planet ist wahrscheinlich nur ein Exemplar der riesigen Anzahl anderer Planeten, die wie Sandkörner in der Milchstraße verstreut sind. Aus großer Entfernung betrachtet ähnelt die Erde wirklich einem Sandkorn, einem in der Dunkelheit des Alls von den Sonnenstrahlen hell erleuchteten Punkt. Je näher wir der Erde kommen, desto besser können wir ihre Kugelgestalt erkennen, und auch die weißen Wolken in ihrer Atmosphäre, die immer zumindest die Hälfte der Erdoberfläche vor unseren Blicken verbergen. Unter diesen Wolken werden die Kontinente wie unregelmäßige Flecken von bräunlicher Farbe sichtbar, die dem 24-Stunden-Rhythmus der Erdrotation folgend auf der einen Seite des Planeten auftauchen und auf der

Das »Buch« des Universums. Auf der Abbildung hier unten und in der darunterstehenden Tabelle haben wir einen Kalender mit den Ereignissen zusammengestellt, die seit der Entstehung des Universums bis heute stattgefunden haben. Gemäß den neuesten Schätzungen liegt der Ursprung des Universums etwa 15 Milliarden Jahre zurück, während die Erde als Planet vor ca. 4,6 Milliarden Jahren

Der Kosmische Kalender*

1. Jänner	entsteht das Universum
1. Mai	entsteht die Milchstraße
9. September	entsteht das Sonnensystem
14. September	bildet sich die Erde
25. September	erscheint das Leben auf der Erde
2. Oktober	die ältesten bekannten Felsen
9. Oktober	die ältesten bekannten Fossilien
12. November	die ältesten photosynthetischen Pflanzen
15. November	die ersten Kernzellen

IM LETZTEN MONAT

1. DEZEMBER	erhöht sich die in der Erdatmosphäre vorhandene Sauerstoffmenge
5.	große Vulkanausbrüche und Bildung der Kanäle auf Mars
16.	erscheinen die ersten Würmer
18.	erscheinen die ersten Organismen, die in der Lage sind, ein Gehäuse zu bilden
19.	erscheinen die ersten Wirbeltiere, die Fische
20. DEZEMBER	erscheinen die ersten Gefäßpflanzen auf den Kontinenten
21.	die ersten Insekten; die ersten Tiere wagen sich auf die Kontinente
22.	die ersten Amphibien und ersten geflügelten Insekten
23.	die ersten Bäume und die ersten Reptilien
26.	die ersten Säugetiere
27.	die ersten Vögel

entstand; seit 3,2 Milliarden Jahren gibt es Leben auf unserem Planeten, das sich zuerst unter Wasser entwickelte, bis sich vor etwa 400 Millionen Jahren die ersten Pflanzen und Tiere auf die Kontinente wagten. Unter den Wirbeltieren auf den Kontinenten dominierten zuerst die Amphibien und Kriechtiere, die erst vor 65 Millionen Jahren den Säugetieren Platz gemacht haben. Vor 3–4 Millionen Jahren tauchten die Hominiden auf, die in den letzten 50 000 Jahren das heutige Aussehen angenommen haben und erst in den letzten Tausenden oder Hunderten Jahren ihre Zivilisation entwickelten. Um die unermeßlich lange Zeit zu veranschaulichen, die die Natur benötigte, um sich bis zum heutigen Stand zu entwickeln, wurden zwei Darstellungsformen gewählt: auf der Abbildung ist die Zeit von der Entstehung bis heute in einem Buch zusammengefaßt, in dem jede Seite einer Milliarde Jahre gleichgesetzt wird; in der Tabelle wurde angenommen, daß die 15 Milliarden Jahre, die seit dem Ursprung bis heute vergangen sind, einem Jahr entsprechen.

Milliarden Jahre

AM LETZTEN TAG

28. DEZEMBER	verschwinden der Dinosaurier; erscheinen der ersten blühenden Pflanzen
29.	die Wale bevölkern den Ozean; erscheinen die Primaten
30.	erscheinen die ersten Hominiden

31. DEZEMBER, UM

22,30'	erste Menschen
23,00'	die ersten Menschen bearbeiten den Stein
23,46'	Benutzung des Feuers
23,56'	beginnt die letzte Eiszeit
23,58'	der Mensch erreicht Australien
23,59'20"	endet die Vergletscherung; der Mensch erfindet die Landwirtschaft und die Zähmung der Tiere
23,59'51"	die ersten Städte
23,59'52"	die Erfindung des Alphabets
23,59'53"	Bronzebearbeitung
23,59'54"	Eisenbearbeitung
23,59'56"	Christi Geburt
23,59'57"	Niedergang des Römischen Reichs
23,59'59"	Renaissance; in der Wissenschaft setzt sich die empirische Methode durch
erste Sekunde des neuen Jahres	heute

* Dem Kalender wurde die Annahme zugrundegelegt, daß seit der Entstehung des Universums bis heute ein Jahr vergangen sei.

anderen wieder verschwinden. Zwischen diesen Kontinenten befinden sich die dunkelblauen Ozeane, die mehr als zwei Drittel der Erdoberfläche bedecken.
Dies ist die derzeitige Umwelt auf unserem Planeten; sie ist gleichzeitig Ursache und Wirkung des Lebens. Denn das Leben auf unserer Erde, das vor ungefähr 3,2 Milliarden Jahren begonnen hat, ist tatsächlich als natürliche Folge der physikalischen und chemischen Bedingungen der damaligen Umwelt entstanden: die ultravioletten Strahlen der Sonne und die elektrischen Entladungen der Blitze trennten die an Wasser reichen Moleküle der ursprünglichen Atmosphäre und setzten sie wieder zusammen, um auf diese Weise die Grundelemente der Nukleinsäuren und Proteine, der Bausteine unseres Lebens, zu bilden.
Auch die weitere Entwicklung wurde grundlegend von den Umweltbedingungen beeinflußt, und zwar von den großen Masseverschiebungen der Kontinente, die sich abwechselnd vereint und wieder getrennt haben und damit z. B. bewirkten, daß sich die Fauna in Australien völlig von der Tierwelt der umliegenden Kontinente unterscheidet, oder auch von den Vulkanausbrüchen, die wiederholt riesige Mengen kleinster Teilchen in die Atmosphäre geschleudert haben und damit eine Abkühlung des Klimas herbeiführten. Aber auch wenn die Evolution des Lebens durch die Umweltbedingungen auf der Erde beeinflußt worden ist, so hat diese Entwicklung ihrerseits gleichzeitig die Natur und das Aussehen unseres Planeten umgestaltet. Das Leben hat unsere Atmosphäre tiefgreifend verändert, indem es diese mit jenem Prozentsatz an Sauerstoff versorgt hat, der heute die Existenz lebender Organismen außerhalb des Wassers ermöglicht; und dieser Sauerstoffanteil in der Atmosphäre ist auch für die Bildung des Ozonschildes verantwortlich, der einen Großteil der ultravioletten Strahlen der Sonne absorbiert und damit die Entwicklung des Lebens auf den Kontinenten zuläßt. Das Leben hat sogar die Geographie unseres Planeten verändert, wie z. B. die Korallenatolle und die großen Korallenbänke, und auch die Eingriffe des Menschen in die Natur haben die Landschaft der Erde umgeformt.
Unser Planet ist ein Wunder an Vielfalt: hier findet man Berggipfel und tiefe Schluchten, Strände und Wüsten, Flußtäler, Gletscher, Vulkankrater, tropische Regenwälder – und inmitten eines Gletscherkontinents wie der Antarktis trifft man sogar auf geheimnisvolle, vollkommen trockene Täler.
Und all dies auf der dünnsten Schicht unseres Planeten: auf einem felsigen, nur einige Kilometer dicken Belag, der eine Kugel mit einem Durchmesser von 12 000 km bedeckt, welche den wirklichen Erdkörper darstellt. Diese dünne Schicht ist die Bühne, auf der das Leben seinen ersten Auftritt hatte. Im Laufe von Milliarden Jahren, während sich das Leben immer weiterentwickelte, hat sich diese Bühne in Wechselbeziehung mit der biologischen Evolution laufend verändert. Das allgemeine Panorama unseres Planeten ist mehrmals zerstört und wieder neu aufgebaut worden, ganze Ozeane haben sich gebildet und sind wieder verschwunden, während sich die Kontinente einander angenähert und dann wieder auseinanderbewegt haben. In der Zwischenzeit entstanden in dieser veränderlichen Umwelt Millionen Lebensformen, und vergingen auch wieder, manchmal durch die geographischen Veränderungen begünstigt und dann wieder diesen und dem Konkurrenzkampf mit anderen Lebensformen ausgesetzt. Eine dieser Lebensformen ist der Mensch. Er ist in der Lage, seine Umwelt zu verstehen, er ist neugierig und hat die Fähigkeit zu experimentieren, zu manipulieren und zu kontrollieren. Mit Hilfe seiner technischen Möglichkeiten ist er deshalb imstande, die Umwelt zu verändern, das Klima zu beeinflussen, die Ausrottung vieler Lebewesen herbeizuführen; er ist sogar in der Lage, mittels der Atomwaffen jede Spur des Lebens auf diesem Planeten auszulöschen. Aber er verfügt auch über Intelligenz und Weisheit, sodaß er, wenn er will, mit all den anderen Lebewesen zusammenleben kann, die wie er aus einer Vergangenheit aufgetaucht sind, deren Wurzeln Milliarden Jahre zurückliegen, und die aus demselben Stoff gemacht sind, aus dem auch das übrige Universum entstanden ist.
Das Ziel dieses Buches ist es, die Gesamtheit und die Vielfalt der natürlichen Umwelt bewußt zu machen, die lebenden Organismen, Objekte und Phänomene zu beschreiben, die die Erde kennzeichnen, ohne jedoch weder die lange Entwicklungsgeschichte zu vergessen, durch die sie entstanden sind, noch die tiefen Verbindungen, die zwischen ihnen, den übrigen Planeten und schlußendlich mit dem Universum bestehen.

Der Ursprung

von GIOVANNI GODOLI

Eine Milliarde Galaxien, in jeder Galaxie 100–200 Milliarden Sterne, von denen viele mit ihrem Geleit an Planeten umgeben sind. Das ist alles, was wir von dieser Welt kennen. Wann und wo hat all dies begonnen? Existieren noch andere Planetensysteme? Das faszinierende Geheimnis der schwarzen und der weißen Löcher. Vom großen Urknall bis zur Geburt der Galaxien, Sterne und chemischen Elemente.

Die Protagonisten des Universums

Wie groß ist das Universum im Vergleich zu unserem Planeten, und wer sind seine Protagonisten? Die Antwort auf diese Fragen führt uns in eine Welt außergewöhnlicher Dimensionen. Diese Reise ins All wird auch eine Reise durch die Zeit sein: wenn wir am Himmel einen Stern oder eine Galaxie leuchten sehen, so liegt das daran, daß das von ihnen ausgesendete Licht unsere Augen erreicht hat; wenn wir sagen, daß ein Stern eine Million Lichtjahre entfernt ist, bedeutet dies, daß das Licht eine Million Jahre braucht, um diese Strecke zurückzulegen, und dies wiederum bedeutet, daß das Licht, welches wir heute sehen, vor einer Million Jahren seinen Ausgang genommen hat.
Wir sehen also diesen Himmelskörper so, wie er damals war, und erst in einer Million Jahren werden unsere Nachkommen ihn so sehen können wie er heute ist – falls er sich in der Zwischenzeit nicht bereits aufgelöst hat. Diese Reise durch Raum und Zeit wird uns erlauben, auch eine Antwort auf die grundlegende Frage »Wo und wann hat all dies begonnen?« zu wagen. Aber betrachten wir zuerst das Bild des Universums, das uns die Astronomie heute anbietet. Um dies zu erleichtern versuchen wir eine Karte zu zeichnen, auf der die Größen der Himmelskörper und die Entfernungen zwischen ihnen maßstabgetreu abgebildet sind. Die Erde kreist gemeinsam mit acht anderen Planeten, Merkur, Venus, Mars, Jupiter, Saturn, Uranus, Neptun und Pluto, und einer Unzahl an kleineren Körpern (Satelliten, Asteroiden, Kometen, Meteoriten) rund um die Sonne. Der durchschnittliche Radius der Erde beträgt 6371 km. Die Entfernungen zwischen den Planeten sind jedoch sehr viel größer. Wir zeichnen deshalb unsere Karte so, daß 1 cm auf unserer Karte 1 Milliarde cm (10000 km) in der Wirklichkeit entspricht (Maßstab 1:1 Milliarde).
Bei diesem Maßstab wäre die Erde nur ein kleines Scheibchen mit einem Durchmesser von 1 cm, während der Durchmesser des Merkurs, des kleinsten festen Planeten, 4 mm und der des Jupiters, des größten Planeten, 11 cm betragen würde. Der Durchmesser der größten Asteroiden wäre dann 0,8 mm.
Die Erde hat einen natürlichen Satelliten, Mars hat davon 2, Jupiter 16, Saturn 23, Uranus 15, Neptun 8 und Pluto 1, der erst kürzlich entdeckt wurde. Nach unserem Maßstab hätte einer der größten Satelliten (Ganymed, einer der Jupitersatelliten) einen Durchmesser von 4 mm, während der kleinste bekannte Satellit (Deimos, einer der Satelliten des Mars) einen Durchmesser von nur 0,005 mm hätte.
Die riesige, die Sonne bildende Gaskugel hätte nach unserem Maßstab einen Durchmesser von 109 cm; ihr Abstand von der Erde würde ungefähr 150 m betragen, während der weitestentfernte Planet Pluto 5 km von der Sonne entfernt wäre.
Die Sonne ist nur einer der vielen Sterne, mit denen das All übersät ist. Sie erscheint uns nur so anders als die anderen Sterne, da sie uns sehr viel näher ist. Der nach der Sonne nächstliegende Stern, Proxima Centauri, wäre nach unserem Maßstab 20000 km von der Sonne entfernt, was dem halben Kreisumfang des Äquators entspricht.
Offensichtlich ist also der Maßstab, den wir bisher verwendet haben, nicht geeignet, das Universum darzustellen. Versuchen wir deshalb den Maßstab noch 1 Million Mal zu verkleinern: das heißt, was wir jetzt auf der Karte 1 cm groß zeichnen, entspricht 1 Million Milliarden cm (10 Milliarden km). Auf diese Weise würde sich die Entfernung zwischen Erde und Sonne auf 0,1 mm reduzieren; die Entfernung zwischen der Sonne und dem äußeren Rand des Sonnensystems wäre nur mehr 0,5 cm, während jene zwischen Sonne und Proxima Centauri 20 m betragen würde.
Die Sterne sind nicht gleichmäßig im kosmischen Raum verteilt, sondern sie bilden Gruppen (die Galaxien), welche bis zu Hunderte Milliarden Objekte enthalten. Unsere Galaxie ist linsenförmig, und nach unserem Maßstab wäre der Durchmesser an ihrer breitesten Stelle 600 km und an ihrer engsten Stelle 100 km. Wir müssen deshalb unseren Maßstab noch einmal 1 Million Mal verkleinern: jetzt entspricht 1 cm auf unserer Karte 1 Million Millionen Milliarden cm (10 Millionen Milliarden km). Die Distanz zwischen Sonne und Proxima Centauri wäre dann als 0,02 mm dargestellt, während der Äquatordurchmesser der Galaxis ungefähr 60 cm und der Polardurchmesser ungefähr 10 cm betragen würde.
Die Galaxien sind voneinander weit weniger entfernt als die Sterne. Auf unserem Maßstab, auf dem die Galaxien einen durchschnittlichen Durchmesser von 1 mm hätten, würde die Distanz zwischen den Galaxien nur 10 bis 100 m betragen. Auch die Galaxien sind nicht gleichmäßig im All verstreut. Sie neigen dazu, Haufen zu bilden, die im Durchschnitt ungefähr 100 Galaxien beinhalten. Auf unserer Karte müßten wir den Durchmesser einer dieser Haufen mit ca. 1 km eintragen. Wenn wir abschließend unseren Maßstab ein letztes Mal verkleinern, beträgt der mittlere Durchmesser eines Galaxienhaufens 1 mm.
So weit, so gut – mit den heutigen Teleskopen können wir Objekte betrachten, die auf unserer Karte bei Anwendung des letztgenannten Maßstabes einige Dezimeter von unserer Galaxis entfernt sind: und damit sind wir an den Grenzen des uns bekannten Universums angelangt. Jetzt ist das ganze beobachtbare Universum in einer Karte von der Größe einiger Dezimeter enthalten, auf der ein Zentimeter einer Zentimeteranzahl von 1 plus 27 Nullen entspricht. Man nimmt an, daß in diesem Raum ungefähr 1 Milliarde Galaxien enthalten sind, und jede dieser Galaxien setzt sich aus 100–250 Milliarden Sternen zusammen: in den Tiefen der kosmischen Leere ist also eine Unmenge an Himmelskörpern verstreut.
Aber ist das All wirklich leer? Den Raum zwischen den Planeten – abgesehen von den kleineren Körpern (Asteroiden, Satelliten, Kometen und Meteoriten) – füllt der »interplanetarische Staub« aus, der sich aus Meteoriten in der Größe einiger Tausendstel Millimeter und einem Gasfluß zusammensetzt, der von der Sonnenkorona ausgestrahlt wird. Zwischen den Sternen befinden sich Wolken aus Staub und Gas, aus denen die Sterne entstanden sind.

Unsere Augen reichen nicht aus. Um die Protagonisten des Universums entdecken und beobachten zu können, reichen unsere Augen nicht aus. Auf der Abbildung nebenan ist ein Radioteleskop zu sehen, einer der wichtigsten Verbündeten, die in den letzten 30 Jahren die traditionelle optische Astronomie unterstützt haben. Es handelt sich hierbei um ein Radioteleskop, das sich in Jodrell Bank (England) befindet und das mit einer schwenkbaren trichterförmigen Antenne (Parabolantenne) mit einem Durchmesser von 76 m ausgestattet ist. Die Radiowellen, die aus dem All kommen, werden an der Oberfläche der Innenseite des Trichters aufgefangen, auf einen auf dem Hauptmast angebrachten Empfänger reflektiert und von dort aus zu den Aufnahme- und Analysegeräten weitergeleitet. Das größte verstellbare Radioteleskop befindet sich in Effelsberg (Ø 100 m) in der Nähe von Bonn; das größte, jedoch nicht schwenkbare befindet sich in Arecibo in Puerto Rico (Ø 305 m).

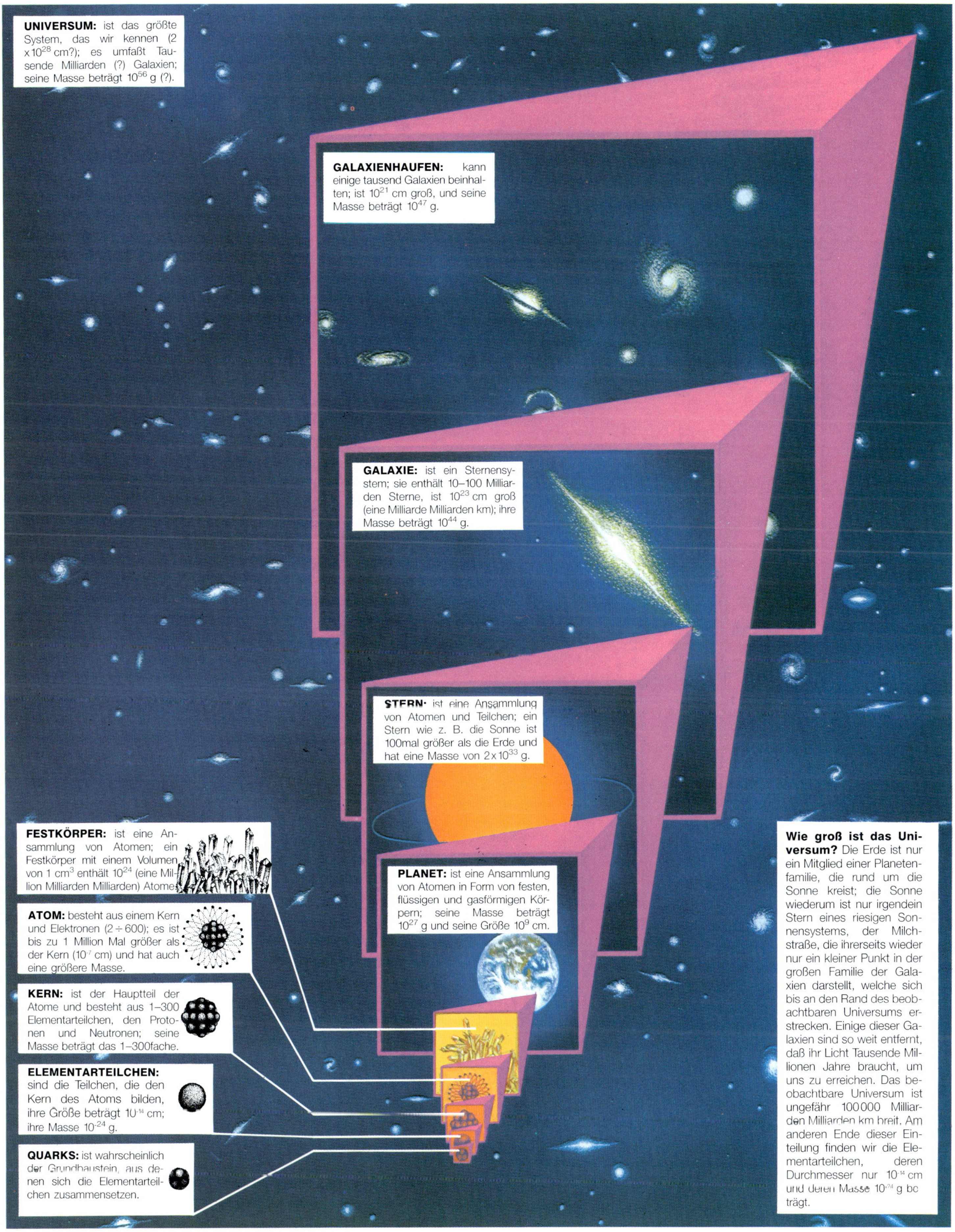

Wie groß ist das Universum? Die Erde ist nur ein Mitglied einer Planetenfamilie, die rund um die Sonne kreist; die Sonne wiederum ist nur irgendein Stern eines riesigen Sonnensystems, der Milchstraße, die ihrerseits wieder nur ein kleiner Punkt in der großen Familie der Galaxien darstellt, welche sich bis an den Rand des beobachtbaren Universums erstrecken. Einige dieser Galaxien sind so weit entfernt, daß ihr Licht Tausende Millionen Jahre braucht, um uns zu erreichen. Das beobachtbare Universum ist ungefähr 100 000 Milliarden Milliarden km breit. Am anderen Ende dieser Einteilung finden wir die Elementarteilchen, deren Durchmesser nur 10^{-14} cm und deren Masse 10^{-24} g beträgt.

Breitet sich das Universum aus?

Wie und wann hat das alles begonnen? Der Versuch, diese Frage zu beantworten, führt uns zu einer wichtigen Beobachtung, die Anfang der zwanziger Jahre gemacht wurde.
Jeder Körper mit hoher Temperatur strahlt eine gewisse Menge Energie in Form von Licht aus. Wenn man dieses Licht durch ein Prisma strahlen läßt, zerlegt es sich in seine Spektralfarben. Wenn es sich bei dem erhitzten Körper um einen festen, flüssigen oder gasförmigen Körper unter hohem Druck handelt, kann man beim Austritt aus dem Prisma ein kontinuierliches Band (das sogenannte »Spektralband«) erkennen, dessen Farbe von Rot über Orange, Gelb, Grün, Blau, Indigo und Violett reicht. Falls es sich jedoch um ein Gas mit geringem Druck handelt, das aus verschiedenen Elementen oder Verbindungen zusammengesetzt ist, zeigen sich einige voneinander getrennte Farbstreifen. Diese Streifen entstehen aufgrund der vorhandenen Elemente oder Verbindungen.
Am Beginn der zwanziger Jahre wurde jedoch entdeckt, daß einige Galaxien ein Spektrum aufwiesen, in dem sich zwar klar die schon bekannten Linien erkennen ließen, deren Position aber nicht der vorgesehenen Wellenlänge entsprach: alle diese Linien waren zum roten Teil des Spektrums hin verschoben, das heißt in Richtung der schoben), je schneller sich die Lichtquelle entfernt.
Das Verstehen dieses Effektes und die darauffolgende Anwendung dieser vom Doppler-Effekt verursachten Phänomene führten zu außerordentlichen Entdeckungen im Bereich der Astronomie. Gegen Ende der zwanziger Jahre hatte man bereits eine Sammlung der Spektren von ungefähr 50 Galaxien: abgesehen von seltensten Ausnahmen waren alle Linien in Richtung des roten Endes des Spektrums verschoben.
Wenn man die Erklärung des Doppler-Effekts akzeptiert, bedeutet dies gleichzeitig, daß man zugeben muß, daß sich die Galaxien im allgemeinen voneinander wegbewegen; und zwar mit einer Geschwindigkeit, die sich aus dem Betrag der Rotverschiebung bestimmen läßt. Als der amerikanische Astronom Edwin Hubble die bis dahin gesammelten Daten untersuchte, bemerkte er, daß sich die Galaxien mit einer umso größeren Geschwindigkeit entfernen, je größer die Distanz zwischen ihnen ist *(Hubble-Effekt)*. Dies bedeutet, daß das gesamte Universum einer Expansionsbewegung unterworfen ist.
Obwohl andere, mehr oder weniger einleuchtende Phänomene bekannt sind, die eine Rotverschiebung bewirken könnten, wie zum Beispiel die Rotverfärbung des Lichts, das von

Die Expansion des Universums. Das Universum dehnt sich kontinuierlich aus – wie ein kleiner Ball, der immer größer aufgeblasen wird. Stellen wird uns die Galaxien als weiße Punkte vor, die auf der Oberfläche dieses Balls aufgezeichnet sind. Die Punkte werden sich gleichmäßig voneinander entfernen. Ein Beobachter, der sich auf einem dieser Punkte befände, hätte den Eindruck stillzustehen. Alle anderen Punkte würden sich von ihm wegbewegen Genau das kann man von unserer Galaxis aus beobachten.

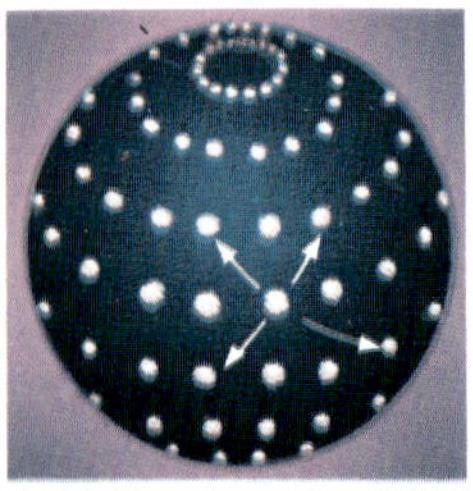

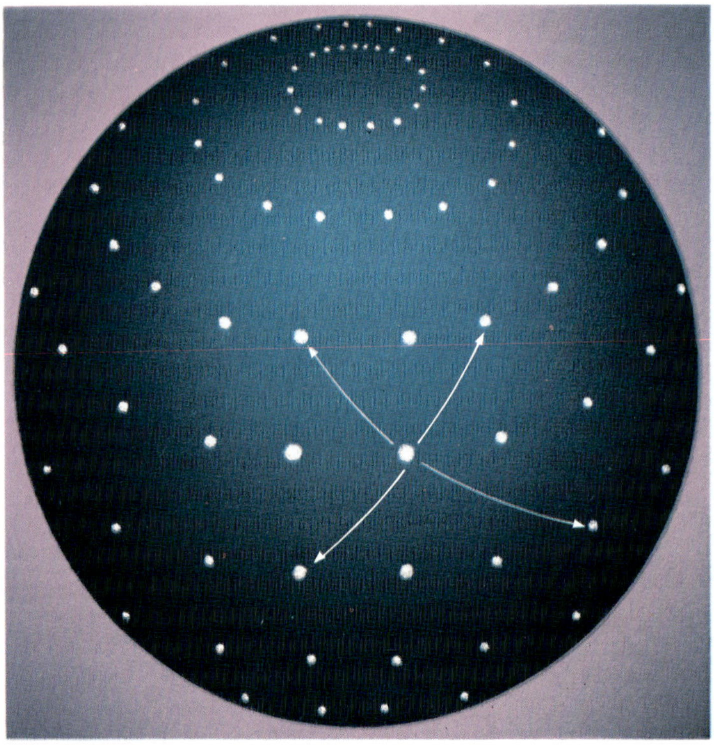

längeren Wellenlängen. Wie kann man diese Erscheinung interpretieren? Eine sehr verlockende Lösungsmöglichkeit boten kurz vor Mitte des vorigen Jahrhunderts die Forschungen des österreichischen Physikers Christian Doppler. Er hatte bewiesen, daß der von einer sich entfernenden Schallquelle wahrgenommene Ton (das Pfeifen eines sich entfernenden Zuges) mit umso längerer Wellenlänge wahrgenommen wird, je höher die Geschwindigkeit der Wegbewegung ist (und umgekehrt). Dieses Phänomen ist als *Doppler-Effekt* bekannt, und der französische Physiker Armand Fizeau entdeckte im Jahre 1851, daß auch das Licht diesem Effekt unterliegt: das Licht, das von einer Lichtquelle ausgesendet wird, die sich im Verhältnis zum Beobachter entfernt, erscheint mit um so höherer Wellenlänge (d. h. um so stärker in Richtung des roten, langwelligen Endes des Spektrums ver- einem Körper mit einem sehr starken Gravitationsfeld ausgesendet wird (über dieses Phänomen werden zur Zeit genaue Untersuchungen angestellt), bleibt die Hypothese, daß die Rotverschiebung vom Doppler-Effekt verursacht wird, die glaubwürdigste Erklärung.
Im Mittelpunkt der Diskussion über die Ursachen der Rotverschiebungen, die in den Spektren der meisten Galaxien festgestellt wurden, stehen einige in den sechziger Jahren entdeckte Himmelskörper, die bis heute noch Rätsel aufgeben.
Die Geschichte begann in den dreißiger Jahren, als der amerikanische Forscher Karl Jansky, der sich mit der Suche nach den Ursachen für gewisse Entladungen beschäftigte, welche die Radioübertragung störten, eine sensationelle Entdeckung machte. Ihm wurde bewußt, daß seine Antenne Radiosignale auffing, die aus dem All kamen. Er veröffentlichte seine Ergebnisse im Jahre 1933, doch nur wenige begriffen die Tragweite seiner Entdeckung. Es entstand jedoch dadurch ein neuer Wissenszweig, die Radioastronomie, welche in der Folge dem Menschen die Tür zum Universum weit öffnen sollte.
Das erste Radioteleskop wurde von einem Amateurastronomen, von Grote Reber im Jahre 1937, gebaut. Aber man mußte bis zum Jahre 1957 warten, in dem das große Radioteleskop von Jodrell Bank in England gebaut wurde, um über ein professionelles und leistungsfähiges Instrument zu verfügen. Die Forschungsergebnisse ließen nicht lange auf sich warten. Je öfter man den Himmel mit dem Radioteleskop beobachtete, desto größer wurde die Anzahl der entdeckten Radioquellen. Einige davon befinden sich in unserer Galaxis, wie zum Beispiel der Jupiter oder der Krebsnebel, andere eindeutig außerhalb.

Die Expansion des Universums von verschiedenen Galaxien aus. Ein Beweis für die Expansion des Universums ist das konkret festgestellte Sichentfernen der Galaxien. Dieses Phänomen könnte uns glauben machen, daß sich unsere Galaxis in einer bevorzugten Position befände. Das Problem ist nur, daß wir dieselbe Wegbewegung, die wir von unserer Milchstraße aus (a) beobachten können, auch von einer anderen Galaxie aus (b) feststellen. Wenn man die Bewegung der Galaxien auf unsere Milchstraße bezieht, bemerkt man, daß die Geschwindigkeit, mit der sich die Galaxien entfernen (durch die Länge der Pfeile angezeigt), der Entfernung der Galaxien entspricht. Wenn man die Bewegung jedoch auf die anderen Galaxien bezieht (b), kann man ebenso das gleiche Verhältnis zwischen der Geschwindkeit der Wegbewegung und der Entfernung der Galaxien beobachten (dieses Verhältnis wird das Hubblesche Gesetz genannt).

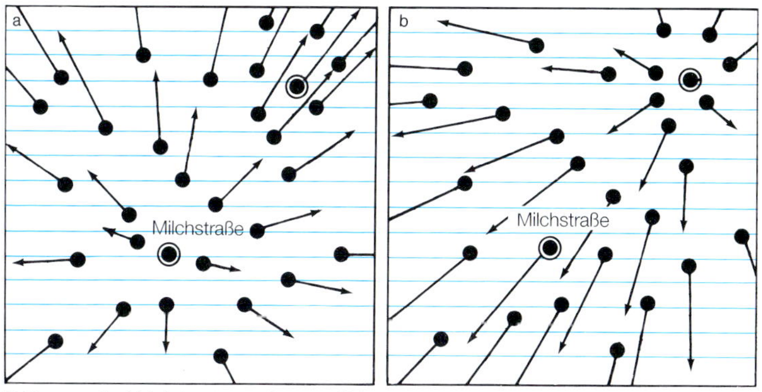

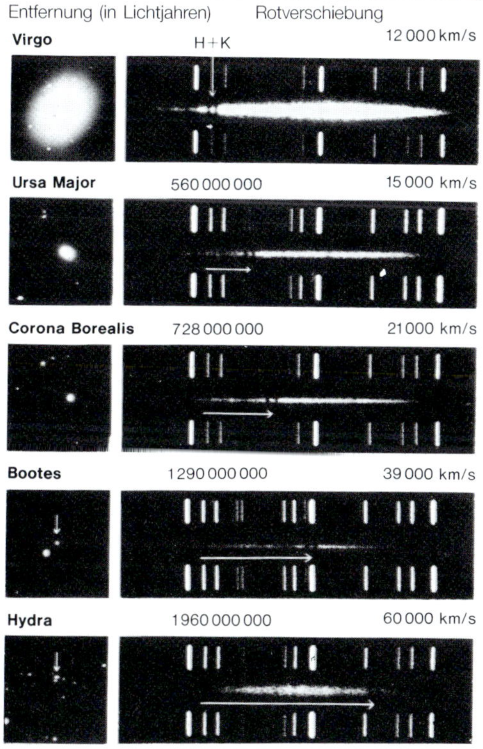

Die Beweise für die Expansion. Hier links nebenan sind die Aufnahmen von fünf Galaxien abgebildet, die von oben nach unten nach ihrer Entfernung geordnet sind; rechts davon stehen die dazugehörigen Spektren. Man kann erkennen, wie sich die beiden absorbierten Linien, die als H- und K-Linien bekannt sind, aufgrund des ionisierten Kalziumatoms immer weiter nach rechts (d. h. gegen das rote Ende des Spektrums) verschieben, je weiter die Galaxie entfernt ist. Die weißen horizontalen Pfeile zeigen das Ausmaß der Bewegung an. Das Verhältnis zwischen dem Bewegungsausmaß und der Entfernung bleibt für die verschiedenen Galaxien gleich, das heißt die Verschiebung der Linien entspricht der Entfernung der Galaxien. Unter der Annahme, daß die Rotverschiebung auf den Doppler-Effekt zurückzuführen ist, kann man ableiten, daß sich wirklich alle Galaxien um so schneller von uns wegbewegen, je weiter sie von uns entfernt sind.

Wir befinden uns im Jahre 1962, als die Astronomen von Cambridge eine Liste der Radioquellen zusammenstellen, um herauszufinden, ob diese Quellen Objekten entsprechen, die auch mit einem normalen Teleskop zu sehen sind. Unter diesen Radioquellen befindet sich ein Objekt (3C-273 genannt), das auf den ersten Blick wie ein Stern aussieht. Am Beginn des darauffolgenden Jahres untersucht M. Schmidt vom Mount Palomar das Spektrum dieses Objekts und findet dabei heraus, daß dessen Linien eine sehr starke Rotverschiebung aufweisen.
Nach dem Hubble-Effekt könnte es sich dabei um ein Objekt handeln, das Milliarden Lichtjahre entfernt ist. Aber keine der bekannten Sternarten könnte auf so große Entfernung so hell leuchten. Falls dieses Objekt jedoch wirklich so weit entfernt ist, muß es sich um ein Himmelsobjekt neuer Art und mit außergewöhnlichen Eigenschaften handeln: es sieht wie ein Stern aus, hat aber eine Leuchtkraft (d. h. produziert Energie), die der von insgesamt 100 Galaxien entspricht. In den darauffolgenden Jahren werden weitere Objekte dieser Art entdeckt, für die der Name Quasar *(quasi stellar radio sources)* geprägt wird.
Dieser Name wird im Jahre 1970 auf QSO *(quasi stellar objects)* geändert, um in dieser Kategorie auch Objekte mit ähnlichen optischen Eigenschaften, aber mit einer weniger starken Radioquelle unterzubringen. Falls man – wie bei den Galaxien – die Rotverschiebung der Quasare dem Doppler-Effekt zuschreibt, lassen sich ungeheure Geschwindigkeiten in der Größenordnung von Lichtjahren ableiten. Wenn man dann die Geschwindigkeit, mit der sich die Quasare entfernen, als Distanz interpretiert, folgt daraus, daß sich diese unter die weitestentfernten Objekte einreihen, die der Mensch je beobachten konnte.
Die Entfernung des Quasar 4C05.34 beträgt ca. 10 Milliarden Lichtjahre. Wir sind damit an den Grenzen des Alls, aber auch der Zeit angelangt: das Licht des 4C05.34, das wir heute sehen, ist von ihm vor 10 Milliarden Jahren aufgebrochen; es ist somit eine Momentaufnahme jenes Zeitpunkts: eines Zeitpunkts, der wahrscheinlich nicht sehr weit von dem entfernt ist, in dem das Universum seinen Ausgang genommen hat. Gemeinsam mit dem Phänomen der Expansion des Universums könnten die Quasare den Ausgangspunkt für die Rekonstruktion des Beginns und der Evolution des Universums bilden. Um jedoch die Frage »Wann und wo liegt der Ursprung des Universums?« beantworten zu können, müssen einige weitere Überlegungen angestellt werden.

Die Geburt des Universums

Unsere Frage lautet noch immer: »Wie und wann ist unser Universum entstanden?« Nachdem wir auf den vorangegangenen Seiten den wichtigen, aber nicht entscheidenden Beitrag kennengelernt haben, den die Galaxien und Quasare zur Lösung dieser Frage beigetragen haben, müssen wir jetzt andere Elemente in Betracht ziehen: der erste Beitrag führt uns zu den Überlegungen des deutschen Astronomen des vergangenen Jahrhunderts, Heinrich Olbers; der zweite beruht auf einer Entdeckung, die im Jahre 1964 von zwei amerikanischen Forschern, Arno A. Penzias und Robert W. Wilson, gemacht wurde, für den beide im Jahre 1978 mit dem Nobelpreis für Physik ausgezeichnet wurden; den dritten Beitrag liefern die grundlegenden Prinzipien der Kosmologie, einer Disziplin, die sich mit dem Studium der Theorien über die Entstehung des Universums beschäftigt.
Am Beginn des vergangenen Jahrhunderts konnte die Wissenschaft noch nicht viel über die Anfänge des Universums sagen. Man neigte jedoch dazu, dem Universum eine Reihe von Eigenschaften zuzuschreiben: demnach war das Universum ewig, unendlich und unveränderlich in bezug auf die Ausdehnung (statisch) und gehorchte außerdem in allen Richtungen den gleichen physikalischen Gesetzen (isotrop).
Olbers wollte auf keine dieser Eigenschaften verzichten. Eine einfache Beobachtung schien jedoch diesem beruhigenden Bild zu widersprechen, und zwar der Umstand, daß unser nächtlicher Himmel dunkel ist. Es läßt sich nämlich beweisen, daß – unter der Annahme all der obengenannten Eigenschaften des Universums – die von den Sternen kommende Lichtmenge ausreichen würde, um unseren Himmel wie die Oberfläche der Sonne leuchten zu lassen.
Wie läßt sich dieses Paradoxon erklären? Olbers, der, wie wir bereits gesagt haben, an all diesen Eigenschaften festgehalten hat, nahm an, daß ein Großteil des Sternenlichtes von der interstellaren Materie absorbiert werden würde. Heute weiß man, daß diese interstellare Materie existiert, aber auch, daß sie nicht ausreicht, um dieses Paradoxon zu erklären. So ist man zu dem Schluß gekommen, daß eine der Eigenschaften, die Olbers dem Universum zugeschrieben hatte, nicht der Realität entspricht; und zwar der statische Charakter.
Somit wurden also bereits im vergangenen Jahrhundert die Voraussetzungen für die Schlußfolgerung gelegt, daß sich unser Universum ständig ausbreitet. Nun nöchten wir gerne das Warum verstehen. Schauen wir deshalb ins Jahr 1964, in dem sich zwei amerikanische Ingenieure der Bell Telephone Laboratories aus Holmdel in New Jersey, A. A. Penzias und R. W. Wilson, mit einer trichterförmigen Antenne herumschlagen, die zum Auffangen der schwachen Signale entworfen wurde, die von den künstlichen Satelliten der Reihe Echo zurückgestrahlt werden. Obwohl die Trichterform den Großteil der von der Erde kommenden Störungen beseitigen sollte, registrierten die beiden Ingenieure weiterhin ein unerklärliches »Geräusch«.
Woher kamen diese Signale? Bei ihren weiteren Beobachtungen konnten die beiden feststellen, daß diese Signale aus dem All kamen und daß sie mit Sicherheit nicht von genau definierten Himmelsobjekten (Planeten, Sterne, Galaxien) stammten. Es schien eher, als ob die Signale den gesamten kosmischen Raum durchdringen würden, als ob alles in einer körperlosen Flüssigkeit eingetaucht wäre.
Um die Bedeutung dieser Entdeckung zu verstehen, muß man eine der Schlußfolgerungen näher betrachten, zu denen die Physiker und Astronomen in der Vergangenheit gelangt waren, als sie mit Gewißheit die Expansion des Universums erkannten. Wie kann man sich die Vergangenheit des Universums vorstellen, wenn es sich heute ausbreitet? Wenn wir den Weg zurückverfolgen, müßten wir die gesamte, das Universum bildende Materie als auf immer kleinerem Raum konzentriert betrachten, bis wir beim Anfangsmoment vor 15–18 Milliarden Jahren anlangen.
Zu jener Zeit mußte die Materie in einer relativ kleinen Kugel bei einer Temperatur von vielleicht 100 Milliarden Grad konzentriert gewesen sein. Wie konnte man sich bei dieser Vorstellung den Ursprung des Universums ausmalen? Als eine ungeheure Explosion (den sogenannten Big-Bang oder Urknall), welche die anfängliche Feuerkugel zersprengt haben muß, aus der dann die Materie in Form von Wasserstoff- (ca. 75 %) und Heliumatomen (ca. 25 %) entstanden ist. Während sich diese Materie immer weiter ausdehnte, sammelte sie sich zu Wolken mit den Ausmaßen von Millionen Lichtjahren an, aus denen im Laufe der Zeit Quasare, Galaxien, Sterne und Planeten entstanden. Es war der Astrophysiker George Gamow, der den Weg in diese Richtung vorzeichnete. Die Feuerkugel hat ihr Leben bei einer Temperatur von ungefähr 100 Milliarden Grad begonnen.
Seit dem Moment der Explosion hat sie sich aufgrund der Expansion immer mehr abgekühlt: aber selbst wenn sie von kleiner Größe war, muß doch irgendwo eine Spur der Energie zu finden sein, die sie durchdrang. Gamow errechnete, daß sich – falls sich die Dinge so ereignet haben, wie es die Urknalltheorie (Big-Bang) annimmt – die stark energiegeladenen Strahlen der Feuerkugel in Radiowellen verwandelt haben mußten, die das ganze Universum durchdringen und ihm eine generelle Temperatur um 10° absolut (263° C unter Null) verleihen.
Das Problem bestand darin, diese Strahlung zu finden. Noch im Jahre 1946 hatte Gamow ein Spezialinstrument für diesen Zweck entworfen, das jedoch erst im Jahre 1964 an der Universität in Princeton konstruiert wurde. An dieser Universität arbeitete eine Forschergruppe unter der Leitung von Robert Dicke. Als dieser von den Ergebnissen erfuhr, zu denen Penzias und Wilson gelangt waren, verstand er sofort, daß diese die ersten Beweise für die Existenz der von Gamow vorausgesehenen Strahlung sein konnten. Um sicherzugehen mußte bewiesen werden, daß sich diese Strahlung bei verschiedenen Wellenlängen exakt verhält.
Weitere Messungen bewiesen eindeutig, daß diese Strahlung jener entspricht, die ein schwarzer Körper bei einer Temperatur von ca. 3° absolut ausstrahlen würde. Das ist also das Überbleibsel und der Beweis der großen ursprünglichen Feuerkugel, aus dem unser Universum entstanden ist.
Heute ist also die Urknalltheorie (Big-Bang-Modell) die am meisten anerkannte, wenn auch nicht unumstrittene Erklärungstheorie. Man sollte jedoch eine ebenso faszinierende aber alternative Hypothese ignorieren, die bis Mitte der sechziger Jahre hoch im Kurs stand: die Hypothese des stationären Universums. Um darüber sprechen zu können muß man vorausschicken, daß die Kosmologie auf einem wesentlichen Prinzip basiert, welches kosmologisches Prinzip genannt wird und folgendes aussagt: Die Struktur und die Eigenschaften des Universums sind langfristig überall gleich.
Die Richtigkeit dieses Prinzips ist anhand von Beobachtungen bewiesen worden. Jedes Mo-

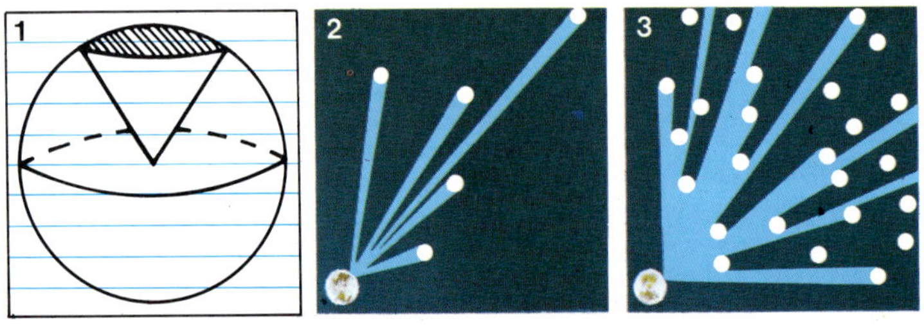

Das Olbersche Paradoxon. Falls das Universum unendlich und statisch wäre, würde man die Oberfläche der Sterne in alle Richtungen sehen können, und der nächtliche Himmel würde sehr hell erscheinen; dies besagt das Olbersche Paradoxon, für das wir in den drei Abbildungen nebenan (oben) den geometrischen Beweis liefern. So wie man einen Winkel in der Ebene durch die Länge des Kreisbogens mißt, den er auf dem Umfang eines Einheitskreises schneidet, so werden auch die räumlichen Winkel durch jenen Teil der Oberfläche gemessen, den der Winkel auf einer Kugel mit dem Einheitsradius schneidet (1). Die scheinbare Helligkeit an und für sich gleicher Sterne ist dem räumlichen Winkel proportional, den die Sterne im Vergleich zum Auge unterspannen (2). Falls das Universum unendlich und statisch wäre, müßte die auf die Erde einfallende Lichtmenge gleich der Menge sein, die auf sie einfallen würde, falls sie sich auf der Oberfläche der Sonne befände (3).

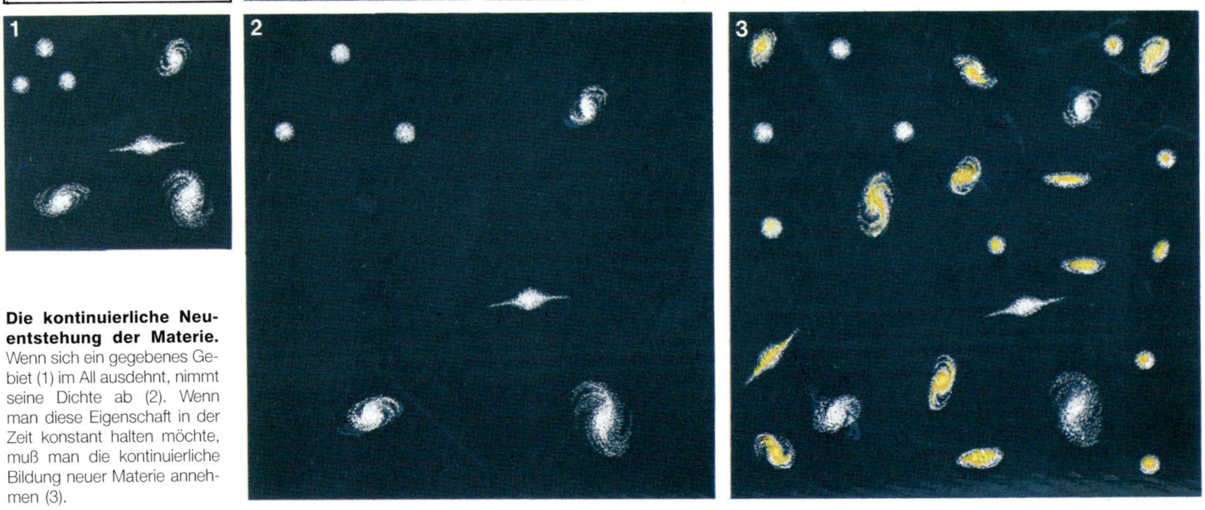

Die kontinuierliche Neuentstehung der Materie. Wenn sich ein gegebenes Gebiet (1) im All ausdehnt, nimmt seine Dichte ab (2). Wenn man diese Eigenschaft in der Zeit konstant halten möchte, muß man die kontinuierliche Bildung neuer Materie annehmen (3).

dell des Universums muß deshalb diesem Zustand entsprechen, um von den Kosmologen anerkannt zu werden. Das Modell des Urknalls kann zum Beispiel gerade deshalb akzeptiert werden, weil es dem kosmologischen Prinzip vollends genügt. Die Lösung dieser Problemstellung hat sich jedoch vor einigen Jahren als schwierig herausgestellt, als zwei Kosmologen aus Cambridge, H. Bondi und T. Gold, behaupteten, daß die Gesetze der Physik nur dann als zweifelsfrei gültig angesehen werden können, wenn das Universum nicht nur einförmig (wie das kosmische Prinzip besagt), sondern auch in der Zeit unveränderlich ist.
Diese Überlegung hat zur Entstehung eines neuen Prinzips geführt, das perfektes kosmisches Prinzip genannt wird und folgendes besagt: Die Struktur und die Eigenschaften des Universums sind immer überall und zu allen Zeiten gleich. Das Problem liegt in »zu allen Zeiten«: es ist offensichtlich, daß die Expansion selbst, die an der Basis des Urknallmodells steht, ein großes Problem aufwirft. Wenn man annimmt, daß sich nach der großen Explosion die ein und dieselbe Materienmenge ausgedehnt hat, folgt daraus, daß sich ihre Dichte im Laufe der Zeit unvermeidbar ändert. Aus diesem Grund wird das perfekte kosmologische Prinzip vom Großteil der Astronomen nicht akzeptiert.
Jedenfalls wollten die Kosmologen Bondi und Gold und nach ihnen Hoyle weder auf die Expansion des Universums noch auf dieses Prinzip verzichten und so formulierten sie vor rund 30 Jahren eine faszinierende und kühne Hypothese. Falls sich das Universum immer weiter ausdehnt – wie es den Anschein hat – und falls auch seine Dichte im Laufe der Zeit unverändert bleiben soll, bleibt als einzige Lösung anzunehmen, daß der kontinuierlichen Expansion eine kontinuierliche Entstehung neuer Materie entgegensteht. Die Materienmenge, die geschaffen werden müßte, um die Dichte des Universums konstant zu halten, ist sehr gering. Die Kosmologen haben ausgerechnet, daß die Bildung eines Wasserstoffatoms pro Kubikdezimeter alle 100 Millionen Jahre ausreichen würde.
Das Modell des Universums, das annimmt, daß sich ständig eine ausreichend große Materienmenge bildet, um die geringere Dichte auszugleichen, die aufgrund der kontinuierlichen Expansion des Universums entsteht, ist als Modell des stationären Universums bekannt (auf englisch: »Steady State«).
Heute ziehen die Astronomen – wie bereits erwähnt – die Lösung Big-Bang vor. Wir leben also in einem Universum, das sich nach dem anfänglichen Schub immer weiter ausdehnt. Aufgrund der Schwerkraftanziehung wird diese Expansion jedoch allmählich langsamer.
Wie wird die Zukunft des Universums aussehen? Alles hängt vom Einfluß der Schwerkraft ab. Wenn man diese als gering annimmt, wird sich das Universum weiterhin unbestimmt ausdehnen, wenn auch mit einer geringeren Geschwindigkeit als heute. Wenn die Schwerkraft jedoch einen bestimmten Grenzwert überschreitet (und viele neigen heute zu dieser Annahme), wird sich die Expansion eines Tages in Kontraktion verwandeln. Die Dichte der Materie und die Temperatur würden sich dann wieder erhöhen, bis sie den Zustand erreichen, mit dem alles angefangen hat – und von da ab könnte vielleicht alles noch einmal von vorne beginnen.

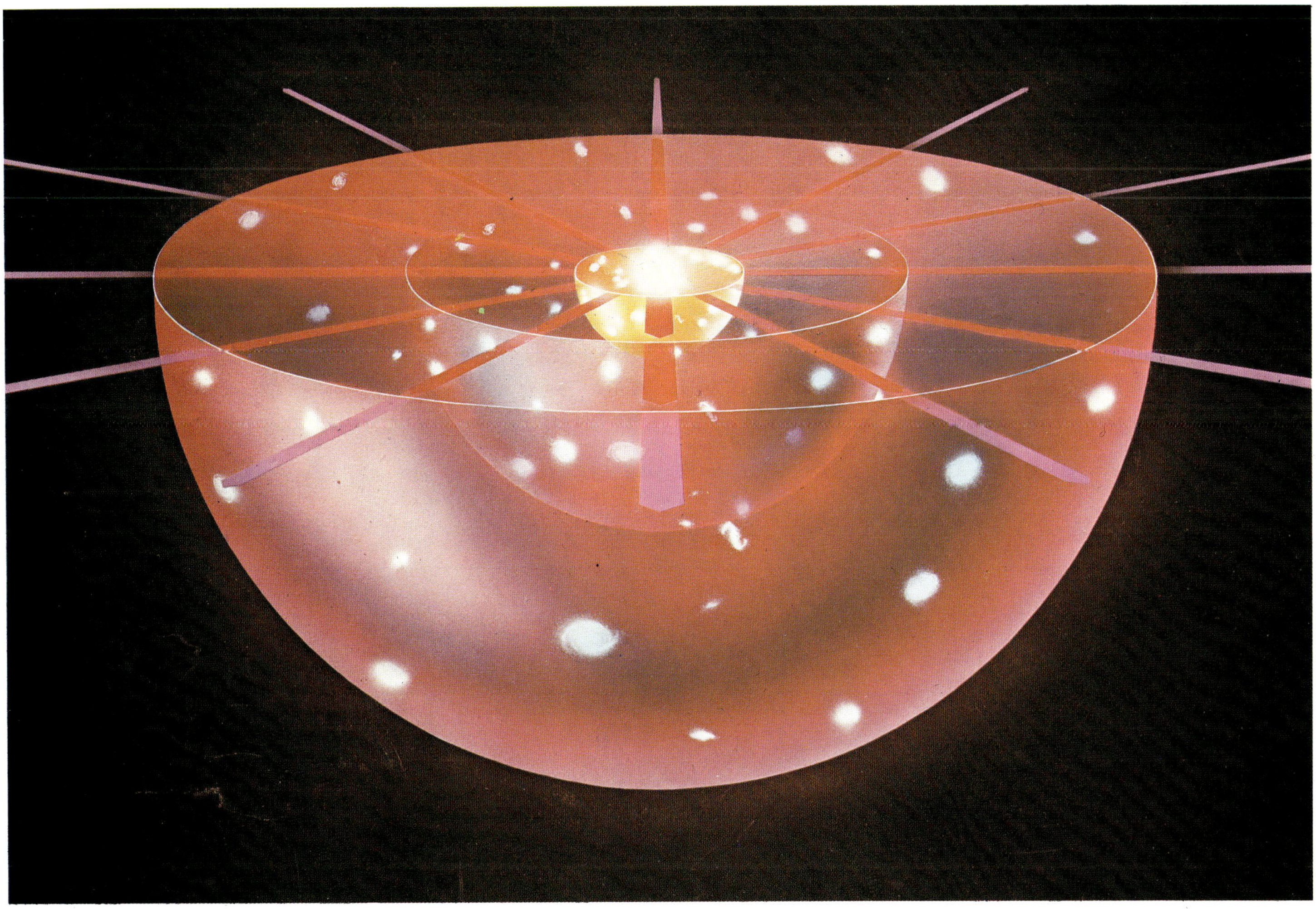

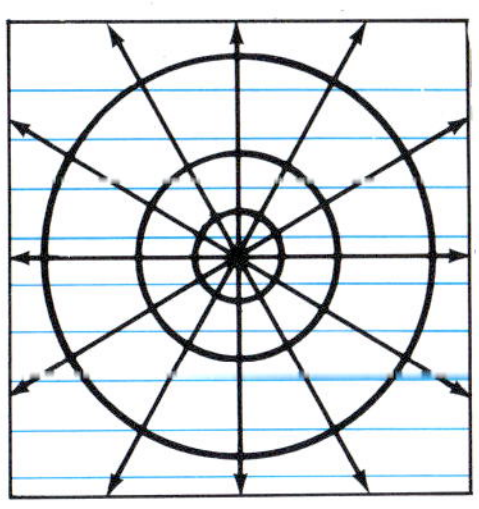

Der Urknall. Warum dehnt sich das Universum aus? Welche Ereignisse liegen diesem bereits allgemein anerkannten Phänomen zugrunde? Um diese Fragen zu beantworten, wurde die Hypothese formuliert, daß die gesamte Materie des Universums einst in einer winzigkleinen, unfaßbar dichten Kugel konzentriert war, die hauptsächlich aus Energie bestand und unvorstellbar heiß war (100 Milliarden Grad). Irgendwann (vor ca. 15–18 Milliarden Jahren) explodierte diese Feuerkugel, und somit entstand das Universum. Durch die Ausdehnung verwandelte sich die Energie in Materie, und zwar in Elementarteilchen. Die Temperatur begann zu sinken und ermöglichte damit, daß diese Teilchen zuerst die Atomkerne, dann die ersten Atome und danach die ersten Atomaggregate bilden konnten, rund um die sich die entstehende Materie weiter verdichtete: so sind die ersten Galaxien, dann die Sterne, die Planeten usw. entstanden. Dieses »Modell«, das den Ursprung des Universums beschreibt, ist als Urknalltheorie oder Big-Bang bekannt; sie ist heute eine der meistgeschätzten Theorien und hat in der Entdeckung der »Hintergrundstrahlung« eine Bestätigung gefunden: ein »Geräusch«, das aus dem kosmischen Raum kommt und zufällig im Jahre 1964 von A. A. Penzias und R. W. Wilson bemerkt wurde. Diese Hintergrundstrahlung ist also der Rest der unvorstellbar hohen Temperatur, die in den allerersten Entwicklungsphasen des Universums herrschte.

Der Ursprung der Galaxien und der Sterne

Wir sind heute – trotz der gebotenen Vorsicht – in der Lage, die Evolution des Universums vom Moment des Urknalls bis zur Bildung der Galaxien, Sterne und Planeten nachzuvollziehen.
Beginnen wir mit den ersten Momenten. Dazu müssen wir 15–20 Milliarden Jahre zurückgehen.
Stellen wir uns vor, daß die im Universum vorhandene Materie und Energie damals in einer Kugel konzentriert waren, deren Durchmesser 10 Milliarden Mal kleiner als der heutige war: in einer Kugel, die sich aus subatomaren Teilchen bei einer Temperatur um 100 Milliarden Grad zusammensetzte.
Zirka eine Hundertstelsekunde nach dem Urknall würde die Temperatur noch immer ungefähr 100 Milliarden Grad betragen haben. Bei dieser Temperatur können weder die Molkeküle noch die Atome bestehen – und nicht einmal die Atomkerne: d. h. sich die Materie aus Elektronen, Positronen und Neutrini zusammensetzte, die sich fortlaufend bildeten und wieder zerstörten.
Ungefähr eine Zehntelsekunde nach dem Big-Bang würde die Temperatur auf ungefähr 30 Milliarden Grad gesunken sein, und nach einer Sekunde auf 10 Milliarden Grad. Diese Temperatur ist noch immer zu hoch, um die Bindung der Protonen und Neutronen aufrechtzuerhalten.
Drei Minuten nach dem Urknall wäre die Temperatur des Universums auf eine Milliarde Grad gesunken. Bei dieser Temperatur beginnen sich die Protonen und Neutronen zu verbinden, um zumindest die leichteren Atomkerne zu bilden: den Wasserstoffkern, der aus einem Proton besteht, und den Heliumkern, der aus zwei Protonen und zwei Neutronen besteht.
Danach mußten einige hunderttausend Jahre vergehen, bis sich die Temperatur des sich kontinuierlich ausdehnenden Universums soweit abgekühlt hatte, um die Verbindung der Elektronen mit den Kernen zu erlauben und somit die Wasserstoff- und Heliumatome zu bilden. Aus diesen beiden Atomen besteht jedenfalls zu einem gewissen Zeitpunkt die anfängliche Mischung, aus der dann alles übrige entstanden ist.
Als – vielleicht eine Million Jahre nach dem Urknall – die Temperatur auf 600° absolut abgesunken war, haben die Konzentrations- und Anhäufungsprozesse begonnen, die zur Bildung jener Materienansammlung führten, die wir heute im Universum beobachten können (Galaxienhaufen, Galaxien, Sternhaufen, Sterne). Obwohl die Astronomen diese Prozesse noch nicht zur Gänze verstanden haben, und weitere Beobachtungen und theoretische Analysen notwendig sein werden, ist die angebotene Beschreibung zufriedenstellend.
In den ersten Entwicklungsphasen, als sich die Atome noch nicht gebildet hatten, mußte das Universum trüb erscheinen: die noch nicht gebundenen Elektronen verbreiteten die Strahlung, so wie der Nebel das Licht verbreitet. Da sie sich nicht frei übertragen konnten, übte die Strahlung auf die vorhandene Materie einen sehr starken Druck aus, der jegliche Form der Aggregation verhinderte. Sobald jedoch die Temperatur ausreichend gesunken war, begannen sich die Atome zu bilden, zu denen sich auch die freien Elektronen gesellten. Auf diese Weise nimmt die Undurchsichtigkeit ab und infolgedessen auch der Strahlungsdruck.
An diesem Punkt kommt die Massenanziehung ins Spiel. Jede unregelmäßige Ansammlung interstellarer Materie übt eine gewisse Anziehungskraft auf die umliegende Materie aus: diese vereinigt sich mit der unregelmäßigen Materienansammlung, wodurch sich die von ihr ausgeübte Anziehungskraft noch verstärkt. Dieses Phänomen wird »Schwerkraftkollaps« genannt, und er scheint, als habe es bei der Bildung der ersten Himmelskörper – wie auch heute noch bei der Sternbildung – eine entscheidende Rolle gespielt.
Welche Himmelskörper sind als erstes entstanden? Die theoretischen Ausarbeitungen einiger Forscher haben gezeigt, daß unter den in den ersten Evolutionsphasen des Universums geltenden Bedingungen diejenigen Materienansammlungen mit größerer Wahrscheinlichkeit überdauerten, deren Größe 100–1000 Milliarden Sonnenmassen betrugen: das sind die Ausmaße einer großen Galaxie. Auch die Quasare entsprechen diesen Anforderungen. Einige Forscher nehmen sogar an, daß diese Quasare äußerst primitive Objekte sind, aus denen sich erst in der Folge die Galaxien entwickeln würden.
Man nimmt an, daß die Sterne durch einen Schwerkraftkollaps aus in den Galaxien vorhandenen Gas- und Staubwolken entstehen. Die Berechnungen beweisen jedoch, daß eine Gaswolke mit einer Masse in der Größenordnung einer Sonnenmasse nicht über ein ausreichendes Schwerkraftfeld verfügt, um eine Kontraktion auszulösen. Dafür wären ungefähr 100 Sonnenmassen nötig, die sich zuerst zusammenziehen und in der Folge in kleinere Bruchstücke, die Protosterne, aufspalten müßten.
Die Forschungsarbeit über die Verteilung und die Bewegung der interstellaren neutralen Wasserstoffwolken, die mit radioastronomischen Methoden durchgeführt wird, hat neues Licht in die Problemstellung der Sternbildung aus zerstreuter Materie gebracht. Es wurden Gaswolken entdeckt, die sich mit hoher Geschwindigkeit (von 70–200 km/Sek.) in Richtung der Scheibe unserer Galaxis bewegen: dabei wurde festgestellt, daß sich diese Wolken aus schwachen Gasverdichtungen zusammensetzen.
Nach I. Oort ist der beobachtete Gasabfall ein Rest jener Bedingungen, die dank der Konzentration der intergalaktischen Materie zur Bildung unserer Galaxis geführt haben. Daraus würde eine mittlere Dichte der intergalaktischen Materie folgen, die einem Wasserstoffatom pro einigen Dutzend Kubikzentimeter entspricht. Es handelt sich daher um einen selbst im Verhältnis zur durchschnittlichen Dichte des interstellaren Raums (ein Wasserstoffatom pro Kubikzentimeter) extrem niedrigen Wert.
Wenn man die derzeitige Dichte des interstellaren galaktischen Gases kennt und weiß, wie hoch ihre Zuwachsrate aufgrund des intergalaktischen Gasabfalls ist, kann man ableiten, daß sich – falls keine Verluste einträten – die Dichte des interstellaren Gases in ca. 3 Milliarden Jahren verdoppeln würde.
Das interstellare Gas wird jedoch in der Realität im Sternbildungsprozeß kontinuierlich verbraucht. Man schätzt, daß die Gasmenge, die sich derzeit in Sterne verdichtet, der Menge entspricht, die aus dem nahen intergalaktischen Raum kommt.

1
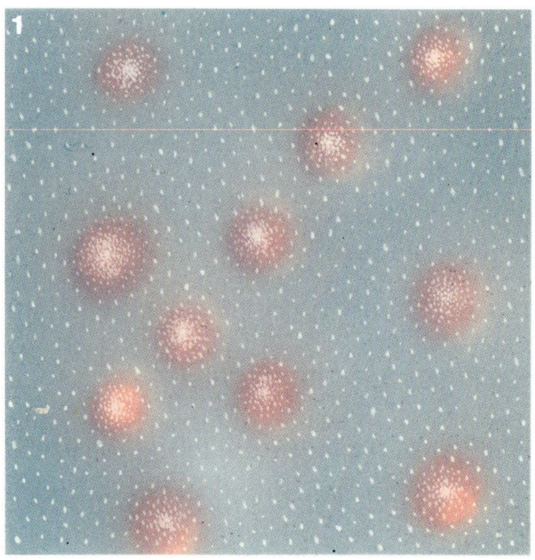

2

3
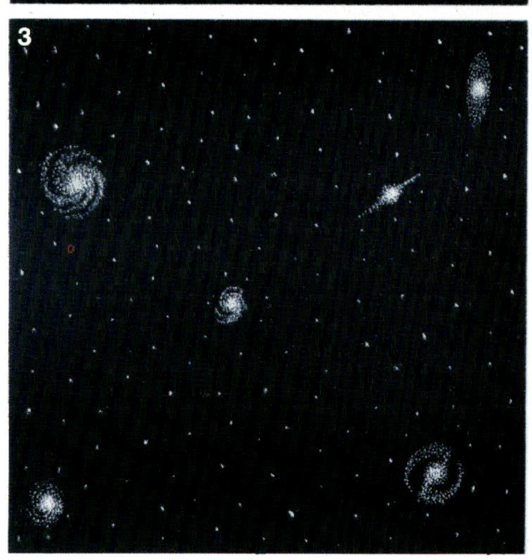

Der Ursprung der Galaxien. In den ersten hunderttausend Jahren nach dem Urknall war die Temperatur so hoch, daß die Materie zur Gänze in Teilchen dissoziiert war: und zwar in Elektronen, Protonen, Photonen und Neutrini. Das Universum war milchig (1, blau-graue Schattierung), da die Photonen durch die Elektronen zerstreut wurden. Bei diesen Bedingungen wären eventuelle Unregelmäßigkeiten (rosa Schattierung), die zufällig bei der Verteilung der Materie entstanden waren, durch den Strahlungsdruck an ihrer Aktion gehindert worden. Als nach einigen hunderttausend Jahren die Temperatur des sich ständig ausdehnenden Universums so weit gesunken war, daß sich die Elektronen mit den Kernen vereinigen konnten, um die Wasserstoff- und Heliumatome zu bilden, verringerte sich auch die Undurchsichtigkeit des Universums, und der Strahlungsdruck reichte nicht mehr aus, um den Schwerkraftkollaps auf die sich bereits im Entstehen befindlichen unregelmäßigen Materienansammlungen zu verhindern. Gemäß theoretischer Schlußfolgerungen waren die Unregelmäßigkeiten in der Größenordnung großer Galaxien beständiger, und auf diese Weise bildeten sich Protogalaxien (2) und Galaxien (3).

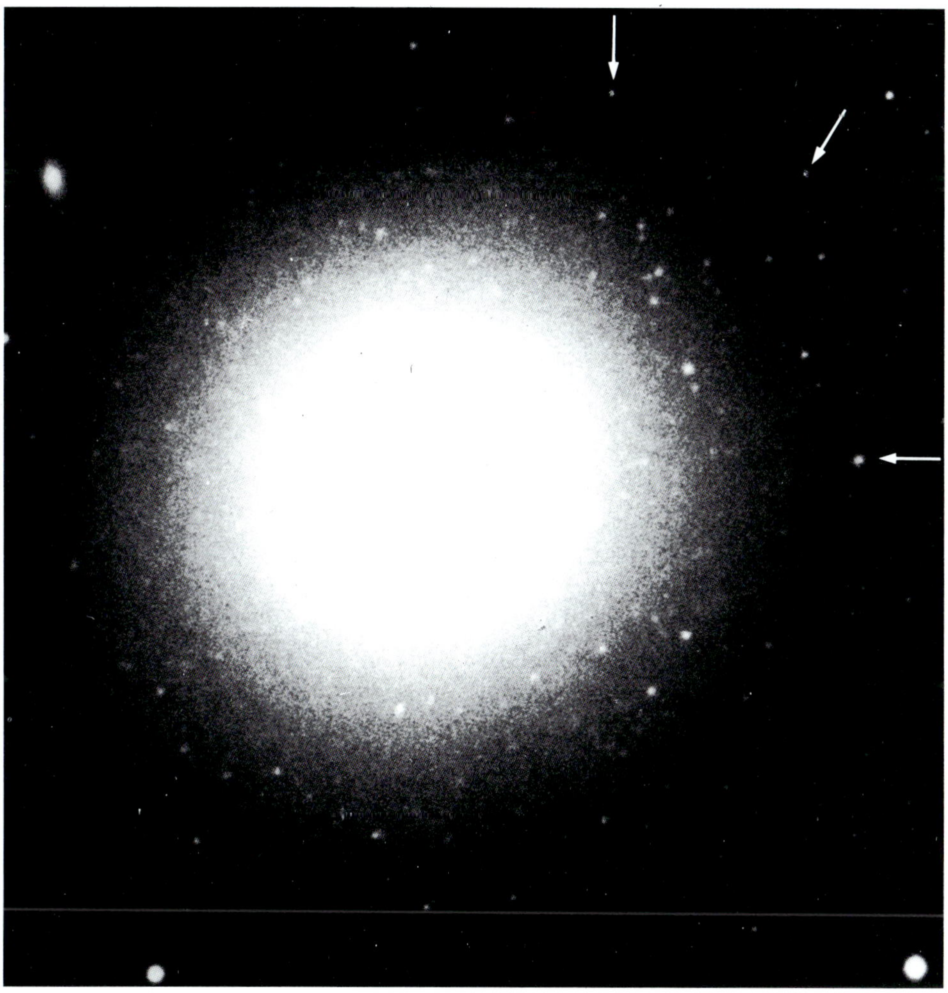

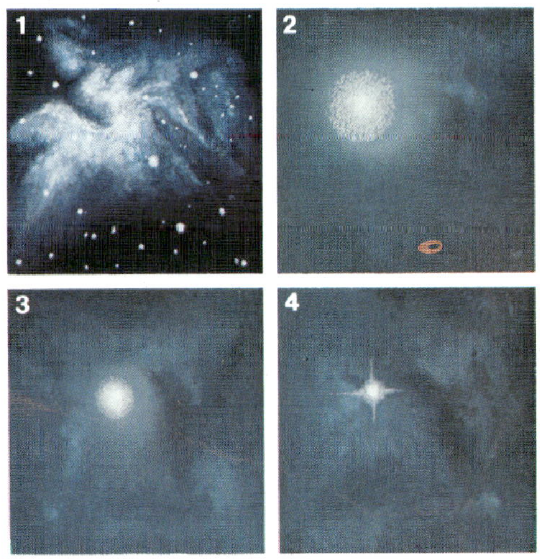

Die Galaxien. Die Galaxien werden nach ihrer Struktur in drei grundlegende Gruppen eingeteilt: elliptische Galaxien (ihre Form reicht vom mehr oder weniger abgeplatteten Ellipsoid bis zum Sphäroid; ein typisches Beispiel dafür ist die M 87 hier nebenan), Spiralgalaxien (wie die NGC 7331 oben und unsere Galaxis) und irreguläre Nebel. Einige Galaxien sind potente Radioquellen, und in manchen Fällen ist es möglich, einen aus ihrem Kern kommenden Materienstrahl zu beobachten. Phänomene dieser Art sind Beweise für energetische Ereignisse, deren Natur noch nicht zur Gänze geklärt ist.

Wie sich die Sterne bilden. Eine Wolke aus Staub und Gas (1) zieht sich zuerst zu einem Stück zusammen und zerbricht dann in kleinere Teile; jeder dieser Teile (2) zieht sich weiter zusammen und verwandelt sich in einen Protostern (3). Da sich dieser Protostern weiter zusammenzieht, komprimiert er das im Inneren vorhandene Gas, wodurch sich dessen Temperatur stark erhöht. Wenn diese Temperatur 15 Millionen Grad übersteigt, werden thermonukleare Fusionsreaktionen ausgelöst, die den Wasserstoff in Helium umwandeln und dabei riesige Energiemengen produzieren: der Stern entzündet sich (4) und beginnt zu leben.

Die Entwicklung der Sterne

Wir schauen uns jetzt etwas genauer an, wie sich die Sterne entwickelten. Kehren wir deshalb zum ersten Entwicklungsstadium des Sterns (Protostern) zurück. Aufgrund der Kontraktion steigt seine Temperatur an. Wenn seine Masse ausreichend hoch ist, erreicht die Temperatur in seinem Inneren Werte (ca. 15 Millionen Grad), bei denen die thermonuklearen Fusionsreaktionen des Wasserstoffs ausgelöst werden.
Die während diesen Prozessen ausgestrahlte Energie erlaubt, aufeinanderfolgende Gleichgewichtszustände zu erreichen: ein Gleichgewicht zwischen den Anziehungskräften der Schwerkraft, die den Stern zu weiteren Kontraktionen veranlassen, und den Kompressionskräften, die den Stern zur Auflösung drängen. Diese aufeinanderfolgenden Gleichgewichtszustände können je nach Größe der Sternmasse von einigen Millionen bis zu einigen Milliarden Jahren dauern.
Wenn die Sternmasse weniger als ungefähr 1,5 Sonnenmassen beträgt, der Kern des Sterns eine Dichte von einigen Dutzend Tonnen pro Kubikzentimeter erreicht hat, und die Ausmaße des Sterns denen der Erde ähnlich sind, wird er seine Kontraktionsphase aufgrund des erhöhten Drucks, der auf die hohe elektronische Energie zurückzuführen ist, beenden. So entstehen die *weißen Zwergsterne.*
Wenn die Sternmasse den obengenannten Wert übersteigt, aber ca. unter drei Sonnenmassen bleibt, reicht der elektronische Druck nicht mehr aus, um die Kontraktion auszugleichen; das bedeutet, daß sich die Sternmasse weiter zusammenzieht, bis sich die Elektronen mit den Protonen der Atomkerne verbinden und dadurch ein Neutronengas bilden, in welchem der Druck so hoch ist, daß auch in diesem Fall die Anziehung der Schwerkraft ausgeglichen wird. Es entstehen somit die *Neutronensterne,* deren Radius ca. 10 km beträgt und deren Dichte bis Hunderte Millionen Tonnen pro Kubikzentimeter erreichen kann.
Wenn schließlich die Sternmasse drei Sonnenmassen übersteigt, gibt es keinen physikalischen Mechanismus mehr, der die Anziehung der Schwerkraft kompensieren könnte: der Kollaps kann nicht mehr aufgehalten werden, der Stern endet in einem *schwarzen Loch.*
Diese in der Theorie aufgestellten Vermutungen wurden – selbst wenn sie uns ein wenig phantastisch erscheinen sollten – zum Großteil bereits von Beobachtungen bestätigt, und zum Teil werden sie derzeit überprüft. Die weißen Zwerge sind seit vielen Jahren bekannt; die Neutronensterne wurden kürzlich in der Form der Pulsare beobachtet: das sind punktförmige Radioquellen, die im konstanten Rhythmus (alle paar Millisekunden) Strahlung aussenden. Heute behaupten einige Astronomen, schwarze Löcher in Doppelsternsystemen entdeckt zu haben.
Trotz dieser Erfolge blüht die Phantasie der Theoretiker weiter. Zum Beispiel hat R. M. Hjellming vom staatlichen amerikanischen Observatorium für Radioastronomie die gewagte Hypothese aufgestellt, daß die schwarzen Löcher irgendwie mit Objekten wie Quasaren oder Galaxienkernen zusammenhängen, welche die stärksten bekannten Energiequellen im Universum darstellen. Auf einen Begriff bezugnehmend, der von Oliver Penrose geprägt wurde, nennt Hjellming diese Quellen *weiße Löcher.*
Man kann annehmen, daß die weißen und schwarzen Löcher miteinander verknüpft sind, da zwischen den einzelnen Komponenten unseres Universums mehrfache Verbindungen bestehen: es dürften gerade die schwarzen Löcher sein, die die weißen Löcher versorgen. Man könnte jedoch auch annehmen, daß zwei oder mehrere Welten durch Strukturen miteinander verbunden sind, wobei jede Struktur ein schwarzes Loch für ein Universum und ein weißes Loch für das andere (oder die anderen) darstellen würde. Diese zweite Interpretation, die auch von Hjellming bevorzugt wird, ist gewiß die eindrucksvollere Erklärung.
Die Synthese der Elemente erfolgt während der aufeinanderfolgenden Gleichgewichtszustände eines Sterns, und zwar durch thermonukleare Verschmelzungsprozesse. Der wichtigste dieser Fusionsprozesse ist die Umwandlung des Wasserstoffs in Helium. Dabei wird eine so große Energiemenge freigesetzt, daß damit die von der Sonne und den anderen Sternen ausgehende Leuchtkraft erklärt werden kann.
Auf welche Weise sich diese Umwandlung vollzieht, hängt von der Temperatur ab, die zwischen 15 und 100 Millionen Grad betragen kann. Bei 100 Millionen Grad wird ein Prozeß ausgelöst, der Helium in Kohlenstoff, Sauerstoff und Stickstoff verwandelt. Wenn die Sternmasse ungefähr 1,5 Sonnenmassen übersteigt, kann der Kern infolge der Kontraktionen (denen der Stern unterworfen ist) zum Zeitpunkt, in dem sich die verschiedenen nuklearen Brennstoffe erschöpft haben, Temperaturen in der Höhe von einer Milliarde Grad erreichen.
Bei diesen Temperaturen werden die thermonuklearen Fusionsprozesse ausgelöst, die den Kohlenstoff, den Sauerstoff und den Stickstoff in Neon, Magnesium, Silizium usw. umwandeln. Die Endphase der Siliziumfusion führt zur Bildung eines Sternkerns, der hauptsächlich aus Eisen besteht und dem mittels der thermonuklearen Fusion keine Energie mehr entzogen werden kann. In der Tat sind alle Reaktionen, die zur Produktion schwererer Elemente als Eisen führen, endotherm: d. h. um stattfinden zu können, müssen sie irgendwie mit Energie versorgt

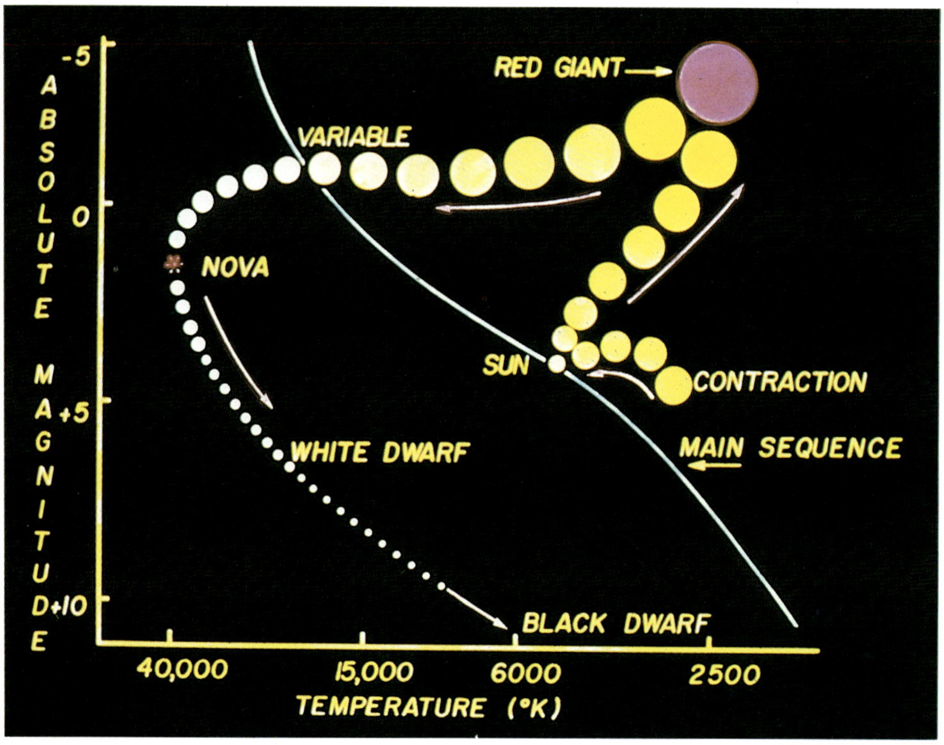

Das Hertzsprung-Russel-Diagramm ist eines der wichtigsten Hilfsmittel, um die Sterne, ihre Merkmale und auch ihre Entstehung kennenzulernen. In diesem Diagramm werden auf der Abszisse die Oberflächentemperaturen der beobachteten Sterne eingetragen und auf der Ordinate ihre absoluten Größen, welche die innere Leuchtkraft ausdrücken. Der Großteil der Sterne konzentriert sich entlang einer Diagonale von links oben nach rechts unten, die Hauptreihe genannt wird.
Die Sonne, ein gelber Stern mittlerer Größe, befindet sich genau auf dieser Hauptreihe in einer zentralen Position.
Die Sterne, die sich auf der Hauptreihe oben befinden, sind sehr groß und von großer Leuchtkraft (die sogenannten blauen Riesen); die unten angeordneten Sterne sind klein und von geringer Leuchtkraft (rote Zwerge genannt).
Einige Sterne befinden sich jedoch außerhalb dieser Hauptreihe: es sind dies die weißen Zwerge, die sich im Verhältnis zur Hauptreihe links unten befinden, und die roten Riesen und Überriesen, die im Diagramm rechts oben stehen.

Die Neutronensterne. Auf der Abbildung hier oben ist das Verhältnis der angenommenen Größen der Neutronensterne (4), der weißen Zwerge (2) und der Sonne (1) dargestellt. Als Bezugspunkt ist auch die Erde angegeben (3). Ein weißer Zwerg ist ungefähr so groß wie die Erde, seine Masse ist jedoch mit der der Sonne vergleichbar: d. h. er ist sehr dicht. Noch dichter sind die Neutronensterne, deren Masse ungefähr der Sonnenmasse entspricht, deren Radius jedoch wahrscheinlich nur 10–15 km beträgt. Auf der Seite nebenan: der Krebsnebel.

Der Krebsnebel. Seine Geschichte begann in China im Jahre 1054, als am Himmel plötzlich ein Stern auftauchte, der so hell leuchtete, daß er auch während des Tages wahrgenommen werden konnte. 23 Tage lang strahlte er so hell; danach begann sein Leuchten schwächer zu werden, bis ihn gegen Mitte des Jahres 1056 die Astronomen von damals nicht mehr erkennen konnten. Man mußte bis zum Jahre 1921 warten, damit wieder von diesem Stern die Rede war: ein Astronom hatte bemerkt, daß sich ein Nebel mit eigenartigen, rötlichen Filamenten mehr oder weniger in der von den chinesischen Berichten angegebenen Position befand. Gleich danach entdeckte man, daß sich der Nebel ausdehnte (Pfeile auf dem Foto unten): indem sie diese Bewegung umkehrten, erkannten sie, daß dieser Nebel vor 900 Jahren ein Stern gewesen sein muß, und zwar ein Stern, der explodiert war (Supernova). In seinem Inneren wurde ein Objekt beobachtet, das in regelmäßigen Intervallen Licht und Strahlung abgibt: ein Pulsar, der wahrscheinlich mit einem Neutronenstern zusammenfällt.

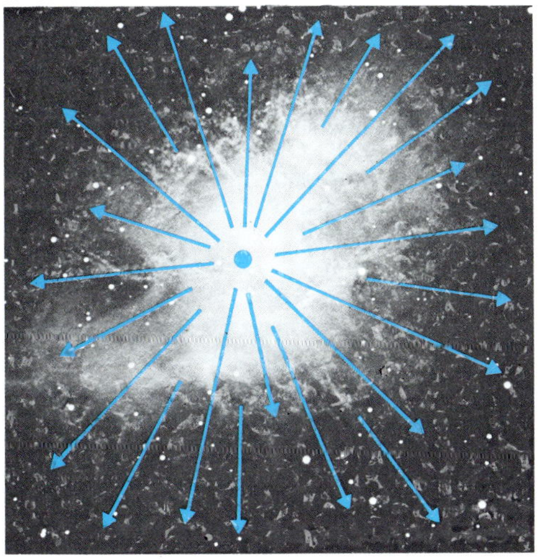

werden. In dem Moment, in dem die Energieproduktion endet, kann sich der Eisenkern dem Gravitationskollaps nicht mehr widersetzen: es ergibt sich deshalb eine plötzliche und gewaltige Implosion, auf die eine ungeheure Explosion folgt.

Dieses außergewöhnliche Phänomen wird *Supernova* genannt, und die Energie, die während dieser extremen Phase freigesetzt wird, kann mit der Energiemenge verglichen werden, die von Milliarden Sternen produziert wird.

Wenn die Sternmasse weniger als 1,5 Sonnenmassen beträgt, brechen die oben beschriebenen thermonuklearen Reaktionen in dem Moment ab, in dem sich im Kern Kohlenstoff, Sauerstoff und Stickstoff gebildet haben; die kleineren Sterne hingegen machen bereits nach der Wasserstoffusion halt.

Während ihrer Entwicklung können die Sterne manchmal plötzlich instabile Zustände annehmen, was zu weniger dramatischen Explosionen als den *Supernovae* führt, die *Novae* genannt werden. Im allgemeinen ist ein Stern mit einer geringen Masse (z. B. ähnlich der Sonne) dazu bestimmt, sein Leben als *planetarischer Nebel* zu beenden, d. h. als *weißer Zwerg*, der von einer Gashülle umgeben ist, die sich mit einer Geschwindigkeit von einigen Dutzend Kilometern pro Sekunde ausdehnt.

Die Supernovae, die Novae und die planetarischen Nebel verbreiten jene Elemente im interstellaren Raum, die im Inneren der Sterne zusammengefaßt waren. Diese neuen Elemente »verunreinigen« also die Nebel, aus denen dann andere Sterne entstehen; aus diesem Grund sind im Sonnensystem und im besonderen auf unserer Erde Elemente wie der Kohlenstoff, das Sillizium, der Sauerstoff usw. vorhanden.

Existieren andere Planetensysteme?

Existieren außer den im Sonnensystem vorhandenen Planeten noch andere im Universum? Gibt es Bedingungen, welche dieselbe Entwicklung wie auf der Erde ermöglicht haben? Die Antworten auf diese Fragen sind für die Untersuchungen der Hypothesen über das außerirdische Leben von großer Bedeutung.

Leider ist es aufgrund der begrenzten Leistung unserer Beobachtungsinstrumente noch nicht möglich, diese Existenz direkt festzustellen, obwohl es sehr überzeugende indirekte Beweise gibt.

Zu diesen Beweisen müssen Phänomene mit beachtlicher Aktivität sowie Gashüllen gewählt werden, die sich in Sternen vorfinden lassen, in denen sich in der ersten Lebensphase riesige konvektive Bewegungen ereignen. Mit großer Wahrscheinlichkeit entsprechen diese Gashüllen dem ursprünglichen Nebel, aus dem gemäß der Hypothesen von Kant und Laplace und auch nach Ansicht moderner Wissenschaftler das Sonnensystem entstanden ist.

Ein weiterer Beweis für die Existenz anderer Planetensysteme basiert auf der Beobachtung der Eigenbewegung einiger uns naher Sterne. Der nach dem Proxima Centauri und dem Dreiersystem Alpha Centauri der Sonne nächstliegende Stern ist »Barnards Pfeilstern«: dieser wenig auffällige Stern hat eine hohe Eigenbewegung, d. h. er bewegt sich scheinbar auf dem Hintergrund der weiter entfernten Sterne und legt dabei in einem Jahr 10 Sekunden auf dem Himmelsgewölbe zurück. Die Raumgeschwindigkeit dieses Sterns beträgt 100 km/Sek. Derzeit nähert er sich der Sonne an: er wird im Jahre 10000 die kürzeste Entfernung von der Sonne erreicht haben und damit der uns nächste Stern sein.

Der Astronom Pieter Van de Kamp hat diesen Stern jahrelang beobachtet, und es ist ihm gelungen zu beweisen, daß sich dieser nicht geradlinig bewegt – wie diese Bewegung ohne äußere Krafteinwirkung verlaufen müßte –, sondern gleichmäßig alle 25 Jahre eine Sinuskurve beschreibt.

Diese Art der Bewegung zeigt an, daß zwei dunkle Körper vorhanden sind, deren Masse ungefähr der des Planeten Jupiter gleicht.

Ein halbes Dutzend der uns nächsten Sterne weisen ähnliche Anomalien wie jene des Sterns Barnard auf. Diese Anomalien können erklärt werden, wenn man die Existenz dunkler Körper annimmt. Die Massen dieser dunklen Körper erweisen sich immer als beträchtlich höher als die durchschnittliche Masse eines Planeten des Sonnensystems: man rechnet damit, daß ihre Massen zwischen der des Jupiters und der Masse der Sonne einzureihen ist. Dieser Umstand darf uns nicht verwundern, da sich mit dieser Methode nur große Massen erkennen lassen.

Darüber hinaus konnte der Effekt der Anwesenheit dieser dunklen Begleiter nur in nahen Sternen entdeckt werden, da es bei weitentfernten Sternen unmöglich ist, die kleinen Schwankungen wahrzunehmen, die ihr mögliches Vorhandensein andeuten.

Den überzeugendsten Beweis für die Existenz von Planetensystemen, die um andere Sterne kreisen, hat der Infrarotsatellit IRAS (Infra-Red Astronomical Satellite) geliefert, der Materienscheiben oder -höfe rund um ca. 50 Sterne, darunter Wega, beobachtet hat. Die Ausmaße dieser Scheiben sind denen des Sonnensystems gleich oder sogar größer. Einer dieser Sterne, der β Pictoris, wurde mit einer speziellen Technik vom Las-Campanas-Observatorium in Chile fotografiert, und das entstandene Bild zeigt recht deutlich die Scheibe aus Gas und Staub, die rund um den Hauptstern rotiert.

Nachdem wir festgestellt haben, daß die Bildung eines Planetensystems eine gewöhnliche Phase der Sternentwicklung darstellt, versuchen wir jetzt zu schätzen, wieviele Planetensysteme sich im Universum befinden könnten.

Setzen wir voraus, daß die geringe Rotationsgeschwindigkeit der Sonne auch durch das vorhandenen Planetensystem erklärt wird. Wenn wir die Anzahl der Sterne schätzen wollen, die von einem Planetensystem umgeben sind, müssen wir also herausfinden, wieviele Sterne sich so langsam drehen wie die Sonne. Es zeigt sich, daß alle Sterne, die sich auf der Hauptreihe befinden und eine geringe Masse besitzen, so langsam wie die Sonne rotieren. Da in unserer Galaxis ca. 100 Milliarden Sterne dieser Art vorhanden sind, können wir daraus ableiten, daß sich in ihr auch 100 Milliarden Planetensysteme befinden.

Man rechnet damit, daß es im beobachtbaren Universum mehr als eine Milliarde Galaxien gibt. Wenn sich alle beobachtbare Galaxien auf gleiche Art und Weise gebildet haben, kann man vernünftigerweise annehmen, daß sich auch in den anderen Galaxien gleich viele Planetensysteme befinden.

Wir können deshalb abschließend sagen, daß sowohl die Theorie als auch die Beobachtungen darauf hindeuten, daß im beobachtbaren Universum 100 Milliarden Milliarden Planetensysteme vorhanden sind. Die Annahme, daß von dieser riesigen Anzahl an Planetensystemen nur ein einziger Planet mit Bedingungen ausgestattet ist, welche die Entwicklung von Leben erlauben, ist nicht nur ungerechtfertigt, sondern auch absurd.

Es gibt wissenschaftlich begründete Argumente, die zur Annahme veranlassen, daß die Planetensysteme des Universums zumindest in großen Zügen denen des Sonnensystems gleichen.

Es ist zum Beispiel bekannt, daß die Erdplaneten (Merkur, Venus, Erde, Mars) hauptsächlich aus Fels und Metallen bestehen. Der Grund dafür besteht darin, daß die ursprüngliche Materie, die sich kontinuierlich von der Sonne entfernte und deshalb abkühlte, bis zu jener Entfernung angelangt war, die der heutigen Distanz zwischen Sonne und Planeten entspricht, als sich die Fels- und Metallteilchen zu verdichten begannen. Da die ursprüngliche Materie im gesamten Kosmos die gleiche ist, ist es klar, daß auch die inneren Planeten anderer Planetensysteme dieselben Merkmale aufweisen müssen.

Wenn also in einer gewissen Distanz des Rings vom Zentralstern das Magnetfeld nicht mehr in der Lage ist, dem Sichentfernen des ionisierten Wasserstoffs und Heliums entgegenzuwirken, werden diese Gase in jedem Planetensystem von den nächstliegenden Planeten angezogen (wie dies im Sonnensystem bei den Planeten Jupiter und Saturn geschehen ist), die dadurch ihre Masse beträchtlich erhöhen.

Andererseits muß selbst ein Planetensystem mit den gleichen allgemeinen Merkmalen wie unser Sonnensystem über weitere Voraussetzungen verfügen, damit sich höheres Leben entwickeln kann. Aufgrund des für die biologische Evolution notwendigen Zeitraums muß dieses Planetensystem zu einem Stern gehören, dessen Leuchtkraft für fast eine Milliarde Jahre konstant bleibt. Darüber hinaus muß es über Planeten verfügen, die sich in einem Gürtel rund um den Stern befinden, wo geeignete Temperaturen für die Entwicklung des Lebens herrschen.

Abschließend muß dieser Stern für sich allein stehen, damit die Umlaufbahn eines Planeten nicht gestört wird. Trotz all dieser Einschränkungen schätzt man die Zahl der Planetensysteme, auf denen sich Formen des Lebens befinden könnten, auf 10 Milliarden Milliarden: zu viele, um uns einzubilden, wir wären allein im Universum.

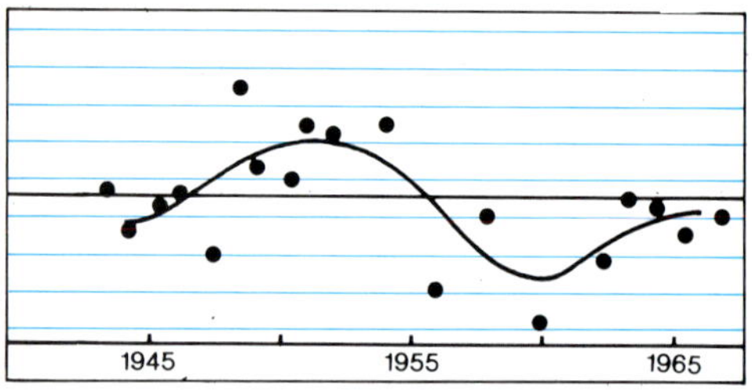

Ein Beweis. Das Diagramm bezieht sich auf den Stern Barnard: er ist ein roter Zwergstern, der 5,9 Lichtjahre entfernt ist. Er bewegt sich nicht vollkommen geradlinig. Die Kurve zeigt die Abweichungen (gemäß zwei Komponenten der Bewegung) in verschiedenen Zeiträumen. Diese Abweichung wird auf das Vorhandensein eines Planetensystems zurückgeführt.

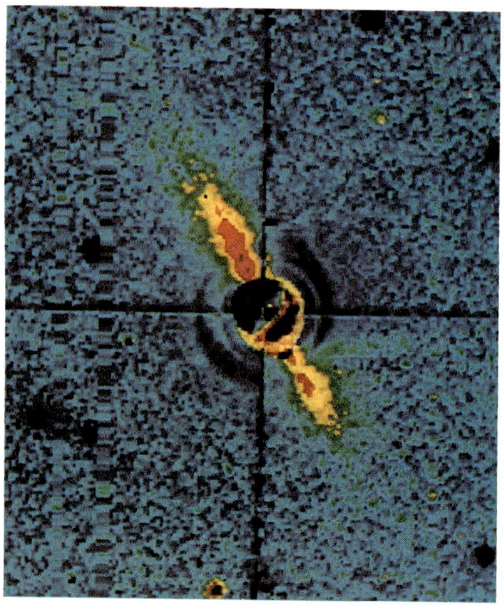

Stern β Pictoris. Aufnahme in unechten Farben des Sterns β Pictoris, der ca. 88 Lichtjahre von uns entfernt ist. Rund um ihn ist eine Scheibe aus protoplanetarischer Materie zu sehen.

Sterne, die wahrscheinlich mit einem Planetensystem umgeben sind

Name des Systems	Entfernung (in Lichtjahren)	Masse der Planeten (1 = Jupiter)	Umlauf um die Sonne (Jahre)
Barnard	5,9	1,1–0,8	26,12
Lalande 21 185	8,2	10	8,0
Epsilon Eridani	10,8	6–50	25
61 Cygni	11,0	8	4,8
BD + 43° 4305	11,9	10–30	28,5

Das Sonnensystem

von STEPHEN DWORNIK
unter Mitarbeit von CARLO MARINO

Vor 4600 Millionen Jahren hat eine Wolke aus Staub und Gas in einem Punkt der Milchstraße einen Stern (die Sonne), neun Planeten, 65 Satelliten und eine Unzahl von Asteroiden, Meteoriten und Kometen hervorgebracht. Jeder dieser Himmelskörper ist eine eigene Welt, die wir genau betrachten müssen, um unsere Welt besser verstehen zu können.

Der Aufbau des Sonnensystems

Die Planeten des Sonnensystems sind neun, von denen die vier inneren *(Erdplaneten)* felsig und von geringer Größe sind, während die äußeren *(Riesenplaneten)* – mit Ausnahme des Pluto, des am weitesten außen liegenden Planeten – gasförmig und größer sind. Die Umlaufbahnen der Planeten, mit Ausnahme des Merkurs und Plutos, befinden sich fast auf derselben Ebene wie die Umlaufbahn der Erde.

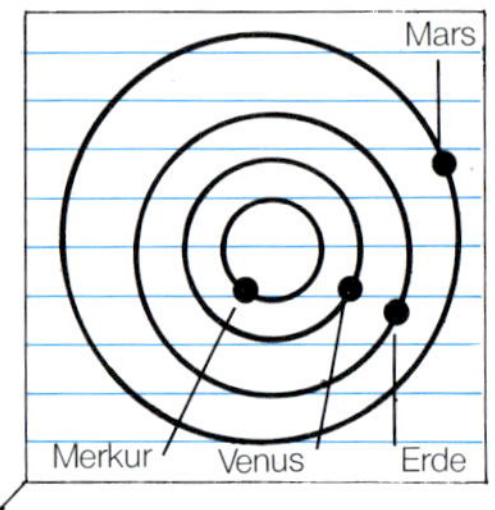

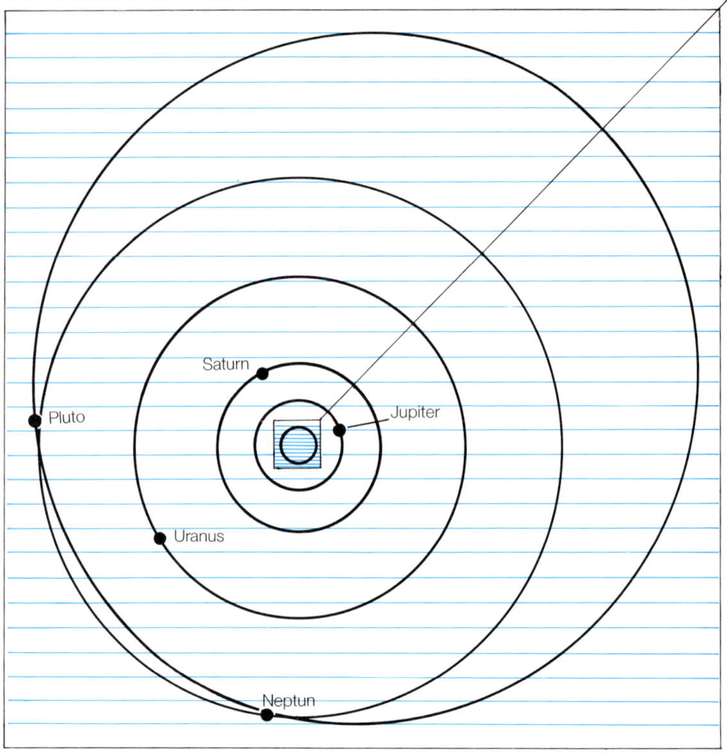

Die Umlaufbahnen der Planeten. Hier nebenan ist das Sonnensystem so abgebildet, wie es ein in einem Punkt senkrecht zur Ekliptikebene stehender Beobachter sehen würde. Die Umlaufbahnen der Planeten sind maßstabgetreu gezeichnet, ohne jedoch den wirklichen Dimensionen der Planeten selbst und der Sonne gerecht zu werden. Das blaue Quadrat in der Mitte begrenzt die Umlaufbahnen der sonnennächsten Planeten (Merkur, Venus, Erde und Mars), welche in der obigen Abbildung vergrößert wurden. Die Bahnen, welche die Planeten bei ihrem Weg rund um die Sonne zurücklegen, sind fast kreisförmig. Ausnahmen bilden die Umlaufbahnen des Merkurs, des Pluto und in geringerem Ausmaß auch des Mars. Aus diesem Grunde wird gegen Ende dieses Jahrhunderts Pluto nicht mehr der am weitesten außen liegende Planet sein: ab 1987 wird seine Umlaufbahn im Umkreis der Sonne innerhalb der Neptunumlaufbahn liegen und dort bis zum Ende dieses Jahrhunderts bleiben.

Das uns bekannte Sonnensystem besteht aus neun Planeten, 65 Satelliten, einer riesigen Anzahl an Asteroiden, Kometen, Felsbruchstücken, aus kosmischem Staub, einer großen Menge an Gas und energiegeladenen Teilchen, die alle an einen Zentralstern, die Sonne, gebunden sind. Die Auswirkungen der Anziehungskraft und der Strahlung der Sonne machen sich überall im System bemerkbar: sie beeinflussen alles, was sich darin befindet, und bedingen damit jeden Moment deren Existenz.

Die Planeten des Sonnensystems werden im allgemeinen in zwei große Gruppen eingeteilt: die *inneren* oder *Erdplaneten* und die *äußeren* oder *jupiterähnlichen Planeten*.

Zu den Erdplaneten zählen Merkur, Venus, Erde und Mars; die jupiterähnlichen Planeten sind Jupiter, Saturn, Uranus und Neptun.

Die Erde kann man als winziges Bruchstück aus Fels und Metall betrachten, das großteils mit Wasser bedeckt ist und in einem von der Sonne kommenden Energiefluß eingetaucht ist. Sie befindet sich im inneren Teil des Sonnensystems. Ihre durchschnittliche Distanz von der Sonne beträgt 149,6 Millionen km; dieser Wert wird in der Physik als eine der wichtigsten Maßeinheiten verwendet (astronomische Einheit).

Die der Erde nächstliegenden Planeten rotieren langsam um ihre eigene Achse und benötigen deshalb einige Tage, um eine komplette Umdrehung zu vollziehen. Im Gegensatz dazu beenden die jupiterähnlichen Planeten ihre Rotation in weniger als einem Tag. Während jedoch die jupiterähnlichen Planeten für die Umkreisung der Sonne Jahre benötigen, vollziehen die Erdplaneten diese in beträchtlich kürzerer Zeit; höchstens aber in 687 Tagen wie der Mars.

Wenn man die erdnahen Planeten, also Merkur, Venus und Mars, betrachtet, erscheinen auch diese felsig und von relativ kleiner Größe. Sie stellen nur einen kleinen Teil der gesamten Masse des Universums dar. Die größeren Massen befinden sich nämlich in den äußeren Zonen: im Reich des Planeten Jupiter.

Die zwei der Erde nächstliegenden äußeren Planeten sind der Jupiter und der Saturn, die beide hauptsächlich aus Wasserstoff und Helium bestehen und deren Zusammensetzung sehr ähnlich ist; Saturn vollführt die rasche Rotation um seine eigene Achse im Inneren konzentrischer Kreise, die aus Millionen Teilchen bestehen, welche sich parallel zu seiner Äquatorebene befinden. Da Uranus und Neptun, die beiden weiter außen liegenden Planeten, ähnliche Merkmale (fast gleicher Durchmesser und eine Atmosphäre aus Wasserstoff und Methan) aufweisen, werden sie auch die »Riesenzwillinge« des Sonnensystems genannt. Der in äußerster Position befindliche und damit weitest entfernte Planet des Sonnensystems Pluto ist sehr klein, sogar weitaus kleiner als der Mond. Heute nimmt man an, daß Pluto ein alter Satellit des Neptuns sei, der aufgrund irgendeiner riesigen planetarischen Katastrophe aus seiner Umlaufbahn hinausgeworfen wurde.

Unter den 65 Monden, die in unterschiedlicher Anzahl die neun Planeten des Sonnensystems umkreisen, sticht Ganymed, der größte Jupitersatellit, aufgrund seiner Ausmaße hervor: er ist größer als der Planet Merkur.

Die Asteroiden verdienen hier extra hervorgehoben zu werden: es handelt sich dabei um relativ kleine Himmelskörper, die zwischen Mars und Jupiter herumkreisen. Der Durchmesser des größten (Ceres) beträgt ca. 1000 km. Asteroiden stellen den Rest jener kleiner ursprünglicher Körper *(Planetesimale)* dar, welche die erdähnlichen Planeten gebildet haben. Im Asteroidengürtel wurde der Prozeß der Planetenbildung im Embryonalstadium abgebrochen, und zwar aufgrund der Störungen, die durch die aus dem Jupiterbereich kommenden Planetesimale verursacht worden sind. Die Umlaufbahn der Protoasteroiden haben auf diese Weise ihre Exzentrizität erhöht und dadurch extrem heftige gegenseitige Zusammenstöße ausgelöst, die anstatt den Wachstumsmechanismus fortzusetzen, einen Zerstörungsprozeß eingeleitet haben. Den Großteil der heutigen Asteroiden (vielleicht mit Ausnahme der allergrößten) stellen Bruchstücke dar, die von diesen weitzurückliegenden katastrophalen Zusammenstößen herrühren.

Die Kometen sind Himmelskörper, die periodisch wie gewohnheitsmäßige Besucher des interplanetarischen Raums auftauchen. Vielleicht sind sie aus einer Kometenwolke entstanden,

die vielleicht in einer Entfernung von zwischen ca. 20000 und 100000 astronomischen Einheiten um die Sonne kreist. Auch die Kometen sind ein greifbarer Überrest dieses ursprünglichen Sonnennebels.
Die Kometen bestehen aus einem festen Kern aus Eis und Staub. Wenn sie ihre Umlaufbahn in die Nähe der Sonne bringt, sublimieren die äußeren Schichten des Kerns und formen dabei die Koma und den Schweif, die von der Sonne beleuchtet den Kometen sichtbar machen.
Obwohl jedes die Sonne umkreisende Objekt einen Teil eines wirklich vollständigen Systems darstellt, das von der Anziehungskraft der Sonne zusammengehalten wird, stellen sich die einzelnen Elemente bei näherer Betrachtung doch als recht unterschiedlich heraus. Unter den Planeten benötigt zum Beispiel Pluto im Verhältnis zu Merkur 1000mal so lang, um einen kompletten Umlauf um die Sonne zu vollenden.
Der Durchmesser des Jupiters ist 30mal größer als der des Merkurs. Der letztgenannte hat keine Atmosphäre, während die Atmosphäre der Venus so dicht ist, daß sie mit jenen Bedingungen verglichen werden kann, die man in den größten Tiefen der Ozeane vorfindet.
Nur die Erde besitzt innere Gewässer, die als Flüsse dahinströmen und sich in Seen ansammeln; der Mars hat nur riesige Canyons und flußartige Kanäle, die vielleicht das Vorhandensein von Wasser im flüssigen Zustand vor langer Zeit beweisen. Die Raumforschung hat bei den Planeten jedoch auch eine Gemeinsamkeit ergeben: sowohl auf den felsigen (der Sonne näherliegend) als auch auf den eisigen Planeten (von der Sonne weiter entfernt) lassen sich Krater beobachten, die auf Zusammenstöße mit Meteoriten, Asteroiden und Kometen zurückzuführen sind.

MERKUR ☿

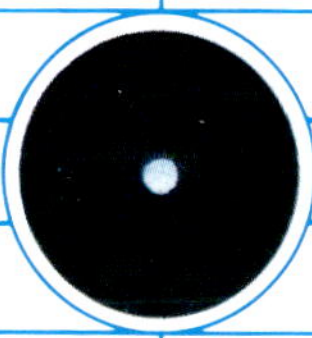

Maximale Entfernung von der Sonne	69,7 Millionen km	Atmosphäre (Hauptbestandteile)	keine
Minimalentfernung von der Sonne	45,9 Millionen km	Mittlere Temp. an der Oberfl. (B = Boden, W = Wolken)	350° C(B) Tag; −170° C(B) Nacht
Durchschnittliche Entfernung von der Sonne	57,9 Millionen km	...atmosphärischer Druck an der Oberfläche	10^{-9} Millibar
Äquatordurchmesser	4880 km	Masse in Erdmassen	0,055
Bekannte Satelliten	0	Volumen (Erde = 1)	0,06
Schwerkraft an der Oberfläche (Erde = 1)	0,37	Dichte (Wasser = 1)	5,4
Umlaufszeit um die Sonne	88 Tage	Achsenneigung	<28°
Rotationszeit	59 Tage	Bahngeschwindigkeit	47,9 km/sec
Bahnneigung gegen die Ekliptik	7°	Mittlerer scheinbarer Durchmesser der Sonne vom Planeten aus gesehen	1° 22' 40"

MARS ♂

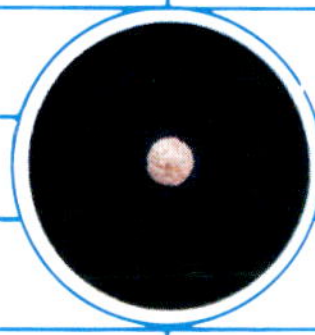

Maximale Entfernung von der Sonne	249,1 Millionen km	Atmosphäre (Hauptbestandteile)	Kohlenstoff, Stickstoff
Minimalentfernung von der Sonne	206,7 Millionen km	Mittlere Temp. an der Oberfl. (B = Boden, W = Wolken)	−23° C
Durchschnittliche Entfernung von der Sonne	227,9 Millionen km	...atmosphärischer Druck an der Oberfläche	6 Millibar
Äquatordurchmesser	6787 km	Masse in Erdmassen	0,108
Bekannte Satelliten	2	Volumen (Erde = 1)	0,15
Schwerkraft an der Oberfläche (Erde = 1)	0,38	Dichte (Wasser = 1)	3,9
Umlaufszeit um die Sonne	687 Tage	Achsenneigung	23° 59'
Rotationszeit	24 Stunden, 37 Minuten, 23 Sek.	Bahngeschwindigkeit	24,1 km/sec
Bahnneigung gegen die Ekliptik	1,9°	Mittlerer scheinbarer Durchmesser der Sonne vom Planeten aus gesehen	21'

URANUS ⛢

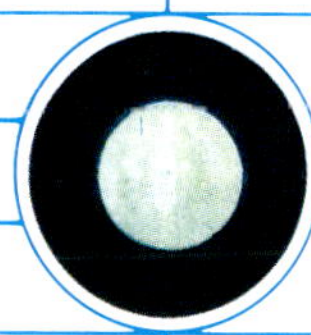

Maximale Entfernung von der Sonne	3004 Millionen km	Atmosphäre (Hauptbestandteile)	Wasserstoff, Helium, Methan
Minimalentfernung von der Sonne	2735 Millionen km	Mittlere Temp. an der Oberfl. (B = Boden, W = Wolken)	−210° C (W)
Durchschnittliche Entfernung von der Sonne	2869,6 Millionen km	...atmosphärischer Druck an der Oberfläche	?
Äquatordurchmesser	51800 km	Masse in Erdmassen	14,0
Bekannte Satelliten	15	Volumen (Erde = 1)	67
Schwerkraft an der Oberfläche (Erde = 1)	1,17	Dichte (Wasser = 1)	1,2
Umlaufszeit um die Sonne	84,01 Jahre	Achsenneigung	82° 5'
Rotationszeit	−11 Stunden retrograde Rotation	Bahngeschwindigkeit	6,8 km/sec
Bahnneigung gegen die Ekliptik	0,8°	Mittlerer scheinbarer Durchmesser der Sonne vom Planeten aus gesehen	1' 41"

VENUS ♀

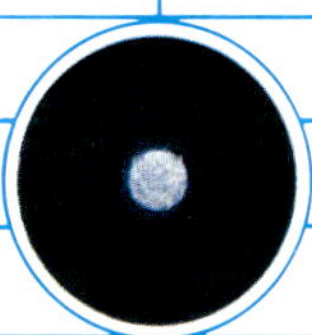

Maximale Entfernung von der Sonne	109 Millionen km	Atmosphäre (Hauptbestandteile)	Kohlendioxyd
Minimalentfernung von der Sonne	107,4 Millionen km	Mittlere Temp. an der Oberfl. (B = Boden, W = Wolken)	−33° C(W); 480° C(B)
Durchschnittliche Entfernung von der Sonne	108,2 Millionen km	...atmosphärischer Druck an der Oberfläche	90000 Millibar
Äquatordurchmesser	12104 km	Masse in Erdmassen	0,815
Bekannte Satelliten	0	Volumen (Erde = 1)	0,88
Schwerkraft an der Oberfläche (Erde = 1)	0,88	Dichte (Wasser = 1)	5,2
Umlaufszeit um die Sonne	224,7 Tage	Achsenneigung	3°
Rotationszeit	−243 Tage retrograde Rotation	Bahngeschwindigkeit	35 km/sec
Bahnneigung gegen die Ekliptik	3,4°	Mittlerer scheinbarer Durchmesser der Sonne vom Planeten aus gesehen	44' 15"

JUPITER ♃

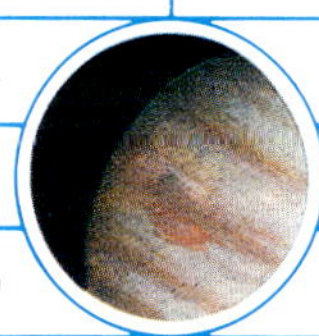

Maximale Entfernung von der Sonne	815,7 Millionen km	Atmosphäre (Hauptbestandteile)	Wasserstoff, Helium
Minimalentfernung von der Sonne	740,9 Millionen km	Mittlere Temp. an der Oberfl. (B = Boden, W = Wolken)	−150° C (W)
Durchschnittliche Entfernung von der Sonne	778,3 Millionen km	...atmosphärischer Druck an der Oberfläche	?
Äquatordurchmesser	142800 km	Masse in Erdmassen	317,9
Bekannte Satelliten	16 (?)	Volumen (Erde = 1)	1316
Schwerkraft an der Oberfläche (Erde = 1)	2,64	Dichte (Wasser = 1)	1,3
Umlaufszeit um die Sonne	11,86 Jahre	Achsenneigung	3° 05'
Rotationszeit	9 Stunden, 50 Minuten, 30 Sek.	Bahngeschwindigkeit	13,1 km/sec
Bahnneigung gegen die Ekliptik	1,3°	Mittlerer scheinbarer Durchmesser der Sonne vom Planeten aus gesehen	6' 09"

NEPTUN ♆

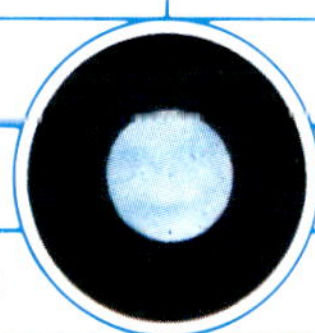

Maximale Entfernung von der Sonne	4537 Millionen km	Atmosphäre (Hauptbestandteile)	Wasserstoff, Helium, Methan
Minimalentfernung von der Sonne	4456 Millionen km	Mittlere Temp. an der Oberfl. (B = Boden, W = Wolken)	−220° C (W)
Durchschnittliche Entfernung von der Sonne	4496,6 Millionen km	...atmosphärischer Druck an der Oberfläche	?
Äquatordurchmesser	49500 km	Masse in Erdmassen	17,2
Bekannte Satelliten	8	Volumen (Erde = 1)	57
Schwerkraft an der Oberfläche (Erde = 1)	1,18	Dichte (Wasser = 1)	1,7
Umlaufszeit um die Sonne	164,8 Jahre	Achsenneigung	28° 48'
Rotationszeit	16 Stunden	Bahngeschwindigkeit	5,4 km/sec
Bahnneigung gegen die Ekliptik	1,8°	Mittlerer scheinbarer Durchmesser der Sonne vom Planeten aus gesehen	1' 04"

ERDE ⊕

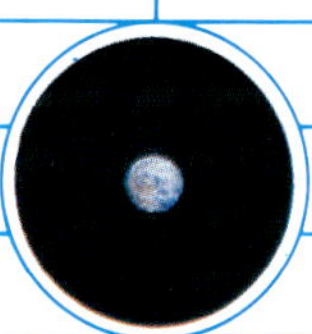

Maximale Entfernung von der Sonne	152,1 Millionen km	Atmosphäre (Hauptbestandteile)	Stickstoff, Sauerstoff
Minimalentfernung von der Sonne	147,1 Millionen km	Mittlere Temp. an der Oberfl. (B = Boden, W = Wolken)	22° C (B)
Durchschnittliche Entfernung von der Sonne	149,6 Millionen km	...atmosphärischer Druck an der Oberfläche	1000 Millibar
Äquatordurchmesser	12756 km	Masse in Erdmassen	1
Bekannte Satelliten	1	Volumen (Erde = 1)	1
Schwerkraft an der Oberfläche (Erde = 1)	1	Dichte (Wasser = 1)	5,5
Umlaufszeit um die Sonne	365,26 Tage	Achsenneigung	23° 27'
Rotationszeit	23 Stunden, 56 Minuten, 4 Sek.	Bahngeschwindigkeit	29,8 km/sec
Bahnneigung gegen die Ekliptik	0°	Mittlerer scheinbarer Durchmesser der Sonne vom Planeten aus gesehen	31' 59"

SATURN ♄

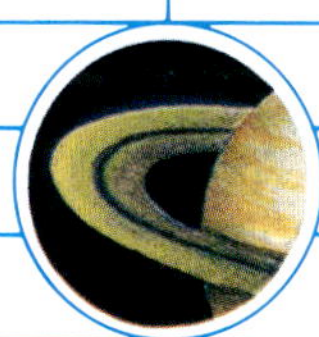

Maximale Entfernung von der Sonne	1507 Millionen km	Atmosphäre (Hauptbestandteile)	Wasserstoff, Helium
Minimalentfernung von der Sonne	1347 Millionen km	Mittlere Temp. an der Oberfl. (B = Boden, W = Wolken)	−180° C (W)
Durchschnittliche Entfernung von der Sonne	1427 Millionen km	...atmosphärischer Druck an der Oberfläche	?
Äquatordurchmesser	120000 km	Masse in Erdmassen	95,2
Bekannte Satelliten	23 (?)	Volumen (Erde = 1)	755
Schwerkraft an der Oberfläche (Erde = 1)	1,15	Dichte (Wasser = 1)	0,7
Umlaufszeit um die Sonne	29,46 Jahre	Achsenneigung	26° 44'
Rotationszeit	10 Stunden, 14 Minuten	Bahngeschwindigkeit	0,6 km/sec
Bahnneigung gegen die Ekliptik	2,5°	Mittlerer scheinbarer Durchmesser der Sonne vom Planeten aus gesehen	3' 22"

PLUTO ♇

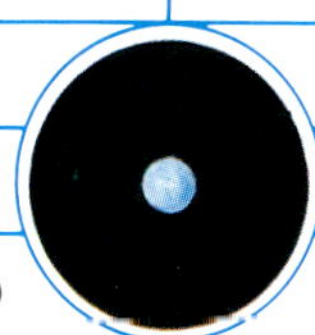

Maximale Entfernung von der Sonne	7375 Millionen km	Atmosphäre (Hauptbestandteile)	keine Erhebung
Minimalentfernung von der Sonne	4425 Millionen km	Mittlere Temp. an der Oberfl. (B = Boden, W = Wolken)	−230° C(?)
Durchschnittliche Entfernung von der Sonne	5900 Millionen km	...atmosphärischer Druck an der Oberfläche	?
Äquatordurchmesser	6000 (?) km	Masse in Erdmassen	0,1 (?)
Bekannte Satelliten	1 (?)	Volumen (Erde = 1)	0,1 (?)
Schwerkraft an der Oberfläche (Erde = 1)	?	Dichte (Wasser = 1)	?
Umlaufszeit um die Sonne	247,7 Jahre	Achsenneigung	?
Rotationszeit	6 Tage, 9 Stunden	Bahngeschwindigkeit	4,7 km/sec
Bahnneigung gegen die Ekliptik	17,2°	Mittlerer scheinbarer Durchmesser der Sonne vom Planeten aus gesehen	49"

Die Lage des Sonnensystems

Jahrhundertelang hat der Mensch die Sonne und allgemein das Sonnensystem als einziges Ereignis im ganzen Universum betrachtet. In Wirklichkeit ist die Sonne nur ein Stern mittlerer Größe, einer der zahlreichen Sterne, welche die Galaxis bilden. Wenn man das Sonnensystem von einem von ihm 100000 astronomische Einheiten entfernten hypothetischen Beobachtungspunkt aus untersuchte, würde die Sonne mit bloßem Auge wie ein leuchtender Stern erscheinen, von ihren Planeten wäre jedoch keine Spur zu sehen.
Aus der Entfernung von einer Million astronomischen Einheiten könnte man die Sonne nur mit Hilfe eines Teleskops erkennen, und die Galaxis würde als eine ausgedehnte, sich langsam drehende Masse aus ca. 100 Milliarden Sternen erscheinen; diese Galaxis ist ihrerseits wieder nur eine der Milliarden Galaxien unseres Universums.
Proxima Centauri ist – natürlich nach der Sonne – der der Erde nächstliegende Stern; er ist von unserem Planeten ca. 40 Millionen Millionen km entfernt. Bei Einsatz der fortschrittlichsten Weltraumtechnologie würde eine interplanetarische Sonde ungefähr neun Jahre benötigen, um Pluto zu erreichen; Proxima Centauri würde sie jedoch erst nach einigen Dutzend Jahrhunderten erreichen. Das bedeutet, daß unsere Möglichkeiten der direkten Forschung derzeit sicherlich auf das Sonnensystem beschränkt sind. Der Aufbruch ins All begann am 4. Oktober 1957 mit dem Erfolg der Mission des ersten Sputniks; im Jahre 1961 wagte Yuri Gagarin als erster Mensch einen Flug außerhalb der Atmosphäre. Seit diesem Moment haben sich zwei grundlegende Forschungswege geöffnet: die von einem Piloten gesteuerten Missionen und die automatischen, von der Erde aus gelenkten Sonden.
Der erste Weg, der für die Erforschung über kurze Distanzen geeigneter ist, hatte seinen Höhepunkt am 20. Juli 1969, als der amerikanische Astronaut Neil Armstrong als erster Mensch den Mond betrat.
Was den anderen Forschungsweg und im speziellen die hochentwickelten Minilaboratorien betrifft, die in der Lage sind, andere Planeten zu erreichen, visuelle Beobachtungen und Messungen verschiedenster Art durchzuführen und die dabei gewonnenen Bilder und Daten zur Erde zu senden, geht der erste aufsehenerregende Erfolg auf das Jahr 1965 zurück, als sich die amerikanische Raumsonde Mariner 4 am 14. Juli nach einem siebeneinhalb wöchigen Flug der Oberfläche des Mars bis auf 10000 km annäherte und 22 höchst interessante Bilder zur Erde senden konnte.
Auf diesen ersten Erfolg folgten weitere, wie die Missionen Venera 3 und 4, die (am 1. März 1966 bzw. am 18. Oktober 1967) in das Gravitationsfeld der Venus eintraten und auf ihr landeten; Venera 4 übermittelte während der 94 Minuten, die sie bis zum Erreichen des Bodens benötigte, Daten über die Atmosphäre der Venus, bis sie wahrscheinlich zerschellte.
Darauf folgten die weichen Landungen auf der Venus von Venera 5 und 6 (16. und 17. Mai 1969). Danach waren die Amerikaner mit Mariner 6 und 7 an der Reihe, die am 31. Juli und 5. August 1969 den Mars in einer Entfernung von ca. 3500 km streiften und 76 bzw. 126 Bilder zur Erde zurücksendeten.
Es handelte sich jedoch dabei immer um einen Flug in die Nähe dieser Himmelsobjekte: kein Gefährt konnte in die Umlaufbahn eines anderen Planeten einschwenken. Dies gelang Mariner 9, die am 13. November 1971 in 1395 km Höhe in eine stabile Umlaufbahn des Mars eintrat, von wo sie über ein Jahr lang 7329 Fotografien aufnahm und zur Erde sandte. Diese Bilder ermöglichten es, die erste echte geographische Karte eines von der Erde verschiedenen Planeten zu zeichnen.
Zehn Jahre lang haben sich diese Forschungen also den zwei naheliegendsten Planeten Venus und Mars gewidmet. Die Raumsonden, die den größten Beitrag zum heutigen Wissensstand über das äußere Sonnensystem geleistet haben, sind jedoch zweifelsohne Voyager 1 und 2 gewesen. Die erste Sonde erreichte Jupiter mit März 1979 und Saturn im November 1980; die zweite flog im Juli 1979 nahe an Jupiter vorbei und erreichte im August 1981 Saturn; Voyager 2 setzte danach ihre Mission fort und traf im Jän-

Die der Sonne nächstliegenden Sterne:
1: Alpha Centauri
2: Proxima Centauri
3: Epsilon Indi
4: Cordoba Vh. 243
5: Lalande 8760
6: Sirius
7: Procyon
8: Epsilon Eridani
9: B.D.–51°658
10: Groombridge 34
11: Ross 248
12: Krüger 60
13: O.A.(N) 17415
14: Σ 2398
15: 61 Cygni
16: B.D.–12°4523
17: Munich 15040

Das Sonnensystem, die nächstliegenden Sterne, die Galaxis. Die Abbildung zeigt eine Gegenüberstellung der Raumaufteilung der Sonne, ihrer Planeten, der nächstliegenden Sterne und des Milchstraßensystems. Wenn man das Sonnensystem betrachtet, erkennt man, daß die Maximalentfernung zwischen der Sonne und dem äußeren Planeten Pluto 7375 Millionen km beträgt. Wenn man diese Entfernung mit der Distanz zwischen der Sonne und den ihr nächstliegenden Sternen vergleicht, kommt man auf einen praktisch unfaßbaren Wert. In der Tat liegen zwischen der Sonne und Proxima Centauri gut 4250 Lichtjahre (ein Lichtjahr = 9461 Milliarden km). Proxima Centauri ist ein Zwergstern, der zum Dreiersystem mit dem Namen Alpha Centauri gehört; er ist derzeit der der Sonne nächstliegende Stern. Wenn man jetzt diesen Komplex, der all jene Sterne umfaßt, die sich im Bereich eines Radius von ca. 10 Lichtjahren um die Sonne befinden, in das Bild der Galaxis einreiht, wird das Verhältnis der Entfernung noch unbedeutender.

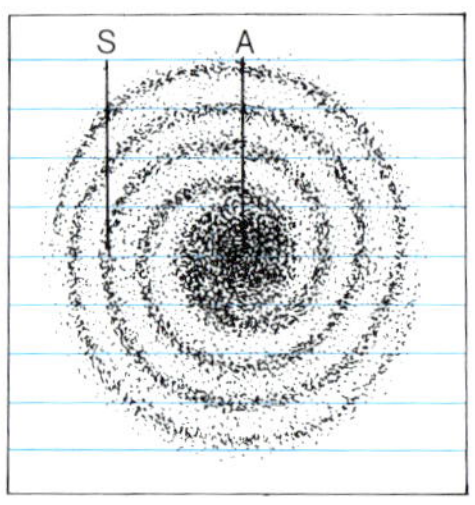

Die Galaxis oder Milchstraße. Die hier im Grundriß und im Querschnitt abgebildete Galaxis besteht aus ca. 100 Milliarden Sternen, die langsam um einen zentralen Kern (A) rotieren. Einer dieser Sterne ist die Sonne (S), die ungefähr 30000 Lichtjahre vom Kern entfernt ist.

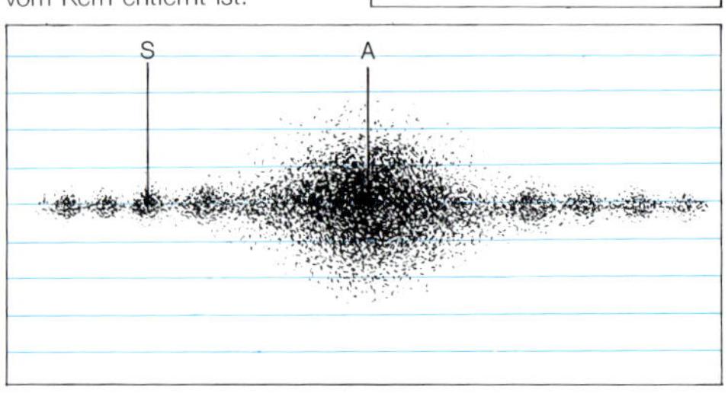

ner 1986 auf Uranus; das nächste Ziel war Neptun, den sie im Sommer 1989 erreichte.
Zweifelsohne haben es diese Missionen ermöglicht, einen neuen Aspekt des Sonnensystems zu entdecken und sie haben vor allem die große Bedeutung der Satellitensysteme der äußeren Planeten erkennen lassen. Diese Satellitensysteme haben sich als wahre Planetenkörper herausgestellt, deren äußerst komplexe und unterschiedliche geologische Entwicklung die Planetologen bis heute in Staunen versetzt.
Unter den »nahen« Planeten mußte noch Merkur erreicht werden. Diese Mission erfüllte Mariner 10, die am 3. November 1973 aufbrach: nachdem sie Venus gestreift hatte, schwenkte sie in eine Umlaufbahn der Sonne ein, um sich auf diese Weise dem Merkur mehrmals anzunähern. Sie sendete über 8000 Bilder zur Erde, mit deren Hilfe auch von diesem Planeten eine geographische Karte gezeichnet werden konnte.
Obwohl Venus mehrmals besucht worden war, fehlten aufgrund der undurchdringlichen Nebeldecke Bilder von der Oberfläche. Um diese Aufnahmen zu erhalten, mußte man unter Bedingungen hoher Temperatur und hohen Drucks weich auf dem Venusboden landen: dies gelang Venera 9 und 10 (am 22. und 25. Oktober 1975), die zwei Fotos zur Erde schicken konnten. Auf diese Mission folgten jene der Pioneer Venus 1 und 2 und jene der Venera 11 und 12, die im Dezember 1978 die Venus erreichten.
Die interessantesten Ergebnisse brachten jedoch wahrscheinlich die Missionen Venera 15 und 16, die vom Oktober 1983 bis Juli 1984 dauerten. Mittels der Radartechnik konnten wichtige Informationen über die Bodenbeschaffenheit gewonnen werden, aufgrund derer genaue Landkarten der Venus gezeichnet werden konnten.
In der Zwischenzeit haben zwei weitere automatische Raumsonden die Marsoberfläche erreicht und chemische Bodenanalysen durchgeführt: Viking 1 und 2, die am 20. Juli und am 4. September 1976 auf dem Mars landeten.

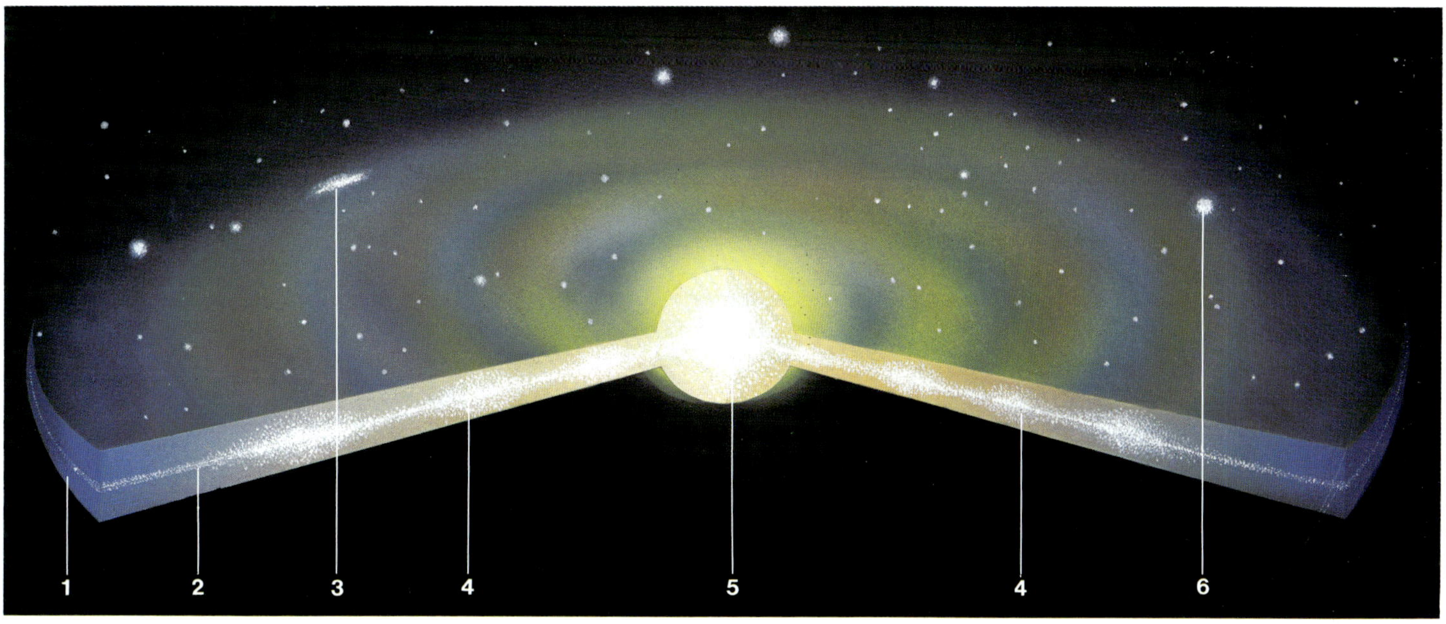

Der Aufbau der Galaxis. Wie wir aus dem obigen perspektivischen Querschnitt ersehen können, setzt sich unsere Galaxis aus einem zentralen Kern (5), aus einer Scheibe aus Sternen und interstellarer Materie (2) und aus einem Hof oder galaktischen Korona (1) zusammen. Dieser galaktische Hof ist fast kreisförmig und besteht aus kugeligen Sternhaufen (6), aus verstreuten Sternen und Wolken aus ionisiertem Wasserstoff (3). Die Scheibe, deren Durchmesser 100 000 Lichtjahre und deren Stärke 1700 Lichtjahre beträgt, setzt sich aus Sternhaufen, verschiedenen zusammenhängenden Sternen, verstreutem Staub und Gas zusammen. Und alle diese Bestandteile sind nicht etwa gleichmäßig verteilt, sondern befinden sich in Spiralarmen (4), die voneinander durch relativ leere Zonen getrennt sind. Der Kern mit einem Radius von 16 000 Lichtjahren besteht aus einer Sternhülle, und je weiter man sich dem Kern selbst annähert, desto größer wird die Anzahl der Sterne. Das gesamte galaktische System dreht sich mit einer nach außen hin konstant abnehmenden Winkelgeschwindigkeit um eine hypothetische Achse, die durch den Kern verläuft und sich senkrecht zur Galaxisebene befindet. Eine unserer Milchstraße sowohl bezüglich der Form als auch des Aufbaus ähnliche Galaxie ist der Andromedanebel (oben). Er besteht aus ca. 200 Milliarden Sternen und stellt das weitestentfernte Objekt (3 Millionen Lichtjahre) dar, das direkt vom menschlichen Auge wahrgenommen werden kann. Die Verzweigungen des Andromedanebels zeigen sich als Spiralarme, die sich einige Male um den zentralen Kern winden. Wie es auch bei unserer Milchstraße und anderen Spiralgalaxien der Fall ist, dreht sich dieses Sternensystem langsam, jedoch nicht gleichmäßig rund um den zentralen Kern um die eigene Achse.

Der Ursprung des Sonnensystems

Wie ist das Sonnensystem entstanden? Wie waren die Sonnengase beschaffen und wie haben sie sich entwickelt? Wann und auf welche Weise hat sich die Sonne gebildet? Warum sind die Planeten bezüglich ihrer physikalischen Beschaffenheit und der Oberflächengestalt so unterschiedlich?
Aus welchem Grund existieren zwischen den Planeten gewisse Ähnlichkeiten (wie z. B. die Krater), wenn es andererseits wieder erscheint, als ob jeder Planet ihm eigene Besonderheiten hätte (im Fall der Erde das Vorhandensein von Tieren, Pflanzen und Wasser im flüssigen Zustand)?
Es wurden zahlreiche Theorien formuliert, um die Bildung des Sonnensystems zu erklären. Historisch betrachtet standen sich zwei Strömungen gegenüber. Die erste nimmt eine »Katastrophe« als auslösendes Moment an, d. h. sie erklärt den Ursprung des Sonnensystems mit einem plötzlichen, von außerhalb des Systems kommenden Ereignis; die zweite, »evolutionistische« Richtung betrachtet den Ursprung als direkte Konsequenz der für das System charakteristischen Bedingungen.
Zu den allerersten Hypothesen der Katastrophenströmung lassen sich jene von Chamberlain-Moulton und Jean Jeffrey zählen. Demnach war ein von der Sonne kommendes Filament (ein Teil der Sonne selbst) die Quelle der Materie, die das Sonnensystem bildete. Das Filament hätte sich aufgrund eines Zusammenstoßes oder durch einen die Sonne streifenden Stern von ihr gelöst. Die Wahrscheinlichkeit, daß sich so eine Art von Zusammenstoß wirklich ereignet hat, ist in der Realität sehr gering.
Größere Zustimmung findet der evolutionistische Ansatz, der annimmt, daß sich die Sonne und die Planeten aus einem riesigen Nebel, d. h. aus einer Gas- und Staubmasse von der Art entwikkelt hat, wie sie die Astronomen häufig am Himmel beobachten können.

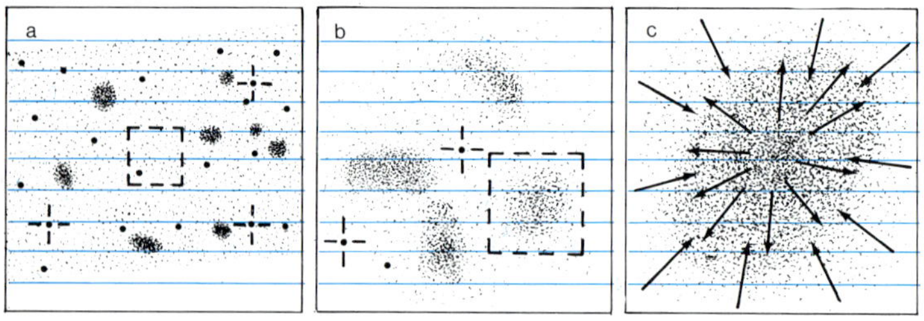

Die Entstehung der Sonne. In einem Bereich der Galaxis, in dem sich laufend Sterne bilden, werden sich bei Vorhandensein von Gas und Staubkörnern (a) zuerst die Gaswolken zu hoher Dichte konzentrieren (b). In dem Moment, in dem die Anziehungskraft den inneren Druck der Wolke übersteigt (c), kollabiert diese (d), wird instabil und zieht sich in zahlreiche Bruchstücke zusammen, die alle mit einer Drehbewegung ausgestattet sind (e). Eines dieser Stückchen dreht sich immer schneller, bis es sich zu einer Art Scheibe plattdrückt (f); der zentrale Bereich kollabiert rascher als der Rest (g): dies ist die Geburt des anfänglichen Sonnennebels. Die leichteren Elemente konzentrieren sich am äußeren Rand, und die schwereren in der Nähe des zentralen Kerns (h), der sich dann durch Ansammlung und Vergrößerung erweitert (i).

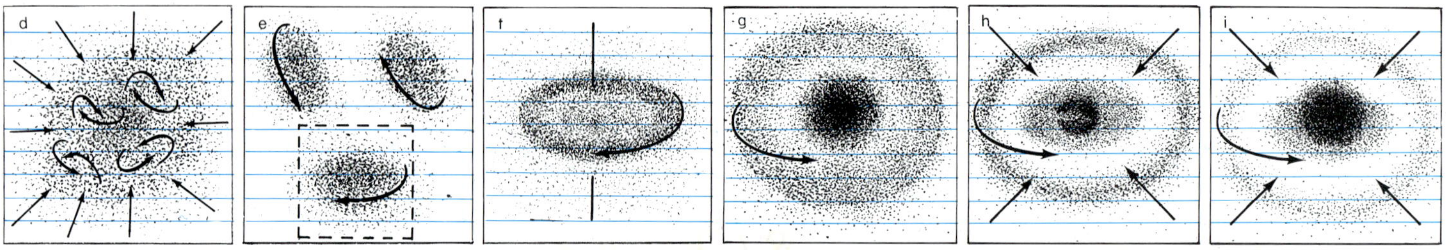

Die Bildung der Planeten. Es gibt im wesentlichen zwei Theorien über die Entstehung der Planeten. Gemäß der ersten Theorie (auf der Abbildung links) entstanden die ersten Ansammlungen aus zufälligen Zusammenstößen, die in heftigen Wirbeln innerhalb des Nebels erfolgten oder aufgrund des Zusammenpralls schnellerer und langsamerer Teilchen an den Schnittpunkten der elliptischen Umlaufbahnen, die damals im Inneren der diffusen Scheibe vorherrschten. Als diese ersten kleinen Planeten die kritische Masse erreichten, begannen sie auf die umliegenden Teile Anziehungskräfte auszuüben und damit die kleineren Teilchen an sich zu ziehen. In weniger als 100 Millionen Jahren erreichte das gesamte Planetensystem seine heutige Gestalt; die größeren Körper bildeten sich daher auf Kosten der kleineren.
Die zweite Theorie (auf der Abbildung rechts) nimmt an, daß sich Gasmassen aufgrund der Rotationsbewegung aus dem anfänglichen Nebel gelöst hätten. Die Gasmassen hätten sich in den weiteren Phasen kondensiert, bis daraus die heutigen Planeten entstanden wären. Die zahlreichen Asteroiden, die sich in einer Distanz von ca. 2,8 astronomischen Einheiten von der Sonne befinden, sind nach dieser Theorie die Reste des anfänglichen Nebels, die in der Kondensationsphase nicht in der Lage waren, sich zu einem einzigen kugelförmigen Planeten zusammenzuschließen. Gemäß der ersten Theorie ereignete sich die Aggregation – also die Endphase der Planetenentstehung – nachdem sich die Sonne bereits infolge der Auslösung thermonuklearer Reaktionen gebildet hatte. Die zweite Theorie nimmt jedoch an, daß sich die Sonne entzündete, während die Planeten rund um sie entstanden.

Wo entstehen die Sterne? Ähnliche Phänomene wie bei der Entstehung der Sonne ereignen sich auch in den Nebeln. Der Orionnebel (oben) ist eine riesige Wolke aus Gas und Staub, und vielleicht ist er dem Nebel, aus dem das Sonnensystem entstanden ist, gar nicht so unähnlich. Das Leuchten dieses Nebels kommt von vier hellen Sternen. Dahinter befindet sich eine Wolke aus molekularem Wasserstoff, die in ihrem Inneren infrarote Strahlungsquellen, darunter auch einen Protostern, enthält.

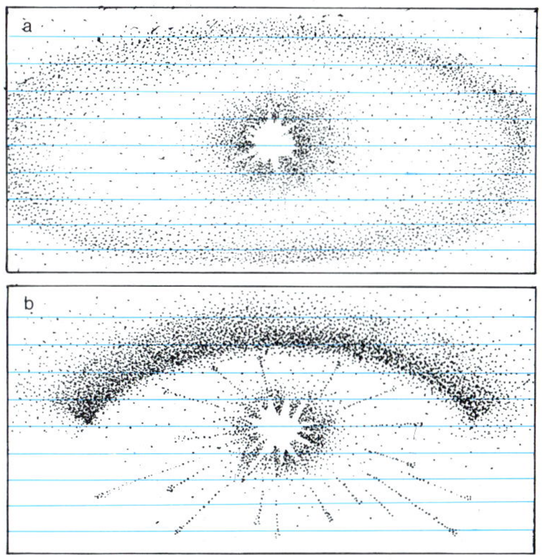

Die letzten Phasen. Nachdem die Planeten rund um die Sonne entstanden waren, hätten noch Gasreste des Sonnennebels sowie zahlreiche kleinere Körper und große Mengen an Staub übrigbleiben müssen, die sich nicht verdichtet hatten. Die Staubmenge im Sonnensystem ist jedoch gering, und Gas ist fast kaum vorhanden. Eine Erklärung dafür bietet der Umstand, daß die Sonne – als sie zu leuchten begann (a) – die Materie mit enormer Geschwindigkeit abstieß und daß der dabei entstehende Wind (T Tauri-Wind) das restliche Gas wegfegte (b).

Diese ziemlich verbreitete Theorie wird *Nebularhypothese* genannt und behauptet, daß sich der langsam um die eigene Achse drehende Sonnennebel rasch in eine große Scheibe verwandelte, in deren Zentrum sich eine immer größer werdende Materienmasse ansammelte.

Diese Masse wurde immer schwerer, dichter und heißer, bis sie eine nukleare Reaktion auslöste und sich damit in einen Stern verwandelte: die Sonne.

An diesem Punkt sind sich die Befürworter dieser Theorie bezüglich der Entstehung der verschiedenen Planeten uneinig.

Es gibt zwei Hypothesen: die erste ist die der *Protoplaneten* und besagt, daß sich als Folge der Rotation stabile Gasmassen vom Nebel gelöst hätten, die sich schließlich zusammenzogen, um auf diese Weise die Planeten zu bilden.

Nach der zweiten, der *infinitesimalen Planeten*-Hypothese, hätten sich die Staubteilchen zu einigen kleinen festen Körpern zusammengeschlossen, die auf andere feste Materie Anziehungskraft ausgeübt und dadurch ihr Volumen so weit erhöht hätten, bis sie die Ausmaße eines Planeten erreichten.

Diese Planeten wurden schließlich von der Anziehungskraft der Sonne angezogen und blieben deshalb in der Umlaufbahn im Gleichgewicht, da sich die Anziehungskraft und der Drall (Fliehkraft), der durch die Rotationsbewegung um die Sonne entstand, ausgleichten.

Die Satelliten der Planeten haben ihr Volumen wahrscheinlich auf dieselbe Weise erhöht und wurden in der Folge, als sie bereits kleine Massen gebildet hatten, vom Gravitationsfeld der Planeten angezogen.

Im Bereich dieses Basismodells, das in allen seinen Phasen in den Abbildungen auf der gegenüberliegenden Seite beschrieben wird, versucht man zur Zeit die Analogien und Unterschiede der einzelnen Teile des Sonnensystems zu erklären. Die bedeutendsten Unterschiede und Übereinstimmungen finden sich auf der Stufe der chemischen Zusammensetzung.

Wenn die Planeten, die Sonne wie auch die Satelliten und Meteoriten wirklich alle aus demselben Nebel entstanden sind, wie läßt sich dann der Umstand rechtfertigen, daß 99,99 % unseres Sterns aus nur 15 chemischen Elementen bestehen, während sich die Erde, Venus, Merkur, Mars und andere Körper aus felsigem Material zusammensetzen, Jupiter, Saturn, Uranus und Neptun hingegen aus gasförmiger oder flüssiger Materie, und die großen Satelliten der äußeren Planeten hauptsächlich aus Wassereis, Ammoniak oder Methan bestehen?

Ein vielversprechender Forschungsansatz hält den ursprünglichen Sonnennebel für ein einziges großes System, dessen Teile sich vor allem aufgrund der Temperatur voneinander unterscheidon; danach hätte die höchste Temperatur im Zentrum geherrscht und hätte sich nach und nach gegen außen hin immer mehr abgekühlt. Das bedeutet, daß selbst wenn man eine gewisse Gleichförmigkeit bei den Grundbestandteilen annimmt, die verschiedenen Materialien in den zentrumsnahen Zonen bei einer Temperatur, die 2000 K überschreitet, in ihrem gasförmigen Zustand verharrt wären. In einem vom Zentrum vielleicht 30 Millionen km entfernten Gürtel, wo die Temperatur bereits auf unter 1000 K gesunken ist, hätten sich einige Substanzen (genauer gesagt: jene mit einem sehr hohen Schmelzpunkt) kondensieren und Körner aus fester Materie bilden können.

Natürlich wären in dieser Zone (die sich bis zum Asteroidengürtel zwischen Mars und Jupiter erstreckt hätte) die Elemente mit niedrigerem Schmelz- und Kondensationspunkt im gasförmigen Zustand geblieben.

In noch größerer Entfernung vom Zentrum hätten sich bei noch geringerer Temperatur höchstwahrscheinlich auch die flüchtigen Elemente kondensieren können.

Wenn man das gesamte Sonnensystem betrachtet, kann man in der Tat erkennen, daß je weiter man sich von der Sonne, dem Mittelpunkt des ursprünglichen Nebels entfernt, desto größer wird die Anzahl der flüchtigen Elemente, die sich bei geringer Temperatur verdichten konnten, während hingegen bei Annäherung an die Sonne die nichtflüchtigen Elemente vermehrt vorkommen, die sich bei höherer Temperatur kondensiert haben.

Die Forschung setzt sich deshalb in den Laboratorien der planetarischen Chemie fort, wo man auf der Grundlage neuer Daten, die von den Sonden oder der astrophysischen Forschung geliefert werden, versucht, ein Modell des chemischen Systems zu konstruieren, das in der Lage ist, die Vielfalt der Zusammensetzung des Sonnensystems zu begründen.

Das derzeit beste Erklärungsmodell geht davon aus, daß die Kondensation der verschiedenen Substanzen, aus denen sich die Planeten zusammensetzen, in Übereinstimmung mit jener Temperatur erfolgte, die damals im Sonnennebel in jenem Punkt und zu jenem Moment herrschten. Die kondensierten Stoffe blieben als Bestand des Planeten; ein Großteil der nichtkondensierten Elemente wurde in den folgenden Entwicklungsphasen sowohl des Nebels (weggefegt vom heftigen Wind, den die Phase T Tauri von der Sonne kommend auslöste) als auch der einzelnen Planeten zerstreut.

Ansicht des Sonnensystems

DAS SONNENSYSTEM. Auf der Abbildung werden die Planeten entsprechend ihrer Ausmaße und im Verhältnis zur Größe der Sonne (a) dargestellt. Alle Planeten wurden mit den sie begleitenden Satelliten abgebildet, die bis zur Zeit der Pioneer-Missionen bekannt waren. Auf der Linie lassen sich die Distanzen zwischen den einzelnen Planeten ablesen.

MERKUR (b). Er ist der innerste Planet des Sonnensystems. Auf den Bildern, der Mariner 10 am 29. März 1974 und am 16. März 1975 aufnehmen und zur Erde senden konnte, kann man feststellen, daß die Oberfläche infolge der Bombardierung durch Meteoriten mit Kratern übersät ist. Merkur hat keinen Satelliten.

VENUS (c). Venus ist der der Erde nächstliegende Planet. Sie ist ungefähr so groß wie die Erde und hat auch die gleiche Dichte; sie wird von einer dichten Atmosphäre umgeben, deren Wolken wahrscheinlich aus Tropfen schwefeliger Säure bestehen; diese Wolken bewegen sich von starken Winden getrieben parallel zum Äquator. Venus hat keinen Satelliten.

ERDE (d). Das charakterisierende Merkmal unseres Planeten ist das Wasser; sein Vorhandensein in der Atmosphäre beeinflußt die gesamte Landschaft unserer Erde. Die Atmosphäre blockiert oder filtert die Sonnenstrahlen und bildet damit die Basis für die unaufhörliche Veränderung der Erdoberfläche. Der einzige Satellit der Erde ist der Mond.

MARS (e). Seine Atmosphäre ist 1000mal dichter als die der Erde und reich an Kohlendioxyd; die Oberfläche, auf der ständig starker Wind weht, ist teilweise durch Vulkane gekennzeichnet; der Sand sammelt sich in Dünenfeldern an; es lassen sich Spuren von Wassereis erkennen. Mars hat zwei Satelliten: Phobos und Deimos.

DIE ASTEROIDEN (f). Zwischen den Umlaufbahnen des Mars und des Jupiters befindet sich ein Streifen mit kleineren Himmelskörpern: der Asteroidengürtel. Die Asteroiden sind kleine, felsige, meist unregelmäßige Körper; der größte unter ihnen ist Ceres mit einem Durchmesser von ca. 1000 km; die kleinsten haben die Ausmaße größerer Felsblöcke.

JUPITER (g). Er ist der größte Planet des Sonnensystems: eine riesige Kugel aus Gas, ein Mittelweg zwischen Planet und Stern – er besteht tatsächlich zu drei Viertel aus leichten Gasen, die auch in der Sonne und in anderen Sternen vorkommen. Er wird von einer 3000 km dicken Wolkendecke aus Ammoniak und Staub umhüllt. Er hat 16 Satelliten.

SATURN (h). Wie die anderen äußeren Planeten ist er eine riesige Kugel aus Gas und Staub mit einem nur kleinen zentralen Felsenkern. Der Größe nach ist er der zweite Planet des Sonnensystems. Er wird von hauchdünnen Ringen aus Staub und Eis umgeben; seine Dichte ist sehr gering (er würde auf dem Wasser schwimmen). Er hat 23 Satelliten.

URANUS (i). Von diesem Planeten wußte man bis 1986 wenig; er ist fast 3 Millionen km von der Sonne entfernt und sein Durchmesser ist viermal so groß wie der Erddurchmesser. Sein Aufbau ist dem des Jupiters ähnlich. Am 10. März 1977 hat man entdeckt, daß auch Uranus eine Reihe von Ringen aufweist (10). Er hat 15 Satelliten.

NEPTUN (j). Er ist dem Jupiter sehr ähnlich, sein Prozentsatz an Gesteinen und Metallen ist jedoch größer. Die Präsenz des Neptuns wurde erst in Erwägung gezogen, als man feststellte, daß Uranus keine kreisförmige Flugbahn einhielt: dies konnte erklärt werden, daß ein weiter außen liegender Körper Uranus durch seine Schwerkraft beeinflußt. Er hat acht Satelliten.

PLUTO (k). Von diesem winzigen Planeten weiß man nur wenig: sein Durchmesser beträgt ca. 2300 km, und er befindet sich am Rand des Sonnensystems (ist er vielleicht ein Satellit, der aus der Anziehung des Neptuns ausgebrochen ist?). Am 22. Juni 1978 wurde bekannt, daß er über einen Satelliten verfügt.

KOMETEN (m). Manchmal stößt aus der Oortschen Wolke an den Grenzen des Sonnensystems ein kleiner Körper aus Eis und Staub bis in die Nähe der Sonne vor: die Wärme sublimiert das Eis, das gemeinsam mit dem Staub den »Kopf« und in der Folge durch den Zusammenstoß mit dem Sonnenwind den »Schweif« erzeugt.

Der Aufbau und das Verhalten der Sonne

Die Sonne ist der Stern, der die Existenz des gesamten Sonnensystems bestimmt. Sie erzeugt ca. 4×10^{33} Erg/Sek. Energie in Form von Licht, nicht sichtbarer Strahlung und Teilchen, mit welcher sie alle Planeten in Abhängigkeit ihrer Entfernung überschüttet. Die Distanz der einzelnen Planeten von der Sonne ist sehr unterschiedlich: man braucht nur daran zu denken, daß das Licht drei Minuten braucht, um den ersten Planeten Merkur zu erreichen, aber schon fünfeinhalb Stunden, um bis zum Planeten Pluto zu gelangen; oder daß die Sonne vom Merkur aus wie eine große Scheibe am Himmel aussieht, während sie vom Pluto aus einem der zahlreichen Sterne ähnelt, die den Himmel übersäen.

Als absolut überlegene Energiequelle bestimmt die Sonne die recht unterschiedlichen ökologischen Bedingungen auf den einzelnen Planeten; wenn man zum Beispiel die Oberflächentemperatur betrachtet, reichen die Werte von +400° des Merkurs bis zu −230° des Pluto.

Die Sonne ist deshalb der Mittelpunkt des Lebens dieses Sonnensystems; wenn man sie jedoch nur aus astronomischer Sicht betrachtet und mit den Milliarden anderen Sternen des kosmischen Raums vergleicht, ist sie nur ein Stern von mittlerer Größe. Ihr Durchmesser beträgt 1392000 km, während ihre Masse 332000mal die der Erde übersteigt. Um zu begreifen, was diese Maße bedeuten, braucht man sich die Sonne nur als riesige leere Kugel mit einer Öffnung vorzustellen, in der genau die Erde hineinpaßt: man bräuchte 1312000 Erdkugeln, um die hohle Sonnenkugel auszufüllen.

Ein Flugzeug, das mit einer Geschwindigkeit von 960 km/h unterwegs ist, würde 190 Tage benötigen, um die Sonne auf der Höhe des Äquators einmal zu umrunden.

Ihre durchschnittliche Entfernung von unserem Planeten beträgt 149631000 km; um diese Distanz zurückzulegen, braucht ein Sonnenstrahl, der mit einer Geschwindigkeit von 299792 km/Sek. unterwegs ist, ungefähr 8 Minuten und 20 Sekunden.

Die auf der Sonnenoberfläche wirkende Schwerkraft ist ungefähr 27mal höher als die der Erde: ein Mensch, der auf der Erde 82 kg wiegt, würde auf der Sonne – falls er sich auf deren Oberfläche aufhalten könnte – 2250 kg wiegen.

Aber woraus besteht die Sonne, und womit läßt sich die Energie erklären, die sie im All verbreiten?

Eine der Fragen, welche die Wissenschaftler beschäftigt hat, ist das Alter der Sonne. Bei der Erforschung dieses Problems sind auch andere und wichtigere Aspekte der Sonnenaktivität gelöst worden. Dank der Untersuchung der Fossilien konnten die Geologen erkennen, daß das Leben auf der Erde bis zu einigen Millionen Jahren zurückreicht, und daß die Sonne deshalb ihr Licht mindestens so lange ausgestrahlt haben muß. Sie kamen auch zu der Schlußfolgerung, daß sich brennbare Materie, wie Kohle, Holz oder Erdöl, innerhalb von einigen tausend Jahren erschöpft hätte. Daraus folgte, daß die Sonne kein »brennender« Körper war und ihre Energie anderen Ursprungs sein mußte.

Weitere Forschungen brachten die Bestätigung, daß die Wärme von der Oberflächenkompression herrührt, und daß die Sonne schon seit 30–40 Millionen Jahren strahlen mußte.

Später bewiesen die Wissenschaftler auf der Basis der Sonnenuntersuchungen und der fossilen Funde auf der Erde, daß sich das Alter der Sonne rund um eine Milliarde Jahre bewegt. Es

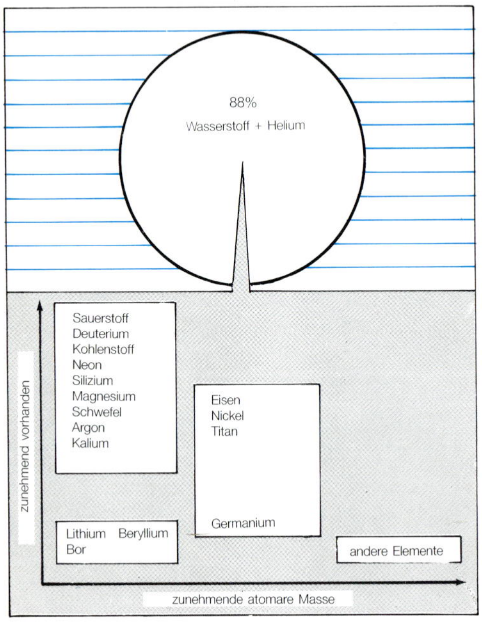

Die Bestandteile der Sonne. Die Abbildung stellt die chemische Zusammensetzung der Sonne dar, die aus der Analyse ihres Spektrums in der Nähe der Photosphäre abgeleitet wurde. Es überwiegen Wasserstoff und Helium, während die anderen Elemente nur in weit geringeren Mengen vorhanden sind.

Energieerzeugung und Entstehung der chemischen Elemente. Hier unten wird der Reaktionsablauf bei der thermonuklearen Fusion des Wasserstoffs im Inneren der Sonne dargestellt. Den neuesten Theorien zufolge stellt diese Fusion die hauptsächliche Energiequelle dar. Bei der Verwandlung von Wasserstoff in Helium können mehrere Wege beschritten werden, aber dies hat keine wesentlichen Auswirkungen auf die dabei freigesetzte Energie.

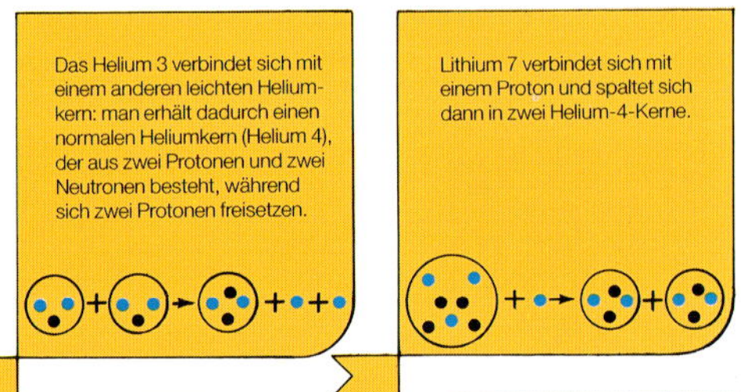

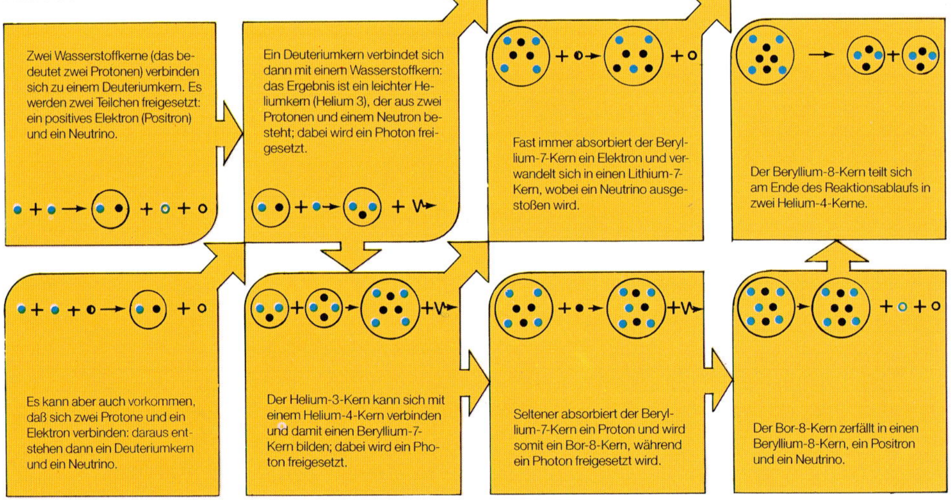

Temperatur und Druck der Sonne. Wenn wir uns vom Inneren der Sonne nach außen bewegen, stellen wir fest, daß sowohl die Temperatur als auch der Druck rasch absinken. Im Zentrum, wo die Energieproduktion stattfindet, erreicht die Temperatur 15000000° Kelvin und sie sinkt im äußersten Teil auf ca. 6000 Kelvin; der Druck im Inneren beträgt 221 Milliarden Atmosphären. Dieser hohe Druck ist auf die Last der darüberliegenden Gasschichten zurückzuführen, die normalerweise vom Druck, den die inneren Gase und die Strahlung erzeugen, ausgeglichen wird.

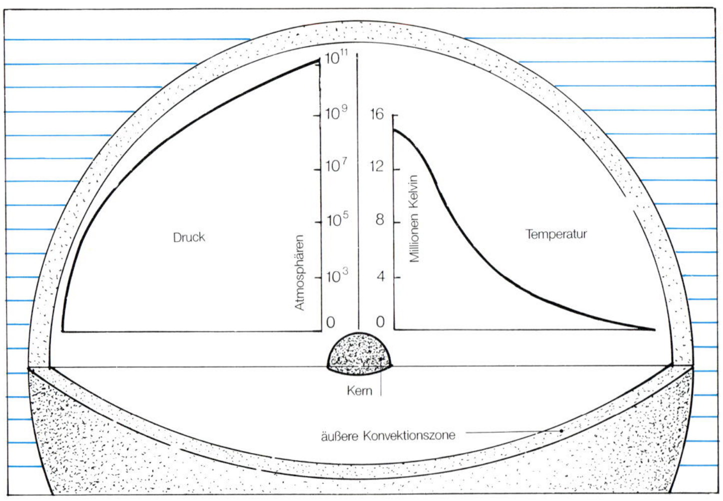

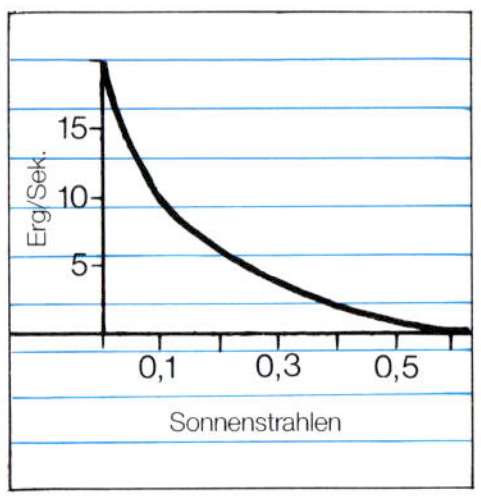

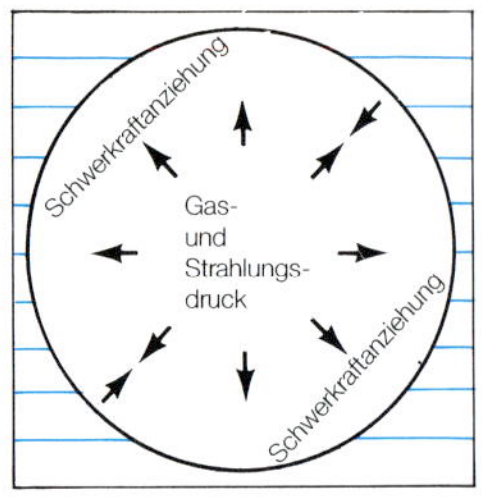

Wie sich die Energieerzeugung verändert. Wenn man die Energieerzeugung in Abhängigkeit von der Entfernung vom Sonnenzentrum betrachtet, stellt man fest, daß der Großteil der Energie vom Kern (der ca. 10% des Gesamtvolumens ausmacht) der Sonne freigesetzt wird.

Warum die Sonne nicht explodiert. In der Sonne wird die Schwerkraftanziehung durch die bei den thermonuklearen Reaktionen entstandene Energie ausgeglichen. Falls sie sich plötzlich abkühlte, würde sie eine Million Mal dichter als Wasser aber kleiner als die Erde sein.

war deshalb logisch anzunehmen, daß die Sonne über eine innere Energiequelle verfügen mußte, die sich weder auf einen chemischen Verbrennungsprozeß noch auf eine Gravitationserhitzung zurückführen läßt.
In den ersten Jahren des 20. Jahrhunderts berechnete Sir Arthur Eddington, daß die Oberflächentemperatur der Sonne ca. 5500 K beträgt und formulierte als erster die Hypothese, daß die Sonne aufgrund einer durch thermonukleare Reaktionen erzeugte Energie erwärmt wird. Als die Prinzipien der Nuklearenergie genauer bekannt waren, zogen die Wissenschaflter den Schluß, daß das Alter der Sonne ca. 4,6 Milliarden Jahre betragen mußte und daß man die Sonne als eine Art Atommeiler, gleichbedeutend einer Wasserstoffbombe, betrachten kann.
Im Inneren der Sonne findet tatsächlich eine kontinuierliche Umwandlung des Wasserstoffs in Helium statt: genauer gesagt, verwandeln sich vier Wasserstoffkerne aufgrund einer Reihe nuklearer Reaktionen in Helium, wobei sie 0,7 % ihrer Masse verlieren. Diese Masse verwandelt sich ihrerseits wieder in Energie. Die dabei freigesetzte Energiemenge ist enorm groß: eine Million Mal größer als die Energiemenge, die man bei Verbrennung des Wasserstoffs erhalten würde.
Irgendwann einmal wird der im Inneren der Sonne vorhandene Wasserstoff aufgebraucht sein, und damit wird die Sonne kein Licht und keine Wärme mehr erzeugen. Wir müssen uns jedoch keine Sorgen machen: obwohl die Sonne die Materie mit großer Geschwindigkeit in Energie umwandelt, nimmt man an, daß sie zumindest in den nächsten fünf Milliarden Jahren weiterhin Licht und Wärme im heutigen Ausmaß spenden wird.

SONNENDATEN

Durchschnittliche Entfernung von der Erde	149598500 km
Durchmesser	1392000 km
Masse	$1{,}99 \cdot 10^{30}$ kg (332776 Erdmassen)
Durchschnittliche Dichte	$1{,}409$ g cm^{-3}
Schwerkraft	$2{,}740 \cdot 10^{4}$ cm^{-2}
Abgegebene Strahlung (Leuchtkraft)	$3{,}83 \cdot 10^{26}$ Watt
Energiemenge, die 1 cm^2/s von der Sonne in mittlerer Entfernung Erde–Sonne außerhalb der Atmosphäre enthält (Solarkonstante)	$1{,}950$ cal cm^{-2} min^{-1}; $1{,}360 \cdot 10^{6}$ erg cm^{-2} s^{-1}
Oberflächentemperatur	5800 K
Alter	$5 \cdot 10^{9}$ Jahre

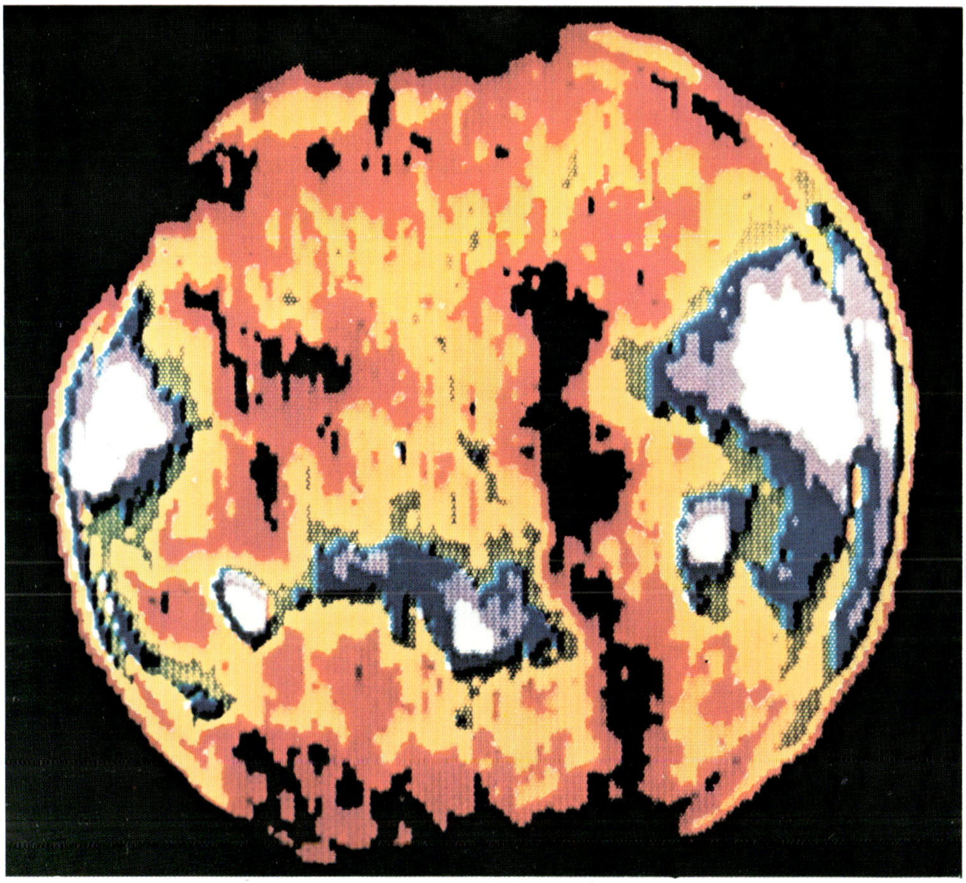

Die Intensität der Sonnenstrahlung. Die obige Abbildung, die man durch das Fotografieren des Monitors eines Farbfernsehgeräts für Bilduntersuchungen erhalten hat, gibt uns Aufschlüsse über die Strahlungsintensität der einzelnen Sonnenregionen. Die Ausgangsaufnahme wurde vom Spektroheliographen des in der Umlaufbahn kreisenden Sonnenobservatoriums OSO 7 aufgenommen, um die Röntgenstrahlen und die ultraviolette Strahlung zu analysieren. Auf dieser Abbildung stellen die verschiedenen Farben Gegenden mit hoher oder niedriger Strahlungsintensität dar. In unserem Fall kennzeichnen die weißen Flecken die Zonen höchster Strahlungsintensität (»heißer«) dar, die gefolgt von den Farben Gelb, Rot und Blau (»kälter«) immer mehr abnimmt. Diese Abbildung zeigt daher das Vorhandensein zweier Zonen mit starker Röntgenstrahlung entlang des Äquators und zwei »kältere« Regionen an den Polen.

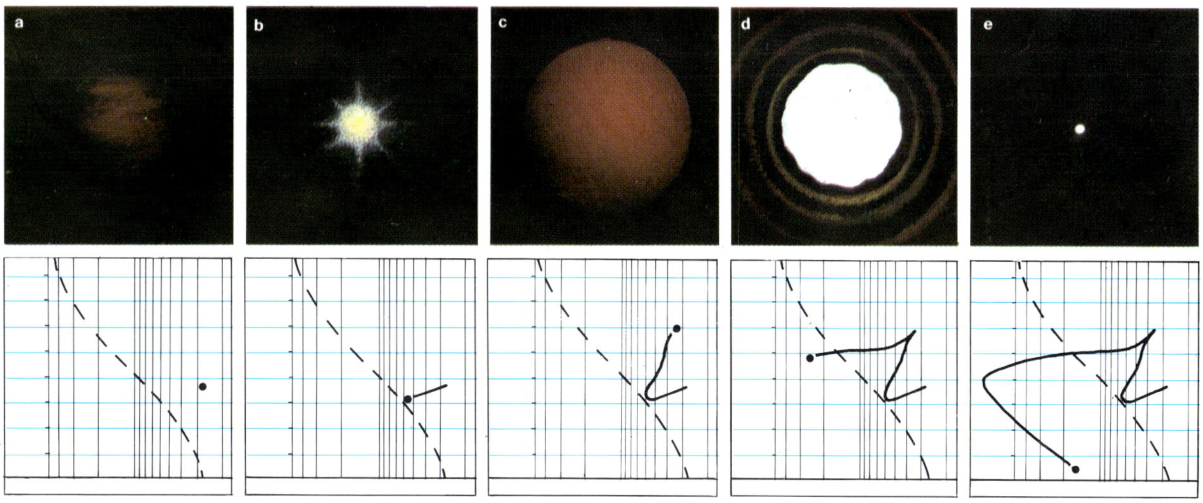

Das Schicksal der Sonne. Wie auch andere Sterne mit ähnlicher Masse entstand die Sonne aufgrund der Schwerkraftanziehung aus einer Protosternenwolke (a), die sich immer mehr verdichtete, bis sie im Inneren eine ausreichend hohe Temperatur erreicht hatte, um die thermonuklearen Fusionsprozesse auszulösen. Seit diesem Moment (b) ist die Sonne zu einem gelben Stern mit mittlerer Größe geworden, der vorläufig stabil ist, so wie wir heute sehen. Da die nuklearen Reaktionen andauern, nimmt man an, daß sich in einigen Millionen Jahren der Vorrat an Wasserstoff erschöpft haben wird. Durch die Schwerkraft, die dann nicht mehr durch den Strahlungsdruck ausgeglichen werden kann, wird sich der Kern immer mehr zusammenziehen. Deshalb wird sich die Temperatur weiter erhöhen und dadurch neuerlich Reaktionen auslösen, die das Helium in schwerere Elemente verwandeln werden. Die sich dabei entwickelnde riesige Energiemenge wird zur Ausdehnung der äußersten Schichten der Sonne führen, und damit wird sich die Sonne in einen roten Riesenstern (c) verwandeln: 400mal größer und 10000mal heller als die heutige Sonne. Nach einer instabilen Gleichgewichtsphase, in der sich wahrscheinlich gewaltige Reaktionen und Materienausstöße (d) ereignen werden, wird sich die Sonne erschöpfen und in sich selbst zusammenfallen, wobei sie sich in einen kleinen, extrem heißen und dichten weißen Zwerg (e) verwandeln wird. In den unteren Vierecken sind die einzelnen Phasen der Sonnenentwicklung in einem Hertzsprung-Russel-Diagramm dargestellt (vergleiche auch Seite 20).

Der Aufbau der Sonne

Die ersten wissenschaftlichen Erkenntnisse über die Sonnenstruktur stammen aus dem Beginn des 19. Jahrhunderts, als die Eigenschaften der Gase im Labor untersucht wurden. J. R. Emden stützte sich auf die Gesetze über die Beschaffenheit der Gase (Druck, Temperatur, Dichte) und entwickelte das erste theoretische Modell der Sonne. Er kam zu dem Schluß, daß die Sonne aus einer Reihe konzentrischer Gashüllen bestehen mußte, und daß jede Hülle ausreichend stark sein mußte, um das Gewicht des darüberliegenden Gases auszuhalten.
Heute wird die Sonne mit verbesserten technischen Instrumenten vom Weltraum aus beobachtet. Gemeinsam mit den genaueren Kenntnissen der Kern- und Atomreaktionen ermöglichten die dabei gewonnenen Ergebnisse, ein glaubwürdiges Modell der Sonne zu entwerfen: von der äußeren, sichtbaren Oberfläche, auch *Photosphäre* genannt, bis zum inneren zentralen Kern.
Die Photosphäre, d. h. der leuchtende und blendende Teil der Sonnenscheibe, verhindert die direkte Beobachtung einiger der wichtigsten Sonnenmerkmale. Wenn die Sonne jedoch während einer Eklipse ausreichend lang von der Mondscheibe verdeckt wird, kann man einige besonders interessante Bestandteile erkennen, wie zum Beispiel die *Chromosphäre* und die *Sonnenkorona* (über die wir im folgenden Kapitel sprechen werden).
Bezüglich der inneren Bereiche der Sonne kann man sich jedoch weder mit direkten Beobachtungen bei günstigen Bedingungen, noch mit Aufnahmen mittels spezieller Instrumente von der Erde oder dem Weltraum aus behelfen.
Als erstes sollte erwähnt werden, daß fast die gesamte, von der Sonne ins All gestrahlte Energie aus einer zwischen 100 und 200 km dicken Schicht stammt, die sich auf der Innenseite der Oberfläche der Photosphäre befindet. Die Emissionstemperatur dieser Schicht wird auf 5800 K (Kelvin) gleich 6073° C geschätzt. Auch wenn im weiter innen liegenden Teil der Sonnenatmosphäre lokal Temperaturen von 5000000 K gemessen wurden, trägt diese gewaltige Hitzeentwicklung nur zu einem geringen Teil zur gesamten, von der Sonne ausgestrahlten Energiemenge bei. Je weiter man ins Innere der Sonne vordringt, desto höher wird die Dichte; sie steigt aufgrund des enormen Drucks, den die äußeren Schichten ausüben, progressiv an. Im Kern ist die Dichte ca. 150mal höher als die des Wassers, obwohl man die Sonne auch im Zentrum als gasförmig bezeichnen muß. Aus diesem Grund – das ungeheure Gewicht des darüberliegenden Materials übt einen Druck von ca. einer Million Tonnen pro Kubikzentimeter aus – erreicht die nach innen hin rasch steigende Temperatur an ihrem Höhepunkt Maximalwerte um rund 15000000 K. Diese Werte werden dem zentralen Gehäuse zugeschrieben, das hauptsächlich aus Wasserstoff- und Heliumkernen und freien Elektronen besteht.
Wie wir bereits erwähnt haben, kommt der überwiegende Teil der Energie aus dem Inneren und wird durch die Verwandlung des derzeit am häufigsten vorkommenden Elements, des Wasserstoffs, in Helium erzeugt. Die dargebotene Rekonstruktion ist die wahrscheinlichste, auch wenn einige Aspekte noch ungelöst und uns ein Rätsel bleiben. Dieser Schatten der Unsicherheit

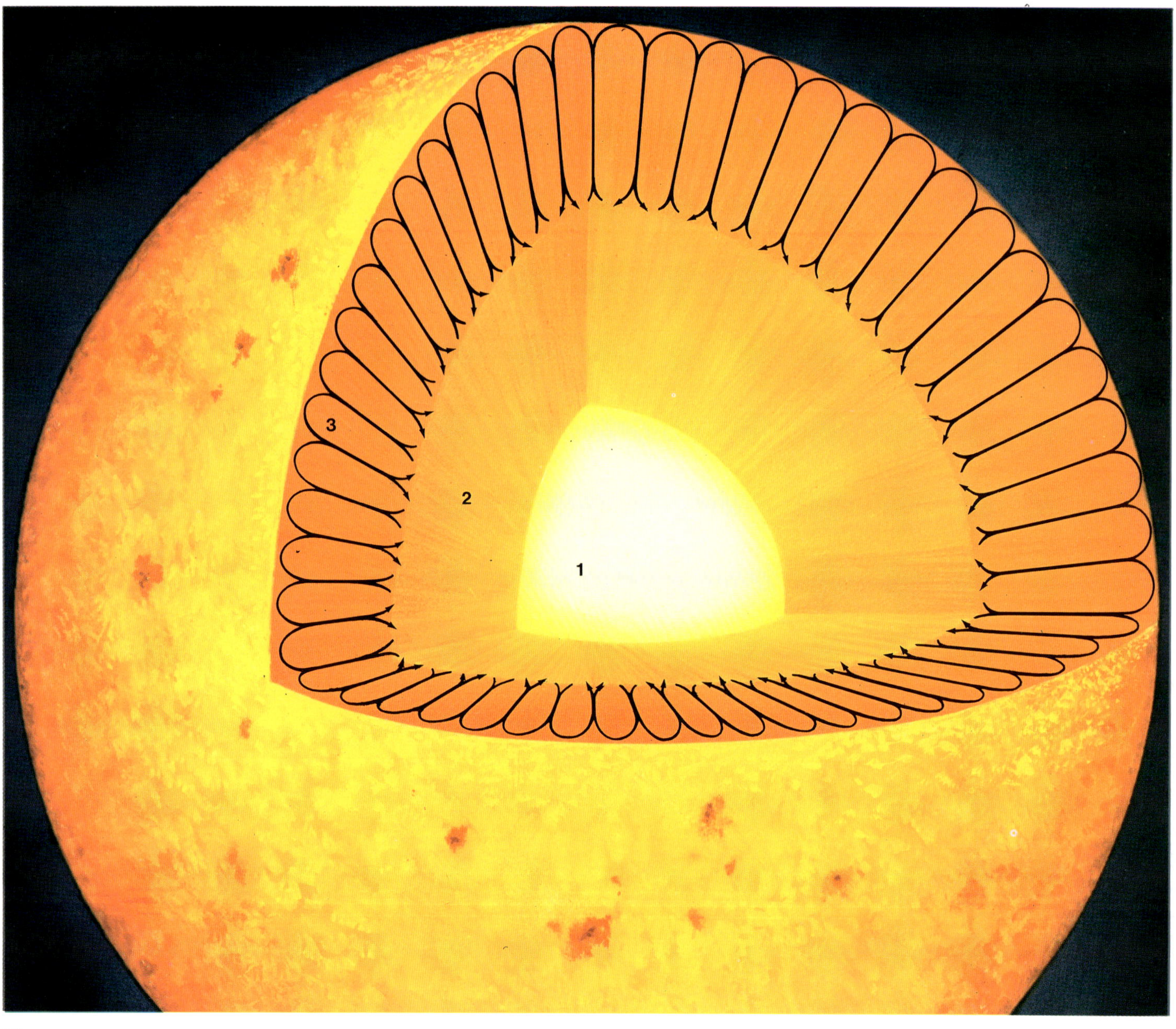

hängt mit einer der außergewöhnlichsten Entdeckungen der Physik in diesem Jahrhundert zusammen, und zwar mit einem winzigen Teilchen, das außerordentliche Eigenschaften aufweist: dem *Neutrino*.
Das Problem ist am Beginn der dreißiger Jahre aufgetaucht. Der österreichische Physiker W. Pauli hatte beobachtet, daß bei einer bestimmten Art des radioaktiven Zerfalls die Rechnung nicht stimmte, da ein Teil der verfügbaren Energie auf mysteriöse Weise verschwand. Er nahm deshalb an, daß sich während diesen nuklearen Reaktionen ein bisher nicht beobachtetes Teilchen abspalten mußte, das ohne Masse (vor kurzem durchgeführte Messungen, die allerdings noch bestätigt werden müssen, haben gezeigt, daß die Masse des Neutrino ca. 10 Millionen Mal kleiner ist als die des Neutrons) jedoch mit einer Geschwindigkeit ausgestattet sein mußte, die fast der des Lichtes gleichkommt. Diesem Teilchen hat Fermi den Namen *Neutrino* gegeben. Bei diesen Eigenschaften schien es fast unmöglich, durch Experimente Bestätigungen über die Existenz des Neutrinos zu erlangen. Seitdem sind jedenfalls viele Versuche unternommen worden, dieses Teilchen zu »fangen«, bis es schließlich im Jahre 1953 den zwei amerikanischen Physikern, C. L. Cowan jr. und F. Reines, die mit dem Atomreaktor in Savannah River arbeiteten, gelang, den Beweis dafür zu erbringen, daß das von Pauli gut 22 Jahre davor angekündigte Teilchen wirklich existiert.
Kehren wir jetzt zur Sonne zurück: zuvor haben wir beobachten können, wie die Produktion einer gewissen Anzahl von Neutrini vor sich geht. Man kann sogar deren genaue Anzahl berechnen. Bei der Fusion von Wasserstoff in Helium verwandeln sich 0,71% der Wasserstoffmasse in Energie, und deshalb verliert die Sonne jede Sekunde ca. 4600000 Tonnen ihrer Masse. Das bedeutet, daß sich jede Sekunde 650000000 Tonnen Wasserstoff in Helium verwandeln; diese Menge entspricht einer riesigen Anzahl an Wasserstoffatomen, die in diese Reaktion verwickelt sind: 36 gefolgt von 37 Nullen (36×10^{37}). Diese Umwandlung bewirkt die Emission von 18×10^{37} Neutrini (eines pro zwei Wasserstoffatomen).
Mit viel Einfallsreichtum wurden zahlreiche Instrumente gebaut, um diese Teilchen festzustellen; darunter auch der Apparat von R. Davis jr. beim Brooklyn National Laboratory, aber es konnten nur etwas mehr als 10% der theoretisch vorhandenen Neutrini beobachtet werden. Falls sich die durchgeführten Messungen als exakt herausstellen sollten, müßten die bisher aufgestellten Theorien über die Ursachen der im Inneren der Sonne stattfindenden Energieerzeugungsprozesse neu überprüft werden.
Die im Inneren der Sonne freigesetzte Energie breitet sich durch die Strahlung in Richtung der äußeren Zonen aus, bis sie nach ca. vier Fünftel der Strecke zwischen dem Kern und der Oberfläche auf kältere Schichten stößt, die sich unter der Photosphäre befinden. Ab diesem Moment wird die Energie mittels Konvektivbewegungen befördert; dies könnte eine plausible Erklärung für den Umstand sein, daß die Photosphäre nicht gleichmäßig leuchtet: in der Tat rechtfertigt das Vorhandensein der unzähligen konvektiven Zellen die körnige Struktur der Sonnenoberfläche.

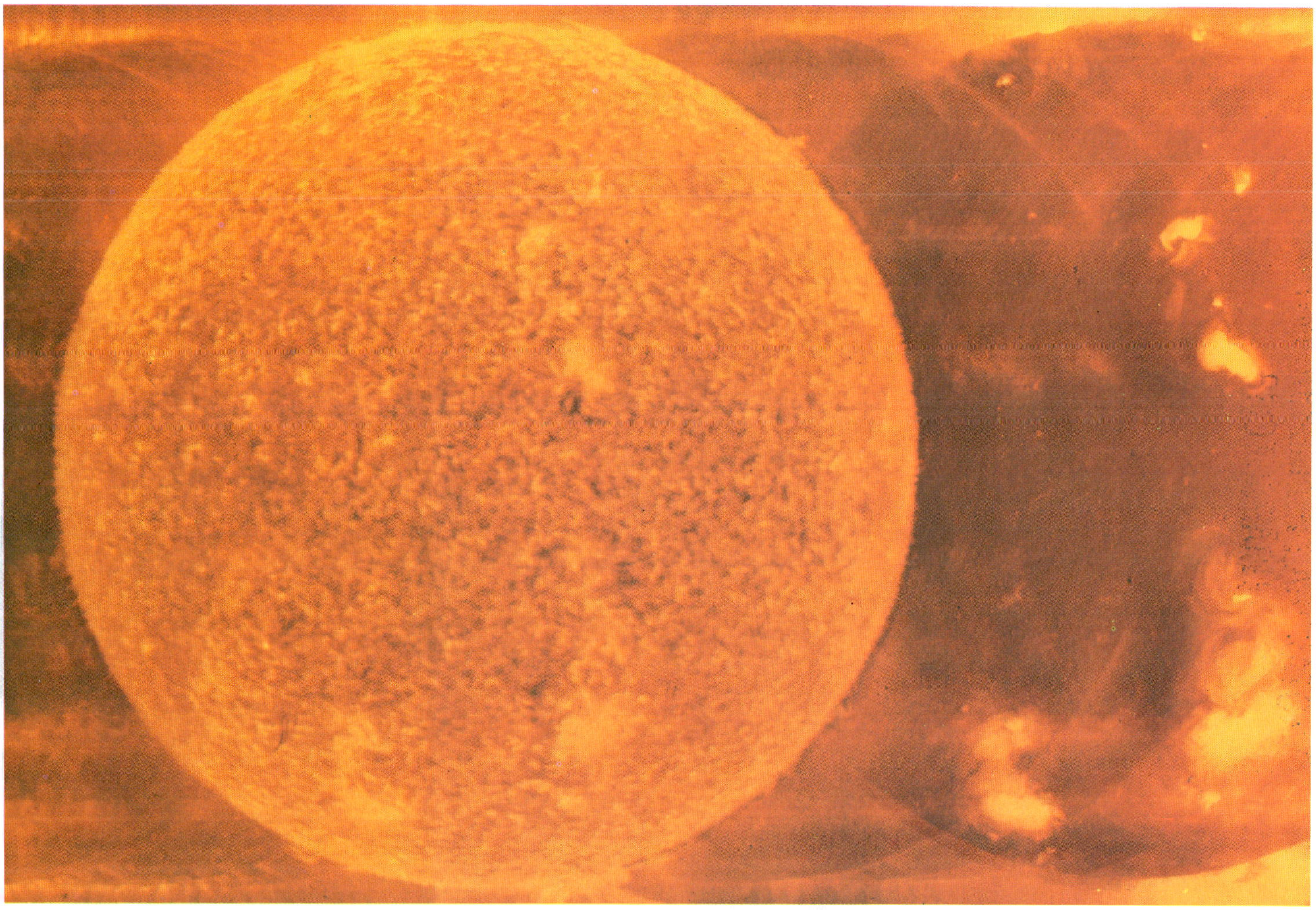

Der Aufbau des Sonneninneren. Gemäß der neuesten Strukturmodelle (siehe Zeichnung auf der gegenüberliegenden Seite) lassen sich in der Sonne von innen nach außen ein Kern (1), eine radioaktive Zone (2), eine Konvektionszone (3) und abschließend die Chromosphäre und die Korona (hier nicht abgebildet) unterscheiden. Der Kern, das Zentrum des »Sonnengenerators«, ist – wie wir bereits gesagt haben – der Ort, an dem die thermonuklearen Reaktionen stattfinden, welche Energie in der Form von intensiver Gammastrahlung freisetzen. Die radioaktive Zone besteht aus dicht komprimierten Gasen, die von den aus dem Inneren kommenden Strahlen bombardiert werden und die Strahlung absorbieren, ausstoßen und verbreiten. In der Photosphäre wird die Energie jedoch mittels Konvektion befördert: die zahlreichen konvektiven Säulen erklären das körnige Aussehen der Photosphäre, die in der obigen Abbildung deutlich zu erkennen ist. Diese Aufnahme stammt von der letzten Sonneneruption am 10. Juni 1973. Es handelt sich um ein Spektroheliogramm, das während der ersten bemannten Skylab-Mission aufgenommen wurde. Die Abbildung zeigt links ein Foto im Licht des ionisierten Heliums bei einer Wellenlänge von ungefähr 3040 Ångström (ultraviolett). Die im unteren Teil der Abbildung zu sehende Eruption ist der Bildung einer enormen Protuberanz in der Korona vorangegangen, welche eine Höhe von Hunderttausenden Kilometern über der Sonnenoberfläche erreicht hat. Dieses Ereignis wurde vom Koronographen an Bord des Skylab analysiert. Der Koronograph verdunkelt die Photosphäre und ermöglicht somit Intervallaufnahmen von der Entwicklung der Sonnenprotuberanzen.

Die Oberfläche der Sonne

Die Atmosphäre der Sonne wird in drei Bereiche eingeteilt: die Photosphäre, die Chromosphäre und die Korona. Der Teil der Sonne, den wir am Himmel sehen, wird Photosphäre genannt; sie ist deutlich zu erkennen, wenn man die Sonne durch ein dunkelgetöntes Glas betrachtet. Diese Schicht ist nur etwa 320 km dick und umgibt die gesamte Sonnenmasse wie die Schale einen großen Apfel. Sie ist nicht homogen, sondern scheint aus zahlreichen leuchtenden *Körnern* zu bestehen, die auf einem dunkleren Hintergrund verstreut sind. Jede dieser Granulen hat nur eine kurze Lebensdauer und ist deshalb nicht stabil: sie leuchtet für einige Minuten auf und verschwindet dann. Manchmal treten zwischen den Granulengruppen Lücken ohne körnige Struktur auf, die als *Poren* bezeichnet werden. Die Granulen sind die von oben aus beobachteten Endpunkte der Gassäulen, aus denen die darunterliegende Konvektionszone besteht. Die Aktivitäten, die man mit dem Bereich der Photosphäre verbindet, umfassen die Sonnenflecken mit ihren Magnetfeldern sowie die *flares* oder *chromosphärische Eruption*. Die Sonnenflecken sind ausgedehnte dunkle Stellen auf der Oberfläche der Sonne, deren Temperatur im Vergleich zu den sie umgebenden Gebieten ca. um 2000 Grad geringer ist.

Sie wurden in der westlichen Welt nach Erfindung des Teleskops von Johannes Fabricius und G. Galilei im Jahre 1611 entdeckt, aber ihr Vorhandensein wurde bereits 1000 Jahre vorher von chinesischen Gelehrten bemerkt, die die Sonne mit freiem Auge beobachteten. In den 30 Jahren nach ihrer Entdeckung konnten Sonnenflecken in unterschiedlicher Anzahl festgestellt werden, wobei man im Abstand von 15 Jahren zwei Höchstwerte registrierte. Danach ist die Menge der Sonnenflecken gegen 1645 auf ein ziemlich niedriges Niveau gesunken, und bis 1715 konnten überhaupt keine gesichtet werden.

Seit jenem Jahr verhält sich der Sonnenfleckenzyklus so, wie wir ihn heute kennen; d. h. die Flecken tauchen periodisch alle elf Jahre auf, ihre Anzahl und ihre Lage verändern sich jedoch bei diesem Zyklus. Im Jahre 1920 machte A. E. Douglas eine interessante Entdeckung: er stellte eine direkte Wechselbeziehung zwischen dem elfjährigen Sonnenfleckenzyklus und den Veränderungen in den Stärken der Jahresringe bei den Bäumen fest. Die Ausdehnungen der Sonnenflecken sind sehr unterschiedlich; sie reichen von einigen tausend bis zu vielen Hunderttausenden Kilometern. Die größeren Sonnenflecken sind außerdem im Inneren kälter und dunkler (umbra, lat. = *Schatten*) und am Rand etwas heller (penumbra, lat. = *Halbschatten*).

Der Ursprung und die Entwicklung der Sonnenflecken hängen mit den Störungen des Sonnenmagnetfeldes zusammen. Bei der Beobachtung dieser Störungen kann man große, wirbelnde Zyklone erkennen, die sich entlang der Sonnenoberfläche verlagern. Es ist bekannt, daß die von uns beobachteten magnetischen Stürme in engem Verhältnis mit der Sonnenfleckenaktivität stehen. Ein *flare* (surge) ist eine plötzliche Explosion, die auf der Sonnenoberfläche im allgemeinen in der Nähe von Sonnenfleckengruppen entsteht. Der Grund dafür, der auch mit der Aktivität des Sonnenmagnetfeldes zusammenhängt, ist eine plötzliche Abgabe von Energie (bis zu 10^{32} erg).

Auf der Erde macht sich diese Energie durch Störung der Funkübertragung bemerkbar. Die an die Sonnenflecken angrenzenden Zonen senden Röntgenstrahlen, ultraviolette Strahlung, sichtbares Licht, Infrarotstrahlen und Radiowellen aus. Die Chromosphäre, die sich unmittelbar oberhalb der Photosphäre befindet, erstreckt sich nach außen bis zu einer Entfernung von 10000 bis 15000 km. Dieser Bereich entspricht der unteren Ebene der Sonnenatmosphäre. Wie die Photosphäre ist auch die Chromosphäre in Bewegung.

Eine dynamische Turbulenz der Chromosphäre wird *Sonnenturbulenz* genannt. Die Protuberanzen der Sonne bestehen aus Gasen, die rasch aus der Chromosphäre aufsteigen und Höhen bis zu 500000 km über der Sonnenoberfläche erreichen können.

Man unterscheidet verschiedene Formen der Protuberanzen: die Wellenprotuberanz erhebt sich von der Oberfläche, kehrt wieder zu ihr zurück und löst sich auf; die Ringprotuberanz hat die Form eines Bogens, der aus der Sonnenoberfläche entspringt; die stationäre Protuberanz verweilt für eine gewisse Zeit und verschwindet dann. Über der Sonnenchromosphäre erstreckt sich für Millionen Kilometer eine Zone, deren Ausmaße von der Sonnenaktivität abhängen und die als *Korona* bezeichnet wird. Diese Korona besteht aus sehr heißem Gas ($1-2 \times 10^6$ Grad absolut) von geringer Dichte (ca. 10^{-16} g cm^{-3}). Wenn die Zahl der Sonnenflecken ihr Maximum erreicht, ist sie fast kugelförmig, in Zeiten geringerer Aktivität ist sie jedoch asymmetrisch.

Aus der Sonnenkorona wird ein kontinuierlicher Fluß elektrisch geladener Teilchen (Elektronen, Protonen, Alphateilchen) abgegeben, die sich mit einer Geschwindigkeit von ca. 400 km/Sek. im interplanetarischen Raum fortbewegen und den sogenannten *Sonnenwind* darstellen.

Falls die Erde weder ein Magnetfeld noch eine Atmosphäre hätte, würde sie ununterbrochen von diesen Teilchen bombardiert werden, und keine Form des Lebens hätte sich auf ihr entwickeln können.

Die Teilchen des Sonnenwindes werden in unmittelbarer Nähe der Erde vom Magnetfeld eingefangen und in ein System aus Strahlungsbändern, dem sog. Van-Allen-Gürtel, geleitet, welcher die Erde umgibt und seinerseits wieder in einem länglichen Bereich, der *Magnetosphäre*, eingeschlossen ist.

Die Nordlichter und die ionosphärischen Störungen, die mit den magnetischen Stürmen zusammenhängen und die Radioübertragung stören, werden von den komplexen, zwischen dem Sonnenwind und der Magnetosphäre der Erde bestehenden Verbindungen verursacht. Zum Beispiel ist das charakteristische fluoreszierende Licht der Nordlichter die Folge von Zusammenstößen zwischen den Atomen und Molekülen der oberen Atmosphäre mit den stark energiegeladenen Teilchen, die von der Sonne kommend in der Magnetosphäre der Erde beschleunigt werden und danach in die Atmosphäre eintreten. Die herannahenden Teilchen (hauptsächlich Protonen und Elektronen) werden von den Kraftlinien des irdischen Magnetfeldes nach unten gelenkt und enden in den Polarzonen der Erde.

Man nimmt an, daß die Photosphäre Stoßwellen aussendet, die sich durch die Chromosphäre hindurch bis zur Korona ausbreiten. Diese Stoßwellen erzeugen Wärme und bewirken die Ausdehnung der äußeren Korona. In ca. 10 Millionen km Entfernung von der Sonnenoberfläche dehnt sich die Korona mit der unglaublichen Geschwindigkeit von über 160 km/Sek. aus.

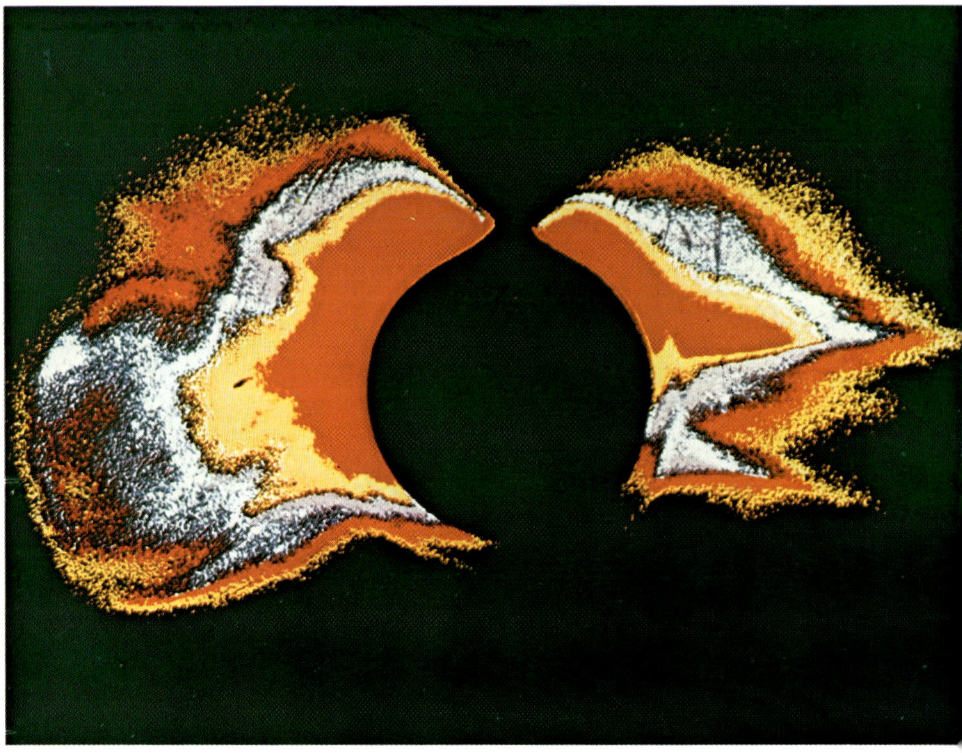

Die Sonnenkorona. Sie ist die äußerste Schicht der Sonne; aufgrund ihrer geringen spezifischen Leuchtkraft kann man sie bei Tageslicht nicht erkennen. Um sie beobachten zu können, muß man deshalb Koronographen benutzen oder eine totale Sonnenfinsternis abwarten. Die Aufnahme, die wir oben betrachten können, ist mittels eines Koronographen vom Skylab aus gemacht und mittels der elektronischen Technik der Isoniveaus in Farbe entwickelt worden. Es handelt sich dabei um eine Technik, welche die Zone gleicher Temperatur mit der gleichen Farbe angibt. Die Abbildung zeigt, daß die Korona mehr als doppelt so groß ist wie die eigentliche Sonnenscheibe (die schwarze Scheibe in der Mitte) und daß sie sich in Streifen mit unterschiedlicher Temperatur unterteilt, die sogar bis zu zwei Millionen Grad erreichen kann. Die Form der Korona hängt vom Zyklus der Sonnenaktivität ab: in Zeiten hoher Sonnenfleckenaktivität ist die Korona etwa rund und symmetrisch, während sie in Zeiten geringer Aktivität stark abgeflacht mit langen Strahlenstreifen entlang des Äquators und kleinen Strahlengruppen an den Polen erscheint. Während einer Sonnenfinsternis ist es auch möglich, die Leuchtkraft der Korona zu messen.

Die Sonnenflecken sind Zonen, die kälter als ihre Umgebung sind und die körnige Struktur der Photosphäre unterbrechen. Sie treten gewöhnlich in Gruppen auf (wie auf der Abbildung hier unten zu sehen ist). Jeder Fleck scheint aus einem dunkleren Kern (Schatten) zu bestehen, der von einer helleren Randzone (Halbschatten) umgeben ist, die sich vom Kern aus strahlenförmig ausbreitet. Die Temperatur des Schattens beträgt ca. 4000 K. Diese im Verhältnis zur restlichen Sonnenoberfläche geringe Temperatur ist vielleicht auf das Vorhandensein eines starken Magnetfeldes zurückzuführen. Der Halbschatten ist strahlenförmig aufgebaut: er besteht aus einer großen Anzahl an Filamenten mit einem durchschnittlichen Durchmesser von 300 km und einer Länge von ca. 5000 km. Diese Filamente bilden sich kontinuierlich und lösen sich wieder auf. Aufgrund ihrer magnetischen Eigenschaften und da die Sonnenflecken periodisch (alle 11 Jahre) in größerer Anzahl auf der Sonnenoberfläche erscheinen, werden sie mit einer möglichen Inversionsperiode des Sonnenmagnetfeldes in Zusammenhang gebracht.

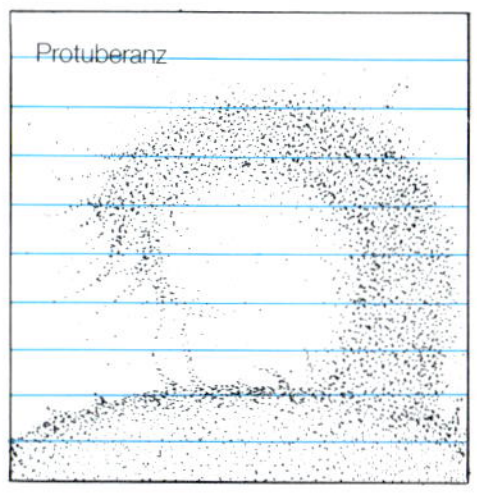

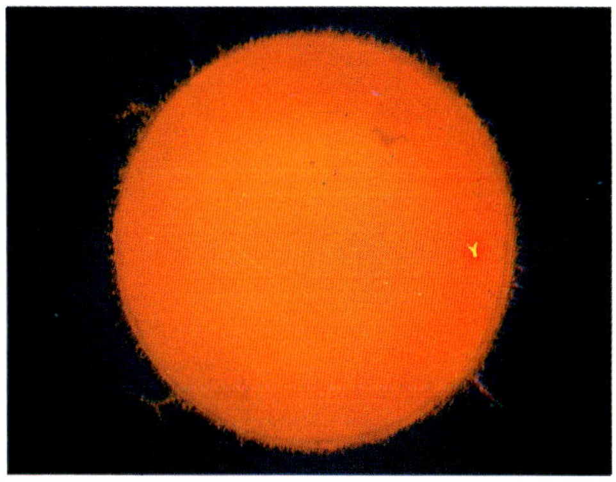

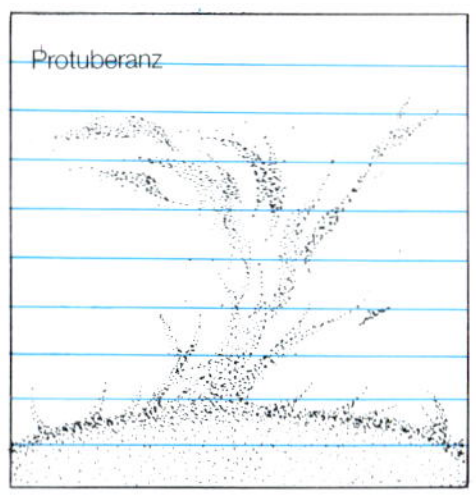

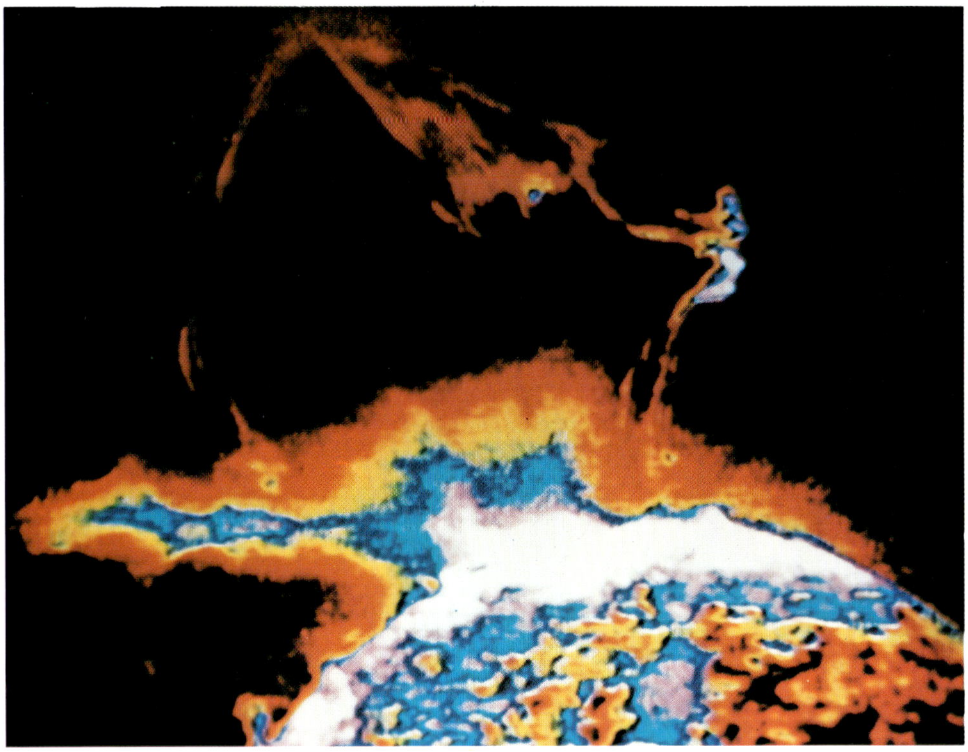

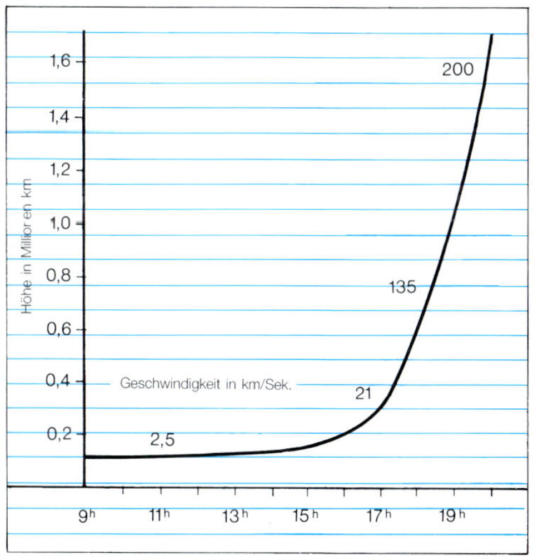

Protuberanzen und Flares. Weitere Solarerscheinungen sind die Protuberanzen und die Eruptionen oder *flares*. Die Protuberanzen erscheinen als riesige rote, eruptive Flammen, die sich bis in eine Höhe von Hunderttausenden Kilometern über der Sonnenoberfläche erheben; sie weisen verschiedene Formen auf: bogen-, fächer-, buschförmig usw. Sie dauern einige Tage, und während dieser Zeit bleibt ihre Form fast unverändert. In der Folge schwächen sie sich ab, bis sie ganz verschwinden; sie erscheinen als kalte Kondensationskerne im Inneren der Korona. Die spektakulärsten Erscheinungen, die man im Bereich der Korona beobachten kann, sind die aufsteigenden Protuberanzen: einem enormen Springbrunnenstrahl ähnlich erreichen sie Hunderttausende Kilometer Höhe mit Geschwindigkeiten von über einigen hundert Kilometern pro Sekunde (siehe Abbildung unten). Die *flares* sind plötzlich auftretende Strahlungsausbrüche in der Korona, die man mittels direkter Aufnahme der Sonnenscheibe beobachten kann. Sie bringen Explosionen und den Ausstoß von Materie in der Aktivitätszone mit sich und können in der Nähe der Sonnenflecken beobachtet werden.

Die Sonneneruptionen. Diese Aufnahmen, die im Dezember 1973 vom Skylab gemacht wurde, zeigt eine der spektakulärsten Eruptionen. Die Erscheinung erstreckt sich über mehr als 588000 km. Von außerordentlichem Interesse ist der Umstand, daß auf der letzten der davor gemachten Aufnahme die einzige Spur der Erscheinung in einer ausgedehnten »stationären Protuberanz« auf der Ostseite der Sonne bestand. Diese Eruption erweckt klar den Eindruck einer eingerollten Gasschichte in ihrer Ausrollphase. Die helleren und dunkleren Zonen geben die entsprechend höhere oder geringere Intensität der ultravioletten Strahlung an. Bilder dieser Art liefern eindeutige Hinweise auf die möglichen Mechanismen, welche die Eruptionstätigkeit auf der Sonne regeln. Diese Aktivitäten hängen mit den starken Störungen in den oberen Schichten der Erdatmosphäre zusammen, die unter dem Namen »ionosphärische Störungen« bekannt sind und beachtliche Interferenzen bei den kurzwelligen Signalen hervorrufen, die über große Distanzen übertragen werden. Diese auf der Erde verzeichneten Erscheinungen sind als magnetische Stürme (=Mögel-Dellinger-Effekt) bekannt.

Die Sonne und die Erde

Ohne die Anziehungskraft der Sonne würde die Erde aus ihrer Umlaufbahn herausfliegen und im All umherirren. Ohne die Sonne wäre der Mond nicht sichtbar, denn was wir sehen, ist das Licht der Sonne, welches vom Mond reflektiert wird. Ohne die Sonne wäre die Erde eisig kalt; es gäbe keine Winde mehr, und alles Wasserhältige würde kondensieren, gefrieren, auf die Erde fallen und damit eine bleibende Eisdecke bilden. Es wäre so kalt, daß sich der Sauerstoff, der Stickstoff und die anderen Gase der Atmosphäre in festem Zustand als Eis auf der Erdoberfläche absetzen würden.
Die Sonne ist also der entscheidende Faktor, der das Leben auf der Erde ermöglicht. Die Sonne spendet der Erde seit 4,6 Milliarden Jahren Licht und Wärme, und jede Form des Lebens verdankt ihre Existenz der Sonnenenergie.
Es gibt nur wenige Energiequellen, die nicht direkt oder indirekt von der Sonne erzeugt werden.
Das irdische Magnetfeld und die Erdatmosphäre regulieren die Beziehungen, die zwischen der von der Sonne ausgestrahlten Energie und jener besteht, die die Erde während ihrer Bewegung in der Umlaufbahn erhält.
Der Einfluß des irdischen Magnetfeldes erstreckt sich weit bis ins All. Ein Beispiel für diesen unmittelbaren Einfluß ist der Van-Allen-Gürtel: zwei die Erde in ca. 1,5–1,8 (innerer) bzw. 3–4 (äußerer) Erdradien umgebende Zonen, in denen Elektronen, Protonen und Ionen solaren Ursprungs durch das Magnetfeld der Erde eingefangen werden.
Die Atmosphäre absorbiert selektiv beträchtliche Mengen der von der Sonne kommenden Strahlung: zum Beispiel blockiert sie den Großteil der Energie, die im fernen Ultraviolett mit Wellenlängen ausgestrahlt wird, die für zahlreiche Lebensformen tödlich wäre. In den oberen Schichten der Atmosphäre bewirkt die Absorption der ultravioletten Strahlung zugleich die Bildung der Ozonschicht, die ihrerseits wiederum dazu beiträgt, weitere ultraviolette Strahlung zu absorbieren.
Der nicht absorbierte Teil der Energie löst gemeinsam mit den Umlaufbewegungen der Erde (Jahreszeiten) Temperatur- und Druckunterschiede aus, die für die Winde, Wolken und die Niederschläge verantwortlich sind.
Die im Van-Allen-Gürtel eingefangenen geladenen Teilchen können sich vereinzelt einen Weg in Richtung der äußeren Schichten der Atmosphäre, insbesondere in die Polarzonen, bahnen.
Der Zusammenstoß dieser Teilchen mit den Atomen und Molekülen der Erdatmosphäre führt zur Ausstrahlung ultravioletter Energie, die mit freiem Auge in den wunderbaren Formen und Farben der Nordlichter beobachtet werden kann. In diesem Zusammenhang wird ein unumstößlicher Tatbestand klar: die Erde ist vollends von der Sonne abhängig.
Wenn man die Erd- und Solarerscheinungen zueinander in Beziehung setzt, geht eindeutig hervor, daß die magnetischen und ionosphärischen Störungen sowie die Störungen der Aurora in Zeiten hoher Sonnenaktivität zahlreicher auftreten, und zwar nicht nur während der verstärkten Sonnenfleckentätigkeit, sondern auch wenn *flares*, Protuberanzen und Veränderungen sowohl der Emissionswerte als auch der spektroskopischen Indizes der Sonne auftreten.

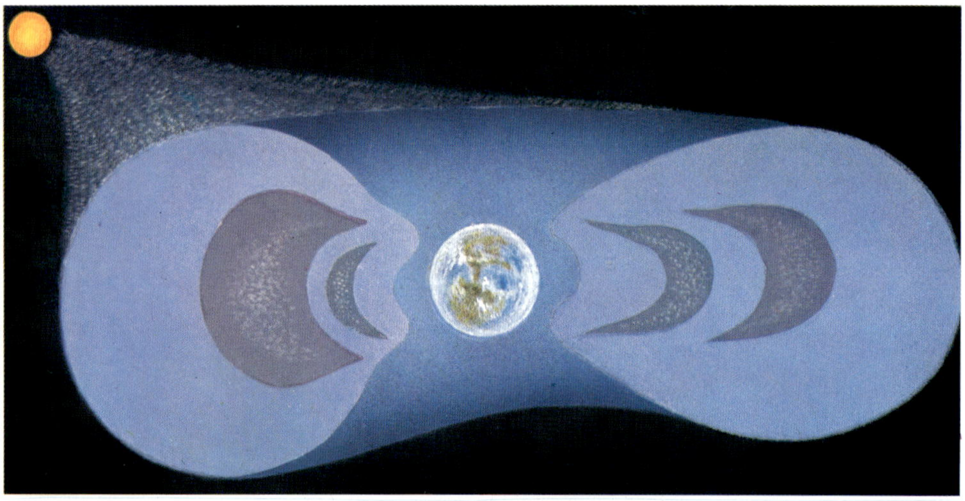

Magnetosphäre und Nordlichter. In der oberen Zeichnung werden die Zusammenhänge zwischen der Erdmagnetosphäre und der Sonne dargestellt. Die Magnetosphäre kann als eine hohle Knolle betrachtet werden, die das Magnetfeld der Erde im Sonnenwind ausgehöhlt hat. Der Van-Allen-Gürtel ist besonders hervorgehoben. Die zwei unteren Bilder zeigen zwei im Jahre 1973 in Alaska fotografierte Nordlichter. Die auf dem rechten Foto zu sehende Parabolantenne steht in Chatanika, wo mittels der zurückgestrahlten Radarwellen die Nordlichter erforscht werden.

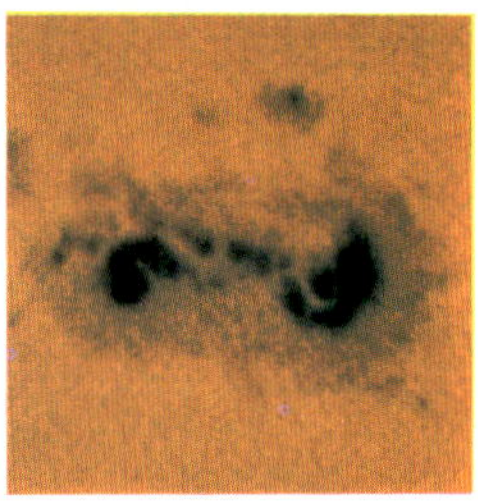

Sonnenflecken und Aktivitätszyklen der Sonne. Auf der Abbildung rechts ist ein Sonnenfleck mit seinem inneren dunkleren Kern (Schatten) und der ihn umgebende hellere Hof (Halbschatten) zu erkennen. Aus dem unteren Diagramm geht hervor, daß die Gesamtanzahl der Sonnenflecken in einem Zyklus von ca. 11 Jahren zwischen einem Minimum und einem Maximum schwankt. Diese Veränderungen entsprechen der unterschiedlichen Intensität der von der Sonne kommenden kosmischen Strahlen. Im Diagramm ist auf der Ordinate die durchschnittliche Anzahl der Sonnenflecken pro Jahr und auf der Abszisse die entsprechenden Jahre eingezeichnet.

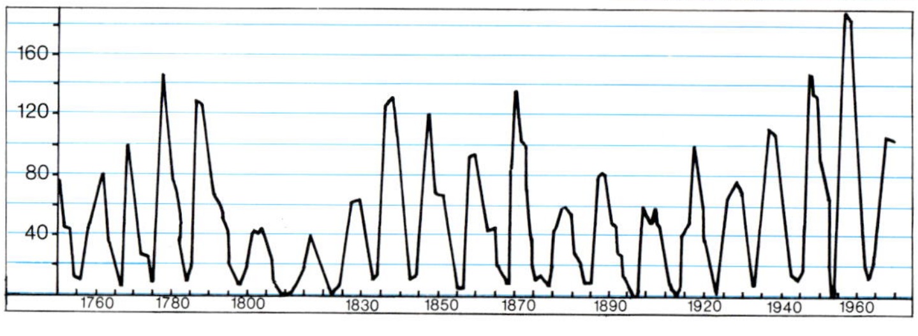

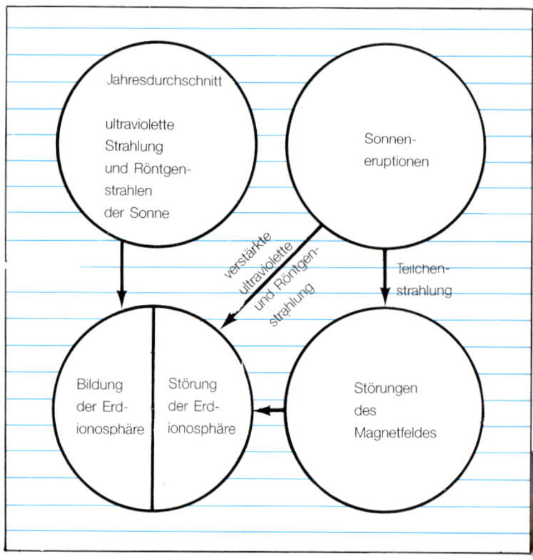

Beziehungen zwischen der Sonne und der Erde. Die Schichten, aus denen sich die Ionosphäre zusammensetzt, entstehen durch die Absorption der von der Sonne kommenden Röntgen- und ultravioletten Strahlung. Röntgenstrahlen werden auch während der Sonneneruptionen ausgestrahlt: diese sind dann für die ionosphärischen Störungen verantwortlich. Die von den *flares* produzierte Teilchenstrahlung erreicht die Erde 26 Stunden nach ihrer Emission und erzeugt die Nordlichter und die Magnetstürme, die mit der Ionosphäre interagieren und dadurch Störungen verursachen.

Die äußeren Planeten

von STEPHEN DWORNIK
unter Mitarbeit von CARLO MARINO

Übersicht der weiter entfernten Planeten: Jupiter, Saturn, Uranus, Neptun, Pluto, felsige Kerne, die zur Gänze in eine Gasmasse eingehüllt sind. An den Grenzen unseres Sonnensystems gibt es vielleicht einen zehnten Planeten, den Planeten X: die Wissenschaftler sind sich über seine Existenz uneinig.

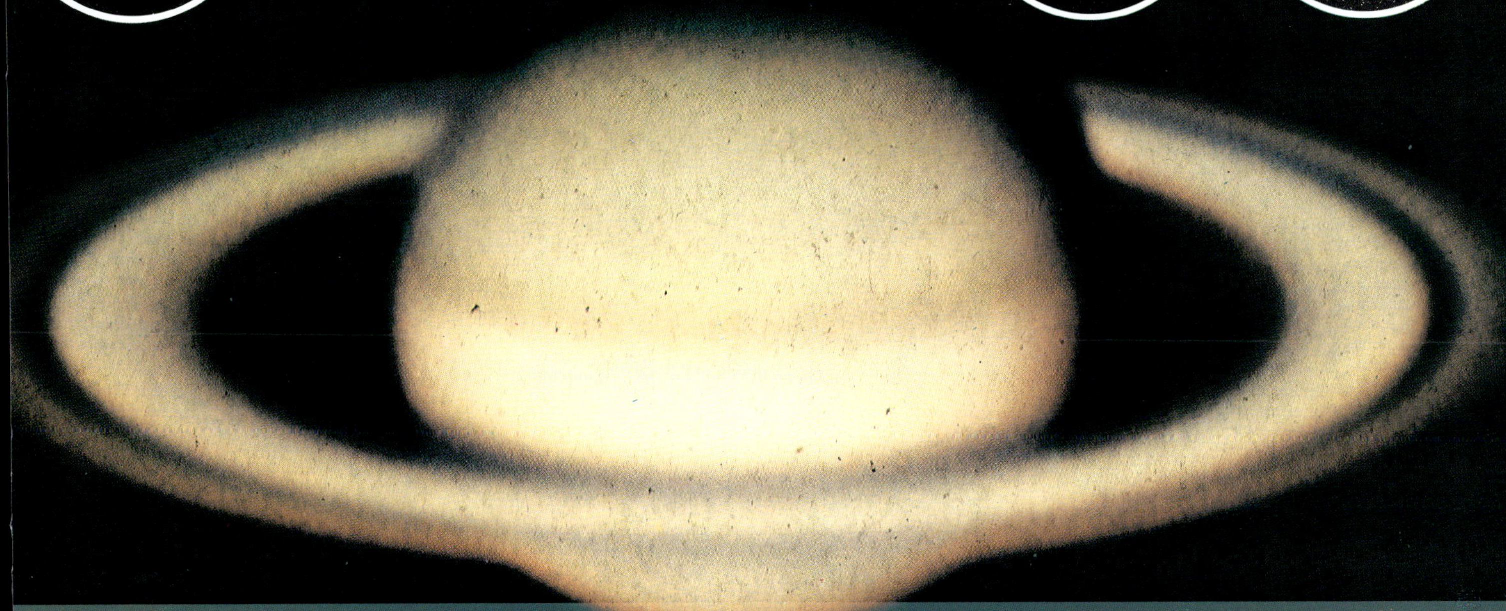

Jupiterpanorama

Der Jupiter ist der größte Planet des Sonnensystems: sein Äquatordurchmesser ist ca. 12mal so groß wie der Erddurchmesser; er allein beinhaltet mehr Materie als die anderen Planeten, Satelliten, Asteroiden, Staub und Gase, die im gesamten Sonnensystems vorhanden sind; er nimmt deshalb dort den zweiten Platz nach der Sonne ein; seine Schwerkraft beeinflußt die Umlaufbahnen der anderen Planeten, und viele aus dem äußeren Raum kommende Kometen wurden gerade seinetwegen aus ihrer Umlaufbahn geworfen. Die auffälligsten Merkmale, die man bei der Beobachtung durch das Teleskop erkennen kann, sind ein System paralleler, abwechselnd heller und dunkler Bänder, die seine Scheibe durchfurchen, und ein riesiger ovaler, roter Fleck von 50000 km Länge und 10000 km Breite, der zum ersten Mal im Jahre 1664 vom Astronomen R. Hook beobachtet und im Jahre 1665 von G. D. Cassini als der »Große Rote Fleck (GRF)« beschrieben wurde. Sowohl die Bänder als auch der Fleck sind das sichtbare Ergebnis gewaltiger Phänomene, welche die dichte Jupiteratmosphäre stören; die mittels der Raumsonden aufgenommenen Bilder haben dies ausreichend bewiesen.

Jupiter hat 16 Satelliten; gemeinsam mit ihnen

bildet er ein regelrechtes Miniatursonnensystem. Wegen seiner einzigartigen Merkmale, und da die Ergebnisse der Teleskopbeobachtung darunter leiden, daß die Atmosphäre selektiv gewisse Wellenlängen des elektromagnetischen Spektrums absorbiert, wurden auch Missionen zum Jupiter gestartet: die automatischen Sonnen Pioneer 10 und Pioneer 11 in den Jahren 1972/73 und Voyager 1 und 2 im Jahre 1979.

Die eingehende Erforschung des Jupiters bot tatsächlich die Möglichkeit, von der Nähe aus ein Modell der bedeutenden Ereignisse zu betrachten, die sich im Universum in seiner Gesamtheit ereignen – und in der Tat sind viele auf dem Jupiter stattfindende Reaktionen mit jenen vergleichbar, die in den Sternen vor Ausbruch der nuklearen Reaktionen vor sich gehen. Darüber hinaus bieten die atmosphärischen Störungen des Planeten in Verbindung mit seiner hohen Rotationsgeschwindigkeit ein Forschungsgebiet, in dem auch die Dynamik der Atmosphäre in anderen Umfeldern, wie zum Beispiel der Erde, untersucht werden können.
Die weitere Erforschung des Jupiters und seiner Satelliten ist auch für die Planetologen von größtem Interesse; sie erwarten sich davon genauere Aufschlüsse über das gesamte Sonnensystem.

Ein Riese unter den Planeten. Die Panoramaaufnahme nebenan vermittelt uns eine Idee von der Aussicht, die sich einem imaginären Beobachter von einer hypothetischen Plattform aus böte, die parallel zur automatischen Sonde Pioneer 11 (2) den Jupiter umkreist. Pioneer 11 hat in den ersten Dezembertagen des Jahres 1974 den Jupiter überflogen und ist danach zum Saturn aufgebrochen. Der auf dieser Abbildung sichtbare Teil des Jupiters – eine nur schwach angedeutete Rundung – gibt bereits Aufschluß über die riesigen Ausmaße des Planeten und entspricht der Oberfläche der dicken, sich ständig bewegenden atmosphärischen Hülle, die ihn umgibt. Unter den sichtbaren Lichtern und Flecken ist die außergewöhnlichste Erscheinung der »Große Rote Fleck« (in der Mitte). Von der Oberfläche des Jupiters aus gesehen ist die Sonne (1) nur ein kleiner leuchtender Punkt.

Die Satelliten. Am Jupiterhorizont sind nur die 13 (3–15) natürlichen Satelliten zu sehen, die zur Zeit der Pioneer-Missionen bekannt waren. In der Folge sind weitere drei Satelliten entdeckt worden. Die vier größten Satelliten werden »Galileische Satelliten« genannt, da sie von Galileo Galilei bereits im Jahre 1610 entdeckt und dokumentiert wurden. In der Folge wurden drei weitere entdeckt.

Der Aufbau des Jupiters. Das Viereck rechts oben zeigt eine Gegenüberstellung zwischen den Ausmaßen und der inneren Strukturen der Erde (links) und des Jupiters (rechts). Während die Erde im wesentlichen aus Fels und Metall besteht (A: Felskruste; B: Eisen- und Magnesiumsilikate; C: äußerer flüssiger Kern aus Eisen und Nickel; D: innerer fester Kern), setzt sich der Jupiter großteils aus Gasen zusammen. Hypothetischer Aufbau des Jupiters: E: innerer Kern mit einem Durchmesser von ca. 24000 km, der hauptsächlich aus Eisensilikaten besteht; F: Schale aus metallischem Wasserstoff in flüssigem Zustand; G: Schale aus flüssigem molekularem Wasserstoff, ungefähr 25000 km dick; H: gasförmige ca. 1000 km dicke Atmosphäre.

Der Jupiter und seine Monde

Jupiter ist unter allen Planeten derjenige, der sich am schnellsten um seine eigene Achse dreht: der Tag dauert nur 9 Stunden und 55 Minuten; in den Äquatorzonen ist die Rotationsgeschwindigkeit sogar noch etwas höher. Das bedeutet, daß sich ein Punkt auf dem Jupiteräquator mit einer Geschwindigkeit von 33 400 km/h bewegt, während seine Geschwindigkeit auf dem Erdäquator ca. 1600 km/h betragen würde. Infolge der an den Polen und am Äquator unterschiedlichen Rotationsgeschwindigkeit und da Jupiter der Zentripetalkraft unterworfen ist, weist dieser Planet eine ausgeprägte Abplattung der Pole auf: aus diesem Grund ist der Äquatordurchmesser um ca. 9400 km länger als die Polarachse.
Obwohl sein Volumen das 1316fache der Erde beträgt, ist seine Masse nur 318mal größer. Jupiter besteht wahrscheinlich zumindest zu drei Viertel aus leichten Gasen, wie sie gewöhnlich auch in der Sonne und den anderen Sternen vorkommen. Seine Zusammensetzung ist deshalb im großen und ganzen eher der Sonne als der Erde ähnlich. In seiner Atmosphäre wurden Methan- und Ammoniakgase sowie geringe Mengen an Äthan und Acetylen festgestellt.
Ein interessantes Merkmal des Jupiters ist der Umstand, daß er 2,5mal mehr Energie ausstrahlt, als er von der Sonne empfängt. Man nahm an, daß diese Energiequelle von einem langsamen Kontraktionsprozeß des Planeten herrührt. Die jüngsten Erklärungsmodelle führen jedoch diese im Übermaß ausgestrahlte Wärmemenge auf thermische Energie zurück, die als Rest jener Wärme übriggeblieben ist, die in der Anfangsphase entstand, als sich der Planet aus dem Sonnennebel bildete. Auf diese Weise strahlt der Planet andauernd Wärme aus und kühlt sich dadurch ab; die Kontraktion ist somit eine Folgeerscheinung und nicht die Ursache der negativen Energiebilanz.
Ein weiteres Kennzeichen des Jupiters ist sein ausgedehntes, starkes Magnetfeld und die starke Radiostrahlung, die aus zwei relativ breiten Linien des Spektrums kommt.
Diese Strahlung wird auf der Aktivität seines Magnetfeldes (Dezimeterstrahlung) zurückgeführt, während die im Meterwellengebiet aufgenommene Strahlung wahrscheinlich von den gelegentlich auftretenden elektrischen Entladungen in der Jupiteratmosphäre oder in der Ionosphäre stammen.
Die Polarität seines Magnetfeldes ist dem der Erde entgegengesetzt; von der unmittelbaren

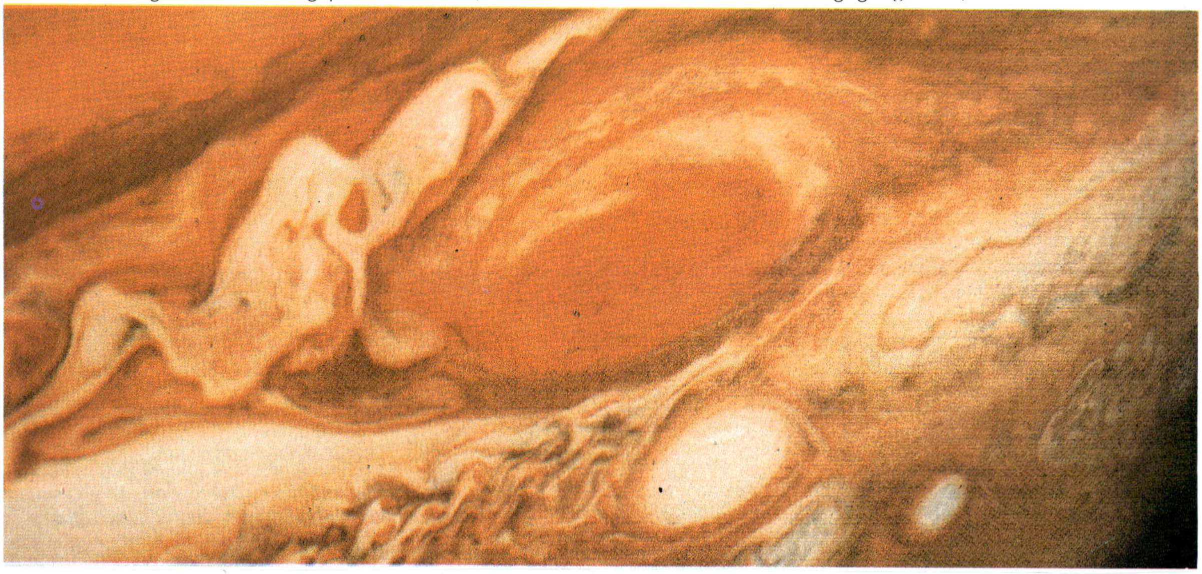

Die Jupiteratmosphäre. Der Große Rote Fleck ist ein ovales Gebilde auf der Südhalbkugel des Jupiters: es handelt sich dabei um einen riesigen Wirbelsturm, in dessen Inneren die Erde zweimal Platz hätte. Aus 5 Millionen km Entfernung (am 1. März 1979 von Voyager 1 aufgenommen) sieht er so aus wie auf dem Bild rechts.
In der Mitte rechts ist deutlich eines der zahlreichen weißen Ovale zu erkennen, die sich auch von der Erde aus beobachten lassen.
Die Qualität dieses und anderer Fotos, die Voyager 1 zur Erde geschickt hat, ist weitaus besser als die Bilder, die bis heute mittels der Teleskopbeobachtung gewonnen werden konnten. Sowohl der Rote Fleck als auch das weiße Oval lassen eine innere Spiralstruktur erkennen.

Magnetfeld und Magnetosphäre. Das Magnetfeld des Jupiters erstreckt seinen Einfluß bis über 10 Millionen km ins All. Auch der Jupiter ist deshalb wie die Erde von einer Magnetosphäre umgeben: eine Art unsichtbarer Käfig, in dem sich Elektronen und andere Teilchen mit extrem hoher Geschwindigkeit in den hier nebenan abgebildeten Bahnen bewegen (1: Rotationsachse des Planeten; 2: Strahlungsbänder; 3: Strecke, die Pioneer 10 bei der Erforschung der Magnetospäre des Jupiters zurücklegte; 4: Magnetachse). Die Magnetopause, d. h. die Gleichgewichtszone, die sich zwischen dem Druck des Jupitermagnetfelds und dem Druck des Sonnenwindes bildet, ist vom Planeten 100 bis 50 Jupiterradien entfernt. Die Magnetosphäre pulsiert und zieht sich tatsächlich unter dem allgemeinen Druck des Sonnenwindes zusammen. Das Magnetfeld des Jupiters ist ein Dipol, aber seine Pole haben im Vergleich zu den Erdpolen entgegengesetzte Vorzeichen. Einfacher ausgedrückt bedeutet dies, daß ein Erdkompaß auf dem Jupiter den Südpol anzeigen würde.

Nähe des Planeten abgesehen, ist das Jupitermagnetfeld ein Dipol wie jenes der Erde.
Rund um den Jupiter kreisen 16 Satelliten; die vier größten, Io, Europa, Ganymed und Kallisto, sind bezüglich ihrer Ausmaße und Merkmale fast planetenähnlich; die übrigen Satelliten sind weitaus kleiner und schwierig zu beobachten.
Der innerste der Galileischen Satelliten, Io, ist orangefarbig und weist dunkle Flecken auf. Er ist ungefähr so groß wie unser Mond; seine Dichte beträgt ca. 3,5 g/cm^3 und ist damit jener des Planeten Mars sehr ähnlich. Das Hauptmerkmal des Io ist seine heftige Vulkantätigkeit. Während der Voyager-Missionen wurden bei acht Vulkanen Lavaeruptionen beobachtet.
Der Wasservorrat im Inneren dieses Satelliten wurde bereits vor langer Zeit aufgebraucht, und deshalb speit er jetzt hauptsächlich schwefelreiche Verbindungen aus, welche die typische Farbe seiner Oberfläche verursachen. Die vulkanischen Gase tragen zur Bildung der dünnen Atmosphäre aus Natrium und Sulfiden bei, die sich wie eine Wolke entlang der Umlaufbahn erstreckt. Die starke Wärmeentwicklung im Inneren, welche die rege Vulkantätigkeit unterhält, wird auf die Gezeitenwirkung zurückgeführt, die Jupiter und die anderen Galileischen Satelliten auf Io ausüben.
Europa ist mit einer Eiskruste überzogen. Seine Oberfläche ist vollkommen glatt; man kann auf ihm jedoch tiefe Spalten erkennen, die riesigen Rissen ähneln. Das Fehlen großer Einschlagskrater bedeutet, daß sich die Oberflächenkruste des Europa nach dem gewaltigen Meteoritenbombardement gebildet hat, das sich in den ersten Entwicklungsphasen des Sonnensystems ereignete. Die Hitze im Inneren des Europa war zwar geringer als im Kern des Io, nahm aber dennoch beträchtliche Werte an und bewirkte den Ausstoß von zum Großteil aus Wasser bestehenden Lavamassen, die sich auf der Oberfläche ausbreiteten und dadurch den Satelliten mit einer Eisdecke überzogen haben.
Ganymed entstand in einer älteren geologischen Entwicklungsphase als die beiden oben beschriebenen Satelliten. Seine Oberfläche ist im wesentlichen vereist und weist zahlreiche Einschlagskrater auf. Die ältesten Zonen sind sehr dunkle, darüber kann man jedoch eindeutig die neueren Krater erkennen, da der Zusammenstoß, der diese Krater verursachte, das darunterliegende saubere Eis an die Oberfläche befördert hat. Die Krater erscheinen deshalb als weiße Flecken, von denen strahlenförmige Strukturen stammen.
Ein weiteres besonderes Merkmal des Ganymed sind seine echten Gletscher, die sich in Form von »Zungen« ausdehnen und wahrscheinlich auf die Ausbrüche wäßriger Lavaströme zurückzuführen sind, die sich vor langer Zeit oder erst kürzlich ereigneten.
Kallisto ist der älteste und der vom Jupiter am weitesten entfernte der vier Galileischen Satelliten. Seine Oberfläche ist vereist, sehr dunkel und von Einschlagskratern bedeckt. Einige dieser Krater sind wirklich riesengroß: der berühmteste ist der *Walhalla*; rund um diesen Krater breiten sich mehrere konzentrische Kreise aus, die sich über Hunderte Kilometer erstrecken. Der Absturz eines kleinen Asteroiden oder eines Kometen brachte das Eis zum Schmelzen und verursachte Wellen: die bittere Kälte vereiste dieses Wellensystem noch bevor es verschwand und hinterließ damit ein bleibendes Zeichen jener Zusammenstöße, die die Anfänge des Sonnensystems charakterisieren.

Name	ø-Entfernung vom Jupiter (in 1000 km)	Umlaufzeit (Tago	h	Min.)	Durchmesser (km)
• Metis	128		7	5	40
• Adrastea	129		7	9	10
• Amalthea	181		11	57	190
• Tebe	222		16	12	~100
• Io	422	1	18	27	3632
• Europa	671	3	13	13	3126
• Ganymed	1070	7	3	43	5276
• Kallisto	1880	16	16	34	4820
• Leda	11094	238	17		~ 10
• Himalia	11470	250	14		~180
• Lysithea	11720	259	05		~ 20
• Elara	11737	259	17		~ 80
• Ananke	21200	631			~ 20
• Carme	22350	692			~ 30
• Pasiphae	23300	735			~ 40
• Sinope	23700	758			~ 30

Die Jupitermonde. Die nebenstehende Tabelle faßt einige Merkmale der 16 bekanntesten Satelliten des Jupiters zusammen. Oben sind Ganymed (links) und Kallisto (rechts) zu sehen, die von den Voyager-Missionen aufgenommen wurden. Die Oberfläche des Ganymed ist mit strahlenförmigen Kratern übersät und von breiten Rillen durchfurcht; auf dem Foto des Kallisto ist ein riesiges rundes Becken zu erkennen, das von einer Reihe regelmäßiger Kreise umgeben ist. Unten ist ein hypothetisches Strukturmodell der vier größten Jupitersatelliten aufgezeichnet. Ihre durchschnittliche Dichte nimmt immer mehr ab, je weiter sie vom Jupiter entfernt sind. Dasselbe Phänomen ereignet sich auch im Sonnensystem, wo die durchschnittliche Dichte der Planeten von den inneren bis zu den äußeren immer geringer wird.

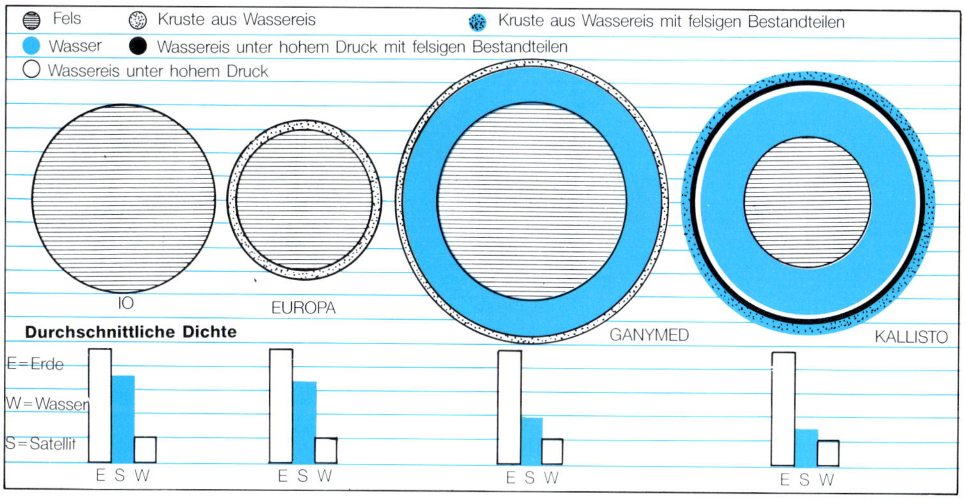

Von gewisser Bedeutung ist auch der kleine Amalthea, der in einer Entfernung von »nur« 180000 km den Planeten Jupiter umkreist. Er hat eine längliche Form mit den ungefähren Maßen 270 x 170 x 150 km. Seine längste Achse ist in Übereinstimmung mit der Gezeitenwirkung dem Jupiter zugewandt. Die Oberfläche des Amalthea erscheint rötlich; diese Färbung ist wahrscheinlich auf den auf ihn niederrieselnden sulfidhältigen Vulkanstaub zurückzuführen, den der Satellit Io ausstößt und der langsam in Richtung des Jupiters fällt.

Die Jupiteratmosphäre

Auf den Bildern der Pioneer-Raumsonde und auch bei den Teleskopbeobachtungen von der Erde aus bietet der Jupiter das wunderbare Schauspiel einer Scheibe, die von Streifen durchfurcht wird, die sich ständig wirbelnd parallel zum Äquator bewegen. Die dunkelbraunen, rotbraunen und grauen Streifen werden *Gürtel* genannt; die dazwischenliegenden hellen oder weißgelben Streifen dagegen: *Zonen*.
Die fünf Zonen und die vier Gürtel, die sich im Mittelteil der Scheibe befinden, sind bleibende Konfigurationen, obgleich sie leichten Veränderungen in bezug auf Breite, Farbe und Leuchtkraft unterworfen sind. Sowohl die Zonen als auch die Gürtel sind durch Turbulenzen, Strahlenbüschel, Spiralen und unregelmäßige Flecken in verschiedenen Farben, von Weiß bis Rot, Rotbraun oder Orange, gekennzeichnet.
Diese Gürtel, Zonen und anderen Gebilde lassen sich durch ein in der Jupiteratmosphäre befindliches Wolkensystem erklären, das aufgrund der raschen Rotationsbewegung des Planeten ununterbrochen heftigen Perturbationen unterworfen ist.
Die unteren Wolkenschichten werden nach oben gedrängt, während sich die regionalen Strukturen entweder nach Osten oder nach Westen bewegen, je nachdem ob sich die Wolken, wenn sie am Gipfel der Wolkendecke angelangt sind, nach Norden oder Süden weiterbewegen. Man konnte feststellen, daß die hellen Zonen kälter sind als die dunklen und daß sie deshalb einer höherliegenden atmosphärischen Schicht angehören.
Die Temperaturmessungen haben einen sicheren Beweis dafür geliefert, daß die Gase in den Zonen aufsteigen und in den Gürteln nach unten strömen.
In den unteren Breiten wandelt die durch die rasche Rotationsbewegung des Jupiters (Coriolis-Effekt) entstehende Kraft die vertikalen Luftströmungen in die horizontalen Bänder um, die den Planeten umgeben. Das aus einer Zone nach oben strömende Gas neigt dazu, sich in Richtung des Pols oder des Äquators zu verschieben und dann wieder in einen angrenzenden Gürtel abzusinken.
In den Zonen, welche die höchsten und kältesten Strukturen der Atmosphäre darstellen, besteht der obere Teil der Wolken mit großer Wahrscheinlichkeit aus gefrorenen Ammoniakkristallen. Bei der in diesen Höhen herrschenden Temperatur würde das Ammoniak diese Form annehmen, und damit ließe sich die helle Farbe der Zonen erklären. In geringerer Höhe und bei dadurch höheren Temperaturen würde das Ammoniak schmelzen und in den gasförmigen Zustand übergehen.
Auf der südlichen Halbkugel befindet sich die bedeutendste Konfiguration, die Großer Roter Fleck (GRF) genannt wird.
Er ist das beständigste sichtbare Gebilde des

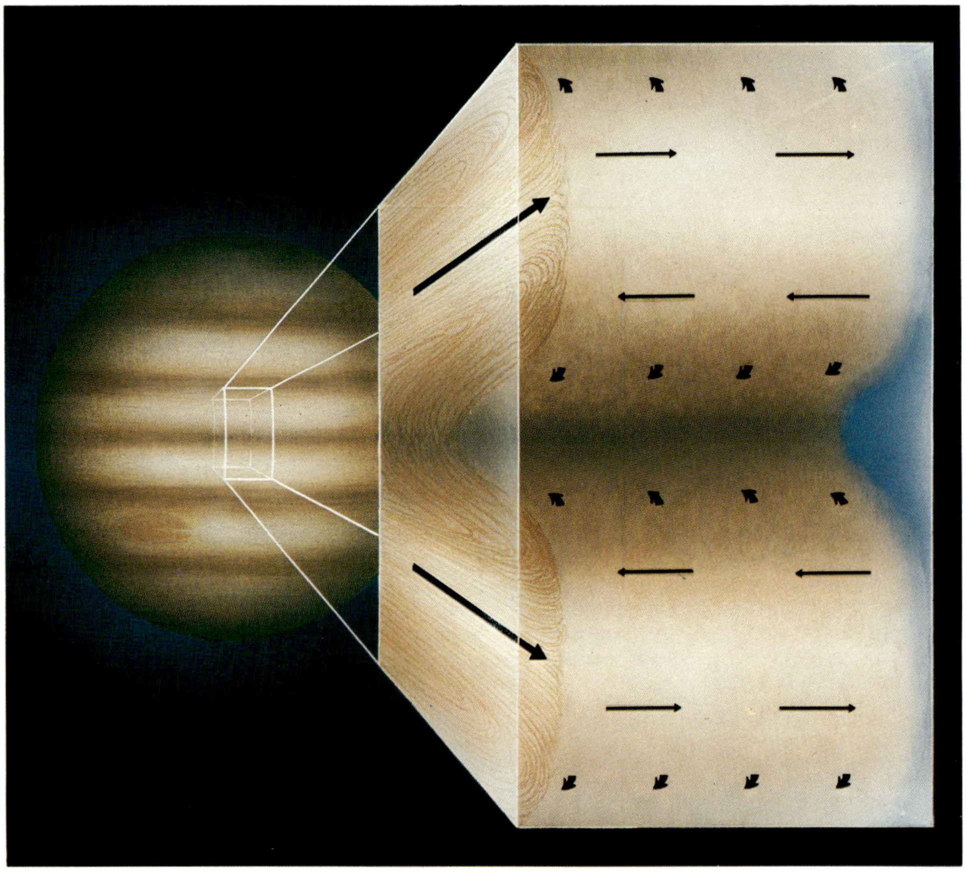

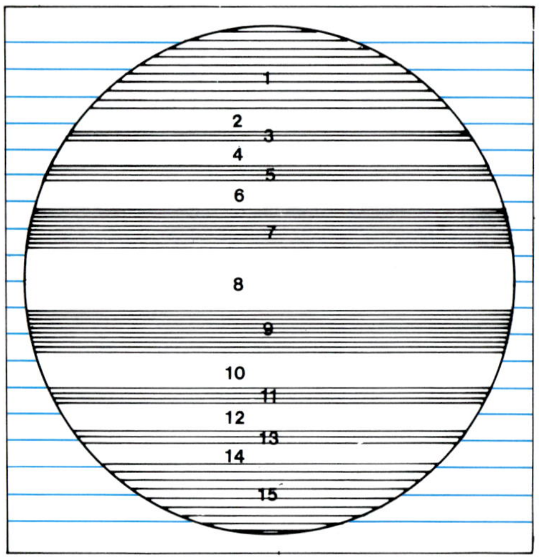

Gürtel und Zonen. Die Oberfläche des Jupiters erscheint wie eine von hellen (Zonen) und dunklen (Gürteln) Bändern durchfurchte Scheibe, wobei jedes Band einen eigenen Namen hat: 1: Nordpolgürtel; 2: gemäßigte Nord-Nord-Zone; 3: gemäßigter Nord-Nord-Gürtel; 4: nördliche gemäßigte Zone; 5: nördlicher gemäßigter Gürtel; 6: nördliche Tropenzone; 7: nördlicher Äquatorialgürtel; 8: Äquatorialzone; 9: südlicher Äquatorialgürtel; 10: südliche Tropenzone; 11: südlicher gemäßigter Gürtel; 12: südliche gemäßigte Zone; 13: gemäßigter Süd-Süd-Gürtel; 14: gemäßigte Süd-Süd-Zone; 15: Südpolgürtel.

Die Strömungsverhältnisse der Jupiteratmosphäre. Wir haben gesehen, daß das ungewöhnlichste sichtbare Merkmal des »Riesen« des Universums in seinen abwechselnd hellen und dunklen horizontalen Streifen besteht, die seine Oberfläche bedecken. Man hat festgestellt, daß diese Streifen den Gipfel der Wolkenbänder darstellen, die sich aufgrund der hohen Rotationsgeschwindigkeit des Planeten parallel zum Äquator erstrecken. Aber warum haben sie verschiedene Farben? Die obere Abbildung, die ein Detail der atmosphärischen Strömungen in der Nähe der Äquatorialzone rekonstruiert, erlaubt uns diese Frage zu beantworten. Die Gase, aus denen sich die Jupiteratmosphäre zusammensetzt, werden durch die aus dem Inneren des Planeten kommende Wärme erhitzt und steigen rasch zu großer Höhe auf. Hier kühlen sich sich ab und bilden Wolken mit Ammoniakkristallen, die den hellen Zonen entsprechen. Diese Zonen sind also kälter und befinden sich in höherer Position als die angrenzenden dunklen Gürtel. Die Gürtel hingegen entsprechen den sowohl in Richtung des Äquators als auch der Pole hinunterströmenden Gasen, die nun bereits kalt und schwer sind, und dem festen, nach und nach schmelzenden Ammoniak. In der untenstehenden Tabelle finden wir eine Zusammenfassung der charakteristischen Strukturen der Jupiteratmosphäre.

Struktur	Infrarotmessung	Höhe der Wolken	Strömung	Druck	Senkrechte Geschwindigk.	Voraussichtl. Wolkenform	Farbe	Temperatur
• Gürtel	heiß	gering	zyklonisch	gering	nach unten	niedrig, dünn	dunkel	niedrig
• Zone	kalt	groß	antizyklonisch	hoch	nach oben	hoch, dicht	hell	hoch
• Großer Roter Fleck	kalt	groß	antizyklonisch	hoch	nach oben	hoch, dicht	orange	hoch

Störungen im Äquatorialbereich. Die Abbildung oben zeigt in Übereinstimmung mit dem Äquatorialbereich einen leuchtenden Kern, der sich auf dem Gipfel der Wolkenformation befindet und Störungserscheinungen darstellt. Neben diesem Kern lassen sich im Entstehen begriffene Wolkenanhäufungen erkennen, die sich durch die aufsteigenden Strömungen thermischen Ursprungs bilden und sich dann nach und nach ausbreiten.

Jupiteratmosphäre und Erdatmosphäre. In der Jupiteratmosphäre (a) sind die Hochdruck- (A) und die Tiefdruckgebiete (B) parallel aneinandergereiht. In der Erdatmosphäre (b) entsteht aufgrund der starken Temperaturdifferenz zwischen dem Äquator und den Polen eine Längenwelle von West nach Ost; die Tiefdruck- (B) und die Hochdruckgebiete (A) entsprechen den Senkungen und Kämmen dieser Welle.

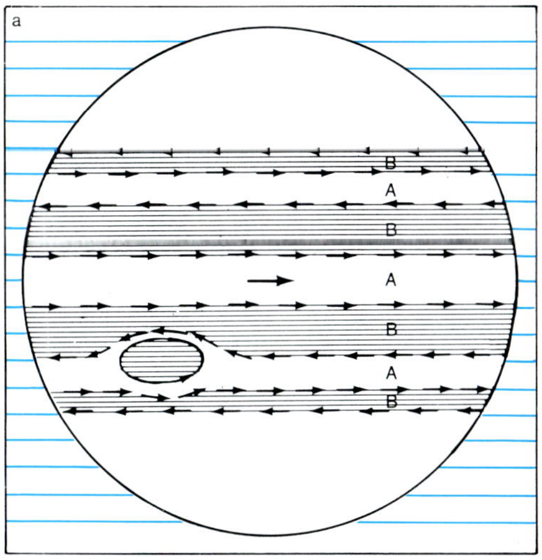

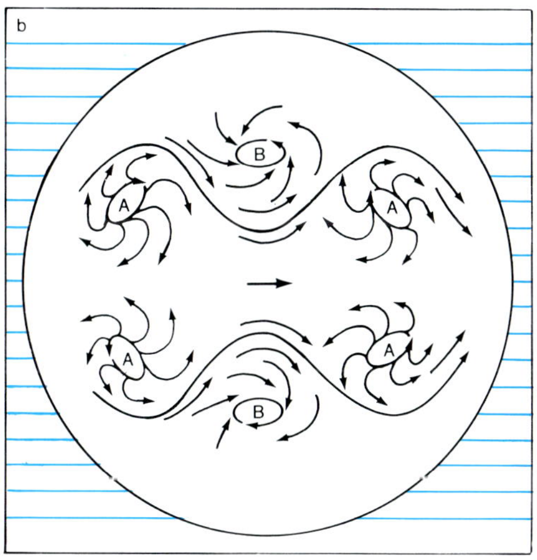

Der Große Rote Fleck. Die untenstehende Aufnahme wurde von Pioneer 11 aus einer Entfernung von ca. 545000 km geschossen und zeigt eine besondere, einzigartige und merkwürdige Struktur des Jupiters, den »Großen Roten Fleck«, über dessen Beschaffenheit einige Hypothesen aufgestellt wurden. Nach der »Floßtheorie« (a) handelt es sich dabei um einen festen oder halbfesten Körper, der auf der Atmosphäre des Jupiters schwimmt. Gemäß der »Taylor-Säule-Theorie« (b) ist dieser Fleck das obere Ende einer stehenden Gassäule, die durch die Unterbrechung der atmosphärischen Strömung entsteht, welche durch die topographischen Unregelmäßigkeiten auf der Jupiteroberfläche verursacht werden. Nach der »Theorie des tropischen Wirbelsturms« (c) ist der Fleck einem tropischen Wirbelsturm auf der Erde ähnlich, da die in der Atmosphäre beobachtete Strömung rund um den Fleck antizyklonisch ist, wie dies auch beim Gipfel eines tropischen Zyklons auf der Erde der Fall ist. Der Durchmesser dieses riesigen Wirbelsturms dürfte manchmal mehr als dreimal größer als der Erddurchmesser sein.

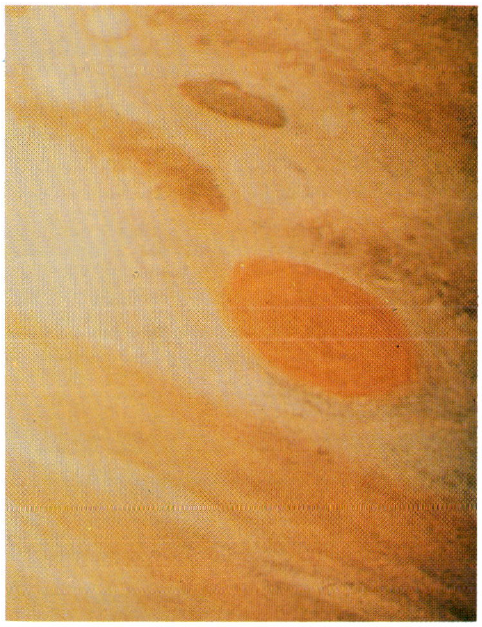

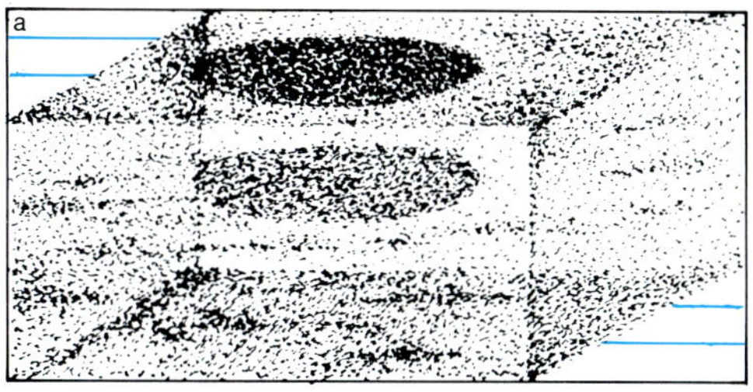

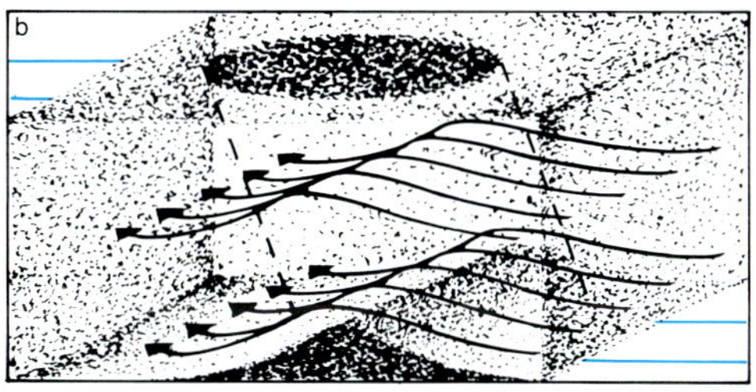

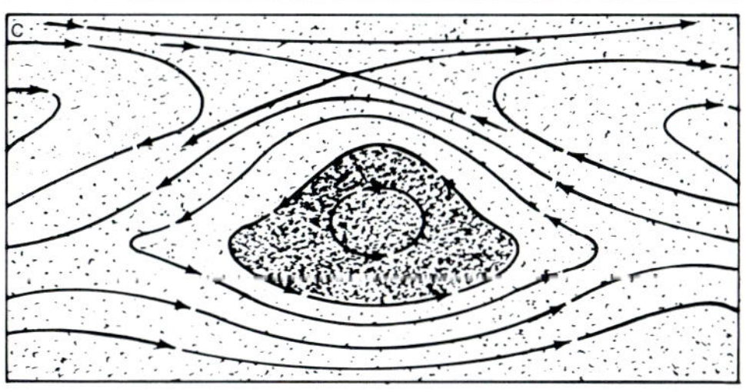

Jupiters. In all den Jahren, in denen dieser Fleck beobachtet wurde, hat er sich nur um einen Breitengrad verschoben (Richtung Nord-Süd); der Länge nach hat sich seine Position jedoch beträchtlich geändert (Richtung Ost-West). Derzeit ist er 24000 km breit; manchmal betrug seine Breite sogar bis 50000 km.

Der Große Rote Fleck wurde 1664 von Robert Hook entdeckt. Im Laufe der Jahrhunderte sind viele Theorien über diesen Fleck entstanden: darunter auch eine, die annahm, daß es sich dabei um eine Insel handelte, rund um die sich die Gase wie die Strömung eines Flusses bewegten; oder daß der Fleck aus einer riesigen Gasmasse bestünde, die wie ein Wirbel aus einem heißen Punkt der Oberfläche entspringt, mit der sie jedoch irgendwie verankert bleibt. Heute besagt die glaubwürdigste Theorie, daß es sich bei dem Roten Großen Fleck um eine Tiefdruckströmung, einem Wirbelsturm ähnlich, handelt.

Auf der Erde bewahren die Wirbelstürme ihre Kraft, solange sie sich in einem tropischen Gebiet über dem Ozean befinden, sie verlieren jedoch ihre Kraft und vermindern ihre Intensität, wenn sie sich am Festland oder über kälteren Gewässern bewegen. Jupiter verfügt über kein Festland, und der Große Rote Fleck scheint in einem schmalen Gebiet der südlichen Tropenzone zu liegen. Um bei einer Bezeichnung der Erdterminologie zu bleiben, können wir sagen, daß sich diese charakteristische Konfiguration im »Wirbelsturmstreifen« des Jupiters befindet.

Die Stellen mit hoher Leuchtkraft auf Jupiter befinden sich nicht nur im Großen Roten Fleck; es wurden auch weitere, weiße und rote Flecken festgestellt, deren Größe zwischen 2000 und 15000 km schwankt; sie sind jedoch keine beständigen Gebilde: sie konnten höchsten während 18 Monaten beobachtet werden.

Die Atmosphäre des Jupiters besteht hauptsächlich aus Wasserstoff, Helium, Ammoniak und Spuren an Deuterium, Acetylen und Äthan. Die unteren Schichten sind wasserhältig.

Das Verhältnis Wasserstoff–Helium und die Berechnung der Kohlenstoff- und Stickstoffwerte deuten daraufhin, daß Jupiter eine ähnliche Zusammensetzung wie jene Gase aufweist, die am Anfang, in der Entstehungsphase des Sonnensystems, vorhanden waren. Einige Wissenschaftler halten Jupiter und seine Satelliten für ein Miniatursonnensystem, das sich wahrscheinlich aufgrund der niedrigen Temperaturen, die in den äußeren, weiter von der Sonne entfernten Regionen herrscht, langsamer entwickelte als das Sonnensystem.

Lange Zeit hat der Mensch angenommen, daß, falls Leben auf einem anderen Planeten möglich sein sollte, dies nur Mars sein konnte. Heute weiß man, daß auf Jupiter Methan, Ammoniak und Wasser vorhanden sind, und dies läßt den Schluß zu, daß Leben auf diesem Planeten existieren könnte. Wie wir in einem der folgenden Kapitel noch genauer erläutern werden, betrachtet man diese drei Verbindungen als wesentliche Grundelemente für die Bildung der Proteine und damit für jegliche Form des Lebens, von der kleinsten Mikrobe bis zum größten Säugetier.

Da die Umweltbedingungen auf Jupiter rauh und feindlich sind, könnten Mikroorganismen in einer atmosphärischen Schicht existieren, in der dafür geeignete Licht- und Wärmebedingungen herrschen.

Eine Lebensform dieser Art würde sich ständig im schwebenden Zustand befinden, d. h. im Gleichgewicht zwischen der Anziehungskraft und Schwerkraft und den aufsteigenden Bewegungen, die in den Gürteln entstehen.

Saturnpanorama

Der Saturn ist unter den Planeten, die bereits den Astronomen im Altertum bekannt waren, der weitestentfernte und stellt für die Teleskopbeobachtung einen Himmelskörper von besonderem Interesse dar.
Als erster der außerhalb der Umlaufbahn des Jupiters liegenden Planeten ist er diesem sehr ähnlich: auch er weist Bänder und Streifen auf; sie sind jedcoh nicht so ausgeprägt. In der Größenrangordnung des Sonnensystems nimmt der Saturn den zweiten Platz ein; sein Durchmesser ist 10mal größer als der Erddurchmesser.
Sein auffälligstes Merkmal stellen seine konzentrischen Ringe dar, die sich in der Äquatorebene rund um den Planeten drehen. Diese Ringe bestehen aus unzähligen, bis zu einigen hundert Metern großen Teilchen; sie sind die am deutlichsten sichtbaren Ringe des Sonnensystems.

Da der Saturn 29,5 Jahre benötigt, um die Sonne einmal zu umlaufen, kann man diese Ringe alle 7,5 Jahre abwechselnd mit größter Deutlichkeit oder im Profil erblicken. Im letzteren Fall lassen sich die Ringe mit dem Teleskop kaum beobachten. Daraus folgt, daß ihre Dicke sehr gering ist und nur etwa einige Kilometer betragen dürfte. Die Neigung der Ringe beeinflußt in beträchtlichem Ausmaß die sichtbare

Helligkeit des Saturns. Mit den Methoden der klassischen Astronomie war die Erforschung dieses Planeten (wie auch der noch weiter entfernten) extrem schwierig. Die Pioneer- und Voyager-Missionen haben jedoch neue Erkenntnisse über diese weitentfernten Welten und ihre Satellitensysteme gebracht. Das Ringsystem des Saturns hat sich dabei als weit komplexere und interessantere Struktur herausgestellt, als man noch vor einigen Jahren annahm. Auch Saturn hat zahlreiche Satelliten; genau gesagt 23.

Der größte unter ihnen ist Titan: er ist nur etwas kleiner als der größte Jupitersatellit Ganymed; sein Durchmesser überragt bei weitem jene des Planeten Merkur.

Der innere Aufbau des Saturns dürfte dem seines größeren Bruders Jupiter ähnlich sein: man nimmt an, daß er sich aus einem felsigen oder metallischen Kern zusammensetzt, der ca. 15 % seiner Masse ausmacht; seine äußersten Hüllen bestehen jedoch hauptsächlich aus Wasserstoff und Helium. Die Gesamtdichte des Planeten ist deshalb sehr gering, sogar geringer als die des Wassers.

Der Ringplanet. Die nebenstehende Abbildung zeigt eine mögliche Rekonstruktion des Saturnpanoramas im Moment des Zusammentreffens mit der automatischen Sonde Pioneer 11 (2) im September 1979. Die Saturnoberfläche weist wie jene des Jupiters abwechselnd helle und dunkle Bänder auf, die jedoch blasser erscheinen. Sein auffälligstes Merkmal sind seine Ringe (13), die seit über drei Jahrhunderten die Aufmerksamkeit der Astronomen auf sich gezogen haben. Drei dieser Ringe erscheinen hell und können mit einem guten Teleskop leicht beobachtet werden. Die Voyager-Missionen haben jedoch gezeigt, daß ihr Aufbau weitaus komplexer ist.

Der Saturnhimmel. Wie auch der des Jupiters ist der Saturnhimmel durch zahlreiche Monde gekennzeichnet. Auf dieser Abbildung sind jedoch nur 10 der 23 heute bekannten Saturnmonde eingezeichnet. Ihre Größe schwankt von einigen Hunderten bis einigen Tausenden Kilometern; der größte und hell leuchtendste ist Titan, der erste Satellit des Sonnensystems, auf dem eine Atmosphäre entdeckt wurde. Phoebe, der vom Saturn weitestentfernte Satellit, wurde das erste Mal im Jahre 1898 beobachtet, und er ist der erste Mond, der ausschließlich unter Einsatz fotografischer Techniken erforscht wurde. Die Sonne (1) würde am Saturnhimmel nur als kleiner leuchtender Punkt erscheinen.

Der innere Aufbau. Saturn könnte den folgenden Aufbau haben: E: felsiger Kern; F: Eis; G: metallischer Wasserstoff; H: molekularer Wasserstoff, wie dies im Rechteck oben rechts abgebildet ist, wo der Saturnaufbau mit dem der Erde (links) verglichen wird: A: felsige Kruste; B: Eisen- und Magnesiumsilikate; C: äußerer Kern aus flüssigem Eisen und Nickel; D: innerer fester Kern. Auf derselben Abbildung ist eine Gegenüberstellung der Größen des Saturns und der Erde zu sehen.

Saturn und seine Monde

Der Größe nach ist der Saturn der zweite Planet des Sonnensystems.
Er ist an den Polen stark abgeplattet: sein Äquatordurchmesser beträgt 120000 km, sein Poldurchmesser jedoch nur 107520 km. Die Abplattung hängt mit der Rotationsgeschwindigkeit zusammen, die mit etwa 10 Stunden 40 Minuten errechnet wurde. Für die Umkreisung der Sonne benötigt er ca. 29,5 Jahre.
Über den vermutlichen inneren Aufbau des Saturns wurden bereits auf der vorangegangenen Seite Angaben gemacht.
Das Strukturmodell dieses Saturnaufbaus weist im Vergleich zu dem des Jupiters keine großen Unterschiede auf.
Die durchschnittliche Dichte des Planeten ist so gering (0,7), daß sie sogar unter der des Wassers liegt. Aus diesem Grund beträgt seine Masse nur 95 Erdmassen, obwohl sein Volumen jenes der Erde 755fach übersteigt.
Die Analyse der Zusammensetzung der Saturnatmosphäre hat als Basiskomponenten Wasserstoff und Helium ergeben, während die Ammoniakbänder, die stets im Absorptionsspektrum des Jupiters vorkommen, in jenem des Saturns nicht immer aufscheinen. Man nimmt jedoch an, daß es sich bei den weißen Flecken, die bei den Teleskopbeobachtungen unregelmäßig auftauchen und wieder verschwinden, um Ammoniakwolken handelt.
Bei technischen Infrarotmessungen hat sich herausgestellt, daß Saturn (wie auch Jupiter) ungefähr doppelt so viel Energie abgibt, als er von der Sonne empfängt. Diese Energiemenge ist jedoch so gering, daß die Hypothese, Jupiter und Saturn seien kleine Sonnen, äußerst unwahrscheinlich ist. Die derzeit zuverlässigste Theorie besagt, daß sich auch im Saturn eine innere Wärmequelle befindet, die vielleicht den Rest jener Wärme darstellt, die sich in der Anfangsphase der Planetenbildung angesammelt hatte. Nach dieser Hypothese kühlt sich der Saturn ab und strahlt deshalb Energie in den Raum aus. Auf der Basis dieses Modells müßte auch eine Kontraktionserscheinung eng mit der Energieabgabe und daher auch mit der Abkühlung des Planeten zusammenhängen.
Auch Saturn befindet sich im Mittelpunkt eines Systems, das sich aus zahlreichen Satelliten zusammensetzt; und zwar hat er 23, sieben mehr als Jupiter. Unter diesen Satelliten, deren Entfernung vom Saturnmittelpunkt zwischen den 138000 km des Atlas und den 12954000 km des Phoebe schwankt, befindet sich auch Titan, einer der größten Satelliten des Sonnensystems. Wahrscheinlich ist Titan überhaupt der interessanteste Satellit des Sonnensystems – außer Triton, einer der beiden Neptunsatelliten, hält irgendeine außergewöhnliche Überraschung bereit, wenn die Daten der Raumsonde Voyager über diesen geheimnisvollen Mond ausgewertet werden; man nimmt nämlich an, daß auf Triton Ozeane aus flüssigem Stickstoff vorhanden seien. Vorläufig bleibt jedoch Titan an erster Stelle des Interesses, da man in seiner Atmosphäre organische Moleküle nachgewiesen hat. Seine Dichte ist ziemlich hoch (ca. 1,9 g/cm^3) und sein Bodendruck ist höher (1,6 bar) als jener der Erde.
Leider konnten die Voyager-Missionen keine Bilder seiner Oberfläche zur Erde senden, da Titan von einer dichten Wolkendecke umgeben ist, die sich in Schichten mit unterschiedlicher Zusammensetzung und Dichte unterteilt. Es konnten ausgedehnte, wolkenartige Strukturen festgestellt werden, die sich etwa für 90 km entlang des Äquators erstrecken. Die chemische Zusammensetzung der Titanatmosphäre hat sich als völlig anders herausgestellt, als man früher angenommen hatte.
Das in größten Mengen vorhandene Element ist der Stickstoff, danach kommt mit einem deutlich geringeren Prozentsatz das Methan, während vom Wasserstoff nur Spuren nachgewiesen werden konnten. In den vergangenen Jahren hat das Wissen um das Vorhandensein des Methans dank der Bedeutung, die diese Verbindung aufgrund der Verkettung mit den Aminosäuren in der organischen Chemie einnimmt, zur Formulierung fast utopischer Hypothesen geführt. Einige Forscher dachten deshalb an die Möglichkeit biologischen Lebens, wenn auch nur in sehr primitiver und einfacher Form. Es muß jedoch ein wichtiger Umstand geklärt werden: die Temperatur ist zu niedrig, um die Bildung komplexer Moleküle zu erlauben. Man schätzt nämlich die Oberflächentemperatur des Titan auf ca. −180° C, und dieser Wert ändert sich vom Äquator zu den Polen kaum.
Auch die anderen Satelliten des Saturns sind äußerst interessant.
Darunter befinden sich zwei kleinere Satelliten, die »Schäferhundmonde« genannt werden, weil sie den F-Ring (siehe nächste Seite) flankieren und somit die Teilchen eng zusammenhalten.
Eigentümlich ist auch das Verhalten des Epimetheus und des Janus: die beiden umkreisen den Saturn in so nahe beieinanderliegenden Bahnen, daß sie fast zusammenstoßen. Tatsächlich erlaubt jedoch ein sehr komplexer dynamischer Mechanismus den zwei Objekten, kurz vor dem Zusammenprall die Umlaufbahnen untereinander »auszutauschen« und verhindert damit den anscheinend unvermeidlichen Zusammenstoß.
Zwei andere kleine Satelliten, Kalypso und Telesto, umkreisen den Saturn in der Umlaufbahn des Tethys, so daß sie mit diesem Satelliten und

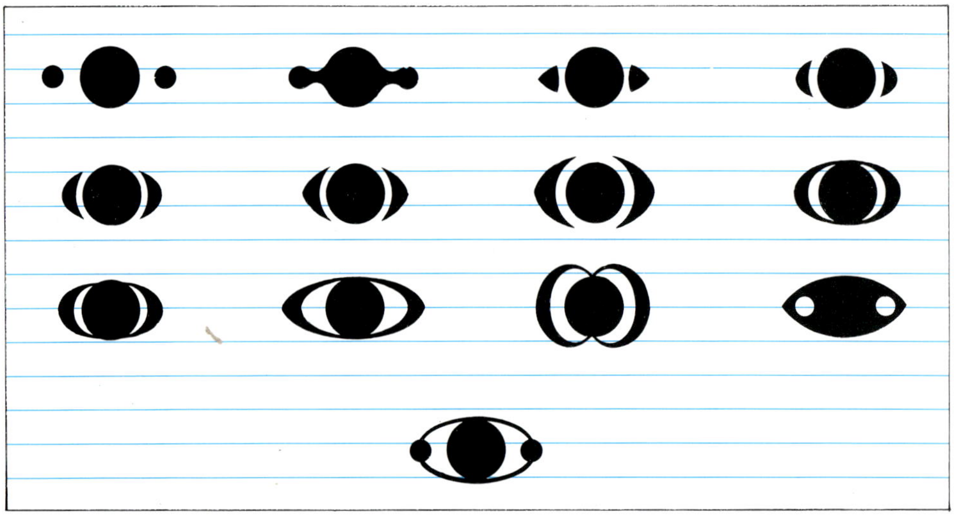

Die »Geschichte« des Saturns. Vor dem Einsatz der neueren Teleskope hat das Aussehen des Saturns zu zahlreichen Erklärungstheorien Anlaß gegeben. Zum Beispiel konnte Galilei, der die Ringe zum ersten Mal im Jahre 1610 beobachtete, ihre Beschaffenheit nicht bestimmen; er hatte nur ein schwaches Teleskop zur Verfügung, und außerdem waren die Ringe zu jener Zeit für einen Beobachter von der Erde aus fast nur im Profil zu sehen. Er nahm deshalb an, daß der Saturn ein Dreiplanetensystem sei, das er sich wie in der oberen Abbildung vorstellte; groß war sein Erstaunen, als sich zwei Jahre später die Ringe genau in Kantenstellung zu ihm befanden, und er deshalb nicht mehr in der Lage war, die »beiden Gefährten« des Saturns zu erkennen. Es mußten fast 50 Jahre vergehen, bis der holländische Astronom C. Huygens im Jahre 1659 die erste genaue Beschreibung der Ringe geben konnte. Hier oben ist der Saturn so abgebildet, wie er mit den modernen Teleskopen zu sehen ist. Man kann deutlich die zwei äußeren Ringe erkennen, die durch die »Cassinische Teilungslinie« getrennt werden. Der dritte Ring erscheint wie ein dunklerer Rand auf der Innenseite des mittleres Rings; der vierte Ring ist nicht zu sehen.

dem Planeten ein gleichseitiges Dreieck bilden. Diese Bedingungen hoher dynamischer Stabilität findet man im Sonnensystem auch im Fall der »Trojaner«, einer besonderen Gruppe der Asteroiden, welche die Sonne entlang der Jupiterbahn umkreisen.
Einen ähnlichen Mechanismus kann man auch im Fall des Dione und des 1980S6 feststellen. Einige größere Satelliten (Mimas, Enceladus, Thethys, Dione und Rhea) setzen sich im wesentlichen aus Wassereis zusammen und weisen zahlreiche Einschlagskrater auf, die sich hauptsächlich auf Zusammenstöße mit Kometen und Teilen früherer Saturnsatelliten zurückführen lassen, die aus ähnlichen Gründen zerstört worden sind. Es scheint, daß auf Enceladus vor langer oder erst in jüngst vergangener Zeit Vulkane tätig waren, die wie auf den meisten Jupitersatelliten wäßrige Lava ausstießen.
Gemeinsam mit Mimas und Tethys ist Enceladus für die Unterbrechungen verantwortlich, die sich zwischen den einzelnen Saturnringen beobachten lassen: insbesondere für die Cassinische Teilungslinie und den in dieser Linie vorhandenen Mangel an unabhängig kreisenden Teilchen.
Über Titan, den nach Ganymed zweitgrößten Satelliten des Sonnensystems, haben wir bereits vorher ausführlich berichtet. Im engem dynamischen Zusammenhang mit der Umlaufbahn dieses Satelliten steht die Bahn des relativ kleinen Hyperion, einem der sonderbarsten Himmelskörper des ganzen Systems. Wahrscheinlich war Hyperion vor langer Zeit ein beträchtlich größerer Satellit als heute, der jedoch beim Zusammenstoß mit einem Kometen oder Asteroiden zerstört worden ist. Der vielleicht aus Fels bestehende innerste Teil dieses Satelliten hat dem Zusammenprall besser standgehalten und ist noch heute als unregelmäßiger länglicher Planetenkörper zu erkennen.
Die Bruchstücke des wahrscheinlich aus Eis bestehenden äußeren Teils wurden rund um den zentralen Kern in alle Richtungen geschleudert; sie konnten jedoch aufgrund des Störungseinflusses des Satelliten Titan nicht wieder auf den Kern zurückfallen (wie dies bei anderen Satelliten der Fall war). Eine große Anzahl dieser Teilchen wurde von Titan gefangen, einige wurden aus dem System ausgestoßen, und ein kleiner, nicht unbeträchtlicher Prozentsatz kann zur Kraterbildung auf Rhea oder vielleicht auf Dione geführt haben. Ebenso sonderbar ist das Aussehen des Iapetus, dessen wesentlichstes Merkmal man bereits durch Beobachtungen von der Erde aus kannte. Eine Halbkugel dieses ungefähr 1500 km großen Satelliten erscheint nämlich vollkommen dunkel, während die andere ähnlich der Oberfläche der vereisten Satelliten stark reflektiert.
Unter den Forschern herrscht heute im wesentlichen Übereinstimmung darüber, daß der dunkle Teil von meteoritischem Staub »beschmutzt« worden ist, welcher bei der Zerstörung eines weiter außen befindlichen Satelliten entstand. Die Annahme, daß sich im Saturnsystem schwach reflektierende Objekte befinden, wird durch das Vorhandensein des äußersten Satelliten Phoebe bestätigt. Dieser weist asteroidenähnliche Merkmale auf und könnte ursprünglich ein Asteroid in einer unregelmäßigen Umlaufbahn gewesen sein, der dann von der Schwerkraft des Saturns angezogen wurde. Eine Bestätigung dieser Annahme liefert teilweise der im Jahre 1977 entdeckte Asteroid Chiron, der zwischen den Umlaufbahnen des Saturns und des Jupiters die Sonne umkreist.

Name	ø-Entfernung vom Saturn (in 1000 km)	Umlaufzeit (Tage	h	Min.)	Durchmesser (km)
• Atlas	138		14	27	30
• Prometheus	139		14	43	100
• Pandora	142		15	6	80
• Epimetheus	151		16	39	120
• Janus	151		16	41	200
• Mimas	185		22	36	390
• Enceladus	238	1	08	53	500
• Tethys	295	1	21	19	1050
• Telesto	295	1	21	19	30
• Kalypso	295	1	21	19	20
• Dione	377	2	17	41	1120
• 1980S6	377	2	17	41	40
• Rhea	527	4	12	26	1530
• Titan	1221	15	22	34	5120
• Hyperion	1481	21	06	43	300
• Iapetus	3560	79	07	55	1440
• Phoebe	12954	550	10		140

Die Saturnsatelliten. Hier nebenan sind einige Merkmale von 17 der 23 natürlichen Satelliten des Saturns zusammengestellt. Voyager 1 und 2 hatten noch zusätzlich sechs Trabanten entdeckt.
Das Foto unter der Tabelle zeigt den Hyperion; er ist das Überbleibsel eines katastrophalen Zusammenpralls mit einem Kometen.
Was wir heute sehen, ist wahrscheinlich der felsige, unregelmäßige Kern, während der äußere vereiste Teil durch die vom Titan verursachten Perturbationen abgestoßen wurde.
Auf dem darunterstehenden Foto ist der Mimas zu sehen: ein kleiner, vereister Körper mit einem Durchmesser von etwas weniger als 400 km. Er ist durch einen riesigen Krater gekennzeichnet, der wahrscheinlich durch den Aufprall eines Kometen verursacht worden ist.

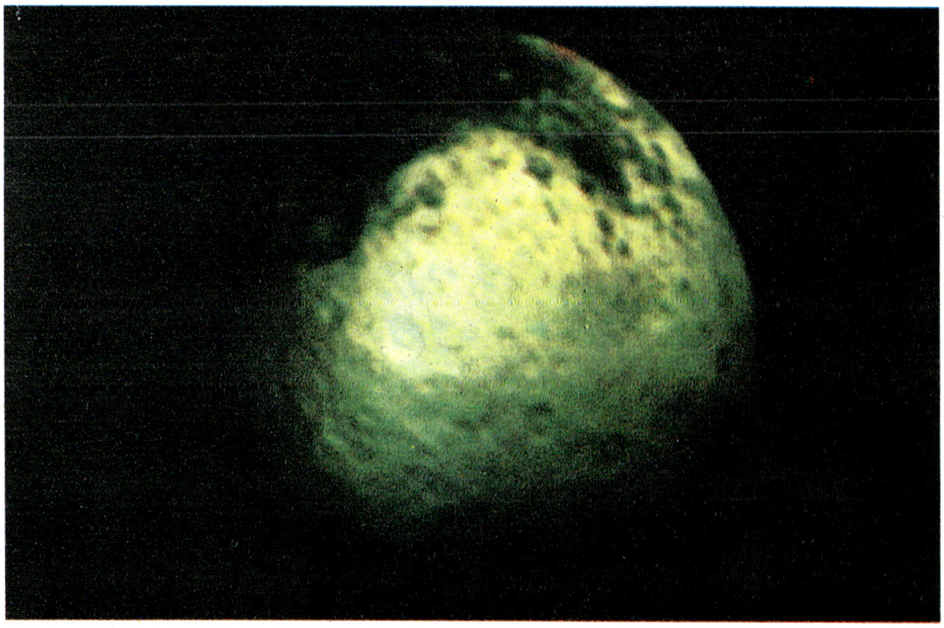

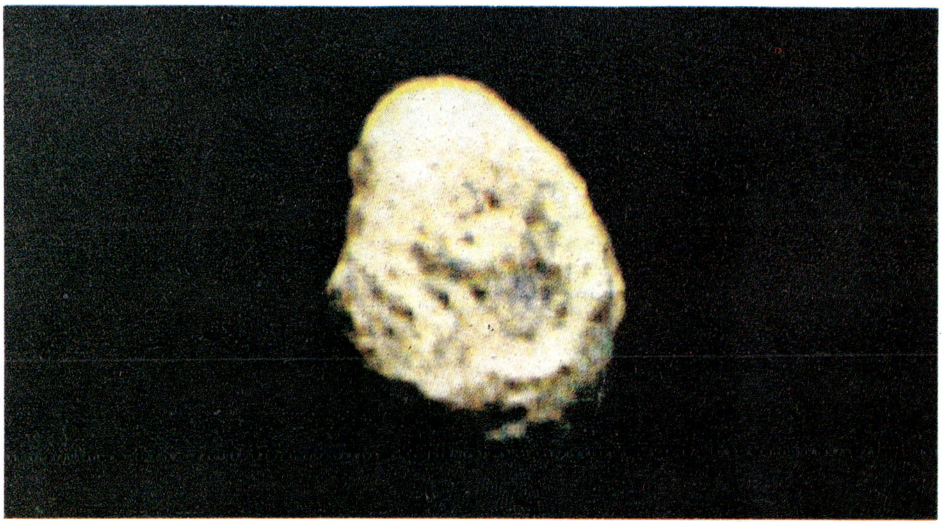

Die Saturnringe

Saturn verdankt die Aufmerksamkeit, mit der er jahrhundertelang beobachtet wurde, der Großartigkeit der ihn umgebenden Ringe.
Diese Ringstruktur ist die auffälligste aller im ganzen Sonnensystem bekannten Erscheinungen dieser Art. Sie besteht aus einer Unzahl konzentrischer Kreise, die sich alle auf demselben Niveau befinden, und sein Durchmesser beträgt 270000 km. Das Ringsystem ist 28° gegen die Ekliptik geneigt, und da der Saturn 29,5 Jahre benötigt, um die Sonne zu umkreisen, ist der Ring alle 7,5 Jahre abwechselnd in seiner größten Ausdehnung (»größte Ringöffnung«) oder im Profil (»Kantenstellung«) zu sehen. Von der Erde aus ist der Ring deshalb alle 15 Jahre »im Grundriß«, einmal mit der Nord- und dann mit der Südhalbkugel des Saturns zu sehen. Wenn der Ring im Profil erscheint, ist er nur als gerade, dünne Linie zu erkennen und verschwindet dann zur Gänze; daraus läßt sich seine Stärke von schätzungsweise nur einigen Kilometern ableiten.
Über die Entstehung und die Beschaffenheit des Ringes wurden mehrere Hypothesen aufgestellt. Einer der umstrittensten Diskussionspunkte war die Frage, ob es sich bei diesem Ring um einen festen Körper oder einen Schwarm getrennter Teilchen handelt.
Diese Frage konnte erst gelöst werden, als es möglich war, die Geschwindigkeit des äußersten Randes dieses Rings zu messen. Falls der Saturnring ein zusammenhängendes Gebilde wäre, müßte er sich nämlich um den Planeten wie ein Rad um die eigene Achse drehen, d. h. mit einer Umdrehungsgeschwindigkeit, die am äußeren Rand des Ringsystems höher ist als am inneren, dem Planeten zugewandten Rand. Falls der Ring jedoch eine nicht homogene, teilchenartige Struktur aufweist, würden sich nach dem Keplerschen Gesetz die am inneren Rand befindlichen und deshalb dem Saturn näheren Teilchen

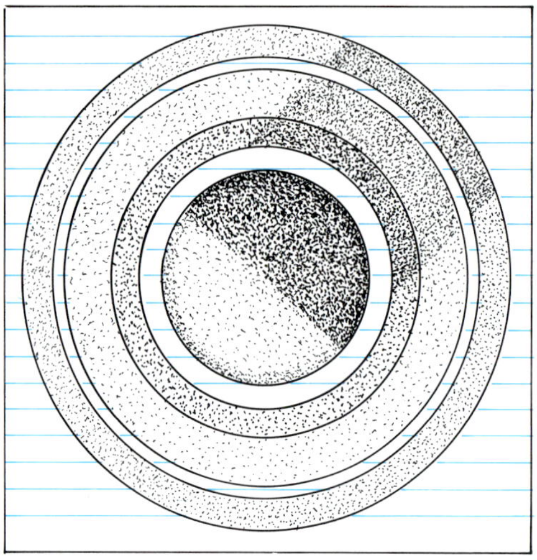

Wie sind die Ringe aufgebaut? Das obere Foto zeigt eine der schönsten Aufnahmen des komplexen Systems der Saturnringe, die von Voyager gemacht wurden (die Ausarbeitung ermöglicht, die unterschiedliche chemische Zusammensetzung ersichtlich zu machen). Die Ringe bestehen aus Eisteilchen, die rund um den Planeten kreisen. Bereits vor mehr als einem Jahrhundert nahm J. C. Maxwell an, daß es sich dabei um einzelne Teilchen handelt, und diese Hypothese konnte vor allem dank der Spektralanalyse bestätigt werden, deren Ergebnisse in der farbigen Zeichnung rechts veranschaulicht werden. Falls der Planet und die Ringe nicht kreisten, könnte man keine Verschiebungen in den charakteristischen Linien der entsprechenden Spektren erkennen, und diese Linien würden durchgehend und parallel erscheinen. Falls der Planet und die Ringe aus einem Stück bestünden, würden die Spektrallinien eine gleichmäßige Neigung aufweisen.
Tatsächlich kann man jedoch beobachten, daß die Linien unterschiedlich geneigt und verschieden gereiht sind; genauer gesagt betreffen die Unterschiede diejenigen Linien, die von der Ost- oder Westseite der Ringe stammen und zeigen, daß sich ihre innere Seite schneller dreht als die äußere: dies beweist, daß die Ringe aus einzelnen Teilchen bestehen, was auch von den Raumsonden bestätigt wurde.
In der Schwarzweißzeichnung oben links ist der Schatten dargestellt, den der Saturn auf die Ringe und umgekehrt wirft: diese wechselseitigen Schatteneffekte sind veränderlich und können normalerweise auch mit einem kleinen Teleskop beobachtet werden. Auf dieser Zeichnung kann man auch erkennen, daß die Ringe vollkommen rund sind, obgleich sie von der Erde aus beobachtet elliptisch erscheinen.

schneller bewegen als die am äußeren Rand befindlichen.
Die Spektrenanalyse des Saturns und seines Rings haben gezeigt, daß sich die äußeren Teile mit geringerer Geschwindigkeit bewegen als die inneren und daß sich jeder einzelne der den Saturnring bildenden Ringe mit jener Geschwindigkeit bewegt, mit der sich ein Satellit in der gleichen Entfernung vom Planeten bewegen würde.
Die Stärke des Saturnrings beträgt nur wenige Kilometer.
Bis zum Jahre 1969 nahm man an, daß nur drei konzentrische Ringe rund um den Saturn kreisen (sie wurden von außen nach innen mit A, B, C bezeichnet). Die Zwischenräume zwischen den einzelnen Ringen sind auf die dynamische Wechselwirkung zwischen den Teilchen zurückzuführen, aus denen sich die Ringe sowie die Saturnsatelliten zusammensetzen. Diese Zwischenräume wurden nach ihren Entdeckern benannt und deshalb Cassinische und Enckesche Linie genannt, wobei die Cassinische Teilungslinie größer ist; ihre Breite beträgt ca. 4000 km. Der französische Astronom C. Guerin entdeckte einen weiteren Ring, der sich innerhalb des Ringes C befindet und deshalb mit D bezeichnet wurde; er erstreckt sich nach einem größeren Zwischenraum als dem der Cassinischen Teilungslinie bis zur Oberfläche des Planeten. Seine Leuchtkraft ist sehr schwach und nimmt in Richtung des Saturns immer mehr ab. Die Bilder der Voyager-Sonden haben dazu beigetragen, die Gesamtheit der bereits bekannten Strukturen genauer zu erkennen und haben gezeigt, daß noch weitere Ringe um den Saturn vorhanden sind. Einer davon ist sehr schmal und liegt außerhalb der schon bekannten Ringe: man nennt ihn F, und er wird von den bereits erwähnten »Schäferhundmonden« in einem engen Schlauch zusammengehalten.
Ein weiterer, Ring G genannt, befindet sich weiter außen, ziemlich nahe an der Umlaufbahn des Satelliten Mimas; seine Merkmale sind jenen des Rings F ähnlich; und schließlich der Ring E, der sich jenseits des Mimas bis zur Umlaufbahn des Enceladus und des Tethys erstreckt. Ring E weist eine sehr geringe Dichte auf und könnte ähnlichen Ursprungs wie der Jupiter sein: aufgrund der Wärme, die im Inneren des Enceladus eingeschlossen ist, und durch die Gezeitenkräfte könnten Eiskristalle, die zum Teil auch auf von außen kommende Einschläge zurückzuführen sind, von Enceladus abgestoßen werden, sich zerstreuen und somit den Ring bilden. Diese Annahme wird teilweise auch durch die erhöhte Dichte der Struktur entlang der Umlaufbahn des Satelliten unterstützt.
Die den Ring bildenden Teilchen bestehen im allgemeinen aus Eis; ihre Größe kann jedoch sehr unterschiedlich sein. Man nimmt z. B. an, daß sich im Ring B ungefähr 100 Körper in der Größe eines Kilometers befinden, die mehr oder weniger zufällig verteilt sind. Andere Ringe wie der Ring E setzen sich hingegen aus mikroskopisch kleinen Teilchen zusammen.
Große Unterschiede bestehen auch zwischen den verschiedenen Zonen in ein und derselben Struktur.
Einige Wissenschaftler stellten eine recht interessante Theorie auf. Danach hätte sich in der Anfangsphase der Planetenentstehung ein Teil des den Saturn umgebenden Gasnebels verdichtet und voneinander getrennte Teilchen gebildet, die sich danach in Form eines Ringes rund um den Planeten angeordnet hätten.
Die derzeit mit großer Zustimmung anerkannte Theorie besagt jedoch, daß es sich bei diesen Teilchen um Bruchstücke von Satelliten handelt, die aufgrund der vom Saturn ausgeübten Schwerkraftanziehung zerfielen. Nach dieser Theorie wäre ein Satellit oder ein Planetesimal dem Saturn so nahe gekommen, daß er in den Einfluß seinen starken Magnetfelds geriet. Der dem Planeten zugewandte Teil des Satelliten hätte dazu geneigt, die Umdrehung schneller zu vollziehen als der äußere Teil, und deshalb wäre der Satellit kollabiert und auseinandergefallen.
Dieses Ereignis erzeugte einen Teilchenschwarm, der aufgrund der Bahn- und Schwerkrafteigenschaften des Saturns die charakteristische abgeplattete Form eines Ringes annahm.
Als Ergänzung zu dieser Hypothese nehmen einige Wissenschaftler an, daß sich die Ringe noch heute in einer Entwicklungsphase befinden, und daß durch den Zusammenstoß und den Zerfall größerer Stücke neue Teilchen erzeugt werden. Andere Modelle halten hingegen den Aufprall oder Zusammenstöße für äußerst unwahrscheinlich, und danach wäre das System als stabil zu betrachten.
Die Raumsonden haben viele Zweifel beseitigt, sie haben aber auch neue Fragen bezüglich der Saturnringe aufgeworfen. Bis jetzt ist nämlich weder erklärt, welcher Mechanismus die große Anzahl der unterschiedlich dichten Unterringe erzeugt und aufrechterhält, die von den Voyager-Missionen entdeckt worden sind, noch die Beziehung zwischen dem Magnetfeld und den strahlenförmigen Strukturen *(spokes)* gelöst, die sich der Länge nach ausdehnen.

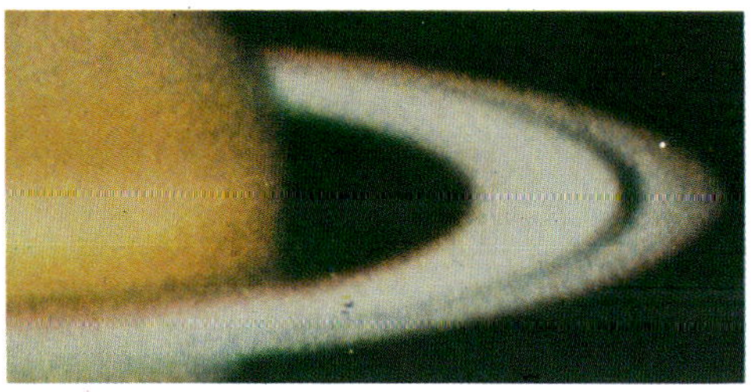

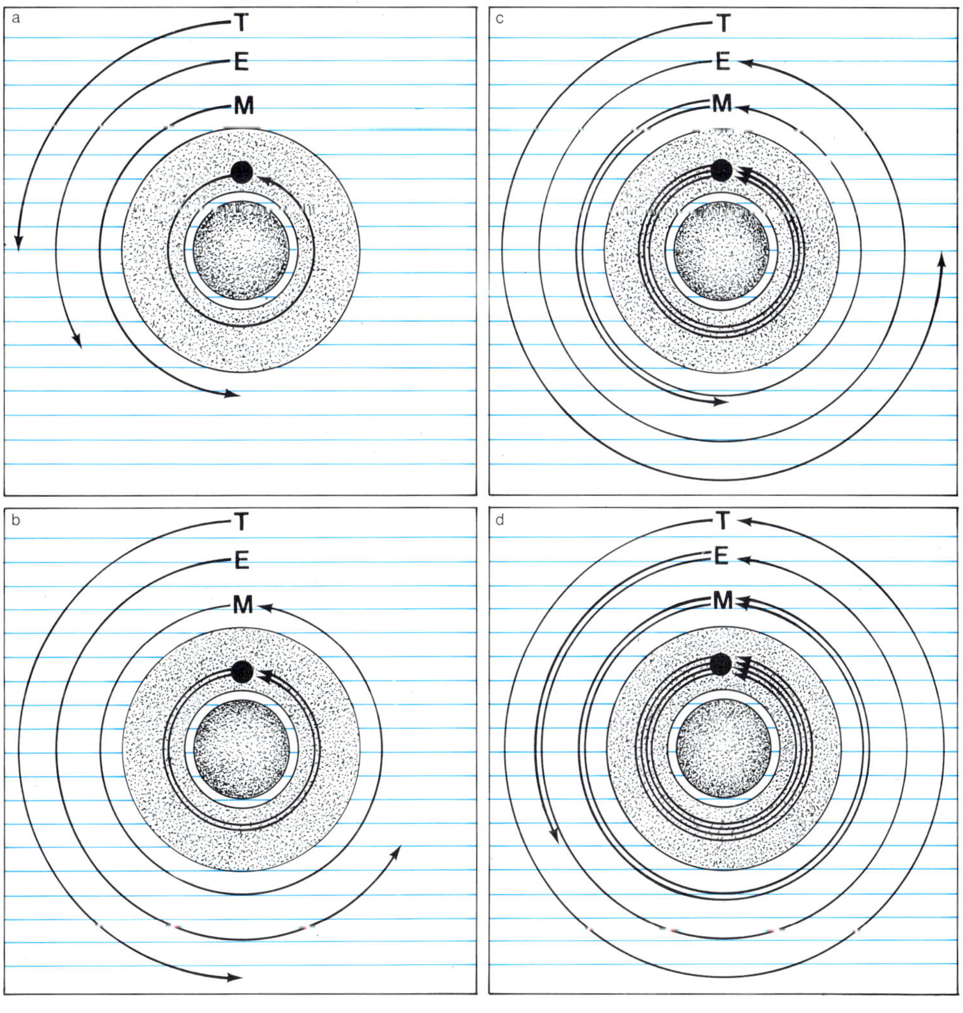

Die Cassinische Teilungslinie. In der farbigen Abbildung oben ist ein Ausschnitt der Saturnringe zu sehen. Man kann deutlich den äußersten, Ring A erkennen, der ca. 17800 km breit ist, sowie den helleren Ring B, der sich im Inneren des Ringes A befindet und dessen Breite ca. 28900 km beträgt. Zwischen diesen beiden Ringen zeigt sich ein dunkler Streifen, der mit dem Namen seines Entdeckers Cassinische Teilungslinie genannt wird. Diese Zone ist leer, d. h. ohne Teilchen. Wahrscheinlich ist diese Leere auf die Anziehungskraft der Saturnsatelliten zurückzuführen, wie dies in den vier Zeichnungen rechts schematisch dargestellt wird. Wenn man nämlich die Bewegung eines Teilchens analysiert (a), das in der Cassinischen Teilungslinie den Saturn umkreist, und diese Bewegung mit jener vergleicht, welche die drei dem Planeten nächstliegenden Satelliten vollführen, stellt man fest, daß in Abhängigkeit der Entfernung vom Saturnmittelpunkt die Umdrehungszeit dieses Teilchens der Hälte jener des Mimas (M), ein Drittel der des Enceladus (E) und ein Viertel jener des Tethys (T) beträgt. Nach zwei Umkreisungen (b) kommt das Teilchen wieder am selben Punkt vorbei, wird jedoch von der Schwerkraft des Mimas angezogen. Inzwischen hat Enceladus nicht einmal drei Viertel seiner Umdrehung zurückgelegt, und Tethys befindet sich genau in der Hälfte seiner Umdrehungsbewegung. Wenn das Teilchen drei Umdrehungen vollendet hat, kommt der Enceladus an die Reihe und übt auf das Teilchen seine Anziehungskraft aus (c). Dieses Teilchen wird nach seiner vierten Umdrehung in den Einfluß des Tethys geraten (d), der in der Zwischenzeit eine volle Umdrehung beendet haben wird. Das betreffende Teilchen ist also abwechselnd der Schwerkraftanziehung der drei innersten Saturnsatelliten unterworfen: dies bewirkt, daß es sich aus der Cassinischen Teilungslinie entfernt.

Panorama des Uranus, Neptuns und Pluto

Uranus wurde rein zufällig vom Wilhelm Herschel entdeckt, als dieser im Jahre 1781 mit einem kleinen selbstgebauten Teleskop einige Sternenfelder beobachtete und dabei auf diesen neuen Himmelskörper stieß, der zuerst als Stern klassifiziert und dann richtigerweise als Planet erkannt wurde.

Aufgrund seiner großen Entfernung von der Sonne empfängt Uranus weniger als $^1/_{360}$ der Sonnenenergie, die die Erde erreicht. Deshalb beträgt die Temperatur auf seiner sichtbaren Oberfläche unter −200° C. Das Bild, das sich der Raumsonde Voyager 2 im Jänner 1986 bot, war im wesentlichen eine runde, homogene, blaugrüne Kugel. Die echte Atmosphäre, die jener der anderen Riesenplaneten ziemlich ähnlich ist, versteckt sich nämlich unter einer dichten Nebelwand, die hauptsächlich aus Acetylenkristallen und Kohlenwasserstofftröpfchen besteht. Bei einer genauen Analyse der von Voyager gemachten Aufnahmen wurden jedoch unter dieser gleichförmigen Schicht einige Wolkenstrukturen festgestellt. Ihre Bewegung hat es ermöglicht, die Rotationszeit der höchsten Schichten der Atmosphäre zu errechnen, welche zwischen 16 und 17 Stunden beträgt. Um jedoch die Rotationszeit des inneren Planeten schätzen zu können, mußte das Magnetfeld untersucht werden, das sich nicht nur als sehr stark (ca. 50mal stärker als das Erdmagnetfeld), sondern bezüglich seiner Richtung auch als anomal herausstellte. Seine Achse ist nämlich 60° gegen die Rotationsachse des Planeten geneigt. Es handelt sich dabei um einen schrägdrehenden Körper, der in vieler Hinsicht einem »Pulsar« ähnelt. Die Rotationszeit des Magnetfeldes und damit des inneren Himmelskörpers wurde mit ca. 17 Stunden und 6 Minuten errechnet.

Im März 1977 entdeckte man, daß auch Uranus über Ringe verfügt, deren Struktur dem des Saturnringes F sehr ähnlich ist. Diese Ringe sind sehr dünn und manchmal auch exzentrisch. Der dynamische Mechanismus, der sie in dieser ungewöhnlichen Form zusammenhält ist derselbe, der auch beim Saturnring entdeckt wurde: die »Schäferhundmonde«. Aufgrund der geringen Dimensionen der Uranusringe kann der Durchmesser der »Schäferhundmonde« nur einige Kilometer betragen. Aus diesem Grund wurden nur die Satelliten des Rings Epsilon, des äußersten und größten Rings, entdeckt, während die anderen wegen ihrer geringen Größe der Telekamera der Raumsonde entwischt sind.

Zu den neun bereits von der Erde aus entdeck-

Uranus, einer der »Riesenzwillinge«. Von der Oberfläche des Planeten aus könnte man die Sonne (1) als winzigen leuchtenden Punkt und die fünf größten natürlichen Satelliten (3–7) Miranda, Ariel, Umbriel, Titania und Oberon erkennen; Titania ist der größte (1600 km Durchmesser), Miranda der kleinste unter ihnen (ca. 500 km). In der Nähe der Oberfläche ist auch Voyager (2) zu sehen, die 1986 an diesem Planeten vorbeiflog und 1989 den Neptun erreichte. Im Viereck: innerer Aufbau der Erde (links) und hypothetischer Aufbau des Uranus (rechts). E: felsiger Kern; F: Eis; G: molukarer Wasserstoff. Im unteren Teil des Vierecks: Größenvergleich der beiden Planeten.

ten Ringen kam ein neuer, sehr schwacher Ring dazu, der sich zwischen den beiden äußeren befindet und vorläufig mit 1986U1R bezeichnet wurde. In ca. 17000 km Höhe (ab der oberen Grenze der Uranusatmosphäre gemessen) wurde ein schwaches, etwa 3000 km breites Band entdeckt. Im Unterschied zu den Saturnringen setzen sich jene des Uranus aus dunkelfarbigen Teilchen zusammen, wobei die kleinsten unter ihnen anscheinend nicht kleiner als große »Steine« sind. Das Fehlen »staubigen« Materials liegt vielleicht am besonderen Verhalten des Magnetfeldes, welches das betreffende Gebiet gründlich »ausfegen« könnte.

Eines der ungewöhnlichsten Merkmale dieses Planeten sind seine Bahneneigenschaften: seine Rotationsachse befindet sich nicht wie bei all den anderen Planeten fast senkrecht zur Bahnebene, sondern liegt praktisch in der Bahnebene, so daß sich der Uranus bei seiner Umkreisung um die Sonne »fortwälzt«, anstatt eine korrekte Umlaufbewegung zu vollziehen.

Uranus benötigt 84 Jahre, um einen Umlauf zu beenden; auf dieser Strecke bleibt der Nordpol der Sonne zugekehrt, bis der Planet die Hälfte seines Umlaufs zurückgelegt hat; danach wendet sich der Südpol der Sonne zu. Wenn es möglich wäre, auf einem dieser beiden Pole zu leben, würde man 42 Jahre lang von Dunkelheit umgeben sein.

Das Satellitensystem des Uranus hat sich als sehr interessant herausgestellt. Zu den fünf bereits durch die Beobachtungen von der Erde aus bekannten Satelliten, haben sich weitere zehn dazugesellt. Zwei dieser neu entdeckten Satelliten sind die »Schäferhundmonde« des Rings E, während sich die anderen außerhalb, aber nahe am Ringrand befinden. Im allgemeinen sind die neu entdeckten Satelliten ziemlich klein; ihr Durchmesser schwankt zwischen 20 und 150 km. Wichtige Informationen haben sich über die größeren Satelliten ergeben.

Der etwas über 1500 km große Oberon ist mit Einschlagskratern bedeckt, die jedoch einen dunklen Hintergrund aufweisen, was wahrscheinlich auf einstige wäßrige Vulkanausbrüche zurückzuführen ist. Die Oberfläche des etwas größeren Titania ist noch komplexer aufgebaut; sie wird von langen, tiefen Talebenen durchfurcht, die eine intensive geologische Aktivität anzeigen. Umbriel hingegen ist nur etwas größer als 1000 km und erscheint wie ein sehr alter Himmelskörper von dunkler Farbe. Das von den Oberflächen dieser Satelliten zurückgestrahlte

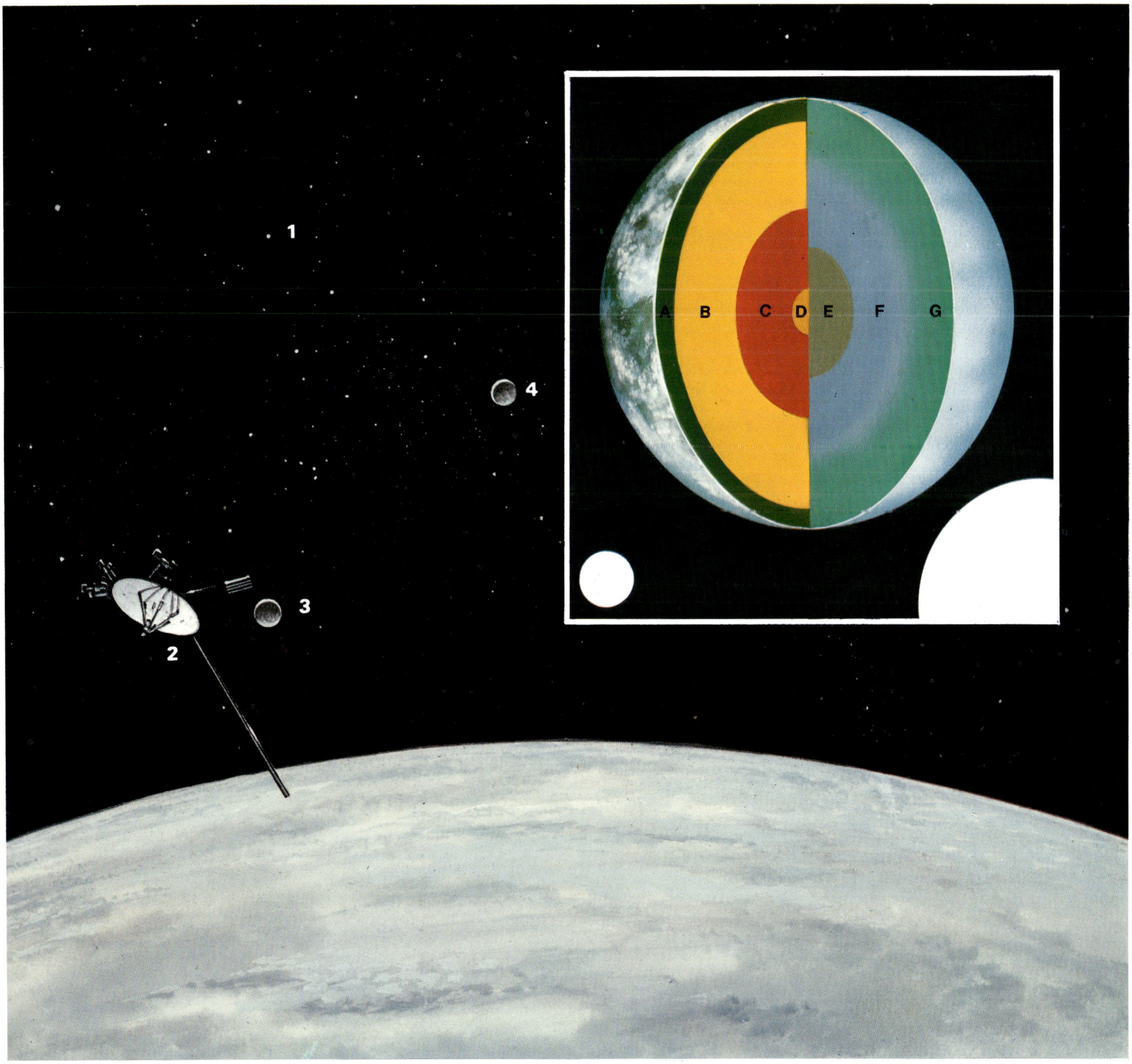

An den Grenzen des Sonnensystems. Sowohl bezüglich der Dimensionen als auch der Atmosphäre ist Neptun dem Uranus sehr ähnlich; auf der Abbildung ist ein Teil seiner Oberfläche zu erkennen. Neptun hat acht Satelliten. Hier abgebildet jedoch nur zwei: Triton (3) und Nereid (4). Triton ist ein äußerst interessanter Mond; erstens dürfte sein Durchmesser etwa 4000 km betragen, d. h. daß nur Ganymed, Kallisto und Titan größer sind, und außerdem könnte er Ozeane aus flüssigem Stickstoff aufweisen. Die Raumsonde Voyager 2 (2) erreichte Neptun im Jahre 1989. Im Viereck wird ein Vergleich zwischen dem inneren Aufbau sowie der Größe des Neptuns (rechts) und dem Erdaufbau und ihrer Größe (links) angestellt.

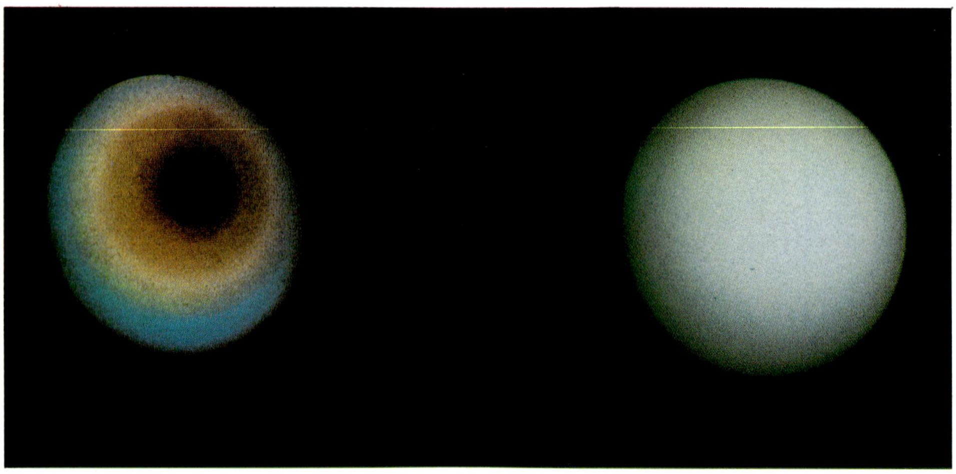

Uranus (aufgenommen von Voyager 2 am 17. Jänner 1986). Er ist einmal so abgebildet, wie ihn das menschliche Auge sehen würde, daneben wurde das gleiche Foto mit unechten Farben behandelt, um halbversteckte Details besser erkennen zu können.

Licht ist weitaus schwächer als jenes der Saturnsatelliten, was im wesentlichen dem Methaneis oder zumindest den Resten seines Zerfalls zuzuschreiben ist (der Zerfall ist auf den Zusammenprall mit geladenen Teilchen zurückzuführen, die den Kohlenstoff freisetzen).
Eindeutige Anzeichen erstaunlicher geologischer Aktivität wurden vor kurzem auf Ariel (Durchmesser ca. 1200 km) und vor allem auf Miranda, dem mit seinen 500 km kleinsten der altbekannten Satelliten, festgestellt. Hügelige Zonen, Meteoritenkrater, gletscherähnliche Zungen, tiefe Risse in der Oberflächenkruste und viele andere besondere Merkmale machen aus diesem Objekt ein einstweilen unlösbares »Rebus«. Einige Wissenschaftler nehmen an, daß Miranda durch eine Katastrophe entstanden sei. Er könnte sich durch die Vergrößerung der sowohl vereisten als auch felsigen Teilchen eines alten oder größeren Satelliten des Uranus gebildet haben, der beim Zusammenstoß mit einem großen Asteroiden oder einem Kometen zerstört worden ist.
Man nimmt nämlich fast mit Sicherheit an, daß das Uranussystem in weit zurückliegender Zeit von einem katastrophalen Ereignis in planetarischem Ausmaß betroffen war, was auch durch die ungewöhnliche Neigung der Rotationsachse bestätigt wird, die wahrscheinlich anläßlich eines ungeheuren Zusammenpralls »verbogen« wurde. Nichts läßt nämlich darauf schließen, daß sich der Planet aufgrund der gewöhnlichen Mechanismen der planetarischen Aggregation in dieser Weise gebildet hätte.
Außerhalb des Uranus befindet sich der etwas kleinere Neptun. Auch dieser Planet ist mit freiem Auge nicht zu sehen. Bei der teleskopischen Beobachtung kann man seine grünblaue Färbung erkennen, die mit großer Sicherheit vom in seiner Atmosphäre vorhandenen Methan verursacht wird.
Neptun wurde erst nach dem Uranus dank der Vermutungen und Berechnungen der Astronomen anhand der wesentlichen Gesetze der Himmelsmechanik entdeckt. Den Ausgangspunkt bildete der Umstand, daß die Astronomen nicht in der Lage waren, mit Genauigkeit die Umlaufbahn des Jupiters zu bestimmen, da dieser Planet keine einfache Bahn verfolgte. Es schien deshalb einleuchtend, daß sich hinter Uranus ein anderer planetarischer Körper befinden mußte, der auf den ersteren eine gewisse Schwerkraftanziehung ausübt und damit seine Bahn im All verändert.
Im Jahre 1846 berechnete der französische Astronom Urbain Le Verrier die exakte Umlaufbahn des damals noch unbekannten Planeten, der dieses Phänomen verursachte. Auf der Grundlage dieser Daten konnte der deutsche Astronom J. G. Galle im September desselben Jahres die Position des Planeten bestimmen. Da der Neptun 30,5mal weiter von der Sonne entfernt ist als die Erde, beträgt seine Temperatur −230° C.
Neptun besitzt zwei Satelliten, Triton und Nereid. Der größere der beiden, Triton, ist etwas größer als der Mond der Erde ist und wurde bereits einige Wochen nach der Entdeckung des Planeten selbst bemerkt. Während sich Neptun in seiner Bahn vorwärts bewegt, dreht sich Triton – auch im Gegensatz zur Bewegung des weiter entfernten Satelliten Nereid, der sich in derselben Richtung wie der Planet bewegt – in seiner Bahn rückläufig.
Nereid, dessen Durchmesser einige hundert Kilometer beträgt, wurde im Jahre 1949 entdeckt; er kann nur fotografisch beobachtet werden; seine Umlaufbahn ist außergewöhnlich exzentrisch, stärker als die jedes anderen Satelliten des Sonnensystems. Es scheint, als wären auch rund um Neptun Ringe vorhanden. Um genau zu sein, wurden ein oder mehrere Materienbögen festgestellt. Diese Strukturen dürften sich nur teilweise rund um den Planeten erstrecken und dürften äußerst komplexe dynamische Mechanismen erfordern, um überdauern zu können. Diese Beobachtungen wurden mittels Sternbedeckung durchgeführt; sie müssen jedoch noch bestätigt werden.
Pluto wurde – zumindest noch vor kurzer Zeit – als der äußerste Planet des Sonnensystems betrachtet. Seine große Entfernung erlaubt es nicht, genauere Daten über ihn zu sammeln. Dennoch ist ein Umstand gewiß: es handelt sich um einen kleinen Körper, dessen Masse ca. $^{2}/_{1000}$ der Erdmasse beträgt (etwas mehr als die eines Asteroiden) und dessen Oberfläche unterschiedlich stark leuchtet, da sie das Sonnenlicht nicht gleichmäßig reflektiert.
Die Oberflächentemperatur wird auf −180 bis −210° C geschätzt.
Wie auch Uranus und Neptun wurde Pluto durch Berechnungen entdeckt: aber nur durch einen glücklichen Zufall. Die Masse und die Bewegung des Neptuns lieferten keine ausreichende Erklärung für die Unregelmäßigkeiten in der Umlaufbahn des Uranus. W. H. Pickering und Percival Lowell waren die ersten, die am Lowellobservatorium in Arizona die Bewegungen dieser beiden Planeten untersuchten. Aufgrund dieser Berechnungen konnte Clyde Tombaugh im Jahre 1930 den Planeten Pluto nicht weit von der vorausberechneten Position entdecken; und dennoch war diese Entdeckung praktisch dem Zufall zuzuschreiben, da die Masse des Pluto zu klein war, um die Unregelmäßigkeiten in den Bewegungen seiner größeren Brüder zu erklären.
Als letzter und äußerster Planet des Sonnensystems bewegt sich Pluto in einer mittleren Entfernung um die Sonne, die der 40fachen Distanz Sonne–Erde entspricht. Die Umlaufbahn dieses Planeten weist bemerkenswerte Unregelmäßigkeiten auf: sie ist nämlich unter allen anderen Planetenbahnen jene, die am stärksten gegenüber der Erdbahnebene geneigt ist. Die Analyse der unterschiedlichen Helligkeit des Pluto ergibt, daß er sich möglicherweise in ca. 6 Tagen und 9 Stunden um die eigene Achse dreht. Erst 1978 wurde ein großer Satellit, Charon, mit einem Durchmesser von ca. 1200 km entdeckt. Er umkreist den Planeten und dreht sich mit der gleichen Rotationszeit um seine eigene Achse wie Pluto: das ist ein Beispiel für die perfekte Bahn- und Rotationssynchronisation, die zwar in der Theorie vorgesehen ist, davor jedoch in der Natur nicht beobachtet werden konnte.
Einige Wissenschaftler behaupten, daß Pluto eigentlich ein aus der Anziehungskraft des Neptuns entschlüpfter Satellit sei, da seine Masse und seine Ausmaße weit geringer sind als die der andern Planeten und da seine Merkmale eher jenen der Satelliten ähneln. Gemäß der Auffassung einiger Forscher ist Pluto außerdem vielleicht der einzige der neun Planeten, der im Laufe der Entwicklung des Sonnensystems keine Veränderungen erfuhr, so daß sein Aussehen und seine Umgebung noch ursprünglich sind.
Seit 1985 ist es aufgrund der Stellungen der Satellitenbahn und der Erde für eine gewisse Zeitspanne möglich, die Eklipse und den gegenseitigen Durchgang von Pluto und Charon zu beobachten. Mittels der Nutzung hochentwickelter Beobachtungstechnologien werden diese Erscheinungen die Lösung auf viele ungelöste Fragen, sowohl über die Zusammensetzung als auch den Ursprung dieser weitentfernten Himmelsobjekte liefern.

DER PLANET X

Im Jahre 1950 wies der deutsche Astronom Karl Heinrich Schütte auf eine Kometenfamilie außerhalb des Planeten Pluto hin; unter diesen Kometen erkannte er einen Planeten, den zehnten. Seinen Berechnungen zufolge hätte dieser Planet X einen Umlauf um die Sonne alle 675 Jahre vollziehen und der letzte Planet unseres Sonnensystems sein müssen.
Bis zum Jahre 1972, als der Amerikaner Brady am Schreibtisch durch Berechnungen die Existenz eines zehnten Planeten bestätigte, blieb dies nur eine Vermutung. Brady nahm an, daß es sich dabei um einen Planeten mit einer dreimal größeren Masse als jener des Saturns handle, der heller als Pluto leuchtet und deshalb sichtbar ist. Die noch im selben Jahr vom Observatorium in Herstmonceux durchgeführten topographischen Forschungen ergaben jedoch kein Resultat. Man konnte nur feststellen, daß das jenseits des Pluto beobachtete Leuchten vom periodisch vorbeikommenden Halleyschen Kometen stammt. Gibt es also den Planeten X?

Mars, der rote Planet

von STEPHEN DWORNIK
unter Mitarbeit von CARLO MARINO

Gibt es Leben auf dem Mars? Diese Frage tauchte vor einem Jahrhundert auf; doch erst die Aufnahmen der künstlichen Satelliten haben »nein« zu den Marsmenschen gesagt und uns zur Entdeckung eines faszinierenden Planeten geführt.

Die Entdeckungsreisen zum Mars

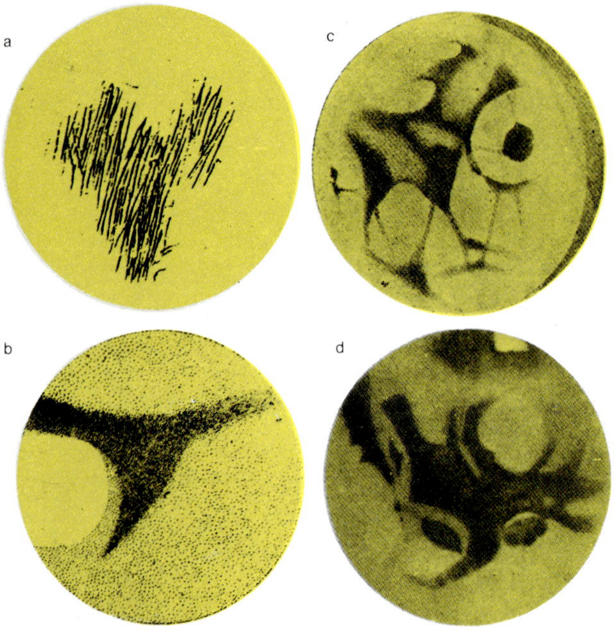

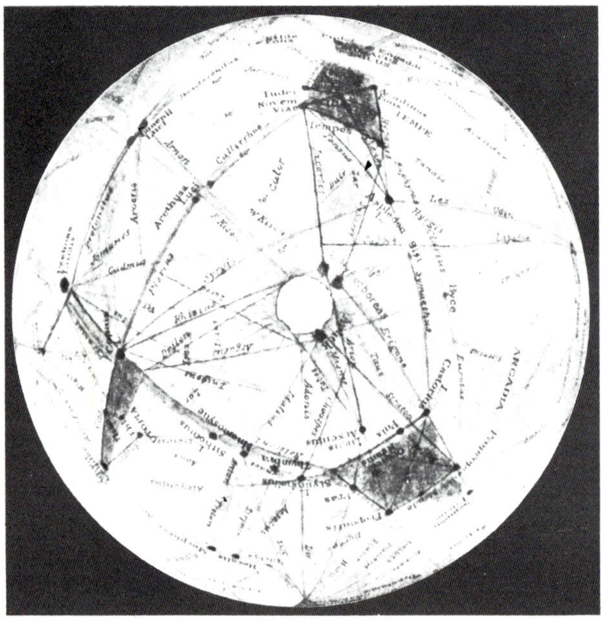

Von der Teleskopbeobachtung bis zu vollständigen Karten. Im Jahre 1659 beobachtete Huygens zum ersten Mal den Mars mit einem Teleskop und entdeckte dabei das Hochplateau Syrtis Major (a), das auch auf der von Schröter im Jahre 1800 angefertigten Zeichnung (b) zu erkennen ist. Im Jahre 1877 entdeckte Schiaparelli das berühmte Netz aus langen geraden Strukturen (c), das er »Kanäle« nannte. Genauere Karten wurden in der Folge von Antoniadi (d) und schließlich im Jahre 1905 von Lowell angefertigt (Zeichnung hier nebenan). Vollständige Karten des Planeten (hier unten und rechts unten) konnten erst dank der über 7000 Bilder gezeichnet werden, welche die seit Dezember 1971 in einer Umlaufbahn des Mars kreisende Mariner 9 zur Erde sandte.

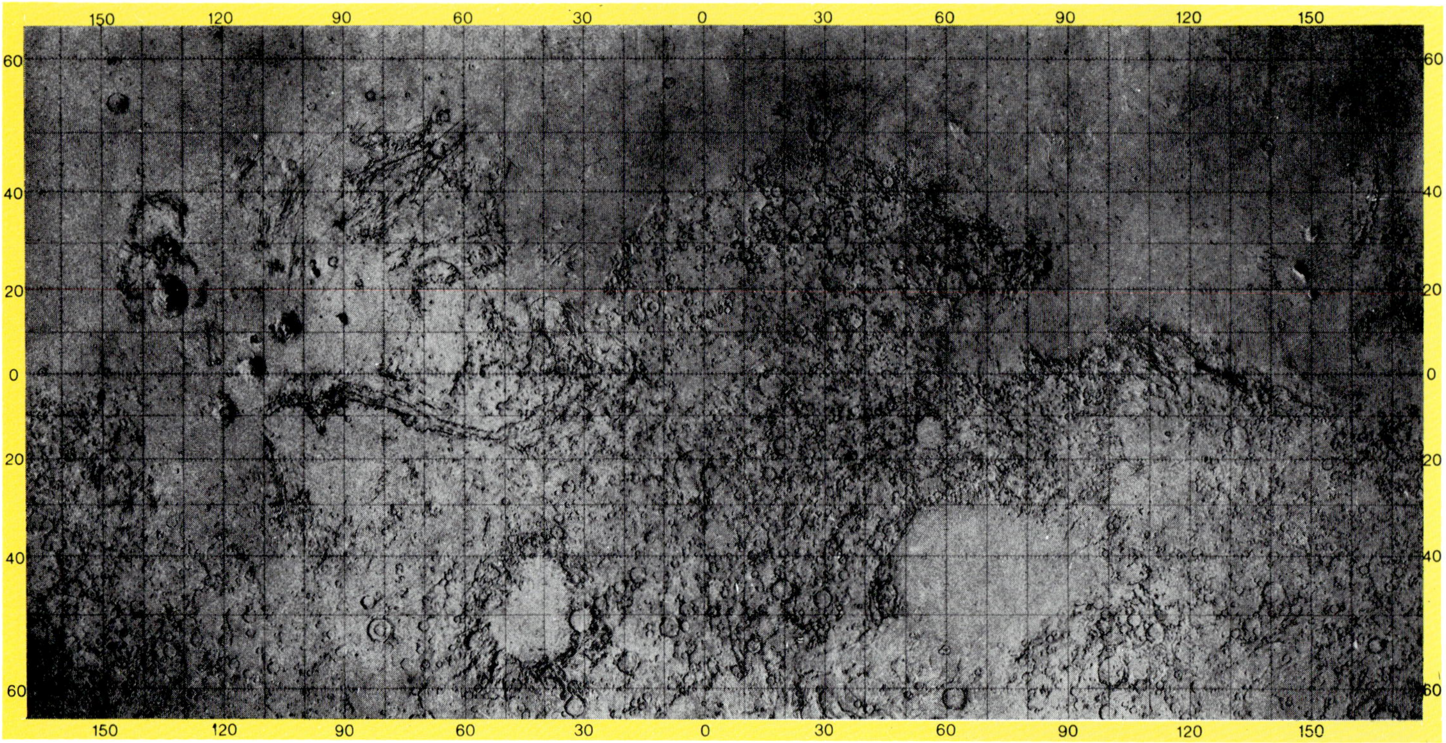

Die Landung der beiden automatischen Sonden Viking 1 und 2 am 20. Juli bzw. am 4. September 1976 auf Mars bedeuten den bisherigen Endpunkt der zwei Jahrhunderte dauernden Studien und Forschungen über diesen Satelliten. Bereits im Jahre 1784 behauptete Sir Wilhelm Herschel, ein bekannter Astronom seiner Zeit, daß auf Mars Formen entwickelten Lebens vorhanden wären.

Die durch Giovanni Schiaparelli entdeckten linearen Strukturen, welche die Marsoberfläche bedecken und Kanäle genannt werden, sowie die weiterführenden Studien von J. H. von Mädler und P. Powell gaben in den letzten Jahren des vergangenen Jahrhunderts Anlaß zu neuen hitzigen Diskussionen über die Möglichkeit der Existenz intelligenter Lebensformen auf dem Mars.

Auch die neueren Beobachtungen bis ungefähr Mitte der sechziger Jahre ergaben außer den Polkappen als wesentlichstes Ergebnis dunkle, geradlinige Streifen (auch »Kanäle« genannt), die sich kreuzen und dabei dunkle Flecken oder »Oasen« bilden. Die innerhalb dieses Netzwerks befindlichen helleren Zonen oder »Wüsten« wurden als Sand oder Staub mit unbestimmter Zusammensetzung betrachtet, während die dunklen, manchmal auch als »Meere« bezeichneten Zonen wegen ihrer Veränderung im Zeitablauf der Existenz primitiven Lebens oder aber dem Basaltgestein zugeschrieben wurden, das durch die Sandstürme unregelmäßig bedeckt oder entblößt wird.

Einen wesentlichen Beitrag zur Modifikation dieser Beobachtungen haben die folgenden automatischen Raumsonden geleistet: Mariner 4

(1964/65), Mariner 6 und 7 (1969), Mariner 9 (1971) und Viking 1 und 2; die beiden letzteren sandten ihre Daten bis 1979 zur Erde.
Vor Mariner 4 haben nur wenige Wissenschaftler ernsthaft die Hypothese erwogen, daß Mars eine stark verkraterte Oberfläche aufweisen könnte, die ihn zumindest in einigen Gebieten dem Mond ähnlicher als der Erde erscheinen läßt. Die von Mariner 4 und 7 gemachten Aufnahmen enthüllten jedoch eine große Anzahl runder, unterschiedlich großer Strukturen, deren Durchmesser von einigen Kilometern bis zu mehreren Dutzend Kilometern reicht. Bezüglich der geologischen Merkmale wies Mars in dieser ersten Forschungsphase, in der nur etwa 10% seiner Gesamtoberfläche untersucht wurden, keine besonders außergewöhnlichen Kennzahlen auf.
Als Mariner 9 die Aufnahmen der gesamten Marsoberfläche zur Verfügung stellte, wurde jedoch klar, daß Mars eine sehr komplexe Morphologie und eine äußerst interessante geologische Vergangenheit hat. Diese Bilder zeigten Kanäle, die irdischen Flußbetten ähneln, riesige Canyons und ein ausgedehntes System vulkanischer Strukturen. Durch Beobachtungen, die aus unterschiedlicher Entfernung (in der Annäherungsphase der Sonde an den Planeten) und zu aufeinanderfolgenden Zeitpunkten gemacht wurden, konnten auch wertvolle Informationen über atmosphärische Ereignisse, wie Wolken und Sandstürme gewonnen werden, die Mariner 4 nicht entdecken konnte, und deshalb zur Vorstellung des Mars als »toten« Planeten führten. Die Landeberichte der Sonden Viking 1 und 2 lieferten direkte Aufnahmen und Informationen über die Oberfläche des Planeten; sie analysierten deren Inhalt und suchten nach Spuren organischer Substanzen, während die Orbiterstufen dieser Sonden zahlreiche Aufnahmen – auch im Detail – ermöglichten, die das bereits vorhandene Bildmaterial ergänzten.
Keine der automatischen Sonden, die bis heute die Marsoberfläche aufgenommen haben, konnten Strukturen feststellen, die »Kanälen« ähneln, und die noch bis vor wenigen Jahrzehnten das Objekt für Diskussionen und Phantasien darstellten. Im Gegenteil, dank der durch die Beobachtungsinstrumente der Mariner und der Viking aufgenommenen Details haben sich diese breiten und fortlaufenden linearen Strukturen als mehrere ziemlich nahe beieinanderliegende Zonen herausgestellt, deren Gemeinsamkeit nur in der mehr oder weniger dunklen Farbe ihrer Oberfläche besteht, ohne jedoch physisch miteinander verbunden zu sein.
Eine Erklärung dieser Kanäle könnte aber in den Konturen der größeren Krater gesehen werden. Viele der hellen und dunklen Zonen, die auf den ersten Bildern der Mariner 4 und auf den von den darauffolgenden Sonden aus großer Entfernung gemachten Aufnahmen zu erkennen waren, fanden jedoch in den Detailaufnahmen keine unmittelbare morphologische oder geologische Entsprechung.

Name der Raumsonde	Start	Zusammentreffen	Kürzeste Entfernung (km)	Ausgang der Mission
• Mars 1	1. 11. 1962	–	190000	Funkkontakt in 106 Millionen km Entfernung von der Erde abgebrochen.
• Mariner 3	5. 11. 1964	–	–	Die Trennung des Protektionsschildes gelang nicht; Funkkontakt ging gleich nach dem Start verloren.
• Mariner 4	28. 11. 1964	14. 7. 1965	10000	Erster Überflug des Mars; sendete 22 Fernsehaufnahmen der Oberfläches des Planeten.
• Zond 2	30. 11. 1964	–	–	Funkkontakt ging am 2. 5. 1965 verloren.
• Mariner 6	25. 2. 1969	31. 7. 1969	3390	Während des Überflugs des Planeten konnten Spektren der Atmosphäre im Infrarot und Ultraviolett gewonnen werden; übersendete 76 Bilder der Marsoberfläche.
• Mariner 7	27. 3. 1969	5. 8. 1969	3500	Gleiche Mission wie die der Mariner 6; übermittelte 126 Bilder von der Oberfläche.
• Mariner 8	8. 5. 1971	–	–	Start nicht gelungen; versank im Atlantischen Ozean.
• Mars 2	19. 5. 1971	27. 11. 1971	gelandet	Die Sonne erreichte die Umlaufbahn des Mars; die Landestufe zerschellte an der Oberfläche.
• Mars 3	28. 5. 1971	2. 12. 1971	gelandet	Die Sonde erreichte die Umlaufbahn des Mars und sendete Daten zur Erde; die Landestufe machte eine weiche Landung auf dem Planeten und übertrug 20 Sekunden lang Daten.
• Mariner 9	30. 5. 1971	13. 11. 1971	1395	Erste Raumsonde, der es gelang, in die Umlaufbahn eines anderen Planeten einzuschwenken; sendete 7329 Bilder von der Marsoberfläche, der Atmosphäre, den Wolken und den Marssatelliten zur Erde.
• Mars 4	21. 7. 1973	?. 1. 1974	?	Traten in die Umlaufbahn des Mars ein und übertrugen Bilder seiner Oberfläche und weitere Daten.
• Mars 5	25. 7. 1973	?. 1. 1974	?	
• Mars 6	5. 8. 1973	?. 2. 1974	gelandet	Die Landestufe konnte nicht landen; die während des Eintritts in die Atmosphäre übermittelten Daten lassen auf einen hohen Gehalt an Argon schließen.
• Mars 7	9. 8. 1973	–	–	Funkkontakt ging am 12. 3. 1974 verloren.
• Viking 1	August 1975	20. 7. 1976	gelandet	Diese Raumsonden hatten die Aufgabe, die Atmosphäre zu untersuchen und Bilder von der Oberfläche aufzunehmen; die Landestufen analysierten die Geologie und die Chemie des Bodens und suchten nach eventuellen Spuren von Leben.
• Viking 2	September 1975	4. 9. 1976	gelandet	

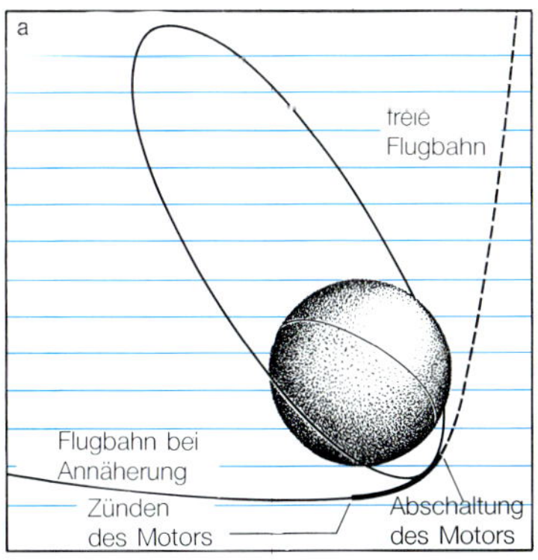

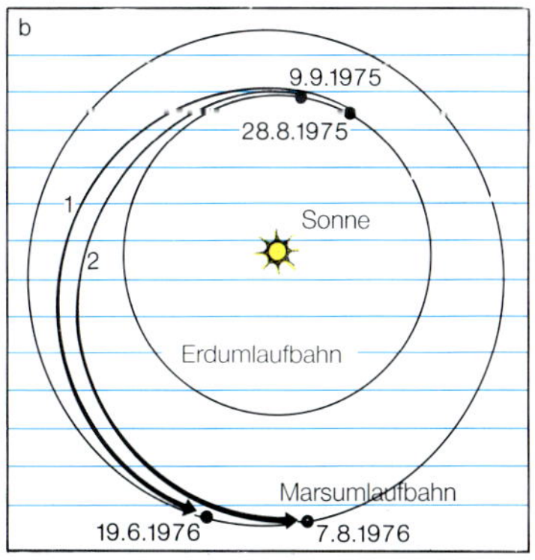

Die Erforschung des Mars. In der obenstehenden Tabelle werden alle Raummissionen mit dem Ziel Mars zusammengefaßt. Hier nebenan wird der Eintritt der Mariner 9 in die Marsumlaufbahn schematisch dargestellt (a). Mariner 9 schwenkte nach 167 Tagen – nachdem sie fast 460 Millionen km zurückgelegt hatte – am 13. 11. 1971 mit einer Neigung von 64° zur Äquatorebene des Planeten in die Umlaufbahn des Mars ein. Auf der Zeichnung (b) sind die von Viking 1 (1) und Viking 2 (2) bei ihrer Reise zum Mars verfolgten Flugbahnen dargestellt. Unten links: Mariner 9 während sie den Mars überfliegt und die Fotos zur Erde sendet. Unten rechts: schematische Darstellung der Viking-Mission; nachdem die Sonde in 1500 km Entfernung von der Marsoberfläche in die Umlaufbahn eintritt, löst sich die Landestufe; etwa 7 km über der Oberfläche öffnet sich der Fallschirm; nachdem er abgeworfen wurde, zünden in 1200 m Höhe die Bremsraketen. Nach der geglückten Landung sammelt die Landestufe (Lander) Bodenproben, analysiert sie und sendet die Daten zur Orbiterstufe (Orbiter), die sie zur Erde weitersendet.

Atmosphäre und Umwelt

Die in der Marsatmosphäre vorhandene Menge an Wasserdampf ist sehr gering (ca. 0,01 %) und schwankt von Zone zu Zone je nach der Höhe, geographischen Breite und am selben Ort in Abhängigkeit von der Ortszeit und der Jahreszeit. Auf jeden Fall kommt Wasser in der Nähe der Oberfläche konzentriert vor, und man nimmt an, daß es sich mit dem Wechsel der Jahreszeiten von einer Halbkugel zur anderen bewegt.

In den vorgerückten Sommermonaten erkennt man an den Polen eine übriggebliebene Eiskappe; die Sublimation dieses Eises könnte eine mögliche Quelle des gemessenen Wasserdampfs sein und würde außerdem erklären, warum die Viking-Sonden die größte Wasserdampfmenge an den Rändern der nördlichen Polkappe gefunden haben.

Der schrittweise Rückzug der Polkappen und ihr darauffolgendes Ausbreiten im Zusammenhang mit dem Jahreszeitenwechsel stellt eine der auffälligsten dynamischen Erscheinungen dar, die die Aufnahme der Mariner 9 und der Viking in allen ihren Einzelheiten dokumentieren konnten. Mariner 9 beobachtete insbesondere die südliche Polkappe in ihrer Rückzugsphase; auf diese Weise konnte geklärt werden, daß nach der Sublimation der großen jährlichen Kappe aus festem Kohlendioxyd eine restliche Kappe übrigbleibt, die sich aus normalem Wassereis zusammensetzt, das sehr viel langsamer als das Kohlendioxyd verdampft. Viking 2 konnte bestätigen, daß auch in der nördlichen Polarzone Wassereis vorkommt. In einigen Gebieten erreicht die Eisdecke eine beachtliche Stärke (bis zu einigen hundert Metern), und auf manchen Aufnahmen lassen sich mit Eis gefüllte Krater erkennen.

Obwohl die Konzentration des Wasserdampfs volumenmäßig viel geringer ist als die Konzentration in der unteren Erdatmosphäre, ist die durchschnittliche relative Feuchtigkeit des Mars derzeit ziemlich hoch; jedesmal wenn sich die Atmosphäre aufgrund von aufsteigenden Bewegungen oder durch den Verlust der eigenen Wärme stark abkühlt, können sich Eiswolken bilden. Außergewöhnlich starke Abkühlungen bei Temperaturen um ca. −127° C verursachen die Bildung von CO_2-Wolken: dieses Phänomen ereignet sich während der Wintermonate in den Polarzonen, wenn die ausgedehnte Wolkendecke zu einer »Polkapuze« führt.

In den Polarzonen konnte ein äußerst interessanter Komplex aus Wolkensystemen aufgenommen werden. Im einzelnen wurden Wolkenformationen im Windschatten der großen Krater beobachtet, ein Phänomen, das sich in entsprechenden Situationen auch auf der Erde feststellen läßt. Phänomene dieser Art ereignen sich auf der Erde in den Bergregionen: sie entstehen durch die im Windschatten aufsteigenden Luftmassen, die sich ausdehnen und dadurch abkühlen. In den Äquatorregionen des Mars kommt die Bildung der Wolkenformation manchmal konzentrierter vor als an den Polen; auch in diesem Fall entstehen sie durch das Aufsteigen und darauffolgende Abkühlen von Luftmassen, die sich oberhalb der hohen Strukturen bewegen.

Der Druck der Marsatmosphäre verändert sich je nach der Jahreszeit; die Schwankungen liegen bei ca. 30 % und hängen von den Kondensationsphänomenen ab, die sich in den Polarzonen ereignen. Der durchschnittliche Wert, den Viking 1 am Ort ihrer Landung registrierte, beträgt 7,7 Millibar. Die Luftdruckwerte sind von großer Bedeutung, da sie gemeinsam mit den Temperaturmessungen bestimmen, ob Wasser in flüssigem Zustand vorhanden sein kann oder nicht. Bei niedrigem Druck kann Wasser nämlich direkt von festem Zustand in Dampf übergehen, ohne sich vorher in flüssigem Zustand zu verwandeln; Wasser in flüssigem Zustand wird jedoch als wesentliches Element für die Existenz des Lebens erachtet. Ausreichend hoher Druck, der Wasser in flüssigem Zustand erlauben würde, d. h. Werte über 6,1 Millibar, konnten während der Sommermonate in den Regionen Isidis und Hellas im westlichen Sektor des Sinus und in einem breiten Band entdeckt werden, das die nördliche Halbkugel zwischen dem 40. und 50. Breitengrad bedeckt.

Die Oberflächentemperaturen sind sehr unterschiedlich: zu Mittag (des Mars) beträgt die Temperatur in der Nähe des Äquators durchschnittlich ca. 290 K und fällt in den nicht beleuchteten Teilen des Planeten jäh auf ca. 200 K ab.

In Zeiten maximaler Beleuchtung sinken die Temperaturwerte annäherungsweise mit dem Anstieg der Breitengrade bis auf ein Minimum von ca. 230 K in der Nähe der Polkappen. Man kann außerdem eine jahreszeitliche Schwankung feststellen, nach der die Temperatur vom Sommer auf den Winter in den mittleren Breiten um 20–40 K sinkt und um ca. 30 K in den Polarregionen. Diese Werte können jedoch durch die größere oder geringere Anzahl schwebender Teilchen, wie z. B. Sand oder Staub in der Atmosphäre, erheblich beeinflußt werden.

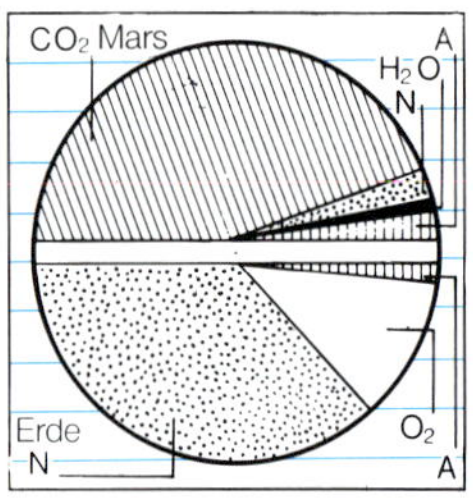

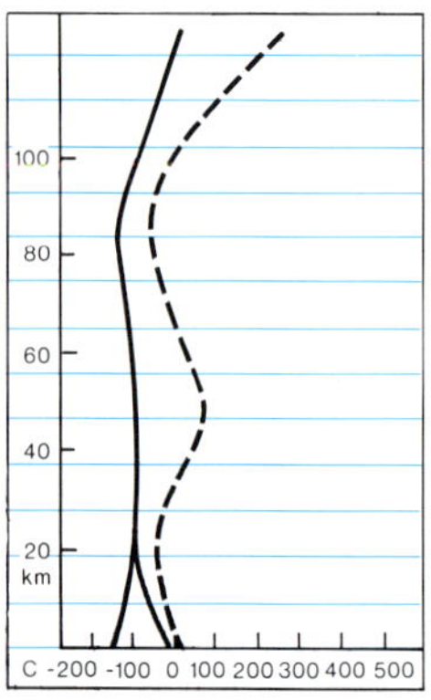

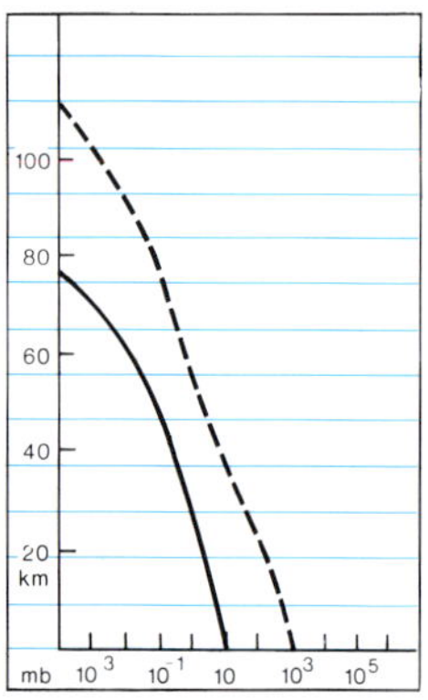

Die Erdatmosphäre und die Atmosphäre des Mars. Den Hauptbestandteil der Marsatmosphäre bildet mit 95 % der Kohlenstoff (CO_2); danach folgt mit 3 % der Stickstoff (N); sie besteht außerdem aus 0,01 % Wasserdampf (H_2O), und die restlichen 1,99 % setzen sich aus Argon und anderen Gasen zusammen. In der Erdatmosphäre herrschen der Stickstoff (75,53 %) und der Sauerstoff (23,14 %) vor. In den beiden Diagrammen: die Temperatur (links) und der Druck (rechts) der Marsatmosphäre (kontinuierliche Linie) und der Erdatmosphäre (gestrichelte Linie).

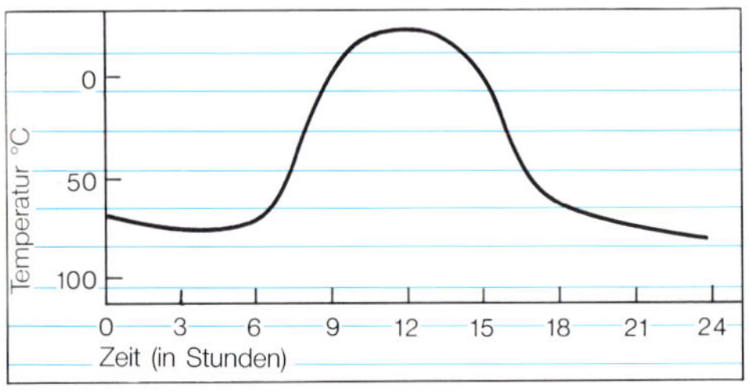

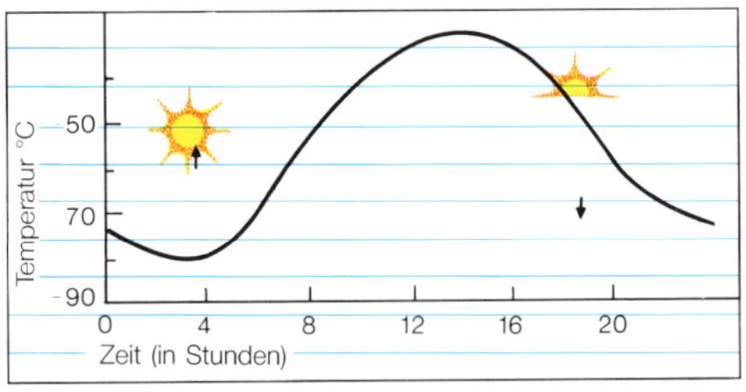

Der Sonnenuntergang auf dem Mars. Da die Marsatmosphäre aufgrund ihrer niedrigen Dichte das Licht weniger stark verbreitet als die Erdatmosphäre, bietet sowohl der Sonnenaufgang als auch der Sonnenuntergang ein außergewöhnliches Schauspiel. Die obige Aufnahme wurde von den amerikanischen Viking-Sonden anläßlich ihrer Landung auf dem Mars im Jahre 1976 gemacht, zur Erde gesandt und vom Jet Propulsion Laboratory ausgearbeitet. Die beiden Kurven nebenan zeigen die Temperaturschwankungen während eines Marstages am Äquator (oben) und in den mittleren Breiten (unten).

Die Marsmeteorologie. Die Bilder auf dieser Seite, die von den verschiedenen Sonden aufgenommen wurden, die zwischen 1969 und 1976 den Mars erreichten, unterstreichen einige der wesentlichen Elemente des Marswetters. Es wird von der geringen Dichte der Atmosphäre beeinflußt, von deren Zusammensetzung und von den beträchtlichen Temperatursprüngen, die man zwischen zwei Punkten und von einem Moment auf den anderen sowohl bei Tag als auch bei Nacht feststellen kann. Das von Mariner 9 gemachte Foto links oben hat seinerzeit Begeisterung bei jenen Forschern hervorgerufen, die sich erwarteten, auf dem Mars ähnliche Umweltbedingungen wie auf der Erde vorzufinden, was sich allerdings dann in der Realität nicht bestätigte. Diese Aufnahme zeigt in der Tat ein Wolkensystem, das jenen nicht so unähnlich ist, die sich auf der Erdoberfläche im Windschatten großer Bergketten vorfinden lassen. Die Wolken sind die hellen und gewellten Streifen (im unteren Teil der Fotografie); sie bestätigen, daß eine gewisse Wassermenge in der Atmosphäre vorhanden ist. Der helle Ring im oberen Teil der Abbildung ist der Rand eines mit Eis eingesäumten Kraters: wahrscheinlich handelt es sich jedoch um trockenes Eis, d. h. um festes Kohlendioxyd. Die Fotos auf der rechten Seite zeigen die südliche Polkappe (oben) und die nördliche (unten). Auch bei diesen Eisdecken hat man lange diskutiert, ob sie aus Wasser oder festem Kohlendioxyd bestehen. Die drei unteren Fotos sind Aufnahmen der nördlichen (Mitte) und der südlichen Polkappe (links und rechts); sie zeigen mehrere Stratifikationen, die sich abwechselnd aus Wassereis und trockenen Eisschichten zusammensetzen.

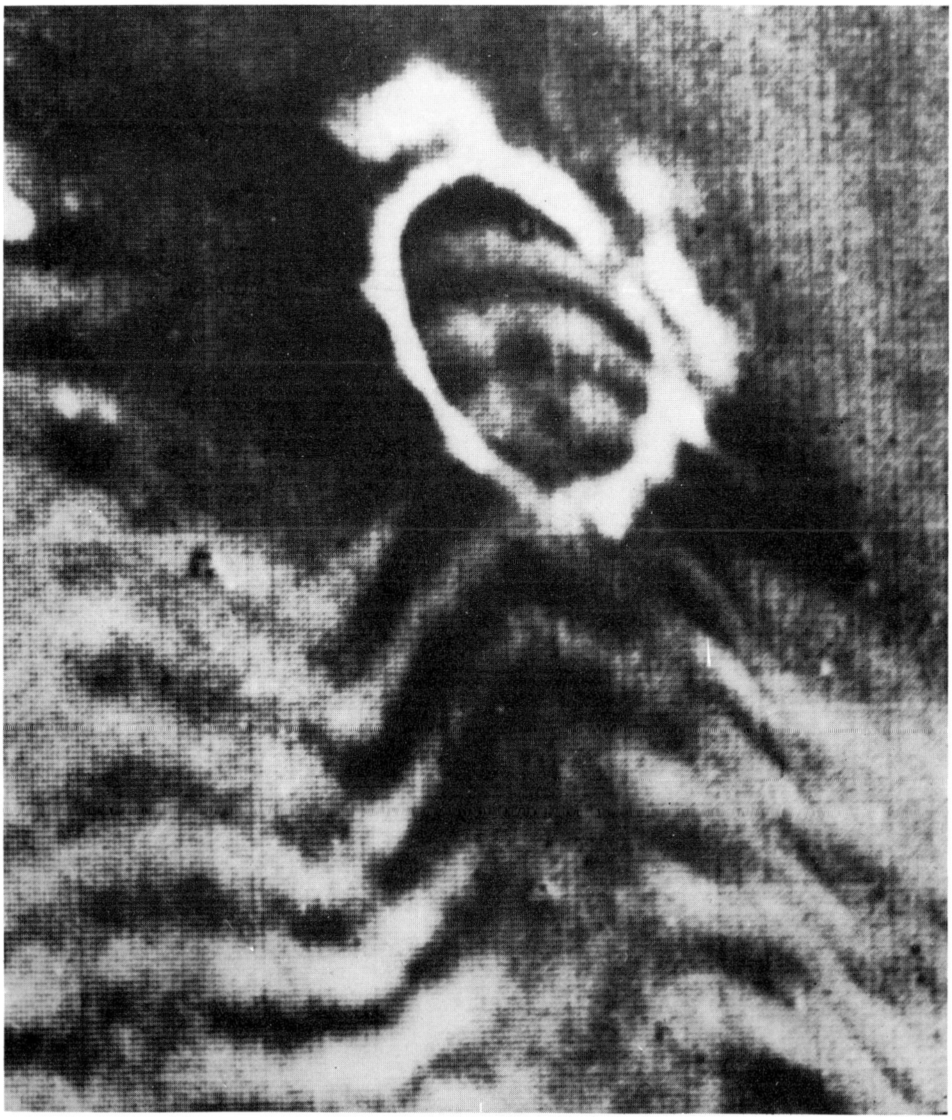

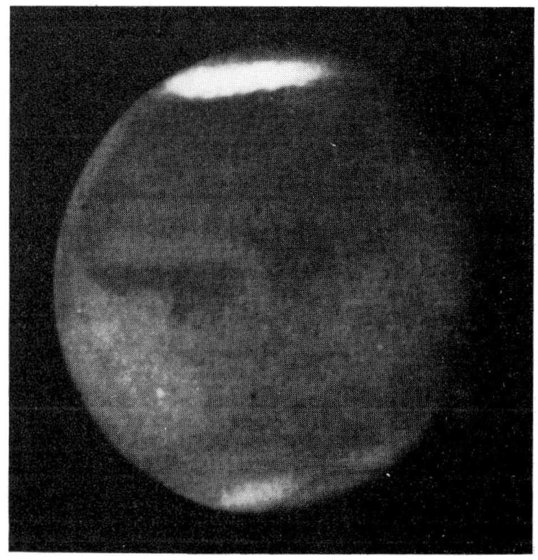

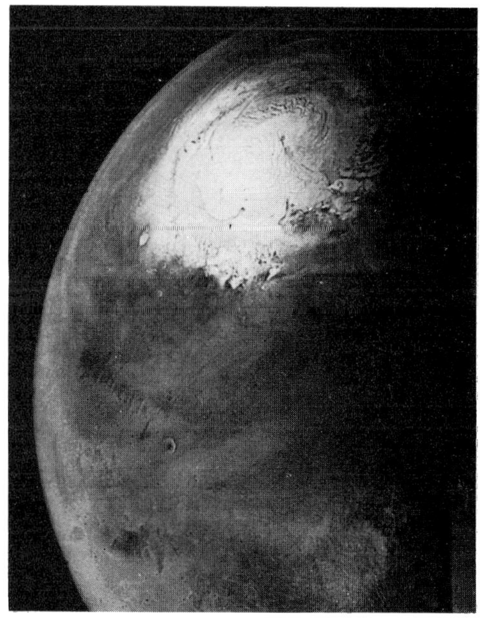

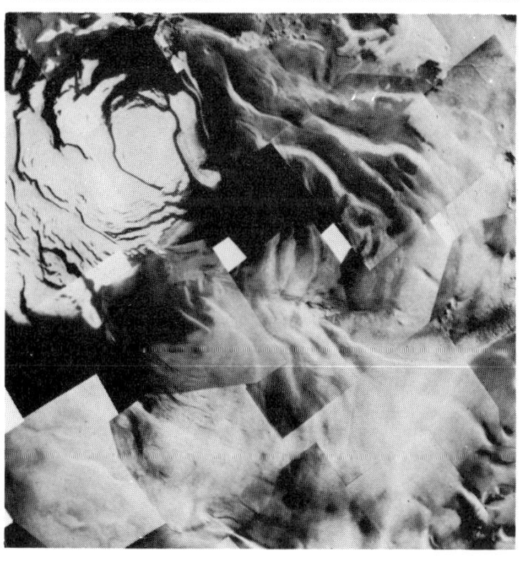

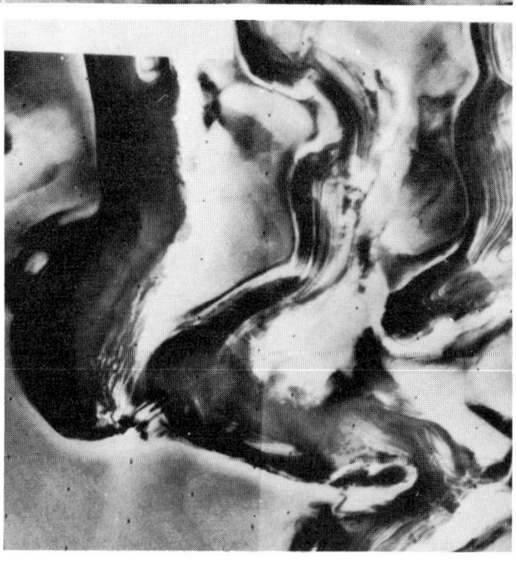

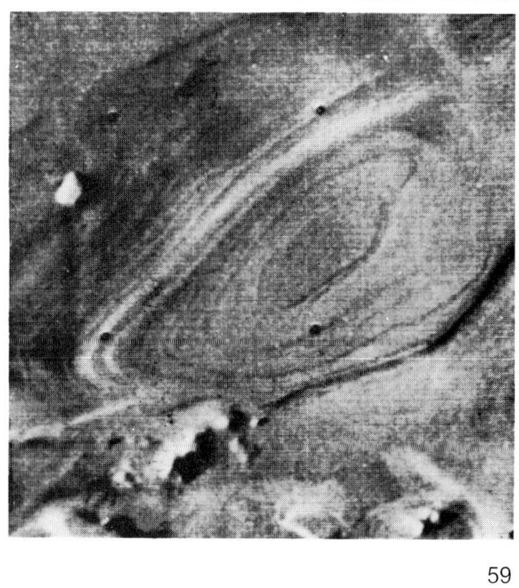

Der Wind und seine Spuren

Unter den bedeutendsten Phänomenen, die derzeit die Oberfläche des Mars betreffen, nimmt die Windtätigkeit eine besondere Stellung ein; der Wind spielt nämlich bei der Modifikation der Marsoberfläche eine wesentliche Rolle: nach den heftigen Staubstürmen, die den Planeten periodisch einhüllen, kann man an seiner Oberfläche sogar grundlegende Veränderungen feststellen.

In den Jahren 1892, 1924, 1941, 1956 und 1972 wurden auf Mars heftige Sandstürme beobachtet. Diese Stürme haben jedesmal den gesamten Planeten betroffen, und zwar genau als er sich auf jenem Teilstück seiner Umlaufbahn befand, der der Sonne am nächsten liegt. Einige Wissenschaftler nehmen an, daß sich jedes Jahr ähnliche Unwetter auf Mars ereignen, doch haben Viking 1 und 2 kein Ereignis dieser Art registriert oder wahrgenommen. Um so heftige Stürme auslösen zu können, müssen die Winde in der Marsatmosphäre 300 km/h erreichen oder sogar überschreiten.

Diese Stürme können lokal begrenzt auftreten, d. h. sich über 100 000 km^2 erstrecken oder aber den ganzen Planeten betreffen, wie dies während der Annäherungsphase der Mariner 9 der Fall war, als der Sturm die gesamte Oberfläche des Mars verdunkelte. Örtlich begrenzte Stürme wurden von den automatischen Sonden mehrere Male am Rand der Polarzonen und in den Tropengebieten beobachtet. Bis heute haben die in der Nähe der Raumsonden durchgeführten Messungen der Windgeschwindigkeiten in der Sommerperiode keine übermäßig hohen Werte ergeben; die Windstärke lag gewöhnlich unter 20 m/Sek.

Die Windtätigkeit äußert sich in Form von Erosion und Transport, welche zu zahlreichen Strukturen und Situationen führen, die mit großer Ähnlichkeit auch auf der Erde anzutreffen sind. Aufgrund der Untersuchungen der Detailaufnahmen ist man heute in der Lage, eine plausible Erklärung für die von der Erde aus beobachteten Veränderungen auf der Marsoberfläche zu geben, die lange Zeit als Indizien für jahreszeitlich bedingte Veränderung der Vegetationsdecke gehalten wurden. Diese unbeständigen Phänomene, die sich im Laufe der Marsjahreszeiten entwickeln, lassen sich im allgemeinen in drei große Kategorien einteilen: allgemeine Erhöhung der Kontraste, dunkle unregelmäßige Flecken und abwechselnd helle und dunke Stellen.

Eine allgemeine und gleichmäßige Erhöhung der Kontraste findet statt, wenn sich die Sandstürme so wie der sich bei Sonnenaufgang auflösende Morgennebel verlaufen. Die Flecken, die auf der Oberfläche des Planeten auftauchen, sind jedoch auf die Morphologie zurückzuführen, die sich in Hügeln, Tälern und Kratern ausdrückt. Diese Flecken verändern ihr Aussehen nur augenfällig, wenn sie von den Sandstürmen verdunkelt werden. Die hellen und dunklen Streifen, die sich während der Jahreszeiten kontinuierlich

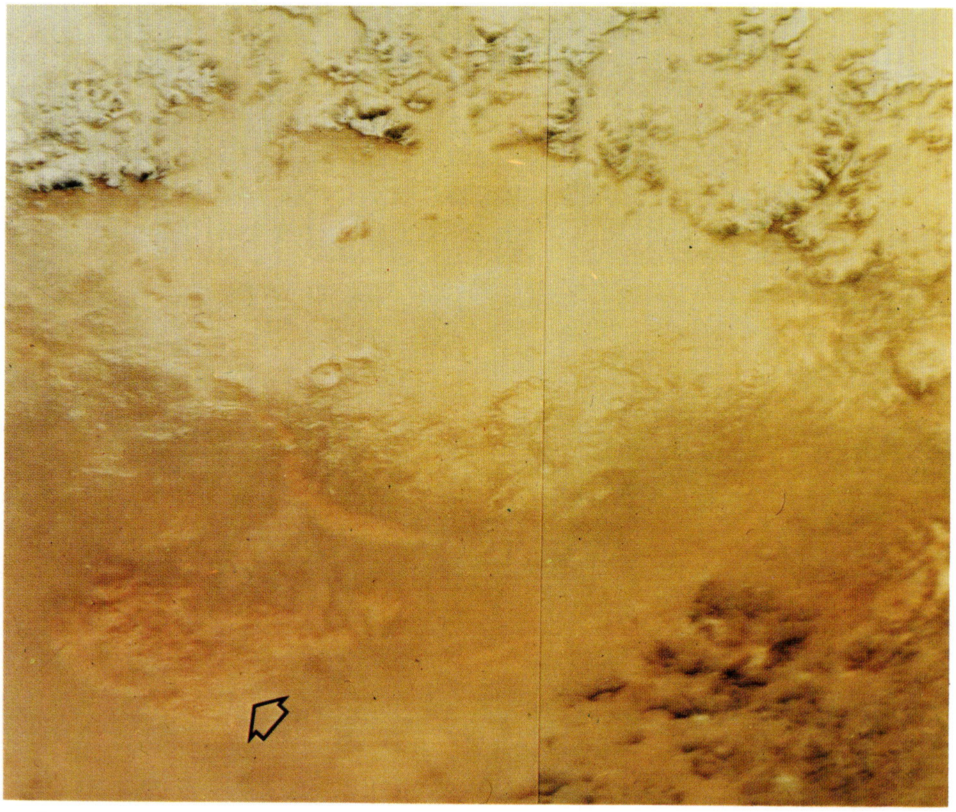

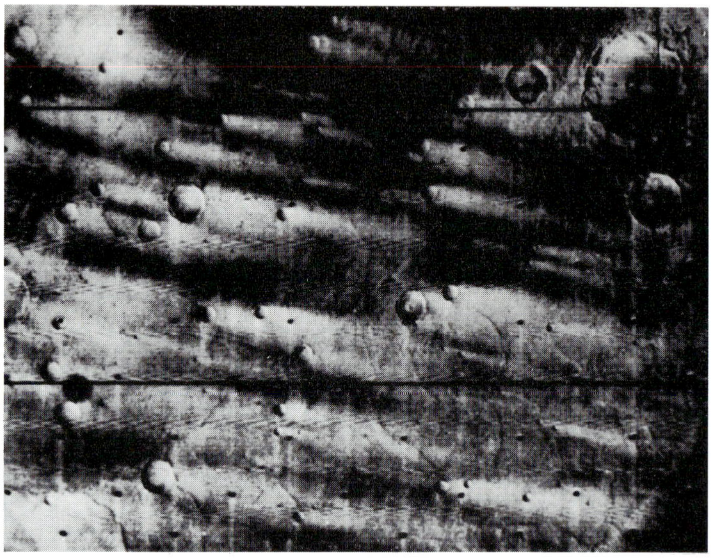

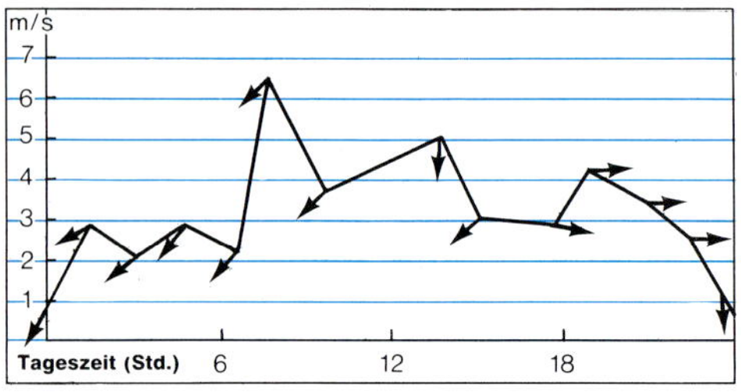

Staubstürme. Das Foto auf der Seite oben ist der Beweis für eines der wichtigsten meteorologischen Phänomene des Mars: die großen Staubstürme, die von Zeit zu Zeit die gesamte Oberfläche dieses Planeten aufwühlen. Bereits im Jahre 1972 versteckte ein riesiger Staubsturm die Strukturen des Planeten so vollständig, so daß man das Gelingen der Mission Mariner 9 gefährdet sah, die sich in der Umlaufbahn des Mars befand. Noch größer war die Besorgnis am Vortag der geplanten Landung der Sonde Viking 2 im Jahre 1976: die oben abgebildete Fotografie wurde damals von der Orbiterstufe der Viking 2 aus aufgenommen. Zur Zeit erstreckt sich dieser Staubsturm über eine beschränkte Zone (300 km Durchmesser), aber je stärker sich Mars der Sonne annähert, desto weiter kann sich dieser Sturm ausbreiten, bis er die gesamte Atmosphäre des Planeten umfaßt. Das Diagramm links zeigt die Geschwindigkeit und die Richtung des Windes, die von Viking 1 während eines Marstages gemessen wurden. Die beiden Fotos hier oben zeigen eines der Ergebnisse dieser Stürme: die Ansammlung von Sand im Windschatten der Krater.

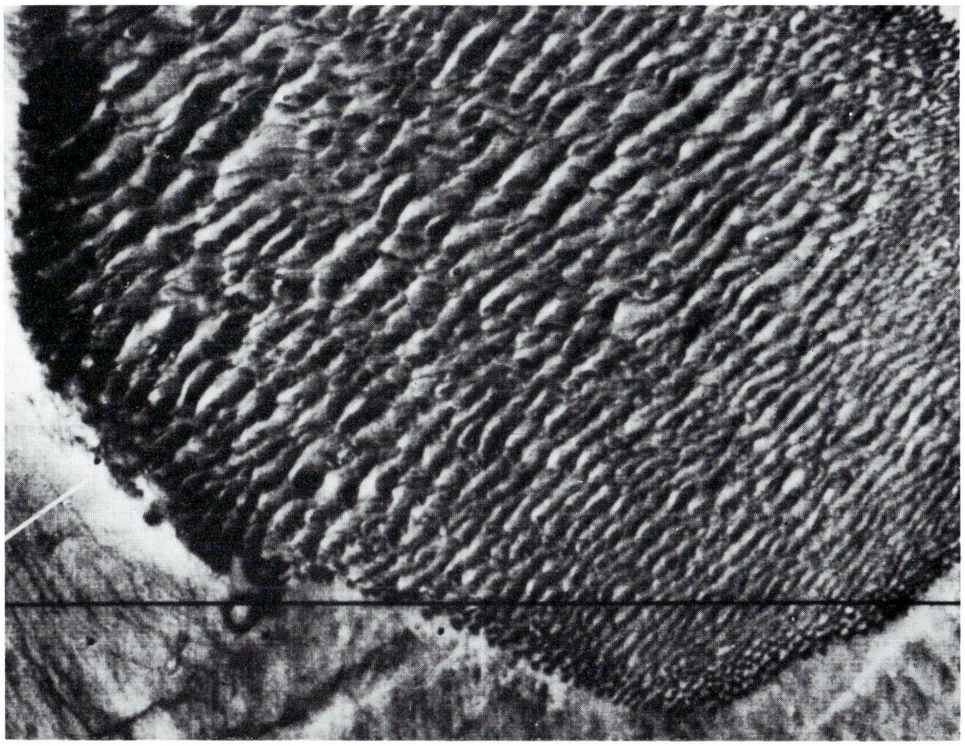

entwickeln, scheinen jedoch das Ergebnis der Beseitigung oder des Transportes fester Teilchen zu sein, die vom Wind nach einem sich jährlich wiederholenden Zirkulationssystem hochgehoben werden.

Der Umstand, daß die dunkleren Flecken auf das Wehen der Winde und den daraus folgenden ökologischen Transport zurückzuführen sind, wird von fast allen Forschern der Marsmorphologie akzeptiert und wird auch durch Detailaufnahmen einiger Krater bestätigt, die zeigen, daß diese Flecken durch das Vorhandensein der Sanddünen hervorgerufen werden.

Weitere dunkle Streifen stehen mit den Vulkan- oder Einschlagskratern in Verbindung, von denen sie wie Filamente ausgehen. Ein beachtenswertes Merkmal einiger dieser Strukturen besteht darin, daß die Richtungsänderung manchmal mit der Farbänderung in Verbindung steht, was mit großer Sicherheit auf jahreszeitliche Winde mit einer Hauptrichtung zurückzuführen und mit den örtlichen morphologischen Kennzeichen zusammenhängen dürfte, wodurch die Entnahme von einmal hellerem und dann dunklerem Material abwechselnd von den Talsohlen und von den Hochebenen erfolgt. Der Ursprung der hellen Streifen kann außerdem in den feineren Teilchen liegen, die sich in dem von den Stürmen hochgehobenem Staub befinden und sich dann am Grund des Kraters ablagern.

Der Windtransport des gelösten Materials der Marsoberfläche scheint also die Hauptursache für die Oberflächenveränderungen dieses Planeten zu sein, die bei den teleskopischen Beobachtungen von der Erde aus festgestellt wurden. In den Äquatorzonen scheint eher die Erosion als die Ablagerung vorzuherrschen: in diesem Gebiet tauchen Hügel in Form von Trogtälern auf, Taleinschnitte und Furchen, die parallel zur Oberfläche des flachen Geländes verlaufen. Diese morphologischen Merkmale sind für die in den Erdwüsten vorhandenen trockenen und windigen Regionen typisch.

In den Polregionen und jenen der mittleren Breitengrade herrscht jedoch die äolische Ablagerung der feineren Teilchen vor.

Große Dünenfelder. Das obenstehende Foto zeigt einen großen Krater (Durchmesser 150 km) in der Region Hellespontus, dessen Boden zur Gänze mit einem Dünenfeld überzogen ist, das jenen Dünenfeldern ähnelt, die auf der Erde weite Zonen der Wüste bedecken. Beachtenswert ist, daß die Dünenkämme parallel, einer hinter dem anderen angeordnet sind; dieses Bild ergibt sich dadurch daß, sich die Dünen senkrecht zum Wind stellen; der sie erzeugende Wind kam in diesem Fall von links oben. Das Foto wurde von Mariner 9 aus einer Entfernung von 1371 km aufgenommen.

Erdrutsche und äolische Erosionen. Die hier oben von der Sonde Viking 1 im Juli 1976 gemachte Aufnahme zeigt einen riesigen Erdrutsch, der von den Wänden eines Canyons abgegangen ist. Er erstreckt sich fast über den gesamten sichtbaren Verlauf des Canyons, im Mittelteil sogar über einige Dutzend Kilometer. Die Oberfläche des Erdrutsches weist Erosionsspuren auf, die von der Windtätigkeit herrühren. Im Anschluß daran befindet sich das große Dünenfeld (ca. 50 km lang), das als dunkler Fleck im unteren Teil des Fotos zu erkennen ist.

Abgerundete Kieselsteine. Als im Jahre 1976 zum erstenmal eine Raumsonde auf Mars landete und mehrere Farbfotos zur Erde sandte, konnte man feststellen, daß die Windstürme tiefe Spuren auf dem Boden hinterlassen. Das Foto zeigt ein beschränktes Gebiet neben der Landestelle der Viking 1. Man kann zahlreiche Kieselsteine beobachten, die im feinen Staub versinken. Dieser Staub wurde eindeutig vom Wind gebracht, der auch die Kanten der Steine abrundete.

Marspanorama

Ein Vergleich zwischen Mars und Erde. In der nebenstehenden Tabelle werden die wichtigsten Daten des Mars mit jenen der Erde verglichen. Besonders interessant sind die Schwerkraft- und Temperaturwerte sowie der Bodendruck, die beträchtlich unter denen der Erde liegen. Die Umlaufzeit um die Sonne ist fast doppelt so lang.

Merkmale	Mars	Erde	Verhältnis
• Längst. Abstand v. d. Sonne	249,1 Millionen km	152,1 Millionen km	1,64mal der Erdabstand
• Kürz. Abstand v. d. Sonne	206,7 Millionen km	147,1 Millionen km	1,41mal der Erdabstand
• Mittl. Entfernung v. d. Sonne	227,9 Millionen km	149,6 Millionen km	1,52mal die Erdentfernung
• Äquatordurchmesser	6787 km	12756 km	beträgt fast die Hälfte (1,88) des Erdäquators
• Polardurchmesser	6726 km	12713 km	beträgt fast die Hälfte (1,89) des Erdäquators
• Abplattung	0,009	0,003	dreimal so stark wie jene der Erde
• Umlaufzeit	687 Tage	365,26 Tage	benötigt fast doppelt (1,88) so lang wie die Erde
• Rotationszeit	27^h 37' 23"	23^h 56' 4"	1,03mal der Erdrotation
• Bahnneigung	1,9°	0°	
• Bahngeschwindigkeit	24,1 km/Sek.	29,8 km/Sek.	1,24mal geringer als jene der Erde

Canyons und Kanäle, Krater und Vulkane. Die nebenan dargestellte Marsoberfläche ist durch besondere Strukturen, wie große und kleine Krater, Vulkanformationen, gleichförmigen Ebenen, riesigen Canyons und vor allem durch Strukturen gekennzeichnet, die ausgetrockneten Flußbetten ähneln. Diese Kanäle könnten als Beweis dafür angesehen werden, daß auf der Oberfläche dieses Planeten vor langer Zeit Wasser in flüssigem Zustand vorhanden war. Der Boden des Mars, wie dies bereits bei der teleskopischen Beobachtung festgestellt werden konnte, ist von rötlicher Farbe, was vielleicht auf ein eisenhältiges Material (Limonit) zurückzuführen ist. Von der Marsoberfläche aus gesehen würde die Sonne, die ca. 227,9 Millionen km von diesem Planeten entfernt ist, wie auf der Abbildung (1) aussehen.

Automatische Marssonden. Alles was wir heute über die Oberfläche, die Atmosphäre und die Satelliten des »roten Planeten« wissen, ist das Ergebnis einer fast 20jährigen Forschungsarbeit mittels der sowohl von der UdSSR als auch von den USA abgeschickten Raumsonden. Die erste russische Raumsonde mit dem Ziel Mars war die im Jahre 1962 gestartete Mars 1, mit der der Funkkontakt jedoch in einer Entfernung von ca. 106 Millionen km von der Erde verlorenging. Mars wurde zum ersten Mal im Jahre 1964 von der amerikanischen Raumsonde Mariner 4 (2) überflogen; entscheidend waren jedoch die Missionen der Mariner 9, Viking 1 und Viking 2.

Die natürlichen Satelliten. Mars hat zwei Satelliten, Phobos (3) und Deimos (4), von denen Mariner 9 wunderbare Aufnahmen gemacht hat. Beide sind von unregelmäßiger Form und beide haben wie auch der Mond, Mars und Merkur eine von Meteoritenkratern übersäte Oberfläche. Der größte Durchmesser des Phobos beträgt 22 km, jener des Deimos 14 km.

Merkmale	Mars	Erde	Verhältnis
• Fluchtgeschwindigkeit	5,0 km/Sek.	11,2 km/Sek.	2,6mal geringer als jene der Erde
• Neigung d. Rotationsachse	23° 59'	23° 27'	fast so stark wie jene der Erde
• Masse	$0{,}65 \cdot 10^{27}$ g	$5{,}9765 \cdot 10^{27}$ g	0,108mal die Erdmasse
• Volumen	$0{,}16 \cdot 10^{9}$ km^3	$1{,}083 \cdot 10^{9}$ km^3	0,15mal das Erdvolumen
• Dichte	3,9	5,5 (Wasser = 1)	1,41mal geringer als jene der Erde
• Schwerkraft	0,38	1	fast dreimal geringer als jene der Erde
• Durchschnittl. Temperatur	−23° C (Boden)	22° C (Boden)	ist am Boden 45° geringer als jene der Erde
• Atmosphärischer Druck	6 Millibar	1000 Millibar	ist an der Oberfläche 66,67mal geringer als jene der Erde
• Zusammensetz. d. Atmosphäre	CO_2, Argon	N, O_2	
• Satelliten	2	1	

Woraus besteht das Innere des Mars? Der »rote Planet« ist wahrscheinlich wie folgt aufgebaut: E: Kern aus metallischem Eisen und Troilite (Schwefeleisen) in geschmolzenem Zustand; F: Mantel aus Eisen- und Magnesiumsilikaten; G: an Aluminium und Silizium reiche Kruste. Im oberen Viereck wird diese Struktur mit dem Aufbau der Erde verglichen: A: felsige Kruste; B: Eisen- und Magnesiumsilikate; C: flüssiger äußerer Kern aus Eisen und Nickel; D: fester innerer Kern.

Krater, Vulkane und zwei kleine Monde

Mittels der Aufnahmen der Raumsonden Mariner und Viking können heute die Ergebnisse der zahlreichen Prozesse beobachtet werden, die sich auf der Marsoberfläche ereignet haben und noch immer ereignen und die für die auffälligen morphologischen Oberflächenmerkmale verantwortlich sind: die Kraterbildung durch Meteoriteneinschläge, die vulkanische Aktivität, die Bewegungen der Kruste und die Erosion der obersten Schichten, die infolge des Gefrierens und des Auftauens, durch den Wind und vielleicht durch Wasserläufe in längst vergangener Zeit verursacht wurde.
Der Mond und Mars haben viele Gemeinsamkeiten: auch auf Mars konnten zahlreiche ausgedehnte, meist runde Becken festgestellt werden, die von breiten Hochebenen umgeben sind. Wie auch die am Mond vorgefundenen Becken entstanden jene des Mars durch den Einschlag von Meteoriten in den ersten Phasen der Geschichte des Sonnensystems.
Die mit Kratern übersäte Oberfläche bedeckt über 40% der Äquatorzone des Mars und herrscht auch auf der südlichen Halbkugel vor, wo einige zehntausend Krater mit einem Durchmesser von über einem Kilometer vorhanden sind.
Das unterschiedliche Alter dieser Krater meteoritischen Ursprungs läßt sich anhand der größeren oder geringeren Frische einiger morphologischer Elemente feststellen, wie z. B. an den Kraterrändern und den Auswurfdecken. Der Großteil der Krater scheint durch die Erosion und den Sedimenttransport aufgrund der Windtätigkeit verändert worden zu sein, wie dies auch auf der Erde in Wüstengebieten zu beobachten ist.
Die bis heute durchgeführten Untersuchungen der Marskrater lassen annehmen, daß die meisten runden Krater auf Einschläge zurückzuführen sind, während die Ursache der unregelmäßigen Krater die Vulkantätigkeit sein dürfte.
Diese Vulkantätigkeit hat sowohl zu ausgedehnten Lavaströmen geführt, die als basaltisches Material im Inneren der weiten Marsbecken dunkler erscheinen, als auch zu riesigen vulkanischen Formationen, sogenannten »Schildvulkanen«, die durch aufeinanderfolgende Eruptionen aus Lava mit geringer Viskosität entstanden sind.

Die wichtigsten Vulkanstrukturen befinden sich auf der nördlichen, wenig verkraterten Halbkugel; es handelt sich dabei um relativ junge Vulkane. Spuren älterer Vulkane lassen sich in geringer Anzahl auf der Südhalbkugel beobachten. Die bemerkenswertesten vulkanischen Formationen findet man in hochliegenden Regionen wie z. B. Tharsis, wo sich drei Schildvulkane, die Tharsisberge, über einer breiten Bergkette zwischen 3 bis 5 km über dem mittleren Oberflächenniveau erheben.
Ein vierter Schildvulkan, der Olympus Mons (früher Nix Olympica) befindet sich am westlichen Rand dieser Kette. Er ist nicht nur der größte Schildvulkan des Mars, sondern auch des gesamten Sonnensystems. Studien haben ergeben, daß er im Verhältnis zu der ihn umgebenden Ebene 29 km hoch ist; sein Durchmesser beträgt ungefähr 500 km. Der Durchmesser der Berge Tharsis, Ascräeus, Pavonis und Arsia beträgt ca. 400 km; obwohl sie weniger hoch als der Olympus sind, erreichen sie trotzdem fast dieselbe Höhe über dem durchschnittlichen Höhenniveau des Mars, da sie sich auf einem höheren Basisniveau erheben. Im Vergleich dazu beträgt die Breite des größten Vulkans der Erde, des Mauna Loa, 200 km und seine Höhe etwa 9 km.
In der Tharsisregion gibt es außer den Schildvulkanen auch zahlreiche Domstrukturen mit einem

Schildvulkane	Gebiet	Höhe (km)	Durchmesser (km)	Ungefähres Alter (Mill. Jahre)	Beschreibung
• Olympus Mons	Tharsis	26 ± 3	von 500 bis 600	200	Der Schildvulkan hat Hänge mit leichtem Gefälle und Terrassen, die von Strömungslinien und Wällen gekreuzt werden. Er wird von einer mehr als 4 km hohen Böschung begrenzt.
• Ascraeus Mons	Tharsis	19 ± 3	400	400	Er ähnelt dem Olympus Mons, doch befinden sich auch auf seinen Hängen kleine Krater. Die nordöstlichen und südwestlichen Ränder sind von Verwerfungen geschnitten, die sich bis in die umliegende Ebene erstrecken.
• Pavonis Mons	Tharsis	19 ± 3	400	400	Er ist dem Ascraeus Mons ähnlich. Der Schild ist von zahlreichen konzentrischen, tektonischen Gräben umgeben.
• Arsia Mons	Tharsis	19 ± 3	400	800	Eine große Zentralcaldera, umgeben von konzentrischen tektonischen Gräben. Die äußeren Ränder des Schilds weisen längliche Pässe und kurze Depressionen auf.
• Ceraunius Tholus	Tharsis	2,5 ± 1,25	150	von 500 bis 1000	Er hat die Form eines Doms mit zahlreichen dünnen Kanälen, die vom Kratergipfel bis zu seinem Fuß hinunter reichen. Ein 2 km langer Kanal verbindet die Zentralcaldera mit der umliegenden Ebene.
• Elysium Mons	Elysium	15 ± 2	von 200 bis 300	von 1000 bis 2000	Er ähnelt den Schildern der Tharsisregion. Der Rand ist nicht exakt abgegrenzt, sondern wird in der umliegenden Ebene abgetragen.
• Hecates Tholus	Elysium	7 ± 1	200	von 1000 bis 2000	Aus einer kleinen Caldera laufen sternförmig Spalten, Kraterreihen und Schrammen weg. Kleine Krater bedecken die Hänge des Schildes.
• Albor Tholus	Elysium	unbekannt	150	von 1000 bis 2000	Er ähnelt den Tharsisschilden, scheint aber älter zu sein.
• Apollinaris Patera	–	4 ± 2	200	von 2000 bis 3500	Er wurde durch die Erosion geformt und er scheint sowohl älter als Tharsis als auch Elysium zu sein.
• Alba Patera	–	6 ± 2	1600	von 1000 bis 2000	Er ist durch einen Ring aus Brücken mit einem Durchmesser von 600 km rund um die Zentralcaldera gekennzeichnet. Bis zu einem Radius von 800 km kann eine leichte Strahlenstruktur festgestellt werden.
• Tyrrhenum Patera	Hesperia	unbekannt	500	bis 3500 bis 4000	Die Hauptdepression wird von einem Ring aus Brücken mit einem Durchmesser von 45 km umgeben. Von diesem Ring aus erstrecken sich sternförmig zahlreiche Rücken, Depressionen und Kanäle in einem Radius von ca. 200 km.
• Hadriaca Patera	Hellas	1,7 ± 0,5	600	von 3500 bis 4000	Im Zentrum des Vulkans befindet sich eine runde Zone mit einem Durchmesser von 70 km, die von einer Reihe von Rücken, subparallelen Tälern und Speichen umgeben ist, welche sich bis zu einem Radius von 300 km erstrecken; zahlreiche Einschlagskrater sind darübergelagert.
• Amphitrites Patera	Hellas	< 1	700	von 3500 bis 4000	Die zentrale Zone weist keine Strukturen auf; sie wird von einem strahlenförmigen Gefüge umringt, das sich vom Zentrum aus 350 km erstreckt.

Meteoritische Krater. Die Abbildung hier unten zeigt die große Anzahl der durch die Meteoritenbombardierung entstandenen Krater, die sich sowohl auf der Marsoberfläche als auch auf dem Mond befinden. In den beiden unteren Diagrammen: links die Fülle der Krater auf dem Mars im Vergleich mit denen des Mondes; rechts das durchschnittliche Verhältnis zwischen dem Durchmesser und der Tiefe der Krater.

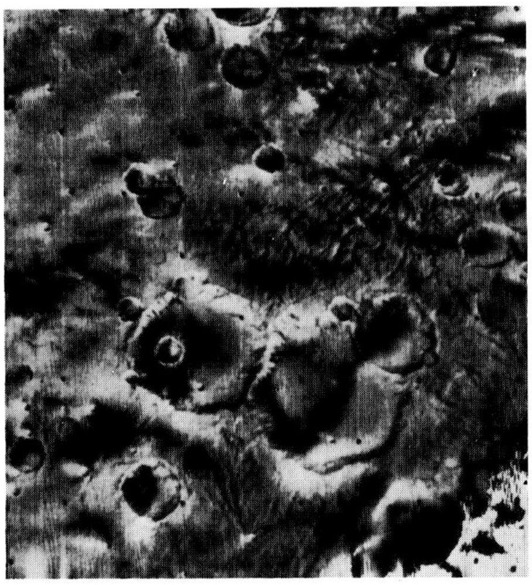

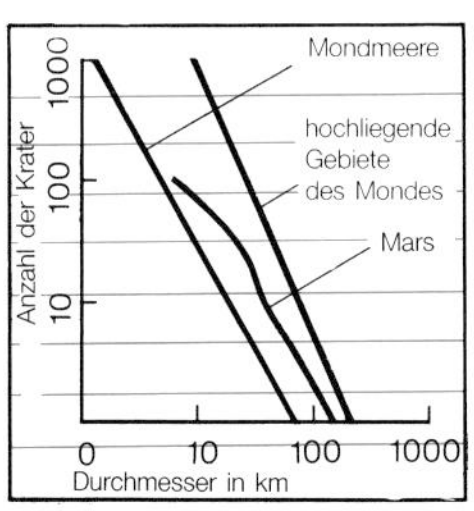

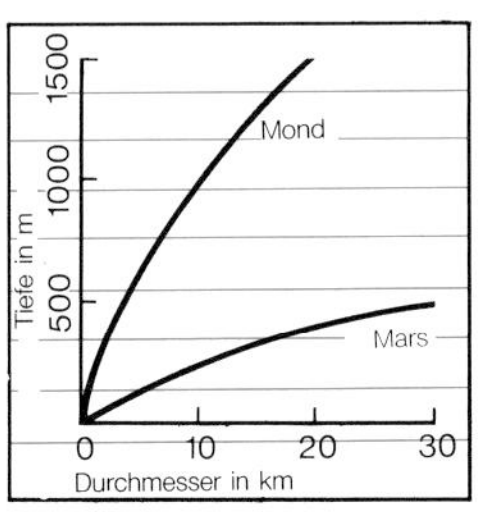

Die vulkanische Geschichte. Außer den zahlreichen Meteoritenkratern weist Mars auch einige vulkanische Strukturen auf. Die obenstehende Tabelle faßt ihre Merkmale kurz zusammen. Auch wenn die vulkanische Tätigkeit kein sehr verbreitetes Phänomen auf diesem Planeten darstellt, so betrifft sie doch eine lange Zeitspanne seiner Geschichte, wie dies auch aus der obenstehenden Tabelle ersichtlich wird: die ältesten Vulkane reichen bis 3500–4000 Millionen Jahre zurück, während die jüngsten vor ca. 200 Millionen Jahren entstanden; sie sind höher als die alten Vulkane.

Durchmesser von ca. 150 km, die durch eine am Gipfel befindliche Zentralcaldera gekennzeichnet sind.
Im Zusammenhang mit dem Phänomen der Verkraterung verdienen zwei kleine Marsmonde eigens erwähnt zu werden: Phobos und Deimos. Als sie im Jahre 1877 entdeckt wurden, erschienen sie im Teleskop als winzige leuchtende Punkte in der Umlaufbahn des Planeten. Erst durch die von Mariner 9 gemachten Aufnahmen konnte man deren Oberflächenmerkmale erkennen. Beide Monde sind von länglicher, unregelmäßiger Form; die Maße des Deimos betragen 13,5 ± 2 km x 12 ± 0,5 km, die für Phobos

lang durch die Meteoriteneinschläge geformt wurde, in einen erdähnlichen Planetenkörper übergangen ist, der von einer weitverbreiteten und intensiven Vulkantätigkeit gekennzeichnet und hauptsächlich mit Wasser bedeckt ist. Man kann eindeutig erkennen, wie eine ausgedehnte tektonische Aktivität das Aussehen vieler Gebiete der Marsoberfläche verändert hat.

Die Marsvulkane. Das Foto zeigt die Tharsis-Region, in der sich die größten und jüngsten Vulkanformationen befinden. Der links zu erkennende Ring ist der Olympus Mons, der bisher größte bekannte Vulkan des Sonnensystems.

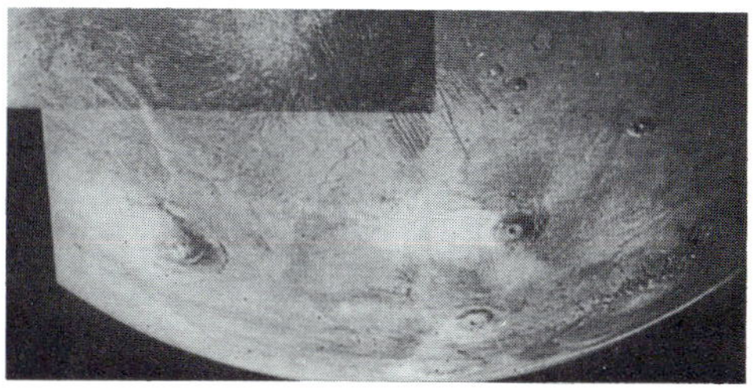

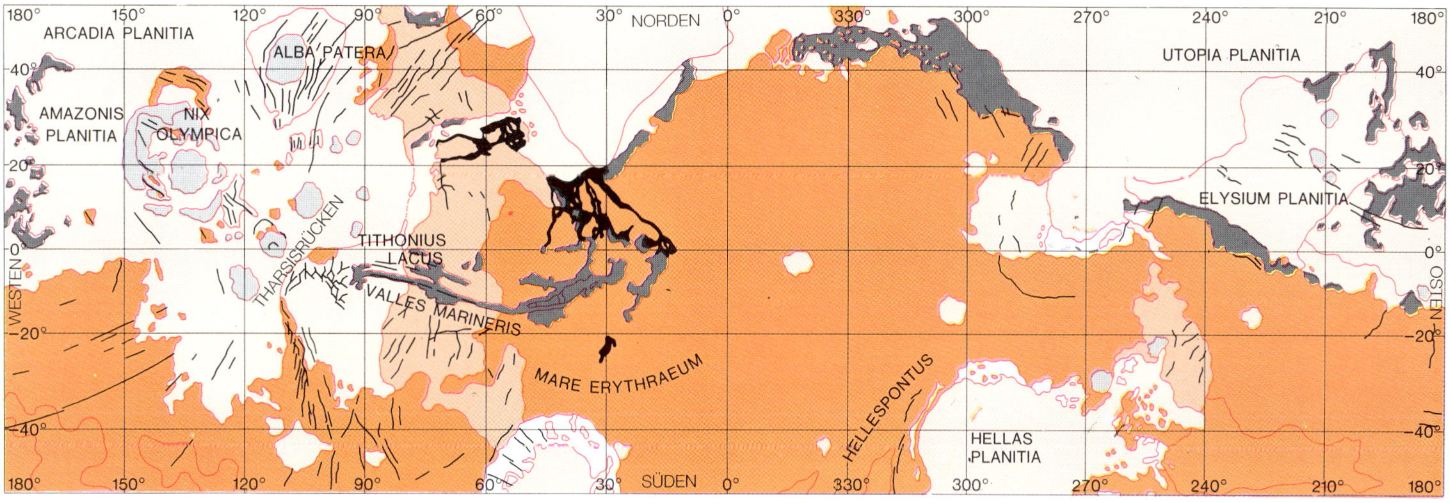

Die Geologische Karte des Mars. Wie die oben abgebildete Karte zeigt, kann die Marsoberfläche in zwei große Gebiete unterteilt werden: In das nördliche (hell gefärbt), das aus gleichförmigen, von großen Vulkanen unterbrochenen Ebenen besteht, und das südliche Gebiet (orange gefärbt), deren Oberfläche sich aus sehr alten meteoritischen Kratern zusammensetzt. Die im linken Teil der Karte abgebildete Vulkanzone ist auf dem Foto rechts oben aufgenommen; deutlich sticht der Nix Olympica (Olympus Mons) hervor, der von Forschern der NASA in den beiden rechts nebenan dargestellten Modellen nachgebildet wurden.

25 ± 5 km x 21 ± 1 km. Beide Monde weisen zahlreiche Krater auf, die wahrscheinlich durch Meteoriteneinschläge entstanden sind.
Die Dichte dieser Einschlagskrater läßt darauf schließen, daß es sich um sehr alte Monde handelt, die vielleicht in derselben Periode wie die erste verkraterte Marsoberfläche entstanden (wenn man annimmt, daß diese Monde zu jener Zeit bereits als Satelliten dieses Planeten existierten). Die Zusammensetzung des Deimos und Phobos scheint den Meteoriten aus dem Asteroidengürtel ähnlich zu sein, und vielleicht sind diese kleinen Monde in der Marsumlaufbahn eingefangene Asteroiden.
Auf der Grundlage dieser ersten Beobachtungen kann Mars als ein Planet betrachtet werden, der aus einer Phase eines mondartigen Planetenkörpers, dessen Oberfläche ca. vier Milliarden Jahre

Zwei kleine Monde. Rund um den Mars kreisen zwei kleine Felsbrocken, Phobos und Deimos. Die oben abgebildete schematische Darstellung zeigt die Umlaufbahnen der beiden Monde, während Mars seinen Umlauf um die Sonne vollführt. Phobos (a) umkreist den Mars in einer Entfernung von ca. 6000 km und benötigt dafür ca. siebeneinhalb Stunden. Deimos (b) umkreist den Planeten in ca. 20000 km Entfernung und benötigt ca. 30 Stunden und 18 Minuten, um einen ganzen Umlauf zu vollziehen. Rechts nebenan: ein Foto des Phobos, das von Viking 1 aufgenommen wurde.

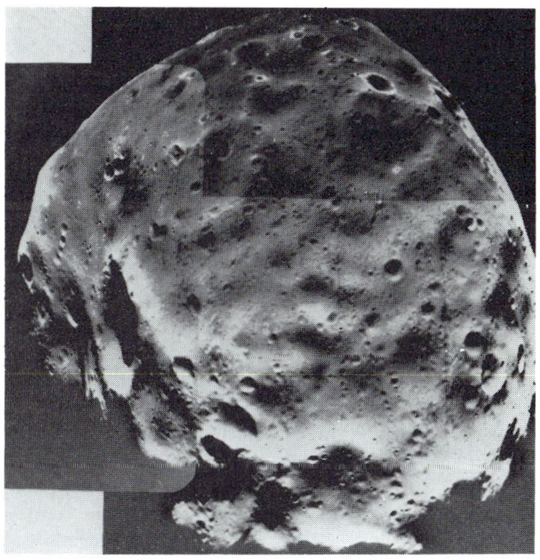

Canyons und Kanäle

Eines der eindruckvollsten Elemente der Oberflächenstruktur des Mars ist das Gebiet der riesigen Canyons, das sich in der Äquatorzone befindet. Diese außergewöhnlichen Strukturen sind mehr als 200 km breit, über 5000 km lang, und ihre Tiefe reicht bis zu 6 km. Man nimmt an, daß diese Canyons einen wichtigen Abschnitt in der Evolution dieses Planeten darstellen und mit der vulkanischen Erhebung der Tharsisberge zusammenhängen, die sich im Westen gleich anschließend an dieses Canyonsystem, Valles Marineris genannt, erstrecken.

Der Ursprung dieses Systems blieb bis zu dem Tag verborgen, an dem die ersten von Mariner 9 gemachten Aufnahmen der Welt der Wissenschaft zugänglich gemacht worden sind.

Die Canyons setzen sich aus einer Hauptreihe parallel angeordneter Depressionen zusammen, die von abschüssigen Wänden begrenzt werden, welche von den Rändern der umliegenden Hochebenen steil abfallen. Die Wände der Canyons sind nur in den seltensten Fällen glatt; meistens weisen sie breite Vertiefungen oder sich dicht überkreuzende Schluchten und Abgründe auf, die dem hydrographischen Netz ähneln, das sich auf den Wüstenhochebenen im Westen der Vereinigten Staaten befindet. Auf dem Boden des Canyons lassen sich keine Kraterreste erkennen.

Dieser Umstand kann in Verbindung mit Erosionsprozessen stehen oder mit dem relativ jungen Alter der Strukturen zusammenhängen. Welche Ereignisse standen also am Beginn dieser Canyons?

Die wahrscheinlichste Hypothese besagt, daß diese Systeme auf eine Kombination von Oberflächenbruchphänomenen zurückzuführen sind, die den Rückzug des darunterliegenden Magmas begleiteten oder darauf folgten, auf die dann die Schmelze des im Boden enthaltenen Eises folgte, was seinerseits wieder einen Teil des Bodenmaterials weggeschafft und zu den überkreuzten Formen des hydrographischen Netzes dieser Zone geführt hat, deren definitives Aussehen dann die Erdrutsche und Schlammströme mitbestimmt haben. Der Mechanismus des Transportes enormer Felsmassen läßt jedoch einige Fragen unbeantwortet: auf welche Weise wurde z. B. das ursprünglich in diesem Gebiet vorhandene Material weggebracht und noch wichtiger, wo ist dieses weggeschaffte Material hingelangt?

Ein weiteres, für diese Phase der Marsforschung charakteristisches Ergebnis war die Entdeckung der gewundenen Flußkanäle: diese Kanäle ähneln jenen, die sich heute auf der Erde vorfinden lassen und sind anscheinend durch Was-

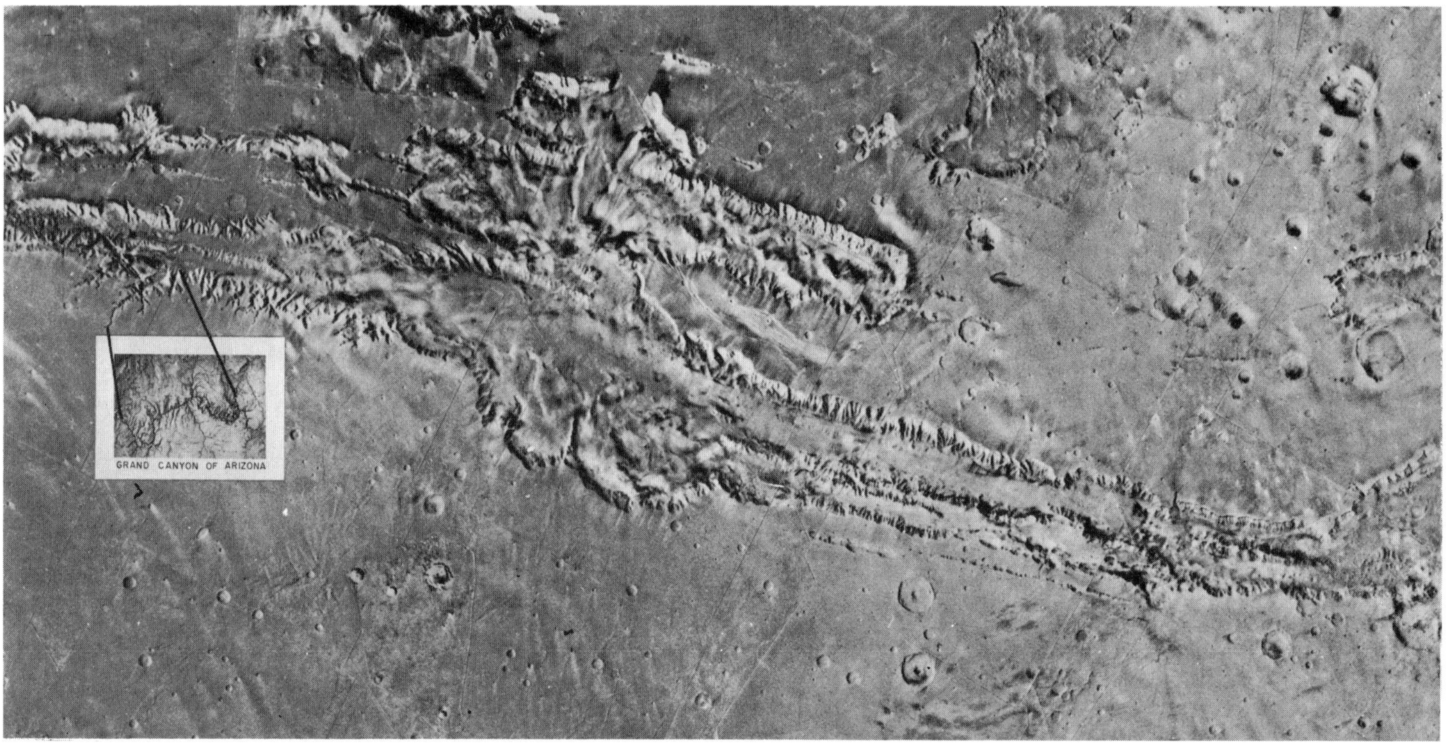

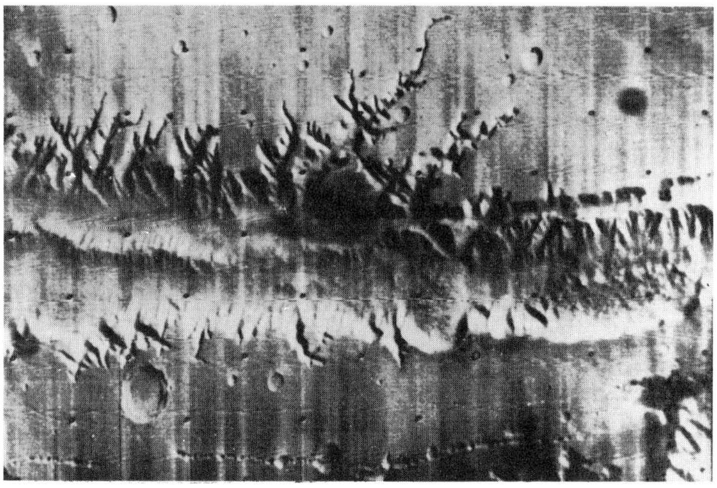

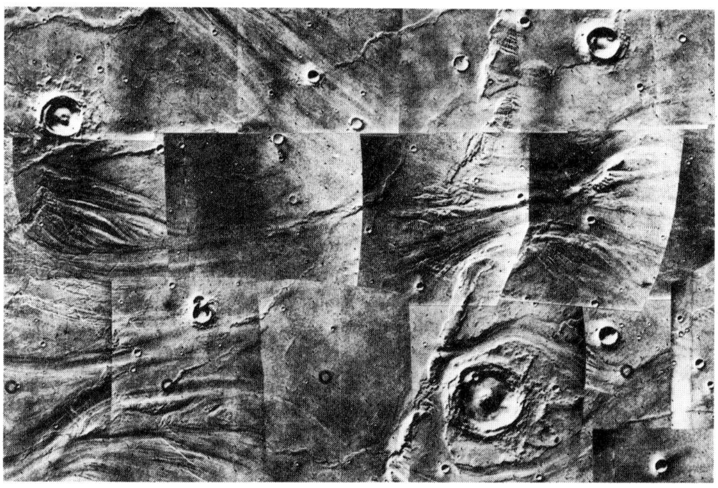

Der größte Canyon. Fast parallel zum Marsäquator erstreckt sich der größte bekannte Canyon des gesamten Sonnensystems (Abbildung oben). Um sich eine Vorstellung von der Größe dieser Struktur machen zu können, ist im Viereck links oben auch eine Karte des Grand Canyon in Arizona abgebildet: er ist mit dem kleinen Nebenfluß vergleichbar, der im Detail in dem Foto hier oben zu sehen ist.

Wasser war vorhanden. Die von Viking 1 gemachte Aufnahme hier oben hat jeden Zweifel über die Möglichkeit von Wasservorkommen an der Oberfläche zumindest in der Vergangenheit des Planeten beseitigt. Es handelt sich um ein Fotomosaik, das ein 250x200 km großes Gebiet umfaßt und eine ebene, aus Lava bestehende Oberfläche zeigt: während der Abkühlung zerbrach die Lava und wurde dann durch die zahlreichen gewundenen Wasserläufe ausgewaschen.

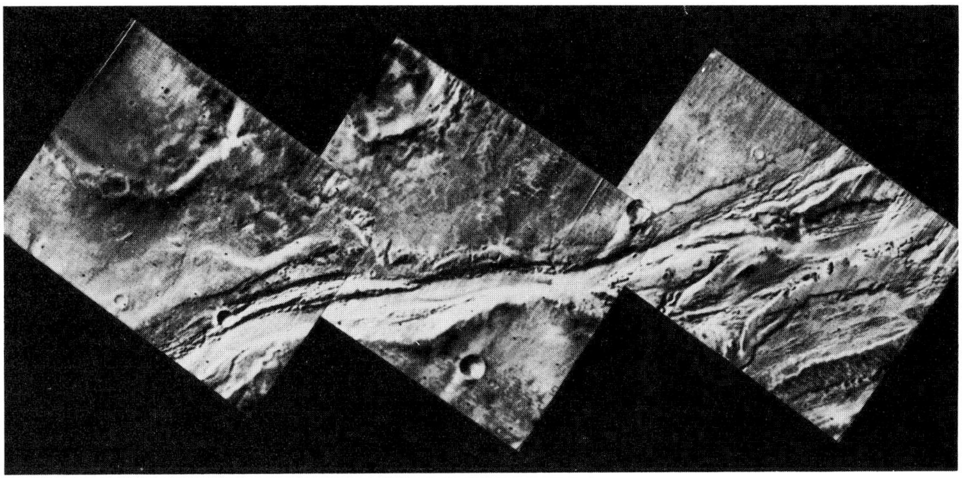

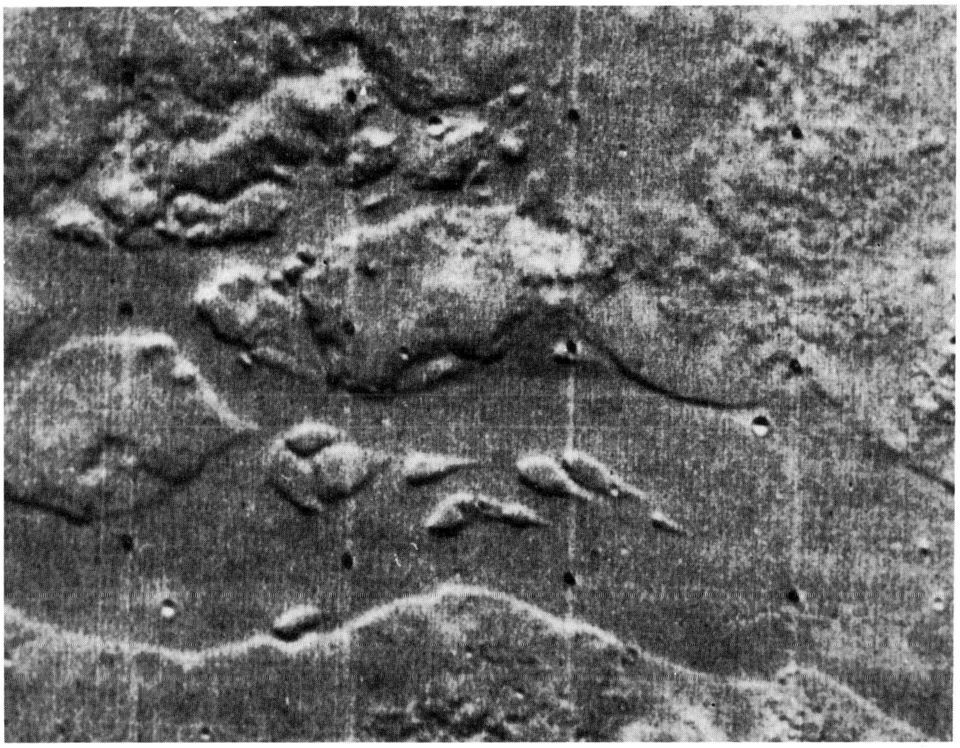

serläufe an der Oberfläche entstanden. Man kann Flußterrassen, tropfenförmige Inseln, ineinander verflochtene Verzweigungen und von der Strömung erzeugte Bänke erkennen. Der größte dieser Flußkanäle ist 200 km breit und mindestens 1700 km lang, während die Breite des kleinsten – soweit man dies aus den Aufnahmen der Viking ableiten kann – weniger als 100 m beträgt.
Einige der größeren Kanäle scheinen aus den Böden der nördlichen Hochebene zu stammen; der dort vorherrschenden Neigung der topographischen Oberfläche folgend, verlaufen sie nach Norden in die Region Crise. Diese Kanäle erinnern in vieler Hinsicht an die Folgen, die vereinzelt auftretende Überschwemmungen auf der Erde hinterlassen. Einige dieser Kanäle könnten vom Schmelzwasser gegraben worden sein: das sich ständig im Boden befindende Eis könnte aufgrund von Eruptionen oder durch Meteoriteneinschläge geschmolzen sein.
Bei den anderen Kanälen, wie z. B. jenen der Hochebenen in den Äquatorregionen, nimmt man in Abwesenheit eines möglichen Zuflußbekkens logischerweise eine wechselnde meteorische Quelle, d. h. mehr oder weniger vereinzelte Niederschläge an.
Für alle jene Wissenschaftler, die behaupten, daß derzeit auf Mars Wasser nicht in großen Mengen fließen kann, da sowohl die Temperatur als auch der Druck allgemein zu niedrig sind, bleiben diese Kanäle ein nichtgelöstes Problem. Auch wenn diese Erosionsformen vor Millionen Jahren unter vollkommen anderen Bedingungen als den heutigen entstanden sind, bleibt die große Frage offen, durch welchen Mechanismus diese Kanäle so detailiert und frisch erscheinen, obwohl sie bereits längst mit dem während der Stürme aufgewirbelten Staub und Sand bedeckt sein müßten.
Auf Mars wurde noch eine weitere Kanalform entdeckt, und zwar die durch die Lavaströme geformten Kanäle, die im Umkreis der Zentren vulkanischer Tätigkeit vorkommen. Der Anfang dieser Kanäle hebt sich deutlich von den Wänden der Vulkanformationen ab; danach verschwimmen die Kanäle entlang der Abhänge, d. h. genau umgekehrt, als dies bei den Erosionskanälen der Fall ist.

Flußtäler und -inseln. Das Mosaik auf der Seite oben zeigt die Einzelheiten eines geologisch alten Flußtales: das Wasser strömte von rechts nach links. Dieses Tal ist ca. 30 km lang und 2 bis 3 km breit. Das Foto in der Mitte zeigt den Boden eines 45 km breiten Tales: man kann einige tropfenförmige Inseln erkennen, die sich in keiner Weise von jenen unterscheiden, die man in der Mitte großer Ströme auch auf der Erde vorfindet.

Das Wasser und die Schwerkraft sind die zwei wichtigsten Faktoren, welche die Erdoberfläche geformt haben; und beide Faktoren haben auch Mars beeinflußt. Im Foto links ist oben deutlich ein gewundener Kanal zu erkennen, der mit großer Wahrscheinlichkeit von fließendem Wasser gegraben worden ist; in der Mitte dieses Fotos: ein tiefes, durch Erdrutsche zugedecktes Tal. Auf dem Foto hier oben wurde ein Detail einer Canyonwand mit übereinanderliegenden Erdrutschen aufgenommen.

Die Bodenbeschaffenheit

Bevor die beiden Landestufen der Viking 1 und 2 die ersten Bodenproben entnahmen, konnte die Erforschung der Oberflächenmerkmale des Mars und insbesondere die Zusammensetzung und die physikalischen Eigenschaften der gelösten Materialen nur indirekt durch den Einsatz von Infrarotspektrometern, Infrarotradiometern und durch die Untersuchung des Magnetfeldes des Mars erfolgen.
Sowohl in der südlichen als auch in der nördlichen Polarzone befinden sich besonders interessante Gebiete; hier entdeckte man außergewöhnliche Strukturen, die als »Schiefergelände« bezeichnet wurden, da sie aus dicht aufeinanderfolgenden hellen und dunklen Schichten bestehen. Diese Geländeform, die nur in diesem Gebiet entdeckt werden konnte, scheint eng mit dem Kohlendioxyd verbunden zu sein, das jedes Jahr in den Polarregionen eine Eisdecke bildet. Eine weitere, für die großen Höhen typische Struktur ist eine verworrene Geländeform, die durch vereinzelte Erhebungen und Böschungen gekennzeichnet ist, und die man mit dem Verschwinden des Eises aus der Bodenschicht in Verbindung bringt. Der Großteil der morphologischen Merkmale der Polarböden und -gebiete wird auch von den Winden beeinflußt, die gemeinsam mit dem Frost und dem Auftauen das Aussehen dieser Zonen ständig verändern, indem sie die Erhebungen sowohl durch Abtragung als auch durch Ablagerungen abschwächen.
Die Aufnahmen und Informationen, welche die zwei Landestufen der Viking-Sonden übermittelt haben, liefern eine genaue, detaillierte Beschreibung der Marsoberfläche rund um die beiden Landestufen.
Beide Gebiete (Chryse Planitia, Viking Lander 1; Utopia Planitia, Viking Lander 2) sind typisch für die geologischen Oberflächenbedingungen, die in den mittleren Breiten der nördlichen Halbkugel vorzufinden sind.
Die Aufnahmen und die Detailanalysen haben gezeigt, daß sich beide Gebiete durch eine große Vielfalt an Felsen auszeichnen, die unter einem feinkörnigen, von Braun bis Orange unterschiedlich gefärbten Material vergraben sind. Auch der Himmel zeigt eine blaßrote Färbung, die mit großer Wahrscheinlichkeit auf die Verbreitung des Lichtes durch in der Marsatmosphäre schwebende Staubteilchen zurückzuführen ist.
Die Topographie des ersten Gebietes ist gewellt und weist eine große Vielfalt an verschiedenen felsigen Bruchstücken auf, deren Querschnitt von wenigen Zentimetern bis zu ca. 2 m reicht, während in der Ferne auch noch größere Blöcke am Horizont auftauchen.
Der Boden bildete sich durch die chemische und mechanische Zerstörung der obersten Schicht eines basaltischen Lavastroms; in der Folge kam der Schutt dazu, der durch mechanische Zusammenstöße gebildet wurde.
Dieses feine Material wurde durch die Windtätigkeit verteilt und abgelagert; der Wind hat auch einige der in diesem Gebiet vorhandenen Felsblöcke geglättet.
Bei dem Utopia-Gebiet handelt es sich jedoch um eine gleichförmige Ebene, die durch zahlreiche blasenartige Felsblöcke gekennzeichnet ist, die wahrscheinlich von einem nahegelegenen Meteoritenkrater stammen. Das feinkörnige, zwischen den einzelnen Felsen abgelagerte Material wurde von den Winden gebracht und hat seinen Ursprung in den weiter im Norden liegenden Polregionen. Die bis zu diesem Punkt durchgeführten Analysen bescheinigen dem Oberflächenmaterial des Mars im Vergleich zu jenem des Mondes eine höhere Festigkeit. Während der entsprechenden Landephasen wurden die Oberflächen unter den Landestufen nur leicht abgetragen.
Die auf der Oberfläche rund um die beiden Landestellen verteilten Materialien enthalten 1 bis 7 % stark magnetisches Material. Eine der zuverläßigsten Hypothesen führt diese Magnetisierung auf Maghemitvorkommen ($\gamma\ Fe_2O_3$) zurück, was auch die rötliche Färbung dieser Gegend erklären würde.
Dank eines Instruments, das in der Lage ist, den Inhalt anorganischen Bodenmaterials sowohl an der Oberfläche als auch in geringer Tiefe zu analysieren, konnte der hohe Gleichheitsgehalt in der Zusammensetzung des körnigen Materials festgestellt werden, und dies würde auf einen Mischungsprozeß oder die Homogenisierung durch äolische Tätigkeit deuten.
Es wurde Eisen, Aluminium, Kalzium, Silizium und Schwefel festgestellt, sowie kleinere Mengen an Titan, Rubidium, Strontium und Zirkonium.

Die Temperatur auf Mars. Die Abbildung zeigt die Temperaturverteilung auf diesem Planeten; sie wurde von Viking 1 aus einer Entfernung von 10 000 km durch die Messung der thermischen Strahlung gewonnen. Man kann deutlich die große Temperaturdifferenz zwischen der von der Sonne beleuchteten Halbkugel (rechts) und der im Schatten liegenden Hälfte (links) erkennen. Die Temperaturen schwanken zwischen einem Maximum von 240 K (rot) und einem Minimum von 140 K (blau).

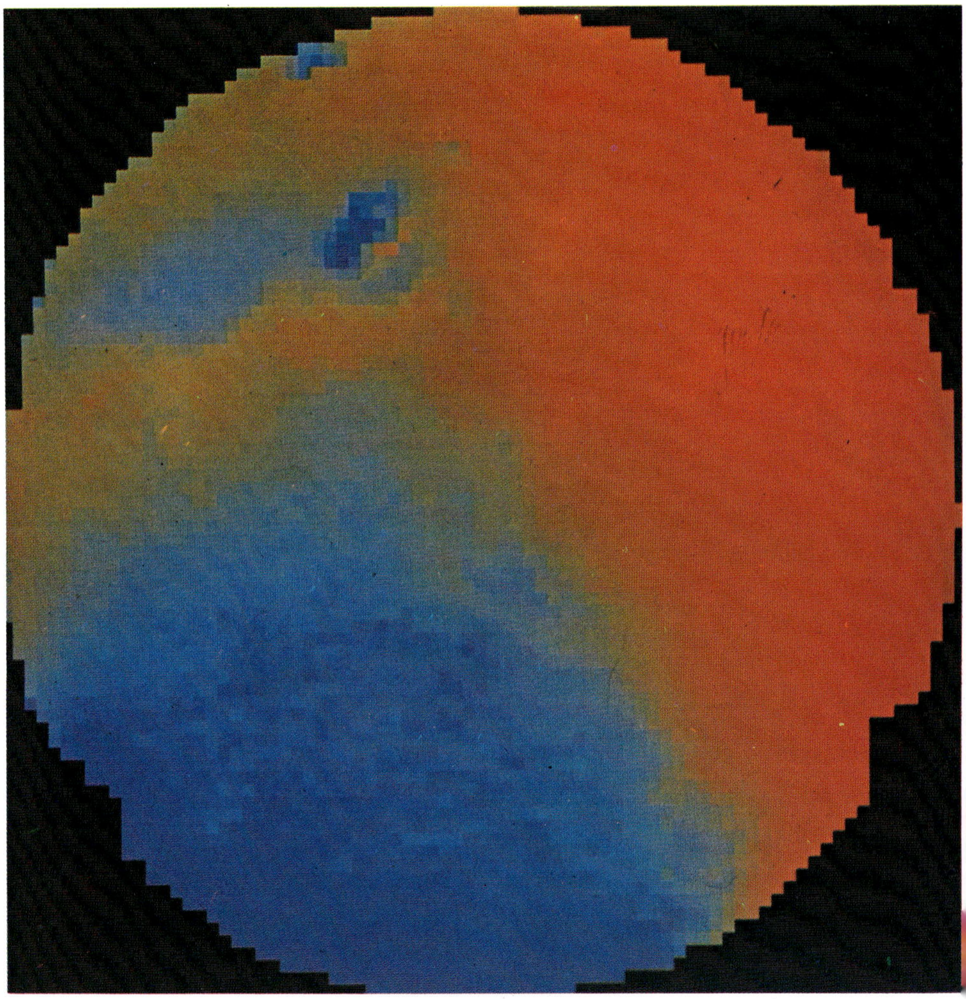

Dünen und feiner Sand Die hier oben und nebena abgebildeten Dünen ähnel jenen, die auch in den Erc wüsten anzutreffen sind. Si beweisen die vom Win durchgeführte Transportfä higkeit. Der Sand bedeckt di Kieselsteine, und dies be deutet, daß diese Ablage rung erst im nachhinein e folgte.

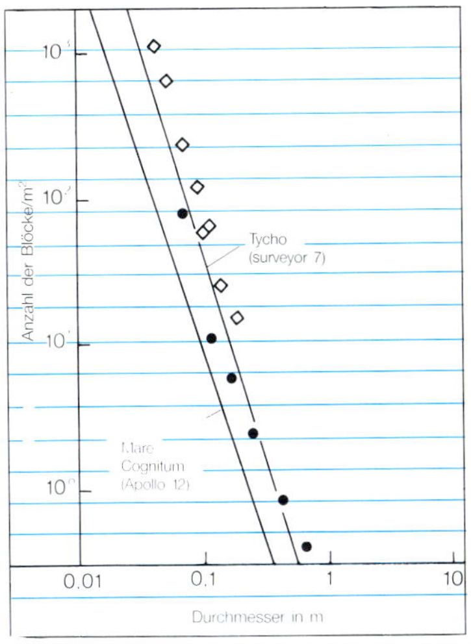

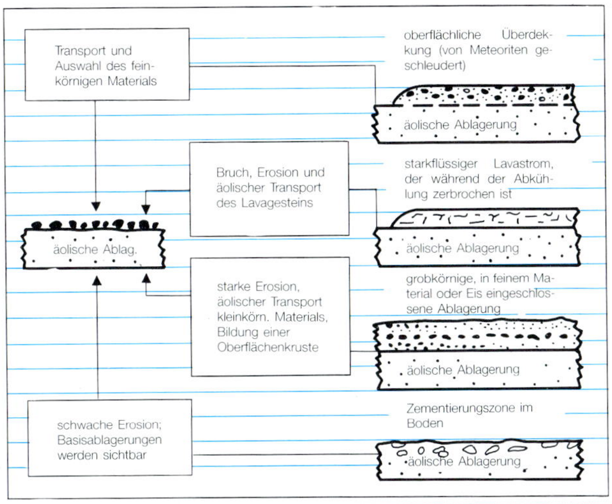

Der Marsboden. Eine der wichtigsten Zielsetzungen der Viking-Missionen bestand darin, mittels Aufnahmen und Materialproben Aufklärung über die Bodenbeschaffenheit des »roten Planeten« zu geben. Das Foto hier unten zeigt den Spezialarm des »lander«, d. h. der Viking-Landestufe, die dazu bestimmt war, Proben für die nachfolgenden Analysen zu sammeln. Die Ergebnisse dieser Forschungsarbeit sind in dem Foto links und den beiden graphischen Darstellungen zusammengestellt. Das linke Diagramm stellt einen Vergleich zwischen den Größen der Blöcke auf, die von Viking 1 (Quadrate) und Viking 2 (Kügelchen) gemessen wurden und jenen, die in zwei Zonen auf dem Mond gesammelt wurden. Die Verteilung der Kiesel und der Steine in diesen beiden Zonen ist insgesamt fast gleich jener Verteilung der Proben, die in der Nähe des Kraters Tycho gesammelt wurden. Die zweite Darstellung gibt die möglichen Mechanismen an, durch die der an den beiden Landestellen der Vikingsonden analysierte Boden entstanden sein kann. Es werden vier Ausgangssituationen betrachtet (rechts aufgelistet) und vier verschiedene Mechanismen, die von diesen Ausgangssituationen ausgehend die derzeitige Struktur (links) bestimmt haben könnten. Das Foto in der Mitte und die Aufnahme unten wurden von Viking 1 gemacht. Man kann über weite Strecken deutlich die Rotfärbung des Bodens erkennen, die auf eine Limonitschichte (Eisenoxid) zurückzuführen ist und die sich durch Prozesse der Oberflächenveränderung gebildet hat. Ein anderes interessantes Element besteht in der großen Anzahl unterschiedlich großer Blöcke, die von einer Staubdecke bedeckt werden: wahrscheinlich wurde diese Staubschichte von der unaufhörlichen Windtätigkeit antransportiert; die Steine entstanden hingegen teils durch das Zerbrechen ursprünglicher Felsblöcke und teils wurden sie durch die Meteoriteneinschläge bis in diese Gegend geschleudert.

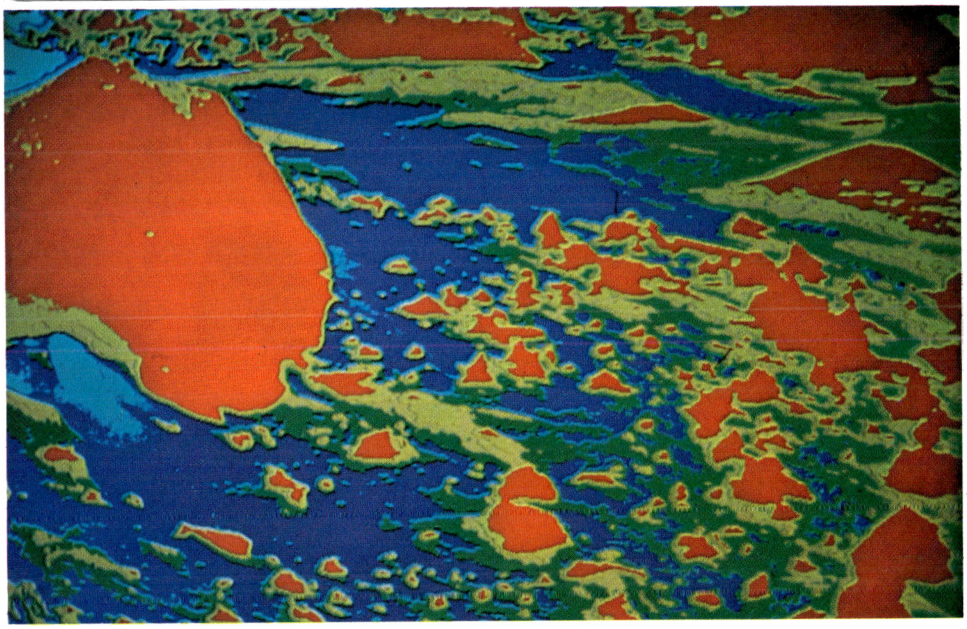

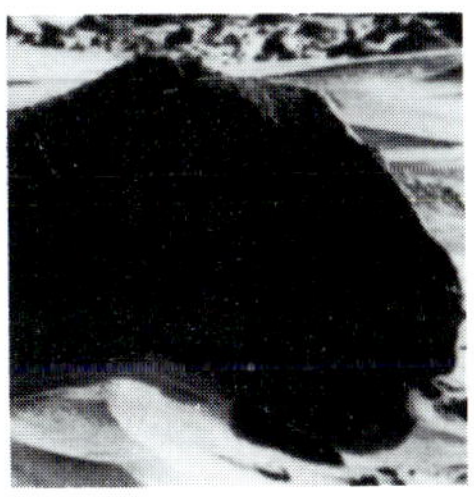

Erosion. Das Vorhandensein kleiner und großer Kiesel mit abgerundeten Kanten ist ein sicherer Beweis dafür, daß auch auf der Marsoberfläche kontinuierlich aktive Erosionsphänomene stattfinden; vielleicht chemischer, sicher aber äolischer Art.

Temperatursprünge. Die Kiesel mit scharfen Kanten weisen jedoch daraufhin, daß Bruchphänomene stattfinden, die hauptsächlich mit den großen Temperatursprüngen zwischen Tag und Nacht zusammenhängen: ihr Ergebnis ist das Zerbrechen der Felsen.

Der Einfluß der Meteoriten. Ein großer Teil der auf den Viking-Aufnahmen zu sehenden Landschaft ist fast vollständig mit Kieselsteinen in den verschiedensten Größen bedeckt: teilweise handelt es sich um Stücke eines ehemaligen Felsens oder um Geschoße, die von einem weitentfernt stattgefundenen Meteoritenaufprall stammen.

Gibt es Leben auf dem Mars?

Bis vor kurzem nahm man an, daß Mars der einzige Planet des Sonnensystems sei, der Leben beherbergen könnte: die ökologischen Faktoren schienen dafür geeignet zu sein, da die für diesen Zweck notwendigen Umweltbedingungen in gewissem Ausmaß nachgewiesen werden konnten. Diese Möglichkeit wurde vor allem von den offensichtlichen Spuren der Erosion unterstrichen, die durch fließendes Wasser in der geologischen Vergangenheit des Planeten verursacht worden waren; außerdem schließen die in einigen Depressionen der Marsoberfläche angenommenen Druck- und Temperaturwerte die Möglichkeit nicht aus, daß dort noch heute Wasser im flüssigen Zustand vorkommen könnte – wenn auch nur in äußerst kleinen Mengen.

Diese stimulierenden Umstände stellten einen weiteren Anstoß dar, neue Missionen zum Mars anzuregen, nämlich die Sonden Viking 1 und 2. Bei der Planung der Missionen sind jedoch große Probleme aufgetaucht.

Wonach sollte man eigentlich suchen? Wie läßt sich ein Gerät konstruieren, das 80 Millionen km zurücklegen muß, um Informationen sammeln zu können, für die auf der Erde eine so große Anzahl an Instrumenten notwendig wäre, daß damit ein ganzes Zimmer angefüllt werden könnte? Eine andere wichtige Frage, die man sich stellen mußte war: Wo sollte man das Leben auf dem Mars suchen?

In Anbetracht der Möglichkeit, daß es irgendeine Form des Lebens auf dem Mars geben könnte, wurde eine Reihe von Untersuchungen geplant, welche durch die Landestufen der Viking-Sonden 1 und 2 ausgeführt werden sollten.

Der bewegliche Arm zur Probenentnahme jeder Landestufe sammelte unter der Kontrolle eines eigens dafür programmierten Computers die zu analysierenden Proben ein und leitete sie an die biologischen Laboratorien weiter, die sich an Bord der Landestufen befanden.

Die durchgeführten Analysen sollten drei grundlegende Fragen beantworten: 1) Wird derzeit organische Substanz auf dem Mars produziert? 2) Wird diese Substanz zerstört? 3) Gibt es Lebensformen, die in der Lage sind, in ihrem Lebenszyklus Veränderungen in den in der Atmosphäre oder im Boden vorhandenen Gasen zu erzeugen?

Kurz gesagt gingen die geplanten Experimente von der Annahme aus, daß jedes im Boden existierende Lebewesen sich ernähren und als Spur der eigenen Präsenz einige chemische Grundsubstanzen ausscheiden muß. Um Antwort auf die erste Frage geben zu können, wurde ein Pyrolyseexperiment durchgeführt, um zu bestimmen, ob sich die in der Atmosphäre vorhandenen Kohlenstoffgase in feste organische Verbindungen umwandeln.

Die zweite Frage konnte durch ein Experiment der kontrollierten Emission beantwortet werden, das die eventuelle Bildung von Gasen während eines Nahrungsaufnahmeprozesses feststellt. Das Experiment bezüglich des Gasaustausches wurde über einen längeren Zeitraum hinweg durchgeführt, um die Erforschung eventueller Gasveränderungen zu untersuchen, die durch Mikroorganismen verursacht werden.

Man mußte bis zum Februar des Jahres 1977 warten, bis die ersten Überlegungen über die Existenz des Lebens auf dem Mars angestellt werden konnten. Alle drei biologischen Experimente haben ergeben, daß kein Leben auf diesem Planeten vorhanden ist. Auch mit einem weiteren Instrument, das in der Lage ist, den Inhalt der organischen Materie des Bodens zu messen, konnte man keine Spuren komplexer organischer Verbindungen entdecken. Aus den Ergebnissen dieser Experimente läßt sich ableiten, daß sich weder auf der Oberfläche noch in geringer Tiefe organische Verbindungen oder Organismen befinden oder aber, daß ihre Konzentration so niedrig ist, daß sie von den Instrumenten nicht analysiert werden konnten.

Man muß jedoch betonen, daß der Beobachtung durch die Telekameras und der direkten Analyse in den automatischen Laboratorien der Landestufe nur ein unerheblicher Teil der Marsoberfläche in der Größenordnung einiger Zehntel eines Millionstels der gesamten Marsoberfläche in Zonen zur Verfügung stand, die sicher nicht die komplexe Skala an Umweltbedingungen widerspiegeln, die auf diesen Planeten vorhanden sind. Die Überprüfung der bisher gesammelten Proben und die Planung weiterer Experimente werden es jedoch erlauben, weitere Fortschritte auf diesem Gebiet zu machen.

Man wird diese Daten dann mit Informationen geologischer Natur korrelieren müssen, da es bei der Erde einen genau definierten Zusammenhang zwischen ihrer geologischen Vergangenheit und dem Entstehen und der Entwicklung des Lebens gibt, während die Möglichkeit so einer Beziehung für den Mars erst geklärt werden muß.

Obwohl die bisher gewonnenen Ergebnisse gegen die Existenz von Leben auf dem Mars sprechen, könnte es also noch verfrüht sein, dessen Vorhandensein kategorisch zu verneinen.

Der »lander« bei seiner Tätigkeit. Die Abbildung hier unten ist eine Rekonstruktion der Landestufe (oder »lander«) einer der Viking-Raumsonden, die auf dem Marsboden tätig ist und mit ihrem eigens dafür konstruierten mechanischen Arm Bodenproben sammelt. Der »lander« hat eine sechseckige Form, ist aus Aluminium und steht auf drei Beinen. Im Inneren befinden sich die Instrumente für die an Ort und Stelle durchzuführenden biologischen Untersuchungen, für die Molekularanalyse und die Analyse der anorganischen Chemie. Das Sammeln der Bodenproben wurde unter der Kontrolle eines Computers durchgeführt.

Merkur und Venus

von STEPHEN DWORNIK
unter Mitarbeit von CARLO MARINO

Breite Krater und weite Becken: Mariner 10 hat uns die Natur des Merkurs, eines bis 1974 fast unbekannten Planeten, enthüllt, aber auch die Daten von den Sonden Pioneer Venus 1 und 2 und Venera 11 und 12, die im Dezember 1978 Venus erreicht haben und mit der Hypothese der »Schwester der Erde« aufräumten.

Merkurpanorama

Krater wie auf dem Mond. Die Oberfläche des Merkurs weist zahlreiche Krater auf und zeigt somit eine gewisse Ähnichkeit mit der Mondoberfläche. Auf Merkur befinden sich jedoch in den stark verkraterten Gebieten zwischen den Kratern Zonen ohne Unebenheiten oder weite Ebenen, während die Krater auf dem Mond dicht nebeneinanderstehen und manchmal auch Überlagerungsphänomene auftreten. Auf Merkur sind die sekundären Krater stark an die primären Einschlagskrater angelehnt; diese Erscheinung dürfte auf den Umstand zurückzuführen sein, daß die Anziehungskraft auf Merkur doppelt so stark ist wie auf dem Mond. Der Merkurhimmel wird von der Sonne beherrscht (1), von welcher der Planet 57,9 Millionen km entfernt ist.

Die Erforschung des Merkurs. Vor 1974 wußte man von Merkur recht wenig. Da Merkur der innerste Planet unseres Sonnensystems ist, hat sich die teleskopische Beobachtung als schwierig herausgestellt; Merkur konnte nur fallweise in der Dämmerung von der nördlichen Halbkugel der Erde aus beobachtet werden. Bis 1974 hatte man also nur spärliche Informationen über seine Oberflächenmerkmale zur Verfügung und gar keine Vorstellung von seinem Magnetfeld oder seiner Atmosphäre. Den Großteil der Informationen, die bis heute über diesen Planeten gesammelt wurden, verdanken wir Mariner 10 (2). Diese amerikanische Raumsonde flog zwischen dem 29. März 1974 und dem 16. März 1975 dreimal dicht an Merkur vorbei und sandte eine Unmenge überraschender Fotografien zur Erde, die uns das »wahre Gesicht« des Merkurs enthüllt haben.

Im Inneren des Merkurs. Unter einer Kruste (G, im oberen Viereck rechts), die aus Gesteinen besteht, die auch auf dem Mond und in gewissen Teilen der Erde vorhanden sind, dürfte sich eine Schicht aus Eisen- und Magnesiumsilikaten (F) befinden, welche ihrerseits den zentralen Kern (E) aus Eisen und Nickel umgibt. Dieser Kern ist größer als der Mond und weist dieselbe Zusammensetzung wie der innere Erdkern (D) auf. Die Erde besteht außerdem aus folgenden Schichten: A: felsige Kruste; B: Eisen- und Magnesiumsilikate; C: äußerer flüssiger Kern aus Eisen und Nickel. Im unteren Teil des Vierecks: ein Größenvergleich zwischen Merkur (rechts) und der Erde (links).

Die Merkurumgebung

Bis zum Jahre 1974 wußte man recht wenig über Merkur, da dieser Planet nahe bei der Sonne liegt und deshalb eine hohe Leuchtkraft entwickelt: die teleskopischen Beobachtungen ergaben nur dürftige Ergebnisse; sie konnten nur während der Dämmerung durchgeführt werden, als das Licht weniger stark war.
Wenn man heute eine chronologische Zusammenfassung all dessen geben möchte, was man in diesen Jahren über Merkur erfahren hat, bedeutet dies gleichzeitig, von der Mission der Raumsonde Mariner 10 zu erzählen. Sie wurde am 3. November 1973 von Cap Canaveral in Florida aus gestartet, machte zuerst Aufnahmen von der Venus, und nachdem sie diesen Planeten am 5. Februar 1974 überflogen hatte, näherte sie sich am 29. März desselben Jahres bzw. 146 Tage nach dem Start zum ersten Mal dem Merkur an.
Nachdem die Sonde an Merkur vorbeigeflogen war, setzte sie ihren Flug in ihrer Umlaufbahn um die Sonne fort, bis sie sich am 21. September 1974 zum zweiten Mal dem Merkur näherte. Diesen 76 Tage dauernden Flug in der Umlaufbahn wiederholte Mariner 10 noch einmal und erreichte Merkur neuerdings am 16. März 1975. Auch heute noch kreist Mariner 10 um die Sonne, aber sie ist nur noch ein träger Mechanismus: die Objektive ihrer Telekameras und die Kontrollzentren der Geräte sind nicht mehr aktiv, da die elektrischen Generatoren an Bord nicht mehr in der Lage sind, die Instrumente zu versorgen.
Die von Mariner 10 zur Erde gesandten Daten haben in bemerkenswertem Ausmaß dazu beigetragen, diesen Planeten besser kennenzulernen. Als die Sonde in einer Entfernung von wenigen hundert Kilometern an der Oberfläche des Merkurs vorbeiflog, konnten 5000mal genauere Aufnahmen gemacht werden als mit dem Teleskop. Die Sonde konnte sogar Informationen über die Beschaffenheit und die Merkmale der Merkuratmosphäre und seines Magnetfeldes liefern; bis zu diesem Zeitpunkt hatte man nicht einmal vermutet, daß Merkur über ein Magnetfeld verfügt.
Bis zum Jahre 1962 nahmen die Astronomen an, daß Merkur synchron um die Sonne kreist. Gemäß dieser Hypothese hätte Merkur eine Umdrehung um die eigene Achse in 88 Tagen vollführt und gleichzeitig einen kompletten Umlauf um die Sonne beendet; er hätte deshalb der Sonne immer dieselbe Seite zugewandt. Ein ähnliches Phänomen ereignet sich beim Mond, der der Erde immer dasselbe Gesicht zeigt.
Zweifel an dieser Hypothese waren anläßlich der Analyse der von Merkur abgegebenen Radiostrahlung aufgetaucht. Als eine Gruppe von Radioastronomen an der Universität von Michigan die Radiowellen untersuchten, die von der dunklen Seite des Planeten in der Nähe seiner größten Elongation stammten, bemerkten sie, daß die Werte weit höher lagen als angenommen. Diese Entdeckung wurde sofort sowohl mit der Möglichkeit einer nicht synchronen Rotation des Planeten als auch mit einer möglichen schwachen Merkuratmosphäre in Verbindung gebracht, welche eine Verlagerung der Wärme von der sonnenzugewandten Seite zu der im Schatten liegenden Seite erlauben würde.
Im Jahre 1965 maßen Rolf Dyce und Gordon H. Pettergil die Unterschiede in den zurückgestrahlten Radiofrequenzen, die durch zum Merkur ausgesandten Radarimpulsen hervorgerufen wurden, und kamen zu dem Schluß, daß der Planet keine synchrone Umkreisung um die Sonne vollführt, sondern seine Umlaufzeit ca. 59 Tage beträgt.
In der Folge beobachtete der italienische Physiker Giuseppe Colombo, der sich lange Zeit dem Studium des Merkurs gewidmet hatte, daß die 59tägige Rotationszeit im Verhältnis von ca. 2:3 zur Umkreisung um die Sonne steht; das bedeutet, daß sich der Planet dreimal zur Gänze um seine eigene Achse dreht, während er zweimal die Sonne umkreist.
Die auf Merkur herrschenden Umweltbedingungen sind unter den unwirtlichsten aller Planeten des Sonnensystems einzureihen. Wenn sich Merkur z. B. im kürzesten Abstand zur Sonne befindet, erreicht ihn eine 10mal größere Menge an Sonnenenergie als den Mond; zu Mittag steigt die Temperatur am Äquator bis auf über 700° C an und sinkt in der Nacht auf unter 100° C.
In der Äquatorregion beträgt die Temperatur unter der Oberfläche immer über Null, während sie in den Polarregionen immer unter null Grad bleibt. Diese gleichbleibenden Temperaturen entstehen dadurch, daß die Rotationsachse des Merkurs fast senkrecht zur Bahnebene rund um die Sonne verläuft; die Erdachse ist dagegen geneigt, und dadurch kommt es je nach Breitengrad zu jahreszeitlichen klimatischen Veränderungen.
Merkur wird von einer sehr dünnen Schicht aus Heliumgas umhüllt, was zur Annahme veranlaßt, daß das Magnetfeld des Planeten (siehe nächste Seite) das Helium des Sonnenwindes eingefangen hat oder daß dieses Gas aus dem Gestein austritt.

Wie bewegt sich Merkur? In der Abbildung hier nebenan ist die Umlaufbahn schematisch dargestellt, die Merkur bei seinem Weg um die Sonne zurücklegt. Seine elliptische und stark exzentrische Bahn ist ca. 7° gegenüber der Ekliptik geneigt; deshalb bringt sie Merkur entweder sehr nahe an die Sonne oder sehr weit weg von ihr. Einem hypothetischen Beobachter auf der Merkuroberfläche würde also die Sonne im Laufe des Jahre stark unterschiedlich erscheinen. Auf den beiden farbigen Abbildungen kann man erkennen, daß sich die Rotationsbewegung im Verhältnis 2:3 zum Umlauf um die Sonne verhält. Aus diesem Grund befindet sich ein Punkt auf der Merkuroberfläche im Verhältnis zur Sonne erst wieder in derselben Position, nachdem Merkur zwei vollständige Umkreisungen um diesen Stern beendet hat. Hier nebenan werden die wichtigsten Daten des Merkurs zusammengefaßt und mit jenen der Erde verglichen. Man beachte im besonderen die kurze Umlaufzeit um die Sonne im Verhältnis zur Rotationsdauer, die große Differenz zwischen dem kürzesten und längsten Abstand von der Sonne und die beachtliche Bahngeschwindigkeit.

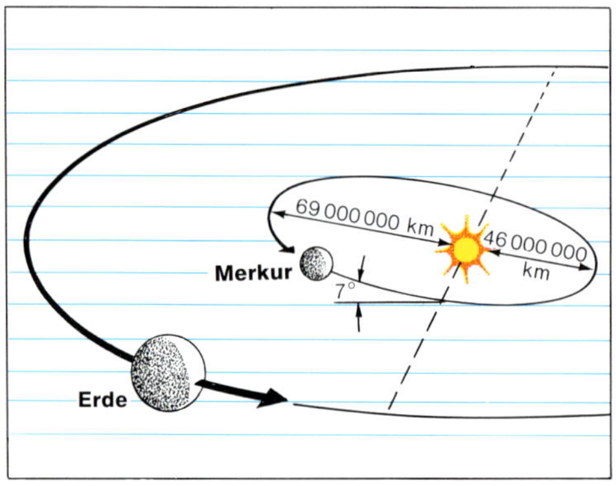

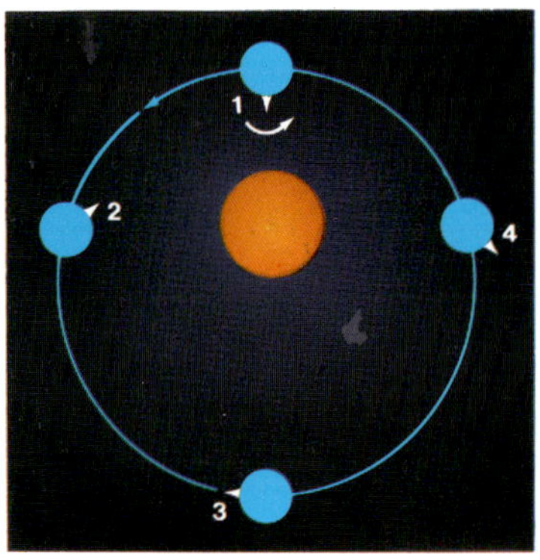

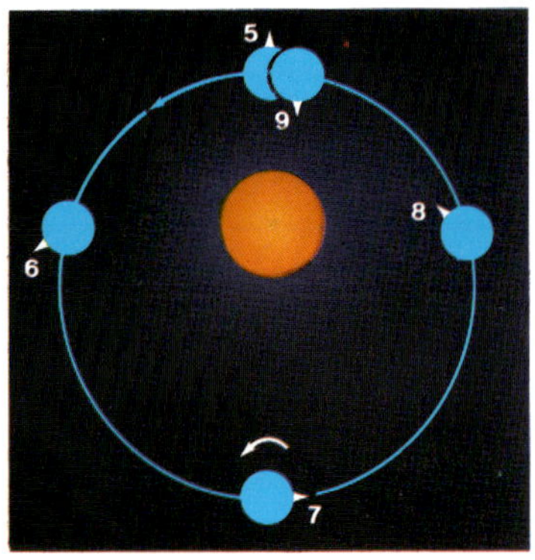

Merkmale	Merkur	Erde	Verhältnis
• Längst. Abstand v. d. Sonne	69,7 Millionen km	152,1 Millionen km	2,18mal geringer als der Erdabstand
• Kürz. Abstand v. d. Sonne	45,9 Millionen km	147,1 Millionen km	3,2mal geringer als der Erdabstand
• Mittl. Entfernung v. d. Sonne	57,9 Millionen km	149,6 Millionen km	2,58mal geringer als die Erdentfernung
• Äquatordurchmesser	4880 km	12756,7 km	2,61mal kürzer als jener der Erde
• Poldurchmesser	4880 km	12713,8 km	2,60mal kürzer als jener der Erde
• Abplattung	0	0,003	
• Umlaufzeit	88 Tage	365,26 Tage	4,15mal kürzer als jene der Erde
• Rotationszeit	59 Tage	23^h 56' 4"	59,16mal länger als jene der Erde
• Bahnneigung	7°	0°	
• Bahngeschwindigkeit	47,9 km/Sek.	29,8 km/Sek.	1,60mal höher als jene der Erde
• Fluchtgeschwindigkeit	4,2 km/Sek.	11,2 km/Sek.	2,66mal geringer als jene der Erde
• Neigung d. Rotationsachse	<28°	23° 7'	1,17mal höher als jene der Erdachse
• Masse	$0{,}3287 \cdot 10^{27}$ g	1 ($5{,}9765 \cdot 10^{27}$ g)	18,18mal geringer als jene der Erde
• Volumen	$0{,}064 \cdot 10^{9}$ km^3	$1{,}083 \cdot 10^{9}$ km^3	16,92mal geringer als jene der Erde
• Dichte	5,4	5,5	fast gleich jene der Erde
• Schwerkraft	0,37	1	2,90mal geringer als jene der Erde
• Durchschn. Temperatur	350° (B) Tage, 170° (B) Nacht	22° (Boden)	
• Atmosphärischer Druck	10^{-9} Millibar	1000 Millibar	
• Zusammensetz. d. Atmosphäre	keine	N, O	
• Satelliten	0	1	

Das Magnetfeld des Merkurs. Diese Abbildung zeigt einen Querschnitt des Merkurmagnetfeldes; sie wurde von den Beobachtungen abgeleitet, die Mariner 10 bei ihren Vorbeiflügen an Merkur machte. Die Pfeile auf den Feldlinien stellen die Richtung des Magnetfeldes dar. Aufgrund des Drucks, den die im Sonnenwind vorhandenen geladenen Teilchen ausüben, sind diese Kraftlinien in Richtung zur Sonne hin stark zusammengedrückt. Der magnetische Norden befindet sich im oberen Teil der Abbildung: die Polarität des Merkurmagnetfeldes ist in der Tat jener des Erdmagnetfeldes ähnlich.

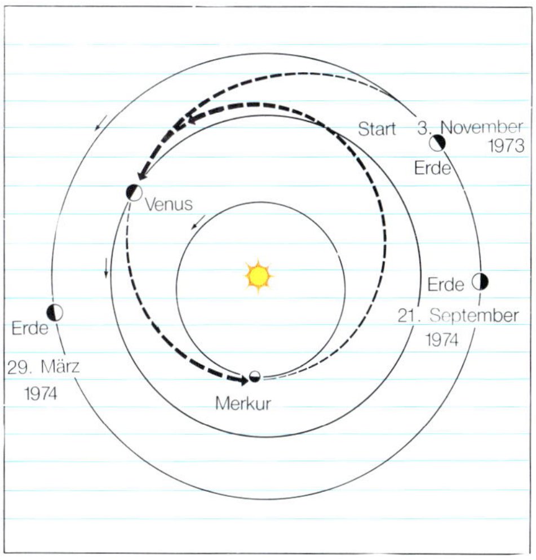

Die Mission der Mariner 10. In der Zeichnung oben ist die Flugbahn der Mariner 10 (gestrichelte Linie) schematisch dargestellt. Die Flugbahn wurde so ausgearbeitet, daß sich die Sonde nach dem Start (3. November 1973) der Venus annäherte (5. Februar 1974), um dadurch die Anziehungskraft dieses Planeten für die Annäherung an Merkur ausnutzen zu können und danach in die Merkurumlaufbahn einzuschwenken. Links hat Mariner 10 durch Fernsteuerung von der Erde aus die zwei Telekameras eingeschalten, nimmt die Oberfläche des Merkurs auf und sendet die Bilder zur Erde.

Die Merkuroberfläche

Die Aufnahmen der Mariner 10, die – wie wir bereits gehört haben – während eines ganzen Jahres gemacht wurden, haben ermöglicht festzustellen, daß wenn man das äußere Erscheinungsbild des Planeten betrachtet, Merkur nicht nur bezüglich der Bodenbeschaffenheit, sondern auch bezüglich der geologischen Entstehung der Oberflächenschicht dem Mond gleicht. Was den inneren Aufbau des Merkurs anbelangt, sind die Ähnlichkeiten mit der Erde größer als mit irgendeinem anderen Planeten. Dieser Umstand wirft viele Fragen auf, die nicht nur die Entwicklungsgeschichte des Merkurs, sondern auch die Beschaffenheit der anderen Erdplaneten des Sonnensystems betreffen.
Bei Beobachtung der Oberflächenmerkmale des Merkurs taucht die Frage auf, ob die Bombardierung, von der alle inneren Planeten und der Mond betroffen waren, von einer einzigen Körpergruppe verursacht worden war, oder ob Merkur diese Bombardierung getrennt erlitten hat, oder aber ob jeder einzelne Erdplanet und auch der Mond abwechselnd von zeitverschobenen Bombardierungen betroffen waren, die nur teilweise mit jenen Perioden übereinstimmten, in denen sich die Bombardierung der anderen Planeten ereignete.
Da auf Merkur keine Erosionskräfte – zumindest soweit dies die von Mariner 10 zur Erde gesandten Aufnahmen erkennen lassen – gewirkt haben, welche die ältesten Bodenmerkmale verändern hätten können, kann uns Merkur durch das Studium seiner Oberfläche Aufschluß über seine Vergangenheit geben. Auf seiner Oberfläche gibt es breite, gut erhaltene Krater und weite Becken. Diese wahrscheinlich vor 3–4 Milliarden Jahren entstandenen Krater sind ein Hinweis darauf, daß sich auf dem Planeten seitdem keine Fusionsphänomene planetarischen Ausmaßes oder krustenbildende Prozesse wie auf der Erde ereignet haben.
Der Umstand, daß auf Merkur keine Anzeichen der Erosion vorhanden sind, wie etwa auf Mars als Ergebnis der äolischen Aktivität oder auf der Erde durch die Wasserläufe, bestätigt die Hypothese, daß die Atmosphäre des Merkurs in der Periode, in der sich die Oberfläche bildete, rasch verschwand.
Auf den grundlegenden Prinzipien der Geologie aufbauend, nach denen die älteren Erscheinungsbilder eines Geländes durch die jüngeren Ereignisse verändert werden, haben Bruce Murray vom Jet Propulsion Laboratory und Newell Traks vom U. S. Geological Survey vorgeschlagen, die Entstehungsgeschichte des Merkurs in fünf Zeitabschnitte einzuteilen.
Die erste Periode umfaßt den ältesten Abschnitt des Sonnensystems, als sich die Gase im Sonnennebel zu festen Körpern kondensierten. In der zweiten Periode ereignete sich eine heftige Bombardierung durch große Körper unbekannter Herkunft: in diesem Zeitabschnitt sind die mit Kratern dicht übersäten Oberflächen und die großen Becken entstanden; der Planet kühlte sich fortwährend ab, zog sich immer mehr zusammen und bewirkte die Faltung der Kruste.
Als Teile der Kruste durch den Konzentrationsprozeß der Oberfläche oder durch innere Kräfte nach oben geschoben wurden, bildeten sich auf dem gesamten Planeten steile Böschungen, in einigen Fällen kam es zum Übereinandergleiten in die umliegenden Gebiete.
Der Aufprall, der zur Bildung des riesigen Beckens führte, das als Caloris Basin bezeichnet wurde, kennzeichnete den Anfang der dritten Periode, in der sich die Berge rund um das Becken und das Becken selbst bildeten und auch die Modifikationen der Oberfläche des ältesten Kraters erfolgten, dessen Spuren sich über eine Länge von über 1000 km erkennen lassen. Diese Phase war nur von kurzer Dauer.
Die vierte war die Periode der bedeutenden vulkanischen Tätigkeit, welche ausgedehnte Ebenen oder Erhebungen hervorbrachte. Diese Peri-

Die Merkurkarte. Die beiden Fotografien auf der vorhergehenden Seite sind in Wirklichkeit Mosaike aus je 18, von Mariner 10 aufgenommenen Bildern. Die linke Abbildung bezieht sich auf die Entfernungsphase vom Merkur und zeigt aus einer Distanz von ca. 20000 km weite, relativ ebene Gebiete. Auf der linken Seite etwa in der Mitte läßt sich das Caloris Basin, eine riesige Einschlagsstruktur mit einem Durchmesser von 1400 km erkennen; der Boden im Inneren dieses Beckens ist flach und weist außer einer geringen Anzahl an Kratern und einigen Faltungen und Brüchen keine Erhebungen auf. Auch der Großteil der Ebenen, die sich im Inneren anderer Becken oder rund um diese erstrecken, sind jenen des Caloris Basin ähnlich. Sie bildeten sich in der zweiten Phase der geologischen Evolution dieses Planeten. Das zweite Bildmosaik zeigt uns fast die gänzliche südliche Halbkugel; diese Fotos wurden in der Annäherungsphase an den Planeten aufgenommen. Aus 210000 km Entfernung kann man eine stark verkraterte Oberfläche erkennen, die mit den Mondhochebenen vergleichbar ist.

ode dauerte wahrscheinlich eine Milliarde Jahre. Die letzte Periode ist durch relativ ruhige Bedingungen gekennzeichnet. Es ereigneten sich keine Vulkanausbrüche, und nur eine geringe Anzahl an Körpern ist mit der Oberfläche des Planeten zusammengestoßen. In dieser Periode, welche die Zeitspanne von vor 3 Milliarden Jahren bis heute umfaßt, haben sich die charakteristischen Krater gebildet, von denen sternförmig helle Furchen ausgehen.

Die bestehende Übereinstimmung zwischen der ursprünglichen Entstehungsgeschichte des Mondes und des Merkurs ist wesentlich, um die Evolution der Venus, des Mars und der Erde verstehen zu können. Man nimmt bereits als gesichert an, daß Merkur, Mars und Mond von derselben Meteoritenbombardierung betroffen waren, welche die Krater im jüngsten Alter der Planeten verursachte.

Auf diese Periode folgte eine zweite, die durch ausgedehnte vulkanische Phänomene gekennzeichnet ist, und in der durch das Ausströmen der Lava weite Ebenen entstanden.

Da die einzelnen Planeten unterschiedlich weit von der Sonne entfernt sind, kann man annehmen, daß sich das Phänomen der Kraterbildung auf Venus und Erde in gleicher Weise wie auf Merkur, Mars und dem Mond ereignet hat, und wenn sich diese Annahme als richtig erweist, würde dies einen wichtigen Schritt für die Entwicklung einer Theorie bezüglich des Ursprungs und der Evolution der Planeten bedeuten.

Zum Beispiel könnte die Oberfläche der Erde einst mit Kratern und Lavaströmen bedeckt gewesen sein. Diese ursprüngliche Decke könnte dann durch Regen, Flüsse, Seen und Ozeane ausgewaschen worden sein. Dank der von Mariner 10 gemachten Entdeckungen liefert Merkur nützliche Anhaltspunkte für eine vollständige Kenntnis der Erde und des gesamten Sonnensystems.

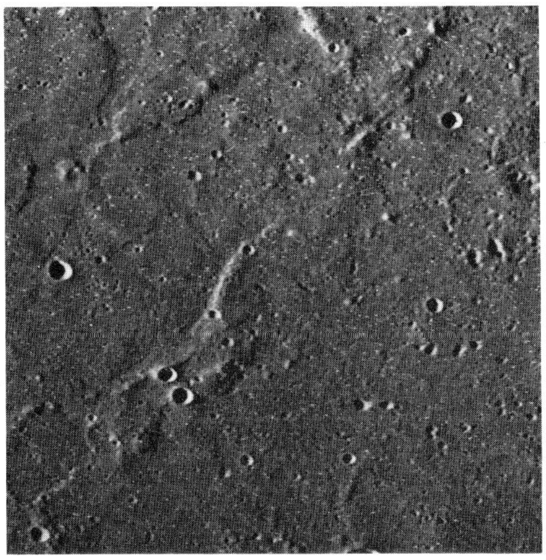

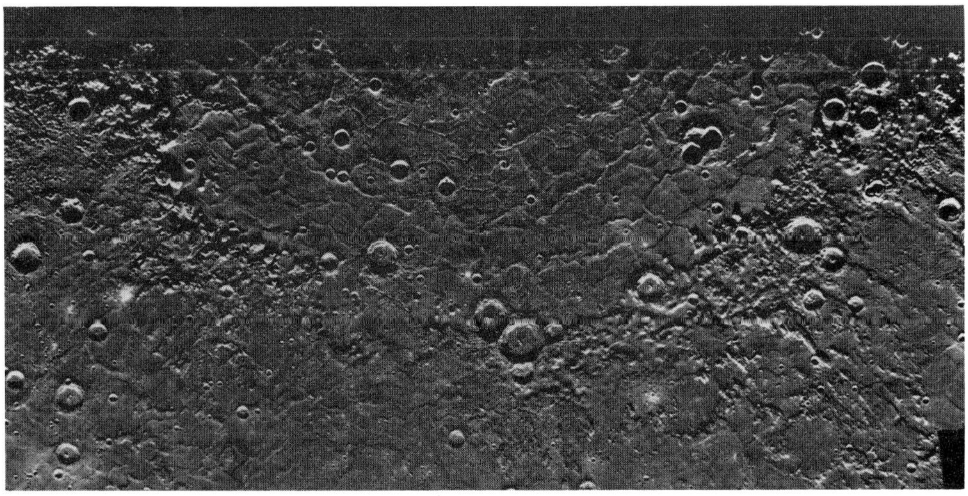

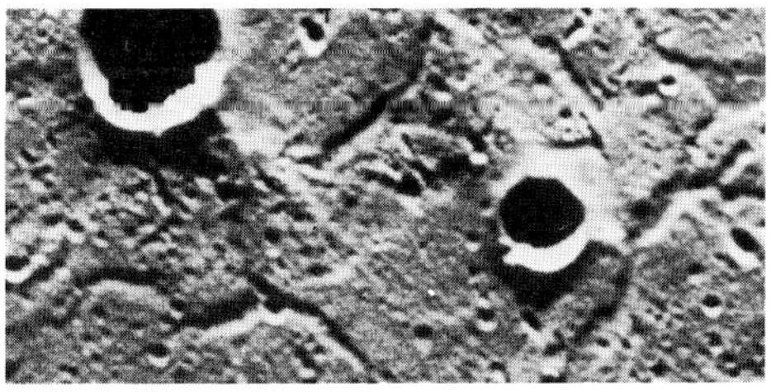

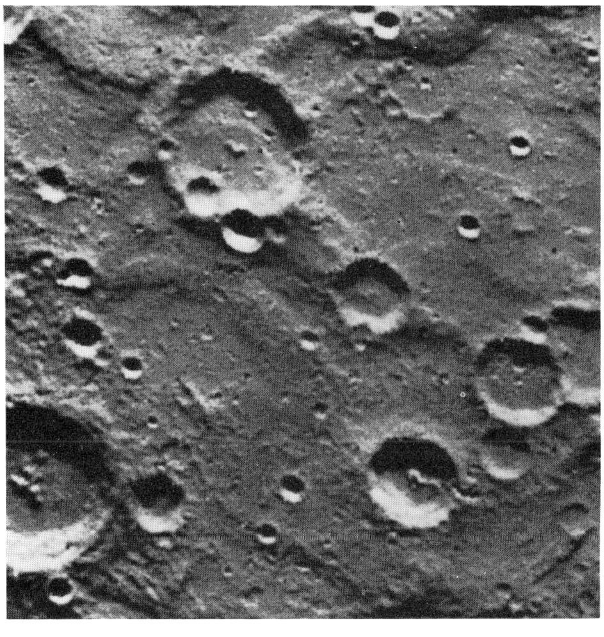

Die geologische Entstehungsgeschichte des Merkurs. Die Aufnahmen auf dieser Seite beziehen sich auf die einzelnen geologischen Entwicklungsphasen. Das Bild links oben zeigt eine glatte Oberfläche, die nach der Aggregationsphase durch Abkühlung aus der ursprünglichen Wolke entstand. Das Bild rechts oben zeigt einige Krater und eine Böschung; diese Strukturen bildeten sich in der zweiten Phase sowohl aufgrund der Meteoritenbombardierung als auch der Faltung und Brüche der Kruste. In der Mitte ist das Caloris Basin und rechts davon ein Detail dieses Beckens abgebildet. Links unten: eine aus Lavaströmen entstandene Ebene; rechts davon: Krater mit sternförmigen Furchen; die linke Abbildung bezieht sich auf eine Phase mit vulkanischer Tätigkeit, die rechte ist durch Kraterbildung durch Meteoriten gekennzeichnet.

Venuspanorama

Ein mysteriöser Planet. Eine undurchdringliche, von raschen Winden bewegte und von der Sonne (1) beleuchtete Wolkenwand umhüllt die Venus. Diese dichte und kompakte Decke verhindert jede direkte Beobachtung der Oberfläche mittels Aufnahmen von der Umlaufbahn aus. Daß Venus eine Atmosphäre besitzt, wußte man bereits seit langer Zeit; die ersten Informationen über deren Zusammensetzung und deren Merkmale erhielt man durch Venera 4 (4), einer sowjetischen Raumsonde, der es am 18. Oktober 1967 gelang, die Atmosphäre der Venus zu durchqueren. Obwohl sie danach am Boden zerschellte, konnte sie während dieser Annäherungsphase genügend Daten sammeln, damit wir uns eine Vorstellung von der Unwirtlichkeit dieses der Erde nächstliegenden Planeten machen können, der übrigens andere Merkmale mit der Erde gemeinsam hat.

Die wichtigsten Missionen. Daten über die obere Atmosphäre wurden am 19. Oktober 1967 auch von Mariner 5 (2) gesammelt, aber die Bestätigung, daß die Venuswolken nicht homogen und gleichmäßig sind, sondern in zum Äquator parallel verlaufenden Bändern um den Planeten kreisen, ist vor allem jenen Fotografien zu verdanken, die Mariner 10 am 5. Februar 1974 zur Erde sandte. Die ersten Informationen über den Boden kamen von den im Jahre 1975 auf Venus gelandeten Sonden Venera 9 (3) und Venera 10. Genauere Aufschlüsse brachten jedoch vor allem die in den Jahren 1983/84 durchgeführten Missionen Venera 15 und 16, die von fast polnahen Umlaufbahnen aus detaillierte Radarkarten zeichneten. Die Sonden Pioneer Venus 1 und 2 und die im Dezember 1978 auf Venus gelandeten Venera 11 und 12 lieferten Daten über die Venusatmosphäre.

Ein »Zwilling« der Erde? Da es nunmehr klar ist, daß die Oberfläche der Erde mit jener der Venus derzeit reichlich wenige Gemeinsamkeiten aufweist, müßte die Ähnlichkeit zwischen den beiden Planeten im Aufbau der inneren Struktur liegen. Diese Übereinstimmung stützt sich auf eine Reihe von Überlegungen: beide haben ähnlich große Massen und Ausmaße, und aufgrund ihrer Bahnposition müßten sie sich in ein und derselben Region des ursprünglichen Nebels gebildet haben. Im Viereck: Vergleich zwischen der inneren Struktur der Erde (links) und jener der Venus (A und G: Felskruste; B und F: Mantel; C: äußerer flüssiger Kern; D und E: fester Kern aus Eisen und Nickel).

Die Venusumgebung

Von der Sonne aus gesehen ist Venus der zweite Planet, und sie befindet sich in durchschnittlich 108 Millionen km Entfernung. Der Äquatordurchmesser der Venus beträgt 12 104 km und ist damit nur etwas kleiner als der Erddurchmesser. Ihre sehr dichte Atmosphäre besteht hauptsächlich aus Kohlendioxid. Undurchdringliche Wolken umhüllen ihre Oberfläche und machen damit die Beobachtung unmöglich. Im Teleskop erscheint Venus als eine gleichmäßige weißgelbliche Scheibe.

Durch die Objektive der Raumsonde Mariner 10, die am 5. Februar 1977 den Planeten aus einer Distanz von 5800 km aufgenommen hat, wird Venus mit einem komplexen Muster aus wirbelnden hellen und dunklen Wolken sichtbar, die sich langsam von den Polen in Richtung des Äquators bewegen.

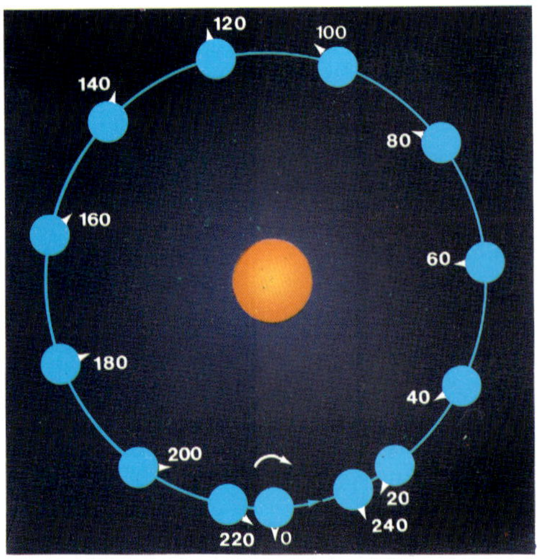

Die Bewegung der Venus. In der Zeichnung hier oben wird sowohl die Rotationsbewegung als auch der von Venus durchgeführte Umlauf um die Sonne dargestellt. Die Pfeilspitzen zeigen einen Bezugspunkt auf der Oberfläche des Planeten an; die aufeinanderfolgenden Positionen der Venus auf ihrer Bahn sind in Intervallen von 20 Erdtagen dargestellt. Die Rotationsrichtung ist retrograd: von der Venusoberfläche aus gesehen würde die Sonne im Westen auf- und im Osten untergehen.

Die Venusatmosphäre. Die untenstehende Graphik zeigt den Druck und die Temperatur der Venusatmosphäre in Abhängigkeit von der Höhe. Die hohe Temperatur am Boden wird durch den »Treibhauseffekt« (rechts) verursacht. Die Sonnenstrahlung (gelber Pfeil) wird teilweise von den Wolken reflektiert; die bis an die Oberfläche durchgedrungene Strahlung wird im thermischen Infrarot (roter Pfeil) ausgestrahlt und von den Gasen unterhalb der Wolken und von den Wolken selbst absorbiert.

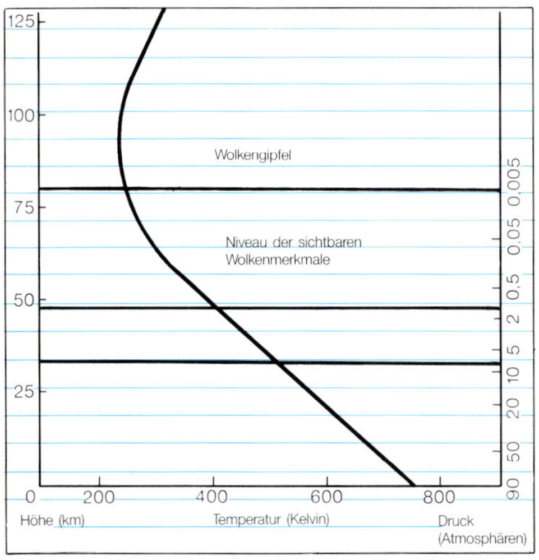

Lange Zeit wurde Venus »Schwester der Erde« genannt, und zwar nicht nur weil ihre Größe und Dichte jener der Erde gleicht, sondern auch aufgrund der gleich hohen Menge an aufgenommener Sonnenenergie. Da Venus näher bei der Sonne liegt, empfängt sie doppelt so viel Sonnenlicht wie die Erde; durch die hohe Reflektionsfähigkeit ihrer dichten Atmosphäre absorbiert sie aber genau dieselbe Lichtmenge wie die Erde.

Die jüngsten Forschungen haben jedoch gezeigt, daß Venus keineswegs unserem Planeten ähnelt: Venus ist ein extrem heißer Körper, dessen Oberflächentemperatur ca. 500° C erreicht. Ihre Atmosphäre setzt sich nicht wie jene der Erdatmosphäre aus Stickstoff und Sauerstoff zusammen, sondern aus Kohlendioxid. Der atmosphärische Druck an der Oberfläche ist ca. 90mal höher als auf der Erde, auf der sich fast gleich hohe Werte nur in den größten Tiefen der Ozeane finden lassen. Auf Venus kommt Wasser nur in kleinsten Mengen vor, und die Wolken beinhalten Schwefelsäure und zahlreiche andere ätzende Verbindungen.

Die Rotationsbewegung des festen Venuskörpers ist im Vergleich zur Erde weitaus langsamer: für eine komplette Rotation benötigt Venus nämlich eine Zeitspanne, die ca. acht Monaten auf der Erde entspricht; dabei ist die Rotationsrichtung retrograd.

Zwei der meistdiskutierten Fragen der Planetologie betrafen genau diese Rotationseigenschaften: die Art und die Geschwindigkeit, mit der sich Venus um die eigene Achse dreht. Dieser wichtige wissenschaftliche Streit wurde über zwei Jahrhunderte lang geführt und hatte eine Fülle von Daten zum Ergebnis, die der Realität in keinster Weise entsprachen. Das Problem der Rotationsgeschwindigkeit war nicht einfach zu lösen, da sich die Oberfläche des Planeten unter den Wolken versteckt; man konnte deshalb nur die Geschwindigkeit der obersten Schicht der Wolkendecke bestimmen.

Gegen Mitte der fünfziger Jahre haben die teleskopischen Beobachtungen schließlich ergeben, daß sich Venus retrograd bewegt, d. h. die Umdrehung in der zur Erdrotation entgegengesetzten Richtung vollzieht, so daß die Sonne auf Venus im Westen auf und im Osten untergeht. Diese retrograde Rotation ist ein Phänomen, das nicht einfach zu erklären ist. Die derzeitigen Theorien bezüglich des Ursprungs und der Evolution des Sonnensystems beschreiben nur, wie und warum alle Planeten in derselben Richtung rotieren sollten und geben keinen Aufschluß über die Ursachen der retrograden Rotationsbewegung des Planeten Venus.

Was auch immer die Ursache dieses Phänomens sein mag, muß es sich zweifelsohne vor der Erstarrung des Planeten und der Bildung seiner atmosphärischen Decke ereignet haben. Jedenfalls begannen sowjetische und amerikanische Weltraummissionen seit den sechziger Jahren Daten zu liefern, die auch in den kommenden Jahren das Wissen über Venus anreichern werden. Den ersten konkreten Schritt machte Venera 4 mit der Entdeckung, daß sich die Venusatmosphäre zu 97 % aus Kohlendioxid zusammensetzt. Beachtenswert ist der Umstand, daß die Erde fast über dieselbe Kohlendioxidmenge verfügt, wobei sich jedoch nur ein geringer Prozentsatz in der Erdatmosphäre befindet: der Großteil des Kohlendioxids ist in den Ozeanen und in kalkhaltigem Gestein enthalten. Die unerwartetsten Informationen stammen jedoch von den ersten, durch Pioneer Venus 2

Name der Raumsonde	Start	Ziel	Datum der Begegnung	Kürzester Abstand (km)	Ausgang der Mission
• Venera 1	12. 2. 1961	Venus	–	100000	Funkkontakt ging in 7,5 Millionen km Entfernung von der Erde verloren.
• Mariner 1	22. 7. 1962	Venus	–	–	Die Startrakete wich von der vorhergesehenen Flugbahn ab und wurde aus Sicherheitsgründen zerstört.
• Mariner 2	26. 8. 1962	Venus	14. 2. 1962	35000	Erster Überflug eines anderen Planeten: die Sonde fand am Boden eine hohe Temperatur vor (400° C); keine Anzeichen für Magnetfelder.
• Zond 1	2. 4. 1964	Venus (?)	–	–	Funkkontakt ging vier Wochen nach dem Start verloren.
• Venera 2	12. 11. 1965	Venus	27. 2. 1966	24000	Überflog Venus, konnte aber keine Daten zur Erde senden.
• Venera 3	16. 11. 1965	Venus	1. 3. 1966	gelandet	Erste Landung eines Raumschiffs auf einem anderen Planeten, konnte jedoch keine Daten übertragen.
• Venera 4	12. 6. 1967	Venus	18. 10. 1967	gelandet	Erste Messungen an Ort und Stelle der Temperatur, des Drucks und der Zusammensetzung der Venusatmosphäre; während sich die Sonde mittels eines Fallschirms der Oberfläche annäherte, übertrug sie 94 Minuten lang Daten.
• Mariner 5	14. 6. 1967	Venus	19. 10. 1967	4000	Lieferte Daten über den Aufbau der oberen Venusatmosphäre.
• Venera 5 • Venera 6	5. 1. 1969 10. 1. 1969	Venus Venus	16. 5. 1969 17. 5. 1969	gelandet gelandet	Während die Sonden mittels der Fallschirme auf die Oberfläche sanken, übermittelten sie Daten über den Druck, die Temperatur und die Zusammensetzung der Atmosphäre: erste gelungene Landung auf einem anderen Planeten.
• Venera 7	17. 8. 1970	Venus	15. 12. 1970	gelandet	Ähnliche Mission wie jene von Venera 4, 5 und 6
• Venera 8	26. 3. 1972	Venus	22. 7. 1972	gelandet	Funktionierte weitere 50 Minuten auf der Venusoberfläche und konnte in diesem Zeitraum deren Gehalt an Radioaktivität feststellen; beim Eintritt in die Atmosphäre maß sie die Winde und das die Wolken durchdringende Sonnenlicht.
• Mariner 10	3. 11. 1973	Venus Merkur	5. 2. 1974 (V) 29. 3. 1974 (M)	5800 (V) 700 (M)	Erste Untersuchung des Merkurs; die Sonde übermittelte über 8000 Bilder und weitere Daten über Venus und Merkur; sie traf noch zweimal auf Merkur, am 21. 9. 1974 und 16. 3. 1975.
• Venera 9	?. 6. 1975	Venus	22. 10. 1975	gelandet	Erste Fotografie des Venusbodens. Funktionierte 53 Minuten lang.
• Venera 10	?. 6. 1975	Venus	25. 10. 1975	gelandet	Übermittelte eine Aufnahme des Bodens und führte 65 Minuten lang Messungen durch.
• Pioneer Venus 1 u. 2	Mai/August 1978	Venus	Dezember 1978	–	Mission in der Bahn und Landung der vier Sonden am Nordpol und am Äquator.
• Venera 11 u. 12	September 1978	Venus	Dezember 1978	gelandet	Landung, übermittelte Daten während der Annäherung an den Planeten und auch am Boden.

durchgeführten Analysen: die Venusatmosphäre dürfte eine 100mal höhere Menge an Argon als die Erde und 10000mal höhere Menge als Mars aufweisen; dies würde die Theorie über die Entstehung des Sonnensystems umstoßen und zu dem Schluß führen, daß die drei Planeten unterschiedlichen Ursprungs sind.
In einer Höhe von ca. 80 km über der Venusoberfläche wurde festgestellt, daß die Temperatur der Atmosphäre in den Polgebieten höher ist (–40° C) als in der Nähe des Äquators (–80° C): Da die Atmosphäre an den Polen mehr als 2 km stärker ist als am Äquator, nimmt man an, daß an den Polen warme aufsteigende Strömungen und am Äquator kalte absteigende Strömungen vorhanden sind.
Abschließend dürfte als bestätigt gelten, daß in der unteren Wolkenschicht fünf Schwefelverbindungen vorhanden sind, die zu einem »Schwefelsäureregen« führen dürften. Die Erforschung der Venusatmosphäre ist auch für die Kenntnisse über den inneren Aufbau des Planeten und über seine von der Erde verschiedene Entwicklung wichtig. Zum Beispiel kann das Aufhören der Schollentektonik auf Venus von der Entwicklung ihrer Atmosphäre abhängen, in der der Wasserdampf stark reduziert ist (100mal geringer als in der Erdatmosphäre). Vielleicht haben sich Venus und Erde in den ersten drei Milliarden Jahren ähnlich entwickelt. Aber als in der Folge der »Treibhauseffekt« ausgelöst wurde, ist die Temperatur gestiegen, bis sie die Kondensation des Wasserdampfs an der Oberfläche verhinderte: ohne den »Schmiereffekt« des Wassers wurde das Wachstum und die Verschiebung der Kontinente irreversibel blockiert.

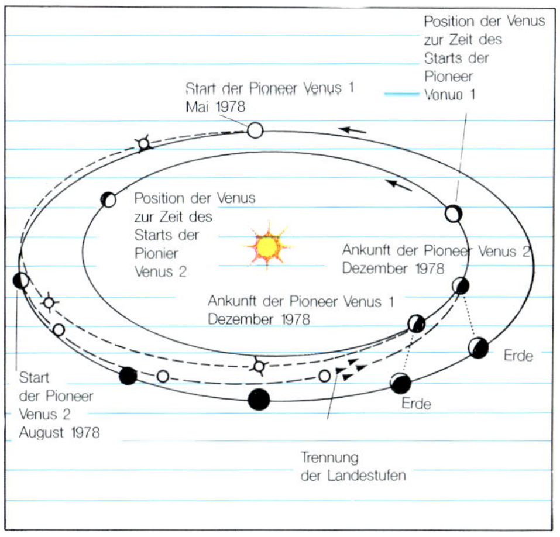

Die Pioneer-Sonden auf dem Weg zur Venus. Links eine sinnbildliche Darstellung der Pioneer-Mission mit dem Ziel Venus. Die Mission wurde mittels zweier Raumsonden durchgeführt (deren Flugbahnen in der Zeichnung oben dargestellt werden), einer in der Bahn verbleibenden Sonde und der zweiten, die einige Sonden zur Probenentnahme enthält. Die erste der beiden Sonden, Pioneer Venus 1, startete im Mai 1978 und untersuchte die Venusoberfläche auch mit Radarimpulsen. Die zweite, im August 1978 gestartete Pioneer Venus 2, besteht aus zwei Stufen, einer Orbiterstufe und einer aus vier Sonden bestehenden Landestufe, die sich ca. in 13 Millionen km Entfernung von der Orbiterstufe lösten, um auf der Venusoberfläche zu landen.
Diese Sonden führten an fünf verschiedenen Stellen auf der erdzugewandten Venushalbkugel eine Reihe von Messungen über die Zusammensetzung und die Dichte der Atmosphäre durch.

Die Venuswolken

Da die Beobachtung der Venusoberfläche mit dem Teleskop nicht möglich ist, beschränkte sich die Erforschung dieses Planeten für eine gewisse Zeit auf die Atmosphäre. Ausschlaggebend für die genauere Kenntnis der Venusatmosphäre war die Mission der Raumsonde Mariner 10, die während ihres Flugs zu ihrem Rendezvous mit Merkur dicht an Venus vorbeiflog und davon detaillierte Aufnahmen zur Erde senden konnte. Eine der interessantesten von Mariner 10 gemachten Angaben betrifft die Geschwindigkeit, mit der sich die Venuswolken bewegen und die am Äquator mit 100 m/Sek. gemessen wurde; diese Geschwindigkeit ist ungefähr einer Rotation alle vier Erdtage gleichzusetzen.

Es wurden viele Theorien formuliert, um die Ursache der starken Winde zu erklären, welche die Venuswolken bewegen. Die zuverlässigste unter ihnen besagt, daß diese Windströmungen durch die Temperaturunterschiede auf dem Planeten ausgelöst werden, die zwischen der der Sonne zugewandten, stark erwärmten Seite und jener bestehen, die in die Dunkelheit der Venusnacht eingehüllt ist; aber dieses Erklärungsmodell scheint nur für Geschwindigkeitswerte um einige Meter pro Sekunde Gültigkeit zu haben. Das Phänomen ist jedenfalls wirklich merkwürdig: der Planet benötigt acht Monate, um sich einmal um seine eigene Achse zu drehen, während die Wolken alle vier Tage eine ganze Umrundung beenden.

Im Jahre 1926 wurden im Ultravioletten einige schwache Spuren der oberen Wolkenschichten entdeckt; aber man mußte bis zum Jahre 1973 warten, um die exakte äußere Beschaffenheit des sichtbaren Teils der Wolkendecke begreifen zu können. Die Bilder enthüllten die folgenden wichtigen Merkmale.

Äquatorregion: Diese Region ist durch Zellkonfigurationen gekennzeichnet, von denen einige 500 km breit sind; einige sind rund, andere vieleckig, aber alle dauern höchstens wenige Stunden.

In der Äquatorregion entstehen beachtlich breite Bänder, die sich spiralförmig in Richtung der höheren Breiten bewegen. In den hochaufgelösten Fotomosaiken erscheinen diese Bänder auf der dem Äquator zugewandten Seite in Begleitung dünnerer Streifen und gelegentlicher Gipfel; dieses Phänomen läßt auf eine horizontal verlaufende Turbulenz schließen. Auf jeder Halbkugel sind zumindest zwei bedeutende Turbulenzstreifensysteme vorhanden, und eines davon scheint sich asymmetrisch über dem Äquator auszustrecken. Die Winkelgeschwindigkeit der Bezugspunkte steigt mit der geographischen Breite an.

Polringe: Der Ring, der den Südpol umgibt, ist wahrscheinlich die bedeutendste und stabilste Konfiguration, die man in den Polregionen feststellen konnte. Es gibt wichtige Anzeichen dafür, daß auch auf der Nordhalbkugel so ein Ring vorhanden ist, aber da Mariner 10 die nördliche Region des Planeten nicht überflog, konnte das entsprechende Gebiet nicht fotografiert werden.

Spiralförmige Bänder stellen die charakteristischen Strukturen der Wolkendecke auf der Venus dar. Während der acht Tage, an denen die Aufnahmen gemacht wurden, war eine Struktur aus auseinanderlaufenden Linien mit Zentrum über dem Äquator deutlich zu erkennen, die sich in Richtung der Rotation ausdehnte. Wahrscheinlich sind diese spiralförmigen Bänder Wolkenmassen, die in die Turbulenzen und in die

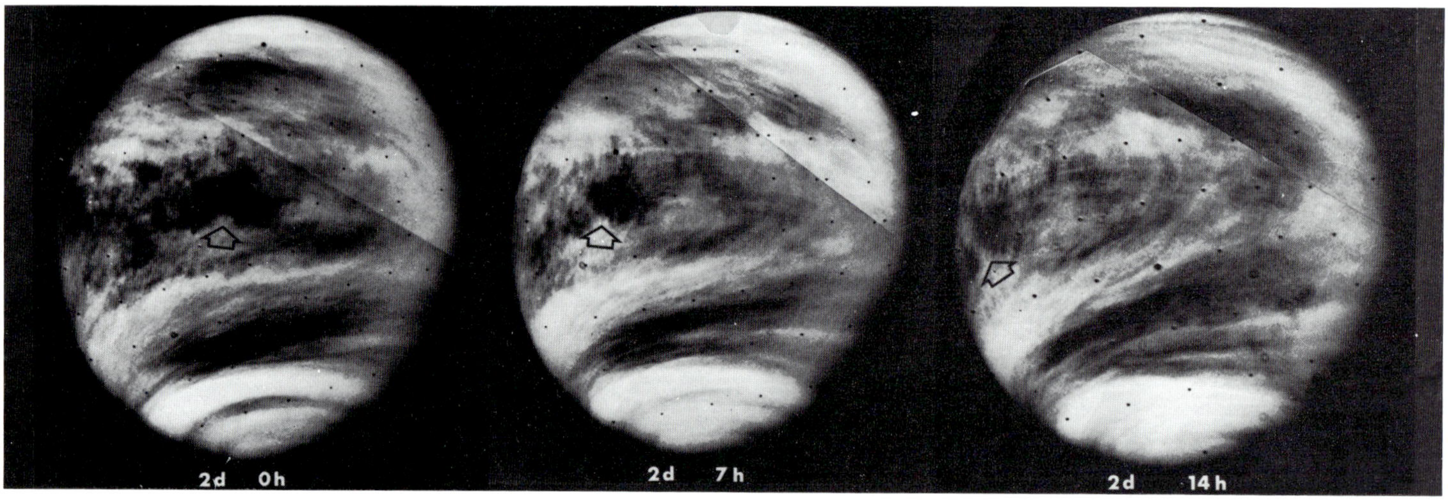

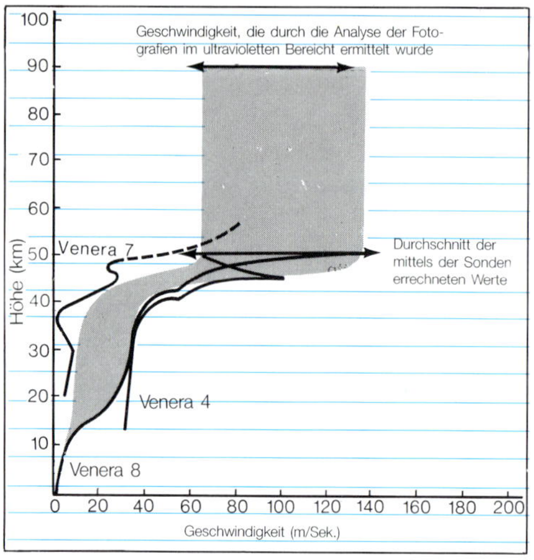

Die Wolken bewegen sich. Die Abbildung oben zeigt ein Fotomosaik, das aus einer Reihe von Aufnahmen der Venus zusammengesetzt ist, die Mariner 10 während ihrer Entfernungsphase im Februar 1974 im 7-Stunden-Abstand im ultravioletten Bereich gemacht hat. Diese Aufnahmen ermöglichen es, in den oberen Schichten der Wolkendecke eine rasche Rotationsbewegung festzustellen, die in den Fotomosaiken durch den Pfeil gekennzeichnet sind. Das rechtsstehende Diagramm stellt die Geschwindigkeit der Venuswolken im Verhältnis zur Höhe dar. Diese Geschwindigkeitswerte wurden anhand der Analyse der absteigenden Flugbahn der Venera-Sonden bestimmt; ihre Werte dürften sich im grauen Bereich befinden. Man kann feststellen, daß die Geschwindigkeit am Boden stark reduziert ist (weniger als 1 m/Sek.) während sie in großen Höhen auch 100 m/Sek. überschreiten kann; diese in großer Höhe gemessenen Werte kommen jenen sehr nahe, die mittels der Analyse der Aufnahmen im ultravioletten Bereich gewonnen wurden. Aber was verursacht die Winde, welche die Atmosphäre der Venus bewegen? Die schematische Darstellung hier rechts veranschaulicht das zuverlässigste Erklärungsmodell: Am Äquator, wo die Sonne am stärksten scheint, erwärmen sich die atmosphärischen Gase, die sich erweitern und dazu neigen aufzusteigen; auf der entgegengesetzten, in die Nacht eingetauchten Seite neigen die kälteren Gase dazu abzusinken. Die Unterschiede zwischen der einen und der anderen Seite des Planeten bewirken die heftigen Winde.

Wechselwirkung verwickelt sind, die zwischen den Äquatorialströmungen und den Perturbatonen subsolarer Herkunft bestehen.
Die Wissenschaftler haben sich gefragt, aus welchem Grund die Temperatur am Gipfel der Venuswolken so niedrig und am Boden so hoch ist. Die einleuchtendste Erklärung besteht darin, daß die Venusatmosphäre aufgrund des als »Treibhauseffekt« bezeichneten Phänomens fast die gesamte von der Sonne kommenden Wärmemenge zurückhält. Da es nunmehr bekannt ist, daß die Atmosphäre dieses Planeten einen relativ hohen Prozentsatz an Kohlendioxid enthält, kann man daraus ableiten, daß es genau die Schicht dieses Gases ist, die sich wie das Glas eines Treibhauses verhält: die von der Atmosphäre eingefangene Wärme hält also die hohe Temperatur an der Oberfläche aufrecht.
Zu den von Mariner 10 gemachten Aufnahmen läßt sich eine interessante wissenschaftliche Geschichte erzählen. Als sich im Jahre 1969 die Planung der Telekamera der Mariner 10 im vorgerückten Stadium befand, mußten die Techniker entscheiden, ob die Telekamera in der Lage sein sollte, nur bei sichtbarem Licht oder auch auf Wellenlängen anderer Art Aufnahmen machen zu können.
Bruce Murray und seine Kollegen erinnerten sich daran, daß Venus, als sie im ultravioletten Licht beobachtet wurde, ein fleckiges Aussehen aufwies. Die Telekamera wurde deshalb auch mit einer Sensibilität für ultraviolettes Licht ausgestattet, so daß Venus auch in dieser Lichtart aufgenommen werden konnte. Falls diese Wahl unrichtig gewesen wäre, hätten die auf diese Weise aufgenommenen Bilder keinen Wert gehabt.
Als die Raumsonde in die Nähe des Planeten kam, begannen sich die ersten Einzelheiten undeutlich abzuzeichnen. Die Wissenschaftler warteten mit angehaltenem Atem, bis ihnen klar wurde, daß ihre Wahl richtig gewesen war: die Wolken und ihre dynamische Bewegung waren klar auf den Aufnahmen zu erkennen.

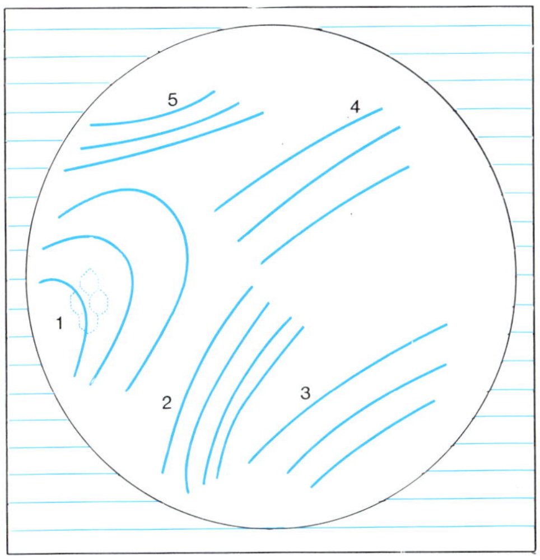

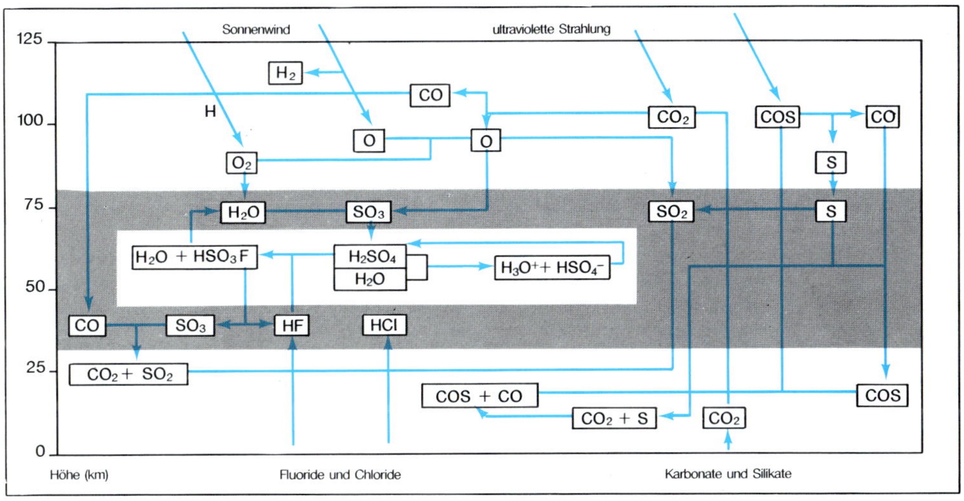

Die Wolkenkonfiguration. Dieses Foto auf der Seite oben wurde von Mariner 10 aus etwa 720000 km Entfernung aufgenommen. Die Zeichnung hier oben bezieht sich auf diese Aufnahme und streicht die verschiedenen Konfigurationen heraus, welche der sichtbare Teil der Wolkendecke der Venus annehmen kann: 1: subsolare Perturbation, in der Zellkonfigurationen, machmal von poligonaler Form auftauchen; 2: spiralförmige Streifen; 3: südlicher Polring; 4: Äquatorialbänder, die Turbulenzzonen entsprechen; 5: nördlicher Polring, dessen Vorhandensein angenommen wird.

Die chemische Zusammensetzung der Venusatmosphäre. Die schematische Darstellung hier oben soll eine mögliche Erklärung für die chemischen Reaktionen geben, die sich im Inneren der Venusatmosphäre ereignen. Von der Venusoberfläche ausgehend kann man feststellen, wie sich das Kohlendioxid (CO_2), das aufgrund der hohen Bodentemperatur aus den Felsen ausgetreten ist, welche – wie wir bereits gehört haben – durch den Treibhauseffekt entsteht, in Kohlenmonoxid (CO) und Sauerstoff (O_2) zerfällt. Der Sauerstoff unterliegt einer Reihe von Reaktionen, als deren Endergebnis Schwefelsäure (H_2SO_4) entsteht, die gemeinsam mit kleinen Mengen an Chlorwasserstoffsäure (HC_1) und Fluorsäure (HF) den Hauptbestandteil der Venuswolken bilden dürfte. Einige Wissenschaftler vertreten die Hypothese, daß in den Wolken auch Schwefel (S) und seine Verbindungen (SO_2, SO_3) vorhanden sind. Die Reaktionen, die im grauen Streifen (der die Wolkenschicht darstellt) abgebildet sind, erfolgen zwischen Molekülen im flüssigen Zustand; die außerhalb gezeichneten Reaktionen ereignen sich zwischen gasförmigen Molekülen.

Der Venusboden

Vor den Aufnahmen der Raumsonden Venera 9 und Venera 10 wurde die Oberfläche der Venus durch Radarwellen, die von der Erde aus in Richtung Venus geschickt wurden, oder durch die Analyse der direkt von Venus abgegebenen Strahlung untersucht, die von Radioteleskopen im Bereich der Mikrowellen aufgefangen wurde. Unter der Annahme, daß das Material, das die Kruste und den Mantel der Venus bildet, mit jenem der Erde große Ähnlichkeit aufweist, leitete man die chemische Zusammensetzung der Venusoberfläche ab. Falls der Ursprung dieser beiden Planeten ungefähr in der gleichen Region des entstehenden Sonnensystems lag, müßte ihre Zusammensetzung in der Tat sehr ähnlich sein, da die Größe und die Masse der Venus und der Erde fast identisch sind.
Die Radarwellen haben die gesamte Oberfläche des Planeten abgetastet, und die dabei registrierten Phasendifferenzen in den von Venus reflektierten Wellen wurden mit den typischen Werten dielektrischer Konstanten verschiedener Materialien korreliert, die Merkmale aufwiesen, die mit den erhaltenen Phasendifferenzen übereinstimmen konnten.
Im allgemeinen besitzt Venus eine nicht zu holprige Morphologie mit wenigen topographischen Unebenheiten, die über die gesamte Oberfläche verstreut sind, jedoch in bestimmten Punkten starke »Runzeln« aufweisen.
Mittels weiterer Radaruntersuchungen, die sich jedoch auf bestimmte Sektoren der Venusoberfläche beschränkten und mit denen Strukturen in der Größenordnung einiger Kilometer analysiert werden konnten, haben es erlaubt, eine große Zahl runder Depressionen mit einem Durchmesser von sogar bis 100 km zu erkennen.
Das Vorhandensein von Strukturen dieser Art widerspricht der Ansicht jener Wissenschaftler, die vor den von der Erde aus gemachten Radaraufnahmen und vor den Fernsehaufnahmen der Venera-Sonden annahmen, daß der Boden der Venus glatt sei oder höchstens wenige, leichte Unregelmäßigkeit aufweise; gemäß deren Auffassung wäre diese Oberflächenbeschaffenheit durch das Zusammenwirken chemischer und mechanischer Aktionen der mit Schwefelsäure geladenen Atmosphäre und den starken Winden entstanden.
Mittels der Radaraufnahmen konnten auch geradlinige Strukturen erkannt werden, die als Ergebnis von Brüchen in der Kruste erklärt werden können, sowie Bergzonen in der Form von Hochebenen und auch Becken mit geringer Tiefe.
Dies bedeutet, daß Venus wie auch die anderen Planeten und Satelliten im Laufe ihrer Geschichte von der Bombardierung der Planeten und großen Meteoriten betroffen war. Es wurden jedoch nur wenige kleinere Krater registriert, was einerseits auf die Unfähigkeit des Radars zurückzuführen ist, kleine Strukturen zu »sehen«, und andererseits auf die Dichte der Venusatmosphäre, die wie eine Filterwand agiert und damit in der Lage ist, den Aufprall kleiner Meteoriten am Boden abzuwenden und somit eine weitere

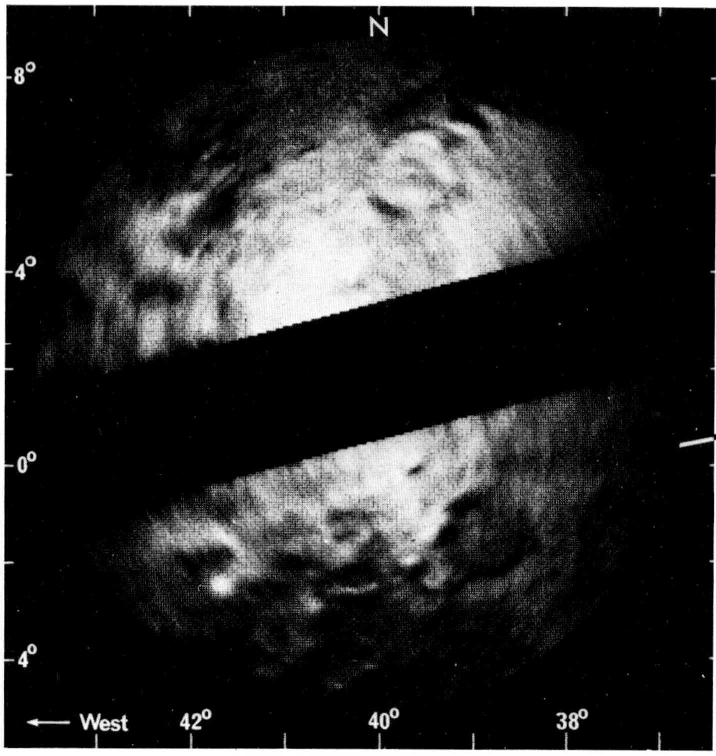

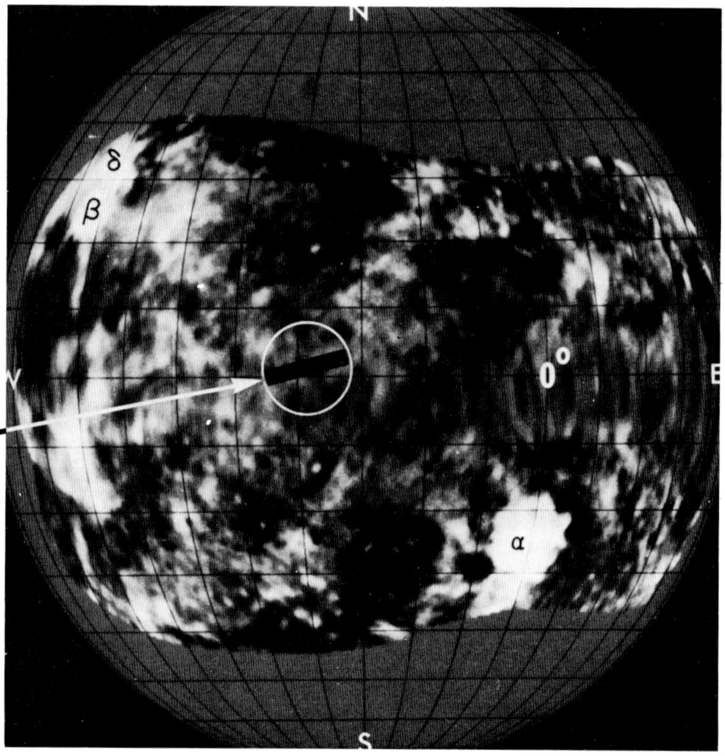

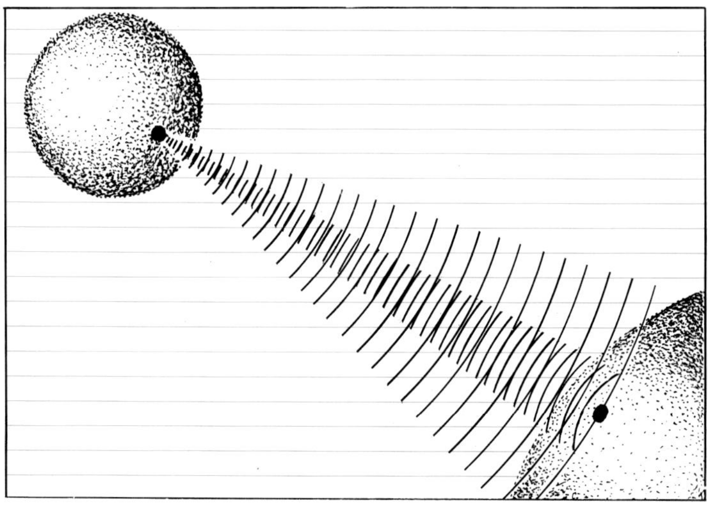

Venus – mit dem Radar beobachtet. Die Aufnahme links oben zeigt die Äquatorregion der Venus; die hellen Zonen entsprechen Kratern. Das rechte Foto zeigt die Venusoberfläche als Ganzes; die Fläche im weißen Kreis wurde im linken Bild im Detail analysiert. Diese beiden Aufnahmen erzielte man mit einer Radartechnik. Das Prinzip ist einfach und es wird in der Zeichnung hier nebenan dargestellt: ein von der Erde ausgesandter Radarimpuls durchquert die Wolkendecke der Venus, erreicht die Oberfläche, prallt von ihr ab und kehrt zur Erde zurück, wo ihn eine dafür geeignete Antenne auffängt und seine Ankunftszeit registriert. Falls die Oberfläche des Planeten flach wäre, würden alle Impulse dieselbe Zeitspanne benötigen, um diese Strecke zurückzulegen. Da dem nicht so ist, bedeutet dies, daß die Venusoberfläche Unregelmäßigkeiten, Ebenen, Berge und Krater aufweist. Durch die Eingabe dieser Daten in einen dafür programmierten Computer, kann man echte Karten der Venusoberfläche anfertigen.

Kraterbildung verhindert. Hohe, bedeutende Bergketten, wie sie zum Beispiel durch aufsteigende Bewegungen konvektiver Art entstehen, könnten schwerlich lange als fester Bestandteil des Oberflächenpanoramas überdauern. Bei den hohen Temperaturen, die man auf Venus vorfindet, dürften sich die felsigen Materialien der Kruste im Laufe der Zeit nämlich verformen, und deshalb dürften sich Höhenunterschiede des Geländes nicht lange Zeit aufrechterhalten.
Die Missionen Venera 9 und 10 haben es ermöglicht, gegen Ende 1975 die ersten Aufnahmen von der Venusoberfläche zu erhalten. Obwohl die Qualität dieser Aufnahmen nicht sehr gut ist, stellen sie einen weiteren Meilenstein in der Venusforschung dar. Bis vor der geglückten Landung dieser Sonden nahm man an, daß die Oberfläche der Venus fast vollständig von Dunkelheit umgeben sei, obgleich die von der Sonde Venera 7 gesammelten Messungen die Möglichkeit erahnen ließen, daß zumindest 1 % des die Wolkengipfel beleuchtenden Sonnenlichtes den Venusboden erreichen könnte.
Viele Wissenschaftler nahmen außerdem an, daß es aufgrund der beträchtlich hohen Dichte der Venusatmosphäre (ca. 50mal dichter als die Erdatmosphäre) fast unmöglich wäre, von der Oberfläche dieses Planeten Aufnahmen ohne starke Verzerrungen zu erhalten. Aber die Ergebnisse waren besser als die Erwartungen: obwohl die einzelnen automatischen Sonden nur ungefähr eine Stunde funktionierten, waren beide in der Lage, im Abstand von fünf Tagen die ersten Bildinformationen vom Venusboden an die jeweiligen Orbiterstufen zu senden.
Die von den Orbiterstufen an die sowjetischen Empfangsstationen zur Erde weitergeleiteten Aufnahmen zeigen zwei voneinander 2200 km entfernte Gebiete. Obwohl die erforschten Zonen eher von geringer Größe sind, weisen die Aufnahmen große Ähnlichkeiten auf, die zur Annahme veranlassen, daß eine der beständigsten Konstanten der Venuslandschaft in weiten, öden Flächen besteht, die im Halbdunkel eingetaucht fast ohne Unterbrechung mit einer Steinschicht bedeckt sind.
Unter den Hypothesen über die Entstehung dieses steinigen Horizonts gibt es derzeit wenige Übereinstimmungen. Eine Landschaft dieser Art kann tatsächlich durch die ständige Bombardierung seitens verschieden großer Meteoriten entstanden sein, die mit ihrem unaufhörlichen Aufschlagen die Oberfläche des Planeten losgeschlagen und die Bruchstücke rund um die Aufprallfläche geschleudert haben. Es gibt aber auch Hypothesen, die zumindest für die aufgenommenen Gebiete eine andere Entstehung oder zumindest eine die Hypothese des Meteoritenaufschlags ergänzende Erklärung annehmen.
Diese Hypothesen ziehen die zerstörende Tätigkeit der Venusatmosphäre in Betracht: denn auch wenn die in den Landezonen gemessenen Windstärken im Vergleich mit den Winden auf der Erde eher schwach sind, d. h. sich mit einer Geschwindigkeit von ca. 12 km/h bewegen, muß man gleichzeitig beachten, daß es sich um eine Atmosphäre handelt, deren Dichte einige zehnmal höher ist als jene der Erdatmosphäre. Die Auswirkungen der Windtätigkeit dürften deshalb mit jenen vergleichbar sein, die während eines starken Sturms durch Sturzwellen entlang einer Küste entstehen.
Man muß darüber hinaus die Möglichkeit in Betracht ziehen, daß die Säuren, die in den die Venus umhüllenden Wolken vorgefunden wurden, auf irgendeine Weise die feste Oberfläche des Planeten erreichen könnten.
Wichtige Informationen haben vor kurzem die Missionen Venera 15 und 16 geliefert, die vom Oktober 1983 bis Juli 1984 mittels der Radartechnik detaillierte Karten der Venus aufgenommen haben. Zu diesem Zweck wurde ein neuer hochentwickelter Computerausarbeitungsprozeß benutzt, der es ermöglicht, wirklich scharfe Aufnahmen des Bodens zu erhalten.
Die wichtigsten Schlüsse, die sich aus diesen noch in den Anfangsphasen befindlichen Untersuchungen ziehen lassen, betreffen die vulkanische Tätigkeit, die Tektonik und die zahlreichen Aufschlagskrater. Von Zone zu Zone wurden sehr unterschiedliche Oberflächenstrukturen festgestellt: Bergketten und Täler, von eigenartigen und komplexen Schrammen durchfurchte Ebenen, konzentrische Kreise usw. Man nimmt an, daß der Vulkanismus als Hauptursache für das gesamte geologische Aussehen der Oberfläche verantwortlich ist. Man hat auch nachgewiesen, daß die Tektonik – bzw. die »Antwort« der Kruste auf Bewegungen, Erwärmung und die chemischen Umformungen im Inneren – nicht nur vollkommen anders als jene der Erde ist, sondern sich auch von den anderen kleineren Körpern, wie Mars, Merkur oder dem Mond unterscheidet. Die große Menge der Einschlagskrater, die durch den Aufprall der Asteroiden und Kometen verursacht wurde, läßt jedoch darauf schließen, daß das durchschnittliche Alter der untersuchten Gebiete ungefähr eine Milliarde Jahre beträgt. Dies bedeutet, daß es sich weder beim Vulkanismus noch bei der Tektonik um junge Phänomene handelt.

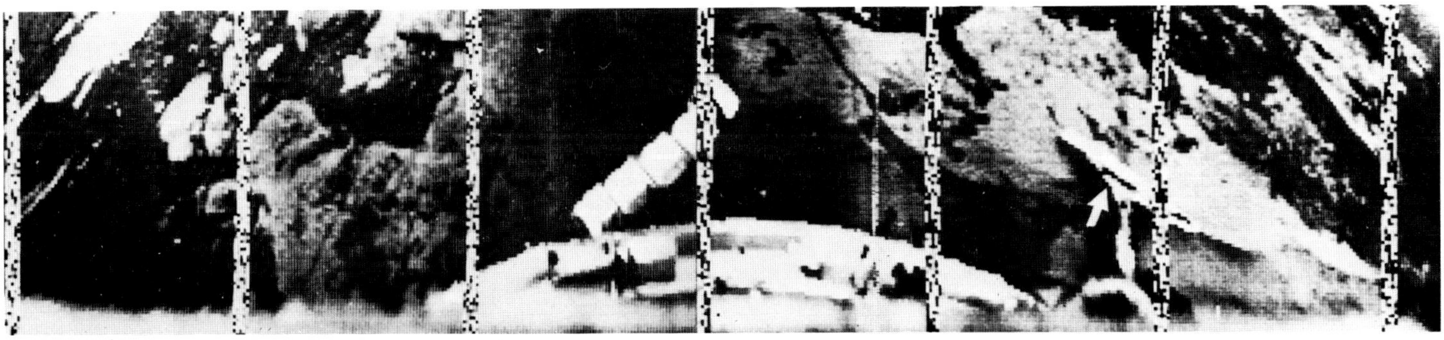

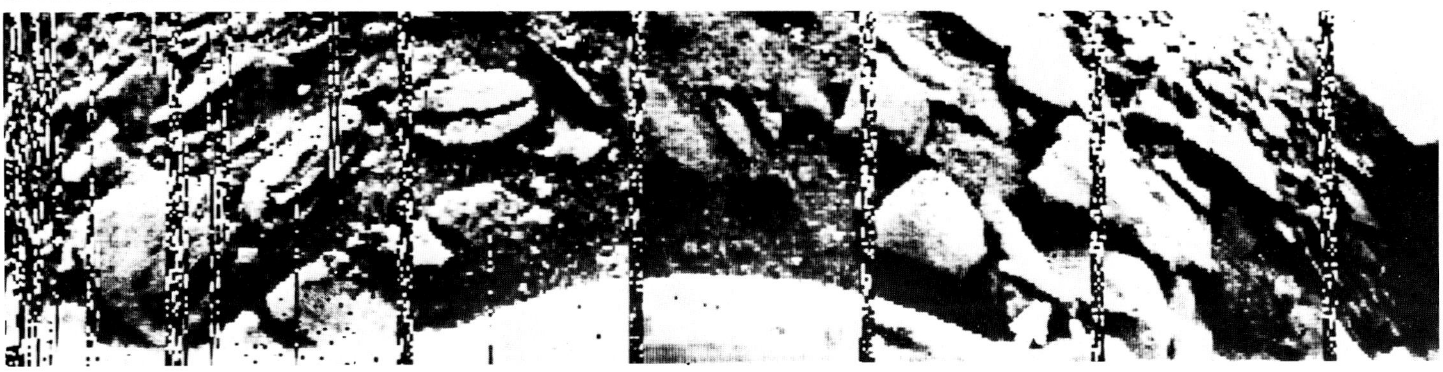

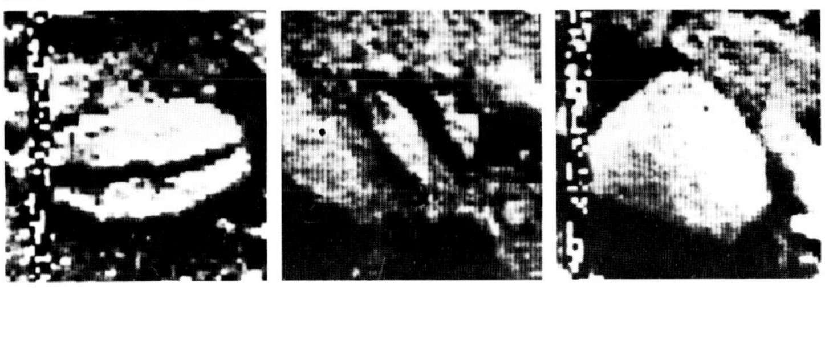

Eine Steinwüste. Die oberste Aufnahme zeigt die Venusoberfläche am Landeplatz der Venera 10. Der in fünf Abschnitte geteilte Gegenstand in der Mitte des Bildes ist die Schutzhülle des Telephotomeßgeräts. Rechts, vom Pfeil angezeigt, befindet sich das Dichtemeßgerät. Die zweite Aufnahme zeigt die Venusoberfläche in der Nähe der Landestelle der Venera 9. Diese beiden, voneinander mehr als 2000 km entfernten Gebiete weisen ziemlich große Gemeinsamkeiten auf. Allgemein scheint die Landschaft durch eine felsige, mit Steinen bedeckte Oberfläche gekennzeichnet zu sein: einige dieser Steine (siehe die beiden ersten Bilder unten) sind gespalten, vielleicht aufgrund der Windtätigkeit oder durch säurehältige Substanzen, andere (Aufnahme rechts) weisen aufgrund der Erosion abgerundete Ecken auf.

Venus und Erde im Vergleich

Wenn man die zwei »Zwillingsplaneten« miteinander vergleicht, fallen zuerst einige große Ähnlichkeiten wie z. B. die Massen und Ausmaße auf, die zur Annahme veranlassen, daß beide – wie übrigens auch Merkur und Mars – einen gemeinsamen Ursprung gehabt haben und sich zumindest während der ersten zwei Milliarden Jahre annähernd parallel entwickelten. Heute erweisen sich jedoch die beobachteten Unterschiede als sehr groß, und die Hypothese eines gemeinsamen Ursprungs wird in Frage gestellt. Die Kohlendioxidmenge in der Venusatmosphäre ist zum Beispiel ca. 90mal höher als in der Erdatmosphäre, und die Menge an Argon ist sogar 100mal höher. Darüber hinaus ist auf Venus Wasser praktisch nicht vorhanden: im Vergleich zur Erde beträgt der Prozentsatz nur 1 %.
Eine Antwort auf einige der Fragen, die durch diese beobachteten Ähnlichkeiten einerseits und Unterschiede andererseits aufgeworfen werden, gibt jener Mechanismus, der zum Schmelzen des Inneren jedes Planeten führte, das sich in der Folge in konzentrische und geschichtete Strukturen umgestaltete.
Das äußere Aussehen eines Planeten hängt jedoch hauptsächlich von der Atmosphäre ab, und insbesondere davon, wie sie sich infolge der in Zeiten intensiver vulkanischer Tätigkeit entstandenen fliegenden Teilchen entwickelte. Während das schwache Magnetfeld des Merkurs weder in der Lage war, die ursprünglichen fliegenden Teilchen noch die danach durch den Oxidationsprozeß der Atmosphäre entstandenen Verbindungen zurückzuhalten, weist Venus eine ausreichend hohe Masse auf, um diese Teilchen festzuhalten.
Wenn man die Geschichte der Erde und ihrer Atmosphäre untersucht, um zu versuchen, ihre weitere Entwicklung und ihre möglichen Veränderungen vorherzusehen, und gleichzeitig die derzeit herrschenden Bedingungen auf Venus beobachtet, erhebt sich logischerweise die Frage, ob die heute auf jenem Planeten vorgefundene Atmosphäre ein vorhergehendes oder nachfolgendes Stadium jenes darstellt, in dem sich derzeit die Erde befindet. Die in den Ursprungsphasen der Erde vorherrschenden Temperaturen könnten relativ niedrig gewesen sein und eine andere Entwicklung bewirkt haben, wobei das Zurückhalten des Wasserdampfs nahe der Oberfläche eine wesentliche Rolle spielte: der Wasserdampf konnte in der Folge kondensieren und weite ozeanische Flächen bilden, die als riesiger Speicher wirkten und in der Lage waren, das Kohlendioxid auch in der Form von Karbonaten und löslichen Stickstoffverbindungen zu speichern.
Von besonderem Interesse für die Erforschung der Dynamik der Erdatmosphäre haben sich die von Mariner 10 gemachten ersten Aufnahmen der Venus herausgestellt, auf dem die Meteorologen sofort die »Hadley-Zellen« erkannt haben. Der bekannte englische Astronom Hadley (1682–1744) führte Studien über die Wolkenbewegung auf der Erde durch, um das Wetter genauer vorhersagen zu können.
Er kam zu dem Schluß, daß die Erde ein Wolkensystem aufweisen mußte, dessen Hauptmerkmal in einer Bewegung der Wolken von den Polen zum Äquator besteht, und daß sich aufgrund der Rotationswirkung des Planeten in diesem System Wirbel und aerodynamische Strömungen bilden. Hadley behauptete, daß es möglich wäre, den Umfang der Wolkendecke und ihre Verschiebungen zu berechnen und dadurch die Temperaturveränderungen vorhersagen zu können.
Die Gesamtansicht der Erde war zu jener Zeit noch eine weitentfernte Errungenschaft, sodaß sich Hadley seines Irrtums nicht bewußt, war. Aber es sind die Ozeane und die Kontinente, die ihren Einfluß auf die Wolken ausüben und die riesigen Formationen verändern. Auf Venus gibt es weder hohe Bergerhebungen noch Ozeane, die die Bewegung der Wolken modifizieren könnten. Auf der Basis einer eingehenden Untersuchung des Verhaltens der Venuswolken und aufgrund der Kenntnis, wo sich auf der Erde die Ozeane und die Kontinente befinden, nehmen sich die Meteorologen vor, langfristige Wettervorhersagen machen zu können, indem sie jene Veränderungen einbeziehen, welche die Berge und die Ozeane in den atmosphärischen Bewegungen erzeugen.
Eine gewisse Zeit lang nahm man an, daß Venus – wie auch die Erde – noch aktive Vulkane hätte. Diese Annahme basierte hauptsächlich auf einigen Ergebnissen, welche die Orbiterstufe der Pioneer Venus lieferten. Diese Daten stellten auf den ersten Blick einen sehr wirkungsvollen Beweis für »Blitze« in der unteren Atmosphäre in Bergregionen dar, wodurch man diese leuchtenden Erscheinungen mit vulkanartigen Eruptionen in Verbindung brachte.
Jedenfalls ergaben kürzlich durchgeführte Studien über das Magnetfeld und über die Wechselwirkung zwischen dem Sonnenwind und der Ionosphäre, daß die Ursachen der oben beschriebenen Phänomene auf die Unstabilität im Plasma und nicht auf örtliche Manifestationen der unteren Atmosphäre zurückzuführen sind. Darüber hinaus zeigt eine Analyse der räumlichen Verteilung der vermutlichen »Blitze« keine besondere Verdichtung in bergigen Gebieten: man kann deshalb vernünftigerweise zu dem Schluß kommen, daß der Planet kein Zeichen vulkanischer Tätigkeit aufweist.

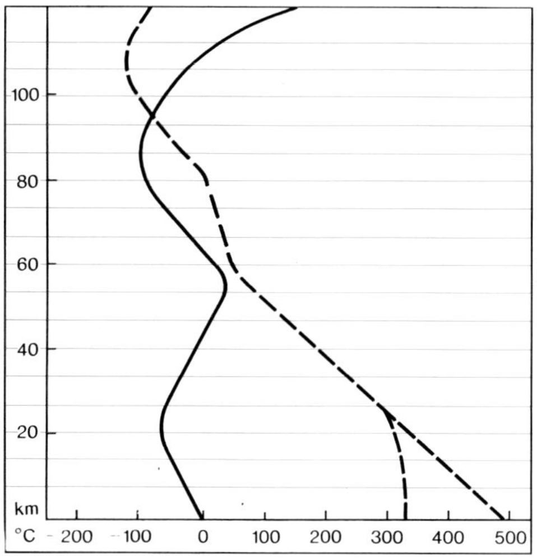

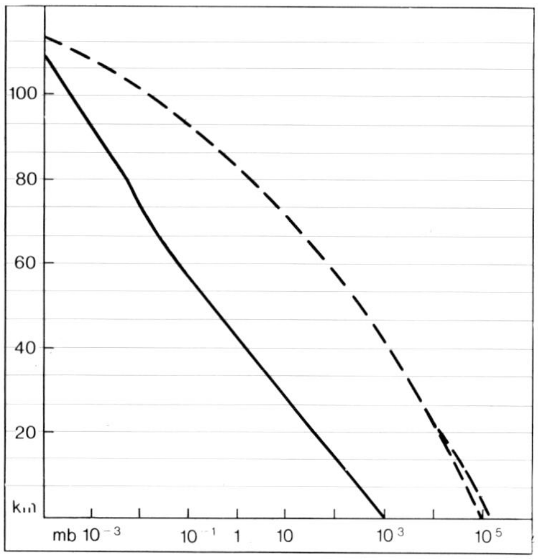

Merkmale	Venus	Erde	Verhältnis
• Längst. Abstand v. d. Sonne	109 Millionen km	152,1 Millionen km	1,39mal geringer als jener der Erde
• Kürz. Abstand v. d. Sonne	107,4 Millionen km	147,1 Millionen km	1,36mal geringer als jener der Erde
• Mittl. Entfernung v. d. Sonne	108,2 Millionen km	149,6 Millionen km	1,39mal geringer als jene der Erde
• Äquatordurchmesser	12 104 km	12 756,7 km	etwas kürzer als jener der Erde
• Poldurchmesser	12 104 km	12 713,8 km	etwas kürzer als jener der Erde
• Abplattung	0	0,003	
• Umlaufzeit	224,7 Tage	365,26 Tage	1,62mal kürzer als jene der Erde
• Rotationszeit	–243 Tage (retrograde Rotation)	23^h 56' 4"	243,6mal länger als jene der Erde
• Bahnneigung	3,4°	0°	
• Bahngeschwindigkeit	35 km/Sek.	29,8 km/Sek.	1,17mal höher als jene der Erde
• Fluchtgeschwindigkeit	10 km/Sek.	11,2 km/Sek.	fast gleich jener der Erde
• Neigung d. Rotationsachse	3°	23° 27'	7,66mal geringer als jene der Erdachse
• Masse	$4{,}87 \cdot 10^{27}$ g	1 ($5{,}9765 \cdot 10^{27}$ g)	etwas geringer (1,22mal) als jene der Erde
• Volumen	$0{,}953 \cdot 10^9$ km^3	$1{,}083 \cdot 10^9$ km^3	etwas geringer (1,13mal) als jenes der Erde
• Dichte	5,2	5,5	fast gleich jener der Erde
• Schwerkraft	0,88	1	etwas geringer (1,13mal) als jene der Erde
• Durchschnittl. Temperatur	–33° (Wolken) 480° (Boden)	22° (Boden)	
• Atmosphärischer Druck	90000 Millibar	1000 Millibar	
• Bestandteile d. Atmosphäre	CO_2, A	N, O	
• Satelliten	0	1	

Erde und Venus: Ähnlichkeiten und Nichtübereinstimmungen. In der nebenstehenden Tabelle wurden die wichtigsten Daten zusammengefaßt, die den Planten Venus kennzeichnen, und mit jenen der Erde verglichen. In den beiden darüberliegenden Graphiken kann man beobachten, wie sich mit der Höhe der Atmosphäre der beiden Planeten die Temperatur (links) und der Druck (rechts) verändern. In beiden Graphiken stellt die gestrichelte Linie die Venuswerte und die durchgehende Linie der Erdwerte dar. Man kann erkennen, daß die Venusatmosphäre an der Oberfläche wärmer und dichter ist als jene der Erde.

Der Mond und die kleineren Körper

von STEPHEN DWORNIK
unter Mitarbeit von CARLO MARINO

Machen wir uns auf die Suche nach den Kometen: Himmelskörper, die am Himmel auftauchen und verschwinden und die das Geheimnis der Entstehung des Sonnensystems mit sich führen; nach den Asteroiden und Meteoriten, aus denen vor 4600 Millionen Jahren die Planeten entstanden; nach dem Mond, der uns die Ursprungsgeschichte der Erde enthüllen kann.

Die Kometen

Allgemein sind Kometen durch eine lange Spur, Schweif genannt, gekennzeichnet; sie können sehr stark leuchten, dann sind sie mit freiem Auge sichtbar, oder nur einen schwachen Schimmer aussenden, dann können sie nur mittels eines Teleskops erkannt werden. Kometen werden gewöhnlich gemäß ihrer Flugbahn in zwei Gruppen eingeteilt: in *kurzperiodische,* mit elliptischen Bahnen, die ziemlich häufig auftauchen, und in *langperiodische,* mit fast parabolischen Umlaufbahnen, deren künftige Passage aufgrund der Störungen, die die Planeten in der Kometenbahn verursachen können, kaum vorausberechnet werden kann.
Ein Beispiel für einen periodischen Kometen ist der Halleysche Komet. Er wurde zum ersten Mal 240 v. Chr. beobachtet; er bekam den Namen Edmund Halleys, der den periodischen Zyklus von 76 Jahren errechnete und die Rückkehr des Planeten für die Jahre 1759, 1835 und 1910 vorhersagte.
Im Jahre 1986 ist dieser berühmte Komet zurückgekehrt und konnte von verschiedenen sowjetischen, europäischen und japanischen Raumsonden aus der Nähe betrachtet werden: darunter auch vom bereits erwähnten, seitens der European Space Agency (ESA) konstruierten Raumschiff Giotto.
Kometen sind zweifelsohne Reste der Urwolke, aus der unser Sonnensystem entstand. Da sie sich aus ursprünglichen »Bausteinen« zusammensetzen, aus denen sich die äußeren Planeten gebildet haben, sind die Kometen für die Kenntnis der ältesten Entwicklungsphase des Sonnensystems äußerst wichtig. Milliarden Kometen kreisen noch immer in großer Entfernung um die Sonne; sie dringen bis ca. zur Hälfte der Strecke zwischen der Sonne und dem nächsten Stern vor und bilden die sogenannte *Oortsche Wolke,* die nach dem holländischen Astronomen benannt ist, der ihre Existenz vorhergesagt hatte.
Nur eine geringe Anzahl dieser Kometen kann durch zufällige Perturbationen in den innersten Bereich des Sonnensystems eindringen und wird damit sichtbar. Einige dieser Kometen, die in relativ kurzem Abstand an den äußeren Planeten – vor allem Jupiter – vorbeifliegen, werden von der Schwerkraft »eingefangen« und in immer engere Bahnen gezogen, wo sie zu ständigen Bewohnern des inneren Sonnensystems werden. Es wurde erst kürzlich nachgewiesen daß gewisse Kometen für kurze Zeit wahre Satelliten des Jupiters gewesen sind, bevor sie aus seinem Schwerefeld ausgestoßen wurden.
Mittels der Teleskopbeobachtung kann man erkennen, daß ein Komet aus drei verschiedenen Teilen besteht: einem zentralen Körper, der *Kern* genannt wird, der *Koma,* die den Kern umgibt, und dem *Schweif.* Der Kern bildet gemeinsam mit der Koma den Kopf, der bei einigen Kometen von einem Nebelhof aus atomarem Wasserstoff umgeben ist. Die Koma ist eine riesige leuchtende Hülle, deren Leuchtkraft in Richtung des Zentrums zunimmt und die eine Größe erreichen kann, die mit Jupiter vergleichbar ist. Der Schweif besteht aus Gas und stark verdünnter Materie, so daß man die hinter ihm liegenden Sterne sehen kann.
Die Richtung des Schweifs wird durch die Flugrichtung des Kometen bestimmt; wenn er sich der Sonne annähert und in eine sie umgebende Umlaufbahn eintritt, zeigt der Schweif jedoch immer in die der Sonne entgegengesetzte Richtung. Der Durchmesser des Kopfes kann bis zu 250000 km betragen, während sich der Schweif über 200 Millionen km erstrecken, d. h. länger als die Entfernung zwischen Erde und Sonne sein kann.

Auf der Grundlage der von den Raumsonden gelieferten Daten wurden bestätigt, daß sich der Kometenkern aus Eis und Staubteilchen zusammensetzt. Die äußere Oberfläche hat sich dennoch als sehr dunkel herausgestellt: sie kann nur 5% des einfallenden Sonnenlichts reflektieren. Die Spektrenanalyse der Kometen hat ergeben, daß in ihnen verschiedene Verbindungen vorhanden sind, die aus ziemlich gewöhnlichen Elementen wie Wasserstoff, Kohlenstoff, Sauerstoff und Stickstoff bestehen. Es wurden aber auch komplexe organische Moleküle nachgewiesen.
Bei der Annäherung an die Sonne sublimiert das Eis und schleppt auch die festen Teilchen mit sich: auf diese Weise entsteht die Koma. Der Sonnenwind reißt die dabei entstandenen Gase aus der Koma und bewirkt somit die Bildung des Kometenschweifs. Rund um den Kopf einiger Kometen konnte ein breiter Hof aus atomarem Wasserstoff – dreimal so groß wie der Durchmesser des Kometen – beobachtet werden.

Die Kometen lassen Rückstände hinter sich, die sowohl aus feinem Staub als auch aus größeren festen Teilchen bestehen. Der durch das Sonnenlicht verbreitete Staub erscheint im Osten vor Sonnenaufgang und im Westen nach Sonnenuntergang als ein heller Schimmer am Himmel. Die größeren festen Teilchen können als Meteorregen beobachtet werden, wenn sich die Erde nahe der Umlaufbahn eines regelmäßigen Kometen befindet.
Bereits im Altertum wurden Kometen beobachtet, und ihre unerwartete und leuchtende Erscheinung wurde lange Zeit als unglückverheißendes Vorzeichen betrachtet. Die ersten Informationen über die Kometen reichen bis 3000 v. Chr. zurück, doch erst seit der Neuzeit haben die Beobachtungen genauere Erkenntnisse gebracht.
Nach der Entdeckung des Teleskops und durch die Nutzung der Fotografie für astronomische Zwecke ist die Zahl der beobachteten und katalogisierten Kometen immer mehr angestiegen.

Ursprung und Aufbau der Kometen. Dank der Sonden VEGA (von der Sowjetunion gestartet) und Giotto war es zum ersten Mal möglich, den Kern eines Kometen direkt zu beobachten. Dabei hat sich herausgestellt, daß dieser Kern eine ziemlich unregelmäßige Form aufweist, deren längste Seite ca. 15 km beträgt. Er ist von sehr dunkler Farbe, dunkler als Kohle. Es scheint, als ob das darunterliegende Eis von einer sehr kompakten »Kruste« bedeckt ist. Bei Annäherung an die Sonne bilden sich Brüche an der Oberfläche, aus denen Strahlen aus Gas und Staub, einer »Fontäne« ähnlich, entweichen. Diese Strahlen entstehen in dem der Sonne zugewandten Teil, und das dabei austretende Material wird dann in Richtung des Schweifs gedrängt.
Die Sonde Giotto – die erste vollkommen europäische, interplanetarische Raummission – war sowohl vom wissenschaftlichen als auch vom technologischen Standpunkt ein voller Erfolg. Die Telekamera, zu deren Konstruktion verschiedene italienische Institute einen wesentlichen Beitrag geleistet haben, mußte unter äußerst schwierigen Bedingungen filmen, da sie während ihrer Annäherung an den Kometen ständig von Teilchen bombardiert wurde. Die Sonde erreichte den Himmelskörper mit einer sehr hohen relativen Geschwindigkeit (ca. 70 km/Sek.) und wagte sich bis auf nur 600 km an den Kern des Kometen heran. Die Begegnung fand am 13. März in ca. 150 Millionen km Entfernung von der Erde statt. Die durch den Aufprall der Teilchen auftretenden Probleme, die jedoch unvermeidlich und außerdem bereits einkalkuliert worden waren, begannen ungefähr 100 Sekunden bevor die kürzeste Distanz vom Kometen erreicht wurde. 18 Sekunden vor der größtmöglichen Annäherung traf »etwas Großes« die Sonde und brachte sie ins Schwanken. Die Empfangsantenne auf der Erde verlor den Kontakt. Nach nur einer halben Stunde konnte die Kontrolle der Sonde wiederhergestellt werden, die jedoch bereits auf der anderen Seite der Koma ausgetreten war, während der Spiegel der Telekamera irreparable Schäden erlitten hatte. Eine wahre »Selbstmord«-Mission, die jedoch bereits vor den Schlußmomenten ihre Aufgabe zufriedenstellend erfüllt hatte; sie übermittelte Daten von höchstem wissenschaftlichem Interesse, mit denen man noch lange Zeit arbeiten wird können.

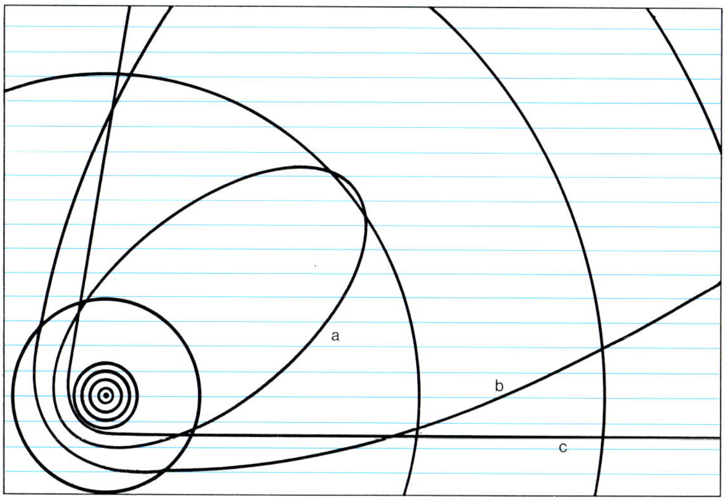

Die Kometenbahnen. Die von den Kometen zurückgelegten Flugbahnen lassen sich in drei Arten einteilen: elliptische (a, in der Zeichnung hier nebenan), parabolische (b) und selten und nur in äußerst besonderen Fällen hyperbolische (c). Die erste Form der Flugbahn ist für die periodisch auftauchenden Kometen kennzeichnend; die parabolischen sind für jene Kometen typisch, die zum ersten Mal und vielleicht zum letzten Mal bis zum Inneren des Sonnensystems vordringen. Manchmal kommt es vor, daß sich die parabolischen Umlaufbahnen aufgrund der durch die Planeten ausgeübten Anziehungskraft in eine elliptische verwandeln.

Wie sich die Kometen bewegen. In den Abbildungen hier unten wird eine Hypothese über die möglichen Ursachen formuliert, die einige Kometen dazu veranlassen, entlang ihrer Bahnen abzubremsen oder zu beschleunigen.
In der Abbildung (a) trifft die Sonnenstrahlung auf den Kometenkern und verursacht die Sublimierung des Eises; in der Folge werden die Moleküle mit einer Geschwindigkeit von einigen Dutzend Metern pro Sekunde ausgestoßen. Die in Richtung der Sonne ausgestoßenen Moleküle bewirken den sogenannten »Raketeneffekt«, der den Kometen in die der Sonne entgegengesetzte Richtung drängt.
Nehmen wir jetzt an, daß sich der Kern gegen den Uhrzeigersinn um sich selbst dreht (b), d. h. in derselben Richtung, in der sich der Komet bewegt. In diesem Fall wird der Kern weiter nach außen gedrückt, die Umlaufzeit erhöht sich, und deshalb erhöht sich auch die Beschleunigung.
Genau das Gegenteil ereignet sich, wenn die Rotation im Uhrzeigersinn erfolgt (dieser Fall wird in der Abbildung c dargestellt): der Schub nach außen wird behindert, die Umlaufzeit verringert sich, und die Folge ist die Verlangsamung des Kometen.

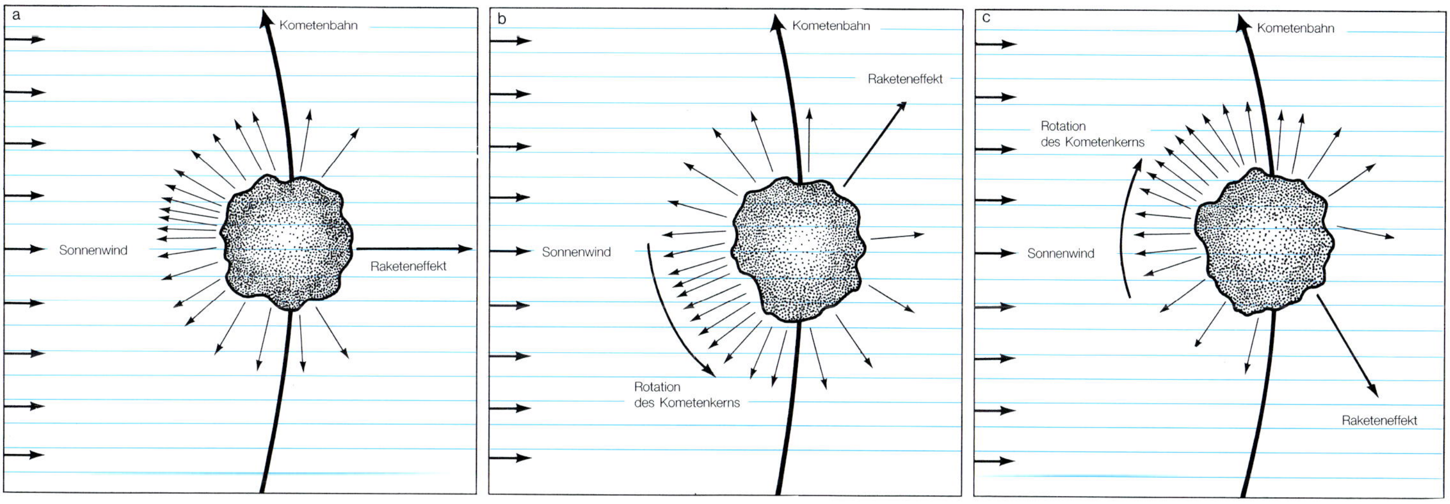

Das Bild eines klassischen Kometen. Innerhalb des stark leuchtenden Bereiches befindet sich der *Kern* (unsichtbar), dessen Ausmaße im allgemeinen einige Kilometer betragen. Dies ist der wirkliche Komet, der dunkle und kalte Körper, der den Großteil seines Lebens namenlos in großer Distanz die Sonne umläuft. Erst in einer Entfernung, die geringer als die Distanz zwischen Saturn und Sonne ist, beginnt der Komet seine aufsehenerregende Aktivität. Die nach und nach steigende Hitze läßt das Eis sublimieren, das gemeinsam mit anderen Gasen und Staub die *Koma* bildet, die sich bis zu Hunderttausenden Kilometern rund um den Kern erstrecken kann. Das Gas und der Staub werden dann vom Sonnenwind weggerissen, und es bildet sich der *Schweif*, der sich manchmal Dutzende oder Hunderte Millionen Kilometer ausdehnt. Der Schweif erstreckt sich deshalb unabhängig von der Bewegungsrichtung des Kometen immer in der der Sonne entgegengesetzten Richtung. Das leichtere Gas setzt dem Sonnenwind keinen Widerstand entgegen und bildet einen geradlinigen Schweif; der Staub, der ausreichend schwer ist, um der Anziehungswirkung zu unterliegen, bildet jedoch einen gebogenen Schweif, der sich gewöhnlich deutlich von dem aus Gas bestehenden abhebt. Nachdem er die »Boaumdrehung« rund um die Sonne beendet hat, verlöscht der Komet und wird wieder zum gänzlich inaktiven Kern aus »schmutzigem« Eis in Erwartung der darauffolgenden Rückkehr. Er wird jedoch einen Teil des Materials, aus dem er zusammengesetzt ist, verlieren. Nach wiederholten, aber nicht sehr vielen Passagen wird sich der Komet auflösen oder in verschiedene Teile zerbrechen, oder aber er wird seine Existenz fortsetzen, ohne über flüchtige Elemente zu verfügen, und deshalb äußerlich einem Asteroiden gleichen. Auf dem Foto ist der Kern des Halleyschen Kometen aus 18000 km Entfernung zu sehen (im Viereck ist die Richtung der Sonne angegeben).
Die zwei, auf der erleuchteten Seite des Kometen deutlich sichtbaren »jet streams« machen es unmöglich, die Ausmaße des Kerns in dieser Richtung zu unterscheiden, während die Konturen im Schatten deutlicher erscheinen.

Die Asteroiden

Die Asteroiden sind kleine felsige Körper, die sich großteils in einem Band zwischen den Umlaufbahnen des Mars und des Jupiters befinden, das gewöhnlich »Asteroidengürtel« genannt wird. Der größte Asteroid, *Ceres,* hat einen Durchmesser von ca. 1000 km und wurde im Jahre 1801 vom italienischen Astronomen Giuseppe Piazzi entdeckt. Der Durchmesser der Asteroiden *Pallas* und *Vesta* beträgt etwas mehr als 500 km, während die kleineren in ihren Ausmaßen großen Felsblöcken gleichen. Man nimmt fast mit Sicherheit an, daß sich im Asteroidengürtel auch Teilchen befinden, die nicht größer als Sandkörner sind.
Dies scheinen auch die vor kurzem durchgeführten Beobachtungen mit dem Infrarotsatelliten IRAS zu bestätigen, der inmitten des Hauptgürtels wahre Staubringe entdeckte. Dieses Gebiet ist jedoch nicht das einzige, in dem man Asteroiden finden kann. Einige reisen durch das Sonnensystem und kreuzen die Umlaufbahnen des Mars und der Erde. Ursprünglich nahmen die ersten Forscher an, daß es sich bei den Asteroiden um Bruchstücke eines ungefähr erdgroßen Planeten handeln könnte, der durch einen heftigen Zusammenstoß oder durch irgendeinen anderen geheimnisvollen Mechanismus zerbrach.
Diese Theorie wurde jedoch vor kurzem vom Großteil der Wissenschaftler aus mehreren Gründen verworfen. Unter anderem würden alle beobachtbaren Asteroiden kaum ausreichen, um gemeinsam einen kleinen Planeten zu bilden. Außerdem sind die relativen Geschwindigkeiten der Asteroiden zu hoch und weisen ohne jeden Zweifel daraufhin, daß sich keine planetarische Vergrößerung ereignen konnte, wie sie bei ihren größeren Brüdern stattgefunden hat.
Derzeit besagen die zuverlässigsten Theorien folgendes: Während der Phase, in der die Planeten im wesentlichen durch die Zusammenstöße mit Teilchen mit kleiner Relativgeschwindigkeit entstanden, war im Bereich des heutigen Jupiters der Vergrößerungsprozeß viel weiter fortgeschritten als in den inneren Zonen des Sonnensystems. Im Jupiterband waren bereits große Himmelskörper (»Planetesimale«) vorhanden, die mit ihren beträchtlich größeren Massen den Bereich zwischen Mars und Jupiter zu stören begannen, in dem sich langsamer die Bildung eines Planeten vollzog, der wahrscheinlich ähnliche Ausmaße wie die Erde aufwies. Die Störung verursachte eine drastische Veränderung der von den Teilchen im heutigen Asteroidengürtel rund um die Sonne verfolgten Flugbahnen, sodaß die Zusammenstöße zwischen ihnen begannen anstatt vergrößernd zerstörend zu wirken.
Der Großteil dieser bereits in der Zone zwischen Mars und Jupiter vorhandenen Teilchen wurde außerdem zu nahe an den Riesen unter den Planeten gedrängt und unvermeidlich wegge-

Wo befinden sich die Asteroiden und wie sind sie beschaffen? Die Abbildung hier oben zeigt einen Teil des Sonnensystems. Von links nach rechts erscheinen die Bahnen des Merkurs, der Venus, der Erde, des Mars und ganz rechts des Jupiters. Der Asteroidengürtel befindet sich zwischen den Umlaufbahnen des Mars und des Jupiters. Dieser Gürtel nimmt einen breiten Raum ein, dessen Entfernung von der Sonne zwischen 2,1 und 3,5 astronomische Einheiten beträgt. Die Asteroiden sind nicht gleichmäßig in diesem Gürtel verteilt sondern sie neigen dazu Gruppen zu bilden; dazwischen sind auch leere oder weniger dicht bevölkerte Zonen zu erkennen, die »Kirkwoodsche Lücken« oder »gaps« genannt werden. Diese sieben Zonen sind wahrscheinlich auf Störungen durch das Jupiterschwerefeld zurückzuführen, welche die ursprünglich in diesen Zonen vorhandenen Körper weggeschafft haben. In der Tabelle hier rechts nebenan werden die wichtigsten Daten der bekanntesten Asteroiden zusammengefaßt. Mehr als 4000 Asteroiden wurden genau beobachtet, aber über 60000 könnten mit den uns auf der Erde zur Verfügung stehenden Instrumenten noch entdeckt werden. Nur die größeren Asteroiden sind fast kugelförmig, die anderen weisen stark unregelmäßige Formen auf; man weiß noch wenig über ihre durchschnittliche Dichte (vielleicht zwischen 1,5 und 4 g/cm^3); ihre Rotationszeit schwankt von etwas mehr als zwei Stunden bis zu mehreren Tagen.

Name	Durchmesser (km)	Rotationszeit (Stunden)	Umlaufzeit um die Sonne (Jahre)	Mittl. Entfernung von der Sonne (astron. Einheiten)
• Ceres	1025	9,07	4,60	2,766
• Pallas	523	7,81	4,61	2,768
• Juno	244	7,21	4,36	2,668
• Vesta	501	5,34	3,63	2,362
• Hebe	192	7,27	3,78	2,426
• Iris	203	7,14	3,68	2,386
• Igea	429	14 (?)	5,29	3,151
• Eunomia	272	6,08	4,30	2,643
• Psyche	264	4,20	5,00	2,923
• Nemausea	153	7,78	3,64	2,366
• Eros	20	5,27	1,76	1,458
• Davida	337	5,13	5,67	3,190
• Icarus	2	2,27	1,12	1,078
• Geografo	2	5,22	1,39	1,244
• Apollo	2	3,06	1,81	1,486

fegt. Auf diese Weise ging wahrscheinlich mehr als 90 % der ursprünglichen Masse verloren. Aufgrund der hohen Relativgeschwindigkeit, die die übriggebliebenen Teilchen erreichten, setzten sie die zerstörenden Zusammenstöße fort. Nur die größeren Asteroiden entgingen dieser planetarischen Katastrophe und stellen noch heute das vielleicht zuverlässigste Beispiel eines primitiven Körpers in unserem Sonnensystem dar.
Andere von der Erde aus durchgeführten Beobachtungstechniken, wie z. B. die lichtelektrische Photometrie, haben es in den letzten Jahren ermöglicht, sich eine zwar nur oberflächliche, doch bereits ausreichende Vorstellung von den physikalischen und geometrischen Merkmalen der Asteroiden machen zu können. Besonders die Erforschung der Rotationseigenschaften (Rotationszeit und Form des Objektes) hat entscheidend zur Erklärung der wichtigsten Entwicklungsprozesse des Asteroidengürtels und zur Bestimmung seiner Bevölkerung am Ende der Anfangsphase beigetragen, in der die Jupiter-Planetesimale – in relativ kurzer Zeit – die Ausstoßung fast des gesamten ursprünglich in diesem Gebiet vorhandenen Materials bewirkten.
Die heutige Asteroidenbevölkerung ist mit großer Sicherheit das Endprodukt einer intensiven Kollisionsperiode und kann deshalb annäherungsweise in drei Kategorien eingeteilt werden; die in erster Linie von der Größe der Objekte abhängen und damit von der Wahrscheinlichkeit, bei einem Zusammenstoß zerstört zu werden.
Die größeren Asteroiden, deren Durchmesser ca. 300 km übersteigen, sind wahrscheinlich planetarische »Fossilien«, fast unversehrte Beispiele für die ursprünglichen »Planetesimale«, die »Bausteine«, aus denen sich die größeren Planeten gebildet haben. Sie sehen im wesentlichen wie Miniplaneten aus, sind fast kugelförmig oder an den Polen leicht abgeplattet, und ihre Oberfläche ist von zahlreichen Aufschlagskratern durch Meteoritenaufpralle übersät. Bei einigen dieser Asteroiden könnten sich zumindest teilweise in ihrem Inneren Differenzierungsprozesse – wie in allen erdartigen Planeten und Satelliten – ereignet haben.
Die Asteroiden mit einem Durchmesser von weniger als 100–150 km sind jedoch Bruchstücke der zerstörenden Zusammenstöße, die die gesamte Asteroidenbevölkerung während ihrer 4,6 Milliarden Jahre dauernden Existenz betroffen haben. Es könnte sich dabei um echte »Splitter« mit unregelmäßigen Formen und ziemlich unterschiedlichen Oberflächenzusammensetzungen handeln. Da ihre Schwerkraft sehr gering ist, sind die Kräfte, die ihre Form bestimmen, im wesentlichen die Kräfte der Körper im »festen Zustand« bzw. die Kohäsionskräfte.
Weitaus interessanter sind jene Asteroiden, deren Durchmesser zwischen 150 und 300 km beträgt. Diese haben wahrscheinlich so starke Zusammenstöße mit anderen Asteroiden erlitten, daß sie vollständig zerstört wurden. Gleichzeitig war jedoch die Schwerkraft ausreichend stark, um den Teilchen nicht zu erlauben, sich zu zerstreuen und ein eigenes unabhängiges Leben zu führen, sondern sie zu zwingen, aufeinanderzufallen und auf diese Weise eine neue Struktur zu bilden, die aus Felsbrocken unterschiedlichster Größe besteht, die von der gegenseitigen Anziehung der Schwerkraft zusammengehalten werden.
Auch die Form dieser besonderen Objekte wird durch die Eigenschwerkraft beherrscht, die höher ist als die Kohäsionskräfte. Wahrscheinlich hat der Aufprall während des zerstörenden Zusammenstoßes eine beträchtliche Erhöhung ihres »Dralls« bzw. ihrer »Rotationsfähigkeit« verursacht. Als Folge haben diese Asteroiden ihre Formen gemäß den typischen Gesetzen des Rotationsgleichgewichts verändert, wie das zwei- oder dreiachsige Ellipsoid oder sie haben sich – und das ist nicht unwahrscheinlich – in zwei Körper gespalten, die einander umkreisen. Tatsächlich erscheint ein großer Prozentsatz dieser Objekte heute in der Form stark länglicher Asteroiden mit sehr kurzen Rotationszeiten (4–6 Stunden). Sie scheinen deshalb ein greifbares und echtes Beispiel für jene besonderen Gleichgewichtsformen zu sein, die bis heute nur in der Theorie angenommen wurden. Durch komplizierte statistische Berechnungen hat diese interessante Asteroidengruppe die Schätzung jener Masse ermöglicht, die zu Beginn des Kollisionsprozesses im Asteroidengürtel vorhanden war. Diese Masse hat sich nur als einige Male größer als die heutige herausgestellt.
Wie bereits angedeutet, hat die Möglichkeit, daß unter den Asteroiden die Fälle der doppelten oder multiplen Systeme nicht unhäufig sind, besonderes Aufsehen erregt. Einige Beobachtungen bei Sternbedeckungen scheinen diese Hypothese zu bestätigen. Nur die Anwendung neuer fortgeschrittener Technologien oder, noch besser, die Beobachtung durch Weltraumteleskope werden jedoch dieses neue, stimulierende planetarische Problem endgültig lösen können.
Auch der Ursprung der sogenannten »Dynamischen Familien« scheint mit dem Kollisionsprozeß zusammenzuhängen. Diese setzen sich aus Asteroidengruppen mit sehr ähnlichen Bahneigenschaften zusammen (Abstand von der Sonne, Neigung und Exzentrizität). Ihre Bildung dürfte auf einen zerstörenden Zusammenprall zurückzuführen sein, bei dem jedoch die durch den Zusammenstoß entstandenen Teilchen weder mit großer Geschwindigkeit ausgestoßen und deshalb verstreut wurden, noch aufeinandergefallen sind, um, wie vorher beschrieben, eine Anhäufung von Trümmern zu bilden.
Diese Teilchen sind auf sehr ähnlichen Bahnen geblieben, und man kann sie auch heute noch leicht von der normalen Bevölkerung des Asteroidengürtels unterscheiden.
Die Erforschung der Asteroiden hat in den letzten Jahren stark an Bedeutung gewonnen, und es ist deshalb überaus wichtig, eine Raummission vorzubereiten, um schließlich eine Sonde in die Nähe einiger dieser kleinen Himmelskörper bringen zu können.
Die Vorbereitungen für eine französisch-sowjetische Mission (VESTA) laufen auf vollen Touren: die Sonde soll eine gewisse Anzahl an Asteroiden des Hauptgürtels besuchen und vielleicht auf die Oberfläche eines der größten Asteroiden ein echtes Miniaturchemielabor abwerfen. Gleichzeitig bewegt man sich auch in Richtung der Asteroiden der »Apollo-Amor«-Gruppe, die leichter zu erreichen sind, da sie sich auf einer Bahn bewegen, welche die Erdumlaufbahn kreuzt.
Durch eine Mission dieser Art wird man unter anderem auch die Herkunft dieser eigenartigen Objekte klären können. Man ist an diesem Projekt, das Licht in eine der ungelösten Fragen bezüglich des Ursprungs unseres Planetensystems bringen könnte, stark interessiert.

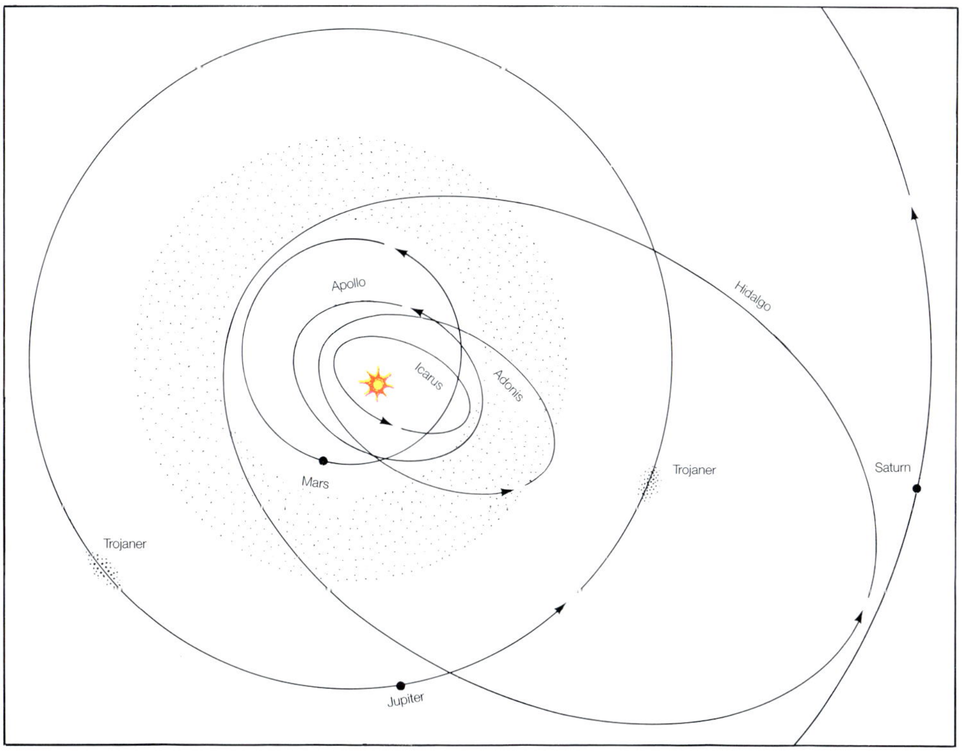

Die Asteroidenbahnen. Die Asteroiden bewegen sich in sehr unterschiedlichen Bahnen um die Sonne. Obwohl sich der Großteil in dem Gürtel zwischen Mars und Jupiter (auf der Zeichnung durch Punkte dargestellt) befinden, haben einige Asteroiden stark exzentrische Umlaufbahnen, die sie in die Nähe des Saturns (Hidalgo), des Jupiters (Gruppe der Trojaner) oder des Merkurs (Gruppe Apollo: besteht aus 19 kleinen Asteroiden, darunter Apollo, Icarus und Adonis, deren Bahnen hier oben eingezeichnet sind) führen.

Meteore, Meteoriten und Tektiten

Wenn man den Himmel betrachtet und ein helles Objekt entdeckt, das rasch den Horizont durchquert, hat man mit großer Wahrscheinlichkeit der Passage eines *Meteors* beigewohnt, der in die Erdatmosphäre eingetreten ist. Wenn dieser Passage auch ein abschließender Aufprall auf der Erdoberfläche folgt, wird dieses Objekt *Meteorit* genannt. Beim Eintritt der Meteore in die Atmosphäre wird ihre Oberfläche durch die Reibung mit der Luft überhitzt; sie brennen, bis sie völlig verdampfen. Die Intensität der Reibung erzeugt eine Hülle aus leuchtenden Gasen, deren Breite weit größer ist als die Ausmaße des Meteors.
Eine riesige Menge dieser Boliden dringt täglich in unsere Atmosphäre ein; aber es handelt sich dabei größtenteils um winzigkleine Teilchen in der Größe eines Sandkorns, die sich durch die Reibungswärme entzünden und zerfallen. Ihr loderndes Ende wird von grellen Lichtspuren begleitet: es sind dies die »Sternschnuppen«. Nur einige größere Meteore halten der Passage in der Atmosphäre stand und prallen dann auf der Erdoberfläche auf. Ein großer Teil dieser Meteoriten fällt in die Ozeane: jedes Jahr werden ca. ein Dutzend beobachtet und geborgen.
Bis heute wurden ca. 2000 Meteoritenexemplare gesammelt. Man kann sie in drei Gruppen einteilen, je nachdem ob ihre Zusammensetzung hauptsächlich aus Eisen-Nickel, steinigem Material oder Stein und Eisen besteht.
Aus den durchgeführten Untersuchungen geht hervor, daß einige dieser Meteoriten kaum der Wärme und dem Druck ausgesetzt waren, während die anderen deutlich erkennen lassen, daß sie in beträchtlichem Ausmaß darunter gelitten haben. Das besondere Interesse der Wissenschaftler gilt jenen Meteoriten, die keine derartigen Veränderungen aufweisen, da es sich wahrscheinlich – wie auch im Fall der Asteroiden – um die einzigen Gesteinsexemplare handelt, die nach der Bildung des Sonnensystems keine Veränderungen erfahren haben.
In einer vergleichenden Studie wurde festgestellt, daß die Erdfelsen außer den durch Wärme und Druck von der Erde selbst erzeugten Modifikationen auch Veränderungen aufweisen, die durch das Wasser und Oxidationsprozesse verursacht worden sind. Unter Anwendung der Methoden der radioaktiven Altersmessung konnte ermittelt werden, daß sowohl die Meteoriten als auch die ältesten Erdfelsen und die aus dem Mondboden entnommenen Proben vor ca. 4,6 Milliarden Jahren entstanden. Andere Untersuchungen haben ergeben, daß die einzelnen Me-

Meteoriten und Aufschlagskrater. Das Foto links unten zeigt den Meteoriten Canyon Diablo, einen 35 cm langen Eisenmeteoriten, der in Arizona gefunden wurde. Rechts davon ist der Meteoritenkrater bei Winslow in Arizona abgebildet. Es handelt sich um einen der bekanntesten Krater, die durch den Aufprall eines Meteoriten auf die Erdoberfläche entstanden sind. Der Durchmesser dieses kreisrunden Kraters beträgt 1300 m; der Boden befindet sich ca. 200 m unterhalb des Randes, der sich ca. 30 m über die ihn umgebende Ebene erhebt.

teoriten zahlreiche Spuren von Zusammenstößen aufweisen: sie entstanden, als sich die Meteoriten aufgrund der zwischen den größeren planetarischen Körpern stattfindenden Kollisionen von diesen Körpern loslösten.
Vor kurzem hat eine Gruppe amerikanischer Wissenschaftler in der Antarktis besondere, kohlenstoffhaltige Meteoriten entdeckt, die kohlenstoffhaltige Chondrite genannt werden. Da diese Körper in einer Umgebung mit sehr geringer Luftverschmutzung gefunden wurden, hat diese Entdeckung das Interesse der wissenschaftlichen Welt auf sich gezogen, da es scheint, daß zwei dieser Chondriten organische Verbindungen enthalten: wahrscheinlich Nebenprodukte jenes chemischen Evolutionsprozesses, von dem die Wissenschaftler annehmen, daß er der Entstehung des Lebens vorausgegangen ist.
Die Meteoritensammlung der Antarktis konnte dank einer außergewöhnlichen meteorologischen Situation und aufgrund besonderer Bedingungen des Eises entdeckt werden. Starke Winde fegten den Schnee und das Eis über den Meteoriten fort, und somit ließen sich diese Meteoriten auf der Oberfläche der Gletscher gut erkennen.
Es wurden mehr als 300 dieser wertvollen Meteoritenexemplare gesammelt, die mit ebenso großer Sorgfalt behandelt wurden wie die vom Mond entnommenen Proben: sie wurden mit Spezialhandschuhen eingesammelt, in sterile Säcke gepackt und in nicht oxidierenden Stahlbehältern versiegelt.
Tektiten sind kleine glasige Körper, die in größeren Mengen in mehreren Gegenden auf der Erde entdeckt wurden. Ihre Merkmale unterscheiden sie vom Großteil aller anderen auf der Erde entstandenen Objekte. Bis vor kurzem waren sich die Wissenschaftler über deren exakte Beschaffenheit nicht im klaren.
Die Oberflächen der Tektiten zeigen Spuren der aerodynamischen Wirkung der Geschwindigkeit auf, die auf einen Körper einwirken, der sich durch den Raum bewegt. Die aerodynamische Form und Oberflächengestaltung sind Anzeichen dafür, daß sich die Tektiten seinerzeit in geschmolzenem oder halbgeschmolzenem Zustand befanden. Sie bestehen aus einer glasigen Substanz, die Einschlüsse und deutliche innere und äußere Vergrößerungsstrukturen aufweist.
Daraus kann man schließen, daß die Tektiten in einer gewissen Phase ihrer Entwicklung ziemlich flüssig waren und Temperaturen bis über 2000° C erreichten. Es scheint, daß sie durch einen raschen Schmelzungsprozeß hindurchgingen und sich danach ebenso rasch abkühlten. Die Strukturmerkmale unterscheiden die Tektiten von fast allen anderen glasigen Materialien auf der Erde; man kann wahrscheinlich auch einen vulkanischen Ursprung ausschließen.
Vor kurzem durchgeführte Untersuchungen haben die Verbindung zwischen den Tektitenvorkommen und den Meteoritenkratern hervorgehoben. Das für das Aufschlagsmaterial des Riesenkraters in Deutschland errechnete Alter stimmt fast genau mit dem Alter der tschechoslowakischen Tektitenvorkommen überein: 300 Millionen Jahre. Das Aufschlagsmaterial, das in Ghana im Bosumtwikrater gefunden wurde, weist dasselbe Alter wie die Tektiten der Elfenbeinküste auf: ca. 2000 Millionen Jahre. Weitere Forschungsarbeit wird geleistet werden müssen, um eine komplette und zufriedenstellende Erklärung der Entstehung der vier bis heute auf der Erde entdeckten Tektitenvorkommen geben zu können.
Obwohl man heute fast mit Sicherheit annimmt, daß der wesentliche Bildungsprozeß den Meteoritenaufschlägen zuzuschreiben ist, sind der Aufschlagsort und die damit verbundenen einzelnen Phänomene derzeit noch umstritten und stellen noch immer das Objekt intensiver Forschungstätigkeit dar. Eine der Theorien hält den Mond für den wahrscheinlichen Ursprungsort der Tektiten.

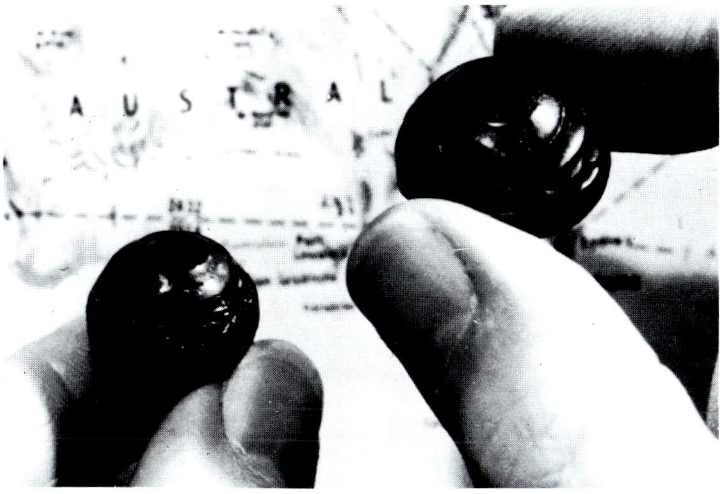

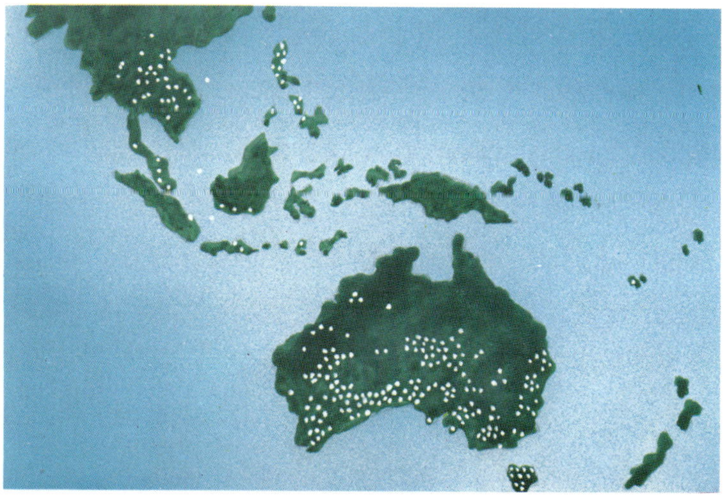

Glasige Körper aus dem All. Auf dem Foto hier nebenan wird ein Tektit (rechts) mit einem künstlichen Modell verglichen, das durch die Simulation der Bedingungen beim Eintritt in die Erdatmosphäre gewonnen wurde. Beide Objekte weisen eine aerodynamische Struktur auf, wie sie bei Körpern auftritt, die sehr rasch die Atmosphäre durchquert haben. Auf der Landkarte in der Mitte sind Gebiete eingezeichnet, in denen sich die jüngsten Tektitenregen (vor ca. 700000 Jahren) ereigneten; das meistbetroffene Gebiet ist Australien. Die drei Abbildungen unten illustrieren eine Hypothese über den Ursprung der Tektiten: Ein Meteorit nähert sich dem Mond (1) an und schlägt auf seiner Oberfläche auf (2); das in alle Richtungen zerstreute Material kann der Anziehungskraft entgehen, die das Kraftfeld des Mondes ausübt, und wird in der Folge von der Anziehungskraft der Erde angezogen (3). Während der Reise durch das All, bilden sich die verschiedenen Formen, darunter auch kugelige; bei Eintritt in die Erdatmosphäre entwickelt sich an der Frontseite dieser kugeligen Objekte, d. h. der Tektiten, die charakteristische aerodynamische Form.

Mondpanorama

Unser Satellit. Die Abbildung stellt einen Teil der Mondoberfläche, die Sonne (1) und die Erde (7) dar. Vom Mond aus beobachtet, zeigt auch die Erde im Laufe des 29 Tage dauernden Mondmonats verschiedene Phasen; es ist deshalb richtig, von »Neuerde« und »Vollerde« zu sprechen. Die Mondlandschaft ist durch starke Gegensätze zwischen Licht und Schatten gekennzeichnet, die nicht durch eine Atmosphäre gemildert oder nuanciert werden. Krater, Hochebenen und Meere sind die auffälligsten Elemente, während seine Oberfläche allgemein eher kompakt erscheint, obwohl sie insbesondere in den niedrigliegenden Gebieten mit einer durch mechanische Veränderungen entstandenen Schuttschichte, dem Mondregolith, bedeckt ist; vor den gelungenen Mondlandungen bezweifelte man das Vorhandensein einer derartigen Schicht.

Der Mond in der Raumforschung. Auf dieser Abbildung sind einige Raumschiffe eingezeichnet, die mit den wesentlichen Forschungsetappen der eingehenden Untersuchung des Mondbodens zusammenhängen, der übrigens im nächsten Kapitel genau behandelt wird. (2: Luna 9; 3: Kommandostufe der Apollo; 4: Mondstufe der Apollo 11, 5: Luna 2; 6: Surveyor 1). Luna 2 war das erste Raumschiff, das sich im September 1959 dem Mond annäherte; es zerschellte jedoch an der Mondoberfläche und konnte keine Daten zur Erde senden. Zwei Jahre davor, im Oktober 1957 wurde der erste künstliche Satellit in die Erdumlaufbahn geschossen: der sowjetische Sputnik 1.

Das Innere des Mondes. Im Viereck rechts oben wird ein Strukturmodell des inneren Aufbaus des Mondes (rechts) mit jenem der Erde (links) verglichen. Von außen nach innen: G: ca. 60 km starke Kruste, deren Außenseite aus Felsen mit relativ geringer Dichte besteht (außer in den Basaltzonen der Meere, die sich hauptsächlich auf der erdzugewandten Seite befinden); F: ein Mantel, der sich bis zu einer Tiefe von ca. 1000 km erstrecken dürfte und durch große Härte gekennzeichnet ist; E: der zentrale felsige Kern (zumindest teilweise in geschmolzenem Zustand). Erdaufbau: A: felsige Kruste; B: Mantel; C: äußerer flüssiger Kern aus Eisen und Nickel; D: innerer fester Kern.

Die Erforschung des Mondes

Aufgrund seiner Nähe zur Erde war der Mond in den letzten Jahrhunderten das Objekt wiederholter und ständiger teleskopischer Untersuchungen, und er war auch der erste Himmelskörper, der im Mittelpunkt der erkundenden Raumforschung sowohl mittels der automatischen Sonden als auch durch bemannte Raumschiffe stand. Bereits zu Beginn des Raumfahrtzeitalters im Jahre 1959 hatte die sowjetische Sonde Luna 3 die ersten Aufnahmen des der Erde abgewandten Mondgesichtes geliefert.
Im Jahre 1964 war es die erste amerikanische Sonde Ranger 7, die eine Reihe von Fernsehaufnahmen des Mondes zur Erde sandte, bevor sie an seiner Oberfläche zerschellte.
Die sowjetische Sonde Luna 9, die im Jahre 1966 die erste »weiche Mondlandung« ausführte, brachte die Mondforschung einen großen Schritt weiter. Die dabei aufgenommenen Bilder zeigen einen sehr unebenen Boden, der mit Vertiefungen und verstreuten Felsblöcken bedeckt ist. Im selben Jahr konnte auch Surveyor 1 Direktaufnahmen von der Mondoberfläche übertragen, und dieselbe Aufgabe erfüllten in den zwei darauffolgenden Jahren auch noch drei weitere Surveyor-Sonden. Die Instrumente an Bord dieser unbemannten Raumschiffe bestanden unter anderem aus hochentwickelten Sonden, die in der Lage waren, in das Oberflächenmaterial des Satelliten einzudringen und mit großer Zuverlässigkeit deren Zusammensetzung zu bestimmen.
Die letztgenannten Missionen waren Teil der Vorbereitungen eines für die amerikanische Raumfahrt äußerst wichtigen Programms mit dem Ziel, vor Ende der sechziger Jahre einen Menschen auf den Mond zu bringen. Zu diesem Zweck mußte man sowohl die möglichen Stellen für eine weiche Landung auf der Mondoberfläche sorgfältigst auswählen als auch die vom geologischen Standpunkt aus eventuell interessanten Gegenden in Betracht ziehen.
Deshalb wurden im Zeitraum 1966/67 fünf Lunar Orbiter in eine Mondumlaufbahn gesetzt, um die Oberfläche im Detail zu erforschen. Durch diese Missionen erhielt man sowohl senkrechte als auch schräge hochaufgelöste Aufnahmen (bis zu einem Meter). Diese Forschungsreihe, deren Einzelergebnisse bereits von großer wissenschaftlicher Bedeutung waren, stellten den Ausgangspunkt einer aufsehenerregenden Serie dar: den zwischen Juli 1969 und Dezember 1972 durchgeführten sieben Apollo-Missionen.
Am 20. Juli 1969 landete zum ersten Mal die Mondlandefähre der Apollo 11 im südwestlichen Teil des Meers der Ruhe und kehrte mit der dreiköpfigen Besatzung wieder zur Erde zurück, wo vier Tage danach 22 kg lunarer Stein- und Bodenproben zur Verfügung standen. Die Landestellen der Apollo 11 und 12 wurden aufgrund der Aufnahmen der Lunar Orbiter ausgewählt, die eine Gegend mit eher sanfter Geomorphologie und einer geringen Anzahl an Kratern gefunden hatten. Das Entscheidungskriterium war also die maximale Sicherheit für die Besatzung. Die für die Apollo 11 ausgewählte Landestelle befand sich dennoch in der Nähe der Hochebenen und wies mehrere sekundäre Krater und

Die Erforschung des Mondes. Die hier unten abgebildete Karte zeigt das der Erde zugewandte Gesicht des Mondes; auf ihr sind die Mondlandungen der automatischen Sonden Ranger, Surveyor und Luna sowie jener der bemannten Mondkapseln der Apolloflüge eingezeichnet. In der nebenstehenden Tabelle werden die wichtigsten bemannten Raummissionen zusammengefaßt: die Daten beziehen sich auf elf Missionen, die in fünf Jahren intensiver Forschungstätigkeit durchgeführt wurden. Die Erforschung des Erdsatelliten hat nur einen eher geringen Prozentsatz an den Gesamtkosten des Apollo-Projektes eingenommen, obwohl gute Ergebnisse erzielt werden konnten; die Aufnahmen und das gesammelte Material haben es ermöglicht, die geologische Entstehungsgeschichte dieses Satelliten fast vollständig zu rekonstruieren.

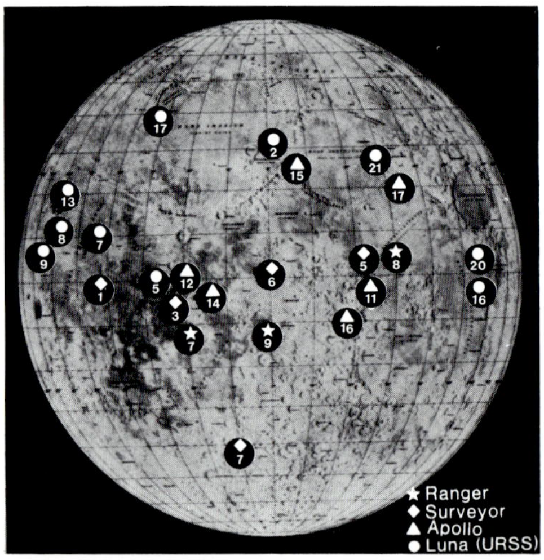

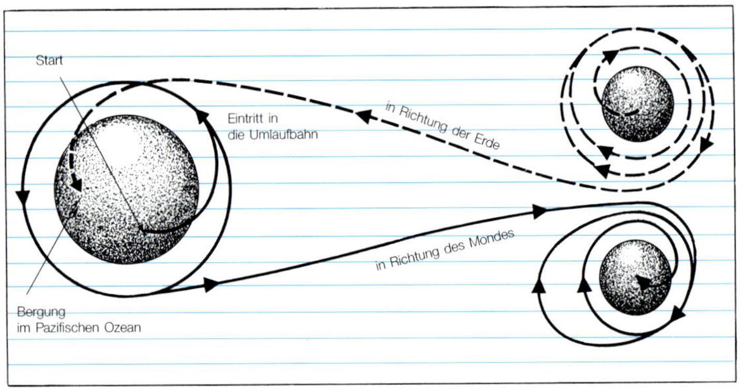

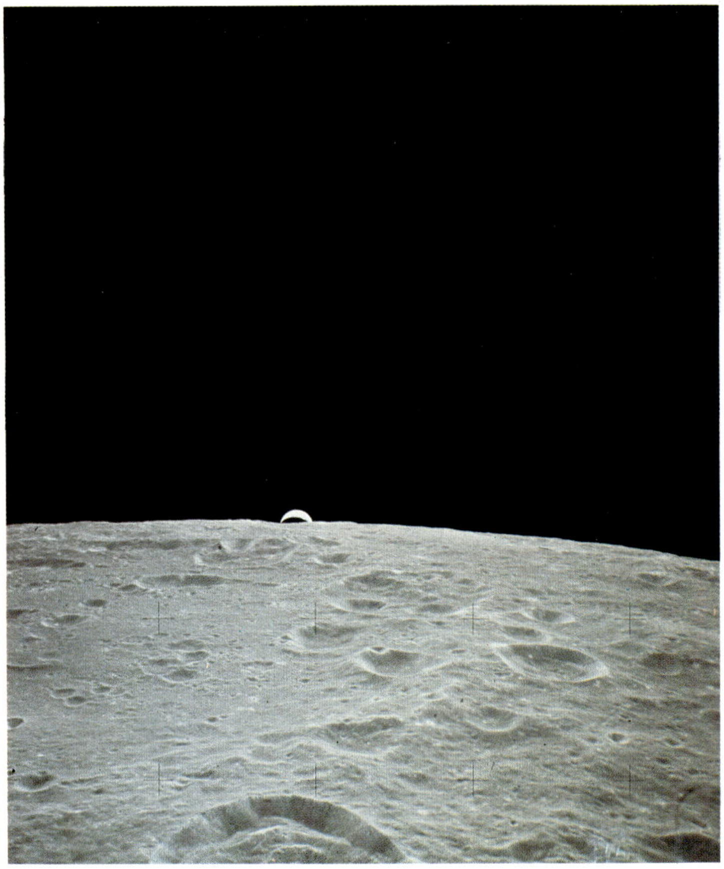

Wie wurde der Mond erreicht. Die obere Abbildung stellt in einer Zeichnung den Moment dar, in dem sich die Mondlandefähre vom Mutterschiff des Apollo-Raumfahrzeugs abkapselt; diese Landefähre wird weich auf dem Mond landen. Hier oben eine schematische Darstellung der Flugbahn der Apollo 11, die auf dem Mond landete und danach zur Erde zurückkehrte. Die darauffolgenden Missionen folgten ähnlichen Flugbahnen, das Mutterschiff kreiste jedoch in geringerer Höhe. Auf dem während der Apollo-Mission 11 aufgenommenen Foto hier oben kann man die Erde erkennen, die am Mondhorizont aufgeht.

DER MENSCH AUF DEM MOND

Mission	Besatzung	Start	Rückkehr zur Erde	Ergebnisse
Apollo 7	Walter M. Schirra, Donn F. Eisele, Walter Cunningham	11. Oktober 1968	22. Oktober 1968	Probeflug des CSM (Kommando und Service Modul) mit Besatzung, Abschuß der Trägerrakete Saturn 1B.
Apollo 8	Frank Borman, James A. Lovell, William A. Anders	21. Dezember 1968	27. Dezember 1968	Abschuß der Saturn 5 mit dem ersten Menschen an Bord; 10 Umkreisungen des Mondes mittels des CSM.
Apollo 9	James A. McDivitt, David R. Scott, R. L. Schweickart	3. März 1969	13. März 1969	Flug des CSM und der Landestufe in der Umlaufbahn; Abschuß der Saturn 5.
Apollo 10	Thomas P. Stafford, John W. Young, Eugene A. Cernan	18. Mai 1969	26. Mai 1969	Generalprobe für die Landung auf dem Mond nach zweieinhalb Tagen in der Umlaufbahn.
Apollo 11	Neil A. Armstrong, Michael Collins, Edwin E. Aldrin	16. Juli 1969	24. Juli 1969	20. Juli; Armstrong und Aldrin landen zum ersten Mal auf dem Mond im Mare Tranquillitatis (Meer der Ruhe).
Apollo 12	Charles Conrad, Richard F. Gordon, Alan L. Bean	14. November 1969	24. November 1969	Conrad und Bean landen am 19. November im Oceanus Procellarum (Ozean der Stürme).
Apollo 13	James A. Lovell, John L. Swigert, Fred W. Haise	11. April 1970	17. April 1970	Der Landeversuch wurde nach der Explosion des Sauerstofftanks, welche die Raumausrüstung zerstörte, abgebrochen.
Apollo 14	Alan B. Shepard, Stuart A. Roosa, Edgar D. Mitchell	31. Jänner 1971	9. Februar 1971	Shepard und Mitchell landen am 5. Februar ca. 50 km nördlich des Kraters Fra Mauro.
Apollo 15	David R. Scott, Alfred M. Worden, James B. Irwin	26. Juli 1971	7. August 1971	Scott und Irwin landen am 30. Juli im Hadley-Tal. Es wird zum ersten Mal ein Mondjeep benutzt.
Apollo 16	John W. Young, Thomas K. Mattingly, Charles M. Duke	16. April 1972	27. April 1972	Young und Duke landen am 21. April auf den Descartes-Bergen.
Apollo 17	Eugene A. Cernan, Ronald E. Evans, Harrison H. Schmitt	7. Dezember 1972	19. Dezember 1972	Cernan und Schmitt landen am 11. Dezember am Rande des Mare Serenitatis (Meer der Heiterkeit) in der Nähe des Littrow-Kraters.

Schrammen auf, die hauptsächlich vom Krater Theophilus stammen.
Auch Apollo 12 registrierte diese Schrammen, die jedoch in diesem Fall vom Krater Copernicus ausgingen. Die folgenden Landestellen wurden vor allem aufgrund ihrer geologischen Bedeutung ausgewählt, obwohl Navigationsprobleme in den Endphasen vorausgesehen wurden, die sich dann auch bewahrheiteten, wie im Falle der Apollo 14, deren Landung sich als äußerst schwierig herausstellte. Während der Apollo-15-Mission wurde zum ersten Mal ein »Geländewagen« eingesetzt, den die Astronauten benutzten, um sich rascher von einem Ort zum anderen bewegen zu können; so ein Gefährt wurde auch während der Missionen Apollo 16 und 17 verwendet.
In der Zwischenzeit hatte die Sowjetunion 1970 ein unbemanntes Raumfahrzeug zu diesem Satelliten geschickt: Luna 16, das, nachdem es Proben aus dem Meer der Fruchtbarkeit entnommen hatte, diese auch automatisch zur Erde brachte. Im selben Jahr landete auch ein sowjetischer automatischer Traktor, der Lunokhod, auf dem Mond, welcher im Bereich von ca. 1 km rund um die Landestelle der Sonde den Boden erforschte. Danach war es Luna 20, die im Jahre 1971 mit einer Ladung Mondproben in die UdSSR zurückkehrte. Im Jahre 1973 setzte Luna 22 einen weiteren Lunokhod im Ostteil des Meeres der Heiterkeit ab. Die insgesamt erhaltenen Ergebnisse haben es ermöglicht, ein fast komplettes Bild der geologischen Geschichte und der Morphologie des Mondes zu entwerfen.

Die Missionen Apollo 11 und Apollo 17. Auf dem obersten Foto ist der Astronaut Aldrin von der Apollo-11-Besatzung abgebildet, während er einen Seismographen auf dem Mondboden absetzt, dank dieses Seismographen wurden sowohl Mondbebensignale als auch die durch die Landungen auf dem Mond verursachten Schwingungen aufgezeichnet und zur Erde gesandt. Das Foto links zeigt die Probensammlung in der Nähe eines großen Felsblockes (Mission Apollo 17); das von den Astronauten der Apollo 12 aufgenommene Foto rechts zeigt die Sonde Surveyor 3 im Ozean der Stürme; im Hintergrund ist die Mondlandefähre zu sehen.

Ursprung und Entwicklung des Mondes

Die Mondlandungen der amerikanischen Astronauten der Apollo-Mission und die Forschungsflüge der sowjetischen automatischen Sonden stellen eine wesentliche Etappe in jenen wissenschaftlichen Programmen dar, die in den vergangenen Jahrzehnten versucht haben, den Ursprung und die geologische Entwicklung dieses Erdsatelliten zu klären.
Obwohl der Mensch bereits seit der Prähistorie aufmerksam und mit wachsender Genauigkeit den Mond beobachtet hat, so daß er sogar dessen Rotationszeit, dessen Umlauf um die Sonne und die scheinbaren Formveränderungen genau erkennen konnte, die durch die verschiedenen Einfallswinkel der Sonnenstrahlen entstehen, war erst die teleskopische Beobachtung in der Lage, die ersten Grundlagen für eine exakte Analyse dieses Himmelskörpers zu liefern.
Das geringe Auflösungsvermögen der ersten Instrumente hatte die Astronomen zur Annahme veranlaßt, daß die dunklen Zonen der Mondscheibe weiten, mit Wasser bedeckten Flächen entsprächen; daher kommt auch die lateinische Bezeichnung *Mare* oder *Maria*. Folgerichtig wurden auch die dunklen Zonen geringerer Größe mit dem lateinischen Ausdruck für Bucht, See oder Sumpf bezeichnet.
Der derzeitige Wissensstand erlaubt es, eine objektiv zuverlässige geologische Entstehungsgeschichte des Mondes zu skizzieren; und doch gibt es auch heute noch Fragen nach dem Ursprung des Mondes. Eine der Hypothesen hält den Mond für einen Teil der Erde, der sich zu einem gewissen Zeitpunkt von ihr löste. Diese Spaltungstheorie betrachtet den Pazifischen Ozean als mögliche Narbe, die dieser Trennungsprozeß hinterlassen hat.
Eine zweite Theorie nimmt jedoch an, daß der »Planet« Mond vom Erdschwerefeld angezogen hatte, die zu jener Zeit in geringer Entfernung die Erde umkreisten. Die letzte Hypothese nimmt an, daß sich der Mond durch Vergrößerung des bereits in der Umlaufbahn der Erde vorhandenen Materials gebildet hat, wie deutlich aus der dritten Abbildung zu erkennen ist. Die Daten der Apollo-Missionen scheinen derzeit die zweite Hypothese auszuschließen, während die Diskussion um die beiden anderen noch offen ist, da die gewonnenen Informationen beide Lösungen zulassen.

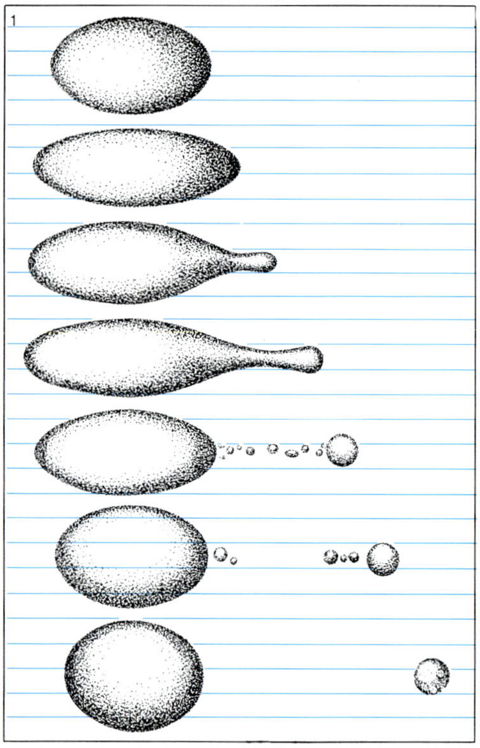

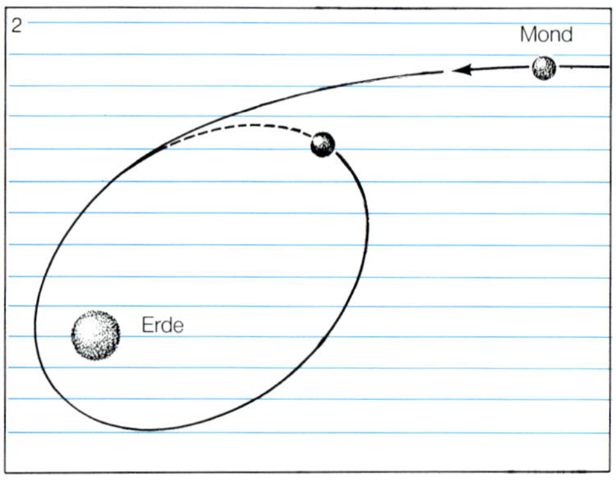

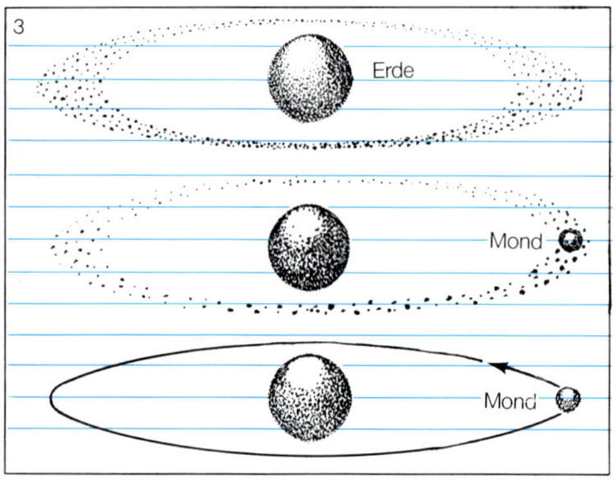

Die Entstehung des Mondes. Die drei Zeichnungen hier oben stellen die drei über den Ursprung des Erdsatelliten aufgestellten Hypothesen dar: durch Teilung (1), durch Einfang (2) und durch Vergrößerung (3). Die erste Hypothese geht von der Annahme aus, daß sich die Erde sehr rasch, in ca. 2,6 Stunden, um die eigene Achse drehte. Die mit der Trennung eines schweren Kerns verbundenen Prozesse hätten eine Veränderung der Rotationsbewegung der Erde herbeigeführt: aus diesem Grund nahm der Planet zuerst die Form eines Sphäroids und dann jene einer Birne an, die sich immer weiter verlängerte, und von der sich dann ein Teil trennte, der den Mond bildete. Die zweite Hypothese nimmt an, daß der Mond ein Körper war, der sich frei im Raum bewegte, als er durch die Anziehungskraft der Erde eingefangen wurde. Er war gezwungen, um die Erde zu kreisen und dabei seine überschüssige Energie zu verzehren, die er durch seine freie Bewegung aufgrund der Reibung der Gezeiten und den möglichen Zusammenstößen mit Schutt und Trümmerstücken angesammelt

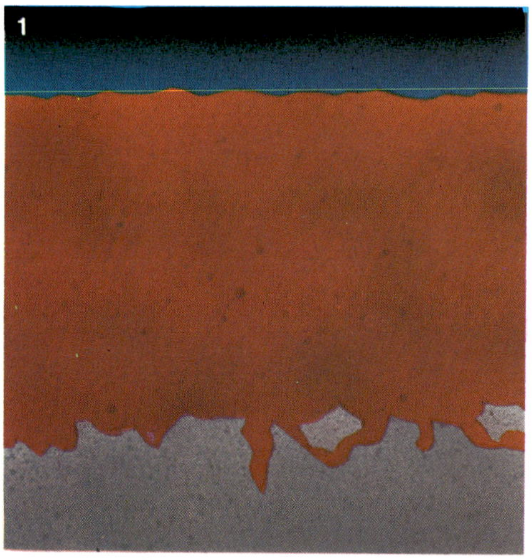

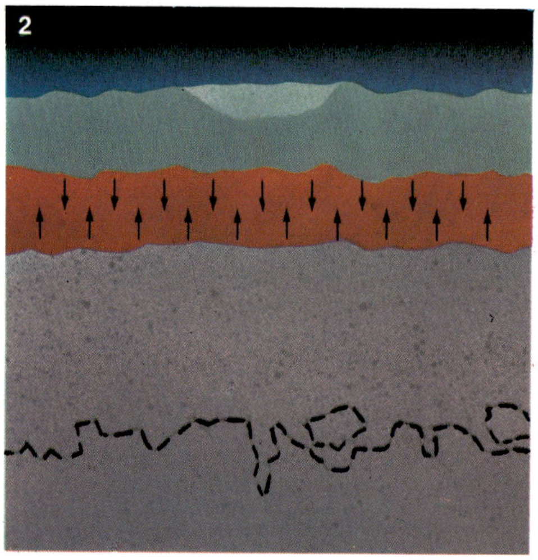

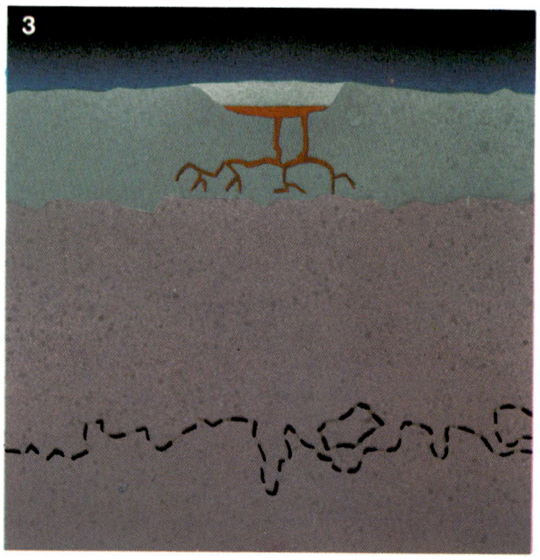

Die Entwicklung des Mondes. In den sechs aufeinanderfolgenden Abbildungen (oben und auf der gegenüberliegenden Seite) werden die Evolutionsprozesse der Mondoberfläche und des Mondinneren zeichnerisch dargestellt. Im Entstehungszeitpunkt (1) ereignete sich ein Fusionsprozeß an der Oberfläche (rot: geschmolzenes Gestein; violett: Mantel), auf den aufgrund geteilter Kristallisierungsprozesse (2) die Trennung einer Kruste (grau) erfolgte, die Bildung des Norith mit einem hohen Gehalt an Kalium, Elemente der seltenen Erde und Phosphor (3), die intensive Verkraterung durch Aufschläge (4), die teilweise Schmelzung des oberen Mantels und in der Folge die Basalte vulkanischen Ursprungs, die die Meere gebildet haben (5) und der heutige Endzustand der Ruhe (6).

Steinproben. Im Foto hier oben: lunarer Schutt, der von der Besatzung der Apollo 11 eingesammelt wurde; es handelt sich um einen Felsen, der aus in feinkörnigem Muttergestein eingebetteten Bruchstücken zusammengesetzt ist.

wurde. Die dritte Hypothese zieht einen Vergrößerungsprozeß seitens eines Komplexes kleinerer Körper in Betracht, die zuvor rund um die Erde kreisten. Eines scheint jedoch ziemlich sicher zu sein: die Erde und der Mond stammen aus derselben Region des entstehenden Universums. Falls dem wirklich so ist, wie auch die Analysen der isotopischen Zusammensetzung der Mondproben und der Erdfelsen bestätigen, muß man derzeit zumindest die Theorie ausschließen, daß der Mond von der Erde eingefangen wurde, nachdem er sich in einem von der Erde weitentfernten Ort gebildet hatte.
Da es aus Gründen der Dynamik nicht sehr wahrscheinlich ist, daß es sich beim Mond um ein Stück handelt, das sich vom Mutterplanet gelöst hat, scheint das stichhaltigste Modell jenes zu sein, das die Entstehung des Mondes durch die Vergrößerung anderer, in der Erdumlaufbahn vorhandener Körper erklärt. Bezüglich der Herkunft dieses Materials dürfte es sich um das Ergebnis eines Kondensationsprozesses handeln, der vor der Einfangung durch das Erdschwerefeld stattgefunden hatte.
Der auf die Entstehungsphase des Mondes folgende Prozeß, der sowohl die Differenzierung seiner inneren Struktur als auch die Oberflächenentwicklung kennzeichnete, kann in sechs grundlegende Abschnitte unterteilt werden: a) der Ursprung des Satelliten; b) die Trennung der ursprünglichen Kruste; c) eine erste Phase vulkanischer Tätigkeit; d) eine Periode heftiger Bombardierung von seiten unendlich vieler Kleinplaneten; e) eine weitere Phase vulkanischer Aktivität; f) ein relativ ruhiger Endabschnitt. Vom chronologischen Standpunkt betrachtet dürfte sich die erste Phase dieses Prozesses vor 4,7 bis 4,6 Milliarden Jahren ereignet haben, die zweite, die dritte und vierte Phase vor 4,6 bis 3,7 Milliarden Jahren, die fünfte vor 3,7 bis 3,2; die letzte Phase erstreckt sich von vor 3,2 Milliarden Jahren bis heute.
Die Grundlagen dieses Entwicklungsschemas bilden die Mondgesteinsproben, die durch automatische Sonden und Astronauten eingesammelt wurden, sowie eine detaillierte fotografische Analyse der Mondoberfläche. Weiters wurden geophysikalische Messungen berücksichtigt, die durch verschiedene Analysegeräte registriert wurden. Einige dieser Instrumente wurden direkt an der Oberfläche des Satelliten benutzt oder dort im automatischen Betrieb zurückgelassen. Das derzeitige Bild, das sich daraus ableiten läßt, zeigt bis zu einer Tiefe von etwa 1000 km einen kalten und steifen Körper, in dem jedoch möglicherweise geeignete Druck- und Temperaturbedingungen herrschen, um in den größeren Tiefen Lava entstehen zu lassen. Die von der Erde aus beobachteten vorübergehenden Oberflächenphänomene, wie die häufigen farblichen Veränderungen einiger Zonen, und die mittels der Instrumente direkt auf dem Mond registrierten Ereignisse sprechen für eine gelegentliche, meist gasförmig auftretende, vulkanische Tätigkeit. Weiters besteht die Möglichkeit leichter Erdbeben, die durch das Gravitationsfeld der Erde ausgelöst werden, wenn der Mond nahe seinem Perigäum steht.

MONDDATEN	
• Mittl. Entfernung v. d. Erde	384000 km
• Kürz. Abstand v. d. Erde	356410 km
• Längst. Abstand v. d. Erde	406700 km
• Bahnneigung	5° 9'
• Mittlerer Radius	1738 ± km
• Mittlere Dichte	3,34 g/cm³
• Volumen	$2{,}2 \cdot 10^{10}$ km³
• Oberflächentemperatur (Minimum)	−171° C Äquator −203° C Pol
• Oberflächentemperatur (Maximum)	117° C
• Achsenrotationszeit	27,3 Tage
• Siderische Umlaufzeit	27,3 Tage
• Synodische Umlaufzeit	29,5 Tage

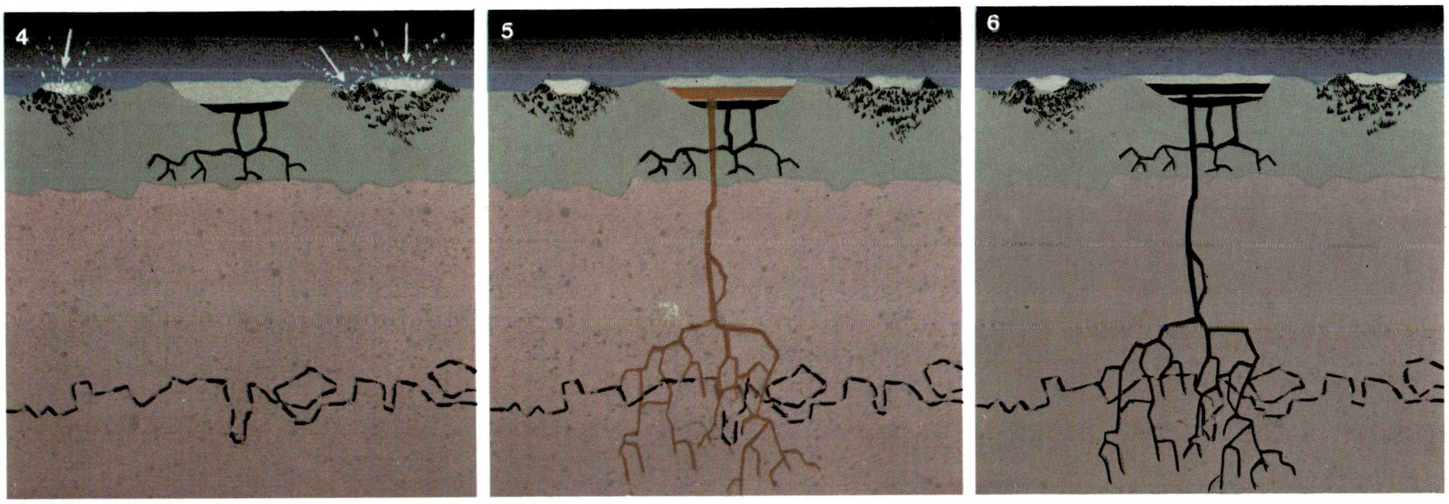

Steine unter dem Mikroskop. Das Foto links oben zeigt unter dem Mikroskop eine Probe eines Basaltgesteins, das im Meer der Ruhe gesammelt wurde. Rechts ein schmaler Schnitt eines Anorthosit-Felsens unter dem Mikroskop mit Plagioklas (klar) und Olivin (farbig). Diese Anorthositen wurden nur zufällig im Schutt und in den Böden in der Nähe der Landestelle der Apollo 11 gefunden.

Ein Mondedelstein. Die Mondedelsteine sind winzige, millimetergroße Glaskugeln im Inneren des Mondregolith: vielleicht sind sie durch die Schmelzung und Verdampfung der Felsen infolge der Meteoritenbombardierung entstanden.

Das Antlitz des Mondes

Die grundlegenden morphologischen Merkmale des Mondes wurden zum ersten Mal im Jahre 1609 durch Galilei beobachtet. Als erste Annäherung können sie in drei Kategorien eingeteilt werden: die Meere, die Hochebenen und die Krater. Die Meere stellen die jüngsten Regionen des Mondes dar und bestehen aus Basalten, die jenen ähnlich sind, aus denen sich der Boden der Ozeanbecken auf der Erde zusammensetzt. Dieses Basaltgestein ist das Ergebnis riesiger Eruptionen, die ausgedehnte Regionen der Mondoberfläche bedeckten und nach deren Abkühlung jene dunklen Oberflächen bildeten, die auch mit freiem Auge zu erkennen sind.
Die eingehende Erforschung des Mondbodens hat ergeben, daß er mit zahlreichen winzigen Kratern – wie mit Pockennarben – bedeckt ist. Diese Einschlagskrater beweisen, daß die relativ kleinen Meteoriten im interplanetarischen Raum noch immer reichlich vorhanden sind.
Bei der Untersuchung der Flugbahnen der in die Mondumlaufbahn gesetzten Lunar Orbiter hat sich herausgestellt, daß diese Sonden Perturbationen unterworfen sind, die mit den positiven Störungen des Mondgravitationsfeldes zusammenhängen. Diese Störungen ereignen sich in den runden Mondmeeren, wie dem Regenmeer, östlichen Meer, Meer der Heiterkeit, Meer der Feuchtigkeit, Honigmeer, Meer der Gefahren.
Dieser Umstand führt zu dem Schluß, daß sich unter den Meeren eine Anhäufung sehr dichter Gesteine befindet, die sogenannten Mascons (aus dem Englischen *mass concentration*), deren Ursprung noch immer umstritten ist, obwohl die Mehrzahl der Wissenschaftler annimmt, daß diese Art der Anomalie (Erhöhung des Gravitationsfeldes) isostatischen Ursprungs ist und eng mit der vulkanischen Entstehung der Meere zusammenhängt. Es bleibt jedoch noch zu klären, warum diese Anomalien in anderen Becken wie im Meer der Ruhe und im Ozean der Stürme nicht auftauchen.
Die Hochebenen sind hingegen die ältesten Regionen des Mondes. Sie bestehen aus Felsen, die durch die Abkühlung und die Differentiation der geschmolzenen Masse entstanden, welche ursprünglich einen Teil der Mondoberfläche bildeten. Vom chronologischen Standpunkt aus sind sie älter als 3,5 Milliarden Jahre. Sie sind durch große Bergketten gekennzeichnet, die in Analogie zu den Namen auf der Erde als Alpen, Apennin, Kaukasus usw. bezeichnet wurden.
Einige der Gipfel dieser Bergketten erreichen gewaltige Höhen, wie z. B. der 7500 m hohe Doerfel im Südpolgebiet oder der 5500 m hohe Apennin, der sich am südlichen Rand des Regenmeers befindet. Es gibt auch einzelne, alleinstehende Bergspitzen, wie z. B. der Piton oder der Pico. Die herausragendsten Elemente der zerklüfteten Mondmorphologie sind jedoch die großen und kleinen Krater, die die Mondoberfläche einkerben und deren Größe zwischen den ca. 900 km des östlichen Meeres und jenen Werten schwankt, die sich durch das begrenzte Auflösungsvermögen der Objektive ergeben, welche die Astronauten bei den fotografischen Aufnahmen des Mondbodens verwendet haben.
Die verschiedenen Theorien über die Herkunft dieser Krater haben sich mit der Zeit und bezüglich ihres Inhalts geändert. Heute kann man sie, je nachdem ob sie in der vulkanischen Tätigkeit die Ursache für die Entstehung der Krater sehen oder Meteoritenaufschläge dafür verantwortlich machen, in zwei große Gruppen einteilen.
Die Analyse der Mondfunde hat gezeigt, daß die Meteoritenaufschläge eine Gemeinsamkeit der gesamten Mondoberfläche darstellen, wobei die jüngeren Krater zumindest teilweise die Wände

Die Bucht der Mitte mit dem Bruce-Krater. Das hier oben zu sehende Foto von der Bucht der Mitte wurde während der Apollo-10-Mission aufgenommen, die auch die Aufgabe hatte, eine geeignete Landestelle für die darauffolgende Mission Apollo 11 zu finden. Die Bucht der Mitte, die ihren Namen erhielt, weil sie sich im Zentrum der erdzugewandten Mondhalbkugel befindet, ist eines der kleineren Meere; der im unteren Teil des Fotos abgebildete Krater ist der Bruce. Weitere besonders interessante Elemente stellen die länglichen Strukturen dar, deren Herkunft noch umstritten ist; diese Strukturen könnten nämlich auf Senkungen zurückzuführen oder vielleicht teilweise durch vulkanische Tätigkeit entstanden sein. Die Oberfläche dieses Gebietes ist mit Regolith (Schutt) von blaßgrauer Farbe bedeckt. Obwohl sich die obersten Schichten dieser Schuttmassen leicht zusammendrücken lassen, reicht ihre Festigkeit insgesamt aus, um sowohl das Gewicht der Landestufen als auch jenes der Astronauten und der während der Erkundungsgänge verwendeten Instrumente auf dem Boden des Satelliten auszuhalten.

die ältesten verwischt haben. Der Boden der älteren Krater erscheint manchmal glatt; er ist wahrscheinlich mit Lavastein angefüllt. Die Wände der jüngeren Krater sind besser definiert. Die Steilheit der Abhänge ist ziemlich einheitlich, und gelegentlich fallen die Wände terrassenartig ins Innere ab. Manchmal tauchen im Inneren dieser Krater alleinstehende Zentralberge auf; dieses Phänomen ist in den Kratern mit einem 40 km übersteigenden Durchmesser häufig anzutreffen.
In der geologischen Geschichte des Mondes hat außer den Meteoritenkratern auch die vulkanische Tätigkeit eine bedeutende Rolle gespielt. Die Lösung der Frage, wie sich ein Aufschlagskrater von einem vulkanisch entstandenen Krater unterscheiden läßt, ist äußerst komplex, da sich die äußeren Erscheinungsbilder sehr ähnlich sein können; darüber hinaus treten manchmal beide Kratertypen gemeinsam nichtsystematisch in aneinandergrenzenden Gebieten oder sogar in derselben Zone auf.
Ein weiterer komplizierender Faktor besteht in dem Umstand, daß die Aufschläge den Ausgangspunkt für eine Periode vulkanischer Aktivität darstellen können. Obwohl sich Proben dieser vulkanischen Tätigkeit fast überall auf dem Mond entdecken lassen, herrscht bezüglich einiger spezifischer Ereignisse bei den Forschern Uneinigkeit, und erst das Apollo-Programm hat zumindest teilweise dazu beigetragen, einige dieser Fragen zu lösen. Zum Beispiel werden die Rumker-Berge im nördlichen Teil des Ozeans der Sümpfe heute als eine Hochebene betrachtet, die durch Überlagerung aufeinanderfolgender Lavaströme entstanden ist. Mögliche Lavaströme zeigen sich auch dann an den inneren und äußeren Rändern einiger Krater, die wie im Falle des Kepler-Kraters vielleicht mit Decken aus Vulkantuff verbunden sind.
Vulkanische Tätigkeit wird außerdem mit den auf der Mondoberfläche vorhandenen Mäandern und gewundenen Tälern in Verbindung gebracht; einige Wissenschaftler halten diese Strukturen für das Produkt fließender Lava, und in den Fällen eines stärker ausgeprägten Zickzackverlaufs dieser Täler wird angenommen, daß diese mit dem Bruch der sich abkühlenden Lavamassen zusammenhängen.

Berge und Krater. Das große, mit einem Erdteleskop aufgenommene Foto oben zeigt einige Gebirgszonen des Mondes und insbesondere die Kaukasus- und die Apenninkette. Dieses Gebiet wurde während der Apollo-15-Mission teilweise auch mittels eines Mondtraktors erforscht. Diese Bergketten stellen die ältesten Strukturen der Mondoberfläche dar. Das Foto darunter (links) wurde hingegen von Armstrong und Aldrin während der Apollo-11-Mission aufgenommen: diese Aufnahme ist von besonderer historischer Bedeutung: sie entstand, während sich die beiden Astronauten – nachdem sie den Mondboden verlassen hatten – auf den Weg zum Verbindungsteil mit der Orbiterstufe machten, wo sie Collins in der Umlaufbahn erwartete. Diese Zone befindet sich auf dem erdabgewandten Gesicht des Mondes; der große Krater ist unter der Nummer 308 bekannt (vorläufige Bezeichnung, durch die International Astronomical Union bekanntgegeben), und sein Durchmesser beträgt 80 km. Das Foto in der Mitte zeigt den Krater Eratosthenes; es wurde von den Astronauten der Apollo-12-Mission aufgenommen: kennzeichnend ist der zentrale Gipfel, der auch verkratert ist. Das rechte Foto stellt den Schmidt-Krater dar, der sich im Meer der Ruhe befindet; er ist relativ jungen Ursprungs: dies wird durch die Blöcke bewiesen, die sich entlang des Randes befinden, durch die gegabelten Strukturen auf der Außenseite, die durch Explosionen eines Materials mit geringem Einfallswinkel entstanden sind, und durch die äußeren Strukturen in Form von Dunen. Diese Merkmale verschwinden, wenn ein Krater dieser Art erodiert oder unter jüngeren Ablagerungen begraben wird.

Das System Mond–Erde

Für einen Beobachter im Weltraum dürfte das aus Erde und Mond bestehende System eher einem Doppelplaneten als einem Planeten mit einem einzigen Satelliten gleichen. Auch wenn die anderen Planeten des Sonnensystems mit Satelliten ausgestattet sind, so sind deren Ausmaße im Verhältnis zum Planeten gewöhnlich wesentlich geringer. Beim Mond ist dies jedoch nicht der Fall: er weist nämlich mit seinem Volumen, das 1/50 des Erdvolumens beträgt und mit seiner Masse, die 1/81 der Erdmasse entspricht, höhere relative Werte als die anderen Satelliten im Vergleich zu ihren jeweiligen Planeten des Sonnensystems auf. Dazu kommt noch, daß der Erddurchmesser nur ungefähr viermal größer ist als jener des Mondes.
Trotz dieser Merkmale und der relativen Nähe dieser beiden Himmelskörper (384000 km) unterscheidet sich der dynamische Charakter der Erde und ihrer geologischen Entstehung grundlegend von dem Bild ihres Satelliten, das sowohl die teleskopische Beobachtung als die direkt vor Ort durchgeführte Raumforschung ergeben hat. Fast alle heute feststellbaren, grundsätzlichen Unterschiede lassen sich auf zwei Hauptursachen zurückführen, und zwar auf den vollkommenen Mangel an Wasser in den Mondniederungen und auf das geringe Energieniveau, das der Mond fast während seiner gesamten Vergangenheit gezeigt hat.
Gemeinsam haben diese Ereignisse bewirkt, daß es auf der Oberfläche des Satelliten weder möglich ist, Spuren von Sedimentärbecken geosynklinaler Art noch die daraus entstehenden erdähnlichen Bergketten zu finden. Außerdem fehlen alle jene Elemente, die mit einer Schollentektonik zusammenhängen, welche ein wesentliches und leicht wahrnehmbares Merkmal auf der Erde darstellen. Obwohl der Vulkanismus eine wichtige Rolle bei der Bildung der Mondoberfläche gespielt hat, ist der heutige Zustand der Oberfläche das Ergebnis einer intensiven Meteoritenbombardierung und deshalb eines Phänomens, dessen Ursprung von außerhalb des Mondes kam und im Gegensatz zu der kontinuierlichen Modellierung der Erdoberfläche steht, welche auf endogene und exogene Kräfte zurückzuführen ist.
Die Daten der jüngsten Untersuchungen scheinen zu beweisen, daß sich der Mond von der Erde im Jahr ca. 3 cm entfernt. Durch Rückrechnung kam man zur Annahme, daß dieser Satellit einst der Erde viel näher war als heute. Der kürzestmögliche Abstand unter Beibehaltung der derzeitigen Massen der Erde und des Mondes konnte jedoch nie geringer als ca. 18000 km oder 2,9 Erdradien sein. Dieser Wert stellt für den Mond eine kritische Distanz, die sogenannte »Rochesche Grenze«, dar. Tatsächlich hat jedes aus einem Planeten und dem dazugehörigen Satelliten bestehende System eine kritische, durch die relativen Massen bestimmte Distanz.
Dieser Abstand hängt mit den durch die Gravitationsfelder ausgeübten Kräften zusammen, die zwischen zwei Körpern bestehen. Sobald der gegenseitige Abstand unter diesen kritischen Wert sinkt, würde die Anziehung des Schwerefeldes des Zentralkörpers, in unserem Fall der Erde, die Zerstörung seines Satelliten bewirken. Vom geologischen und geophysikalischen Gesichtspunkt aus hat der Mond seit langer Zeit die Möglichkeit verloren, als ein »aktives« Mitglied des Sonnensystems betrachtet zu werden. Diese drastische Schlußfolgerung ergibt sich vor allem aus den niedrigen Werten seiner seismischen Aktivität und aus dem Umstand, daß an der Mondoberfläche keine Steine gefunden werden konnten, die jünger als drei Milliarden Jahre waren.
Nichtsdestoweniger übt der Mond seinerseits eine Massenanziehung auf die Erde aus. Diese Anziehungskraft führt zu Gezeitenkräften, die sowohl die Ozeane als auch die feste Kruste und die Erdatmosphäre betreffen. Die Gezeitenkräfte, die auf die Wassermassen einwirken, sind auffallende und allgemein bekannte Erscheinungen. Genauer betrachtet lassen sich während einer Rotation des Planeten zwei gleiche Gezeitenmaxima feststellen; sie entstehen durch die gemeinsame Wirkung der Zentrifugalkraft, die bei dieser Rotation der Erde entsteht und der unterschiedlichen Anziehungskraft, die der Mond auf den Planeten ausübt.
Alle Gezeitenkräfte führen auf der Erde zu einer beachtlichen Dissipation der Energie, die durch die entstandenen Reibungskräfte verursacht wird und die das Verlangsamen des primären Planeten bewirken. Gemäß den Gesetzen der Himmelsmechanik hat dies zur Folge, daß der Satellit seine Bewegung beschleunigt und sich immer weiter von der Erde entfernt. Auch wenn dieser Wert, wie wir bereits gesagt haben, nur ca. 3 cm pro Jahr beträgt und nicht sehr bedeutend erscheint, hat die Ansammlung im Laufe der Jahrhunderte dazu geführt, daß beträchtliche Diskrepanzen bezüglich der Lage der vorausgesagten totalen Mondfinsternis im Verhältnis zu dem Ort auftraten, an dem sie dann tatsächlich stattfanden.
Es gibt außerdem weitere Beweise, die die unterschiedlichen Rotationszeiten im Laufe der geologischen Entwicklung bestätigen. Ein Beispiel dafür ist das jährliche Wachstum der Korallen: die Anzahl der Jahresringe ist geringer als vor Millionen Jahren. Die Extrapolation dieser Daten würde jedoch zu Werten führen, nach denen sich der Mond und die Erde vor ungefähr einer Milliarde Jahre fast berührt hätten. Da dies praktisch unmöglich ist, muß angenommen werden, daß irgendein plausibles Ereignis dazu beitragen konnte, die infolge der Gezeitenbewegungen entstandenen Reibungskräfte zu reduzieren.
Eine vernünftige Erklärung für die Verringerung der Reibungswerte, die mit Ebbe und Flut der Ozeane zusammenhängen, könnte zum Beispiel in der Hypothese der Kontinentalverschiebung gefunden werden.
Unter diesen Umständen und unter der Voraussetzung, daß sich die Kontinentalmassen einst an anderer Stelle befanden als heute (d. h. sich fast berührten), mußte die Ausdehnung der mit den Kontinenten verbundenen Kontinentalterrassen geringer als heute gewesen sein. Da sich die maximale Reibung in realtiv geringen Tiefen entwickelt, d. h. genau in jenen Unterwassergebieten, die sich in Nähe der aufgetauchten Erdmassen befinden, mußte die damals wirkende Reibungskraft weniger hohe Werte aufgewiesen haben als jene, die heute geschätzt werden.

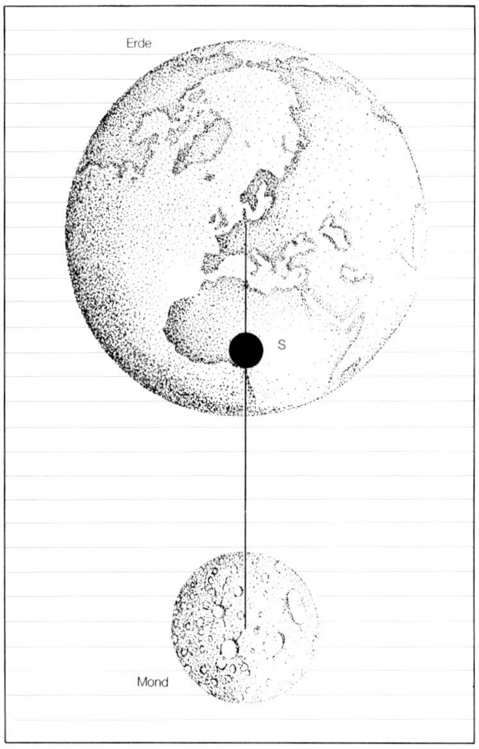

Fast ein doppelter Planet. In der Zeichnung hier oben werden die Erde und der Mond miteinander verglichen: der Durchmesser des Satelliten beträgt etwas mehr als ein Viertel des Erddurchmessers, und sein Gewicht ist 81mal geringer. Gemeinsam bilden beide Himmelskörper ein System, das mit einer Stange verglichen werden kann, an deren einem Ende ein 81mal schwereres Gewicht hängt als am anderen Ende; in diesem Fall befindet sich das Zentrum der Masse in der Nähe des höchsten Gewichts; um diesen Punkt, der Schwerpunkt (S) genannt wird, drehen sich sowohl die Erde als auch der Mond.

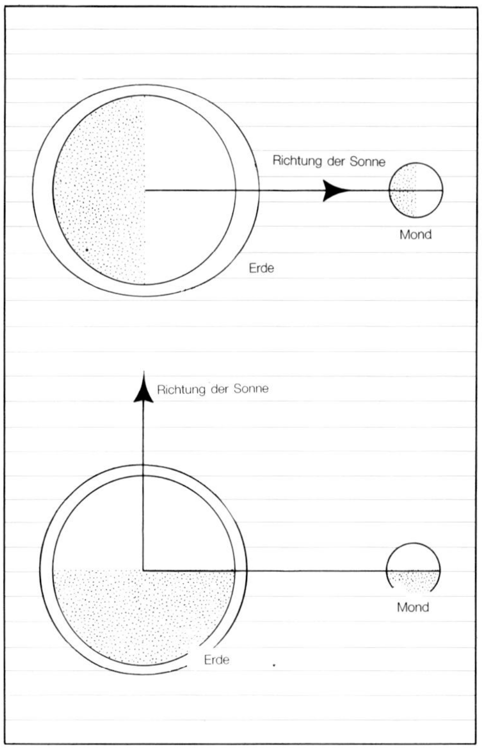

Der Mond und die Gezeiten. Die Hauptursache für die Gezeiten ist die Anziehungskraft des Mondgravitationsfeldes, das die sich direkt unter dem Mond befindlichen Wassermassen leicht ansteigen läßt. Eine geringere Wassermenge wird auch in der genau gegenüberliegenden Region hochgeschoben. Der Einfluß der Sonne ist jedoch geringer; wenn sich Sonne und Mond auf derselben Seite befinden, ereignen sich besonders intensive Gezeiten; wenn sich die Sonne und Mond jedoch in einem 90-Grad-Winkel gegenüberstehen, wird die Gezeitenwirkung stark reduziert.

Wie man am Himmel lesen kann

FRANCO POTENZA

Die Gestirne zu beobachten bedeutet zunächst, sie zu erkennen. Im Fall der Sonne gibt es keine Zweifel, wir erkennen sie sofort; auch mit der Suche nach dem Mond werden wir keine Schwierigkeiten haben; die Planeten sind jedoch leuchtende Punkte, die mit den Sternen verwechselt werden könnten; sie voneinander zu unterscheiden, stellt also die erste Aufgabe für den Himmelsbeobachter dar. Man sollte auch mit den Sternen vertraut sein, die in Sternbildern zusammengefaßt werden, bevor man sich daranmacht, unter diesen jene Gestirne zu finden, die uns den Schlüssel zur Natur und Entwicklung unseres Universums liefern. Wer nie zuvor den Himmel beobachtet hat und damit beginnen möchte, schreckt oft vor den Schwierigkeiten dieser ersten Suche zurück: es ist jedoch gar nicht so kompliziert, wenn man die Grundregeln beachtet, die wir hier im folgenden erklären werden.

Die Wahl des Beobachtungsortes ist der Ausgangspunkt jeder Beobachtung. Häufig ist diese Wahl für einen Himmelsbeobachter nicht sehr groß; meistens wird die Wahl auf die Wohnung, die unmittelbare Umgebung oder auf einen Ort fallen, der nach kurzen oder langen Reisen, an den Wochenenden im Sommerurlaub erreicht werden kann. Natürlich ist ein Ort, an dem heitere, wolkenlose Nächte häufig sind, für die astronomischen Beobachtungen gut geeignet. Obwohl dies die wichtigste Voraussetzung ist, sollte man auch bei heiterem Himmel auf weitere Merkmale achten: Dunst oder leichter Nebel verringern die Möglichkeit, die weniger leuchtstarken Gestirne, wie z. B. die Sterne an der Sichtbarkeitsgrenze, die Nebel, die Sternhaufen usw. sehen zu können.

Der Dunst ist jedoch gleichzeitig ein Anzeichen für fast stillstehende Luft, und dieser Umstand begünstigt die mittels astronomischer Instrumente durchgeführte Beobachtung des Mondes, der Planeten und der weiter entfernten Gestirne. Der ideale Beobachtungsort ist deshalb ein Ort, an dem sich dunstige und besonders klare Nächte abwechseln. Die Transparenz des Himmels an klaren Tagen ist gewöhnlich auf die mehr oder weniger starken Winde zurückzuführen, die den Dunst wegfegen. Der Wind ist fast immer die Ursache der Turbulenz, d. h. der Durchmischung der Luft, die das Phänomen des Sternfunkelns verursacht. Die pulsierenden Sterne mögen ein faszinierendes und aufregendes Schauspiel sein, wenn es mit freiem Auge beobachtet wird; bei der teleskopischen Beobachtung wirkt dieses Phänomen jedoch störend: besonders wenn man starke Vergrößerungslinsen verwenden möchte, wird das Bild völlig unscharf erscheinen.

Die Ebenen – vor allem im Inneren des Kontinents – sind Gegenden mit sehr geringer Luftbewegung, wo eventuell Dunst oder Nebel auftreten können. An den Meeresstränden und in den Bergen wird es hingegen einfacher sein, einen klaren und transparenten Himmel vorzufinden, aber es werden auch häufiger Turbulenzen vorkommen.

Wenn man sich dazu entschließt, den Himmel zu beobachten, wäre es schön, über einen idealen Platz verfügen zu können, d. h. einen sehr geräumigen, wo man vom Horizont bis zum Zenit in alle Richtungen schauen kann. Für einen Städter ist das ein fast unmöglich zu erreichendes Ziel, außer er hat eine Terrasse auf einem Wolkenkratzer zur Verfügung. Jedenfalls ist die Stadt mit ihrer Straßenbeleuchtung, dem Rauch und den vor allem im Winter von den Rauchfängen aufsteigenden warmen Luftsäulen und auch aufgrund der warmen Luft, die sich während der Nacht von den Dächern erhebt, die am Tag die Sonnenwärme gespeichert haben, nicht die ideale Umgebung.

Jetzt ist es an der Zeit daran zu erinnern, daß es für die Durchführung guter astronomischer Beobachtungen nicht notwendig ist, den gesamten Horizont überblicken zu können. In jenem Teil des Himmels, der dem Horizont am nächsten liegt, lassen sich die Gestirne allgemein schlecht erkennen; wenn die umstehenden Häuser oder Bäume uns diese Möglichkeit der Beobachtung nehmen, ist das also kein Problem. Wir sollten außerdem einen Beobachtungsort wählen, der uns erlaubt, den Himmel vor allem in südlicher Richtung und erst in zweiter Linie gegen Osten oder Westen betrachten zu können; die Aussicht nach Norden ist weit weniger wichtig, da sich die Sternkonstellationen auf dieser Seite während des Jahres nicht verändern. Man beobachtet deshalb den nördlichen Himmel nur, weil uns dies hilft, die Sternbilder im Süden zu finden, also nur am Beginn unseres Himmelstudiums; danach können wir ihn zuweilen bei seltenen Anlässen beobachten.

Die Karten und Pläne die diesen Text begleiten, sind mehr als ausreichend um zu lernen, wie man die Planeten am Himmel finden kann. Sie helfen uns auch, jene wichtigen Sterne und Gestirne zu erkennen, deren Beobachtung notwendig ist, um die bedeutendsten Phänomene verstehen zu können, die sich im Universum ereignen.

Die astronomischen Instrumente haben die Aufgabe, die bescheidene Sehkraft des Auges zu unterstützen, und wir werden feststellen, daß ein Fernglas ausreicht, um in einem besonders klaren Himmel eine absolut unglaubliche Anzahl an Gestirnen beobachten zu können. Heute stehen dem begeisterten Himmelsbeobachter jedenfalls auch Instrumente zur Verfügung, die nicht sehr kostspielig sind und deren Leistung dennoch weit größer als die eines Fernglases ist: zum Beispiel kleine Fernrohre oder Teleskope mit so hoher Leistung, daß sie im vergangenen Jahrhundert nur professionellen Astronomen zur Verfügung standen.

Die Fotografie. Die visuelle Beobachtung gibt große Befriedigung, da die Gestirne bereits mittels kleiner Teleskope zahlreiche Merkmale offenbaren. Die Beobachtung endet jedoch, sobald man das Auge vom Instrument löst und sich anderen Aktivitäten widmet. Aus diesem Grund möchten viele Himmelsbeobachter ihr Werk mit einer Fotografie krönen. Nach Beendigung der für die Positionierung des Teleskops und des Fotoapparats notwendigen Beobachtung bleibt das aufgenommene Bild. Auch wenn wir hier nicht im Detail die Technik beschreiben können, mit der man Amateurfotos vom Himmel aufnimmt, werden wir doch versuchen, jedes Mal, wenn professionelle Fotoaufnahmen vorgestellt werden, zu erklären, wie man sie erhalten hat. Wenn wir nämlich alle jene Informationen interpretieren können, die in den wundervollen Fotografien enthalten sind, die man heutzutage mit den großen Teleskopen oder den Raumsonden aufnehmen kann, wird unsere Himmelserforschung wirklich vollständig sein.

Die Mehrzahl der Leser, die diese Fotos in Tageszeitungen oder Zeitschriften sieht, schätzt nur deren effektvolle Aufmachung. Wir sollten jedoch lernen, aus diesen Fotos all jene Informationen herauszulesen, die dem Experten die verborgenen Einzelheiten über das Leben des Gestirns erzählen.

Gewöhnlich fühlen sich die Hobbyhimmelsbeobachter den professionellen Astronomen unterlegen, da sie im Vergleich zu diesen nur sehr kleine und bescheidene Beobachtungsinstrumente, wie Ferngläser oder kleine Fernrohre besitzen, während heute in vielen Sternwarten mit wahren Riesen gearbeitet wird. Man muß jedoch daran erinnern, daß die Astronomen, die über diese Instrumente verfügen, den Himmel kaum direkt durch das Okular, sondern fast immer mittels der Fotografie betrachten. Wenn diese Fotografien zur Verfügung gestellt werden (und in diesem Buch finden sich die neuesten und bedeutendsten), wird sich der Leser, der sie zu interpretieren weiß, in der Position jenes Astronoms befinden, der das große Teleskop besaß und damit diese Aufnahmen gemacht hat.

Die Lektüre dieses Buchs wird uns zuerst helfen, uns zwischen jenen Gestirnen zurechtzufinden, die am leichtesten zu erkennen sind; danach werden wir erfahren, wie die immer schwieriger zu findenden, versteckten Gestirne zu suchen sind und wie deren Beobachtung verwendet werden kann, um die Entstehungsgeschichte des Universums zu erklären. Am Ende werden wir bei der Beobachtung der Bilder, die uns dank der neuen fotografischen Techniken zur Verfügung gestellt wurden, eine so große Übung haben, daß wir uns wie die Besitzer der leistungsfähigsten Instrumente fühlen werden, die der Mensch bis jetzt zur Himmelserforschung erfunden hat.

Was kann man am Himmel sehen?

Zahlreich sind die leuchtenden Objekte, die man bei der Betrachtung des Himmels entdecken kann, aber bereits ein oberflächlicher Blick reicht aus um zu erkennen, daß sie unterschiedlicher Art sind. Bei der Suche nach den Sternen werden wir ihr Leben verfolgen und Nebel, Galaxien und schwarze Löcher beobachten.

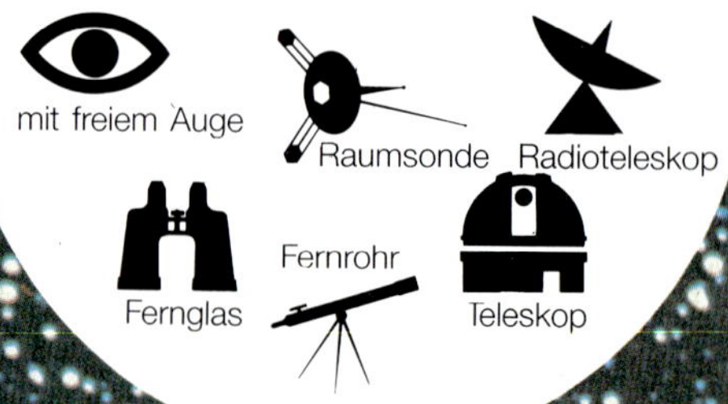

AUF DER SUCHE NACH DEN PLANETEN
Wie sich ein Planet von einem Stern unterscheiden läßt. Die Entdeckung des Sonnensystems mittels der Beobachtung der Planeten.
Seite 118

DIE MONDKRATER
Der Mond – das einfachste Beobachtungsobjekt. Die faszinierende Kraterlandschaft, die sich auch auf anderen Planeten finden läßt.
Seite 127

DIE KOMETEN
Sich vorbereiten, diese flüchtigen Gestirne zu beobachten, wenn sie von den Grenzen des Sonnensystems kommen, zu erzählen, wie der interstellare Raum aufgebaut ist.
Seite 132

DIE METEORITEN
Auf der Jagd nach Meteorströmen. Die durch Meteoriten verletzte Erde. Meteoriten und die Bildung der Planeten.
Seite 136

DIE SONNE
Die Vorsichtsmaßregeln bei der Beobachtung der Sonne. Die Schönheit ihrer großartigen Phänomene. Die Öfen, in denen sich die Materie des Universums umwandelt.
Seite 140

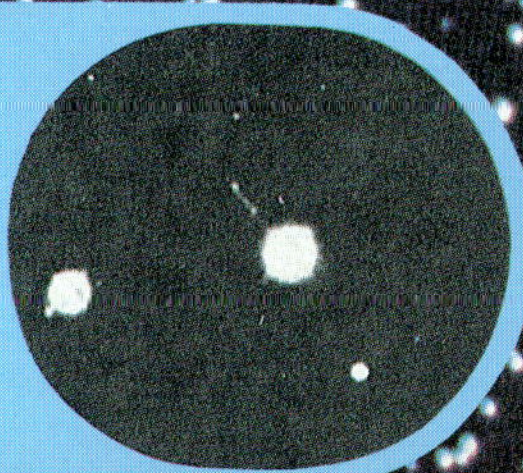

VIELE »STIMMEN« AUS DEM UNIVERSUM. Um die Gestirne betrachten zu können, muß unser Blick die Atmosphäre durchqueren. Um alles zu sehen, reicht es jedoch nicht aus, daß der Himmel wolkenfrei ist: auch die klarste Atmosphäre verbirgt uns etwas.
Das von den Gestirnen kommende Licht wird in ihrem Inneren oder an ihrer Oberfläche erzeugt, und wir müssen lernen, dieses Licht zu analysieren, um zu verstehen, was sich in diesen Gestirnen ereignet; zum Beispiel sagt uns die Farbe des Lichtes der Sterne, wie hoch die Oberflächentemperatur ist usw. Aber das Licht, das unsere Augen sehen, ist nur ein Teil der Strahlung, die uns von den Himmelskörpern erreicht. In der Tat stellt das Licht, für das unsere Augen empfänglich ist, nur einen kleinen Teil des elektromagnetischen Spektrums dar: genauer sind dies die Strahlen zwischen 4000 und 7000 Ångström. Viele Gestirne senden auch Strahlen über und unter diesen Werten aus, aber wir sind ihnen gegenüber vollkommen blind. Dies ist auf zwei Gründe zurückzuführen: erstens auf die beschränkte Sensibilität des Auges und zweitens auf den Umstand, daß viele dieser Strahlungen von der Erdatmosphäre absorbiert werden und deshalb den Boden nicht erreichen.
Aus diesem Grund kann man sagen, daß wir uns bei der Beobachtung des Himmels wie am Boden eines Ozeans befinden, dem atmosphärischen Ozean, und vom Grund dieses Ozeans sehen wir, was wir können. Trotzdem ist es extrem wichtig, alle Strahlen untersuchen zu können, die die Gestirne aussenden: in den letzten 30 Jahren wurden die größten Fortschritte in der Astrophysik gerade deshalb gemacht, weil es den Astrophysikern gelungen ist, bis dahin unbekannte Strahlen aufzufangen.
Die zwei wesentlichsten Fortschritte waren erstens die Konstruktion von Instrumenten, die für diese nicht sichtbare Strahlung sensibel sind, und zweitens der Bau sicherer und leistungsfähiger Systeme, die diese Instrumente außerhalb der Atmosphäre bringen, um von ihr ungestört all das beobachten zu können, was uns immer verborgen bleiben wird.
Schwieriger ist das Thema der Instrumente. Ein Satellit zur Untersuchung der kosmischen Röntgenquellen dient nur diesem Zweck, verlangt jahrelange Forschungs- und Einstellungsarbeit, Dutzende Techniker, die das Projekt und die Konstruktion verfolgen, und dient nur jenen Beobachtungsexperimenten, für die er entwickelt worden ist. Die Sonde wird abgeschossen, fliegt lange Zeit in der Umlaufbahn, aber ihre Beobachtungen dauern nur zwei oder drei Jahre.
Das Teleskop des Mount Palomar hat in den vierzig Jahren bereit Unsummen verschlungen; ein astronomischer Satellit von heute bewegt sich auch im Bereich »astronomischer« Kosten.
Aus diesem Grund sucht man die internationale Zusammenarbeit, um die für die Forschungen notwendige finanzielle Belastung auf verschiedene Staaten aufzuteilen. Das erdgebundene Teleskop ist noch immer ein wichtiges und leistungsfähiges Instrument mit Zukunft.
Viele Erkundungen lassen sich mit Instrumenten durchführen, die mittels Raketen außerhalb der Erdatmosphäre oder an ihre obere Grenze geschossen werden; wenn man Strahlen untersuchen möchte, die zwar nicht die Erde erreichen, aber dennoch wahrnehmbar sind, da sie nur in den obersten Schichten der Atmosphäre in geringem Ausmaß absorbiert werden, schießt man auch heute noch großvolumige Ballons ab, die einige Dutzend Kilometer aufsteigen und dann für viele Stunden auf dieser Höhe verweilen. Diese Ballons dienen außerdem als Fallschirm, die die Instrumente zur Erde bringen ohne sie zu zerstören; auf diese Weise können sie weiterhin verwendet werden.
Der König unter den in der Umlaufbahn kreisenden Instrumenten wird jedoch das große Teleskop sein, das mit einem Objektivdurchmesser von 2,5 m in den nächsten Jahren in die Umlaufbahn geschickt werden wird. Die Astronomen werden dieses Teleskop in der Bahn erreichen können, um es – nachdem sie das Material abgeholt haben, das sich während der vorangegangenen Mission angesammelt hat – für die weiteren Beobachtungen neu einzustellen. Danach werden die Astronomen zur Erde zurückkehren, um das Teleskop ungestört arbeiten zu lassen. Die automatisch funktionierenden Geräte werden dann für die Astronomen arbeiten. Alle Astronomen der ganzen Welt werden Zugang zu diesem Instrument erhalten, das in diese einzigartige Position gesetzt werden wird, um neue Entdeckungen zu vollbringen, die wir uns heute nicht einmal vorstellen können.

Eine große Instrumentenfamilie. Unter den Instrumenten, die in der Lage sind, die verschiedenen, von den Gestirnen ausgesandten Strahlungen aufzufangen, gibt es einige klassische Modelle, wie z. B. das optische Teleskop; es handelt sich dabei um Instrumente, die der Astronom immer verwendet hat; heute gibt es sehr leistungsstarke Instrumente, wie das große Teleskop vom Mount Palomar. Andere hingegen sind vollkommen neu, wie z. B. die Radioteleskope. Noch vor 50 Jahren hätte kein Astronom gedacht, daß man durch die Untersuchung der Radiowellen Astronomie betreiben könnte. Doch gerade dank der Radiowellen hat man Radiogalaxien, Quasare und Pulsare entdeckt. Da die Atmosphäre diese Strahlen durchläßt, kann man sie auf der Erde auffangen. Auch die Infrarotteleskope stehen auf der Erde und empfangen Strahlungen, für die die Atmosphäre durchlässig ist. Darüber, im außeratmosphärischen Raum, fliegen die Satelliten, die Röntgen-, ultraviolette, infrarote und Gammastrahlen usw. auffangen, die zwar den Boden erreichen können, aber durch die Durchquerung der Luftschicht stark gestört werden.
Im interplanetarischen Raum fliegen auch jene Satelliten, die das sichtbare Licht sammeln, aber die Störungen der unteren atmosphärischen Schichten nicht vertragen; dazu gehört das neue große Weltraumteleskop. Viele andere Instrumente, die nur die Stärke der Luftschichte verringern, durch die beobachtet wird, benutzen weniger kostspielige Transportmittel als die Satelliten: und zwar Raketen, die bis 200 km Höhe aufsteigen und dann wieder herabfallen, Ballone, Düsenflugzeuge. Schließlich gibt es noch Instrumente zur Untersuchung der kosmischen Strahlen, die im Gegensatz zu den bisher genannten von Nebenstrahlen entstört werden müssen und deshalb in großen Tiefen unter der Erde angelegt werden.

Das große Weltraumteleskop. Es ist ein 2,5-m-Teleskop, das vom Weltraum aus Beobachtungen durchführen wird. Astronomen werden dieses äußerst leistungsstarke Teleskop erreichen können, um ihre exakten Beobachtungen vorzubereiten.

Röntgenteleskop. Die Röntgenstrahlen dringen fast überhaupt nicht in die Atmosphäre ein; sie zwingen uns, sie im Weltraum zu suchen, wo sie auch zum ersten Mal entdeckt wurden. Die Satelliten erlauben uns, mittels schwieriger langfristiger Beobachtungen die Quellen der Röntgenstrahlung zu erforschen.

Sondenballon. Er ist ein preiswertes Mittel, um Instrumente zur Untersuchung der kosmischen Gammastrahlen in 40 km Höhe zu befördern. Die den Ballon in dieser Höhe noch überragende Atmosphäre stört die Messungen nur in unerheblichem Ausmaß.

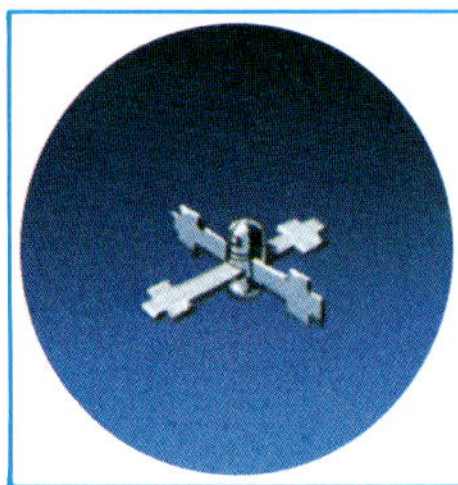

Gammasatelliten. Die kosmischen Gammastrahlen informieren uns über die Energieerzeugungsprozesse im Kosmos, die großteils noch unbekannt sind. Die Atmosphäre zerstreut die Gammastrahlen und macht ihre Interpretation schwierig; deshalb müssen sie vom Weltraum aus analysiert werden.

Radioteleskop. Es ist ein Instrument, das die von den Gestirnen ausgesandten Radiowellen auffängt; es hat die Entdeckung der Quasare, Pulsare und Radiogalaxien ermöglicht. Es kann auf der Erde aufgestellt werden, da die Radiowellen mühelos die Schichten der Atmosphäre durchqueren.

Röntgenraketen. Aufgrund der hohen Kosten der Satelliten werden viele Beobachtungen mit Raketen durchgeführt, die bis zu 200 km Höhe aufsteigen und danach wieder herunterfallen. Es reichen einige Dutzend Sekunden, um irgend etwas Neues zu entdecken, wie z. B. die Röntgenquellen im All.

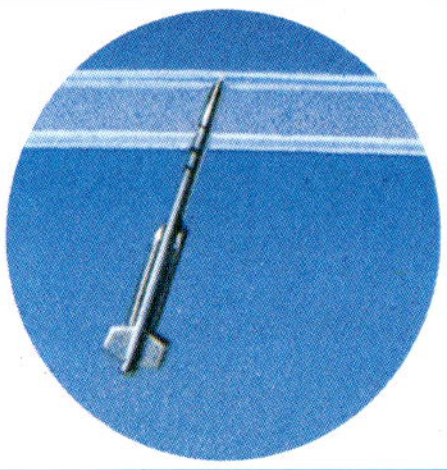

Optisches Teleskop. Die Kosten für Beobachtungen aus dem Weltraum sind sehr hoch; aus diesem Grund zieht man es vor, in allen Fällen, in denen dies nicht notwendig ist, auf der Erde zu bleiben. In den letzten zehn Jahren wurden mehr als zehn neue Teleskope mit einer Öffnung von mehr als 3 m errichtet.

UV-Teleskop. UV bedeutet ultraviolett; ein Teil dieser Strahlung durchdringt die Atmosphäre und kann von der Erde aus mit denselben Instrumenten beobachtet werden, die der Beobachtung der sichtbaren Stahlung dienen. Diese Untersuchung hat bis heute keine aufsehenerregenden Ergebnisse gebracht.

Flugzeugtransportiertes IR-Teleskop. Die Luft macht die Beobachtung von der Erde aus schwierig. In der Flughöhe eines Jets oder besser noch eines Satelliten wird dieser Effekt aufgehoben. Ein 90-cm-Teleskop (Kuiper-Teleskop) macht Beobachtungen aus 12 km Höhe.

IR-Teleskop. IR, d. h. infrarot, ist eine Strahlung, die teilweise von der Atmosphäre blockiert wird. Trotzdem ermöglicht der die Atmosphäre durchdringende Teil der Strahlung auch von der Erde aus äußerst wichtige Beobachtungen mittels eines Spezialteleskops.

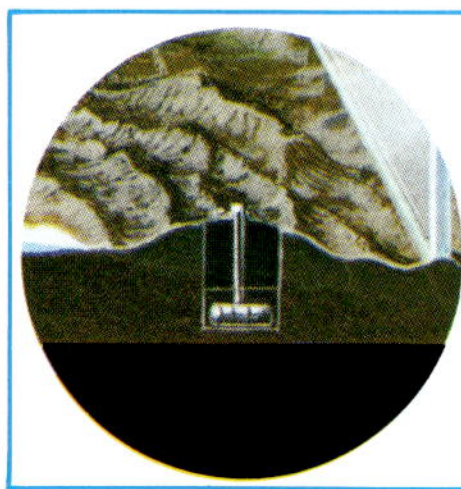

Neutrinodetektor. Um zu erfahren, wie oft die Kernreaktionen ablaufen, die sich im Inneren der Sonne bei der Verbrennung des Wasserstoffs ereignen, ist es notwendig, ein subnukleares Teilchen zu entdecken, das dabei abgegeben wird: das Neutrino. Diese Instrumente befinden sich unter der Erde.

Die von den Himmelskörpern ausgesendeten Strahlen sind verschiedenster Art, wie Gammastrahlen, Röntgenstrahlen, ultraviolette, infrarote Strahlen, Radiowellen usw. Für den Großteil dieser Strahlung ist unsere Atmosphäre undurchlässig; sie läßt nur das sichtbare Licht zwischen 3000 und 4000 Ångström und schmale Bänder im infraroten und ultravioletten Bereich durch, während sie Strahlung mit einer Wellenlänge unter 3000 Å absorbiert, d. h. einen Teil der ultravioletten Strahlen (von ca. 4000 bis 100 Å) und die Röntgen- und Gammastrahlen zur Gänze. Die Atmosphäre blockiert die anderen langweiligen Strahlungen und läßt nur ein besonderes Band der Radiowellen durch.

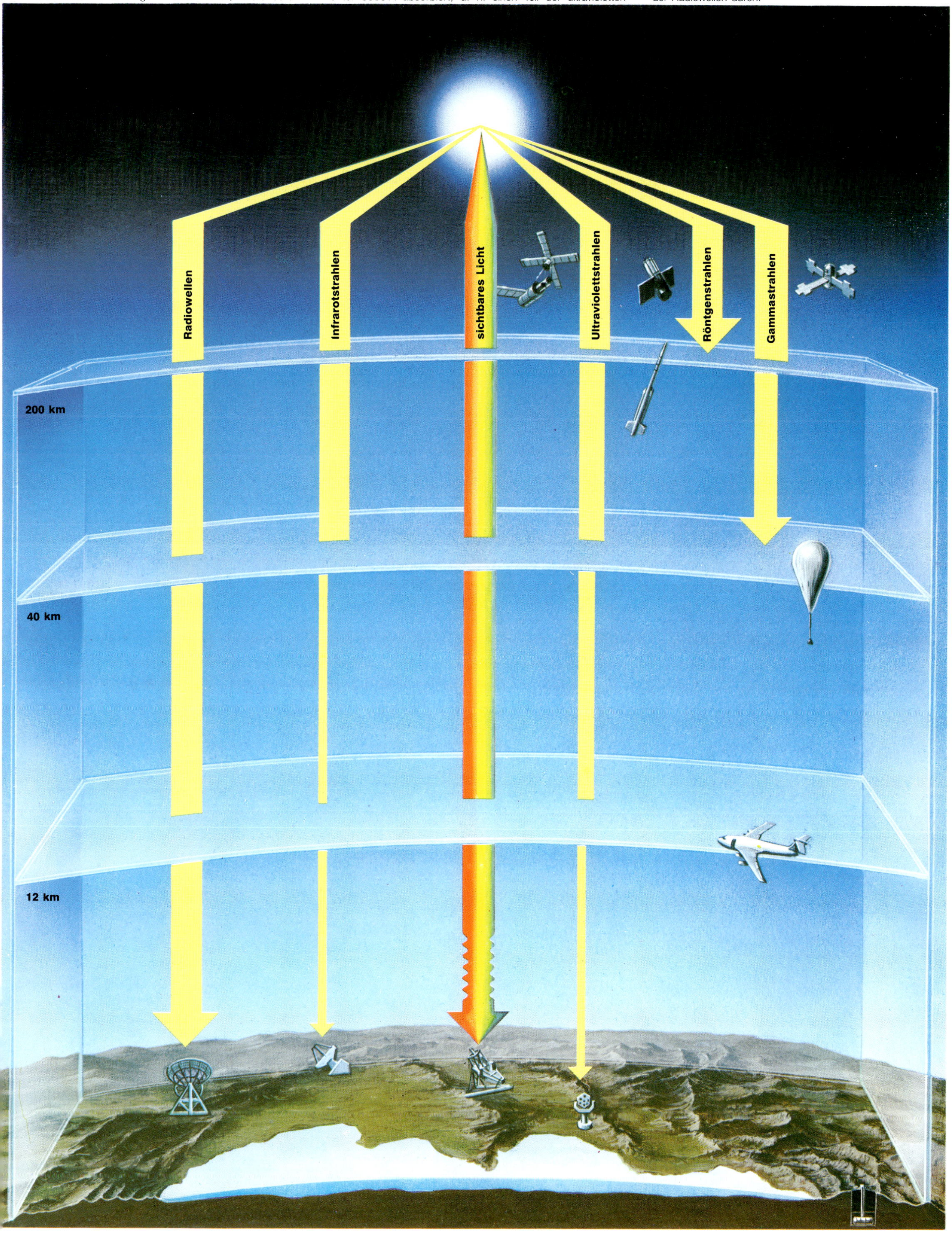

DIE BEOBACHTUNG MIT FREIEM AUGE UND KLEINEN OPTISCHEN INSTRUMENTEN. Spontan reihen wir das Auge auf der untersten Stufe der Instrumentenhierarchie ein, obwohl es sich um ein wunderbares »Instrument« handelt, das zahlreiche Möglichkeiten bietet. In der Finsternis der Nacht erweitert sich die Pupille bis zum ihrem Höchstausmaß und erreicht einen Durchmesser von 7 bis 8 mm. Die Pupillenerweiterung dient dazu, die höchstmögliche Menge des von den Gestirnen kommenden Lichts aufzunehmen, erzeugt aber gleichzeitig eine leichte Kurzsichtigkeit; außerdem erhöht es die Kurzsichtigkeit eines Auges, das davon bereits betroffen ist. Deshalb müssen Kurzsichtige auf jedenfall ihre Sehkraft durch Augengläser korrigieren, und es wäre besser, wenn sie ein weiteres Paar Augengläser mit einer viertel oder halben Dioptrie mehr für die Beobachtungen hätten. Wer hingegen weitsichtig ist, kann Gläser mit einer viertel oder einer halben Dioptrie schwächer verwenden als jene, die er während des Tages benutzt.

Die astronomischen Instrumente liefern leuchtendere und detailliertere Bilder: das Auflösungsvermögen des Instruments, d. h. das kleinste sichtbare Detail, ist dem Durchmesser des Objektivs direkt proportional: die Leuchtkraft, die das Auge wahrnehmen kann, hängt sowohl vom Durchmesser des Objektivs als auch von der Vergrößerung des Okulars ab; je höher jedoch die Vergrößerung ist, desto geringer ist die Helligkeit des Bildes.

Das Fernglas ist das einfachste Instrument, das zur astronomischen Beobachtung verwendet werden kann. Es wurde jedoch für Beobachtungen auf der Erde entwickelt, wobei der Beobachter das Fernglas in den Händen hält. Da die Hand zittert, kann man das Instrument an einem dreibeinigen Metallstativ befestigen. Falls die Vergrößerung des Instruments nicht sehr groß ist, d. h. weniger als zehnfach vergrößert, wirkt sich das Zittern der Hand nicht stark aus; über diesem Wert ist ein Stativ unerläßlich, und deshalb sollte ein Fernglas, das mehr als zehnfach vergrößert, durch ein Fernrohr ersetzt werden.

Das Objektiv eines Fernglases für astronomische Beobachtungen muß einen großen Durchmesser haben, um viel Licht aufnehmen zu können; es ist das geeignetste Instrument zur Beobachtung der Nebel und Sternhaufen. Der Durchmesser des Objektivs sollte mindestens 30 mm betragen, 40 mm sind besser, und 50 mm ideal. Objektive mit noch größerem Durchmesser sind nur selten zu finden und sind sehr teuer. Die Vergrößerung sollte nie den Wert 10 oder 12 überschreiten. Ein kleines Refraktionsfernrohr (mit einem achromatischen Linsenobjektiv) oder ein Reflektor (mit einem Spiegelobjektiv) ist der Traum jedes Himmelsbetrachters.

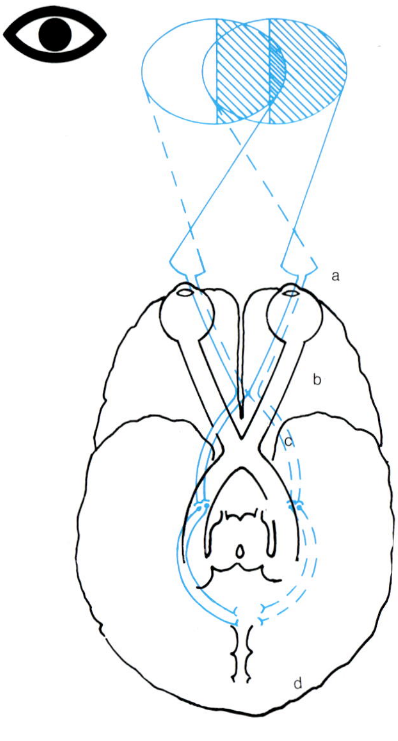

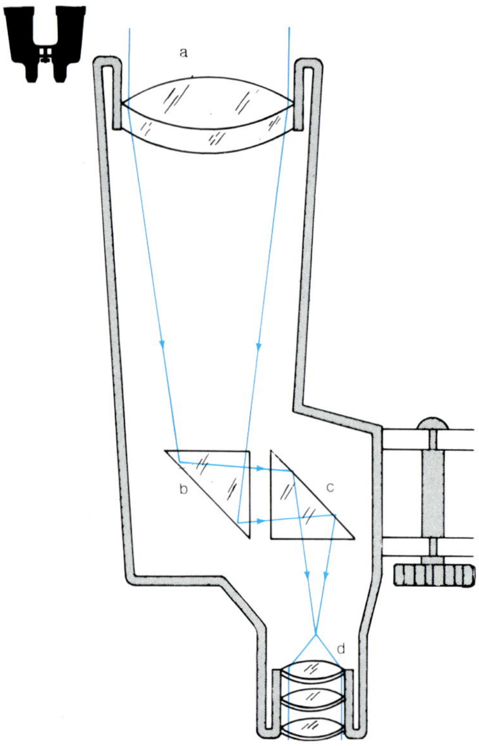

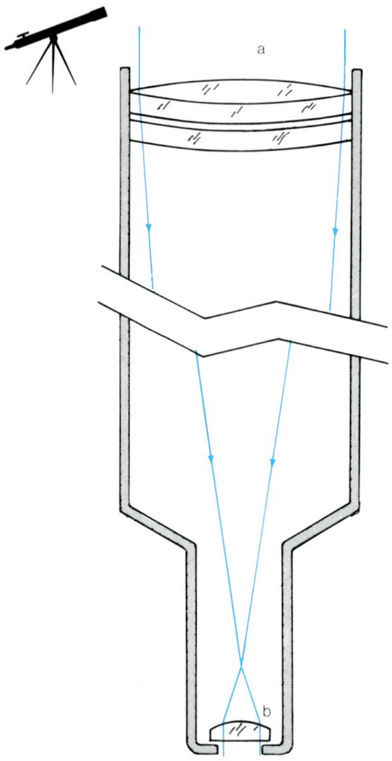

Das Auge ist das einfachste Instrument für die Himmelsbeobachtung; verschiedene Bestandteile haben die Aufgabe, die Lichtreize zum sensiblen Teil des Auges, (a) der Netzhaut, gelangen zu lassen, die sich in Nervenimpulse verwandelt, welche das Gehirn erreichen und zu Bildern werden. Auf diese Weise durchquert ein Lichtstrahl Hornhaut, Augenwasser, Linse, Umor Vitreo und erreicht danach die Netzhaut. Durch den Sehnerv (b), dessen Fasern sich teilweise in der Sehnervenkreuzung (c) überkreuzen, erreicht der Lichtstrahl die Sehrinde des Gehirns (d).

Das Fernglas ist für Beobachtungen auf der Erde bestimmt, obgleich es auch für astronomische Beobachtungen geeignet ist. Die optischen Daten des Instruments werden durch zwei durch ein x getrennte Zeichen zusammengefaßt. Die erste Ziffer gibt die Vergrößerung, die zweite den Durchmesser des Objektivs (a) in Millimetern an: 7×50 bedeutet, daß das Fernglas siebenmal vergrößert und daß der Durchmesser seines Objektivs 50 mm beträgt – ideal für die Beobachtung von Kometen, Nebeln und offenen Haufen. Die Prismen (b, c) in einem Fernglas dienen dazu, das Bild aufzurichten; (d) Okular.

Das Fernrohr oder kleine Teleskop ist ein wertvolles Instrument, um die astronomische Beobachtung zu vertiefen und die professionelle Forschungsarbeit direkt zu überprüfen. Um ein Objektiv (a) als »astronomisch« bezeichnen zu können, muß es bis zu einer Vergrößerung von zweimal der Millimeteranzahl des Objektivdurchmessers scharfe Bilder machen können. Im astronomischen Teleskop richten sich die vom Objektiv gelieferten, auf dem Kopf stehenden Bilder nicht auf; man benötigt dazu mindestens drei Okulare (b) mit verschiedenen Vergrößerungen.

DIE BEOBACHTUNG MIT PROFESSIONELLEN INSTRUMENTEN. Der Großteil der Arbeit eines Astronomen wird mittels der Fotografie durchgeführt oder durch Messungen der Lichtintensität oder anderer Strahlungen, die mittels elektronischer Fotometer bestimmt werden. Ein großes Teleskop ist nur eine Art riesiger Sammler, der das Licht aus dem Himmel einfängt und es in Instrumente leitet, die es analysieren, wie die Spektroskope oder die es wie die Fotoplatte in einem dauernden Bild zusammenfassen. Die optischen Amateurteleskope haben in den einfachsten Ausführungen ein Objektiv mit einem Durchmesser von 10 cm, der jedoch bei den anspruchsvolleren Geräten bis über 30 cm betragen kann.
Bei den professionellen optischen Teleskopen ist man bei einem gut 6 m großen Spiegeldurchmesser (bei dem sowjetischen Instrument, das im Kaukasus gebaut wurde) angelangt, während die vielseitiger verwendbaren und für den praktischen Gebrauch konstruierten Instrumente heutzutage mit Spiegelobjektiven ausgestattet sind, deren Durchmesser zwischen 3 und 5 m schwankt.
Obwohl die optische Beobachtung des Himmels nicht ersetzt werden kann, wurde in den letzten Jahrzehnten die größten Entdeckungen und damit die größten Fortschritte in der Astrophysik dank des Radioteleskops erzielt; d. h. mit einem Instrument, das es ermöglicht, die Aussendung der Radiowellen der Gestirne aufzufangen. Auf einem Foto ähnelt dieses Instrument einem großen Radargerät: es unterscheidet sich davon nur dadurch, daß es die Ausstrahlung der Gestirne nur auffangen, aber keine Radioimpulse zu ihnen senden kann wie ein gewöhnliches Radargerät. Die Gestirne sind im allgemeinen zu weit entfernt, um nennenswerte Echos zurückzusenden; nur der Mond und die Planeten sind ausreichend nahe, um in Reichweite des Radars zu liegen.
Die Raumfahrt hat den Astronomen die einzigartige Gelegenheit geboten, Instrumente außerhalb der Atmosphäre, auf Satelliten oder Raumschiffen anzubringen. Die Beobachtung durch Raumsonden ermöglicht es, Röntgen-, Gamma-, ultraviolette und infrarote Strahlen aufzufangen. Für diese Untersuchungen werden Sonden verwendet, die aus der Erdumlaufbahn die Gestirne beobachten und danach die Ergebnisse dieser Beobachtungen zur Erde senden. Zu jedem auf diesen beiden Seiten beschriebenen Instrument wird ein und derselbe Himmelskörper (der Planet Jupiter) gezeigt, wie man ihn mit den einzelnen Instrumenten unter den besten Beobachtungsbedingungen erzielen kann. Während die ersten fünf Aufnahmen als Endempfänger das Auge haben, bezieht sich die letzte Aufnahme auf nichtsichtbare Strahlungen.

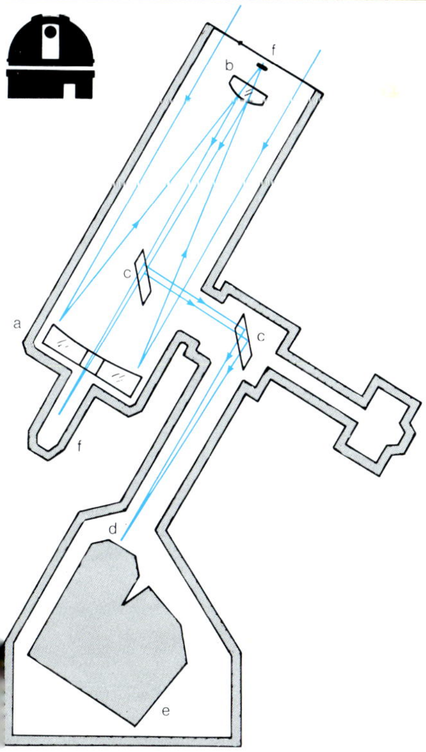

Das professionelle optische Teleskop besteht aus einem Hauptspiegel (a), auf den die vom Gestirn kommenden Lichtstrahlen einfallen und der sie auf einen konvexen Nebenspiegel (b) reflektiert. Im Falle eines sehr hellen Sterns wird das Licht durch zwei Deflektorspiegel (c) außerhalb des Teleskops gebracht, welche das Licht zum Coudé-Brennpunkt (d) schikken, wo sich ein Spektrograph (e) befindet; f, Hauptbrennpunkt, f', Cassegrain-Brennpunkt. Es vergrößert zwei- oder dreimal so stark wie ein gewöhnliches Amateurteleskop.

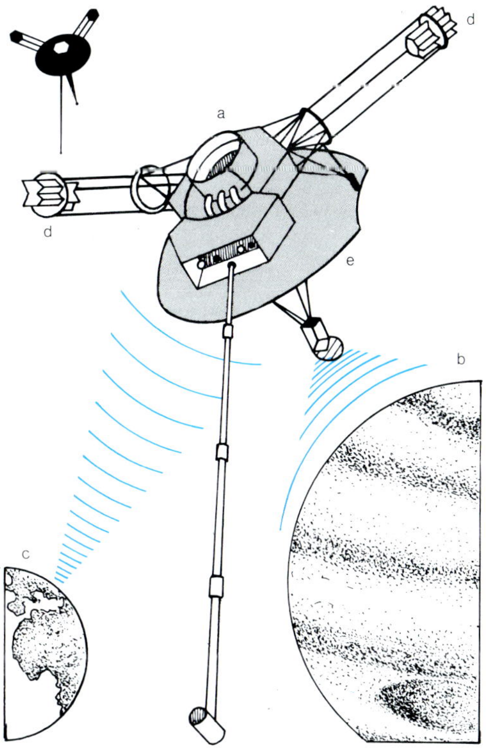

Die Raumsonde ist das unentbehrliche Instrument, um Beobachtungen vom Weltraum aus oder direkt auf einem Planeten machen zu können – dies kann mit erdgebundenen Teleskopen nie erreicht werden; (a) der Sondenkörper mit Energieversorgung und Instrumenten, (b) der angenäherte Planet; (c) die Erde; (d) die Beobachtungssensoren; (e) eine Hochleistungsantenne. Bei den Sensoren handelt es sich um Fernsehkameras zur Erforschung der Oberfläche des Planten oder um Instrumente zur Messung der Magnetfelder oder zur Analyse des atmosphärischen Gases.

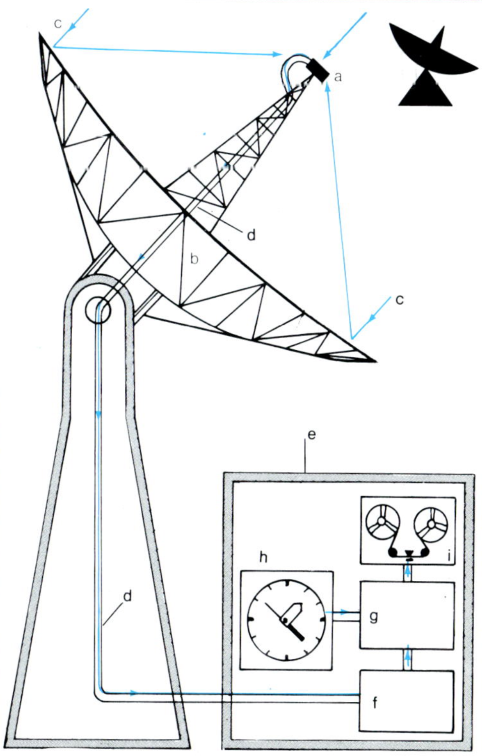

Das Radioteleskop fängt die von den Gestirnen ausgesandten Radiowellen auf. Es besteht aus einem Parabolspiegel (b), der die Radiowellen (c) auffängt und sie zu einer Antenne (a) lenkt. Ein Hohlleiter (d) nimmt das empfangene Signal auf und schickt es in ein Laboratorium (e), wo sehr leistungsfähige Verstärker dieses Signal so umwandeln, daß es von verschiedenen Instrumenten, darunter auch einem Computer (g), analysiert werden kann. Diese Daten werden gemeinsam mit den von einer Stoppuhr (h) stammenden Daten auf einem Magnetband (i) gespeichert.

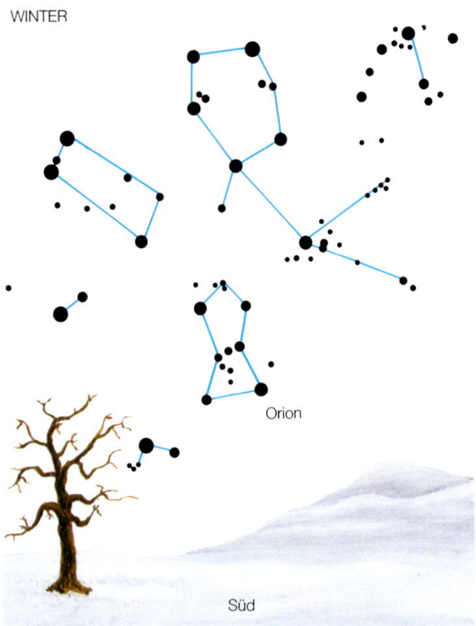

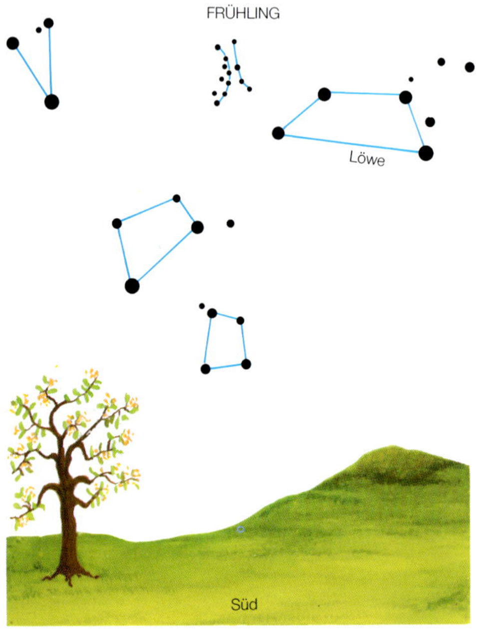

WIE SICH DER HIMMEL MIT DEN JAHRESZEITEN VERÄNDERT. Der erste Blick, den man mit der Absicht zum Himmel richtet, die Sterne zu erkennen, gibt einem das Gefühl der Bestürzung. Bei klarem Himmel sind zahlreiche Sterne zu sehen, die jedoch zufällig verteilt zu sein scheinen, und man glaubt nicht, sie je identifizieren noch später wiederfinden zu können. Wenn man die Sterne jedoch in aller Ruhe betrachtet, wird man bald feststellen, daß es nicht schwierig ist, die Sterne in Gruppen zusammenzufassen, die einfache geometrische Figuren darstellen: Paare, Dreiecke, Vierecke, Bögen usw. Das Erinnern dieser Figuren wird uns helfen, einen besonderen Stern oder ein Gestirn zu finden, das Teil eines Zeichens ist, das sich aus mehreren Sternen oder einer ganzen Gruppe zusammensetzt: auch der Urmensch erkannte die Möglichkeit, die Sterne in einfache Zeichen zusammenzufassen, und auf diese Weise sind die »Sternbilder« entstanden, denen verschiedene Namen gegeben wurden.
Man sollte nicht annehmen, daß das aus Sternen gebildete Sternbild immer an den Namen dieser Konstellation gebunden ist, im Gegenteil, es besteht fast nie ein Zusammenhang. Darüber hinaus haben verschiedene antike Kulturen die Konstellationen mit unterschiedlichen Namen bezeichnet. Heute verwendent wir die Namen, die von der antiken griechischen und römischen Kultur und der arabischen Kultur des Mittelalters stammen. 2000 Jahre lang haben die Himmelskartographen die Sternkonstellationen neu gezeichnet und dabei ihre Namen oder ihre Grenzen geändert; in diesem Jahrhundert hat die Internationale Astronomische Union Namen und Grenzen festgelegt.
Nachdem man gelernt hat, daß das durch die Sternkonstellation gebildete Zeichen unveränderlich ist (zumindest gilt das für die Beobachtungen, die wir während unseres kurzen Lebens machen können), stellt man sich automatisch die Frage, ob der Umstand, daß die Sterne in einem Sternbild nahe beieinanderstehen, bedeutet, daß sich die Sterne im All wirklich nahe sind und eine geschlossene Gruppe bilden, so daß wir uns in ihrem Inneren befinden würden, wenn man sie mit einem Raumschiff erreichen könnte. Die Antwort ist nein. Trotzdem sagt man, daß sich ein Himmelskörper in einem bestimmten Sternzeichen »befindet«, aber nur um anzugeben, daß man, um ihn beobachten zu können, in eine Richtung schauen muß, die innerhalb des Sternzeichens, d. h. zwischen den das Sternzeichen bildenden Sternen liegt. Das Gestirn kann jedoch weiter entfernt als alle anderen Sterne sein oder weiter entfernt als einige und näher als andere sein.
Wenn man den sternenübersäten Himmel betrachtet, ist er einer riesigen Kuppel ähnlich, an der die Sterne angebracht zu sein scheinen. Aber wer sich daranmacht, die Sterne zu beobachten, wird erkennen, daß es nicht immer dieselben Sterne sind, da sie ihre Position im Laufe der Nacht und während des Jahres ändern. Es scheint, als ob der Himmel um uns rotieren würde und wir indessen stillstünden. Während dieser scheinbaren Rotation des Himmelsgewölbes halten die Sterne jedoch ihre gegenseitigen Positionen in den Sternbildern ein, und man wird feststellen, daß in den verschiedenen Jahreszeiten verschiedene dominante Sternkonstellationen am Himmel erscheinen, welche mit ein wenig Übung leicht erkannt werden können.
Warum finden alle diese Veränderungen am Himmel statt?
Die Erde verweilt durchaus nicht unbeweglich im Zentrum einer riesigen Kugel, sondern sie dreht sich um die eigene Achse und gemeinsam mit den anderen Planeten rund um die Sonne. Und genau aufgrund dieser Bewegung um die Sonne ändert sich das Aussehen des Himmels in den verschiedenen Jahreszeiten. Die Erde bewegt sich mit einer Geschwindigkeit von 29,8 km/Sek. um die Sonne, und das bedeutet, daß die Erde jeden Tag ihre Position um über 2,5 Millionen km verschiebt. Deshalb ändert sich jeden Tag der Teil des Himmels, der von der in die Nacht eingetauchten Halbkugel gesehen werden kann.
Aus dem in der Mitte unten dargestellten Schema, das die Strecke zusammenfaßt, die die Erde in einem Jahr zurücklegt, geht eindeutig hervor, warum man ein ganzes Jahr benötigt, um den gesamten, von unserer Halbkugel aus sichtbaren Teil des Himmels beobachten zu können und warum sich nach Ablauf eines Jahres das Schauspiel fast unverändert wiederholt.

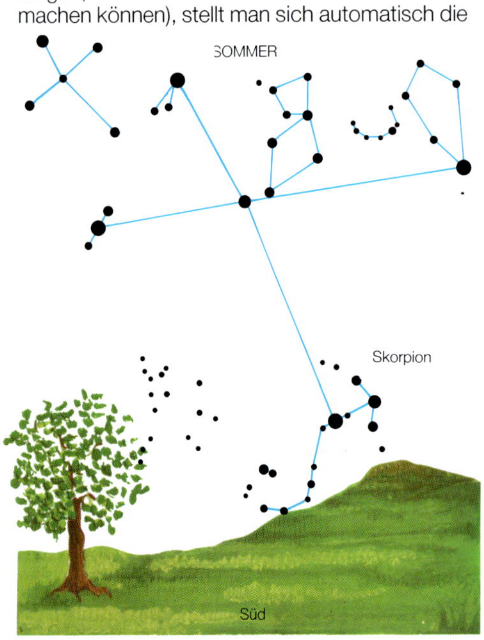

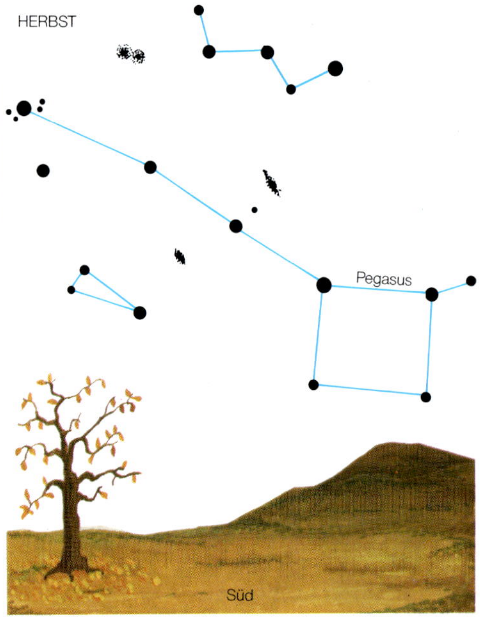

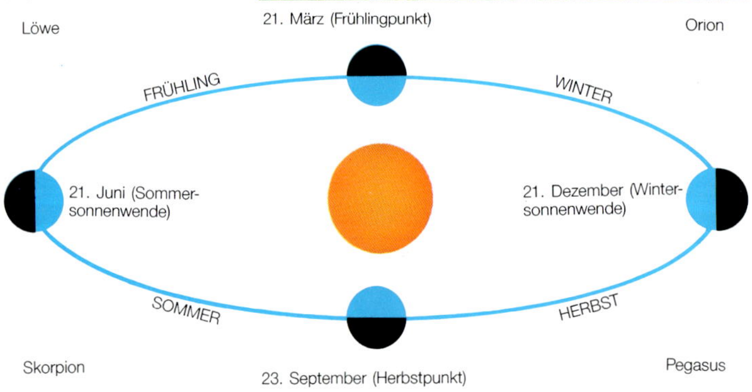

Himmel und Jahreszeiten. Am Beginn der vier Jahreszeiten gegen neun, zehn Uhr abends sehen wir am südlichen Horizont jedesmal andere Sternbilder. Unter diesen Sternbildern gibt es immer eines, das aus hell leuchtenden und leicht identifizierbaren Sternen besteht und es uns ermöglicht, alle umliegenden Sternkonstellationen zu erkennen. Das Leitsternbild des Winters ist Orion; im Frühling dominiert das Sternbild Löwe mit der noch niedrig über dem Horizont stehenden Waage den Himmel; im Sommer sind es der Schwan, der Adler und der Skorpion; im Herbst Pegasus-Andromeda und Perseus. Von den Sternen dieser Sternbilder ausgehend können durch einfache Ausrichtungslinien alle anderen aufgefunden werden. Warum verändern die Sternbilder ihre Position? In einem Jahr vollführt die Erde die Umdrehung um die Sonne, und der Himmel verändert sich fortwährend, aber dieser Zyklus wiederholt sich jedes Jahr in gleicher Weise. Die Sterne sind in der Nacht sichtbar, und das bedeutet, daß man sie von dem sonnenabgewandten Teil der Erde aus beobachtet. Wenn sich die Erde an einem bestimmten Tag links der Sonne befindet (vgl. nebenstehende Zeichnung), wird man bestimmte Sternbilder beobachten können, sobald sich die Erde jedoch in einer anderen Position zur Sonne oder sogar auf der entgegengesetzten Seite befindet, werden diese Sternbilder durch andere ersetzt werden. Alle sechs Monate ändert sich die Himmelsansicht vollkommen.

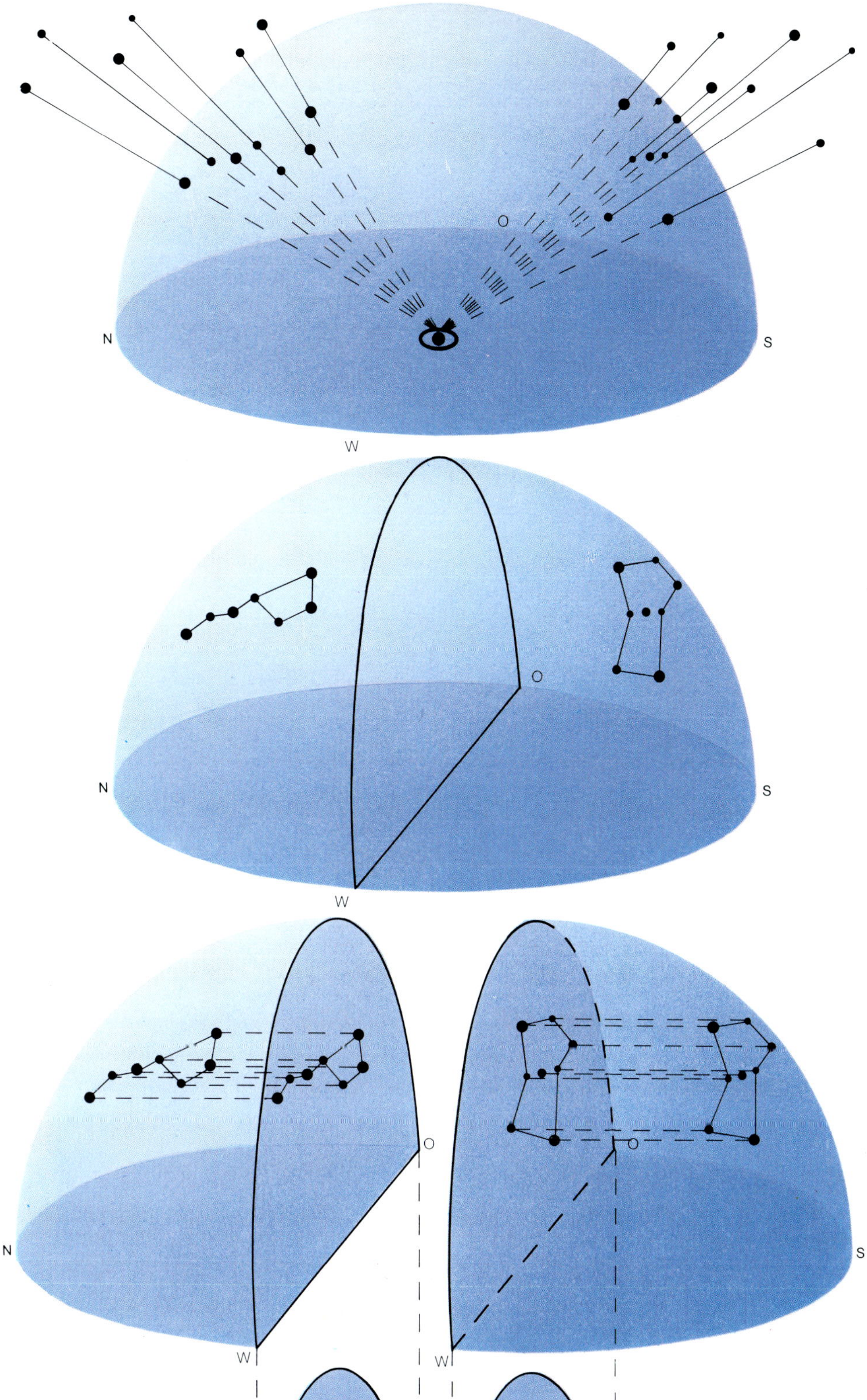

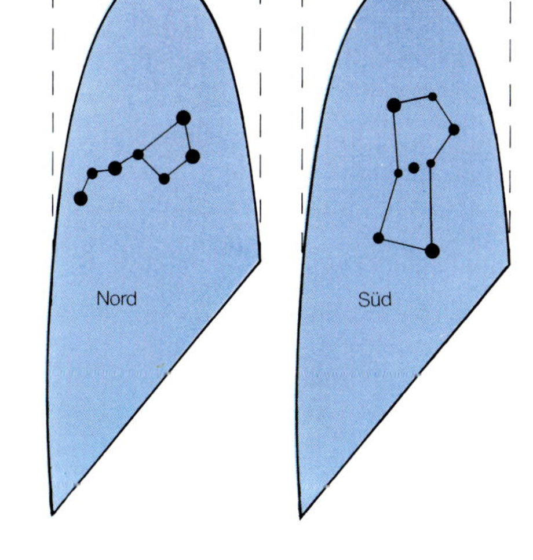

Die Himmelskarte. Die hier oben abgebildeten schematischen Darstellungen erklären, wie eine einfache Himmelskarte für die erste Identifikation der Sternzeichen entsteht. Diese Karten erhält man dadurch, daß man jene Hälfte der Himmelskugel, die sich über dem Beobachter erstreckt und die er rundherum blickend wahrnehmen kann, in zwei gleiche Teile teilt. Die Sterne werden auf die Teilungsebene projiziert, und um zu verstehen, was er am Himmel erblicken kann, wird der Beobachter die Himmelskarte vor sich ausbreiten müssen. Dies wird ihm erlauben, die in einem bestimmten Zeitraum im südlichen oder nördlichen Sektor des Himmelsgewölbes sichtbaren Sterne identifizieren zu können. Für jemanden, der zum ersten Mal den Himmel beobachtet, werden diese Karten sehr nützlich sein. Wenn man die Formen der wichtigsten Sternbilder bereits kennt, kann man vollständigere Atlanten benutzen.

WIE ENTSTEHT EINE HIMMELSKARTE?

Der beste Wegweiser für die Himmelsbeobachtung sind die detaillierten Himmelskarten. In den folgenden Seiten werden alle Karten vorgestellt, die notwendig sind, um den nördlichen Himmel zu erforschen. Gerade weil sie detailliert sein müssen, stellen diese Karten nur ein relativ kleines Gebiet des Himmelsgewölbes dar. Für den Beginn der Beobachtung und um zu wissen, was man zu den verschiedenen Nachtstunden und in den verschiedenen Nächten während eines Jahres am Himmelsgewölbe beobachten kann, ist es nützlich, über eine zusammenfassende Monatskarte zu verfügen.

Das Problem besteht darin, auf einer einzigen kleinen Karte das gesamte Himmelsgewölbe mit all den auf ihr in einer bestimmten Nacht des Jahres erscheinenden Sternen abzubilden. Das Himmelsgewölbe ist jedoch wie eine Kugel, von der man nur die Hälfte sehen kann, und zwar die obere Hälfte, wie dies in der schematischen Abbildung hier links oben dargestellt ist. Da man diese Karte nur auf einem flachen Papier eines Buches verwenden kann, trifft man auf das allgemeine Problem der Himmels- und Erdkartographie: man muß auf einer Ebene das darstellen, was auf einer Kugel aufgezeichnet ist.

Um dieses Problem besser begreifen zu können, stellen wir uns vor, daß diese gezeichnete Halbkugel die Schale einer halben Orange sei: jetzt wollen wir sie flachdrücken, um sie eben zu machen. Das ist nur möglich, wenn man sie in mehreren Punkten einschneidet. Dieses Hindernis kann man so umgehen, wie es in den nebenstehenden schematischen Abbildungen dargestellt wird. Da wir diese Kugel von innen aus betrachten – wir befinden uns ja praktisch fast im Zentrum –, kann man sich als erstes vorstellen, nicht in irgendeine Richtung zu schauen, sondern den Blick nach Süden zu richten; auf diese Weise haben wir den Norden hinter unserem Rücken, links von uns Osten und rechts von uns Westen. Falls Erdkarten detailliert sind und deshalb nur einen kleinen Teil der Erdoberfläche darstellen, wird sich dieser Teil nicht sehr stark von einem Teil einer flachen Oberfläche unterscheiden: die Kugel wird sich deshalb auf dieser Ebene mit nur geringen Verzerrungen ausstrekken.

Auch für den Himmel bestünde also die beste Lösung in der Aufteilung in viele kleine Teile. Wenn es also zu schwierig ist, die gesamte Himmelsoberfläche auf ein Blatt Papier flachzudrücken, wird man den Himmel zumindest in Teile teilen; aus diesem Grunde wird das Himmelsgewölbe hier unten durch einen Kreis in zwei Hälften geteilt: dieser Kreis beginnt im Osten (O), steigt bis zum höchsten Punkt des Himmels an und dann zum Endpunkt Westen (W) ab. Die Himmelskugel ist also nicht nur in zwei Teile geschnitten, sondern diese beiden sind auch etwas voneinander getrennt, so daß zwei Halbkreise sichtbar werden. Jetzt kann man sich vorstellen, daß die Sterne des Himmels des südlichen Teils (dieser Teil des Himmelsgewölbes wird »Oktant« genannt) so projiziert wird, daß die Position jedes Sterns horizontal auf unseren Halbkreis übertragen wird.

Genauso wird mit den Sternen des nördlichen Oktanten verfahren werden, die also die neuen und unterschiedlichen Konstellationen auf dem anderen Halbkreis zeichnen werden, der links steht. Damit wird das Problem, unsere Bilder der Sterne und Sternbilder ohne Verzerrung auf eine Fläche übertragen, noch nicht zur Gänze gelöst sein, aber es wird zumindest erleichtert worden sein. Vor allem an den Rändern der Karte werden die Figuren der Sternzeichen etwas verzerrt erscheinen, aber in einem zulässigen Ausmaß, das dennoch erlauben wird, diese Zeichen erkennen zu können und vor allem zu verstehen, wo sie sich am Himmel befinden und in welche Richtung man die Beobachtung richten muß, um sie identifizieren zu können.

DER HIMMEL MONAT FÜR MONAT. Auf diesen beiden Seiten und auf den zwei darauffolgenden werden die Himmelskarten dargestellt, die Monat für Monat eine Ansicht des Himmels zeigen, wie er einem Beobachter erscheint, der am Himmel Norditaliens (d. h. in etwa 45° nördlicher Breite) in Richtung Süden (links) und in Richtung Norden (rechts) schaut. Die hier abgebildeten Sterne sind jene bis zur vierten Größe, die mit freiem Auge sichtbar sind; das »Sternchen« zeigt einen Stern der ersten Größenordnung an, die immer kleineren Sterne bis zur vierten werden durch immer kleinere weiße Punkte angezeigt; in einer sehr klaren Nacht wird man weit mehr Sterne erkennen können als hier abgebildet sind, aber es sind in jedem Fall die leuchtendsten.
Da man – wie wir bereits erklärt haben – gezwungen ist, auf einer Fläche darzustellen, erscheint die Form eines Sternzeichens unterschiedlich, je nachdem ob es sich oben, unten oder an den Rändern einer Karte befindet. Außerdem können auch die Ausrichtungslinien zwischen Sternen und Sternkonstellationen verzerrt sein, aber dies vermindert nicht die Nützlichkeit der Karte für die erste Identifizierung der wichtigsten Konstellationen; in der Folge wird ein genauerer Himmelsatlas mit Hinweisen auf diese Karten abgebildet werden. Die zwischen den Karten angegebenen Stunden und Daten beziehen sich auf den Zeitraum, in dem die Beobachtung durchgeführt werden kann; sie sind in mitteleuropäischer Zeit angegeben; während der Sommerzeit muß die angegebene Stunde um eine Einheit erhöht werden.
Bevor wir erklären, wie diese Karten zu verwenden sind, möchten wir erläutern warum es notwendig ist, so viele Karten vorzustellen. In erster Linie ist zu beachten, daß sich die Himmelsansicht zu einer bestimmten Nachtstunde im Laufe eines Jahres verändert, da sich die Erde im Verhältnis zur Sonne verlagert. Aus diesem Grund tauchen auf der sonnenabgewandten Seite von einer Nacht zur anderen unterschiedliche Sternbilder auf. Die Summe dieser augenscheinlichen Bewegungen während den Nächten eines ganzen Jahres erscheint uns wie eine volle Umdrehung des Himmelsgewölbes, so daß die Sternkonstellationen zurückkehren und wieder denselben Platz vom letzten Jahr einnehmen.
Da das Jahr aus zwölf Monaten besteht, und da der Umfang des Himmelsgewölbes 360° beträgt, erscheinen die Sternbilder jeden Monat um genau 30° verschoben. Ein 30-Grad-Winkel ist ziemlich groß, genauer gesagt ein Drittel jener Distanz, die den Zenit vom Horizont trennt. Das bedeutet, daß sich die Himmelsansicht von einem Monat auf den anderen nicht vollständig verändert, aber sie kann sich so weit geändert haben, daß wir, wenn wir einen Monat lang den Himmel nicht beobachten, einige Schwierigkeiten haben werden, die uns zuvor bereits bekannten Sterne zu finden. Jetzt ist zu beachten, daß die Erde ihre Umdrehung um die Sonne gegen den Uhrzeigersinn ausführt. Das bedeutet, daß die Sternkonstellationen von einer Nacht auf die andere ganz leicht nach rechts verscho-

1. Jänner, 21 Uhr
16. Jänner, 20 Uhr

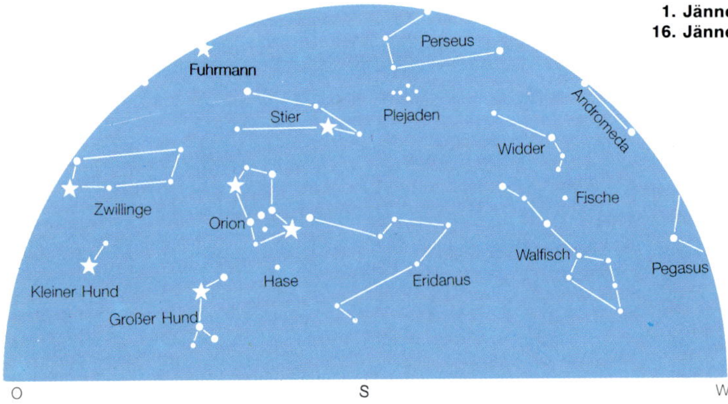

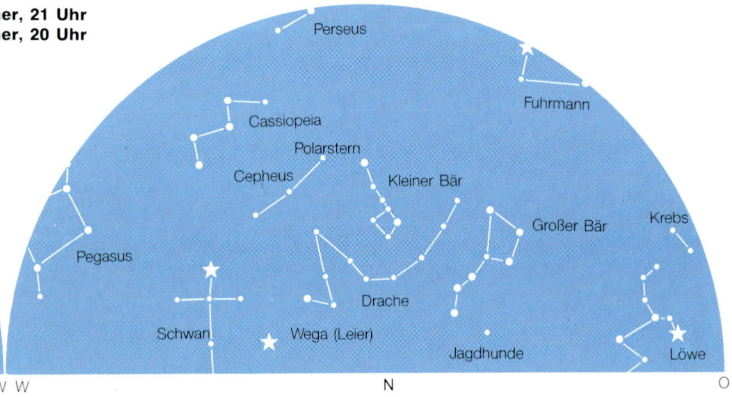

Gegen Süden: Die dominierende Sternkonstellation ist Orion. Dieses Sternbild enthält zwei Sterne der ersten Größenordnung Beteigeuze und Rigel, und vier Sterne der zweiten Größe. Am Winterhimmel ist Sirius im Sternbild Großer Hund der leuchtendste Stern.

Gegen Norden: Deneb, der leuchtendste Stern des Schwans, befindet sich nahe am Horizont; im Osten geht der Löwe auf: Regulus, sein leuchtendster Stern, ist bereits über dem Horizont aufgetaucht; der Große Bär, der Kleine Bär und Cassiopeia sind immer vorhanden.

1. Februar, 21 Uhr
16. Februar, 20 Uhr

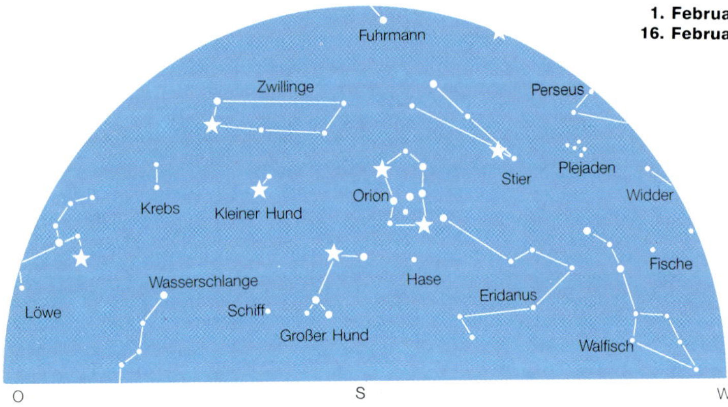

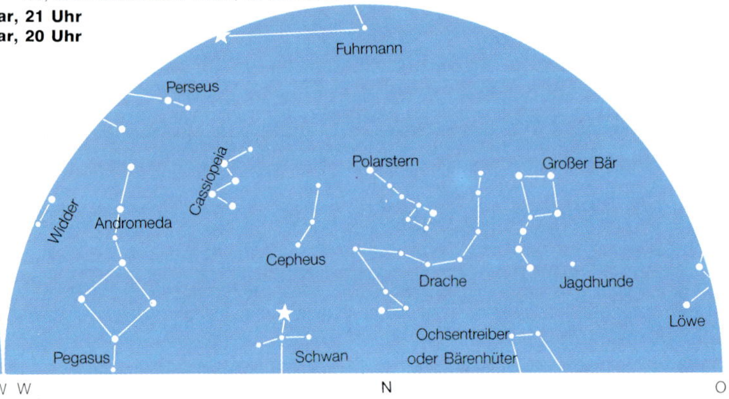

Gegen Süden: Orion ist noch immer dominierend: wenn man die Gürtellinie des Orion nach rechts verlängert, trifft man auf Aldebaran, den leuchtendsten Stern des Stiers; oben befinden sich die Zwillinge; im Osten ist im Krebs der offene Sternhaufen Praesepe (Krippe) zu sehen.

Gegen Norden: Im Westen gehen Pegasus und Andromeda unter, während Perseus sichtbar wird. Am Horizont zeichnet sich die Frühlingskonstellation des Ochsentreibers (Bärenhüter) ab; zwischen den Sternbildern des Großen und des Kleinen Bären windet sich der Drache.

1. März, 21 Uhr
16. März, 20 Uhr

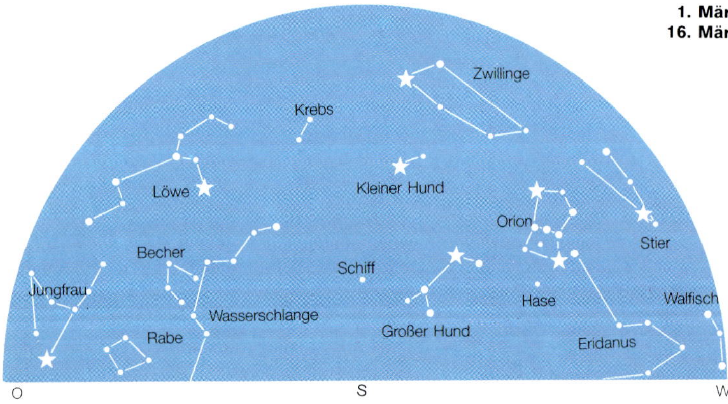

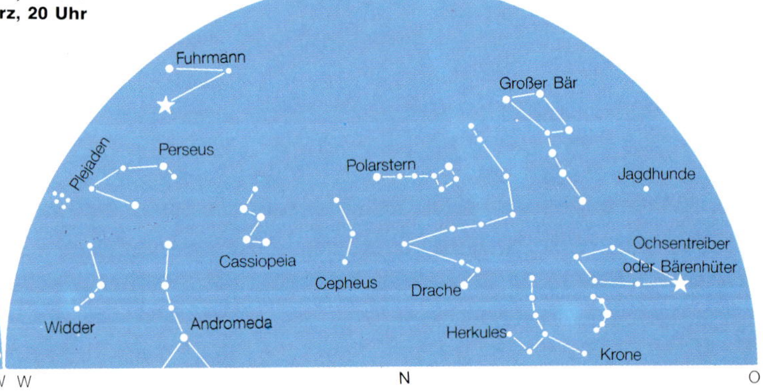

Gegen Süden: Das Sternbild Löwe wird zur dominierenden Konstellation, die im Osten zu sehen ist; weiter südlich funkelt der blau-weiße Stern Spika im Sternbild Jungfrau; in der Mitte sind die Sternbilder Krebs und Zwillinge sichtbar; und im Westen noch immer Orion.

Gegen Norden: Im Westen glänzt sehr hell Capella, der Hauptstern im Sternbild Fuhrmann; im Osten ist das Sternbild des Ochsentreibers zu sehen, dessen leuchtendster Stern Arktur sich in einer Linie mit den Sternen des Schwanzes des Großen Bären (nahe am Zenit) befindet.

ben erscheinen, also nach Westen (wenn wir uns noch immer vorstellen, nach Süden zu schauen). Die Drehung der Erde um ihre eigene Achse bewirkt, daß sie in 24 Stunden eine volle Drehung um sich selbst vollführt: die Sternkonstellationen werden deshalb während eines Tages (für unser Interesse während einer Nacht) eine volle Umdrehung des Himmelsgewölbes beenden und sich auch in diesem Fall von Osten nach Westen verschieben. Das bedeutet, daß wenn wir hoch am südlichen Himmel in einem bestimmten Monat ein Sternzeichen beobachten, so wird dasselbe Zeichen einen Monat später zur selben nächtlichen Stunde um 30° nach rechts verschoben zu erkennen sein, nach zwei Monaten um 60° verschoben, und nach drei Monaten wird es in den meisten Fällen nicht mehr zu sehen sein, da es bereits hinter dem westlichen Horizont verschwunden sein wird.
Wenn wir jedoch zu einer gewissen Stunde der Nacht an einem gewissen Punkt des Himmelsgewölbes ein Sternzeichen beobachten, werden wir es zwei Stunden vorher 30° nach links verschoben sehen, da sich der Himmel jede Stunde um 15° von Osten nach Westen dreht. Daraus kann man ableiten, daß das Bild, das uns das Himmelsgewölbe zu einer bestimmten Stunde der Nacht darbietet, jenem gleichen wird, das man 15 Tage später eine Stunde früher sehen kann; im darauffolgenden Monat zwei Stunden früher; zwei Monate später vier Stunden früher usw., natürlich muß es Nacht sein.
Jedes dieser Himmelskartenpaare dient also z. B. dazu, die Anordnung der Sterne und der Sternkonstellationen am Himmelsgewölbe zu einer bestimmten Nachtstunde jeden Monats anzugeben. Da wir uns vorgestellt haben, daß es gemütlich wäre, sich um 9 Uhr abends ans Beobachten zu machen, d. h. gleich nach dem Abendessen und zu einem Zeitpunkt, wo es zu allen Jahreszeiten bereits dunkel ist, haben wir für jeden Monat eine Himmelskarte zu dieser Stunde vorbereitet. Auf der Grundlage der bisher gemachten Ausführungen können wir jedoch sofort erkennen, daß uns diese Himmelskarten auch ermöglichen zu sehen, wie die Anordnungen der Sterne und Sternzeichen zu jener anderen Stunde der Nacht in jedem anderen Monat des Jahres aussehen werden. Die erste Karte, die den nördlichen und südlichen Himmel im Jänner um 9 Uhr abends darstellt, dient also auch dazu, die Sterne – natürlich wieder in derselben Position – im Februar um 7 Uhr abends oder im Dezember um 11 Uhr oder im November um 1 Uhr nach Mitternacht aufzufinden.
In einer wolkenlosen Winternacht, wenn die Luft klarer ist, können mit freiem Auge ca. 6000 Sterne gesehen werden. Die Hälfte dieser Sterne befindet sich unter dem Horizont und kann nicht beobachtet werden; von der anderen Hälfte sind ca. 1500–2000 Sterne wirklich sichtbar. Die Sterne wurden nach ihrer Leuchtkraft in Größenklassen eingeteilt. Die 20 hellsten Sterne sind Sterne der ersten Größenordnung; bis zur sechsten Größe sind sie mit freiem Auge zu erkennen. Die Leuchtkraft eines Sterns der ersten

1. April, 21 Uhr
16. April, 20 Uhr

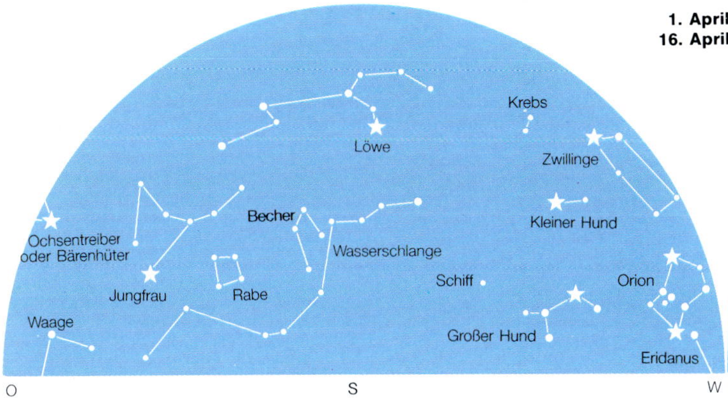

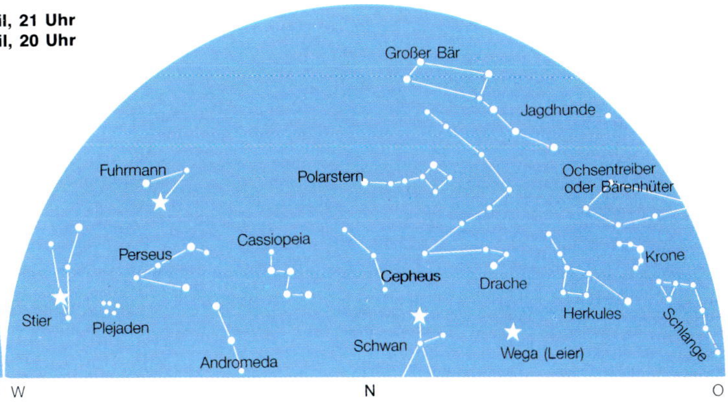

Gegen Süden: In der Mitte ist gut sichtbar der Löwe am Horizont zu sehen; rechts von Spika in der Jungfrau lassen sich die vier Sterne des Raben leicht unterscheiden; zwischen Regulus im Löwen und Castor und Pollux in den Zwillingen befindet sich der Krebs.

Gegen Norden: In der Mitte, niedrig am Horizont erkennt man Cassiopeia; weiter oben gegen Osten kann man den Großen Bären beobachten; im Westen knapp über dem Horizont steht Aldebaran, der leuchtendste Stern im Sternbild Stier.

1. Mai, 21 Uhr
16. Mai, 20 Uhr

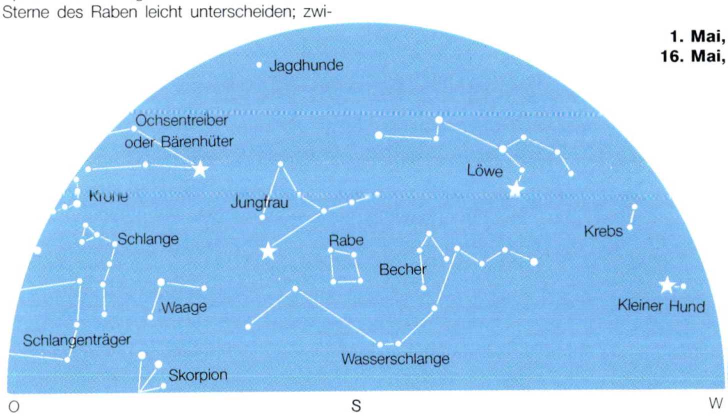

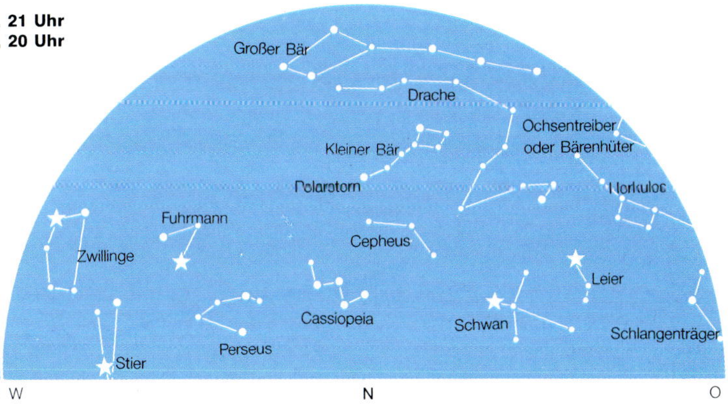

Gegen Süden: Das Zentrum über dem Horizont nimmt das Sternbild der Wasserschlange ein, das sich aus einem hellen Stern: Alphard und anderen, schwach leuchtenden Sternen am Horizont zusammensetzt; im Osten befindet sich die Waage; dort taucht auch der Schlangenträger auf.

Gegen Norden: Am Zenit befindet sich der Große Bär; im Zentrum der Polarstern, der Hauptstern im Kleinen Bären; zwischen den beiden Zeichen windet sich der Drache; Cassiopeia, die dem Großen Bären gegenüberliegt, befindet sich im Verhältnis zum Polarstern weiter unten.

1. Juni, 21 Uhr
16. Juni, 20 Uhr

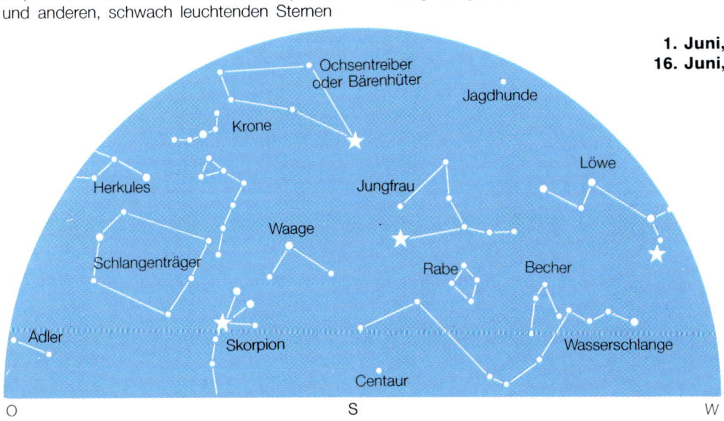

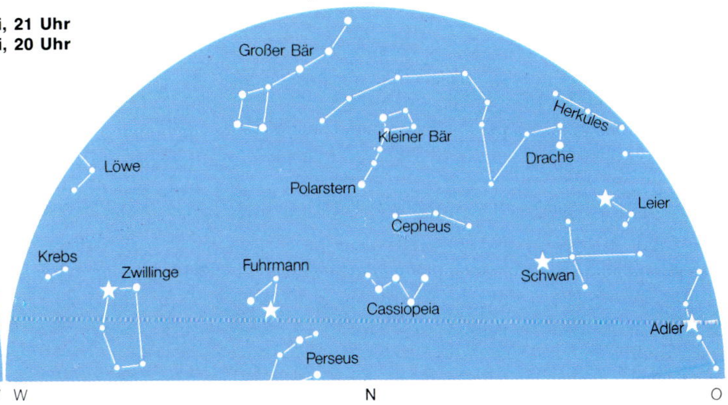

Gegen Süden: Im Zentrum blinkt der blauweiße Stern Spika in der Jungfrau; links ist das Sternzeichen des Schlangenträgers zu sehen; rechts befinden sich noch der Körper und der Schwanz des Löwen; über dem Horizont läßt sich bereits das Sternbild des Skorpions erkennen.

Gegen Norden: Fast am Zenit kann man den Kopf des Drachen beobachten, der sich um den Kleinen Bären windet; weiter rechts ist der Schwan mit dem leuchtenden Deneb zu sehen: die Form des Schwans erinnert an ein Kreuz, weshalb dieses Sternbild auch Kreuz des Nordens genannt wird.

Größe ist hundertmal höher als jene der sechsten.
Ein Teleskop mit einem 25-mm-Objektiv erlaubt es, Sterne bis zur achteinhalben Größe wahrzunehmen; ein 50-mm-Teleskop zeigt Sterne bis zur zehnten Größe; das Teleskop am Mount Palomar ist in der Lage, Sterne bis zur 23. Größe auf eine fotografische Platte zu belichten.
Es mag vielleicht übertrieben scheinen, vier Seiten mit Himmelskarten zu füllen, um die Himmelsansicht in den verschiedenen Nächten des Jahres zu beschreiben. Schließlich wollen wir nur das Himmelsgewölbe darstellen, das eine einzige Kugel ist, auf der sich die Stellung der Sterne nie verändert. Wie wir jedoch bereits erwähnt haben, möchte man mit diesen Karten die unterschiedliche Anordnung der Sterne und Sternkonstellationen nicht nur zu einer bestimmten Stunde der Nacht während der einzelnen Monate ablesen, sondern auch zu verschiedenen Stunden in derselben Nacht. Als ob es nicht schon reichen würde, kommt als Komplikation auch noch die geographische Breite hinzu. Sternwarten, die sich auf verschiedenen Kontinenten aber am selben Breitengrad befinden, werden das Himmelsgewölbe zur selben Lokalzeit und am selben Tag in gleicher Weise sehen. Mit der Veränderung der geographischen Breite verändert sich jedoch auch die Himmelsansicht. Auf unseren Karten wird jener Teil des Himmelsgewölbes dargestellt, den man aus 45° nördlicher Breite beobachten kann. Diese Ansicht wird sich nur leicht verändern, wenn wir uns um 10° oder um 15° nach Norden oder Süden bewegen: die einzige Veränderung wird in der unterschiedlichen Höhe bestehen, die die Sterne im Verhältnis zum südlichen und nördlichen Horizont einnehmen. Die Durchgangszeit am Meridian wird unverändert bleiben, und die Rotation der polnahen Sterne wird sich überhaupt nicht verändern. Hier wird im folgenden für jeden Monat ein Kartenpaar dargestellt, deren eine Karte den im Norden sichtbaren Himmel darstellt (rechts) und dessen andere den im Süden sichtbaren abbildet (links). Beobachten wir jetzt rasch alle rechten Karten, d. h. jene mit dem nördlichen Himmelsoktanten. Dabei stellen wir fest, daß sich der Polarstern auf allen Karten genau in der Mitte zwischen dem Horizont und dem Zenit befindet. Vor 2000 Jahren wurde diesem Stern der Name Polarstern gegeben, da er mit dem Himmelsnordpol zusammenfiel, der sich in der Zwischenzeit verschoben hat. Diese Verschiebung des Himmelspols inmitten der Konstellationen ist auf die Präzession zurückzuführen, d. h. auf eine Kreiselbewegung, die die Erdachse während ihrer Rotation durchführt, wodurch sie nicht parallel zu sich selbst bleibt; die Folge davon ist, daß sich der Himmelspol zwischen den Sternen bewegt und dabei in 26000 Jahren einen 23-Grad-Kreis beschreibt. Rund um den Polarstern befinden sich natürlich immer der Kleine Bär, der Große Bär und Cassiopeia, wobei zur selben Stunde während einiger Monate der Große Bär und Cassiopeia manchmal niedriger oder höher am Horizont stehen und in anderen Monaten beide horizontal, d. h. gleich hoch am Horizont zu erkennen sind. Im wesentlichen gehen diese Konstellationen nie unter, wie auch all die ande-

1. Juli, 21 Uhr
16. Juli, 20 Uhr

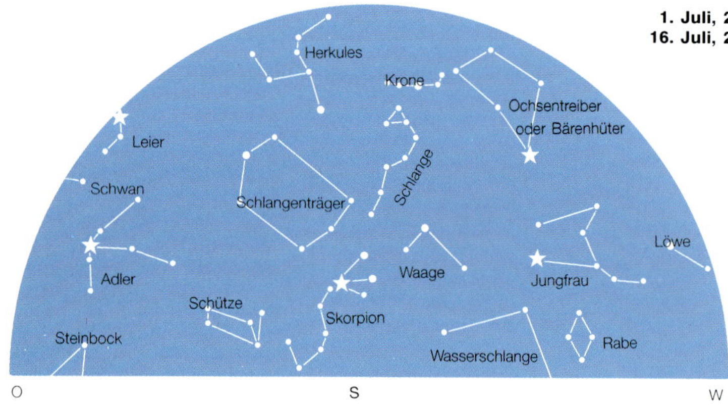

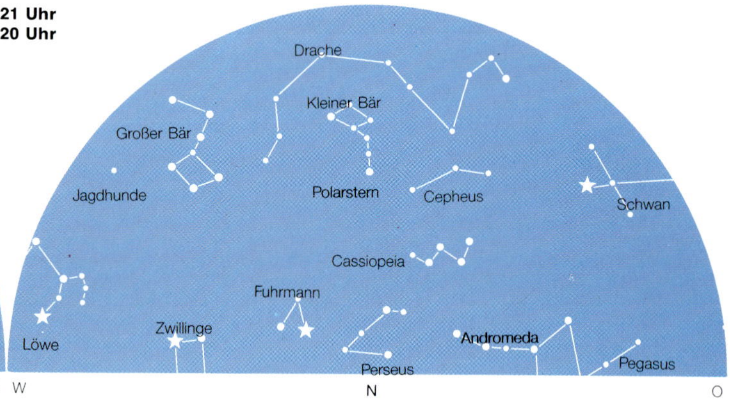

Gegen Süden: Das Sternbild Skorpion steht noch niedrig am Horizont; in der Mitte darüber sind die Schlange und der Schlangenträger zu erkennen; hoch am Zenit steht das Sternbild des Herkules; keine dieser Sternkonstellationen ist jedoch sehr auffällig.

Gegen Norden: Der Stern Capella im Fuhrmann steht niedrig am Horizont; rechts davon ist Perseus und weiter oben Cassiopeia zu sehen, die sich unter Cepheus befindet; fast am Zenit steht der Drache; im Westen ist noch der Löwe zu sehen, der bereits im Untergehen ist.

1. August, 21 Uhr
16. August, 20 Uhr

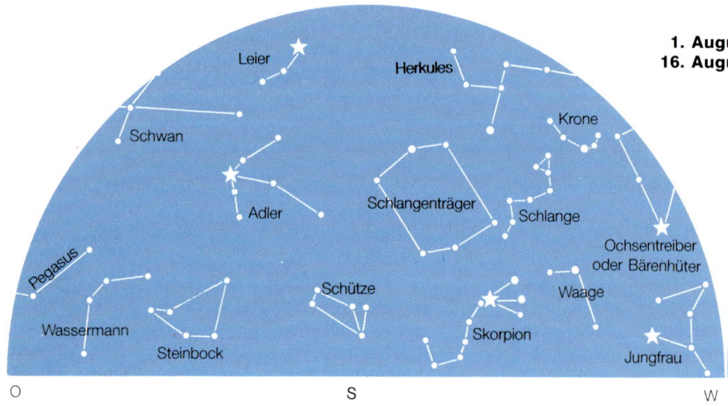

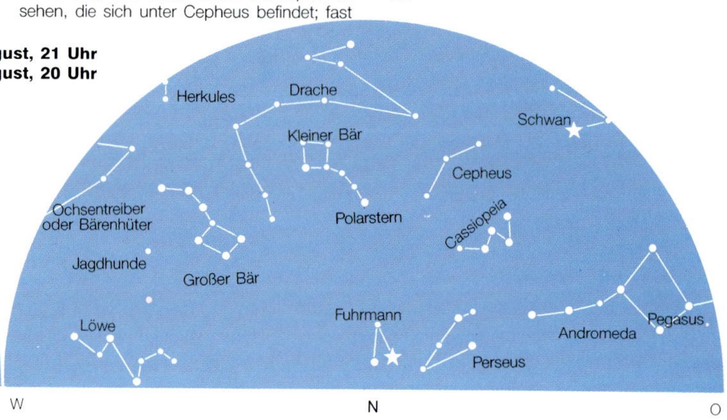

Gegen Süden: In der Mitte gleich über dem Horizont ist der Schütze und rechts davon der Skorpion zu sehen; die leuchtende Wega im Sternbild Leier steht fast am Zenit; darunter befindet sich der strahlende Atair im Adler; fast im Zentrum steht der Schlangenträger.

Gegen Norden: Im Westen befindet sich der Große Bär, dessen Deichsel nach links gekehrt ist; auf der dem Großen Bären gegenüberliegenden Seite steht die Cassiopeia; im Osten ist das Viereck des Pegasus zu sehen, von dem die Sternkette Andromeda ausgeht.

1. September, 21 Uhr
16. September, 20 Uhr

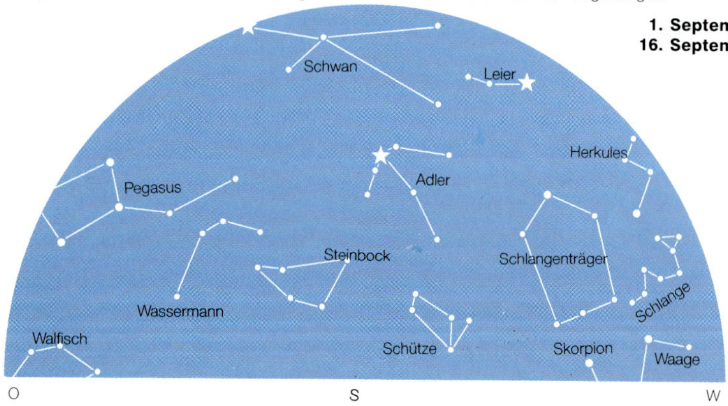

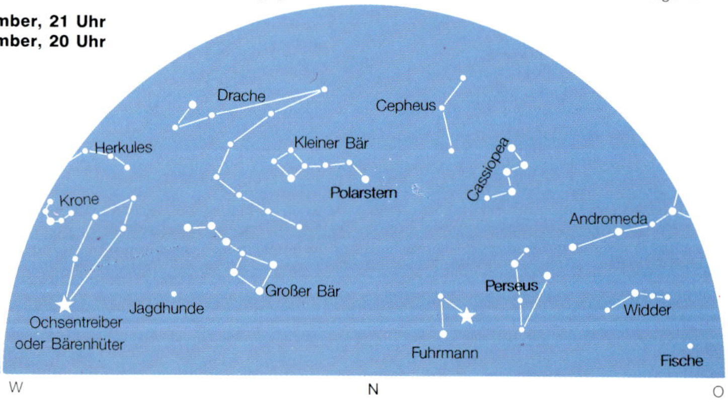

Gegen Süden: Über den Tierkreiszeichen Wassermann, Steinbock und Schütze leuchtet in der Mitte der Stern Atair im Sternbild Adler; die strahlende Wega im Sternbild Leier hat sich gegen Westen verschoben, jedoch immer hoch oben am Zenit.

Gegen Norden: Der Große Bär verschiebt sich am Horizont immer weiter nach unten, während sich der Kleine Bär zur Gänze links des Polarsterns befindet; im Osten wandert Cassiopeia nach oben gegen den Zenit, den sie im darauffolgenden Monat erreichen wird.

ren Sternbilder, die sich in einem Kreis befinden, in dessen Zentrum der Polarstern steht und der unten von der Linie des Horizonts geschnitten wird. Aus diesem Grund werden diese Sternkonstellationen zirkumpolar genannt.
Zwischen dem Großen und dem Kleinen Bären befindet sich das Sternbild des Drachen, das sich aus eher schwachleuchtenden Sternen zusammensetzt; gegenüber dem Großen Bären auf der dem Nordpol entgegengesetzten Seite befindet sich Cassiopeia, ein sowohl durch seine W-Form als auch aufgrund seiner ziemlich leuchtstarken Sterne leicht zu erkennendes Sternbild. Die Beobachtung der rechten Oktanten erscheint uns deshalb äußerst eintönig. Es ist trotzdem wichtig, diese Anordnungen genau zu kennen, weil sie uns erleichtern wird, andere Sternbilder zu erkennen.
Genau das Gegenteil ereignet sich bei den Sternbildern des linken Oktanten. Hier sehen wir den Himmel des südlichen Horizonts, und hier wechseln die Sternbilder während eines Jahres sehr rasch: zur selben Stunde der Nacht verändern sich die Sterne von einer Jahreszeit auf die andere praktisch vollkommen. Die Leitsterne über dem südlichen Horizont während der verschiedenen Jahreszeiten haben wir bereits gesehen. Jetzt wollen wir im einzelnen betrachten, welche Sterne und Sternbilder in diesem Bereich des Himmels zu sehen sind, und wie die einzelnen Konstellationen angeordnet sind.
Erinnern wir uns daran, daß sich die Sterne, wenn sie über dem südlichen Horizont auftauchen, ziemlich niedrig am Horizont befinden und nur während weniger Nachtstunden zu sehen sind: es sind dies die Sterne der südlichen Himmelshemisphäre. Wer auf der nördlichen Halbkugel lebt und beobachtet, hat die Möglichkeit, auch einen wichtigen Teil der südlichen Sterne zu sehen; je näher sich diese jedoch beim Südpol befinden, desto kürzer wird die Zeitspanne sein, in der sie beobachtet werden können.
Wer sich – wie wir dies angenommen haben – im nördlichen gemäßigten Gürtel befindet, kann Sterne bis ca. 45° unter dem Himmelsäquator beobachten. Die letzteren wird man jedoch nur für einige Minuten der Nacht niedrig über den Horizont streichen sehen. Obwohl also der ganze Himmel des südlichen Oktanten interessant ist, wird der untere Teil um so mehr unsere Neugier erwecken, da dies unsere einzige Gelegenheit ist, einen Blick auf den südlichen Himmel zu werfen, ohne uns von zu Hause wegzurühren.
Wir stellen auch fest, daß die linken Karten, also jene der südlichen Oktanten, auch deshalb wichtiger sind, da sich auf ihnen die zwölf Tierkreiszeichen befinden. Im Sommer und im Winter lassen sich die Tierkreiszeichen (wie dies eindeutig aus den Karten hervorgeht) für kurze Zeit in den nördlichen Oktanten finden.
Man sollte sich gleich darin üben, diese Sterne und Sternbilder wiederzufinden. Wir werden nämlich sehen, daß wir im Vergleich mit diesen Tierkreiszeichen die Bewegung der Planeten erkennen können: die Suche nach den Planeten erfolgt also durch das Erkennen dieser Sternbilder.

1. Oktober, 21 Uhr
16. Oktober, 20 Uhr

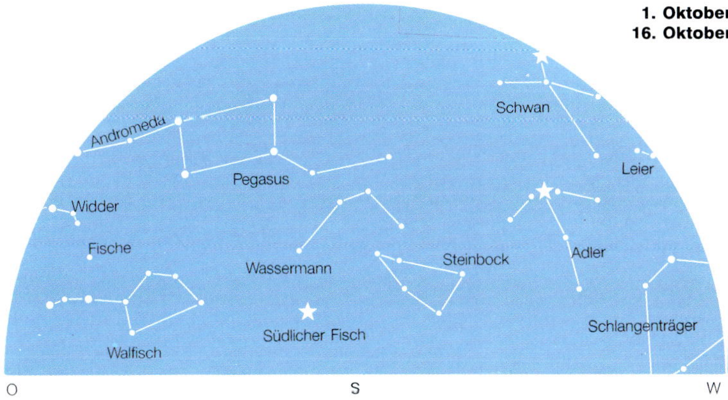

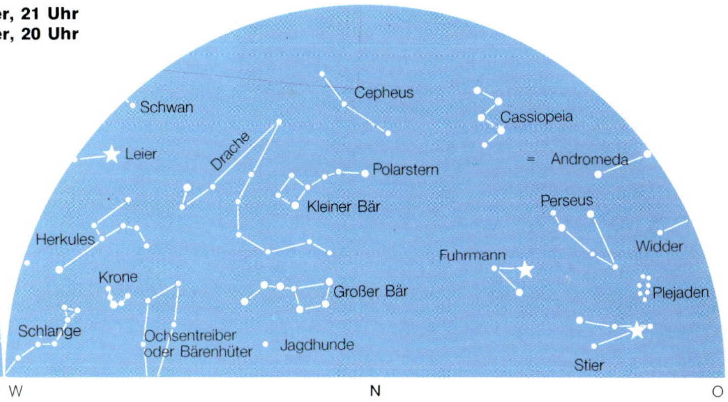

Gegen Süden: Links sind das große Sternviereck des Pegasus und die das Sternbild Andromeda bildende Sternkette deutlich zu erkennen; knapp über dem Horizont steht der leuchtende Fomalhaut, der Hauptstern im Sternbild Südlicher Fisch.

Gegen Norden: Im Osten knapp über dem Horizont befindet sich Aldebaran im Sternbild Stier; darüber, etwas nach rechts versetzt, sieht man die Plejaden; im Westen über dem Horizont befinden sich die Sternbilder Herkules und Krone.

1. November, 21 Uhr
16. November, 20 Uhr

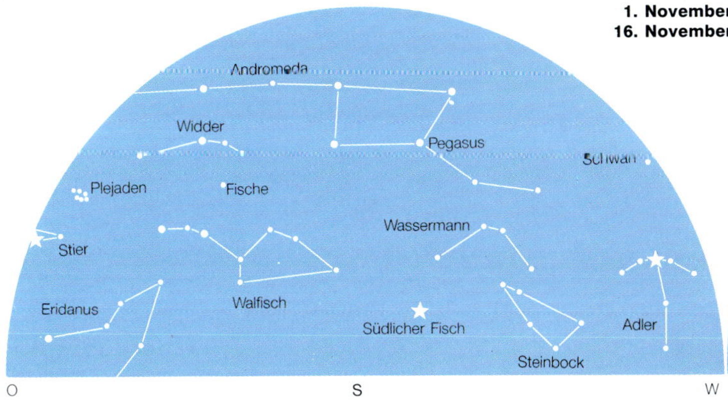

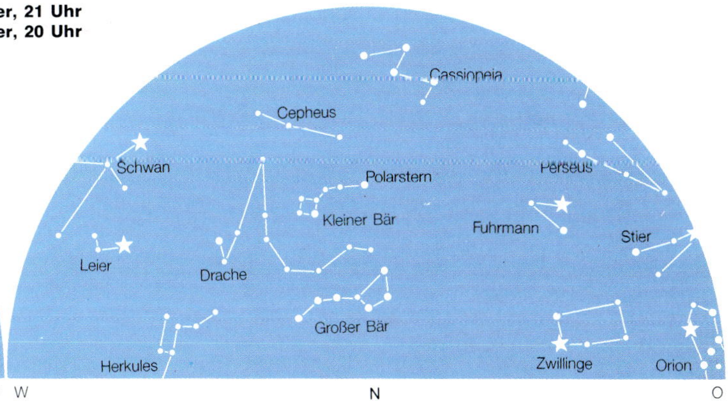

Gegen Süden: Im Zentrum wird der Himmel vom Viereck des Pegasus und Andromeda dominiert; aus dem Osten ist der offene Sternhaufen der Plejaden in diesen Teil des Himmels eingetreten; unten sind die Sternbilder Walfisch, Wassermann und Steinbock zu sehen.

Gegen Norden: Cassiopeia ist am Zenit angelangt, während sich der Große Bär noch immer niedrig über dem Horizont befindet; knapp über dem Horizont kann man das Sternbild Zwillinge mit dem leuchtenden Sternenpaar Castor und Pollux beobachten.

1. Dezember, 21 Uhr
16. Dezember, 20 Uhr

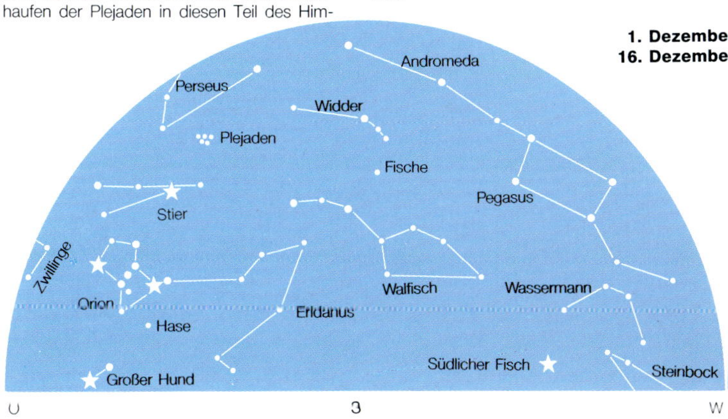

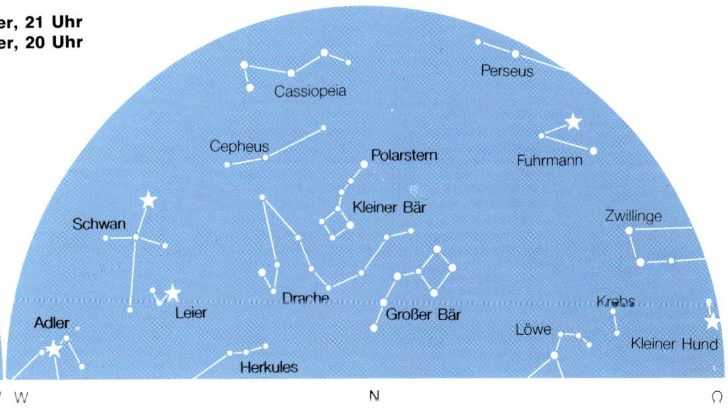

Gegen Süden: Die Sternbilder Pegasus und Andromeda haben sich nach Westen verschoben, während im Osten Orion, das typische Windersternbild, eingetreten ist; niedrig über dem Horizont windet sich das Sternbild Eridanus.

Gegen Norden: Im Westen befindet sich das Sternbild Schwan mit dem hell leuchtenden Stern Deneb; rechts davon das Sternbild Cepheus; darüber, fast am Zenit, steht die leicht zu erkennende Cassiopeia mit ihrer M-Form, das sich im Sommer in ein W umdreht.

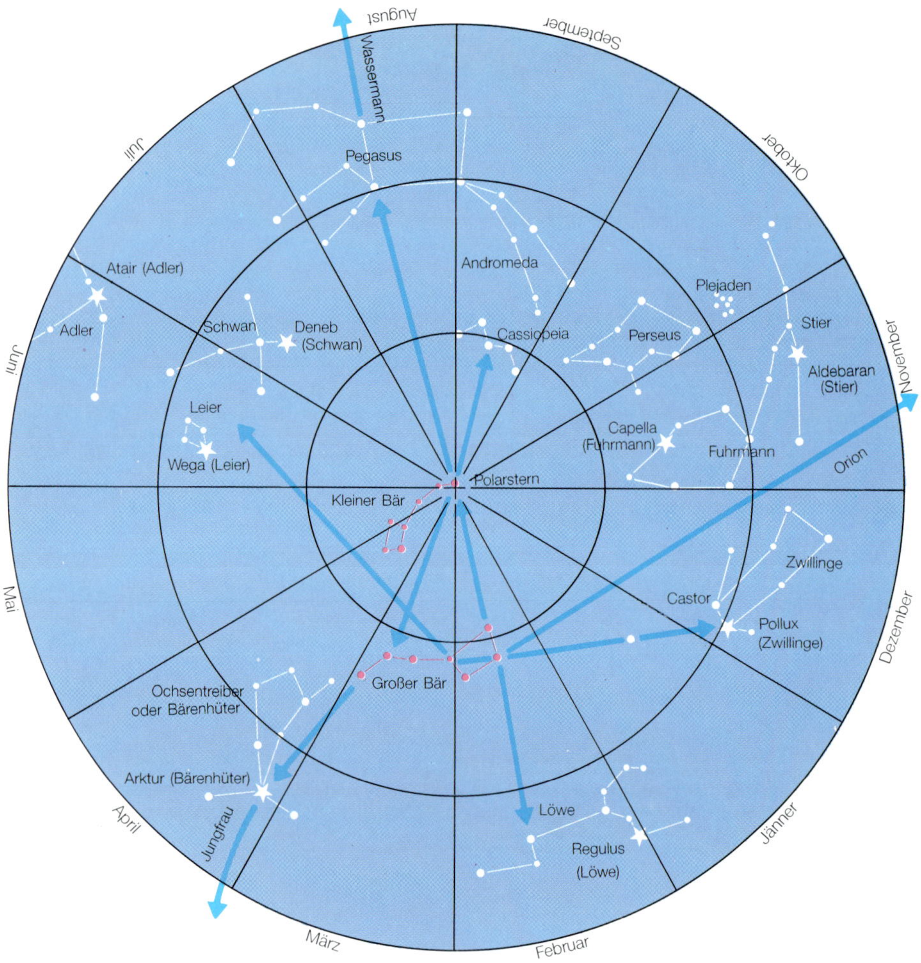

WIE MAN SICH AM NÖRDLICHEN UND SÜDLICHEN HIMMEL ORIENTIEREN KANN. Der Horizont teilt die Himmelskugel immer in zwei Hälften, von denen nur die obere sichtbar ist. Je nach dem Breitengrad, von dem man die Himmelskugel beobachtet, wird man einen wichtigen Teil oder einen weniger wichtigen Teil davon sehen können. Zum Beispiel würde ein Beobachter, der sich am Nordpol befände, am Zenit immer nur den Polarstern sehen und nur die nördliche Himmelshemisphäre. Diese Ansicht wird hier links in der oberen Karte dargestellt. Die auf dieser Karte abgebildeten Sterne werden nur im Herbst und im Winter sichtbar sein, d. h. nur während der Polarnächte. Das Vergehen der Stunden hat als einzige Auswirkung, daß sich die Sterne entlang des Horizonts verschieben. Wir können nicht hinsichtlich der Himmelsrichtungen sagen, da vom Horizont des Nordpols aus alle Richtungen südlich sind. Alle Sterne bewegen sich in zum Horizont parallelen Kreisen, weshalb sie im Verhältnis zum Horizont nie auf- oder absteigen.
Dasselbe gilt für den Südpol: in diesem Fall ist die untenstehende Karte zu beachten.
Auch wer sich auf dem Äquator befindet, wird zu einer bestimmten Stunde der Nacht offensichtlich nur das halbe Himmelsgewölbe sehen, aber während die Nachtstunden vergehen, werden einige im Westen sichtbare Sterne verschwinden und durch im Osten auftauchende Sterne ersetzt werden, die sich vorher unterhalb des Horizonts befanden. Alle Sterne gehen am Horizont auf und drehen sich in konzentrischen Kreisen zu den Himmelspolen, die sich genau auf der Linie des Horizonts in Übereinstimmung mit den gleichnamigen Himmelsrichtungen befinden.
Das bedeutet, daß am Äquator theoretisch alle Sterne sichtbar sind, ganz gleich ob sie sich in der nördlichen oder südlichen Hemisphäre befinden. Praktisch sind nur der Polarstern, seine benachbarten Sterne und die zirkumpolaren Sterne der südlichen Himmelshemisphäre schwierig zu sehen, da sie immer sehr niedrig über dem Horizont stehen. Der Großteil der Weltbevölkerung befindet sich in der gemäßigten Zone und kann deshalb einen Teil der betreffenden Himmelshalbkugel und einen Bruchteil der gegenüberliegenden Hemisphäre sehen, dessen Größe vom Breitengrad der Beobachtungsorte abhängt.
Die wichtigsten Sterne in der nördlichen Hemisphäre (oben), von denen sich Ausrichtungslinien ableiten lassen, sind der Große Bär, der Kleine Bär (praktisch reicht der Polarstern) und Cassiopeia. Das Bild des Bären ist so bekannt und so charakteristisch, daß es sich wirklich leicht erkennen läßt; darüber hinaus setzt es sich aus stark leuchtenden Sternen zusammen. Dasselbe gilt für Cassiopeia mit ihrer kennzeichnenden W-Form. Die Pfeile zeigen die wichtigsten Ausrichtungslinien an, also die Richtungen, in die man schauen muß, um die anderen Sternbilder zu finden.
Auf der unteren Karte sehen wir hingegen, wie man auf der südlichen Himmelshalbkugel suchen muß. Der Südpol ist nicht durch einen leuchtenden Stern gekennzeichnet. Auch die zirkumpolaren südlichen Sterne sind schwach. Deshalb ist es besser, sich an den stark leuchtenden Sternen der großen Sternbilder in der Milchstraße zu orientieren. Die Ausrichtungslinie verbindet Sirius, Canopus, Alfa Centauri und Antares. Zwischen Canopus und Alfa Centauri befinden sich die Sterne des Schiffs und des Südlichen Kreuzes.
Mit dieser Ausrichtungslinie wird jedoch nur eine Hälfte der südlichen Hemisphäre abgedeckt. Auf der anderen, sternenarmen Hälfte befinden sich Achernar und Fomalhaut, von denen man zu allen anderen Sternen gelangen kann. Sirius, Antares und Fomalhaut sind auch vom Großteil der nördlichen Hemisphäre aus sichtbar. Beide Karten sind in zwölf Sektoren eingeteilt, die den Monaten entsprechen, in denen die eingezeichneten Sternbilder sichtbar sind.

Auf der Suche nach den Planeten

Die Saturnringe betrachten, mit einem kleinen Instrument den »Großen Roten Fleck«, einen seit über 300 Jahren andauernden, riesigen Wirbelsturm, auf dem Jupiter entdecken, die seltsame Inversion der Kometenschweife beobachten, wenn sie sich von der Sonne entfernen, einen Mondkrater nach dem anderen erkennen und deren Geheimnisse entdecken, unter Millionen leuchtenden Punkten am Himmel unsere Gefährten des Sonnensystems herausfinden: all das läßt sich mit einfachen Mitteln erreichen.

WO MAN DIE PLANETEN SUCHEN SOLL UND WIE MAN SIE ERKENNEN KANN.

Eine der faszinierendsten und auch für einen Amateurastronomen leicht durchzuführende Aufgabe besteht darin, die Planeten unter den unzähligen Sternen herauszufinden. Die Sterne scheinen ihre Position nicht zu verändern, während sich die Planeten mehr oder weniger rasch auf dem Himmelsgewölbe bewegen, und auch wenn sie einmal identifiziert wurden, kann das Wiedererkennen zu einem späteren Zeitpunkt Schwierigkeiten bereiten.

Noch dazu erscheint ein Planet genau wie ein Stern als leuchtender Punkt am Himmelsgewölbe; es ist deshalb grundsätzlich nicht einfach, sie voneinander zu unterscheiden. Bevor wir uns jedoch der eingehenden Beobachtung der Planeten widmen, sollten wir sie auf dem Himmelsgewölbe erkennen können – und bei dieser Suche sollte man mit Geduld vorgehen.

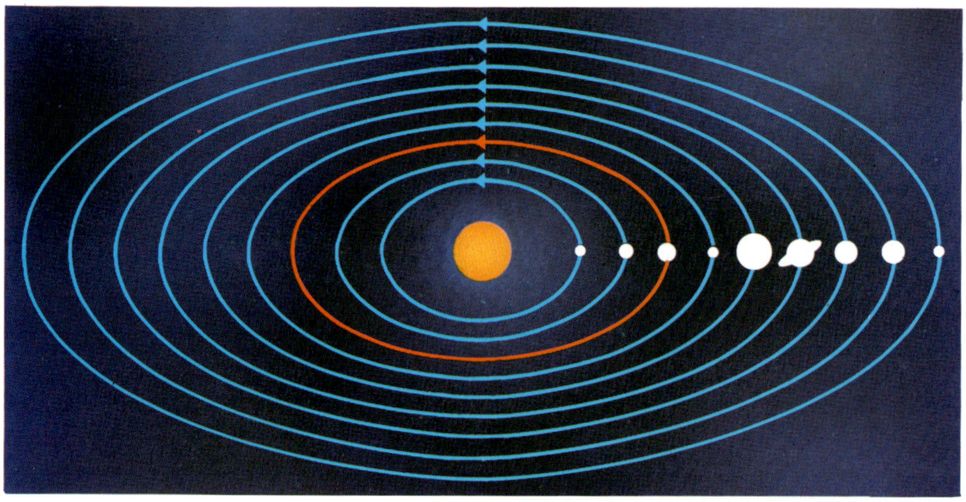

Die Umlaufbahnen der Planeten. Das Sonnensystem (oben) besteht aus der Sonne und den Planeten, die in elliptischen Bahnen rund um die Sonne kreisen. Die rot eingezeichnete Ellipse zeigt die Umlaufbahn der Erde an. Zwei Planeten bewegen sich im Vergleich zur Erde auf kleineren Bahnen, während die anderen außerhalb der Erde um die Sonne kreisen. Man kann deshalb die Planeten in zwei Kategorien einteilen: die »inneren« und die »äußeren« Planeten. Dies ist nicht nur eine formelle Unterscheidung, denn die inneren Planeten kann man nur nahe der Sonne sehen, also nur auf jener Seite, wo sich die Sonne befindet, während man die anderen Planeten auch auf der gegenüberliegenden Seite beobachten kann. Da die Planetenbahnen untereinander nur wenig geneigt sind, kann man sie in Richtung Süden schauend alle in einem schmalen Himmelsband erkennen, das sich etwa in 45° von Osten nach Westen über den Horizont erstreckt.

Wo und wann sich die »inneren« Planeten beobachten lassen. Auf der Abbildung unten ist die Erdbahn (1) in Rot und die Bahn eines inneren Planeten (2) in Blau eingezeichnet. Ein innerer Planet erscheint entweder rechts oder links von der Sonne, jedoch nie sehr weit von ihr entfernt. Wenn sich der Planet hinter der Sonne befindet, sagt man, daß er in oberer Konjunktion (a) zur Sonne steht: er kann dann nur gleich nach Sonnenuntergang beobachtet werden, wenn er knapp über dem Horizont steht; er wird sehr hell leuchtend aber klein erscheinen, da er weit entfernt ist. Je weiter sich der Planet von der Sonne entfernt, desto größer erscheint er, da er der Erde immer näher kommt (a, links). Wenn sich der Planet zwischen der Sonne und der Erde im kürzesten Abstand von uns befindet, sagt man, daß er in der unteren Konjunktion (b) steht (siehe auch Abbildung unten).

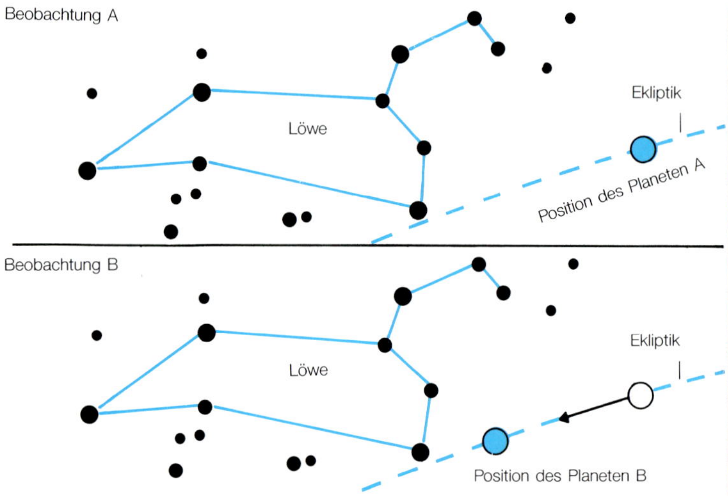

Die Planeten bewegen sich. Diese beiden Karten stellen die leuchtendsten Sterne des Sternbilds Löwe dar; die gestrichelte Linie gibt die Ekliptik an, d. h. die auf das Himmelsgewölbe projizierte Erdbahnebene; entlang der Ekliptik kann man die Tierkreiszeichen beobachten und auch die sich bewegenden Planeten. Wir wissen zwar nicht genau wo (die Ekliptik ist nicht am Himmel aufgezeichnet), aber wenn ein Planet zwischen den Sternen oder in ihrer Nähe auftaucht, so werden wir sicher das Bild erkennen, das sich aus den Sternen des Sternzeichens und dem Planeten zusammensetzt. Zu einem bestimmten Zeitpunkt wird dieses Bild so aussehen, wie es auf der oberen Karte zu erkennen ist. Danach wird sich der Planet entlang der Ekliptik bewegen, und das aus den Sternen des Sternbildes zusammengesetzte Zeichen (Trapez) wird sich durch das Einfügen eines zusätzlichen Gestirns verändern: dieses Gestirn ist ein Planet.

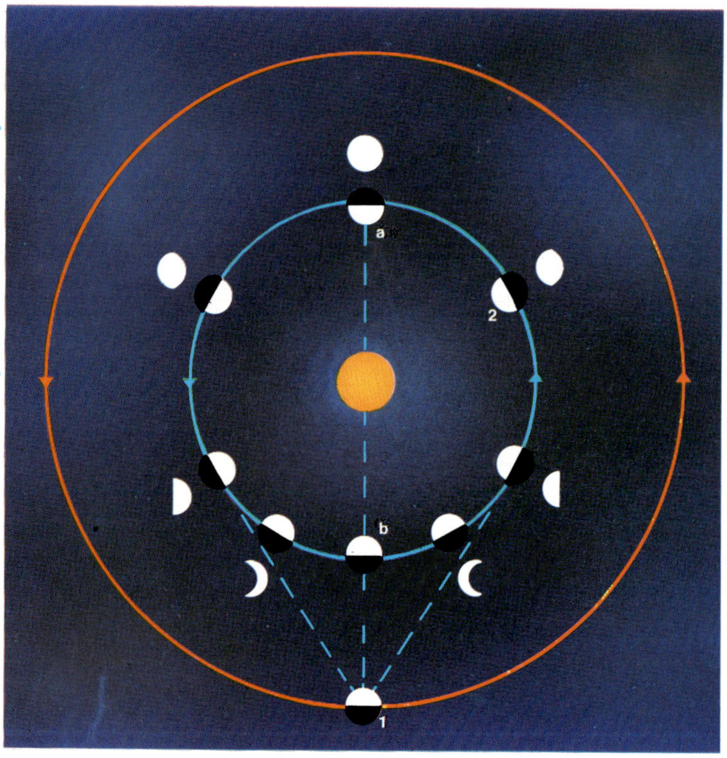

STERN

Das Licht der Sterne flimmert, und die Sterne erscheinen wie vom Wind bewegte Kerzenflammen; die Ursache dafür ist in der Durchmischung der Luft mit unterschiedlicher Temperatur und Feuchtigkeit zu suchen. Das Licht der Planeten ist nicht davon betroffen – außer es treten heftige Stürme auf – und könnte mit dem ruhigen Licht einer elektrischen Glühbirne verglichen werden. Dank dieses grundsätzlichen Unterschieds kann man an einem klaren Abend einen Stern von einem Planeten bereits auf den ersten Blick unterscheiden.

MERKUR UND VENUS

MARS

JUPITER

SATURN

Die Farbe der Planeten. Nur oberflächlich betrachtet erscheint die Farbe der Planeten und der Sterne Weiß. Mit ein wenig Aufmerksamkeit wird man am klaren Himmel mit Hilfe eines Fernglases erkennen können, daß Merkur und Venus schneeweiß, Jupiter elfenbeinweiß und Saturn grünlichweiß ist; die Farbe des Mars ist Ziegelrot.

Vor allem die ersten paar Male kann es vorkommen, daß man ohne Zuhilfenahme von Instrumenten einen oberflächlichen Blick auf das Himmelsgewölbe wirft und sich der Identifikation des Gestirns, das man sucht, nicht sicher ist. Aber wenn man diese Beobachtung in Abständen von einigen Abenden wiederholt, wird man sicher erkennen können, um welchen Planeten es sich handelt.
Es gibt außerdem Regeln, die es nicht nur erleichtern, das Aussehen eines Sterns von jenem eines Planeten zu unterscheiden, sondern uns auch ermöglichen zu erkennen, um welchen Planeten es sich dabei handelt.
Wenn wir von Planeten sprechen, denken wir an die neuen großen Himmelskörper, die sich um die Sonne drehen und das Sonnensystem bilden. Von diesen Himmelskörpern muß man sofort einen abziehen, und zwar die Erde, weil es das Gestirn ist, auf dem wir leben. Von den übriggebliebenen Planeten sind zwei zu weit entfernt, um mit freiem Auge wahrgenommen werden zu können: Pluto und Neptun, die von der Sonne und auch von der Erde weitest entfernten Planeten. Uranus befindet sich an der Sichtbarkeitsgrenze; er erscheint als kleines Sternchen, das sowohl aufgrund seiner schwachen Leuchtkraft als auch der großen Anzahl anderer Sterne, unter denen sich dieses leuchtende Pünktchen verliert, mit freiem Auge nicht wirklich sichtbar ist. Die Planeten, auf die wir hier genauer eingehen, reduzieren sich somit auf fünf; in zunehmender Entfernung von der Sonne: Merkur, Venus, Mars, Jupiter und Saturn.
Merkur verdient hier hervorgehoben zu werden, denn er ist der Sonne immer so nahe, daß er schwer zu erkennen ist. Entweder die Sonne scheint, dann ist es Tag, und man kann nicht darauf hoffen, ihn zu sehen, oder die Sonne ist soeben untergegangen oder ist im Aufgehen, dann verliert er sich im Licht der Dämmerung; mit ein bißchen Aufmerksamkeit läßt sich jedoch auch Merkur erkennen. Bleiben also Venus, Mars, Jupiter und Saturn.
Diese Planeten haben vor allem eine wesentliche Eigenschaft: es sind fast immer stark leuchtende Gestirne (»fast« bedeutet, daß ihre Leuchtkraft je nach ihrer Stellung zur Sonne und zur Erde variiert); im allgemeinen leuchten sie so hell, daß sie als die ersten Gestirne am Himmel auftauchen.
Die Planeten sind also unter den leuchtendsten Gestirnen zu suchen.
Als erstes sollte man beachten, daß sich die Planeten nicht in jedem beliebigen Teil des Himmelsgewölbes erkennen lassen. Rund um den Polarstern und im gesamten nördlichen Sektor sind die Planeten zum Beispiel nie sichtbar. In unseren Breitengraden erreichen sie weder den Zenit, noch sind sie im Süden ganz knapp über dem Horizont zu sehen. Man kann die Planeten jedoch in einem Gürtel erkennen, der von Osten nach Westen annähernd in einer durchschnittlichen Höhe von 45° über dem Horizont verläuft oder je nach den Jahreszeiten etwas darüber oder darunter.
Wenn man also ein sehr helles Gestirn außerhalb dieses Gürtels sieht, kann man sicher sein, daß es sich um einen Stern und nicht um einen Planeten handelt. Genauer gesagt, bewegen sich die Planeten in einem schmalen Band des Himmelsgewölbes, das »Tierkreis« genannt wird und entlang der zwölf Tierkreiszeichen verläuft. Wenn man sich also auf die Suche nach den Planeten machen möchte, braucht man nur die Stellung der Hauptsterne dieser zwölf Sternzeichen zu kennen, denn wenn inmitten dieser Konstellationen das Licht eines zusätzlichen Gestirns auftaucht, kann man sicher sein, daß es sich um einen vorbeikommenden Planeten handelt.
Daraus lassen sich noch zwei weitere Regeln zur Erkennung eines Planeten ableiten. Wenn uns eines Abends bei der Identifikation Zweifel kommen, brauchen wir das Gestirn nur in der darauffolgenden Nacht oder besser noch eine Woche, vierzehn Tage oder einen Monat später zu beobachten. Wenn es sich um einen Planeten handelt, wird er sich bewegt haben, und genau diese Bewegung ist der Beweis dafür, daß man keinen Stern eines Tierkreiszeichens (die ja ihre Position untereinander nicht verändern), sondern ein vorbeikommendes Gestirn beobachtet hat. Wenn ein Planet nahe bei einem Stern steckt, kann man natürlich nicht nur die relative Stellung und die relative Helligkeit betrachten, sondern auch einen Farbvergleich anstellen. Viele Sterne sind weiß, öfter noch blau-weiß, aber einige sind auch orange, gelb oder rot.
Auch die Planeten haben eine Farbe, und obwohl der Grundfarbton (mit Ausnahme des Mars, der stark rot gefärbt ist) Weiß ist, kann ein aufmerksamer Beobachter bei klarem Himmel feststellen, daß sich die Weißtöne der Planeten von jenen der bekanntesten Sterne unterscheiden. So wird man z. B. beobachten, daß Venus silber-weiß ist und sehr hell leuchtet, und daß auch Jupiter und Saturn weiß sind, aber während Jupiter eine Spur elfenbein aufweist, hat Saturn eine leicht grünliche Schattierung. Mars – wie wir bereits gesagt haben – ist rot (ein starkes Ziegelrot), da die Farbe seines Lichtes durch die Mineralien am Boden seiner Oberfläche bestimmt wird, wo das Eisenoxid vorherrscht.
Eine weitere, sehr wichtige Regel, um die Planeten von den Sternen zu unterscheiden, insbesondere wenn man während der Nachtstunden einen dicht mit hellen Sternen übersäten Himmel beobachtet, wie dies häufig in der Mitte des Sommers oder des Winters der Fall ist, läßt sich aus dem Umstand ableiten, daß das Licht der Sterne flimmert, während jenes der Planeten ruhig bleibt.

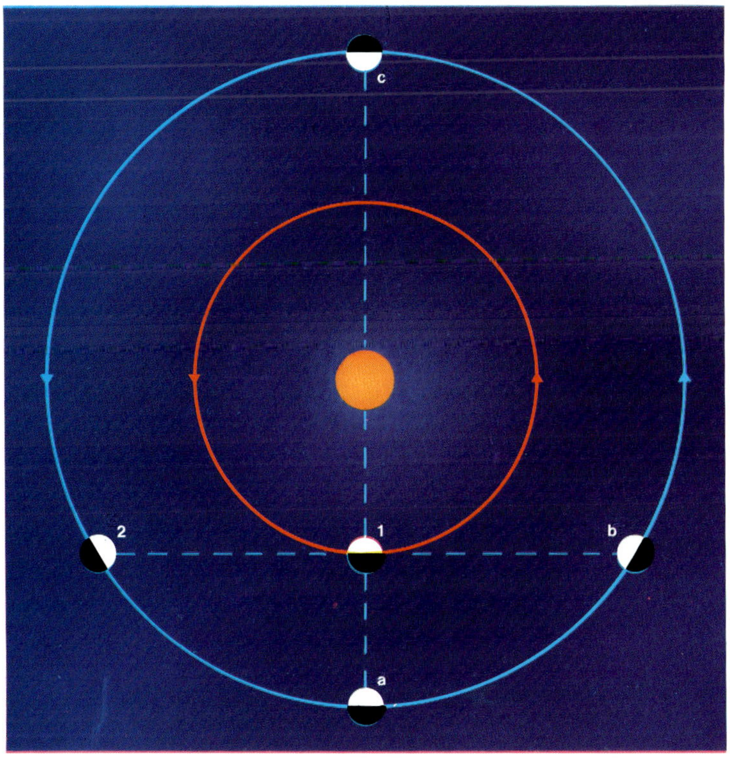

Wo und wann man die »äußeren« Planeten beobachten kann. Auf der Abbildung nebenan ist die Erdbahn (1) rot und die eines äußeren Planeten (2) blau eingezeichnet. Wenn sich der Planet in Quadratur (b) rechts von der Sonne befindet, kann man ihn hoch am südlichen Horizont kurz vor Sonnenaufgang sehen; wenn er sich in Opposition (a) befindet, muß man in die der Sonne entgegengesetzte Richtung schauen: der Planet steht dann hoch am Himmel, wenn die Sonne hinter der Erde versteckt ist, und er kann von Sonnenuntergang bis Sonnenaufgang beobachtet werden. Wenn sich der Planet hinter der Sonne befindet, sagt man, daß er in Konjunktion (c) zur Sonne steht; er ist daher nicht sichtbar.

Schnelle und langsame Planeten. Diese Karte des Sonnensystems gibt an, welche Strecke die Planeten auf ihren Umlaufbahnen um die Sonne zurücklegen, während die Erde eine ganze Umdrehung vollendet. Wir sprechen also von der Planetenbewegung während eines Jahres. Die Bewegung der Erde ist durch einen geschlossenen Kreis dargestellt. Die inneren Planeten sind schneller als die Erde: Merkur hält den Rekord mit 4,15 Umdrehungen pro einer Erdumdrehung; auch Venus ist schnell, sie vollführt in einem Erdjahr 1,63 Umdrehungen. Mars legt nur eine halbe Umdrehung und Saturn nur ein Zwölftel seiner Bahn pro Jahr zurück. Ab Saturn ist der zurückgelegte Kreisbogen sehr klein (12,22° für Saturn, 4,28° für Uranus, 2,19° für Neptun, 1,447° für Pluto). Man darf nicht vergessen, daß in dieser Zeichnung jene Strecken dargestellt werden, die die Planeten im Verhältnis zu den Sternen zurücklegen. In Wirklichkeit werden sie von der Erde aus beobachtet, die sich in derselben Richtung wie die Planeten dreht. Wenn man daher die Planetenbewegung auf die Sternkonstellationen bezieht (siderische Bewegung), ist es relativ einfach, ihre Position zu bestimmen. Wenn man jedoch auch wissen möchte, wo sich die Planeten im Vergleich zur Ausrichtungslinie Sonne–Erde (synodische Bewegung) befinden, wird die Vorhersage schwierig.

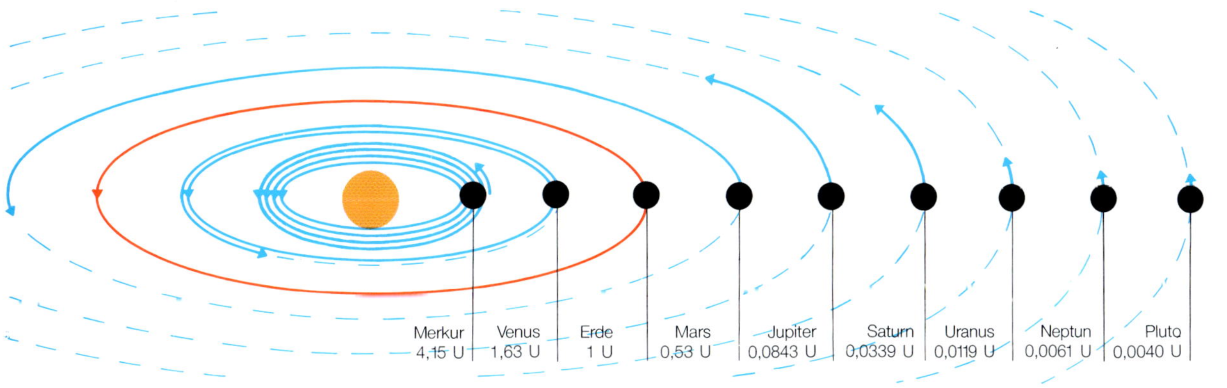

WO MAN DIE PLANETEN SUCHEN SOLL. Die Planeten lassen sich nicht in einem beliebigen Punkt des Himmelsgewölbes beobachten: sie tauchen nur in jenem beschränkten Gürtel des Himmels auf, in dem sich die Tierkreiszeichen befinden.

Die Achse, d. h. die Hauptlinie dieser Zone, ist ein Großkreis des Himmelsgewölbes, der Ekliptik genannt wird. Die Ekliptik ist nichts anderes als die Projektion der Bahnebene der Erde auf das Himmelsgewölbe und stellt die scheinbare Bahn dar, die die Sonne in einem Jahr durchläuft. Die ungefähr kreisförmige Erdbahn (in Wirklichkeit hat sie die Form einer leicht exzentrischen Ellipse, die nur geringfügig von einem Kreis abweicht) stellt den auf das Himmelsgewölbe projizierten Erdäquator dar. Die Ekliptik ist gegenüber dem Großkreis des Himmelsäquators geneigt, und diese Neigung, die 23° 27' beträgt, entspricht der Neigung der Rotationsachse der Erde gegenüber der Erdbahnebene. Im Zentrum der Erdbahn befindet sich die Sonne, und die Sonne befindet sich auch im Zentrum der Umlaufbahnen der anderen Planeten. Die Planeten kreisen in geringerer (Merkur und Venus) oder größerer (alle anderen Planeten) Entfernung als die Erde um die Sonne, die das Zentrum der ellipsenförmigen, fast kreisrunden Umlaufbahnen darstellt.

Außer durch die unterschiedlichen Durchmesser ihrer Umlaufbahnen (Merkur und Venus sind kleiner als die Erde; alle anderen Planeten größer), unterscheiden sich alle Umlaufbahnen der anderen Planeten auch dadurch von der unseren, daß sie nicht genau auf unsere Ebene, d. h. nicht genau auf der Ekliptikebene liegen. Diese Bahnen befinden sich jedoch (mit Ausnahme der Umlaufbahnen des Merkurs und des Pluto, deren Neigung etliche Grade und im Falle des Pluto sogar 17° erreicht) auf Ebenen, die nur leicht gegenüber der Erdbahn geneigt sind: die Bahnneigung dieser Planeten ist also sehr gering. Das bedeutet, daß sich unter den mit freiem Auge sichtbaren Planeten, die uns im Moment hauptsächlich interessieren, nur Merkur weit von der Ekliptik entfernen kann, alle anderen werden sich immer nahe der Ekliptik befinden.

Wenn man sagt, daß die Planeten nahe der Ekliptik stehen, so bedeutet dies, daß sie etwas über oder unter ihr beobachtet werden können. Vergegenwärtigen wir uns, daß der scheinbare Monddurchmesser etwa einem halben Grad entspricht: jedes Mal, wenn also von »einem Grad« die Rede ist, kann man sich eine Strecke am Himmelsgewölbe vorstellen, die dem zweifachen Durchmesser des Vollmondes entspricht.

Um also die Planeten am Himmelsgewölbe voneinander unterscheiden zu können, wird man sich das Aussehen der Tierkreiszeichen genau einprägen müssen; auf der Karte hier unten sieht man zum Beispiel, daß sich das Sternbild Löwe aus vier hellen Sternen zusammensetzt, die in einem fast perfekten Trapez angeordnet sind. Der hellste Stern, Regulus, befindet sich fast genau auf der Ekliptik; die Planeten werden deshalb sehr nahe an Regulus vorbeikommen und sich durch ihr starkes Leuchten deutlich als ein störendes Element im Trapezzeichen der vier Hauptsterne ausnehmen. Es wird deshalb keinen Zweifel darüber geben, daß das »überzählige« Gestirn in bezug auf die Sterne des Hauptzeichens des Sternbildes eben ein Planet ist.

Die Erkenntnis, daß sich die Planeten zwischen den Sternen der Tierkreiszone, d. h. nahe der Ekliptik bewegen, ermöglicht uns, noch anspruchsvollere Überlegungen als bisher anzustellen. Man kann nämlich die Frage stellen, wie man die Position der Ekliptik am Himmelsgewölbe an den Abenden der einzelnen Jahreszeiten bestimmen kann. Für Beobachter, die sich auf halbem Weg zwischen dem Pol und dem Äquator, in der Mitte der gemäßigten nördlichen Zone zwischen 45° und dem Zenit befinden, liegt die Ekliptik am Frühlingspunkt, also Ende März, gleich nach Sonnenuntergang sehr hoch am Himmelsgewölbe.

Genau das Gegenteil ereignet sich nach dem

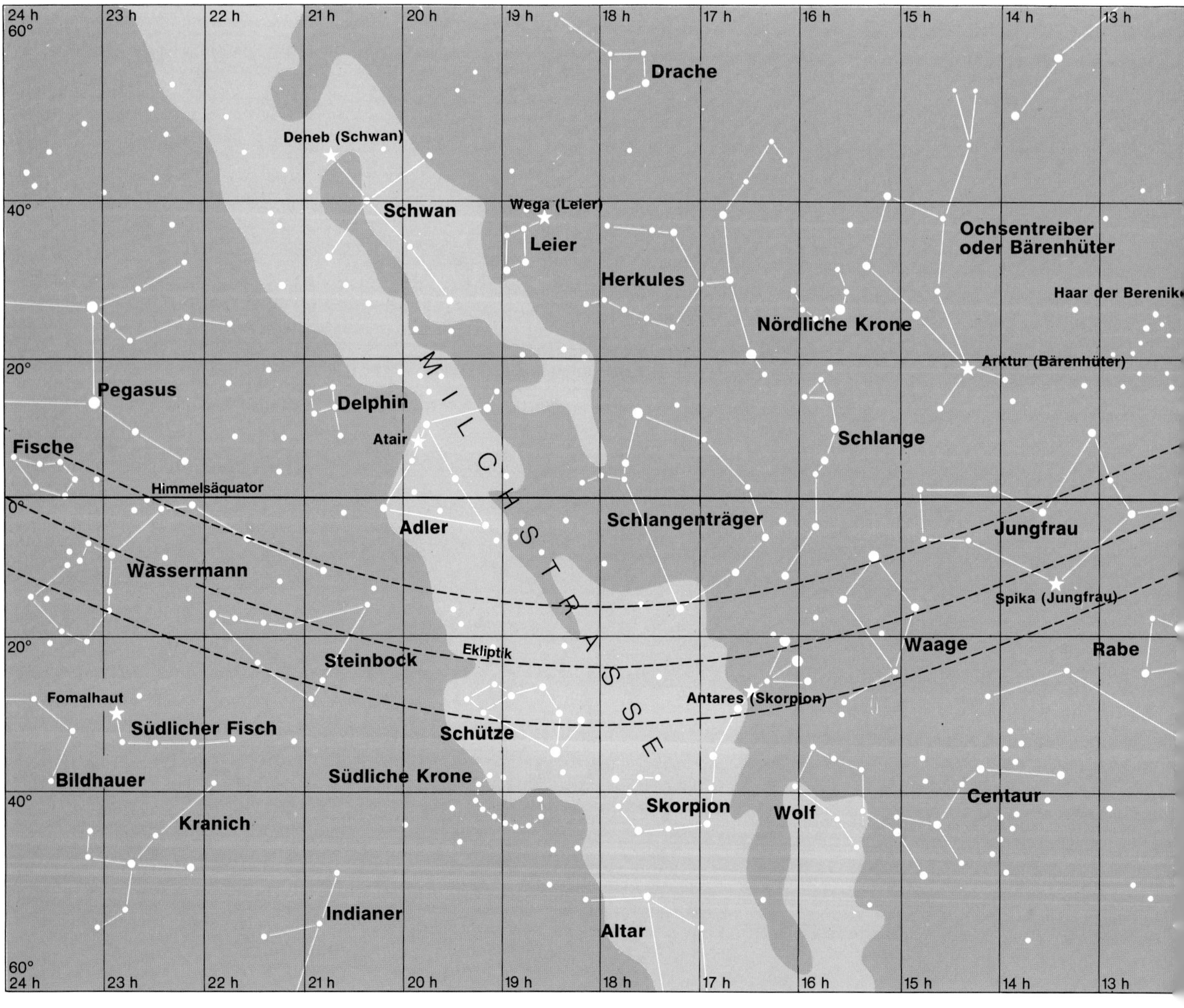

Konstruktion der Ekliptik. Die nebenan abgebildeten schematischen Darstellungen veranschaulichen die zwischen der Ekliptik und dem Himmelsäquator bestehenden Beziehungen. Auf der Ekliptik wurde ein hypothetischer Planet (P) angenommen; wenn man den Kreis des Himmelsäquators als Ausgangspunkt betrachtet, erscheint die Ekliptik im Verhältnis zum Himmelsäquator geneigt. Wenn man also auf einer ebenen Oberfläche den Himmelsstreifen aufträgt, der sowohl den Äquator als auch die Ekliptik enthält, wird der Äquator als gerade Linie und die Ekliptik als Sinuslinie erscheinen. Die beiden darunterstehenden Abbildungen zeigen die Position der Ekliptik im Verhältnis zum Himmelsäquator im Frühling und im Herbst. Unten wird jener Teil des Himmels dargestellt, in dem die Ekliptik verläuft; die beiden darüber und darunter liegenden gestrichelten Linien begrenzen das Band, in dem sich die Tierkreiszeichen befinden: von rechts nach links in der Richtung der scheinbaren Bewegung der Sonne.

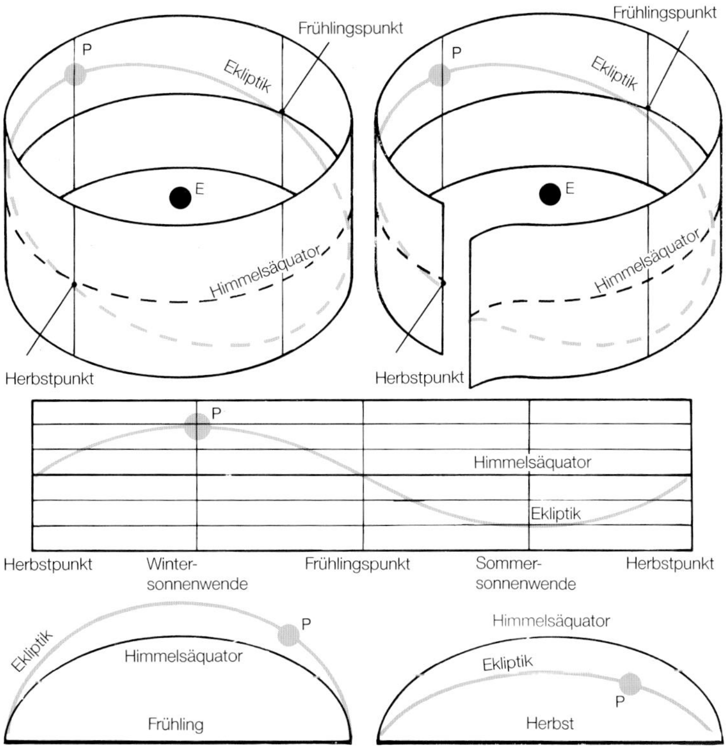

Sonnenuntergang an den Herbsttagen, an denen sich die Ekliptik knapp über dem Horizont, zwischen 45° und dem Horizont erstreckt. Zur Sommersonnenwende Anfang Juni befindet sich die Ekliptik nicht sehr hoch am Himmel; sie erstreckt sich ungefähr von SO nach NW. Zur Wintersonnenwende erstreckt sich die Ekliptik hingegen relativ niedrig über dem Horizont von NO nach SW.

Dieser Umstand bringt eine unterschiedliche relative Sichtbarkeit der Planeten mit sich, wenn sie sich nur in geringer Entfernung von der Sonne befinden. Denn falls ein Planet nahe bei der Sonne steht, muß man warten, bis die Sonne unter dem Horizont untergetaucht ist, bis man ihn sehen kann; aber man darf nicht zu lange warten, denn sonst geht auch der Planet unter. Wenn sich also wie im Herbst die Ekliptik niedrig am Horizont erstreckt, wird ein von der Sonne nicht weit entfernter Planet nach Sonnenuntergang auch bald untergehen und ist deshalb schwierig zu beobachten.

Im Frühling, wenn die Ekliptik sehr hoch über dem Horizont steht, überträgt sich auch ein geringer Abstand zwischen Sonne und Planet in eine längere Zeitspanne zwischen dem Moment des Sonnenuntergangs und dem Moment, in dem der Planet untergeht, deshalb ist der Planet einfacher zu beobachten.

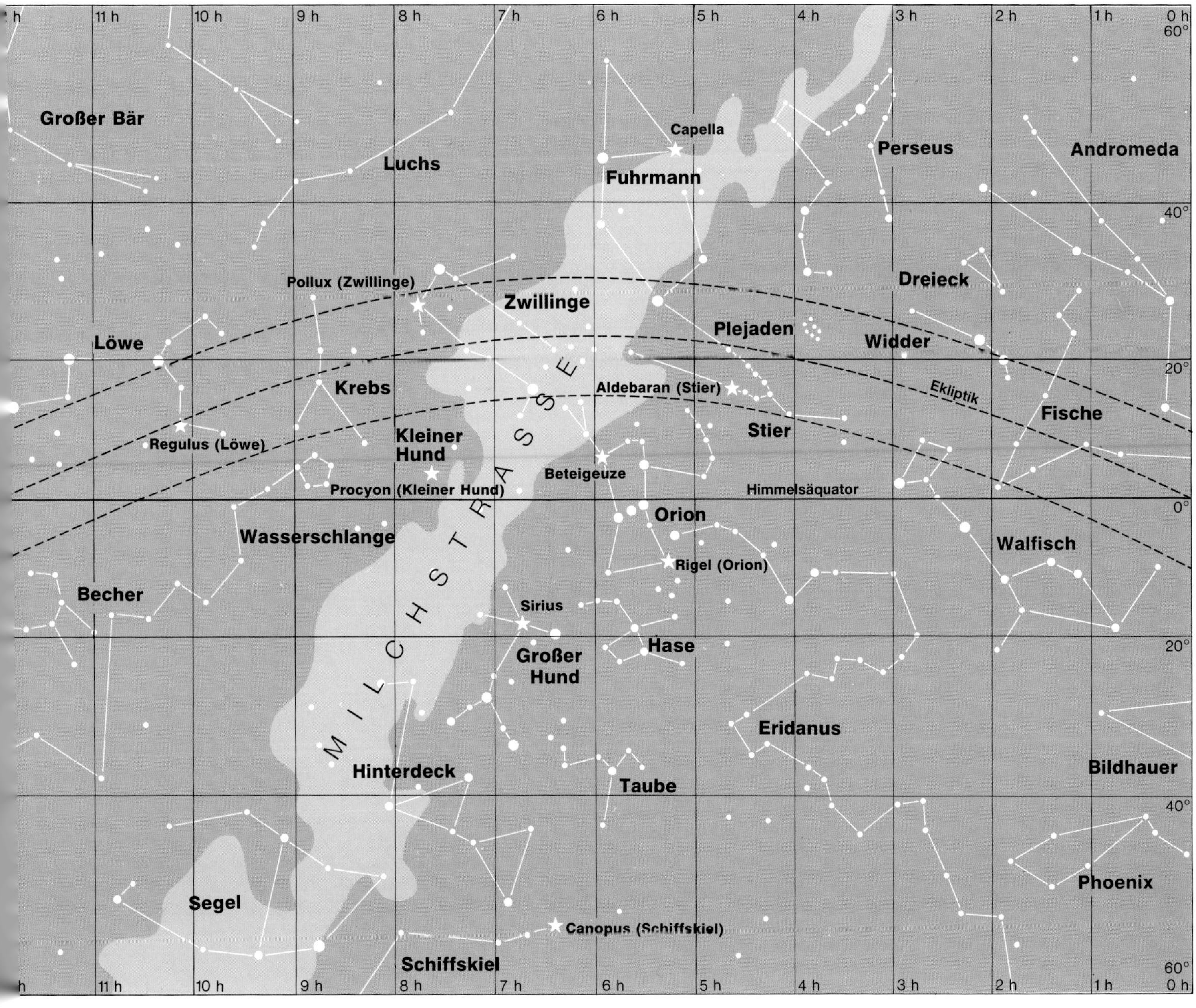

DER »IDENTIKIT« DER PLANETEN. Der Anfänger, der sich vor allem der Identifikation des beobachteten Planeten sicher sein will, möchte wissen, wann ein bestimmter Planet am Himmelsgewölbe auftauchen wird und damit der Beobachtung mit freiem Auge oder mit dem Teleskop zugänglich ist.
In gewissem Sinne hat der Anfänger bei seinen ersten Versuchen Schwierigkeiten, aber wenn er es einmal geschafft hat, wird ihm sofort klar, daß die Identifikation sehr einfach ist, und in diesem Augenblick entsteht der Wunsch, immer mehr Einzelheiten zu beobachten – und dazu sind leistungsstärkere Instrumente notwendig. Deshalb ist es wichtig zu wissen, was man von den einzelnen Planeten mit den verschiedenen astronomischen Instrumenten wahrnehmen kann.
Bereits mit freiem Auge kann man äußerst interessante Dinge entdecken; die Instrumente zeigen uns noch mehr. Wenn man von Beobachtungen spricht, die mittels Instrumenten durchgeführt werden können, sollte man daran erinnern, daß es sich um Beobachtungen handelt, die die optischen Eigenschaften des Instruments in Anspruch nehmen; wenn das Instrument sehr perfekt ist, ermöglicht es stark detaillierte Beobachtungen zu machen. Aber es reicht nicht aus, nur von der Leistungsfähigkeit des Instruments zu sprechen; wir müssen ständig wiederholen, daß das Instrument durch die Atmosphäre beobachtet, und wenn diese gestört oder unruhig ist, werden die teleskopischen Bilder nicht jene winzigen Einzelheiten zeigen, die das Instrument liefern würde, falls es das Beobachtungsobjekt durch eine ruhige und klare Atmosphäre erreichte. Wenn wir hier also schreiben, daß man mit einem gewissen Instrument eine Einzelheit eines bestimmten Planeten erkennen kann, muß man bedenken, daß sich diese Möglichkeit nur auf optimale atmosphärische Bedingungen bezieht.
Wir erinnern, daß sich ein Refraktorteleskop (d. h. mit einem Linsenobjektiv) im Vergleich zu einem Spiegelfernrohr mit der gleichen Apertur besser für die Beobachtung der Planeten eignet. Wenn man die ökonomischen Möglichkeiten hat ein größeres Instrument zu erwerben, sollte man beachten, daß der Preis eines Linsenfernrohrs stark mit der Erhöhung der Größe ansteigt und über 10 cm Objektivdurchmesser unerschwinglich wird. Wenn man diese Grenze überschreiten möchte, sollte man sich einem Spiegelfernrohr zuwenden, da der Preis mit der Größe des Fernrohrs nur mäßig ansteigt.
Mit 20–30-cm-Instrumenten können wirklich außergewöhnliche Schärfen erzielt werden, und man kann die winzigen Einzelheiten beobachten, von denen wir auf diesen Seiten sprechen. Mit dem großen Traum eines Amateurastronomen, einem 30–40-cm-Instrument, kann man fast alle

MERKUR

Wann kann man ihn beobachten?
Nie im Dunkel der Nacht, sondern nur im Licht der Abend- oder Morgendämmerung. Man kann ihn auch tagsüber sehen, jedoch nur mit hochentwickelten Instrumenten.

Was kann man mit welcher Vergrößerung beobachten?
Ein kleines Teleskop dient nur dazu, die Phasen des Planeten zu zeigen; es ist die einzige Detailbeobachtung, die mit einem Amateurinstrument möglich ist.

In welche Richtung soll man den Blick richten?
Gegen jenen Punkt am Horizont, an dem das Licht der Dämmerung am stärksten ist; abends den Blick etwas links über den leuchtendsten Punkt erheben, und am Morgen etwas rechts davon (auf der nördlichen Hemisphäre).

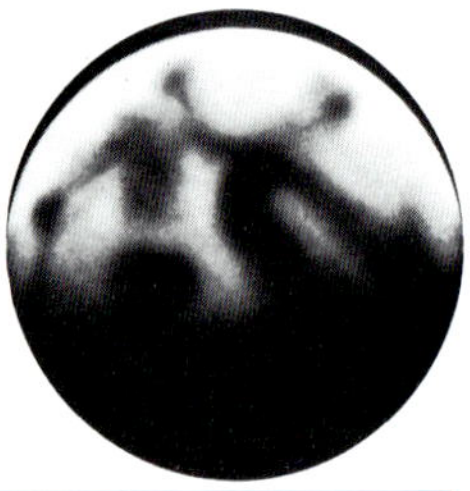

Mit welchem Instrument kann man ihn bereits erkennen?
Er ist mit freiem Auge zu sehen. Um ihn in der Dämmerung auszunehmen, kann ein Fernglas nützlich sein; um seine Phasen beobachten zu können, benötigt man jedoch ein kleines Teleskop.

Merkur ist ein »innerer« Planet; von der Erde aus betrachtet scheint er von einer Seite der Sonne zur anderen zu pendeln, ohne sich jemals weit von ihr zu entfernen. Da die Merkurbahn stark exzentrisch ist, schwankt seine Entfernung von der Sonne; der Winkelabstand der beiden Gestirne im Moment ihrer größten Entfernung (Elongation) reicht von 18° bis 24°; deshalb sind nicht alle Positionen des Merkurs für die Beobachtung günstig. Der Planet kann nur in den Tagen vor oder gleich nach der Elongation mit freiem Auge gesehen werden, in denen er auch am höchsten am Horizont steht. Unter diesen Bedingungen leuchtet Merkur nämlich wie ein Stern der ersten Größe. Mit einem Fernglas sieht man ihn ungefähr wie mit freiem Auge; mit einem kleinen Teleskop (mit zumindest einem 80-mm-Objektiv und einer 100 bis 150fachen Vergrößerung) können wir auch die Phasen des Planeten sehen; wenn er niedrig über dem Horizont steht, kann man diese nur schlecht erkennen. An sehr klaren Tagen kann man mit der Beobachtung auch fortfahren, wenn die Sonne bereits aufgegangen ist: man wird Merkur dann immer höher am Horizont aufsteigen sehen; in dieser Position ist der Planet sehr deutlich zu erkennen. Mit den stärkeren Amateurinstrumenten lassen sich außer den Phasen auch einige Flecken auf der Oberfläche wahrnehmen. Unter den Phasengestalten sind die extremen, in denen Merkur wie der Vollmond oder als schmale Sichel erscheint, sehr schwierig zu beobachten, da Merkur der Sonne sehr nahe ist.

VENUS

Wann kann man sie beobachten?
Am Abend oder am Morgen im Licht der Dämmerung, falls Venus noch nahe bei der Sonne steht, ansonsten auch am nächtlichen Himmel.

Was kann man mit welcher Vergrößerung beobachten?
Ein zehnfach vergrößerndes Fernglas zeigt die Phasen. Leistungsstarke Teleskope können auch die Zacken der Sichel oder die Sichelspitzen zeigen.

In welche Richtung soll man den Blick richten?
Gegen jenen Punkt, in dem die Sonne untergegangen oder im Aufgehen ist, wo das Licht der Dämmerung zu sehen ist.

Mit welchem Instrument kann man sie bereits erkennen?
Sie ist außergewöhnlich hell und daher mit freiem Auge sichtbar.

Venus ist ein »innerer« Planet; von der Erde aus gesehen scheint sie von einer Seite der Sonne zur anderen zu pendeln. Da die Venusbahn fast kreisrund ist, verändert sich ihre Entfernung von der Sonne nur wenig; der Winkelabstand zwischen den beiden Gestirnen im Moment der größten Entfernung (Elongation) beträgt 48°, während dieser Zeit kann Venus bereits drei Stunden oder etwas mehr vor Sonnenaufgang oder nach Sonnenuntergang auftauchen.
Das Licht der Venus ist strahlend weiß wie jenes der Sonne; es ist so stark, daß es sogar das Licht der hellsten Sterne, wie z. B. Sirius, Wega und Arktur übertrifft.
Die interessanteste Beobachtung kann man jedoch mit dem Teleskop machen: mit jedem beliebigen Instrument, auch wenn es nicht stark vergrößert (20–30fach), können wir die Venusphasen sehen, und da sich Venus entlang ihrer Bahn während eines Großteils der Strecke in einem großen Winkelabstand zur Sonne befindet, kann man ihre Phasen deutlich erkennen: von der vollen Kugel bis zur dünnen Sichel. Wenn Venus im kürzesten Abstand zur Erde steht, d. h. wenn sie sich als schmale Sichel zeigt, reicht ein 30fach vergrößerndes Instrument, um sie so groß wie den Mond bei Betrachtung mit freiem Auge zu sehen. Je breiter ihre Phase wird, desto größer wird ihr Abstand von der Erde, und desto schwieriger ist Venus zu sehen; ihre Phasen sind jedoch mit jeglichem, auch dem bescheidendsten Instrument zu erkennen. Mit leistungsstärkeren Instrumenten kann man z. B. beobachten, daß die Schärfe der Sichelspitzen nicht gleich ist: oft zeigt sich ein Horn spitzer und das andere stumpfer. Leistungsstarke Amateurinstrumente ermöglichen, die Unregelmäßigkeiten in der Wolkendecke der Venus zu erkennen, die, anstatt strahlend weiß zu sein, vereinzelt schwache Flecken zeigt; diese Flecken sind auf die unregelmäßige Wolkenbedeckung des Planeten zurückzuführen. Aufgrund ihrer starken Helligkeit ist es besser, Venus in der Dämmerung und nicht in der Nacht zu beobachten.

MARS

Wann kann man ihn beobachten?
Seine Sichtbarkeit verändert sich während eines Jahres; man kann ihn in der Frühe von Osten nach Süden am Himmel beobachten, danach einige Monate lang um Mitternacht und schließlich am Abend von Süden nach Westen.

Was kann man mit welcher Vergrößerung beobachten?
Mit Instrumenten, die über ein 50-mm-Objektiv verfügen, kann man die Scheibe des Planeten erkennen; mit mindestens 60 mm (und 100facher Vergrößerung) sieht man die Polkappe.

In welche Richtung soll man den Blick richten?
Da sich diese verändert, sollte man beachten, was in der Beantwortung der ersten Frage gesagt wurde.

Mit welchem Instrument kann man ihn bereits erkennen?
Er ist immer mit freiem Auge sichtbar; da er sehr hell ist, ist kein Fernglas zur Identifikation notwendig; um jedoch Einzelheiten seiner Oberfläche wahrnehmen zu können, ist ein Teleskop unentbehrlich.

Mars ist mit freiem Auge ein sehr helles Gestirn.
Wenn Mars nahe der Sonne steht, kann es eine interessante Übung sein, ihn mit freiem Auge am Himmelsgewölbe zu suchen, aber es wird sinnlos sein, ein Teleskop auf ihn zu richten: der Winkelabstand bei der größten Entfernung beträgt ca. 10" (Bogensekunden). Wenn er sich jedoch der Erde nähert, und das ereignet sich alle zwei Jahre für einige Monate, ist der beste Moment für die Beobachtung Mitternacht: er zeigt sich dann im Süden am höchsten Punkt des Horizonts. In dieser Stellung erreicht Mars seinen größten scheinbaren Durchmesser. Die Annäherung des Mars an die Erde erfolgt nicht jedes Jahr unter denselben Bedingungen: manchmal gibt es günstigere, genauer gesagt alle 79 Jahre (das letzte Mal im Jahre 1956), in denen Mars auch mit einem Durchmesser von 24" erscheinen kann. Bei dieser Gelegenheit könnten wir diesen Planeten mit einem 70fach vergrößernden Instrument so groß sehen wie den Mond mit freiem Auge; jedenfalls zeigt sich Mars meist mit einem Durchmesser von etwa 20". Mit freiem Auge können wir die rote Farbe des Planeten erkennen (die Abbildung unten zeigt die rote Oberfläche des Mars in einer Aufnahme der Viking 1), die mit einem Fernglas natürlich noch besser zu sehen ist. Mit einem kleinen Teleskop, dessen Objektivdurchmesser mindestens 60–80 mm beträgt und das 50–100fach vergrößert, kann man die Polkappe erkennen. Mit noch leistungsstärkeren und noch stärker vergrößernden Instrumenten kann man auf der Oberfläche des Planeten einige Flecken beobachten; und wenn man die Beobachtung für einige Stunden in der Nacht ausdehnt, wird man erkennen, daß sich diese Flecken drehen. Die Satelliten des Mars (Phobos und Deimos) sind zu schwach, um mit einem kleinen Teleskop wahrgenommen zu werden.

JUPITER

Wann kann man ihn beobachten?
Während acht Monaten pro Jahr. Am Anfang sieht man ihn für ca. zwei Monate nur am Morgen; am Ende zwei Monate lang nur am Abend. In den verbleibenden vier Monaten ist er die ganze Nacht sichtbar.

Was kann man mit welcher Vergrößerung beobachten?
Die Satelliten mit einem Fernglas; die ellipsenförmige Scheibe und die Wolken mit einem 60 mm x 60, den Großen Roten Fleck und die Eklipse der Satelliten mit einem 100-mm-Teleskop (und ab einer 150fachen Vergrößerung).

In welche Richtung soll man den Blick richten?
Entlang der Tierkreiszone, wo er, falls am selben Abend nicht auch Venus am Himmel steht, als das leuchtendste Gestirn am Himmelsgewölbe erscheinen wird.

Mit welchem Instrument kann man ihn bereits erkennen?
Bereits mit freiem Auge bietet er einen eindrucksvollen Anblick. Detailbeobachtungen können nur mit astronomischen Instrumenten durchgeführt werden.

Jupiter kreist auf einer Bahn, dessen Ebene ca. 1° 18' gegenüber der Bahnebene geneigt ist, weshalb er sich nur wenig von der Ekliptik entfernt und während der ganzen Nacht sichtbar ist. Da der scheinbare Durchmesser des Planeten bis 50" erreicht, wenn Jupiter im kürzesten Abstand zur Erde steht, und nie unter 30" sinkt, selbst wenn er sich in größter Entfernung von der Erde befindet, ist Jupiter auch mit kleinen astronomischen Instrumenten leicht zu beobachten. Mit freiem Auge können wir seine große Helligkeit und sein elfenbeinweißes Licht bewundern. Mit einem einfachen Fernglas werden die vier wichtigsten Satelliten sichtbar, die als Gestirne sechster Größe erscheinen; das bedeutet, daß sie auch mit freiem Auge zu sehen wären, doch da sie sich immer in der Nähe des Planeten befinden, verschwinden sie in seinem starken Licht.
Jupiter hat noch weitere Satelliten, und wenn man auch jene schwachen, nur einige Male beobachteten mitrechnet, kommt man auf 16. Trotzdem sind nur die ersten vier gut zu erkennen, die anderen Satelliten lassen sich nur mit starken Teleskopen wahrnehmen. Mit einem Instrument, das mindestens 30–50fach vergrößert, kann man feststellen, daß die Scheibe des Jupiters aufgrund der raschen Rotation des Planeten elliptisch (d. h. an den Polen stark abgeplattet) ist, während man mit einem noch stärkeren Teleskop die parallel zum Äquator verlaufenden Wolkenbänder erkennen kann; der Jupiteräquator liegt in derselben Richtung wie die Hauptachse, an der sich auf die Satelliten rund um den Planetenkörper ausrichten.
Diese Wolkenbänder und selbst ihre kleinsten Einzelheiten können mit noch größeren Teleskopen perfekt verfolgt werden; diese Instrumente ermöglichen auch, die komplexen meteorologischen Phänomene auf diesem Planeten zu beobachten. Die eindrucksvollste Erscheinung dieser Art ist der Große Rote Fleck, ein ovaler braunroter Fleck, der die Gelegenheit bietet, der raschen Rotation des Planeten gewahr zu werden: zwei Stunden reichen aus, um zu sehen, daß sich der Große Rote Fleck von der linken Seite (Osten) des Planeten zur rechten Seite (Westen) verschiebt.

professionell gemachten Beobachtungen nachvollziehen; natürlich mit Ausnahme jener Beobachtungen, die die Astronomen heute mittels der Weltraumteleskope durchführen können. Ein bemerkenswerter Beitrag zur Erforschung der Sterne und Planeten wurde in jüngster Zeit durch den Einsatz der fotografischen Technik geleistet: Da die Fotografie das schwache Licht der Gestirne sammelt, ermöglicht sie es, auch Gestirne zu sehen, deren Leuchtkraft sehr gering ist. Obwohl die Wiedergabe der sehr raschen Beschichtungsstoffe schwach ist, enthüllt eine Belichtung von einigen Minuten im Brennpunkt eines Fernrohrobjektivs oder eines Teleskopspiegels viele dem Okular unsichtbare Objekte. Ein weiterer Vorteil besteht darin, Aufnahmen zu erhalten, die danach sorgfältig im Labor untersucht werden können. Um einen Planeten aufzunehmen, sollte man die sensible Oberfläche des Films in den Brennpunkt des Objektivs des Fernrohrs oder des Spiegels des Teleskops einlegen.
Die Planeten kreisen auf mehr oder weniger elliptischen Umlaufbahnen um die Sonne. Sie werden als »innere« oder »äußere« Planeten bezeichnet, je nachdem ob sich ihre Bahn im Verhältnis zur Erdbahn weiter innen oder außen befindet. Wie wir bereits erwähnt haben, sieht man die inneren Planeten immer auf der Sonnenseite und sie scheinen nach rechts oder links der Sonne zu pendeln; die äußeren Planeten sind jedoch auch auf der sonnenabgewandten Seite sichtbar und lassen sich während der Nachtstunden leicht beobachten, wenn man sie zwischen den Sternen der Tierkreiszeichen sucht. Merkur, Venus, Mars, Jupiter und Saturn lassen sich auch mit freiem Auge gut beobachten; Neptun befindet sich an der Sichtbarkeitsgrenze; Uranus und Pluto sind nur mittels eines Teleskops zu erkennen.
Mit freiem Auge läßt sich Merkur leichter in der Dämmerung beobachten, und zwar im Frühling in der Abenddämmerung und im Herbst in der Morgendämmerung. In dieser Zeit ist Merkur am weitesten von der Sonne entfernt und befindet sich in maximaler Höhe über dem Horizont; aus diesem Grund zeichnet sich sein Bild recht klar am Himmel ab, und der Planet leuchtet wie ein Stern erster Größe. Venus am Himmel zu beobachten, ist kein Probem: man kann sie wie Merkur immer links oder rechts von der Sonne, nicht weit von ihr entfernt in der Abend- oder Morgendämmerung sehen. Da sich Venus weiter von der Sonne entfernt als Merkur, kann man sie auch zwei oder drei Stunden nach Sonnenuntergang oder vor Sonnenaufgang beobachten.
Unter jenen Planeten, die mit freiem Auge zu erkennen sind, läßt sich Mars am schwierigsten mit dem Teleskop beobachten. Mit freiem Auge ist Mars ein stark leuchtendes Gestirn, dessen Leuchtkraft – wenn es im kürzesten Abstand zur

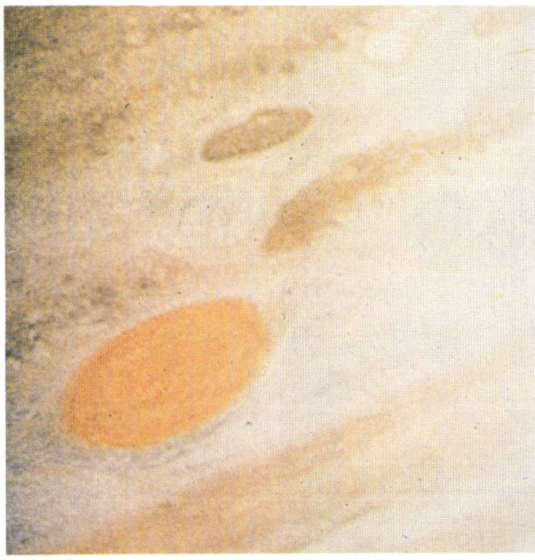

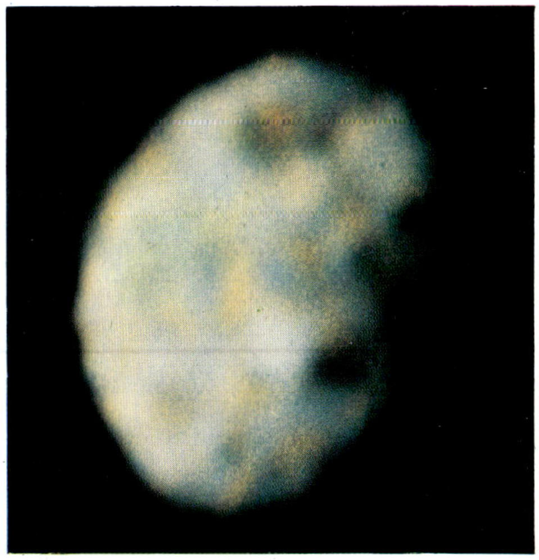

Die Jupitersatelliten. Mit einem einfachen Fernglas können wir die vier Hauptsatelliten sehen, die ziemlich rasch um den Planeten kreisen (oben links). Oben rechts: der Satellit Io, von Voyager 1 aus aufgenommen. Wenn ein Satellit vor Jupiter vorbeikommt, wirft er seinen Schatten auf den Planeten und erzeugt eine Eklipse, die von der Erde aus mit einem Fernglas oder einem Teleskop verfolgt werden kann. In der Abbildung hier nebenan wird ein Satellit in aufeinanderfolgenden Positionen dargestellt. Links davon ist der Große Rote Fleck und der Schatten zu sehen, den ein Satellit auf den Planeten wirft.

Erde steht – die Helligkeit jedes anderen Sterns am Himmel übertrifft und jener des Jupiters gleichkommt. Der beste Moment für die Beobachtung des Mars ist Mitternacht, wenn Mars im Süden in maximaler Höhe über dem Horizont steht. Für Beobachtungszwecke erinnern wir daran, daß die Oberfläche des Mars mit einer hauchdünnen Atmosphäre bedeckt ist. Obwohl man nie Wasser- oder Eiswolken feststellen wird, die in der Lage wären, die Oberfläche des Planeten zu verschleiern, können die starken Winde an der Oberfläche allerdings Sandstürme erzeugen, die die Sicht auf die bedeutendsten Einzelheiten des Planeten nehmen.

In gewissem Sinne läßt sich der Planet Jupiter am leichtesten mit freiem Auge beobachten: da er sich auf einer außerhalb der Erdumlaufbahn liegenden Bahn bewegt, kann er während der ganzen Nacht gesehen werden. Die besten Beobachtungsbedingungen erhält man natürlich, wenn sich der Planet in kürzester Entfernung von der Erde befindet, d. h. wenn er zu Mitternacht am Meridian (über der südlichen Himmelsrichtung) vorbeikommt. Jupiter ist mit dem Teleskop immer einfach zu beobachten; er ist immer ein stark leuchtendes Gestirn, auch wenn seine Bewegung in seiner Umlaufbahn und die Bewegung der Erde auf unserer Bahn ihn nahe der Sonne erscheinen lassen. Aufgrund seiner beachtlichen Größe ist er darüber hinaus auch mit kleineren astronomischen Instrumenten gut sichtbar. Da Jupiter in zwölf Jahren eine volle Umdrehung um die Sonne durchführt, verschiebt er sich jedes Jahr um ein Zwölftel von der Ekliptik nach Osten, d. h. daß er sich praktisch von einem Tierkreiszeichen zum folgenden bewegt.

Der Planet Saturn mit seinem prachtvollen Ring stellt den erstaunlichsten Himmelskörper des Planetensystems dar; bezüglich seiner Sichtbarkeit gilt das über Jupiter Gesagte. Saturn ist zu jeder Nachtstunde sichtbar: da er sowohl von uns als auch von der Sonne weit entfernt ist, verändern sich sein scheinbarer Durchmesser und seine Helligkeit in seinen verschiedenen Stellungen am Himmelsgewölbe nur wenig. Auch Saturn ist mit Satelliten ausgestattet; die Anzahl, die von der Erde aus beobachtet werden kann, hängt aber vom dabei verwendeten Instrument ab. Mit einem Fernglas kann man nur einen Satelliten erkennen, mit einem kleinen Teleskop zwischen zwei und vier und mit einem starken Teleskop auch sechs. Die schwächeren Satelliten lassen sich nur mittels der Fotografie beobachten. Das auffälligste Merkmal des Saturns bleibt sein Ring, und um diesen zu beobachten reicht ein Fernglas, das zwischen 15- und 20mal vergrößert.

Die außerhalb des Saturns um die Sonne kreisenden Planeten wurden erst in jüngster Zeit

SATURN

Wann kann man ihn beobachten? Jedes Jahr ist Saturn während mindestens acht Monaten sichtbar. Die ersten beiden Monate ist er nur am Morgen, die letzten beiden nur am Abend und während der anderen Monate die ganze Nacht zu erkennen.

Was kann man mit welcher Vergrößerung beobachten?
Mit einem starken Fernglas lassen sich der Ring und ein Satellit (manchmal zwei) undeutlich erkennen. Mit einem 60 mm x 60 sieht man den Ring, und mit einem 100 mm x 150–200 die Cassinische Teilungslinie.

In welche Richtung soll man den Blick richten?
Entlang der Tierkreiszone, wo er in den meisten Sternbildern als das hellste Gestirn auftauchen wird.

Mit welchem Instrument kann man ihn bereits erkennen?
Mit freiem Auge kann man bereits ihn und die Farbe seines Lichts wahrnehmen; mit kleinen Teleskopen lassen sich Detailbeobachtungen ausführen.

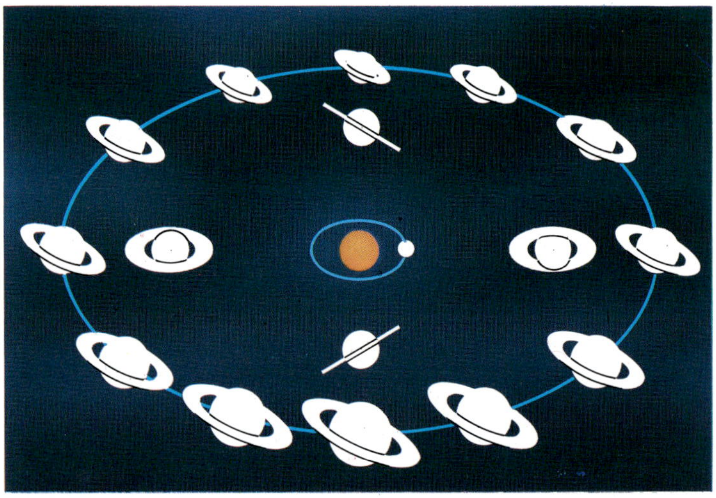

Der Planet mit den Ringen. Die Abbildung hier nebenan gibt die Stellung der Saturnachse und seiner Ringe im Raum an. Während eines Umlaufs um die Sonne wenden die Ringe der Erde zweimal die sogenannte »größte Ringöffnung« zu: einmal zeigen sie ihr dabei die Nordseite und einmal die Südseite. Wenn jedoch die Erdbahn zweimal pro Saturnjahr genau entlang der Ringebene verläuft, verschwinden diese dann dünnen Ringe aus der Sicht; unter diesen Umständen erscheint Saturn wie ein runder Planet mit dem Schatten des Rings auf der Scheibe. Die drei Fotos unten zeigen deutlich die drei wichtigsten Neigungsphasen im Verhältnis zur Sichtlinie der Erde: links ist die Nordseite der Ringe gut zu erkennen (man beachte den Schatten, den der Planet auf die Ringe wirft); in der Mitte ist die Südseite der Ringe zu sehen; rechts eine Ansicht des Planeten, wenn sich die Ringe in Kantenstellung befinden und deshalb nicht sichtbar sind. Die Saturnringe wurden im 17. Jahrhundert mit dem Teleskop entdeckt, und C. Huygens war der erste, der sie 1655 beschrieb.

Saturn kreist auf einer Bahn, die 2° 30' gegenüber der Erdbahn geneigt ist, weshalb er sich nicht weit von der Ekliptik entfernt und die ganze Nacht hindurch sichtbar ist.

Da Saturn ca. 29,5 Erdjahre benötigt, um eine Umdrehung um die Sonne zu vollziehen, bewegt er sich alle zwei Jahre von einem Tierkreiszeichen zum anderen. Wenn man ihn also in einer bestimmten Periode des Jahres von einem Tierkreiszeichen sieht, wird man ihn im darauffolgenden Jahr im selben Sternzeichen oder am Beginn des anliegenden Tierkreiszeichens finden. In einer sehr klaren Nacht ist Saturn auch mit freiem Auge sichtbar, wenn man unter den blauweißen Sternen ein weißes Gestirn mit einer pastellgrünen Schattierung sucht. Mit einem Fernglas können wir einen Satelliten, mit einem kleinen Teleskop zwischen zwei und vier und mit einem stärkeren Teleskop auch sechs erkennen.

Der faszinierendste Teil des Saturns ist eindeutig sein Ring, der bereits mit einem Fernglas beobachtet werden kann, das 15–20fach vergrößert; mit so einem Instrument können wir auch feststellen, daß die Kontur des Planeten nicht exakt kreisrund, sondern stark elliptisch ist. Der beste Beobachtungszeitpunkt ist jener, in dem der Ring von unten oder von oben zu sehen ist. Der Scheibendurchmesser des Planeten beträgt nur 20", der Durchmesser der Ringe hingegen 49". Ein astronomisches Fernrohr ab einem 50-mm-Objektiv und mit einer 50–80fachen Vergrößerung erlaubt uns bereits die Henkel der Ringe, d. h. den schwarzen Himmel zwischen dem Saturnring und dem Planetenkörper zu sehen. Ein viel größeres Instrument mit mindestens 10 cm Objektivdurchmesser und ab einer 150–200fachen Vergrößerung zeigt uns deutlich, daß der Hauptring durch die »Cassinische Teilungslinie« (nach dem italienischen Astronomen benannt, der sie Ende des 17. Jahrhunderts entdeckte) in zwei Teile geteilt ist. Noch stärkere Instrumente lassen uns eindeutig den Florring, d. h. den dem Planeten nächstliegenden Ring erkennen. Ein Fernrohr mit einem 60-80-mm-Objektiv und der größtmöglichen Vergrößerung zeigt uns bei sehr klarem und ruhigem Himmel, daß die Polkappen des Saturns etwas dunkler sind als der übrige Planet. Mit einem 200 m x 200–300-Teleskop sind Wolkenbänder ähnlich jenen des Jupiters zu erkennen, die sich aber weniger stark abheben.

entdeckt: Uranus im 18. Jahrhundert, Neptun im 19. und Pluto erst 1930. Diese Planeten wurden mit dem Teleskop entdeckt, obwohl Uranus bei sehr günstigen Bedingungen auch mit freiem Auge sichtbar ist.
Wir sollten jetzt alle, die mit Instrumenten beobachten, daran erinnern, daß die Richtung des Bildes, das man im Teleskop sieht, sich von jener unterscheiden kann, die in einem Buch dargestellt wird. Fotografien oder Zeichnungen eines Planeten oder allgemeiner eines Himmelskörpers sind geographischen Karten oder Plänen ähnlich. Wir erwarten uns deshalb, daß die Regel, die nördliche Region oben darzustellen, eingehalten wird. In der Astronomie ist dies jedoch nicht der Fall.
Erinnern wir uns daran, daß uns das Fernglas das aufrechte Bild der Gestirne zeigt. Angenommen, wir beobachten den östlichen Himmel gegen Süden, dann wird Norden in den vom Fernglas gelieferten Bildern oben sein. Das astronomische Fernrohr stellt die Bilder jedoch auf den Kopf, da das Objektiv vom Himmel auf den Kopf gestellte Bilder liefert, und ein normales Okular sie nicht aufrichtet. Der Astronom gibt sich mit den umgedrehten Bildern zufrieden, denn um sie aufzurichten, müßten im Okular mehrere andere Linsen außer jenen eingefügt werden, die dazu dienen, die vergrößerten Bilder scharf erscheinen zu lassen. Je mehr Linsen verwendet werden, desto schwieriger wird es, perfekte Bilder zu erhalten. Außerdem kommt das Instrument teurer und wird auch platzraubend.
Instrumente für die Beobachtung des Erd- oder Meerpanoramas müssen natürlich mit einem System ausgestattet sein, das die Bilder aufstellt. Wenn man jedoch einen Stern betrachtet, der als leuchtender Punkt erscheint, spielt es überhaupt keine Rolle, ob er aufrecht oder auf dem Kopf steht. Dasselbe gilt für einen Planeten, der als Scheibe erscheint, und auch für alle anderen astronomischen Objekte. Auf einer Himmelskarte wird zur Beschreibung der Sternpositionen meist Norden oben sein, das Foto eines Planeten kann jedoch auch auf dem Kopf stehen, d. h. so wie das Gestirn direkt mit dem Teleskop beobachtet wird.
Bei der Beobachtung der Planeten sollte man sich die Rangordnung der realen und scheinbaren Dimensionen und der Helligkeit vergegenwärtigen.
Gemäß der tatsächlichen Größenrangordnung heißt die Folge vom größten beginnend: Jupiter, Saturn, Uranus, Neptun, Venus, Mars, Merkur (Pluto). Pluto steht eingeklammert, da seine Ausmaße nicht mit Sicherheit feststehen.
Die Rangfolge der scheinbaren Größenordnung ist jedoch sehr kompliziert, da nicht alle Planeten konstante scheinbare Dimensionen haben. An der Spitze steht Venus, deren sichtbarer Durchmesser 65" erreicht, jedoch nur für einige Tage, und außerdem ist es schwierig, diesen Planeten unter diesen Umständen am Himmel zu finden; darüber hinaus leuchtet Venus trotz ihrer Größe nur schwach. Mit einem durchschnittlichen Wert von 40" oder etwas weniger steht Jupiter an der zweiten Stelle, gefolgt von Mars mit 25".
Mars – wie auch Venus – läßt sich jedoch in dieser für die Beobachtung günstigen Größe nur selten wahrnehmen; die meiste Zeit kommt Saturn vor ihm: danach folgen Merkur, Uranus, Neptun und Pluto.
Bezüglich der Helligkeit nehmen die Planeten folgende Rangordnung ein: Venus (während einiger Monate des Jahres), gefolgt von Jupiter, Mars (aber nur alle zwei Jahre während weniger Monate), Saturn, Merkur, Uranus, Neptun und Pluto.

URANUS

Wann kann man ihn beobachten?
Er ist jedes Jahr acht Monate lang sichtbar; in den ersten beiden Monaten am Morgen, dann vier Monate lang während der ganzen Nacht und die letzten zwei Monate nur am Abend.

Was kann man mit welcher Vergrößerung beobachten?
Mit einem 60 mm x 100 kann man ihn von einem Stern unterscheiden. Ab einem 80–100 mm und ab einer 150fachen Vergrößerung ist er als Scheibe zu erkennen.

In welche Richtung soll man den Blick richten?
Gegen jenen Teil der Tierkreiszone, die in der für die Suche unentbehrlichen Himmelskarte angegeben ist.

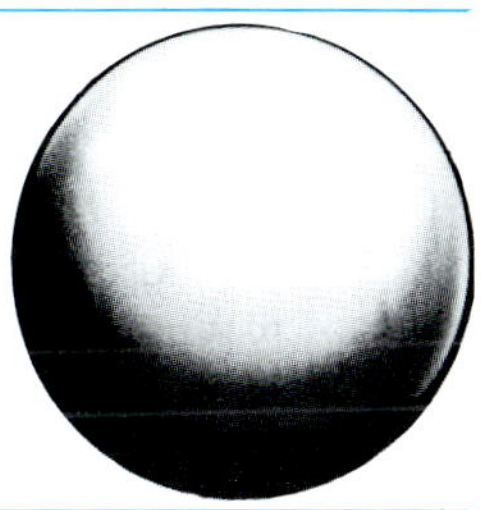

Mit welchem Instrument kann man ihn bereits erkennen?
Um ihn wahrnehmen zu können, benötigt man ein Fernglas; bei Benutzung eines Teleskops muß man einen Sucher verwenden, um ihn identifizieren und das Teleskop genau ausrichten zu können.

Uranus liegt bei Beobachtung mit freiem Auge an der Sichtbarkeitsgrenze, da er so hell wie ein Stern der sechsten Größenordnung leuchtet; da er jedoch schwierig zu identifizieren ist, sollte man zumindest ein Fernglas verwenden. Jedenfalls ist die Suche äußerst schwierieg, wenn man über keine gute, in astronomischen Jahrbüchern veröffentlichte Karte verfügt, die die Position der Planeten Jahr für Jahr angibt. Für jemanden, der bereits große Beobachtungserfahrung hat, könnte die Suche nach Uranus eine sehr interessante Aufgabe sein; er müßte sich einen Astronomie-Atlas besorgen, der die Sterne mindestens bis zur siebenten Größte darstellt. Da er damit weiß, in welcher Himmelsgegend sich der Planet befindet, wird er die Position aller im Atlas eingezeichneten Sterne dieser Gegend mit jenen Sternen vergleichen, die man am Himmel mit einem Fernglas beobachten kann, um den »zusätzlichen Stern« zu entdecken, der offensicht lich der gesuchte Planet sein muß. Die kleinen astronomischen Instrumente zeigen uns nichts von diesem weitentfernten Planeten. Das wesentliche Merkmal des Uranus ist die Neigung seiner Rotationsachse, die um 98° gegen die Bahnebene geneigt ist. Deshalb können wir vom Uranus manchmal die Polseite und manchmal die Äquatorseite sehen. Mit einem Fernrohr, dessen Objektivdurchmesser zumindest 80 mm beträgt, kann man die Scheibe des Planeten erkennen; sie ist sehr dunkel, da dieses Gestirn weit von der Sonne entfernt ist und deshalb nur schwach beleuchtet wird.
Uranus hat ein sehr dünnes Ringsystem, das sich entlang der Äquatorebene rund um den Planeten erstreckt.
Uranus hat 15 Satelliten, und obwohl die meisten beträchtliche Dimensionen aufweisen, ist die Entfernung zwischen der Sonne und diesem kleinen Gestirnensystem so groß (ca. 2870 Millionen km), daß die Beobachtung nur mittels sehr starker Instrumente möglich ist.
Da die Satelliten des Uranus auf der Äquatorebene kreisen, sind ihre Bahnen fast kreisrund, wenn uns Uranus einen Pol zuwendet; sie werden zu geradlinigen Segmenten, wenn die Äquatorseite des Uranus sichtbar ist.

NEPTUN

Wann kann man ihn beobachten?
Während acht Monaten pro Jahr: in den ersten zwei Monaten ist er am Morgen sichtbar, danach vier Monate lang während der ganzen Nacht und während der anderen beiden Monate am Abend.

Was kann man mit welcher Vergrößerung beobachten?
Mit dem Fernglas kann man die langsame Bewegung verfolgen. Mit einem 80 mm x 120 kann man ihn von einem Stern unterscheiden; mit einem 120 mm x 150 erscheint er als Scheibe.

In welche Richtung soll man den Blick richten?
Entlang der Tierkreiszone und in der auf der Karte angegebenen Richtung; die Karte ist für die Suche unentbehrlich.

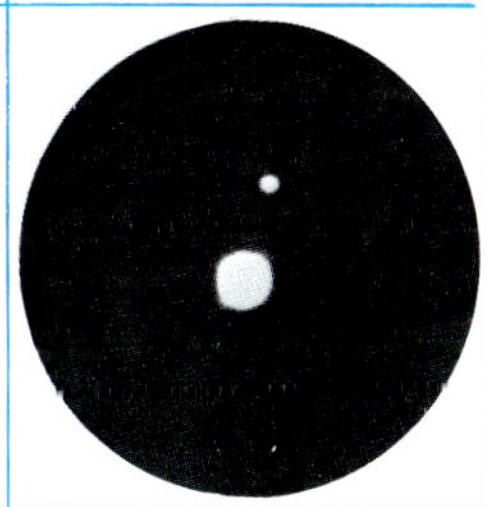

Mit welchem Instrument kann man ihn bereits erkennen?
Um ihn wahrnehmen zu können, benötigt man ein Fernglas; bei Benutzung eines Teleskops muß man einen Sucher verwenden, um ihn identifizieren und das Teleskop genau ausrichten zu können.

Neptun ist ein Planet, der genau so schwierig zu finden und zu beobachten ist wie Uranus, obwohl Neptun am Himmel nur wie ein Gestirn achter Größe leuchtet und deshalb für die Beobachtung mit freiem Auge außerhalb der Sichtbarkeitsgrenze liegt. Trotzdem reicht ein Fernglas aus, um diesen Planeten wahrzunehmen; um jedoch sein schwaches Licht gut sehen zu können, sollte man besser ein Instrument benutzen, dessen Objektiv mindestens 40 oder 50 mm beträgt. Der Durchmesser des Neptuns beträgt 2",5; er ist von blaugrüner Farbe und entlang des Randes etwas dunkler. Während einiger Beobachtungen konnten schwache, unregelmäßige, sich nur wenig abhebende Formationen festgestellt werden. Auch für Neptun ist eine Himmelskarte notwendig, die seinen Weg während des Jahres beschreibt. Er wird dann im Vergleich mit den Sternen dieser Himmelskarte der »zusätzliche Stern« sein. Wenn man also ungefähr weiß, in welcher Himmelsgegend Neptun zu suchen ist und ihn dann mit den Sternen einer detaillierten Karte vergleicht, kann man versuchen ihn zu identifizieren: in diesem Fall benötigt man jedoch eine Karte, die die Position der Sterne mindestens bis zur neunten oder zehnten Größe angibt. Neptun hat acht Satelliten; Triton, der größte, ist ein ziemlich großer Körper, sogar größer als der Mond und nur kleiner als Ganymed, Kallisto und Titan. Trotzdem macht ihn seine große Entfernung von der Sonne auch für die stärksten astronomischen Amateurinstrumente unsichtbar; er kann nur mittels fotografischer Aufnahmen wahrgenommen werden.

PLUTO

Wann kann man ihn beobachten?
Acht Monate pro Jahr: in den ersten zwei Monaten ist er am Morgen sichtbar, vier Monate lang während der ganzen Nacht und die anderen beiden Monate nur am Abend.

Was kann man mit welcher Vergrößerung beobachten?
Auf den Fotografien erscheint er als leuchtender Punkt, der sich mit den anderen Sternen vermischt.

In welche Richtung soll man den Blick richten?
Entlang der Ekliptik; man sollte dazu eine Karte verwenden, welche die Spur angibt, auf der dieser Planet manchmal stark nördlich oder südlich der Ekliptik auftaucht.

Mit welchem Instrument kann man ihn bereits erkennen?
Mit einem fotografischen Instrument, dessen Objektivdurchmesser mindestens 80–100 mm und dessen Brennweite mindestens 30 cm beträgt. Um ihn identifizieren zu können, benötigt man zwei Fotografien.

Pluto befindet sich am äußeren Rand des Planetensystems; er kann nur mittels der Fotografie beobachtet werden: dazu sind teure, perfekte Instrumente notwendig und dazu eine Aufnahmetechnik, die nur sehr tüchtige Himmelsbeobachter beherrschen.
Um Pluto mit einem Teleskop beobachten zu können, bräuchte man ein Instrument mit mindestens einem 35–40-cm-Objektiv und außerdem einen außergewöhnlich klaren Himmel. Viele Jahrbücher veröffentlichen Monat für Monat die Position dieses Planeten am Himmelsgewölbe, aber das schwache Licht dieses Gestirns verliert sich inmitten der Lichter Tausender Sterne der Himmelskarte. Als im Juni 1978 der Astronom J. Christy einige Fotoplatten des Planeten untersuchte, entdeckte er eine Protuberanz auf Pluto, und nach langen und mühseligen Untersuchungen kam man zu dem Schluß, daß es sich um einen Satelliten des Planeten handelte (Charon).

MERKUR
Er ist der kleinste Planet des Sonnensystems und liegt der Sonne am nächsten. Von der Erde aus ist er bei Sonnenuntergang oder bei Sonnenaufgang zu sehen. Dank der Sonde Mariner 10, die 1975 8000 Fotos aufgenommen hat, ist seine Oberflächenbeschaffenheit bekannt.

VENUS
Sie liegt der Erde am nächsten, aber da sie von einer dichten Nebeldecke bedeckt wird, ist sie großteils noch unbekannt. Seit 1975 – als die sowjetischen Sonden Venera 9 und 10 die ersten beiden Aufnahmen machten – kennt man die Bodenbeschaffenheit dieses Planeten.

MARS
Er ist der rote Planet: da sein Boden rot gefärbt ist, erscheint er auch bei der visuellen Beobachtung in dieser Farbe. Er war der erste Planet, dessen Oberflächenmerkmale im Detail mit einer Sonde aufgenommen wurden: Mariner 4, die 1965 22 Fotografien machte.

JUPITER
Er ist der Riese des Sonnensystems; von der Erde aus kann man mit einem Fernrohr sogar seine Oberflächenmerkmale erkennen. Die Sonde Pioneer 10 zeigte 1972 zum ersten Mal Einzelheiten der Wolken, die diesen Planeten einhüllen.

SATURN
Er ist der Planet mit dem Ring, der bereits mit einem einfachen Fernrohr von der Erde aus gut sichtbar ist; er war eines der Hauptziele der Pioneer- und Voyager-Missionen.

URANUS
Er ist ein jupiterähnlicher Planet; von der Erde aus kann man ihn mit einem Fernrohr wahrnehmen. Bereits 1977 hat die Beobachtung von einem in großer Höhe fliegenden Flugzeug aus Ringe um diesen Planeten ergeben, die 1986 von Voyager 2 bestätigt wurden.

NEPTUN
Er ist fast so groß wie Uranus; aufgrund seiner großen Entfernung ist er von der Erde aus selbst mit einem guten Fernrohr nur schwer zu erkennen. Er hat acht Satelliten, von denen einer der viertgrößte Satellit des Sonnensystems sein könnte.

PLUTO
Er wurde erst 1930 entdeckt; er ist der kleinste Planet, sogar kleiner als sieben Satelliten. Aus diesem Grund und auch wegen seiner großen Entfernung ist er nur mit großen Instrumenten sichtbar. Er hat einen Satelliten, der nicht viel kleiner als er selbst ist.

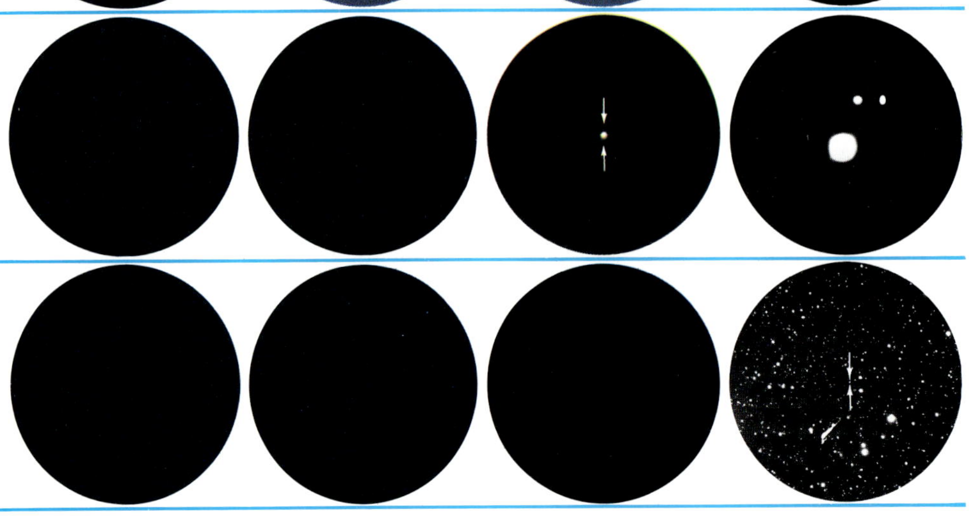

Viele »Augen« auf den Planeten. Die erste Spalte links zeigt das Aussehen der Planeten, wenn sie mit freiem Auge beobachtet werden; wenn man weiter nach rechts wandert, sieht man den Planeten so, wie sie in den immer stärkeren Beobachtungsinstrumenten erscheinen, bis zu den Raumsonden, die sich den Planeten annähern oder auf ihnen landen. Bis zum Saturn können die Planeten mit freiem Auge beobachtet werden, da sie weder von uns noch von der Sonne sehr weit entfernt sind: deshalb sind diese Planeten hervorragend dazu geeignet, mit kleinen Instrumenten beobachtet zu werden.

Die Mondkrater

Wenn man den Vollmond mit freiem Auge beobachtet, glaubt man zuerst, ein rundes Gesicht mit zwei dunklen Flecken zu sehen, die an Augen erinnern. Andere Beobachter haben in der Vergangenheit behauptet, auf der Scheibe unseres Satelliten andere Figuren bemerkt zu haben, aber keines dieser Bilder hält der geringsten Vergrößerung stand; auch ein Fernglas reicht aus, um diese Illusion zu zerstören und um uns zu zeigen, was der Mond wirklich ist: ein im Raum schwebender Himmelskörper, auf dessen Oberfläche sich Berge erheben, welche die dazwischenliegenden, weiten Ebenen unterbrechen.

Das Fernglas, das uns das romantische Bild des Mondes zerstört hat, ermöglicht jedoch die charakteristischen Erhebungen des Mondbodens klar zu erkennen: die Krater. Sie wurden zum ersten Mal von Galilei beobachtet, der von ihnen stark beeindruckt war und sie bereits auf seinen ersten Karten darstellte. Die Mondkrater sind tatsächlich faszinierend, und zwar aufgrund ihrer Helligkeit, ihrer Form und ihrer Ähnlichkeit mit den Vulkankratern auf der Erde. Es gibt auf dem Mond riesige und winzige Krater, und nicht einmal mit dem stärksten Teleskop ist es möglich, alle zu sehen. Selbst die Raumsonden, die den Mond während ihrer Umkreisungen fotografierten und danach diese Aufnahmen zur Erde sandten, konnten nicht alle Krater entdecken.

Ein Fernglas reicht also aus, um uns die Mondkrater zu zeigen, aber um die kleineren Einzelheiten unterscheiden zu können, benötigt man ein gutes Teleskop.

Die Mondkrater sind sehr zahlreich; viele sind auch ziemlich groß und einige haben so auffällige und charakteristische Merkmale, daß sie bei der Untersuchung der Mondtopographie als Bezugspunkte dienen. Es ist nützlich, diese Krater zu kennen, denn nachdem wir sie mit dem Teleskop auf der Oberfläche unseres Satelliten entdeckt haben, wird es einfacher sein, die umliegenden zu erkennen und insbesondere jene zu finden, deren Formen uns die Entstehung und die Entwicklungsgeschichte der Krater erklären werden.

Am Beginn der Mondkraterbeobachtung sollte man sich einer Mondkarte (unten) bedienen. (Wir erinnern daran, daß das Teleskop immer ein auf den Kopf gestelltes Bild liefert).

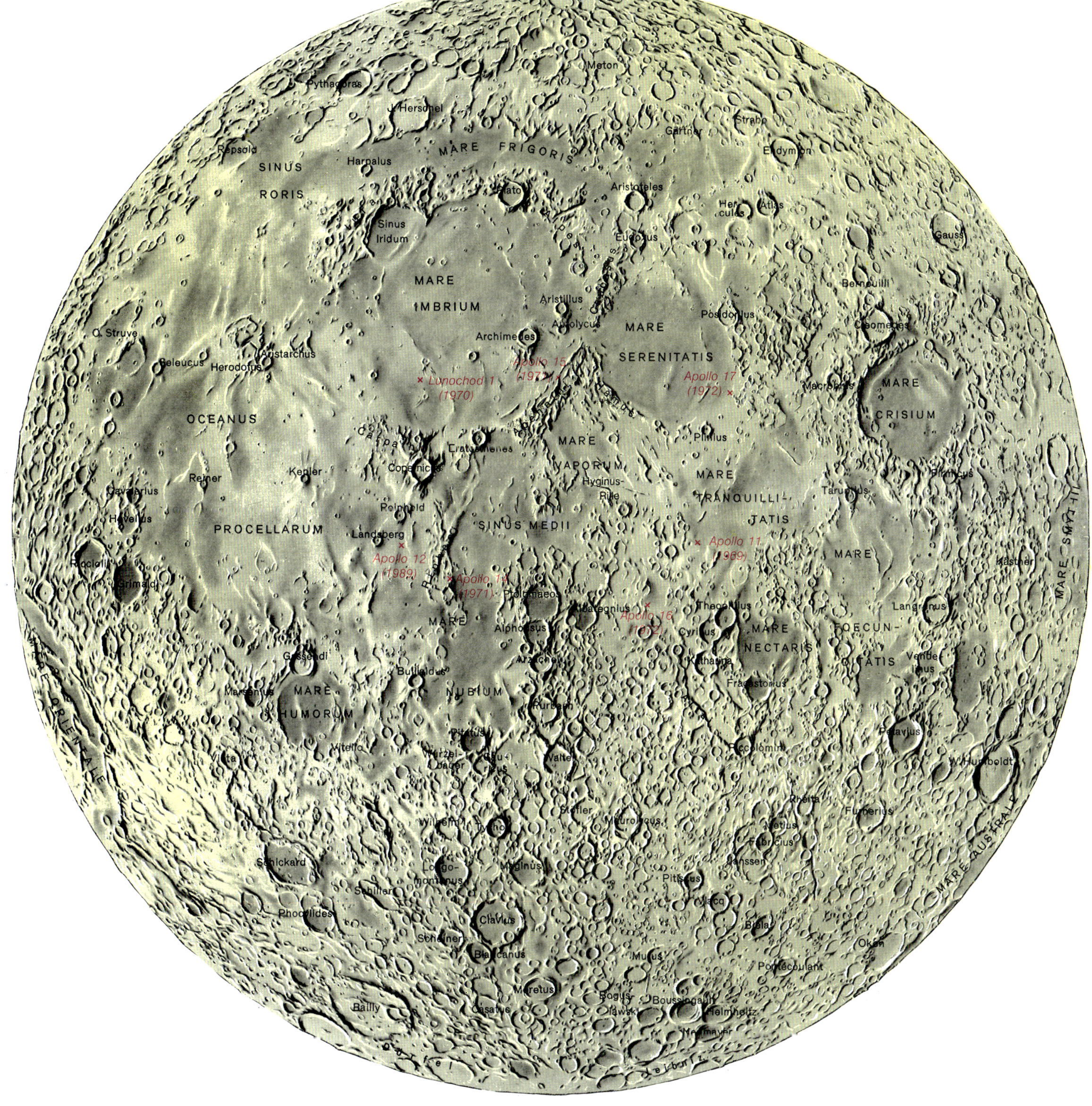

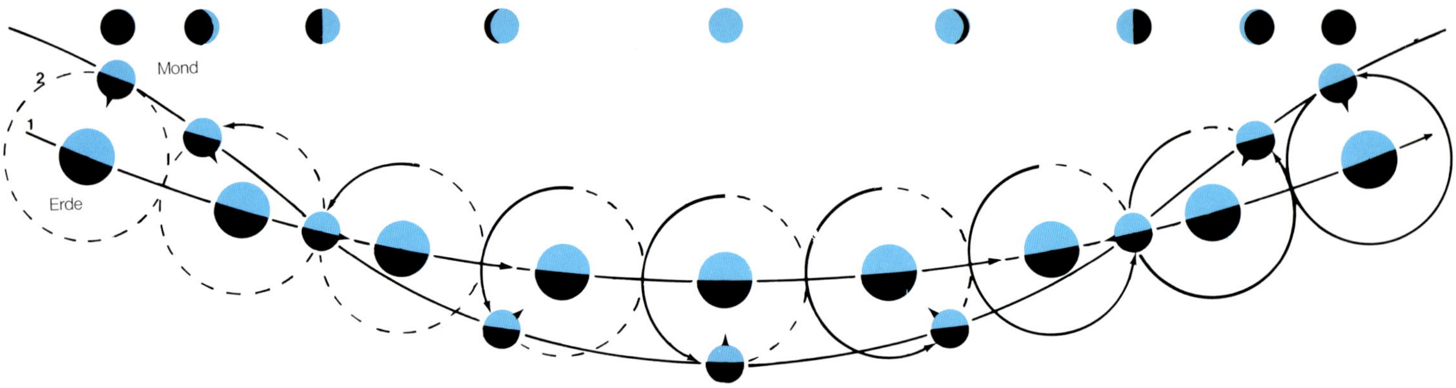

Der Mondmonat. Während sich die Erde auf ihrer Bahn (1) um die Sonne bewegt, dreht sich der Mond um die Erde und benötigt für eine volle Umdrehung (2) etwas weniger als einen Monat (28 Tage). Bei dieser Bewegung rund um unseren Planeten nimmt der Mond verschiedene Positionen ein und wird von der Sonne jedesmal anders beleuchtet; ganz links auf der Abbildung oben erscheint der Mond vollkommen dunkel, so wie er auch erscheinen wird, nachdem er den Umlauf beendet hat (ganz rechts). In der Mitte: der Vollmond, wenn er zur Gänze von den Sonnenstrahlen beleuchtet und in derselben Richtung beobachtet wird, aus der die Sonnenstrahlen kommen. Während sich der Mond um die Erde dreht, rotiert er auch um seine eigene Achse. Diese Rotation erfolgt auf eine Weise, daß dabei dasselbe Oberflächenmerkmal (schwarze Pfeilspitze) immer der Erde zugewandt bleibt; von unserem Planeten aus kann man deshalb nie die andere Seite des Mondes sehen.

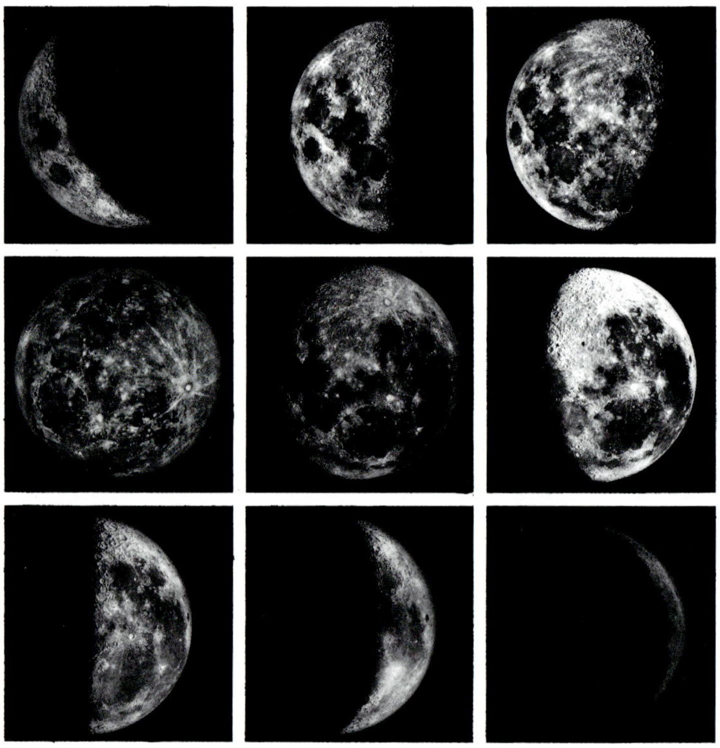

Die Phasen. Die neun Fotografien (links) zeigen den Mond in neun unterschiedlichen Phasen. Zuerst erscheint er als schmale Sichel, danach wird er immer »dikker«, bis er die ganze beleuchtete Hemisphäre zeigt und dann nach der letzten Viertelphase wieder zum Neumond wird.

Libration. Da die Mondbahn nicht vollkommen kreisrund, sondern elliptisch ist, und da sich die Erde nicht im Kreismittelpunkt befindet, kann man auch einen kleinen Teil der uns abgewandten Mondseite beobachten; insgesamt kann man bis zu 59 Prozent der gesamten Oberfläche einsehen (Zeichnung und Foto unten).

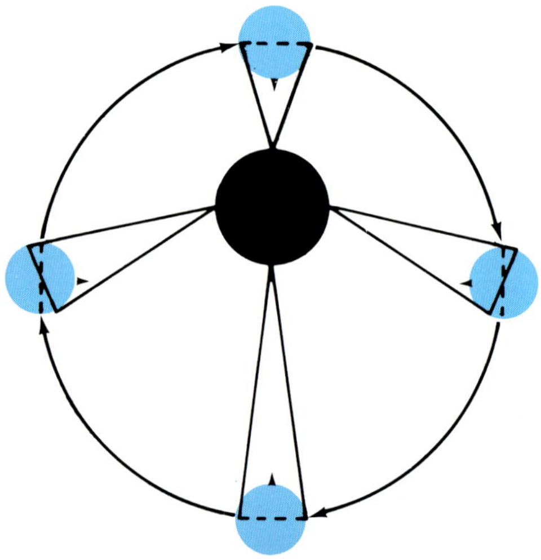

BELEUCHTUNG UND BEOBACHTUNG.

Der Umstand, daß uns der Mond immer nur dasselbe Gesicht zuwendet, fällt dem Astronomieanfänger als erstes auf, und er wird sich fragen, ob es keine Möglichkeit gibt, auch die andere Seite sehen zu können. Außer der eher kostspieligen Lösung, mit einem Raumschiff rund um den Mond zu fliegen, gibt es noch einen sehr viel einfacheren Weg: man wartet, bis uns die Libration in Länge etwas mehr sehen läßt, als uns gewöhnlich möglich ist. In dem Foto rechts sehen wir den Mond, der in zwei verschiedenen Librationssituationen aufgenommen wurde. Wir können somit sieben Prozent der versteckten Mondoberfläche einsehen; das ist zwar immerhin etwas, aber gleichzeitig auch recht wenig, und zwar vor allem, weil dieser Teil so nahe am Rand des Mondes liegt, daß wir die Einzelheiten nicht klar erkennen können.

Wenn man den Mond mit einem Teleskop beobachten möchte, sollte man nicht in den weitverbreiteten Fehler verfallen zu glauben, daß es besser ist Vollmond abzuwarten, um den ganzen Mond auf einmal zu sehen. Unter diesen Bedingungen beobachten wir nämlich von der Erde aus den Mond aus derselben Richtung, aus der die Sonnenstrahlen kommen, und das bedeutet, daß die Sonnenstrahlen zwar auf die Monderhebung fallen und alles beleuchten, jedoch keine Schatten erzeugen, welche die Kontraste der Erhebungen hervorstreichen und sie sichtbar machen.

Man muß deshalb warten, bis sich vor der Region, die man beobachten möchte, der »Terminator« vorbeigeschoben hat. Der Terminator ist jene Grenzlinie zwischen der Licht- und Schattenseite auf dem Mond, wo man die Sonne am Horizont sehen würde. Dort fallen die Sonnenstrahlen fast horizontal ein, und deshalb wirft auch die kleinste Erhebung großartige Schatten. Es mag als eine Beschränkung erscheinen, abwarten zu müssen bis sich der Terminator vor ein Mondgebiet schiebt, um die Erhebungen beobachten zu können. Das ist wahr, aber während der 14 Tage, in denen der Neumond zum Vollmond wird, ist das Gebiet rund um den Terminator immer so groß, daß der ganze Abend bestimmt nicht ausreicht, um alle Einzelheiten genau untersuchen zu können.

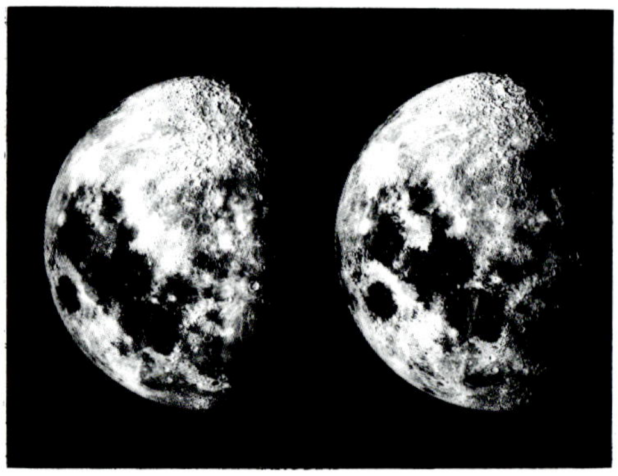

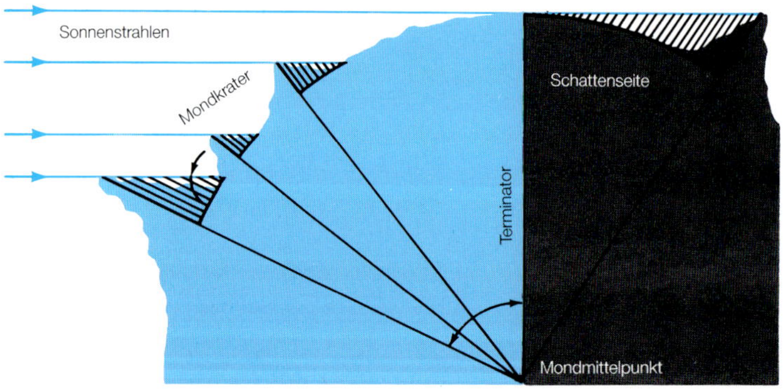

Der Terminator. Das Sonnenlicht wirft lange Schatten auf Bodenerhebungen, die auf der Tagseite in der Nähe des Terminators liegen, selbst wenn diese niedrig sind. Wenn sich eine hohe Bodenerhebung zur Gänze auf der Nachtseite aber nur knapp jenseits des Terminators befindet, kann es außerdem vorkommen, daß die Sonnenstrahlen die Spitzen dieser Erhebungen erreichen; in diesem Fall wird man den Gipfel im dunklen Hintergrund auf der nicht beleuchteten Mondseite hervorragen sehen.

Mondfinsternis. Diese beiden Aufnahmen, die am 16. September 1978 mit einem 600-mm-Teleobjektiv (links) und mit einem Teleskop (rechts) aufgenommen wurden, geben ein eindrucksvolles Bild des vom Schatten der Erde völlig verdunkelten Mondes. Seine Helligkeit ist auf die Erdatmosphäre zurückzuführen, welche die Sonnenstrahlen verbreitet und ihnen die charakteristische rote Färbung verleiht. Mit dem Teleskop lassen sich Krater deutlich erkennen.

Meteoritenaufschlag. Ein Meteorit, der die Oberfläche mit einer Geschwindigkeit von mehreren Dutzend km/Sek. erreicht hat, dringt in das Gestirn ein und verwandelt sich in eine Masse aus komprimiertem Gas, die eine Explosion erzeugt. Das dabei ringsum herausgeschleuderte Material bildet den Krater.

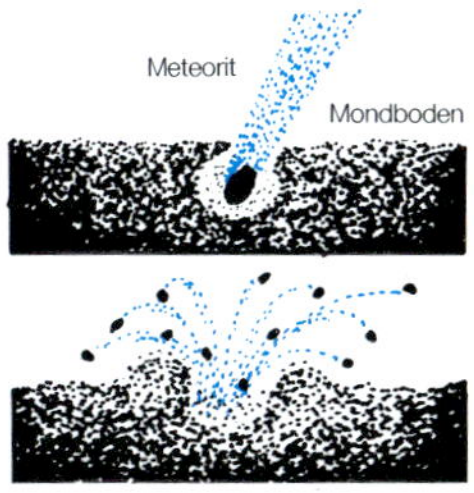

Die Krater auf den Planeten des Sonnensystems. Aus den unten abgebildeten Fotografien läßt sich ableiten, daß der Meteoritenaufschlag und die darauffolgenden Kraterbildungen das meistverbreitete Phänomen in der Entstehungsphase des Sonnensystems darstellt. Hier unten: der Mondkrater Eratosthenes; in der Mitte: links der Manicouagan Lake in Quebec (Kanada); rechts eine Aufnahme der Merkuroberfläche; unten: Deimos (links), Mars (in der Mitte) und eine Oberflächeneigentümlichkeit der Venus (rechts).

DIE KRATER UND IHR URSPRUNG. Bis vor einigen Jahrzehnten nahmen die Astronomen an, daß seinerzeit die Felsen auf dem Mond – vor allem in der Tiefe – flüssig waren, und daß aus verschiedenen Punkten seiner Oberfläche Lava, Steine, Staub und Dampf ausgespien wurden.

Diese Vorstellung ist unrichtig. Wir können den Mond jeden Abend mit unseren Teleskopen beobachten und werden dabei feststellen, daß sich derzeit jeder Punkt auf der Mondoberfläche vollkommen unbeweglich zeigt; aber sein Aussehen läßt darauf schließen, daß sich in der Vergangenheit sicher gewaltige und plötzliche Veränderungen ereignet haben. Heute wissen wir, daß diese Veränderungen nicht direkt durch die vulkanische Aktivität zum Ausbruch bereitstehender, heißer und flüssiger Lavabecken verursacht worden ist, sondern hauptsächlich auf eine meteoritische Tätigkeit zurückzuführen ist. Ursprünglich entstanden alle Planeten des Sonnensystems, indem sich eine große Menge fester Bruchstücke anhäufte und Massen größeren Ausmaßes bildete. Am Beginn blieben diese Massen aufgrund der schwachen Gravitation, die sich eben erst zwischen diesen kleinen Körpern bemerkbar machte, miteinander verbunden, aber je größer diese Körper wurden – bis sie Ausmaße erreichten, die mit den heutigen Planeten oder den Satelliten, wie z. B. dem Mond, vergleichbar waren – desto stärker wurde die Anziehung auf die kleineren Körper und desto heftiger wurden die Zusammenstöße.

Die durch Meteoritenaufschläge entstandenen Mondkrater und selbst jene, die in längst vergangenen Zeiten entstanden sind (man muß mindestens Milliarden Jahre zurückgehen), sind ausgezeichnet erhalten, da auf dem Mond seit jeher weder eine Atmosphäre noch Wasser vorhanden war und es deshalb nicht wie auf der Erde zu einer aktiven Erosion kam. Die Beobachtungen haben ergeben (wie auch die Abbildungen auf dieser Seite zeigen), daß sich auch auf anderen Planeten Krater befinden, die den Mondkratern in jeder Hinsicht gleichen. Man wird feststellen, daß irgendein beliebiger Teil der Merkuroberfläche völlig mit der Mondoberfläche verwechselt werden kann. Die Hypothese der Meteoritenaufschläge ist unter diesem Gesichtspunkt also gänzlich nachgewiesen.

Sogar unser Planet, die Erde, weist Spuren dieser Zusammenstöße mit diesen Himmelskörpern auf; da die Erosion auf der Erde besonders stark ist, können wir jedoch nur Aufschläge erkennen, die sich erst vor relativ kurzer Zeit ereigneten, und selbst diese sind nicht sehr gut erhalten. Auch der Planet Mars hat eine Atmosphäre, die jedoch weitaus schwächer als jene der Erde ist. Die Marsatmosphäre hat deshalb den Aufprall der Meteoriten nicht gebremst (insbesondere die kleinen Meteoriten verspüren die bremsende Wirkung einer Atmosphäre); außerdem war die Erosion, die die ältesten Spuren dieser Bombardierung zerstören hätte können, weniger stark als auf der Erde. Aus diesen Gründen können zwar auch auf der Marsoberfläche Krater wie auf dem Mond und auf Merkur beobachtet werden, sie treten jedoch in geringerer Zahl auf und sind nicht mehr so gut erhalten.

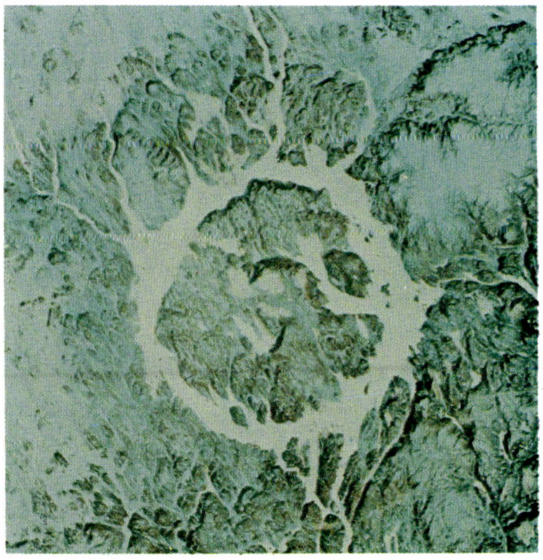

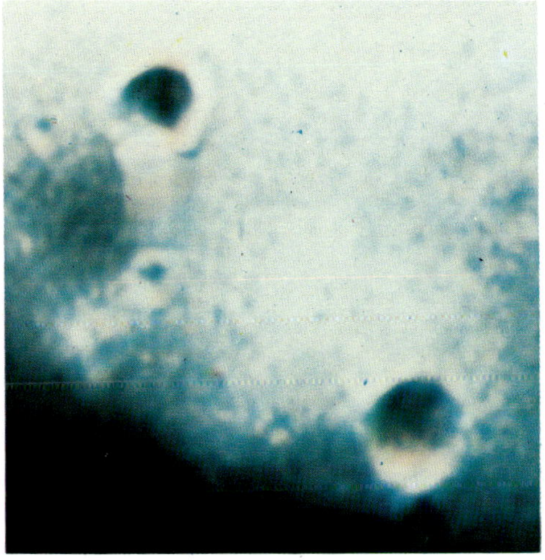

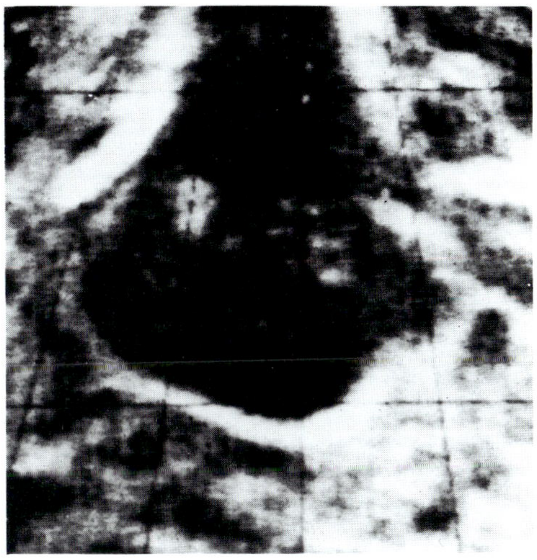

EIN SPAZIERGANG AUF DEM MOND. Um die Einzelheiten der Mondoberfläche erforschen zu können, muß man genau wissen, welchen Punkt des Satelliten man an welchen Tagen beobachten muß, um die gewünschten Forschungsobjekte sehen zu können. Im Falle des Copernicus und des Eratosthenes muß man z. B. den achten bis zehnten Tag des Mondumlaufs (d. h. acht bis zehn Tage nach Neumond) abwarten. Um Clavius und Tycho zu beobachten, braucht man nur den siebenten oder achten Tag des Mondumlaufs abzuwarten, während das Meer der Heiterkeit bereits am fünften und sechsten Tag nach Neumond gut sichtbar ist; dasselbe gilt auch für den Krater Theophilus.
Alle diese Krater sind so groß, daß sie auch mit der bescheidenen Vergrößerung eines Fernglases ohne weiteres beobachtet werden können; die beiden Krater, die sich mit diesem Instrument vielleicht am schwierigsten erkennen lassen, sind der Copernicus und Eratosthenes. Auch Theophilus ist nicht ganz einfach zu beobachten, während Clavius und Tycho keine Schwierigkeiten bereiten, und das Meer der Heiterkeit sogar mit freiem Auge sichtbar ist. Auf diesen beiden Seiten werden vier große Fotografien dargestellt, die mit einem starken Teleskop aufgenommen wurden und die Einzelheiten der Mondoberfläche im Detail zeigen. Die vier kleineren Aufnahmen, die mit einem Amateurteleskop aufgenommen und nicht so stark vergrößert sind, zeigen die darunter abgebildete Einzelheit der Mondoberfläche, jedoch bei unterschiedlichen Beleuchtungsbedingungen; sie sind also ein Teil der Panoramaaufnahme. Diese Aufnahme (großes Viereck) sowie die Detailaufnahme (kleines schwarzes Viereck) sind in ihrer richtigen Position auf einer Mondkugel eingezeichnet.
Die Fotos auf der linken Seite zeigen Krater, die teilweise aus helleren Felsen als die sie umgebenden Berge bestehen. Wenn man sie bei voller Beleuchtung, d. h. von den angegebenen Daten bis zum Vollmond und danach während der abnehmenden Mondphase beobachtet, erscheinen diese Oberflächen im Vergleich zu dem etwas dunkleren, grauen Hintergrund schneeweiß. Sie sind so hell, daß diese Einzelheiten auch bei Neumond beobachtet werden können, wenn nur das schwache, von der Erde reflektierte Licht auf den Mond fällt, das die Mondscheibe in ein wundervolles bleigraues oder aschgraues Licht taucht und »graues Licht« genannt wird. Die Beobachtung des Mondes liefert interessante Daten. Das Gebiet des Copernicus

Copernicus und Eratosthenes. Diese beiden Krater befinden sich in der nordöstlichen Region eher im Zentrum unseres Satelliten. Darüber erstreckt sich das Mare Imbrium und darunter eine fast ebene Zone mit wenigen Erhebungen. Am Rand dieses Fotos ist der Apennin zu erkennen.

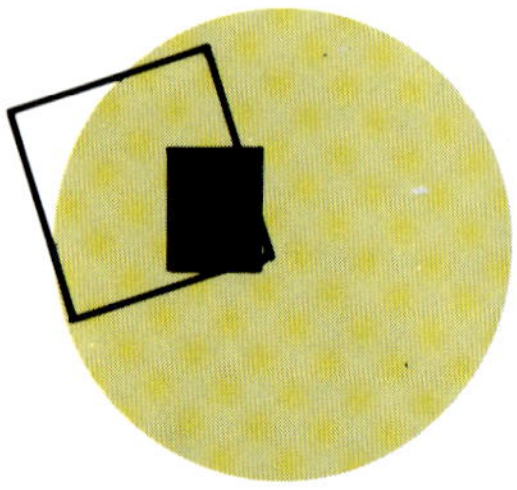

Clavius und Tycho. Sie befinden sich im südlichen Teil des Mondes und sind um den siebenten Tag des Mondumlaufs, d. h. wenn der Mond etwa im ersten Viertel steht, deutlich zu erkennen. Clavius ist sehr groß: sein Durchmesser beträgt 230 km und sein Rand ist durch zahlreiche Meteoritenaufschläge entstellt.

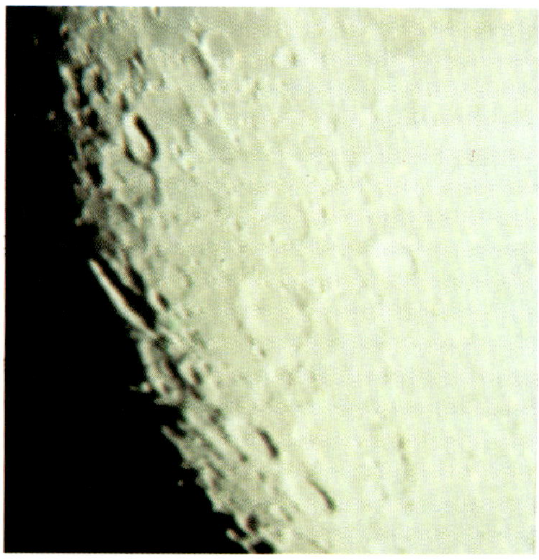

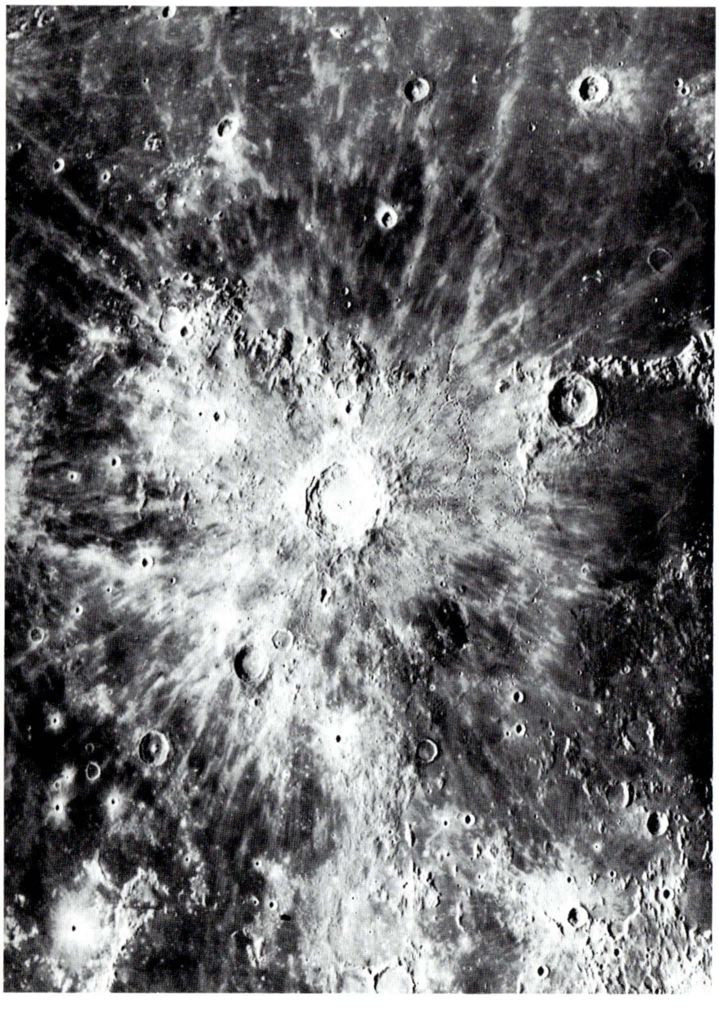

und des Eratosthenes befindet sich unmittelbar südlich einer großen Ebene, die durch wenige Krater durchfurcht wird, und als Mare Imbrium oder Regenmeer bezeichnet wurde. Rechts davon erstreckt sich eine gekrümmte Bergkette, die sich aus der Ebene des Mare Imbrium erhebt: diese Kette ist der Apennin, der sehr leicht zu erkennen ist und bei der Beobachtung mit freiem Auge die »Nase« des anthropomorphen Bildes darstellt.

Clavius ist einer der größten Krater, die sich auf der uns zugewandten Mondseite befinden. Sein Durchmesser beträgt 230 km; seine Kontur ist von vielen Einschlagskratern durch Meteoriten entstellt, die Clavius lange Zeit nach seiner Entstehung getroffen haben. Die Lage der Sekundärkrater zeigt eindeutig, daß es sich dabei nicht um Eruptivphänomene handeln kann, wie dies auf der Erde der Fall ist, da sie sonst anders aussehen würden. Tycho ist interessant, da er von einer Art Ring aus dunklerem Gestein als der Krater selbst umgeben ist; außerdem laufen von ihm ausgeprägte Strahlen (wahrscheinlich handelt es sich um Material, das im Moment des Meteoritenaufschlags, bei dem der Krater entstand, herausgeschlagen und in große Entfernung geschleudert wurde) aus, die das ganze Mondgesicht überqueren. Auch diese Strahlen sind mit einem Fernglas deutlich zu erkennen.

Das Meer der Heiterkeit ist in Wirklichkeit ein riesiger Krater, der durch den Aufschlag eines großen Meteoriten entstand, welcher ausreichend tief eindrang, um den Boden so stark zu erschüttern, daß danach das Magma austrat. Das Magma hat dann das Innere des Kraters überflutet und jene ebene Oberfläche aus dunklem Gestein gebildet, die wie all die anderen, ähnlichen Oberflächen auf dem Mond »Meer« genannt wurde. Die Bezeichnung »Meer« wurde zum ersten Mal von Galilei verwendet, und obwohl man sich bald darüber im klaren war, daß in diesen Gebieten von Wasser keine Spur war, hat man den Name beibehalten.

Auch Theophilus ist ein sehr interessanter Krater: für seinen Durchmesser ist er hoch und abschüssig; darüber hinaus ist er mit zwei anderen, ihm sehr nahe liegenden Kratern, Cyrillus und Katharina, verbunden. Diese drei Krater kerben den Gipfel einer bogenförmigen Erhebung ein, welche diese Krater verbindet. Es gibt nichts, was besser als das Schauspiel dieser drei Krater vermitteln könnte, wie intensiv und gründlich das Meteoritenbombardement auf dem Mond gewesen ist.

Das Meer der Heiterkeit. Dieses Meer mittlerer Größe in der Nähe des Meers der Ruhe wird deutlich von dem runden Bergwall eines riesigen Kraters begrenzt, den die Lava des Meeres dann überschwemmt und praktisch zerstört hat.

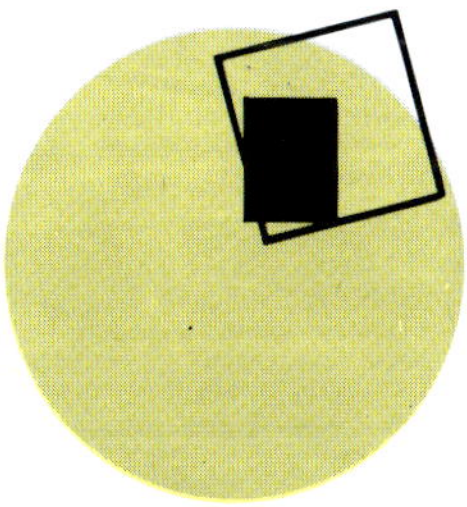

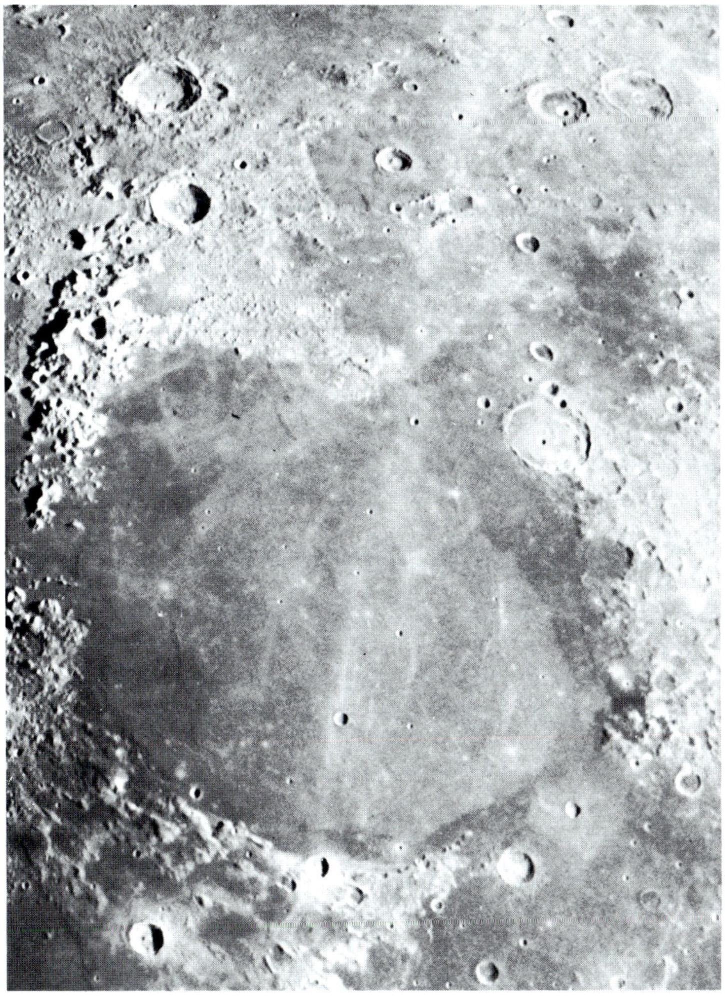

Theophilus, Cyrillus und Katharina. Diese außergewöhnliche, aus drei Kratern bestehende Gruppe befindet sich im südlichen Mittelteil des Mondes; es ist interessant zu beobachten, wie jeder Krater auf der Krateröffnung des anderen aufsitzt, wodurch sich die Reihenfolge der Entstehung deutlich erkennen läßt.

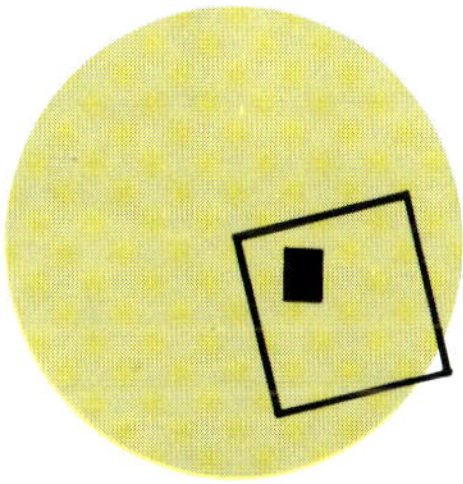

Die Kometen

Die Kometen sind Gestirne, die bereits im Altertum bekannt waren, obwohl sie sich damals – wie auch heute – nur unregelmäßig der Erde näherten. Die ersten Astronomen, die erahnten, welche Gesetze das regelmäßige Wiederkehren der Planeten bestimmen, waren über die unregelmäßige Ankunft dieser Himmelskörper erschrocken. Da ihr Aussehen der Form eines Schwertes ähnelt, kündigten sie immer Katastrophen für die Menschheit an. Der Komet ist ein Gestirn, das auf außergewöhnliche Weise beobachtet werden muß; er bewegt sich nämlich entlang einer Bahn, die sich von jener der Planeten unterscheidet: sehr selten bewegt er sich entlang der Ekliptik, er durchquert sie immer, aber manchmal legt er seinen Weg in großer Entfernung von der Erdbahnebene zurück. Aus diesem Grund muß man die Kometen am Himmel an anderen Stellen als die Planeten suchen und dabei vollkommen andere Regeln beachten. Man weiß, wo und wann ein Komet auftauchen wird, und wenn man durch die Zeitungen von seinem Erscheinen erfährt, sollte man die dort angegebenen Anleitungen befolgen. Wer jedoch in der Beobachtung des Himmelsgewölbes und insbesondere der Kometen bereits Übung hat, kann eines Tages zum Entdecker eines Kometen werden. Einige der jedes Jahr beobachteten Kometen sind bekannt: es sind jene, die auf ihrer Bahn zu ihrer Verabredung nahe der Sonne und der Erde zurückkehren. Es werden jedoch jedes Jahr auch neue Kometen entdeckt, und zwar durch das wiederholte Fotografieren weiter Himmelsgebiete; die dabei gewonnenen Aufnahmen werden dann gründlich untersucht, um zwischen den Sternen und den Nebeln einen Kometen aufzuspüren. Mit dieser Methode ist es nicht schwierig, neue Kometen zu entdecken. Die Bedeutung der Kometenforschung besteht darin, daß diese Himmelskörper äußerst interessante Informationen über die im außerplanetarischen Raum zwischen den Sternen vorhandene Materie liefern und insbesondere über jene Materie Aufschluß geben, aus der sich die Sonne und die Planeten verdichtet haben. Als das Sonnensystem entstand, ist etwas übriggeblieben, und Teile dieser Materie, die in großer Entfernung von der Sonne geschleudert wurde, kehren von Zeit zu Zeit zurück, um uns in der Form eines Kometen einen Besuch abzustatten.

Wann und Wo. Um einen Kometen in der Nähe der Sonne beobachten zu können (oben), muß man entweder am Morgen den östlichen Himmel oder am Abend den westlichen Himmel beobachten. Wenn der Komet ausreichend stark leuchtet, kann man ihn mit freiem Auge oder einem 7x50-Fernglas beobachten, indem man den Himmel mit einer langsamen Zickzackbewegung absucht, während sich die Sonne noch oder schon so weit unterhalb des Horizonts befindet, so daß kein Dämmerungslicht zu sehen ist. In der Nacht läßt sich ein Komet deshalb von einem Stern unterscheiden, da er sich bewegt und einem Wattebausch ähnelt (rechts unten).

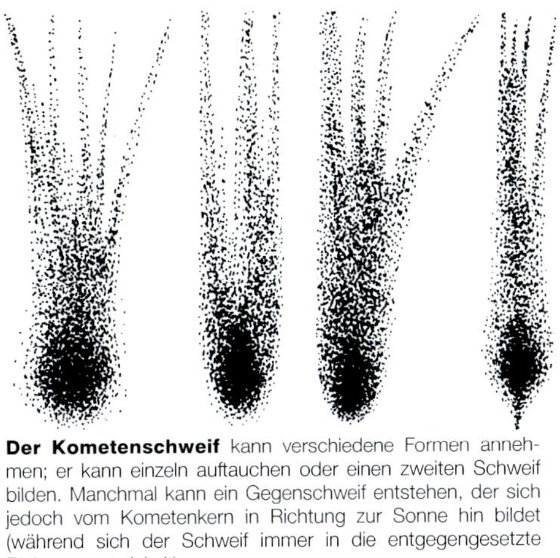

Der Kometenschweif kann verschiedene Formen annehmen; er kann einzeln auftauchen oder einen zweiten Schweif bilden. Manchmal kann ein Gegenschweif entstehen, der sich jedoch vom Kometenkern in Richtung zur Sonne hin bildet (während sich der Schweif immer in die entgegengesetzte Richtung entwickelt).

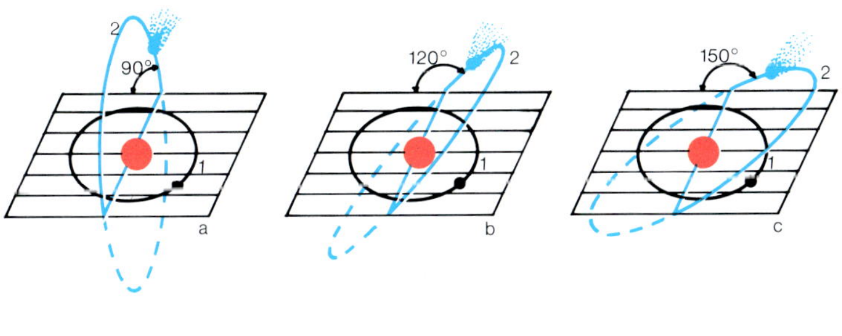

AUF DER SUCHE NACH DEN KOMETEN.

Während ihrer langen Reise von außerhalb des Sonnensystems bis zur Erde, sind die Kometen klein und schwach, weshalb es äußerst schwierig ist, sie zu beobachten. Als erstes sollte man beachten, daß ein Komet ein Gestirn ist, das sich auf einer ungewöhnlichen Bahn bewegt. Jeder Komet hat seine eigene Bahnform: es gibt fast runde, stark elliptische oder so langgezogene, daß sie fast eine Parabel beschreiben. Vielleicht gibt es sogar Kometen, die sich auf hyperbolischen Bahnen bewegen; und obwohl diese Bahnen immer eben verlaufen, können die einzelnen Ebenen in alle möglichen Richtungen geneigt sein und deshalb in irgendeinem Teil des Himmelsgewölbes auftauchen. In Wirklichkeit ist es jedoch nicht ganz so, und es ist bereits eine große Hilfe zu wissen, wie man das Himmelsgebiet, in dem man dann den Kometen suchen wird, auswählen soll.

Um einen Kometen beobachten zu können, sollte man als erstes wissen, wie er am Himmelsgewölbe erscheint. Ein schwacher Komet ist ein nicht sehr helles Gestirn, dessen Licht gestreut und dessen Konturen verschwommen sind. Während der Komet weit von der Sonne oder der Erde entfernt ist, hat er eine ziemlich symmetrische Form, d. h. er sieht wie ein kugelförmiger Wattebausch aus, der in seinem Inneren ein schwach leuchtendes Lämpchen hat. Wenn sich der Komet jedoch nach und nach der Sonne annähert, entwickelt sich sein Schweif, der immer länger wird, bis er seine maximale Ausdehnung erreicht, wenn sich der Komet im kürzesten Abstand zur Sonne befindet. Das Licht des Kometenschweifs ist sehr schwach – noch schwächer als jenes des Kometenkopfs –, und um ihn mit freiem Auge beobachten zu können, muß der Hintergrund des Himmels vollkommen dunkel sein.

Manchmal erfordert es jedoch die Position eines Kometen, ihn am Himmel nahe der Sonne suchen zu müssen. In diesem Fall benötigt man einen Beobachtungsort, von dem aus der Horizont ohne Hindernisse betrachtet werden kann, um damit so nahe wie möglich bei der Sonne beobachten zu können; die Sonne muß sich jedoch noch so weit unter dem Horizont befinden, daß der Horizont nicht durch das Licht der Dämmerung erhellt wird.

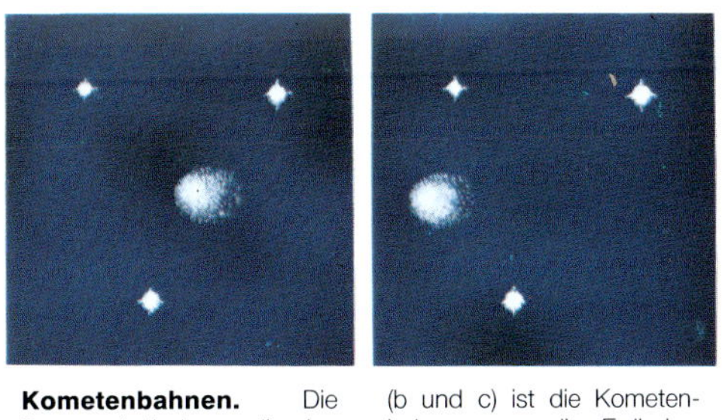

Kometenbahnen. Die Form und die Lage, die eine Kometenbahn im Verhältnis zur Bahnebene der Erde einnehmen kann, können wie folgt eingeteilt werden (unten): a) die Bahn des Kometen (2) steht fast senkrecht zur Erdbahnebene (1); in den beiden anderen Zeichnungen (b und c) ist die Kometenbahn gegen die Erdbahnebene geneigt. Das bedeutet, daß man einen Kometen nahe der Ekliptikebene oder auch weit von ihr entfernt, also in der Nähe und auch in großer Entfernung von der Tierkreiszone beobachten kann, was die Suche nach dem Kometen erschwert. Da wir die Kometen nur sehen können, wenn sie nahe der Sonne auftauchen, kann ihr Lauf über das Himmelsgewölbe sehr schnell erfolgen; sobald wir einen Kometen entdeckt haben, werden wir beobachten können, daß er sich sehr rasch bewegt.

Das Auge ist das beste Instrument, um einen Kometen zu beobachten. Als Hilfe kann man sich eines Fernglases bedienen, und in diesem Fall muß es sich um ein Instrument handeln, das über die kleinste Vergrößerung verfügt, d. h. nicht mehr als siebenfache Vergrößerung für alle 50 mm Objektivdurchmesser. Eine stärkere Vergrößerung würde das Licht des Kometen abschwächen und seine Beobachtung unmöglich machen. Darüber hinaus nützt die Vergrößerung als solche nicht sehr viel, da die Kometen ausreichend große und ausgedehnte Gestirne sind, um vom Auge wahrgenommen zu werden, ohne ihn vergrößert zu sehen; und wenn ein Komet einmal am Himmel erkannt worden ist, ist es wirklich unnötig, ihn mit einem Teleskop zu betrachten. Der einzige Grund, weshalb es sich lohnt, ein Teleskop auf einen Kometen zu richten, besteht darin, daß es als Führung für ein fotografisches Instrument dient: denn nur die Fotografie erlaubt es uns, das Aussehen eines Kometen besser zu zeigen als das bloße Auge. Da die Fotografien der Kometen mit langen Belichtungszeiten aufgenommen werden, zeigen sie die Kometen als wunderschöne, hell leuchtende Gestirne, was sie in Wirklichkeit nicht sind. Wenn sich ein Komet außerhalb des Sonnensystems befindet, kann er auch mit dem Teleskop nicht gesehen werden. Selbst wenn sich der Komet der Sonne annähert, bleibt er noch immer ein kleines, praktisch nicht sichtbares Gestirn – zumindest solange er sich noch außerhalb der Jupiterbahn befindet. Ab dieser Entfernung wirken das Sonnenlicht und der Sonnenwind auf den Kometenkern ein; sie beginnen ihn aufzulösen und bilden somit den Schweif: ab diesem Moment wird der Komet sichtbar.

Wenn sich der Komet der Sonne und der Erdbahn nähert, hat er gewöhnlich bereits einen prächtigen Schweif. Je weiter er sich der Sonne annähert, desto größer wird er, insbesondere wenn der Kometenkern, aus dem sich der Schweif entwickelt hat, sehr groß war. In diesem Fall ist der Komet jedoch nur unter denselben Bedingungen beobachtbar wie ein innerer Planet, Merkur oder Venus, d. h. wir werden den Kometen in derselben Himmelsgegend sehen, in der auch die Sonne steht. Man kann den Kometen deshalb entweder am Abend oder am Morgen beobachten, je nachdem ob er sich rechts oder links der Sonne befindet. Es kann jedoch auch der weniger günstige Fall eintreten, daß der Komet die Erdbahnebene senkrecht durchquert, so daß er auch weit entfernt von der Ekliptik erscheinen kann.

Es ist bekannt, daß man den Kometen am Abend am westlichen Himmel und am Morgen am östlichen Himmel suchen muß; meistens geben Zeitungen oder Fachzeitschriften bei diesem Anlaß eher unbestimmte Daten an, die jedoch gewöhnlich ausreichen, um den Kometen aufzufinden. Die Angaben besagen zum Beispiel, daß sich der Komet während gewisser Tage einer bestimmten Woche relativ nahe (und man bezeichnet genau, ob im Norden, Süden, Osten, Westen) bei einem gegebenen, ziemlich leuchtenden Stern befindet. Wenn man diesen Stern identifiziert und sich am Himmelsgewölbe orientiert hat, kann man mit freiem Auge oder mit einem Fernglas die Position des Kometen am noch dunklen nächtlichen Himmel suchen. Wenn sich der Komet stärker der Sonne annähert als die Erde oder Venus, bewegt er sich gewöhnlich sehr schnell auf seiner Bahn, so daß die oben angegebenen Daten nur für kurze Zeit, z. B. wie bereits erwähnt drei oder vier Tage, gültig sind. Deshalb werden diese Daten meist für einen etwas größeren Zeitraum angegeben, 14 Tage oder einen Monat, da man weiß, daß der Komet alle drei Tage an einer anderen Stelle am Himmelsgewölbe auftauchen wird.

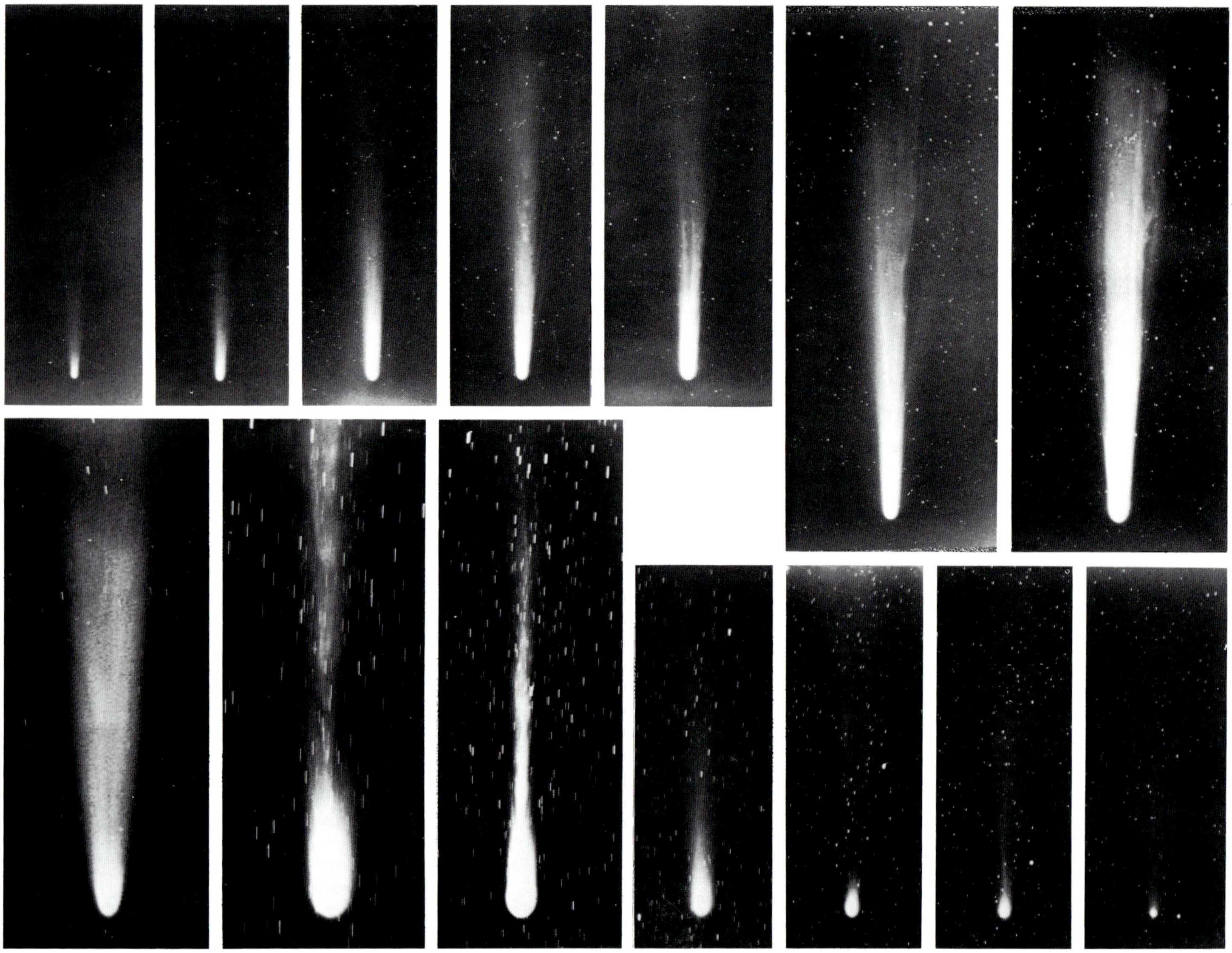

Ein Lebensjahr. Diese Fotoserie zeigt, wie sich der Halleysche Komet (1910) bei seiner Annäherung an die Erde und an die Sonne entwickelte und wie sein Schweif kleiner wurde, während er sich entfernte. Im Moment der geringsten Entfernung von der Sonne betrug die Schweiflänge gut 40 Millionen km, mehr als ein Viertel der Distanz Erde-Sonne. Unter der starken Sonnenstrahlung schmilzt der Kometenkern sehr rasch, und wenn sich im Gas Staub oder Sand befinden, werden sie zu einem beständigen Schweif geblasen, der, nachdem er sich einmal vom Kern entfernt hat, vom Sonnenwind nicht mehr verdrängt werden kann.

18/12/1973 **29/12/1973** **30/12/1973** **31/12/1973** **2/1/1974** **5/1/1974**

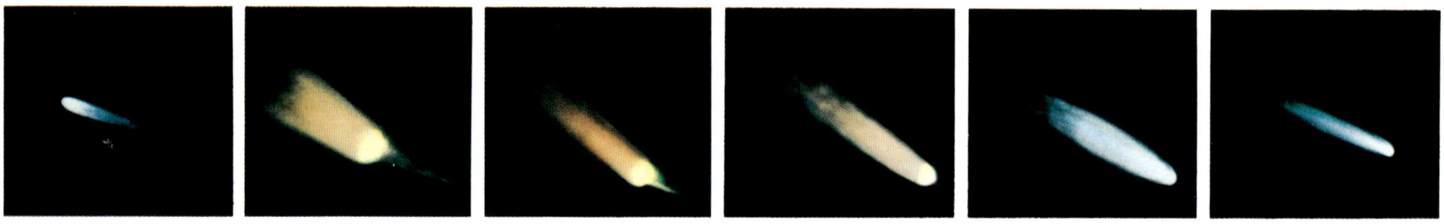

Unter den Kometen gibt es wichtige Unterschiede. Es gibt jene, die zum ersten Mal auftauchen und aus einer Entfernung von der Sonne kommen, die sicher interstellar ist. Der Großteil der Kometen (man nimmt an, daß es mehrere Milliarden sind) kreist in einer Entfernung in der Größenordnung des Lichtjahres (der Durchmesser des Planetensystems beträgt nur einige Lichtstunden) langsam um die Sonne.
Störungen, deren Stärke wir nicht vorhersehen können, veranlassen manchmal einen dieser Kometen, seine Bahn (die ihn weit von der Sonne entfernt hält) grundlegend zu ändern und in eine Bahn einzuschwenken, die ihn in die Nähe der Sonne führt. In diesem Fall besteht die Gelegenheit, den Kometen zu erkennen; d. h., daß er nicht nur sichtbar wird, sondern vielleicht aufgrund seines prächtigen Schweifs auch zu einem äußerst auffälligen Gestirn werden kann. Wir haben jedoch gesehen, daß dies gleichzeitig bedeutet, daß der Komet bei jedem Umlauf um die Sonne – vor allem wenn er sich ihr dabei stark annähert – einen Teil seiner Materie verliert. Aus diesem Grund zehrt sich der Komet auf und wird die Sonne je nach seiner Größe eine beschränkte Anzahl von Malen umkreisen; auch einige hundertmal, aber falls er sehr klein ist, vollführt er vielleicht nur einige Umdrehungen. Danach beendet der Komet für immer sein Leben. Der Grund, weshalb jedes Jahr etliche Kometen entdeckt werden, besteht darin, daß es in großer Entfernung von der Sonne dieses riesige Reservoir gibt, aus dem sich uns von Zeit zu Zeit ein Komet annähert und deshalb stirbt. Die Kometenmaterie stellt also das dar, was man im Sonnensystem in großer Entfernung oder sogar weit von der Sonne entfernt finden kann; es dürfte sich wahrscheinlich um einen übriggebliebenen Teil jener Materie handeln, aus dem sich das Planetensystem verdichtet hat.

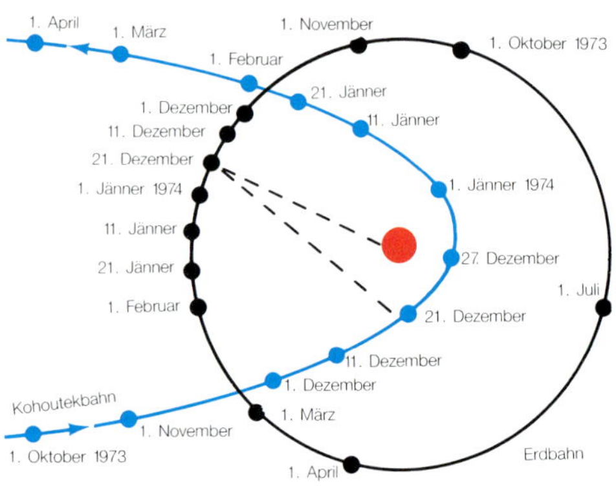

Der Komet Kohoutek. Die oben abgebildete Fotoserie zeigt, wie sich der Schweif des Kometen Kohoutek am Perihel (d. h. in jenem Punkt, in dem der Komet der Sonne am nächsten ist) verändert; die Zeichnung gibt die Strecke an, die der Komet in der Nähe der Sonne im Verhältnis zur Erdbahn zurücklegt.

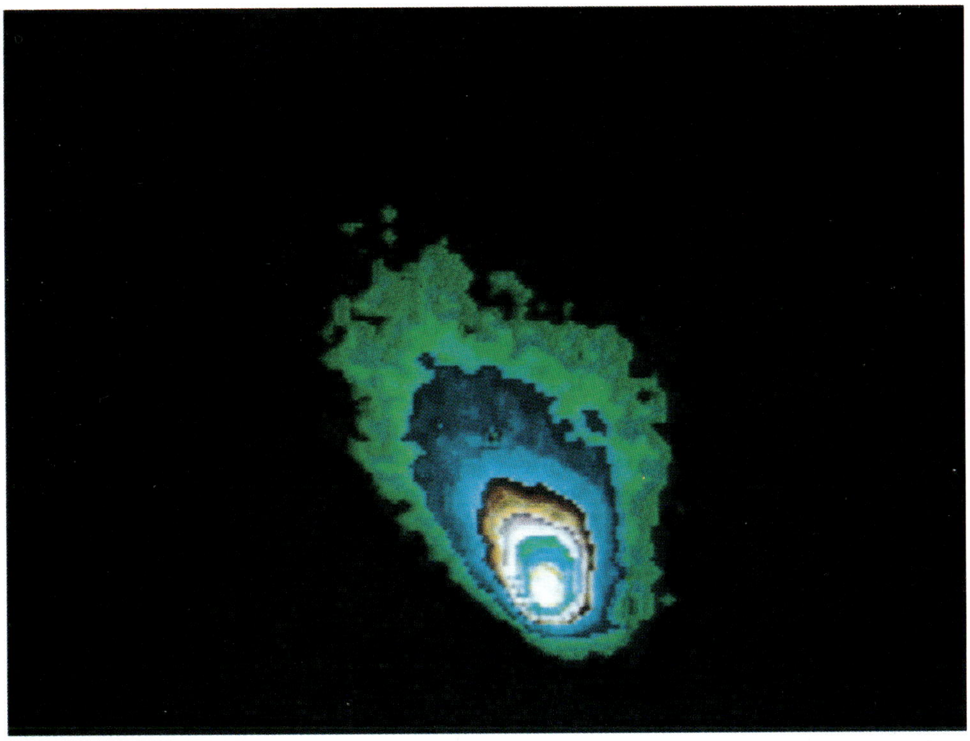

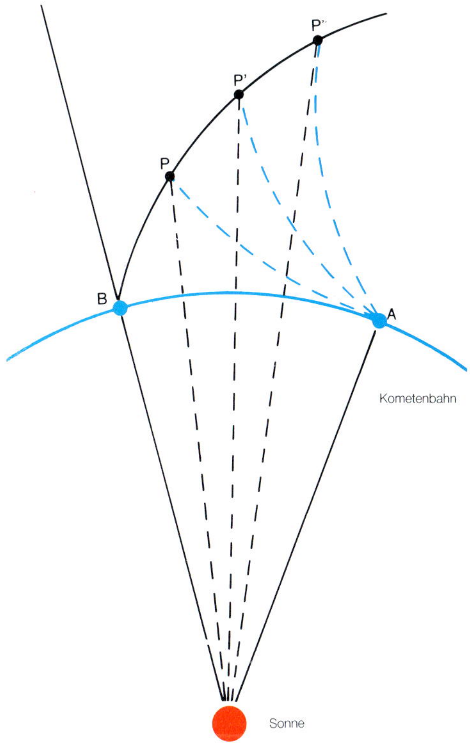

Der Halleysche Komet. In den ersten Monaten des Jahres 1986 hat die Kometenforschung einen riesigen Schritt vorwärts gemacht. Mehrere, von Japan, der Sowjetunion und vor allem von Europa aus gestartete Sonden sind in Richtung des Halleyschen Kometen aufgebrochen und haben uns wichtige chemische und physikalische Daten zugesendet. Insbesondere die von der Europäischen Raumfahrtbehörde abgeschossene Sonde Giotto, die sich dem Kern des Kometen bis auf 600 km annäherte, hat uns ermöglicht, direkt den von einer pechschwarzen Schicht überzogenen Haufen aus Eis und Staub zu sehen, der den eigentlichen Kometen bildet. Er hat eine unregelmäßige Form, und seine längste Seite beträgt etwa 15 km. Aus den Rissen, die in der äußersten Schicht während der Annäherung an die Sonne entstanden sind, schießen gewaltige Fontänen aus Gas und Staub heraus, die die Koma und den Schweif bilden.

Kometenschweife. Das Hauptmerkmal eines Kometen ist sein Schweif. Von der Sonne (oben) geht eine sehr starke Strahlung aus, welche die kleinen, vom Kometenkern austretenden Gasmoleküle in die folgenden Positionen A, B... »drängt«. Man kann sich die Bildung des Schweifs wie folgt vorstellen: Ein beliebiges, von A ausgehendes Teilchen wird entlang einer hyperbolischen Bahn abgelenkt und erreicht den Punkt P, wenn der Komet, der sich auf seiner Bahn um die Sonne bewegt, in B angekommen ist. In der Zwischenzeit treffen gleichzeitig andere Teilchen in P' und P'' ein und bilden somit den charakteristischen gekrümmten Schweif. Während der Komet auf seiner Bahn um die Sonne kreist (unten), verändert sich sowohl das Aussehen als auch die Richtung des Schweifs. Der Sonnenwind »bläst« nämlich den Schweif unabhängig von der Position des Kometen immer in die der Sonne entgegengesetzte Richtung.

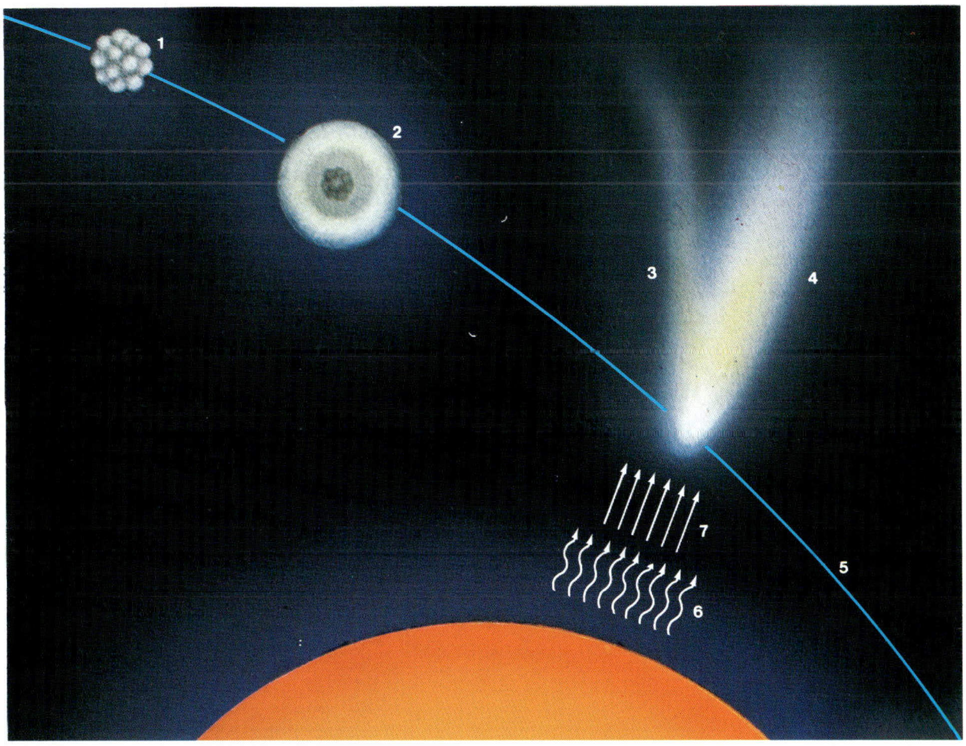

Anläßlich der Rückkehr des Halleyschen Kometen wurden in den ersten Monaten des Jahres 1986 einige Raumsonden zu diesem Kometen gesandt, wodurch es zum ersten Mal möglich war, den Kern direkt zu beobachten.
Auch wenn die Nähe der Sonne – und deshalb das starke Sonnenlicht und der heftige Sonnenwind – die Ursache für das rasche Altern und den Tod des Kometen darstellen, gibt es andere Ursachen, die einen noch gewaltsameren Tod herbeiführen. Manchmal nähert sich nämlich ein Komet einem großen Planeten an, und dann kann nicht nur seine Bahn stark verändert werden, sondern auch der Komet selbst zerbrechen und verschwinden. Dieses Schicksal ereilte den Bielaschen Kometen, der sich im vergangenen Jahrhundert zweimal dem Jupiter angenähert hatte und zerstört wurde; auf seiner Bahn bewegt sich zur Zeit ein Meteorstrom (auch Meteoritenstrom): die Überreste des Gestirns.

Die Beschleunigung. Der Kern eines Kometen wurde zutreffend als »schmutziger Schneeball« bezeichnet. Während der Komet von der Sonne mehr als 600 Millionen km entfernt ist, besteht der Kometenkern (1) aus gefrorenen Gasen, die in ihrem Inneren feinen und groben Staub sowie Teilchen in der Größe eines Sandkorns oder auch eines Kieselsteins enthalten. Aufgrund der intensiven Sonnenstrahlung (6) und des Sonnenwinds (7) ist die rasche Sublimation (2) der gefrorenen Gase in der Lage, so starke Gasfontänen zu erzeugen, daß sich der Kometenkern praktisch in eine Rakete verwandelt. Je nachdem wohin sich dieser Gasstrahl richtet (entweder in dieselbe Richtung der Bahn oder in die entgegengesetzte), kann der Komet seine Bewegung beschleunigen oder verlangsamen, wodurch die Form der Bahn (5) stark beeinflußt wird. Aus diesem Grund ist es manchmal schwierig, die Bewegung der Kometen vorherzusehen. Der Kometenschweif (der sich bildet, wenn sich der Komet in 300 Millionen km Entfernung von der Sonne befindet) besteht aus einem vom Sonnenwind erzeugten Ionenschwarm (4), von dem sich ein Staubschweif (3) löst, der eine gekrümmte Form annimmt.

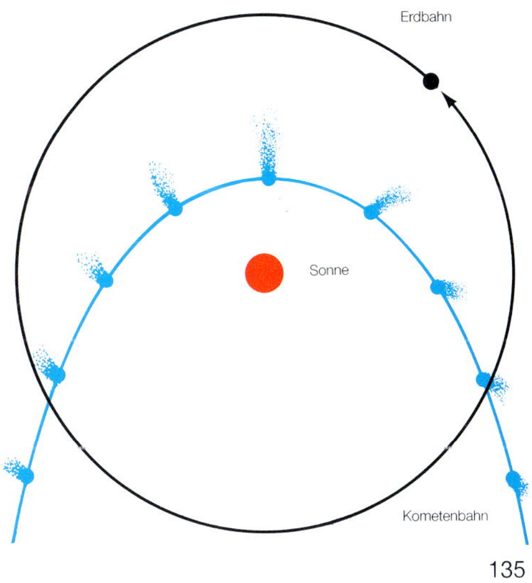

Die Meteoriten

Wahrscheinlich ist es jedem schon einmal passiert, am nächtlichen Sommerhimmel plötzlich einen Meteoritenstrom zu sehen, der das Himmelsgewölbe durchquert. Diese äußerst interessante Entdeckung erweist sich als eine besondere Gestirnart: es handelt sich dabei um ein winziges Materienbruchstück, das sich im Raum um die Sonne dreht und sichtbar wird, wenn es sich heftig an der durch die große Höhe verdünnten Atmosphäre reibt und sich dadurch so stark erhitzt, daß es vollkommen verdampft und eine leuchtende Spur erzeugt. Zusammenstöße zwischen großen Himmelskörpern ereignen sich im ganzen Universum sehr selten; zwischen kleinen Gestirnen, wie eben den Meteoriten, und Gestirnen mittlerer Größe, wie z. B. der Erde, sind Zusammenstöße jedoch sehr häufig.
Der Großteil der am Himmel beobachteten Spuren stammt von sehr kleinen Meteoriten. Jene, die mit freiem Auge sichtbar sind und manchmal so hell wie die strahlendsten Sterne leuchten, stammen meist von Bruchstücken, deren Masse zwischen einem Milligramm und einem Gramm beträgt. Nur in den seltensten Fällen kann man mit viel Glück einen Meteoriten das Himmelsgewölbe durchqueren sehen, dessen Masse zwischen einem Gramm und einem Kilogramm beträgt, so daß er eine sehr lange Spur hinterläßt, die sich über weite Teile des Himmels erstreckt. Falls der Meteorit noch schwerer sein sollte, kann es vorkommen, daß er sich bei seiner Reise durch die Atmosphäre nicht gänzlich verzehrt, und daß der übriggebliebene Teil – oder falls er zerbrechen sollte: die Bruchstücke – auf die Erde fällt. Dieses Phänomen ereignet sich jedoch höchst selten.
Sehr oft erscheinen die Meteoriten am Himmel, weil die Erde eine Zone durchquert, in der die Meteoriten zufällig verstreut sind. Gelegentlich durchquert die Erde jedoch Zonen im Raum, in dem sich unzählige Meteoritenteilchen befinden, die dann sogar als Strom auf unseren Planeten fallen. Wir wissen ungefähr, wo sich diese mit Bruchstücken gefüllten Gebiete rund um die Sonne befinden, und wir wissen auch, zu welchem Zeitpunkt die Erde mit hoher Wahrscheinlichkeit diese Zonen durchläuft und diese Teilchen auffangen wird.

Die Meteoritenspur. Oben und rechts ist die Spur eines kleinen Meteoriten zu sehen. Man kann deutlich erkennen, daß die Spur unregelmäßig ist: ein Teilstück leuchtet sehr hell, während ein anderes weniger stark leuchtet. Diese unterschiedliche Helligkeit der Spur kommt bei den in unsere Atmosphäre eindringenden Meteoriten häufig vor, weil die Reibung die Substanzen mit hohem Schmelzpunkt zuerst verdampfen läßt. In diesem Fall erhöht sich plötzlich die Helligkeit des Meteoriten. Wenn er sich noch dazu um sich selbst dreht, dann ist auch die Helligkeit in den stark oder schwach leuchtenden Abschnitten nicht konstant, sondern weist rasche, manchmal periodische Schwankungen auf. Rechts unten ist eine Meteoritenspur zu sehen, die mit einem Astrographen aufgenommen wurde. Es handelt sich dabei um ein Spezialinstrument, das für das Fotografieren von Meteoritenspuren konstruiert wurde und über einen außergewöhnlich schnell funktionierenden Verschluß verfügt. Er schließt sich periodisch in regelmäßigen, abwechselnd kurzen und längeren Zeitabständen. Deshalb kann man aus der Länge der einzelnen leuchtenden Abschnitte ersehen, wie groß die schwankende Geschwindigkeit des Meteoriten war, der nach und nach in unsere Atmosphäre eindrang. Auf dieser Abbildung können wir auch beobachten, daß die Meteoritenspuren links länger und rechts kürzer sind. Das kann jedoch kein Anzeichen der Geschwindigkeitsveränderung sein, sondern nur ein Zeichen für die Entfernung oder Annäherung des Meteoriten vom Beobachtungspunkt aus gesehen. Oben links ist die Aufnahme eines großen Meteoriten abgebildet, der die Erdoberfläche erreicht hat und im Smithsonian Astrophysical Observatory untersucht worden ist.

EINE GENAUERE UNTERSUCHUNG. Um die Meteoriten zu erforschen, sollte man als erstes die Anzahl der Meteoriten notieren, die man in einer Stunde gesehen hat; wenn es sich um einen Abend handelt, an dem die Erde einen Strom durchkreuzt, wird diese Zahl sehr hoch sein. Eine zweite Art der Beobachtung betrifft die einzelnen Meteoriten: man wird feststellen können, bei welchem Stern sie auftauchen und bei welchem Stern sie verschwinden. Falls derselbe Meteorit auch von einem anderen, etwa 100 km entfernten Beobachter gesehen wurde, erlauben es die beiden Beobachtungen, die Bahn in der Atmosphäre genau zu bestimmen. Darüber hinaus gibt uns die Beobachtung der Lichtstärke der Spur und seiner eventuellen Veränderungen Aufschluß über die unterschiedlichen Materialien, aus denen der Meteorit aufgebaut ist, und über seine etwaige Rotation.
Schließlich gibt die Intensität der Helligkeit annä-

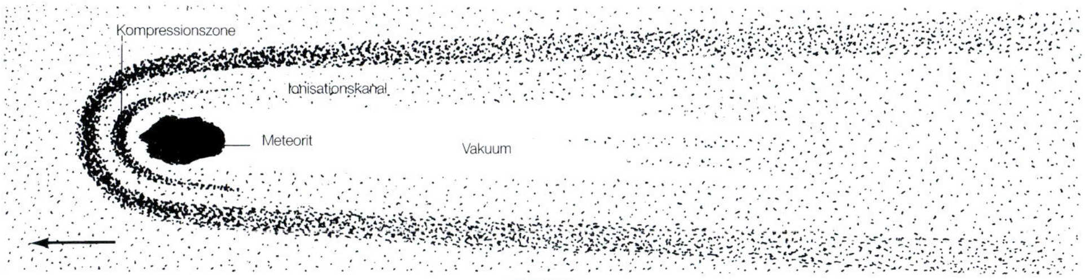

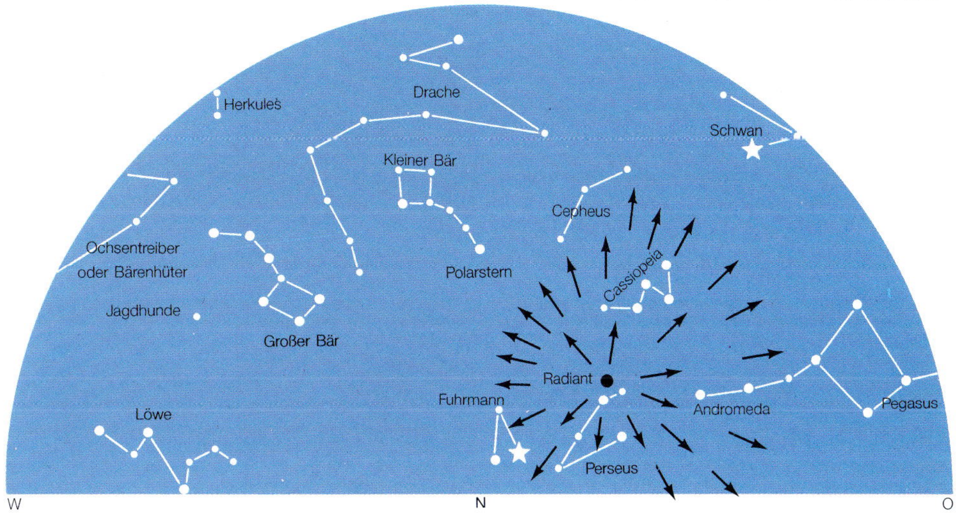

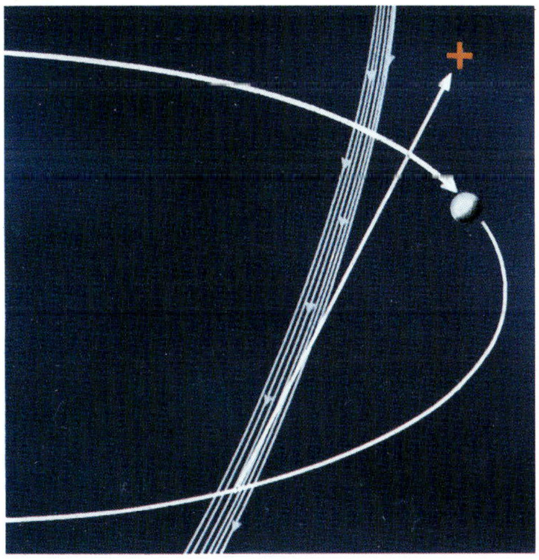

DIE WICHTIGSTEN METEORITENSTRÖME

Datum	Bezeichnung	Radiant	Meteoritenanzahl pro Stunde
• 2.–3. Jänner	Quadrantiden	Beta Bootis	35
• 20.–22. April	Lyriden	Zwischen Kappa Lyrae und Csi Herculis (Leier)	
• 1.–4. Mai (Max. am 4.)	Aquariden	Gamma Aquarii (Wassermann)	12
• 25.–30. Juli (Max. am 28.)	Aquariden	Delta Aquarii (Wassermann)	
• 1.–17. August (Max. am 12.)	Perseiden	Eta Persei (Perseus)	50
• 9. Oktober	Draconiden	Zeta Draconis (Drache)	var.
• 16.–22. Oktober (Max. am 11.)	Orioniden	nördlich des Orion nahe der Zwillinge	20
• 15.–22. Oktober (Max. am 19.)	Leoniden	Zeta Leonis (Löwe)	20
• 17.–23. November	Andromediden	Gamma Andromedae	
• 9.–13. Dezember (Max. am 12.)	Geminiden	Castore (Zwillinge)	40

Die günstigsten Stunden. Der günstigste Zeitraum für die Beobachtung der Meteoriten reicht von Mitternacht bis zum Morgen, wobei man den Blick in südlicher und östlicher Richtung über den Horizont richten sollte: dort wird man die Meteoriten zahlreicher auftauchen sehen. Der Grund besteht darin, daß die Meteoriten in allen Richtungen und mit unterschiedlichen Geschwindigkeiten umherschweifen, die selten unter 20–30 km/Sek. betragen und manchmal bis über 70 km ansteigen. Die Erde bewegt sich entlang ihrer Bahn (wie auf der obersten Abbildung zu sehen ist) in der durch den weißen Pfeil angegebenen Richtung mit einer Geschwindigkeit von 30 km/Sek. und rotiert um ihre eigene Achse in der vom schwarzen Pfeil angezeigten Richtung. Auf der Abbildung befindet sich der Sonnenuntergang links und der Sonnenaufgang rechts. Man kann feststellen, daß die Erde am Morgen mehr Meteoriten auffängt, da sie sich ihnen entgegen bewegt. Gegen Sonnenaufgang fängt die Erde die Meteoriten auf, wie die Windschutzscheibe eines fahrenden Autos die Regentropfen auffängt. Deshalb werden im letzten Abschnitt der Nacht die Meteoritenspuren zahlreicher sichtbar. Auf der linken Seite, d. h. am Abend, befinden wir uns in der Situation, in der die Regentropfen von der Heckscheibe aufgefangen werden.

Der Radiant. Vor allem in den Sommernächten scheinen alle Meteoriten, die man am Himmel auftauchen sieht, vom selben Punkt des Himmelsgewölbes auszugehen (durch ein rotes Kreuz im oberen Teil der mittleren Abbildung dargestellt). Dieser Punkt wird als »Radiant« bezeichnet. Das bedeutet, daß in einer bestimmten Nacht alle beobachteten Meteoriten aus einem einzigen Strom kommen, sich also gemeinsam entlang einer Bahn befinden, die die Erdbahn kreuzt (untere Abbildung). In diesem Fall empfängt die Erde die Meteoriten parallel zu sich.

Wie die Spur entsteht. Während der Durchquerung der Atmosphäre bildet der Meteorit seine leuchtende Spur (oben). Der Pfeil gibt die Richtung an; links bildet sich eine Zone stark komprimierter Luft. Der Zusammenprall der Moleküle und der Atome der Luft mit dem Meteoriten ist so heftig, daß diese Elektronen verlieren und zu leuchten beginnen. Außerdem reißen die Moleküle und die Atome des atmosphärischen Gases Materie aus dem Meteoriten heraus. Die äußere Schicht ist also heiß und von der Atmosphäre wie »abgeschliffen«, aber im Inneren beträgt die Temperatur etwa −200° bis −300°.

Die Ströme. Die Erdbahn wird von vielen Bahnen gekreuzt, auf denen sich Meteoritenströme bewegen. Mit großer Wahrscheinlichkeit haben vor langer Zeit auf diesen Bahnen Kometen gekreist, die dann erloschen sind, d. h. daß ihr Gas durch den Strahlungsdruck der Sonne und durch den Sonnenwind weit weggeblasen wurde und sich im Raum zerstreute. Auch die festen Teilchen, die sich in den Kometenkernen befanden, wurden im All verstreut; sie setzen jedoch ihre Umkreisung um die Sonne fort. Wenn die Erde ihre Bahn schneidet, ist es zwar unvermeidlich, daß ein Teil dieser Teilchen auf die Erde fällt, doch kann unser Planet noch jahrhundertelang diese Bahnen durchqueren, ohne daß die Menge der im Raum verstreuten Meteoriten deutlich abnimmt. In der Tabelle werden die Tage angegeben, an denen die Erde diese Bahnen kreuzt, und wo sich der Radiant befindet, der mit dem Namen des nächstliegenden Sterns bezeichnet ist. Der Strom nimmt also den Namen jener Sternkonstellation an, in der sich dieser Stern befindet. Der bekannteste Strom ist jener der Perseiden, der am Augusthimmel sichtbar ist, wenn man in nördlicher Richtung das Sternbildes Perseus betrachtet.

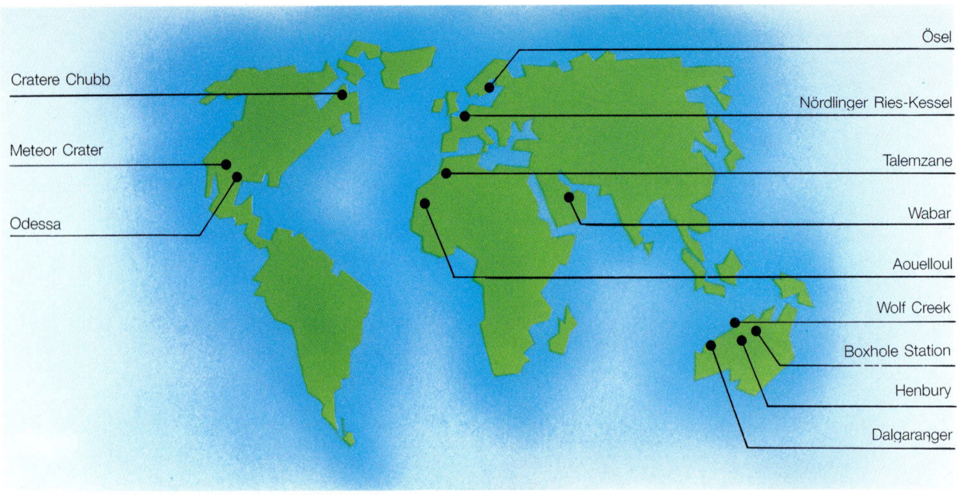

ANZAHL DER BEOBACHTETEN METEORITENFÄLLE PRO TYP

Gruppe	Klasse	wichtigste Mineralien	
I. Chondrite	Enstatitchondrite	Enstatit, Eisen-Nickel	11
	Bronzitchondrite	Olvin, Bronzit, Eisen-Nickel	6
	Hypersthen-chondrite	Olvin, Hypersthen, Eisen-Nickel	327
	Kohlenstoffhal-tige Chondrite	Serpentin, Olivin	33
II. Achondrite[1]	Aubrite	Enstatit	8
	Diogenite	Hypersthen	9
	Chassignite	Olivin	1
	Urelite	Olivin, Klinobronzit, Eisen-Nickel	3
	Angrite	Augit	1
	Nakhlite	Diopsid, Olivin	1
	Howardite	Hypersthen, Plagioklas	18
	Eukrite	Pigeonite, Plagioklas	25
III. Lithosiderite	Pallasite	Olivin, Eisen-Nickel	2
	Siderofiri	Orthopyroxen, Eisen-Nickel	1
	Lodranite	Orthopyroxen, Olivin, Eisen-Nickel	1
	Mesosiderite	Pyroxen, Plagioklas, Eisen-Nickel	6
IV. Eisen-meteorite	Hexaedrite	Kamacit	7
	Oktaedrite	Kamacit, Taenit	32
	Ataxite (stark eisenhaltig)	Taenit	1

1) Werden weiter unterteilt in kalziumarme Achondriten (Aubrite, Diogenite, Chassignite, Urelite) und in kalziumreiche (Angrite, Nakhlite, Howardite, Eukrite).

hernd an, wie groß der Meteorit war. Außerdem kann das Licht weiß oder färbig sein: die Färbung ist immer ein Anzeichen für das Vorhandensein chemischer Elemente. Manchmal kommt es vor, daß ein Meteorit bei seiner Durchquerung der Atmosphäre nicht zur Gänze verzehrt wird, und in diesem Fall handelt es sich um einen großen Boliden, der sich offensichtlich langsam in der Atmosphäre bewegen wird; mitunter ist es sogar möglich, das Geräusch eines Meteoriten, der sich mit niedriger Geschwindigkeit im Raum bewegt, als Getöse oder Donner wahrzunehmen. Es ist dies die Druckwelle, die durch die Bewegung des Meteoriten ausgelöst wird, der sich mit Überschallgeschwindigkeit fortbewegt.
Wenn ein Meteorit dazu bestimmt ist, auf die Erde zu stürzen, kann man dies anhand seiner Bahn erkennen, die in Richtung der Erde gekrümmt ist. Manchmal wird die leuchtende Spur dann verschwinden, weil die Geschwindigkeit des Meteoriten so gering geworden ist, daß ihn die Atmosphäre nicht mehr erhitzt, sondern abkühlt.

EINE BOTSCHAFT AUS DEM ALL. Meteoriten, die so groß sind, daß sie sich bei der Durchquerung der Atmosphäre nicht gänzlich aufzehren, sondern auf die Erdoberfläche aufschlagen, sind sehr selten. Trotzdem hat sich dieses Ereignis in der geologischen Geschichte mehrmals ergeben, und man kann feststellen, daß auf die Erde so große Meteoriten gestürzt sind, daß sie sogar Krater gebildet haben. In manchen Fällen ist der Meteorit, der den Krater verursacht hat, senkrecht zur Erdoberfläche niedergegangen, und der Aufprall war dann sehr heftig. In anderen Fällen rutschte der Meteorit sozusagen fast waagrecht auf die Erdatmosphäre, die ihn allmählich bremsen konnte. Falls der Meteoritenkörper nicht zu groß war, konnte es sogar vorkommen, daß er unversehrt blieb.
Wenn ein Meteorit mit großer Geschwindigkeit ins Innere der Erde eindringt, wo sich seine Geschwindigkeit in Wärme umwandelt, höhlt er einen Krater aus. Unter diesen Bedingungen verwandelt sich der Meteorit in Gas, und seine Masse wird zu einer riesigen Bombe, die durch die Explosion einen riesengroßen Krater aushöhlt. In diesem Fall ist es schwierig, rundherum Bruchstücke des Meteoriten zu finden; in Zonen, in denen der Meteorit durch seinen Aufschlag nur einen kleinen Krater verursacht hat, weil seine Geschwindigkeit gering war und sich nicht seine ganze Masse in Gas verwandelte, lassen sich seine Überreste jedoch verhältnismäßig leicht finden.
Für die Astronomen stellen die Meteoriten, die den Erdboden erreichen, sehr wichtige Forschungsobjekte dar. Der Grund dafür besteht

Die wichtigsten Meteoritenkrater. Oben ist eine Karte mit einigen der bekanntesten Meteoritenkratern aufgezeichnet. Es ist sehr interessant festzustellen, daß sich die meisten dieser Krater in den Wüsten befinden. Der Grund dafür besteht einfach darin, daß diese vor sehr langer Zeit durch Gestirne entstandenen Wunden sich dort besser erhalten haben, wo die Erosion geringer war. Außerdem sind sie bei der Luftaufklärung leichter wahrnehmbar, wenn sie nicht von der Vegetation bedeckt sind. In der Mitte sehen wir eine Luftaufnahme des Meteor Crater in den USA. Der Durchmesser dieses Kraters beträgt fast eine Meile, und seine Tiefe etwa 300 m, was die Heftigkeit der Explosion beweist, mit der sich die Masse des Körpers in sehr heißes Gas verwandelt hat, genau so wie sich ein Sprengstoff im Moment der Detonation in Gas verwandelt. Gleich hier oben ist eine Probe eines groben Oktaedriten zu sehen, der aus dem Cañon El Diablo in Arizona stammt. Man nimmt an, daß es sich um ein Bruchstück jenes Meteoriten handelt, der mit seinem heftigen Aufschlag den Meteor Crater erzeugt hat.

darin, daß die auf die Erde gefallenen Meteoriten, insbesondere wenn sich der Aufprall erst kürzlich ereignete, uns nicht nur Informationen über die Entstehungsgeschichte der Gestirne, sondern auch über die Möglichkeit liefern, ob im Universum auch an anderen Stellen als auf der Erde Leben entstehen kann. Der Großteil der im interplanetarischen und interstellaren Raum fliegenden Meteoriten besteht wahrscheinlich aus »Meteoritensteinen« oder Chondriten. Es handelt sich dabei um Silikatmeteoriten.

Ein kleiner Prozentsatz der Meteoriten (Siderite) besteht hauptsächlich aus Eisen und Nickel; vor allem wenn sie klein sind, werden diese Meteoriten durch die Reibung mit der Atmosphäre weniger stark verzehrt als die Chondriten, weshalb man fast ausschließlich Siderite findet. Die Chondriten sind also sehr selten; häufiger kommen die Übergangsarten vor: die »Mesosideriten«. Wenn man einen Meteoriten auseinandersägt und seine geglättete, polierte Oberfläche dann mit einer geeigneten Säure behandelt, sieht man schließlich, daß seine Struktur aus einer großen Zahl länglicher Kristalle besteht, die alle wie die Seiten eines Sechsecks angeordnet sind. Diese Strukturen werden »Widmannstättensche Figuren« genannt und sind für die Siderite charakteristisch. Die körnige Struktur der Chondriten ähnelt hingegen den Eruptivgesteinen auf der Erde.

Bei der Untersuchung des Erdgesteins haben die Petrologen Methoden angewandt, die es ermöglichen, durch die Analyse der Zusammensetzung der kristallinen Mineralien abzuleiten, bei welchem Druck und welcher Temperatur das Gestein erstarrt ist. Deshalb kann man mit Sicherheit herausfinden, ob sich diese Meteoriten im kosmischen Raum oder im Inneren eines Planeten gebildet haben, und in welcher Tiefe, bei welchem Druck und welcher Temperatur.

DIE ANALYSE EINES METEORITEN. Bei mikroskopischen Untersuchungen der Meteoriten wurden Abdrücke entdeckt, deren Ursprung – so scheint es – auf das Vorhandensein einzelliger Fossilien zurückzuführen ist. Diese Interpretation ist derzeit eher noch umstritten.

Obgleich sie eine ausgezeichnete Instrumentenausrüstung verlangt, ist die chemische Analyse einfacher, die das Vorhandensein komplexer organischer Substanzen, vielleicht biologischen Ursprungs bestimmen kann. Um diese Analyse durchführen zu können, muß der aufgelesene Meteorit gleich nach seinem Absturz untersucht werden, da die gefundenen Substanzen andernfalls von einer Verschmutzung durch die Erdumwelt stammen könnten.

In den Meteoriten findet man nicht nur sehr komplexe organische Substanzen, sondern sogar Aminosäuren, d. h. jene Substanzen, die die Biologen als die »Bausteine des Lebens« bezeichnen. Diese Aminosäuren stammen jedoch nicht von der Zerlegung biologischer Körper; in allen auf der Erde bekannten Lebensformen kommen ausschließlich linksdrehende Aminosäuren vor, d. h. jene, die eine besondere Symmetrie aufweisen, welche sie von den Formen der bezüglich ihrer Atome identischen Aminosäuren unterscheiden, deren Struktur jedoch den linksdrehenden spiegelbildlich aufgebaut ist und die daher als rechtsdrehend bezeichnet werden. Alle Aminosäuren irdischen Ursprungs sind ausschließlich linksdrehend, während in den Meteoriten sowohl die rechts- als auch die linksdrehenden in gleichem Maß vorhanden sind.

Auf der einen Seite sind diese Ergebnisse enttäuschend, da sie nicht die Entdeckung des Lebens im Kosmos darstellen, auf der anderen Seite sind sie ermutigend, da sie uns begreifen lassen, daß elementare Mechanismen – auch wenn sie noch unbekannt sind – in der Lage sind, mit den vorhandenen Elementen überall im All Aminosäuren zu erzeugen.

Am 8. März 1976 hat ein riesiger Meteorit den Himmel über China durchquert, und nachdem er von ca. fünf Millionen Personen beobachtet worden war, ist er in zahlreiche Bruchstücke explodiert und zu Boden gefallen. Die Endphase des Absturzes der größeren Bruchstücke wurde von mehreren hundert Personen gesehen, von denen sich sechs, drei Erwachsene und drei Kinder, zufällig in einigen Metern Entfernung vom Absturzort eines Stücks mit ca. einer Tonne Masse befanden. Sie sind aufgrund dieser wenigen Meter Entfernung glücklicherweise dem sicheren Tod entgangen.

Einer für die Suche nach diesen Meteoritenbruchstücken rasch zusammengestellten Gruppe von Wissenschaftlern gelang es in wenigen Monaten fast vier Tonnen Bruchstücke zu sammeln, deren größtes Stück eine Tonne wog. Man weiß noch nicht, ob diese Teile biologisch untersucht wurden; man weiß jedoch mit Sicherheit, daß die gesammelten Bruchstücke den Beweis für den größten bisher gefundenen Chondriten-Meteoriten darstellen.

Vor einigen Jahren hat ein kleiner Asteroid sogar unseren Planeten gestreift: beim Eintritt in unsere Atmosphäre hinterließ er eine riesige Spur und machte sich danach zum Glück wieder in Richtung des interstellaren Raums auf. Falls er auf die Erde und insbesondere auf eine große Stadt gestürzt wäre, hätte er eine größere Zerstörung als eine große Kernwaffe anrichten können. Überall wo der Asteroid zu sehen war, befanden sich Beobachter, die es sich zwar offensichtlich nicht erwarteten, aber doch rechtzeitig eine Serie von Farbbildern aufnehmen konnten, welche heute ein außergewöhnliches Zeugnis von diesem Ereignis ablegen.

Ein berühmter Meteorit. Auf dem Foto (oben) ist ein Bruchstück des Meteoriten von Sikhote-Alin abgebildet, der am 12. Februar 1947 in Ostsibirien einschlug und auf einem Gebiet von etwas mehr als einem halben Kilometer mal einem Kilometer 106 kleine Krater erzeugte.

Das Innere eines Meteoriten. Das Foto rechts oben zeigt einen Siderit aus Tamarugal, der »El Inca« genannt wird und im Jahre 1903 in Chile niedergegangen ist. Der Name Siderit gibt an, daß es sich um einen Eisen-Nickel-Meteoriten handelt. Er wurde auseinandergesägt, geglättet und poliert, um die Form und die Anordnung der Kristalle in seinem Inneren zu zeigen. Rechts ist in einer Vergrößerung die Position dieser Kristalle zu sehen. Sie sind deutlich zu erkennen, da der nickelreiche Teil beim Fall weniger stark erodiert wurde, während jener aus fast reinem Eisen ausgehöhlt wurde und dunkler erscheint.

Die Sonne: Wie sich die Materie umwandelt

Lange Zeit hindurch hat man sich die Frage gestellt, was denn der Ursprung des außergewöhnlichen Energiestroms sein könnte, den die Sonne seit Milliarden Jahren ununterbrochen und reichlich bis zum Rand des Planetensystems ausstrahlt. Ohne die ganze Geschichte dieser Forschungen erzählen zu wollen, kam man zu dem Schluß, daß nur die thermonuklearen Reaktionen diesen unveränderten Rhythmus aufrechterhalten können. Die wichtigste Reaktion ist jene, welche die Umwandlung des Wasserstoffs, der reichlich in der Sonne vorhanden ist, in Helium bewirkt. Diese Umwandlung spielt sich jedoch versteckt im Inneren dieser großen Kugel ab, welche die Sonne darstellt. Wir sehen nur ihr Äußeres, und nur mittels der Phänomene, die wir an ihrer Oberfläche oder noch weiter außen wahrnehmen, können wir versuchen zu verstehen, was sich im Inneren der Sonne ereignet.

Im Unterschied zu den anderen Gestirnen bereitet die Beobachtung der Sonne einige Schwierigkeiten, da sie zu viel Licht ausstrahlt. Das heißt jedoch nicht, daß die Beobachtung unmöglich ist: um die wichtigsten Sonnenphänomene beobachten zu können, braucht man nur einige grundlegende Vorsichtsmaßregeln zu beachten.

Man sollte wissen, daß in den letzten Jahren viele Spezialinstrumente für die Beobachtung der Sonne auch für Amateurastronomen erschwinglich geworden sind. Der Preis der hier beschriebenen Spezialinstrumente ist in der Tat nicht sehr hoch, aber alles in allem doch ziemlich hoch, wenn man eine zufriedenstellende Ausrüstung haben möchte. Es ist jedenfalls weitaus interessanter, wenn es gelingt, komplexe Phänomene des Gestirns mit einfachen Mitteln wahrzunehmen.

Man benötigt einige Kenntnisse und ein bißchen Geschicklichkeit, um viele jener Phänomene beobachten zu können, welche die Berufsastronomen mit ihren komplizierten und teuren Instrumenten untersuchen. Wir können zum Beispiel die Rotation der Sonne, die Differenzialrotation, untersuchen, das komplexe Leben der Sonnenflecken beobachten und in manchen Fällen so-

gar die Protuberanzen und noch viele andere Ereignisse feststellen. Die exakte Kenntnis dieser grundlegenden Phänomene reicht aus, um jene komplexen Aspekte begreifen zu können, die das Untersuchungsobjekt der berufsmäßigen Astronomen darstellen und uns zumindest verstehen lassen, wie die Energie – auch wenn sie uns nicht erklären, wie die Energie im Inneren der Sonne erzeugt wird – die Oberfläche des Gestirns erreicht, um sich dann im All zu verbreiten. Wie wir im weiteren sehen werden, ist die Sonne ein äußerst komplexes Gestirn. Trotzdem werden uns einige einfache Instrumente, die leicht zu erwerben sind oder sogar selbst gebaut werden können, erlauben, in ihre Geheimnisse einzudringen und uns begreiflich machen, wie die Erforschung der Sonne dazu beitragen kann, nicht nur ihr Leben, sondern auch jenes der anderen Sterne zu kennen, die nach einem sonnenähnlichen Modell aufgebaut sind.

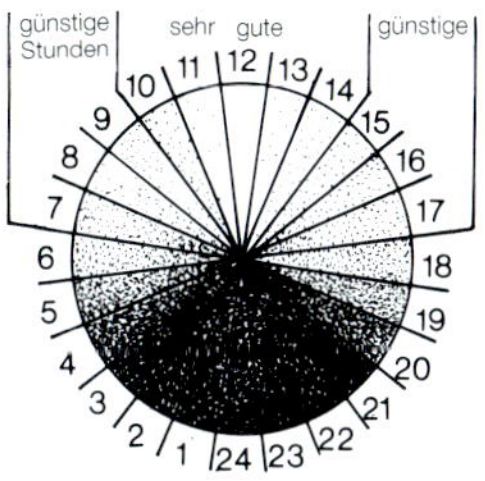

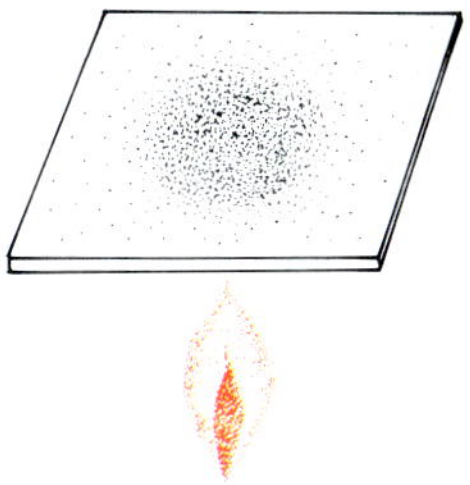

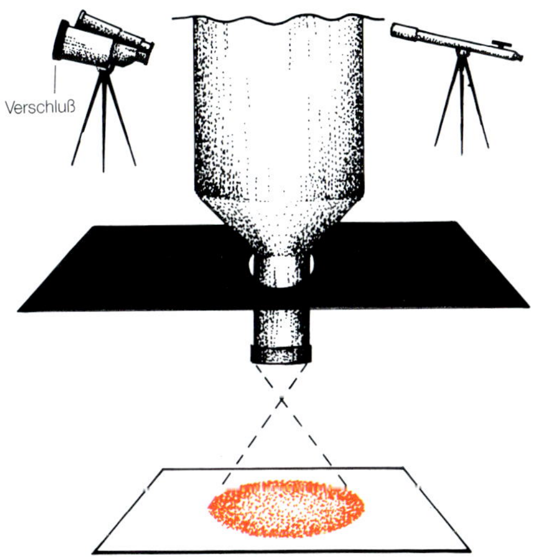

Wann und wie man die Sonne beobachtet. Die Morgen- oder Abendstunden, wenn die Sonne niedrig über dem Horizont steht, sind – obwohl das Licht durch den Dunst der Atmosphäre abgeschwächt wird – nicht die geeignetsten Beobachtungszeitpunkte. Für genauere Beobachtungen sollte man die Sonne gegen Mittag betrachten, also wenn sie am höchsten steht. Das Hauptproblem bei der Sonnenbeobachtung besteht darin, daß das starke Licht abgeschwächt werden muß. Man darf die Sonne also nie direkt beobachten und es ist auch davon abzuraten, die Sonne mit »Sonnengläsern« zu betrachten. Eine Methode besteht darin, die Sonne durch eine dünne Glasscheibe zu beobachten, die wir vorher vorsichtig über einer Kerzenflamme (oben) geschwärzt haben. Auch der Streifen eines Farbfilms, der entwickelt wurde ohne Licht anzunehmen, reicht aus – vor allem wenn er in drei oder vier Schichten verdoppelt wird –, um das Sonnenlicht ausreichend abzuschwächen. Eine andere Methode ist jene, das sich im Wasser einer Schüssel spiegelnde Bild der Sonne zu betrachten; die Schüssel muß auf eine sehr stabile Halterung aufgestellt werden, damit sie überhaupt nicht zittert. Falls die Schüssel weiß ist, sollte man den Boden mit schwarzem Papier oder einer Platte aus dunklem Material auslegen.
Man darf nie ein Fernglas gegen die Sonne richten, sondern sollte wie folgt vorgehen: Man befestigt das Fernglas auf einem sehr stabilen Gestell, z. B. auf einem Dreibeinstativ, schließt eines der beiden Objektive mit einem Verschluß und richtet das Fernglas in Richtung Sonne. Auf der Seite des Okulars bringt man einen schwarzen Karton mit einem Loch in der Größe des Okulardurchmessers an, um damit auf einem weißen Blatt Papier einen Schattenkegel zu erzeugen, auf den die Sonne projiziert wird.

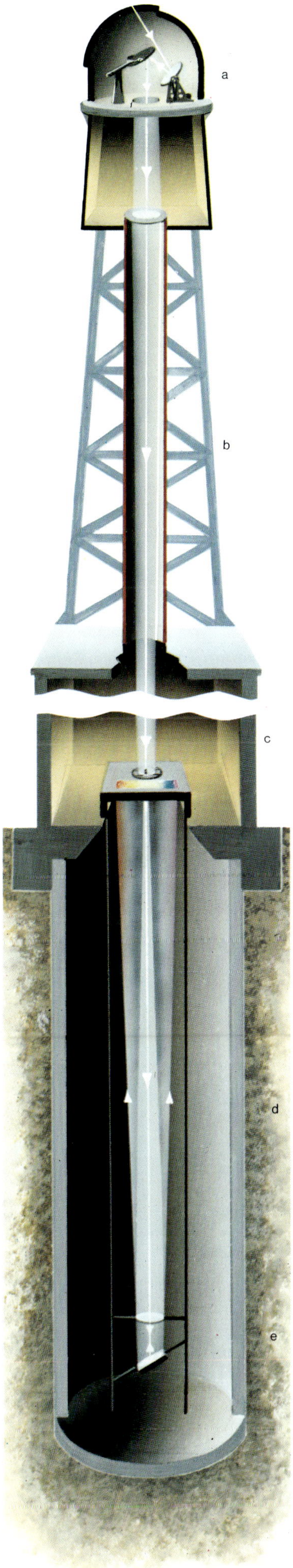

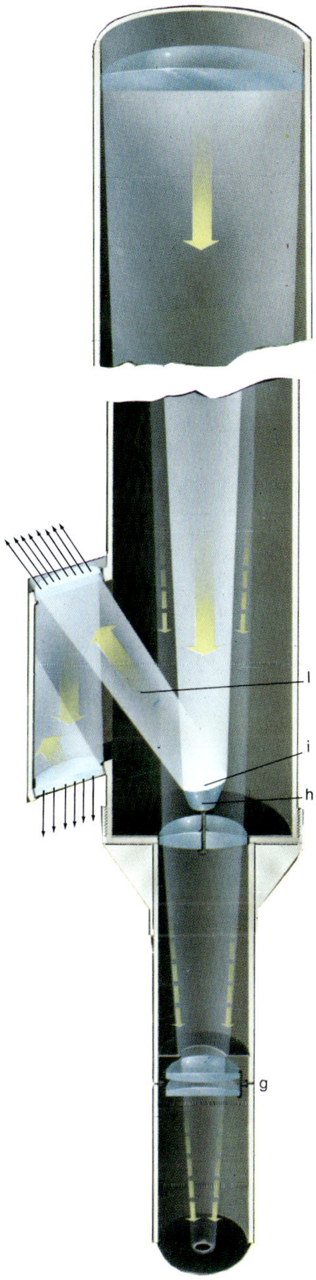

Der Sonnenturm. Auf der ersten Abbildung nebenan ist ein Querschnitt eines Sonnenturms zu sehen, der aus einem gegen den Zenit gerichteten Teleskop besteht: im Zölostat (a) befindet sich ein Spiegelpaar, wovon sich einer dreht, um der Sonne zu folgen; dieses Spiegelpaar leitet die Strahlen entlang der Turmachse (b) bis zur Basis, wo sich eine Bank (c) befindet. Hier kann man das im Verhältnis zur Länge des Sonnenteleskops vergrößerte Bild der Sonne direkt auf einem Schirm beobachten. Durch einen Schlitz in der Bank setzen die Strahlen ihren Weg senkrecht im Schaft (d) unter der Erde fort. Mittels eines großen Spektrographen (e) erfolgt die Analyse des Lichts und deshalb die chemische Analyse der Sonnenmaterie, wobei die physikalischen Bedingungen untersucht werden, in denen sich die Atome befinden, welche die sie kennzeichnenden Linien ausstrahlen.

Der Koronograph. Dieses in der zweiten Zeichnung dargestellte Instrument erzeugt künstlich Sonnenfinsternissen um die Beobachtung der »Sonnenkorona«, der Hochatmosphäre der Sonne, zu ermöglichen. Wenn man von der »Sonnenscheibe« spricht, bezieht man sich auf den leuchtenden Teil der Sonne, der durch die Photosphäre begrenzt wird; denn es scheint, als ob die Sonne diese durch die leuchtende Oberfläche abgegrenzte Kugel sei; in Wirklichkeit ist die Sonne aber sehr viel größer. Außerhalb der Photosphäre erstreckt sich eine Atmosphäre, in der sich einige interessante Phänomene ereignen. Wenn man normalerweise die Sonne beobachtet, wie dies auf der Abbildung (A) zu sehen ist, wird ihr Licht durch die unteren Schichten der Atmosphäre von dem in der Luft schwebenden atmosphärischen Staub verbreitet, weshalb das Licht der Korona durch das stärkere, von der Photosphäre kommende Licht abgeschirmt wird, wie das auf der rechten Hälfte dargestellt ist.
Auf der linken Hälfte hebt sich die Korona auf dem dunkleren Hintergrund eines staubfreien Himmels ab. Wenn sich der Mond vor die Sonne schiebt und sie somit verfinstert, können viele Phänomene der Korona beobachtet werden. Der aus einem Fernrohr bestehende Koronograph liefert ein Bild der Sonne (f), das von einem reflektierenden Schirm (g) bedeckt wird, der das blendende Licht der Sonne weit ablenkt (h). Mit dem Okular (i) kann man nur das Licht der Korona wahrnehmen, wie dies auf der Zeichnung dargestellt wird (l). Es bleibt noch zu erwähnen, daß so ein Instrument mindestens in 2500 m Höhe aufgestellt werden muß, um sich oberhalb des Dunstes zu befinden, der das Licht der Sonnenphotosphäre verbreiten könnte.

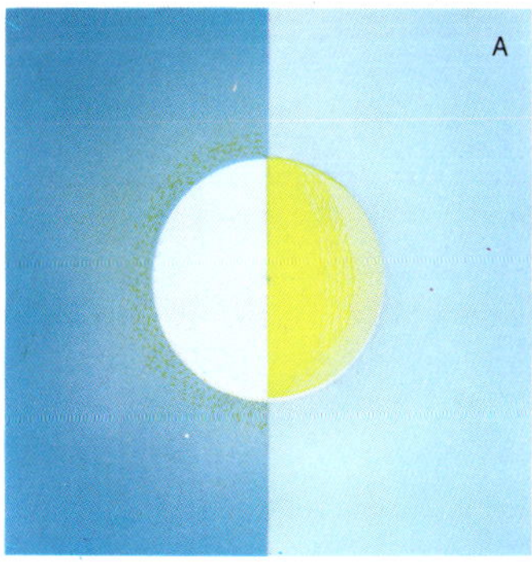

Die Flecken. Wenn man die Sonnenscheibe direkt beobachtet, kommt es nur selten vor, kleine Flecken oder Zonen wahrzunehmen, in denen die Sonnenscheibe dunkler erscheint. Oft handelt es sich um winzige Flecken, manchmal sind sie jedoch ziemlich ausgedehnt, obwohl sie nur selten mehr als einige Tausendstel der gesamten Sonnenscheibe bedecken. Die Flecken können vereinzelt oder in Gruppen auftreten. Je nachdem, ob sie groß oder klein sind, einzeln, in Gruppen oder mehr oder weniger komplexen Strukturen auftreten, werden sie mit einer besonderen Nomenklatur bezeichnet (Tabelle nebenan).

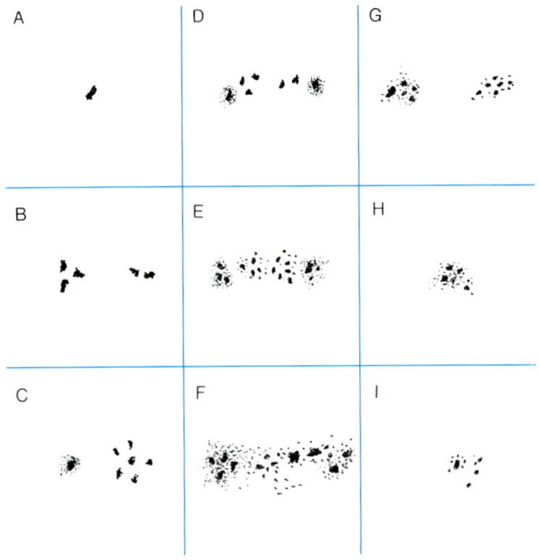

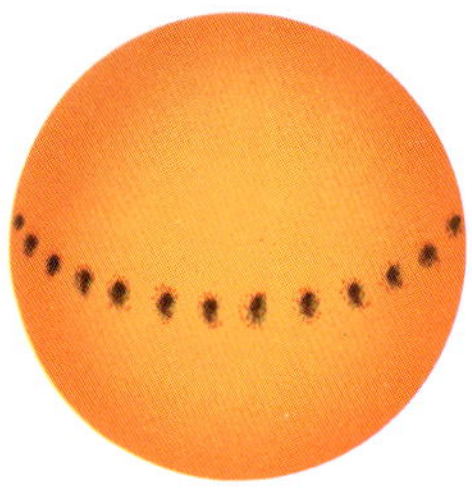

Die Rotation. Da sich die Sonne um sich selbst dreht, sieht man die Flecken auf der Sonnenscheibe verschoben. Man kann einen Sonnenfleck in aufeinanderfolgenden Tagen beobachten: man wird ihn dann verschwinden und nach 15 Tagen wieder auftauchen und seinen Zyklus beenden sehen (oben).

Die Beschleunigung. Da die Sonne ein gasförmiger Körper ist, drehen sich ihre Punkte von der Oberfläche bis zum Kern nicht mit derselben Geschwindigkeit. Insbesondere die Punkte am Äquator benötigen für eine Umdrehung weniger Zeit als jene, die sich in höheren Breiten befinden. Unter der Annahme, daß sich entlang eines Sonnenmeridians mehr Flecken befinden (wie hier unten zu sehen ist), werden diese Flecken nach einer Umdrehung so verteilt sein, wie dies im rechten Schema dargestellt wird, d. h. die Flecken am Äquator werden im Verhältnis zu jenen der höheren Breiten weiter vorgerückt sein.

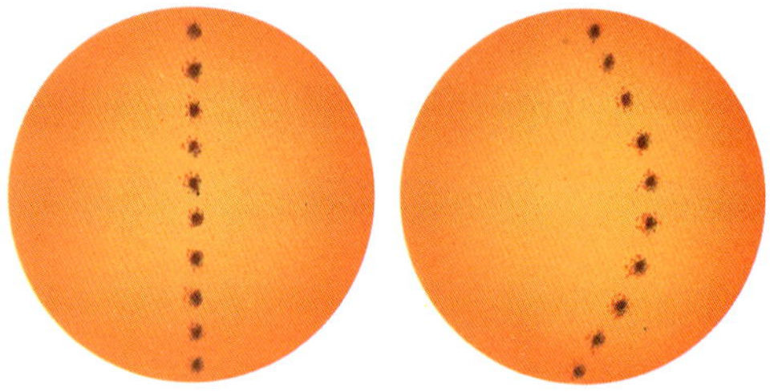

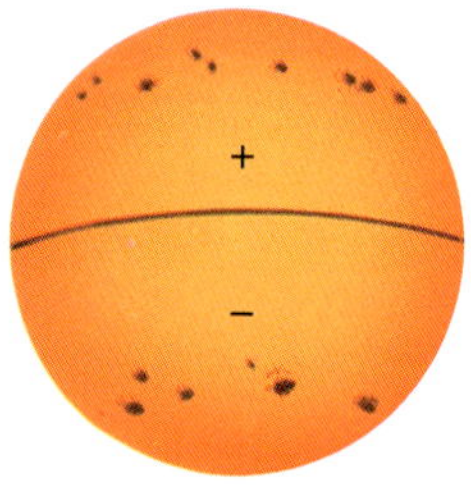

Der Zyklus. Gewöhnlich erreichen die Sonnenflecken alle 11,5 Jahre ihr Maximum. Zwischen zwei Maxima gibt es eine Periode mit geringer Aktivität: dies ist der »elfjährige Zyklus« der Sonnenflecken. In Wirklichkeit dauert ein Zyklus doppelt so lange, da mit den Sonnenflecken starke Magnetfelder verbunden sind, deren Polarität während eines Zyklus auf einer Hemisphäre größtenteils Norden und auf der anderen Süden ist. Im darauffolgenden Zyklus kehrt sich die Polarität der Sonnenflecken (die in hohen Breiten erscheinen) um.

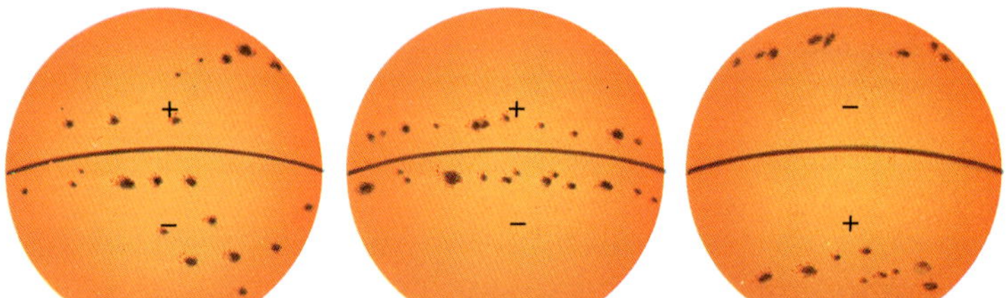

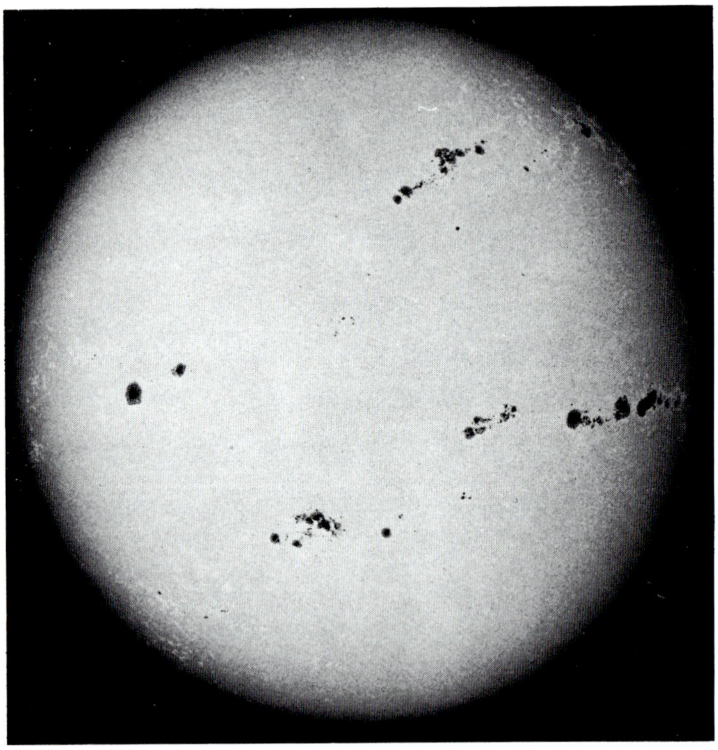

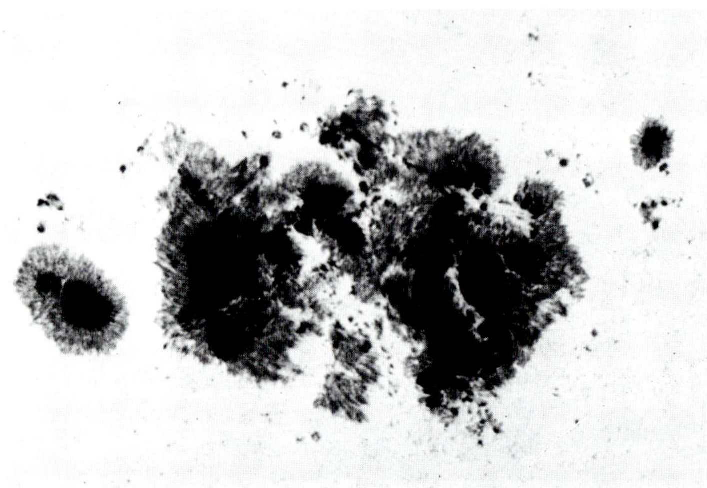

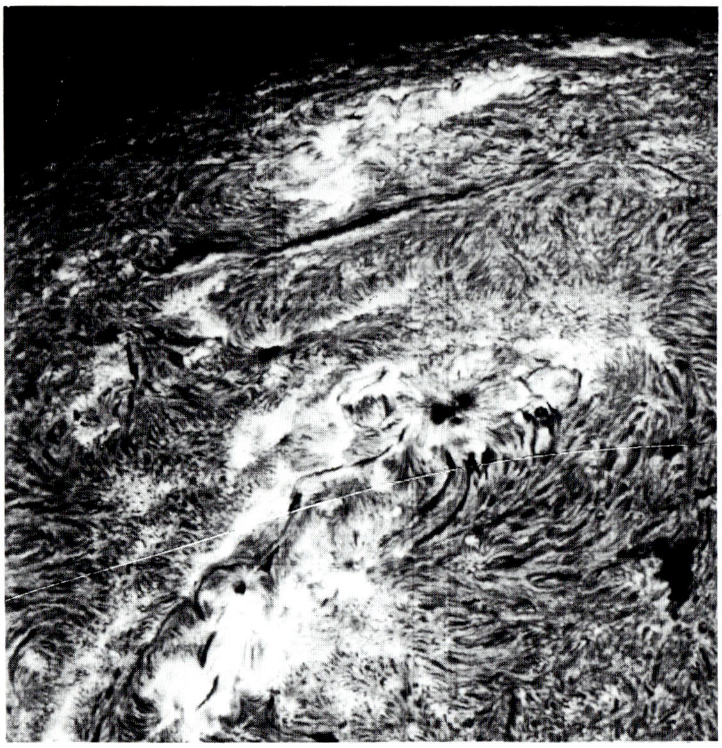

Die aktive Sonne. Während einer Periode intensiver Sonnentätigkeit treten die Flecken zahlreich und in Gruppen auf. Rund um einige Gruppen sieht man hellere Zonen, die sogenannten »Sonnenfackeln«, deren Helligkeit auf die hohe Temperatur zurückzuführen ist. Oben links ist eine große Sonnenfleckengruppe zu sehen. Die Flecken treten häufig vereinzelt auf, doch in Perioden hoher Aktivität bilden sie Gruppen unter der Sonnenphotosphäre, d. h. sie verteilen sich nicht zufällig in der Nähe anderer Flecken, sondern sie sind tatsächlich miteinander verbunden (auf irgendeine, bisher unbekannte Weise). Ein Sonnenfleck entspricht immer dem Auftauchen eines Wirbels an der Oberfläche, der sich bis weit in die Tiefe erstreckt. Im Falle einer großen Sonnenfleckengruppe können sich die Wirbel vielleicht auch verbinden. Auf jeden Fall weiß man, daß gleichzeitig mit den Sonnenflecken sehr starke Magnetfelder auftreten. Die großen Sonnenfleckengruppen sind häufig auch mit anderen Sonnenphänomenen verbunden, wie auf dem Foto hier oben zu erkennen ist: in Übereinstimmung mit dem Band, in dem die Flecken zu erkennen sind, befinden sich dunkle Filamente aus Wasserstoff und die sehr hellen des angeregten Wasserstoffs. Gleichzeitig mit diesen Phänomenen registriert man eine intensive Teilchenstrahlung. Diese Teilchen folgen den Kraftlinien der starken Magnetfelder der Sonnenflecken und werden in großer Entfernung von der Sonne bis zur Erdumlaufbahn und noch weiter projiziert. Die elektrischen Strömungen im Raum, die auf diese Teilchenschwärme zurückzuführen sind, sind so intensiv, daß sie Magnetfelder erzeugen, die das Erdmagnetfeld stören. Dieses Phänomen ist unter dem Namen »Magnetsturm« bekannt.

PHOTOSPHÄRISCHE PHÄNOMENE. Außer in dem günstigen Fall, in dem uns die Sonnenfinsternis erlaubt, den äußeren Teil der Sonnenatmosphäre zu sehen, beschränkt sich die nicht berufsmäßige Beobachtung der Sonne in den meisten Fällen auf die Photosphäre. Für den geübten Beobachter könnte eine anspruchsvolle Aufgabe darin bestehen, die Sonnenscheibe zu fotografieren und das Verhältnis zwischen der Oberfläche der Flecken und der Oberfläche der Sonnenscheibe zu messen: dies ist eine wichtige Kennzahl für die Sonnenaktivität. Dieses Verhältnis – wenn auch mit einigen Schwankungen – verändert sich im Zeitablauf und wird in Abständen von 11,5 Jahren durchschnittlich hoch oder niedrig. Die Sonnenflecken haben ein Magnetfeld, dessen Polarität von einer Hemisphäre zur anderen mit derselben Periodizität der Sonnenflecken wechselt. Eine komplette Sonnenfleckenperiode dauert also doppelt so lang, d. h. ca. 23 Jahre. Es ist jedoch interessant festzustellen, daß nicht alle Zyklen gleich sind: einige dauern nur sieben Jahre oder mehr als 13 oder 14, das bedeutet also, daß der Zyklus nur statistischen Wert hat und als Durchschnitt vieler Zyklen zu betrachten ist.

Während eines Zyklus hat der vorangehende Sonnenfleck, d. h. jener, der sich vor der Gruppe in der Richtung der Sonnenrotation bewegt, die Polarität Nord, während die folgenden die Magnetpolarität Süd haben. Während des darauffolgenden Zyklus, falls andere große Fleckengruppen auftauchen, wird der vorangehende Fleck Polarität Süd und die darauffolgenden Polarität Nord haben. Dies läßt mit um so größerem Recht den Schluß zu, daß der Sonnenfleckenzyklus nicht 11,5 Jahre, sondern 23 beträgt. Auf der photosphärischen Oberfläche gibt es dunkle Zonen, die »Filamente« genannt werden, und helle Zonen, die als »Sonneneruptionen« bezeichnet werden. In diesem Teil der Sonne bewirkt die Energieabstrahlung der Sonnenoberfläche nicht nur die Abgabe einer großen Menge sichtbaren Lichts, sondern es werden auch ultraviolette und Röntgenstrahlung sowie eine Teilchenstrahlung aus Protonen und Elektronen ausgestrahlt.

Diese Teilchen werden sehr heftig bis zur Erde geblasen und können die Funkverbindungen und das irdische Magnetfeld stören, die Polarlichter erzeugen und sogar den Astronauten gefährlich werden, die sich auf der Bahn um die Erde bewegen, oder den Piloten, die in sehr großer Höhe fliegen.

Gemeinsam mit den Sonnenflecken bilden alle diese Phänomene die sogenannte »Sonnenaktivität«. Man sagt also, die Sonne sei »aktiv«, wenn sich an ihrer Oberfläche viele dieser Phänomene und viele Sonnenflecken beobachten lassen. Auch mit Amateurinstrumenten kann man also das Niveau der Sonnenaktivität beurteilen. Man braucht dafür nur zu kontrollieren, ob sich an der Oberfläche viele Flecken und Sonnenfackeln befinden. Es mag absurd erscheinen, aber man bezeichnet die Sonne genau dann als »aktiv«, wenn sie mit vielen Flecken übersät ist. Obwohl das Vorhandensein der Sonnenflecken dem Anschein nach die Helligkeit der Sonne vermindert, schickt sie unserem Planeten während dieser Zeit eine Strahlung, die für das Pflanzenwachstum günstiger ist. Aus diesem Grund sind die Jahresringe der Pflanzen in Jahren hoher Sonnenaktivität, d. h. wenn die Sonne mit vielen Flecken bedeckt ist, stärker entwickelt. Die Analyse der Jahresringe hat ergeben, daß die Sonne auch in der Vergangenheit ähnlichen Aktivitätszyklen unterworfen war.

Jetzt können wir uns fragen, worauf diese Phänomene zurückzuführen sind, und auch wie uns die Beobachtung dieser Phänomene Hinweise darauf geben kann, was sich vermutlich im Inneren der Sonne abspielt. Die zuverlässigsten Hypothesen besagen, daß der im Kern des Gestirns vorhandene, extrem heiße Wasserstoff (seine Temperatur erreicht im Zentrum 15 Millionen Grad), der durch das große Gewicht der darüberliegenden Schichten zusammengedrückt wird, thermonuklearen Reaktionen unterworfen ist, d. h. daß eine Umwandlung aus Wasserstoff in Helium erfolgt. Dieser Prozeß erzeugt Energie, die langsam (in einigen Millionen Jahren) die Oberfläche des Gestirns erreicht, von wo sie dann in den Raum ausgestrahlt wird. Im ersten Abschnitt dieser Strecke ist die Übertragungsgeschwindigkeit der Energie ziemlich hoch, da sie sich durch Strahlung verbreitet, d. h. durch denselben Prozeß, mit dem sie sich danach von der Sonnenphotosphäre bis zur Erde verbreitet.

Im interplanetarischen Raum bewegt sich die Strahlung mit Lichtgeschwindigkeit (das Sonnenlicht benötigt achteinhalb Minuten, um die Erde zu erreichen), während im Inneren der Sonne die Geschwindigkeit durch das Vorhandensein vieler Atome und Elektronen gebremst wird, die das Licht absorbieren und wieder abgeben und es somit etwas Zeit verlieren lassen. Der Großteil dieser Zeit geht jedoch in der darüberliegenden Schicht verloren, in der die Energie von der Strahlungszone (so benannt, weil die Übertragung durch Strahlung erfolgt) zur Konvektivzone gebracht wird; die Sonnenmaterie kocht und steigt von der Strahlungszone bis zur heißen Oberfläche auf, kühlt sich dann ab und sinkt wieder nach unten, um Wärme in der Strahlungszone aufzunehmen. Die Konvektion begünstigt die Bildung von Zellen, in denen die Sonnenmaterie mit wirbelnden Bewegungen im Inneren der Sonne hoch- und absteigt.

Die *Sonnengranulen,* die auf einer hochaufgelösten Fotografie der Sonnenoberfläche einer großen Menge an Reiskörnern ähneln, sind nichts anderes als der obere Teil der Konvektivzellen

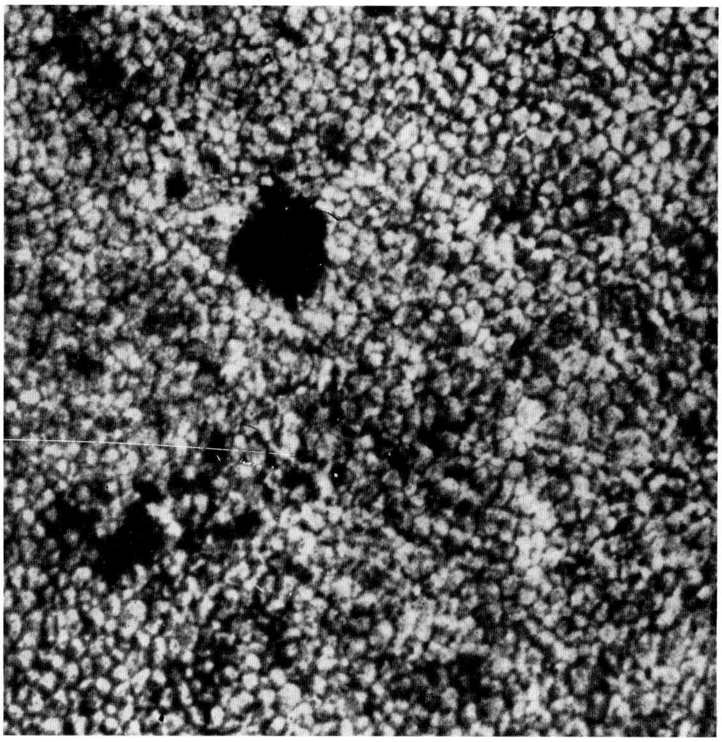

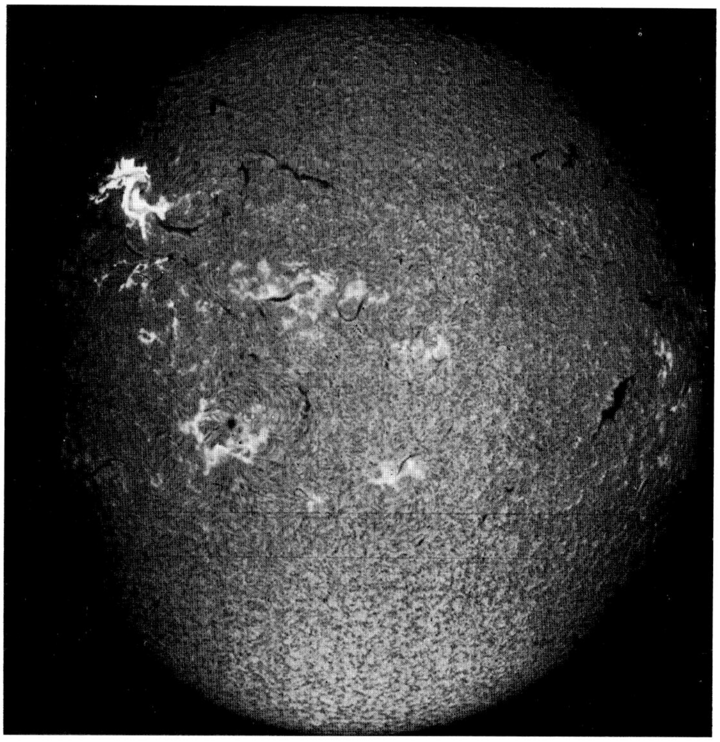

Flecken und Reiskörner. Selbst wenn man die Sonne mit einem kleinen Instrument beobachtet (man benötigt jedoch ein Instrument, dessen Objektivdurchmesser mindestens 70–80 mm beträgt und es muß mehr als 100fach vergrößern), kann man außer den Sonnenflecken auch feststellen, daß die Oberfläche der Photosphäre eine körnige Struktur mit Punkten aufweist, die heller als der Hintergrund erscheinen. Diese Körner werden Granulen genannt (oben links). Die größeren Flekken zerfallen in einen zentralen, dunkleren Teil, der »Schatten« genannt wird, und eine hellere Randzone, den sogenannten »Halbschatten«. Auch mit relativ kleinen Instrumenten (Objektivdurchmesser 50–60 mm, 50–80fache Vergrößerung) ist die Beobachtung dieser beiden Zonen möglich. Um die Granulen betrachten zu können, benötigt man jedoch ein etwas stärkeres Instrument und vor allem eine ruhige Atmosphäre. Erst mit einem Instrument, dessen Auflösungsvermögen mindestens 100 mm beträgt und das 120fach vergrößert, kann man die leuchtenden Punkte der Granulen deutlich unterscheiden. Noch stärkere Instrumente ermöglichen es natürlich, diese Einzelheiten deutlicher zu sehen, aber die Turbulenz der Erdatmosphäre bildet eine unüberschreitbare Grenze. Das Foto rechts oben zeigt eine Aufnahme der Sonne im Licht der Linie $H\alpha$ des Wasserstoffs, in der flockenartige Flecken (Flocculi) rund um die Flecken zu erkennen sind, die sich wie Eisenspäne rund um die Pole eines Magnets anordnen; dies stellt eine Bestätigung dafür dar, daß die Sonnenflecken mit der Präsenz der starken Magnetfelder zusammenhängen.

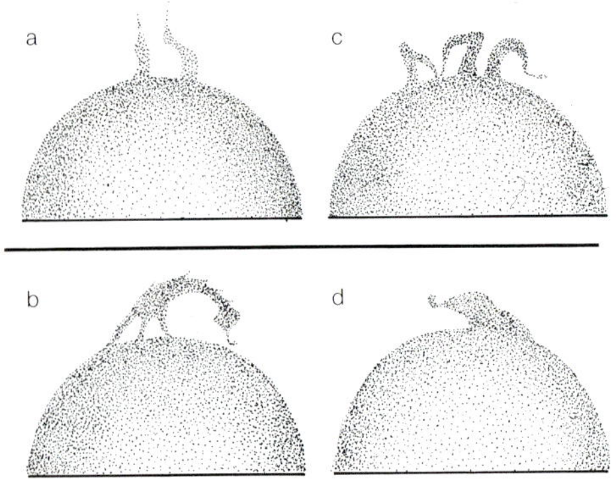

Die wichtigsten Protuberanzen. Je nach ihrem Aussehen und der Art, in der sie sich entwickeln, unterscheidet man sie sie in: a) surges (Fontänen) und flares; b) aktive oder aufsteigende Protuberanzen; c) Fleckenprotuberanzen; d) stationäre Protuberanzen.

(riesige überhitzte Gasblasen), die sich öffnen, wenn sie die Oberfläche erreichen und dabei die Wärme abgeben, die sie aus den inneren Teilen der Sonne nach oben transportiert haben. Danach versinkt die abgekühlte Materie wieder in die tiefen Schichten, und der Zyklus beginnt von neuem. Die Größe der Sonnengranulen beträgt etwa 1000 km und ihre durchschnittliche Lebensdauer ca. zehn Minuten. Da man sie jedoch mit fast allen Amateurinstrumenten nicht perfekt sehen kann, und zwar eher wegen der Atmosphäre als wegen des Instruments, ist es nicht einfach, sich deren ständiger Veränderungen gewahr zu werden, da es schwierig ist, sich für ausreichend lange Zeit die Anordnung einzuprägen. Dies ist nur mittels der Filmtechnik möglich, indem man langsam eine Reihe von Einzelbildern aufnimmt und sie dann rascher abspielt: auf diese Weise kann man ihre Entwicklung erkennen.

BEOBACHTUNG DER PROTUBERANZEN. Fast die gesamte Sonnenmaterie ist in einer leuchtenden Hülle, der Photosphäre, eingeschlossen. Darüber erstreckt sich nur eine stark verdünnte Atmosphäre, in der sich jedoch sehr interessante Phänomene ereignen, wie z. B. riesige »Stichflammen« verschiedenster Formen: die Protuberanzen. Sie können Höhen bis zu einigen Hunderttausenden Kilometern erreichen; ihre Dauer kann von wenigen Dutzend Minuten bis zu einigen Tagen schwanken. Das Phänomen der Protuberanzen wird durch den Wasserstoff erzeugt. Um die Protuberanzen zu sehen, benötigt man nur einen Interferenzfilter, der es ermöglicht, der Sonnenstrahlung alle Farben außer jener der Linie H-α des Wasserstoffs (Karmin) zu nehmen. Dieser Filter wird auf dem Objektiv oder hinter dem Okular eines Teleskops angebracht.

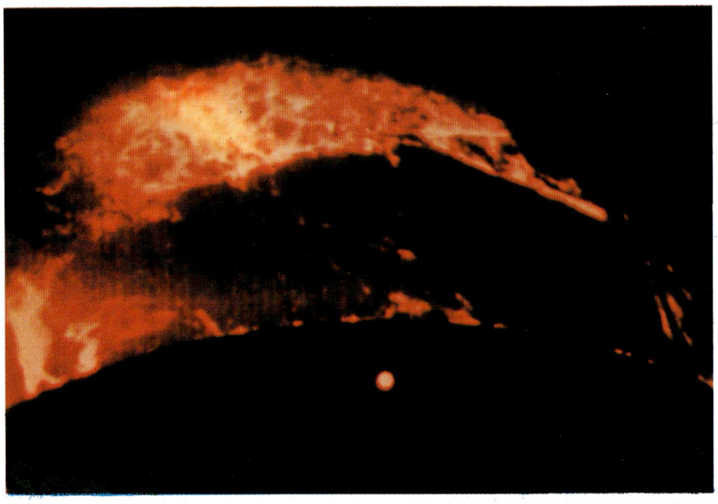

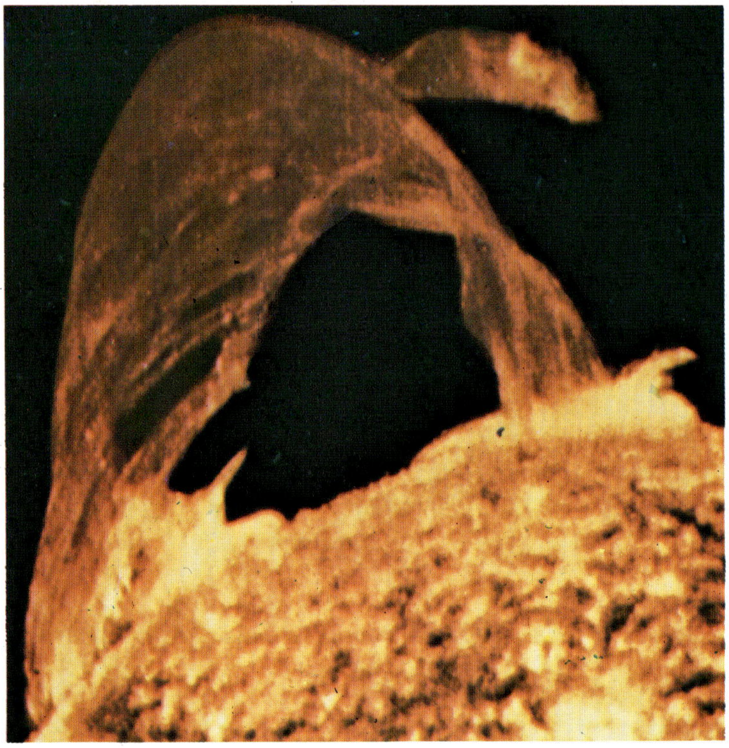

Protuberanzen und Magnetfelder. Links oben: die berühmte Protuberanz, die während der Sonnenfinsternis im Jahre 1919 beobachtet wurde und »Ameisenbär« genannt wird. Man kann deutlich ihre bogenförmige Struktur erkennen. Sie hielt mehrere Stunden an und formte immer einen Bogen, dessen Enden sich auf zwei fixen Punkten auf der Sonnenoberfläche aufstützten. Oben rechts: die mögliche Erklärung für die Bogenform einiger Protuberanzen – an der Sonnenoberfläche befinden sich zwei Magnetpole mit entgegengesetzten Vorzeichen, darüber erstrecken sich die Kraftlinien des Feldes in Form eines Bogens. Das leuchtende Gas der Protuberanzen ist sehr heiß und ionisiert, d. h. daß seine Atome in elektrisch geladene Teilchen aufgespalten sind. Die geladenen Teilchen können sich in einem Magnetfeld nicht in beliebiger Richtung bewegen, sondern sind gezwungen Linien zu folgen, die von der Richtung der Magnetfelder abhängen. Insbesondere können sie der Richtung der Kraftlinien des Magnetfelds folgen, da sie sich parallel zu diesen bewegen und keine Ablenkungen erfahren. Aus diesem Grund ist das Bild der Protuberanzen häufig jenem der Linien ähnlich, entlang deren sich die Eisenspäne in der Nähe der Pole eines Magnetes orientieren. Die auf der Sonnenoberfläche vorhandenen Magnete sind jedoch oft unregelmäßig verteilt; das daraus resultierende Magnetfeld ist komplex, und deshalb sind auch die Formen der Protuberanzen vielfältig und phantasievoll. Außer dem »Ameisenbär« sehen wir unten rechts Protuberanzen, die sehr hoch aufsteigen, und unten links eine fadenförmige Protuberanz rund um einige Sonnenflecken.

Sonnenfinsternis. Die linke Abbildung stellt eine totale Sonnenfinsternis graphisch dar: in diesem Fall stellt sich der Mond zwischen Sonne und Erde, und zwar in einer etwas geringeren Entfernung als der mittlere Abstand Erde–Mond, weshalb unser Planet die Kegelspitze schneidet. Im gesamten Gebiet der Kernschattenzone ist die Sonne vollkommen verfinstert (unten). Im Gebiet des Halbschattens wird man nur eine teilweise Sonnenfinsternis beobachten können. Falls sich die Eklipse ereignet, während der Mond in seiner größten Entfernung von der Erde steht (zweite Zeichnung), kann man aus keinem Punkt der Erde eine totale Sonnenfinsternis beobachten, und die Sonne erscheint als leuchtender Ring (weiter unten).

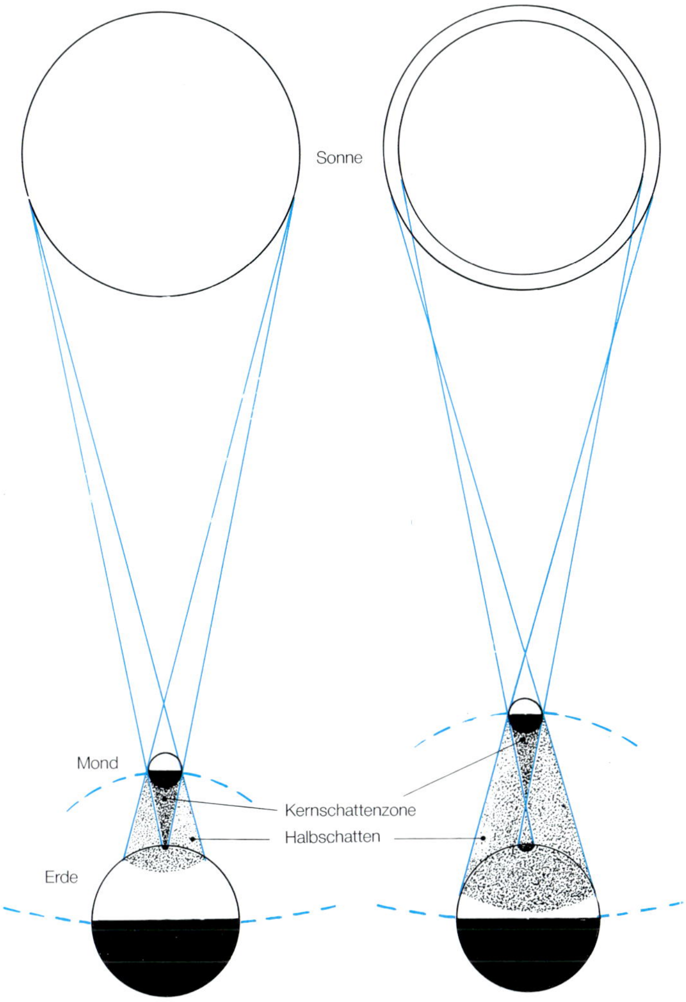

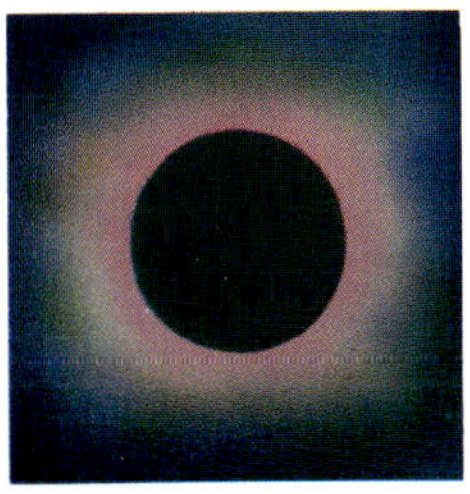

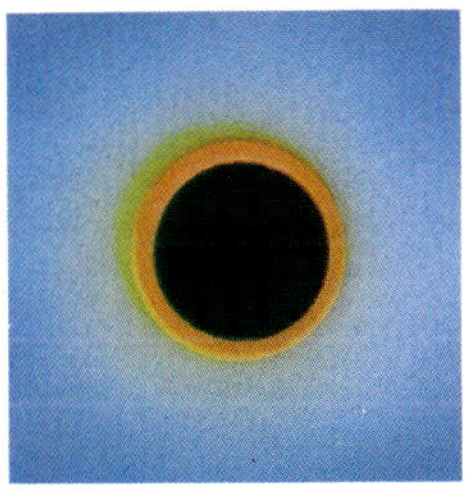

VORBEREITUNGEN FÜR DIE BEOBACHTUNG EINER EKLIPSE. Alle Sonneneklipsen sind interessant, doch nur die totale Sonnenfinsternis zeigt die gesamte Bandbreite der Phänomene, die sie zu einem einzigartigen Schauspiel machen, und bietet dem Amateur- und dem Berufsastronomen gleichzeitig eine unvergleichliche Gelegenheit, die Sonne zu beobachten. Leider sind die totalen Sonnenfinsternisse, die sich auf unserem Planeten häufig ereignen (jedes Jahr können es bis zu fünf sein), nur von einem eng begrenzten Gebiet aus zu sehen. Um diese Ereignisse zu verewigen, benötigt man nur einen Fotoapparat mit einem starken Teleobjektiv (mindest 300 mm), ein sehr stabiles und solides Stativ und eine Zielvorrichtung, die es ermöglicht, den Fotoapparat gegen die Sonne zu richten, die nur während sehr kurzer Zeit verfinstert bleibt.

Der Mond benötigt zwar ziemlich lange, um die Sonnenscheibe nach und nach zu verdecken, aber die Phase der totalen Sonnenfinsternis dauert nie sehr lang; sie kann von einigen Augenblicken bis zu höchstens (sehr selten) sieben Minuten reichen. Die meisten Eklipsen dauern ca. drei Minuten, wenn sie von der günstigsten Lage aus beobachtet werden. Diese Zeit vergeht, um Fotografien zu machen, die eine lange Belichtungsdauer benötigen, wie z. B. um den äußersten Teil der Sonnenkorona zu fotografieren. In diesen Momenten muß man sehr geübt sein, um Veränderungen und Kontrollen der Schärfeneinstellung vornehmen zu können, den Film weiterzuspulen und die Zielausrichtung des Objektivs zu verändern, da jeder Fehler eine einzigartige oder zumindest seltene Gelegenheit vergibt.

Auf dieser Seite sehen wir einige wunderschöne Fotografien, die während Sonnenfinsternissen von Amateuren mit kleinen Fotoapparaten und bescheidenen Teleobjektiven aufgenommen wurden.

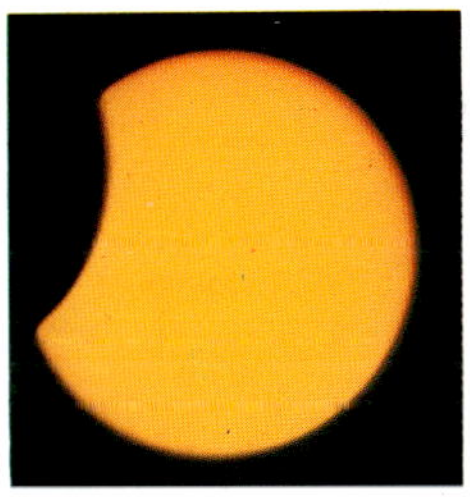

Phasen einer Eklipse. Wenn sich der Mond anschickt die Sonne zu verfinstern, muß man den Fotoapparat bereithalten, um die ersten Aufnahmen zu machen. Diese werden die Sonnenscheibe zeigen, die von der schwarzen Scheibe des Mondes geschnitten wird, wenn er beginnt, einen kleinen Teil der Sonnenscheibe anzunagen. Die darauffolgenden Fotografien bis zum Moment der totalen Finsternis sind nicht besonders interessant, außer daß man darauf die bizarre Form der Überschneidung der Mond- und der Sonnenkontur erkennen kann. Während dieser Phase muß das Objektiv immer offen gehalten werden, um das starke Sonnenlicht abzuschwächen. Ein Filter könnte nützlich sein. Wenn der Moment der totalen Finsternis herannaht, ist es eine Frage der Geschicklichkeit, ein Foto des »Diamantrings« (hier oben rechts) aufzunehmen, d. h. den Ring, der aus der leuchtenden, inneren Korona und einem letzten Lichtstrahl der Sonnenphotosphäre besteht, der aufgrund der gezackten Kontur der bergigen Mondoberfläche noch in einem winzigen Eck zu sehen ist. In den darauffolgenden Momenten ereignet sich die totale Eklipse: mit einer längeren Belichtungszeit kann man Aufnahmen der Korona machen.

WICHTIGSTE TOTALE SONNENFINSTERNISSE BIS ZUM JAHR 2000

Datum	Dauer der Eklipse	Beobachtungsgebiet
• 16. Februar 1980	4'0,8"	Atlantischer Ozean, Kongo, Konia, Indischer Ozean, Indien, China
• 31. Juli 1981	2'0,3"	UdSSR, Nördlicher Pazifischer Ozean
• 11. Juni 1983	5'11"	Indischer Ozean, Ostindien, Pazifischer Ozean
• 22./23. Nov. 1984	1'59"	Ostindien, Südlicher Pazifischer Ozean
• 12. November 1985	1'55"	Südlicher Pazifischer Ozean, Antarktis
• 18. März 1988	3'46"	Indischer Ozean, Ostindien, Pazifischer Ozean
• 22. Juli 1990	2'33"	Finnland, UdSSR, Pazifischer Ozean
• 11. Juli 1991	6'54"	Pazifischer Ozean, Zentralamerika, Brasilien
• 30. Juni 1992	5'20"	Südlicher Atlantischer Ozean
• 3. November 1994	4'23"	Peru, Brasilien, Südlicher Atlantischer Ozean
• 24. Oktober 1995	2'05"	Iran, Indien, Ostindien, Pazifischer Ozean
• 9. März 1997	2'50"	UdSSR, Nördliches Eismeer
• 26. Februar 1998	3'56"	Pazifischer Ozean, Zentralamerika, Atlantischer Ozean
• 11. August 1999	2'23"	Atlantischer Ozean, England, Frankreich, Mitteleuropa, Türkei, Indien

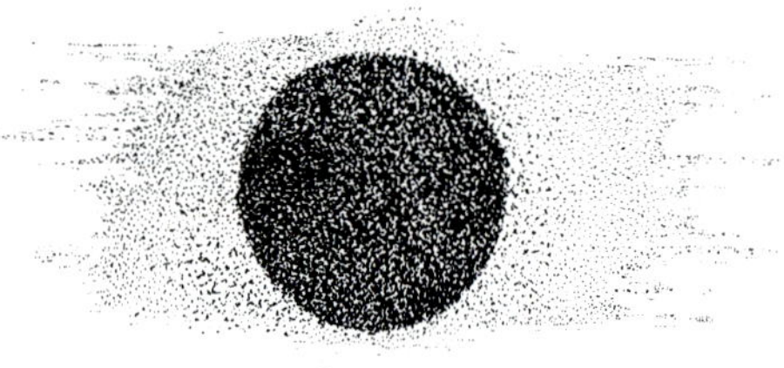

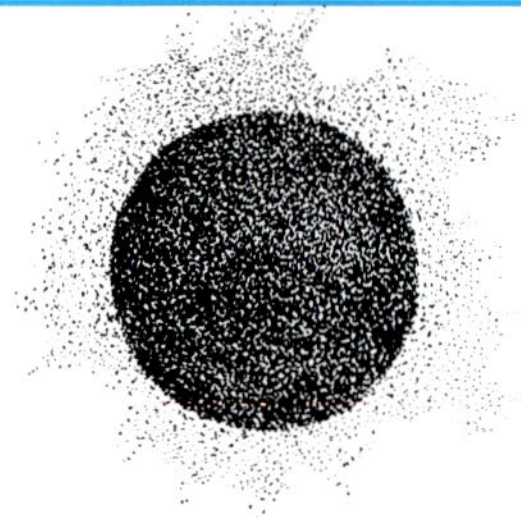

Formen der Korona. Wenn der Mond die Sonne vollkommen bedeckt, d. h. während der Phase der totalen Sonnenfinsternis, kann man die gesamte, also auch die äußerste Sonnenkorona erkennen. Diese hat keine regelmäßige Form, erscheint jedoch ungefähr kreissymmetrisch. Sehr oft ist sie entweder in Richtung des Äquators oder zu den Polen hin stärker entwikkelt. Die beiden schematischen Darstellungen zeigen zwei mögliche Koronaformen; oben: Äquatorialkorona, unten: Polkorona. Wenn man die Strahlenbüschel der Sonnenkorona genau betrachtet, kann man feststellen, daß sie sich entlang der Kraftlinien eines magnetischen Dipols (wie auch das Magnetfeld der Erde) erstrecken.

Aufnahmen der Korona. Die Sonnenkorona ist ein fotografisches Objekt, dessen Aufnahme äußerst schwierig ist. Durch ihre Strahlenbüschel und vor allem aufgrund ihrer wunderschönen grauen Farbe mit einem Stich ins Violette (rechts) stellt sie ein außergewöhnliches Schauspiel dar. Das untere Foto wurde während der totalen Sonnenfinsternis vom 30. Juni 1973 mit einem Röntgenteleskop vom Skylab aufgenommen. Die Sonne befand sich kurz vor dem Sonnenfleckenminimum. Die Sonnenkorona und alle Koronastrukturen sind deutlich zu erkennen.

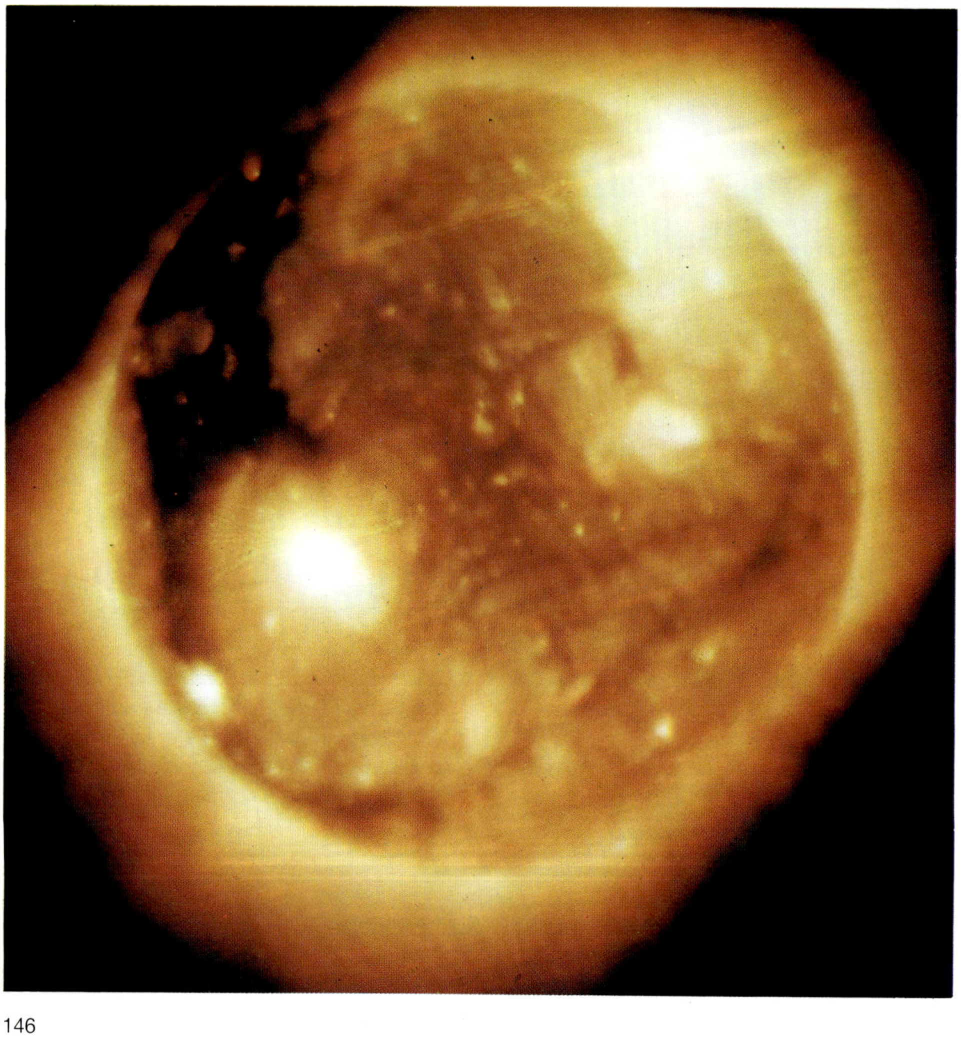

DIE ÄUSSERE ATMOSPHÄRE. Die Sonnenkorona ist der äußerste Teil der Sonnenatmosphäre. Mit sehr langen Belichtungen ist es während lang dauernden Sonnenfinsternissen möglich, die Sonnenkorona bis zu zwei Durchmessern und mehr vom Zentrum der Sonne zu beobachten. Die Atmosphäre und damit die Sonnenmaterie erstreckt sich im gesamten Bereich, wo das Licht der Sonnenkorona zu sehen ist. Glücklicherweise ist der scheinbare Monddurchmesser praktisch dem scheinbaren Durchmesser (ca. ein halber Grad) der Sonne gleich, oder mit anderen Worten verhält sich der Monddurchmesser zum Sonnendurchmesser wie die mittlere Entfernung des Mondes zur mittleren Entfernung der Sonne. Diese Proportionalität ist gänzlich zufällig, und die Ellipsizität der Erd- und der Mondbahn bewirken, daß sich die Sonnenfinsternisse unter Bedingungen ereignen, in denen der scheinbare Monddurchmesser manchmal kleiner als jener der Sonne (ringförmige Finsternis) und zuweilen etwas größer (totale Finsternis: sie dauert länger) als der Sonnendurchmesser ist.

Die Sonnenfinsternisse lassen jedoch auf jeden Fall jene Phänomene deutlich erkennen, die in unmittelbarer Nähe der Sonnenoberfläche, also auch in der untersten Atmosphäre, stattfinden. Das Gas der Sonnenkorona, das korrekterweise als *Plasma* bezeichnet wird (es ist ein gänzlich ionisiertes Gas, d. h. es besteht aus Elektronen und freien Atomkernen; es wird – außer dem festen, flüssigen und gasförmigen – als vierter Aggregatzustand definiert, in dem die Temperatur zu hoch ist, als daß die Elektronen an die Atomkerne gebunden bleiben könnten; es ist praktisch lichtdurchlässig und seine Dichte ist sehr gering. Die Teilchen (Elektronen, Protonen, Heliumkerne usw.), aus denen sich das Plasma der Korona zusammensetzt, sind stark energiegeladen, weshalb ihre Temperatur (kinetische) sehr hoch ist und über eine Million Grad betragen kann.

Der Begriff kinetische Temperatur gibt an, daß die Teilchen, die die Sonnenkorona bilden, Geschwindigkeiten und deshalb Energien aufweisen, die mit jenen Geschwindigkeiten und Energien vergleichbar sind, die diese Teilchen hätten, falls sie Bestandteile eines Gases mit normaler Dichte wären, welches bis zu einer bestimmten Temperatur erhitzt wird.

Eines der außergewöhnlichsten Merkmale der Sonnenkorona besteht darin, daß ihre hohe Leuchtkraft unregelmäßig ist, und daß die Zonen, in denen die Leuchtkraft stärker ist, genau den Verlauf der Kraftlinien des allgemeinen Sonnenmagnetfeldes nachzeichnen.

Manchmal kann man diese Magnetfelder beobachten, bevor der Sonnenfleck auftaucht, und sie überdauern an dieser Stelle auch etwa noch einen Monat, nachdem der Sonnenfleck von der Sonnenoberfläche verschwunden ist. Der übrige Sonnenkörper ist hingegen mit einem relativ schwachen Magnetfeld durchdrungen, dessen Intensität zwischen der zehn- bis hundertfachen Stärke des Erdmagnetfeldes schwankt, das absolut gesehen eher schwach ist. Die Beobachtung der Sonnenmagnetfelder wird mit einem Instrument, dem sogenannten »Magnetograph«, durchgeführt, das am Sonnenturm angebracht wird. Dieses Instrument übersteigt die Möglichkeiten eines Amateurastronomen; es zeigt deutlich die Polarität und Intensität des Magnetfeldes in Zonen, wo es sehr stark ist und auch wo es schwächer ist, d. h. auch in größerer Entfernung der Sonnenflecken (jedoch mit einigen Ungenauigkeiten und größeren Schwierigkeiten).

Man weiß jedoch mit Sicherheit, daß die Sonne dieses allgemeine Magnetfeld besitzt; das Vorhandensein dieses Magnetfeldes wird nämlich nicht nur durch die zahlreichen Oberflächenphänomene (Protuberanzen, Flecken, *flares,* Fakkeln), sondern auch durch die unterschiedlichen Morphologien angezeigt, welche die Sonnenkorona während der verschiedenen Aktivitätsphasen, die immer mit dem Sonnenmagnetfeld zusammenhängen, kennzeichnen.

Das Gas der Koronaatmosphäre weist noch weitere zahlreiche, interessante Eigenschaften auf: z. B. gibt es polarisiertes Licht ab, das leicht ausgeschalten werden kann, wenn man es durch die Gläser der Polaroidbrillen betrachtet. Um diese Polarisation zu untersuchen, werden während der Sonnenfinsternisse Fotografien aufgenommen, und zwar mit einem Mehrfach-Objektiv-Astrographen, vor dessen Objektiven sich jedesmal eine Polaroidlinse (natürlich in umgekehrter Richtung) befindet.

Auf der Suche nach den Sternen

Das Leben eines Sterns von seiner Geburt in der interstellaren Materie bis zum Tod stellt einen Komplex faszinierender Phänomene dar, die auch wir mit unseren Augen wahrnehmen können. Ein Sternatlas wird uns helfen, unter ihnen die Doppelsterne und die anderen, die heißen und die kalten Sterne zu suchen, deren Farbe uns ihre Temperatur angeben. Aber das ist noch nicht alles: der Atlas wird uns auch bei der Erkennung der offenen Sternhaufen, der Kugelsternhaufen und bei der Erforschung unserer Galaxis leiten.

DER STERNATLAS. Wie man für Reisen auf der Erde geographische Karten benötigt, braucht man für Reisen am Himmel einen Himmelsatlas. Wir nehmen hier nicht in Anspruch, den besten Himmelsatlas vorzustellen, aber sicher einen, der dazu geeignet ist, den Himmel Schritt für Schritt mittels der eigenen Augen und der astronomischen Instrumente zu erforschen. Auf den Seiten dieses Atlasses sind alle Sterne bis zur 3,5. Größe, d. h. im wesentlichen alle hell leuchtenden Sterne, eingezeichnet. Dennoch wäre ein Atlas, der sich nur darauf beschränkt, die Position der Sterne anzugeben, relativ wenig nützlich, weil er uns nicht ermöglichen würde, auf dem Himmelsgewölbe auch alle anderen Gestirne zu finden, die wir beobachten möchten. Aus diesem Grund sind auf den Bildtafeln dieses Atlasses auch die Positionen der interessantesten Gestirne deutlich gekennzeichnet, darunter vor allem auch die Gasnebel, die offenen und geschlossenen Sternhaufen, die weit entfernten Galaxien sowie auch die Doppelsternsysteme und die Veränderlichen. Auch die Grenzen der Milchstraße wurden angedeutet, und zwar mit zwei verschiedenen Farbschattierungen, um anzugeben, an welcher Stelle sich mehr oder weniger Sterne befinden. Darüber hinaus findet man auf diesen Bildtafeln auch andere Gestirnarten, und es wurden sogar die Stellen eingezeichnet, an denen in der Vergangenheit Novae und Supernovae explodierten und schließlich bestimmte Zonen, in denen die Astronomen mit den Radioteleskopen die Ausstrahlung starker Radioquellen aufnehmen.

In diesem Atlas findet man also alles, und obwohl er nur einige Seiten umfaßt, ist sein Informationsgehalt sehr groß. Ein Atlas bietet nämlich die Möglichkeit, zahlreiche Informationen bündig darzustellen, und hat den weiteren Vorteil, dem tatsächlichen Aussehen der Gestirne auf dem Himmelsgewölbe sehr ähnlich gezeichnet zu sein. Wir wollen noch einmal daran erinnern, daß dieser Atlas absichtlich auf hellem Grund gezeichnet wurde, während die Sterne und die anderen Gestirne dunkel erscheinen: auf diese Weise kann er bei der praktischen Beobachtung leichter verwendet werden. Dann wenn man den nächtlichen Himmel betrachten möchte, wird man sich im Freien niedersetzen oder zumindest an etwas Bequemes anlehnen müssen; man wird also die Seiten des Atlasses mittels einer schwachen Lichtquelle beleuchten müssen, damit man bei der abwechselnden Betrachtung des Atlasses und des Himmels nicht während der Beobachtung der schwächeren Gestirne geblendet und gestört wird.

Es ist deshalb besser, daß die Seiten weiß sind, so daß man ein sehr schwaches Licht verwenden kann. Die Bildtafeln dieses Atlasses deuten eine Verbindung zwischen jenen Sternen eines Sternbildes an, die es bei einem vollkommen klaren und transparenten Nachthimmel ermöglichen, das charakteristische Bild dieser Sternkonstellation zu unterscheiden. Man wird deshalb mittels des Atlasses bald sein Wissen über die Verteilung der Sterne auf dem Himmelsgewölbe vervollkommnen, für das bisher dank der Hilfestellung der kleinen Himmelskarten (sie geben an, welche Sterne man in einem bestimmten Monat zu einer gegebenen Stunde der Nacht in den Sternbildern beobachten kann) der Grundstein gelegt wurde.

Glücklicherweise reicht die Anzahl der Bildtafeln dieses Atlasses aus (insgesamt 8, und nur für den Himmelsäquator 6), um mit jeder Karte eine relativ kleine Zone des Himmels darzustellen. Da sechs Himmelskarten den Äquator abbilden, zeigt jede Karte jenes Stück des Himmels, das zwei Monate lang sichtbar ist. Deshalb wird jede Karte des Himmelsäquators mit den Namen der Monate gekennzeichnet, in denen wir abends das dargestellte Gebiet gut betrachten können. Die schematischen Darstellungen auf dieser Seite erläutern, wie die Sternkarten des Himmelsatlasses aufgebaut wurden, die wir nach und nach auf den folgenden Seiten kennenlernen werden. Die Erde – man nimmt natürlich an, daß sich der Beobachter dort befindet – ist auf dieser Abbildung in der Mitte einer Kugel eingezeichnet, welche das Himmelsgewölbe darstellt.

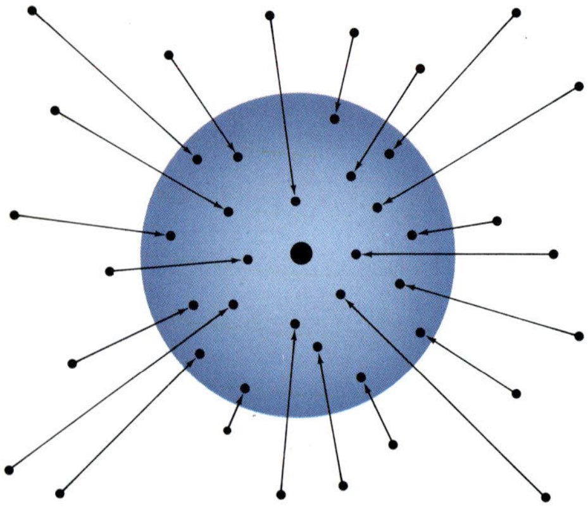

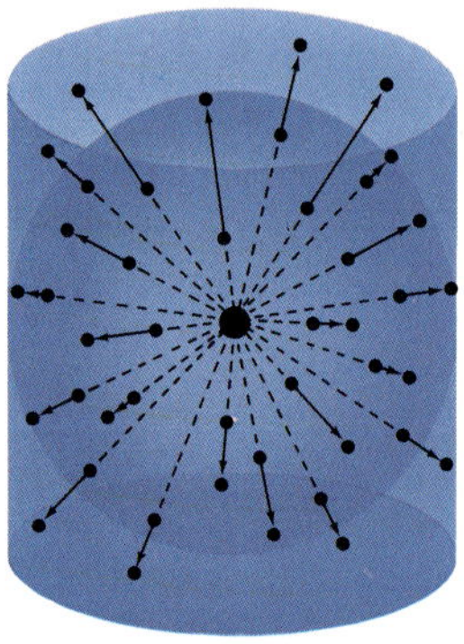

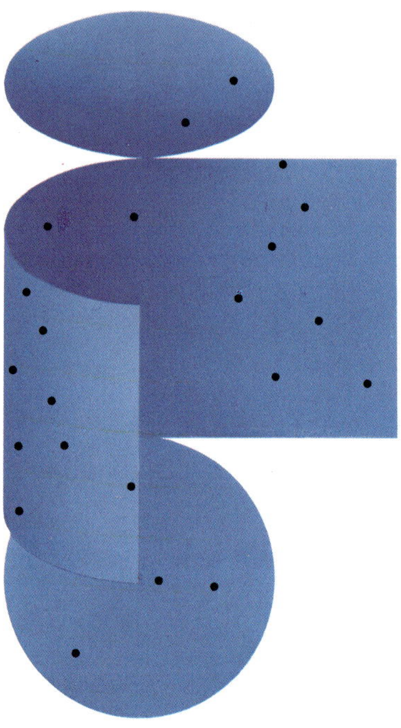

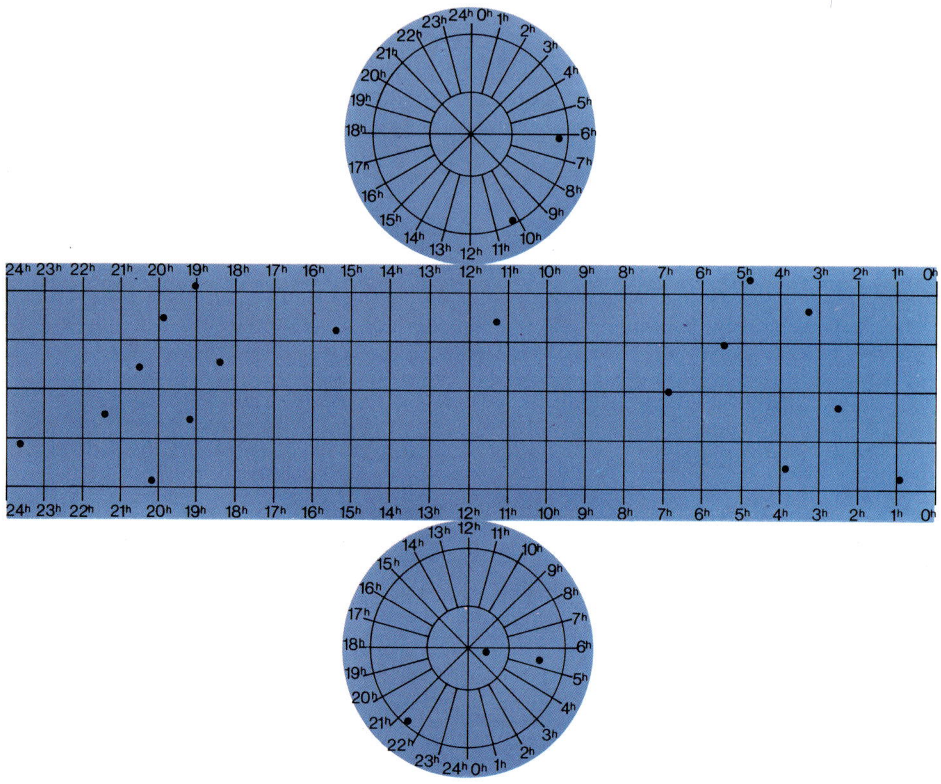

Die Entstehung einer Sternkarte. Die sich in mehr oder weniger großer Entfernung am Himmel befindenden Sterne werden alle in Richtung des Beobachters projiziert, und die Gerade, die den Stern mit dem Auge des Beobachters verbindet, schneidet die Himmelskugel in dem Punkt, in dem der Stern dargestellt wird. Auf diese Weise ist es möglich, die ideale Position der Sterne auf die Außenseite einer Kugel zu übertragen. Stellen wir uns jetzt vor, noch einmal vom Inneren dieser Kugel (anstelle der Erde kann man sich dieses Mal eine Glühbirne vorstellen) den schwarzen Schatten der einzelnen Sterne nach außen auf eine zylindrische Leinwand (eine Art Lampenschirm) mit zwei Deckeln an den Grundflächen zu projizieren. Nachdem die Sterne mit Tinte auf den Basen des zylinderförmigen Lampenschirms aufgetragen wurden, schneidet man die beiden Grundflächen und den Lampenschirm so ein, daß er sich öffnet. Auf diese Weise erhält man (hier oben) das gesamte Himmelsgewölbe, das sich auf zwei runden Scheiben: den Polarzonen, und einem großen Rechteck: der Äquatorialzone erstreckt. Da dieses Rechteck nicht auf eine Seite dieses Buches paßt, wird es senkrecht in sechs Teile geschnitten, und jeder Teil auf einer Seite abgebildet.

STERNKARTE NR. 1

Der Nordpol. Diese Karte zeigt die Sterne und die Gestirne, die man zwischen den Sternen rund um den Nordpol beobachten kann. Der dem Pol nächstliegende Stern ist der Polarstern, der gleichzeitig die Schwanzspitze des Kleinen Bären darstellt. Alle rund um ihn liegenden Sterne sind nahe genug am Pol, um zumindest für die Beobachter, die sich in Mitteleuropa befinden, nie unterzugehen. Deshalb können diese Sterne zu jeglicher nächtlicher Stunde und in jeder beliebigen Nacht während eines Jahres wahrgenommen werden. Von einer Jahreszeit auf die andere oder von einer Stunde auf die andere kann man sie höchstens in unterschiedlichen Positionen, einmal hoch oben zwischen dem Pol und dem Zenit, dann unten zwischen dem Pol und dem Horizont, einmal zwischen dem Pol und Osten und dann zwischen dem Pol und Westen, erkennen, aber sie werden immer alle sichtbar sein. Ziemlich nahe am Pol sieht man den leuchtenden Bogen der Milchstraße, auf der die Sterne des Sternbilds Cassiopeia wegen ihrer Helligkeit hervorstechen. Auf der gegenüberliegenden Seite befindet sich der Große Bär.

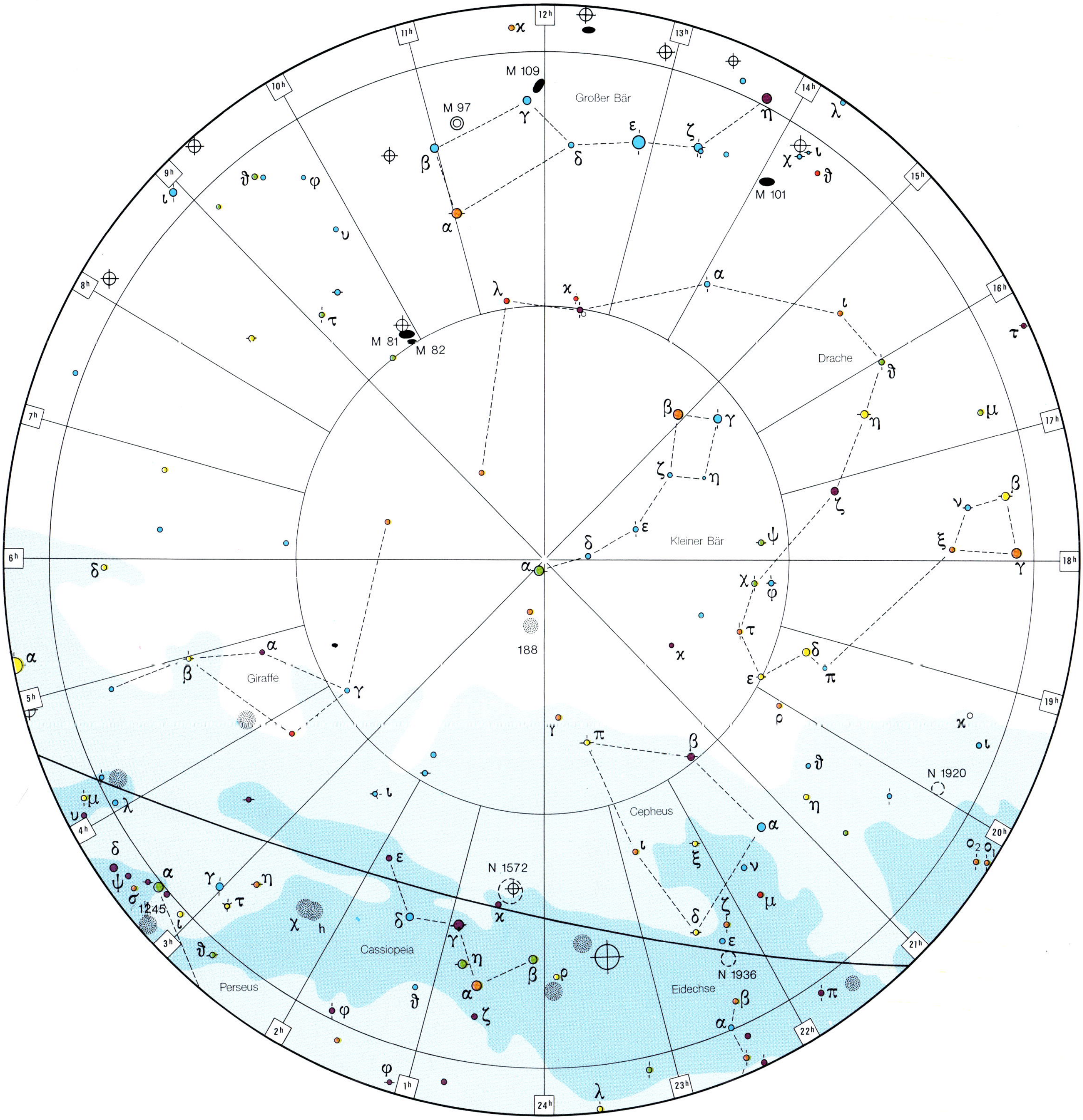

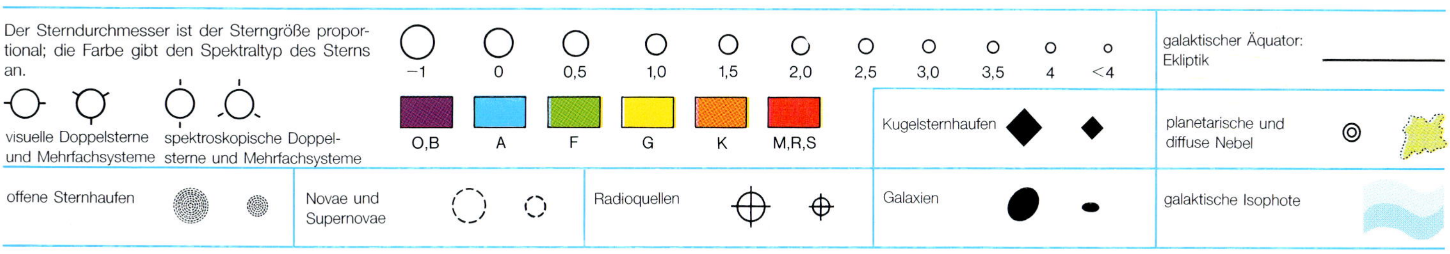

STERNKARTE NR. 2

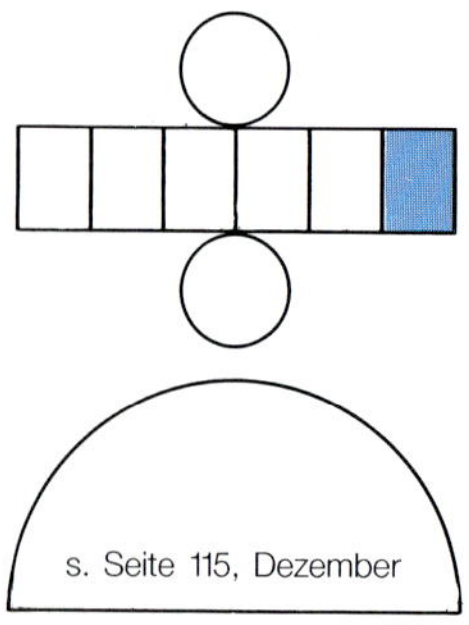

Von 0 bis 4 Uhr. Auf dieser Abbildung – wie auch auf den fünf folgenden – wird der Teil des Himmels dargestellt, der annäherungsweise den Bereich 50° nördlich bis 50° südlich des Himmelsäquators umfaßt. Die schräge Linie, die über dem Äquator auf- und absteigt, ist die Ekliptik, d. h. die Projektion der Erdbahnebene auf das Himmelsgewölbe, entlang derer man die Planetenbewegung sehen kann. Der auf dieser Seite dargestellte Teil des Himmels ist jener, den man in den Dezemberabenden beobachten kann.
Man sollte beachten, daß sich diese und auch die folgenden Karten nicht exakt nebeneinandersetzen lassen; sie überlappen einander jedoch ein wenig an den Rändern, so daß die auf diesen Rändern abgebildeten Sterne erlauben werden, auch die Figur jenes Sternbilds zu erkennen, das sich teils auf einer und teils auf der folgenden Karte befindet. Das interessanteste Gebiet auf dieser Karte ist wahrscheinlich jenes oben im Norden: hier kann man die Milchstraße und auf ihr oben links das Sternbild des Perseus beobachten, das rund um Alpha eine wunderbare Sterngruppe zeigt, die einen riesigen offenen Sternhaufen bildet. In diesem Teil des Himmels befindet sich auch Beta (oder Algol), der bekannteste Bedeckungsveränderliche. Weiter rechts im Sternbild Andromeda befindet sich über Beta die wundervolle Galaxie M 31, das weitestentfernte Himmelsobjekt, das mit freiem Auge noch zu erkennen ist.
Darunter, auf der gegenüberliegenden Seite kann man M 33 beobachten: die Galaxie, die man von der Nordhalbkugel aus am besten mit dem Teleskop sehen kann. Darunter lassen sich die Fische, der Widder und der Beginn des Stiers auf der Ekliptik erkennen; und weiter unten der Walfisch, in dem sich der berühmte Omicron – einer der interessantesten Bedeckungsveränderlichen, die mit freiem Auge verfolgt werden können – befindet. Die Sternbilder des südlichen Teils dieser Karte sind nur von weiter südlich liegenden Breitengraden sichtbar, und für die Beobachtung ist es günstiger, sie vom Tropengürtel oder der Südhalbkugel aus zu betrachten.

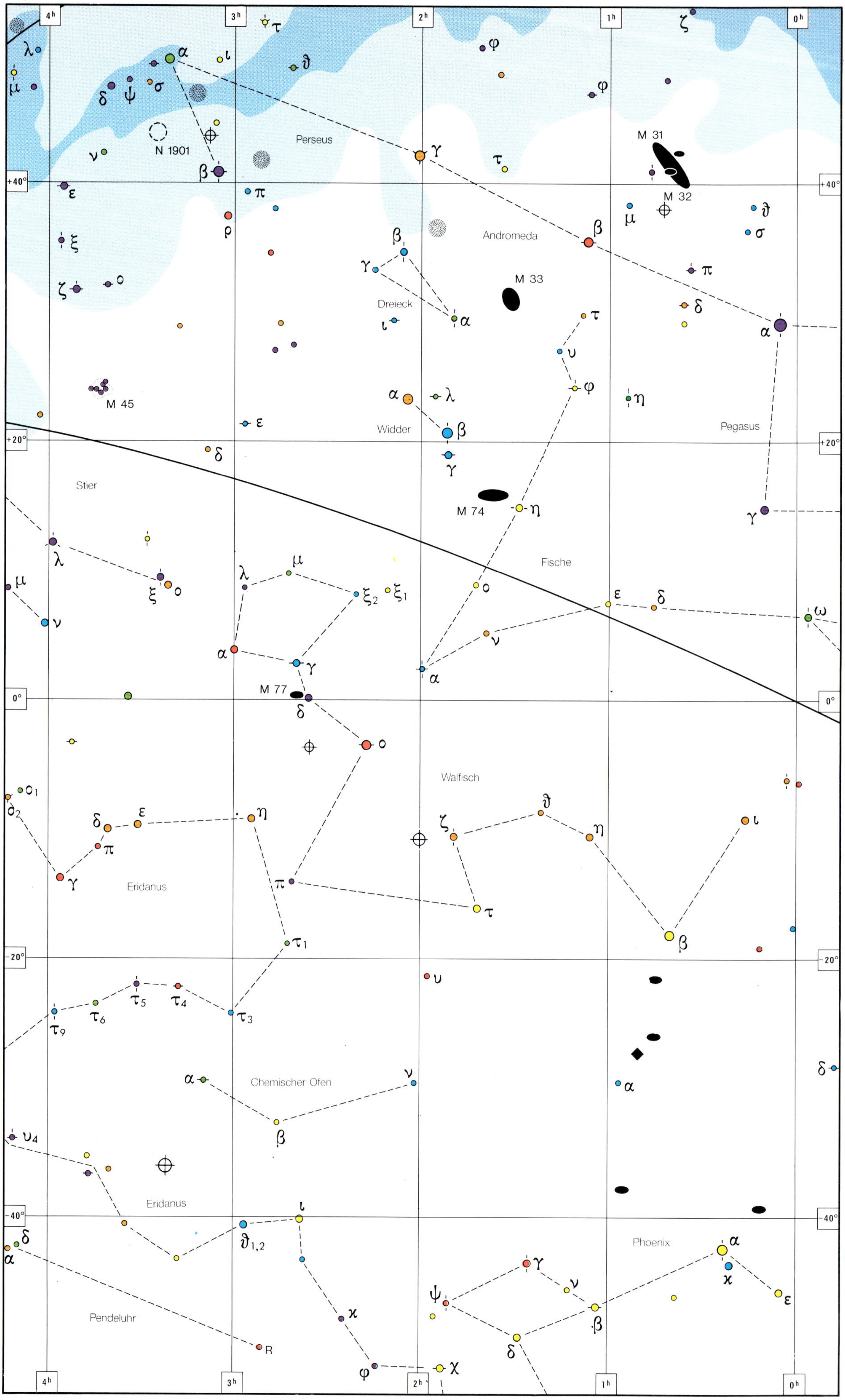

STERNKARTE NR. 3

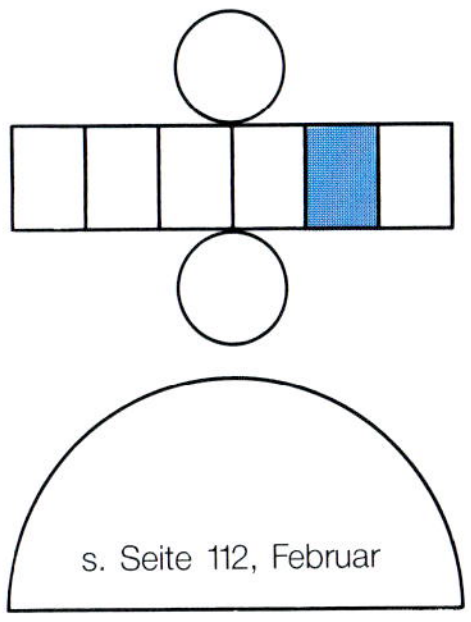

Von 4 bis 8 Uhr. Diese Karte zeigt die Sternbilder, die an den Februarabenden am Himmel stehen. Das herausragendste Sternbild ist Orion, der auch als Bezugspunkt dient, um alle anderen Sternbilder zu finden. Sein Bild besteht im wesentlichen aus einem Rechteck mit drei im Zentrum schräg angeordneten Sternen; es erlaubt uns, oben rechts das Sternbild des Stiers, direkt im Norden den Fuhrmann, links oben die Zwillinge, links den Kleinen Hund und links unten den Großen Hund aufzufinden, dessen Hauptstern Sirius (α) gleichzeitig der hellste Stern am Firmament ist.
Die Himmelsgegend links des Orion wird von der Achse der Milchstraße durchquert, die deutlich auf dieser Karte zu erkennen ist. Entlang dieser Achse befinden sich einige der hell strahlendsten Himmelskörper, die jeden Amateurastronomen entzücken, wie z. B. das Sternbild Fuhrmann, das von einer großen Zahl offener Sternhaufen bedeckt wird, die leicht mit einem Fernglas wahrgenommen werden können, obwohl sie auf dieser Karte nicht eingezeichnet sind, da sie zu schwach leuchten. Weitere herrliche offene Sternhaufen befinden sich im Sternzeichen Zwillinge, wie auch zwischen Orion, Einhorn und dem Großen Hund. Das Sternbild Orion ist reich an Doppelsternen; sein Name ist jedoch insbesondere an den berühmten diffusen Nebel gebunden, der sich rund um den Stern Theta befindet. In einer klaren und dunklen Nacht kann der Orionnebel sogar mit freiem Auge beobachtet werden, ansonsten ist er mit einem kleinen Fernglas leicht zu erkennen.
Für jemanden, der mit der Sternbeobachtung im Winter beginnt, wird das Zeichen des Orion sehr nützlich sein, um die anderen Sternbilder aufzufinden. Wunderbare Gestirne ließen sich in der Gegend des Großen Hundes bis zum unteren Ende dieser Karte betrachten, doch leider ist diese südliche Zone von unseren Breitengraden aus nicht leicht zu beobachten.

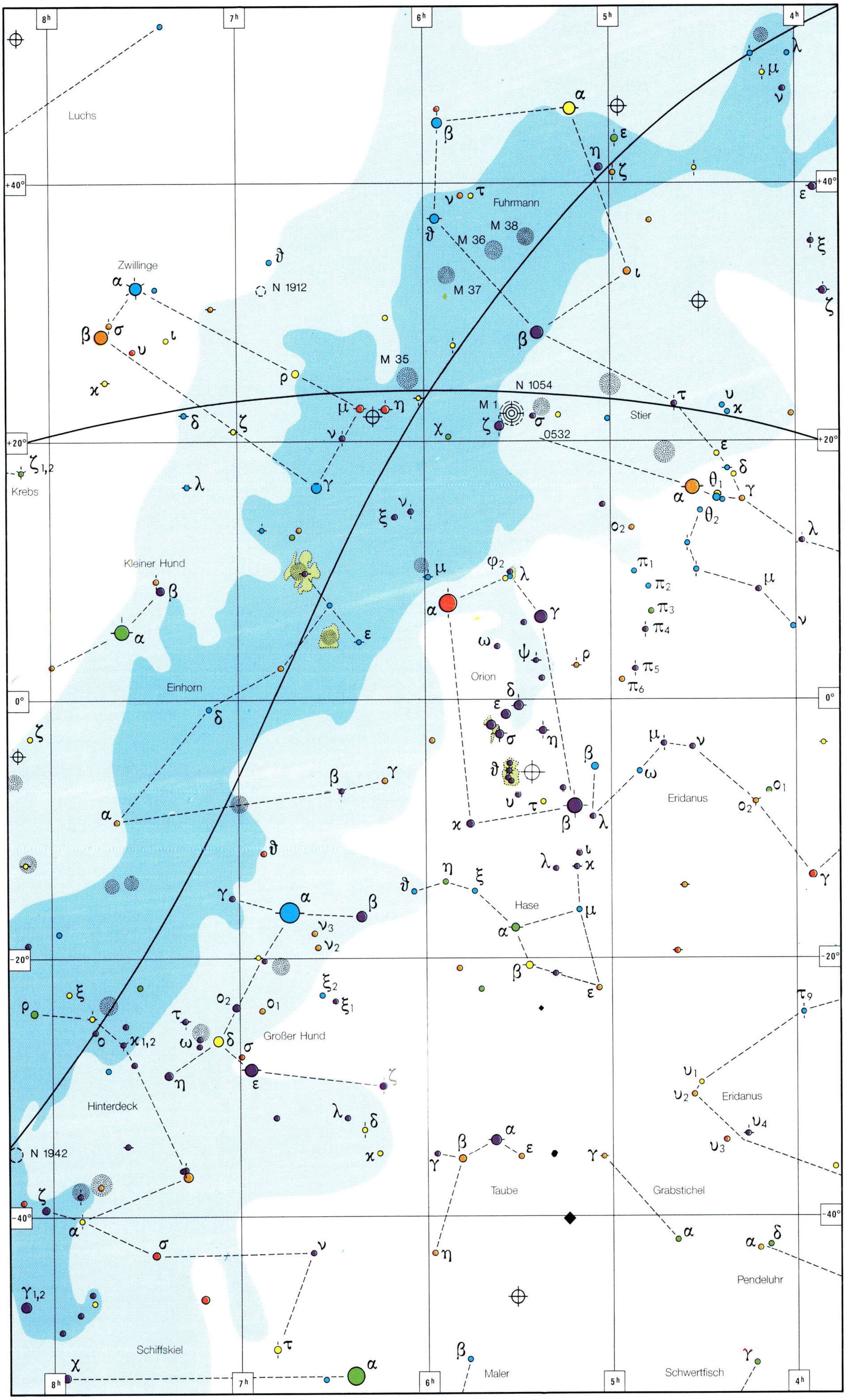

STERNKARTE NR. 4

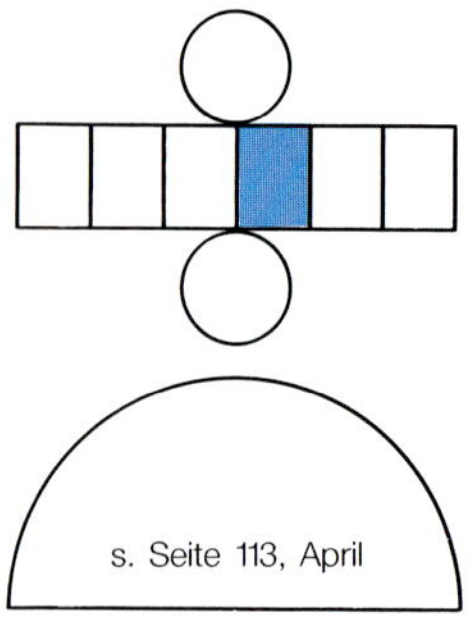

Von 8 bis 12 Uhr. Diese Karte stellt die Gestirne der Aprilabende dar. Orion ist noch immer sichtbar, jedoch außerhalb der Himmelszone, die auf dieser Karte abgebildet ist, die ja nur jenen Teil des Himmels zeigt, den man hoch oben in Übereinstimmung mit dem Meridian beobachten kann. Das bedeutet, daß sie weder die Gestirne gegen Westen noch jene gegen Osten abbildet. Zu dieser Jahreszeit hat sich das Sternbild Orion aus seiner hohen Position im Süden bereits nach unten bewegt; seine Position wird jetzt vom Löwen eingenommen. Die Präsenz dieses Sternbildes am Himmel erinnert uns daran, daß der Frühling nicht mehr weit ist.

In diesem Teil des Himmels, der die Milchstraße nur rechts unten erkennen läßt, ist der Hintergrund mit wenigen Sternen bedeckt. Aber gerade die Abwesenheit der Milchstraße ermöglicht uns, eine große Zahl an Gestirnen zu sehen, die sich außerhalb unseres galaktischen Systems befinden. Erinnern wir uns daran, daß in dem Gebiet, in dem sich die Milchstraße erstreckt, auch interstellarer Staub vorhanden ist, der die Beobachtung der weiter entfernten Gestirne verhindert. Aus diesem Grund wird man bei der Suche nach Gestirnen wie z. B. den offenen Sternhaufen nicht sehr viel Glück haben, außer man kann den südlichen Himmel beobachten oder man gibt sich mit der Krippe (Praesepe) zufrieden, einem offenen Sternhaufen, der im Zentrum des Sternbilds Krebs eingezeichnet ist. Wenn man das Teleskop in Richtung der anderen Sternbilder (Wasserschlange, Löwe, Kleiner Löwe usw.) schwenkt, wird man die zahlreichen außergalaktischen Nebel erkennen können: diese Gestirne lassen sich deshalb beobachten, weil der hell leuchtende Teil der Milchstraße von dieser Himmelszone weit entfernt ist; aus diesem Grund wird die Sicht auf die außergalaktischen Gestirne nicht durch den interstellaren Staub behindert. Diese Beobachtung läßt sich jedoch nur mit ausreichend starken Teleskopen bewerkstelligen, da die in dieser Zone vorhandenen Galaxien (mit Ausnahme der Galaxie, die sich im Sternbild Löwe befindet) nur schwach leuchten.

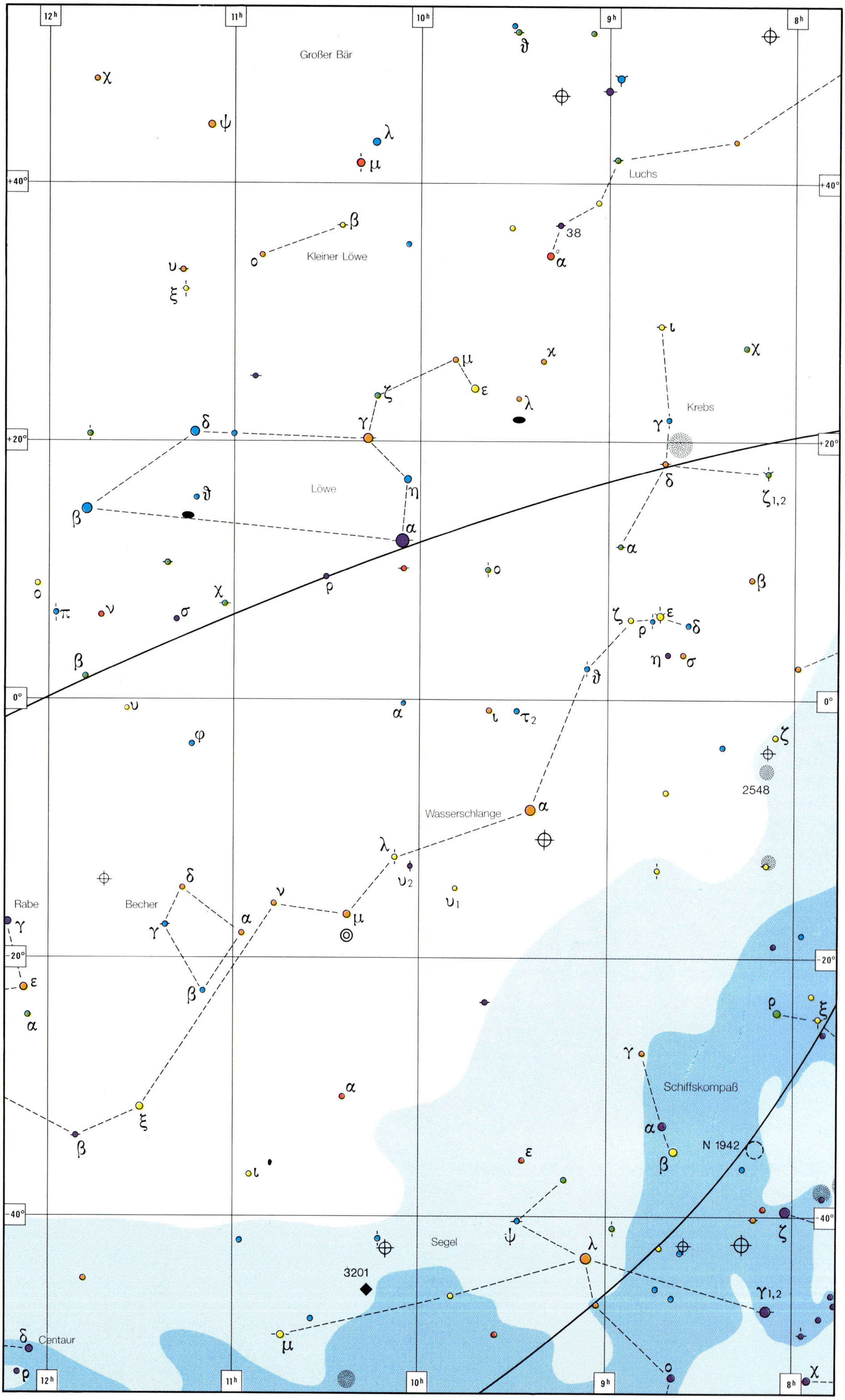

STERNKARTE NR. 5

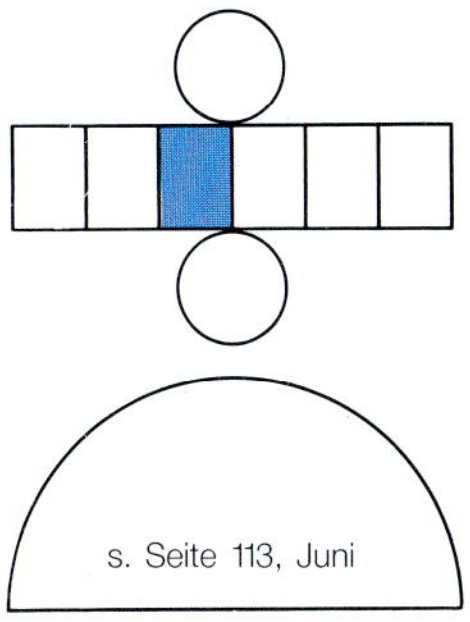

Von 12 bis 16 Uhr. Diese Karte stellt den nächtlichen Himmel dar, der sich Ende Juni hoch im Süden beobachten läßt. Die Milchstraße ist noch nicht aufgetaucht; ihr leuchtendes Band wird erst in den Sommermonaten hoch am Himmel stehen. Wir befinden uns deshalb noch in jener Himmelsgegend, in der man mit Hilfe des Teleskops die außerhalb unseres galaktischen Systems liegenden, weit entfernten Zonen des Universums erreichen kann. Zwischen dem Löwen, der Jungfrau und dem Bärenhüter befindet sich das Haar der Berenike. Den südlichen Teil der Karte nimmt das Sternbild der Wasserschlange ein, das sich etwa über 100° erstreckt.
Eine der interessantesten Zonen ist jene zwischen dem Stern Beta im Löwen, der sich im mittleren Band ganz rechts auf der Karte befindet, und den Sternen Gamma und Delta im Sternbild Jungfrau. Hier kann man eine große Zahl außergalaktischer Nebel beobachten, was sich jedoch nur mit den stärksten Teleskopen durchführen läßt. Auf der Karte oben links kann man die Sternbilder Bärenhüter oder Bootes und die Nördliche Krone erkennen, die beide reich an Doppelsternen sind; für alle jene, die über ein gutes Teleskop verfügen, wird es ein Genuß sein, die windstillen Nächte auszunutzen, um mit stärkeren Vergrößerungen die Verbindung dieser weitentfernten Gestirne zu betrachten. Oben, knapp unterhalb des Sternbildes des Großen Bären, befindet sich die Sternkonstellation der Jagdhunde, in der sich eine wunderschöne Galaxie und der Hauptstern, ein deutlich zu sehender Doppelstern, beobachten läßt. Dieser Stern wird als α Canum venaticorum oder auch als Cor Caroli oder Herz des Karls – unter Bezugnahme auf Karl II., König von England von 1660 bis 1685 – bezeichnet: während seiner Regentschaft wurde die Sternwarte von Greenwich gegründet. Auf dieser Karte tauchen links in der Mitte die Schlange (Kopf) und darunter der Skorpion auf (diese Sternbilder lassen sich jedoch besser im darauffolgenden Monat beobachten).

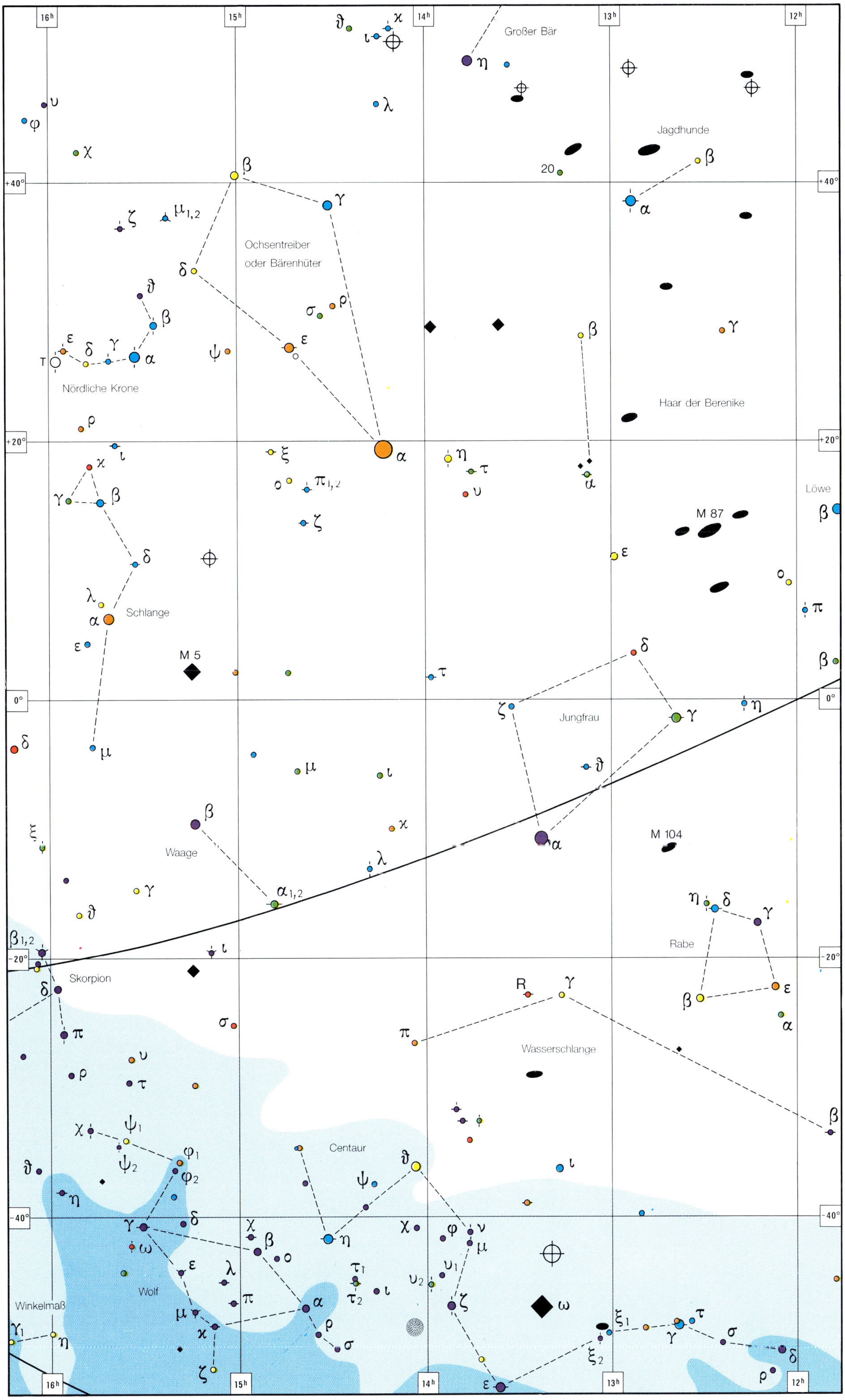

STERNKARTE NR. 6

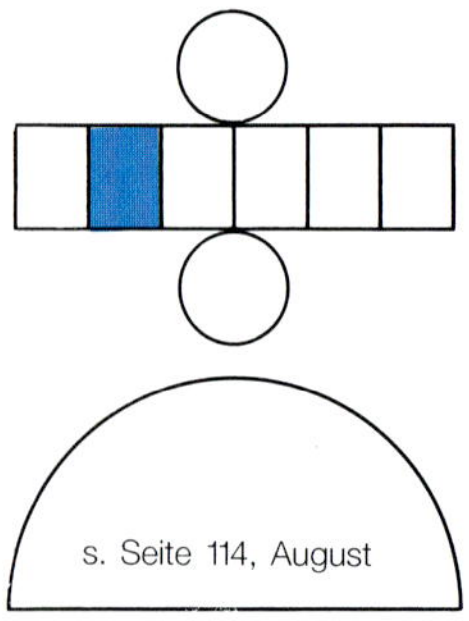

Von 16 bis 20 Uhr. Diese Karte zeigt den Himmel, den man an den Augustabenden beobachten kann. Die Milchstraße steht im Süden hoch am Himmel. Es handelt sich dabei um den entgegengesetzten Ast des im Winter über dem Orion sichtbaren Teils, weshalb dieser Ast stärker leuchtet: wenn man die Milchstraße auf der Karte nach unten verfolgt, hat man in der Umgebung des Sternbilds Schütze die Möglichkeit, in Richtung des Zentrums des galaktischen Systems zu schauen. Man kann das Zentrum des Milchstraßensystems jedoch nicht erkennen, da die Sicht durch große Mengen interstellaren Staubs getrübt wird, der das Licht der dahinterliegenden Sterne absorbiert. Die Sterne, die sich zwischen der Erde und den dichtesten Staubwolken befinden, sind jedoch so zahlreich, daß sich dieser Teil der Himmelskarte als der sternenreichste erweist.

Wenn man von der Beobachtung mit freiem Auge nicht überzeugt ist, kann man einen Vergleich zwischen diesem Himmel und dem mit dem Fernglas beobachteten Winterhimmel (nach sechs Monaten) anstellen. Diese Karte ist jedoch nicht nur die sternenreichste, sondern auch jene mit den meisten offenen Sternhaufen, mit denen sie fast bedeckt zu sein scheint. Man kann auch viele Kugelsternhaufen beobachten: oben rechts, der wichtigste Sternhaufen M 13 im Sternbild Herkules. M 13 ist wahrscheinlich der Sternhaufen der nördlichen Hemisphäre, der am eingehendsten untersucht worden ist; bereits mit einem einfachen Fernglas kann man ihn als schwaches Leuchten erkennen.

In diesem Teil des Himmels gibt es zahlreiche, wunderschöne Gasnebel: einige dieser Nebel werden das besondere Interesse des Beobachters erwecken, weil sich dort häufig Verdichtungen ereignen, in denen die Sterne entstehen. Unten rechts findet man das Sternbild Skorpion, das von Europa aus nur teilweise zu sehen ist; darüber befindet sich die Schlange und der Schlangenträger. Die Schlange ist in zwei Teile geteilt: rechts der Kopf, links der Schwanz, die beide vom Ophiuchus (= »jener, der die Schlange trägt«) gehalten wird.

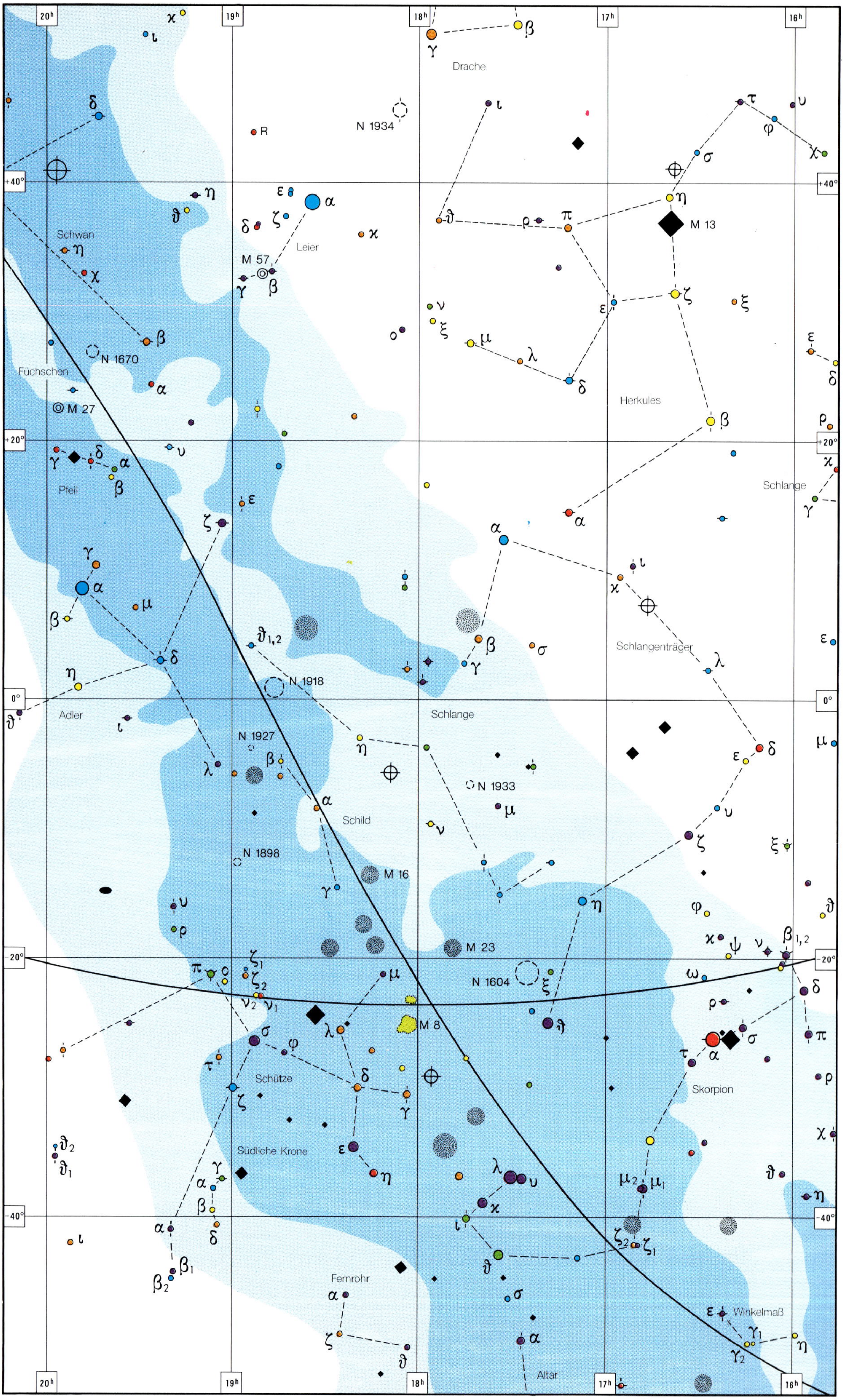

STERNKARTE NR. 7

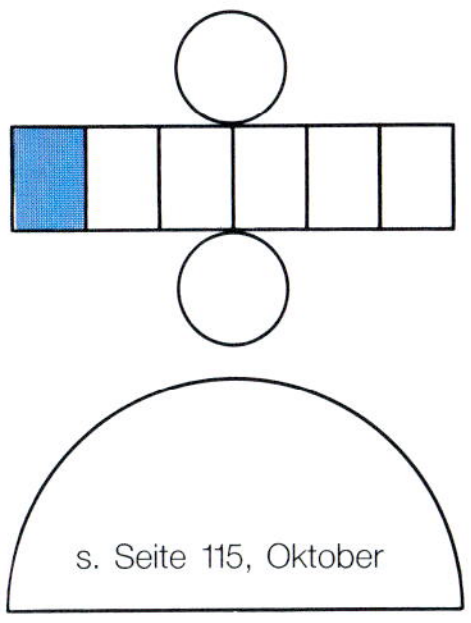

Von 20 bis 24 Uhr. Dies ist die Ansicht des Himmelsgewölbes im Oktober, wenn sich die Reichtümer des Sommerhimmels bereits gegen Westen verschoben haben. Der sternenbedeckte Hintergrund, die dunklen und die hellen Nebel und die offenen und Kugelsternhaufen werden jetzt durch die eher sternarme, von der Milchstraße entfernte Zone ersetzt. Jedoch auch hier darf man eine große Anzahl interessanter Gestirne nicht vergessen; wie z. B. die Nebel, die Kugelsternhaufen und offene Sternhaufen des Sternbilds Schwan, die Doppelsterne der Eidechse, jene des Sternbilds Pegasus und auch die anderen, leicht zu beobachtenden Doppelsterne im Sternbild des Wassermanns. Unter den am besten zu erkennenden Doppelsternen sollte man auch Alpha des Einhorns erwähnen, einen der bekanntesten optischen Doppelsterne am Himmelsgewölbe. Im Sternbild des Wassermanns kann man einen der größten planetarischen Nebel erkennen, der jedoch nur mit Hilfe sehr starker Teleskope beobachtet werden kann. Dieser wetteifert in Schönheit und Interesse mit dem wunderschönen Nebel der Leier, mit dem er sich vergleichen läßt (er ist auf der vorhergehenden Karte eingezeichnet). Weit im Süden steht der hell strahlende Stern Alpha im Südlichen Fisch, den man fast immer genau in einer Linie mit den beiden Sternen, die die rechte Seite des Pegasusvierecks bilden, leuchten sehen kann.
Der leuchtendste Stern im Sternbild Schwan ist Alpha Cygni oder Deneb, dessen Leuchtkraft 10000mal jene der Sonne übersteigt und der sich in 1500 Lichtjahren Entfernung befindet. Der Schwan beinhaltet zahlreiche Haufen. 3° östlich des Deneb befindet sich der berühmte »Nordamerika-Nebel«, der seinen Namen aufgrund seiner Form erhalten hat, die an den gleichnamigen Teil des Neuen Kontinents erinnert, mit Hilfe eines guten Fernrohrs läßt er sich bereits deutlich erkennen.

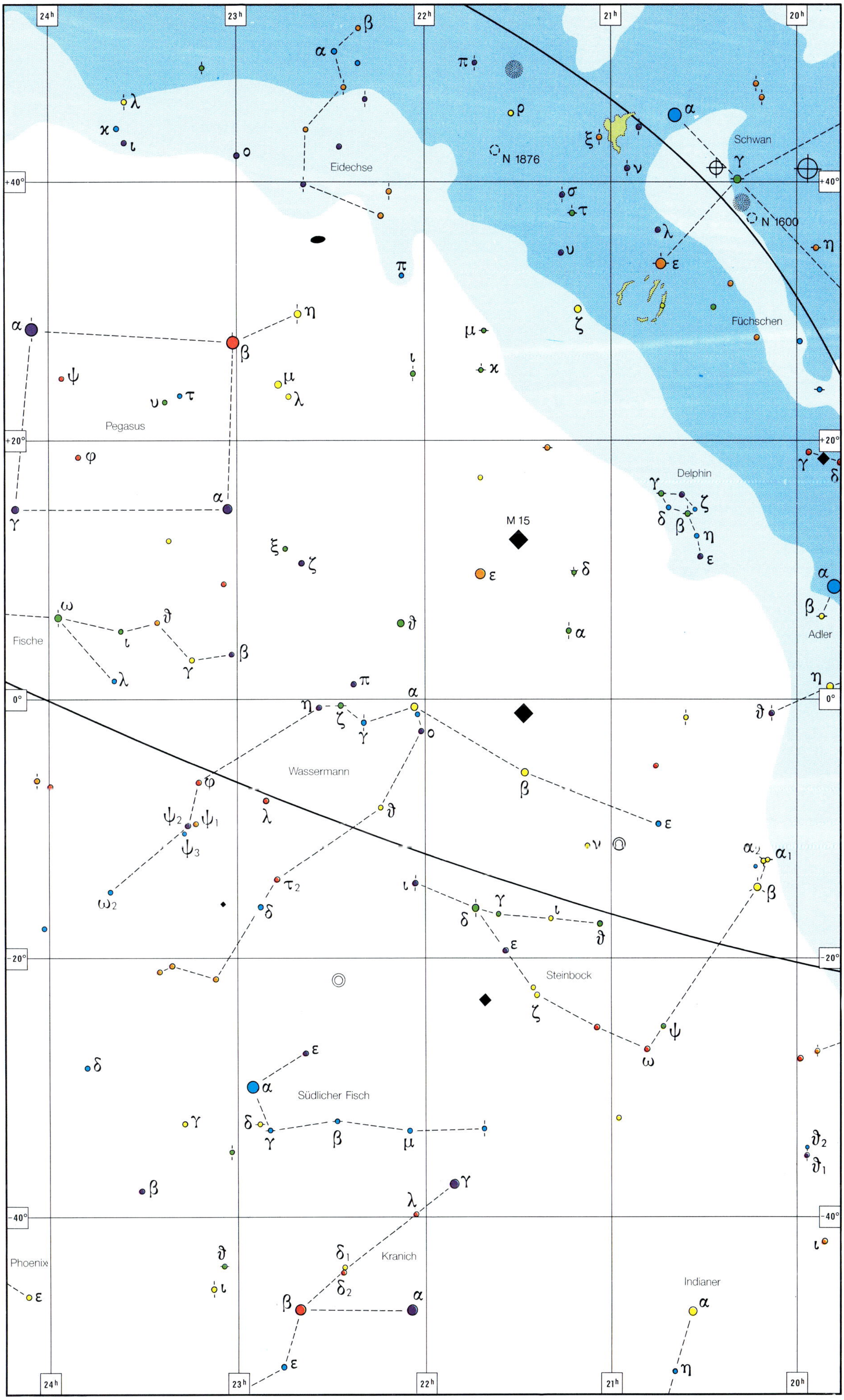

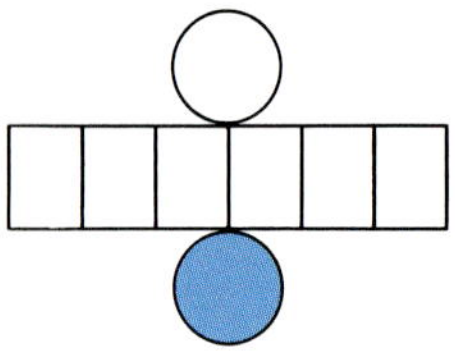

STERNKARTE NR. 8

Der Südpol. Der südliche Himmel bleibt leider dem Beobachter in Europa selbst in seinen südlichsten Ausläufern immer verborgen. Falls jedoch jemand die Gelegenheit hat, eine Reise zumindest bis in die Tropen des Krebses zu machen, wird er einen Großteil der auf dieser Karte abgebildeten Sterne betrachten können. Um alle Sterne beobachten zu können, muß man mindestens den Äquator erreichen. Diese Karte zeigt die Ähnlichkeiten und die Unterschiede zum Nordpol auf. In nicht großer Entfernung vom Südpol ist der Bogen der Milchstraße zu erkennen, und dieser Ast ist an Sternen sehr viel reicher als der nördliche Milchstraßenast. Am Pol selbst befinden sich jedoch keine Sterne, während die Schwanzspitze des Bären mit dem Polarstern einen Bezugspunkt liefert, der fast genau dem nördlichen Himmelspol entspricht. Vom Südpol aus sind die Magellanschen Wolken (die große und die kleine Wolke), unserer Galaxis sehr naheliegende Galaxien, zu erkennen; sie befinden sich jedoch in nächster Nähe des Südpols, weshalb sie nur von einem Beobachter auf der Südhalbkugel der Erde betrachtet werden können.

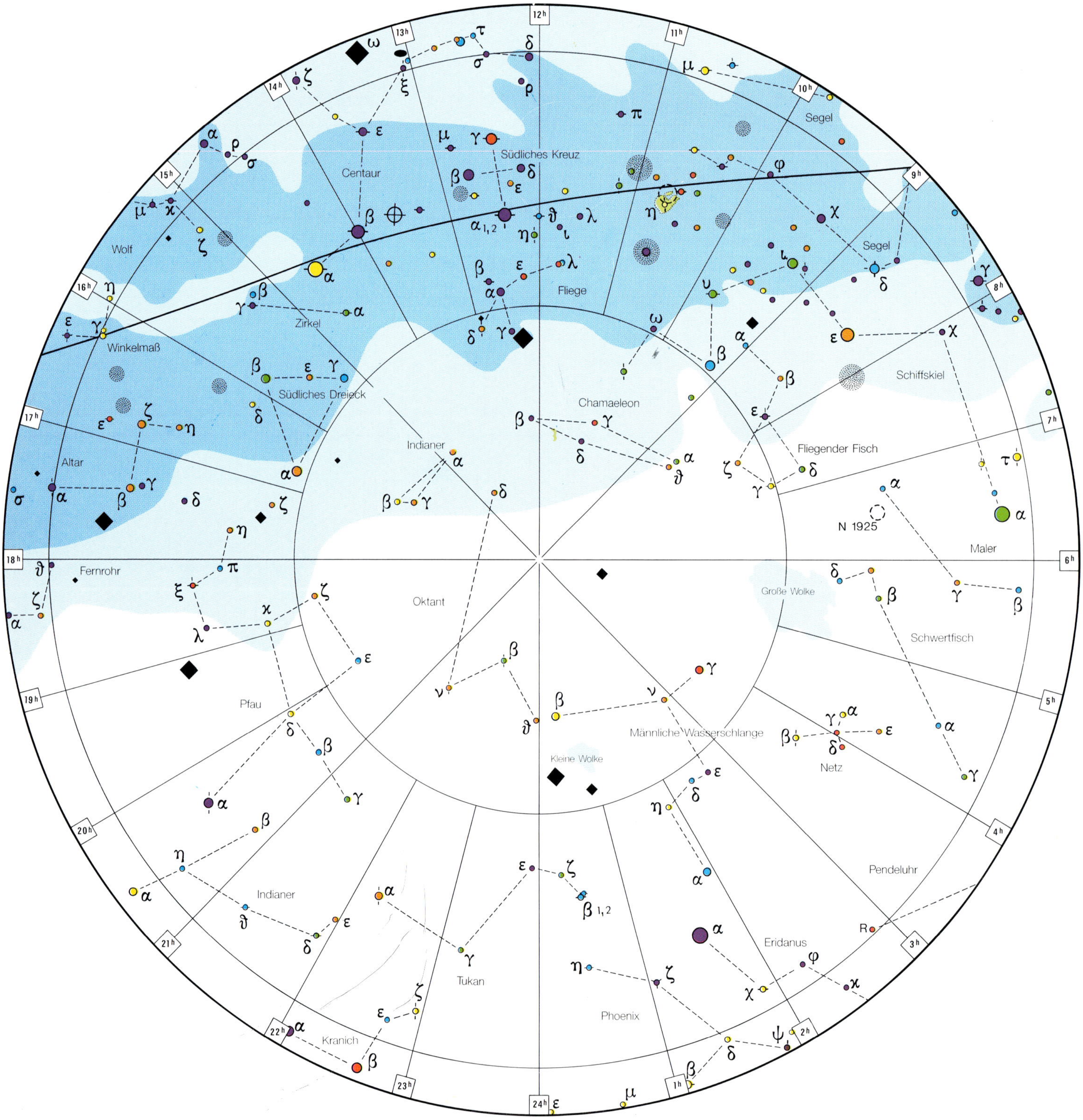

DER AUSGANGSPUNKT. Die oben abgebildete Karte beendet unseren Himmelsatlas. Wenn man die Geduld aufbringt, das Himmelsgewölbe mit Hilfe dieser Karte zu beobachten, wird man sich eine große Praxis bei der Beobachtung des Himmels aneignen.
Die Erfahrung, die man durch den geduldigen Vergleich dessen, was man auf der Karte und am Himmel sieht, Stern für Stern erwirbt, und auch die Erforschung der Farben, die die Sterne infolge des Spektraltyps aufweisen (auf der Karte angegeben), werden die Benutzung detaillierterer Atlanten erleichtern; und die gleichzeitige Verwendung stärkerer Teleskope werden es ermöglichen, eine wirklich beneidenswerte Kenntnis des Himmels zu erlangen.
Falls ein Beobachter genug Übung hat, um sogar Fotografien aufzunehmen, ist die Benutzung des Atlasses, auch wenn der Reichtum an Gestirnen auf einem Foto im Vergleich mit den wenigen, selbst in den vollständigsten Himmelsatlanten eingezeichneten Gestirnen sehr viel größer ist, von großer Bedeutung, um zu lernen, die wichtigsten Sterne identifizieren zu können.
Auf diese Weise wird man die Position der schwächer leuchtenden auf jene der wichtigsten Sterne zurückführen können, die als »Bezugssterne« bezeichnet werden.

DOPPELSTERNE. Die meisten leuchtenden Sterne erscheinen auf dem Himmelsgewölbe in ziemlich großer Entfernung voneinander verteilt. In einigen seltenen Fällen befindet sich jedoch ein sehr schwacher Stern in der Nähe eines stärker leuchtenden, und manchmal stehen auch zwei leuchtende Sterne dicht beieinander. Die Entfernung zwischen zwei Sternen ist gewöhnlich so groß, daß das Licht sogar Jahre benötigt, um von einem zum anderen zu reisen. Man spricht also von stellaren Entfernungen in der Größenordnung der Lichtjahre. Erinnern wir uns daran, daß die Entfernung im Sonnensystem zwischen der Sonne und selbst den entferntesten Planeten hingegen keine sechs Lichtstunden übersteigt.
Die Sterne sind also weit voneinander entfernt; manchmal entdecken wir jedoch Sternpaare, die einander so nahe zu sein scheinen, daß wir uns fragen, ob sie in Wirklichkeit weit voneinander entfernt sind oder sich nicht doch so nahe sind, daß sie ein physisches System bilden: die beiden Sterne wären dann durch ihre gegenseitige Anziehungskraft fest miteinander verbunden. In diesem Fall könnten wir diese Sterne mit vollem Recht »Doppelsterne« nennen. Wie viele dieser Doppelsterne gibt es am Himmel? Auf diesen Seiten werden wir eine Antwort auf diese interessante Frage geben.

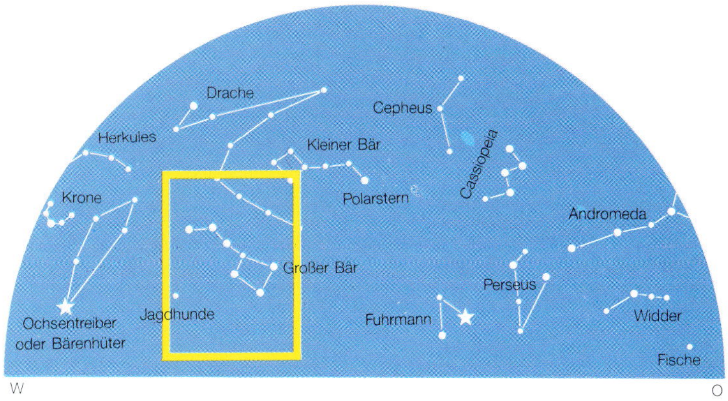

Mizar am Himmel. Das berühmteste Sternpaar ist Mizar im Großen Bären. An den Herbstabenden kann er in der Position beobachtet werden, die auf dieser Sternkarte angegeben ist. In unseren Breiten geht der Große Bär nie unter, weshalb man ihn zu allen Jahreszeiten sehen kann.

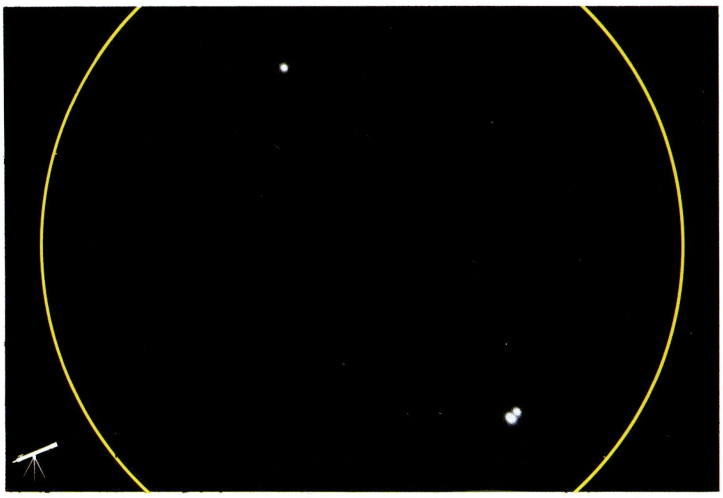

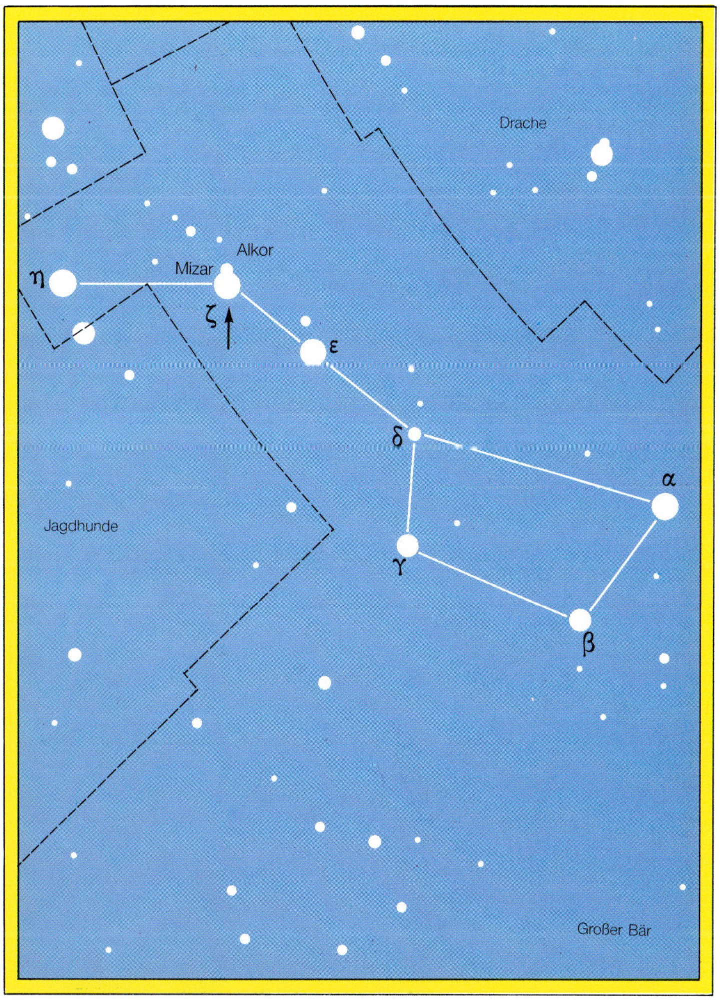

Der bekannteste Doppelstern. Diese drei Aufnahmen zeigen uns, wie man einen Doppelstern im Großen Bären »entdeckt«. Auf der ersten Aufnahme (oben), die das Sternbild mit freiem Auge zeigt, kann man oberhalb von Mizar einen eher schwach leuchtenden, kleinen Stern erkennen: Alkor; diese beiden Sterne stehen überraschend nahe beieinander. In der Mitte ist das Bild zu sehen, das ein Fernglas von dem Paar Mizar und Alkor liefert. Schließlich die überraschende Entdeckung, wenn man dieses Sternenpaar mit einem kleinen Fernrohr (unten) beobachtet: Mizar selbst ist ein Doppelstern; weiter von ihm entfernt (oben links) sieht man Alkor. Man kann nunmehr sicher sein, daß die beiden Sterne, die Mizar bilden, physisch miteinander verbunden sind. Die Abbildung hier nebenan zeigt, wie sich ein Doppelstern mit immer stärkeren Instrumenten in zwei Komponenten auflösen läßt.

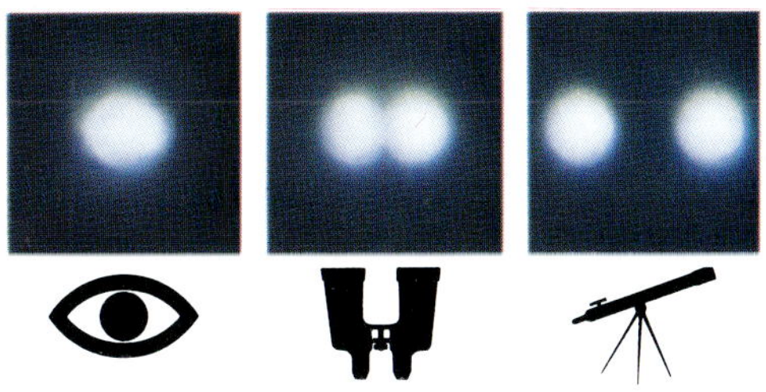

Zwischen den Sternen des Bären. Diese Seite der Sternkarte zeigt den Großen Bären. Der mit dem Pfeil gekennzeichnete Mizar befindet sich im Schwanz des Bären. Sehr nahe, etwas oberhalb von Mizar, ist ein Stern eingezeichnet, der mit freiem Auge kaum zu sehen ist: Alkor. Die Entfernung zu Mizar: 14".

AUF DER SUCHE NACH DEN DOPPELSTERNEN. Die faszinierende Entdeckung, daß es sich bei Mizar um einen Doppelstern handelt, wird den Himmelsbeobachter sicherlich dazu veranlassen, weitere Sterne dieser Art zu suchen.
Man braucht dazu nicht den ganzen Himmel durchzukämmen, auch wenn dies ein faszinierendes Abenteuer sein könnte. Im Astronomieatlas werden nämlich bereits mehrere Doppelsterne angegeben; viele Atlanten widmen sich speziell diesen Sternen, und einige geben sogar 30 000 Doppelsterne an.
Der interessanteste Moment ist sicher jener, wenn man überraschenderweise in der Nähe eines Sterns einen anderen entdeckt, der dicht daneben ähnlich stark leuchtet.
Es ist nämlich die Nähe, die uns die begründete Gewißheit (wir werden im folgenden sehen, wie man absolut sicher sein kann) gibt, daß die beiden Sterne wirklich ein Doppelsternsystem bilden.
Um die Doppelsterne beobachten zu können, muß man über Instrumente mit einer starken Vergrößerung verfügen. Für den Beginn reicht auch ein Instrument mit bescheidener Vergrößerung, wie z. B. ein Fernglas aus. Es ist hingegen nicht nötig, daß der Himmel vollkommen klar ist. Ein nicht sehr klarer Himmel ist nämlich für die Beobachtung der Doppelsterne ideal; es wird zwar schwierig sein, die Sterne durch den Dunst hindurch zu erkennen, aber aufgrund der stillstehenden Luft wird das astronomische Instrument ruhige Bilder liefern, so daß man zwei beieinanderstehende Sterne deutlich wahrnehmen kann. Man wird sehr schnell lernen, daß, falls man bei der Beobachtung der Doppelsterne – wie auch der Planeten – sehr starke Vergrößerungen verwendet, jene Sterne, deren Bilder im Teleskop sehr nahe stehen, zittern und sich hin und her bewegen. Die Punkte der Sterne sind kleine Scheiben, die sich erweitern und zusammenziehen; und wenn die beiden Sterne sehr eng beieinanderzustehen scheinen, können die beiden Scheiben sogar zu einer verschmelzen. Bei einem sehr ruhigen Himmel können wir jedoch mit derselben Vergrößerung stillstehende Sternscheiben sehen, die sich eindeutig voneinander abgrenzen, oder wie man mit einem Fachausdruck sagt, sich voneinander »trennen« lassen. Die Frage, ob ein Doppelstern aus zwei Sternen besteht, die einander scheinbar nahe stehen, d. h. in der Perspektive, oder ob sich die beiden Sterne wirklich so nahe sind, so daß sie – wie die Erde an die Sonne oder ein Satellit an seinen Planeten – durch die Gravitationsanziehung eng miteinander verbunden sind, wird man nicht allein lösen können.
Die berufsmäßigen Astronomen lösen dieses Problem, indem sie die Bewegung der beiden Sterne am Himmelsgewölbe verfolgen. Sie müssen feststellen, ob sich diese Sterne gemeinsam bewegen, während ein Stern um den anderen kreist, oder ob sich jeder der beiden Sterne eigenständig bewegt, wie im Falle der »perspektivischen« Doppelsterne, d. h. daß diese Sterne in Wirklichkeit kein Paar bilden.
Im Falle einiger Doppelsterne, wie z. B. des Castors im Sternbild Zwillinge, kann man mit einem guten Amateurteleskop die Gestirne des Paares deutlich voneinander unterscheiden; trotzdem sind sich diese beiden Sterne so nahe, daß sie einander ziemlich rasch umkreisen.
Wenn man am Himmel zwei nahe beieinanderstehende Sterne beobachtet, die ein physisches Paar bilden, d. h. zwei Sterne, die durch die Gravitationsanziehung aneinander gebunden sind, dann bedeutet dies, daß die beiden Sterne gemeinsam entstanden sind. Dieses Phänomen

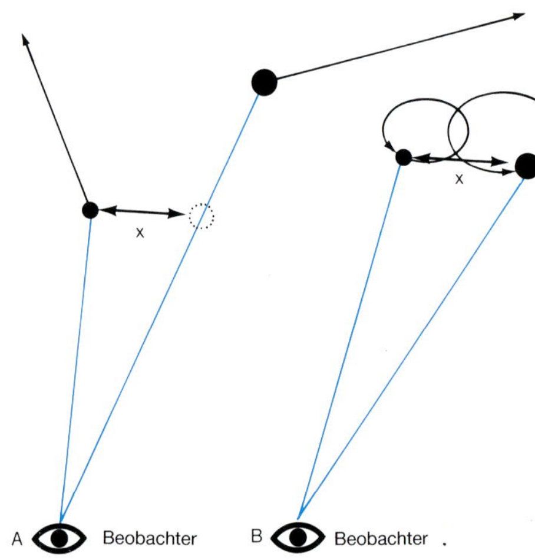

Optische und physische Doppelsterne. Die beiden schematischen Darstellungen oben zeigen zwei Sternpaare, deren Winkelentfernung (x) zwischen den beiden Komponenten gleich ist. In der Figur A erscheinen die zwei ziemlich weit voneinander entfernten Sterne aufgrund der Perspektive gleich weit entfernt wie in der Figur B, wo die beiden Sterne wirklich nahe beieinanderstehen. Wenn man die Bewegung untersucht, kann man erkennen, daß sich die beiden Sterne des linken Paars auseinanderbewegen, während sich die beiden Sterne des rechten Paars in eng zusammengehaltenen Bahnen bewegen und sich dabei beide um den Schwerpunkt des Systems drehen.

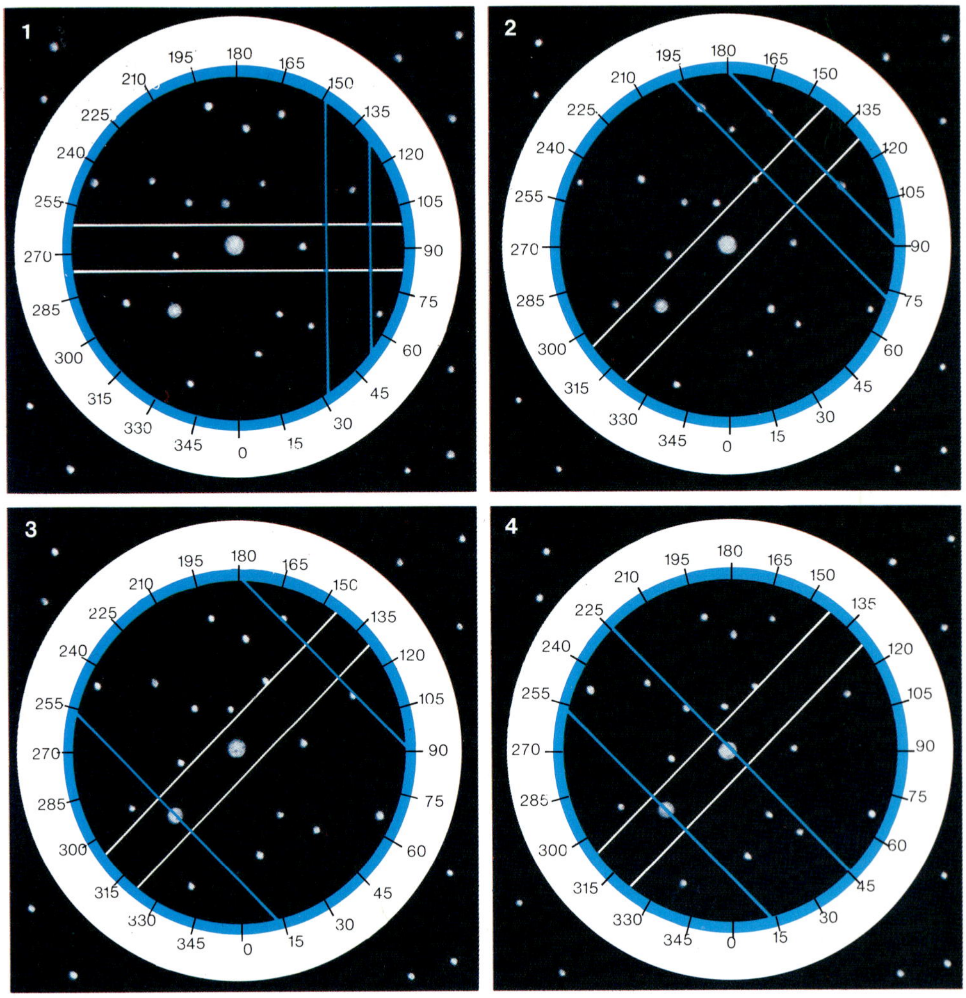

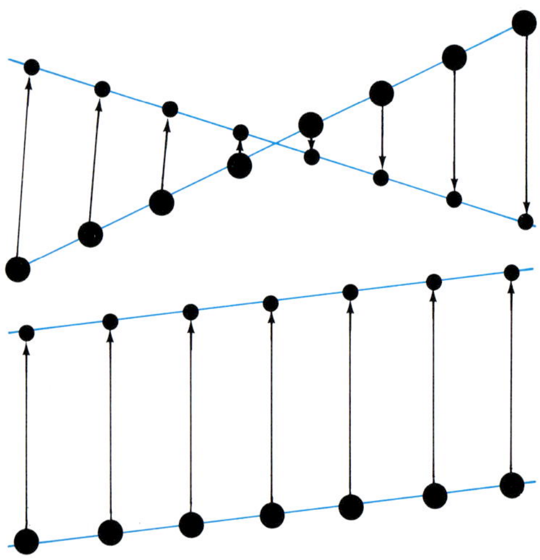

Gewißheit erlangen. Die beiden schematischen Darstellungen (oben) zeigen, wie man mit professionellen astronomischen Instrumenten Gewißheit erlangen kann, daß es sich um einen physischen und nicht um einen optischen oder perspektivischen Doppelstern handelt. Im letztgenannten Fall (obere Abbildung) werden sich die beiden Sterne – falls sie relativ weit voneinander entfernt sind – am Himmelsgewölbe unabhängig voneinander bewegen und zwei deutlich unterschiedliche Bahnen verfolgen. Im Fall der unteren Darstellung bewegen sich die Sterne gemeinsam; sie sind wirklich aneinander gebunden.

Ein professionelles Instrument. Die Berufsastronomen untersuchen die Doppelsterne mit einem Fernrohr, in dessen Okular sich ein besonderes Mikrometer befindet, das aus einem hauchdünnen Glas besteht, auf dem mit einem Diamanten schmale Rillen eingeritzt wurden oder sich dünne Spinnenfäden befinden. Im Bildfeld kann man vier Rillen oder Fäden sehen, von denen zwei stärker leuchten. Das Instrument wird so ausgerichtet, daß sich der Hauptstern im Zentrum (1) befindet; danach dreht man das Mikrometer, so daß zwischen den parallelen Spinnenfäden auch der Begleiter (2) eingeschlossen ist. Danach kreuzt der dritte Faden genau den Begleiter (3), während der vierte Faden den Hauptstern (4) kreuzt. Jetzt ermöglicht die Ausrichtung des ersten Fadenpaars, den Winkel zu messen, den der Hauptstern in Richtung zum Begleiter mit Norden einnimmt: in unserem Fall 315°. Der Abstand zwischen den beiden Spinnenfäden zeigt den scheinbaren Abstand zwischen dem Hauptstern und dem Begleiter an. Wenn sich diese beiden Größen im Zeitablauf verändern, kann man aus der Gesetzmäßigkeit, mit der sie sich verändern, mit Leichtigkeit feststellen, ob es sich um ein optisches oder physisches Paar handelt.

kommt nämlich so häufig vor, daß man nicht annehmen kann, daß die Sterne getrennt entstanden wären und danach ein Paar gebildet hätten. In vielen Fällen sind sich diese Sterne außerdem so nahe, daß die Wahrscheinlichkeit, sie wären in einem so engen System »eingefangen« worden, äußerst gering ist. Eine große Anzahl der Sterne am Himmel ist deshalb gemeinsam entstanden. Das bedeutet, daß die Entstehungsprozesse, die Sternpaare und in einigen Fällen sogar Dreisternsysteme hervorbringen, häufig sein müssen.

Wir können deshalb annehmen, daß auch die Ereignisse, die zur Entstehung der Planeten geführt haben und mittels des Teleskops leider nicht sichtbar sind, ebenso häufig vorkommen müssen. Vernünftigerweise läßt sich daraus ableiten, daß so wie am Himmel die Doppelsterne reichlich vorhanden sind, auch jene Sterne reichlich vorhanden sein müssen, die von Planeten umkreist werden, auch wenn man diese nicht einmal mit starken professionellen Teleskopen erkennen kann. Und wenn ein großer Prozentsatz der unzähligen Sterne von Planeten umgeben ist, müssen sich in unserer Galaxis oder im gesamten Universum gewiß zahlreiche Planeten befinden, und auf einigen davon müssen sich ähnliche klimatische Bedingungen wie auf der Erde vorfinden lassen, die somit dem Leben die Möglichkeit geben, sich zu entwickeln.

Scheinbare und reale Bahn. Wenn der Astronom mittels der Okularmeßschraube während langer Zeit viele Messungen durchgeführt hat, kann er ein Schema wie in der Abbildung (a) konstruieren, d. h. herausfinden, daß die Position des Begleiters (s) im Verhältnis zum Hauptstern (p) eine Ellipse beschreibt. Diese Ellipse stellt nicht die wahre Bahn des Begleiters dar, sondern jene, die man auf das Himmelsgewölbe projiziert sieht. Die Abbildung (b) zeigt in der Ebene rechts die Position der wahren Bahn, die sich in Richtung des Beobachters (Pfeil O) auf das Himmelsgewölbe projiziert und (d) zeigen die scheinbare und die tatsächliche, durch Berechnungen rekonstruierte Bahn. In Abbildung (e) wird ein komplizierterer Fall dargestellt, in dem die beiden sich einander umkreisenden Sterne auch mit einer starken geradlinigen Bewegung ausgestattet sind.

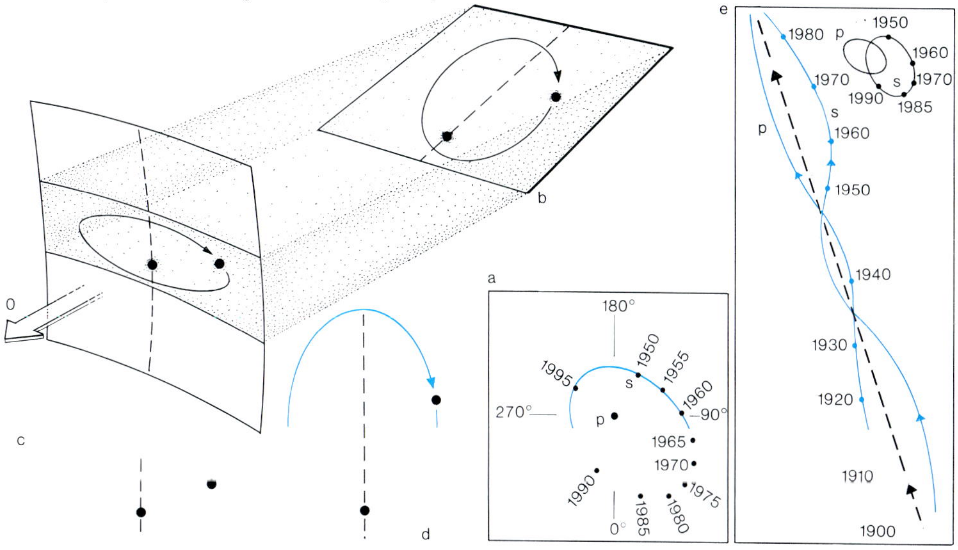

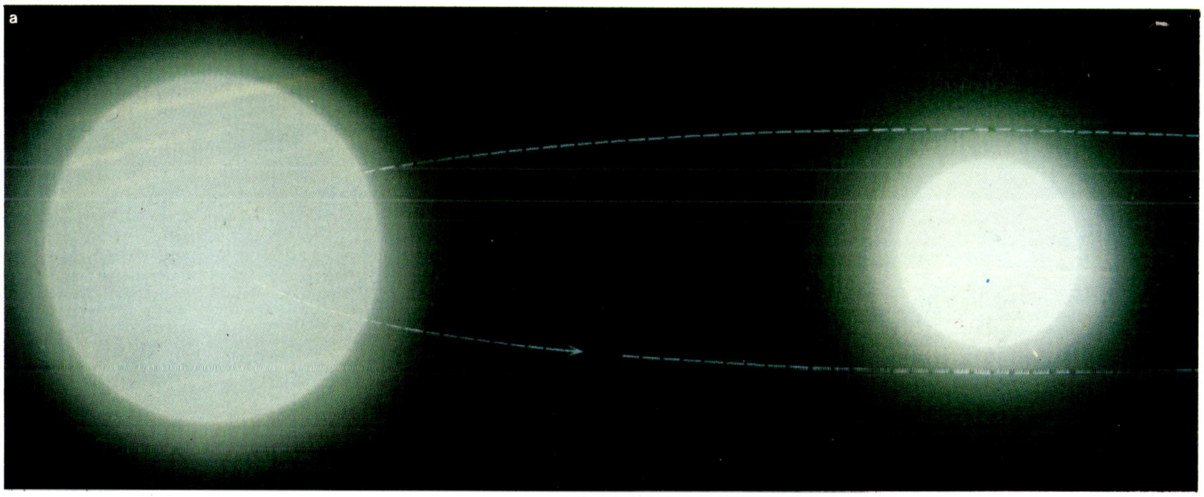

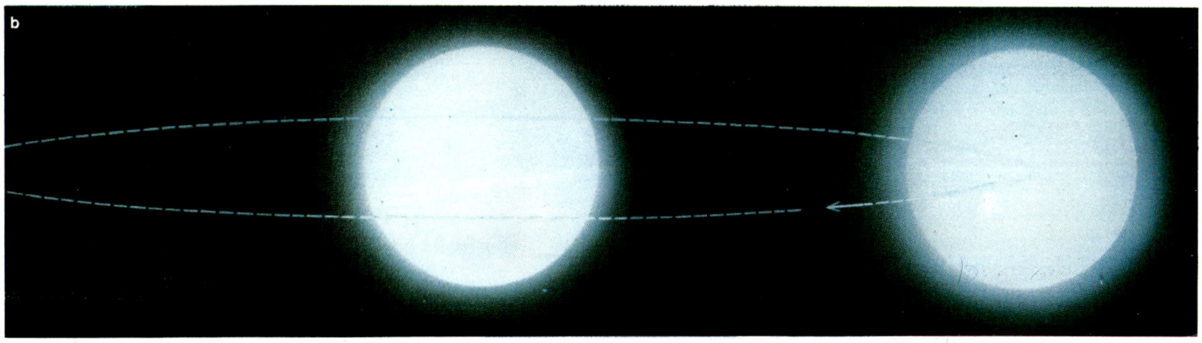

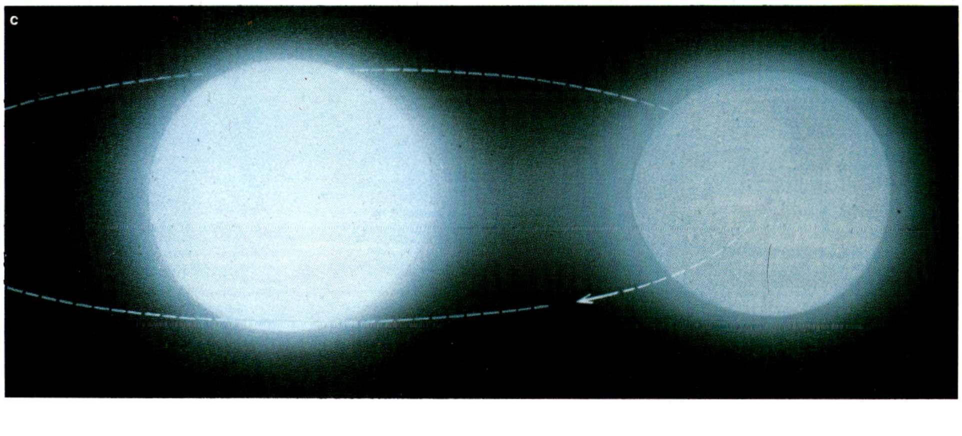

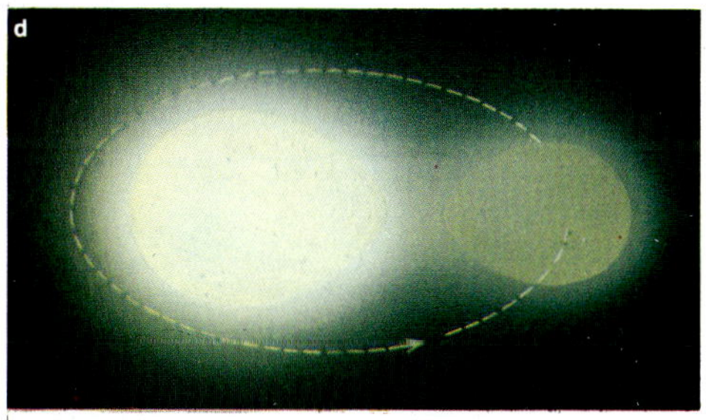

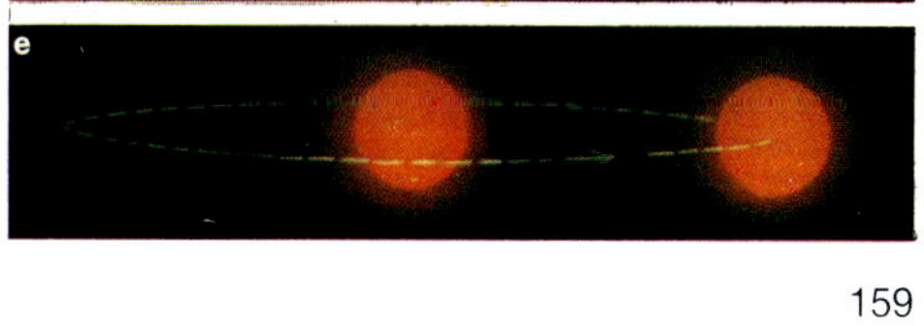

Enge Doppelsternsysteme. In den Zeichnungen links und unten sehen wir, wie uns fünf Doppelsternpaare – deren Komponenten so nahe aneinander rotieren, daß sie sich in einigen Fällen fast berühren – erscheinen würden, wenn wir sie aus nächster Nähe betrachten könnten. Es wäre, als ob die Erde oder ein anderer Planet so nahe um die Sonne kreisten, daß sie deren Oberfläche streifen. In so kurzer Entfernung würde sich ein Planet verflüchtigen, aber ein Stern ist bereits heiß und leuchtend und nimmt deshalb keinen Schaden. Die einzige dabei auftretende Veränderung besteht darin, daß er nicht mehr exakt kreisrund ist, sondern zu einem Ellipsoid oder einer Birnenform verformt wird (b, c, d,). Bisher wurde nur das Aussehen der Doppelsterne untersucht, so wie sie uns im Teleskop erscheinen, da man sie unvermeidlicherweise aus sehr großer Entfernung beobachten muß; leider hat man nie mehr als zwei, voneinander mehr oder weniger weit entfernte, hell leuchtende Punkte erkennen können; a) Z Herculis; b) Gamma Cygni; c) V Puppis; d) S Antilae; d) Alpha Geminorum.

DOPPELSTERNE IN FORM DER BEDEKKUNGSVERÄNDERLICHEN. Als die antiken Araber den Himmel Stern für Stern beobachteten, um das Zeichen der Sternbilder zu beschreiben und unter ihnen neue Phänomene zu entdecken, machten sie erschrocken vor Beta des Perseus halt. Dieser Stern zeigte nämlich etwas absolut Unglaubliches: sein Licht blieb konstant, d. h. leuchtete während etwa 65 Stunden in der gleichen Weise, danach begann es plötzlich schwächer zu werden, bis Beta zu einem Stern wurde, der mit freiem Auge kaum sichtbar war. Nach weiteren zweieinhalb Stunden leuchtete der Stern wie zuvor, und dies ereignete sich mit absoluter Regelmäßigkeit.

Dieses Phänomen erschien den antiken Arabern so außergewöhnlich, daß sie diesen Stern als den »Dämon« oder in ihrer Sprache Al-Guhl, heute Algol genannt, bezeichneten. Die Beobachtung, die damals die Araber so sehr in Erstaunen versetzte, können auch wir wiederholen. Suchen wir deshalb in den vorangegangenen Seiten die Abbildung, auf der das Sternbild Perseus am Ende der Alignement der Sterne der Konstellation Andromeda zu sehen ist. Diese führen direkt zu Mirfak, Alpha Persei. Wenn wir einen Haken schlagen und ein Stück in Richtung der Sterne des Sternbilds Andromeda zurückkehren, finden wir Algol, Beta Persei.

In den meisten Fällen werden wir diesen Stern während unserer Beobachtungen hell leuchten sehen, wie es im Atlas angegeben ist. Aber wenn wir bei unseren Beobachtungen sehr ausdauernd sind und den Himmel zu verschiedenen Stunden in verschiedenen Nächten beobachten, werden wir diesen Stern schließlich während der Stunden der Eklipse betrachten können, in der seine Leuchtkraft ihr Minimum erreicht. Während dieser Zeit scheint der Stern fast vom Himmel verschwunden zu sein.

Wir werden das Phänomen der Veränderlichkeit dieser Sterne, die sich aufgrund der besonderen Ausrichtung ihrer Bahn im Verhältnis zur Erde gegenseitig verfinstern, während sie einander umkreisen, beobachten und untersuchen. Die gegenseitige Umkreisung der Himmelskörper (oder genauer gesagt, rund um das gemeinsame Schwerkraftzentrum) ist ein weitverbreitetes Phänomen im Universum.

Nachdem wir ein Minimum des Algol beobachtet haben, können wir – wenn wir uns daran erinnern, daß dieser Stern nach 69,5 Stunden wieder sein Minimum erreicht – feststellen, wie regelmäßig die weiteren Minima wiederkehren. Diese Regelmäßigkeit ist ein Anzeichen für das Vorhandensein eines Sterns, der rund um Algol kreist und ihn periodisch verfinstert. Aus diesem Grund wird dieser Stern auch »Bedeckungsveränderlicher« oder »Eklipsendoppelstern« genannt.

Mit der ersten Bezeichnung möchte man daran erinnern, daß die Veränderlichkeit dieses Sterns nicht auf ein Phänomen des Sterns selbst zurückzuführen ist, sondern auf eine Eklipse; mit dem zweiten Ausdruck wird hervorgehoben, daß das Phänomen der Eklipse beweist, daß es sich um ein Doppelsternsystem handelt, wodurch sich ableiten läßt, daß dieser Stern ein Doppelstern, aber ein Sternpaar von besonderer Art, ist. Die beiden Komponenten müssen vor allem einen fast gleich großen Durchmesser haben, und die Bahn muß so im Raum liegen, daß der zweite Stern (Begleiter) den Hauptstern bei jeder Umdrehung verfinstert und von ihm jedesmal verfinstert wird, wenn er sich hinter ihm befindet. Aus dem relativ großen Verhältnis zwischen dem Zeitraum, währenddessen der Stern verfinstert bleibt und der Periode, die zwischen zwei Eklipsen verstreicht, muß man außerdem schließen, daß sich die beiden Sterne relativ nahe sind; wenn man als Maßeinheit ihren Durchmesser verwendet, beträgt ihr Abstand nur wenige Durchmesser: sie sind einander so nahe, daß es schwierig ist, sie als Doppelstern wahrzunehmen (kein auf Algol gerichtetes Teleskop erlaubt es, zwei Sterne zu sehen). Sterne von der Art des Algols sind zahlreich; ein anderes typisches Beispiel dafür ist Beta im Sternbild Leier.

Wirklich tüchtige Beobachter können noch eine anspruchsvollere Beobachtung anstellen: sie

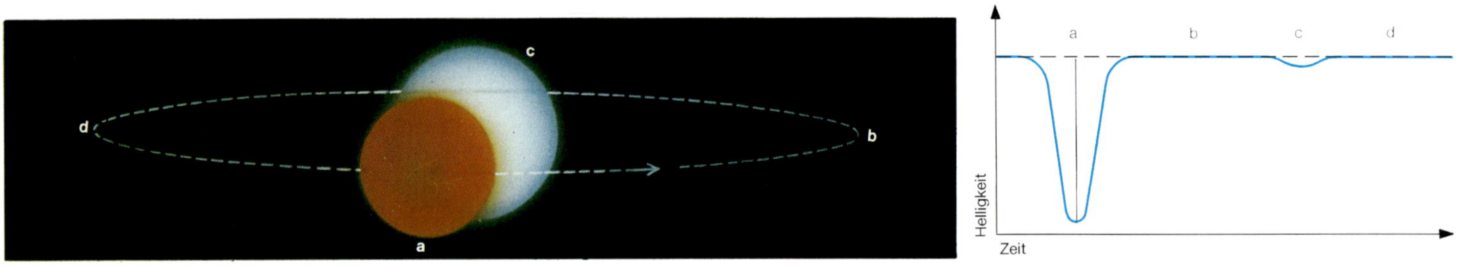

Die Lichtkurve. Hier oben ist ein Sternenpaar abgebildet, dessen Hauptstern stark leuchtet, während sein Begleiter sehr viel dunkler ist; jedesmal wenn die Bahn den Begleiter vor den Hauptstern führt, verfinstert er ihn fast zur Gänze (a). Wenn der Begleiter hinter dem Hauptstern vorbeikommt, ist es der Hauptstern, der den anderen verfinstert (c). Da jedoch der Begleiter weniger stark leuchtet, ist der Lichtverlust des Systems viel geringer. Oben rechts ist ein Diagramm abgebildet, das die Helligkeit des Doppelsterns im Zeitablauf angibt. Wenn das Hauptminimum (a) erreicht wird, hat der Begleiter den Hauptstern im Höchstausmaß verfinstert. Wenn der Begleiter hinter dem Hauptstern steht (c), ergibt sich eine weniger stark ausgeprägte Sekundärfinsternis.

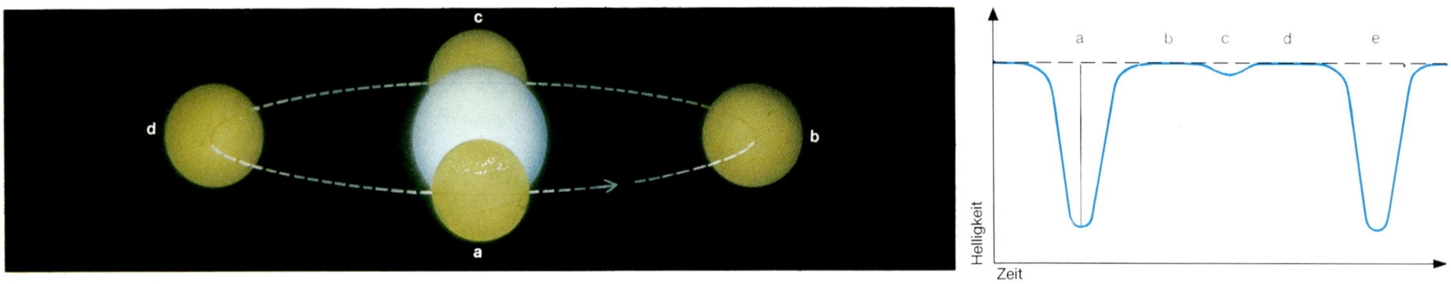

Die Algolveränderlichen. Graphische Darstellung und Lichtkurve eines Doppelsternsystems, das jenem des berühmten Paars Algol (= Beta Persei) stark ähnelt. Der Begleiter ist etwas kleiner als der Hauptstern, weniger leuchtend und seine Bahn ist gegenüber jener des Hauptsterns leicht gegen unsere Sichtebene geneigt. Sowohl die Eklipse des Hauptsterns als auch seines Begleiters ist daher eine Teilfinsternis. Das Helligkeitsdiagramm zeigt die ausgeprägten Hauptminima (a, e) und das dazwischenliegende, weitaus weniger starke Nebenminimum (c). Zwischen dem ersten Hauptminimum, dem Nebenminimum und dem zweiten Hauptminimum bleibt das Licht des Systems konstant (b, d), da die beiden Sterne eindeutig voneinander getrennt sind und jeder sein höchstmögliches Licht sendet.

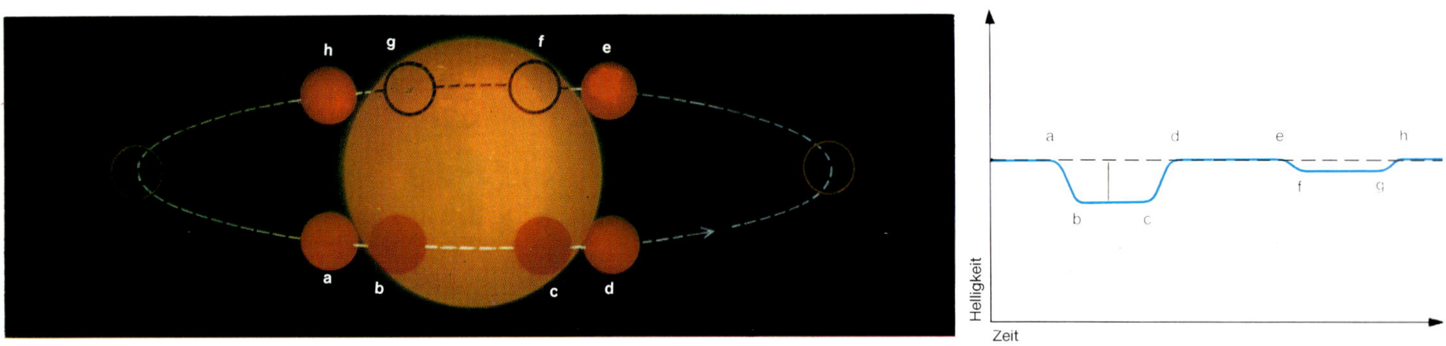

Der kleine Begleiter. Graphische Darstellung und Lichtkurve eines Systems, in dem der Begleiter, der den Hauptstern entweder verfinstert oder von ihm verfinstert wird, sehr viel kleiner als der Hauptstern ist. Wenn der Begleiter beginnt, den Hauptstern zu verfinstern (a), nimmt die bis zu diesem Moment konstant gebliebene Helligkeit des Systems ab und pendelt sich so lange auf einem bestimmten Wert (b, c) ein, bis der Begleiter aus dem Hauptstern austritt (d). In der Folge nimmt die Helligkeit noch einmal ab, weil der Begleiter hinter dem Hauptstern verschwindet und dadurch vollkommen verfinstert wird (f). Das daraus resultierende Sekundärminimum (f, g) ist – wie auch das Hauptminimum – flach aber weniger stark ausgeprägt: der versteckte Begleiter leuchtet nämlich weniger hell als der Hauptstern.

können eine »Lichtkurve« konstruieren, d. h. ein Diagramm, das die Helligkeitsveränderung des Sternpaars im Zeitablauf beschreibt. Diese Kurve erhält man, indem man auf der Abszisse das Beobachtungsdatum und die Beobachtungszeit einträgt und auf der Ordinate den Wert der entsprechend beobachteten Sterngröße.

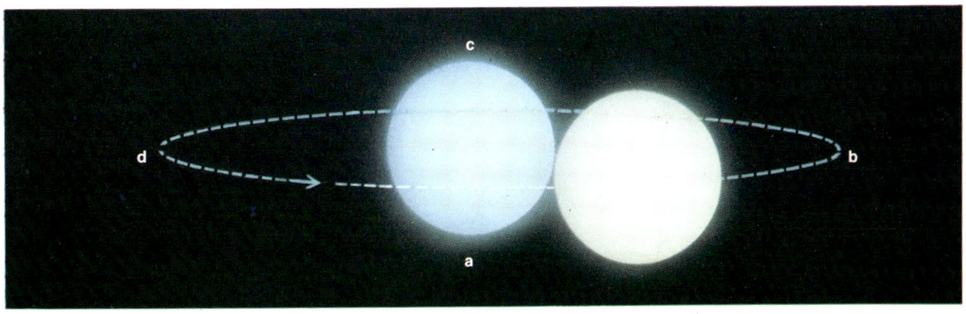

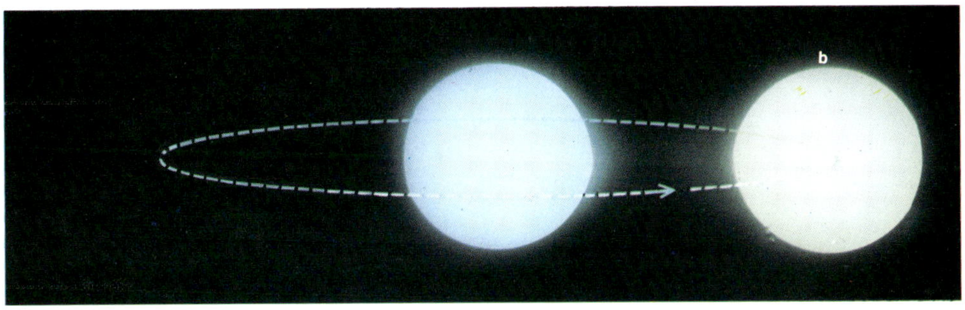

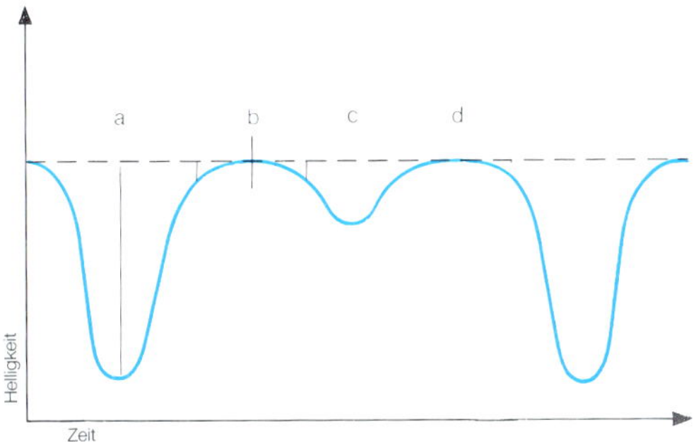

Die Verformung. Diese Lichtkurve zeigt, wie man in bestimmten Fällen aus ihrem Verlauf ableiten kann, daß die beiden Sterne des Paars nicht exakt kreisrund, sondern birnenförmig sind. Die Verlängerung zeigt sich in Richtung vom Hauptstern zum Begleiter. Die Birnenform ist auf die außergewöhnlich starke Gezeitenwirkung auf die Sternoberflächen zurückzuführen. In der oberen Abbildung wird die Lage der Sterne knapp außerhalb der Eklipse dargestellt; darunter während die Sterne ihren größten Abstand voneinander erreicht haben (b). Zu diesem Zeitpunkt sehen wir sie ekliptisch, d. h. stärker ausgedehnt als wenn sie sich einander annähern und verfinstern. Das läßt sich aus der Lichtkurve ableiten, die keine flachen Strecken aufweist, sondern während der Annäherungsphase der beiden Sterne kontinuierlich schwankt.

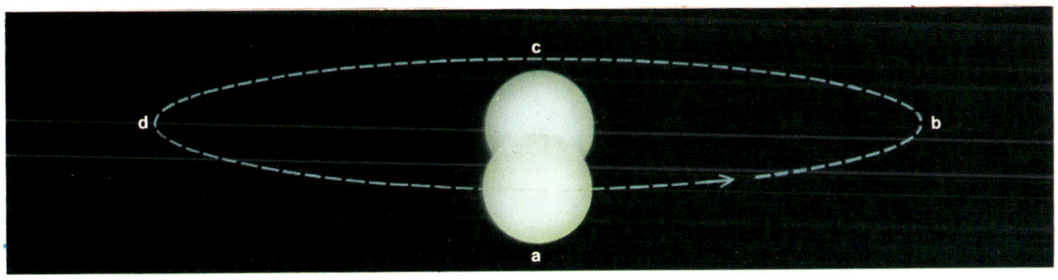

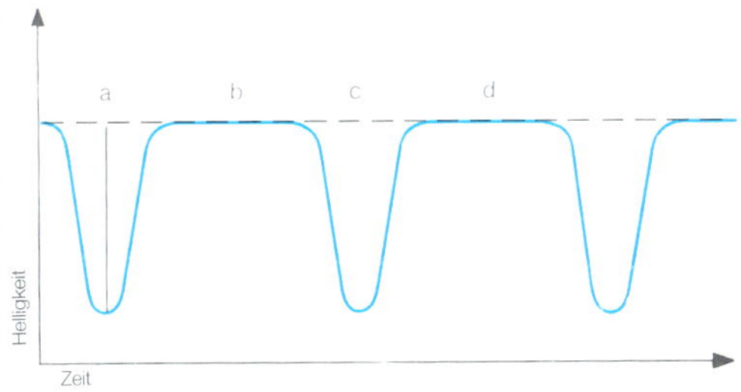

Das offene System. Graphische Darstellung und Lichtkurve eines Doppelsternsystems, dessen sich gegenseitig verfinsternde Komponenten praktisch identisch sind, d. h. sich bezüglich ihrer Leuchtkraft und ihres Durchmessers gleichen. Die daraus resultierende Lichtkurve ist deshalb exakt symmetrisch: das Hauptminimum (a) unterscheidet sich nicht vom Sekundärminimum (c). Die beiden Sterne erzeugen bei ihrer Umdrehung eine Haupteklipse, die der Sekundäreklipse vollkommen gleicht. Hier rechts oben ist eine Lichtkurve dieser Art zu sehen, in der alle Minima einander gleichen und wo das Teilstück zwischen einem Minimum und dem anderen (b) vollkommen flach ist. Ein Beispiel für dieses offene System ist der Stern Beta des Sternbilds Fuhrmann, der aus sowohl bezüglich der Leuchtkraft als auch des Durchmessers fast identischen Komponenten besteht.

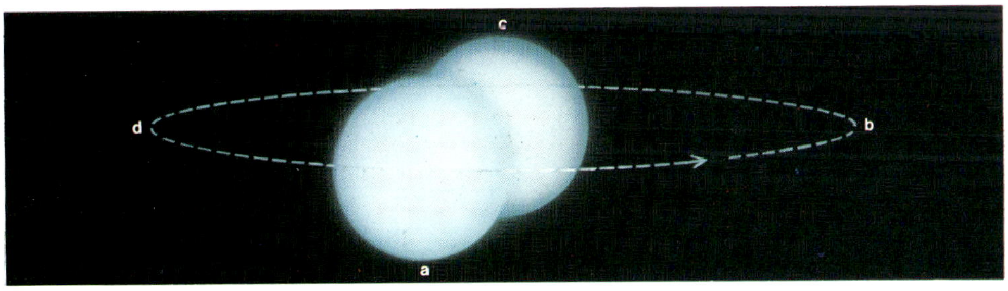

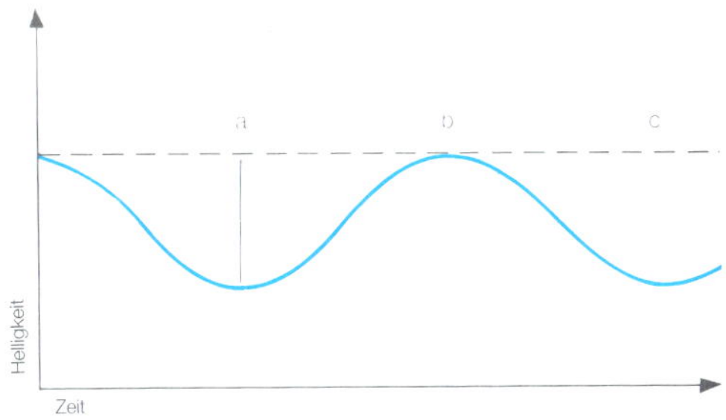

Das sich berührende System. Die beiden Sterne sind einander in diesem Fall bezüglich ihres Durchmessers sehr nahe und bilden ein »Kontaktsystem«. Die zwei Sterne sind sicherlich stark ausgedehnt, und wenn sich der Hauptstern und sein Begleiter nicht mehr genau in einer Linie befinden, sich also knapp außerhalb der Eklipse zeigen, wird außerdem ein Teil ihrer Oberfläche stark von dem anderen Stern beleuchtet; in diesem Zeitpunkt leuchtet das System stärker (b). Die Lichtkurve ist deshalb komplizierter, und es treten nie flache Teilstücke auf, d. h. es gibt keinen Moment, in dem das System seine Leuchtkraft konstant hält. Die beiden Minima (a, c) der Lichtkurve sind sich sehr ähnlich, das Hauptminimum ist also dem Sekundärminimum fast gleich. Der Stern Beta des Sternbilds Leier verhält sich auf diese Art.

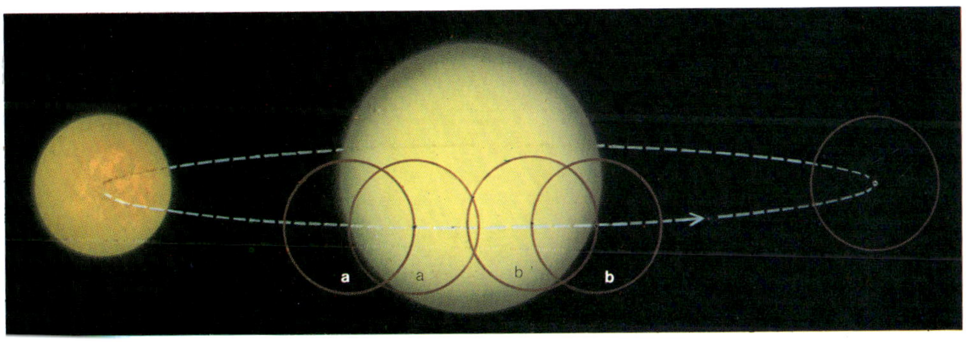

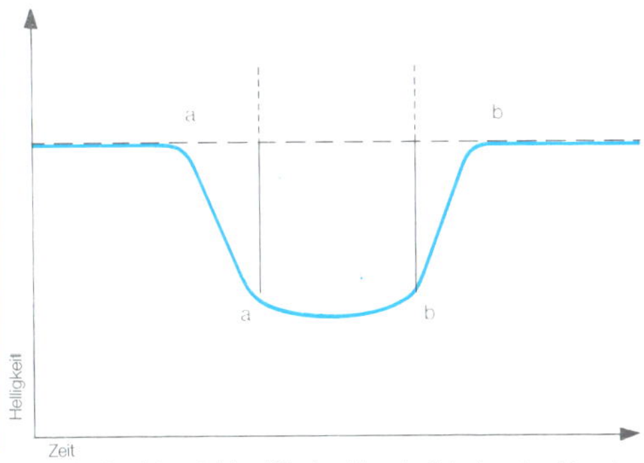

Das Größenverhältnis. Nehmen wir an, daß sich vor einen großen und hellen Stern ein schwächerer vorbeischiebt. Das gezeichnete Kurventeilstück betrifft das Minimum. Aus der Lichtkurve kann man das Größenverhältnis der beiden Komponenten des Doppelsterns ableiten. Zwischen den Punkten (a') und (b') befindet sich der verfinsternde Stern, also der kleinere, weniger leuchtstarke Begleiter, dessen Umriß sich vollkommen innerhalb der Kontur des Hauptsterns befindet. Während er sich zwischen diesen zwei Punkten bewegt, verändert sich die Leuchtkraft kaum (die hier eingezeichnete Veränderung kann durch die nicht gleichmäßig leuchtende Scheibe des Hauptsterns entstehen). Aus der Zeitspanne, die zwischen dem Moment (a) und (b) vergeht, läßt sich im Verhältnis zur vollen Umdrehung des Begleiters das Verhältnis zwischen den Durchmessern der beiden Sterne ableiten.

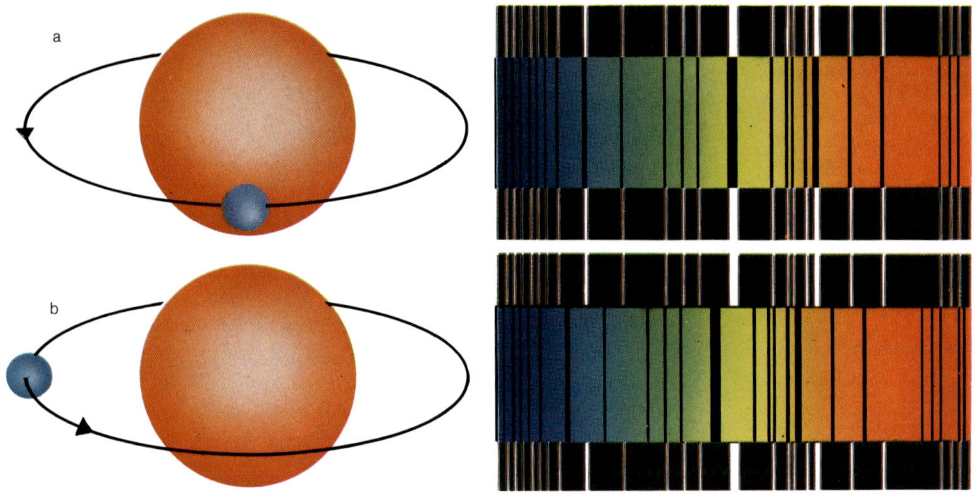

SPEKTROSKOPISCHE DOPPELSTERNE. Bei Doppelsternsystemen, deren Komponenten sehr nahe beieinander kreisen, besteht die einzige Möglichkeit, mittels einfacher visueller Beobachtung das Vorhandensein von mehr als einem Stern mit Sicherheit festzustellen darin, das Glück zu haben, auf ein System gestoßen zu sein, dessen Begleiter den Hauptstern verfinstert. Die Bahn des Begleiters braucht jedoch nur etwas gegenüber unserer Sichtlinie geneigt zu sein, und schon können wir die Eklipse nicht mehr wahrnehmen; wir werden mit dieser Methode also nie bemerken, daß es sich um einen Doppelstern handelt.

Es gibt jedoch eine Instrumentenmethode, die zwar praktisch von einem Amateurastronomen nicht durchgeführt werden kann, es jedoch ermöglicht, mit Gewißheit feststellen zu können, ob ein scheinbar einfacher Stern in Wirklichkeit

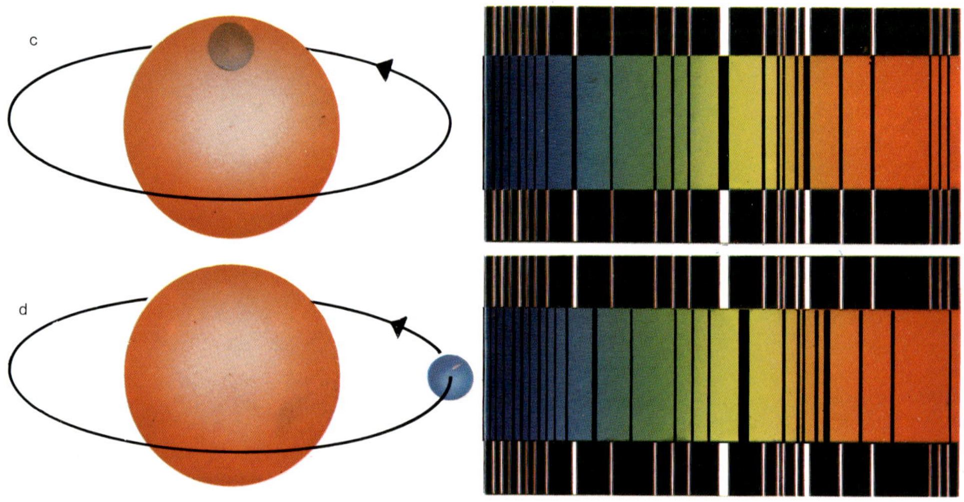

Die Information, die das Spektrum liefert. Stellen wir uns ein Sternpaar vor, in dem der Hauptstern weitaus leuchtstärker und schwerer als sein Begleiter ist. In der Situation (a), in der der Begleiter vor dem Hauptstern steht (in der graphischen Darstellung wird angenommen, daß er ihn sogar verfinstert), bewegt sich das Gestirn in senkrechter Richtung zu unserer Sichtlinie; er nähert sich deshalb weder an noch entfernt er sich. Das Spektrum (rechts) zeigt jetzt das Farbkontinuum, das von einfachen und regelmäßig verteilten Linien überlagert wird. In (b) nähert sich der Begleiter uns an, und die von seinem Licht ausgehenden Linien haben sich nach dem violetten Ende verschoben. Im Fall (c), in dem sich der Begleiter hinter dem Hauptstern versteckt oder sich je nach der Neigung der Bahn etwas zum Hauptstern verschoben zeigt, verschwinden die Linien des Begleiters oder verschieben sich nicht. In (d) entfernt sich schließlich der Begleiter von uns; seine Linien erscheinen deshalb zum roten Ende hin verschoben. Aus dem periodischen Wechsel zwischen einer Rot- und einer Violettverschiebung kann man also ableiten, daß es sich um einen Doppelstern handelt.

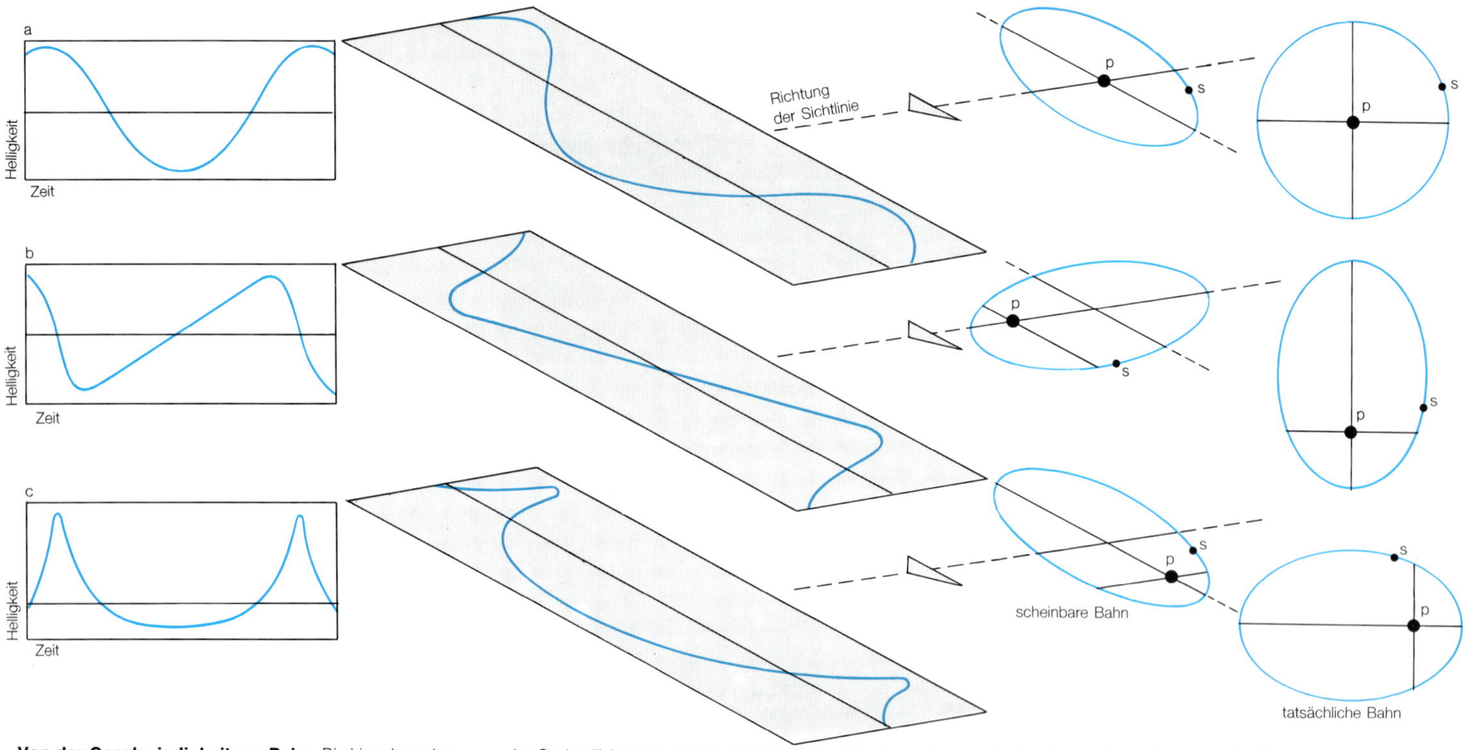

Von der Geschwindigkeit zur Bahn. Die hier oben abgebildeten graphischen Darstellungen erklären die Form der scheinbaren und der tatsächlichen Bahn des Doppelsterns, indem sie das Gesetz der Spaltung und der Verschiebung der Linien im Zeitablauf in Richtung des roten oder violetten Endes des Spektrums untersuchen. Es gibt zahlreiche Möglichkeiten: wir haben jedoch nur drei ausgewählt, in denen der Hauptstern im Verhältnis zu seinem Begleiter eine größere Masse besitzt. Man kann deshalb annehmen, daß sich der Hauptstern (p) immer im Zentrum seiner Bahn befinden wird, während ihn der Begleiter (s) umkreist. In (a) stellen wir uns den Spaltungsverlauf der Spektrallinien vor, der im Zeitablauf eine Sinuskurve beschreibt. Das Gesetz, nach dem die Geschwindigkeitskomponente des Begleiters in Richtung des Beobachters variiert, ist das »harmonische« Gesetz, das ein sinusförmiges Diagramm hat. In diesem Fall ist die Bahn des Begleiters ein perfekter Kreis. Figur (b) zeigt hingegen eine Lichtkurve mit einem sehr raschen Abstieg, d. h. einer raschen Verschiebung vom Violetten zum Roten und einem langsamen Anstieg vom Roten (im unteren Teil des Diagramms) zum Violetten (oben) Ende des Spektrums. Diese Form der Lichtkurve ergibt sich nur, wenn der Begleiter den Hauptstern in einer langgezogenen Ellipse umkreist, deren Hauptachse genau in Richtung des Beobachters zeigt. Abschließend sehen wir in (c) eine Lichtkurve mit starken Kurvenspitzen bei der Rotverschiebung (oben) und mit einem abgeflachten Teilstück bei der Violettverschiebung (unten). Diese Form ergibt sich nur, wenn der Begleiter bei seiner Umdrehung um den Hauptstern eine sehr langgezogene Ellipse beschreibt, deren Hauptachse gegenüber der Richtung des Beobachters senkrecht verläuft.

ein Doppelstern ist. Diese Methode benutzt das Spektroskop. Wenn man das Licht eines Sterns mit einem Spektroskop untersucht, sieht man das Spektrum mit allen seinen Farben von Rot bis Violett, das jedoch von schwarzen Linien (Absorptionslinien) überlagert wird.
Diese schwarzen Linien geben an, daß verschiedene chemische Elemente in der Sternatmosphäre vorhanden sind. Die Sternatmosphäre umgibt den Stern und schickt uns das Licht, das wir auf der Erde empfangen. Die Position dieser Linien läßt sich auch durch Laborversuche bestimmen.
Zu unserer großen Überraschung werden wir jedoch feststellen, daß obwohl alle Linien eines chemischen Elements im Sternspektrum vorhanden sind, diese Linien in gewissen Fällen alle entweder in Richtung des roten oder des violetten Endes des Spektrums verschoben sind. Das bedeutet, daß sich ihre Wellenlänge verändert hat: im ersten Fall hat sie sich verlängert, im zweiten verkürzt.
In vielen Sternen sieht man alle Linien aller Elemente in Richtung des roten oder violetten Endes verschoben. Das bedeutet einfach, daß sich der Stern von uns entfernt oder sich uns annähert. Das Phänomen, das diese Veränderung der Wellenlänge erzeugt, wird »Doppler-Effekt« genannt und ist in der Akustik weitgehend bekannt.
In der Optik ist es etwas schwieriger, diesen Effekt festzustellen, da uns unser Auge die Intensität des Lichts und seine Farbe nur annähernd angibt; wir benötigen ein Spektroskop, um die Wellenlängen exakt feststellen zu können, während das Ohr gegenüber den akustischen Wellen so sensibel ist, daß es uns die Veränderungen des Tons dieser Wellen mit Genauigkeit angibt. Wenn sich diese Wellenlänge also gegenüber jener im Laboratorium gemessenen verändert hat, weiß man, daß sich der Stern annähert oder entfernt.
Wenn diese Annäherung oder Entfernung im Zeitablauf konstant bleibt, wissen wir, daß wir einen Stern beobachten, der immer von uns flieht oder sich annähert.
Es gibt jedoch auch Sterne, in denen sich die Spektrallinien periodisch spalten, d. h. daß sich die Linien, die zu einem bestimmten Zeitpunkt als eine Linie erscheinen, sich in zwei Komponenten teilen, wobei sich eine in Richtung des roten Endes und die andere in Richtung des violetten Endes verschiebt.
Dieses Phänomen kann durch die Annahme erklärt werden, daß wir im ersten Fall das Licht von einem umeinander rotierenden Sternenpaar in dem Moment wahrnehmen, in dem einer der Sterne von links nach rechts vor dem anderen vorbeikommt und der andere dahinter von rechts nach links.
In dieser Phase findet weder eine Annäherung noch ein Entfernen von uns statt: die durch die in der Atmosphäre der zwei Sterne vorhandenen Atome erzeugte Spektrallinie erscheint also in derselben Position, da wir das Spektrum des gesamten Lichts beobachten, das von den beiden Sternen kommt. Zu einem späteren Zeitpunkt nähert sich einer der beiden Sterne an, während sich der andere entfernt. Das Licht erreicht uns auch in diesem Fall gemischt, aber die durch den sich annähernden Stern erzeugte Linie wird gegen Violett verschoben sein, während sich die vom sich entfernenden Stern ausgesandte Linie nach Rot verschiebt. Als Ergebnis trennen sich die beiden Linien und zeigen im Spektrum keinen Kumulationseffekt.
Wir können bestimmen, zu welchem Zeitpunkt sich die Linie gespalten hat und wann die beiden Linien genau übereinstimmen, und auf diese Weise können wir eine »Geschwindigkeitskurve« aufstellen.
Wir können also eine Geschwindigkeitskurve der Sterne des Paars anfertigen und die Analogie zwischen dieser Kurve und der »Lichtkurve« der Sterne der Bedeckungsveränderlichen erkennen. In den schematischen und graphischen Darstellungen auf diesen beiden Seiten kann man erkennen, wie sich aus der Geschwindigkeitskurve eines Doppelsterns eine große Menge an Informationen ablesen läßt.

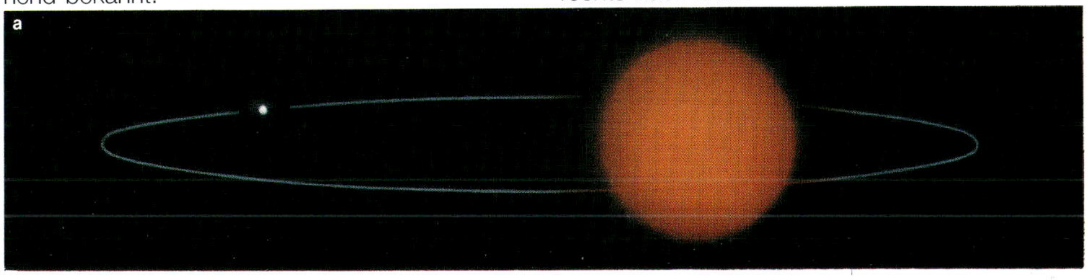

Eine einzigartige Gelegenheit. Links und unten werden verschiedene Doppelsternarten dargestellt: dank der spektroskopischen Beobachtung sind zahlreiche Merkmale bekannt. Die Untersuchung der Spektrallinien ermöglicht nämlich nicht nur, die Annäherungs- oder Entfernungsgeschwindigkeit der beiden Komponenten eines Doppelsterns zu erkennen und deshalb von ihren Bahnen zu sprechen, sondern auch die physikalischen Eigenschaften der beiden Sterne zu enthüllen. Hier nebenan (oben) kann man einen winzigen Stern erkennen, der um einen sehr großen kreist; die Größe eines Sterns läßt sich im Spektrum leicht feststellen, da die kleinen Sterne breite und die großen dünne Linien haben. In der Mitte und unten sind Sterne mit verschiedenen Farben zu sehen; auch dieser Umstand wirkt sich auf die Merkmale des Spektrums aus. a) VV Cephei; b) W Ursae Majoris; c) β Persei; d) RU Monocerotis; e) UV Canis Majoris; F) β Lyrae.

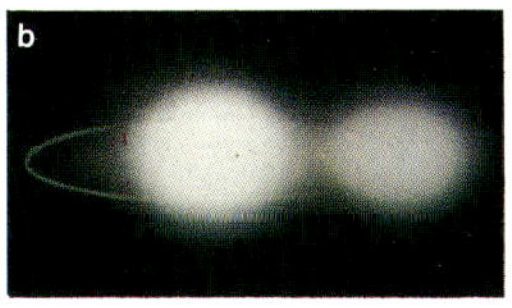

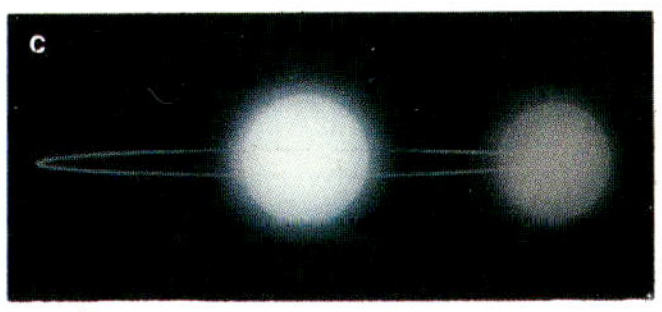

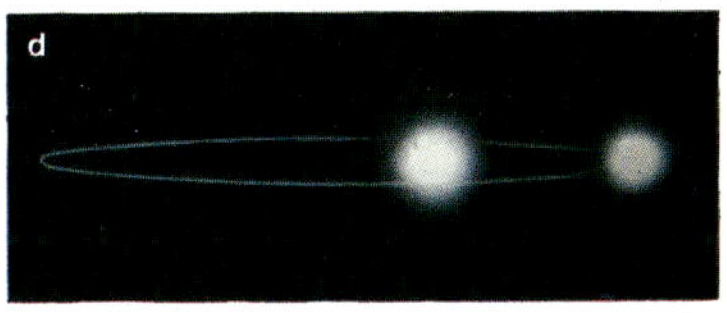

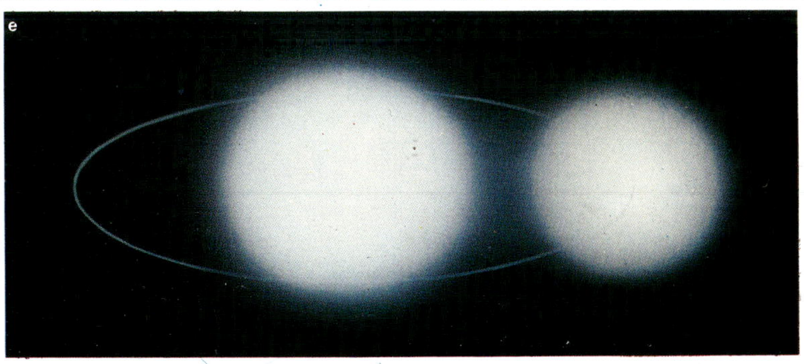

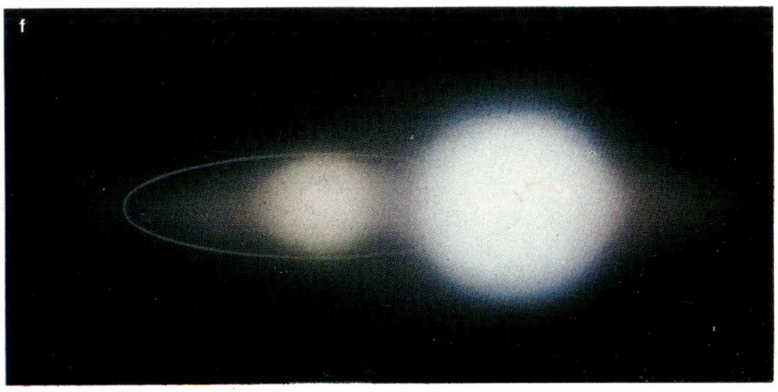

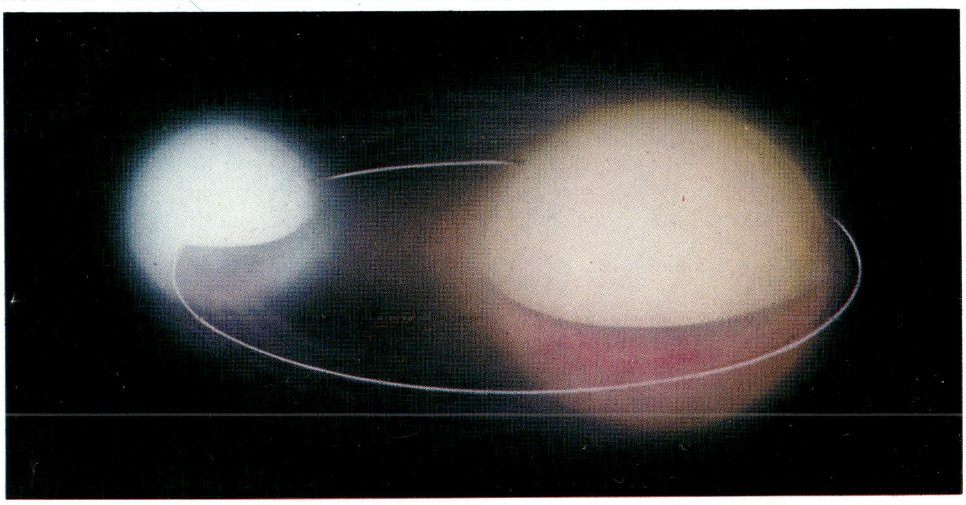

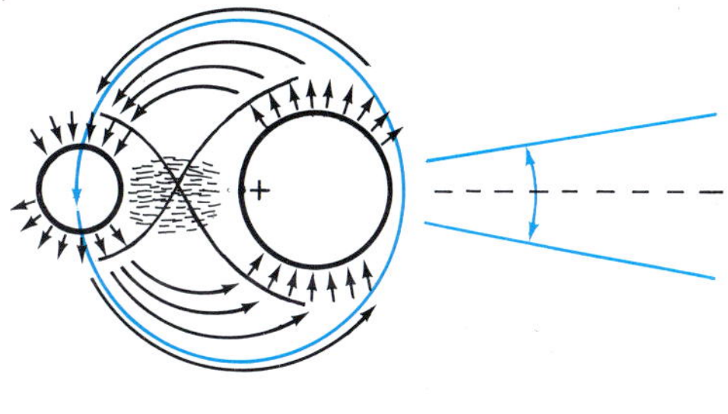

Zwei kombinierte Techniken. Hier links und oben eine Rekonstruktion und eine graphische Darstellung der physikalischen Struktur eines Doppelsterns, dessen Komponenten sich fast berühren und eine starke Gezeitenwirkung auslösen. Manchmal findet ein Materienaustausch statt: etwas glühendes Gas wird von einem Stern auf den anderen geblasen und umgekehrt. Auf diese Weise bildet sich ein hell leuchtender Fleck, den man im Spektrum des Sterns erkennen oder verschwinden sehen kann. Man kann die Beobachtung des Spektrums auch mit jener der Eklipse kombinieren, wenn sich die Bahn in einer günstigen Lage befindet.

Heiße und kalte Sterne

Auch bevor man die Sternbilder am Himmelsgewölbe unterscheiden kann, wird man während der Beobachtung in einer klaren Nacht feststellen, daß nicht alle Sterne die gleiche Farbe haben; und gerade die Farbe spielt eine bedeutende Rolle, um ihre physikalische Zusammensetzung zu ermitteln.
Einer der Gründe, warum die Sterne beim ersten Anblick alle gleich, also alle weiß oder blauweiß erscheinen können, besteht darin, daß das Auge dazu neigt, schwache Lichter bläulich wahrzunehmen. Aus diesem Grund muß man die Beobachtung der Farbe – wenn man mit freiem Auge beobachtet – auf die hell leuchtenden Sterne beschränken.
Es sollte gleich zu Beginn erwähnt werden, daß der Großteil der Sterne wirklich weiß oder blauweiß ist; aber auch ohne große Mühe wird man erkennen, daß es bei dieser allgemeinen Regel viele Ausnahmen gibt: es gibt Gestirne, die deutlich weiß erscheinen, d. h. eher silberweiß wie z. B. der Planet Venus oder unsere Sonne, wenn sie bei sehr klarem Himmel zu Mittag beobachtet wird. Es gibt auch gelbe Sterne, die einen leicht strohgelben Farbton aufweisen, und schließlich die dunkelorangen und roten. Die letztgenannten sind selten, doch es ist möglich, sie sowohl am Sommer- als auch am Winterhimmel anzutreffen.
Falls man die Farbe nicht deutlich erkennen sollte, muß man sich eines Fernglases oder eines anderen astronomischen Instruments bedienen, das über einen großen Objektivdurchmesser verfügt. Auf diese Weise kann man eine viel größere Lichtmenge des Sterns einfangen als nur mit der Pupille; das Gestirn wird im Instrument hell leuchtend erscheinen, und damit läßt sich seine Farbe deutlich unterscheiden.
Der mit freiem Auge gewonnene Eindruck wird im Instrument viel lebhafter. Wenn man bei der Ausrichtung des Instruments auf diese Gestirne Übung hat (das Instrument auf die leuchtendsten Gestirne zu richten, ist außerdem sehr einfach), wird der Farbvergleich zwischen Gestirnen mit starken Kontrasten, wie eben im Fall eines blauen und dann eines orangeroten oder roten Sterns, keine Schwierigkeiten bereiten. Diese Beobachtung hinterläßt aufgrund der hell leuchtenden Farben einen bleibenden Eindruck. Wir erinnern jedoch daran, daß störend wirkende Phänomene auftreten können. In einer sehr klaren Nacht wird ein sehr hell leuchtender Stern, der jedoch niedrig am Horizont steht, sehr stark funkeln, und in einem astronomischen Instrument, auch wenn es sich nur um ein Fernglas handelt, wird er in einem Augenblick alle Regenbogenfarben spielen lassen, er wird in rascher Folge grün, rot, dunkelblau, blau, gelb, weiß usw. erscheinen.
Eine Beobachtung dieser Art sollte nicht beachtet werden, da diese Farben falsch sind; sie werden durch die Luftblasen unserer Atmosphäre verursacht, durch die wir den Stern beobachten. Es ist besser, die Sterne zu beobachten, wenn sie sich in hoher Position am Horizont befinden und deshalb nicht funkeln. Es gibt jedoch Sterne, wie z. B. Antares, die von unseren Breiten aus schwerlich hoch am Horizont beobachtet werden können.
Ein noch außergewöhnlicheres Schauspiel bietet die teleskopische Beobachtung eines Doppelsterns, dessen zwei Komponenten verschiedene Farben aufweisen. Der eindrucksvollste und faszinierendste Fall ist Albireo, Beta des Sternbilds Schwan: ein Stern, der Wega sehr nahe steht und vom späten Frühling bis zum Herbstanfang beobachtet werden kann. Eine der Komponenten dieses Doppelsterns ist orangerot und die andere blau. Die Beobachtung nahestehender Sterne im teleskopischen Feld ist eine große Hilfe, da die Nähe den Farbunterschied noch unterstreicht, wie z. B. Wega und Antares oder Wega und Arktur.
Man wird sich jetzt fragen, worin der Sinn der Farbbeobachtung der Sterne liegt, warum die Mehrzahl der Sterne blau ist, und auch warum unter diesen Sternfarben einige, wie z. B. Grün, fehlen.
Die Erklärung ist sehr einfach. Die Sterne sind große Kugeln aus ionisiertem Gas, d. h. daß die Atome nicht vollständig sind, sondern zumindest ein Elektron an ihrem Rand verloren haben. In anderen Fällen halten einige Atome ein zusätzliches Elektron fest, das von einem naheliegenden Atom verloren wurde. Gas dieser Art ist opak, und wenn es sehr heiß ist, strahlt es außerdem ein Licht aus, dessen Farbe von der Temperatur des Gases abhängt. Diese Farbe ist z. B. Schneeweiß, wenn die Temperatur etwa 6000° C beträgt (wie die Temperatur unserer Sonne). Die Farbe wird Blauweiß oder Blau, wenn die Temperatur auf 10000° C steigt; über 10000° C wird der Stern eindeutig blau. Wenn die Temperatur hingegen unter jene der Sonne sinkt, 3500° C–4000° C, dann wird das stellare, das Licht aussendende Gas zuerst gelb, dann orange und schließlich rot.
Wenn man also die Farbe eines Sterns bestimmt hat, hat man automatisch auch seine Temperatur gemessen. Es ist zwar ziemlich schwierig,

direkt mit den Augen ein physikalisches Merkmal wie seine scheinbare Helligkeit zu messen, die Augen sind aber außergewöhnlich leistungsfähig in der Messung der Temperatur.
Aus der Temperatur lassen sich auch eine große Anzahl physikalischer Merkmale im Inneren des Gestirns ableiten; diese Merkmale werden vor allem mittels des Spektroskops untersucht.
Die Beobachtung der Sternfarben ist also eine präzise Methode der physikalischen Analyse, falls die Farben durch eine klare Atmosphäre wahrgenommen werden.

Auf der Jagd nach den Farben. Auf diesen drei Aufnahmen werden drei besonders gefärbte Sterne hervorgehoben. Oben links: Aldebaran, der Hauptstern des Stiers, dessen Licht orangerot oder rot leuchtet. Im Orion (oben rechts) befindet sich oben links der leuchtendste Stern Beteigeuze; er ist eindeutig orange, während Rigel (auf der Himmelskarte abgebildet) blauweiß leuchtet. Das dritte Foto (rechts) zeigt das Sternbild des Großen Hundes, in dem der blauweiße Sirius, der hellste Stern am Firmament, leuchtet.

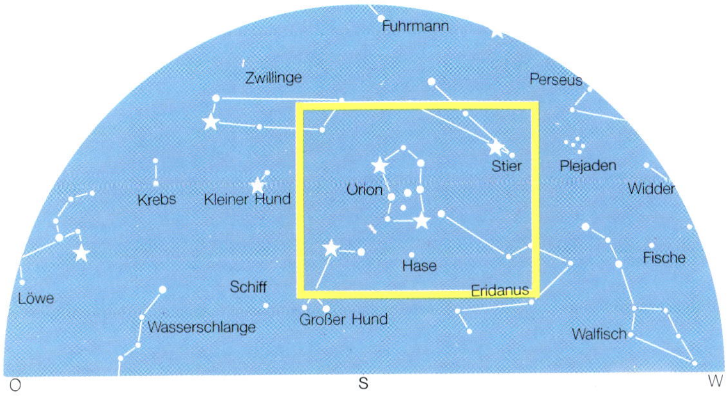

Zwischen den Sternen des Winterhimmels. Diese Winterhimmelskarte zeigt das Sternbild Orion hoch am südlichen Horizont um 9 Uhr abends, rechts darüber Aldebaran im Stier und links Sirius im Großen Hund.

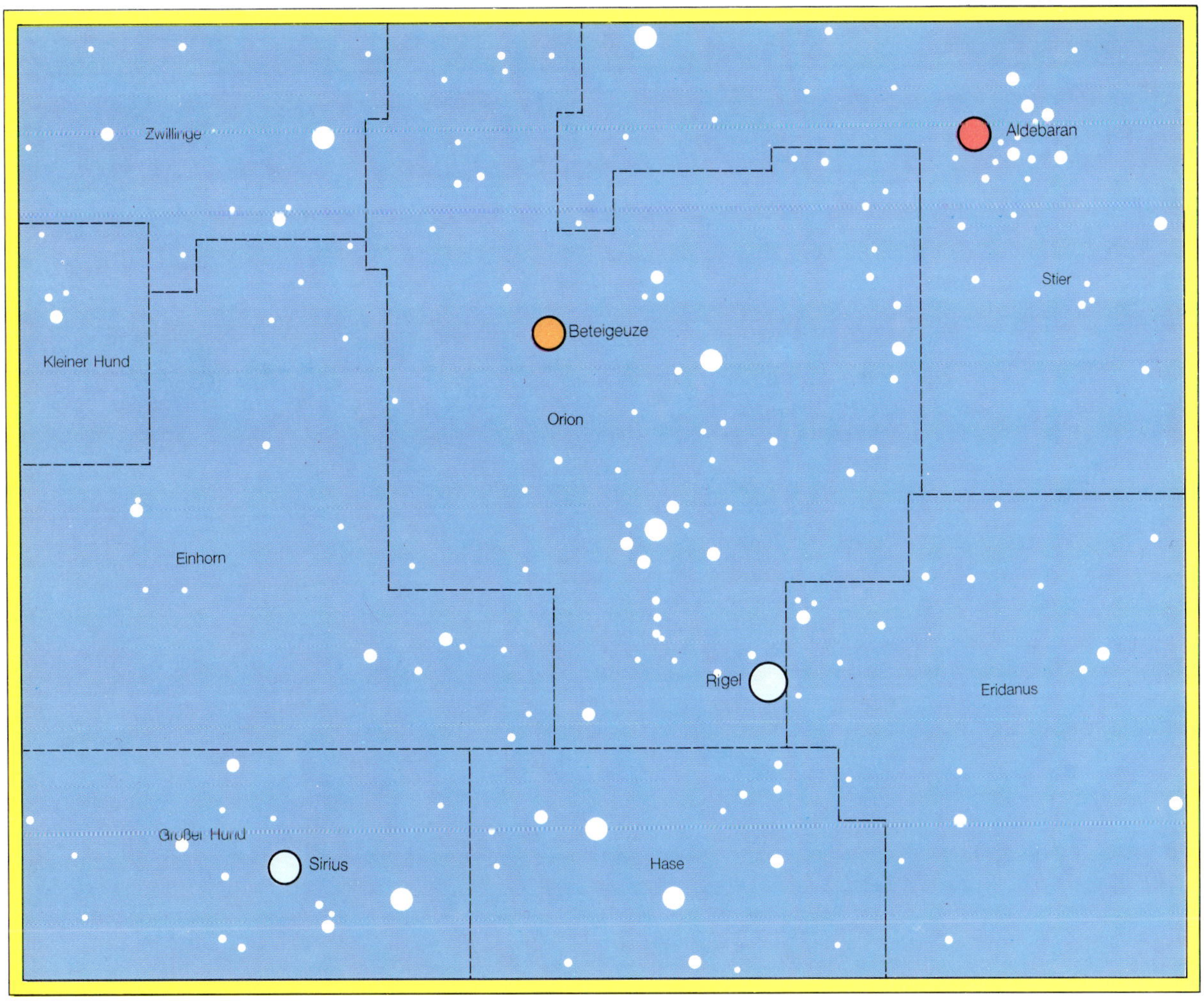

Eine farbenreiche Zone. Karte der Sternkonstellationen Großer Hund, Orion und Stier. Der Großteil dieser Sterne ist blauweiß; im Sternbild Orion ist zum Beispiel nur Beteigeuze (links oben) ein orangefarbener Stern, der rechts unten stehende Rigel ist ein schöner blauweißer Stern. Auch Sirius im Großen Hund ist ein blauweißer Stern. Alle leuchtenden, blauweißen Sterne, die häufig auf kleinem Raum am Himmel konzentriert sind, wie z. B. im Sternbild Orion, oder manchmal in den offenen Sternhaufen, die wir später beschreiben werden, sind große und stark leuchtende Sterne, die erst vor kurzem entstanden sind. Aldebaran im Sternbild Stier hat eine wunderschöne orangerote Farbe, was sich auch auf dem oben links abgebildeten Foto gut erkennen läßt. Eines Tages, wenn man zu einem Experten geworden ist, wird man sich mit Hilfe eines großen Himmelsatlasses zwischen den leuchtendsten Sternen der Sternbilder auf die Suche nach anderen, schwächeren Sternen machen können, deren rotes Licht viel dunkler leuchtet als jenes, das wir bisher beobachten konnten.

VON DER FARBE ZUM SPEKTRUM. Es ist bekannt, daß sich das weiße Licht aus den sieben Regenbogenfarben, von Rot bis Violett, zusammensetzt. Diese sieben Farbtöne sind im weißen Licht gleichmäßig verteilt, d. h. daß jede Farbe im richtigen Ausmaß vorhanden ist. Wenn man zum Beispiel das Licht eines roten Sterns mit dem Prisma zerlegt, wird man ein Ungleichgewicht zugunsten des roten Farbtons feststellen: es werden also Rot, Orange und etwas Gelb im Verhältnis zu den anderen Farben – insbesondere gegenüber dem violetten Farbton, den man bei der Zerlegung des weißen Lichts gefunden hätte – vorherrschen.
Das Spektrum eines Lichts aufzustellen, bedeutet ein Diagramm von der Häufigkeit jedes Bestandteils der Regenbogenfarben zu zeichnen, die alle in größerem oder geringerem Ausmaß immer in der Farbe des Sternenlichts vorhanden sind.
Wenn diese Messung mit einem guten Instrument sehr genau durchgeführt wird, so daß die Möglichkeit besteht, die Häufigkeit der sehr engen Farbstreifen und nicht einfach das gesamte Rot, das gesamte Orange usw. zu finden, kann man entdecken, daß das Spektrum der Sonne oder der Sterne von unzähligen dunklen Linien überlagert wird. Jede Linie entspricht einem im Gas der Sternatmosphäre verdampften Atom. Jedes Atom strahlt dabei nicht nur eine, sondern viele Linien gemeinsam aus. Durch die Untersuchung der schwarzen Linien, welche die Regenbogenfarben des Spektrums der Sonne und der Sterne überlagern, kann bereits annäherungsweise eine chemische Analyse der Sterne durchgeführt werden. Dank der Erfindung des Spektroskops und seiner Anwendung in der chemischen Laboranalyse durch die Physiker Kirchhoff und Bunsen war es möglich, Lichtquellen (wie z. B. die Flammen und die Voltbögen) und in der Folge auch das Licht der Sterne chemisch im Labor zu untersuchen.
Ab 1860 brachte Pater Angelo Secchi das Spektroskop an einem Fernrohr an und vergnügte sich über einen langen Zeitraum hindurch, die Spektren vieler leuchtender Sterne zu beobachten. Er stellte dabei fest, daß diese Spektren von Stern zu Stern verschieden sind, sich jedoch in wenige Kategorien zusammenfassen lassen, die hier unten dargestellt werden.
Man kann diese Beobachtung wiederholen, indem man in einem Fernrohr nach dem Okular gemäß einer der beiden auf dieser Seite angegebenen Anleitungen ein Prisma einfügt. Trotzdem ist diese Beobachtung schwierig, wenn man nicht sehr viel Licht zur Verfügung hat wie jenes, das ein sehr leistungsstarkes Teleskop liefert. Die direkte Beobachtung ist möglich, aber schwierig. Um diese Beobachtung jedoch aussagekräftig zu machen, benötigt man eine Fotografie. Pater Angelo Secchi konnte nur eine beschränkte Anzahl an Sternen untersuchen, da er die Spektren nicht fotografierte, sondern direkt mit dem Auge beobachtete.
Wie wir noch sehen werden, gibt es heute sehr leistungsstarke Methoden, um in sehr kurzer Zeit eine große Menge an Spektren analysieren und daraus zahlreiche Informationen gewinnen zu können.

Das Prisma. Diese graphische Darstellung zeigt, wie ein dünner, weißer Lichtstrahl sich beim Durchgang durch ein Prisma in die verschiedenen Regenbogenfarben aufspaltet, die von Rot bis Violett reichen.

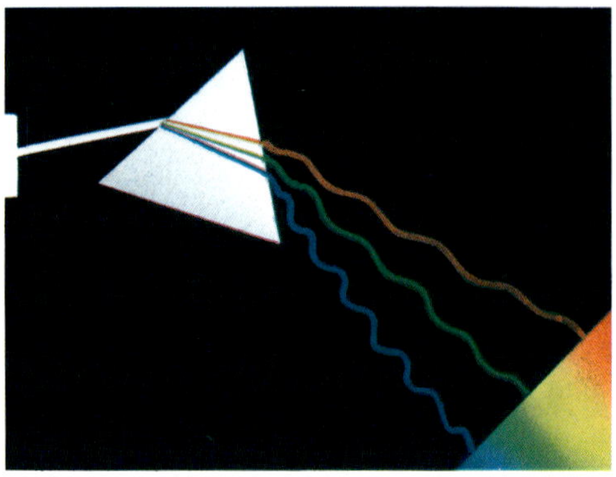

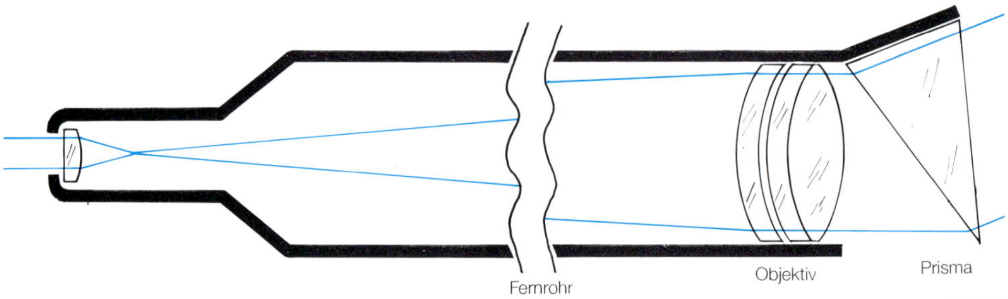

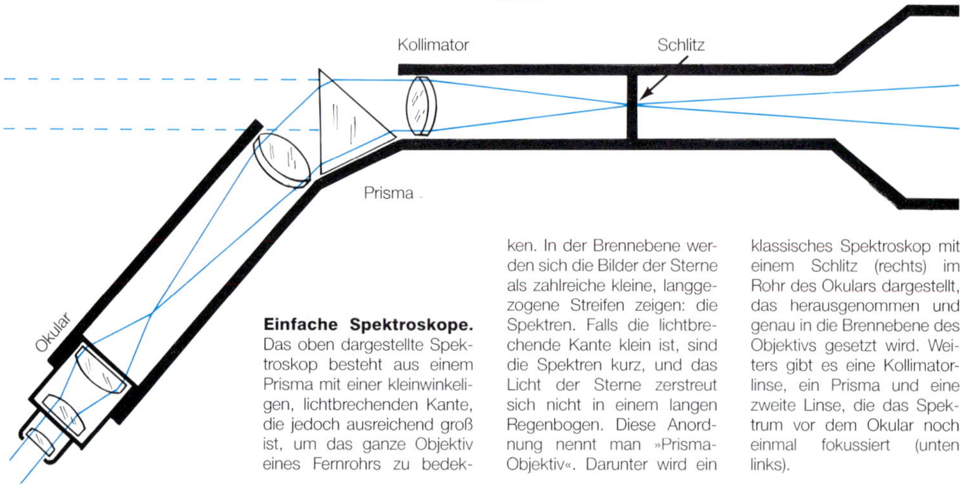

Einfache Spektroskope. Das oben dargestellte Spektroskop besteht aus einem Prisma mit einer kleinwinkeligen, lichtbrechenden Kante, die jedoch ausreichend groß ist, um das ganze Objektiv eines Fernrohrs zu bedecken. In der Brennebene werden sich die Bilder der Sterne als zahlreiche kleine, langgezogene Streifen zeigen: die Spektren. Falls die lichtbrechende Kante klein ist, sind die Spektren kurz, und das Licht der Sterne zerstreut sich nicht in einem langen Regenbogen. Diese Anordnung nennt man »Prisma-Objektiv«. Darunter wird ein klassisches Spektroskop mit einem Schlitz (rechts) im Rohr des Okulars dargestellt, das herausgenommen und genau in die Brennebene des Objektivs gesetzt wird. Weiters gibt es eine Kollimatorlinse, ein Prisma und eine zweite Linse, die das Spektrum vor dem Okular noch einmal fokussiert (unten links).

Die Spektralklassen von Secchi. Alte Originalzeichnung der fünf Klassen, in die Pater Angelo Secchi die große Vielfalt der Spektren einordnete. Der erste Typ (oben) entspricht den blauen Sternen, deren Spektrum insbesondere reich an Blau und Violett ist und wenige, sehr intensive Linien, jene des Wasserstoffs und manchmal des Heliums, aufweist. Der zweite Typ (gleich darunter) ist jenem der Sonne ähnlich; er ist für die weißen oder gelben Sterne typisch. Es ist ein Spektrum mit gleichmäßig verteilten Farben und zahlreichen Spektrallinien, die vor allem von metallischen Elementen stammen. Im dritten, vierten und fünften Typ werden die Farben Blau und Violett progressiv immer weniger; die einzelnen Linien der metallischen Elemente nehmen ab; es tauchen jedoch in Bändern zusammengefaßte Linien auf, die sich im vierten Typ am rechten Ende konzentrieren, während sie im fünften Typ links plötzlich aufhören.

MODERNE SPEKTROSKOPISCHE INSTRUMENTE. Bis vor einigen Jahrzehnten wurden die spektroskopischen Analysen mit primitiven Instrumenten durchgeführt. Wenn man anstatt mit dem Auge mit der Fotoplatte beobachtete, war eine außergewöhnlich lange Belichtungszeit notwendig, da das bereits schwache Licht eines Sterns zerstreut wurde; man benötigte deshalb mindestens eine Nacht, um das Spektrum aufzunehmen. Wenn es sich um einen sehr leuchtschwachen Stern handelte, der jedoch aufgrund irgendeines – und nicht nur wegen seiner Farbe – Merkmals wichtig war, dehnte man die Beobachtung auf mehrere Nächte aus. Man mußte dabei dasselbe Instrument mit großer Genauigkeit auf denselben Stern richten.

Nachdem man das Spektrum fotografiert hatte, mußten etwa sechs Monate vergehen, um eine ausreichend genau Analyse seiner Linien durchführen zu können. So kam es häufig vor, daß viele astronomische Beobachter mit Spektren überhäuft waren, die in ein oder zwei Beobachtungsnächten aufgenommen worden waren und dann Monate oder sogar Jahre darauf warteten, interpretiert zu werden. Heute ist das nicht mehr der Fall, da es hochentwickelte elektronische Instrumente und hochentwickelte Spektrographen von der Art des Coudé ermöglichen, sowohl die Aufnahmezeit für die Spektren (heute können auch die Spektren sehr leuchtschwacher Sterne in wenigen Beobachtungsminuten aufgenommen werden) verkürzt werden als auch die Zeit für die Analyse des Spektrums. Die ersten Instrumente sind die Lichtverstärker. Das Spektrum des Sterns fällt nicht direkt auf die Fotoplatte, sondern wird zu einem Instrument geleitet, das die Lichtintensität sogar mit dem Faktor 100 multipliziert; jede Beobachtungsminute wird somit weniger als eine Sekunde und jede Stunde weniger als eine Minute; aus diesem Grund können in einer Nacht mit nur einem Teleskop zahlreiche Spektren aufgenommen werden.

Die in großer Zahl gewonnenen Spektren werden heute nicht mehr in Geräten gemessen, in denen man die Beobachtung mit einem Art Mikroskop durchführte (indem man das Spektrum mittels einer Kurbel unter dem Gerät bewegte), sondern in Geräten, in denen man die Transparenz der verschiedenen Punkte des Spektrums (die also die Intensität des Farbkontinuums sowie die Position und die Breite der verschiedenen Linien mißt) mit Hilfe eines elektronischen Systems ermittelt, das mit einem Computer verbunden ist, der in kürzester Zeit alle Messungen, die Reduktionen und die notwendigen Umwandlungen durchführt, um von der Schwärzung der Fotoplatte zur Kenntnis der physikalischen Merkmale des Sterns zu gelangen.

Das Sonnenspektrum. Links ist eine außergewöhnliche Farbaufnahme des Sonnenspektrums zu sehen. Die Einzigartigkeit dieses Fotos besteht darin, daß es mit einer Farbemulsion und nicht wie üblich in Schwarzweiß aufgenommen wurde. Für professionelle Zwecke werden nie Farbaufnahmen gemacht, da nur die Sensibilität der Schwarzweißemulsion ermöglicht, alle Einzelheiten des Spektrums zu registrieren. Darüber hinaus kann das Sonnenspektrum in außergewöhnlichen Längen aufgenommen werden: von Rot bis Violett kann es auch 20 m lang sein. Hier wurde es absichtlich abgekürzt, um einen Vergleich mit den Spektren der Sterne anstellen zu können, da die Sonne der einzige naheliegende Stern ist. Aufgrund ihres schwachen Lichts bieten uns die Sterne nicht die Möglichkeit, so lange und zerstreute Spektren wie jenes der Sonne aufzunehmen.

Der Coudé-Spektrograph (unten) besteht aus den folgenden Hauptbestandteilen: a) Teleskop zur Sammlung des Lichtes; b) Schlitz des Spektrographen; c) Kollimatorspiegel; d) Ablenkspiegel; e) Dispersionsfadennetz; f) Kammerspiegel; g) fotografische Platte zur Sammlung des Spektrums.

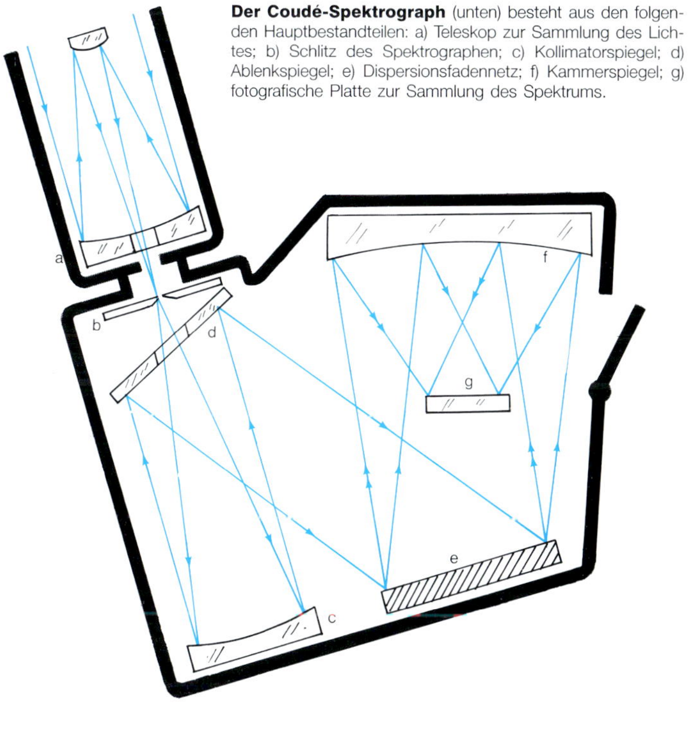

Automatisches Spektrenmeßgerät. Das Spektrum (a) wird auf das Gestell eines Geräts angebracht, das es unter einem Illuminator laufen läßt; die Bewegung des Spektrums wird durch die automatische Meßzeile (b) gemessen und durch das Photometer (c) beobachtet. Durch das Spektrum läßt man das Licht einer Lampe (d) durchgehen, das vom Photometer (f) aufgefangen wird; Lampe und Photometer werden durch das Speisegerät (g) mit Energie versorgt. Aus dem Spektrum, das sich wie in (e) präsentiert, werden in vielen Punkten Proben entnommen (h) und durch eine Instrumentenkette (i) und (l) beobachtet, die ihre Daten an einen elektronischen Rechner weiterleitet, der schließlich die ausgearbeitete Rekonstruktion des Spektrums (m) und (n) liefert. Mittels dieser Daten ist der Astronom in der Lage, die physikalischen Merkmale des Sterns unmittelbar auszuarbeiten.

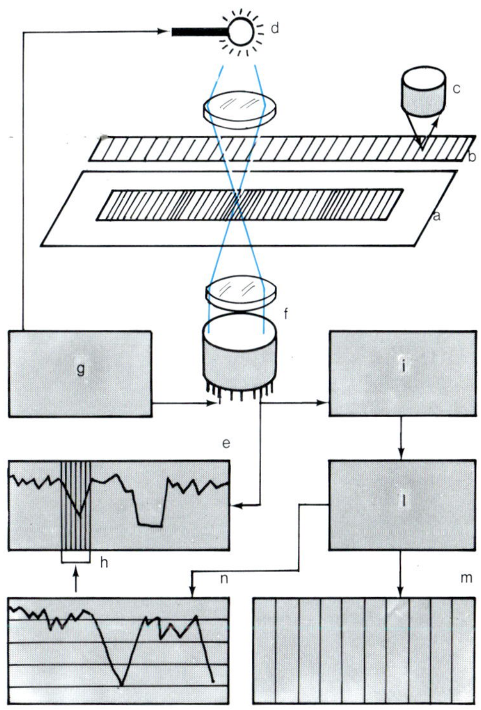

SPEKTRUM UND STELLARPHYSIK. Mit einem in der Erkennung der Sternfarben ausreichend geübten Auge und mit Hilfe kleiner astronomischer Instrumente wird es uns gelingen, die Temperatur und die physikalische Beschaffenheit der Sterne abzuleiten.

Man muß auf die Geschichte der Spektrenforschung zurückgreifen, die mit den Untersuchungen von Pater Angelo Secchi begann, der die Sternspektren grob in vier große Kategorien einteilte. Als sich die spektroskopische Beobachtung jedoch mit der Einführung der fotografischen Instrumente weiterentwickelte und als Spektroskope und Teleskope stärker wurden, erkannte man, daß es zweckmäßig wäre, die Spektren in feinere Kategorien zu unterteilen. Die Spektraltypen stellten sich also als zahlreich heraus, und man wollte sie zur Unterscheidung anstatt mit römischen Ziffern mit einem Buchstaben des Alphabets, von A beginnend, bezeichnen. Als man schließlich die Natur und den Ursprung dieser Spektren erkannte, mußte man die Reihenfolge verändern und gewisse Kategorien abschaffen, so daß die Spektraltypen heute – etwa von der ersten bis zur letzten Kategorie Secchis – in die folgenden Klassen eingeteilt werden: O, B, A, F, G, K, M. Die Studenten der Astrophysik merken sich diese wirre Buchstabenfolge mit einem scherzhaften englischen Satz: O, Be A Fine Girl, Kiss Me!, was bedeutet: Oh, sei ein nettes Mädchen, küß' mich!.

Jetzt sollte erwähnt werden, daß die spektroskopische Untersuchung der Lichtquellen im wesentlichen entwickelt wurde, um die chemische Analyse der in den Quellen verdampften Substanzen durchzuführen. Man könnte deshalb annehmen, daß die eingehende Beobachtung des Sternspektrums für die Durchführung chemischer Analysen geeignet sei, um also zu bestimmen, welche chemischen Elemente in der Atmosphäre oder der Photosphäre des Sterns vorhanden wären.

Man kann vor allem feststellen, daß die Spektrallinien unabhängig davon, ob sie stark oder schwach sind (d. h. breit oder schmal, sehr dunkel oder eher transparent), einander in allen Spektren etwas ähneln, und falls Unterschiede auftreten, so betreffen die augenfälligsten die Farbe und die Leuchtkraft des Sterns. Wenn ein Stern seine Temperatur stark ändert, ändert sich also auch sein Spektrum. Der Umstand, daß die Linien aller Elemente mehr oder weniger stark ausgeprägt vorhanden sind, bedeutet, daß es die Veränderungen der physikalischen Merkmale der Sternatmosphäre sind, die von der Temperatur oder anderen Größen, wie dem Druck, der Dichte usw. herrühren, welche die Veränderung im Aussehen des Spektrums bewirken. Wenn man hingegen von den Intensitätsverhältnissen der Linien die chemische Zusammensetzung der Sterne ableitet, erkennt man, daß praktisch alle Sterne eine ähnliche Zusammensetzung aufweisen. Die Veränderungen im Aussehen der Spektren sind also nützlicher, um die physikalischen Merkmale als die chemische Zusammensetzung der Sterne zu bestimmen. Man kann zum Beispiel erkennen, ob es sich um einen kleinen oder großen Stern handelt, ob seine Atmosphäre dicht oder verdünnt ist, ob er stark oder schwach leuchtet usw.

Bis zu diesem Punkt war man angelangt, als am Beginn dieses Jahrhunderts der dänische Astronom Hertzsprung und der amerikanische Astronom Russel das Aussehen mehrerer Sterne untersuchten, deren Entfernung bekannt war. Wenn die Entfernung eines Sterns bekannt ist, weiß man auch wie groß seine absolute Leuchtkraft ist.

Den beiden Astronomen gelang es also zu entdecken, daß man in einem Diagramm, in dem man auf der Abszisse den Spektraltyp des Sterns und auf der Ordinate seine absolute Helligkeit oder Leuchtkraft aufträgt, erkennen konnte, daß bei der großen Mehrzahl der Sterne, die sich vom Typ O zum Typ M einreihen lassen, auch die Helligkeit abnimmt. Die Sterne vom Typ O waren z. B. hundertmal leuchtstärker als die Sonne, während die Sterne vom Typ M hundertmal schwächer als die Sonne leuchteten. Die Sterne des Typs F und besser noch G leuchten praktisch wie die Sonne. Dieses Ergebnis ist von außerordentlicher Bedeutung: man braucht nämlich nur das Spektrum eines Sterns aufzunehmen, um zu erfahren, wie groß seine absolute Helligkeit ist, und wenn man einmal seine scheinbare Helligkeit bestimmt hat, kann man die Entfernung ableiten.

Eine auf diese Weise errechnete Entfernung nennt man »spektroskopische Entfernung«, da sie nicht mit den klassischen Methoden, sondern mittels einer typisch physikalischen Ermittlungsmethode bestimmt wurde: durch das Spektrum-Helligkeits-Diagramm, das mit dem Namen seiner Entdecker auch »Hertzsprung-Russel-Diagramm« genannt wird.

Dieses Diagramm hält uns zahlreiche Informationen bereit. Da die absolute Helligkeit mit dem Spektraltyp zusammenhängt und damit auch mit der Farbe, kann man in den meisten Fällen sagen, daß es sich jedesmal, wenn man einen blauen Stern sieht, um einen viel leuchtstärkeren Stern als die Sonne handelt, während man bei einem roten Stern sagen kann, daß er schwächer als die Sonne leuchtet.

Es gibt jedoch eine kleine Ausnahme. Im H-R-Diagramm (gegenüberliegende Seite) kann man feststellen, daß sich nicht alle Sterne entlang der absteigenden Diagonale des Diagramms verteilen. Eine nicht geringe Anzahl dieser Sterne befindet sich in einem horizontalen Bereich, der Riesenast genannt wird. Es ist vernünftig, die im oberen linken Teil des Diagramms angeordneten Sterne als »Überriesen« und die rechts unten als »Zwerge« zu bezeichnen, während die Sonne, die sich ungefähr im Zentrum befindet, als mittlerer Stern betrachtet werden kann. Die roten Sterne, die sich nicht wie die anderen entlang des unteren rechten Astes, sondern im horizontalen oberen Ast verteilen, sind also die »roten Riesen« oder »roten Überriesen«, je nachdem wieviel heller sie als die Sonne leuchten.

Da die roten Zwergsterne – auch wenn sie relativ nahe sind – schwach leuchten, lassen sie sich nur schwer beobachten. Der Großteil der am Himmel sichtbaren roten Sterne sind Überriesen. Außerdem sind alle stark blau leuchtenden Sterne, die man mit freiem Auge am Himmel wahrnehmen kann, Riesen oder Überriesen. Alle weißen Sterne sind jedoch sicherlich mittlerer Größe.

Somit kann man die visuelle Beobachtung der Sternfarbe perfektionieren: jedesmal wenn man einen stark blauen oder roten und im letztgenannten Fall stark leuchtenden Stern am Himmel sieht, kann man sich nämlich sicher sein, einen Stern mit riesiger absoluter Leuchtkraft vor sich zu haben, der mindestens 100mal stärker als die Sonne leuchtet und dessen Durchmesser bisweilen zwischen 10- und 100fach größer ist.

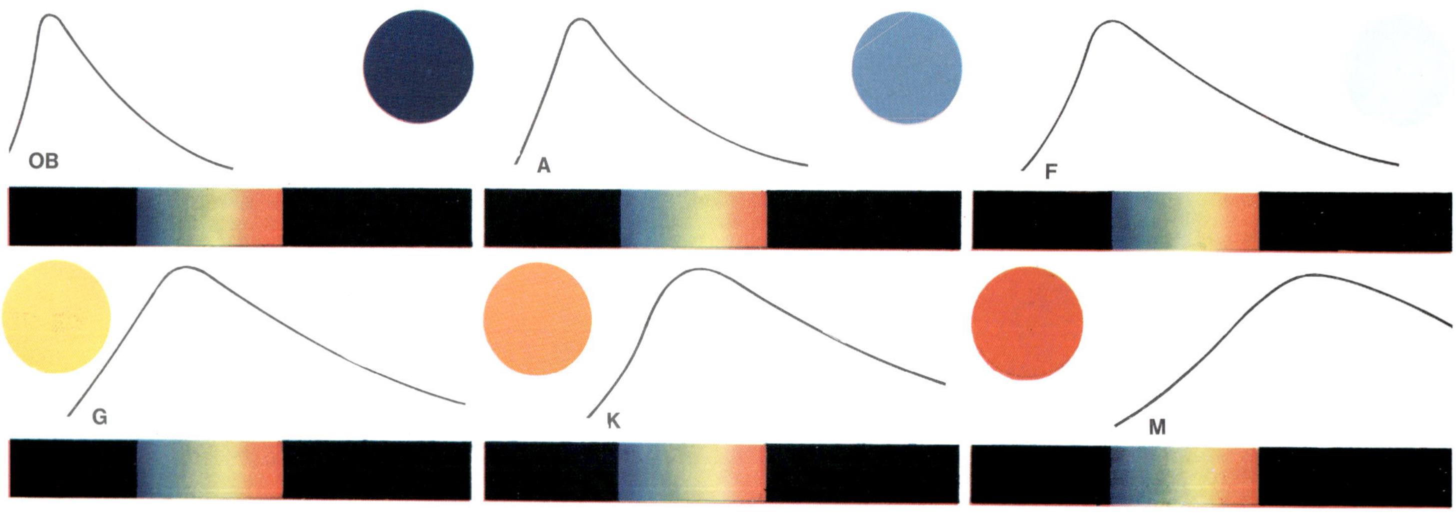

Farbe und Spektrum. Diese sechs Darstellungen zeigen, wodurch die Farbe eines Sterns bestimmt wird, und sollen helfen, die wichtige Beziehung zwischen der Farbe und dem Spektrum zu verstehen. Die Farbe des Sterns hängt von seiner Temperatur ab, da sich die Oberfläche des Gestirns wie ein »schwarzer Körper« verhält, d. h. ein idealer physikalischer Körper, der alle einfallenden Strahlen absorbiert und sie in Farbe umwandelt, ohne irgendeinen Teil zu reflektieren und dessen Licht nur von der Temperatur abhängt. Bei Temperaturen zwischen 500° C und 800° C ist das Licht des schwarzen Körpers rot, dann wird es mit ansteigender Temperatur dunkelrot, orange, gelb und weiß. Strahlendweißes Licht wie jenes der Sonne erhält man bei 6000° C, und bei darüberliegenden Temperaturen wird das Licht blau. Im Fall der Sterne ist die Situation etwas komplizierter, da sich die Sternatmosphäre nur anfänglich wie ein schwarzer Körper verhält. Tatsächlich weicht ihr Verhalten dann jedoch davon ab: sobald die Sterntemperatur auf unter 4000° C sinkt, bilden sich auf seiner Oberfläche Moleküle, die selektiv die vom Stern abgegebene Strahlung absorbieren. Das Farbspektrum in diesen Diagrammen gibt durch die Häufigkeit der verschiedenen Strahlungen an, aus welchen Hauptbestandteilen die Farbe des Sterns besteht; das darüberstehende Diagramm beschreibt diese Häufigkeiten. Die daneben aufgezeichnete Scheibe gibt die Farbe an, die man durch Mischung aller Komponenten des darunterliegenden Farbspektrums im Verhältnis des Diagramms erhält; der Buchstabe entspricht den Spektraltypen der Sterne, welche die in der betreffenden Scheibe dargestellte Farbe aufweisen.

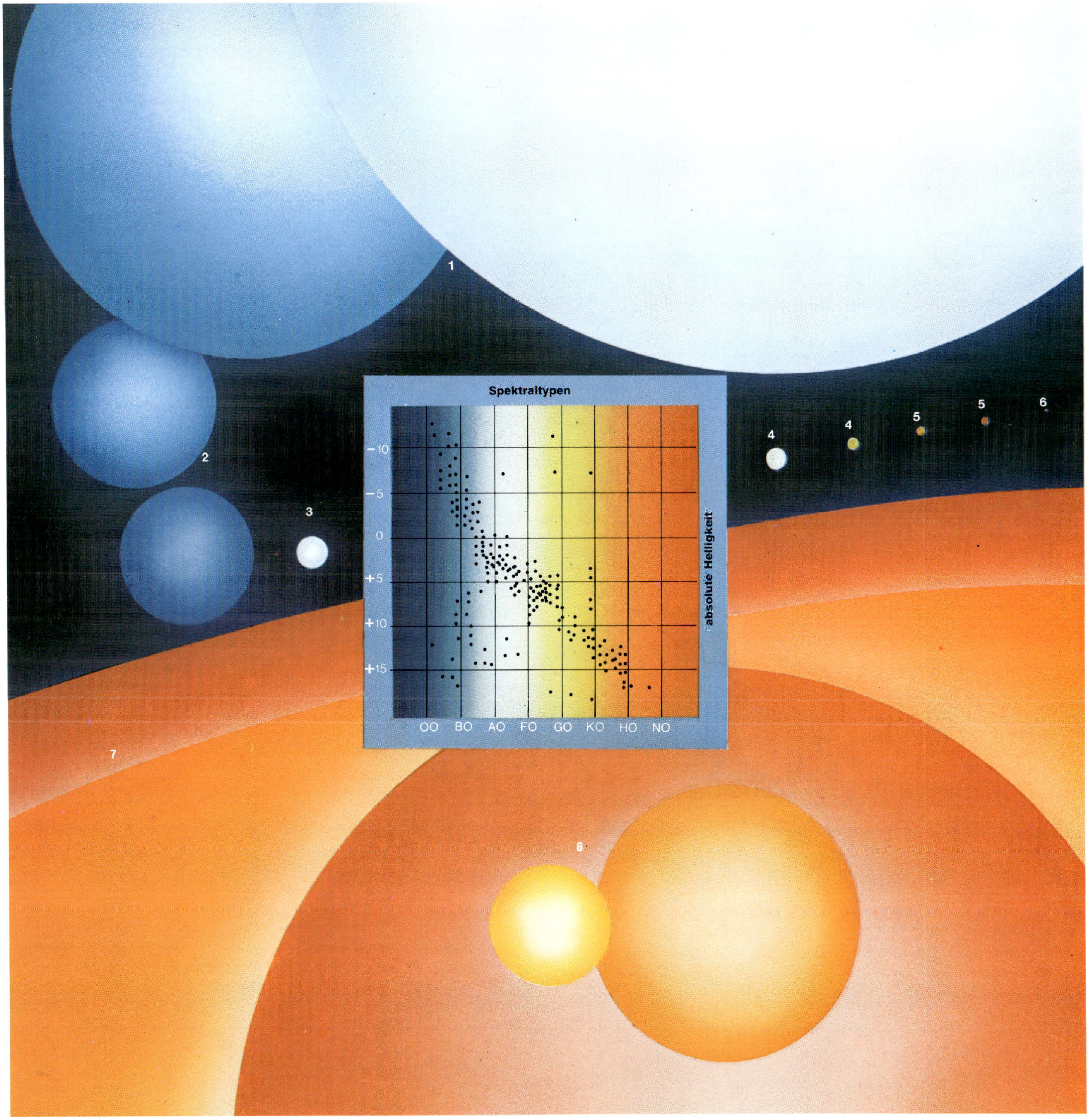

SPEKTRUM-TEMPERATUR	
Spektral-typen	**Temperatur in Kelvin**
• 05	40 000
• B0	28 000
• B5	15 500
• A0	9900
• A5	8500
• F0	7400
• F5	6580
• G0	6030
• G5	5520
• K0	4900
• K5	4130
• M0	3480
• M5	2800
• M8	2400

Das Spektrum-Helligkeits-Diagramm. Das Spektrum-Helligkeits-Diagramm oder Hertzsprung und Russel Diagramm oder H-R-Diagramm ist in der Mitte der obenstehenden Abbildung zu sehen. Die senkrechten Linien begrenzen die Zonen der verschiedenen Spektraltypen von O bis N. Die waagrechten Linien geben die absoluten Größen der Sterne an; ungefähr in der Mitte dieses Netzes befindet sich die Sonne mit dem Spektraltyp G und der absoluten Helligkeit von 5 (die Ziffern geben die Temperatur an: so ist G0 der heißeste Stern des Typs G, während sich G5 in mittlerer Position in der Sequenz zwischen G und K befindet). Die in diesem Diagramm eingezeichneten Punkte stellen die Sterne dar, die man am Himmel beobachten kann. Der Großteil dieser Sterne verteilt sich entlang einer absteigenden Diagonale, die das Diagramm durchquert. Die Sterne, die sich auf dieser absteigenden Diagonale befinden, werden als Sterne der »Hauptreihe« bezeichnet. Der obere waagrechte Abschnitt wird »Riesenast« genannt; unabhängig von ihrem Spektraltyp haben diese Sterne immer eine sehr große absolute Helligkeit: zumindest 100 oder 1000 und manchmal sogar 10000 Mal größer als jene der Sonne. Je weiter man sich gegen das rechte untere Ende der Hauptreihe bewegt, desto geringer wird die absolute Helligkeit. Im linken unteren Teil des Diagramms befinden sich einige einzelne Punkte, welche die »weißen Zwergsterne« darstellen: das sind Sterne mit ziemlich hoher Oberflächentemperatur, die jedoch sehr klein sind (nicht größer als die Erde, weshalb sie auch Zwerge genannt werden) und eine sehr hohe Dichte aufweisen. Es handelt sich um Sterne, die am Ende ihres Lebens angelangt sind, in deren Inneren sich keine nuklearen Reaktionen mehr ereignen und die dazu bestimmt sind, für relativ kurze Zeit zu leuchten. Im H-R-Diagramm schwanken die absoluten Helligkeitswerte der Sterne beträchtlich. Die Extremwerte des Diagramms variieren zwischen 10000fach höheren und 10000fach geringeren Werten als jener der Sonne, und das bedeutet, daß die schwächsten unter ihnen 100 Millionen Mal weniger leuchtstark sind als die leuchtmächtigsten Sterne. Auch die Durchmesser der Sterne sind sehr unterschiedlich; rund um das Diagramm werden alle Größen der in verschiedenen Punkten des Diagramms eingezeichneten Sterne dargestellt: es gibt winzige Sterne (darunter auch die Sonne [3, 4], die ziemlich klein ist) und ungeheuer große, wie jene von denen man nur einen Teil sieht und deren Umriß diametral das Zentrum des Diagramms durchquert. 1: blaue Überriesen, 2: blaue Riesen, 3+4: Zentrum der Hauptreihe, 5: rote Zwerge, 6: weiße Zwerge, 7: rote Überriesen, 8: rote Riesen. Die linksstehende Tabelle gibt das Verhältnis zwischen dem Spektraltyp und der Temperatur der Sterne an, die der Hauptreihe angehören.

DIE ENTFERNUNG DER STERNE. Die Menschen im Altertum stellten sich das Himmelsgewölbe wie eine Bühne in Form einer Kugel vor, auf der unzählige Sterne aufgezeichnet waren und in dessen Zentrum sich die Erde befand. Vor diesem Hintergrund spielte sich das Leben, die Bewegung der Sonne, des Mondes und der Planeten ab. Auch die Sterne bewegten sich: man nahm an, daß die Erde stillstünde, und daß sich die Sternenbühne rund um die Erde drehte, während die Sterne untereinander als fix angenommen wurden; sie bewegten sich nur scheinbar, da die Bewegung des Himmelsgewölbes sie mit sich schleppte.

Denselben Eindruck hat man auch heute; wenn man mit der Himmelsansicht etwas vertraut ist, wird man die Sterne, die einem durch das Bild der Sternzeichen bekannt sind, immer stillstehen sehen, während sich vor ihnen die Sonne, der Mond und die Planeten – die Sonne und der Mond sehr rasch, die Planeten je nachdem mehr oder weniger schnell – bewegen.

Dieser Eindruck ist jedoch falsch oder zumindest nur in einer ersten Annäherung wahr. Er ist also nur wahr, weil die Sterne sehr weit entfernt sind, so weit entfernt, daß ihre Bewegung – so schnell sie auch sein mag – der mit unseren Augen gemachten Beobachtung entgeht. Mit Hilfe der Instrumente und in sehr langen Zeiträumen kann man jedoch auch die Bewegung der Sterne erkennen. Es war nämlich genau die Entdekkung, daß einige Sterne nicht »fix« waren, welche die Astronomen dazu veranlaßten, die Messung ihrer Entfernung zu versuchen.

Es gibt keine einfachen Mittel, um die Entfernung der Sterne zu messen; man benötigt dazu leistungsstarke Instrumente, die außerhalb der Reichweite eines Amateurastronomen liegen. Wenn man jedoch mit der Zeit ausreichend Erfahrung gesammelt hat, wird es mittels eines astronomischen Atlasses möglich sein, die Position einiger jener Sterne (unter anderem sind es fast nur schwache) zu finden, die sich ziemlich rasch am Himmelsgewölbe bewegen; und nach der ersten Beobachtung wird man sich daran erinnern, daß man diese Sterne nach einigen Jahrzehnten nicht mehr in der Position finden wird, in der man sie zum ersten Mal beobachtet hat: diese Sterne haben sich also verschoben. Wie wir dies bereits im Fall einiger Doppelsterne erwähnt haben, kann also eine Person während ihres Lebens am Himmel Veränderungen der »Fixsterne« feststellen, die zwar wenig auffällig, aber deswegen nicht weniger bedeutend sind.

Die erste Entfernungsmessung der Sterne wurde an einem Stern vorgenommen, bei dem eine ziemlich rasche Bewegung beobachtet worden war. Wenn ein Stern relativ nahe ist, und wenn sich die Erde von einem Ende ihrer Bahn im Laufe von sechs Monaten zum anderen bewegt, wird der Stern scheinbar in entgegengesetzter Richtung am Himmelsgewölbe verschoben erscheinen, und zwar wenig, wenn er ziemlich nahe ist, und nur sehr wenig, wenn er eher weit entfernt ist, und im Falle des Großteils der schwachen teleskopischen und sehr weit entfernten Sterne des Universums in so geringem Ausmaß, daß diese scheinbare Bewegung nicht einmal von den stärksten Instrumenten wahrgenommen werden kann.

Trotzdem ist dies der erste Schritt auf einem Weg, der es den Astronomen ermöglicht, alle anderen Distanzen, selbst die größten des Universums, zu bestimmen.

Auf den vorhergegangenen Seiten haben wir gesehen, daß es möglich ist, die Entfernung eines Sterns zu messen, wenn man sein Spektrum kennt: aus dem Spektrum läßt sich die absolute Helligkeit des Sterns ableiten und mittels der relativen, also der beobachteten Helligkeit kann man die Entfernung bestimmen. Das ist jedoch nur möglich, weil sich dieses Prinzip für alle jene Sterne als gültig herausgestellt hat, deren Entfernung mit den hier beschriebenen Methoden gemessen worden waren. Wenn dies nicht möglich gewesen wäre, könnte man sich der Gültigkeit dieses Prinzips nicht sicher sein.

Die Messung der sogenannten trigonometrischen Parallaxen ist der erste Schritt, auf den die Messung aller anderen Entfernungen im Universum aufbauen.

Das Prinzip, auf dem die Messung basiert, ist sehr einfach. Wenn man sich im Freien befindet, wo nahe und ferne Objekte vorhanden sind, beobachtet man zuerst aus dem Stillstand, danach bewegt man sich entweder nach rechts oder nach links und man wird erkennen, daß sich die nahen Körper jeweils links oder rechts in unterschiedlichen Punkten des Hintergrunds abzeichnen. Aus dem Ausmaß dieser Verschiebung kann man durch Beobachtungen, die in Abständen von sechs Monaten durchgeführt werden, die Bewegung der relativ nahen Sterne im Verhältnis zu einem Hintergrund aus weitentfernten Sternen erkennen.

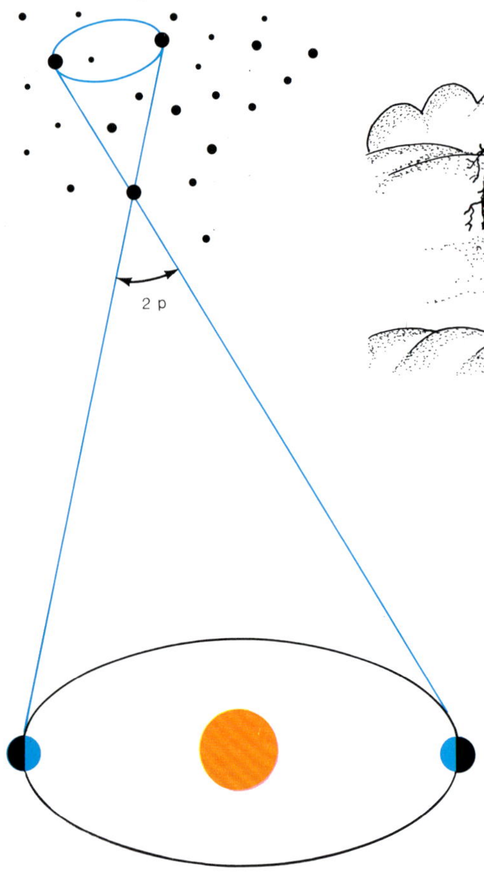

Die Sternparallaxe. Die hier oben abgebildete Zeichnung illustriert das Prinzip. Von zwei gegenüberliegenden Punkten entlang der Erdbahn sieht man im Abstand von sechs Monaten ein und denselben Stern im Verhältnis zu anderen, sehr weit entfernten Sternen, die praktisch fix erscheinen, um einen kleinen Winkel am Himmelsgewölbe verschoben. Die Hälfte dieses Winkels wird »Parallaxe« genannt. Die Parallaxe (p) ist also der Winkel, von dem man vom Stern aus die Länge des Erdbahnradius sehen würde.

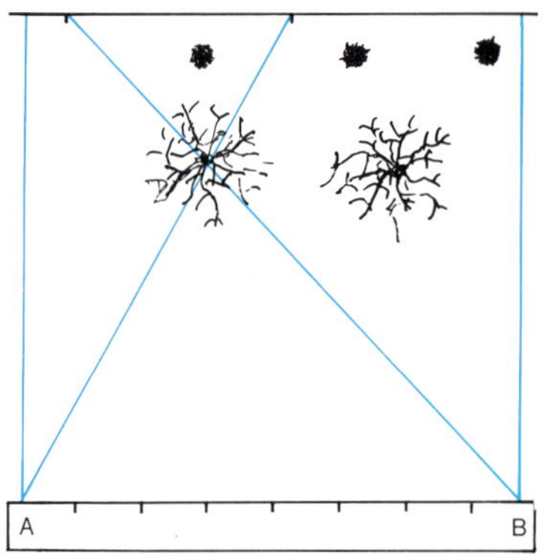

Das Prinzip der Parallaxe. Wenn man sich im Freien befindet und Bäume beobachtet, deren Profile sich gegen den dahinterliegenden Horizont abheben, wird sich die Position der Bäume im Verhältnis zu diesem Panorama verändern, je nachdem ob man sie von einem etwas mehr links oder rechts gelegenen Beobachtungspunkt aus betrachtet. Wenn man sich nach links bewegt, werden die näheren Bäume nach rechts verschoben erscheinen und umgekehrt. Das Ausmaß dieser scheinbaren Verschiebung hängt davon ab, wie weit man sich vom Ausgangspunkt wegbewegt hat und wie weit die beobachteten Bäume vom Beobachter entfernt sind. Man kann eine ziemlich genaue Messung anstellen, wenn man die Winkel mit einem einfachen Winkelmesser abmißt und diese Situation im Maßstab auf Millimeterpapier überträgt. Die einfach zu messende Entfernung A, B stellt die Bewegung dar; die Winkel, welche die beiden auf den Baum gerichteten, farbigen Linien mit der Geraden A, B einschließen, ermöglichen es, die Position des Baumes auf der Zeichnung zu bestimmen.

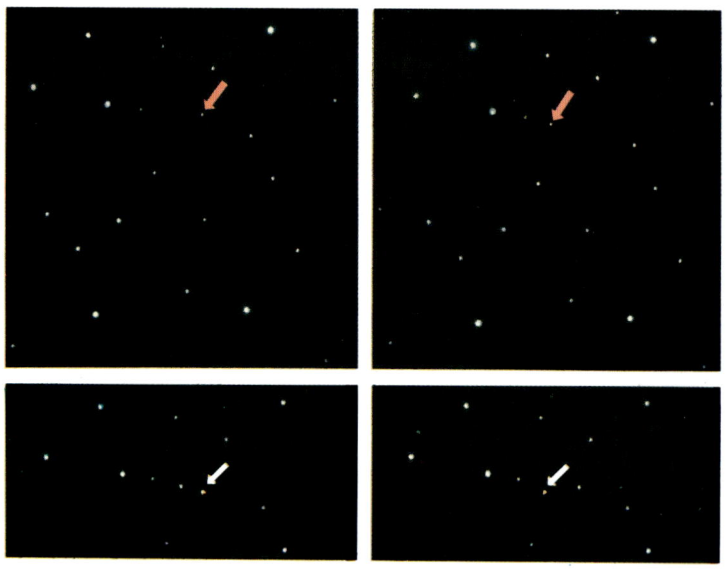

Die Messung der Parallaxe. Diese Fotofolge hilft uns zu begreifen, wie die Parallaxe der Sterne mittels der fotografischen Technik gemessen wird. Die beiden oberen Aufnahmen zeigen denselben Himmelsteil zu verschiedenen Zeitpunkten. Wenn man die Position des mit dem roten Pfeil gekennzeichneten Sterns beobachtet, sieht man, daß eine Verschiebung stattgefunden hat. Die beiden darunter abgebildeten Aufnahmen zeigen, wie diese Verschiebung gemessen werden kann: der weiße Pfeil auf den unteren Fotografien zeigt die vorherige oder zukünftige Stellung des Sterns an. Aus diesen Verschiebungen läßt sich die Entfernung des Sterns ableiten.

DIE ERSTÜRMUNG DES UNIVERSUMS. Die »trigonometrischen Methoden« zur Messung der astronomischen Distanzen sind nur für Sterne anwendbar, die nicht weiter als 100 Lichtjahre entfernt sind; bei größeren Entfernungen wird diese Methode sehr ungenau, weshalb auch indirekte, physikalische Methoden angewendet werden können. Bis zu einer Entfernung von 1000 Lichtjahren kann man mehrere tausend Sterne beobachten, deren physikalische Merkmale abgeleitet werden können. Wenn die Sterne mehr als 1000 Lichtjahre entfernt sind, erscheinen sie bereits sehr schwach, und es wird schwierig, ihre physikalischen Merkmale wie z. B. das Spektrum zu erheben. In diesem Fall muß man sich mit einem indirekten physikalischen Merkmal wie z. B. der Sternfarbe zufriedengeben, die auch gemessen werden kann, wenn der Stern weit entfernt ist und nur schwach leuchtet. Die Farbmessung ist also eine vereinfachte und zusammenfassende Art der Spektrenmessung, die keine genauen Werte liefert. Je größer die Distanzen werden, desto größer werden auch die Schwierigkeiten der Messung und die Ungenauigkeiten vermehren sich. Mit Methoden dieser Art wurden gewisse Klassen von Veränderlichen entdeckt, deren Veränderungsperiode direkt mit ihrer absoluten Helligkeit zusammenhängt. In diesem Fall braucht man nur die Veränderungsperiode zu messen, um die absolute Helligkeit des Sterns zu erhalten, und durch die relative Helligkeit läßt sich dann die Entfernung messen. Auf diese Weise konnten die Himmelsdistanzen einzelner Sterne bis zu fünf Millionen Lichtjahren errechnet und auch die Entfernungen der uns naheliegenden Galaxien gemessen werden. Schritt für Schritt erreicht man die Grenzen des Universums, wo es mittels der stärksten Teleskope und der Radioteleskope noch gelingt, sich eine ziemlich genaue Vorstellung der gewaltigen Entfernungen (eine Milliarde Lichtjahre) zu machen.

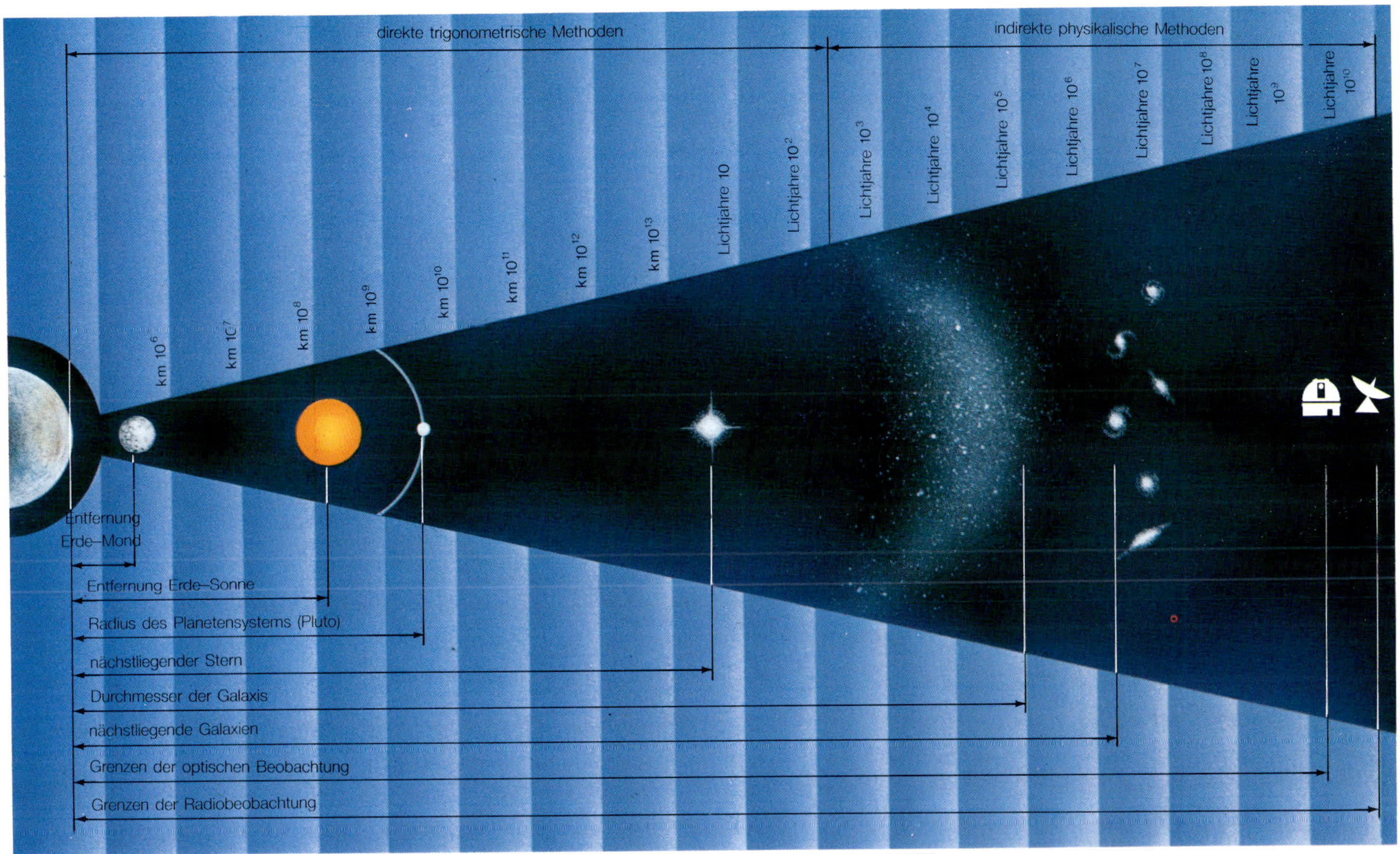

DIE 14 LEUCHTSTÄRKSTEN STERNE

Stern		Scheinbare visuelle Sterngröße	Absolute visuelle Sterngröße	Spektralklasse	Eigenbewegung (Bogensek./Jahr)	Entfernung (Parsek)	Radialgeschwindigkeit (km/Sek.)
• Sirius	α CMa	– 1,45	+ 1,41	A1	1,324	2,7	– 8
• Canopus	α Car	– 0,73	– 4,7	F0	0,025	60	+ 21
• Rigil Kent	α Cen	– 0,1	+ 4,3	G2	3,675	1,33	– 24
• Arktur	α Boo	– 0,06	– 0,2	K2	2,285	11	– 5
• Wega	α Lyr	+ 0,04	+ 0,5	A0	0,345	8,1	– 14
• Capella	α Aur	+ 0,08	– 0,6	G8	0,436	14	+ 30
• Rigel	β Ori	+ 0,11	– 7,0	B8	0,001	250	+ 21
• Procyon	α CMi	+ 0,35	+ 2,65	F5	1,248	3,5	– 3
• Achernar	α Eri	+ 0,48	– 2,2	B5	0,098	39	+ 19
• Hadar	β Cen	+ 0,60	– 5,0	B1	0,035	120	– 11
• Alaii	α Ayl	+ 0,77	+ 2,3	A7	0,658	5,0	– 26
• Beteigeuze	α Ori	+ 0,8	– 6	M2	0,029	200	+ 21
• Aldebaran	α Tau	+ 0,85	– 07	K5	0,203	21	+ 54
• Acrux	α Cru	+ 0,9	– 3,5	B2	0,043	80	– 7

Von den Sternen aus. Das hier oben abgebildete Schema zeigt die Gültigkeitsfelder der verschiedenen Methoden zur Messung der Himmelsdistanzen. Die Messung dieser Distanzen ist für die Astronomie und die Astrophysik von großer Bedeutung. Man kann jedoch nicht von einer einfachen Rangfolge der Methoden sprechen, in der sich einige Methoden für die kürzeren und andere für die längeren Distanzen eignen, da ein und dieselbe Entfernung mit den verschiedensten Systemen gemessen werden kann. Jedes senkrechte Band entspricht dem Faktor 10 der zunehmenden Entfernung. Die trigonometrischen Methoden lassen sich ungefähr bis 100 Lichtjahre anwenden, während die indirekten Methoden – die alle auf den trigonometrischen aufbauen – mit wachsender Ungenauigkeit für Messungen bis zu einer Entfernung von über einer Milliarde Lichtjahre benutzt werden können. Die Astronomen verwenden als Maßeinheit für die stellaren Entfernungen häufig das Parsek, d. h. jene Entfernung, von der aus gesehen der mittlere Abstand Erde–Sonne unter einem Winkel von 1 Bogensekunde erscheint. Diese Entfernung entspricht 3,263 Lichtjahren. Aufgrund des geringen Winkels der Parallaxe ist die Messung der Sterndistanzen äußerst schwierig.
Aus diesem Grund sind die Astronomen gezwungen, alle möglichen Kunstgriffe zu ersinnen, um auch für die großen Entfernungen exakte Messungen zu erhalten. Für Sterne, die nur etwas mehr als 80 Lichtjahre entfernt sind, können die Messungen mit einer zehnprozentigen Ungenauigkeit durchgeführt werden. Distanzen bis 200 Lichtjahren können noch mit ausreichender Genauigkeit bestimmt werden; bei Distanzen über 300 Lichtjahren scheitert die trigonometrische Methode völlig. Die weitestentfernten Himmelskörper, die sich mit den Teleskopen wahrnehmen lassen, sind etwa zehn Millionen Mal weiter als die von uns nur durch 300 Lichtjahre getrennten Sterne entfernt.

Sternhaufen

Als wir uns auf die Suche nach den Doppelsternen machten, dachten wir zuerst daran, den Himmel zu beobachten, um Sternpaare zu finden, deren Komponenten einander so nahe stehen, daß sie uns erlauben, intuitiv zu erkennen, daß es sich um Gestirne handelt, die durch ihre Gravitationsanziehung eng miteinander verbunden sind. Bei dieser Suche haben wir uns jedoch nicht vorgestellt, daß ein Umstand eintreten würde, der jedoch – falls die Beobachtung sorgfältig durchgeführt worden war – sicherlich eingetreten ist: und zwar auf eine große Zahl an Sternen zu treffen, die einander alle sehr nahe stehen, so daß im Verhältnis zur mittleren Dichteverteilung der Sterne, die zufällig in einem selbst sehr sternreichen Teil des Himmels vorhanden sind, der Eindruck einer Sternverdichtung erweckt wird.

Wenn man in der Nacht das Milchstraßenband beobachtet, erkennt man weit mehr Sterne als außerhalb der Milchstraße; dieses Phänomen wird noch deutlicher, wenn man leistungsstarke astronomische Instrumente verwendet. Bereits ein Fernglas zeigt zum Beispiel, daß die Sterne in der Milchstraße dichter als anderswo verteilt sind, wobei diese größere Dichte progressiv ansteigt. Die Verdichtungen, von denen wir jetzt sprechen, tauchen hingegen plötzlich auf und vermitteln den Eindruck, als ob in der Beobachtungszone die Sterne in Form einer Stadt angeordnet wären, während die anderen rundherum wie die Lichter landwirtschaftlicher Betriebe erscheinen, die am Lande verstreut sind. In diesem Fall haben wir einen offenen Sternhaufen entdeckt. Diese Sterngruppen stellen eine über dem Durchschnitt liegende Verdichtung dar. Die rundherum angeordneten Sterne haben eine mittlere Dichte, d. h. daß sie von der durchschnittlichen Sternverteilung nicht stark abweicht – außer man trifft eben auf eine weitere Sterngruppe. Bei der Beobachtung des Himmels wird man bald Gruppen aus einigen Dutzend dichter als gewöhnlich beieinanderstehenden Sternen erkennen, und es wird nicht schwierig sein, auch Ansammlungen aus einigen hundert und in manchen Fällen sogar einigen tausend Sternen zu finden. Von der Beobachtung der Sternhaufen geht eine Kategorie der Beobachtungen und Untersuchungen der Sternverteilung im Universum aus, die uns bis an die Grenzen der Kosmologie bringt.

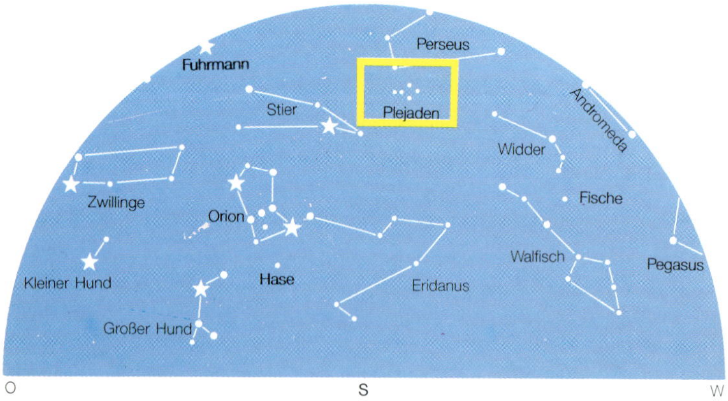

Die berühmteste Gruppe. Von Anfang Herbst bis zum späten Frühling leuchtet die Gruppe der Plejaden am Himmel. Dieser offene Sternhaufen ist bereits mit freiem Auge gut sichtbar, und mit allen astronomischen Instrumenten wird seine Beobachtung sehr interessant.

Der Haufen der Plejaden ist der bekannteste unter den »offenen Sternhaufen«, die auch als »galaktische Haufen« bezeichnet werden, da man sie mit größerer Häufigkeit am Hintergrund der Milchstraße beobachten kann. Diese Haufen stellen eine lokale Verdichtung im Inneren des galaktischen Systems dar. Das Attribut »offen« erscheint logisch, denn man kann auch dort, wo die Sterne dichter gedrängt vorkommen, gut »durch« den Haufen schauen. Ein anderes wesentliches Merkmal der offenen Haufen besteht darin, daß sie sich aus Sternen zusammensetzen, in deren Hintergrund man auch Nebelflecken feststellt. Die Beobachtung der Plejaden (die auf diesen beiden Seiten in vier wunderschönen Fotografien abgebildet wurden) zeigt, daß in diesem typischen Haufen die Nebelflecken häufig vorkommen, und daß der Haufen in eine Wolke aus interstellarer Materie eingetaucht ist, welche die Sterne umgibt: aus dieser Materienwolke sind die Sterne entstanden. Die offenen Haufen setzen sich also zum Großteil aus relativ jungen Sternen und in vielen Fällen auch aus den Resten der Materie zusammen, aus denen sich die Sterne verdichtet haben. Auf der hier nebenan abgebildeten Karte geben die Zahlen neben den Sternen der Plejaden ihre Größe an.

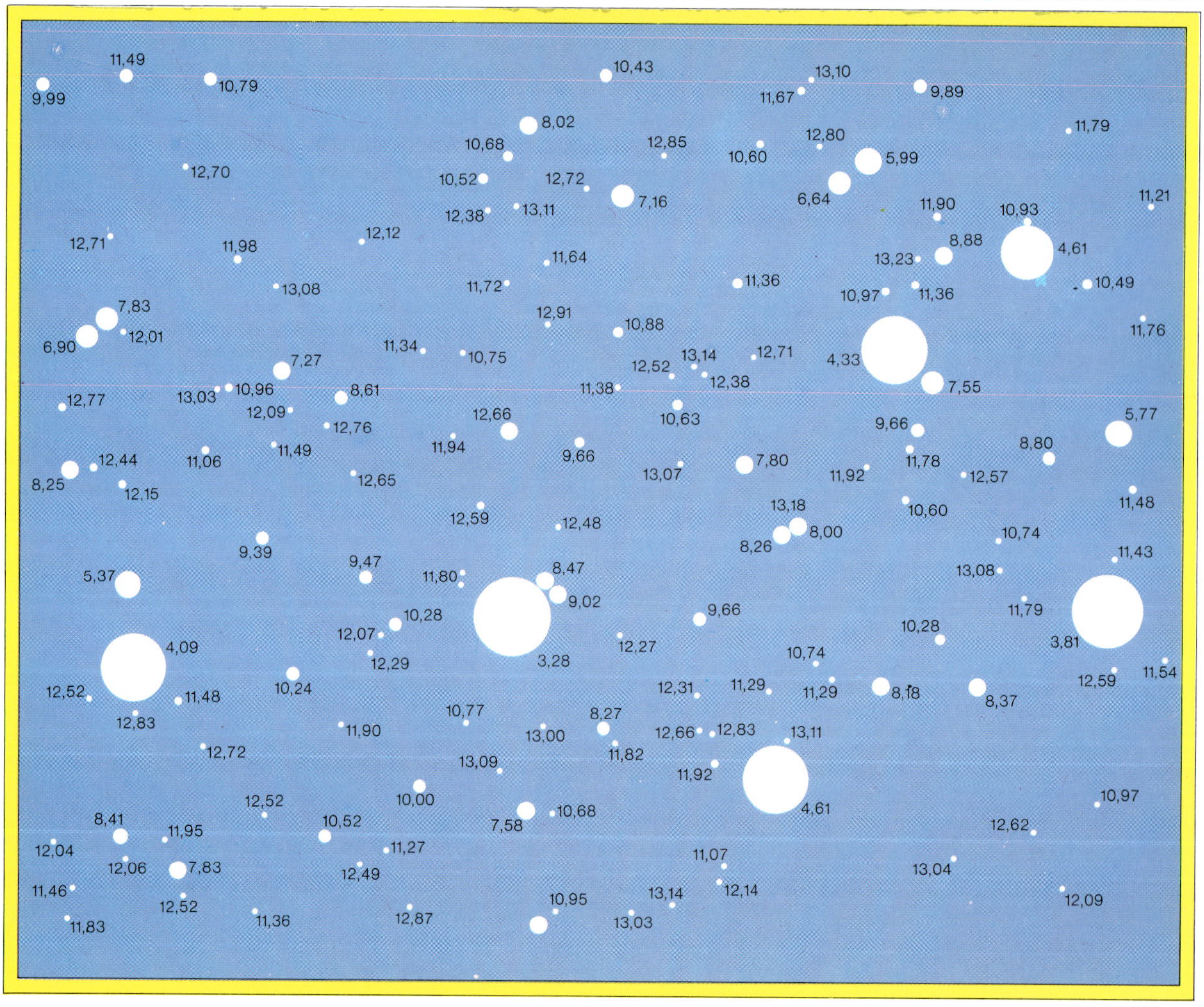

DIE BEOBACHTUNG DER STERNHAUFEN. Selbst ein sehr hell leuchtender Stern kann mit freiem Auge nur beobachtet werden, wenn seine Entfernung keine Hunderte oder einige Tausende Lichtjahre überschreitet. Es ist jedoch offensichtlich, daß man das Licht von 1000 Sternen auch in größerer Entfernung wahrnehmen kann, z. B. dreißigmal weiter entfernt (die Intensität, die man von einer Quelle erhält, nimmt mit dem Quadrat der Entfernung ab, und das Quadrat von 30 ist eben fast 1000). Wenn es sich dann um eine Million Sterne handelt, bilden sie auch aus einer tausendmal größeren Entfernung eine sichtbare Gruppe.
Das Auge sieht am Himmel auf den ersten Blick nur einzelne Sterne und nichts anderes; die schwach leuchtenden, verschwommenen Flekken, die da und dort kleine Zonen des Himmelsgewölbes bedecken, sind hingegen oft Sterngruppen, die manchmal riesige Ausmaße aufweisen. Wenn die Augen diese schwachen Lichter auffangen, hat sich der Blick bis in große Entfernungen, auch Zehntausende Lichtjahre, vorgewagt. Der Himmel ist reich an diesen Sterngruppen, die sich einzeln mit freiem Auge wahrscheinlich nicht unterscheiden lassen, sich jedoch in einer Wolke aus leuchtenden Punkten auflösen, wenn sie mit einem Fernglas oder einem kleinen Teleskop beobachtet werden. Diese Himmelskörper sind die Haufen. Es gibt zwei Arten: eine besteht aus wenigen, deutlich voneinander getrennten Sternen, die andere Art setzt sich aus Millionen eng nebeneinander stehender Sterne zusammen. Es ist einfacher, die erstgenannten, die »offenen« oder »galaktischen« Sternhaufen zu beobachten, als die zweiten, weiter entfernten und weniger zahlreich vorkommenden »Kugelsternhaufen«.
Die Anleitung zur Suche nach diesen Himmelskörpern liefert ein guter Atlas. Die in diesem Band vorgestellten Sternkarten beinhalten die Positionen vieler Haufen; in den großen Himmelsatlanten sind die Positionen aller jener Haufen angegeben, die mit einem kleinen Teleskop beobachtet werden können. Fast alle den berufsmäßigen Astronomen bekannten Haufen werden mittels der Fotografie beobachtet.
Mit den eigenen Augen die auffälligsten Haufen am Himmel zu suchen, ist eine der faszinierendsten Beobachtungen. Die Ratschläge für jene, die diese Himmelskörper am Himmel entdecken wollen, sind die gleichen, die auch für die schwach leuchtenden Himmelsobjekte gelten, also etwa jene, die bei Beobachtung der Nebel zu beachten sind. Dazu ist eine sehr klare Nacht notwendig, in der der Mond auf keinen Fall zu sehen ist.

Der offene Sternhaufen der Praesepe. Dieser Haufen, von dem wir hier zwei unterschiedlich vergrößerte Aufnahmen sehen, befindet sich im Sternbild Krebs; er ist 515 Lichtjahre von der Erde entfernt und enthält etwa 500 Sterne. Außer den offenen Haufen der Plejaden und der Hyaden ist der Praesepe oder M 44 der bekannteste offene Haufen. Die Größe seiner Sterne reicht von 6 bis 17, und mit freiem Auge ist er bereits als kleiner nebeliger Fleck sichtbar. Ein Fernrohr reicht aus, um die einzelnen Sterne unterscheiden zu können. Obwohl die offenen Sternhaufen alle in den vorangegangenen Seiten beschriebenen, typischen Merkmale aufweisen, können sie sich doch in vieler Hinsicht voneinander unterscheiden. Zum Beispiel sind einige sehr sternreich, während andere sich aus wenigen Sternen zusammensetzen; einige sind im Zentrum stärker verdichtet als andere und es gibt Haufen, in denen alle Sterne gleich groß zu sein scheinen, während in anderen manche Sterne sehr hell und andere wieder nur schwach leuchten. Dieser Umstand legt es nahe, die offenen Haufen in Kategorien einzuteilen.

Klassen der offenen Sternhaufen. Das hier nebenan abgebildete Schema faßt die wichtigsten offenen Sternhaufenklassen zusammen. Man verwendet die römischen Ziffern von I bis IV, um eine Rangordnung der abnehmenden Verdichtung des Haufens anzugeben. Im Typ I kann man deutlich einen Kern erkennen, rund um den sich die Sterne verdichten. Wenn man sich vom Kern weg zum Rand hin bewegt, nimmt die Dichte rasch ab. Im Typ IV sind jedoch die Sterne – obwohl sie zahlreich sind – im Vergleich zum Hintergrund der weitentfernten Sterne nur wenig angehäuft. In den vier Spalten sind also Haufen abgebildet, die bezüglich dieses Unterscheidungskriteriums gleiche Merkmale aufweisen. In der obersten waagrechten Reihe finden sich alle sternreichen Haufen (r = rich); in der mittleren Reihe sind die Haufen mit einer mittleren Sternhäufigkeit abgebildet (m = moderately) und schließlich in der unteren Reihe die sternarmen (p = poor) Haufen.
Ein Haufen besteht aus einer geringen oder großen Anzahl an Sternen, und die Sterne lassen sich je nach der Entfernung, aus der sie betrachtet werden können, mit größerer oder geringerer Schwierigkeit beobachten: in einem weitentfernten Haufen werden die hellsten Sterne, auch wenn sie die leuchtstärksten sein sollten, ziemlich schwach erscheinen, während sie in einem nahen Haufen hell strahlen.

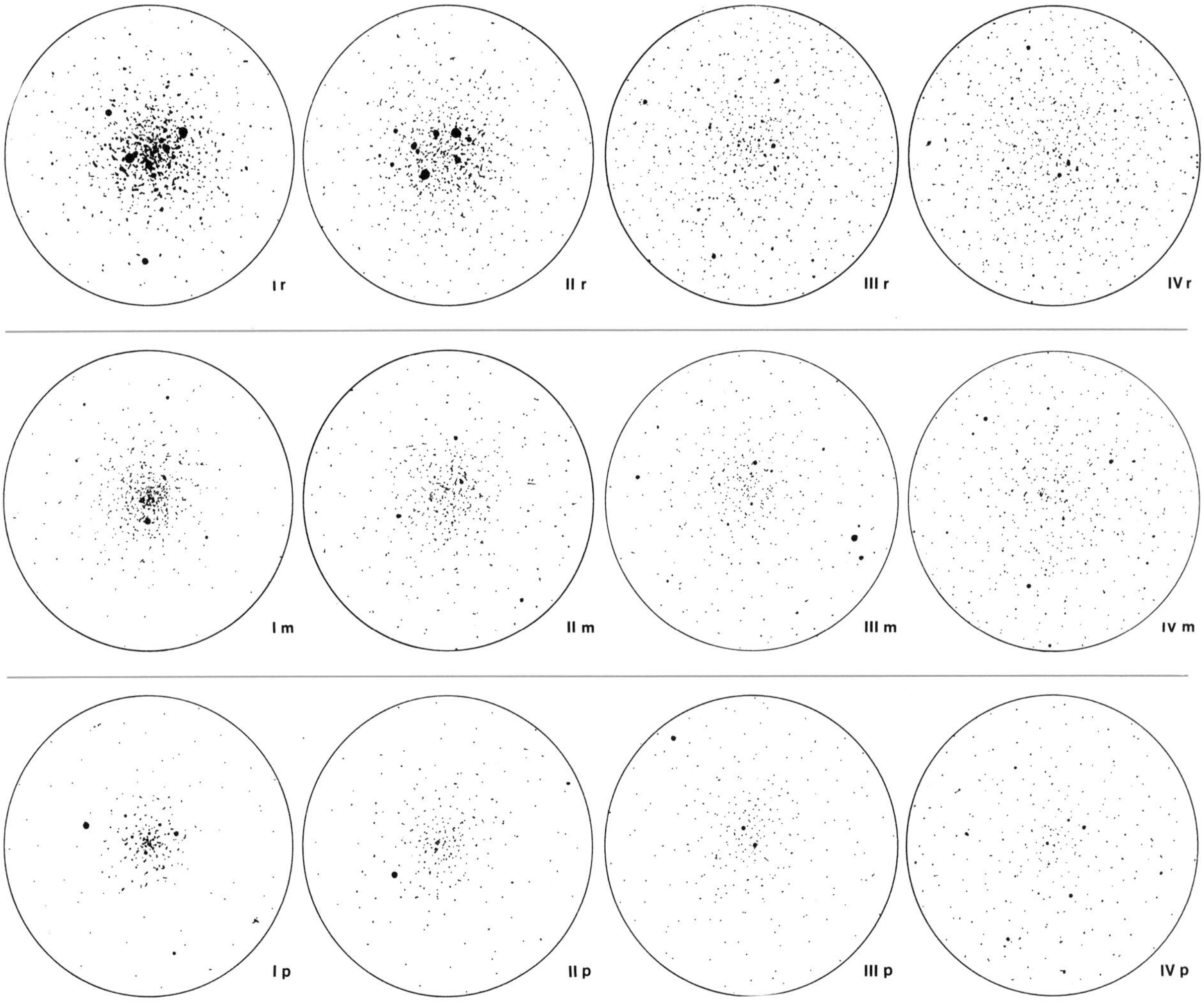

DIE HAUFEN UND IHRE ENTWICKLUNG.

Wir haben gesehen, daß sich die offenen Sternhaufen aus jungen Sternen zusammensetzen. Da die Sterne sehr langlebig sind – sie können mindestens zehn Milliarden Jahre überdauern –, spricht man von einem »jungen« Stern, wenn er weniger als 100 Millionen Jahre alt ist. Die ganz jungen Sterne sind weniger als eine Million Jahre alt. Das Zeichen der Jugend in den Sternhaufen ist die Spektralklasse der Sterne; fast alle offenen Haufen bestehen aus Sternen der Klasse O, B, A und eher selten F.

Wie wir bereits erwähnt haben, ist in den offenen Haufen noch ein Rest der interstellaren Materie vorhanden, aus der die Sterne entstanden sind. In einigen Fällen befindet sich ein offener Haufen sogar im Inneren eines ziemlich dichten Nebels, und bei der eingehenden Untersuchung sowohl des Nebels als auch des Haufens entdeckt man, daß im Nebel noch immer der Sternbildungsprozeß stattfindet.

Ein offener Haufen kann auch nur aus 20 Sternen bestehen, aber in vielen Fällen beträgt die Anzahl etwa 100 und selten bis zu 1000 oder mehr. Die offenen Sternhaufen sind also Gestirne von nicht riesigen Ausmaßen. Im Inneren eines offenen Haufens sind außerdem die Abstände zwischen den Sternen nur geringfügig kürzer als die durchschnittliche Entfernung zwischen den Sternen in der gesamten restlichen Galaxis und des Universums. Die Sterngruppe, die sich rund um Mirfak im Perseus befindet, die Gruppe des Sternbilds Haar der Berenike, die Sterngruppe in der Nähe des Aldebaran im Stier, die Hyaden usw. sind offene Haufen. Die offenen Haufen sind so gleichmäßig rund um die Erde verteilt, daß uns einige nahe, andere sehr nahe sind; das Sonnensystem befindet sich sogar im Inneren eines offenen Haufens (obwohl es kein Teil davon ist), zu dem unter den wichtigsten Sternen fünf der leuchtendsten Sterne des Großen Bären zählen. Wir befinden uns also im Inneren eines offenen Haufens, auch wenn er nicht besonders sternreich ist.

Die Sterne dieses Haufens reichern deshalb den Hintergrund unseres Himmels nicht erheblich an: der Dichtewert ist also nur knapp höher als die mittlere Sterndichte im uns umgebenden galaktischen Raum.

Damit kann man sich eine Vorstellung davon machen, daß ein offener Haufen kein Gestirn von großen linearen Ausdehnungen ist und über keine große Masse verfügt.

Wie wir im folgenden dann sehen werden, sieht der Fall der Kugelsternhaufen, die sich aus Millionen Sternen zusammensetzen, ganz anders aus.

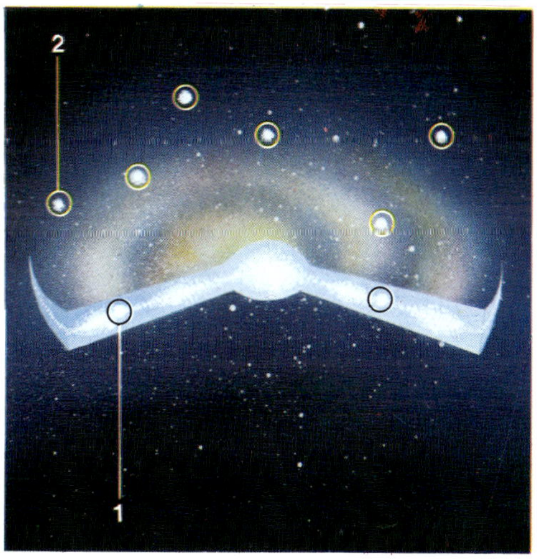

Wo sich die Haufen befinden. Hier oben sieht man einen Querschnitt des galaktischen Systems, in dem sich vor allem die Anordnung zweier Haufenarten beobachten läßt: die offenen (1) befinden sich im Inneren des galaktischen Systems; sie kommen häufiger in jenen Zonen vor, in denen die Anzahl der Sterne größer ist. Die Kugelsternhaufen (2) befinden sich jedoch außerhalb des galaktischen Systems und bilden eine Art kugelförmige Wolke, die sich rund um das System anordnet. Oben sind zwei unterschiedlich vergrößerte Aufnahmen des Doppelsternhaufens h und Chi Persei abgebildet, der bereits mit freiem Auge sichtbar ist.

H-R-Diagramm und Haufen. Diese beiden schematischen Darstellungen hier nebenan zeigen die Rekonstruktion des H-R-Diagramms der Sterne, die entweder in einem offenen Haufen (links) oder einem Kugelsternhaufen (rechts) beobachtet werden können. Die offenen Haufen bestehen aus relativ jungen Sternen, während sich die Kugelsternhaufen aus sehr alten Sternen zusammensetzen. Im ersten Fall zeigen sich nämlich wenige Sterne in der Zone der roten Riesen (rechts oben) aber viele entlang der Hauptreihe. Im zweiten Fall haben sich viele Sterne, die sich auf der Hauptreihe befanden, bereits weiterentwickelt.

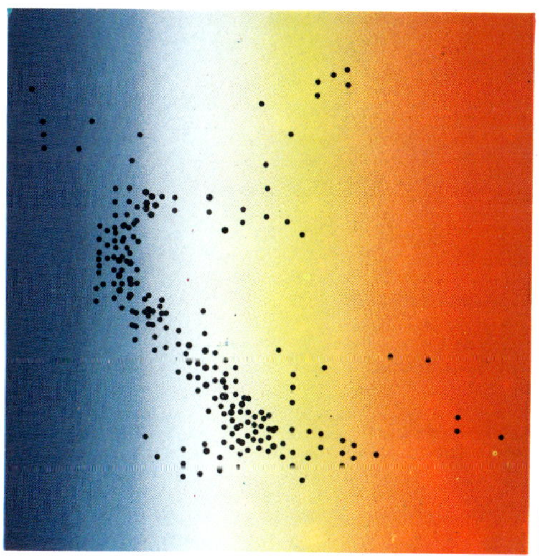

DIE KUGELSTERNHAUFEN. Die Kugelsternhaufen sind äußerst schwierig zu beobachten. Nur einige lassen sich gerade noch mit freiem Auge als verschwommener Stern am Himmelshintergrund erkennen, wobei der Himmel außerdem sehr klar sein muß. Man wird fast immer ein Fernglas benötigen, um das schwache Licht auffangen zu können, und erst mit einem guten Amateurinstrument wird man die wichtigsten Merkmale, d. h. die symmetrische Form, die mittlere Helligkeit und die starke Verdichtung der Sterne im Zentrum, erkennen können.
Die Merkmale, die einen Kugelsternhaufen eindeutig von einem offenen Haufen unterscheiden, sind folgende: erstens besteht der Kugelsternhaufen aus einer riesigen Anzahl – sogar Millionen – an Sternen; wenn wir bei der Beobachtung eines Kugelsternhaufens kein besonders starkes Instrument verwenden, werden wir jedoch diese Sterne nicht einzeln voneinander unterscheiden können, da uns das Instrument nur eine Art verschwommenen Nebel sehen läßt. Nur sehr starke Instrumente ermöglichen uns, den Haufen in Sterne aufzulösen, die jedoch nicht alle sichtbar werden, so daß wir nur die hellsten bewundern können.
Ein weiteres Merkmal der Kugelsternhaufen ist die extrem starke Verdichtung der Sterne in Richtung Zentrum. Bei der direkten Beobachtung wirkt sich diese Verdichtung dahingehend aus, daß der Haufen einem verschwommenen Stern gleicht; die starke Sternverdichtung im Zentrum läßt den Haufen im Inneren nämlich sehr viel heller leuchten als am Rand. In gewissem Sinne ähnelt der Kugelsternhaufen also einem verschwommenen, mit Nebel umgebenen Stern.
Ein weiteres wichtiges Merkmal des Kugelsternhaufens ist schließlich sein genau symmetrischer Aufbau. Die Sterne sind nicht rundherum in alle Richtungen verstreut, sondern in konzentrischen Kreisen gleichmäßig dicht angeordnet. Nur mit besonderer Aufmerksamkeit kann man bei den meisten Kugelsternhaufen erkennen, daß es sich nicht um exakte Kreise sondern Ellipsen handelt. Diese Haufen sind also nicht perfekt kugelförmig, sondern haben etwa die Form der Erde, die an den Polen abgeplattet ist. Diese für die Kugelsternhaufen charakteristische Abplattung ist auf die Verteilung der Sternbahnen zurückzuführen, die in der Äquatorebene des Haufens überwiegen.

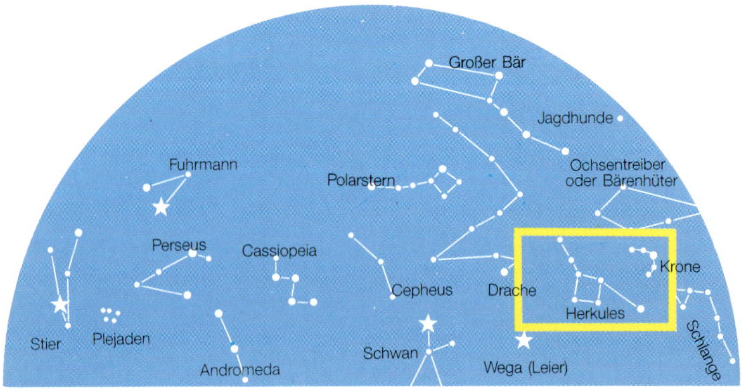

M 13. Diese Himmelskarte des Frühlingsbeginns zeigt im Norden das Sternbild Herkules, in dem sich der Haufen M 13 befindet; in der nördlichen Hemisphäre ist er der Haufen, der mit freiem Auge am leichtesten erkannt werden kann.

Ein Haufen, der einfach beobachtet werden kann. Das auf dieser Seite oben abgebildete Foto zeigt den Sternhaufen Herkules, wie er mit freiem Auge zu erkennen ist. Wie man sieht, ist er keineswegs eine auffällige Erscheinung: er erscheint ungefähr wie ein Stern der vierten Größe am Himmelsgewölbe, und um ihn beobachten zu können, muß man sich eine dunkle Nacht mit klarem Himmel aussuchen, und die Augen müssen an die Dunkelheit gewöhnt sein. Man kann ihn nicht nur durch seine Position, sondern auch durch sein charakteristisches Licht erkennen: er leuchtet nämlich nicht genau punktförmig, sondern hat rundherum eine Art verschwommenen Hof.
In Wirklichkeit handelt es sich jedoch nicht um einen Stern mit einem Hof, sondern um eine riesige Sterngruppe (aus mehr als einer halben Million Sternen), die sich dicht um ein Zentrum anhäuft, wobei sich die Sterne in fast kugelförmiger Symmetrie rund um dieses Zentrum anordnen. Um diesen Haufen zu finden, sollte man die Sterne des nördlichsten Teils des Sternbilds Herkules ziemlich genau kennen. Der Haufen M 13 ist mit einem Fernglas, und besser noch mit einem kleinen Teleskop deutlich zu sehen, wie die beiden Fotos auf der gegenüberliegenden Seite beweisen.

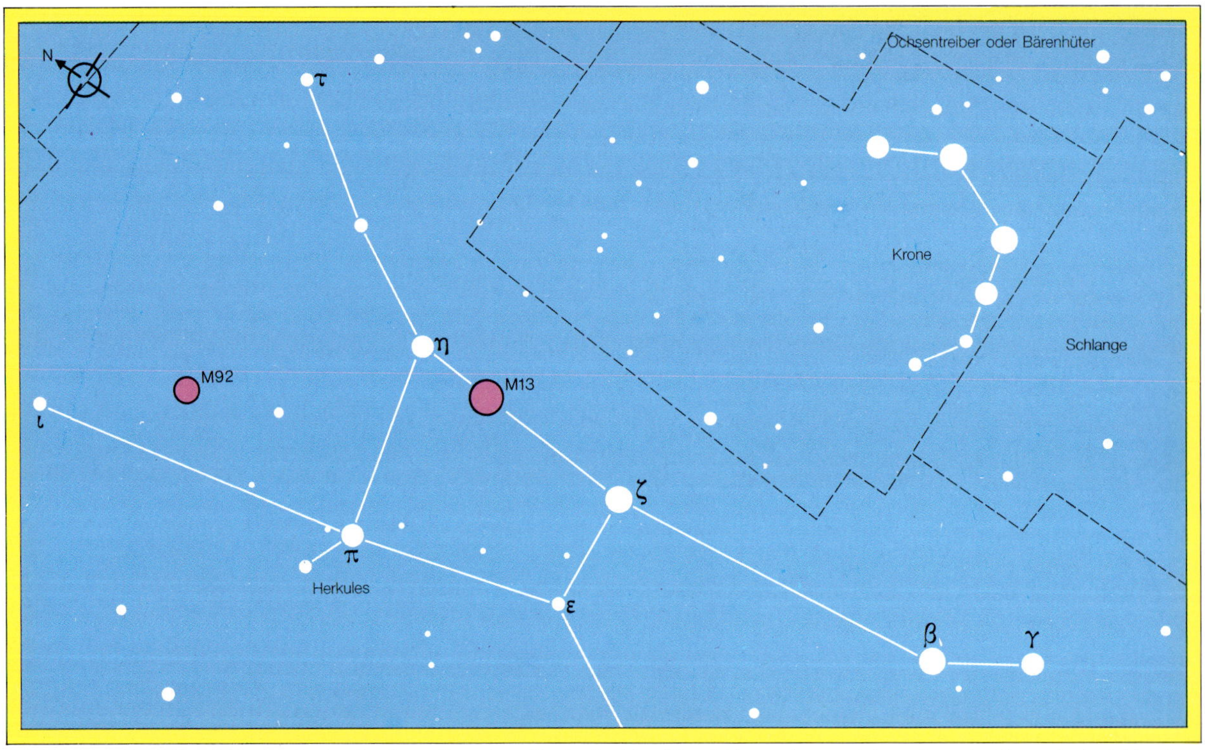

Wie man einen Kugelsternhaufen beobachtet. Hier oben sieht man eine Karte, die den oberen rechten Teil des Sternbilds Herkules darstellt, um den Haufen M 13 zu finden, der 26700 Lichtjahre von der Erde entfernt ist und dessen scheinbarer Durchmesser 100 Lichtjahre beträgt. Man sollte bei der Beobachtung dieses Himmelsteils erwähnen, daß sich das Sonnensystem mit der nicht unerheblichen Geschwindigkeit von 19 km/Sek. in diese Richtung bewegt: wir nähern uns deshalb diesen Sternen an und entfernen uns von jenen Sternen, die wir in genau entgegengesetzter Richtung am Himmelsgewölbe beobachten. Wir möchten noch darauf hinweisen, daß die Richtung Norden mit dem Pfeil angezeigt wird. Der Haufen M 13 befindet sich zwischen den beiden Sternen des kleinen Trapezes in der Mitte der Karte. Obwohl er größer als die anderen Sterne gezeichnet wurde, gibt seine Größe nur die Ausdehnung der Helligkeitszone an, d. h. jene Zone, in der sich seine Sterne beobachten lassen. Er leuchtet jedoch nicht stärker als die beiden Sterne, zwischen denen er sich befindet. Man sollte auch noch erwähnen, daß selbst schwacher Dunst das Licht dieser beiden und der umliegenden Sterne abschwächt und vor allem ausreicht, die Sicht auf diesen Haufen zu nehmen. Diese Beobachtung ist also nur auf die klarsten Nächte beschränkt; um die zahlreichen Sterne des Haufens erkennen zu können, eignet sich am besten der Einsatz der professionellen Fotografie.

EINE AUSSERGEWÖHNLICHE STERNANSAMMLUNG. Um die Sterne eines Kugelsternhaufens zu zählen, sind die Astronomen gezwungen, Fotografien vergrößert und außerdem in großer Zahl aufzunehmen. Wenn man – wie auf dieser Seite unten zu sehen ist – einen Kugelsternhaufen mit ausreichend langer Belichtungszeit fotografiert, erscheinen auch alle schwachen Sterne, die sich am Rand des Haufens befinden. Dieser Umstand beweist, daß sich der Haufen weit ausdehnt und reich an Sternen ist. Die Sterne im Zentrum sind jedoch so zahlreich, daß sie während der langen Belichtungszeit das Zentrum überbelichtet haben, so daß man dort die Sterne nicht mehr zählen kann. Man muß daher weitere Fotografien mit geringerer Belichtungszeit aufnehmen, um die Sterne auch im Zentrum sichtbar zu machen. Bei geringerer Belichtungszeit wird man jedoch am Rand weniger Sterne sehen, d. h. die schwächeren werden nicht mehr sichtbar sein, und auch im Zentrum der Fotografie werden die leuchtschwachen Sterne verschwinden; man wird dort also die Sterne zählen können, sie werden jedoch nicht mehr so zahlreich sein. Aus diesem Grund muß man alle diese Berechnungen extrapolieren und herausfinden, nach welchem mathematischen Gesetz die Anzahl der Sterne im Haufen von außen nach innen ansteigen.
Nur auf diese Weise kann man auf die Gesamtanzahl der Sterne des Haufens schließen.
Mittels dieser Methode kann man bestimmen, daß im Herkuleshaufen (der auf diesen wunderschönen Aufnahmen zu sehen ist) mehr als eine halbe Million Sterne enthalten sind. Wenn man sich im Inneren des Herkuleshaufens befände, wäre der Anblick wirklich atemberaubend. Erstens würde man alle Sterne des Haufens sehen, also mehr als 500 000 Sterne, die alle deutlich mit freiem Auge wahrzunehmen sind. Man würde außerdem mindestens zehn Sterne sehen, die heller als der Vollmond leuchten, und mindestens 100 Sterne, die heller als Venus im Moment ihrer größten Helligkeit strahlen; mindestens 1000 Sterne wären heller als Sirius, und man könnte bis zu den kleinsten alle anderen Sterne sehen. Es wäre wahrlich ein außergewöhnliches Schauspiel, das jedoch die Astronomen daran hindern würde, Astronomie zu studieren. Da sie gezwungen wären, inmitten dieses Lichtes zu fotografieren, wären ihre Instrumente für die weiter entfernten Gestirne blind; es ist also besser, dieses Schauspiel von der Ferne aus genießen zu können.

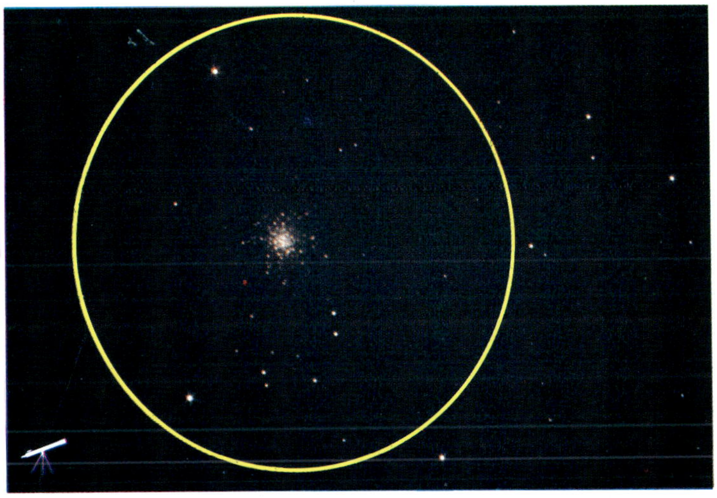

NAHE UND WEITENTFERNTE HAUFEN. Fast alle vom Sonnensystem aus beobachtbaren Kugelsternhaufen sind zumindest einige zehntausend Lichtjahre entfernt und befinden sich am Rand unserer Galaxis. Die bekannten offenen Sternhaufen befinden sich jedoch in geringerer Entfernung; die Distanzen können zwischen unter hundert bis einigen tausend Lichtjahren betragen. Es gibt natürlich auch Haufen, die 10000 oder sogar 100000 Lichtjahre entfernt sind, aber nach über 5000 bis 10000 Lichtjahren ist es schwierig, sie zu unterscheiden.
Hingegen sind die Kugelsternhaufen aufgrund ihrer starken Sternkonzentration bis in große Distanzen zu erkennen; falls sie sich jedoch hinter einem sehr dicken Teil unserer Galaxis, vor allem ihrer Äquatorebene, befinden, können sie dennoch nicht beobachtet werden, da die im interstellaren Raum vorhandenen Wolken aus Gas und Staub die Sicht auf sie nehmen. Wenn man sie jedoch in günstigen Richtungen beobachtet, können Kugelsternhaufen bis in große Distanzen wahrgenommen werden. Einige sind sogar weiter als der gesamte Durchmesser der Galaxis und noch weiter von uns entfernt. Bis zu einer Entfernung von ein bis zwei Galaxisdurchmessern rotieren die Kugelsternhaufen rund um das Zentrum der Galaxis; noch weiter entfernte Kugelsternhaufen können als intergalaktisch betrachtet werden, d. h. daß sie in einer mittleren Distanz zwischen unserer Galaxis und den naheliegenden Galaxien liegen.
Wenn man die Kugelsternhaufen mit einem kleinen Teleskop beobachtet, erscheinen sie als kleine, runde Nebelflecken mit einem stärker leuchtenden Zentrum; mit noch stärkeren Instrumenten kann man am Rand des Haufens die leuchtendsten Sterne unterscheiden; doch nicht einmal mit Hilfe der stärksten verfügbaren Instrumente kann man bis zu einer Auflösung aller Sterne des Haufens gelangen.

Kugelsternhaufen. Oben ist eine Aufnahme des wunderbaren Kugelsternhaufens M 3 im Sternbild der Jagdhunde zu sehen. Hier oben sieht man zwei Kugelsternhaufen (NGC 6522 und NGC 6528) im Sternbild Schütze, die einander relativ nahe zu sein scheinen. In Wirklichkeit sind diese beiden Haufen sehr weit voneinander entfernt. Die Sterne dieser beiden Haufen heben sich nicht von einem dunklen Himmel ab, sondern zeigen sich auf einem sternenreichen Himmel, da sie sich in unmittelbarer Nähe des Milchstraßenbandes befinden. Sie zeigen nicht alle ihre Sterne, und obwohl viele Sterne vorgeben, im Haufen vorhanden zu sein, sind jene Sterne, die ihm wirklich angehören, großteils von Gas und Staub verdeckt, die sich zwischen den Sternen der Milchstraße befinden; dieser Umstand nimmt somit die Sicht auf die weiter entfernten Gestirne.

EIN HAUFEN AUS LÄNGST VERGANGENER ZEIT. Bei der Beobachtung gewisser weit entfernter Galaxien entdeckt man, daß diese oft spiralförmig sind, aber manchmal weisen sie eine sehr symmetrische, kompakte, fast kugelige Form auf, und falls uns die Astronomen aufgrund ihrer Beobachtungen mit den hochentwickelten Teleskopen nicht sagten, daß es sich um gewaltige und weit entfernte Gestirne handelt, könnte man sogar in den Irrtum verfallen, sie mit den Kugelsternhaufen zu verwechseln.
Die hier unten abgebildete M 87 ist kein Kugelsternhaufen, sondern eine riesige Galaxie, die von einem Hof aus mindestens 4000 Kugelsternhaufen umgeben wird. Es gibt in der Tat kleine Galaxien, die den Kugelsternhaufen außergewöhnlich ähnlich sind. Der einzige Unterschied besteht offensichtlich darin, daß die Galaxien weitaus sternreicher sind; auch die kleinsten beinhalten mindestens eine Milliarde Sterne im Vergleich zu den höchstens eine Million in einem Kugelsternhaufen.
Wenn man zur Beobachtung der Verteilung der Kugelsternhaufen rund um unsere Galaxis zurückkehrt und die Verteilung der Zwerggalaxien mit der Form eines Kugelsternhaufens rund um unsere Galaxis oder in der Nähe anderer Galaxien untersucht, entdeckt man, daß die Kugelsternhaufen wirklich als eine Art Zwerggalaxie betrachtet werden könnten, die vor sehr langer Zeit entstanden ist. Während sich die galaktischen oder offenen Sternhaufen aus jungen Sternen zusammensetzen, scheinen alle Kugelsternhaufen aus sehr alten, um nicht zu sagen hinfälligen, Sternen zu bestehen. Man kann deshalb annehmen, daß die Kugelsternhaufen gleichzeitig Galaxien sind oder daß es sich vielmehr um so kleine Galaxien handelt, daß sie von den größeren eingefangen wurden und zu bescheidenen Satelliten geworden sind.

Die Kugelsternhaufen des M 87. Diese wunderbare Fotografie zeigt eine teleskopische Aufnahme der Galaxie M 87: es handelt sich um ein riesiges Gestirn; im Jahre 1977 bewiesen die Astronomen, daß sie etwa 100000 Milliarden Sterne beinhaltet. Davor nahm man an, daß sie nur aus 10000 Milliarden bestünde. Um sich eine Vorstellung von der Größe dieses Gestirns machen zu können, möchten wir erwähnen, daß unsere Galaxis über 500 Milliarden Sterne enthält (wenn man auch den sie umgebenden Hof der sehr schwachen Sterne mitrechnet). Mit den stärksten, erst kürzlich gebauten Teleskopen, wie z. B. des Kitt Peak National Observatory, hat man beobachtet, daß sich rund um diese Galaxie mindestens 4000 Kugelsternhaufen anordnen, während man bisher annahm, daß es ungefähr 500 wären. Die Pfeile kennzeichnen einige der wichtigsten.

Milchstraße und Galaxis

Wenn man das Himmelsgewölbe an einem sehr klaren, dunklen Abend ohne Mond mit an die Dunkelheit gewöhnten Augen betrachtet, wird man einen leuchtenden Bogen mit verschwommenen Konturen wahrnehmen können, der das Himmelsgewölbe von Horizont bis Horizont durchquert.
Dieses leuchtende Band wird bereits seit dem weit zurückliegenden Altertum beobachtet und wegen seines milchigen Aussehens Milchstraße genannt. Viele Sagen entstanden rund um dieses Band; nach einigen handelte es sich um die Milch aus dem Busen der Juno, während sie Herkules stillte; nach anderen stellt sie die Verbindung der beiden Himmelshemisphären dar, von denen man annahm, daß sie sich getrennt gebildet hätten. Aufgrund ihrer unvollkommenen Struktur ermöglichte sie, hinter den Fixsternen das Empyreum, den Aufenthaltsort der Seligen, zu sehen.
Wenn man die Milchstraße mit freiem Auge betrachtet, erscheint sie einfach wie eine Ansammlung aus ziemlich unregelmäßigen und der Länge nach angeordneter Wolken. Wenn man diese leuchtenden Zonen des Himmels mit einem Fernglas beobachtet, entdeckt man, daß das was als milchiger homogener Hintergrund des Himmelsgewölbes erscheint, in Wirklichkeit aus vielen schwach leuchtenden Sternen besteht. Da diese Sterne so zahlreich sind, reicht ihr Licht jedoch insgesamt aus, um den sonst dunklen Himmelshintergrund zu erhellen. Wenn man die Sternkonstellationen beobachtet, die sich vor dem milchigen Hintergrund der Milchstraße abzeichnen, kann man erkennen, daß diese Sternbilder an Sternen reicher sind als jene, die sich in den anderen Gebieten der Milchstraße befinden. Zum Beispiel sind in der Sommermilchstraße die Sternbilder des Schützen, des Adlers, des Schlangenträgers, des Schwans, der Cassiopeia und des Perseus sehr sternreich; in der Wintermilchstraße sind es der Große Hund, Orion, Fuhrmann, Stier usw.
Die am stärksten mit leuchtenden, von den dahinter liegenden stellaren Wolken der Milchstraße ausgeborgten Sternen angereicherten Sternkonstellationen sind jene, die sich vor jenem Teil der südlichen Milchstraße abzeichnen, die nahe am Südpol vorbeizieht. Das Licht dieser Sterne vermehrt die Helligkeit des Himmelshintergrundes und beleuchtet, wenn auch nur sehr schwach, die nächtliche Erdumgebung.
Die mit Hilfe eines Fernglases beobachteten Sterne am Hintergrund der Milchstraße sind durchschnittlich viel weiter entfernt als die Sterne der Sternbilder, die den Hintergrund dekorieren.
Die Milchstraße ist ein kontinuierlicher Bogen, der das gesamte Himmelsgewölbe umspannt. In einer einzigen Nacht ist es offensichtlich nicht möglich, mehr als die Hälfte zu sehen, aber während der verschiedenen Monate des Jahres kann man auch einen Teil sehen, den man bei der ersten Beobachtung nicht gesehen hat. Um die gesamte Milchstraße sehen zu können, muß man sich auf die südliche Halbkugel begeben, da ein Teil der Milchstraße jenen, die in der gemäßigten Zone der Nordhalbkugel wohnen, immer verborgen bleibt.
Dieses Sternsystem, das uns zur Gänze umgibt, ist also eine Gesamtheit aus gewaltigen Dimensionen, in die wir eingetaucht sind. Die Milchstraße wird deshalb von mehreren Autoren auch als »Sternenstadt« bezeichnet.

WIE MAN DIE MILCHSTRASSE BEOBACHTET. Um die Milchstraße beobachten zu können, muß man als erstes wissen, in welchen Zeiträumen sie leichter am Himmel sichtbar wird. Im Sommer nach Sonnenuntergang kann man die Milchstraße sehr gut beobachten, und sie ist so gelegen, daß sie den Himmel etwa entlang des Meridians in zwei Teile teilt: dort sieht man sie vom Horizont in Richtung Süden erheben, ungefähr am Zenit vorbeikommen und am Himmel in Richtung Norden wieder absteigen.
Im Herbst zeigt sich die Milchstraße gleich nach Sonnenuntergang fast in der gleichen Weise (man sollte nicht vergessen, daß die Sonne im Spätherbst ziemlich früh untergeht, und dieser frühe Untergang kompensiert die Bewegung der Sterne in Richtung Westen von einer Jahreszeit zur anderen). Man kann also im Herbst am frühen Abend die Milchstraße wie im Sommer beobachten, aber gegen 21, 22 und 23 Uhr wird sie eine andere Position einnehmen: man wird sie eine annähernd im Osten aufgehen sehen, dann kommt sie am Zenit vorbei und steigt am Horizont gegen Westen ab. Im Winter ist die Lage der Milchstraße jener des Sommers ähnlich, jedoch seitenverkehrt.
Genau das Gegenteil ereignet sich im Frühling, der für die Beobachtung der Milchstraße am wenigsten geeigneten Jahreszeit: an den Frühlingsabenden erscheint sie nämlich nur knapp über dem Horizont von Südosten nach Norden und nach Südwesten. Um die am Himmel stehende Milchstraße beobachten zu können, ist eine sehr dunkle klare Nacht ohne Mond notwendig. Da die Milchstraße sehr ausgedehnt ist, braucht man kein fotografisches Objektiv mit starker Vergrößerung; es ist wesentlich nützlicher, ein Weitwinkelobjektiv, z. B. ein gewöhnliches Linsenobjektiv zu verwenden. Am besten sind die Spiegelobjektive geeignet, die Bilder von großer Schärfe liefern und sich leicht langbrennweitig und mit großer Lichtstärke konstruieren lassen. Wenn man kurzbrennweitige Objektive verwendet, bereitet die Führung (um der Bewegung des Himmelsgewölbes zu folgen) kein Problem; größere Aufmerksamkeit ist notwendig, wenn man Brennweiten ab einigen Dezimetern verwendet.
Ein Fernglas reicht bereits aus um zu erkennen, daß die Milchstraße an ihren leuchtendsten Stellen aus unzähligen Sternen besteht. Ein Teleskop ist sicher ein besseres Beobachtungsmittel, aber man benötigt dabei ein Instrument mit einem großen Objektivdurchmesser und einer sehr geringen Vergrößerung (wenn möglich, z. B. zwischen 14 und 20 Vergrößerungen für alle 10 cm Objektivdurchmesser).
Das zur Beobachtung der Sterne der Milchstraße am besten geeignete Instrument ist sicher der Fotoapparat; da es sich darum handelt, das Licht zahlreicher und eher leuchtschwacher Sterne zu fotografieren, muß man eine lange Belichtungszeit wählen, und dieser Umstand erfordert offensichtlich ein Gestell, das automatisch die Bewegung des Himmelsgewölbes mit den notwendigen Korrektionen verfolgt, falls die Automatik leicht vor- oder nachgeht.
Aus diesem Grund sind der Großteil der in diesem Kapitel abgebildeten Illustrationen Fotografien. In den bewohnten Gebieten der Erde ist es bereits selten geworden, Orte zu finden, an denen die astronomische Beobachtung nicht durch das verbreitete Licht der künstlichen Beleuchtung schwierig geworden ist. Obwohl dieses durch die Atmosphäre zur Erde zurückgespiegelte Licht nicht sehr stark ist, reicht es aus um zu verhindern, die scharfen Grenzen der Milchstraße erkennen zu können.

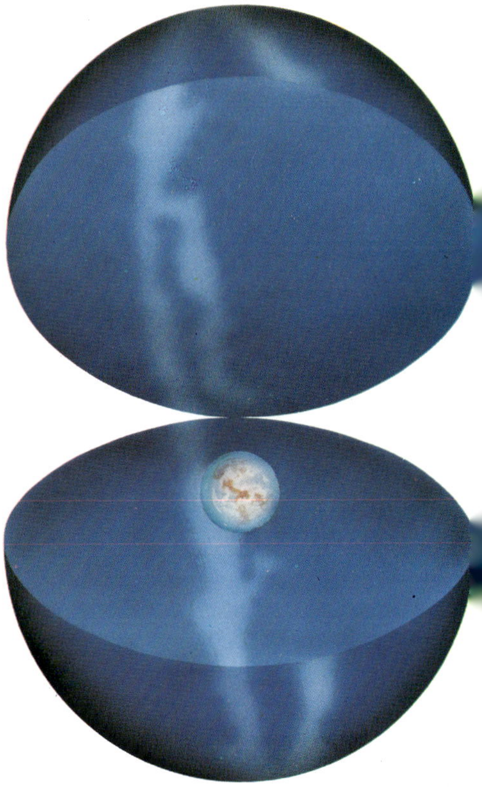

Die Konstruktion der Milchstraßenkarte. Die beiden Abbildungen hier oben erklären, wie die beiden Halbkugeln unserer Milchstraßenkarte angefertigt wurden, die auf der gegenüberliegenden Seite zu sehen sind. Die Milchstraße umgibt die Erde zur Gänze, die sich im Zentrum der Himmelskugel befindet, auf der die Milchstraße aufgezeichnet ist. Wir stellen uns vor, die Himmelskugel entlang eines Großkreises zu teilen und sie in zwei klappbare Halbkugeln zu öffnen. Im Inneren – immer noch in derselben Position – befindet sich die Erde. Jetzt besteht die schwierigste Aufgabe darin, die Oberfläche der beiden Halbkugeln in zwei Kreise flachzudrücken, ohne das Bild der Sternkonstellationen und der Milchstraße zu stark zu verzerren. Die Milchstraße hat in Wirklichkeit keine genauen Grenzen. Entlang ihrer Achse, wo die Sterne zahlreicher vorhanden sind, ist sie heller; ihre Intensität nimmt jedoch kontinuierlich in Richtung der Ränder ab.
Die Grenzen sind also willkürlich und begrenzen jene Zone, außerhalb derer die Helligkeit der Milchstraße mit freiem Auge schwer wahrnehmbar ist. Außer dem Umstand, daß die Grenzen des leuchtenden Milchstraßenbandes ziemlich unregelmäßig sind, sollte erwähnt werden, daß inmitten der Milchstraße einige dunkle Flecken vorhanden sind. Diese Flecken entstehen durch die großen Mengen stark verdünnten Staubes, der zwischen den Sternen der Milchstraße und insbesondere in sternreichen Zonen vorhanden ist. Obwohl dieser Staub stark verdünnt ist, bildet er in Zonen, in denen er in beträchtlicher Stärke vorkommt, wie z. B. die stellaren Wolken der Milchstraße, eine so starke Schichte, daß er die Sicht auf das Licht der dahinterliegenden Sterne verhindert.

Die Karte der Milchstraße. In den beiden Himmelshalbkugeln auf dieser Seite ist zwischen den Sternbildern, die sich vor dem Milchstraßenband abzeichnen, die Position der leuchtenden Grenzen der Milchstraße eingezeichnet. Es ist richtig, »vor« zu sagen, da uns die Sterne dieser Konstellationen viel näher als die schwachen und weitentfernten Sterne sind, die ihr Licht vereinen und den leuchtenden Hintergrund der Milchstraße bilden. Auf diesen beiden Karten, die gemeinsam eine wahre Himmelsplanisphäre bilden, ist nicht nur die Zone eingezeichnet, die die Milchstraße einnimmt, sondern auch mehrere Sterne, die es erlauben, die wichtigsten Sternbilder zu erkennen. Die obere Karte zeigt die Ansicht der nördlichen Milchstraße und die untere der südlichen Milchstraße. Zwei besonders interessante Gebiete sind auf diesen Karten hervorgehoben: das Gebiet des Schwans und jenes des Schützen, von denen rechts zwei wunderschöne Aufnahmen zu sehen sind. Man kann auf diesen Karten auch noch feststellen, daß die Grenzen der Milchstraße ziemlich unregelmäßig sind.

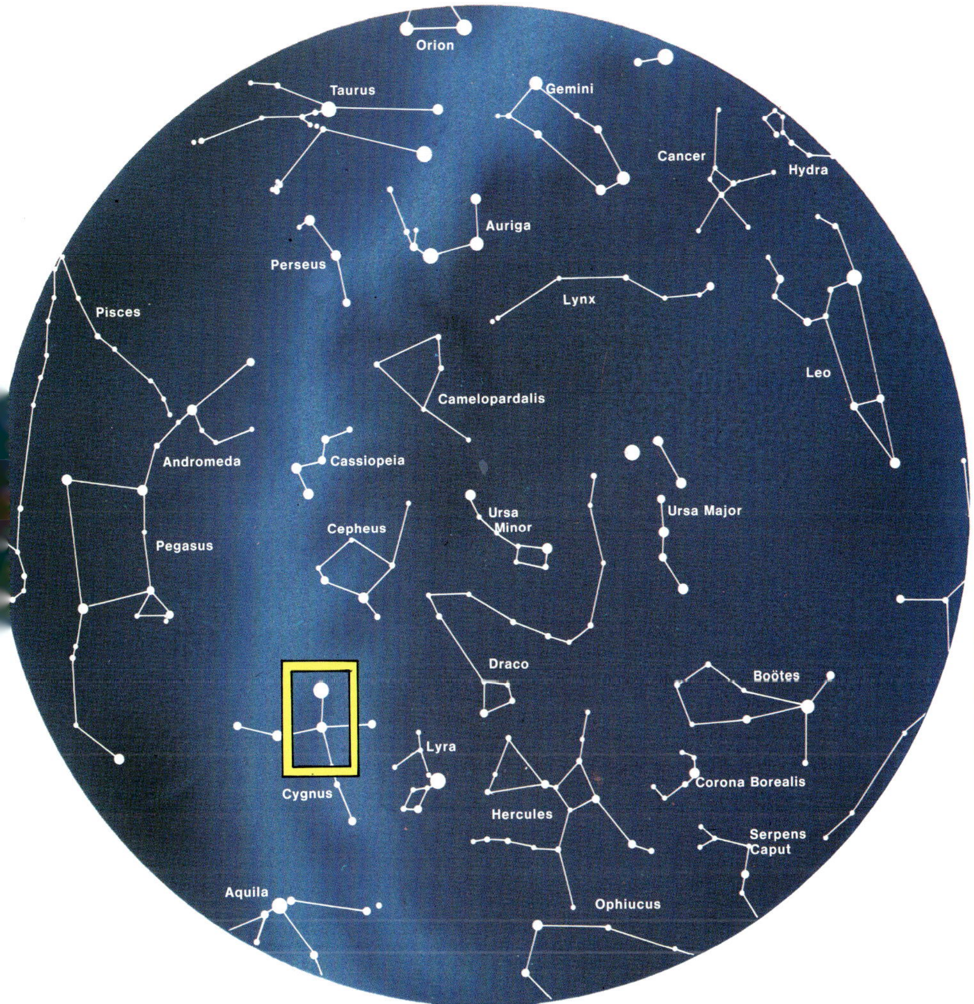

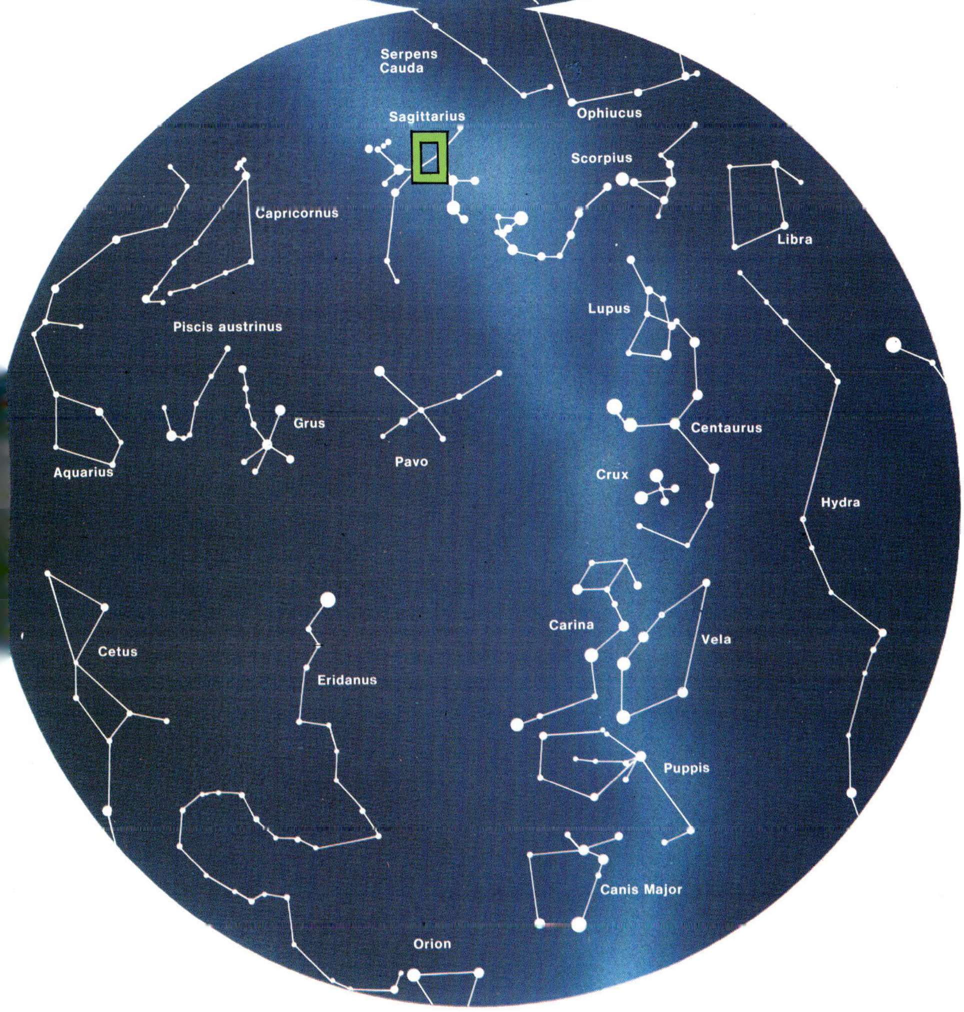

EINE ENTDECKUNG GALILEIS. Unter den ersten Beobachtungen, die Galilei am Beginn des 17. Jahrhunderts mittels seines Teleskops durchführte, befand sich die Milchstraße. Er entdeckte, daß dort wo die Milchstraße mit freiem Auge leuchtender erscheint, das Teleskop am Hintergrund des Himmels eine größere Anzahl schwacher Sterne zeigte. In einem Fernglas mit sehr geringer Vergrößerung und großer Lichtstärke sieht man außer dieser großen Zahl schwacher Sterne den Himmelshintergrund noch etwas leuchtender und milchigweißer als bei der Beobachtung mit freiem Auge. Wenn man hingegen ein Teleskop verwendete, das zu stark vergrößert, würde die Helligkeit des Himmelshintergrunds völlig verschwinden, und man müßte sich damit zufriedengeben, einfach noch mehr Sterne zu sehen, die sich deutlich voneinander abgrenzen.

Wenn man die schwachen Sterne beobachtet, die mit den kleinen astronomischen Instrumenten am Hintergrund der Milchstraße zu sehen sind, so stellen diese unter den Sternen der Milchstraße nur die allernächsten dar. Jene Sterne, die man bereits mit freiem Auge getrennt erkennen kann, sind hingegen Sterne, die sich vor dem galaktischen Hintergrund abzeichnen und die uns noch näher sind als die Sterne, die sich mit einem Fernglas oder einem kleinen Teleskop wahrnehmen lassen. Man kann also sowohl mit freiem Auge als auch mit Hilfe eines Fernglases oder kleiner Teleskope die Sterne der Milchstraße beobachten: mit freiem Auge wird man die nächstliegenden sehen können und mit dem Teleskop die weiter entfernten. Wenn man den Hintergrund der Milchstraße mit einer leistungsstarken Astrokamera fotografieren könnte, würde man außergewöhnlich weit entfernte Sterne sehen, und falls es superstark wäre, könnte man sogar sagen, alle zu sehen. In Wirklichkeit ist es nicht möglich, tatsächlich alle Sterne der Milchstraße zu sehen, weil es eine Grenze gibt, die nicht überschritten werden kann. Auch wenn die Sterne der Milchstraße im Teleskop sehr eng beieinanderzustehen scheinen, entspricht ihre mittlere Distanz mehr oder weniger der durchschnittlichen Entfernung zwischen der Sonne und den nächstliegenden Sternen. Wie man auch durch die direkte Beobachtung des Himmelsgewölbes erkennen kann, sind die Sterne einander keineswegs nahe: sie sind alle ziemlich voneinander getrennt. Wenn man also am Hintergrund der Milchstraße zahlreiche, scheinbar nahe beieinanderstehende Sterne sieht, bedeutet das einfach nur, daß man in ihrer Richtung den Raum bis zu außergewöhnlich großen Entfernungen mit Sternen angefüllt sieht.

Die Sterne der Milchstraße. Die Abbildung hier oben zeigt einen besonders sternreichen Ausschnitt der Milchstraße. Diese Sterne sind jedoch mit freiem Auge nicht einzeln sichtbar; um sie voneinander unterscheiden zu können, benötigt man ein Fernglas oder ein Teleskop. Jene Sterne, die mit freiem Auge deutlich von den anderen getrennt und sehr leuchtend erscheinen, sind die Sterne der Sternbilder. Wenn man sich jedoch vorstellt, die Milchstraße mit immer stärkeren Instrumenten zu beobachten, kann man annehmen, daß die Anzahl der einzeln sichtbaren Sterne immer mehr ansteigt. Die vor der Abbildung der Milchstraße zu sehende Linse gibt an, daß sich dieser milchige Hintergrund mittels eines starken optischen Instruments in ein außergewöhnliches Gewimmel aus Sternen verwandeln kann. Die Verteilung der Sterne ist nicht in alle Richtungen der Milchstraße gleich: im Zentrum ist sie dichter und nimmt gegen die Ränder ab. Es gibt Zonen, in denen Staubwolken verhindern, die weiter entfernten Sterne zu sehen. Die Zonen, in denen die Sterne besonders gehäuft vorkommen und einen großen nebeligen Körper bilden, nennt man »Sternwolken«.

Die Sternwolken. Auf diesem mit einem kleinen Astrographen aufgenommenen Foto (rechts) sieht man eine Unzahl an Sternen, die sich rund um den Stern Gamma des Sternbilds Schwan anordnen. Durch diesen Stern geht die leuchtende Achse der Milchstraße, und aus diesem Grund ist diese Zone so reich an Sternen. In einer Sternwolke befinden sich zahlreiche Sterntypen: junge, alte, große, kleine, heiße, kalte Sterne. Jeder kleine Ausschnitt der Milchstraße gibt die große Vielfalt der Gestirne wieder, die sich entlang ihrer gesamten Ausdehnung erstrecken.

DIE GALAKTISCHE KONZENTRATION. Beobachten wir einen der sternreicheren Punkte der Milchstraße. Der günstigste Punkt für diese Beobachtungen dürfte jener des Sternbilds Schütze sein, der in der Tat dem Auge die größte Anzahl an Sternen am Himmelshintergrund zeigt. Für diejenigen, die in der Mitte der gemäßigten nördlichen Zone wohnen, ist der Schütze jedoch ein Sternbild, das immer eher niedrig über dem Horizont erscheint und deshalb für diese Beobachtung nicht sehr geeignet ist. Für jemanden, der auf der Nordhalbkugel wohnt, ist der beste Bogen der Milchstraße jener, der sich entlang der Hauptachse des Kreuzes des Schwans erstreckt: im Teilstück, das von Gamma bis Beta reicht, kann man eine große Anzahl an Sternen beobachten.
Jetzt richtet man das Fernglas etwas nach rechts von der Achse der Milchstraße, dann mehr nach rechts und dann noch mehr nach rechts, bis man den Himmelshintergrund in großer Entfernung von der Milchstraße betrachtet. Dieselbe Beobachtung – von der Achse des Sternbilds Schwan ausgehend – muß dann wiederholt werden, indem Punkte immer weiter links beobachtet werden.
Bei all diesen Beobachtungen wird man sicher feststellen, daß die Anzahl der Sterne, die im Feld des astronomischen Instruments zu erkennen sind, immer mehr abnimmt, je weiter man sich von der Achse der Milchstraße entfernt, und vor allem ziemlich rasch abnimmt. Wenn man die Beobachtung verfeinert, kann man feststellen, daß sich in allen Feldern hell leuchtende, schwach und sehr schwach leuchtende Sterne, also Sterne, die bei freiem Auge an der Sichtbarkeitsgrenze liegen, beobachten lassen; es sind genau diese sehr schwach leuchtenden und zahlreicher erscheinenden Sterne, die als erstes verschwinden, je weiter man sich von der Achse der Milchstraße wegbewegt. Wenn man also die Gesamtanzahl jener Sterne zählt, die sich in einem Feld auf der Milchstraße befinden, ist es nicht wichtig, wenn man die leuchtendsten vernachlässigt, da sie im Verhältnis zur Gesamtanzahl nur wenige sind und bei der Berechnung zu keinem merkbaren Fehler führen. Wenn man sich hingegen von der Achse entfernt, wird es immer wichtiger, auch diese Sterne zu berücksichtigen. Je weiter man sich von der Achse der Milchstraße entfernt, desto geringer wird die Zahl der dort gefundenen Sterne sein. Das Verhältnis zwischen der Zahl der Sterne, die man auf der Achse der Milchstraße und jener, den man in von ihr immer weiter entfernten Feldern beobachtet, gibt eine Vorstellung von der Messung der sogenannten »galaktischen Konzentration«.

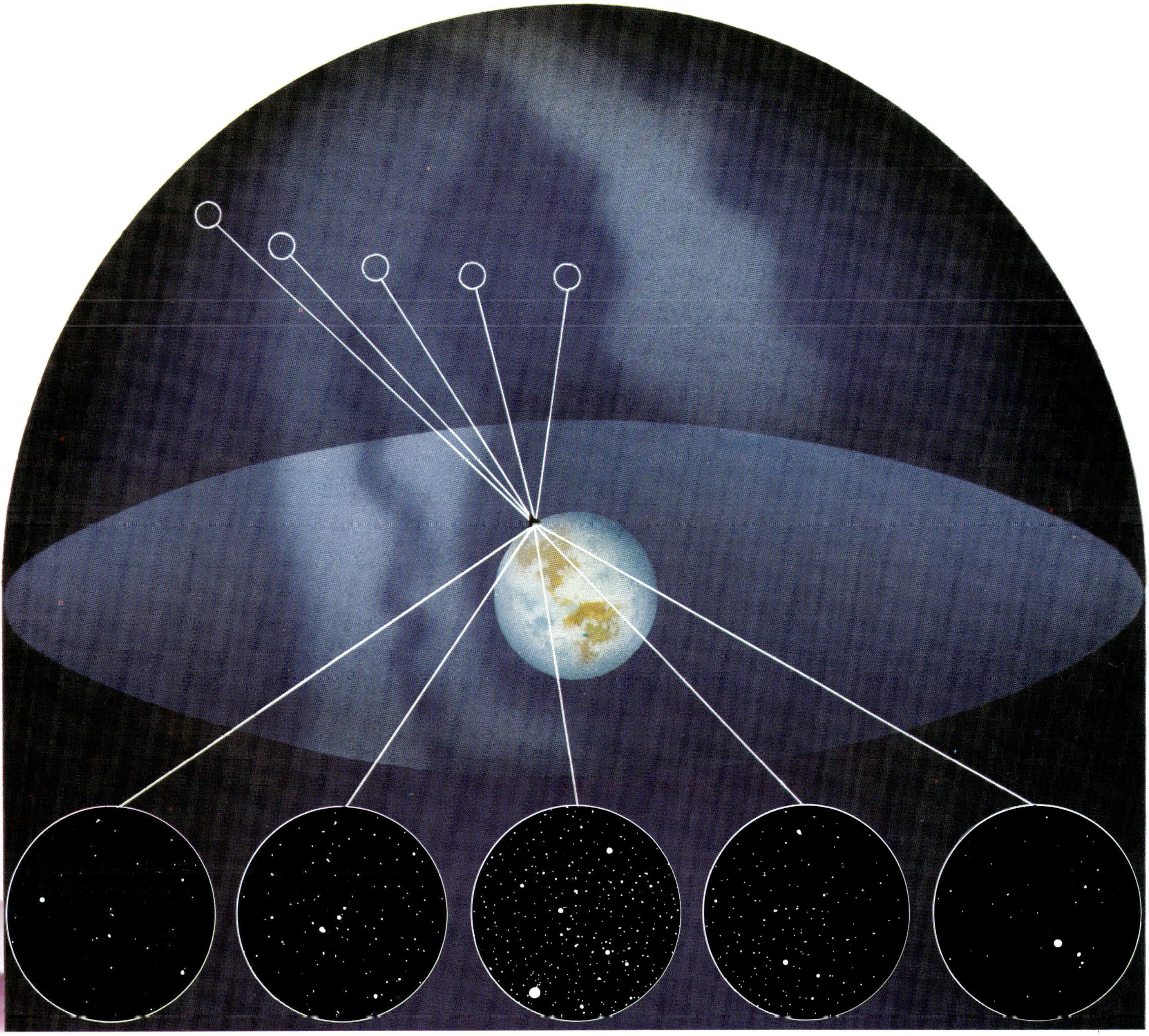

Wie man die galaktische Konzentration mißt. Der Beobachter sollte sich in der Nacht an einen Ort begeben, von dem aus das gesamte Himmelsgewölbe gut sichtbar ist, und dann ein Teleskop gegen mehrere Punkte der Milchstraße richten, die sich entlang einer horizontalen Linie in unterschiedlichen Abständen links und rechts der leuchtendsten Zone befinden. In jeder dieser Positionen verfolgt der Beobachter für einige Zeit die Bewegung des Himmelsgewölbes, damit sich die Sterne nicht aus dem Beobachtungsfeld entfernen, und er mit Genauigkeit alle Sterne zählen kann, die sich innerhalb dieses Feldes befinden. Heute können die berufsmäßigen Astronomen diese Messung mit höchster Genauigkeit durchführen, indem sie die Sterne nicht im Feld des Teleskops zählen, sondern in aller Ruhe am Schreibtisch auf einer mit dem Teleskop aufgenommenen Fotografie. Der Amateur, der nicht über hochentwickelte fotografische Instrumente verfügt, kann diese Beobachtung heute auch durch die direkte Betrachtung mit dem Teleskop durchführen. Das Resultat einer derartigen Beobachtung der Milchstraße (die Beobachtungspunkte sind als kleine Kreise auf der Himmelshemisphäre angegeben) wird in den fünf teleskopischen Feldern darunter angegeben.

AUF DEN SPUREN WILHELM HERSCHELS. Galilei war der erste, der mit seinem Teleskop die Natur der Milchstraße erkannte. Durch diese Beobachtung reicherte sich der Himmel mit zahlreichen Sternen an: bis zu diesem Zeitpunkt kannte man nur die wenigen tausend mit freiem Auge sichtbaren Sterne, danach kannte man Zehntausende mehr, wobei der Großteil entlang des Milchstraßenbands konzentriert war. Für lange Zeit lenkten die anderen Beobachtungen, die Galilei berühmt machten: die Entdeckung der Jupitersatelliten, das Erkennen der Saturnringe, die Beobachtung der Venusphasen usw. die Aufmerksamkeit der Astronomie für das Jahrhundert auf die Planeten. Am Beginn des darauffolgenden Jahrhunderts blieb die Aufmerksamkeit dank der Entdeckungen Newtons auf die Planeten gerichtet: die Entwicklung der infinitesimalen Analyse und der Himmelsmechanik ermöglichten es schließlich, die Bewegung dieser Gestirne vorherzusehen.

Der erste Astronom, der es erlaubte, aus dieser Stillstandssituation hinauszufinden, war Wilhelm Herschel. Er hatte sich selbst ein Teleskop mit einem Objektivdurchmesser von wenigen Zentimetern gebaut, und als er sah, daß diese Arbeit relativ einfach war, widmete er sich dem Bau eines größeren Instruments mit einem 15-cm-Objektiv und dann eines mit 30 cm; als er in der Folge Königlicher Astronom wurde, hatte er die Mittel zur Verfügung, um nach größere Teleskope zu bauen: somit konstruierte er ein Instrument mit 60 cm und schließlich eines mit 1,20 m Objektivdurchmesser. Mit diesen starken Teleskopen enthüllte sich ihm der sternbedeckte Himmel wie ein Zauber und er faßte den Entschluß, das Himmelsgewölbe systematisch zu erforschen. Herschel richtete sein Teleskop am Abend knapp nach der Dämmerung auf einen Punkt hoch im Süden des Himmelsgewölbes. Während der ganzen Nacht veränderte er die Position des Instruments, nicht sondern wartete, bis ihm der sich drehende Himmel die verschiedenen Gestirne vor das Objektiv brachte. Das Instrument wurde nur in der darauffolgenden Nacht etwas verschoben, um ein angrenzendes Himmelsband zu beobachten.

Auf diese Weise stellte Herschel fest, daß wenn sich die Milchstraße dem Feld seines Teleskops annäherte, die Anzahl der Sterne – vor allem der schwachen –, die im Feld erschien, beträchtlich anstieg und außergewöhnlich groß wurde, als sich die Milchstraße genau vor dem Teleskop befand. Als sich danach die Milchstraße durch die Bewegung des Himmelsgewölbes wieder entfernte, kehrte die Anzahl der Sterne – vor

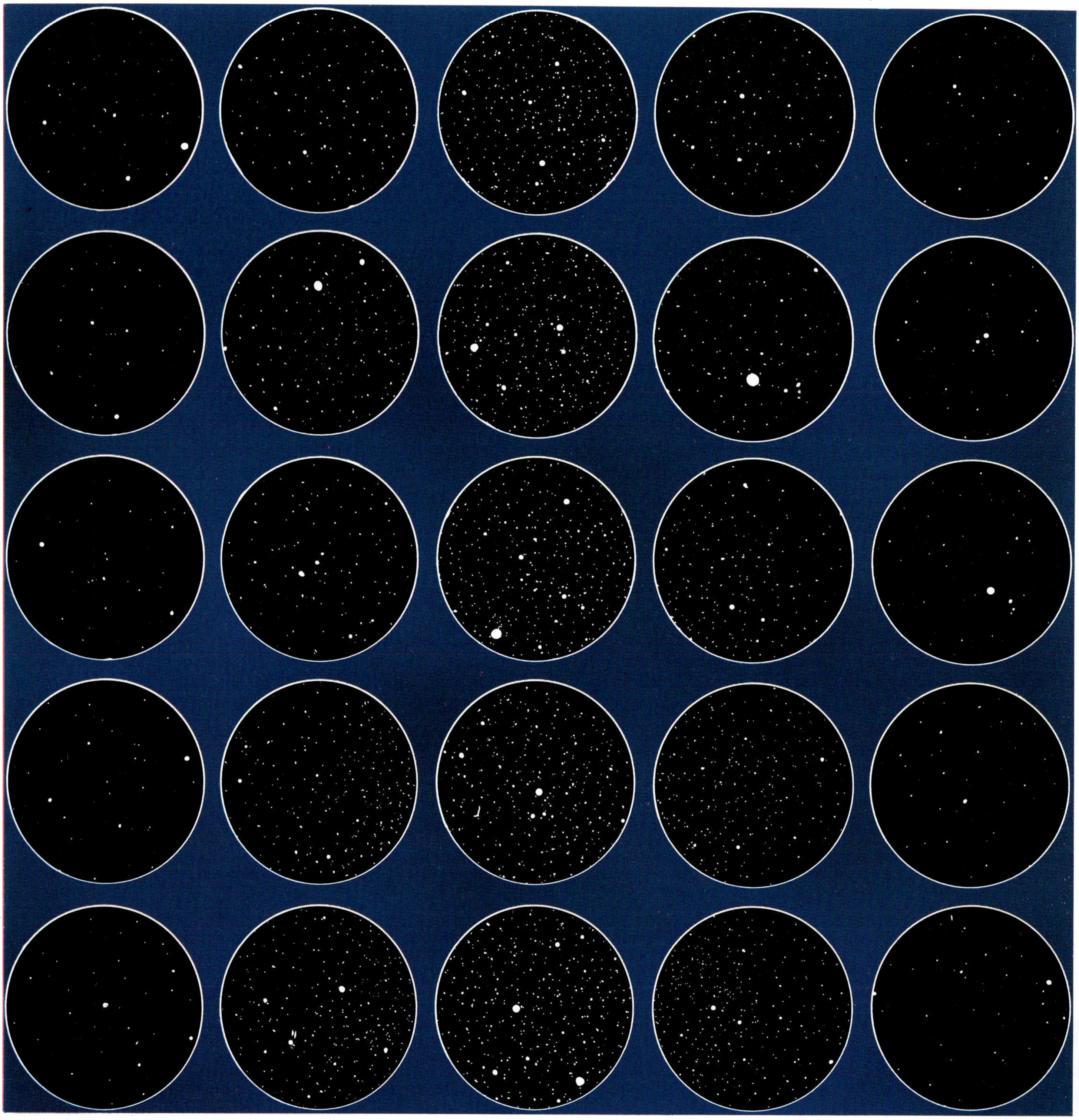

allem der schwachen – wieder zu den niedrigeren Werten zurück.
Diese Beobachtung veranlaßte Herschel zu der Annahme, daß sich der Blick in Richtung der Milchstraßenachse in eine Richtung vorwagt, in der man den Raum bis in große Entfernungen mit Sternen angefüllt sieht; aus diesem Grund erscheinen die Sterne zahlreich. Wenn man jedoch in eine im Verhältnis zur leuchtenden Milchstraßenachse um 90° verschobene Richtung schaut, sieht man gemäß Herschel nur wenige Sterne, da die Sterne in dieser Richtung nahe sind. Er nahm deshalb an, daß es die Beobachtung der Sterndichte entlang der Milchstraßenachse und dann in angrenzenden, rechts und links immer weiter entfernten Zonen ermöglicht, eine Sternkarte von diesem uns umgebenden, sternreichen Universum zeichnen zu können; wenn man den Überfluß oder den Mangel an schwachen Sternen in verschiedenen Richtungen als Distanz betrachtet, bis zu der das umliegende Universum mit Sternen angefüllt ist, kann man eine sogenannte Karte des »stellaren Universums« anfertigen.
Diese Schlußfolgerung erschien Herschel und seinen Zeitgenossen äußerst bedeutungsvoll, da man zu jener Zeit nicht wußte, wie man die Entfernung der Sterne messen könnte, und es aufgrund dieser Beobachtung zumindest gelungen wäre, zum ersten Mal eine ungefähre Größenangabe zu machen und vor allem die Form des mit Sternen angefüllten Raums, der die Sonne und das Planetensystem umgibt, bestimmen zu können.
Da der Teil dieses stellaren Universums, den wir mit unseren Augen wahrnehmen können, der dichteste ist und sich entlang seines Äquators, also der Milchstraße befindet, wurde diesem Universum der Name »Galaxis« gegeben, der aus dem Griechischen »galac« stammt, was »Milch« bedeutet; die Milchstraße ist also nichts anderes, als was der Mensch mit seinen Augen von diesem riesigen, aus Sternen bestehenden Gestirn, der Galaxis, wahrnehmen kann, deren Form – wie Herschel bewies – einem enormen abgeplatteten Ellipsoid, einer großen Scheibe ähnlich, gleicht: zwei Rand an Rand übereinanderliegenden Tellern.
Heute, wo man die Geschichte dieser Entdekkung Herschels kennt, kann seine Beobachtung mit viel einfacheren Mitteln nachvollzogen werden. Bereits mit einem Fernglas (günstiger ist ein Objektiv mit großem Durchmesser und geringer Vergrößerung) kann man die Dichte der schwachen Sterne genau so messen wie Herschel und daraus die Verteilung der umliegenden Sterne ableiten.

Die Karte der galaktischen Konzentrationen. Hier nebenan wird eine Zone der Sommermilchstraße über dem Sternbild Schwan dargestellt; entlang der Milchstraße sind Kreise eingezeichnet, um anzuzeigen, in welche Richtung man annäherungsweise ein Fernglas richten soll, das man fest in den Händen halten muß, um alle schwach leuchtenden Sterne zählen zu können, die im Gesichtsfeld erscheinen. Der Anblick, der im Feld des Fernglases zu sehen sein wird, wenn man es in die angegebene Richtung hält, wird auf der gegenüberliegenden Seite in den Okularfeldern dargestellt; die Felder, die sich auf der Achse des leuchtenden Milchstraßenbandes befinden, werden nicht nur an hellen Sternen, sondern vor allem an schwachen Sternen reich sein.
Je weiter man sich jedoch vom leuchtendsten Teil der Milchstraße entfernt, desto weniger und vor allem weniger leuchtschwache Sterne werden in diesen Feldern zu erkennen sein. Entlang der Achse südlich des Schwans erscheint die Milchstraße durch einen schwarzen Streifen in zwei leuchtende Bänder geteilt zu sein; die Sterne (genau auf der Achse nahe des schwarzen Streifens) kommen weniger gehäuft vor. Man sollte jedoch daran erinnern, daß dieser schwarze Streifen auf die Absorption des Staubes zurückzuführen ist, der zwischen den Sternen genau dort mit größerer Häufigkeit verteilt ist, wo die Sterne häufiger vorkommen. Außerdem sind in dieser Zone die schwachen Sterne immer weitaus zahlreicher als anderswo.
Beim Zählen dieser Sterne sollte man mit großer Aufmerksamkeit vorgehen; viele der schwächeren Sterne lassen sich nämlich sehr schwierig einzeln beobachten, da ihre geringe Helligkeit Zweifel aufkommen lassen kann, ob sie bereits gezählt worden sind oder nicht; ein bißchen Übung wird jedoch helfen, die Messung mit aussagefähigen Zahlen abzuschließen, um die Struktur der Galaxis interpretieren zu können.

DIE STERNENSTADT. Die Milchstraße ist jener Teil, den man vom dem großen stellaren Universum, das »Galaxis« genannt wird, erkennen kann; man kann deshalb versuchen zu erklären, warum die Milchstraße so erscheint, wie wir sie aus der direkten Beobachtung oder aus den Himmelsatlanten kennen.
Wenn man den Himmel von einem Ort aus betrachtet, der es erlaubt, das Himmelsgewölbe bis zum Horizont mit großer Deutlichkeit beobachten zu können, wie am Meeresstrand oder in den Bergen, kann man feststellen, daß der südliche Sommerast der Milchstraße – das ist jener Teil, der von den Sternbildern des Skorpions und des Schützen über den Schlangenträger und den Adler bis zum Schwan reicht – außergewöhnlich reich an Sternen, sehr breit und leuchtend ist. Umgekehrt ist der Ast, der sich über dem Sternbild des Schwans von Cassiopeia über die Wintersternbilder erstreckt und sich nach sechs Monaten am Abend deutlich erkennen läßt, viel weniger reich an schwach leuchtenden Sternen und diffuser Helligkeit ist.
Der als »Wintermilchstraße« bezeichnete Teil (weil er an den Winterabenden zu sehen ist), der vom Sternbild des Fuhrmanns zum Großen Hund reicht, zeigt weitaus weniger Sterne und leuchtet weniger stark. Wenn man jetzt wie Herschel eine Karte der Galaxis angefertigt hat und wenn man von der Hypothese ausgeht, daß man in jener Richtung, in der die schwachleuchtenden Sterne zahlreicher auftauchen, das mit Sternen gefüllte galaktische Universum bis zu einer größeren Entfernung beobachtet, ist es möglich, die Position unseres Sonnensystem im Inneren der galaktischen Scheibe genau festzulegen. Das Prinzip, auf dem diese Beobachtung aufbaut, wird in dem Schema hier unten dargestellt. Man kann sich also vorstellen, daß sich die Position der Erde, der Sonne und des gesamten Planetensystems außerhalb des Zentrums der Galaxis befindet, und diese Schlußfolgerung läßt sich auch aus der einfachen, mit einen Fernglas durchgeführten Beobachtung ableiten, die auf den vorhergehenden Seiten beschrieben worden ist. Um jedoch die Struktur des galaktischen Systems besser verstehen zu können, sollte man die Abbildung einer scheibenförmig aufgebauten Galaxie zur Hand nehmen, die unserer Galaxis ähnelt (wie z. B. die auf diesem Foto unten abgebildete); am Rand verdichten sich die Sterne entlang einer eindeutig spiralartigen Struktur, die vielleicht auf eine Störung des galaktischen Gravitationsfelds zurückzuführen ist und noch heute das Objekt intensiver Forschungstätigkeit darstellt.
Falls die Galaxis ein Gestirn im Gleichgewicht ist, müssen alle ihre Sterne rund um das Zentrum

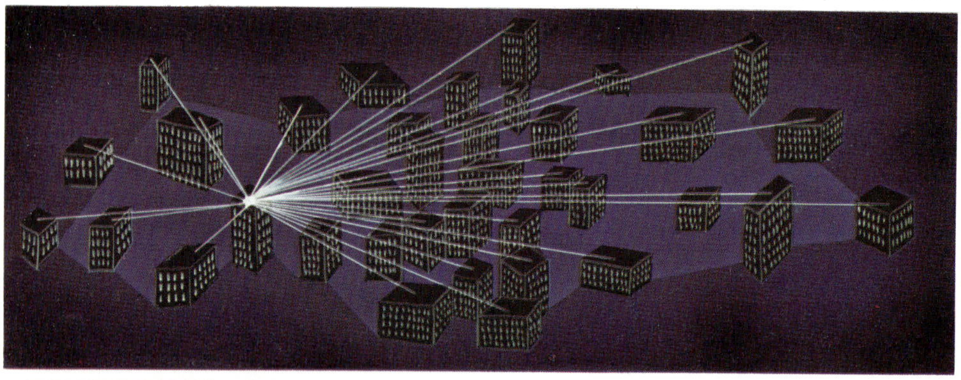

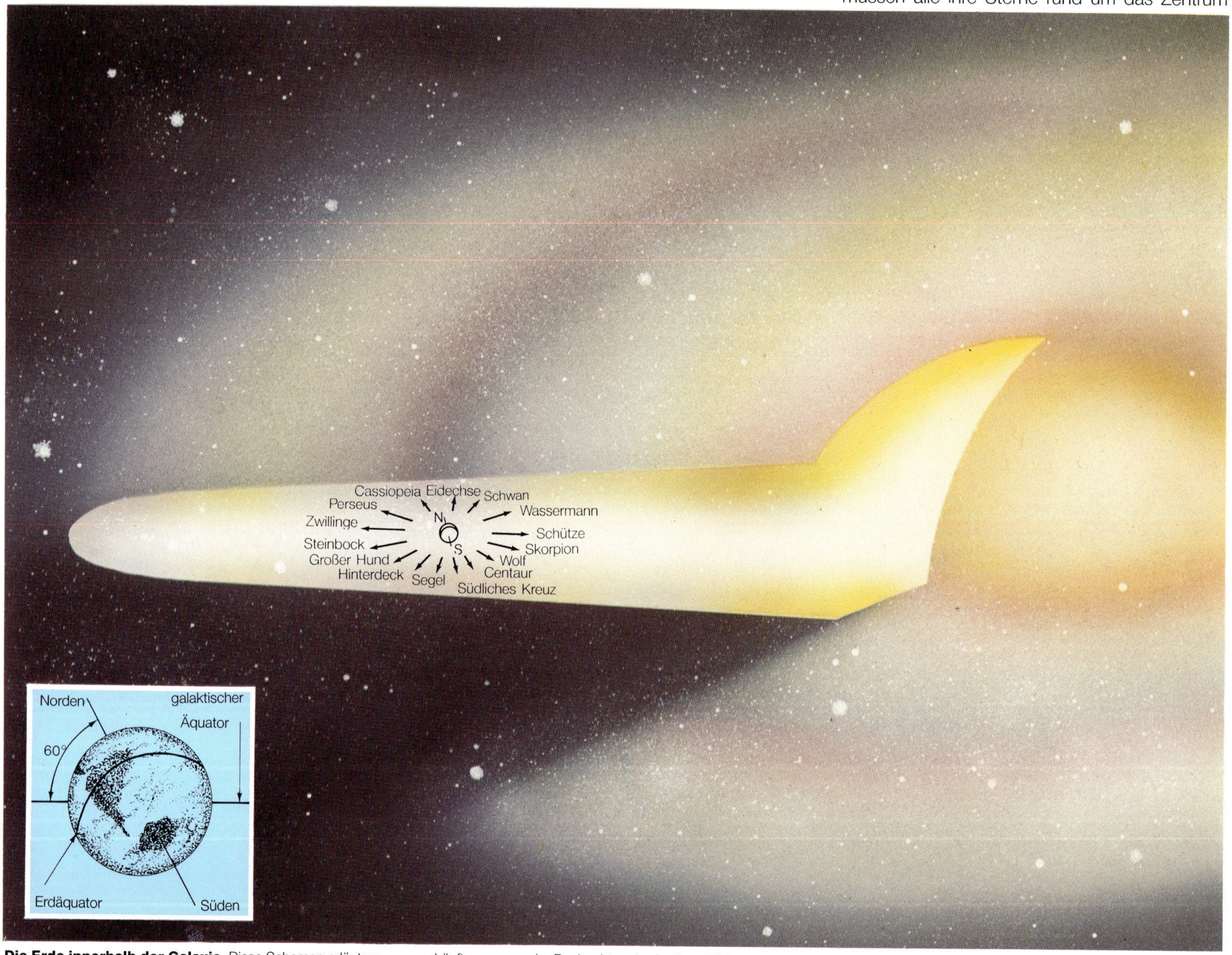

Die Erde innerhalb der Galaxis. Diese Schemen erläutern, wie man zur Position der Erde innerhalb der Galaxis gelangen kann. Oben wird jene Ansicht dargestellt, die sich einem Beobachter böte, der sich vom Dach eines Hochhauses in einer klaren Nacht umschauen würde, um die Lichter der Stadt zu beobachten. In Richtung des Zentrums kommen die Lichter gehäuft vor: wenn der Beobachter also in diese Richtung blickt, hat er die Möglichkeit, mehr Lichter wahrzunehmen. Auf der entgegengesetzten Seite in Richtung der Peripherie kann er nur wenige Lichter sehen. Die Position der Erde innerhalb der Galaxis entspricht jener des Beobachters; sie ist etwa 30000 Lichtjahre vom Zentrum und 20000 von der Peripherie entfernt. Die Rotationsachse der Erde ist geneigt, weshalb die leuchtende Achse der Milchstraße weder an den Polen noch am Himmelsäquator vorbeikommt.

kreisen. Auch die Sonne kreist um das Zentrum der Galaxis, und um einen vollen Umlauf in einer Entfernung von gut 30000 Lichtjahren durchzuführen, benötigt sie etwa 200 Millionen Jahre. Das scheint eine sehr lange Zeitspanne zu sein, man sollte jedoch daran erinnern, daß die Sonne seit ihrer Entstehung bereits wahrscheinlich 20, 30 und vielleicht mehr Umdrehungen um das galaktische Zentrum vollendet hat.

Wenn sich die Sonne in etwa 30000 Lichtjahren vom Zentrum und nur 20000 vom Rand befindet, bedeutet dies, daß aus ihrer Position die Dichte der Sterne – in Richtung des Randes schauend – rasch abnimmt, während in Richtung Zentrum die Sterndichte zunimmt. Aus diesem Grund erscheint das Zentrum heller als der Rand, wenn man die galaktische Scheibe entlang ihrer Ebene betrachtet.

Hier beginnt sich jedoch eine der Grenzen der Hypothese Herschels abzuzeichnen; ist es nämlich nicht richtig, daß man, wenn man am galaktischen Hintergrund schwächere Sterne sieht, notwendigerweise bis in größere Entfernungen beobachtet. Falls dies wirklich der Fall wäre, müßte man in Richtung des Zentrums des galaktischen Systems schauend sehr viel mehr Sterne sehen, als man in Wirklichkeit erkennen kann. Daß man nicht so viele Sterne sieht, liegt einfach daran, daß gemeinsam mit den Sternen des galaktischen Zentrums eine große Menge an Gas- und Staubwolken vorhanden sind, die das Zentrum vollständig verdecken; die größere Sterndichte, die man in Richtung des Sternbilds Schütze (der sich eben vor dem galaktischen Zentrum befindet) feststellen kann, ist einfach auf die vermehrte Sterndichte zurückzuführen, die man bei größerer Annäherung ans Zentrum beobachtet.

Das hier unten abgebildete Foto einer Galaxie zeigt, daß sich in den Spiralarmen und im allgemeinen in der Symmetrieebene dieser riesigen Sternenscheibe die dichtesten Sternwolken befinden. Es ist auch deutlich zu erkennen, daß sich genau dort, wo die Dichte dieser Sternwolken größer ist, die größte Menge an Staub ansammelt. Auf dem Foto dieser Galaxie erscheint er als zahlreiche schwarze Flecken, die nicht zufällig verteilt sind, sondern sich entlang der Achse oder manchmal entlang der Ränder der Spiralarme anordnen, welche sich aus stärker leuchtenden Wolken zusammensetzen. Dieser Staub ist auf der Symmetrieebene der Scheibe verteilt.

Das Planetensystem, das sich auf dieser Symmetrieebene befindet, liegt also im stärker verdunkelten Teil. Aus diesem Grund sieht man die Milchstraße dort, wo sich eine große Staubwolke vor den Sternen der Milchstraße befindet, zweigeteilt, und genau das läßt sich in jenem Ast der Milchstraße beobachten, der sich vom Sternbild Schwan in Richtung des Südpols erstreckt. In der Nähe des Südpols kann man dann dunkle Flecken feststellen, d. h. Staubwolken, die »Kohlensäcke« genannt werden.

Die Aufnahme dieser Galaxie, die unserer sehr ähnlich ist, hilft uns zu verstehen, wie die Sterne in Himmelsobjekten dieser Art verteilt sind. Sie zeigt uns jedoch nicht alle Sterne dieser Galaxie: man kann sehr viele Sterne im Zentrum sehen, viele zwischen dem Zentrum und dem Rand, und obwohl an diesem Rand die Sterndichte deutlich geringer ist, ist er reich an Sternen, da er sehr ausgedehnt ist. Eine enorme Menge an Sternen entgeht jedoch der Beobachtung; sie bilden eine Art riesigen kugelförmigen Hof, der die gesamte Galaxis umgibt. Vom Durchmesser der Galaxie und von der Geschwindigkeit, mit der die Sterne rund um ihr Zentrum kreisen, konnte die Masse der gesamten Galaxie abgeleitet werden, und durch die Kenntnis der mittleren Helligkeit der Sterne kann man errechnen, wieviele Sterne in ihr vorhanden sind.

Diese Berechnungen ergaben eine unglaublich große Zahl: 200 Milliarden. Neuere Untersuchungen haben bewiesen, daß sich rund um diesen helleren Teil der Galaxie ein Teil befindet, der den gewöhnlichen Beobachtungen entgeht und eine so große Zahl an Sternen enthält, daß die Gesamtzahl der Sterne unserer Sternenstadt gut 700 Milliarden beträgt.

Eine Galaxie, die der unseren ähnelt. Unsere Galaxis, deren Struktur auf der Abbildung der gegenüberliegenden Seite illustriert wird, ist scheibenförmig und dürfte von demselben Typ wie die hier oben abgebildete sein. Es handelt sich dabei um die Galaxie M 81 im Sternbild des Großen Bären, an deren Rand sich die Sterne entlang spiralförmiger Strukturen anordnen. Man kann deutlich die dunkle Materie erkennen, die auf der Äquatorebene verteilt ist und aus der mit großer Wahrscheinlichkeit neue Sterne entstehen werden. Selbst mit den stärksten Teleskopen läßt sich der Kern nicht in seine Sterne auflösen, da die Sterne sehr dicht verteilt sind und auch aufgrund der großen Entfernung zwischen dieser Himmelsgegend und der Erde (ca. 8,5 Millionen Lichtjahre). Diese große Galaxie ist ein riesiges Sternensystem; bezüglich ihrer Rotationsbewegung stellt sie eine der interessantesten unter den bisher bekannten Galaxien dar.

DIE GESTIRNE DER GALAXIS. Als wir von der Beobachtung der Milchstraße gesprochen haben, war unsere Aufmerksamkeit vor allem auf die Sterne gerichtet; die Milchstraße erscheint ja tatsächlich als riesiger Sternenkomplex.
Die Beobachtung dieser Sterne erlaubt uns, auf ein riesiges Gestirn zurückzukommen: die Galaxis, von der unsere Augen nur jenen Teil sehen, der »Milchstraße« genannt wird. Diese großartige Sternenstadt enthält jedoch nicht nur Sterne, im Gegenteil, vielleicht sind die interessantesten Gestirne anderer Art; praktisch befindet sich in einer Galaxie alles, was man im Universum beobachten kann – natürlich mit Ausnahme der riesigen Gestirne, deren Ausmaße mit jener einer Galaxie, wie z. B. die Quasare oder andere Galaxien, verglichen werden können.
In einer Galaxie lassen sich also hauptsächlich Sterne beobachten, wobei es allerdings eine große Vielfalt gibt: es sind junge und alte Sterne vorhanden, Riesen- und Zwergsterne, und es ist interessant zu wissen, daß man während der Beobachtung manchmal auf die eine und manchmal auf die andere Kategorie stoßen kann, aber vor allem, daß sich die Sterne einer bestimmten Kategorie häufig in Haufen zusammenschließen oder in Zonen des Raums befinden, in denen sie einander sehr nahe, weil sie gemeinsam entstanden sind, weshalb sie auch ein vergleichbares Alter aufweisen.
In einer Galaxie und insbesondere in der unseren gibt es auch die großen Sternansammlungen: die offenen und die kugelförmigen Sternhaufen. Es gibt dann auch noch die großen Nebel, d. h. jene Himmelsgegenden, in denen eine riesige Menge an Gas oft gemeinsam mit absorbierendem Staub verbreitet ist, aus dem die Sterne entstehen. In einigen Fällen handelt es sich bei dem beobachteten Gas um die Reste, die von der in astronomischen Einheiten lange zurückliegenden Sternbildung übriggeblieben sind, in anderen Nebeln findet die Sternentstehung heute statt, und in wieder anderen wird sie erst beginnen. Heute weiß man, daß noch ungefähr zehn Prozent der Masse der gesamten Galaxis als Reservematerial für die Produktion unzähliger Sterne vorhanden ist.
Bei der Betrachtung des Sternbilds Orion kann man einen Nebel erkennen, der »Pferdekopf« genannt wird, da seine Form an den Kopf und den Hals eines Streitrosses erinnert, so wie es

Vergangenheit und Zukunft. Hier unten sind die Aufnahmen zweier Gestirne mit ähnlichem Namen aber unterschiedlichen physikalischen Strukturen abgebildet: der Kugelsternhaufen M 5 in der Schlange (hier unten) und der offene Sternhaufen der Plejaden (darunter). Der offene Sternhaufen besteht aus wenigen, sehr leuchtstarken Sternen, die oft noch im Gas und im Staub der Wolke eingehüllt sind, aus der sie sich gebildet haben. Im Kugelsternhaufen ist der Prozeß der Sternbildung bereits seit langem beendet. Die offenen Sternhaufen befinden sich in der Scheibe der Galaxie, während sich die Kugelsternhaufen am Rand anordnen und sich in einigen Fällen auf halbem Weg zwischen einer Galaxie und einer anderen befinden. Sie stellen wahrscheinlich einen Kondensationsversuch der Galaxie dar, der sich in der Bildung aller dieser kleinen Sternanhäufungen verwirklicht hat. Man kann sie als »klein« bezeichnen, wenn man sie mit unserer Galaxis vergleicht, die Hunderte Milliarden Sterne enthält, während ein Kugelsternhaufen bis zu einer Million enthält. Auf der gegenüberliegenden Seite wurde der »Pferdekopfnebel« im Sternbild Orion abgebildet: er ist ein typisches Objekt des galaktischen Äquators.

gewöhnlich in den traditionellen Renaissancegemälden dargestellt wird. Die Mehrzahl der in diesem Gebiet beobachtbaren Sterne ist blau; sie sind vor relativ kurzer Zeit entstanden und in einen Nebel- und Staubschleier eingehüllt, der jedoch ihr Licht durchscheinen läßt. Rund um diesen dunklen Staubnebel ist hellerer Staub zu erkennen, der von zahlreichen Sternen beleuchtet wird: es ist eine Region, die für den galaktischen Äquator charakteristisch ist. Wenn wir uns mit einem Raumschiff durch die ganze Galaxie bewegen könnten, würden wir auf zahlreiche weitere, ähnliche Zonen stoßen, in denen noch immer Sterne entstehen, obwohl sich der Großteil der Materie bereits umgewandelt hat.
Heute weiß man, daß im Inneren der Galaxis – außer den Sternanhäufungen, d. h. den Haufen, von denen auf den vorhergehenden Seiten gesprochen wurde – auch zahlreiche Doppelstern- und Mehrfachsysteme vorhanden sind. Bei der Sternbildung besteht nämlich auch die Möglichkeit, daß sich ein Stern gemeinsam mit einem anderen bildet; die Wahrscheinlichkeit dürfte sogar bei 50 Prozent liegen. In den anderen 50 Prozent der Fälle, wenn also ein einzelner Stern entsteht, wird er nicht nur von einem, sondern von vielen Planeten umgeben sein. Im galaktischen Universum entstehen die Sterne also in Begleitung ähnlicher Objekte oder der Planeten; dieser interessante Umstand läßt die Annahme zu, daß unter allen Gestirnen der Galaxis (und wir haben gesehen, daß es Hunderte Milliarden sind) ein hoher Prozentsatz mit Planeten ausgestattet sein kann, deren Größe, chemische Zusammensetzung, Atmosphäre und klimatische Bedingungen jenen der Erde sehr ähnlich sein können.
Die gesamte Struktur der Galaxis ist also sehr kompliziert, und es ist relativ schwierig, sie in nur einer Nacht mit freiem Auge oder mit bescheidenen astronomischen Instrumenten zu beobachten. Heute weiß man jedoch, daß sie in drei Hauptbestandteile unterteilt werden kann: erstens den zentralen *Kern*, in dem eine riesige Anzahl alter Sterne verdichtet ist, die in Wolken aus Gas und Stauben eingehüllt sind; zweitens die *Scheibe,* die sich aus relativ jungen Sternen zusammensetzt, in der noch große Mengen interstellarer Materie vorhanden ist, aus der andere Sterne entstehen können, und schließlich der *Hof,* der eine große Kugel bildet, welche den Kern und die Scheibe zur Gänze einhüllt: er besteht aus einer großen Zahl sehr leuchtschwacher und so diffuser Sterne, daß sie nicht einmal alle gemeinsam einen Beitrag zum hellen Himmelshintergrund leisten könnten. Außer den Sternen der ersten Generation, deren Alter also mit jenem der Galaxis vergleichbar ist, beinhaltet der Hof die Gesamtheit der Kugelsternhaufen, von denen bis heute 125 bekannt sind. Warum unsere Galaxis und andere Galaxien die uns bekannte Form aufweisen, ist noch nicht völlig geklärt. Bisher ist nur die Dynamik der Galaxis bekannt, d. h. die Theorie, wie sich die Sterne im Inneren einer Galaxie bewegen und wie man z. B. durch Beobachtung der Sternbewegungen in unmittelbarer Umgebung der Sonne zu einer ziemlich genauen Kenntnis ihrer Verteilung in der Galaxis und ihres Schicksals beim Lauf um das galaktische Zentrum gelangen kann.
Wir haben gesehen, daß man die Gesamtmasse und in der Folge auch die Anzahl der Sterne, die eine Galaxie – insbesondere unsere – enthält, schätzen kann, ohne die Sterne einzeln gezählt zu haben: es reicht, die Größe der Galaxie und die Geschwindigkeit zu kennen, mit der sie sich um sich selbst dreht. Obwohl es auf den Fotografien der galaktischen Wolken den Anschein hat, als ob sich die Sterne berührten, sind sie in Wirklichkeit so weit voneinander entfernt wie die Sonne von den ihr nächstliegenden Sternen.
Die Geschichte der Galaxis besteht also in einer fortlaufenden Umwandlung: aus einer jungen Galaxie, d. h. einer Galaxie, die fast ausschließlich aus interstellarer Materie mit wenigen, noch jungen – heute altersschwachen – Sternen besteht, entwickelt sich langsam eine Scheibe mit Spiralarmen, in der in der Äquatorebene noch interstellare Materie vorhanden ist, aus der noch immer Sterne entstehen.

EIN GROSSES UNTERFANGEN. Auf diesen beiden Seiten ist ein großes Fotomosaik abgebildet, das einen Atlas der Milchstraße darstellt. Es setzt sich aus zahlreichen Fotografien zusammen, die während verschiedener Nächte mit demselben Teleskop aufgenommen wurden, das mit einem 25-cm-Fotoobjektiv ausgestattet ist; da diese Fotografien von der nördlichen Halbkugel aus gemacht wurden, ist die südliche Milchstraße nicht komplett dokumentiert.

Diese Arbeit hat mehrere Jahre in Anspruch genommen, da die Beobachtungsbedingungen nur in wenigen Nächten ideal sind, und es außerdem notwendig ist, mehrere Fotos aufzunehmen, um dann unter den verschiedenen Aufnahmen die besten auswählen zu können; da man sie verkleinert drucken und in Gruppen zusammenfassen muß, gehen zahlreiche, in jedem Foto vorhandenen Informationen verloren. Wenn man das Original mit einer Linse betrachten würde, könnte man eine große Zahl an Sternen und Nebeln beobachten. Falls jemand die Möglichkeit hätte, diesen Atlas Seite für Seite mit einem guten Mikroskop zu betrachten, könnte er es vielleicht vorziehen, diese Karte und nicht den wirklichen Himmel zu beobachten, auf dem man selbst mit einem großen Amateurinstrument sicher nicht alle Einzelheiten dieser Fotografien erkennen kann.

Es sollte noch erwähnt werden, daß diese Fotografien mit dem Ziel aufgenommen wurden, eine Gesamtansicht aller Objekte zu liefern, die im stärker leuchtenden und uns nächstliegenden Teil der Galaxis sichtbar sind, und um den Astronomen Hinweise zu geben, wohin sie ihre großen Teleskope richten sollen; da sie nämlich von jedem Foto dieses Mosaiks nur einen winzigkleinen Teil beobachten können, können sie nicht allein die gesamte Milchstraße erforschen, sondern müssen zu jenen Zonen geleitet werden, die sich aufgrund dieser Fotos als interessant herausstellen.

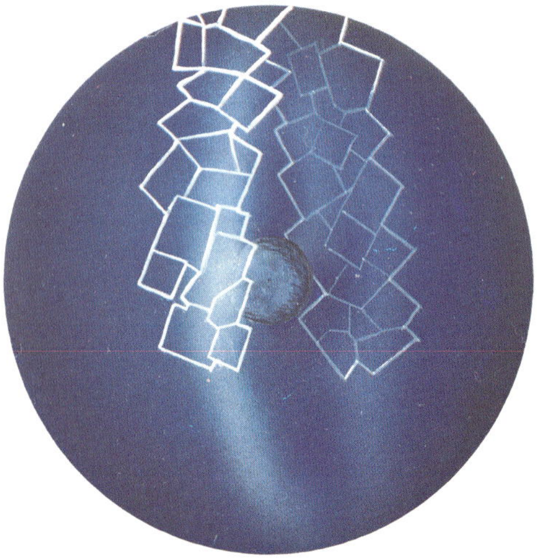

Die fotografische Karte. Die oben abgebildete Zeichnung erläutert, wie die Fotos des Mosaiks, aus dem sich die nebenstehend zu sehende fotografische Karte der Milchstraße zusammensetzt, auf der Himmelskugel verteilt sind. Diese Fotos wurden mittels eines Astrographen (Spezialinstrument zum Fotografieren der Gestirne) aufgenommen, der mit einem Linsenobjektiv mit einem 25-m-Durchmesser und einer Brennweite von etwa 1 m ausgestattet ist. Dieser riesige fotografische Apparat wurde auf einem langbrennweitigen Teleskop angebracht, dessen Brennweite mindestens dreimal größer ist: es wurde gegen den Himmel gerichtet und verfolgte die langsame Bewegung des Himmelsgewölbes.

Das Ziel dieser fotografischen Karte besteht darin, verschwommene Nebel, dunkle Flecken der absorbierenden Nebel und die schwächsten Sterne hervorzuheben. Aus diesem Grund sind die stark leuchtenden Sterne wie z. B. jene, welche die Zeichen der wichtigsten Sternkonstellationen bilden, schwierig zu erkennen, da ihr Licht meist durch das Licht des dahinterliegenden, schwächer leuchtenden galaktischen Hintergrunds überdeckt wird. Auf diesem Bildmosaik wurden die Gestirne angegeben, die sich leicht erkennen lassen.

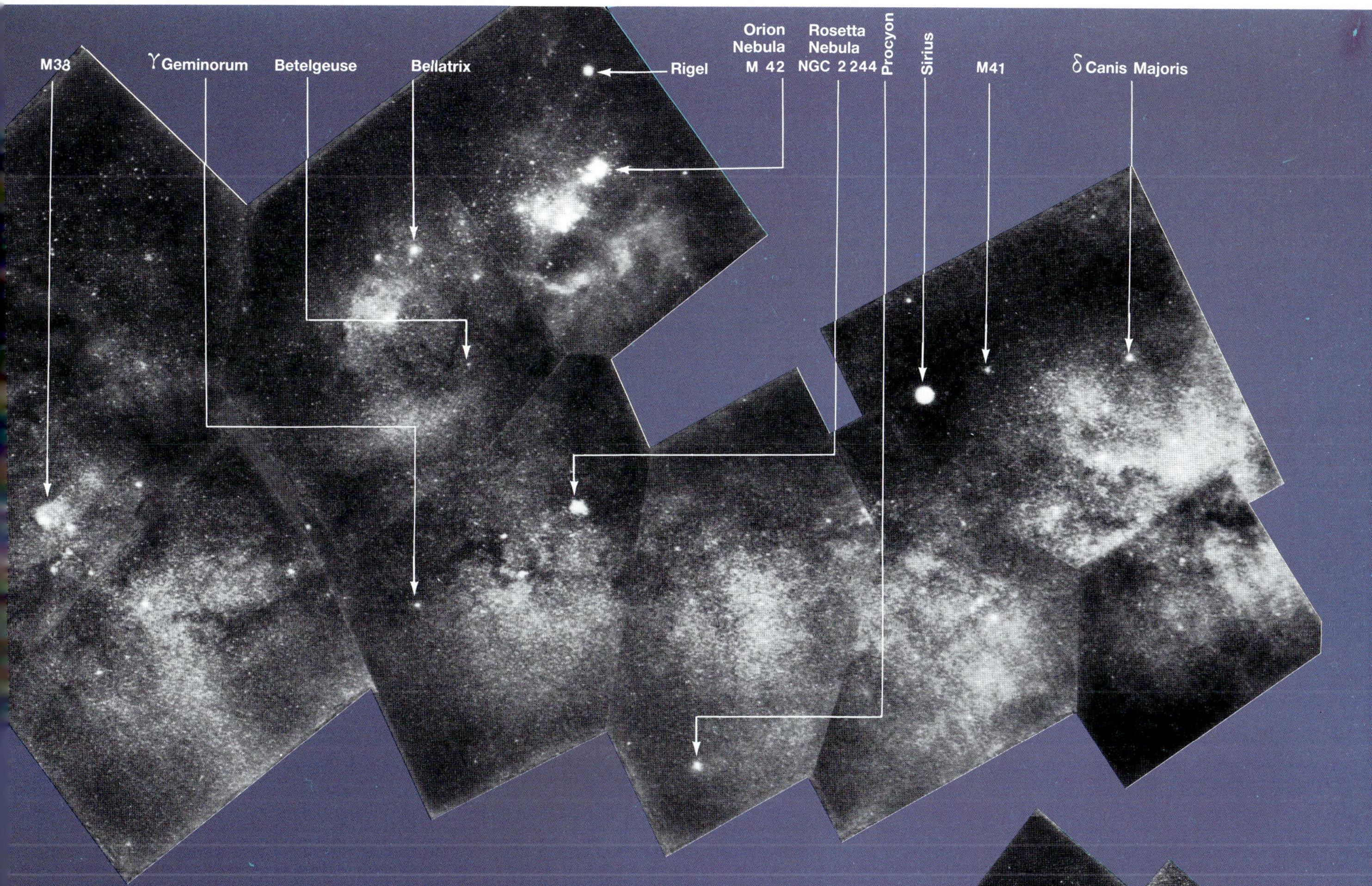
M38
γ Geminorum
Betelgeuse
Bellatrix
Rigel
Orion Nebula M 42
Rosetta Nebula NGC 2244
Procyon
Sirius
M41
δ Canis Majoris

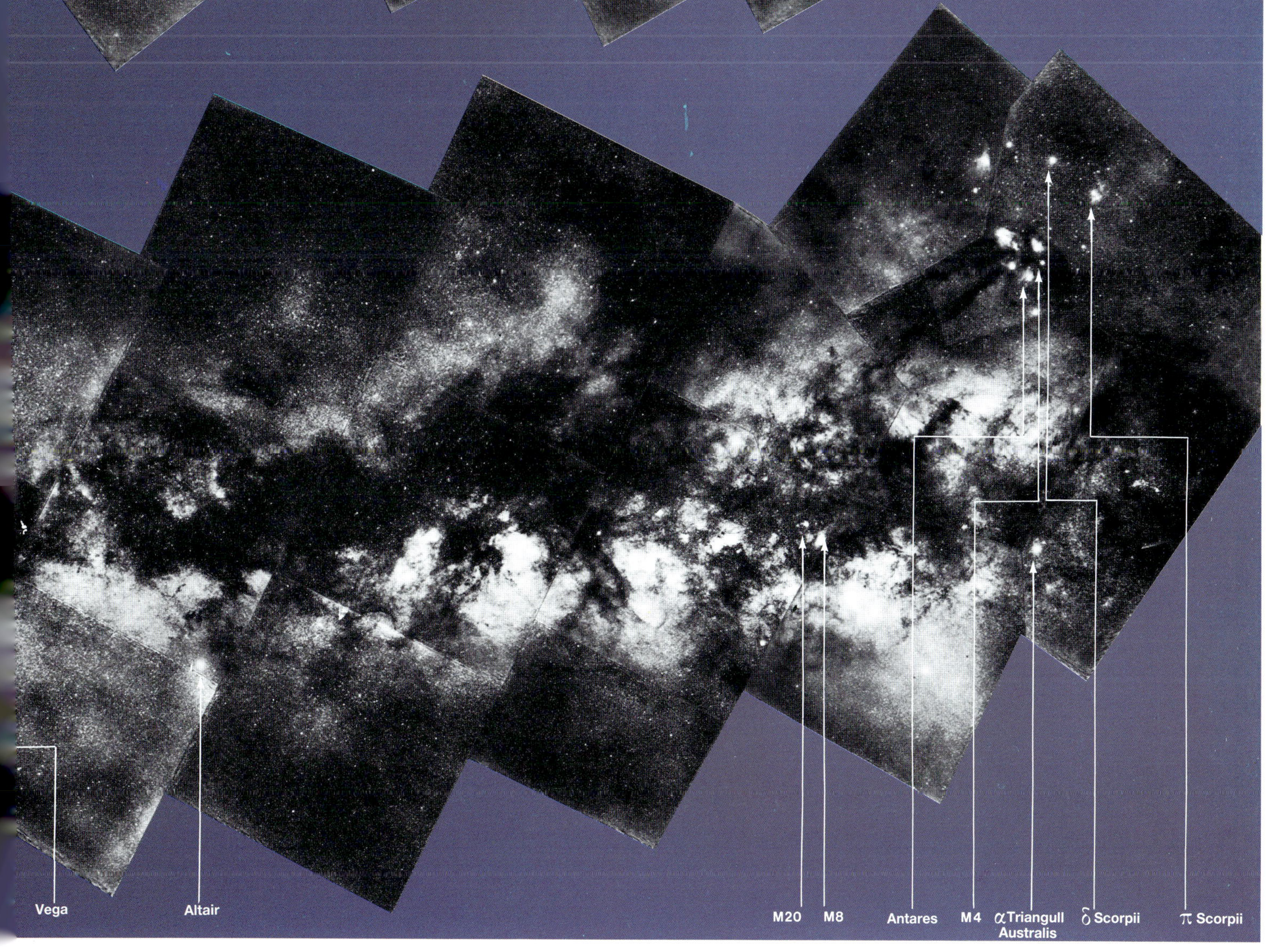
Vega
Altair
M20
M8
Antares
M4
α Triangull Australis
δ Scorpii
π Scorpii

Die Geburt eines Sterns

Die Sterne entstehen in jenem Teil des Universums, in dem noch eine große Menge an interstellarer Materie vorhanden ist und vor allem dort, wo man die Sterne noch in dieser Materie eingetaucht sieht. Wie lange dauert der Entstehungsprozeß eines Sterns im Vergleich zu seiner gesamten Lebensdauer?
Man stellt sich spontan die Frage, ob es möglich ist, während man in einer klaren Nacht mit einem guten Teleskop den Himmel beobachtet, zwischen den Sternen eines in seine Muttermaterie eingebetteten Haufens, aus der – wie man weiß – die Sterne entstehen, einen neuen Stern auftauchen zu sehen. Ein Stern benötigt Tausende Jahre, um sich zu bilden, und dieser Prozeß der Frühentwicklung und der darauffolgenden Entstehung läßt den Stern nach einigen zehn- oder hunderttausend Jahren (nach einer nur nach astronomischen Maßstäben kurzen Zeit) erscheinen. Es handelt sich also nicht um ein plötzlich eintretendes Ereignis; das bedeutet jedoch nicht, daß man nicht alle Lebensphasen eines Sterns verfolgen könnte. Wir werden hier erklären, wie man jene Himmelsgegenden suchen kann, in denen die Sterne im Entstehen sind. Denn in diesen Gegenden sind zahlreiche Sterne vorhanden, und unter ihnen finden sich jene, die noch entstehen müssen, jene, die sich in verschiedenen Phasen der Frühentwicklung befinden und jene, die sich erst vor kurzem gebildet haben.
Auf diese Weise ist es also möglich, diese Bildungsphasen zu verfolgen, indem man verschiedene Sterne derselben jungen Gruppe beobachtet. Es muß sofort gesagt werden, daß die Geburt eines Sterns auf die Verdichtung der interstellaren Materie zurückgeht. Die Sterne entstehen im kosmischen Raum aus diffuser Materie mit sehr geringer Dichte, die dennoch in großen Mengen vorhanden ist, da sie sich auf riesiggroßem Raum verteilt. Diese Materie führt zu einer beträchtlichen Gravitationsanziehung, wodurch sie sich mit der Zeit auf relativ kleinem Raum verdichtet. Die mittlere Dichte dieser Materie steigt deshalb stark an, und da die Verdichtung eine Kompression ist, steigt auch die Temperatur. In den Endphasen dieser Verdichtung ist die Temperatur so hoch, daß sich im Inneren der

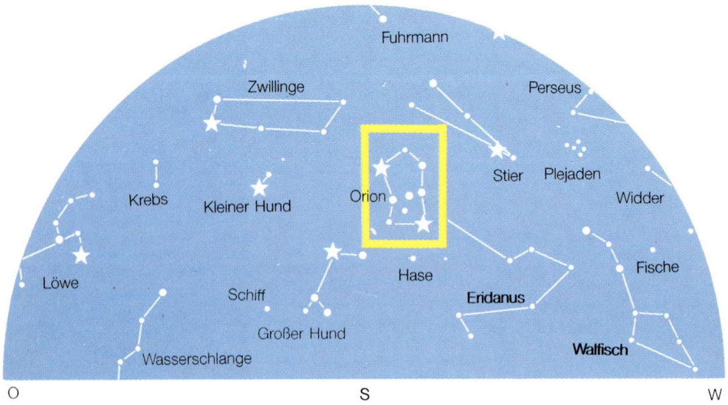

Der Orionnebel, auch M 42 genannt, ist deutlich zu erkennen, wenn man am Winterhimmel in südlicher Richtung das Schwert des Orion betrachtet. Die unten abgebildete Karte gibt die Position dieses Nebels zwischen den Sternen des Orion an.

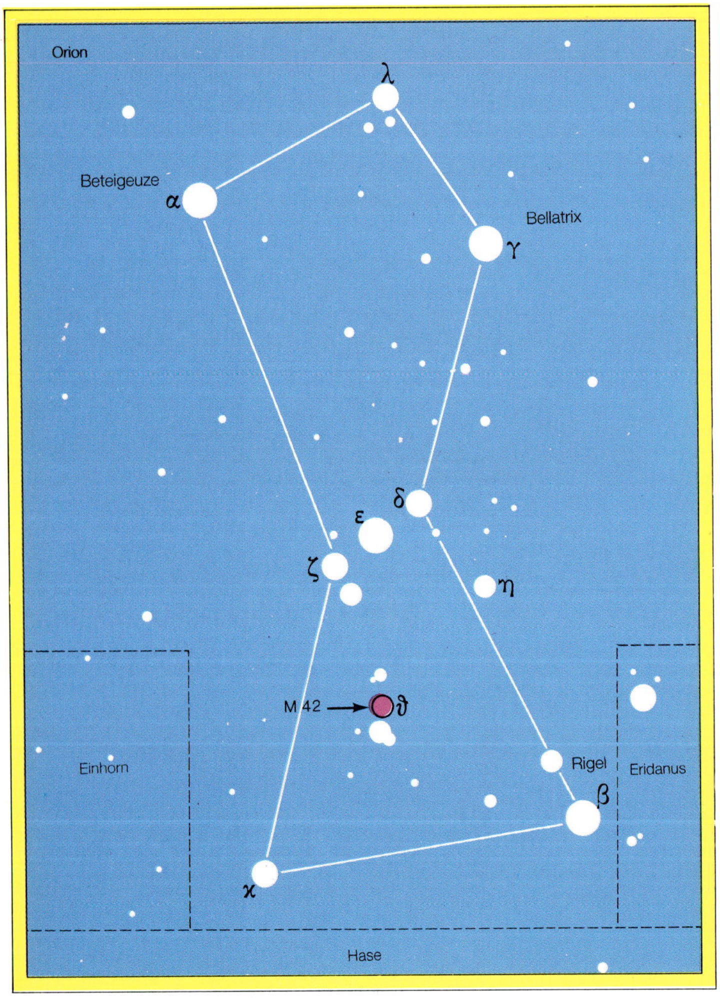

sich eben erst gebildeten Kugel die thermonuklearen Reaktionen auslösen können.
In diesem Moment ist der Stern geboren; er ist jedoch von einer dichten Wolke aus absorbierendem Staub umgeben, der verhindert, ihn trotz seiner starken Leuchtkraft zu sehen. Der Stern bläst einen Großteil der sich auf seiner Oberfläche befindenden Materie weg; dieser starke Wind fegt also den umliegenden Himmel aus und läßt schließlich den Stern erkennen, der zu Beginn unsichtbar war. Solange sie sich nicht vollständig zerstreut haben, werden die weggeblasenen dunklen Staubwolken natürlich bewirken, daß sich das Licht des Sterns rasch verändert. Erst wenn diese Wolken vollkommen zerstreut sind, kann man schließlich das Licht des Sterns stabil und konstant beobachten. Der Stern wird jedoch noch einige zehn Millionen Jahre lang die Merkmale eines eindeutig jungen Sterns aufweisen. Ein Beispiel für einen Ort, in dem die Sterne entstehen, ist der Orionnebel: er setzt sich nämlich aus sehr jungen, sehr stark leuchtenden, blauen Sternen vom Spektraltyp O oder B zusammen.
In diesem Nebel kann man auch sehr helle Sterne der ersten Spektralklassen beobachten, aber man sieht sie meist in Gasnebeln eingehüllt. In gewissen Punkten ist dieses nebelige Gas mit viel Staub vermischt, der manchmal stark verdichtet ist, so daß es opak erscheint und die Sicht auf den Nebel selbst verhindert. In diesem Nebel ist außerdem »etwas« vorhanden, das man nicht mit den Teleskopen sehen kann, das aber mit für infrarotes Licht sensiblen Instrumenten beobachtbar ist; dieses »Etwas« gibt eine starke infrarote Strahlung ab. Man nimmt an, daß sich an jener Stelle ein eben erst entstandenen Stern befindet, der noch von der Gas- und Staubhülle umgeben wird, die kollabierte, um den Stern selbst zu bilden. Diese Hülle ist nicht vollkommen opak; sie läßt jedoch so wenig Licht des Sterns durchscheinen, daß es mit keinem Teleskop wahrgenommen werden kann.
Im Nebel sind außerdem Sterne vorhanden, deren Licht stark und unregelmäßig schwankt und die sich vermutlich in einer fortgeschrittenen Entstehungsphase befinden; es handelt sich also um Sterne, die bereits die letzten Reste des Nebels wegfegen, in den sie eingehüllt waren. In diesem Nebel sind also diffuse Materialien vorhanden, aus denen sich die Sterne entwickeln werden, bereits ziemlich stark verdichtete Materialien, so daß sie dunkel erscheinen, Materialien, in denen ein noch unsichtbarer Stern entstanden ist, von dem man weiß, daß er sich entzündet hat, dann die Sterne, die diese Materialien bereits zum Teil oder zur Gänze weggefegt haben.

Eine Sternenschmiede. Diese wunderschöne Aufnahme des Nebels M 42 im Sternbild Orion wurde mit dem Teleskop des Kitt Peak National Observatory aufgenommen. Die große Leistungsstärke dieses Instruments hat es ermöglicht, die hier abgebildeten wunderbaren Einzelheiten sichtbar zu machen. Vor allem sollte man beachten, daß oben links eine starke Materienverdichtung vorhanden ist; unten und rechts ist die Materie stärker verbreitet, während sie nach oben zu immer dichter wird. In dieser Zone ist die Materie und vor allem der Staub so dicht (aber dennoch sehr viel stärker verdünnt als die Luft der Erdatmosphäre), daß sie sogar opak erscheint. Genau in dieser Zone ist die Wahrscheinlichkeit der Sternbildung am größten. In diesen Verdichtungen entsteht eine ausreichend starke Gravitationsanziehung, um die Verdichtung weiter fortschreiten und die gesamte Masse in einem Punkt kollabieren zu lassen, bis die dadurch erreichte Dichte und Temperatur so hoch sind, daß sie die thermonuklearen Reaktionen auslösen und damit einen neuen Stern entstehen lassen. Die Aufnahmetechnik dieser Fotografie bewirkt, daß die Sterne rund um den Nebel nicht sichtbar werden, sondern nur jene, die vom dichtesten Teil des Nebels entfernt sind. Mittels besonderer fotografischer Techniken und vor allem durch den Einsatz infrarotempfindlicher Emulsionen ist es möglich zu beobachten, daß sich im dunklen Bogen links oben ein Sternhaufen befindet. Der Umstand, daß diese Sterne im Infrarot sichtbar sind, beweist, daß sie noch immer mit den Resten jener Materie umgeben sind, von der sie bei ihrer Entstehung Gebrauch gemacht haben.

NEBEL, HAUFEN, JUNGE STERNE. Jedesmal, wenn man entweder direkt mittels der teleskopischen Beobachtung oder mittels der Fotografie erkennen kann, daß in einem Gasnebel auch dunkler Staub vorhanden ist, kann man mit Sicherheit sagen, daß in diesem Nebel Sterne entstehen. Denn bereits der Umstand, daß dieser Nebel am Himmel sichtbar ist, bedeutet, daß sich in seinem Inneren Sterne befinden, deren Licht diffus durch die Gasmoleküle und durch die Staubteilchen des Nebels leuchtet.
Das gehäufte Vorkommen insbesondere der blauen, also sicherlich jungen Sterne gemeinsam mit Staub und interstellarem Gas ist ein Signal dafür, daß sich im Inneren des Nebels Zonen befinden müssen, in denen sich Sterne bilden.
Die erste Entstehungsphase eines Sterns ist die Verdichtung der Materie, vor allem des Staubs. Auf den Fotografien wird man also jene Punkte suchen müssen, in denen die Verdichtung der nebeligen Materie so stark ist, daß trotz der Beleuchtung durch die Sterne das Licht blockiert wird. Diese Verdichtung kann sich in dunklen Filamenten oder in kleinen, ebenfalls dunklen Kugeln ereignen, die mit dem Namen ihres Entdeckers »Bok-Globulen« genannt werden. Diese Globulen stellen das erste Stadium der Sternentstehung dar; der gesamte übrige Bildungsprozeß ereignet sich in diesen sphärischen Dunkelnebeln, ohne daß er verfolgt werden könnte: die Verdichtung findet nämlich im Zentrum statt; der Stern wird dort zwar entstehen und zu leuchten beginnen, aber der äußere Teil der Globulen wirkt so stark absorbierend, daß keine sichtbare Strahlung durchdringen kann.
Die infrarote Strahlung kann hingegen durchdringen, doch sie kann nur mit geeigneten Instrumenten wahrgenommen werden. Jedesmal wenn man also eine Fotografie eines Gasnebels vor sich hat – und insbesondere wenn er mit einen großen Teleskop aufgenommen und danach vergrößert abgebildet wurde –, kann man sich auf die Suche machen, ob sich in ihr nicht irgendwo besonders dunkle Filamente oder zwischen ihnen vielleicht die Bok-Globulen finden lassen. In diesem Fall kann man mit Sicherheit daraus schließen, daß in diesem Nebel Sterne im Entstehen sind.
Nach all dem bisher Gesagten muß man noch wissen, wo man diese Art Nebel am Himmelsgewölbe suchen soll. Diese Nebel werden in den Sternatlanten angegeben; sie kommen jedenfalls in großer Zahl in der Äquatorebene der Galaxis vor. Von der Erde aus sieht man also diese Sterne häufiger entlang der Achse der Milchstraße, wo diese dichter ist, d. h. in Richtung des galaktischen Zentrums, das im Sternbild des Schützen zu beobachten ist. In dieser Zone lassen sich die bedeutendsten Nebel beobachten, in denen die Sterne entstehen.
In einigen zehn Millionen Jahren werden diese Nebel nicht mehr existieren, und an ihrer Stelle wird man vom Sonnensystem aus einen wundervollen sternreichen offenen Sternhaufen sehen.

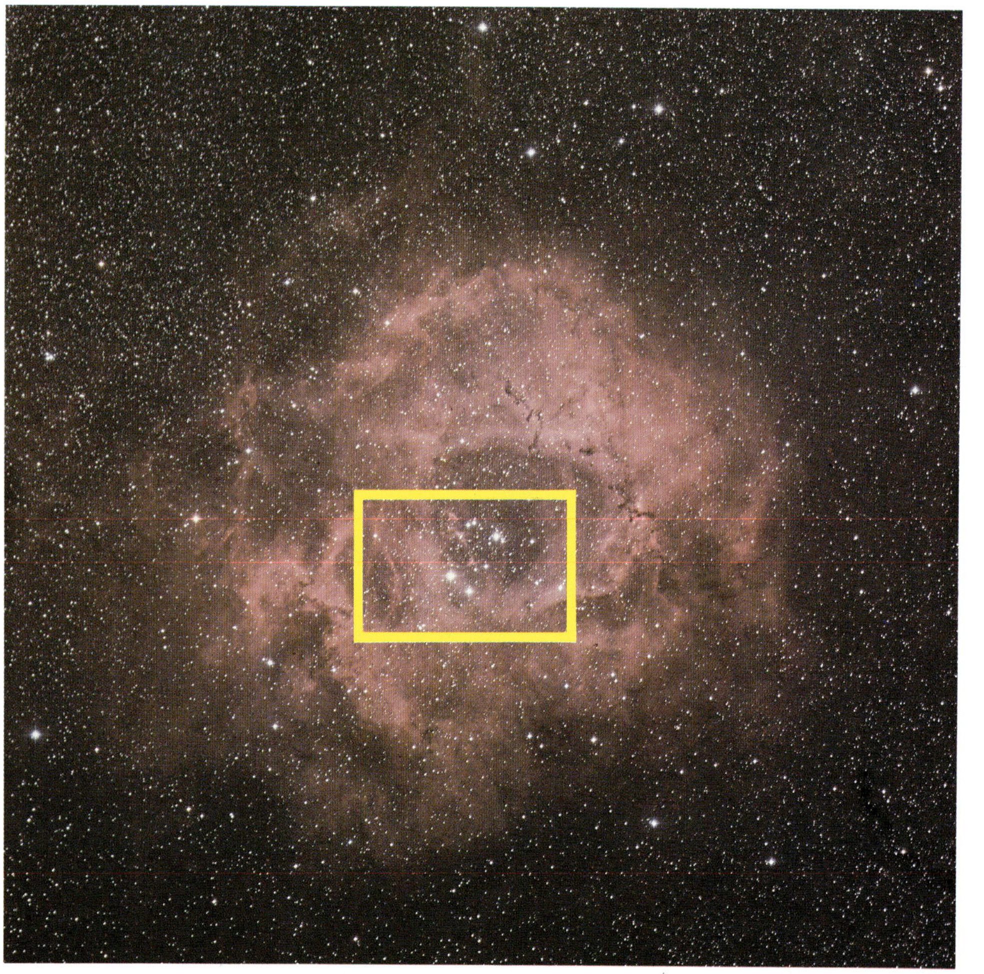

Sterne und Nebel. Auf der Zeichnung hier oben sieht man eine Reproduktion des Trifid-Nebels im Sternbild Schütze und darüber eine Bok-Globule, die sich im Prozeß der Sternbildung befindet. Diese Globule ist zu Beginn dunkel, da der Stern in ihrem Inneren zwar entstanden, doch aufgrund des ihn umgebenden Staubvorhangs noch nicht sichtbar ist. In der Folge fegt der Stern die äußeren Schichten der Globule weg, schrumpft zusammen, richtet sich auf ein Modell geringerer Masse ein und wird sichtbar. Nach Abschluß der »Kindheit« beginnt der Stern schließlich sein langes Leben als reifer Stern.

Der Rosettennebel. Hier nebenan eine Serie, welche die Entwicklung eines Sterns von seiner Geburt bis zum Ende seiner frühen Kindheit zeigt, in der er eine Phase unterschiedlicher Helligkeit durchlaufen hat. In den ersten Zehntausenden Jahren kam es zu einer raschen Verringerung des Lichts, das in der Folge Hunderte Millionen oder einige Milliarden Jahre konstant bleibt. Oben: der Rosettennebel; um die dunklen Filamente und die kleinen, opaken Kugeln, die »Bok-Globulen«, in denen die Sterne entstehen, hervorzuheben, wurde ein Detail auf der gegenüberliegenden Seite vergrößert.

FRÜHENTWICKLUNG UND KINDHEIT. Wenn die Sterne kontinuierlich aus den Gasnebeln entstehen, warum hat sich dann nicht die gesamte gasförmige und staubige Materie seitdem die Galaxis besteht, also seit mindestens zehn Milliarden Jahren, in Sterne verwandelt, und warum ist eine große Menge an Materie übriggeblieben, aus der noch immer Sterne entstehen? Es ist nicht einfach, diese Frage zu beantworten. Sie bringt noch eine weitere Frage mit sich, und zwar, ob die Dichte der Materie eine unterschiedliche Geschwindigkeit bei der Sternbildung bewirkt. Nach dem bisher Gesagten kann man annehmen, daß die Zonen, in denen die Materie dichter ist, auch jene sind, in denen die Schwerkraft intensiver ist und in denen die Sterne also mit größerer Wahrscheinlichkeit entstehen.

Die Antwort könnte also wahrscheinlich lauten, daß die Sterne sich in der Vergangenheit vermehrt in den dichteren Nebeln gebildet haben und daß jene, die heute übriggeblieben sind, die dünnsten Nebel sind.

Das ist jedoch nicht der Fall, und erst vor kurzem konnte festgestellt werden, daß auch in stark verdünnten Nebeln eines der möglichen Elemente für die Stimulation der Sternbildung verantwortlich ist. Wenn ein Stern im Raum in der Nähe eines Nebels auf katastrophale Weise explodiert, ist es möglich, daß sich die Explosionswelle in Form einer Druckwelle fortpflanzt und eine lokale Materienverdichtung des Nebels anregt. Nachdem sich die Welle entfernt hat, müßte sich die Materie wieder ausdehnen, da das außergewöhnliche Phänomen der Kompression durch die Welle beendet ist. Aber wenn sich während dieser vorübergehenden Kompression eine Verdichtung des Nebels, die davor zu schwach war, um den Kollaps und die Bildung eines Sterns auszulösen, weiter verdichtet hat, wird sie nach dem Vorübergehen der Welle weiterhin – und diesmal mit hoher Geschwindigkeit – die Bildung des dichten Sternkerns bewirken.

Man nimmt also an, daß die Sternexplosionen teilweise für die Bildung der Sterne verantwortlich sind. Seit dem Ursprung der Galaxis bis in jüngster Zeit haben sich die Sterne also nur dort gebildet, wo die Dichte des Nebels ausreichte, um die Gravitationsverdichtung der Materie allein zu verursachen. Die ursprünglich auf diese Weise entstandenen Sterne haben somit Zeit gehabt zu altern, und irgendeiner am Ende seiner Tage angelangter Stern ist explodiert und hat auf diese Weise die Verdichtung anderer Sterne angeregt, obwohl nur die weniger günstigen Nebel übriggeblieben sind.

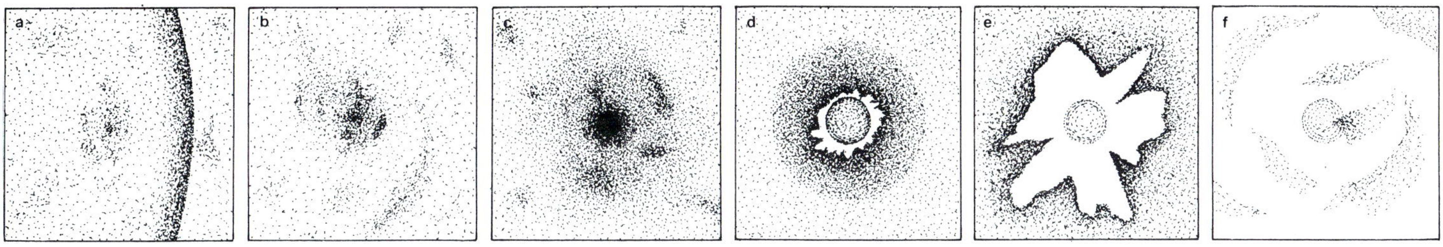

Vom Nebel zum Stern. Diese sechs Schemen erklären die wichtigsten Phasen der Sternentstehung. In (a) wird der Gasnebel dargestellt, bevor die Schwerkraft die Materie verdichtet und einen Stern bildet. Eine Druckwelle durchquert vorübergehend diesen Nebel, wodurch sie lokal Materienverdichtungen anregt. Die davor zu stark verdünnte und jetzt kurzfristig verdichtete Zentralglobule verdichtet sich weiter (b). Nach einer Zeitspanne, die sogar Millionen Jahre betragen kann, kollabiert schließlich (c) eine große Materienmenge. Die für die Entstehung eines Sterns verantwortliche Druckwelle ist wahrscheinlich auf einen Stern zurückzuführen, der in der Nähe des Nebels auf katastrophale Weise explodierte. Diese Materie hat sich stark verdichtet und einen heißen Kern erzeugt, der von einer opaken Atmosphäre umgeben ist. In (d) hat sich der Stern entzündet; aber er bleibt nach außen hin noch immer unsichtbar, da der Sternenwind, d. h. die von seiner Oberfläche weggeblasene Materie, noch nicht ausreicht, um die große Wolke rund um ihn zu zerstreuen. Der Stern kann nur mittels Spezialinstrumenten im infraroten Licht beobachtet werden, das den feinen Staub der Wolke leichter durchquert. In (e) hat der Sternenwind die Staubwolke weit von sich weggeblasen, die jetzt zu zerreißen beginnt. In (f) hat sich die Wolke fast zerstreut; nur einige Fetzen stellen sich von Zeit zu Zeit vor den Stern und bewirken damit seine unterschiedliche Helligkeit. Diese Lichtschwankungen lassen sich leicht beobachten, wie z. B. an den jungen Sternen des Nebels rund um den Stern Eta des Sternbilds Schiffskiel: es handelt sich um eine Zone, die reich an unregelmäßigen Veränderlichen ist.

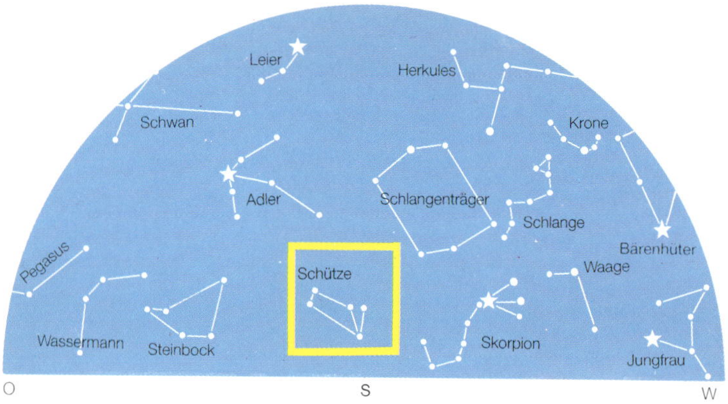

Der Schütze. Die oben und unten abgebildeten Sternkarten zeigen jene Zone des Himmelsgewölbes, in der die Gasnebel sehr häufig vorkommen: das Sternbild Schütze, das im Sommer bei Betrachtung des südlichen Himmels deutlich zu erkennen ist.

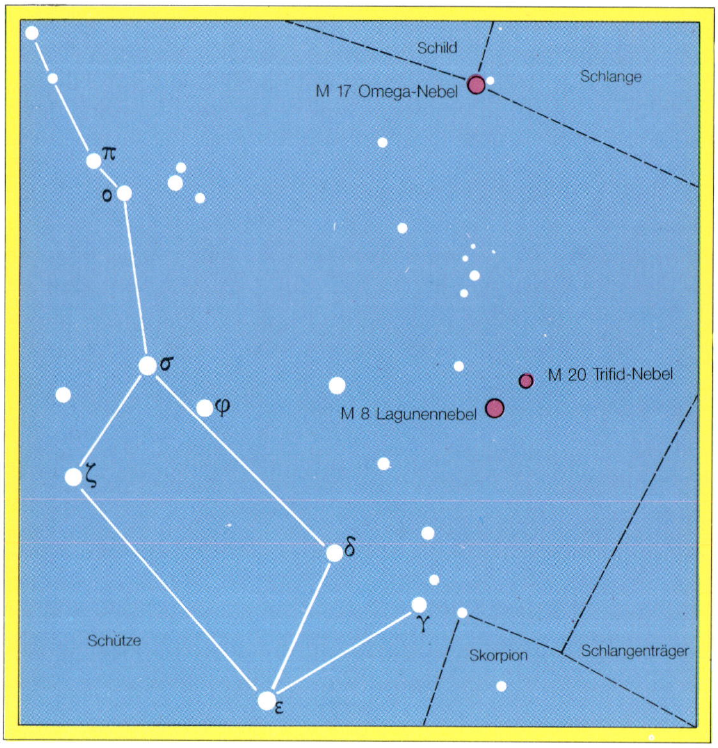

M 17. Dieser wunderschöne Nebel ist einer der leuchtendsten im Sternbild Schütze; er ist bereits mit einem Fernglas deutlich zu erkennen (M 17 oben und M 16 unten im selben Feld) und noch besser mit einem Fernrohr und mit einem großen Teleskop (Foto unten und auf der gegenüberliegenden Seite). Die riesige Anzahl der Sterne ist teils auf die Präsenz des galaktischen Äquators und teils auf die im Gas des Nebels eingetauchten Sterne zurückzuführen. Der Großteil dieser Sterne ist eben erst im Nebel entstanden. Im selben Sternbild kann man auch andere Nebel beobachten, die jedoch alle an der Sichtbarkeitsgrenze mit freiem Auge liegen, weshalb ein Fernglas zu ihrer Beobachtung besser geeignet ist. Um jedoch die Position der jüngeren, im Nebel entstandenen Sterne erkennen und sie vom galaktischen Hintergrund unterscheiden zu können, benötigt man die Fotografie.

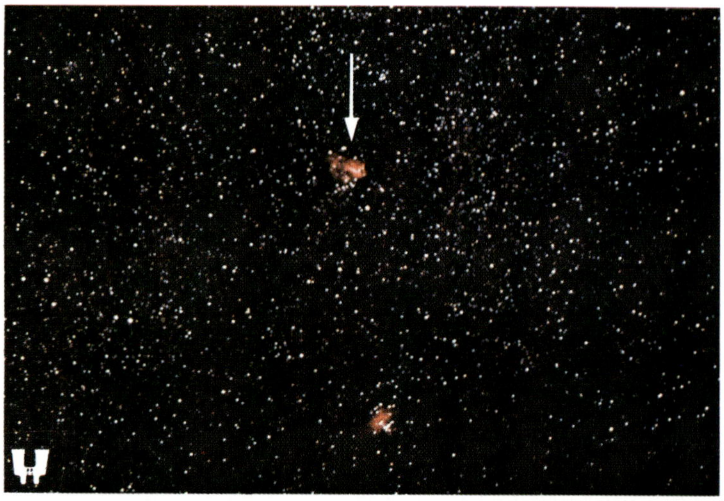

JUNGE STERNE. Erst seit wenigen Jahren kann die Geschichte der Sternentstehung auf die Weise geschrieben werden, wie sie hier vorgestellt wurde. Davor hatte man keine klare Vorstellung von diesen Ereignissen, und das stellte für die Astronomie ein Problem dar, denn die Kenntnis der Entstehungsphänomene und der ersten Lebensphasen eines Sterns dient dazu, auch die Entstehungsgeschichte jener Gestirne zu verstehen, denen der Stern angehört, wie z. B. der Sternhaufen oder die Arme der Galaxis.
Wenn man die in der Galaxis vorhandenen Sterne betrachtet, erkennt man, daß ihre Vielfalt außergewöhnlich groß ist und daß – auch wenn noch immer viel Materie vorhanden ist, aus der Sterne entstehen können – die Mehrzahl dieser Sterne bereits entstanden sind. Außerdem sind sie je nachdem, ob man die Sterne des Zentrums oder des Randes der Galaxis betrachtet, unterschiedlich alt.
Bei jenen des Zentrums handelt es sich vorwiegend um alte Sterne, die sicher vor Milliarden Jahren entstanden sind; jene der Randzonen sind jedoch sicherlich jünger: ihr Alter reicht vermutlich von Milliarden bis Hunderte Millionen Jahren und in einigen Fällen bis Dutzende Millionen.
Das bedeutet, daß die geringere Dichte der ursprünglichen Materiennebel in den Armen der Galaxis den Bildungsprozeß der Sterne verzögerte, und daß nur jene Sterne entstanden, die sich im zufällig dichteren Teil befanden. Die Sterne entstehen aber noch heute, und das bedeutet, daß sich die übriggebliebene Materie verdichtet hat oder aber daß irgendein anderes Phänomen vorhanden ist, das weiterhin die Bildung der Sterne anregt. Wir haben gesehen, daß in den kleinen Nebeln, wie im M 17 und den anderen bisher betrachteten, eine sich durch den Nebel verbreitende Druckwelle dieses Phänomen sein kann.
Dieses Phänomen wurde nicht nur als Hypothese formuliert, sondern auch auf strenge Weise kontrolliert: man hat z. B. beobachtet, daß sich rund um viele heftig explodierte Sterne die Gaswolke noch immer ausdehnt, in der sich der Stern zerstreut hat. Darüber hinaus wurde festgestellt, daß sich auf der Innenseite der Druckwelle viele junge Sterne gebildet haben; diese Druckwelle ist also tatsächlich der stimulierende Faktor der Sternbildung.
Da sich die Wissenschaftler nicht mit wenigen Beobachtungen zufriedengeben – selbst wenn diese zustimmend sind –, haben sie leistungsstarke elektronische Rechner eingesetzt, um zu berechnen, ob es wahr sein kann, daß in einer zufälligen Verteilung mehr oder weniger dünnen Gases der Durchgang einer Druckwelle eine Verdichtung der Sternmaterie verursachen kann, und die Antwort war positiv. Dieses Resultat hat die Astronomen veranlaßt, in der gesamten Galaxis ein riesiges Forschungsprogramm durchzuführen. Sie nehmen nämlich an, daß der Großteil der Sternbildungen, die sich vor kurzer Zeit in den Randzonen der Galaxis ereigneten, wo die Materie dünner ist, durch irgendeine riesige Explosion ausgelöst wurde, die sich im Kern der Galaxis ereignete.
Wie wir im Kapitel über die Quasare sehen werden, ereignen sich in den Kernen vieler Galaxien hin und wieder mysteriöse Explosionen kosmischen Ausmaßes. Die bei diesen Explosionen freigesetzte Energie ist außerordentlich hoch, und mit der Zeit führen diese Explosionswirkungen zu einer Kompression, auf die eine Dekompression folgt, die das gesamte Material der Galaxie bis zu ihren Rändern betreffen.
Es stellt sich die Frage, ob sich Phänomene dieser Art, die sich zwar in historischen Epochen nicht im Zentrum unserer Galaxis beobachten ließen, nicht hingegen in weit zurückliegenden Zeiten ereignet haben, und ob diese Druckwelle in der Galaxis nicht eventuell die Entstehung der Sterne angeregt hat. Heute kann man mit ziemlich großer Sicherheit behaupten, daß auch unsere Galaxis in der Vergangenheit von diesen ungeheuren Explosionen betroffen war, die von

Der Beginn der Evolution. In diesem Nebel sind die verschiedensten Sterne eingetaucht: die eben erst entstandenen, aber noch nicht sichtbaren Sterne befinden sich vermutlich im Inneren der schwarzen Bok-Globulen; dann die sehr jungen, bereits sichtbaren Sterne, deren Helligkeit unregelmäßig und sehr rasch schwankt, und schließlich jene Sterne, die bereits vor ausreichend langer Zeit entstanden sind, um von den anderen getrennt ihr Licht konstant leuchten zu lassen. Im allgemeinen sind jedoch alle Sterne, selbst die relativ alten, ziemlich jung (vom Typ O und B, nur in wenigen Fällen auch vom Typ A und F). In den ersten Evolutionsphasen sind die Sterne groß und leuchtstark, Riesen oder in einigen Fällen Überriesen. Doch in sehr kurzer Zeit verlieren sie den Großteil ihrer Masse: in den ersten Lebensphasen kann ein Stern leicht ein Zehntausendstel der Sonnenmasse pro Jahr, eine Sonnenmasse in 10000 Jahren verlieren. Da die Massen der Protosterne im allgemeinen nicht viel höher als die Sonnenmasse sind, würden sie sich in astronomisch gesehen kurzer Zeit praktisch auf Null reduzieren, wenn sich der Rhythmus des Masseverlustes nicht immer mehr abschwächen würde, je mehr Masse sie verlieren. Der Stern bleibt dann auf einem der Sonne ähnlichen Niveau stehen und lebt Milliarden Jahre. Die unten abgebildete Karte gibt den Entstehungsort der Sterne in M 17 an. Das H-II-Gebiet entspricht der Zone des ionisierten Wasserstoffs, der auch die Radiowellen erzeugt. Infrarotbeobachtungen zwischen dem H-II-Gebiet und dem kollabierenden Teil enthüllen einen Haufen aus sehr jungen Sternen. Die Temperatur des Kohlenmonoxids auf den Höhenschichtenlinien ist in Kelvin angegeben.

geheimnisvollen Gestirnen verursacht worden waren, welche sich in jenem Teil des Galaxiskerns befinden, den die große Sterndichte und die starke Staubverdichtung vollkommen unsichtbar macht. Die im Zentrum erzeugten Druckwellen haben sich kugelförmig bis zum Rand ausgebreitet und dabei jeweils dort Verdichtungen angeregt, wo sie sich verbreitet haben. Was kann ein Hinweis für den Durchgang dieser Wellen sein? Die Bildung der Sterne auf konzentrischen Kugeln.

Um sicher zu sein, daß diese Sterne gemeinsam entstanden sind, reicht es aus festzustellen, daß sie sich mehr oder weniger im selben Entwicklungsstadium ihrer Jugend befinden: und damit hat man die Gewißheit, daß eine riesige Druckwelle unsere Galaxis durchquerte, die vor etwa zwölf Millionen Jahren im galaktischen Kern erzeugt wurde. Seitdem weiß man nichts mehr von kolossalen Explosionen im galaktischen Zentrum; die Bewegung der Druckwellen läßt sich jedoch bis an die Ränder der Galaxis verfolgen. Unserer Galaxis scheint nach zwei verschiedenen Strukturen aufgebaut zu sein: die eine Struktur besteht in den Spiralarmen, welche sich auf die unterschiedlich rasche Rotation in verschiedenen großen Entfernungen vom galaktischen Zentrum zurückführen lassen, die andere ist die ringförmige Verteilung der jungen Sterne.

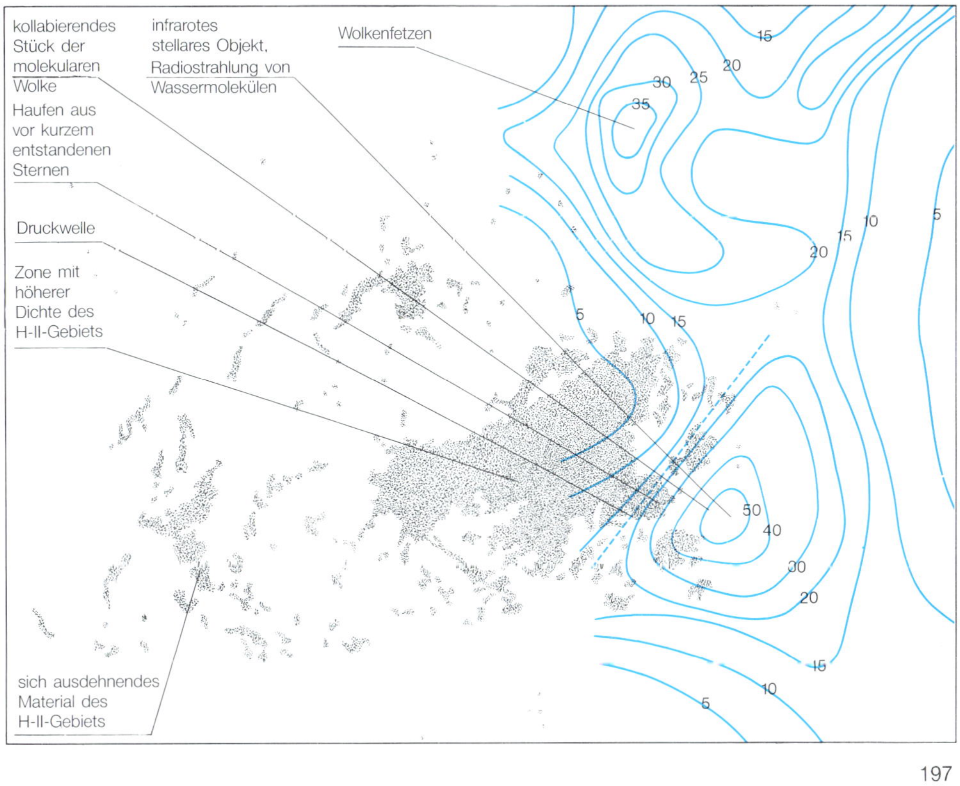

Sterne, die sich verändern

Seit dem weit zurückliegenden Altertum betrachteten es die Astronomen jener Zeit als Dogma, daß der Himmel unveränderlich sei. Die einzigen Veränderungen, die sich ereignen konnten, betrafen die Bewegung der Sonne, des Mondes und der Planeten, aber hinter den durchsichtigen Sphären, die durch ihre Bewegung das Bild dieser Gestirne mit sich zogen, befand sich der sogenannte »Himmel der Fixsterne«, eine Art Bühne, die den Hintergrund des gesamten Himmelsgewölbes bildete und alles, was darauf aufgezeichnet war, also die Sterne, konnte auf keinen Fall weder die Position noch die Intensität der Leuchtkraft verändern.

Man kannte nur wenige Ausnahmen, und diese stellten eines der Geheimnisse dar, deren Erklärung – so nahm man an – die absolute Unveränderlichbarkeit des Restes erklären müßte. Die Ausnahmen bestanden im Auftauchen einiger neuer Sterne, d. h. eines Gestirns, das plötzlich inmitten der Fixsterne am Himmel leuchtete, sich dann abschwächte und von neuem aus der Sicht verschwand, und außerdem aus zwei oder drei Fällen, in denen die Helligkeit der Sterne schwankte, die man auch heute mit freiem Auge beobachten kann.

In der Tat gibt es nur wenige Sterne am Himmel, bei denen sich irgendeine, noch dazu ziemlich rasch erfolgende Veränderung wahrnehmen läßt.

Das erste Beispiel (wir beginnen mit dem Gestirn, das sich vielleicht am schwierigsten beobachten läßt) ist der Stern Delta des Sternbilds Cepheus. Dieser Stern verändert periodisch seine Helligkeit; es handelt sich um einen relativ leuchtschwachen Stern, der jedoch einfach zu beobachten ist, da er immer am Himmelsgewölbe vorhanden ist. Cepheus ist nämlich ein zirkumpolares Sternbild, d. h. eine Sternkonstellation, die für Beobachter in der nördlichen gemäßigten Zone nie untergeht. Im Frühling, Sommer und Herbst ist sie jedoch deutlicher zu erkennen, weil es in diesem Zeitraum nicht schwierig ist, die Position des Delta zu finden.

Das zweite Beispiel ist der Stern β des Sternbilds Cepheus, der unter dem Namen Algol bekannt ist; heute weiß man, daß seine unterschiedliche Helligkeit auf die Eklipse eines Sterns zurückzuführen ist, der ihn umkreist und weniger stark leuchtet. Wenn dieser Stern den Hauptstern verdeckt, reicht sein schwächeres Licht nicht aus, um das Licht des Algol auszugleichen.

Das dritte Beispiel ist schließlich der Stern Omikron Ceti im Sternbild Walfisch. Dieser Stern ist der eindrucksvollste aller Veränderlichen, die mit freiem Auge wahrnehmbar sind, da seine Helligkeit ca. von der 3. bis zur 8.–9. Größenklasse schwankt; seine Veränderlichkeit ist nicht konstant, d. h. daß weder die Zeitspanne zwischen zwei Maxima oder zwei Minima noch die Veränderung, die sich zwischen veränderlichen Grenzen ereignet, konstant sind, obgleich sie nicht stark von einem Mittelwert abweichen. Dieses Gestirn ist also eines der außergewöhnlichsten Beispiele für veränderliche Sterne, und auch aus diesem Grund ist er außer unter dem Namen Omikron des Sternbilds Walfisch noch als »wunderbar« oder in Latein »mira« und deshalb als Mira Ceti bekannt.

Es handelt sich um einen sehr großen Himmelskörper mit einem Durchmesser von 556 Millionen km; wenn er sich im Zentrum des Sonnensystems befände, würde sein Volumen bis außerhalb der Bahn des Planeten Mars reichen. Um das Phänomen der Veränderlichkeit des Mira Ceti erkennen zu können, muß man dieses Gestirn mindestens während eines ganzen Jahres ständig beobachten. Diese Mühe lohnt sich aber, da uns dieser Stern zeigt, daß der Himmel keineswegs fix und unveränderlich ist, wie man im Altertum annahm.

Veränderliche befinden sich überall. Auf dem Foto hier oben sieht man eine der Zonen, die reich an unregelmäßigen Veränderlichen sind: es handelt sich um den Nebel rund um den Stern Eta des Sternbilds Schiffskiel. Hier befindet sich eine große Gruppe an Veränderlichen, deren Helligkeitsschwankungen auf den Umstand zurückzuführen sind, daß es sich um sehr junge Sterne handelt, die daher noch immer teilweise von der Staubhülle umgeben werden, die vom Sternenwind aufgerissen wird. Der geduldige Beobachter, der von einer Zone der Milchstraße in aufeinanderfolgenden Nächten oder auch in größeren Zeitabständen mehrere Aufnahmen macht und danach die Fotos vergleicht, kann entdecken, daß ein großer Prozentsatz aller Sterne seiner Fotografie veränderlich sind, d. h. daß sich das Helligkeitsverhältnis zwischen einem Stern und den auf dem Foto umliegenden Sternen ständig verändert. Wenn man die Fotografie irgendeiner großen galaktischen Wolke aus Millionen Sternen betrachtet, wird einem klar, daß auch, wenn nur ein kleiner Prozentsatz der Sterne veränderlich ist, die Gesamtzahl der Veränderlichen sehr groß sein muß. Die Ursachen dieser Veränderlichkeit sind unterschiedlich, und man sollte darauf hinweisen, daß die Veränderlichen zahlreich und überall vorkommen. Auch wenn man anstatt einer galaktischen Wolke einen Kugelsternhaufen oder einen offenen Sternhaufen fotografiert, wird man feststellen, daß eine gewisse Zahl der Sterne ihre Helligkeit verändert. Diese Helligkeitsschwankungen sind den Astronomen eine große Hilfe, denn in vielen Fällen erleichtert das Vorhandensein eines Veränderlichen mit einem charakteristischen und spezifischen Helligkeitsschwankungsgesetz das Erkennen der Sterne und die Messung ihrer Entfernungen.

DIE VERGLEICHSMETHODE. Während des gesamten 17. und 19. Jahrhunderts ermöglichten es die Teleskope, im Vergleich zu der geringen Anzahl an Veränderlichen, die mit freiem Auge sichtbar und seit dem Altertum bekannt sind, zahlreiche weitere Veränderliche zu entdecken. Dieses Instrument bot also neue Entdeckungsgelegenheiten, aber es half dem Beobachter nicht, einen wichtigen Faktor – dessen Bedeutung man bereits erkannt hatte – bei der Beobachtung der Veränderlichkeit eines Sterns zu klären: die Gesetzmäßigkeit, nach der seine Helligkeit im Zeitablauf schwankt.
Mittels der Teleskope konnte zwar die Zeitspanne festgestellt werden, die zwischen zwei Maxima und zwei Minima verstreicht, aber man verfügte über kein Instrument, das direkt die Helligkeitsstärke zu den verschiedenen Zeitpunkten messen konnte.
Man mußte sich deshalb mit Methoden behelfen, die hier beschrieben werden, weil sie der Amateurastronom anwenden kann. Die einfachste und beste Methode ist die sogenannte »Vergleichsmethode«. Die Veränderung der Helligkeit eines Veränderlichen kann gemessen werden, indem man zu verschiedenen Zeitpunkten seine Helligkeit in jenem Moment mit dem beständigen Licht aller anderen rund um ihn vorhandenen Sternen vergleicht.

Wenn man also eines Nachts einen Veränderlichen betrachtet, braucht man nur jene umliegenden, im teleskopischen Feld befindlichen Sterne zu finden, deren Helligkeit in jenem Moment jener des Veränderlichen entspricht. Man wird sich das Datum und die Beobachtungsstunde notieren und man wird sagen können, daß zu jenem Zeitpunkt die schwankende Helligkeit des Veränderlichen jener des Vergleichssterns gleicht, dessen genaue Helligkeit man sicherlich in einem Sternatlas nachschlagen kann. Um die Beobachtungen zu erleichtern, geben viele Himmelskarten die Größe aller jener Sterne an, zwischen denen sich die schwankende Helligkeit des Veränderlichen bewegt.

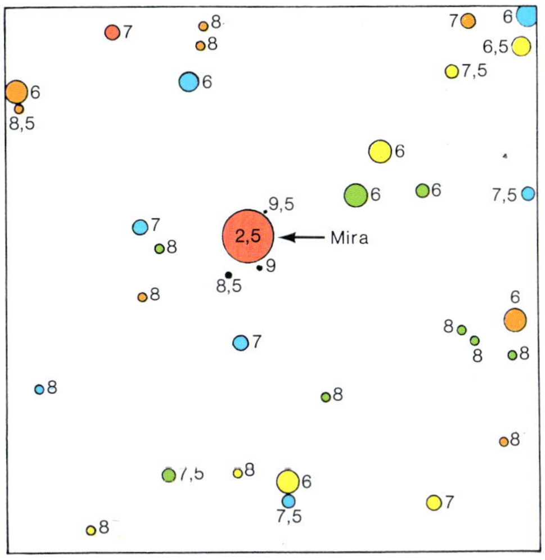

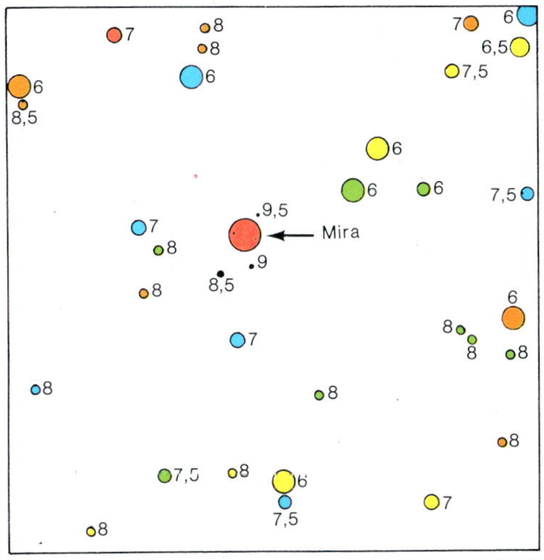

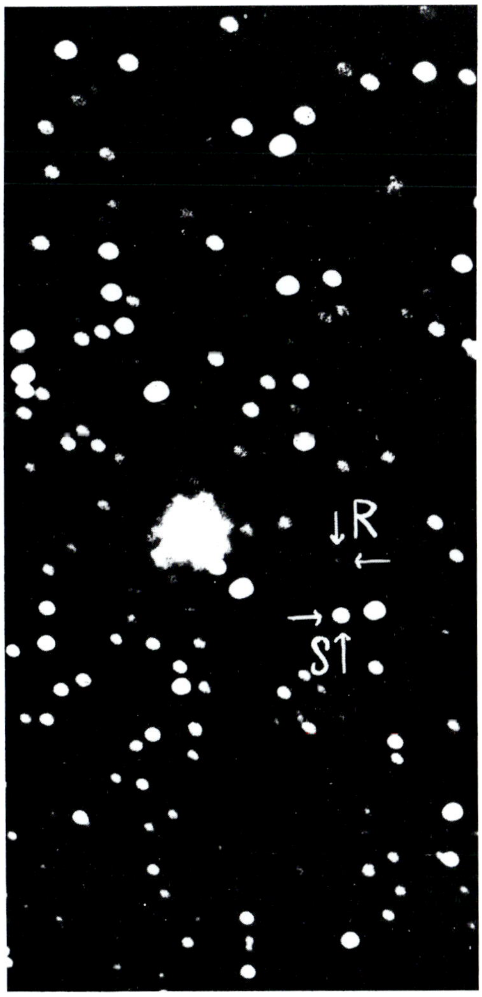

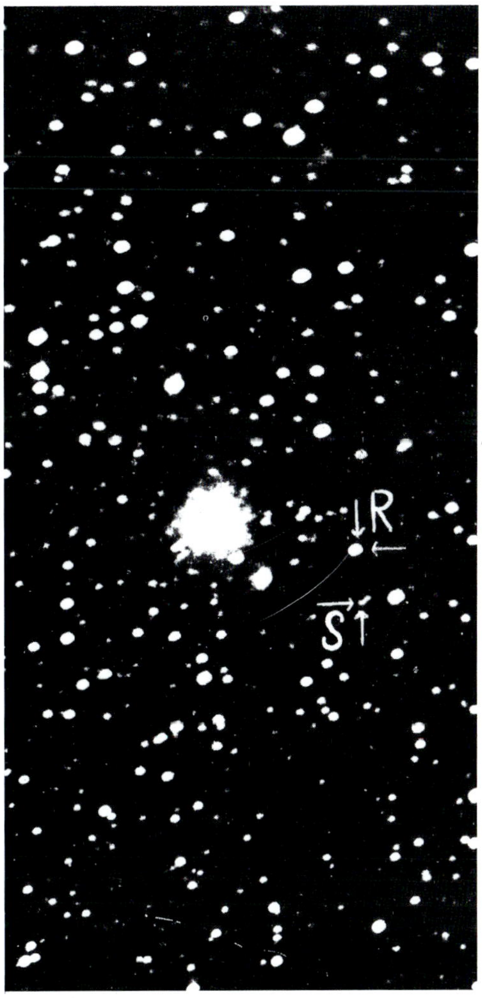

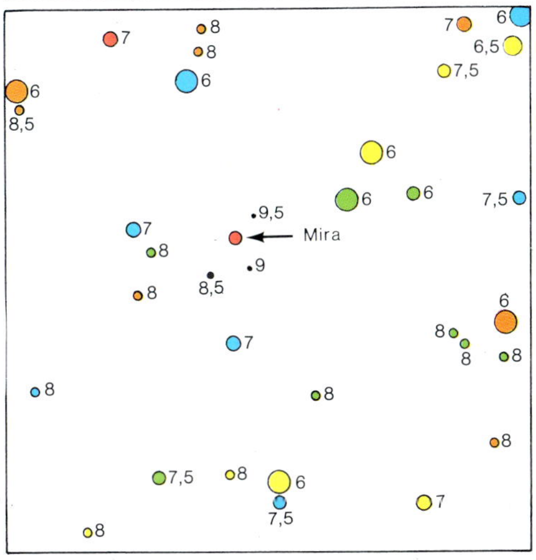

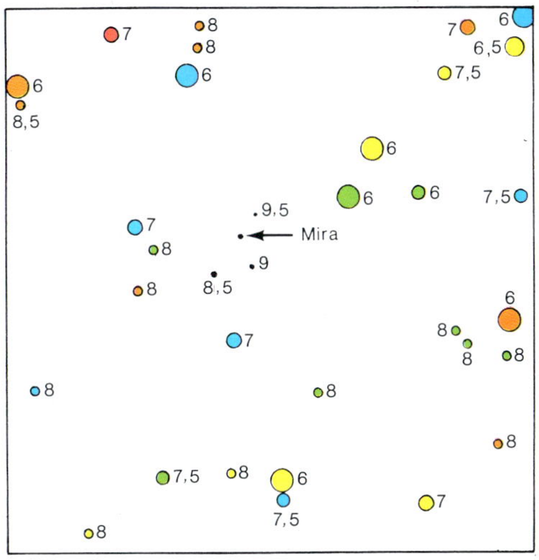

Mit beachtlicher Genauigkeit. Die beiden hier oben abgebildeten Fotografien geben eine Vorstellung, wie ein Sternenfeld aussieht, in dem man nicht nur einen, sondern zwei Veränderliche beobachtet. Auf dem linken Foto befindet sich der obere Veränderliche R etwa in seinem Helligkeitsminimum, während der untere Veränderliche S das Maximum erreicht hat. Auf der rechten Aufnahme ist genau der entgegengesetzte Fall abgebildet: R befindet sich in seinem Maximum und S in seinem Minimum. Wie wir im folgenden sehen werden, ermöglichen diese Aufnahmen, die Lichtkurve mit großer Genauigkeit zu messen.

Der Mira-Veränderliche. Auf den hier oben abgebildeten Sternkarten ist jener Teil des Himmels abgebildet, der vielleicht den berühmtesten Veränderlichen umgibt: Mira Ceti im Sternbild Walfisch. Dieser Stern, dessen Helligkeit unregelmäßig zwischen der 2. und 9. Größenklasse schwankt, kann mit einigen umliegenden Sternen des Feldes verglichen werden, die auf diesen vier Karten abgebildet werden und deren Helligkeit immer konstant bleibt. Am Maximum der Helligkeit muß man über ein sehr großes Beobachtungsfeld verfügen, um einen Stern mit der gleichen Helligkeit Miras zu finden; am Minimum steht hingegen eine große Zahl an Vergleichssternen zur Verfügung, von denen hier nur die nächsten angegeben werden. Auch wenn man die Helligkeit eines Sterns, dessen Helligkeit nur wenig schwankt, mit großer Genauigkeit messen möchte, benötigt man zahlreiche Vergleichssterne, deren Helligkeitswerte sich nur wenig voneinander unterscheiden. Mit der Vergleichsmethode und durch die Interpolation ist es sogar möglich, den Augenblickswert der Helligkeit des Veränderlichen mit einem Fehler eines Zehntels der Sterngröße zu bestimmen.

DIE MODERNEREN METHODEN. Gegen Mitte des vergangenen Jahrhunderts verbesserte der deutsche Astronom Argelander die auf der vorherigen Seite beschriebene Methode. Er schlug den Beobachtern der Veränderlichen vor, den Stern auch dann zu vergleichen, wenn seine Helligkeit nicht genau der eines anderen Sterns im teleskopischen Feld entsprach.
Denn in diesen ungünstigen Momenten konnte sich der Helligkeitswert des Veränderlichen zwischen den Werten zweier bekannter Sterne im teleskopischen Feld einreihen, deren Helligkeit etwas größer oder etwas geringer ist.
Die Geschicklichkeit des Beobachters bestand nur darin, den Abstand zwischen dem helleren und dem schwächer leuchtenden Stern auf einem Helligkeitsmaßstab zu schätzen. Mittels einer einfachen arithmetischen Operation kann man nun interpolieren und einen ziemlichen genauen Helligkeitswert berechnen. Diese Methode wird noch heute von all jenen Amateurbeobachtern angewandt, die sich der Suche und Erforschung der Veränderlichen widmen. Da von den Veränderlichen, die sich mit einem Fernglas oder einem kleinen Teleskop beobachten lassen, Zehntausende bekannt sind, ist es offensichtlich, daß eine so große Zahl an Sternen nicht von den Berufsastronomen aufmerksam verfolgt und kontrolliert werden kann.
Aus diesem Grund ist der Beitrag der Amateure – insbesondere wenn sie ihre Erhebungen gewissenhaft und genau durchführen – ausschlaggebend; viele Sternwarten helfen daher diesen Amateuren, indem sie ihnen die notwendigen Karten zur Verfügung stellen, um die größtmögliche Anzahl an Veränderlichen zu überwachen.
Gegen Ende des 19. Jahrhunderts war es die fotografische Technik, die den Beobachtern der Veränderlichen zur Hilfe kam und mit wissenschaftlich zufriedenstellenden Methoden die Messungen und Interpretationen der visuellen Beobachtung bestätigte.
Auf dieser Seite sind zwei Fotografien abgebildet: die obere stellt ein fotografisches Feld dar, in dem mit derselben Belichtungszeit dasselbe Sternfeld zweimal aufgenommen wurde; beim zweiten Fall wurde jedoch das Teleskop leicht verschoben, so daß sich die Aufnahmen der Sterne nicht überlagern. Obwohl beide Fotografien mit der gleichen Belichtungszeit aufgenommen wurden, kann man eine kleine Helligkeitsdifferenz zwischen den beiden Sternaufnahmen erkennen. Das Paar im Zentrum zeigt jedoch eine Helligkeitsveränderung, die den anderen Paaren entgegengesetzt ist. Der Stern im Zentrum ist deshalb ein Veränderlicher.
Wenn man die beiden Sternaufnahmen defokus-

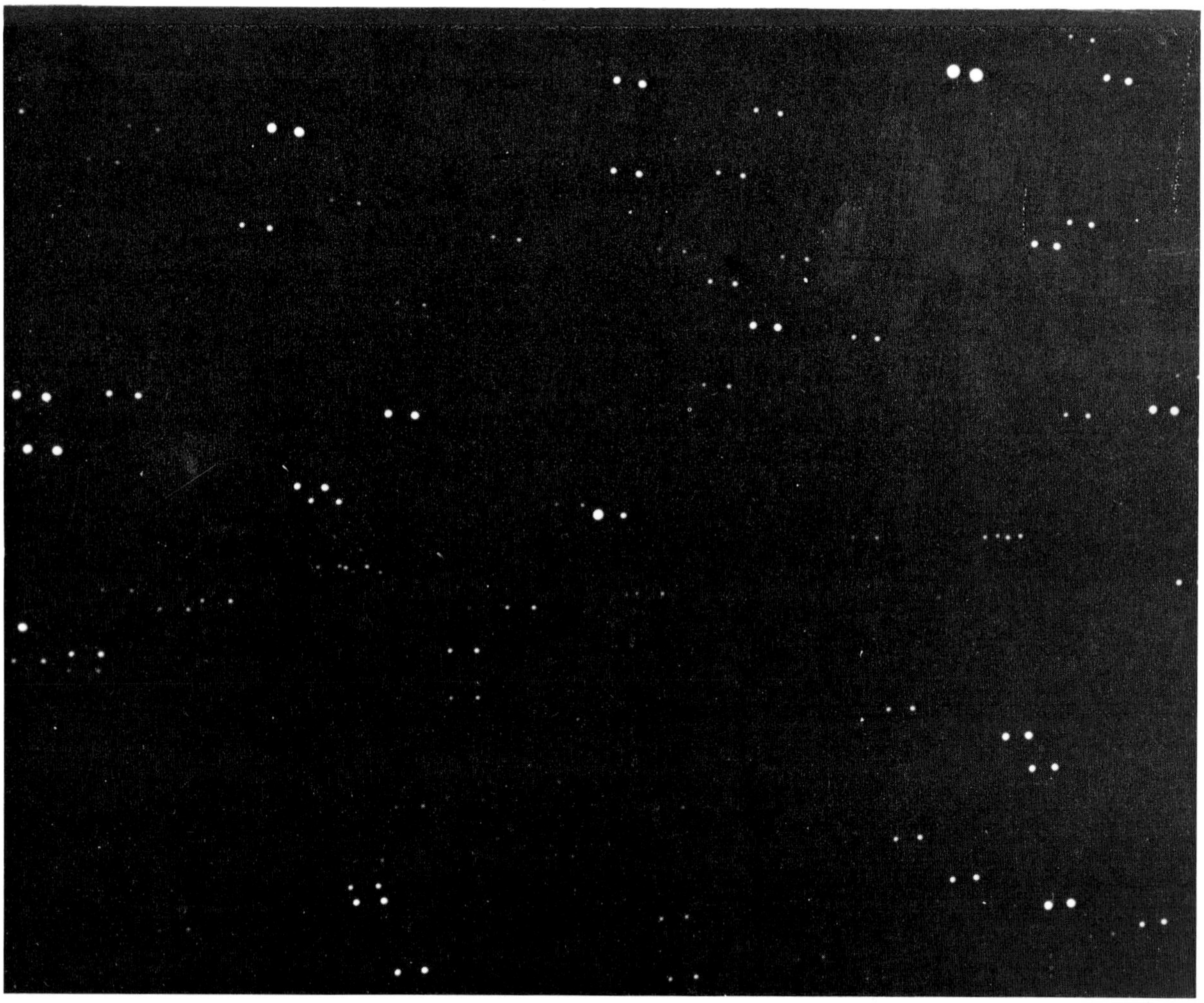

Fotografische Kunstgriffe. Die Fotografie ist das zweckmäßigste, einfachste und älteste Mittel zur Messung der Helligkeit der Veränderlichen und damit ihrer Helligkeitsschwankungen. Auf den Fotografien hier nebenan sieht man zwei aufeinanderfolgende Verbesserungen dieser Methode. Das obere Foto wurde mittels einer Methode aufgenommen, die für relativ leuchtstarke Sterne geeignet ist: man richtet das Teleskop auf das Himmelsgewölbe und löst die automatische Bewegung aus, die es ermöglicht, dessen Rotation während des Tages zu verfolgen. Der Fotoapparat öffnet sich und nimmt das erste Foto auf. Dann schließt sich die Kamera, das Teleskop bleibt für einige Augenblicke stehen und öffnet sich schließlich, um die nächste Aufnahme mit der gleichen Belichtungszeit wie beim ersten Foto zu machen.
Die nicht veränderlichen Sterne werden als gleichstark leuchtende Punkte erscheinen, d. h. daß sie auf dem Fotonegativ die Emulsion auf gleiche Weise geschwärzt haben. Wenn es sich bei dem Stern um einen Veränderlichen handelt, wird er in den verschiedenen Aufnahmen als unterschiedlich leuchtender Punkt erscheinen. Es gibt spezielle Photometer, mit denen sich aus den Größen und der Schwärzung der Punkte, die das Bild des Sterns darstellen, die Helligkeit der Sterne ableiten läßt.

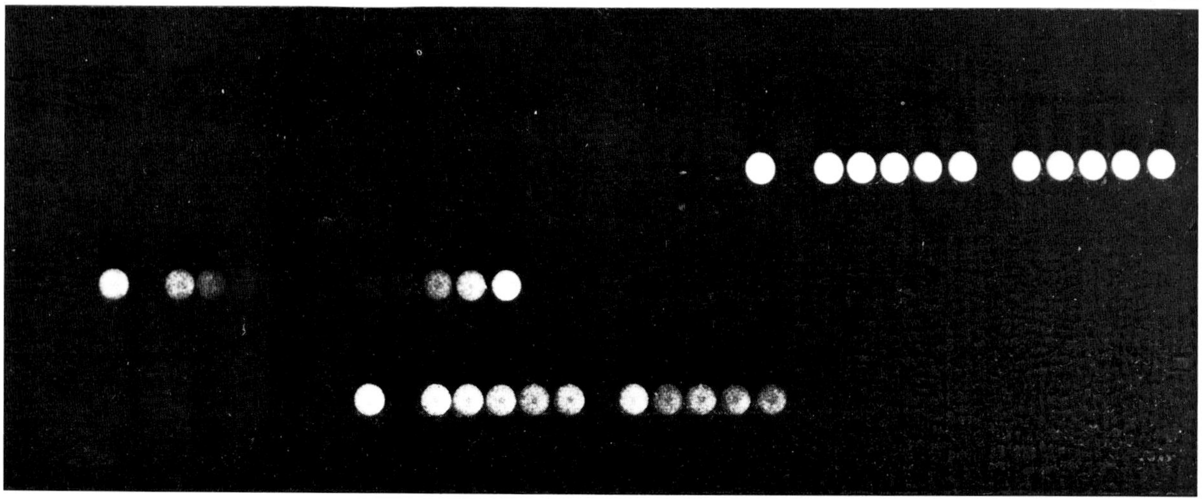

Algolveränderliche. Die Fotografie hier nebenan wurde mittels einer Methode aufgenommen, die nur auf sehr leuchtstarke Sterne angewandt werden kann. Bei der Beobachtung dieser Sterne kann man das Bild im Teleskop defokussieren und dadurch die gleichmäßige Schwärzung vom Zentrum bis zum Rand der Scheibe beobachten, in der nun das Bild des Sterns registriert ist. In diesem Fall war der Stern so hell, daß man mehrere Sternaufnahmen machen konnte, indem man das Teleskop in regelmäßigen Abständen blockierte. Auf diese Weise kann man die Veränderung des Sterns RZ Cassiopeiae, eines Algolveränderlichen, erkennen.

siert, erscheinen sie auf der Fotoplatte anstatt eines leuchtenden Punktes als kleine Scheibe (unteres Foto auf der gegenüberliegenden Seite).
In diesem Fall gewinnt man durch eine Aufnahmenserie, die man dadurch erhält, daß man das Teleskop im Verhältnis zur genauen Ausrichtung auf einen Stern zu aufeinanderfolgenden Zeitpunkten verschiebt, eine Vorstellung, wie sich die Helligkeit eines Sterns im Zeitablauf verändert.
Auf der Fotoplatte kann dann mittels des Photometers die Schwärzung des Scheibchens genau gemessen werden, die das Bild des Sterns hinterlassen hat. Die Helligkeit des Sterns selbst läßt sich also mit großer Genauigkeit messen. Der entscheidende Schritt zur genauen Helligkeitsmessung der Veränderlichen gelang mittels der photoelektrischen Photometer. Bereits zwischen den beiden Weltkriegen wurden ziemlich genaue Photometer gebaut, aber erst nach dem Zweiten standen den Astronomen Geräte zu Verfügung, welche die Grenze der zehnten Sterngröße überschritten und – wie man es heute kann – die Helligkeit bis zur hundertsten Sterngröße oder noch kleiner messen konnte.
Die ersten photoelektrischen Photometer maßen die Helligkeit eines Sterns mittels einer Photozelle, die das vom Teleskop aufgefangene Licht des Sterns direkt in elektrischen Strom verwandelt, dessen Stärke danach gemessen wurde. Die Stromstärke war natürlich der Helligkeit des Sterns proportional. Die zweite Generation der Photometer benutzte Photoverfielfacher, die als Lichtmesser und Stromverstärker dienten. Diese Geräte fangen das Sternenlicht auf und verwandeln es in sehr schwachen elektrischen Strom, der dann im Inneren dieser Geräte mittels einer »elektronischen Kaskade« verstärkt wird. Diese Instrumente ermöglichten es, auch die Lichtstärke sehr schwach leuchtender Sterne zu messen. Jedes einzelne Photon des Sternenlichts, das auf den Photovervielfältiger fällt, wird in ein Elektron umgewandelt; diese Elektronen werden während einer bestimmten Zeitspanne gezählt, wodurch man zur Gesamtzahl der Photonen gelangt, die den Photovervielfältiger getroffen haben.
Unter Berücksichtigung der Stärke des Teleskops ist diese Anzahl der Helligkeitsintensität des Sterns proportional. Diese Methode erlaubt es also nicht nur, genauere Meßwerte zu liefern, sondern auch sehr schwach leuchtende Sterne mit einer zufriedenstellenden Genauigkeit zu messen.

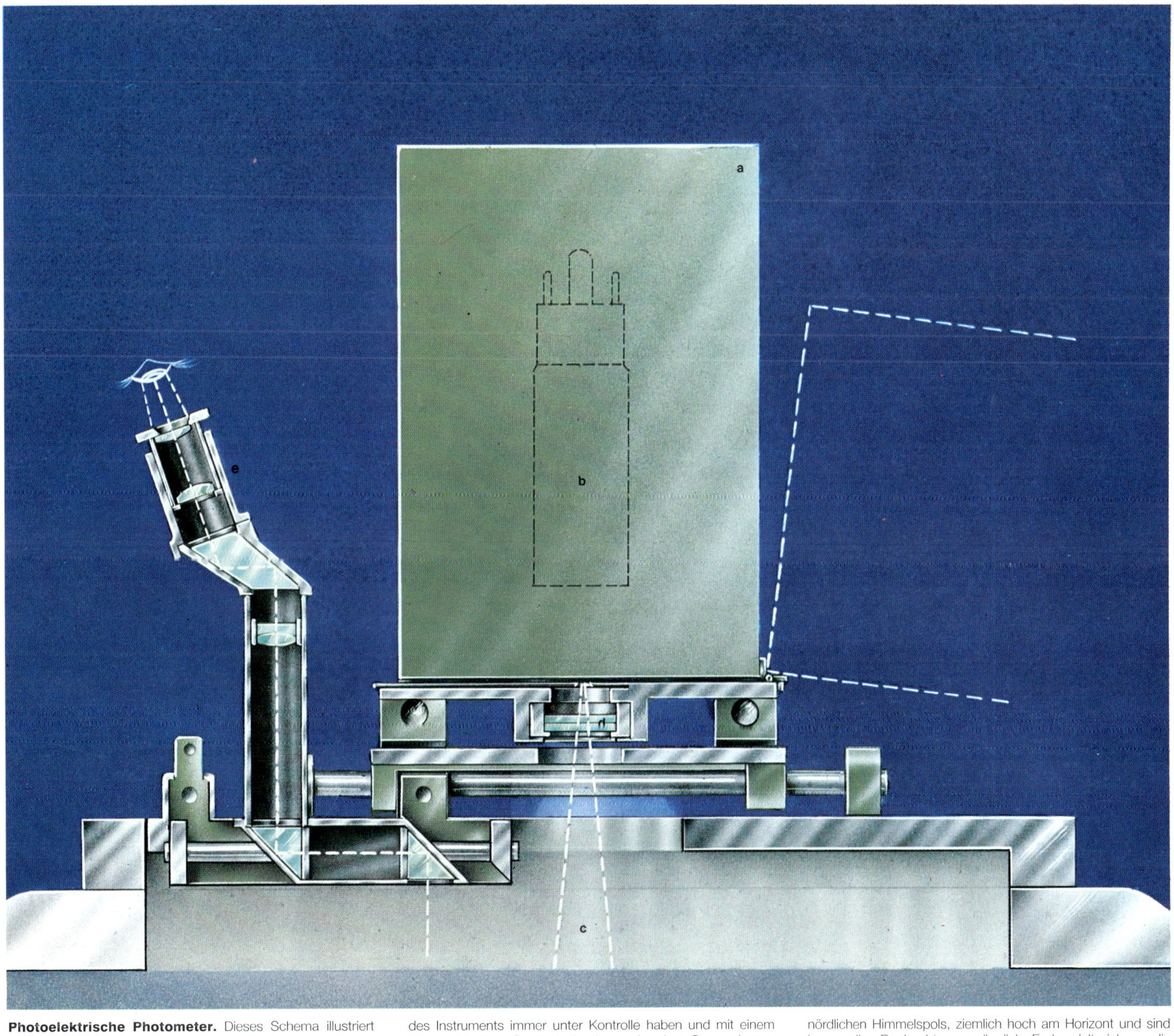

Photoelektrische Photometer. Dieses Schema illustriert die Disposition eines photoelektrischen Photometers. Im Körper (a) des Photometers befindet sich die Photozelle (in diesem Fall ein Photovervielfacher (b). Das Band des Sternenlichts wird in die Brennebene des Teleskops gelenkt; durch die Linien (c) angezeigt. Ein Filter (d) trennt die Kamera des Photovervielfachers von jener des Teleskops; um optimal zu funktionieren, müssen die Photozellen auf die Temperatur des Trockeneises abgekühlt werden; um genauere Resultate zu erhalten, wird die Temperatur in bestimmten Fällen sogar bis auf jene der flüssigen Luft herabgesenkt. Damit das Teleskop den betreffenden Stern genau verfolgen kann, muß der Astronom die Ausrichtung des Instruments immer unter Kontrolle haben und mit einem Okular (e) einen Stern beobachten, der dem Stern, dessen Helligkeit gemessen werden soll, sehr nahe steht. Der Vergleich ist aus zwei Gründen notwendig: erstens kann sich das Licht der Sterne sowohl aufgrund innerer Ursachen als auch durch einen vorübergehenden Nebelschleier am Himmelsgewölbe verändern; zweitens liefern die Photometer keine absolute Messung der Sternhelligkeit, und deshalb ist es notwendig, von dem Vergleich mit den umliegenden Sternen Gebrauch zu machen. Nur von wenigen Sternen (in eigenen Katalogen aufgelistet) kennt man die in absoluten Einheiten gemessene Helligkeit: einige dieser Sterne befinden sich in der Nähe des nördlichen Himmelspols, ziemlich hoch am Horizont und sind immer allen Beobachtern zugänglich. Es handelt sich um die sogenannte »Nordpolsequenz«. Von Stern zu Stern bildet man eine Brücke bis zum Polarstern, um die genauestmöglichen Messungen zu erhalten.

DIE PHYSISCHEN VERÄNDERLICHEN. Die Helligkeitsveränderungen der Sterne lassen sich nicht nur auf eine Ursache, sondern auf zahlreiche Phänomene zurückführen: es gibt Sterne, die ihre Helligkeit nur wenig verändern, andere wieder verändern sie stark, bei einigen erfolgt diese Veränderung sehr rasch, andere wieder verändern sich in langen Zeiträumen.

Von einer Klasse der Veränderlichen haben wir bereits gesprochen (weshalb wir in diesem Kapitel nicht mehr auf sie eingehen werden), und zwar von den Bedeckungsveränderlichen, deren Helligkeitsschwankungen durch eine Eklipse hervorgerufen werden, wie z. B. bei den Algolveränderlichen. In diesem Fall ist es logischer – wie wir dies getan haben – anstatt von Veränderlichen von Doppelsternen zu sprechen (geometrische Veränderliche).

Man spricht hingegen von physischen Veränderlichen, wenn sich die Veränderung der Helligkeit auf eine tatsächliche Veränderung der abgegebenen Lichtmenge zurückführen läßt. In diesem Fall kann man den unterschiedlichen Rhythmus, mit dem ein Stern seine Energie ausstrahlt, jenen Ursachen zuschreiben, die mit den Mechanismen der Energieerzeugung und der Energieübertragung zur Oberfläche des Gestirns zusammenhängen.

Der eigentliche Mechanismus der Energieproduktion sitzt nämlich im Inneren des Gestirns. In der Folge verlagert sich die Energie in Richtung der Sternoberfläche, von wo sie in den Raum gestrahlt wird.

Die physische Veränderlichkeit kann also sowohl in der Veränderung des Energieerzeugungsmechanismus im Sternkern liegen als in jenen Merkmalen der Sternkugel, die den Rhythmus verändern können, mit denen sich die Energie vom Kern aus zur Oberfläche ausbreitet oder mit dem die Oberfläche die Energie abgibt.

Es gibt zum Beispiel Veränderliche, in denen die Ursache der Helligkeitsschwankung in einer tatsächlichen Veränderung des Rhythmus liegt, mit dem in seinem Inneren die thermonuklearen Reaktionen ablaufen. Das sind jene Veränderlichen, die zu stärkeren und manchmal unregelmäßigeren Veränderungen führen. Zwischen dieser Art der Veränderung und jener der Novae-Sterne besteht keine klare Grenze.

Weiters gibt es die instabilen Sterne, deren Hüllen sich ausdehnen und zusammenziehen. In einem größer gewordenen Stern verbreitet sich die Energie unter größeren Schwierigkeiten durch die ausgedehnte Materie nach außen; eine auf diese Weise aufgeblähte Hülle neigt dann dazu, sich von neuem zusammenzuziehen, und das ist der Grund für die Instabilität dieser Art der Veränderlichen.

Es gibt verschiedene Arten von Veränderlichen: Nebelveränderliche, Veränderliche mit geringer Amplitude in der Hauptreihe, Cepheiden-Veränderliche der Population I (junge Sterne), Cepheiden-Veränderliche der Population II (alte Sterne), RR Lyrae-Sterne, RV Tauri-Sterne, langperiodische Mira-Sterne, eruptive Veränderliche, Veränderliche vom Typ U Geminorum, symbiotische Veränderliche.

Ein Phänomen, das eine unterschiedliche Temperatur auf der Sternoberfläche erzeugt, bewirkt, daß die Sterne die Energie mit unterschiedlichem Rhythmus abstrahlen: wenn die Temperatur höher ist, wird mehr Energie abgegeben, und wenn die Temperatur niedriger ist, weniger.

Aus diesem Grund sind auch Sterne, die ihre Oberflächentemperatur periodisch ändern, sicherlich Veränderliche.

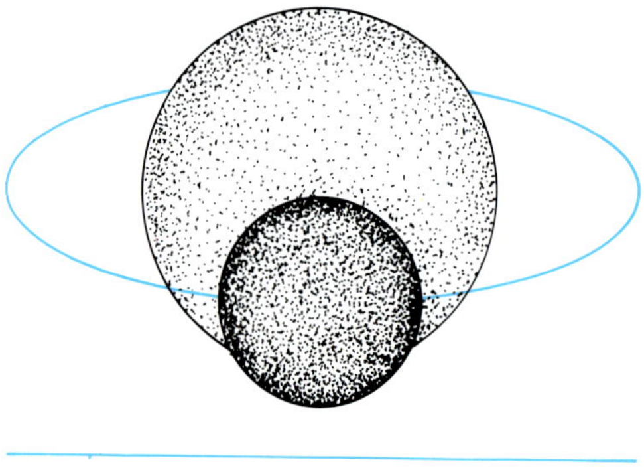

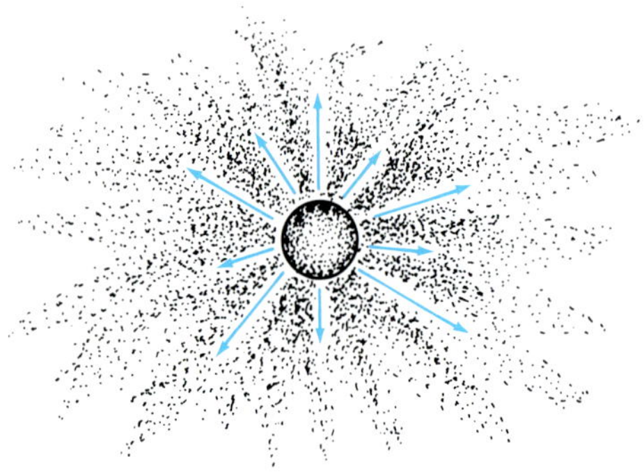

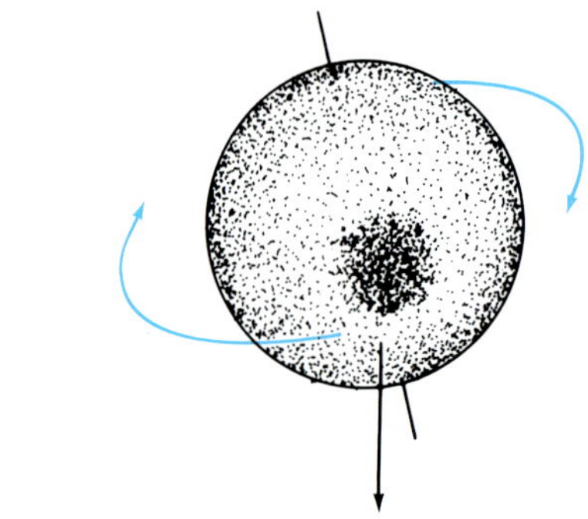

Ursachen der Veränderung. Diese drei schematischen Darstellungen erklären die drei möglichen Ursachen für die Veränderlichkeit eines Sterns. Es handelt sich um einige der zahlreichen Prozesse, die zu Schwankungen des Sternenlichts führen können. Oben links: ein geometrischer Veränderlicher, d. h. vom Typ der Bedeckungsveränderlichen wie Algol. Hier nebenan: ein rotierender Veränderlicher; auch bei diesem Stern finden die Helligkeitsschwankungen in sehr regelmäßigen Zeitabständen statt; der Grund dafür liegt jedoch in einem oder mehreren dunklen Flecken auf seiner Oberfläche, die mehr oder weniger dauerhaft sind und durch Phänomene verursacht werden, die mit den Magnetfeldern des Sterns zusammenhängen. Oben rechts: ein stark unregelmäßiger Stern vom Typ der eruptiven Veränderlichen; es handelt sich dabei um einen Stern, auf dessen Oberfläche mehr oder weniger regelmäßig extrem heißes Material, ähnlich einer Protuberanz, eruptiert wird.

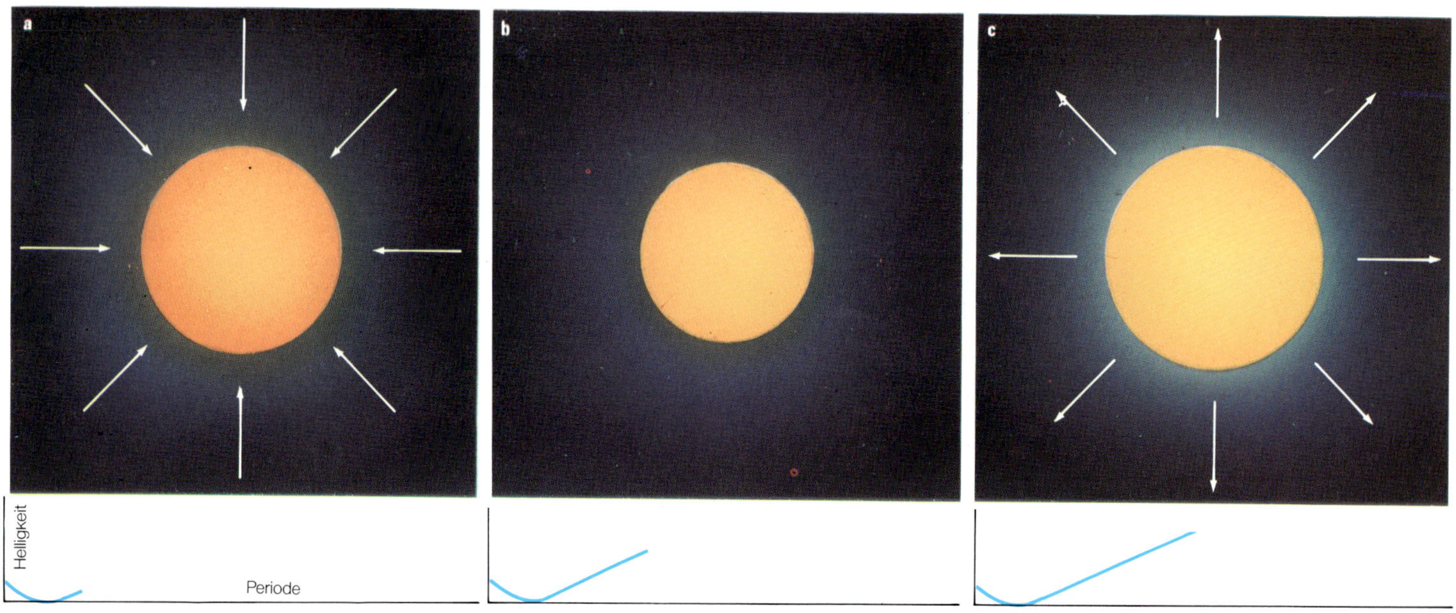

Die Veränderung der Cepheiden. Diese Bildfolge zeigt den Mechanismus der Helligkeitsschwankung einer Gruppe veränderlicher Sterne, deren Namen von dem Hauptvertreter (er ist außerdem mit freiem Auge sichtbar), dem Stern Delta Cephei stammt. Diese Veränderlichen lassen sich leicht unterscheiden, da ihre Lichtkurve aus dem sogenannten »Sägezahndiagramm« besteht, das rasch mit einem fast geradlinigen Teilstück ansteigt und dann langsam mit einer ebenso geraden Linie absteigt. Abbildung (a) zeigt den Stern in seinem Helligkeitsminimum: er zieht sich mit größter Geschwindigkeit zusammen. In (b) hält die rasche Konzentrationsbewegung an und verursacht eine Erhöhung der Temperatur. Der Stern wird heißer, und die Helligkeit erhöht sich; der Sterndurchmesser ist an seinem Minimum angelangt. In (c) bewirkt die im Inneren des Sterns aufgrund der Konzentration angesammelte Wärme gemeinsam mit jener, die sich vom Zentrum aufgrund der thermonuklearen Reaktionen ausbreitet, eine Erhöhung der Temperatur an der Sternoberfläche und eine Ausdehnung. In (d) befinden wir uns in der Phase der höchsten Helligkeit, die jener Phase entspricht, in der die Geschwindigkeit der Ausdehnung ihr Maximum erreicht. Es ist nämlich die hohe, weit über dem Durchschnitt liegende Temperatur des Gases, die zur Ausdehnung führt, wie zuvor die geringe Temperatur die Kontraktion des Gases bewirkte. In (e) hat der Stern bereits seine größte Ausdehnung erreicht, doch seine Oberflächentemperatur ist nunmehr weniger hoch; die gesamte Strahlung ist geringer, und der Stern beginnt sich zusammenzuziehen. Die Helligkeit nimmt ab und sinkt auch weiterhin in der Phase (f), welche dem Helligkeitsminimum unmittelbar vorausgeht.

SCHNELLE VERÄNDERLICHE. Die Sternveränderungen aufgrund physischer Ursachen sind sehr häufig extrem langsam. Die Reaktionen erfolgen in Tagen, Monaten, manchmal Jahren und in einigen Fällen mit noch größeren Zeitabständen, wenn es sich um sehr große Gestirne handelt.

Alle diese Veränderungen wurden sowohl bei der visuellen Beobachtung als auch mittels der Fotografie festgestellt, die es ermöglicht, auf einfache Weise viele Veränderliche auf einmal zu entdecken, also alle jene, die auf einer Fotoplatte sichtbar sind.

Die Fotografie wird es jedoch niemals erlauben, Veränderungen zu beobachten – selbst wenn sie von beträchtlicher Intensität sein sollten –, die sich während der Belichtungszeit ereignen. Aus diesem Grund wurden die raschen Veränderlichen erst vor kurzem entdeckt, d. h. nach der Einführung der photoelektrischen Photometrie.

Die Veränderlichen dieser Art lassen sich in charakteristische Klassen einteilen, darunter zum Beispiel die sogeannten »*flare*artigen Veränderlichen«. Diese Sterne halten ihre Helligkeit während eines langen Zeitraums konstant, dann steigt ihre Helligkeit im Laufe nur einer Minute plötzlich beträchtlich an, wobei die Helligkeit auch um einige Größenklassen ansteigen kann. Nach genauso kurzer Zeit am Maximum – sehr häufig im Laufe einiger Dutzend Sekunden oder einer Minute – kehrt seine Helligkeit wieder auf den vorherigen stabilen Wert zurück.

Die Hauptursachen dieses Phänomens bestehen in den wunderbaren Eruptionen von der Art der Protuberanzen oder der *flares*, die auf der Sternoberfläche stattfinden, oder in den sehr heftigen Druckwellen, die aus dem Inneren an die Oberfläche gelangen und sie plötzlich erhitzen. Die Beobachtungsmethoden dieses Sterntyps haben ermöglicht, in vielen Fällen auch leuchtende Gestirne zu beobachten, deren Helligkeit sich in nur einer Sekunde sogar mehrfach ändert.

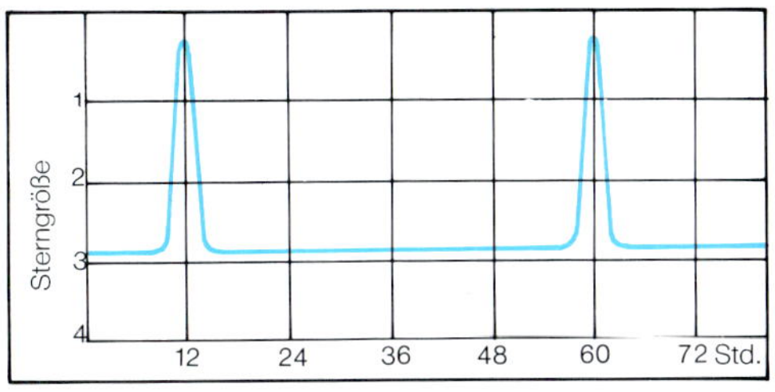

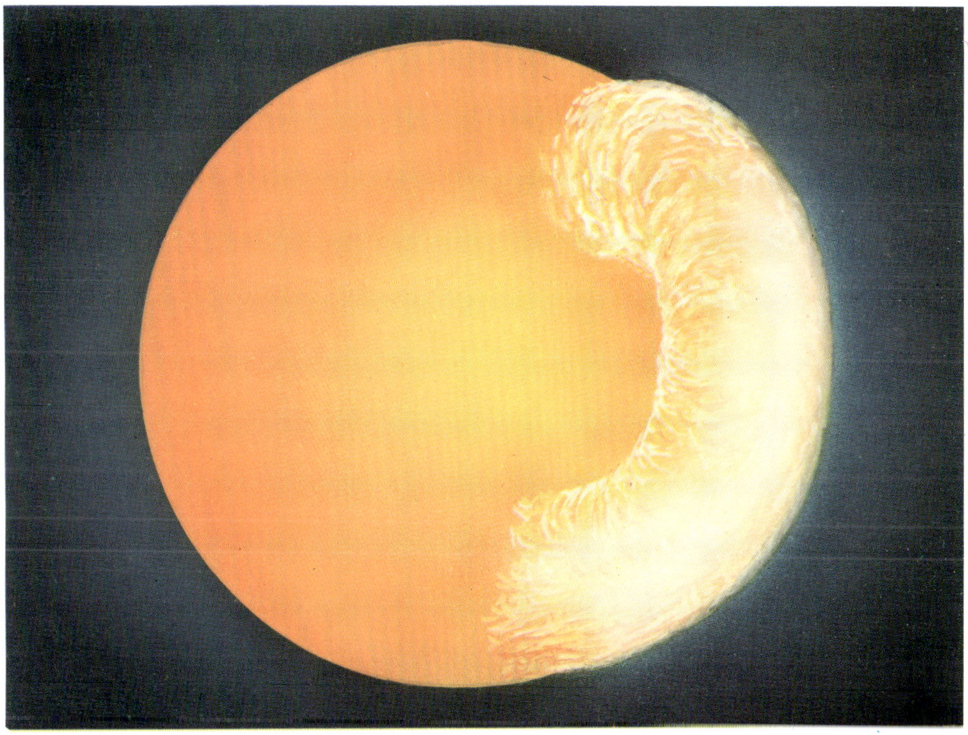

Rasche Phänomene. Das oben abgebildete Diagramm zeigt die Helligkeitsschwankung eines pulsierenden Veränderlichen. Wie man erkennen kann, ist die Lichtkurve flach, d. h. daß die Helligkeit des Sterns für ziemlich lange Zeit konstant bleibt. Plötzlich – im Verlauf einiger Dutzend Sekunden – steigt das Licht des Sterns an; dieser Wert kann auch einige Größenklassen über dem Wert des stationären Zustands liegen; danach sinkt die Helligkeit ebenso schnell wieder ab und erreicht den Ausgangswert, der im Vergleich zur plötzlichen Helligkeitserhöhung ziemlich lange konstant bleibt. Die rechte Abbildung zeigt, worin die Ursache für eine derartige rasche Helligkeitsveränderung bestehen kann. Diese Sterne besitzen durchsichtige, höhere atmosphärische Schichten, in denen sich im Inneren der Atome, aus denen sich das Gas zusammensetzt, große Energiemengen ansammeln können. Durch einen Mechanismus, der jenem dem Leuchten einer Sonnenprotuberanz ähnlich ist, können sich diese Atmosphären aber regen, indem sie in sehr kurzer Zeit eine große Energiemenge abgeben. Pulsierende Veränderungen können auch durch Druckwellen im Inneren des Gestirns entstehen.

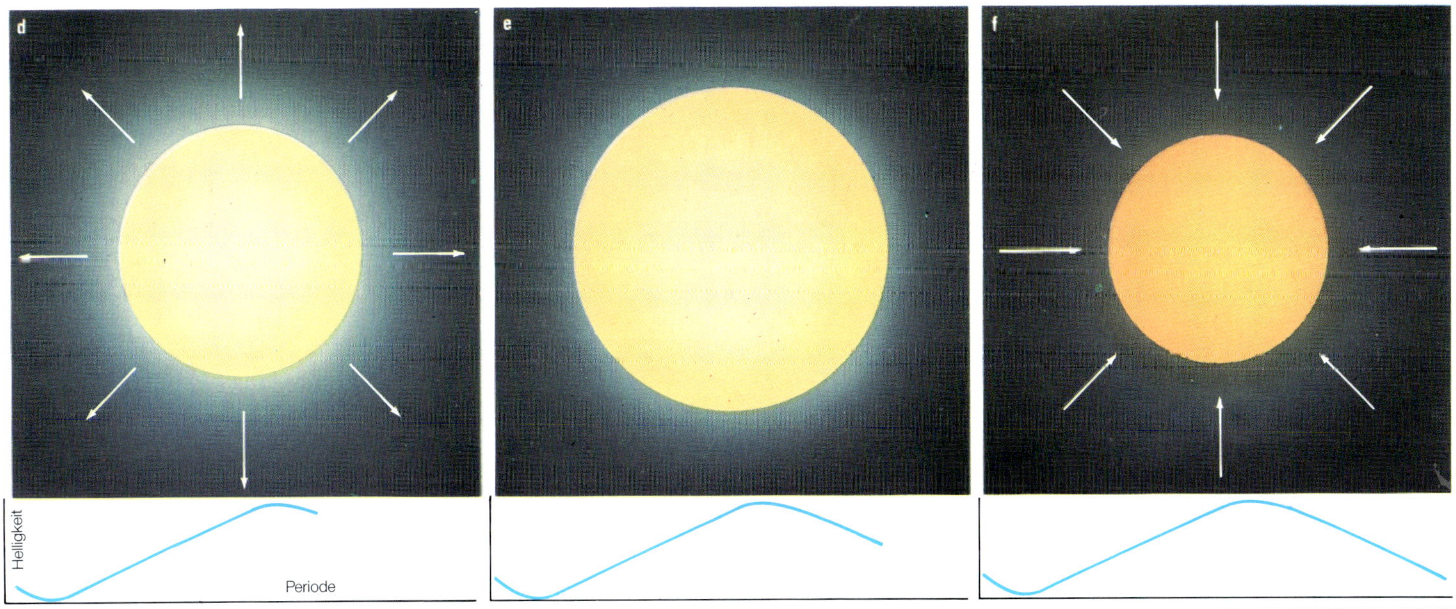

Hier nebenan sind die beiden Lichtkurven zweier Veränderlicher vom Typ der Cepheiden abgebildet: Delta Cephei (rechts) und RR im Walfisch (ganz rechts). Aus dem weiter oben beschriebenen Veränderungsprozeß wird klar, wie ein unterschiedliches Sternmodell (d. h. eine andere Art der Materienverteilung innerhalb des Sterns) zu einer unterschiedlichen Schwankungsperiode führt. Im Fall der Cepheiden ist das Modell dem oben beschriebenen ähnlich: es unterscheidet sich nur durch die verschiedenen Massen, über welche die Sterne verfügen können. Die Periode hängt also mit der Masse und der absoluten Helligkeit des Sterns zusammen.

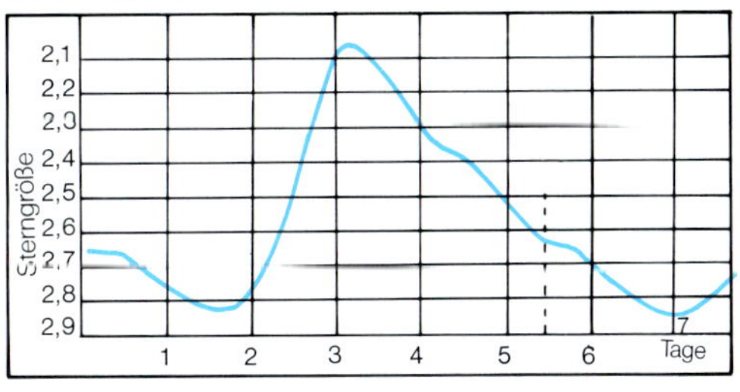

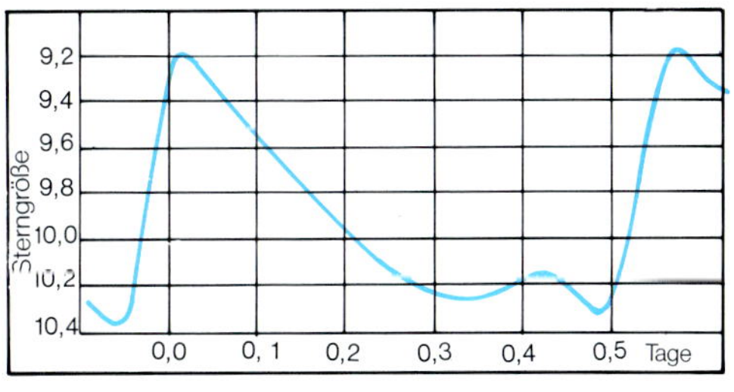

Der berühmteste Veränderliche. Es handelt sich um Mira, den »Wunderbaren«; er wurde mit diesem Namen bezeichnet, da er eine außergewöhnlich breite Veränderung aufweist, die ihn am Maximum seiner Helligkeit als leuchtenden Stern und am Minimum als Stern erscheinen läßt, der mit freiem Auge und manchmal nicht einmal mit einem Fernglas zu erkennen ist (siehe S. 199). Er steht im Sternbild Walfisch, das im Herbst beobachtet werden kann. Die Veränderlichen werden mit einem Großbuchstaben des lateinischen Alphabets ab R bezeichnet, auf den der Name des Sternbilds folgt, dem der Veränderliche angehört; wenn man bei Z angelangt ist, werden die weiteren Veränderlichen mit RR, RS, RT usw. bezeichnet, bis alle Zweierkombinationen ausgeschöpft sind, danach wird der Veränderliche mit dem Buchstaben V, gefolgt von einer ansteigenden Zahl oder einfach mit den Himmelskoordinaten des Sterns, angegeben. Die Ursache für die Veränderlichkeit Miras ist im gewissen Sinne jener der Cepheiden-Veränderlichen entgegengesetzt. Bei den Mirasternen erfolgt nämlich ein Kollaps, der die Veränderung der Temperatur und daher auch der Helligkeit bewirkt. Wenn die maximale Ausdehnung erreicht wird, ist seine Temperatur sehr gering, und obwohl der Stern sehr groß ist, strahlt er nur wenig Licht in den Raum. Diese Situation ist jedoch sehr instabil und bringt den Stern zum Kollabieren. Im Laufe mehrerer Monate zieht er sich zusammen und erreicht einen Zustand großer Kompression. Obwohl sein Volumen in dieser Phase sehr gering ist, ist seine Helligkeit außergewöhnlich groß, und die Erhöhung der Leuchtkraft gleicht die Verringerung der Oberfläche aus: der Stern erscheint im Maximum seiner Helligkeit.

DIE VERÄNDERLICHEN: WIE UND WO. Es ist bekannt, daß die Sterne mit keinem Teleskop als Scheiben, sondern nur als kleine, leuchtende Punkte erscheinen. Wie kann man also so ausgefeilte Modelle wie jenes der Sternstruktur der Veränderlichen entwickeln?

Die Erklärung besteht darin, daß der Berufsastronom sich nicht einfach damit zufriedengibt, ausgehend von der Beobachtung der Form der Lichtkurve Vermutungen aufzustellen, sondern seine eigenen Beobachtungen mittels der Spektroskopie vervollständigt.

Wenn zum Beispiel ein Stern seine Helligkeit in sehr kurzer Zeit stark verändert, muß man nun ein Spektrum im Moment der größten Helligkeit beobachten und es mit jenem des Helligkeitsminiums vergleichen. Zwischen diesen beiden Spektren wird man eine Differenz feststellen, die auf die Natur jenes Teils des Sterns zurückzuführen ist, der für die erhöhte Helligkeit verantwortlich ist. Wenn es sich um eine Protuberanz handelt, wird man Emissionslinien erkennen können; wenn es sich um die Ankunft einer Druckwelle handelt, wird das Spektrum zeigen, daß die Atome in dieser kurzen Zeitspanne aufgrund der höheren Temperatur stark angeregt wurden.

Wenn die Helligkeitsschwankungen eines Sterns auf eine rasche Veränderung der Ausmaße zurückzuführen sind, hat man bei der Beobachtung des Sterns den Eindruck, daß er sich während der Ausdehnung dem Beobachter annähert; in Wirklichkeit nähert sich ihm jener Teil der Oberfläche an, den er beobachtet.

Genau das Gegenteil geschieht während der Kontraktion: der Stern scheint sich vom Beobachter zu entfernen. Auch dieses Phänomen läßt sich deutlich aus dem Spektrum erkennen, wie wir dies bereits anläßlich jener Beobachtungen erwähnt haben, die sich im Fall der sogenannten »spektroskopischen« Doppelsterne anwenden lassen.

Wenn einmal die Helligkeitsschwankungen eines Sterns durch ein Modell erklärt worden sind, und wenn man entdeckt hat – wie man sicherlich feststellt –, daß diese Veränderungen auf verschiedene Merkmale des Sternmodells zurückzuführen sind, ist die erste Frage, die sich die Astronomen stellen, wo diese Sterne im Inneren der Galaxie verteilt sind.

Falls sich diese unterschiedlichen Verteilungen auf verschiedene Sternmodelle zurückführen lassen, ist es wichtig zu wissen: erstens, ob die Verteilung dieser Modelle auf irgendeine Weise mit der Verteilung der bereits bekannten Sternarten zusammenhängt; zweitens, ob Modelle, die sich vermutlich alten Sternen zuordnen lassen, von Sternen stammen, die sich tatsächlich dort befinden, wo man weiß, daß in der Galaxie alte Sterne vorhanden sind (zum Beispiel in der Nähe ihres Kerns), und drittens, ob Modelle der unregelmäßigen Helligkeitsveränderung, welche durch die »Jugend« des Sterns entsteht, in Sternen beobachtet werden, die sich tatsächlich in Zonen befinden, in denen bereits durch andere Beobachtungsarten festgestellt werden konnte, daß es sich um junge Sterne handelt.

So ist es in der Tat, und dieser Umstand liefert eine Gegenprobe, daß nicht nur die Hypothese über die Ursachen der Helligkeitsveränderung der Sterne Gültigkeit hat, sondern auch unserer Informationen über die Verteilung der jungen und alten Sterne im Inneren der Galaxis gültig sind.

Die unten abgebildeten graphischen Darstellungen zeigen Lichtkurven der sogenannten »unregelmäßigen« Veränderlichen. Bevor man von Unregelmäßigkeit im absoluten Sinn wie z. B. im Fall des R Coronae Borealis spricht, möchten wir daran erinnern, daß es Sterne gibt, die aufgrund ihrer Veränderlichkeit als semiregelmäßig eingestuft werden könnten. Die letztgenannten, wie wir bereits im Fall des Mira gesehen haben, weisen Minima, Maxima und etwas Periodenähnliches auf. Sowohl die Minima als auch die Maxima schwanken, jedoch in einem – zumindestens bisher – definierten Bereich.

Name	Hauptvertreter	Pulsierende Veränderliche (Periode in Tagen)	Veränderung (Größenklassen)	Sternart	Ortsbestimmung
• Cepheiden	Delta Cephei	1–70	0,1–2	gelbe Überriesen	Spiralarme galaktische Haufen
• Cepheiden Population II	W Virginis	1–70	0,1–2	gelbe Überriesen	Hof, Zentrum der Galaxis
• langperiodische Veränderliche	Mira	80–1000	2,5–5	rote Riesen	überall
• halbregelmäßige Veränderliche	Z Aquarii	100 ca.	0,5–2,5	rote Riesen	überall
• unregelmäßige Veränderliche	Beteigeuze	unregelmäßig	1 ca.	rote Überriesen	Spiralarme
• RV-Tauri-Sterne	RV Tauri	30–150	1–3	gelbe Überriesen	Hof, Zentrum der Galaxis
• RR-Lyrae-Sterne	RR Lyrae	0,05–1,2	0,1–2	blaue Riesen	Hof, Kugelsternhaufen
• Beta-Cephei-Sterne	Beta Cephei	0,1–0,6	0,1	blaue Riesen	Spiralarme
• Delta-Scuti-Sterne	Delta Scuti	weniger als 2	0,1	blau-gelbe Riesen	Scheibe, galaktische Haufen

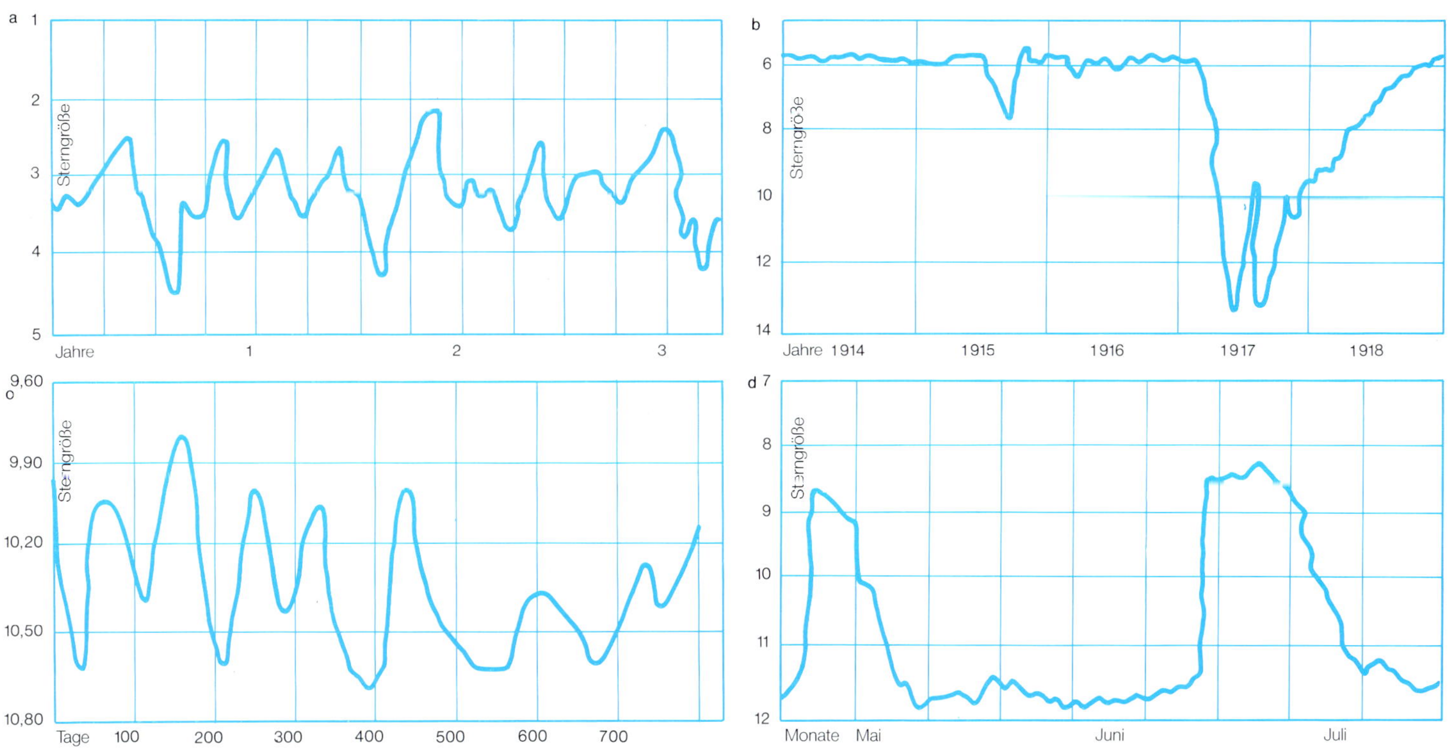

Unregelmäßige Veränderliche. Die unregelmäßigen Veränderlichen stellen für die Beobachtung die interessantesten Objekte dar. Auf diesem Gebiet können die Amateurastronomen den wichtigsten Beitrag liefern. Es hat nämlich keinen Sinn, daß ein Amateurastronom einen Algolveränderlichen beobachtet, einen Veränderlichen, dessen Helligkeitsschwankungen in absolut genauen Zeitabständen erfolgen. Dem Berufsastronomen ist dieser Umstand bekannt und nur er könnte mit äußerst genauen Meßmethoden eventuell eine geringfügige Abweichung von diesem absolut regelmäßigen Gesetz erkennen. Hingegen müssen die unregelmäßigen Veränderlichen, deren Gesetz, nach dem sich das Licht des Sterns erhöht oder abschwächt, nicht vorausberechnet werden kann, ständig beobachtet werden. Mittels Beobachtungen, die über einen langen Zeitraum durchgeführt werden, kann sich schließlich herausstellen, daß eine unregelmäßig erscheinende Veränderung doch eine gewisse Gesetzmäßigkeit aufweist. Man sollte außerdem beachten, daß die Lichtkurven der unregelmäßigen Veränderlichen Schwankungen in ziemlich langen Zeiträumen zeigen. Es ist deshalb nicht notwendig, über Geräte mit exakter Zeitmessung zu verfügen. Darüber hinaus ereignen sich bei diesen Veränderlichen sehr häufig starke Helligkeitsschwankungen; d. h. daß es sich nicht immer darum handelt, die Schwankungen in der Größenordnung eines Zehntels oder sogar noch weniger der Sterngröße schätzen zu müssen, weshalb diese Messungen im Bereich der Beobachtungsmethoden des Amateurs liegen. Oben wurde eine Tabelle mit der Ortsbestimmung und anderen Merkmalen einiger Gruppen der Veränderlichen aufgestellt; hier oben: Lichtkurven von Veränderlichen, a) Klasse T Tauri, b) Klasse R Coronae Borealis; c) Klasse RV Tauri, d) Klasse U Geminorum.

Sterbende Sterne

Im Universum bezeichnet man ein Gestirn allgemein als »lebend«, wenn es Energiereserven hat, in der Lage ist, diese auszustrahlen, und wenn diese Strahlung bewirkt, daß das Gestirn auch aus großer Entfernung wahrgenommen werden kann. Die Sterne sind Gestirne, die diese Bedingungen erfüllen. In ihrem Inneren existieren Substanzen, hauptsächlich Wasserstoff, die Reaktionen (in diesem Fall: thermonukleare) ausgesetzt sein können, die es ihnen erlauben, für sehr lange Zeit eine große Energiemenge zu erzeugen. Diese Energie wird zum Großteil in sichtbares Licht umgewandelt, das in den Raum gestrahlt wird und riesige Entfernungen erreichen kann. Da sich all dies im Stern ereignet, sagt man, daß der Stern »lebt«.

Der Energieerzeugungsprozeß kann sich aus verschiedenen Gründen erschöpfen; die erste Ursache besteht einfach darin, daß sich die Brennstoffe, welche die Reaktionen der thermonuklearen Fusion aufrechterhalten, verbraucht sind.

Die zweite Ursache liegt in der Umwandlung der Sternstruktur, was bewirken kann, daß der Energieerzeugungsprozeß nicht mehr funktioniert. In beiden Fällen ist der Stern nicht mehr in der Lage, die Materie in seinem Inneren umzuwandeln, Energie nach außen abzugeben und wird deshalb nicht mehr leuchten, d. h. nicht mehr sichtbar sein. Dann wird man sagen, daß er »gestorben« ist.

Der Tod eines Sterns ist jedoch nicht absolut. Nachdem diese Energiequellen aufgebraucht oder jene Prozesse beendet sind, die es ermöglichen, die potentielle Energie der nukelaren Brennstoffe in Licht und Wärme umzuwandeln, welche aus der Entfernung beobachtet werden können, kommt es sehr häufig vor, daß ein zweiter Prozeß einsetzt, der irgendeine zusätzliche oder parasitäre Energiequelle ausnutzt. Obwohl diese Energiequelle sehr viel schwächer und weniger bedeutend als die erste ist, bewirkt sie – falls der Stern bei seiner Energieabgabe sparsamer umgeht –, daß er für einen astronomisch langen Zeitraum weiterhin sehr schwach leuchtet und sichtbar bleibt.

In diesem Fall wird man von einem »gestorbenen Stern« sprechen, da es sich nicht mehr um ein helles und leuchtstarkes Gestirn wie zu Beginn handelt. In den meisten Fällen leuchten diese

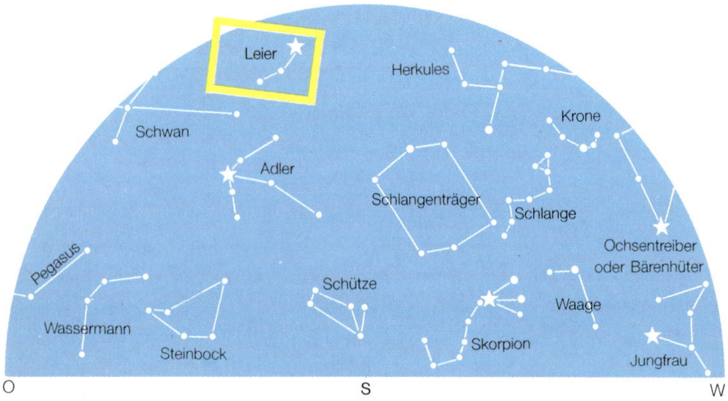

Am Augusthimmel. In Richtung Süden schauend kann man das Sternbild Leier wahrnehmen: wenn man ein Fernrohr zwischen die Sterne Gamma und Beta richtet, erscheint in der Mitte der planetarische Nebel M 57 als schwache Scheibe mit wechselnder Helligkeit.

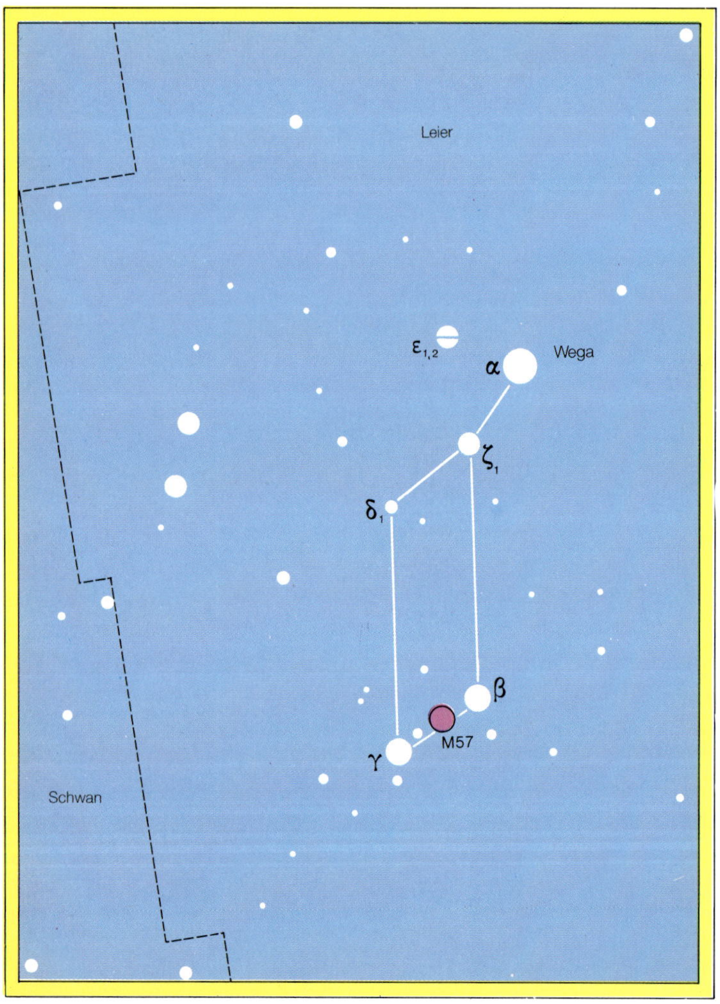

toten Sterne etwa Dutzende Millionen oder sogar Hunderte Millionen Mal weniger stark als die hellsten Sterne am Himmel und auf jeden Fall mindestens zehntausendmal weniger stark als die Sonne. In diesem Sinne kann man von großer Sparsamkeit sprechen, und aus diesem Grund existieren sie immer noch. Dieser Prozeß, der den Stern von den normalen Lebensbedingungen zu Bedingungen eines sparsamen Lebens oder dem vollständigen Verschwinden führt, ist jedoch kein Vorgang, der in aller Ruhe vor sich geht.

Sehr oft ereignen sich riesige Explosionen, die in kurzer Zeit (es kann sich um wenige Tage, in anderen Fällen um einige Wochen oder Monate handeln) bewirken, daß der Stern eine extrem große Energiemenge abgibt, so als ob er den wenigen »guten« übriggebliebenen Brennstoff vergeuden wollte, bevor er auf alternative Energien zurückgreifen muß, die ihn dazu zwingen werden, sehr sparsam umzugehen. In diesem Fall erscheint der Stern sehr hell am Himmel. Für die Beobachter des Himmelsgewölbes ist es interessant, sowohl die Sterne, die am Sterben sind, als auch die Sterne, die bereits gestorben sind und sich in dieser präagonalen Phase befinden, als auch jene Sternregionen zu beobachten, in denen die Wahrscheinlichkeit größer ist, daß diese Art Sterne auftauchen.

Es ist außerdem sehr interessant, wenn es gelingt, das Gestirn oder ein System, dem irgendeiner jener Sterne angehört, die sich bereits gemäß einer dieser präagonalen Strukturen in der Phase befinden, in der das Gestirn eine mikroskopisch kleine Energiemenge abgibt, direkt aufzufinden.

In diesen, auf das normale Leben eines Sterns folgenden Phasen verändert sich seine Struktur, wie dies auf den folgenden Seiten erklärt werden wird. Um die Beobachtungen, von denen wir soeben gesprochen haben, durchführen zu können, ist es meist notwendig, sich mit einem Teleskop oder zumindest einem Fernglas auszurüsten, da man Gestirne am Himmelsgewölbe suchen muß, die sehr schwach leuchten.

Das Phänomen des Todes betrifft nur einen kleinen Prozentsatz aller Sterne des Universums; es ist deshalb unerläßlich, mit großer Aufmerksamkeit unter den weit entfernten Sternen zu »wühlen«, bevor man auf einen trifft. Da es sich um weit entfernte Sterne handelt, die sich außerdem auf Modellen befinden, die sehr wenig Licht abgeben, versteht es sich von selbst, daß man diese Sterne unter den schwächsten Gestirnen suchen muß.

Ein toter Stern. Die Sternkarte und die Fotografien auf diesen beiden Seiten veranschaulichen, wie sich der Ringnebel im Sternbild Leier (M 57) am Himmelsgewölbe auffinden und beobachten läßt. Er ist einer der interessantesten Gestirne des nördlichen Himmels und ein Beweis dafür, was mit einem Stern am Ende seines Lebens geschehen kann. Auf welche Weise ein Stern sein Leben beendet, hängt näherungsweise von der Masse ab, die er zu Lebenszeiten hatte. Wenn sich diese Masse in der Größenordnung der Sonnenmasse oder darunter bewegt, beendet der Stern sein Leben, indem er sich stark verdichtet. Die gesamte Materie, die nunmehr nicht mehr in der Lage ist, mittels der thermonuklearen Reaktionen Energie zu erzeugen, verdichtet sich in einem Materienstern, der als »superdicht« bezeichnet wird. Obwohl dieser sehr klein gewordene Stern an seiner Oberfläche leuchtet, ist er absolut wenig hell. Dennoch gibt er eine gewisse Menge an ultravioletter Strahlung ab, und wenn sich rund um den Stern eine Gashülle befindet, werden diese Gase stark fluoreszierend. Der Nebel im Sternbild Leier besteht aus einer großen Gashülle, die einen sehr dichten Stern umgibt, welcher eine große Menge ultravioletter Strahlen abgibt. Der Mechanismus, der dieses Licht erzeugt, kann mit einer fluoreszierenden Lampe verglichen werden. In den Nebeln dieser Art, die als »planetarisch« bezeichnet werden, läßt die vom Stern erzeugte ultraviolette Strahlung das umliegende Gas fluoreszieren und macht es somit sichtbar. Alle Nächte vom Spätfrühling bis zum Herbstende sind für die Beobachtung dieses Nebels, der einen toten Stern umschließt, günstig.

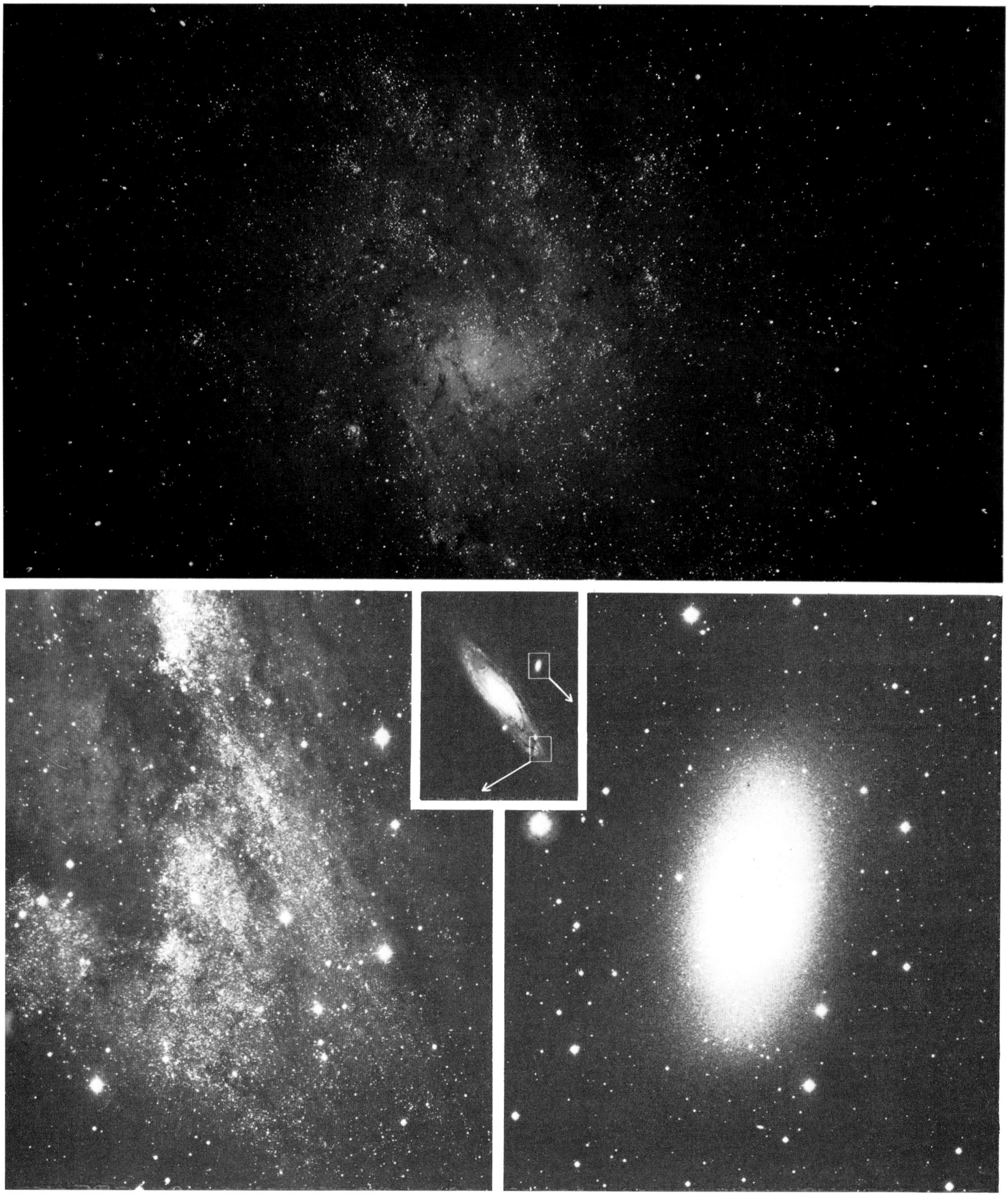

Wo die Sterne sterben. Um zu entscheiden, wohin man den Blick oder ein astronomisches Instrument richten soll, um sterbende Sterne zu sehen, denkt man natürlich an jene Gegenden des Himmelsgewölbes, in denen sich die eher alten Sterne beobachten lassen. Im allgemeinen befinden sich die alten Sterne, wie wir bereits anläßlich der Struktur der Galaxis gesehen haben, im Zentrum der Galaxis. Wir haben jedoch auch gesagt, daß das Ende eines Sterns ist relativ. Sterne einer bestimmten Art sind außergewöhnlich langlebig, und das hohe Alter kommt erst sehr spät. Sterne anderer Art sind weniger langlebig; das Altern kann sich also früher einstellen: nach fast zehn Milliarden Jahren im ersten Fall, aber bereits nach wenigen hundert Millionen oder nur einer Milliarde Jahren im zweiten Fall. Die Sterne, die im hohen Alter sterben, beenden ihr Leben auf ruhige Weise; die jung sterbenden Sterne erzeugen hingegen heftige Explosionen. Auf diesen Aufnahmen wurden drei Galaxien abgebildet: das obere Foto zeigt die Galaxie im Sternbild Dreieck, die fast zur Gänze aus relativ jungen Sternen besteht; nur in ihrem Zentrum befindet sich ein kleiner Prozentsatz alter Sterne. Die Galaxie in der Mitte (kleines Bild) ist der Andromedanebel, der sich im Kern aus alten und am Rand aus jungen Sternen zusammensetzt. Die vergrößerte Detailaufnahme des rechten unteren Teils des Nebels zeigt überwiegend junge Sterne (links). In dieser Region wird man heftige und riesige Explosionen beobachten können. Die den Andromedanebel begleitende Galaxie NGC 205 (rechts) besteht fast ausschließlich aus alten Sternen; hier sterben nur die sehr langlebigen Sterne.

ENTWICKLUNG UND TOD. Wir haben bereits gesagt, und es ist außerdem offensichtlich, daß es sich beim Tod eines Sterns nicht um ein plötzlich auftretendes Phänomen handelt. Er ist das Ende eines langen Entwicklungsprozesses, währenddessen sich der Stern auf verschiedene Modelle eingestellt hat.

Bevor ein Stern sein Leben beendet, kann er mehrmals »erkranken« und wieder »genesen«. Die Krankheit, d. h. ein Prozeß, durch den der Stern einen Teil seiner Fähigkeit Energie zu erzeugen verliert, kann gutartig enden: d. h. es gelingt dem Stern, die noch immer vorhandenen nuklearen Brennstoffe zu nutzen, um mittels eines alternativen Prozesses als zuvor Energie zu erzeugen. Der Stern hat zum Beispiel zuerst und für den Großteil seines Lebens Wasserstoff in Helium umgewandelt; nachdem der gesamte Wasserstoff in seinem Kern verbraucht worden ist, ist der Stern, auch falls noch Wasserstoff in den Rändern vorhanden sein sollte, nicht mehr in der Lage ihn zu verbrennen, und in diesem Fall kann er sich nur retten, wenn seine Struktur so aufgebaut ist, daß sie es ermöglicht, das im Kern verbliebene oder durch die vorhergehende nukleare Reaktion erzeugte Helium zu verbrennen. Auch das Helium kann sich schließlich erschöpfen, und dennoch kann der Stern weiterhin leuchten, wenn er eine Struktur zur Verfügung hat, die es ihm ermöglicht, als Brennstoffe die Produkte der Verbrennung der vorhergehenden thermonuklearen Reaktion, jener des Heliums usw. zu nutzen.

Die Veränderung des thermonuklearen Verbrennungsprozesses zur Nutzung neuer Brennstoffe geht nicht reibungslos vor sich. Aus diesem Grund erleiden die Sterne beim Übergang von einem Funktionsmodell auf das andere kleine Explosionen.

Darüber hinaus sind sie im Laufe ihres Lebens gezwungen, ihre allgemeine Struktur tiefgreifend zu verändern und deshalb ihre Position im Spektrum-Helligkeits-Diagramm zu verschieben. Das bedeutet, daß sich die Masse, der Spektraltyp, die Oberflächentemperatur und alle jene Parameter des Sterns verändern werden, die – wie wir gesehen haben – einen Stern kennzeichnen und die in eine Rangfolge gebracht werden, wenn man das Spektrum-Helligkeits-Diagramm aufstellt.

In den meisten Fällen bewirken die Transformationen eines Sterns, die sich während seines Alterungsprozesses in astronomischen Zeiträumen, also Milliarden Jahren, vollziehen, daß sich seine Position im Spektrum-Helligkeits-Diagramm gemäß eines charakteristischen Umwandlungsgesetzes verschiebt, welches von seiner Ausgangsposition abhängig ist.

Man entdeckt, daß jenes Merkmal, welches das Gesetz, mit dem sich der Stern bewegen wird, am meisten beeinflußt, die ursprüngliche Masse ist. Im Diagramm auf dieser Seite sieht man zum Beispiel, wie sich ein Stern entwickelt, dessen Ausgangsmasse nicht stark von der Masse der Sonne abweicht.

Am Anfang befindet sich der Stern in einem Teil des Diagramms, den man als Zone der roten Riesen bezeichnen könnte; d. h. Sterne mit großem Durchmesser, geringer Dichte und ziemlich hoher absoluter Helligkeit. Im Laufe der Zeit bewegt sich dieser Stern in Richtung Hauptreihe, und das bedeutet, daß er kleiner und heller wird; sein Spektraltyp kehrt von den späten Typen K, M und N zum Typ G zurück. In dieser Phase leuchtet der Stern annähernd wie die Sonne.

Älter werdend kehrt der Stern jedoch zu den roten Überriesen zurück; wie man deutlich im Diagramm erkennen kann, durchquert er die ganze Zone der Riesensterne, bis er sich unter den Sternen vom Typ O und B befindet. Aus dieser Zone steigt er rasch in Richtung der weißen Sterne (z. B. Typ F und G) mit jedoch geringer Leuchtkraft ab. Er hat jetzt die Zone der »weißen Zwerge« erreicht. Diese Zone wird leider vom Stern nur deshalb erreicht, weil er tot ist.

Bei der Betrachtung des H-R-Diagramms hat man sicherlich festgestellt, daß in dieser Zone nur wenige Sterne enthalten sind; im Vergleich zu den Sternen auf der Hauptreihe, sind es sogar sehr wenige, obwohl sich die Astronomen im allgemeinen besonders bemüht haben, in diesem Diagramm eine größere Anzahl Sterne des seltenen Spektraltyps, wie eben die weißen Zwerge, zu finden. Die weißen Zwerge erscheinen in allen Spektrum-Helligkeits-Diagrammen sehr selten, aber nur deshalb, weil es sich eben um tote Sterne, also um sehr schwach leuchtende Sterne handelt, deren Leuchtkraft mindestens zehntausendmal geringer als jene der Sonne ist, und die im gesamten Universum sehr schwierig zu beobachten sind.

Man erwartet sich, daß der Tod der Sterne sie zu kalten Gestirnen macht. In Wirklichkeit ist ein toter Stern aufgrund der in den folgenden Seiten erklärten physikalischen Gründe keineswegs kalt; im Gegenteil, seine Temperatur ist sogar sehr hoch, aufgrund der kleinen Ausmaße dieser Gestirne ist die in den Raum ausgestrahlte Energie jedoch sehr gering. Die toten Sterne sind also nach einem Modell aufgebaut, das ihnen erlaubt, für astronomisch lange Zeit sehr heiß zu bleiben, ohne daß dies den endgültigen Tod mit der vollständigen Abkühlung bewirkt.

Diese Sterne sind jedoch sehr schwierig zu beobachten und deshalb scheinbar selten, aber in Wirklichkeit kommen sie im gesamten Universum häufig vor.

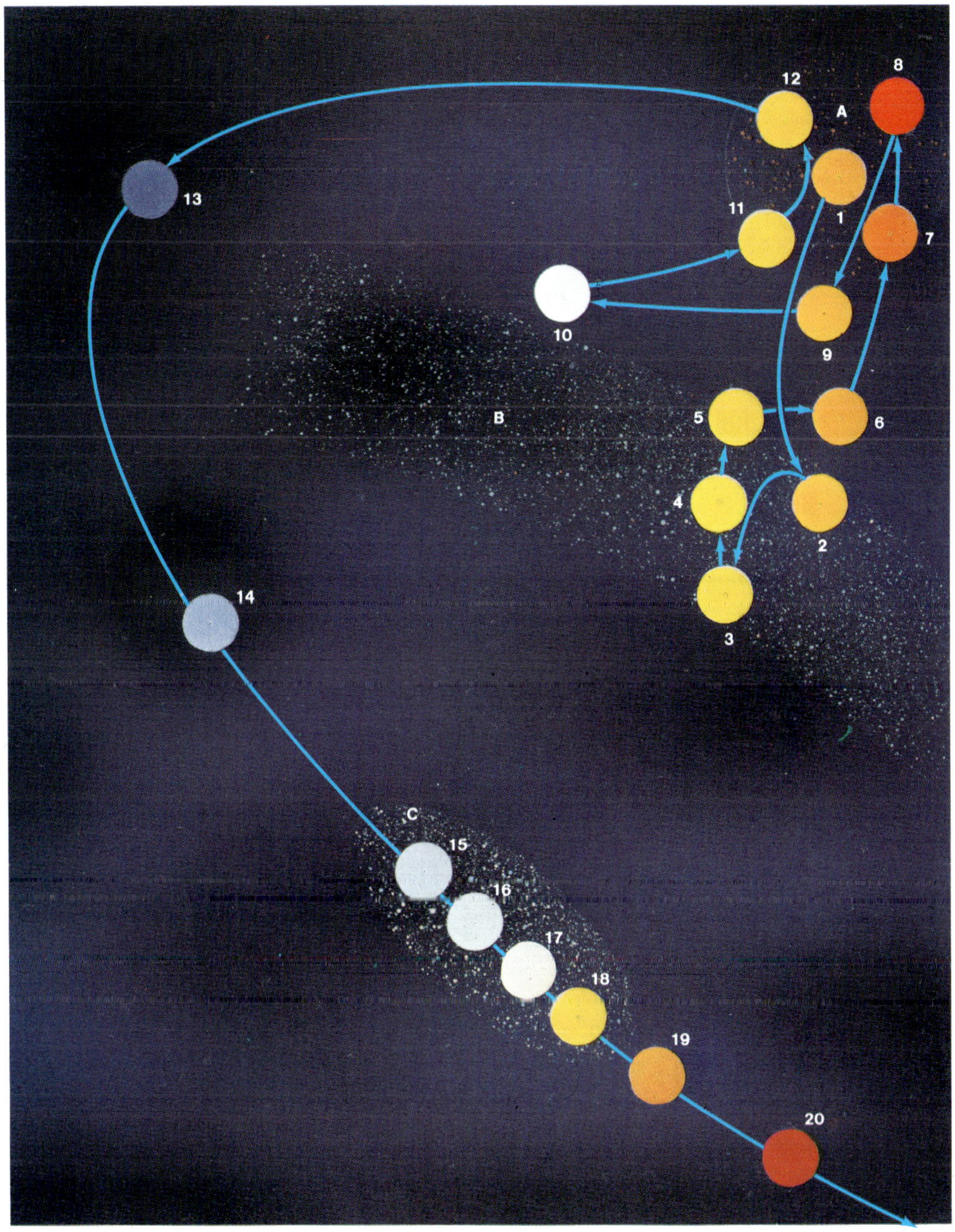

Der Lauf in den Tod. Dieses Spektrum-Helligkeits-Diagramm zeigt die Entwicklung eines Stern mit einer Masse, die sich von der Sonnenmasse nur wenig unterscheidet. Am Beginn befindet sich der Stern in der Zone der roten Riesen (A, 1); durch eine gewundene Linie steigt er vorübergehend zur Hauptreihe ab (B, 2–7), von hier steigt er wieder in die Zone der roten Riesen auf und verschiebt sich dann waagrecht entlang der Linie der Riesensterne, wobei er sich von einem roten Stern (8) in einen orangeroten und gelben (9), weißen (10), blauweißen und schließlich blauen (13) verwandelt. Da er seine Energiereserven in zu raschem Rhythmus verbraucht hat und seine Masse jetzt geringer ist, stürzt er ab diesem Moment entlang der diagonal absteigenden Linie (14, 15, 16, 17, 18, 19) in Richtung des unteren mittleren Teils des Diagramms (C) weit unterhalb der Hauptreihe ab; dort wird der Stern lange Zeit in der Form eines kalten, dichten Gestirns mit sehr kleiner Masse (20) weiterleben.

DIE ENTARTETE MATERIE. Die Beobachtung der toten, sehr leuchtschwachen und weit entfernten Sterne ist in der Praxis äußerst schwierig: sie entgehen auch der professionellen Beobachtung.

Eine gewisse Sternkategorie, die sich im Zentrum der planetarischen Nebel befindet, hat eine nebelige Hülle in Form eines Rings, der den Stern umgibt. Manchmal ist dieser Ring deutlich zu erkennen, wie im Falle des Ringnebels in der Leier; in anderen Fällen ist es hingegen schwieriger, den Nebel direkt mit dem Teleskop zu beobachten und, eventuell einfacher, ihn mittels der Fotografie zu erkennen. Diese Beobachtungstechnik ist jedoch nur den tüchtigsten und bestens ausgerüsteten Amateurastronomen vorbehalten. Eine interessante Beobachtung ist die Suche nach einem weißen Zwerg in der Nähe eines leuchtenden Sterns, wie z. B dem Sirius B, dem Begleiter, der rund um Sirius kreist.

Leider ist es auch in diesem Fall sehr schwierig, diesen Stern zu beobachten, da das starke Licht des Sirius blendet und verhindert, das äußerst schwache Licht seines toten Begleiters zu erkennen. Im vorigen Jahrhundert nahm man tatsächlich an, daß die durch die Masse des toten Sterns verursachte Störung der Hauptkomponente des Sirius auf einen Körper ohne Licht, also einen Planeten, zurückzuführen sei. Zu jener Zeit wußte man nämlich nicht, daß die Sternmaterie beim Tod eines Sterns, d. h. wenn er sein normales energetisches Leben beendet, nicht die Struktur eines Planeten, sondern jene eines sehr heißen Gestirns annimmt, die sich von der Struktur eines Körpers, wie eben der Erde oder der anderen Bestandteile des Sonnensystems, stark unterscheidet. Hier müssen wir eine Zwischenbemerkung einschieben.

Wenn man von der dichten Materie eines Planeten spricht, weiß man, daß der Druck im Inneren des Planetenkörpers, wie z. B. der Erde, durch das Gewicht der darüberliegenden Schichten so stark ist, daß die Substanzen zu einer höheren Dichte als der normalen zusammengepreßt werden. Zum Beispiel erreicht im Zentrum der Erde die Dichte des Eisens einen weit höheren Wert als an der Oberfläche (7,85); sie steigt nämlich im Zentrum auch durch das Vorhandensein eines gewissen Prozentsatzes an Nickel bis auf 10 an. Ein sterbender Stern ist jedoch gewöhnlich ein Gestirn, dessen Masse viel größer als jene der Erde ist. Und es ist diese riesige Masse, die im Inneren des Gestirns einen so hohen Druck erzeugt, so daß sich die Materie auf andere Weise als jene im Zentrum der Erde oder eines anderen Planeten des Sonnensystems einrichtet.

Wenn der Stern sein normales Leben beendet, weil die thermonuklearen Reaktionen aufhören, und wenn seine Masse geringer als etwa eineinhalb Sonnenmassen ist, beginnt er sich zusammenzuziehen, und bei dieser Kompression erwärmt er sich. Diese Erwärmung kann jedoch keine thermonukleare Reaktion mehr auslösen, da die Kerne, aus denen sich die Sternmaterie zusammensetzt, jetzt nicht mehr in der Lage sind, diese Reaktion aufrechtzuerhalten.

Zu diesem Zeitpunkt ist die Materie vollständig ionisiert, d. h. sie setzt sich aus Kernen ohne Elektronen und einem Elektronengas zusammen, das sich zwischen diesen Kernen bewegt, ohne daß die Elektronen auf definierten Bahnen an diese Kerne gebunden wären.

Materie dieser Art hat die Möglichkeit, sich sehr stark zu komprimieren; deshalb kann sie ihr Volumen verringern, und obwohl sie eine Masse besitzt, die jener der Sonne vergleichbar ist, kann sie ein Volumen erreichen, das der Erde gleichkommt, d. h. praktisch mindestens eine Million Mal kleiner als das Volumen der Sonne. Die Dichte, die diese Materie schließlich erreicht, ist ungefähr hunderttausendmal höher als die Dichte des Wassers. Es gibt jedoch auch Sterne,

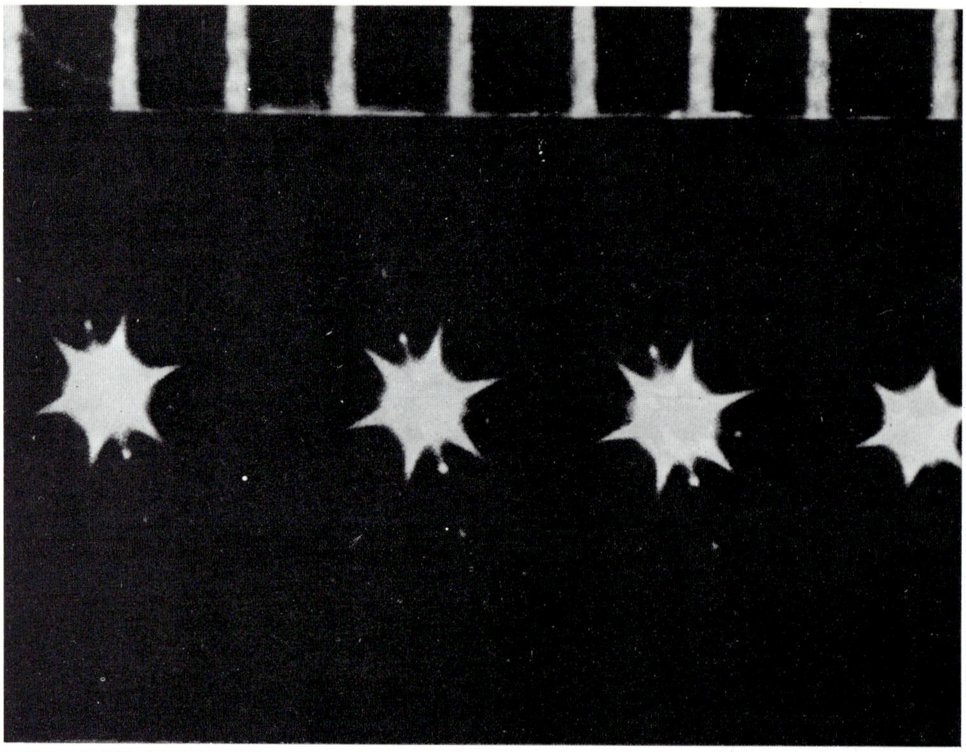

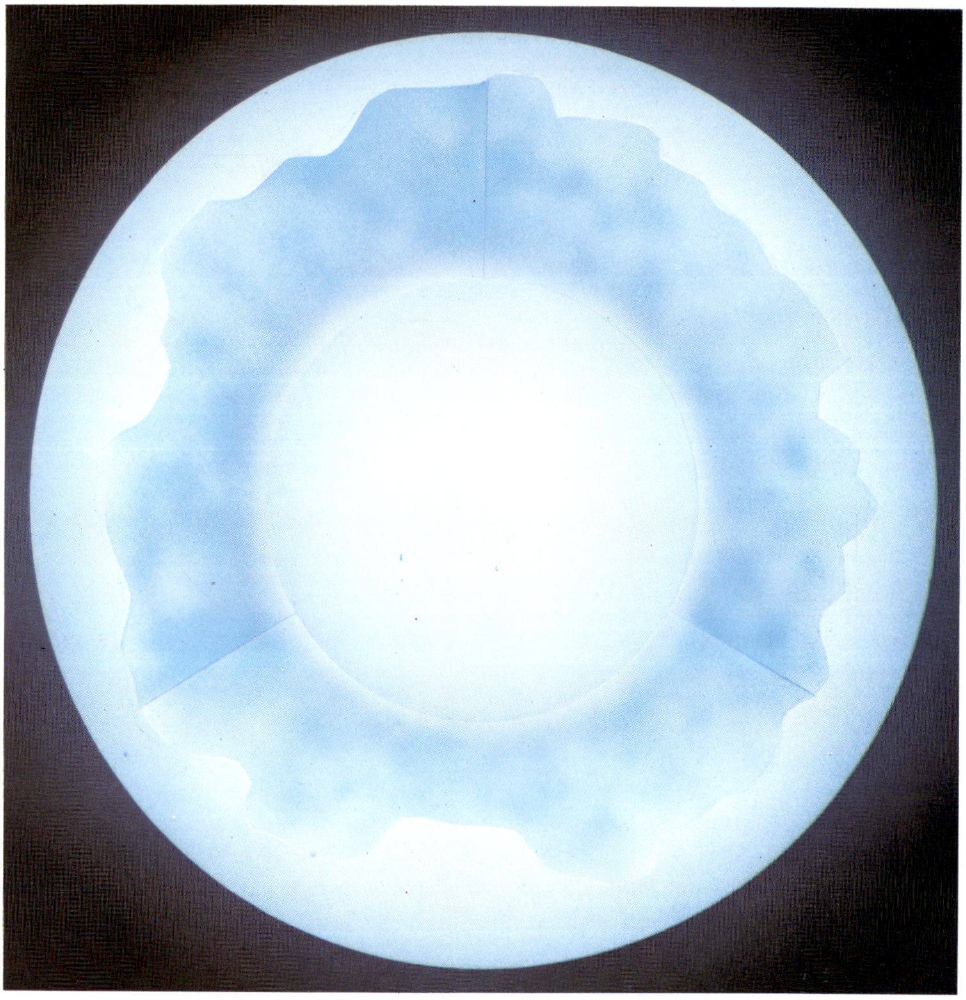

Sirius und der weiße Zwerg. Der Stern Sirius B, Begleiter des Sirius (oben), ist ein weißer Zwerg. Damit ein Stern als weißer Zwerg bezeichnet wird, darf seine Masse keine 50 Prozent der Sonnenmasse überschreiten. Wenn so ein Stern stirbt, erleidet er heftige Instabilitäten, die ihn veranlassen, für kurze Zeit eine große Menge an Licht abzugeben. Am Ende kollabiert der Stern und zieht sich in verhältnismäßig langer Zeit zusammen, bis er zu einem (wie der hier oben abgebildete) Körper wird, dessen Masse unserer Sonne entspricht und dessen Volumen sehr gering ist (z. B. dem Erdvolumen ähnlich und manchmal sogar noch geringer) und in dem sich die Atomkerne sehr nahe sind. Zwischen ihnen ereignet sich ein heftiger Austausch freier Elektronen. Während des Konzentrationsprozesses führt dieses Elektronengas, das »entartetes Gas« genannt wird, zu einer hohen Temperatur. Die durch die Kondensation entstandene Reserve an Gravitationsenergie ist nicht groß; der Stern ist sehr klein, weshalb er schwach leuchtet, obwohl er aus jedem Element seiner Oberfläche viel Licht abgibt.

die am Ende dieses Prozesses noch dichter sind: sogar hundert Millionen Mal dichter als Wasser.
Man wird sich an diese extrem hohen Dichten gewöhnen müssen, denn von jetzt ab wird das Lebensende von Sternen mit immer größerer Masse betrachtet, die zu immer dichteren Endkörpern, die den weißen Zwergen, führen. Der innere Aufbau der weißen Zwerge und die Merkmale der Materie, aus denen sie sich zusammensetzen, hängen von den folgenden Faktoren ab: die Unmöglichkeit, eine so große Energiemenge zu erzeugen, wie sie produziert wurde, als der Wasserstoff für die thermonuklearen Reaktionen zur Verfügung stand, und der große Druck, dem der Stern ausgesetzt ist.
In dieser Situation verdankt die Materie den Großteil ihrer Eigenschaften den Merkmalen dieser Elektronenwolke, die den Raum zwischen einem Atomkern und dem anderen durchdringt, einen sehr engen Raum im Vergleich zu jenem, der im Inneren der kalten Kerne existiert, die sich an der Oberfläche oder im Inneren eines gewöhnlichen Planeten befinden, wo die Materie auch verdünnt ist. Diese Elektronen bilden das »degenerierte Gas«, d. h. ein Gas, auf das nur sehr geringer Druck ausgeübt werden muß, um eine starke Temperaturerhöhung hervorzurufen.
Aus diesem Grund kann eine bescheidene Kontraktion des weißen Zwerges ihm jene Temperatur und deshalb jene Helligkeit wiedergeben, die notwendig ist, um ihn weiterhin leuchten zu lassen. Der innerste Teil eines weißen Zwergs ist einem so hohen Druck ausgesetzt, daß die Materie, aus der er sich zusammensetzt, sicher fest ist. Dieser Feststoff besitzt außergewöhnliche Eigenschaften: außer der extrem hohen Dichte z. B. auch eine extreme Festigkeit und einen sehr hohen Schmelzpunkt, der auch 100 Millionen Grad erreichen kann. Deshalb kann man behaupten, daß dieser Stern fast vollkommen fest ist.
Die Leiche eines Sterns ist also ein fester Körper – wie jener eines Planeten, jedoch noch sehr viel dichter und fester –, der mit einem sehr hohen und so heißen Schmelzpunkt ausgestattet ist, daß ihn seine Oberflächentemperatur sichtbar macht. Aufgrund seiner im Vergleich zu einem normalen Stern winzigen Größe ist auch seine Oberfläche gering und deshalb das von ihr abgegebene Licht: das Gestirn ist also auch aus relativ geringen Entfernungen nicht sichtbar.

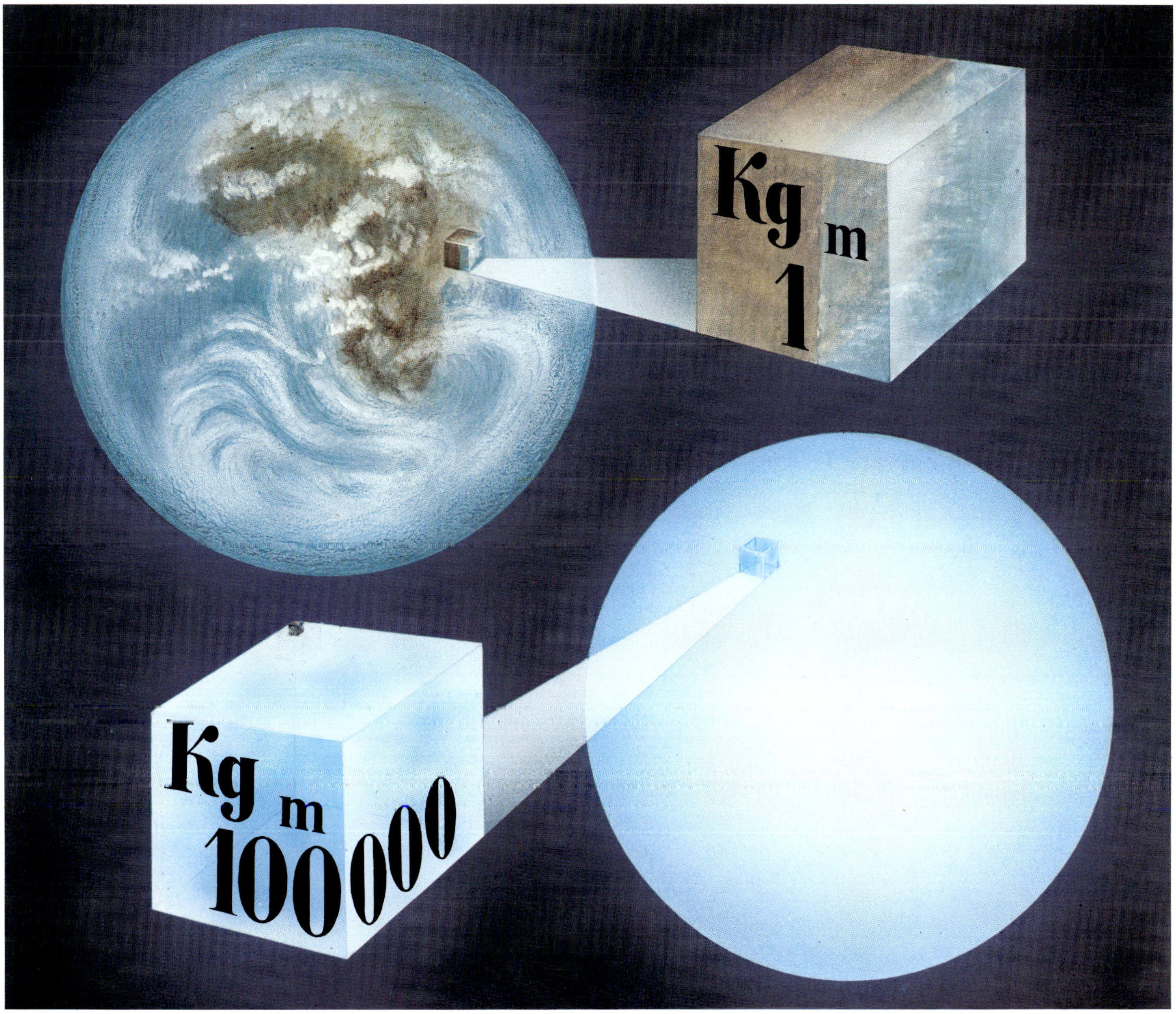

Die superdichte Materie. Diese Zeichnung veranschaulicht einige Eigenschaften der superdichten Materie eines weißen Zwerges; obwohl diese Materie weitaus dichter als die höchstkonzentrierte Materie ist, die man in den Laboratorien auf der Erde kennt, ist ihre Dichte noch immer geringer als jene der außergewöhnlich dichten Pulsare und der schwarzen Löchter. Sie wird deshalb einfach als »superdichte Materie« bezeichnet. Wenn man einen Kubikzentimeter der Erdmaterie nimmt, beträgt ihre mittlere Dichte nur etwa 5,5 g. Dabei ist die Erdmaterie im Vergleich zu den anderen Planeten des Sonnensystems eine der dichtesten und wird nur von der Dichte des Planeten Merkur übertroffen. Die Erdmaterie ist in jedem Fall sehr viel dichter als die Sonnenmaterie. Ein Kubikzentimeter der mittleren Materie eines weißen Zwerges hat eine Dichte in der Größenordnung von 100 000 Gramm, d. h. 100 Kilogramm (ein Zentner) pro Kubikzentimeter. Nur ein kleiner Teil des Volumens dieses bereits kleinen Würfels aus stellarer Materie würde der Masse eines Kubikzentimeters der Erdmasse entsprechen. Wenn man hingegen nicht von Masse, sondern von Gewicht spricht, muß man darauf hinweisen, daß das Verhältnis – wenn man sich vorstellt, den Würfel der mittleren Erdmaterie nahe der Erdoberfläche zu halten und den Würfel der Materie des weißen Zwerges unserem Planeten anzunähern – 1:100 000 beträgt. Wenn man diesen Würfel von der starken Schwerkraft dieses Sterns anziehen ließe, würde sein Gewicht – bei gleichbleibender Masse von 100 kg für diesen Kubikzentimeter – sogar auf Millionen Tonnen ansteigen.

Die Explosion eines Sterns

Das Auftauchen eines davor unsichtbaren Sterns ist ein aufregendes Schauspiel, zumindest wenn dieser Stern, wie dies häufig der Fall ist, zu einem der hellsten Gestirne wird, die mit freiem Auge wahrnehmbar sind, oder noch heller.
Sterne dieser Art, die plötzlich am Himmelsgewölbe leuchten, werden mit dem lateinischen Wort Novae bezeichnet, das neu bedeutet. In Wirklichkeit handelt es sich jedoch keineswegs um neue Sterne, denn in den Teleskopen sieht man am Ort ihres Auftauchens einen Stern, der nur sehr viel heller leuchtet.
Die Unterscheidung der Novae-Sterne in verschiedene Klassen kann nur nach der spektroskopischen Untersuchung erfolgen; also erst wenn man weiß, was dieses Gestirn wirklich ist, das plötzlich seine Helligkeit erhöht hat.
Das Schauspiel eines neuen Sterns sollte man nicht versäumen. Man kann nicht vorhersagen, wann es sich ereignen wird; nur für wenige, beharrliche und vom Glück begünstigte Himmelsbeobachter ergibt sich die Gelegenheit, die Nova als erstes zu entdecken, um es der Wissenschaft kundzutun. Aus den in den folgenden Seiten beschriebenen Gründen ist es für den berufsmäßigen Astronomen sehr wichtig, das Spektrum des eben aufgetauchten Sterns in den ersten Momenten, in denen seine Helligkeit ansteigt, fotografieren zu können.
Leider kommt in den meisten Fällen die Nachricht zu spät, und man muß sich damit begnügen, das Licht des Sterns zu untersuchen, wenn er bereits das Maximum erreicht hat. Aus diesem Grund kann die ausdauernde Beobachtung des Himmelsgewölbes durch die Amateurastronomen sehr nützlich sein; falls man einen nicht in den Himmelsatlanten eingezeichneten Stern sehen sollte (bei dem es sich nicht etwa um einen Asteroiden handelt), sollte man diese Entdeckung sofort der nächstliegenden Sternwarte melden. Von dort aus wird die Nachricht in ein zuständiges, internationales Büro telegrafiert, von wo die Nachricht in die ganze Welt übertragen wird. Auf diese Weise erfahren es die Redaktionen der Zeitungen, die diese Nachricht veröffentlichen werden.
In den meisten Fällen erfährt der Amateurbeobachter die Nachricht also durch die Zeitung und er muß je nach der Stellung des Gestirns am Himmelsgewölbe den Abend oder sogar die späte Nacht abwarten, um den Stern sehen zu können. Wenn es sich um einen stark leuchtenden Stern handelt, reicht auch die nur ungefähre Kenntnis der Sternbilder aus, um ihn sofort zu identifizieren. Für eine genauere Untersuchung wird jedoch ein astronomischer Atlas nützlich sein, der die Position der mit freiem Auge sichtbaren Sterne angibt, um im Vergleich mit dem Himmelsgewölbe das »zusätzliche Gestirn« zu finden.
Manchmal ereignet sich die Explosion eines neuen Sterns in einer weit entfernten Galaxie, und auch falls seine absolute Helligkeit sehr groß sein sollte, wird der Stern wegen seiner großen Entfernung mit freiem Auge nicht sichtbar sein. In diesen Fällen wird die Beobachtung jenen tüchtigen Amateuren vorbehalten sein, die diesen Stern mit Hilfe der Fotografie betrachten können.

Die Nova Cygni 1975. Eine Nova wird mit der Jahreszahl und mit dem Namen des Sternbilds, in dem sie auftaucht, bezeichent. Unten ist eine Karte und eine Fotografie jener Himmelsregion abgebildet, in der die wunderschöne Nova des Jahres 1975 auftauchte. Auf dem Foto kann man erkennen, daß es sich um ein stark leuchtendes Gestirn handelte (durch den Pfeil gekennzeichnet), das so hell wie die leuchtendsten Sterne des Sternbilds Schwan strahlte; in den Momenten größter Helligkeit veränderte sich dadurch das Zeichen der Sternkonstellation. Diese Phase starker Leuchtkraft dauerte nur wenige Tage, danach schwächte sie sich ab.

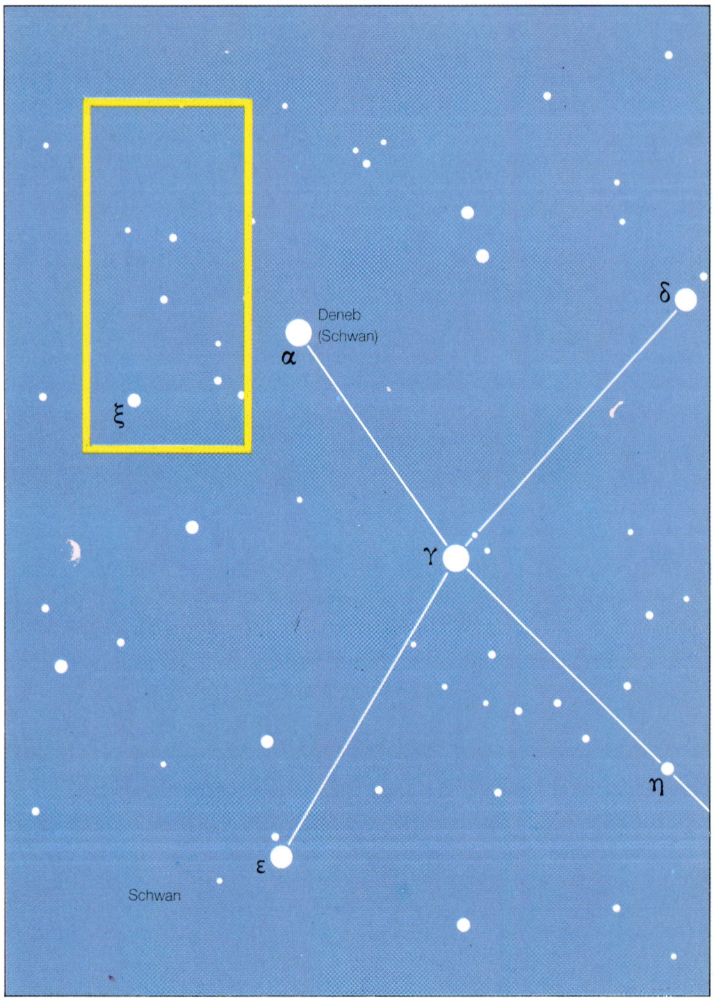

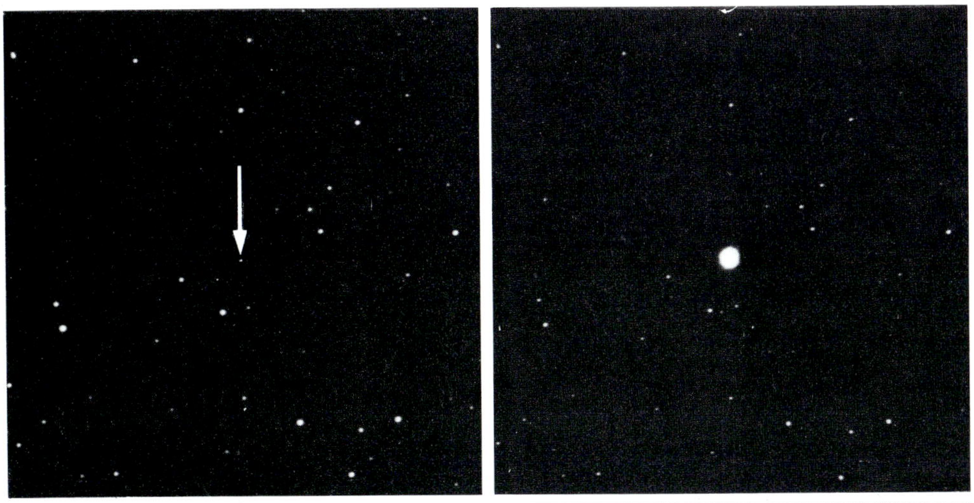

Die professionellen Beobachtungen. Obwohl diese Beobachtungen mit sehr leistungsstarken Instrumenten durchgeführt wurden, können sie auch mit Amateurgeräten realisiert werden. Die Fotofolge zeigt die Erhöhung der Leuchtkraft einer Nova. Auf der ersten Aufnahme ist der neue Stern praktisch unsichtbar, in den folgenden Aufnahmen wird er immer heller, bis er zu einem ansehnlichen Stern wird, dessen Helligkeit jedoch dann wieder abnimmt. Man wird den Stern und sein Spektrum auch weiterhin fotografieren, aber die interessantesten Beobachtungen betreffen die Zeitspanne, in der der Stern seine Helligkeit erhöht; diese überschreitet nur selten drei Tage. Unter den Sternfeldern, welche die Nova umgeben, kann man drei Spektren erkennen. Ihr wichtigstes Merkmal besteht darin, daß sie Emissionslinien aufweisen. Die Linien sind nämlich heller als der Hintergrund, und das bedeutet, daß sie ausgestrahlt und nicht absorbiert werden. Das Spektrum unterscheidet sich also von jenem eines normalen Sterns, in dem auf dem kontinuierlichen Hintergrund mit den Farben von Rot bis Violett die dunklen Absorptionslinien erscheinen.

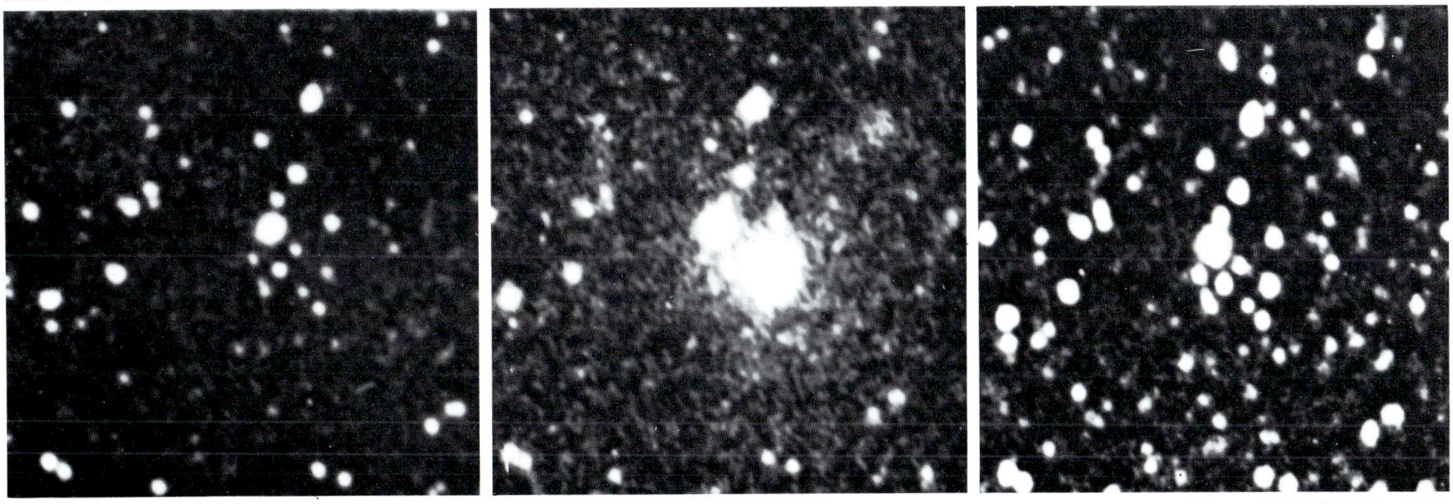

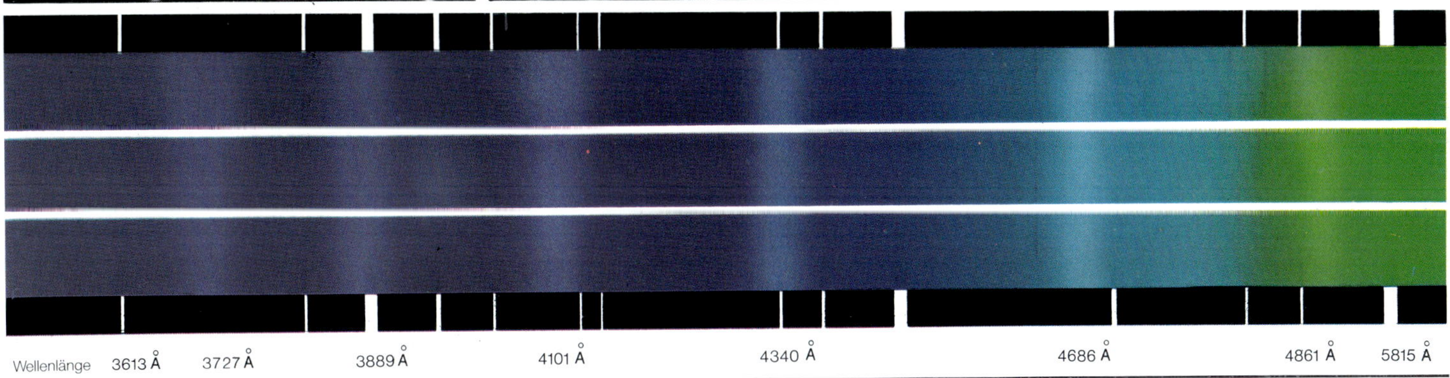

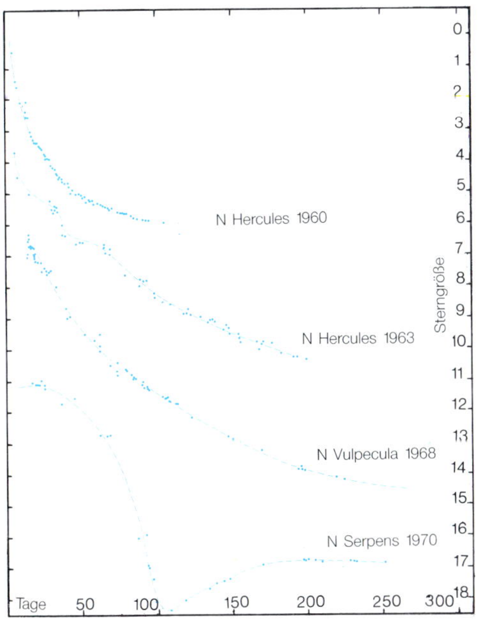

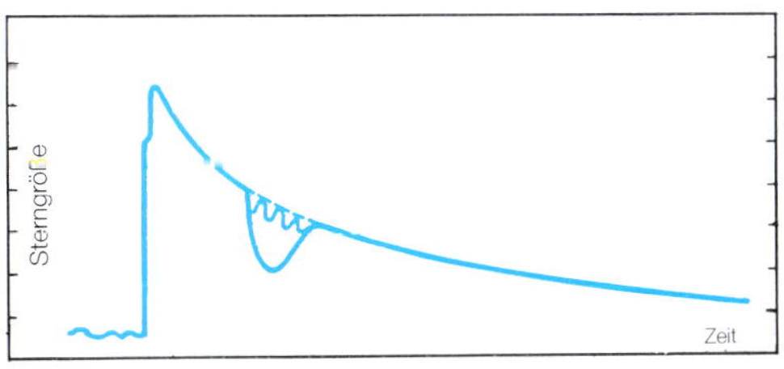

Regelmäßig wiederkehrende Novae mit bekannter Amplitude

Nova	Sterngröße max. min.	Amplitude	Erscheinungsjahr
• T Coronae Borealis	2,0 = 10,8	8,8	1866–1946
• RS Ophiuchi	4,8–11,8	7,0	1898–1933 1958–1967
• T Pyxidis	7,0–14,5	7,5	1890–1902 1920–1944 1966
• WZ Sagittae	7,0–15,5	8,5	1913–1946
• V1017 Sagittarii	6,2–14,4	8,2	1901–1919
• U Scorpii	8,8–18	9,2	1866–1906 1936

Merkmale der Lichtkurve. Das Diagramm, das die verschiedenen Helligkeitswerte der Nova während jener Tage darstellt, an denen sie am Himmel leuchtet, nennt man »Helligkeitsdiagramm«. Ganz links wurden die Helligkeitsdiagramme von vier Novae-Sternen gemeinsam abgebildet. Diese Diagramme weisen nur geringe Unterschiede auf, und es ist tatsächlich möglich, die Merkmale fast aller Novae-Sterne in nur einem Diagramm zusammenzufassen (oben links). Dieses Diagramm zeigt, daß der Anstieg der Helligkeit der Nova sehr rasch vor sich geht und in wenigen Tagen sogar zehn oder fünfzehn Größenklassen betragen kann. Ein derartiges Helligkeitswachstum bedeutet, daß sich die Leuchtkraft im Laufe weniger Tage mindestens eine Million Mal erhöht: eine wahre Explosion. Vielleicht ist die Erhöhung sogar noch größer, aber man kann es nicht mit Sicherheit sagen, da man nicht genau weiß, von welchem Niveau das Diagramm in der Wachstumsphase ausgeht. Es folgt ein rascher und deutlicher Abstieg (der Stern bleibt also nur für kurze Zeit so hell), auf den eine Periode der Instabilität folgt, in der das Licht sehr schnell schwankt (auch im Laufe von Stunden); danach setzt sich der Abstieg in Richtung der niedrigen Werte fort. Darunter ist eine Tabelle mit den Daten einiger wiederkehrender Novae abgebildet. Wie man aus der Tabelle ersehen kann, beträgt die Amplitude der wiederkehrenden Novae knapp 8,2 Größenklassen, während die normalen Novae eine mittlere Helligkeitsschwankung von 11,3–12 Größen aufweisen.

NACH DER EXPLOSION. Auf den vorhergehenden Seiten haben wir gesehen, was in einem Stern während der ersten Explosionsphasen vor sich geht. Wir haben auch gesagt, daß sich die Helligkeit einer Nova im allgemeinen bis zu eine Million Mal erhöht, aber es gibt auch Fälle, in denen die Helligkeit einen zwischen ein- bis hundertmilliardenfachen Wert erreicht. Das Auftauchen einer Nova ist also das Anzeichen einer riesigen Explosion, es gibt jedoch noch eine andere Kategorie der Novae-Sterne, deren Auftauchen noch weitaus katastrophaler ist. Diese Sterne werden als Supernovae bezeichnet. Eine Supernova ist auch sichtbar, wenn sie zwischen den Sternen einer weitentfernten Galaxie auftaucht; im Moment ihrer größten Helligkeit erzeugt sie so viel Licht wie Milliarden Sterne der gastgebenden Galaxie. In unserer Galaxis ist die Explosion einer Supernova ein seltenes Ereignis. Aufgrund ihrer außergewöhnlichen Merkmale ist es jedoch unmöglich, sie nicht wahrzunehmen, und alle oder fast alle in unserer Galaxis in historischen Epochen erschienenen Supernovae sind selbst von Nationen am Beginn ihrer Geschichte in den wissenschaftlichen Annalen festgehalten worden.

Eine der eindrucksvollsten Supernovae der historischen Epochen war die von Tycho Brahe beschriebene Supernova, die deshalb »Tycho-Nova« genannt wurde. Sie erschien im Jahre 1572: da sie heller als der Vollmond leuchtete, konnte sie auch am Tag und sogar durch eine dünne Wolkenschicht wahrgenommen werden!

Bisher haben wir von Explosionen gesprochen, ohne jedoch diesen Ausdruck rechtzufertigen, außer daß er zur Beschreibung dieses großartigen Schauspiels geeignet ist. Wir sollten jedoch daran erinnern, daß ein Stern aufgrund der thermonuklearen Reaktionen in seinem Inneren leuchtet. Der Stern ist mit nuklearem Brennstoff ausgestattet, und dieser Brennstoff ermöglicht ihm, zum Beispiel zehn Milliarden Jahre zu leuchten. Falls er 100 Milliarden Mal stärker leuchtet, verbraucht sein Licht den Brennstoff so rasch, daß der Stern nur zehn Tage oder etwa einen Monat überdauert. Es ist also korrekt, von einer Explosion zu sprechen, wenn man den Abgaberhythmus der Energiereserven betrachtet. Außerdem wird die Energie, die von einem normalen Stern ausgestrahlt wird und die ihm erlaubt, Milliarden Jahre zu leuchten, in genau der richtigen Menge abgegeben, um den Stern im Gleichgewicht zu halten; sie verhindert somit, daß er in eine kleine Kugel kollabiert. Es ist offensichtlich, daß wenn der Rhythmus der Energieerzeugung plötzlich millionen- oder milliardenmal erhöht wird, die Energie den Stern

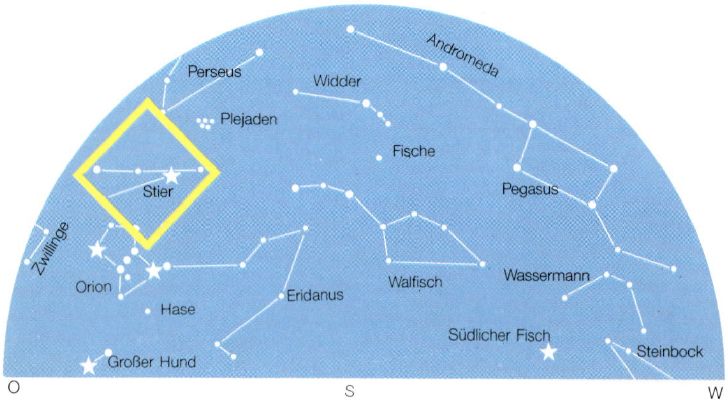

Am Winterhimmel. Im Herbst und im Winter ist es möglich, am Himmel die Reste der Explosion einer Supernova zu sehen: es handelt sich um den Nebel M 1 oder Crab im Sternbild Stier. Er ist an der Grenze zwischen diesem Sternbild und dem nahen Fuhrmann zu erkennen.

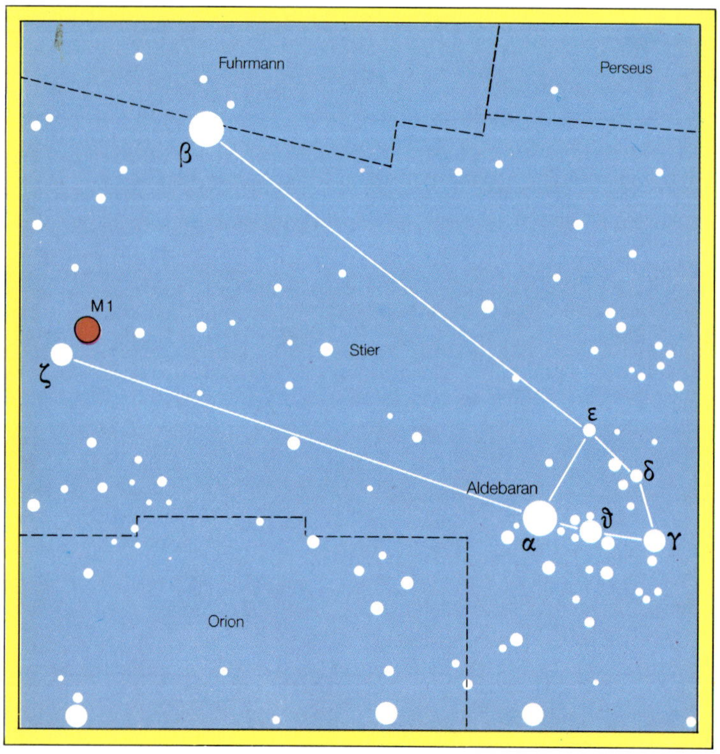

Der Krebsnebel. Diese Himmelskarte zeigt, wo sich der auch als M 1 bezeichnete Krebsnebel (Crab Nebular) befindet. Um ihn beobachten zu können, muß man den Stern Zeta im Sternbild Stier finden; der Krebsnebel befindet sich dann etwas nordwestlich von diesem Stern. Man kann ihn mit einem Fernglas mit einem 50-mm-Objektiv und einer sieben- bis zehnfachen Vergrößerung erkennen. Wenn jedoch die Nacht nicht sehr klar ist, reicht dieses Instrument nicht aus. Obwohl der Crab klein ist, eignet er sich vorzüglich als fotografisches Objekt. Bei Beobachtungen durch das Fernrohr (hier oben) kann man feststellen, daß seine Ausdehnung tatsächlich gering ist. In der Aufnahme auf der gegenüberliegenden Seite erscheint dieser Nebel in seiner ganzen Ausdehnung und mit seiner Filament-Struktur. Auf einer Farbaufnahme kann man erkennen, daß seine Filamente rot sind, während das Zentrum gelb und die Randzonen graublau sind (häufig sind diese Farben, die übrigends mit freiem Auge nicht zu erkennen sind, falsch). Die Dichte des Gases ist im Zentrum höher als an den Rändern. Der Crab ist der Überrest eines explodierten Sterns, der die Katastrophe der Supernova erlitten hat. Diese Explosion wurde von den chinesischen Astronomen im Jahre 1054 registriert. Der auf der Fotografie zu sehende Nebel ist nichts anderes als verdünnte Materie: einst war sie in einem Stern mit der mittleren Dichte des Wassers konzentriert. Heute, im Raum verstreut, ist ihre Dichte einige Milliarden Mal kleiner als die Dichte der Luft, die wir atmen, und der Nebel dehnt sich weiterhin mit großer Geschwindigkeit aus. Der interessanteste Umstand besteht darin, daß von diesem Gas Radiowellen abgegeben werden. Sie wurden von den ersten Astronomen entdeckt, die ihre Radioteleskope auf diesen Nebel richteten.

zwingen wird, sich in einem Kataklysmus kosmischen Ausmaßes aufzulösen. Es stellt sich nun die Frage, was mit einem Stern nach so einer schweren Katastrophe geschieht. Da wir von einer Explosion gesprochen haben, denkt man unwillkürlich an eine Bombe. Dieser Vergleich hat jedoch seine Grenzen.
Eine Bombe ist nämlich ein Mechanismus, der seinen Zweck, die Zerstörung, ausgezeichnet erfüllt; sie ist so konstruiert, daß jedes Gramm des Sprengstoffs eine Explosionswelle erzeugt. Eine Supernova ist keine Bombe, und man kann sich erwarten, daß ein Teil der Materie nicht explodiert und nicht im Raum zerstört wird. In diesem Fall müßte sich am Ort, an dem die Supernova explodierte, ein Materiennebel beobachten lassen, der sich immer mehr verdünnt, je mehr Zeit seit der Explosion vergangen ist: also zerstreute Materie, die sich ausdehnt. Die Astronomen haben deshalb eine zweifache Untersuchung durchgeführt. Sie haben jene Himmelsregionen erforscht, von denen man weiß, daß in ihnen in der Vergangenheit Supernovae explodierten; dann haben sie den Himmel Stück für Stück »abgetastet« um festzustellen, ob gewisse Nebel, die Explosionswolken gleichen, wie sie die Zeichner der Comic strips darstellen, sich nicht als die Reste dieser Katastrophen interpretieren lassen. Diese Untersuchungen haben ergeben, daß das Himmelsgewölbe mit diesen Gestirnen übersät ist, welche die zerstückelten Reste der Sterne darstellen, die auf tragische Weise ihr Leben beendet haben.
Auf dieser und auf der gegenüberliegenden Seite ist der heute vielleicht berühmteste dieser Nebel abgebildet; der wegen seiner Form »Crab« genannte Nebel im Sternbild Stier. Er sieht wie eine Gasanhäufung aus, von der Filamente ausgehen, die an die Beine und Scheren eines Krebses erinnern. In historisch nicht weit zurückliegenden Epochen explodierte an dieser Stelle ein Stern, und auch aus Gründen, die im folgenden erläutert werden, kann man berechtigterweise annehmen, daß es sich beim Crab um den Überrest dieser Explosion handelt. Im Teleskop erscheint dieser Nebel als schwaches Gestirn; die Untersuchung seiner Struktur ist sehr interessant. Wenn man bedenkt, daß dieser Nebel das ist, was von einem einstigen Stern bleibt, ist das beunruhigend: falls dasselbe Schicksal unsere Sonne getroffen hätte, hätte sich unsere feste Erde in eines der gasförmigen Filamente verwandelt, die auf dem Foto auf dieser Seite zu erkennen sind. All dies ist überraschend, aber noch erstaunlicher ist die Mechanik der Katastrophe und die Geheimnisse, die sich in den Resten dieser Explosionen verbergen.

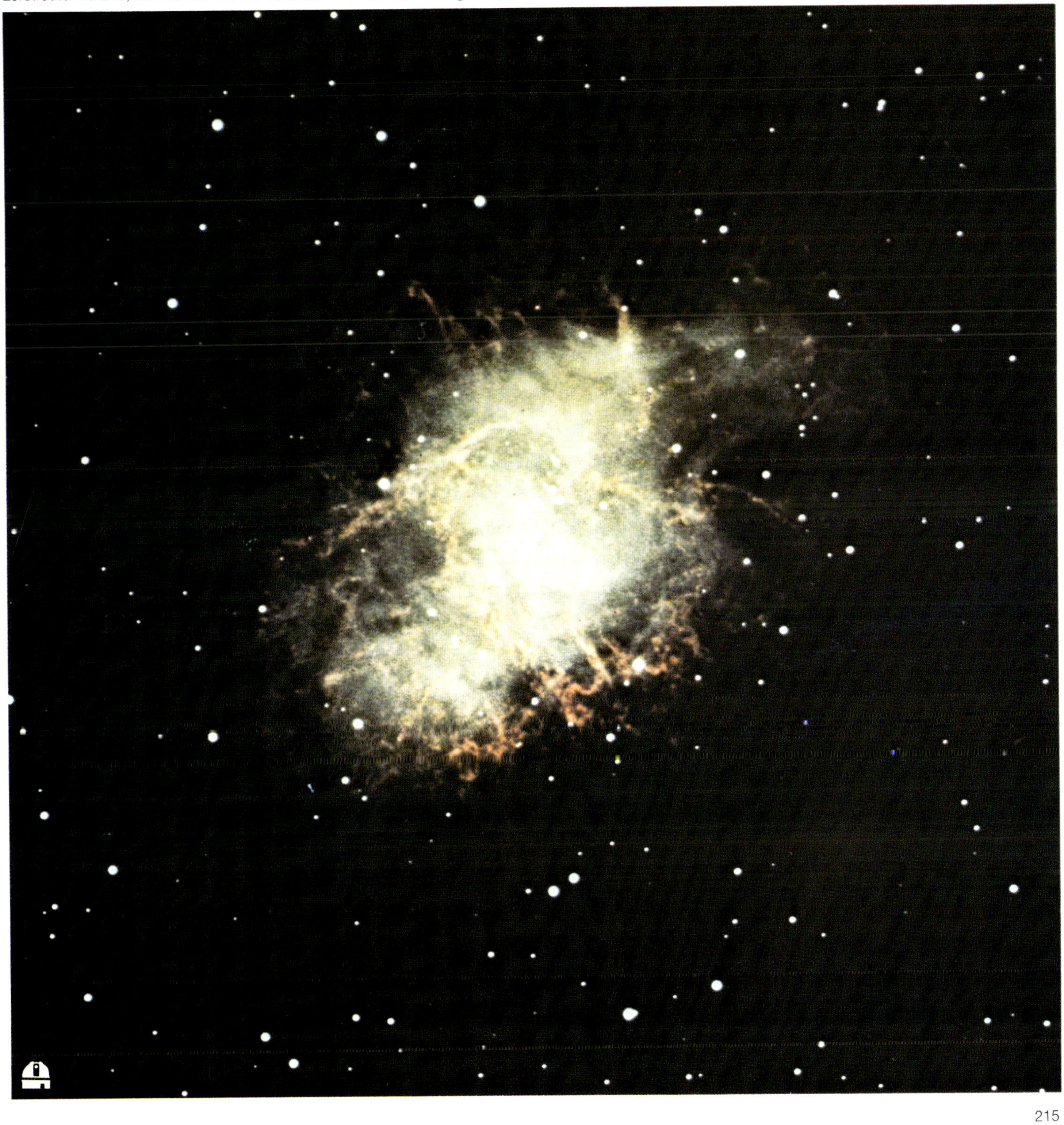

DER GEWALTSAME TOD. In den meisten Fällen erlöscht ein Stern nicht langsam, bis er zu einem kalten Gestirn wird, sondern er wird, wenn er sein energetisches Ende erreicht hat, zu einem sehr kleinen Gestirn, das mit sehr bescheidener Energiezufuhr »lebt«, welche aufgrund seiner Gravitationskontraktion oder anderer parasitärer Phänomene erzeugt wird. In den meisten Fällen sterben die Sterne auf katastrophale Art durch eine heftige Explosion; in anderen Fällen handelt es sich um schwächerer Explosionen, die sich wiederholen.
Man nimmt an, daß ein an das Ende seines Lebens angelangter Stern noch immer ein großes und leuchtendes Gestirn ist, in dessen Inneren sich jedoch thermonukleare Reaktionen ereignen, die nur auf Elemente mit hoher Ordnungszahl zurückzuführen sind, welche sich im Kern des Sterns gebildet haben, als dieser – auf andere Weise organisiert – mit anderen thermonuklearen Reaktionen leichtere Elemente »verbrannte« (das erste Element war der Wasserstoff).
Jetzt ist jedoch auch das letzte der Elemente, die zu Fusionsreaktionen führen können, erschöpft: der Stern ist dazu bestimmt, zu verlöschen.
Ein Stern bleibt gerade deshalb stabil, weil in seinem Inneren Wärme und Strahlung produziert werden; diese Wärme hält das Gas unter Druck; die Strahlung, die versucht nach außen zu entfliehen, drückt auf die oberen Schichten des Sterns und erhält ihn groß und »aufgeblasen«. Wenn diese Energie zu fehlen beginnt, erleidet der Stern einen Kollaps. Falls er bereits mehrere Kollapse dieser Art erlitten hat, erhöht sich seine Temperatur im Inneren sehr stark. Die Zusammenbrüche, die durch die Verarmung des Kerns entstehen, in dem zuerst der Wasserstoff, dann das Helium und die anderen leichten Elemente aufgebraucht worden sind, haben diese Temperatur auf Dutzende und dann auf Hunderte Millionen Grad erhöht. Sobald also im Sternkern die Energieerzeugung fehlt, kollabiert der Stern und erhöht dabei immer weiter seine Temperatur.
Es ist außerdem sehr wahrscheinlich, daß der Stern, der sich bereits mit geringer Geschwindigkeit um seine eigene Achse dreht, seine Rotationsgeschwindigkeit aufgrund der kontinuierlichen Kontraktion noch weiter erhöhen wird. Diese Kontraktion kann darüber hinaus außergewöhnlich heftige Druckwellen erzeugen, die sich im Sternkern und nach außen auswirken und einen Großteil seiner Materie in große Entfernung schleudern. In dieser Phase finden keine exothermen Reaktionen statt, die Energie freisetzen könnten, aber es können sich Reaktionen ereignen, die zur Absorption jener Energie führen, die in dieser Phase aufgrund der hohen Temperatur verfügbar ist, welche durch die rasche Kompression erreicht wurde.
Diese Energie bewirkt, daß sich auch sehr schwere Elemente gemäß neuer nuklearer Reaktionsschemen synthetisieren, um den Stern funktionieren zu lassen.
In dieser Phase explodiert der Stern: seine Materie teilt sich in zwei Teile; einer zieht sich weiterhin zu einem Gestirn zusammen, das sich gemäß eines neuen Modells einrichtet (von dem wir in der Folge noch sprechen werden), während der andere Teil in den Raum geschleudert wird. Es ist nicht einfach zu sagen, welcher Prozentsatz der Materie auf die eine oder andere Weise endet; es ist jedenfalls ein Prozentsatz, der je nach Sterntyp variiert. Der augenfälligere Teil dieses Phänomens ist jedoch jener, der die wahre Explosion erzeugt, also diese Hülle, die sich mit großer Geschwindigkeit im Raum ausdehnt. Es ist diese riesige Hülle, die am Beginn der Explosion die enorme Helligkeit des Sterns erzeugt. In der Folge verschwindet der Stern. In seinem Zentrum bleibt nur ein winzigkleiner und manchmal unsichtbarer Teil; die sich ausdehnende Hülle kühlt sich ab und am Ende zerstreut sie sich in einem Schleier, der nach Jahrhunderten, Jahrtausenden oder Zehntausenden Jahren nur einen schwachen Beweis der Katastrophe darstellt.

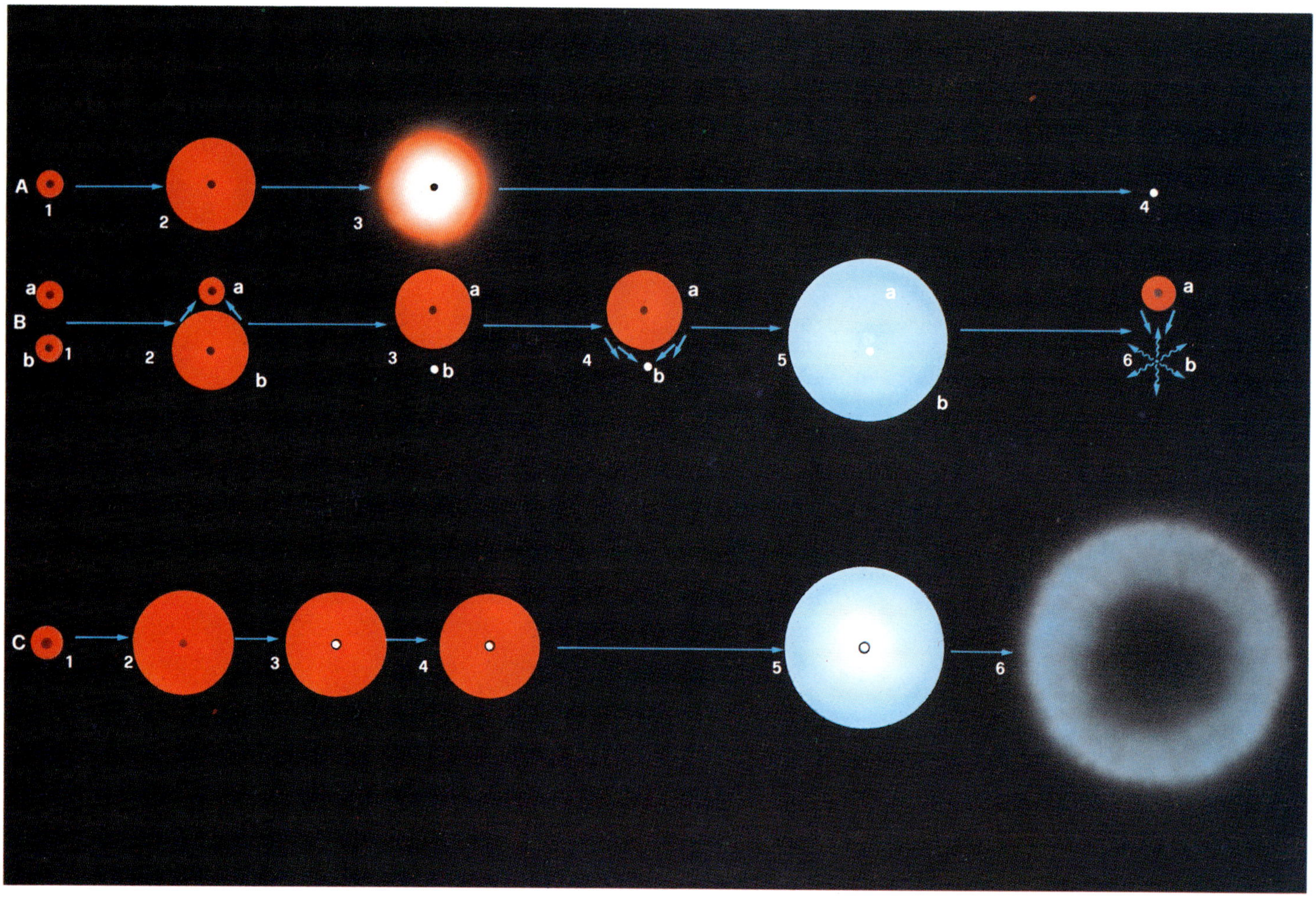

Evolution und Explosion. In A wird der Fall eines Sterns mit einer Sonnenmasse dargestellt; (1) nachdem sich der Wasserstoff in Helium umgewandelt hat, zieht sich der Kern zusammen, während sich der äußere Teil ausdehnt, und der Stern somit ein roter Riese (2) wird; die äußeren Schichten werden weggeblasen; es bildet sich ein planetarischer Nebel (3), der einen stabilen weißen Zwerg (4) hinter sich läßt. In B: Entwicklung eines Doppelsternsystems (a, b) mit einer Sonnenmasse (Supernovae vom Typ I). In (1) zieht sich der Kern zusammen, und in (2) entsteht ein roter Riese; in (3) ist der Stern (a) ein roter Riese und der Stern (b) ein weißer Zwerg; in (4) erhöht die Übertragung der Materie von (a) zu (b) die Masse des weißen Zwergs, der damit den Wert von 1,44 Sonnenmassen überschreitet; in (5) kollabiert der Kern des weißen Zwergs (b), wobei er Energie als Supernova (a) abgibt und in (6) ein Doppelsternsystem zurückläßt, das sich aus einem gewöhnlichen Riesen (a) und aus einer Röntgenquelle (b) zusammensetzt. In C: die Entwicklung eines Sterns, dessen Masse größer als die Sonnenmasse ist (Supernovae vom Typ II). In (1) und (2) ereignet sich die Kontraktion des Kerns und die Entwicklung des Sterns zu einem roten Riesen; in (3) wandelt sich das Helium im Kern in Kohlenstoff um usw. bis zur Erzeugung eines Eisenkerns. Da die thermonuklearen Fusionsreaktionen jener Atomkerne, die schwerer als die Kerne des Eisens sind, endotherm sind, erzeugt der Stern in (4) keine Energie mehr und kollabiert, wobei er den Kern heftig komprimiert. Auf diese Implosion folgt kurz darauf die Explosion der Supernova (5). Übrig bleibt ein Gasrest, der sich rasch ausdehnt (6) und in dessen Zentrum ein hyperdichtes Objekt bleiben kann: ein rotierender Neutronenstern (Pulsar) oder falls die Masse des erzeugenden Sterns etwa dreimal größer als jene unserer Sonne war: ein schwarzes Loch.

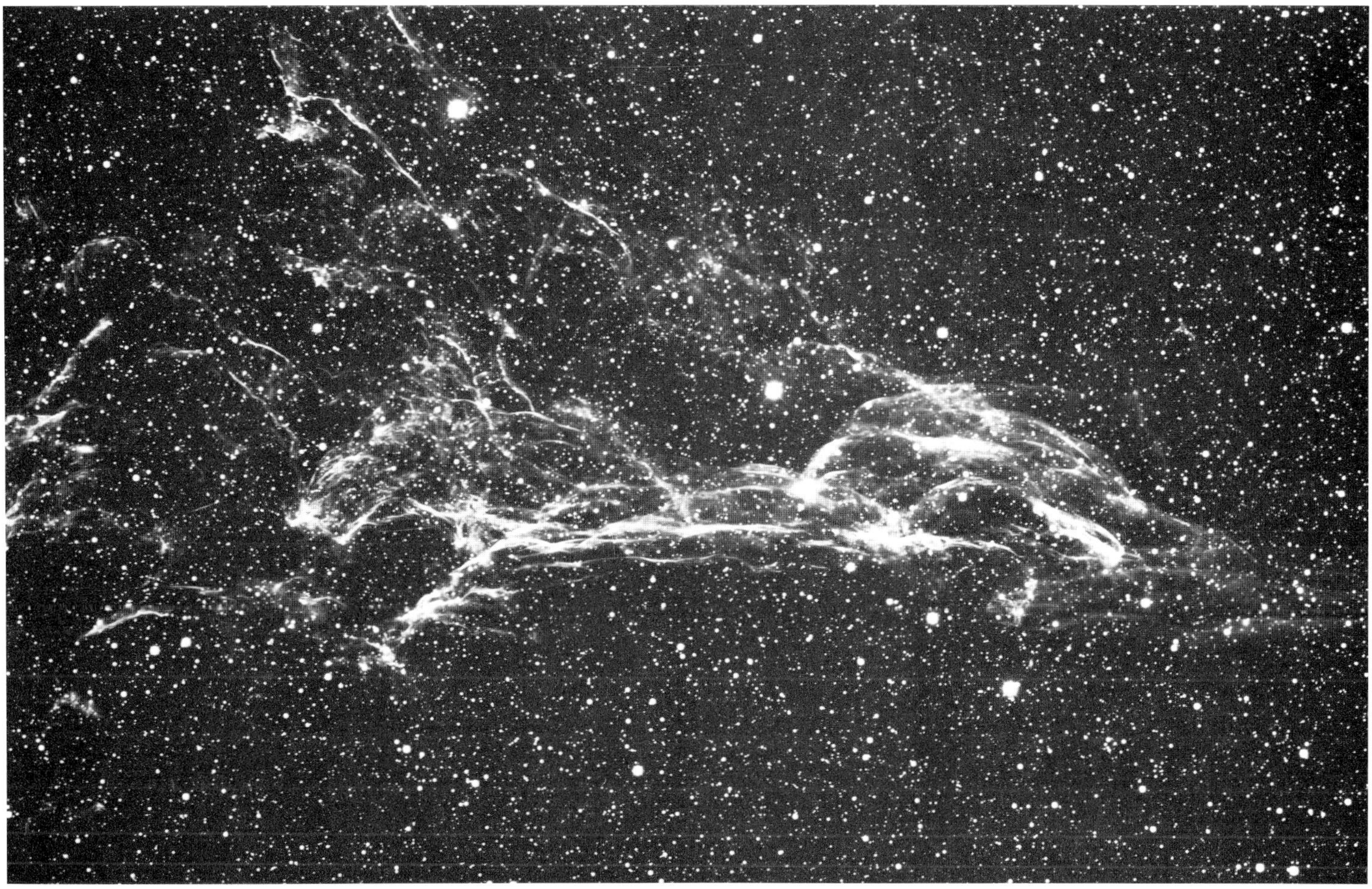

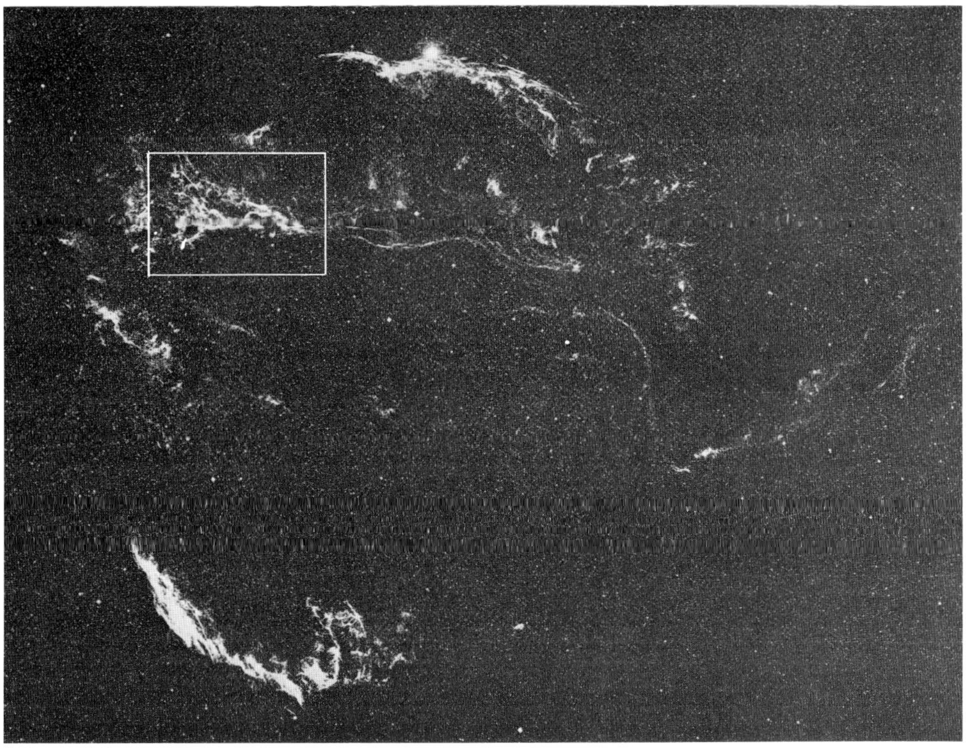

Ein Himmelsfossil. Diese Fotografien (wobei die obere eine Vergrößerung des Details im Viereck darstellt) zeigen eine Himmelsgegend, die selbst mit den bescheidensten Teleskopen im Frühling, Sommer und Herbst einfach beobachtet werden kann. Es handelt sich um das Sternbild Schwan in einer leicht östlichen Position von Deneb und Gamma. In dieser Zone des Himmels kann man (man benötigt jedoch dazu eine Fotografie mit langer Belichtungszeit) einen ringförmigen Nebel erkennen, der aus diesem Grund auch »Ring des Schwans« genannt wird. Die Ausdehnung dieses Rings beträgt mehr als ein Grad, weshalb er mit den großen Teleskopen nur teilweise fotografiert werden kann. Er ist der Überrest der Explosion einer Supernova, die sich vor einigen tausend Jahren ereignete. Obwohl diese riesige Explosion im Inneren dieses Nebels vor langer Zeit erfolgte, dehnt sich die Materie des Rings auch heute noch aus. Es handelte sich bei dieser Explosion jedoch nicht um einen der stärksten Ausbrüche in unserer Galaxis: es haben tatsächlich noch viel stärkere stattgefunden. Die durch die Explosion erzeugte Druckwelle kann, indem sie das interstellare Gas und den interstellaren Staub durchquert, die Bildung anderer Sterne auslösen.

FAST EIN GESPENST. Sehr oft lassen sich im Raum schleierartige Nebel beobachten, wie der hier abgebildete. Diese Nebel erscheinen als zahlreiche, mehr oder weniger aneinandergereihte Schleier, die in der Form eines großen Kreisbogens angeordnet sind. Im Zentrum dieses Kreises befindet sich manchmal das Gestirn, das den Überrest des Sterns darstellt, der in weit zurückliegenden Zeiten einen Supernova-Ausbruch erlitten hat.
Am Beginn lebt das Gestirn gemeinsam mit dem Nebel in einem einzigen Materienhaufen, der einen Stern bildete. Nach der Explosion hat sich die Materie in diese beiden Teile getrennt, und der auf dieser Fotografie abgebildete Nebel dehnt sich noch immer heftig aus. Die Explosion war so stark, daß die Anziehungskraft diese Ausdehnung fast gar nicht bremst, obwohl sich dieser Nebel von einem Gravitationszentrum wegbewegt. Aus diesem Grund fegt dieser Gasnebel den Raum, den er durchquert, aus. Man weiß, daß der interstellare Raum nicht vollkommen leer ist, sondern sehr geringe Mengen an Gas und Staub enthält. Beim Vorbeikommen dieser verdünnten Materienwellen stößt das Gas des Nebels mit seinen Molekülen auf jene des interstellaren Gases und schleppt sie mit sich. Diese Zusammenstöße sind sehr heftig und erzeugen eine starke Abgabe von Radiowellen.
Wie wir in der Folge noch sehen werden, strahlt in vielen Fällen auch das Objekt, das im Zentrum des sich ausdehnenden Nebelrings bleibt, sehr starke Radiowellen aus. Wenn man diese Nebel betrachtet und sich überlegt, was sie tatsächlich sind, kann man den Eindruck gewinnen, daß es sich fast um Gespenster eines Gestirns handelt, das bei seinem Tod im Dunkel der interstellaren Tiefen diese verdünnte Materie verlassen hat: die letzten Überreste eines Etwas, das nicht mehr ist.

DER PULSAR UND SEIN OPTISCHES GEGENSTÜCK. Die Pulsare wurden durch einen Zufall entdeckt. Einige Radioastronomen nahmen an, daß die weitentfernten, punktförmigen Radioquellen durch sich zwischen diese Quellen und uns schiebende ionisierte Gaswolken gestört werden könnten: die Elektronen eines solchen Gases würden die Intensität dieser Radioquellen rasch schwanken lassen, so wie die atmosphärische Störung das Licht der Sterne flackern läßt.
Die Radioastronomen rüsteten ihre Teleskope also auf eine Weise aus, daß sie diese Veränderungen verfolgen konnten. Davor waren die Radioteleskope für diese Beobachtung nicht geeignet, da niemand daran dachte, daß es so rasche Schwankungen geben könnte.
Die dann für diesen Zweck ausgestatteten Radioteleskope enthüllten, daß sich in einigen Punkten des Himmelsgewölbes Radioquellen befanden, die in der Lage waren, ihre Intensität sehr rasch zu ändern und die praktisch chronometrische (in Intervallen unter einer Sekunde) Signale abgaben.
Es wurde sogar vermutet, daß diese Signale von intelligenten Zivilisationen ausgestrahlt würden, die dadurch ihre Präsenz im Weltraum erkennen ließen, wobei die Signale das Ergebnis einer hochentwickelten Technik darstellten.
Diese Hyptothese verlor jedoch rasch an Bedeutung, als man erkannte, daß es sich um kompakte Gestirne, Überreste der Explosion der Supernovae, handelte. Der erste Körper dieser Art wurde nämlich im Inneren des Krebsnebels im Sternbild Stier gefunden: der berühmte M 1.
Man erwartete sich in diesem Fall, ein Gestirn mit ungewöhnlichen Merkmalen zu finden, das intensive und periodische Radiosignale aussendet. Man dachte sofort an ein sehr rasch rotierendes Gestirn, das mit Radiostrahlern ausgestattet war, die sich in irgendeinem Punkt an seiner Oberfläche befanden (es konnte sich – wie wir im folgenden noch sehen werden – um Magnetpole handeln). Diese Radiosignale hätten also die Existenz dieser Gestirne bewiesen, auch wenn es nicht gelungen war, sie auf andere Weise zu sehen.
Man nahm dann an, daß diese Gestirne irgendwelche leuchtende Flecken auf ihrer Oberfläche aufweisen würden, die deshalb auch optisch wahrgenommen werden könnten. Jedenfalls mußte man sich erwarten, daß diese Flecken klein und in einer bestimmten Position auf der Oberfläche des Gestirns vorhanden waren, so daß dieses Gestirn – falls es rasch rotieren sollte – auch die Eigenschaft haben müßte, optisch variabel zu sein. Und wahrscheinlich hatte die Veränderung, die sich auch im Teleskop feststellen lassen mußte, dieselbe Periode der Radioschwankung oder eine halbierte Periode.

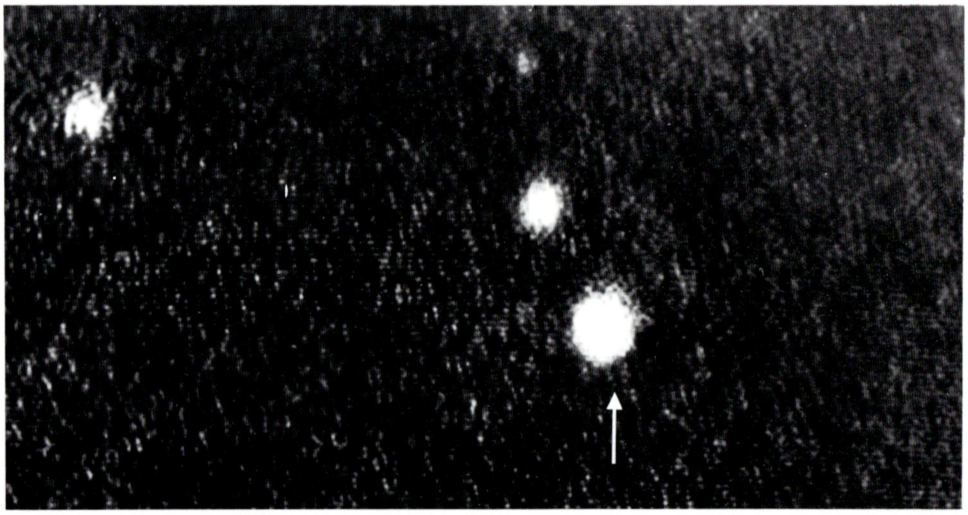

Der optische NP 0532. Die beiden hier nebenan zu sehenden Abbildungen illustrieren das optische Gegenstück des NP 0532, d. h. des Pulsars im Zentrum des Krebsnebels im Sternbild Stier. Sie wurden mit einem Lichtverstärker aufgenommen; man kann deutlich den optischen Pulsar (Pfeil) erkennen, der in der oberen Aufnahme sehr hell leuchtet, während er sich in der unteren Aufnahme im Helligkeitsminimum befindet. Um diese Helligkeitsschwankungen beobachten zu können, benötigt man einen starken Lichtverstärker, sonst würde die schwache Leuchtkraft und die kurze Zeit, die zur Messung der Intensität und der Veränderung des Lichts zur Verfügung stehen, die Beobachtung erfolglos machen. Unten: eine Fotofolge, die mit einem starken Teleskop nach klassischen Beobachtungsmethoden aufgenommen wurde und die rasche Lichtveränderung des Pulsars hervorhebt. Im dazugehörigen Diagramm wird die Helligkeitsschwankung in Abhängigkeit der Phase dargestellt.

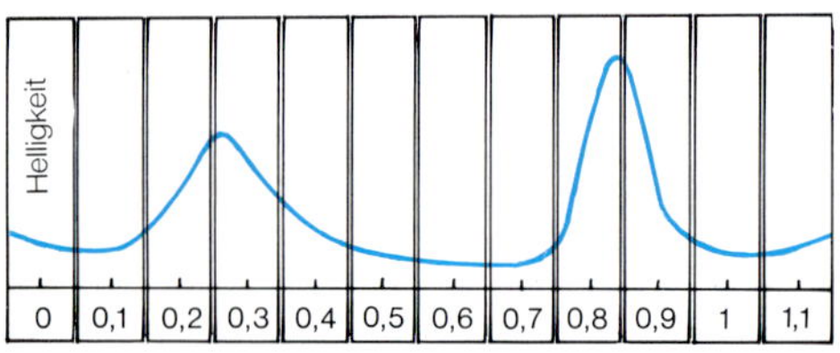

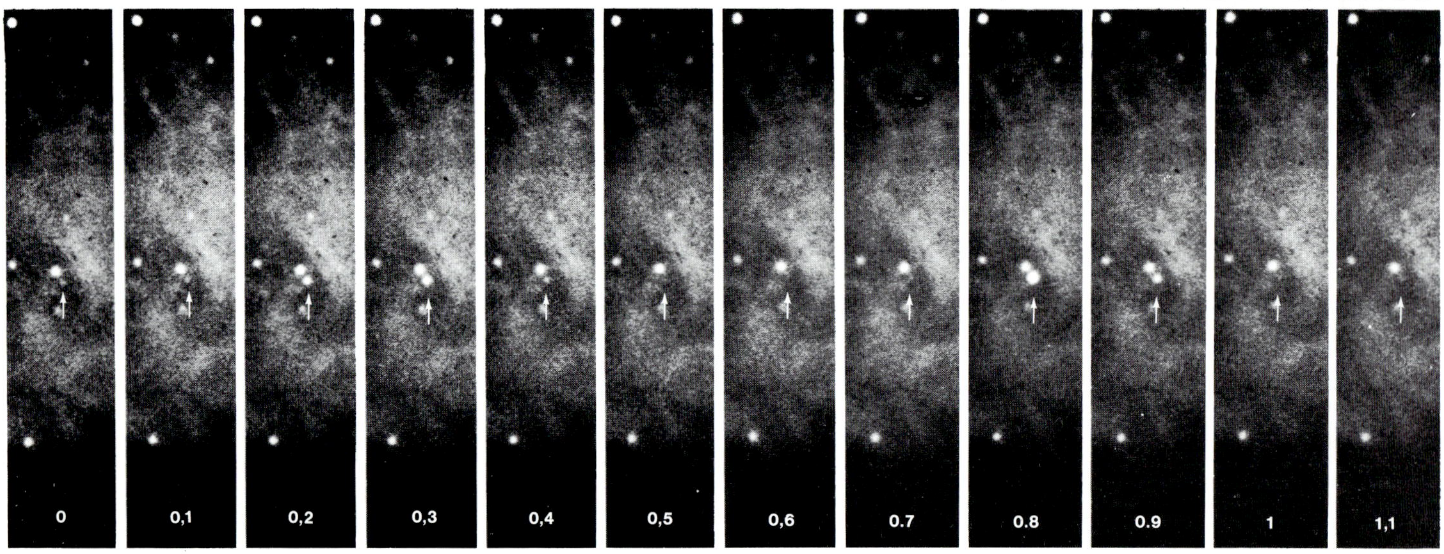

DIE ENTDECKUNG DES PULSARS.

Die Entdeckung der Pulsare ist dem Zufall zuzuschreiben, oder genauer gesagt, erfolgte sie bei der Suche nach etwas anderem. Der Protagonist dieser Entdeckung ist das Radioteleskop gewesen. Es bewies den Astronomen die Anwesenheit eines neuartigen Gestirns, und es waren einige Jahre notwendig, um zu verstehen, worum es sich handelte. Man erinnerte sich, daß Jahrzehnte zuvor einige Physiker die Existenz fester Gestirne angenommen hatten, die sich nur aus Neutronen zusammensetzen sollten; diese Hypothese wurde aufgestellt (und rasch wieder aufgegeben), um die Stabilität der Atomkerne zu erklären. Die Theorie der festen Neutronensterne war jedoch bis zu einem so fortgeschrittenen Stadium angelangt, daß es möglich war, sie mit jenen hypothetischen Gestirnen in Zusammenhang zu bringen, die die Existenz der raschen Radiopulse dieser Gestirne erklären konnte, die, obwohl ihre Natur nicht begriffen wurde, wegen ihrer wechselnden Nachricht als »Pulsar« bezeichnet wurden. Man beobachtete die Phänomene, die von diesen hyperdichten Gestirnen erzeugt wurden, um deren Merkmale untersuchen zu können. Darunter zum Beispiel die Möglichkeit, zu »stellaren Erdbeben« zu führen und Nebenpulse zu erzeugen, die sich zwischen den Hauptpulsen einreihen und für diesen Gestirntyp charakteristisch sind.

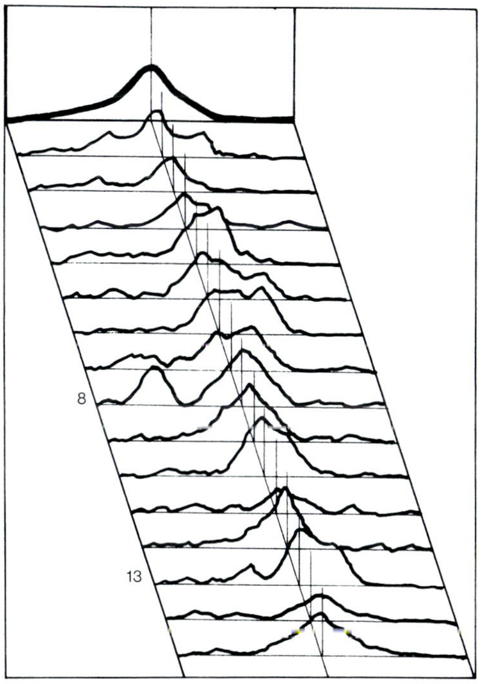

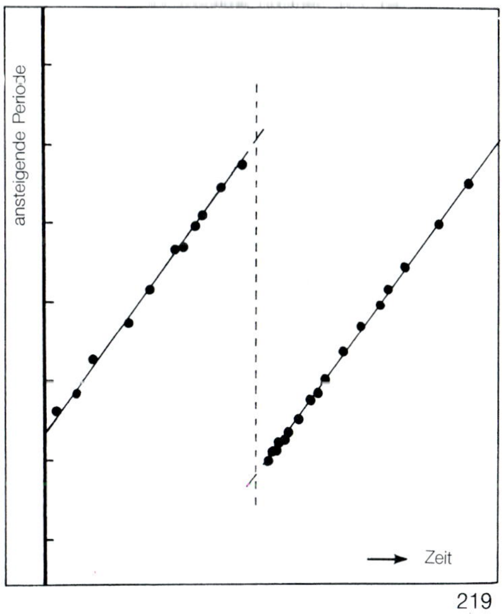

Eine Fundgrube an Phänomenen. Als der Pulsar als ein Gestirn entdeckt wurde, das in der Lage ist, eine Folge von Radiopulsen mit chronometrischer Regelmäßigkeit abzugeben, hatte man noch keine Vorstellung davon, wie seine Materie aufgebaut sein könnte, um so eigenartige Phänomene zu erzeugen. Man nahm jedoch bereits bald an, daß es sich um ein Gestirn aus hyperdichter Materie, also aus Neutronenmaterie, handeln mußte. Die Existenz von Himmelskörpern dieser Art wurde bereits in den dreißiger Jahren von Robert Oppenheimer angenommen. Man mußte jedoch noch mehrere mögliche Phänomene der Struktur eines Gestirns aus hyperdichter Materie ableiten und dann überprüfen, ob diese wirklich mit dem übereinstimmten, was man mit den Radioteleskopen beobachtete. Die Radioteleskope (wie z. B. das in der Nähe von Bonn vom Max-Planck-Institut gebaute Radioteleskop von Effelsberg, Durchmesser 100 m, das einen wesentlichen Beitrag zur Beobachtung der Pulsare geleistet hat) überprüften nämlich nicht nur einige der formulierten Hypothesen, sondern erlaubten gleichzeitig festzustellen, daß die Pulsare wahre Fundgruben an Phänomenen sind, welche es sogar ermöglichten, die Kontrolle der am Schreibtisch formulierten Hypothesen vorwegzunehmen. Nebenan (oben) sieht man zum Beispiel eine Pulssequenz, wie sie direkt vom Radioteleskop registriert wird. Diese Sequenz wurde geschnitten, da die aneinandergereihten Impulse einen sehr langen Streifen in Anspruch genommen hätten. Aus den geschnittenen und geordneten Pulsen kann man erkennen, daß sie nicht alle gleich und regelmäßig sind und nicht alle exakt im erwarteten Rhythmus erfolgen. Der Takt wird jedoch vollkommen gleichmäßig, wenn man über einen sehr langen Zeitraum einen Mittelwert errechnet. Wie im 8° und im 13° Puls zu sehen ist, gibt es auch einen »Interpuls«, d. h. einen Puls, der mehr oder weniger in der Mitte zwischen zwei Pulsen erfolgt. Auf den folgenden Seiten werden wir sehen, wodurch dieses Phänomen erklärt werden kann. Das darunterstehende Diagramm hat historischen Wert, da es sich um eine der ersten Beobachtungen des Phänomens handelte; es zeigt aufeinanderfolgende Messungen (schwarze Punkte) der Pulsarperiode. Man kann beobachten, daß sich zuerst alle Meßwerte entlang einer Geraden anordnen: das bedeutet, daß sich die Periode schrittweise gleichmäßig erhöht.

Danach verringert sich die Periode plötzlich abrupt (in Übereinstimmung mit der senkrechten, gestrichelten Linie) und steigt danach wieder mit der gleichen Gesetzmäßigkeit wie davor an. Man sollte vielleicht daran erinnern, daß die Verringerung der Periode einer Erhöhung der Rotationsgeschwindigkeit entspricht.

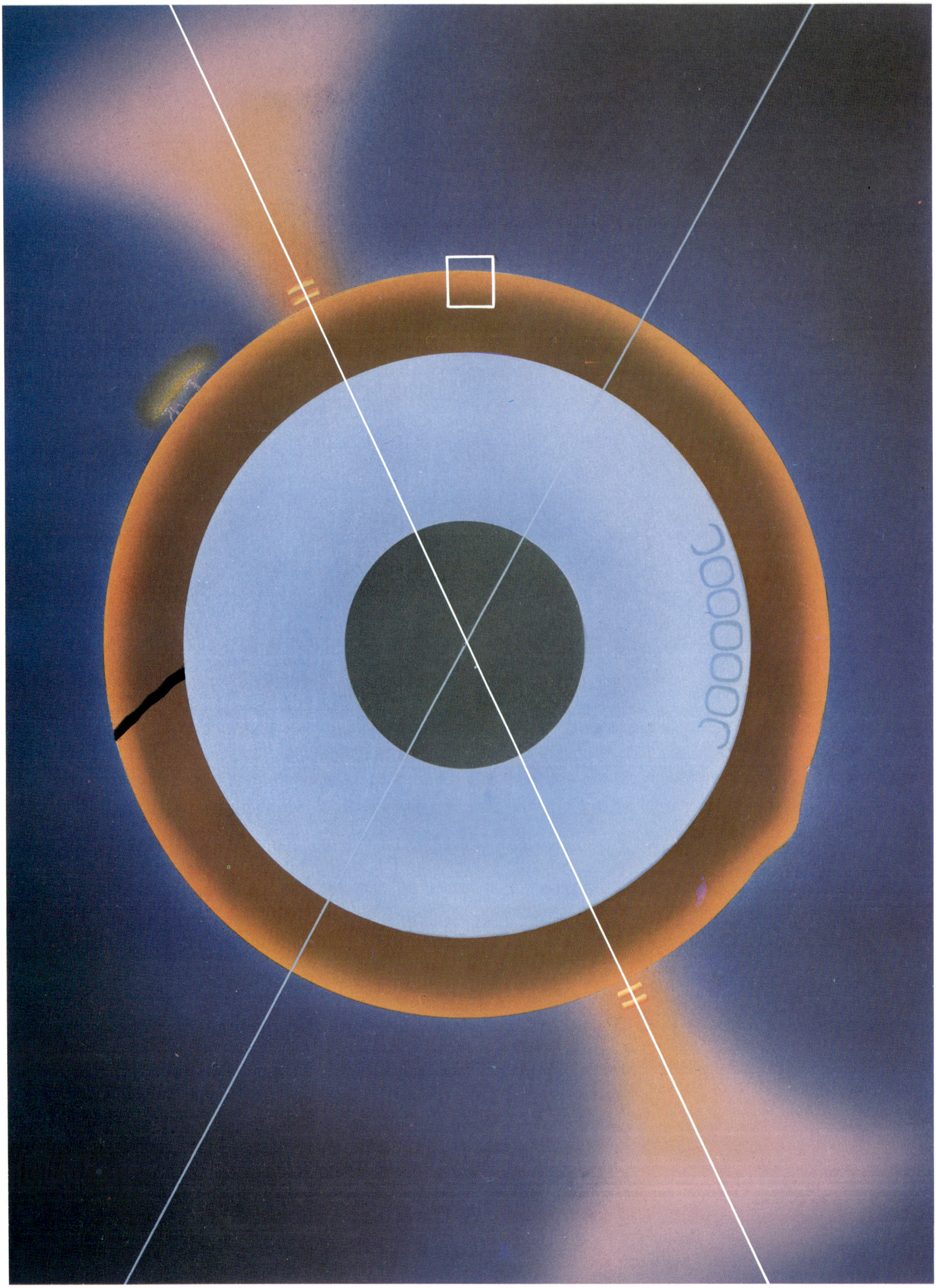

Die elektrostatischen Entladungen. Auf der Oberfläche eines Pulsars lassen sich Überschüsse an elektrostatischen Entladungen messen, die dort eingefangen bleiben. Manchmal kann aufgrund der ungeordneten Ankunft der Materie in der Nähe der Pulsarpole etwas Plasma in die Nähe dieser besonders geladenen Zonen gelangen. In diesem Fall werden zwischen dem Plasma und der Oberfläche starke elektrische Entladungen erzeugt, die ihrerseits elektromagnetische Wellen verursachen, welche in großer Entfernung aufgefangen werden. Diese Wellen stellen die »Interpulse« dar.

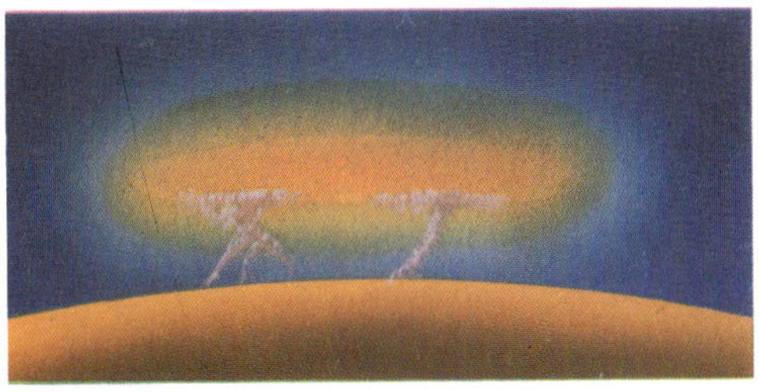

Die höchsten Berge. Eine wesentliche Eigenschaft der hyperdichten Neutronenmaterie ist ihre extreme Festigkeit: sie ist Millionen Milliarden Mal härter als der härteste Stahl. Trotz dieser großen Festigkeit verhindert die starke Gravitationsanziehung die Bildung hoher »Berge«. Auf der Oberfläche eines Pulsars ist die Anziehung durch die Schwerkraft nämlich so stark, daß die auf ihr vorhandenen Unregelmäßigkeiten eine Höhe von einem Zentimeter nicht überschreiten.

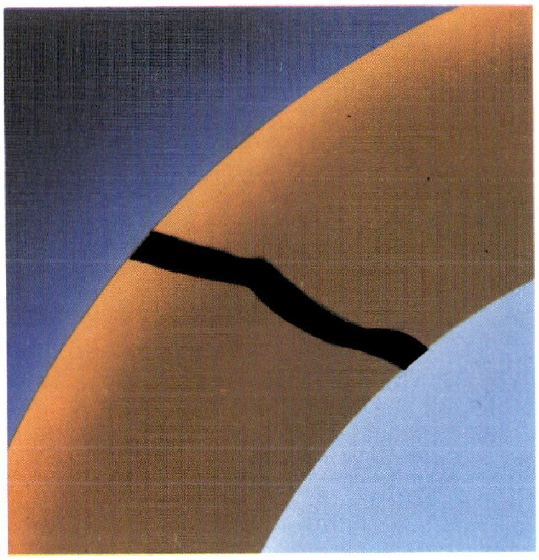

Die Krustenbrüche. Trotz der extremen Festigkeit und Stabilität der Neutronenmaterie führt die progressive Verringerung der Rotationsgeschwindigkeit des Pulsars zu einer Verringerung der Zentrifugalbeschleunigung. Somit wird der Pulsar nicht mehr stimuliert, aufgrund der raschen Rotation zu explodieren, im Gegenteil, er zieht sich zusammen. Bei dieser Kontraktion richtet sich die Kruste, die aufgrund ihrer Starrheit zerbricht, auf einen kleineren Durchmesser ein. Die weitere Kontraktion verursacht eine sofortige Erhöhung der Rotationsgeschwindigkeit des Pulsars.

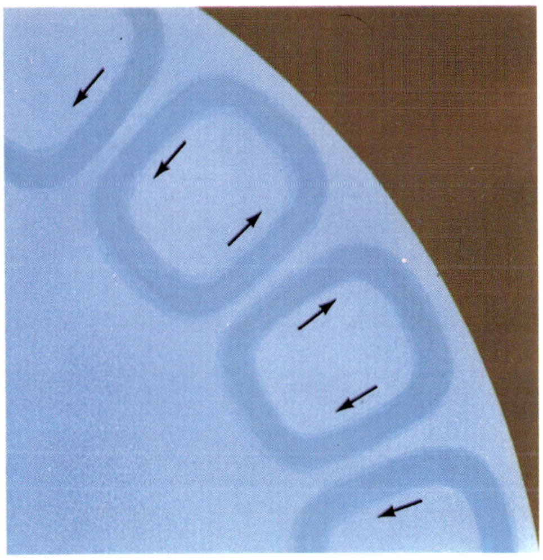

Die Wirbel im superflüssigen Helium. Die Neutronensuperflüssigkeit dürfte sehr dicht, aber frei von Viskosität sein; sie dürfte deshalb mit derselben Geschwindigkeit kreisen, mit welcher der Pulsar bei seiner Entstehung rotierte. Die darauffolgende Verringerung dieser Geschwindigkeit dürfte nur die Kruste betroffen haben. Demnach würde sich der Pulsar aus einem äußeren, von diesem Phänomen betroffenen Teil und einem inneren Teil zusammensetzen, der unverändert geblieben ist. Man nimmt hingegen an, daß in seinem Inneren wirbelartige Strukturen vorhanden sein können, die in der Lage sind, Energie mit der Kruste auszutauschen.

Die Magnetpole. Der Pulsar verfügt an seiner Oberfläche über zwei magnetische Pole, an denen sich gleichzeitig die Kraftlinien ansammeln. Die ionisierte Materie, die aus den vom Pulsar durchquerten Nebeln und teilweise auch durch die Explosion eines Sterns stammt, kann in der Nähe eines magnetischen Pols auf den Pulsar fallen und einen kontinuierlichen Fluß an Radiowellen erzeugen, den die Rotation der mechanischen Polachse in Richtung der Erde lenkt, so daß die Radioteleskope periodische Pulse auffangen.

Die Oberflächenstruktur. Über der Oberfläche des hyperdichten Gestirns könnte sich eine verdünnte Atmosphäre befinden. Darüber hinaus besteht die Oberfläche (siehe weißes Viereck auf der gegenüberliegenden Seite) nicht aus puren Neutronen (schwarz), sondern wahrscheinlich befinden sich in den ersten Schichten noch immer Protonen (orange) und sogar einige Elektronen (rot), deren Anzahl natürlich mit den Protonen übereinstimmt. Darunter können sich die Neutronen mit den Protonen abwechseln, die Strukturen vom Typ der Helium- oder Eisenkerne aufweisen. Nur in noch größeren Tiefen gelangt man zur reinen Neutronenmaterie.

DER AUFBAU DES PULSARS. Auf der gegenüberliegenden Seite wird die hypothetische innere Struktur eines Pulsars schematisch dargestellt. Diese Figur wurde absichtlich nicht sehr detailliert gezeichnet, da einige Hypothesen über den inneren Aufbau dieses Gestirns noch ziemlich ungewiß sind; aus diesem Grund wurden die umstrittensten Punkte in den Schemen auf dieser Seite abgebildet, um die einzelnen Hypothesen zu erläutern. Der Pulsar besteht im wesentlichen aus nuklearer Materie. Es ist bekannt, daß die Atome viel größer sind als die Kerne, und daß man, wenn man den Atomen alle Elektronen entreißen und die Kerne dicht aneinanderdrükken könnte, eine außergewöhnlich dichte Materie erhalten würde.

In einem Gestirn mit bescheidenen Ausmaßen (nicht größer als 20 km Durchmesser) verdichtet, erzeugt diese Materie einen so hohen inneren Druck, daß wir es uns nicht mehr vorstellen können.

Unter diesen Bedingungen nimmt die Materie außergewöhnliche Eigenschaften an, und erst seit wenigen Jahren haben die Physiker die Möglichkeit, diese zu erforschen.

Annäherungsweise kann man sagen, daß die Struktur des Pulsars einer Kugel entspricht, die rund um eine mechanische Rotationsachse rotiert (in der Abbildung auf der gegenüberliegenden Seite in Blau eingezeichnet). In einem Winkel, der im Verhältnis zu dieser Rotationsachse auch sehr groß sein kann, befindet sich die Magnetachse (weiß), entlang derer sich ein zweipoliges Magnetfeld befindet, d. h. ein Magnetfeld, das jenem der Erde ähnelt, jedoch mit dem Unterschied, daß es etwa 1000 Milliarden Mal stärker ist.

Kürzlich hat man Bestätigungen für das tatsächliche Vorhandensein eines so starken Magnetfelds erhalten. Dieses Magnetfeld bewirkt, daß sich Materie, die in Richtung des Pulsars fällt, bei diesem Fall ionisiert, d. h. sie wird zu einem Leiter und wird schließlich gezwungen, den Kraftlinien des Magnetfelds zu folgen. Dies ist der Grund, warum sich die elektrischen und magnetischen Phänomene, die sich im Pulsar ereignen, hauptsächlich auf das Gebiet der Pole konzentrieren: von hier aus nimmt die Radiostrahlung ihren Ausgang, und wenn wir aufgrund der mechanischen Rotation einmal die Pole sehen und dann wieder nicht, läßt sich daraus ableiten, daß sich die Pulse mit einer Periode abwechseln, die jener der Rotation entspricht.

Aufgrund des hohen Drucks sind die sich berührenden nuklearen Teilchen im Inneren unterhalb der festen Kruste nicht mehr gemäß den Merkmalen eines festen Körpers organisiert, sondern nach denen eines flüssigen, oder besser eines »superflüssigen«, d. h. einer Flüssigkeit, die vollkommen frei von Viskosität ist. Wenn diese Flüssigkeit in einem Behälter rotiert, reibt sie sich nicht an den Wänden und wird daher nicht gebremst, sondern dreht sich weiterhin ewig fort. Man nimmt deshalb an, daß die Neutronen-Superflüssigkeit im Inneren eines Pulsars noch immer mit der gleichen Geschwindigkeit rotiert, die sie bei der Entstehung der Pulsars hatte, einer unglaublichen Geschwindigkeit, die fast 1000 Umdrehungen pro Sekunde beträgt.

Durch die Kontraktion hat das Gestirn die Geschwindigkeit proportional zur Kontraktion erhöht. Im Zentrum hat der enorme Druck, dem die Neutronen während der Kontraktion des Sterns ausgesetzt waren, diese wahrscheinlich in Hyperone umgewandelt. Diese hyperschweren Teilchen wurden nur aufgrund rein theoretischer Überlegungen definiert, da ihr mittleres Leben, falls sie unter den normalen physikalischen Bedingungen der Materie existieren könnten, so kurz wäre, daß es praktisch unmöglich wäre, sie zu beobachten.

DIE HYPERDICHTE MATERIE. Die weißen Zwerge setzen sich zum Teil aus sehr dichter, fester Materie zusammen. Diese Materie wird »superdicht« genannt, während der Ausdruck »hyperdicht« den Gestirnen mit weit höheren Materiendichten vorbehalten bleibt. Die Dichte in den weißen Zwergen wird kaum knapp Tausende Kilos pro Kubikzentimeter erreichen, während sie in einem Pulsar Hunderte Millionen Tonnen pro Kubikzentimeter betragen kann! Erinnern wir uns daran, daß diese Werte die Dichte und nicht das Gewicht angeben, welches von der Gravitationsbeschleunigung abhängt. Auf der Erdoberfläche würde also ein Kubikzentimeter 100 Millionen Tonnen wiegen, aber auf der Oberfläche eines Pulsars, wo die Gravitationsbeschleunigung sehr viel höher ist, würde jeder Kubikzentimeter Millionen Milliarden Mal mehr als 100 Millionen Tonnen wiegen. Das wesentlichste Merkmal der den Pulsar bildenden Materie besteht darin, daß sie sich aus einander berührenden Neutronen zusammensetzt. Wie konnte sich die Materie, die aus der Verdichtung von Atomkernen unterschiedlichster Art stammt und deshalb eine große Menge an Protonen enthält, in eine Materie umwandeln, die ausschließlich aus Neutronen besteht?
Die Erklärung ist einfach. Das freie Neutron ist ein instabiles Teilchen. Wenn man Neutronen im Labor erzeugt und sie frei im Raum umherschweifen läßt, wandelt sich die Hälfte dieser Neutronen in 15 Minuten in Protonen um, wobei sie ein Elektron und andere Teilchen abstoßen und Energie freisetzen. Wenn man Elektronen gegen Protonen drückt, wodurch dieselbe Energiemenge freigesetzt wird, kann es zu einer Reaktion kommen, die »inverser Zufall« des Neutrons genannt wird, d. h. das Elektron dringt in das Proton ein und wandelt es in ein Neutron um.
Dieser Prozeß ereignet sich in den kurzen Momenten, in denen sich anläßlich der stellaren Katastrophe einer Supernova ein Teil der Materie des Gestirns im Kern verdichtet. Nach mehreren Stadien immer höherer Dichte dringen die zwischen den verschiedenen Kernarten befindlichen freien Elektronen in diese Kerne ein und erzeugen eine Materie, die nur aus Neutronen besteht. Dieses Phänomen ist jenem ähnlich, durch den sich die zuerst gasförmigen Atome während der langsamen und fortlaufenden Bildung eines Planeten verdichten, bis sie kristalline Strukturen bilden. Nachdem sich die Atome berühren, kommt es zu keiner weiteren Verdichtung mehr, da die Bildung der Planeten aus wenig Materie in einer sehr langen Zeitspanne erfolgt.

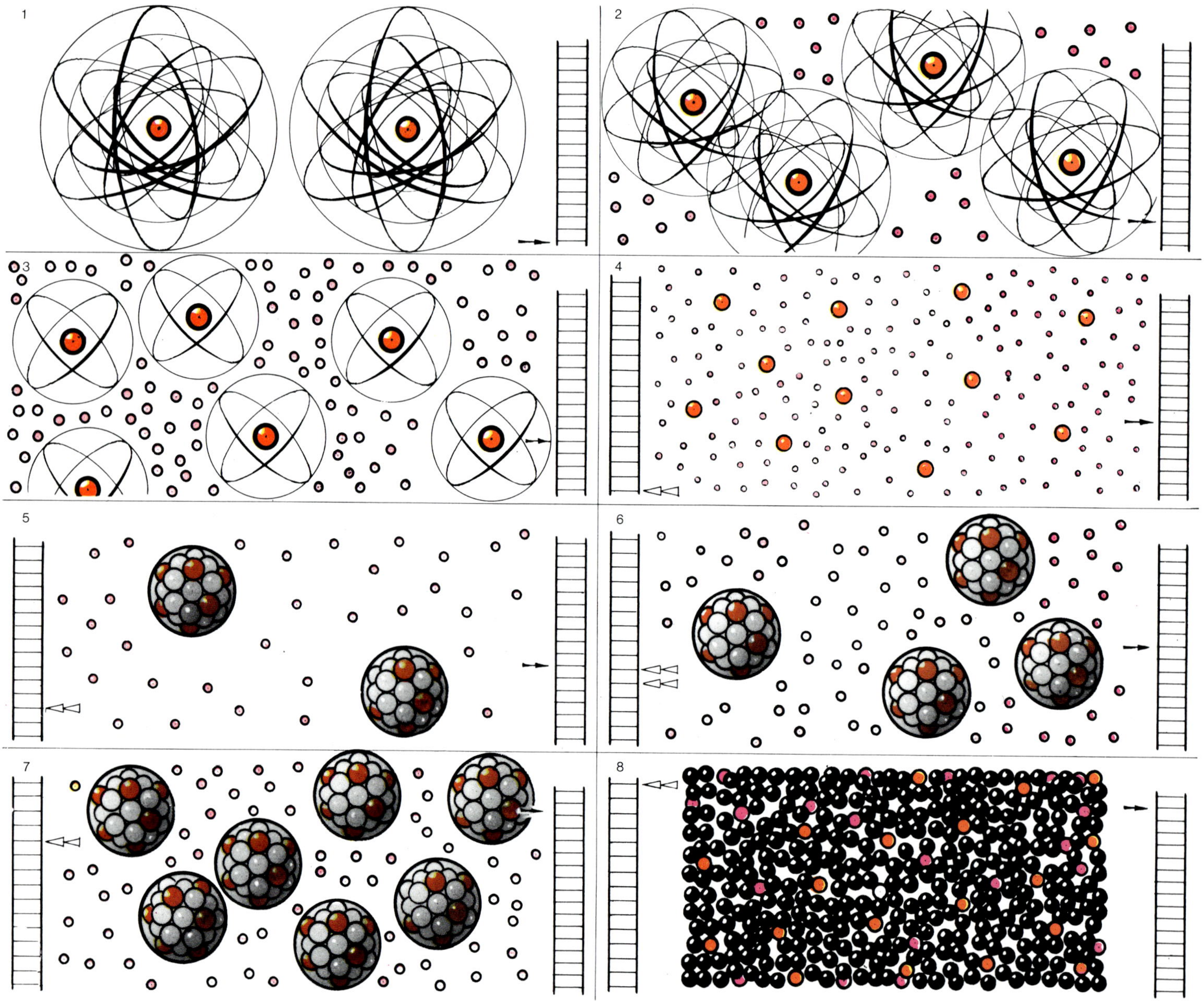

Die letzte Grenze. Diese Schemen illustrieren den Prozeß, durch den man von der gewöhnlichen zur hyperdichten Materie gelangt. In (1) sieht man Atome, die aus einem Kern (hier vergrößert dargestellt) bestehen, der von den Bahnen der Elektronen umgeben wird. Aufgrund der Kompression, die auf die Materie ausgeübt wird, ionisieren sich in (2) die Atome und verlieren eine bestimmte Anzahl an Elektronen. In (3) befindet sich die Materie hingegen in denselben Bedingungen wie in den Sternkernen: die Atome – auch die größten – sind fast vollständig ionisiert, eine Situation, die wir auch in (4) wiederfinden, wo wir es nur mit Kernen und Elektronen zu tun haben. In (5) sieht man die Protonen und die Neutronen des Kerns. In (6) führt die Verdichtung zu sehr hohen Dichtewerten, so daß die Protonen und Neutronen einander praktisch berühren. In (7) berühren sich praktisch die Kerne und sind in einem Meer aus stark energiegeladenen Elektronen eingetaucht. In dieser Phase ist die Geschwindigkeit der Elektronen und die Heftigkeit, mit der sie gegen die Kerne prallen, so groß, da sich beim Zusammenstoß des Elektrons mit den Protonen diese in Neutronen umwandeln können. In (8) wird schließlich eine Dichte von 100 Millionen Tonnen pro Kubikzentimeter erreicht, und die einzelnen Kerne lassen sich nicht mehr voneinander unterscheiden. Die Neutronen berühren sich praktisch. Bei einer etwas höheren Verdichtung wird die ungeordnete Position der Neutronen genauer und sie ordnen sich gemäß eines kubisch raumzentrierten Kristallgitters an. Zwischen diesen Neutronen können sich ausnahmsweise noch einige Protonen befinden, und zwar vor allem in der Oberflächenmaterie des Pulsars.

Die schwarzen Löcher

Auf der Jagd nach den großen Geheimnissen des Himmels, der schwarzen Löcher, Objekte, von deren Existenz die Wissenschaft zwar Anzeichen hat, die der Mensch jedoch niemals sehen wird, da sie kein leuchtendes Signal von sich geben; die großen Sternenstädte, die Galaxien und ihre unglaublichen, so weit von uns entfernten Haufen; das Leben des Kosmos, das wir in ihnen lesen können – all dies wird das Objekt dieser Etappe unserer Entdeckungsreise des Himmels sein.

AUF DER SUCHE NACH DEM NICHT BEOBACHTBAREN. Wenn ein Stern die Katastrophe der Supernova erleidet, hängt sein Schicksal von der Ausgangsmasse ab: wir haben gesehen, daß sein Ende, falls er keine drei Sonnenmassen überschreitet, wahrscheinlich das eines Pulsars ist, d. h. eines Sterns, der aus hyperdichter Neutronenmaterie besteht. Wenn seine Masse jedoch drei Sonnenmassen übersteigt, endet er wahrscheinlich als eine neue Gestirnart, deren Eigenschaften wir uns noch weniger vorstellen können. Dieses Gestirn ist »schwarzes Loch« genannt worden.
Der Grund, warum man vernünftigerweise die Existenz des schwarzen Lochs annimmt, ist folgender: wenn man exakt berechnet, was während jener Katastrophe geschieht, die einen Teil der Materie der Supernova dazu bringt, sich zu einem hyperdichten Gestirn zu verdichten, sieht man, daß das, was den Kollaps, d. h. die Kontraktion der Masse in ein hyperdichtes Gestirn, aufhält, der extreme Widerstand ist, den die Atomkerne dem Druck leisten. In einem relativ kalten Planeten, wie z. B. der Erde, basiert die Materienstruktur im wesentlichen auf dem Umstand, daß die Atome, aus denen sie sich zusammensetzt, dem Druck einen beachtlichen Widerstand leisten. Noch höherer Druck würde sie zerstören. Die Atomkugeln sind ziemlich robust, aber jene nuklearen, wie wir gesehen haben, sind noch robuster. Doch auch der Widerstand der nuklearen Kugeln oder der Neutronenkügelchen ist nicht unbegrenzt, und bei ausreichender Kompression verdichtet sich auch in diesen Kugeln die Materie noch mehr. »Wieviel noch mehr« kann die Physik nicht sagen. Die Physik kann nur sagen, daß Materie, auch wenn sie nur etwas dichter als die Neutronenmaterie der Pulsare ist, so dicht ist, daß sie physikalisch nicht mehr beobachtet werden kann, da sie nicht mehr in der Lage ist, Licht auszusenden, noch kann sie auf das Gestirn gesendetes Licht

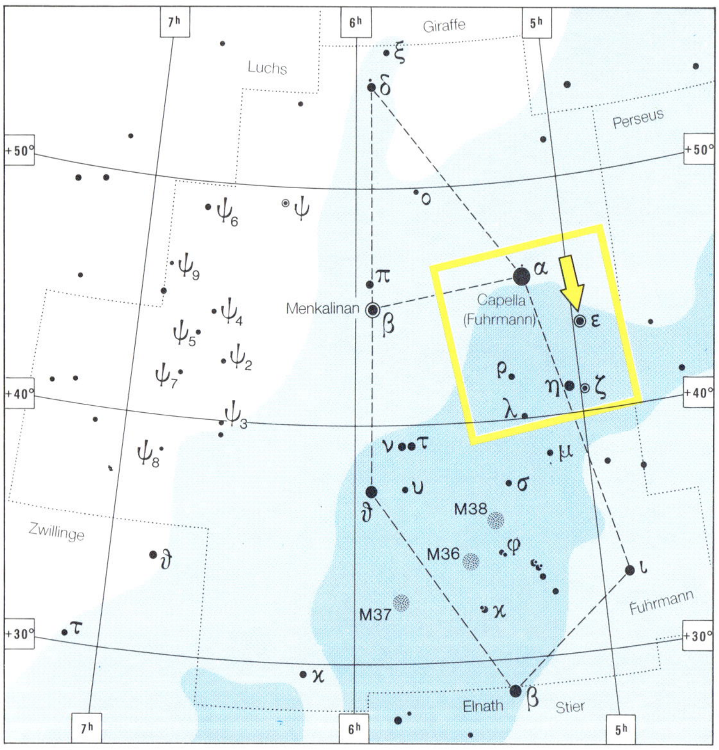

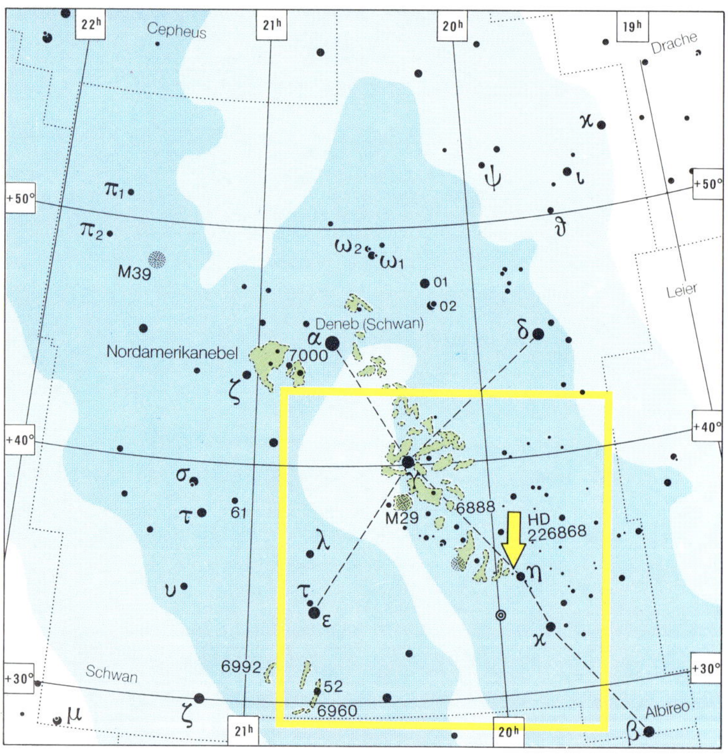

Die kleinen schwarzen Löcher. Hier oben links ist eine Zone abgebildet, in der man den mit freiem Auge sichtbaren Stern Epsilon des Sternbilds Fuhrmann erkennen kann. Es handelt sich dabei um einen veränderlichen Doppelstern, dessen maximale Größe 3,5 und minimale Größe 4,5 beträgt. Das sehr helle Spektrum der Hauptkomponente ist vom Typ F; rund um ihn kreist ein Gestirn mit großer Masse, aber geringer Leuchtkraft. Die Masse ist so groß und die Helligkeit so schwach, daß man annimmt, es handle sich um ein »schwarzes Loch«. Im Sternbild Schwan (rechts oben) befindet sich in der mit dem Pfeil angezeigten Position wahrscheinlich ein Gestirnpaar, dessen eine Komponente ein normaler Stern (HD 226868) der 9. Größenklasse ist, den man mit einem Fernrohr erkennen kann; die zweite Komponente ist ein schwarzes Loch, das Röntgenstrahlen aussendet und periodisch plötzlich vom Stern verfinstert wird.

reflektieren. Darüber hinaus hätte so ein Körper auch die Eigenschaft, in seinem Inneren alle Materie aufzufangen, die auf ihn fällt, und wenn die Materie einmal in ihn gefallen ist, könnte sie nicht mehr austreten und aus den oben dargelegten Gründen auch nicht mehr beobachtet werden.

Die Astronomen haben dieses hypothetische Gestirn also mit dem Namen »schwarzes Loch« bezeichnet. Falls es existiert und falls die Phänomene, die es erzeugt, jenen entsprechen, die beobachtet werden, stellt es eines der wichtigsten Probleme der modernen Astrophysik dar.

Es muß vor allem erwähnt werden, daß ein schwarzes Loch je nach seiner Entstehung verschiedene Ausmaße haben kann, und wir werden sehen, daß es schwarze Löcher gibt, die sich während verschiedener kosmologischer Prozesse gebildet haben. Einige können so alt wie das Universum selbst sein, andere können sehr viel jünger sein und sich erst kürzlich gemeinsam mit den Katastrophen der Supernovae gebildet haben. Einige, die kleinsten, scheinen ihre Masse so weit verringern zu können, bis sie explodieren, andere, die größten, neigen hingegen dazu, sich noch mehr zu vergrößern. Alle haben jedoch die Eigenschaft, nicht optisch wahrgenommen werden zu können, zumindest soweit bisher bekannt ist, doch das wurde auch von den Pulsaren angenommen, bis man ihre optischen Gegenstücke entdeckte.

Im allgemeinen kann man also die schwarzen Löcher nicht sehen, wenn man den Himmel betrachtet; man kann jedoch jene Gestirne sehen, von denen man vernünftigerweise annimmt, daß sich in ihnen schwarze Löcher befinden.

Bevor man also den Mut verliert und die Suche aufgibt, sollte man einen Blick auf jene Punkte des Himmelsgewölbes werfen, von denen man zwar nicht sagen kann, daß diese Gestirne in ihnen leuchten, in denen sie aber wahrscheinlich vorhanden sind.

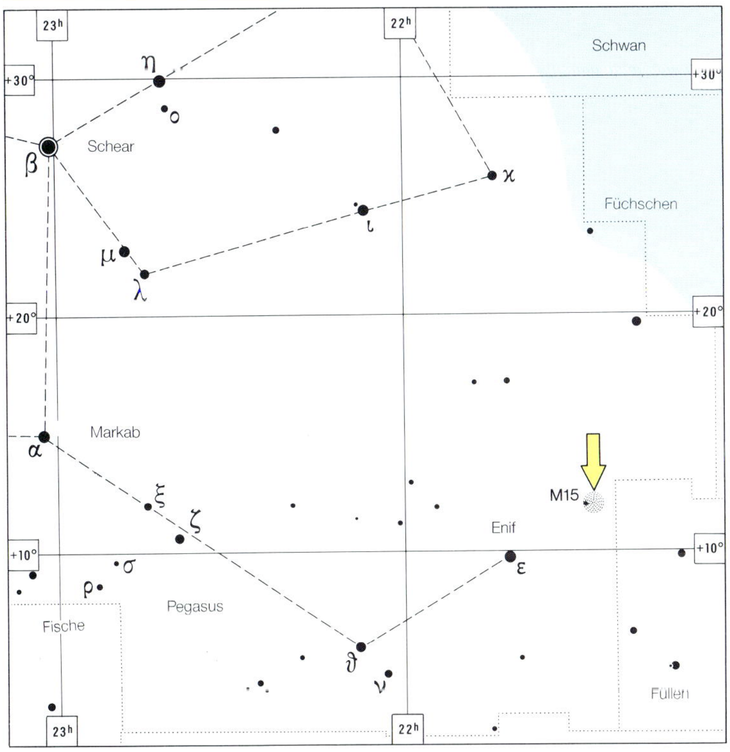

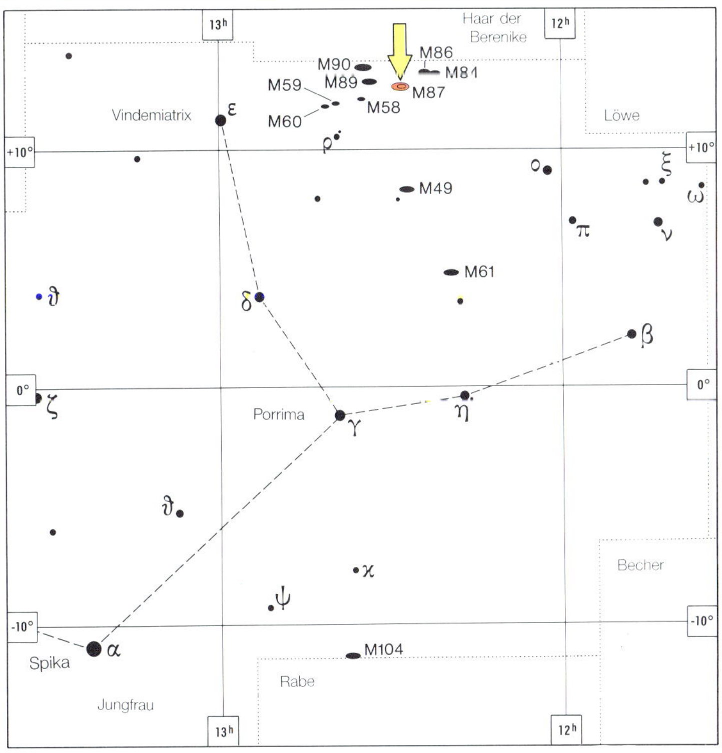

Die großen schwarzen Löcher. Im Zentrum des Kugelsternhaufens M 15 (linke Karte) und der riesigen Galaxie M 87 (rechte Karte) wurde die Existenz eines massereichen, nicht leuchtenden Körpers festgestellt, bei dem es sich mit großer Wahrscheinlichkeit um ein schwarzes Loch handelt. Im Kugelsternhaufen M 15 dürfte die Masse dieses mysteriösen Gestirns ungefähr 1000 Sonnenmassen betragen, während jene des Körpers in M 87 drei Milliarden Sonnenmassen haben dürfte. Die fast hundertprozentige Sicherheit, daß dieser Körper im M 87 ein schwarzes Loch ist, hat man seit Beginn des Jahres 1978. Die intensiven Röntgenstrahlen, die von einigen Kugelsternhaufen stammen, und der Materienauswurf vom Kern gewisser Galaxien und Quasare sind Phänomene, die fast sicher mit der Präsenz eines schwarzen Lochs in ihrem Inneren zusammenhängen.

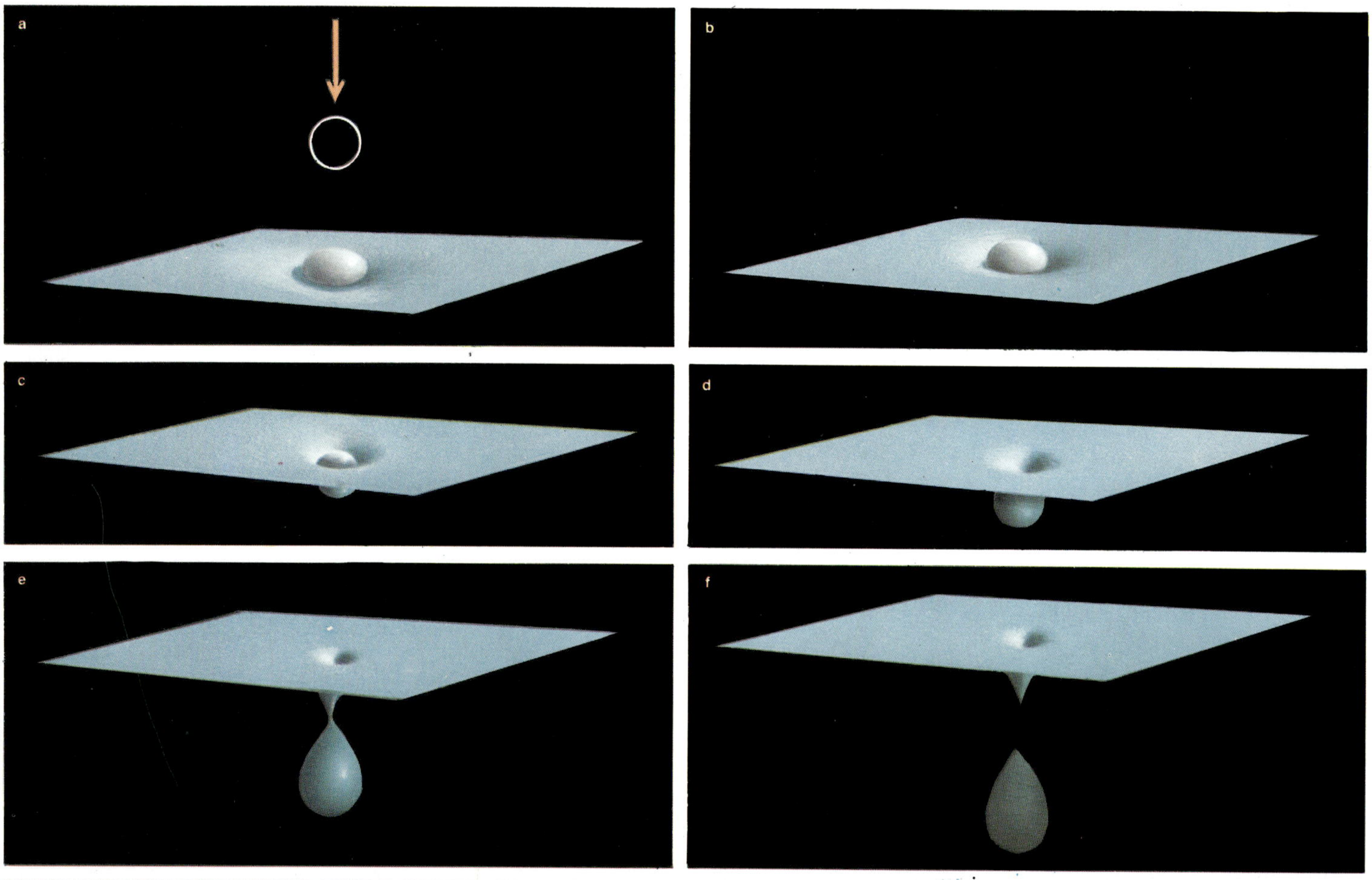

Vom Stern zur Katastrophe. Die oben abgebildeten sechs Schemen illustrieren die Katastrophe, die sich – wie wir bereits gesehen haben – in einem dreidimensionalen Raum, also im kosmischen Raum ereignet. Gemäß der von Einstein aufgestellten allgemeinen Relativitätstheorie krümmt ein so dichter Körper wie das schwarze Loch den ihn umgebenden Raum, bis sich dieser um ihn schließt. Es ist nicht einfach zu begreifen, was dies bedeutet, wenn man sich diesen Prozeß nicht zumindest in einem zweidimensionalen Modell vergegenwärtigt. Man kann also ein einfacheres Modell konstruieren, indem man von einer elastischen Membran ausgeht. In (a) sieht man eine dünne Membran, in die ein Tropfen schwerer Flüssigkeit gelegt wurde. Falls die Membran dünn, wenig widerstandsfähig und gut gespannt ist, beginnt die Flüssigkeit, die im Zentrum der Membran eine Krümmung erzeugt, sich zu verdichten, wodurch sie sich auf einer immer engeren Fläche konzentriert, die sich dadurch immer weiter verbiegt (b).
In (c) wird die Membran weiter gespannt, bis die Flüssigkeit in einem kleinen Sack eingeschlossen wird, der dazu neigt, sich zu verengen. In (d) ist das Phänomen so weit fortgeschritten, daß der Tropfen wie am Grund eines Brunnens versunken ist. In (e) sieht man den Tropfen, der die Öffnung der Membran verengt hat, und in (f) hat sich der tropfenförmige Teil der Membran sogar vom Rest der Membran gelöst. Das Ergebnis ist, daß man nun nicht mehr vom Tropfen direkt zum verbleibenden, flachen Teil der Membran gelangen kann, weil eine Unstetigkeit entstanden ist: der Tropfen hat sich getrennt. Dieses Modell, das – wie man sieht – intuitiv nicht leicht zu erfassen ist, könnte den Gravitationskollaps in einer Dimension weniger als jener des tatsächlichen Raums erklären. Genau das ist die Einzigartigkeit des Gravitationskollapses.
Aufgrund der großen Bedeutung dieser Besonderheit muß das Phänomen bezüglich seines tatsächlichen Ablaufs genauer untersucht werden, und man wird neue, noch unbekannte Teile der Gravitationstheorie in Betracht ziehen müssen. Man nimmt deshalb an, einem diesmal theoretisch vorgesehenen Phänomen gegenüberzustehen, das jenem Problem ähnelt, das sich den ersten Atomphysikern stellte, als sie die vom Atom abgegebene Strahlung nicht erklären konnten, da sie die Quantentheorie noch nicht kannten. Es ist deshalb möglich, daß die Theorie des Gravitationsfelds von jetzt ab mit Hypothesen untersucht werden wird, die für die klassische Gravitationstheorie vollkommen neu sind.

DER GRAVITATIONSKOLLAPS. Der Gravitationskollaps ist jenes Phänomen, durch das die Materie eines Sterns, der die Explosion der Supernova erlitten hat, sich so verdichtet, daß sie zu einem schwarzen Loch wird, so daß sie nicht mehr mittels der elektromagnetischen Strahlung (praktisch das Licht und die Radiowellen) mit dem übrigen Universum kommunizieren kann. Das bedeutet jedoch nicht, daß das Gestirn überhaupt nicht mehr wahrgenommen werden kann, denn es könnte sein Vorhandensein durch sein starkes Magnetfeld bemerkbar machen.

Man sollte jetzt darauf hinweisen, daß das Phänomen nicht die gesamte Materie betrifft, aus der sich der kollabierende Stern zusammensetzt, sondern nur jenen Teil, der nicht in den Raum geschleudert wird. Falls es sich um den Endpunkt der Kondensation eines Sterns handelt, dessen Ausgangsmasse unter drei Sonnenmassen betragen hat, wird der Teil des Gestirns, der im Zentrum verdichtet bleibt, zu einem einfachen Pulsar.

Falls seine Masse jedoch drei Sonnenmassen übersteigt, führt der die Materie verdichtende Kollaps dazu, daß die Atome die Elektronen verlieren, daß sich die Kerne berühren und daß die Elektronen in die Kerne eindringen und die Protonen in Neutronen umwandeln; die Annäherung der Neutronen erfolgt dann mit solcher Gewalt, und die Dichte und der Druck, die dadurch entstehen, sind so hoch, daß sich diese Materie weiterhin verdichtet. In diesem Fall wird der Durchmesser des Gestirns, der höchstens etwa 30 km betragen würde, noch kleiner. Die Physik kennt den Aufbau der nuklearen Teilchen nicht, wenn diese weit unter den Größen des Protons und des Neutrons komprimiert werden. Die Teilchenphysik weiß, daß Protonen und Neutronen nicht einfach, sondern mindestens genauso komplex wie der Kern oder sogar ein ganzes Atom aufgebaut sind. Sie bestehen also aus noch kleineren Teilchen, aber keiner kann mit Sicherheit sagen, welches diese Teilchen sind (vielleicht sind es »Quarks«); man ist sich jedoch weder dessen sicher, noch hat man die geringste Vorstellung, wie diese miteinander verbunden sein könnten und welche Struktur sie aufweisen, um die Neutronen und Protonen zu bilden. Bereits dieser Umstand führt dazu, daß man absolut nicht weiß, wie die Materie organisiert ist, wenn sie etwas unterhalb des kleinen Volumens komprimiert und dichter als die bereits hyperdichte Materie des Pulsars ist.

Als ob dies nicht bereits reichte, verformt die Materie – wenn sie etwas unter das kleine Volumen sinkt und deshalb etwas über diese Dichte ansteigt – den umliegenden Raum beträchtlich, wie dies von der allgemeinen Relativitätstheorie vorausgesehen wird. Dennoch wurde die im Jahre 1916 von Einstein entwickelte und veröffentlichte allgemeine Relativitätstheorie perfektioniert, als man Phänomene beobachtete, die stärker verdünnte Materie als die Materie der hypothetischen schwarzen Löcher betrafen. Deshalb ist es nicht gesagt, daß diese Theorie zur Beschreibung dessen, was sich in und vor allem um die schwarzen Löchern ereignet, perfekt geeignet ist.

In gewissem Sinne können sich die Physiker freuen, weil die Untersuchung dieser neuen Phänomene sogar zu einer Revision, d. h. zu einer Vervollkommung der allgemeinen Relativitätstheorie führen kann. Andererseits hat man es mit einem unbekannten und schwer beobachtbaren Gestirn, dem schwarzen Loch, zu tun, um eine Theorie zu verbessern, die dazu dienen sollte zu verstehen, wie dieses schwarze Loch aufgebaut ist, und von der man jedoch annimmt, daß sie ziemlich unvollkommen ist. Die Schwierigkeit ist also offensichtlich sehr groß.

Die Beobachtung eines so dichten Gestirns wird – wie wir bereits gesagt haben – unmöglich, da die Verformung des umliegenden Raums bewirkt, daß das Licht, das eventuell aus dem Gestirn austritt, während des Sichentfernens keine gerade Linie verfolgen kann; da der Raum gekrümmt ist, kehrt das von irgendeinem Punkt seinen Ausgang nehmende Licht auf dieses Gestirn zurück wie das Wasser eines Hydranten, das von der Erde aus in große Entfernung geschleudert wird, und selbst wenn dies sehr heftig geschieht, immer wieder auf der Erde zurückfällt. Das ist der Grund, warum das schwarze Loch keine Licht abgibt.

Andererseits ist es sicher, daß das schwarze Loch Licht ausstrahlen kann, da es bei seiner Entstehung extrem heftig zusammengedrückt wird – genau wie die Pulsare – und deshalb sehr heiß sein muß: seine Temperatur übersteigt wahrscheinlich mehrere tausend Milliarden Grad, wobei diese beibehalten wird, obwohl es eine sehr starke Strahlung erzeugt, da die Strahlung nicht vom Körper fliehen kann. Wir haben auch gesehen, daß aufgrund der Krümmung des Raums rund um das schwarze Loch – wie dies die Relativitätstheorie besagt – selbst zu diesem Gestirn gesendete Lichtstrahlen nicht reflektiert werden.

Diese Eigenschaft rechtfertigt die Bezeichnung »schwarzes Loch«.

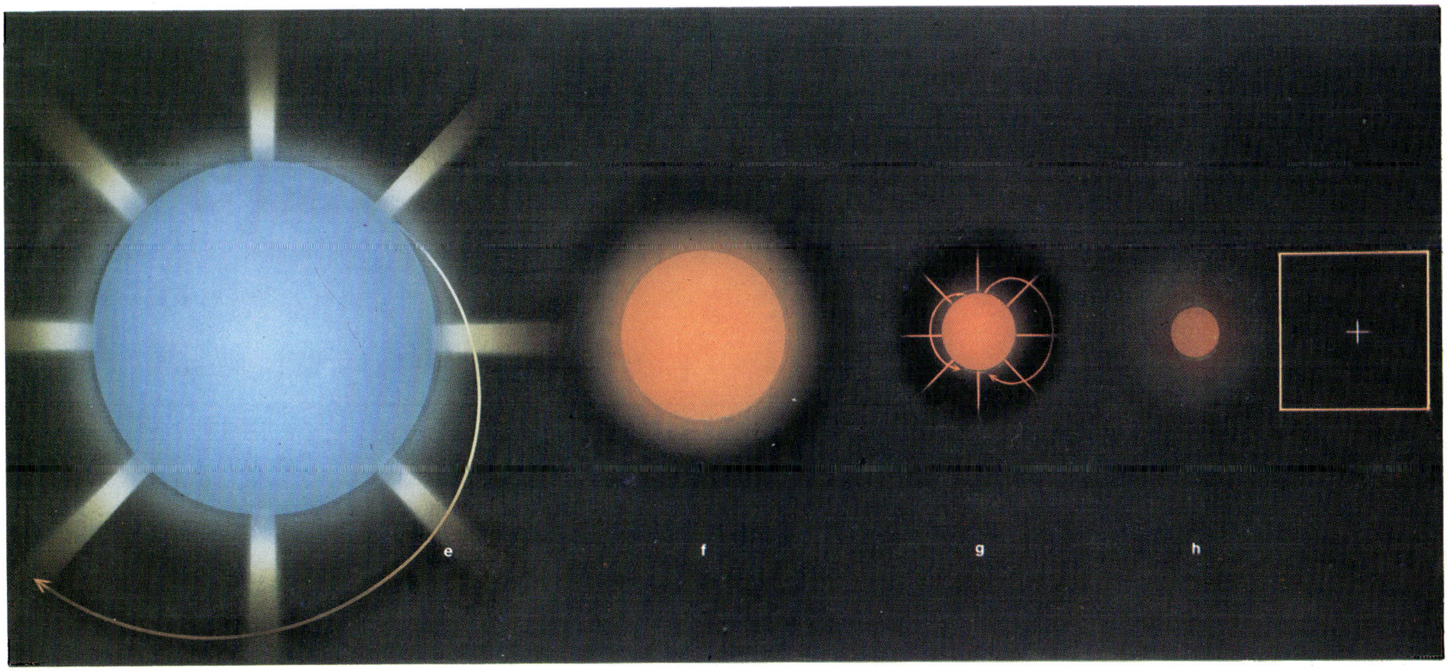

Von der Wirklichkeit zum Unerkennbaren. Das oben abgebildete, sich über zwei Seiten erstreckende Schema illustriert, was mit einem Stern geschieht, der einen Gravitationskollaps erleidet. In (a) ist der Stern noch nach den bereits bekannten Modellen aufgebaut, hat aber bereits die nuklearen Brennstoffe verbraucht, über die er einst verfügte. Aus diesem Grund kollabiert er in (b), und zieht sich in (c) und (d) zusammen. An diesem Punkt angelangt, könnte er nicht mehr von einem Pulsar unterschieden werden und als solcher würde er sein Leben beenden, falls er nicht eine übermäßige Masse hätte. In (e) sieht man stark vergrößert, was im Zentrum des Quadrats (d) beobachtet wird. Wie wir bereits erwähnt haben, könnte das Gestirn zu diesem Zeitpunkt ein Pulsar sein, falls seine große Masse und die Heftigkeit, mit der er sich zusammenzieht, nicht die Neutronenteilchen so stark gegeneinanderdrücken würden, so daß ihre Struktur zertrümmert wird und eine Kompression erzeugt, die – soweit man derzeit darüber weiß – nunmehr unendlich fortschreitet.

In (f) bewegt sich die aus dem Gestirn austretende Strahlung in einem so starken Schwerefeld, daß der Raum gekrümmt ist, weshalb ein von jeglicher Ecke der Sternoberfläche abgehender Lichtstrahl wieder auf den Stern zurückfällt. Nur die ungefähr senkrecht abgegebenen Lichtstrahlen können sich bis endlos vom Stern entfernen und bewirken, daß noch etwas Licht sichtbar wird. In der Folge (g) ist die Verdichtung der Materie so groß und der Raum so gekrümmt, daß das Gestirn ab diesem Zeitpunkt nicht mehr sichtbar ist. Kein Lichtstrahl kann es mehr verlassen, egal ob er vom Gestirn erzeugt oder ob er ursprünglich von außen gegen das Gestirn projiziert wurde. Am Ende tritt die Situation (h) ein: das unter eine genau bestimmte Größe angelangte Gestirn ist optisch nicht mehr zu erkennen; kein Lichtstrahl kann es mehr verlassen.

Es ist mit einfachen Worten vollkommen unsichtbar geworden. Es ist jedoch wahrscheinlich, daß die Verdichtung der Materie in dieser Phase fortschreitet; wie lange, weiß man jedoch nicht, weshalb man nur hypothetische Überlegungen anstellen kann.

Die Theorie über diese superkollabierten Gestirne besagt, daß es verschiedene Verdichtungsmodelle geben könnte, einige sind stillstehend, andere rotierend, einige mit Magnetfeldern ausgestattet und andere ohne. Eines ist jedenfalls allen diesen Modellen gemein: die Erkenntnis, daß man nicht weiß, welche Ausmaße das Gestirn am Ende hat. Zum Beispiel könnten sich eine Masse mit mehr als zehn Sonnenmassen sogar auf das Volumen eines Tennisballs oder vielleicht eines Fußballs oder vielleicht eines Stecknadelkopfs zusammenziehen.

SCHWARZE LÖCHER UND KOSMOLOGIE. Bisher haben wir unter der Annahme von schwarzen Löchern gesprochen, daß die einzige Entstehungsweise darin bestünde, sich aus der Verdichtung jener Materie zu bilden, die bei einer Sternkatastrophe wie zum Beispiel der Explosion einer Supernova entsteht.
In Wirklichkeit stellt sich bei der Untersuchung der Entstehungmöglichkeiten dieser Gestirne im Universum heraus, daß diese weitaus zahlreicher sind, so daß man heute von verschiedenen Arten der schwarzen Löcher sprechen kann; wie wir im folgenden sehen werden, sind einige sehr massereich, während andere hingegen sehr klein sind.
Beide Arten dieser schwarzen Löcher können sich bereits zum Zeitpunkt der Entstehung des Universums gebildet haben, und beide Arten entstanden auch in jüngerer Zeit.
Beginnen wir mit den schwarzen Löchern, die sich in jüngerer Zeit gebildet haben könnten, da sie an die Möglichkeit der Materienverdichtung aufgrund eines Sternkollapses anknüpfen.
Die erste Art umfaßt die einzelnen schwarzen Löcher, die durch den Supernova-Ausbruch entstanden sind und über die wir auf den vorangegangenen Seiten gesprochen haben. Die Masse eines derartigen schwarzen Lochs wird also nicht unter drei Sonnenmassen liegen und kann auch dutzendmal größer als jene der Sonne sein. Man muß jedoch festhalten, daß diese Einschränkung die Zahl der schwarzen Löcher im Universum stark beschränkt, da nur wenige Sterne so viel schwerer als die Sonne sind.
Auch die zweite Kategorie der schwarzen Löcher kann durch den Tod eines Sterns entstanden sein, also sehr viel später als zur Zeit der Entstehung des Universums. Ein Gestirn dieser Art, das sich nicht in irgendeinem Punkt der Galaxis, sondern in einer Zone gebildet hat, in der die Sterne besonders gehäuft vorkommen, wird seine Masse vergrößern. Man nimmt tatsächlich an, daß ein schwarzes Loch dieser Art im Inneren eines Kugelsternhaufens, besser noch fast genau in seinem Zentrum, entstanden ist. In diesem Fall befindet sich das Gestirn in der günstigen Lage, daß viele Sterne in seiner Nähe vorbeikommen, und falls die Bahn richtig liegt, werden die Sterne auf das schwarze Loch fallen. Das Gestirn wird also seine Masse erhöhen; wie sehr die Masse anwachsen wird, hängt von der Masse des Sterns ab, den es aufgesaugt hat.
Im Kern eines Kugelsternhaufens ereignen sich diese Begegnungen – wie wir im folgenden sehen werden – recht häufig; das schwarze Loch kann also seine Masse vergrößern. Bisher wurden Kugelsternhaufen beobachtet, die in ihrem Inneren Phänomene aufweisen, die auf das tatsächliche Vorhandensein eines schwarzen Lochs schließen lassen, und bei der Untersuchung dieser Phänomene konnte auch festgestellt werden, daß die Masse dieser Kategorie der schwarzen Löcher in der Größenordnung von 1000 Sonnenmassen, manchmal etwas darunter und manchmal wieder sehr viel darüber, liegt.
Darüber hinaus hat ein schwarzes Loch dieser Art, falls es sich im Zentrum einer Galaxie bilden konnte, hier weitaus günstigere Bedingungen gehabt, sich zu vergrößern, und wie wir bereits im Fall der Galaxie M 87 gesehen haben, scheint es, daß das wahrscheinlich größte schwarze Loch sogar eine Masse besitzt, die drei Milliarden Sonnenmassen entspricht.
Neben diesen außergewöhnlich großen schwarzen Löchern dürften sich im Universum vermutlich andere schwarze Löcher unterschiedlicher Größe befinden, deren Ausmaße weit geringer als die eben angegebenen und auch viel größer sein können. Diese schwarzen Löcher dürften sich sogar bereits im Moment des Urknalls gebildet haben, aus dem das gesamte Universum entstanden ist.
In der darauffolgenden Zerteilung der Materie, dürfte sich diese so verteilt haben, daß sie in einigen Fällen die Galaxien und in anderen direkt die schwarzen Löcher bildete; man nimmt an, daß sich unter diesen schwarzen Löchern auch riesengroße befinden. Zum Beispiel könnte es sich vielleicht bei den schwarzen Löchern der galaktischen Kerne um solche handeln, die ursprünglich als schwarze Löcher entstanden sind, und unter den ursprünglichen schwarzen Löchern könnte es neben den riesigen auch mittlere und sogar kleine geben.
Wie wir sehen werden, haben diese besonderen schwarzen Löcher eine große Wahrscheinlichkeit, leichter zu werden und Materie zu verlieren. Dieser Prozeß, der in der Folge beschrieben wird, läuft um so rascher ab, desto geringer die Masse ist, und falls er einmal begonnen hat, führt er zu einer so starken Beschleunigung der Massenerleichterung, das dies fast einer Explosion gleichkommt.
Wo sich diese hypothetischen schwarzen Löcher heute befinden, ist nicht bekannt, aber es sind derzeit Untersuchungen im Gange, die sich mit der Erforschung dieser Frage beschäftigen. Es ist jedoch nicht möglich, das schwarze Loch einfach zu suchen, weil man weiß, daß es irgendwann und irgendwo existieren müßte: man benötigt auch Hypothesen, die erklären können, wie dieses schwarze Loch – falls es existiert – den Beobachtern erscheinen müßte.
Man muß deshalb erforschen, welche Phänomene das schwarze Loch in ausreichender Entfernung erzeugen könnte, damit sich die Phänomene außerhalb jener Zone befinden, in der das Schwerefeld so stark ist, daß es die Abgabe des Lichts verhindert; diese Zone wird als »Ereignishorizont« bezeichnet.
Eines der üblichen Phänomene besteht zum Beispiel darin, daß das mit einem sehr starken Gravitationsfeld ausgestattete schwarze Loch während seiner Bewegung inmitten der interstellaren Materie diese an sich zieht. Diese Materie fällt also mit großer Geschwindigkeit in Richtung des schwarzen Lochs, komprimiert sich deshalb sehr rasch und wird schließlich hell, wobei sie nicht nur Lichtstrahlen, sondern auch Röntgenstrahlen abgibt. Da sich all dies ereignet, bevor die Materie in der blinden Zone des schwarzen Lochs angelangt ist, kann uns diese Strahlung erreichen.
Diese Kompression ist so heftig, daß die Strahlung notwendigerweise sehr hart sein muß, wobei die Röntgenstrahlung im Verhältnis zu den sichtbaren Lichtstrahlen überwiegt.
Dies erklärt also das große Interesse der Astronomen und der Astrophysiker an der gründlichen Erforschung jener Regionen des Universums, in denen starke Röntgenstrahlung abgegeben wird.

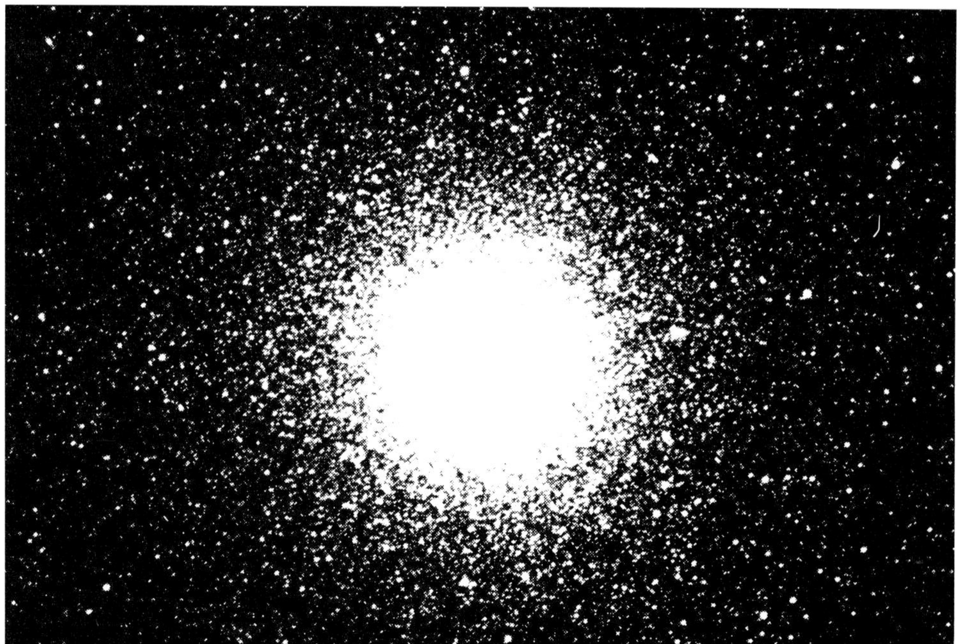

Die schwarzen Löcher in den Kugelsternhaufen. Wenn schwarze Löcher mit so hoher Wahrscheinlichkeit in den Kugelsternhaufen vorkommen, gibt es einen Weg um zu entdecken, ob sie tatsächlich existieren? Falls sie existieren, müssen sie auch wahrgenommen werden können, da der Kern der Kugelsternhaufen starke Röntgenstrahlen abgeben dürfte. Die bisher bei einer gewissen Anzahl an Haufen durchgeführten Beobachtungen haben es erlaubt, bei einigen, darunter dem M 15, eine relative Gewißheit über die Existenz der schwarzen Löcher zu erlangen. Die Masse der schwarzen Löcher beträgt vermutlich zwischen 800 und 500 Sonnenmassen.
Das oben abgebildete Foto zeigt den M 15 im Pegasus in der Nähe des Füllens, der mit freiem Auge nicht sichtbar ist; mit einem Fernglas 10x15 kann man ihn jedoch erkennen. Hier nebenan: Omega Centauri, der leuchtendste Kugelsternhaufen.

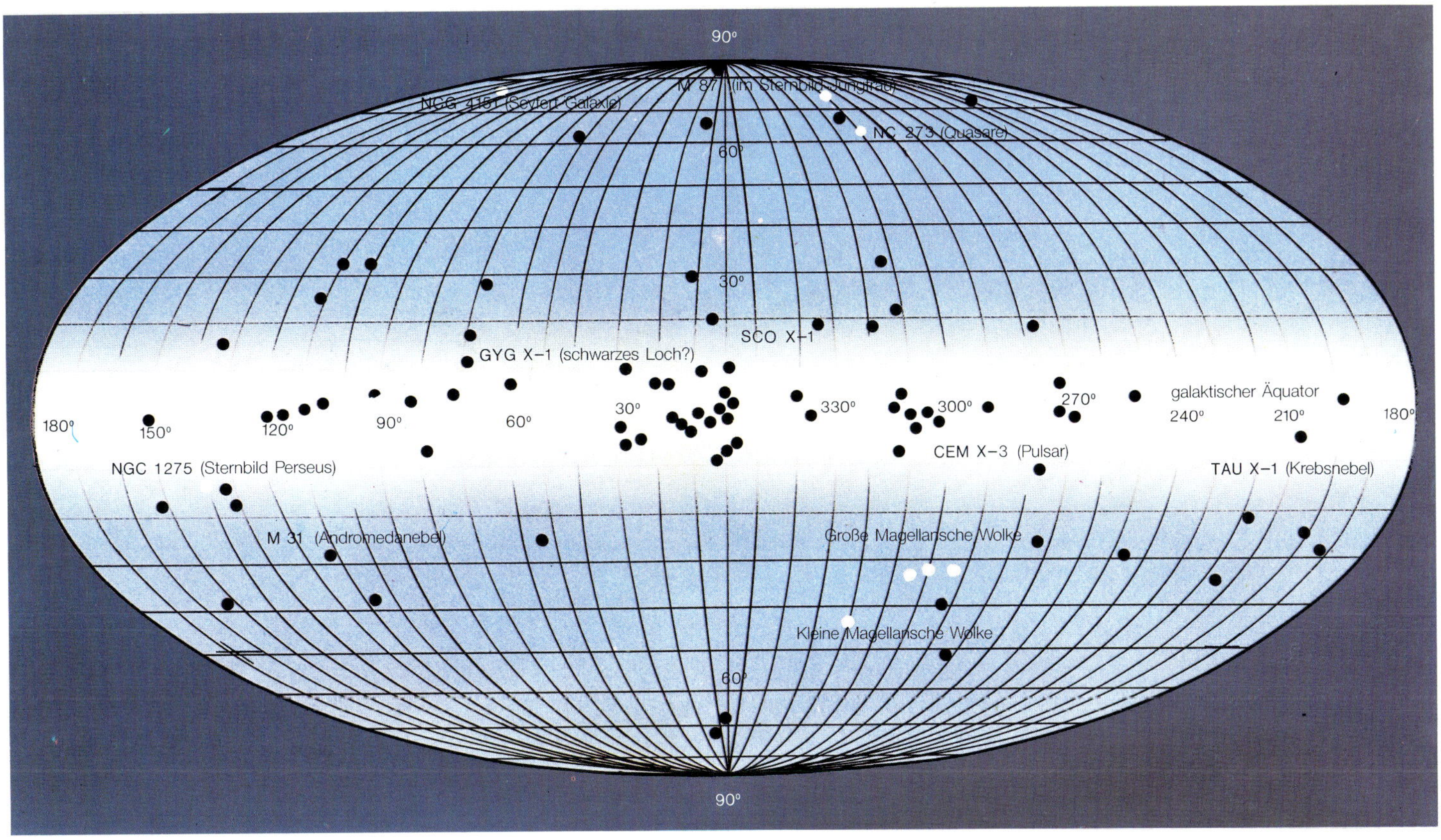

Hochenergetische Phänomene. Das starke Magnetfeld eines schwarzen Lochs bewirkt, daß die Phänomene, die sich in seiner Umgebung ereignen, die Abgabe einer großen Energiemenge erzeugen.

Wenn zum Beispiel, wie wir her oben rechts sehen, Gas und interstellarer Staub vom schwarzen Loch angezogen werden und hineinfallen, erzeugen sie – noch bevor sie die Zone erreichen, aus der kein Licht mehr austreten kann – nicht nur sichtbare Strahlung, sondern auch Röntgenstrahlen, also sehr starke Strahlung. Dieses Phänomen kann relativ einfach erklärt werden.

Ein schwarzes Loch ist sehr klein, und ein Nebel, der dicht an ihm vorbeikommt und schließlich in sein Inneres fällt, kann sehr groß und verdünnt sein.

Zwei Teilchen, die im Nebel weit voneinander entfernt sind, während sich dieser in großer Entfernung vom schwarzen Loch befindet, werden sich einander also beim Fall des Nebels in das schwarze Loch annähern, und während dieser Annäherung verdichtet sich das Gas des Nebels. Die Kompression ist schließlich so groß, daß das Gas sehr heiß wird, wodurch eine starke Abgabe von sichtbarem Licht und Röntgenstrahlen erfolgt. Aus diesem Grund ist es sehr wichtig, alle im kosmischen Raum befindlichen Röntgenquellen zu untersuchen, da es sich bei einigen unter ihnen um schwarze Löcher handeln könnte. Ob es sich dann wirklich als schwarzes Loch herausstellt, oder ob die Art der Emission zumindest vernünftigerweise auf die Existenz eines schwarzen Lochs schließen läßt, wird von den Merkmalen dieser Strahlung und von anderen Begleiterscheinungen abhängen, die sich mittels anderer Strahlungen, vielleicht sogar durch das sichtbare Licht, feststellen lassen. Aus diesem Grund hat man in letzter Zeit den Beobachtungen mittels der Röntgenteleskope große Bedeutung zugemessen. Das berühmteste Instrument dieser Art war das auf dem Satelliten Einstein (hier oben links abgebildet) aufgebaute Teleskop. Dieser Satellit, der für lange Zeit rund um die Erde kreiste und die aus allen Richtungen des Weltraums kommende Röntgenstrahlung auffing, hat es ermöglicht, die oben abgebildete Karte mit zahlreichen weiteren Röntgenquellen anzureichern, die in den siebziger Jahren aufgrund der Beobachtungen des ersten Satelliten gezeichnet wurde, der sich ausschließlich den Röntgenstrahlen widmete und UHURU genannt wurde.

Die Karte zeigt die Position zahlreicher Röntgenquellen an: einige sind unbekannter Herkunft, andere wurden als andere Röntgenquellen identifiziert.

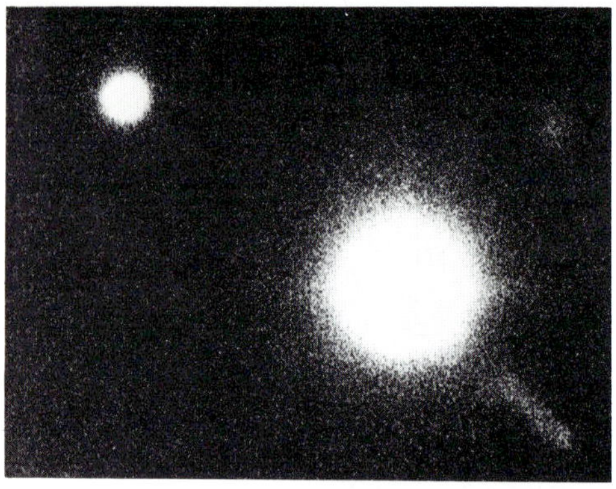

DIE GRENZEN DER PHYSIK. Die schwarzen Löcher erzeugen rund um sich ein so starkes Schwerefeld, daß die Phänomene, die man beobachten wird können, sobald man die Gewißheit ihrer Existenz erlangt hat, die Gesetze der Physik, die für die Gestirne mit bescheidenen Massen und bescheidenen Schwerefeldern aufgestellt wurden, auf eine harte Probe stellen werden.

Es wäre für die Physik von großer Bedeutung, wenn man die Existenz der schwarzen Löcher nachweisen könnte, da es diese Entdeckung erlauben würde, eine große Zahl der Rätsel zu lösen, auf die man noch immer im Universum und insbesondere im Inneren der Galaxien oder jener Gestirne trifft, die ihnen in gewissen Aspekten ähneln, den Quasaren.

Diese Himmelskugeln galaktischen Ausmaßes sind bekannt: ihre Masse entspricht vermutlich jener einer Galaxie, beträgt also Milliarden Sonnenmassen; aber man weiß noch nicht, welche Energie sie leuchten läßt. Wer liefert ihnen ausreichend Energie, um sich auszudehnen und die hohe Temperatur aufrechtzuerhalten?

Von bestimmten Quasaren werden außerdem riesige Materienfontänen fast mit Lichtgeschwindigkeit weggeschleudert. Das bedeutet, daß sich im Inneren der Quasare heftige Explosionen ereignen, aber niemand kennt bisher den exakten Mechanismus, der ausreichend Energie freisetzt, um so mächtige Phänomene zu erzeugen. Eine der vor kurzem formulierten Hypothesen besagt, daß sich im Zentrum dieser riesigen Himmelskörper schwarze Löcher mit beträchtlicher Masse befinden, deren Masse also 100 Millionen oder sogar einige Milliarden Sonnenmassen übersteigt.

Falls Materie in das Zentrum dieser riesigen schwarzen Löcher fiele, könnte dies – selbst wenn es sich nur um wenige Sternmassen handeln sollte – ausreichend Energie freisetzen, um derartige Phänomene zu erklären.

Auch am entgegengesetzten Ende der Größenrangordnung der schwarzen Löcher steht man sich physikalischen Gesetzen gegenüber, die bereits allein wichtige Phänomene wie z. B. die »Verdampfung der schwarzen Löcher« erklären würden.

Bisher haben wir gesagt – und man kann es vernünftigerweise annehmen –, daß das schwarze Loch den Tod der Materie des Universums bedeutet: falls die Materie in ein schwarzes Loch fällt, hat sie nämlich weder die Möglichkeit, durch das Licht mit dem Rest des Universums zu kommunizieren, noch kann sie aus dem Loch austreten und bleibt deshalb für immer gefangen. Angesichts einer so tragischen Gewißheit haben sich die Forscher an die Arbeit gemacht

Riesige schwarze Löcher. Das hier nebenan abgebildete Schema erklärt, was sich im Inneren des Kerns einer Galaxie ereignen kann: wenn sich dort einmal ein schwarzes Loch gebildet hat, besteht die große Wahrscheinlichkeit, daß es zu einer riesigen Größe anwächst, d. h. es kann eine Masse erreichen, die einer Milliarde Sonnenmassen entspricht. Dieses Phänomen ereignet sich, da die Sterne im Zentrum jeder Galaxie sehr dicht verteilt sind, wobei sie sich mit umso geringerer Geschwindigkeit bewegen, je näher sie beim Zentrum der Galaxie rotieren; der Grund dafür besteht darin, daß dort die innere Gravitationsanziehung abnimmt. Im Vergleich zur Sonne, wo sich die sonnennahen Planeten schneller bewegen, tritt genau die gegenteilige Situation ein.
Im Zentrum der Galaxien fällt ein Stern also mit großer Wahrscheinlichkeit in das Innere dieses schwarzen Lochs; viele andere Sterne könnten den gleichen katastrophalen Selbstmord begehen, und auf diese Weise wird sich diese Zone mit der Zeit entvölkern. Neue Sterne kommen vom Rand der Galaxie, und da das schwarze Loch immer größer wird, wird auch die Wahrscheinlichkeit immer größer, die Sterne einzufangen und damit die Entwicklung des Kerns der Galaxie zu beeinflussen. Die Gestirne, die in sein Aktionsfeld fallen, erzeugen so starke Energieabstrahlungen, daß sie auch aus sehr großer Entfernung wahrgenommen werden können.
Die beiden oben abgebildeten Fotografien zeigen fast stellare Radioquellen (Quasare). Befinden sich in diesen geheimnisvollen Objekten, die den galaktischen Kernen so ähnlich sind, riesige schwarze Löcher?

um herauszufinden, ob nicht irgendein umgekehrtes Phänomen existiert.
Falls Elementarteilchen fast mit Lichtgeschwindigkeit in ein schwarzes Loch eintreten, ist es möglich, daß sie aus ihm austreten und ihm dabei einen Teil der Energie entziehen.
Dies ist ein sehr komplizierter, aber möglicher Prozeß, durch den dem schwarzen Körper Energie aber keine Materie entzogen wird, es sei denn, das schwarze Loch hätte eine relativ kleine Masse.
Die Quantenmechanik, d. h. die Mechanik der submikroskopischen Objekte (zum Beispiel jene, die sich perfekt auf die Struktur und die Gesetze des Atoms und des Kerns anwenden läßt), lehrt nämlich, daß ein Elementarteilchen, dessen Energie zu schwach ist, um eine Potentialgrenze zu überschreiten, eine größere Wahrscheinlichkeit hat, diese Schranke zu überschreiten.
Eine Bocciakugel, welche die Straße entlangrollt, bis sie an einer geneigten Einfahrt anlangt, wird es zum Beispiel nie schaffen, auf diese hinaufzurollen, wenn ihre Geschwindigkeit gering ist; falls die Kugel jedoch mikroskopisch klein ist, und auch das zu überwindende Hindernis mikroskopisch klein ist, wird es ihr auch bei nicht ausreichender Energie gelingen, in einigen Fällen das Hindernis zu überwinden. Das kann auch einem Teilchen passieren, das sich im Inneren eines schwarzen Lochs befindet: unter diesen Bedingungen kann es die Schranke des Gravitationspotentials überschreiten und aus dem schwarzen Loch austreten.
Diese Theorie, welche die Alpha-Radioaktivität oder die Abgabe von Alphateilchen von schweren Atomkernen (Uran und Thorium) beschreibt, erlaubt, auf das schwarze Loch angewandt, die maximale Größe dieses Körpers festzulegen, damit die mikroskopisch kleinen Teilchen die Schranke des Gravitationspotentials überschreiten können.
Im Fall des schwarzen Lochs kann sich dieses Phänomen ereignen, und es wird sich mit umso größerer Wahrscheinlichkeit ereignen, desto kleiner das schwarze Loch ist. Zum Beispiel bei schwarzen Löchern mit einer Masse von 10^{16} Gramm (entspricht etwa der Masse eines kleinen Bergs) ist diese Wahrscheinlichkeit ziemlich hoch. Falls die Masse zehnmal kleiner ist, wird die Wahrscheinlichkeit sehr hoch. Insbesondere wenn die Masse nur 10^{14} Gramm beträgt, erfolgt die »Verdampfung« der Teilchen aus dem schwarzen Loch so rasch, daß es praktisch alle Teilchen, aus denen es sich zusammensetzt, in einem Bruchteil einer Sekunde verliert. Im wesentlichen würde es sich um eine riesige Explosion handeln. Die gesamte im Inneren des schwarzen Lochs vorhandene Energie würde sich außerhalb in Form stark energetischer Protonen und ebenso energetischer Gammastrahlen wiederfinden.
Falls also diese schwarzen Löcher existierten – und es ist möglich, daß sich so leichte schwarze Löcher während der Entstehung des Universums gebildet haben –, dann wären sie langsam verdampft; aber von jenen, die bis heute überdauert hätten, wären einige so leicht, daß sie sehr rasch verdampfen. Das Universum könnte also von diesen Explosionen durchdrungen sein, die sich auf der Erde durch eine plötzliche, vorübergehende Erhöhung der aus dem Kosmos stammenden Gammastrahlung bemerkbar machen.
Da es scheint, daß Explosionen dieser Art tatsächlich stattfinden, werden derzeit Sonden außerhalb der Atmosphäre geschossen, um die Ausmaße dieser Gammaexplosionen zu bewerten. Bis jetzt hat man noch keinen endgültigen Beweis, aber es wird aktiv gearbeitet, um die Existenz dieser Explosionen zu bestätigen und sie mit jenen in Verbindung zu bringen, die durch die Verdampfung der mikroskopischen schwarzen Löcher erzeugt werden.
Es werden deshalb heute in der Astrophysik zahlreiche Anstrengungen unternommen, um sowohl die Existenz der schwarzen Löcher mit kosmologischen Ausmaßen zu beweisen, wie z. B. jene, die in den Kernen der Galaxien vorhanden sein könnten, und falls sie existieren, den Kern der Quasare mit Energie versorgen, als auch das Vorhandensein mikroskopisch kleiner schwarzer Löcher nachzuweisen, die umgekehrt gerade in der Lage sind, in dem Punkt, in dem sie sich befinden, zu nicht zu großen Explosionen im Universum zu führen, welche extrem energiegeladene Gammastrahlen erzeugen.

Irreale Welten. Die links abgebildete Zeichnung zeigt eine besondere Eigenschaft des schwarzen Lochs: es wird von einer Kugel umgeben, die Ereignishorizont genannt wird, und in der das gesamte erzeugte Licht nicht in der Lage ist, auszutreten. Falls sich eine außerhalb dieser kugeligen Zone befindliche Lichtquelle zu einem bestimmten Zeitpunkt entzündet, wird sich das Licht von dieser Quelle entfernen und eine Kugel füllen, die sich rund um diese Quelle aufbläst. Die Kugel ist zur Quelle perfekt konzentrisch (1). Falls sich diese näher am Ereignishorizont entzündet, wird sich auch in diesem Fall die Strahlung von dieser Quelle entfernen und eine immer größere Kugel aufblasen; doch dieses Mal ist die Kugel nicht mehr konzentrisch zur Quelle, sondern ihr Zentrum ist etwas in Richtung des Ereignishorizonts (2 und 3) verschoben. Wenn die Quelle am Ereignishorizont anlangt, befindet sich das Zentrum der Kugel immer außerhalb der Quelle in Richtung des Zentrums des schwarzen Lochs verschoben, und die Quelle befindet sich am Kugelrand (4). Innerhalb des Ereignishorizonts ist die leuchtende Kugel im Verhältnis zur Quelle, welche zur Gänze außerhalb der Kugel bleibt (5), nicht zentriert.

Die Größeneinteilung. Die unten abgebildete Logarithmentafel zeigt, welche unterschiedlichen Größen ein schwarzes Loch annehmen kann. Ganz links befinden sich die kleinstmöglichen schwarzen Löcher (a, mit nur 10^{14} Gramm), die kleiner als ein Atomkern sind. Noch kleinere schwarze Löcher können nur für einen Bruchteil einer Sekunde existieren. Bei sehr viel größeren Massen, 10^{17}–10^{18} Gramm (b, entspricht der Masse eines großen Berges), wird ihr Leben länger. Bei noch größeren Massen weiß man noch nicht, welcher andere Prozeß das schwarze Loch zerstören und damit sein Leben beenden könnte. Schwarze Löcher mit den Massen zwischen einer und zehn Sonnenmassen (c) kommen im Universum wahrscheinlich am häufigsten vor; es sind jene, die durch die Katastrophe der Supernovae entstanden sind. Noch größere schwarze Löcher, wie jene im Inneren der Kugelsternhaufen, haben eine Masse von 10^{36} Gramm (d). Die Masse der allergrößten schwarzen Löcher beträgt schließlich 10^{43} Gramm (e): der Durchmesser ihres Ereignishorizontes kann bis Hunderte Kilometer erreichen.

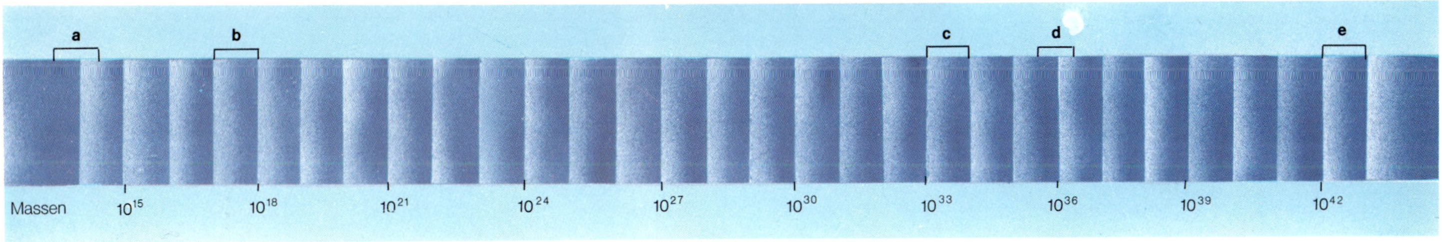

Organische Moleküle im Kosmos

Es wäre ein großer Irrtum zu glauben, daß man im gesamten Universum mit Phänomen zu tun hat, die an außergewöhnliche Wärmemengen gebunden sind. Der Großteil des Universums ist nämlich kalt, und die Kälte herrscht in großer Entfernung von den Sternen oder in den zwischen den Sternen vorhandenen Gas- und Staubwolken vor. In einigen Fällen, wenn das Gas transparent ist, gelingt es der von den Sternen abgegebenen Strahlung, das Gas auf eine relativ hohe Temperatur zu erhitzen, die auch einige tausend Grad betragen kann; in einigen Fällen, jedoch nur in großer Entfernung von den Sternen oder wenn gemeinsam mit dem Gas sehr opake Materie vorhanden ist, wird dieses Licht blockiert, und in den Zonen, in denen das Licht nicht hingelangt, erreicht die wenige, im Raum verstreute Materie eine sehr tiefe Temperatur, die manchmal fast Null absolut betragen kann. In den meisten Fällen ist die Temperatur jedoch etwas höher: auch bis 100° absolut, der Temperatur der Verflüssigung der Gase.

Wenn die Atome der Gase in einem so kalten Raum aufeinandertreffen, und falls ihre Struktur es ihnen erlaubt, haben diese Atome die Möglichkeit, sich dauerhaft miteinander zu verbinden. Aufgrund der nicht sehr hohen Temperatur der Luft (die Temperatur der Luft, die wir atmen, beträgt etwa 300° absolut) haben die Sauerstoff- und Stickstoffatome die Möglichkeit, sich zu verbinden und Paare zu bilden; wir atmen nämlich zweiatomigen Stickstoff und zweiatomigen Sauerstoff ein. Im interstellaren Raum können sich die Atome aufgrund der so niedrigen Temperaturen verbinden und weitaus kompliziertere Moleküle bilden. Erst kürzlich wurde die erstaunliche Entdeckung gemacht, daß sich unter den im Kosmos beobachteten Molekülen sogar Moleküle organischer Substanzen befinden.

Es wurde deshalb die Hypothese aufgestellt, daß für die Materie im Kosmos, wie zum Beispiel im Lagoon-Nebel im Schützen (unten), die Möglichkeit besteht, sich zu verbinden, um die wesentlichen Bausteine zu bilden, aus denen sich die Substanzen der Lebewesen zusammensetzen. Diese Aufführungen entwickeln sich jedoch dann in eine Richtung, welche die Astronomie nicht direkt betrifft.

1

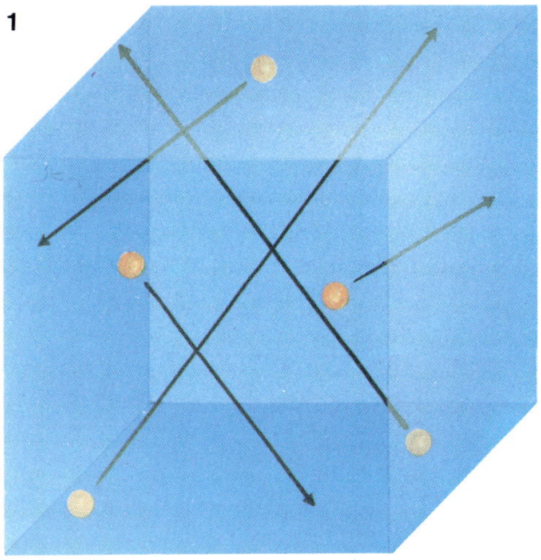

GEBURT UND TOD EINES MOLEKÜLS. Als erstes sollte erwähnt werden, daß sich die Materie im interstellaren Raum im gasförmigen Zustand befindet (außer der Materie in Form von Staubkörnern, die sehr stark verdünnt ist); bereits dieser Umstand erlaubt zu begreifen, warum die Wahrscheinlichkeit, daß sich Moleküle bilden, sehr gering ist. Die mittlere Dichte der Atome im kosmischen Raum – wie man in den graphischen Darstellungen hier unten erkennen kann – ist weitaus geringer als jene der Luft, die wir atmen. Dennoch können diese Atome aufeinandertreffen, sich verbinden und sogar große Moleküle bilden, wenn sie genügend Zeit zur Verfügung haben.
Andererseits herrschen im Raum feindliche Bedingungen für die bereits vereinten Moleküle; sie werden nämlich durch heftige Strahlung bombardiert: aus allen Richtungen hageln die »Photonen« auf sie ein, d. h. die Teilchen des Lichtstroms. Falls es sich dabei um sichtbares Licht handelt, ist die vom Photon transportierte Energie gering und kann das Molekül unbeschädigt lassen; falls es sich jedoch um ein ultraviolettes Photon handelt, ist die Wahrscheinlichkeit, daß es das Molekül zerstört, sehr hoch. Nur wenige ultraviolette Photonen erreichen die Erde, da sie von der Atmosphäre aufgehalten werden; aber im kosmischen Raum gibt jeder Stern und insbesondere die blauen Sterne reichlich Photonen ab. Es ist also ein wunderbarer Umstand, daß Moleküle im Raum existieren, und es bedeutet, daß die Prozesse, die zu ihrer Bildung führen, jenen überlegen sind, die zu ihrer Zerstörung führen. Da die Bildung der Moleküle – wie wir gesehen haben – durch einfaches Zusammentreffen selten ist, muß es einen Prozeß geben, der ihre Bildung begünstigt.

2

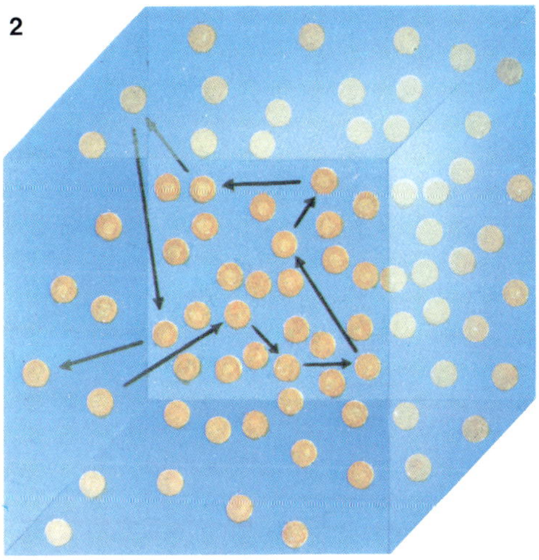

3

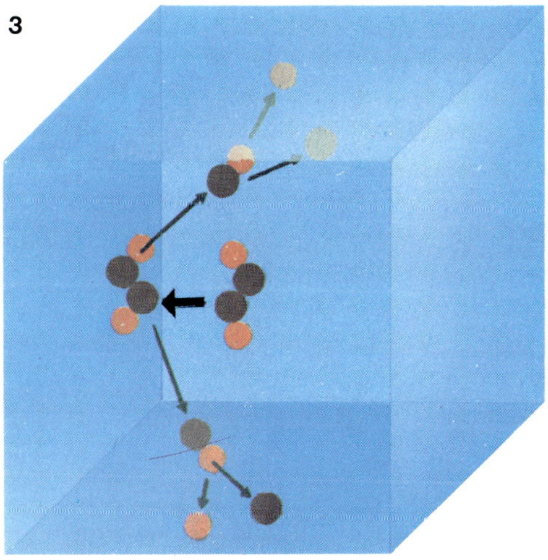

4

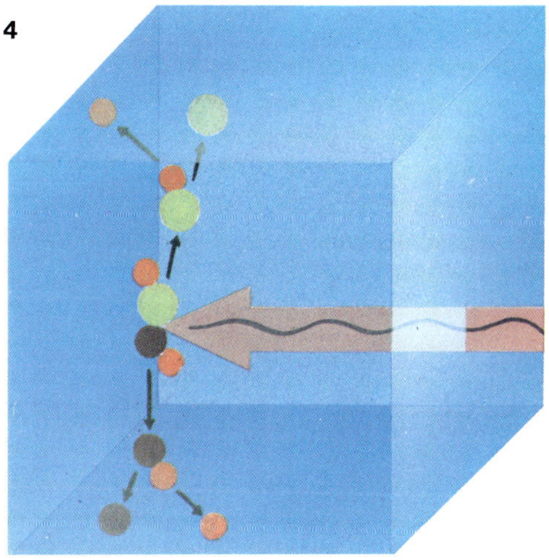

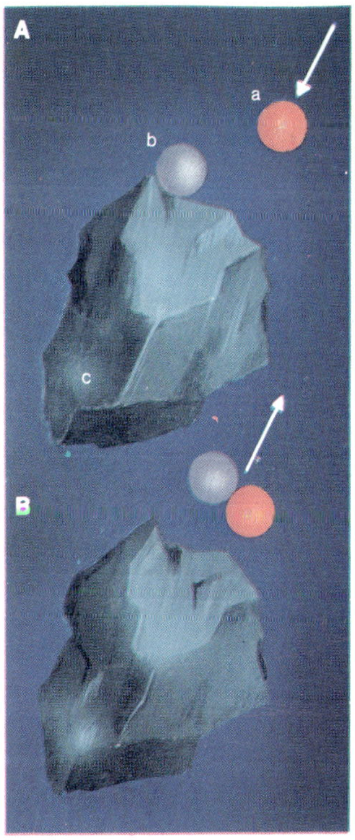

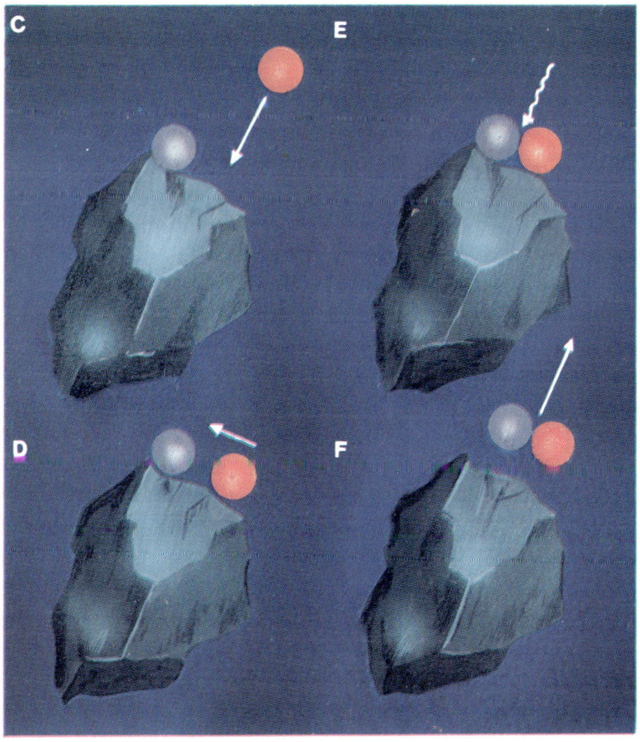

Dichte und Wahrscheinlichkeit des Zusammentreffens. Die vier oben abgebildeten Schemen illustrieren die Rolle der Gasdichte bei der Möglichkeit der Bildung und der Auflösung seiner Moleküle. Als erstes sollte man daran erinnern, daß man immer dann von Molekülen spricht, wenn man es mit Teilchen zu tun hat, die aus mehr als einem Atom zusammengesetzt sind. Wenn die Dichte der Teilchen pro Kubikzentimeter sehr hoch ist, wie z. B. in der Luft, die wir atmen, ist auch die Wahrscheinlichkeit sehr groß, daß diese Teilchen aufeinandertreffen. In der Luft befinden sich nämlich etwa zehn Milliarden Milliarden Teilchen pro Kubikzentimeter (diese Zahl wird »Lodschmidtsche Zahl« genannt). Bei so hohen Dichten hat jedes in der Luft vorhandene Atom- oder Molekularteilchen die Wahrscheinlichkeit, tausendmal pro Sekunde auf ein anderes zu treffen.
Darüber hinaus findet dieses Zusammentreffen bereits nach einem sehr kurzen Weg statt (2); die Moleküle der Luft haben nämlich eine sehr geringe Wahrscheinlichkeit, sich über mehr als einen kleinen Bruchteil eines Millimeters frei zu bewegen. Im interstellaren Raum sind die Wahrscheinlichkeiten eines Zusammentreffens jedoch viel geringer; pro Kubikzentimeter sind nämlich nur wenige Einheiten oder wenige dutzend Moleküle vorhanden (1). Man kann annehmen, daß im Raum eine Leere existiert, die durch keine Methode im Labor nachvollzogen werden kann. Unter diesen Bedingungen ist die Wahrscheinlichkeit eines Zusammentreffens nicht zuletzt deshalb sehr gering, da sich diese Teilchen mit großer Geschwindigkeit geradlinig bewegen. Wenn es zu einem Zusammenstoß zwischen den Molekülen kommt (3, dicker Pfeil), kann dies gefährlich sein, da das Molekül dabei zerbrechen kann, falls die Temperatur hoch ist. Bei den niedrigen Temperaturen im Raum (wenige zehn oder 100 Grad absolut) ist dieser Zusammenstoß im allgemeinen keineswegs gefährlich: die Moleküle können ohne weiteres überleben.
Dies ist jedoch nur in großer Entfernung von den Sternen gültig. In der Nähe der Sterne (4, großer Pfeil) beschleunigt die Strahlung diese Teilchen, die dann zusammenstoßen werden. Aus dem bisher Gesagten läßt sich ableiten, daß dort, wo die Moleküle und Atome sehr selten, aber kalt sind, die Wahrscheinlichkeit eines Zusammentreffens gering ist, und die Wahrscheinlichkeit der Zerstörung eher von der Wahrscheinlichkeit abhängt, daß das Molekül einen Zusammenstoß von seiten eines energetischen Photons erleidet, wie z. B. eine Strahlung vom Typ Röntgen, als von einem Zusammenstoß, der das Molekül zertrümmert.

Die Rolle der Kohlenstoffteilchen. Einige Moleküle benötigen zu ihrer Entstehung nicht die besonders seltenen Umstände eines Zusammentreffens zweier Atome oder eines Atoms (a) und eines Molekularbruchstücks (b), sondern es müssen sogar drei Atome oder zwei Atome und ein Bruchstück gleichzeitig zusammentreffen; dieses Ereignis ist selbst in sehr dichten Gasen äußerst unwahrscheinlich und im Raum praktisch unmöglich; aus diesem Grund nimmt man an, daß die Moleküle die Möglichkeit haben, sich aufgrund des Katalysatoreffekts der Kohlenstoffkörner zu bilden (c). Diese können nämlich, wie dies in A und B dargestellt wird, Molekularbruchstücke an ihrer Oberfläche festhalten und darauf warten, daß das richtige Atom auf sie trifft. Es ist dabei nicht einmal notwendig, daß das fehlende Atom auf das Molekularbruchstück trifft; in vielen Fällen reicht es, daß das Atom auf das Kohlenstoffkorn trifft (C). Es wird sich dann entlang seiner Oberfläche (D) bewegen und sich mit dem Molekularbruchstück wiedervereinigen (E), um das Molekül zu vervollständigen (F). In diesem Fall dient das Kohlenstoffkorn als »Katalysator«.

WIE DIE MOLEKÜLE ENTDECKT WERDEN. Die Entdeckung der anorganischen Moleküle im Kosmos reicht auf die ersten Untersuchungen des Sonnenspektrums zurück, die bereits im vergangenen Jahrhundert durchgeführt wurden. In der Sonne lassen sich nämlich nicht nur einzelne, sondern auch in Gruppen und geordneten Reihen zusammengefaßte Linien beobachten, wie sie für das Vorhandensein von Molekülen charakteristisch sind. In der Sonne sind zum Beispiel eher Atomverbindungen als eigentliche Moleküle vorhanden; diese Atomverbindungen werden »radikal« genannt, wie zum Beispiel die radikale Hydroxylgruppe OH.
Unter den Laborbedingungen auf der Erde ist die Hydroxylgruppe nicht stabil, während das Molekül des Wassers H_2O stabil ist; unter den Bedingungen der Sonnenatmosphäre neigen hingegen die hohe Temperatur und die starke Strahlung dazu, das Wassermolekül zu zerstören – obwohl sich der Wasserstoff und der Sauerstoff mit großer Wahrscheinlichkeit verbinden, um ein Wassermolekül zu bilden – und unter diesen Bedingungen wird ein Gleichgewicht aufgrund der Stabilität der einfacheren OH-Gruppe erreicht. In der Sonne sind noch weitere Molekulargruppen wie die OH-Gruppe vorhanden.
In Sternen mit einer geringeren Oberflächentemperatur befinden sich auch komplexere atomare Gruppen. Das Interesse der Astronomen gilt heute jedoch den Molekülen, die frei im interstellaren Raum vorhanden sind. Hier lassen sich Moleküle beobachten, die sogar noch komplexer als jene eben erwähnten aufgebaut sind: anstatt zweiatomig zu sein, setzen sie sich auch aus fünf, zehn oder mehr Atomen zusammen. Um ihr Vorhandensein im Raum festzustellen, wird noch immer die Technik der Spektroskopie angewandt. Es handelt sich jedoch um eine kompliziertere Spektroskopie als jene einfache, die man bei der Untersuchung der Sonne an-

Das Rotationsspektrum. Man kann sich ein kleines und einfaches Molekül als eine Hantel vorstellen, d. h. aus zwei Kugeln mit einer Verbindung bestehend, die durch einen steifen Stock sichtbar gemacht wird. Das Molekül kann sich um drei Rotationsachsen drehen: jene, welche die beiden Zentren der Atome verbindet, die jedoch wenig interessant ist, und die beiden (weiß und schwarz) senkrecht zu jener Achse stehenden Rotationsachsen, welche die Atome verbindet. So ein Atompaar kann mit hoher Geschwindigkeit (a) um eine dieser Achsen rotieren, danach die Geschwindigkeit verringern und sich sofort auf das gemäß den Gesetzen der Physik mögliche, niedrigere (b) Geschwindigkeitsniveau begeben. Das Molekül gibt dann eine Strahlung ab, die auf die Differenz der Rotationsenergie zwischen dem Zustand, in dem sich das Molekül schnell dreht und jenem zurückzuführen ist, in dem es langsamer rotiert. Alle möglichen Kombinationen werden zu Strahlungen führen, die im harmonischen Diagramm (oben) dargestellt werden. Ein Radioteleskop, das auf eine Gaswolke (von der Art des Nebels Eta Carinae: Foto oben) gerichtet wird, in der diese Moleküle vorhanden sind, wird eine für dieses Molekül charakteristische Radiostrahlung auffangen. Falls sich diese Moleküle jedoch in großer Zahl zwischen die von einem dahinterliegenden Nebel stammenden Radiostrahlung schieben, werden sie diese Strahlungen mit derselben Wellenlänge absorbieren. In diesem Fall wird das Radioteleskop das Fehlen dieser Strahlungen im Spektrum des dahinterliegenden Nebels entdecken. In beiden Fällen wird der Astronom jedoch wissen, daß er auf eine Molekülwolke gestoßen ist, welche die oben angegebenen Rotationsmerkmale besitzt.

wenden kann, d. h. mittels eines normalen Prismenspektroskops und der Fotografie.
Die im kosmischen Raum vorhandenen Moleküle sind in weiten Gebieten verstreut, die sich manchmal bis Dutzende oder Hunderte Lichtjahre ausdehnen. Die Dichte ist sehr gering, weshalb die von ihnen abgegebene Strahlung äußerst schwach ist.
Das Instrument, das sich zur Auffangung dieser Strahlungen eignet, ist das Radioteleskop.
Wie man aus den schematischen Darstellungen auf diesen beiden Seiten erkennen kann, haben die Moleküle die Eigenschaft, nicht nur eine einzige Strahlung mit einer einzigen Wellenlänge auszusenden, sondern eine Gruppe von Strahlungen mit verschiedenen Wellenlängen, wobei das Intensitätsverhältnis der verschiedenen Wellenlänge Aufschluß über die Eigenschaften des Moleküls gibt und als eine Art unmißverständliche »Unterschrift« des Moleküls betrachtet werden kann. Darüber hinaus kennen die Wissenschaftler die charakteristischen Strahlungen aller dieser Moleküle, da es möglich ist, sie im Labor zu erzeugen. Im Labor ist es natürlich bequemer, diese Strahlung mit jener Intensität zu erzeugen, die notwendig ist, um sie mit viel einfacheren Mitteln als mit den riesigen Radioteleskopen nachzuweisen. Diese Strahlungen sind auf den Umstand zurückzuführen, daß die Moleküle je nach ihrer Größe zahlreiche Möglichkeiten haben, zu rotieren oder zu vibrieren: jeder dieser Möglichkeiten entspricht ein besonderer energetischer Zustand des Moleküls.
Die energetischen Zustände, die die Moleküle während ihrer Rotation oder Vibration annehmen können, sind praktisch unendlich viele; es sind jedoch nicht alle Werte möglich: es gibt nämlich für jedes Molekül eine Werteskala. Jedes Molekül kann also mit einem dieser Werte der Skala oder einem naheliegenden Wert rotieren oder vibrieren, nimmt aber keine dazwischenliegenden Werte an. Die Moleküle sind also gezwungen, von diesen Energiewerten zu naheliegenden Werten in diskreten Schritten zu gelangen; bei der Absorption oder der Abgabe dieser Energiemengen erzeugen sie Strahlungen, deren Wellenlänge dem Wert dieser Energie entspricht. Da jedes Molekül eine charakteristische Gruppe an Strahlungen abgeben kann, kann man diese als »Unterschrift« des Moleküls betrachten.
Dieselbe Überlegung gilt für die Vibration des Moleküls. Die Atome sind untereinander auf »elastische« Weise verbunden, weshalb das Molekül vibrieren kann. Auch diese Vibration bewirkt, daß das Molekül ein Spektrum ausstrahlt, das seine »Unterschrift« noch charakteristischer macht.

Das Vibrationsspektrum. Die oben abgebildete schematische Darstellung zeigt ein weiteres Merkmal des Moleküls: es kann vibrieren. Falls das Molekül aus einer Kette aus vielen Atomen (in diesem Fall 4) besteht, wie dies oben in (a) dargestellt wird, ist dieses Molekül nicht starr, aber man muß sich die Verbindungen als relativ steife Federn vorstellen. Eine Gruppe aus Kugeln, die durch diese Federn verbunden sind, wird es dem Molekül erlauben – falls es einen Schlag erhalten hat –, eine oder mehrere dieser Federverbindungen, die Paare naheliegender Atome, verbinden, zu erregen oder sogar als ganzes zu vibrieren (weiße Pfeile). Auch bei der Vibration ist die Energiemenge (auf die Hin- und Herbewegung der Atome zurückzuführen), die das Molekül speichern kann, von Molekül zu Molekül verschieden, und jedes Molekül kann eine charakteristische Menge speichern; deshalb sind auch die Energiemengen, die dieses Molekül absorbieren kann, falls es durch Strahlung getroffen wird, oder abgeben kann, wenn es von einer häufigen (b) Vibration zu einem Zustand weniger energetischer Vibration (c) gelangt, genauso charakteristisch. Wie auch bei der Rotation, bewirkt auch bei der Vibration die Kombination aller möglichen Zustände die Abgabe deutlich voneinander unterscheidbare Linien, wie in dem hier oben abgebildeten Spektrum zu erkennen ist. Auch in diesem Fall fängt das Radioteleskop (d) die direkt von diesem Molekül ausgestrahlte Energie auf. Ein vibrierendes Molekül kann darüber hinaus gleichzeitig rotieren und wird andere Energiezustände als das nicht vibrierende Molekül aufweisen. Durch die Veränderung des Spektrums wird die Existenz dieses Moleküls nachgewiesen, und man wird wissen, in welchem physikalischen Zustand sich die untersuchte Materie befindet.

Galaxien

Als Wilhelm Herschel die Existenz der Galaxis entdeckte, wollte er herausfinden, bis in welche Entfernung sich der mit Sternen angefüllte Raum ins Universum erstreckt.
Außerhalb dieses Raums, der eine scheibenartige Form aufweist – wie Herschel durch das Zählen der Sterne des im Teleskop sichtbaren Hintergrunds so weise entdecken und interpretieren konnte – erstreckte sich die Leere bis ins Unendliche oder irgend etwas anderes?
Außerhalb des mit Sternen angefüllten Raums mußte sich ein sternfreier Raum befinden, aber es war kein Kriterium bekannt um festzustellen, ob sich irgendein anderes Himmelsobjekt, Stern oder Sterngruppe oder Nebel, innerhalb der Galaxis oder außerhalb befand.
Als Herschel entdeckte, daß die Galaxis eine Scheibe aus Sternen ist, überlegten viele Wissenschaftler, was denn die anderen Gestirne sein konnten, die das Aussehen einer Scheibe aufwiesen, sich wahrscheinlich auch aus Sternen zusammensetzten und – wenn auch nur aus großer Entfernung betrachtet – dem glichen, von dem Herschel annahm, daß es sich um das Aussehen der von außen gesehenen Galaxis handle. Konnten diese anderen Objekte unserer Galaxis gleichen, wie sie aus einer großen Zahl an Sternen bestehen und sich außerhalb der Galaxis selbst befinden? Waren es also diese Objekte, die bis zu neuen, unbekannten Grenzen den extragalaktischen Raum anfüllten?
Im Jahre 1926 konnten sich die Astronomen zum ersten Mal aufgrund der in den zwanziger Jahren mit dem neuen großen Teleskop (mit einem 2,50-m-Spiegeldurchmesser ausgestattet) des Observatoriums vom Mount Wilson durchgeführten Untersuchungen davon überzeugen, daß es sich bei einem ersten scheibenförmigen Gestirn, dem berühmten Andromedanebel, wirklich um ein Objekt handelte, das sich außerhalb unseres galaktischen Systems und sogar ziemlich weit davon entfernt befindet.
In diesem unermeßlichen Raum hat der Beobachter, der mit den eigenen Augen das extragalaktische Universum betrachten möchte, wenige Beobachtungsmöglichkeiten. Für jene, die auf der Südhalbkugel leben, gibt es in der Nähe des Südpols die Möglichkeit, zwei ziemlich deutlich von der Milchstraße getrennte, leuchtende Flekken am Himmel zu erkennen, die berühmten

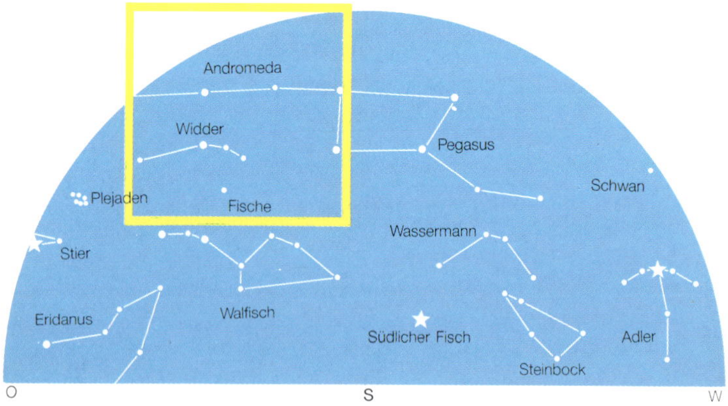

Am Herbsthimmel. Wenn man im Herbst in einer sehr klaren, mondlosen Nacht den Himmel hoch im Süden betrachtet, kann man bereits mit freiem Auge den Andromedanebel über dem Stern Beta im gleichnamigen Sternbild erkennen.

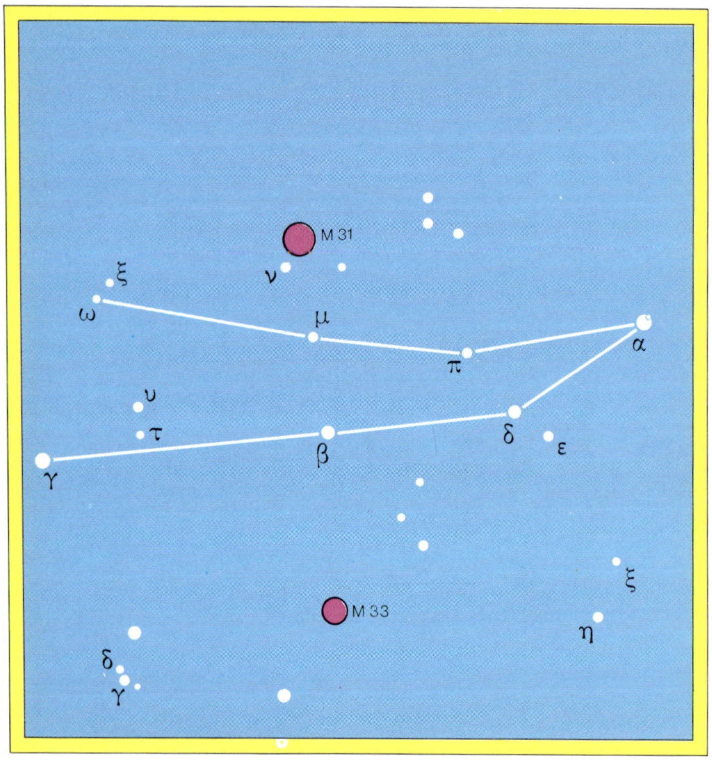

Die nächstgelegene Galaxie. Die oben abgebildete Karte zeigt die Position der Galaxie M 31 im Verhältnis zum Sternbild Andromeda. Es handelt sich um das weitest entfernte Himmelsobjekt, das noch mit freiem Auge erkannt werden kann. Die Fotofolge rechts und auf der gegenüberliegenden Seite zeigt dieses Gestirn, wie es bei der Beobachtung mittels verschiedener Instrumente erscheint. Da diese Galaxie ein wenig leuchtendes und diffuses Himmelsobjekt darstellt, ist es immer schwach und deshalb schwer zu beobachten. Um ein scharfes Bild zu erhalten, muß man sie mit einem nicht langbrennweitigen Objektiv fotografieren, da es sich um ein sehr ausgedehntes Himmelsobjekt handelt: der Länge nach erstreckt sich die Scheibe dieser Galaxie sogar über einen Grad am Himmelsgewölbe.

Magellanschen Wolken. Es handelt sich dabei um zwei kleine irreguläre Galaxien, die unserer Galaxis relativ nahe sind: ihre Entfernung beträgt etwa 200000 Lichtjahre.
Für Beobachter, die auf der nördlichen Halbkugel wohnen, sind die Magellanschen Wolken absolut unsichtbar; es gibt jedoch noch ein drittes Himmelsobjekt, das von der Erde weiter entfernt ist als die Magellanschen Wolken und sich auch im intergalaktischen Raum befindet: es handelt sich um die Galaxie des Sternbilds Andromeda, welche von uns etwa zwei Millionen Lichtjahre entfernt ist.
In sehr klaren, mondlosen Nächten kann man sie in großer Entfernung von den Lichtern der Stadt oberhalb des Sterns Beta des Sternbilds Andromeda mit freiem Auge erkennen; andere Galaxien lassen sich mit einem Fernglas beobachten.

Galaxien, die mit einfachen Instrumenten sichtbar sind

Katalog-Nr.	Sternbild	Ungef. Ausmaße	Größe
• M 31	Andromeda	160'x35'	4,8
• M 33	Dreieck	65'x35'	6,7
• M 81	Großer Bär	21'x10'	7,9
• M 51	Jagdhunde	10'x6'	8,1

Wo man die Galaxien suchen soll. Die Galaxien lassen sich leichter in großer Entfernung der Äquatorebene unserer Galaxis beobachten, da der Staub und die Sternverdichtung außerhalb dieser Zone im Verhältnis zur Milchstraße (im Schema rot eingezeichnet) geringer sind. Aus diesem Grund lassen sich die meisten Galaxienhaufen, wie jene der Jungfrau, des Löwen, des Haars der Berenike und des Herkules außerhalb der Milchstraße erkennen.

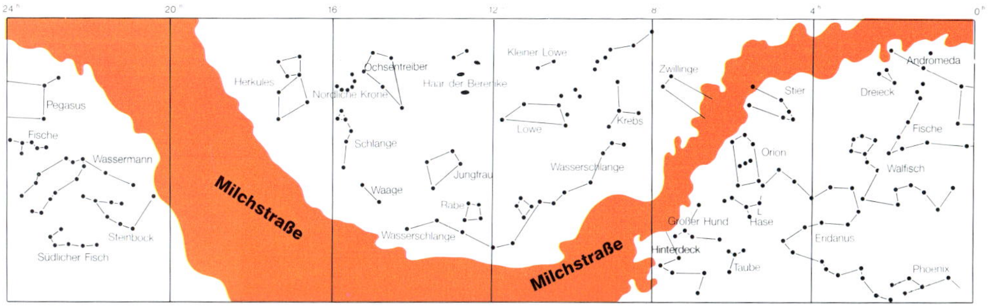

Das Stimmgabeldiagramm. Die Formen der Galaxien sind sehr unterschiedlich; dennoch lassen sie sich in den meisten Fällen auf wenige Hauptarten zurückführen. Das unten abgebildete Diagramm wird aufgrund seiner charakteristischen Form »Stimmgabeldiagramm« genannt und faßt die wichtigsten Klassen zusammen. Man verwendete es bereits, bevor man die Gründe kannte, weshalb die Galaxien die beschriebenen Formen annehmen. Im geradlinigen linken Abschnitt: kugelige oder ellipsenförmige Galaxien; oben: spiralförmige; unten: Balkenspiralen; sie wurden so bezeichnet, da die galaktische Materie eine Brücke bildet, die sich entlang eines Durchmessers der Galaxie erstreckt.

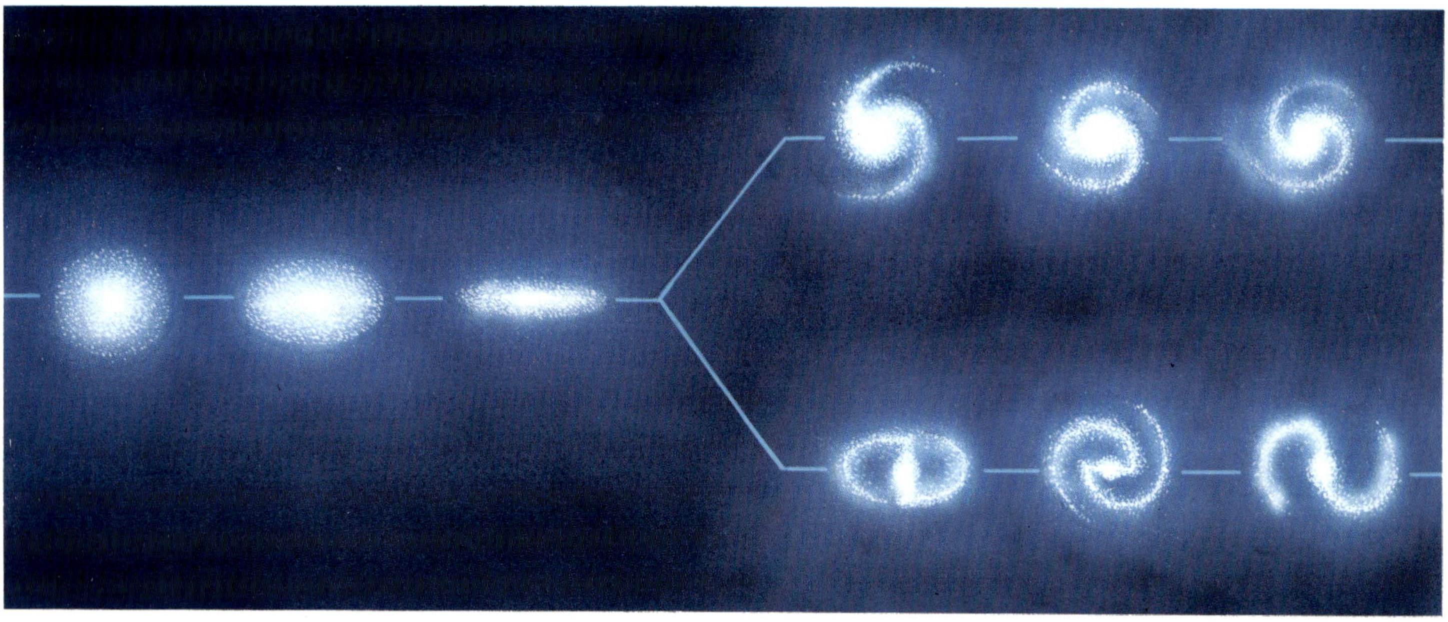

Die EO NGC 3379: Diese Galaxie erscheint aus allen möglichen Beobachtungsrichtungen symmetrisch, homogen und kugelförmig.

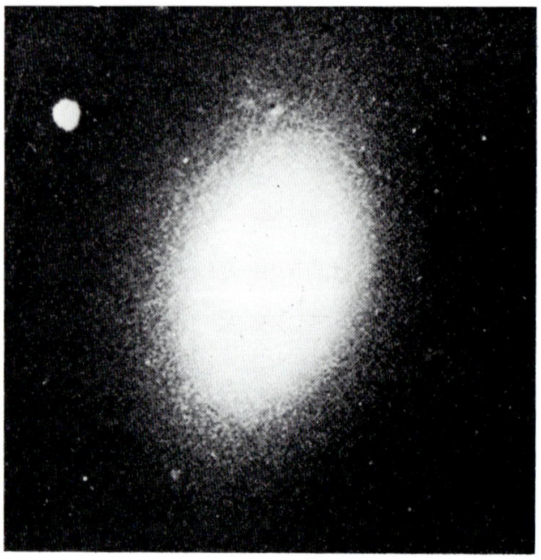

Die ES NGC 4621 (M 59): Sie ist leicht elliptisch; von der Rotationsachse aus beobachtet, erscheint sie scheibenförmig.

Die E7 NGC 3115 ist eine elliptische, stark längliche Galaxie; es gibt jedoch noch schmälere.

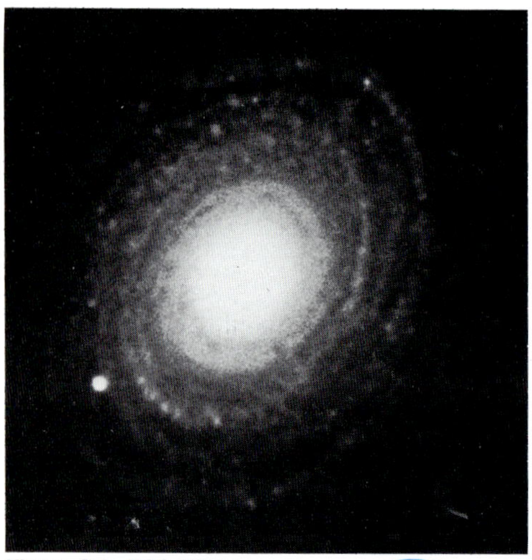

Klasse Sab, NGC 488 ist ein Spiralnebel mit einem ziemlich homogenen Kern und langen, um den Körper geschlungenen Armen.

Klasse Sb, NGC 3031 (M 81): Es handelt sich um die Klasse der Spiralnebel, die in der zentralen Zone einen leichten Balken aufweisen.

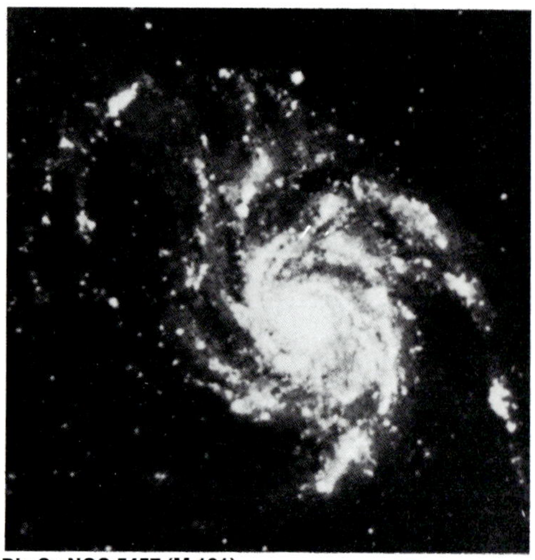

Die Sc NGC 5457 (M 101) ist eine der schönsten spiralförmigen Galaxien; sie stellt ein ideales Objekt für die Amateurfotografen dar.

DIE KLASSIFIZIERUNG DER GALAXIEN. Die Form einer Galaxie läßt sich auf einem Foto deutlich erkennen. Wer Galaxien mit freiem Auge, mit dem Fernglas oder einem kleinen Teleskop beobachtet, kann die auf diesen beiden Seiten abgebildeten Formen, welche zumindest die wichtigsten Klassen erkennen lassen, sicherlich nicht genau erkennen. Die Formen erscheinen nämlich nur dann deutlich, wenn es gelingt, ein Foto aufzunehmen. Man braucht zum Beispiel nur an die Doppelgalaxis des Sternbilds Canes Vanatici (Jagdhunde) zu denken, die zu Beginn des vergangenen Jahrhunderts von vielen Astronomen mit Instrumenten beobachtet wurden, die über ein Objektiv in der Größenordnung von 20–30 cm Durchmesser verfügten: mit diesen Instrumenten konnte man am Himmelshintergrund gerade noch zwei helle Flecken erkennen, wobei einer heller und der andere schwächer leuchtete.
Als gegen Mitte des Jahrhunderts leistungsstärkere und lichtstärkere Teleskope zur Verfügung standen, konnte man beobachten, daß der intensivere Nebel von einem schwach leuchtenden, fast kreisrunden Ring umgeben war.
Erst Ende des vergangenen Jahrhunderts gelang es mittels des großen Teleskops von Lord Rosse, das mit einem 1,80-m-Objektivdurchmesser ausgestattet war, zu erkennen, daß die Hauptgalaxie von Spiralarmen umgeben war, deren Einzelheiten beobachtet werden konnten. Man darf sich bezüglich der Morphologie der Galaxien von der visuellen Beobachtung nicht viel erwarten.
Umgekehrt ist es mittels einer guten Fotografie ziemlich einfach, die Merkmale der galaktischen Formen zu identifizieren. Die Ursachen für die Entstehung der verschiedenen Galaxienarten sind noch nicht zur Gänze geklärt; es werden jedoch unzählige Anstrengungen unternommen, um zu entdecken, auf welche Mechanismen sich die Bildung der verschiedenen morphologischen Galaxientypen zurückführen läßt.
Bisher hat es den Anschein, als ob die Anzahl der Sterne, die während der ersten Entwicklungsphasen einer Galaxie entstanden, die Hauptursache der Differenzierung zwischen den verschiedenen, beobachtbaren Galaxienarten sei; diese Hypothese muß jedoch noch durch weitere Untersuchungen bestätigt werden.
Falls sich das Gas des protogalaktischen Nebels während der ersten galaktischen Bildungsphasen fast zur Gänze in Sterne umgewandelt hat, wird eine elliptische oder sphäroidische Galaxie entstehen, falls sich jedoch ein gewisser Prozentsatz (etwa 10 Prozent) des Gases nicht rechtzeitig zu Sternen verdichtet hat, bevor das System einen Gleichgewichtszustand erreicht, wird die Struktur der Galaxie spiralförmig werden.
Bezüglich der Spiralstruktur sollte man vielleicht einige Worte verlieren, um das sogenannte »Paradoxon der Wicklung« zu erklären. Die Sterne, die der Scheibe der Spiralgalaxien angehören, drehen sich nämlich mit der Keplerschen Bewegung rund um den Kern, d. h. mit abnehmender Radialgeschwindigkeit bei zunehmender Entfernung vom Kern, mit Umlaufzeiten in der Größenordnung von etwa 100 Millionen Jahren. Die Galaxien sind mindestens zehn Milliarden Jahre alt; wir dürften daher heute keine Spiralgalaxie am Himmel beobachten, da sich während dieser langen Zeit die Arme zur Gänze rund um den Kern schlingen hätten müssen. Dieses Paradoxon kann mit der Annahme erklärt werden, daß die Spiralform durch die sogenannten »Dichtewellen« aufrechterhalten wird, d. h. durch eine Störung des allgemeinen Schwerefelds, die in Form einer Spirale gemacht ist, welche sich steif mit einer Winkelgeschwindigkeit dreht, die höher ist als jene der in der Scheibe vorhandenen Materie. Diese Dichtewellen verhalten sich wie eine Schraube, die in einem Fluid rotiert. Das Zusammentreffen mit den in der galaktischen Scheibe vorhandenen Gas- und Staubwolken würde in diesen Wolken eine Druckwelle hervorrufen, auf die Sternbildung einsetzen würde; diese Sterne kennzeichnen dann mit ihrem starken Licht den Durchgang der Dichtewelle mit ihrer charakteristischen Spiralform.

Die SBa NGC 2859 ist eine Galaxie der Klasse Balkenspiralen; ihr Durchmesser ist durch eine große Menge an Sternen und Nebeln gekennzeichnet.

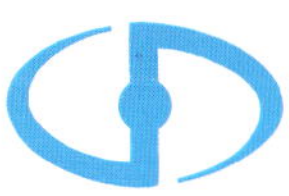

Die SBb NGC 5850 ist ein typisches Beispiel für eine Balkenspiralgalaxie, die jedoch mit einem fast runden Ring umgeben wird.

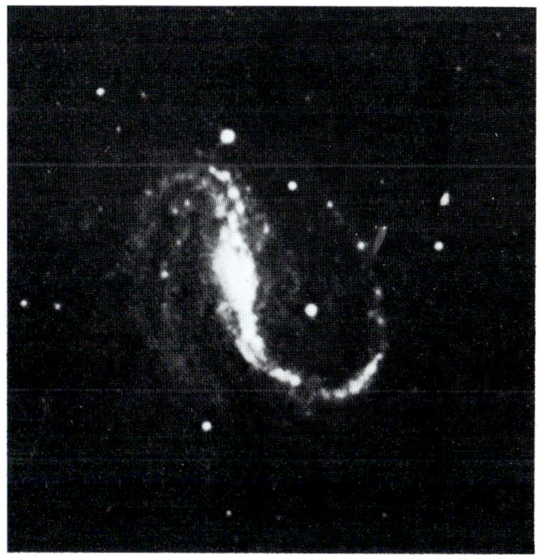

Die SBc NGC 7479: Balkenspiralnebel mit einem Balkon, der sich am Ende zu zwei ausgedehnten Spiralarmen formt.

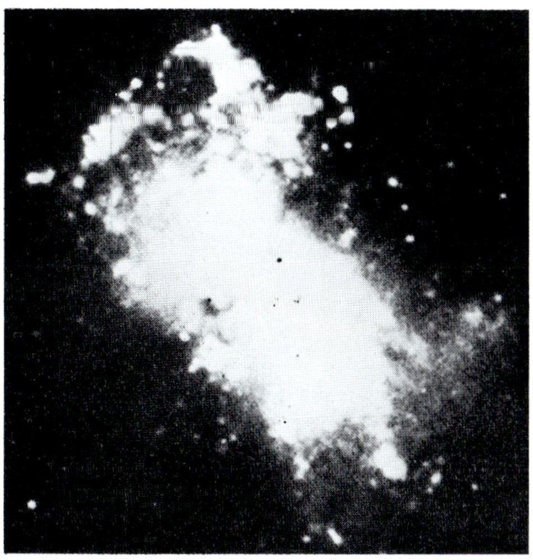

Die NGC 4449: irreguläre Galaxie, die weder einem elliptischen noch einem normalen Spiral- oder Balkenspiralnebel entspricht.

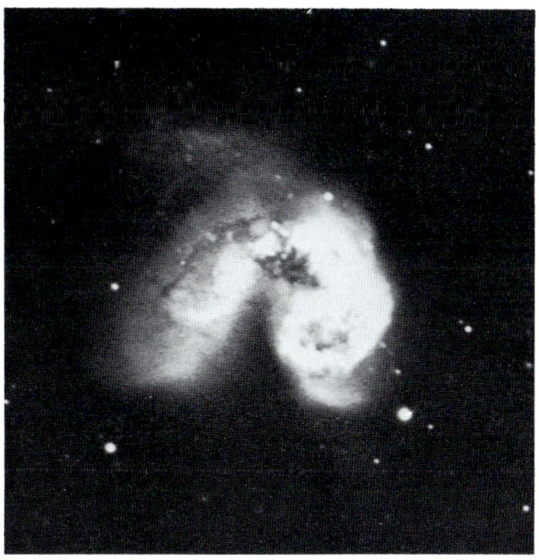

Eine Doppelgalaxis: Da die Galaxien praktisch zusammenstoßen, haben sie eine vollkommen deformierte Struktur.

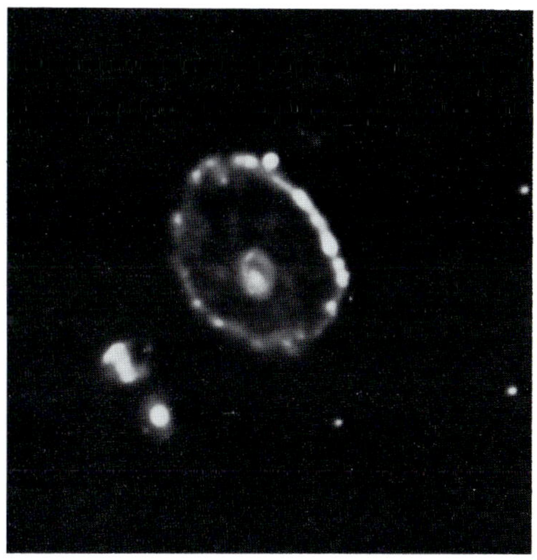

Ein Ringnebel: Er ist auf den Zusammenstoß mit einer kleinen Galaxie zurückzuführen, die alle seine Sterne an den Rand »geworfen« hat.

DIE STRUKTUR DER GALAXIEN. Als erstes sollte man erwähnen, daß es große und kleine Galaxien gibt, die sich aus zahlreichen oder wenigen Sternen zusammensetzen. Es gibt so kleine Galaxien, daß sie weniger als eine Milliarde Sterne enthalten, und andererseits so große, daß sie sogar 100000 Milliarden beinhalten. Unsere Galaxis reiht sich in einer mittleren Position ein: auf der Grundlage der im Jahre 1978 durchgeführten Studien scheint sie aus etwa 700 Milliarden Sternen zu bestehen.
Die Galaxien drehen sich um sich selbst; sie sind ziemlich stabile Gestirne, die vielleicht einige Sterne im intergalaktischen Raum verlieren können, im allgemeinen jedoch ihre Form für sehr lange Zeit erhalten. Manchmal kann es vorkommen, daß sich einige unter ihnen während ihrer Bewegung im Inneren der galaktischen Haufen, denen sie angehören, relativ nahe kommen, weshalb ihre Struktur durch die gegenseitige Gravitationsanziehung gestört wird. Die vom galaktischen Zentrum weiter entfernten Sterne rotieren langsamer; je näher man dem Zentrum der Galaxie kommt, desto schneller rotieren die Sterne, sehr nahe des Zentrums ist ihre Rotationsgeschwindigkeit aus den weiter unten beschriebenen Gründen jedoch wieder sehr gering.
Die Dynamik der Galaxien wurde erst vor kurzem durch sorgfältige Studien über die Bewegung der Sterne vervollständigt. Mittels der elektronischen Rechner ist es möglich herauszufinden, was mit einem Stern geschieht, der sich im Inneren einer Galaxie bewegt. Um zu berechnen, wie sich ein einzelner Stern bewegt, reicht ein Taschenrechner aus. Um zu erfahren, wie sich mehrere tausend, in einer Scheibe angeordnete Sterne bewegen (wenn man also annimmt, daß es sich um eine flache Galaxie handelt), kann ein Tischrechner mit bescheidener Leistung ausreichen. Um jedoch alle dynamischen Eigenschaften einer Galaxie genau berechnen zu können, benötigt man die größten Computer, die derzeit verfügbar sind.
Diese Recheninstrumente haben es ermöglicht, Galaxien zu konstruieren, die den tatsächlich beobachteten sehr ähnlich sind.
Die Struktur der Galaxien ist sehr einfach aufgebaut: sie besteht nur aus Sternen und eventuell einer bestimmten Menge an Staub und anderem interstellaren Material. Genau dieser Staub und diese interstellare Materie verhindern es jedoch, die Kerne dieser Galaxien zu erkennen, in denen vermutlich extrem energetische Phänomene stattfinden. Wahrscheinlich verstecken sich im Kern der Galaxien riesige schwarze Löcher; viele Galaxien sind auch Sitz heftiger Explosionen, welche die Galaxien ab und zu unermeßliche Energiemengen in Form von Licht und Radiowellen in den Raum schleudern lassen. Darüber hinaus sind viele Galaxien ständig bezüglich der Radiowellen aktiv, weshalb sie als »Radiogalaxien« bezeichnet werden.
Man wüßte fast nichts über die riesigen Ausmaße dieser Phänomene, wenn man nicht die Entfernung dieser Gestirne annäherungsweise kennen würde. Wie die Entfernung gemessen werden kann, wird auf den folgenden Seiten beschrieben.
Die Beschreibung des Aufbaus der Galaxien scheint vollständig zu sein, aber sie reicht nicht aus, um zu erklären, wie die Galaxie am Beginn ihres Lebens aussah, ob sie also dieselbe Struktur wie heute hatte, oder ob diese Struktur vollkommen verschieden war. Die Erforschung der Galaxienstruktur bleibt also noch immer eines der Forschungsobjekte.
Auch die zukünftige Geschichte einer Galaxie läßt sich nicht leicht aus der heutigen ableiten, obwohl man heute bereits weiß – wie auf dieser Seite zu sehen ist –, wie sich die Materie der Galaxien im Inneren langsam entwickelt.

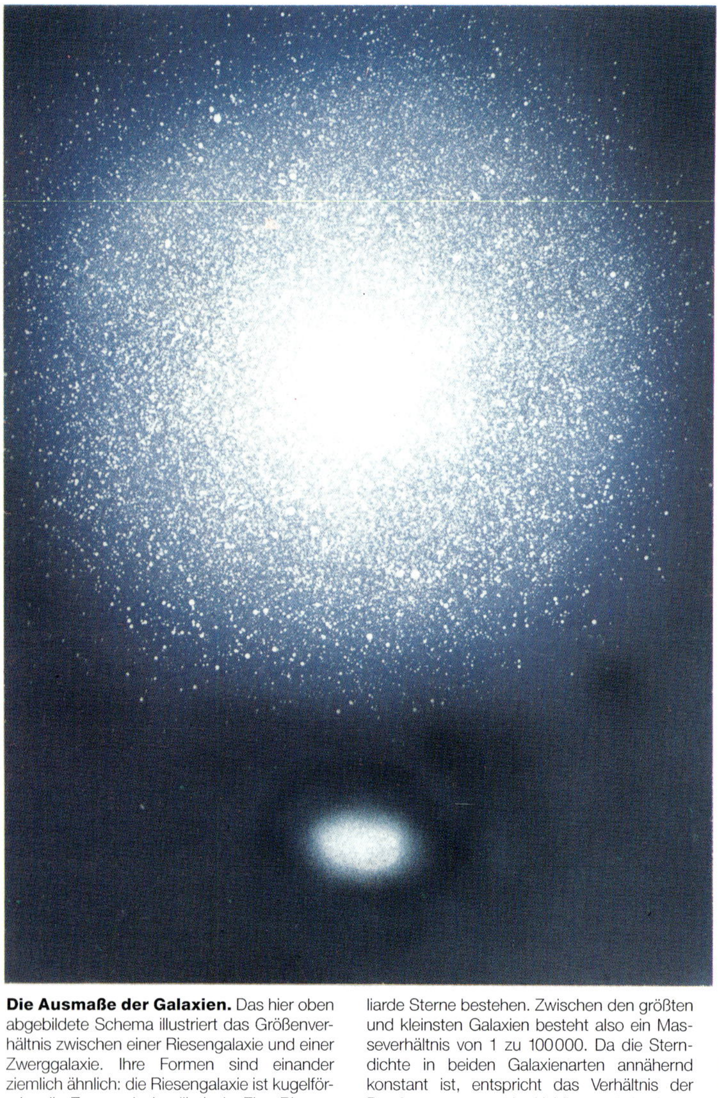

Die Ausmaße der Galaxien. Das hier oben abgebildete Schema illustriert das Größenverhältnis zwischen einer Riesengalaxie und einer Zwerggalaxie. Ihre Formen sind einander ziemlich ähnlich: die Riesengalaxie ist kugelförmig, die Zwerggalaxie elliptisch. Eine Riesengalaxie, wie zum Beispiel die M 87 im Sternbild Jungfrau, enthält (Daten von 1978) bis zu 100000 Milliarden Sternen. Die darunter abgebildete Zwerggalaxie ist ein typischer Vertreter für eine im Universum stark verbreitete Nebelklasse; sie kann auch nur aus einer Milliarde Sterne bestehen. Zwischen den größten und kleinsten Galaxien besteht also ein Masseverhältnis von 1 zu 100000. Da die Sterndichte in beiden Galaxienarten annähernd konstant ist, entspricht das Verhältnis der Durchmesser etwa der Kubikwurzel des Masseverhältnisses.

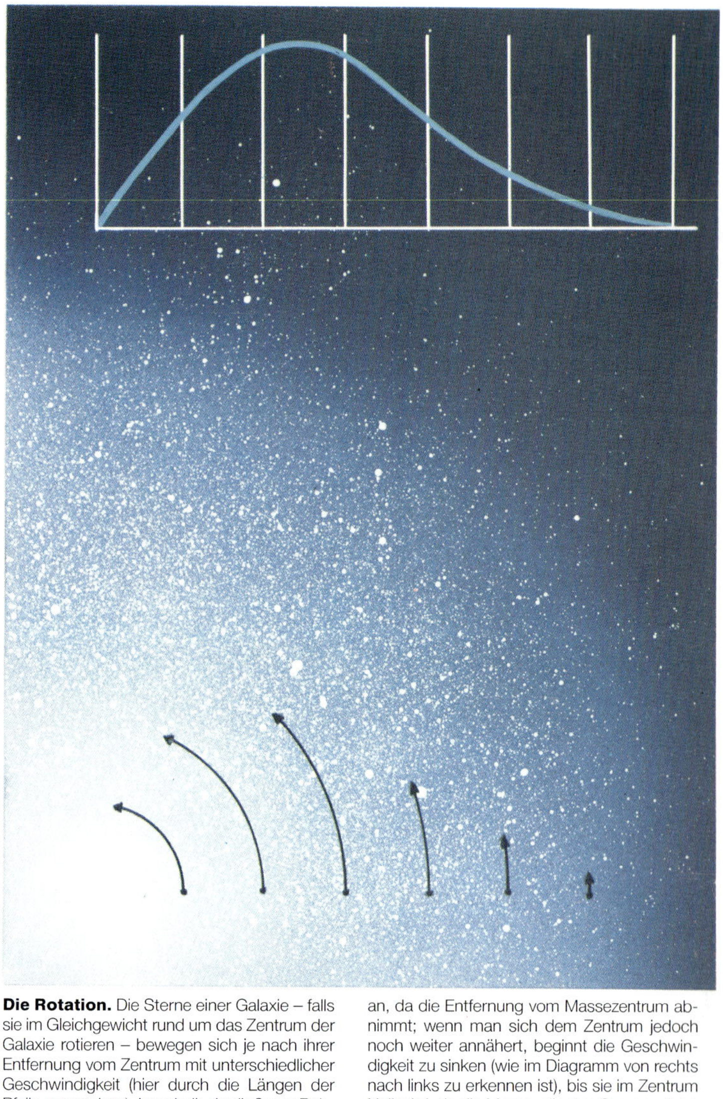

Die Rotation. Die Sterne einer Galaxie – falls sie im Gleichgewicht rund um das Zentrum der Galaxie rotieren – bewegen sich je nach ihrer Entfernung vom Zentrum mit unterschiedlicher Geschwindigkeit (hier durch die Längen der Pfeile angegeben). Innerhalb der äußeren Bahnen befindet sich mehr Masse (praktisch die gesamte Masse der Galaxie), um die der Stern rotiert. Der Stern ist jedoch in diesem Fall vom Massezentrum weit entfernt, weshalb er sich langsamer bewegt. Wenn man sich dem Zentrum nähert, steigt die Geschwindigkeit zuerst an, da die Entfernung vom Massezentrum abnimmt; wenn man sich dem Zentrum jedoch noch weiter annähert, beginnt die Geschwindigkeit zu sinken (wie im Diagramm von rechts nach links zu erkennen ist), bis sie im Zentrum Null wird, da die Masse, die den Stern anzieht, immer kleiner wird.

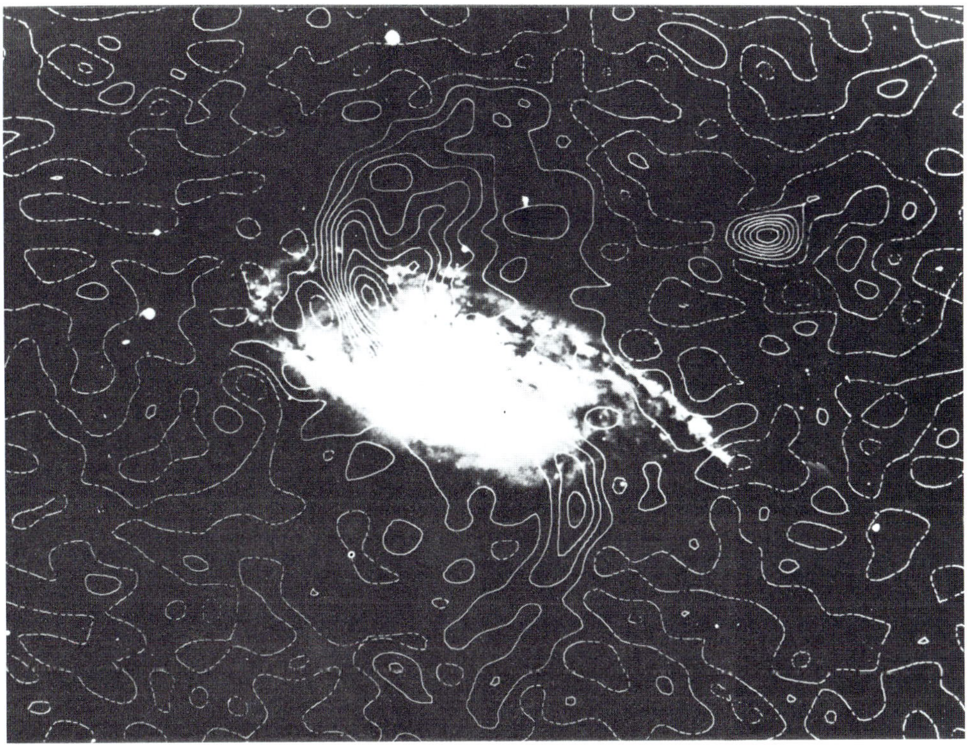

Die Radiogalaxien. Die links abgebildete Fotografie zeigt die spiralförmige Galaxie NGC 4258, auf die eine Karte mit Linien gleicher Radiostrahlung gelegt wurde. Es handelt sich um eine »Radiogalaxis«, d. h. um eine Galaxie, die eine große Menge an Radiowellen angibt.

Die Ursachen dieses Phänomens sind noch nicht zur Gänze geklärt. Man kann zum Beispiel annehmen, daß die Galaxie mit großer Geschwindigkeit intergalaktische Materie durchquert, und daß der Zusammenstoß mit dieser die starke Radiostrahlung verursacht.

Aufgrund der hohen Geschwindigkeit, mit denen sich die Galaxien bewegen, kann dieser Mechanismus bisweilen die Abgabe der Röntgenstrahlen erklären.

Um die Karte einer Radiogalaxis anfertigen zu können, benötigt man große Radioteleskope, die manchmal auch in Mehrfachkonfigurationen eingesetzt werden.

Die Entfernungsanzeiger. Um die Entfernungen der Galaxien zu bestimmen, können die trigonometrischen Parallaxen nicht verwendet werden, da die Entfernungen zu groß sind. Eine Methode besteht in der Bestimmung der gesamten Helligkeit einer Galaxie, wie z. B. des Sombrero-Nebels auf dem ersten Foto links unten. Diese Methode eignet sich vor allem für die kugelförmigen, elliptischen und weitestentfernten Galaxien. Das Foto in der Mitte zeigt einen Teil des Andromedanebels; das Erkennen von Veränderlichen, vor allem vom Typ der Cepheiden, in näherliegenden Galaxien ermöglicht den Einsatz des bekannten und konstanten Perioden-Helligkeitsverhältnisses. Unten rechts: eine Supernova im NGC 4725; wenn in einer sehr weit entfernten Galaxie eine Nova oder eine Supernova explodiert, kann man aufgrund der maximalen scheinbaren Helligkeit dieses Sterns die Entfernung der betreffenden Galaxie ermitteln.

Die Entwicklung der Galaxien. Das hier links abgebildete Foto zeigt die Galaxie M 101, die mit Hilfe eines Computers auf besondere Weise untersucht wurde. Auf dem Foto wurden Kreuze eingezeichnet, welche die Zonen angeben, in denen sehr junge, erst vor kurzem entstandene Sterne beobachtet worden sind. Man nimmt an, daß die Entstehung sehr großer und schwerer Sterne zu einer großen Anzahl stabiler Sterne und zu einem kleinen Prozentsatz an Sternen führt, die hingegen kurz nach ihrer Entstehung explodieren. Diese Explosionen erzeugen Druckwellen, welche die Entstehung neuer Galaxien anregen, indem sie das interstellare Gas durchqueren, an dem diese Galaxie – wie man auf diesem Foto erkennen kann – sehr reich ist. Die Zonen der Galaxie, in denen sich viele junge Sterne und eine große Menge interstellaren Gases befinden, werden mit großer Wahrscheinlichkeit in für astronomische Zeitrechnung ziemlich kurzer Zeit ihr Aussehen verändern.

Wenn man die Zahl jener Sterne genau berechnet, die diese katastrophale Explosion erleiden können, stellt man fest, daß sie so verteilt sind, daß sie das charakteristische Aussehen der Galaxie bestimmen. Wenn man dann durch Berechnungen ermittelt, wie diese Galaxie in der Zukunft aussehen wird, wenn viele der heute sichtbaren Sterne explodiert und andere entstanden sein werden, ergibt sich, daß sich das Aussehen der Galaxie überhaupt nicht verändert haben wird; die Galaxie wird sich in der Zwischenzeit nur etwas gedreht haben. Mit einem großen Computer ist es gelungen, eine große Anzahl »synthetischer Galaxien« zu konstruieren, wobei man entdeckte, daß diese auch im Zeitablauf ihre charakteristische Form beibehalten, wie z. B. jene der Galaxie auf dieser interessanten Fotografie.

Die erforschten Entfernungen. Diese Skala ist so aufgebaut, daß die größeren Entfernungen komprimiert dargestellt werden. Links befindet sich die Zone der drei mit freiem Auge sichtbaren Galaxien. Ab der nächsten Stufe: jene Galaxien, die nur mit großen Teleskopen wahrgenommen werden können und es ermöglichen, den Aufbau der größten Galaxien zu untersuchen. Ab der dritten Stufe (100 Millionen Lichtjahre) befindet sich die Zone jener Galaxien, von denen nur ungenaue Konturen ihrer Form wahrgenommen werden können. Ab einer Entfernung von einer Milliarde Lichtjahre ist es mittels einer mit einem großen Teleskop aufgenommenen Fotografie gerade noch möglich, die Galaxien von den Sternen des Hintergrunds in der galaktischen Ebene zu unterscheiden. Ab einer Entfernung von über zehn Milliarden Lichtjahren können unter Einsatz der Radioteleskope dann nur mehr einige Objekte beobachtet werden.

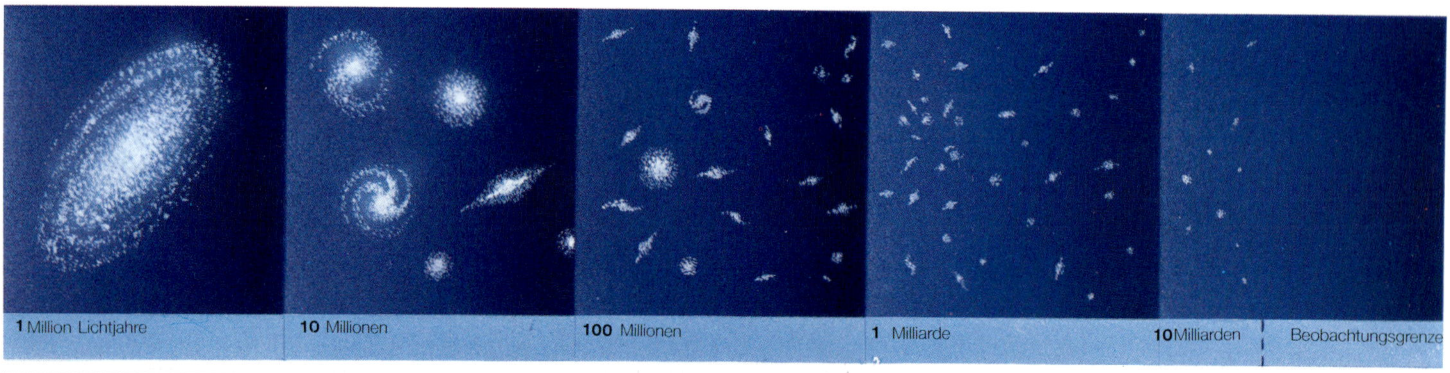

DIE GALAXIENHAUFEN. Ein Merkmal der Galaxien besteht darin, Haufen zu bilden. Der Umstand, daß mit einem bescheidenen Instrument bereits drei relativ nahe Galaxien und mit einem Teleskop mehrere andere gesehen werden können, spiegelt dieses Merkmal der Galaxien wider: sie lassen sich also in mehr oder weniger zahlreichen Gruppen, die Galaxienhaufen, zusammenzufassen. Unsere Galaxis gehört zu einer Gruppe aus 30–50 Galaxien (die Zahl ist ungenau, da man sich der Zugehörigkeit, der kleinsten und schwächsten Galaxien nicht sicher ist). In größerer Entfernung beobachtet man, daß der Großteil der Galaxien in Haufen gesammelt ist, von denen die schüttersten etwa 50 Galaxien haben, während die dichtesten sogar aus Tausenden bestehen können. Man weiß noch nicht, ob zwischen den Galaxien dieser Haufen intergalaktische Materie vorhanden ist.

Wenn man auf zahlreichen Fotografien die Verteilung der Galaxien in den Haufen und in den nahen Haufen betrachtet, stellt man fest, daß die Galaxien dazu neigen, einen »Superhaufen« zu bilden. Der Durchmesser einer Galaxie bewegt sich in der Größenordnung von etwa 100 000 Lichtjahren, jener eines Haufens kann einige zehn Millionen oder sogar einige Hunderte Millionen Lichtjahre betragen.

Die Galaxienhaufen setzen sich häufig aus ziemlich ähnlichen Galaxien zusammen, in anderen Fällen sind die Galaxien eines Haufens sehr unterschiedlich.

Die Galaxienhaufen bieten die Gelegenheit, die Merkmale von Galaxien zu untersuchen, die alle gleich weit entfernt sind. Wenn man einmal die Zugehörigkeit einer Galaxie zu einem Haufen erkannt hat, kann man mit Sicherheit behaupten, daß sich zwei Galaxien desselben Haufens in derselben Entfernung befinden. Die unterschiedliche Helligkeit kann also nur einem unterschiedlichen Sterngehalt, also den unterschiedlichen Größen der beiden Galaxien, zugeschrieben werden. So kann man zum Beispiel entdecken, daß Galaxien mit ähnlicher Form auch bezüglich ihrer Helligkeit ziemlich ähnlich sind. Dieser Umstand leistet eine große Hilfestellung bei der Bestimmung der Entfernung von Galaxien desselben Typs, die vereinzelt im Raum vorkommen.

Das extragalaktische Universum scheint also von Galaxienhaufen angefüllt zu sein, und diese Haufen sind ihrerseits wieder in Superhaufen zusammengefaßt. Zwischen den Elementen eines Haufens findet sich manchmal Materie, welche sehr häufig Radiowellen und Röntgenstrahlen abgibt, aber dies ist bereits fast alles, was man von diesen großartigen, weitentfernten Gestirnen weiß.

KOSMOLOGISCHE PROBLEME. Das wichtigste kosmologische Problem, das die Beobachtung der Galaxien und der Galaxienhaufen aufwarf, ist der Umstand, daß sich alle im Raum beobachteten Galaxien, außer einigen uns sehr nahen, von unserer Galaxis entfernen. Dieses Sichentfernen erfolgt mit einer Geschwindigkeit, die der Distanz des Haufens direkt proportional ist. Das bedeutet, daß sich das gesamte Universum gleichmäßig auszudehnen scheint. Tatsächlich sieht man in diesem Fall von jedem Beobachtungspunkt des Universums aus, daß sich alle anderen Punkte mit einer ihrer Entfernung proportionalen Geschwindigkeit entfernen. Es herrscht nunmehr allgemein die Überzeugung, daß diese generelle Wegbewegung der Galaxien auf die kontinuierliche Expansion des Universums zurückzuführen ist, die vor 15 bis 18 Milliarden Jahren ihren Ausgang genommen hat. Die Entfernungen der nahen Galaxien sind bekannt, da in ihrem Inneren einige »Entfernungsindikatoren« beobachtet wurden, wie zum Beispiel jene, die in den folgenden Seiten angegeben werden.

Man hat festgestellt, daß die durch diese Indikatoren gewonnene Entfernung proportional der Geschwindigkeit ist, welche mittels der spektroskopischen Analyse des Lichts und seines Doppler-Effekts gemessen wurde. Für die Galaxien, deren Distanzen nicht auf andere Weise gemessen werden können, da sie zu weit entfernt sind, extrapoliert man die Regel der Proportionalität der Entfernung und der Geschwindigkeit der Wegbewegung, und man hofft, daß diese Geschwindigkeit als Indikator für die Entfernung dienen kann.

Wenn man jedoch wissen möchte, ob die Geschwindigkeit der Wegbewegung der weiter entfernten Galaxien wirklich im Verhältnis zu ihrer Entfernung steht, darf ihre Entfernung nicht mittels der Geschwindigkeit der Wegbewegung gemessen werden. Aus der Lösung dieses Problems wird man ableiten können, ob das Sichentfernen der Galaxien ewig anhalten wird oder ob es zu einem bestimmten Zeitpunkt aufgrund der Verringerung der Geschwindigkeit (man weiß nämlich, daß sie langsamer wird) zu einem Stillstand kommen wird, nachdem das gesamte Universum wieder zurückkehrt, indem es sich zusammenzieht.

Diese Kontraktion könnte die gesamte Materie auf engsten Raum zurückbringen, so wie sie vermutlich ursprünglich war.

Heute, nachdem mindestens 15 Milliarden Jahre vergangen sind, befinden wir uns bereits im stark ausgedehnten Universum. Ob es sich ewig ausdehnen oder irgendwann haltmachen wird, wird man durch sehr genaue Messungen über das Gesetz der Wegbewegung der Galaxien erfahren.

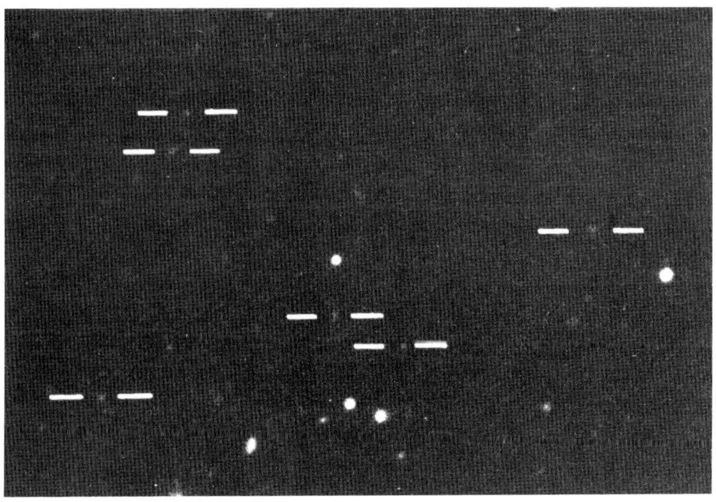

In den Tiefen des Raums. Auf diesen zwei Seiten werden fünf Fotografien von außergalaktischen Objekten dargestellt. Das erste (auf der gegenüberliegenden Seite: links) ist eine Galaxie der Klasse S0 im Großen Bären: NGC 3718, sie ist relativ nahe (ca. 10 Millionen Lichtjahre) und wurde mit einem großen Teleskop aufgenommen, weshalb die Merkmale ihrer inneren Struktur deutlich zu erkennen sind. Auf dem zweiten Foto wurden so weit entfernte Galaxien aufgenommen, daß mehrere im teleskopischen Feld enthalten sind: es handelt sich um Galaxien eines relativ nahen Haufens im Sternbild Jungfrau; die Strukturen der Galaxien lassen sich nur mehr in großen Zügen erkennen. Die dritte Aufnahme hier oben zeigt einen weiter entfernten Haufen, den Herkules-Haufen, von dem man selbst mit einem großen Teleskop nur mit Mühe alle Elemente zählen und alle Bestandteile des Haufens identifizieren kann. Noch größere Schwierigkeiten bereitet die Beobachtung der vierten Fotografie, die einen noch weiter entfernten Haufen, den Perseus, zeigt: seine Entfernung beträgt Hunderte Millionen Lichtjahre. Auf dem Foto nebenan sind wir bereits an den Grenzen des Universums angelangt: man sieht einige der weitestentfernten Galaxien, die je in einer Gruppe beobachtet wurden; diese Aufnahme wurde mit dem 5-m-Teleskop des Mount Palomar aufgenommen. Es handelt sich um Gestirne, die mindestens eine Milliarde Lichtjahre entfernt sind; in so großer Entfernung kann man mit Mühe gerade noch unterscheiden, daß es sich bei dem beobachteten Objekt um eine Galaxie und nicht um einen Stern handelt. Um die Galaxien auf diesem Foto ersichtlich zu machen, wurden ihre Positionen mit zwei kleinen Strichen gekennzeichnet. Die untersuchten Galaxien befinden sich also in der schwarzen Zone zwischen den beiden weißen Strichen.

Die Bruchstücke des Urknalls

Die Beobachtung der weiter entfernten Galaxien führt zu der Annahme, daß sich das Universum ausbreitet und auch daß diese Expansion in jedem beliebigen Punkt des Universums mit einer konstanten Geschwindigkeit erfolgt. Diese Expansion befindet sich in ständiger und nicht wahrnehmbarer Verlangsamung, aber man weiß noch nicht, ob dieser Rhythmus der Verlangsamung ausreicht, um diese Expansion eines Tages, vielleicht in ferner Zukunft, zu stoppen. Falls diese Ausdehnung zum Stillstand käme, würde sich das Universum ab diesem Zeitpunkt zusammenziehen. Wenn sich das Universum derzeit ausdehnt, bedeutet das, daß die gesamte, heute über riesige Entfernungen verstreute Materie einst vereint war.

Falls dem so ist, mußte die damals vereint und komprimierte Materie Eigenschaften aufweisen, die sich grundlegend von den heutigen unterscheiden.

Falls es also wahr ist, daß das Universum begonnen hat, sich in einem Moment auszudehnen, als die gesamte Materie auf sehr kleinem Raum konzentriert war, bedeutet das gleichzeitig, daß die Materie extrem heiß war, und daß eine große Menge an Strahlung vorhanden sein mußte. Falls sich dies vor langer Zeit ereignete, müßte diese Strahlung auch heute noch, wenn auch nur stark abgeschwächt, wahrnehmbar sein; und genau dies haben die beiden Radioastronomen A. A. Penzias und R. W. Wilson (für diese Entdeckung erhielten sie den Nobelpreis) entdeckt. Sie haben nämlich festgestellt, daß die Radioteleskope aus allen Richtungen des Universums eine sehr schwache Strahlung auffangen, die genau jenen Intensitäts- und Wellenlängenwert aufweist, den sie haben müßte, falls sie vor etwa 15 Milliarden Jahren als Strahlung eines sehr heißen Körpers, also der seinerzeit in einem Punkt zusammengefaßten Materie des Universums, ihren Ausgang genommen hätte.

Gemeinsam mit einigen anderen hat diese Entdeckung die Physiker darauf hingewiesen, wie eine heutig gültige Hypothese über den Ursprung des Universums formuliert werden könnte. Diese Hypothese wird heute als »Big-Bang-Standardmodell« bezeichnet, da alle bisher gesammelten Beobachtungen und alle theo-

retischen Ableitungen bezüglich dieses Modells mit jenen Annahmen übereinstimmen, die sich aufgrund der physikalischen Grundgesetze ableiten lassen.
Gemäß der Big-Bang-Theorie ist das Universum aus einer einzigen Anhäufung aus Materie und Energie entstanden (a). Am Beginn mußte sie sehr klein gewesen sein; in den ersten Bruchteilen einer Sekunde und während der ersten Sekunden dehnte sie sich rasch aus; danach verlangsamte sie ihre Ausdehnung bis zu sehr niedrigen Werten, wie man sie heute beobachten kann und von denen wir anläßlich des Sichentfernens der Galaxien gesprochen haben. Am Beginn, wie dies in diesem Schema dargestellt wird, mußte die Temperatur (wir sprechen von der ersten Zehntelsekunde) ungefähr um die 100 Milliarden Grad betragen haben. Bei dieser hohen Temperatur waren weder Atome, noch Kerne, noch Teilchen vorhanden; nur Strahlung konnte reichlich vorhanden sein. In dieser Entwicklungsstufe ist es in der Theorie relativ einfach vorauszusehen, wie dieser Keim des Universums aufgebaut gewesen sein mußte.
Auf der zweiten Stufe (b) des unten abgebildeten Schemas, die das Entwicklungsstadium des Universums eine Sekunde nach seiner Entstehung darstellt, und während der dritten Stufe (c) nach etwa zehn Sekunden, befinden wir uns von neuem in der Situation, in der die Photonen das am reichlichsten vorhandene Element des Universums darstellen. Es beginnen jedoch die ersten sehr stabilen Teilchen, wie zum Beispiel die Röntgenelektronen, aufzutauchen.
In der dritten Entwicklungsstufe erscheinen auch die Protonen und die Neutronen (diese Teilchen sind durch schwarze Punkte dargestellt). In einer vierten Stufe (es sind nun bereits Minuten seit dem Beginn des Universums vergangen) sind auch die ersten Kerne (rote und blaue Kugeln) aufgetaucht, und die Temperatur hat sich auf etwa eine Milliarde Grad (d) gesenkt. Je weiter die Temperatur sinkt, desto größer wird die Anzahl der stabilen Kerne (etwa 75 Prozent der Wasserstoffkerne, also Protonen, und etwa 25 Prozent der Heliumkerne), bis zu einem gewissen Zeitpunkt, nach etwa 100 000 Jahren, sogar die Atome (e) stabil werden. Ab diesem Moment (f) beginnt jener Teil der Geschichte des Universums, der als »jung« bezeichnet werden könnte, da die Materie zerbricht und sich die Protogalaxien bilden, die sich schließlich in Sterne und interstellare Materie teilen.

Evolution des Universums. Im Schema dargestellt die wichtigsten Phasen, durch welche das Universum vor etwa 15 bis 20 Milliarden Jahren entstand (Beschreibung im Text).

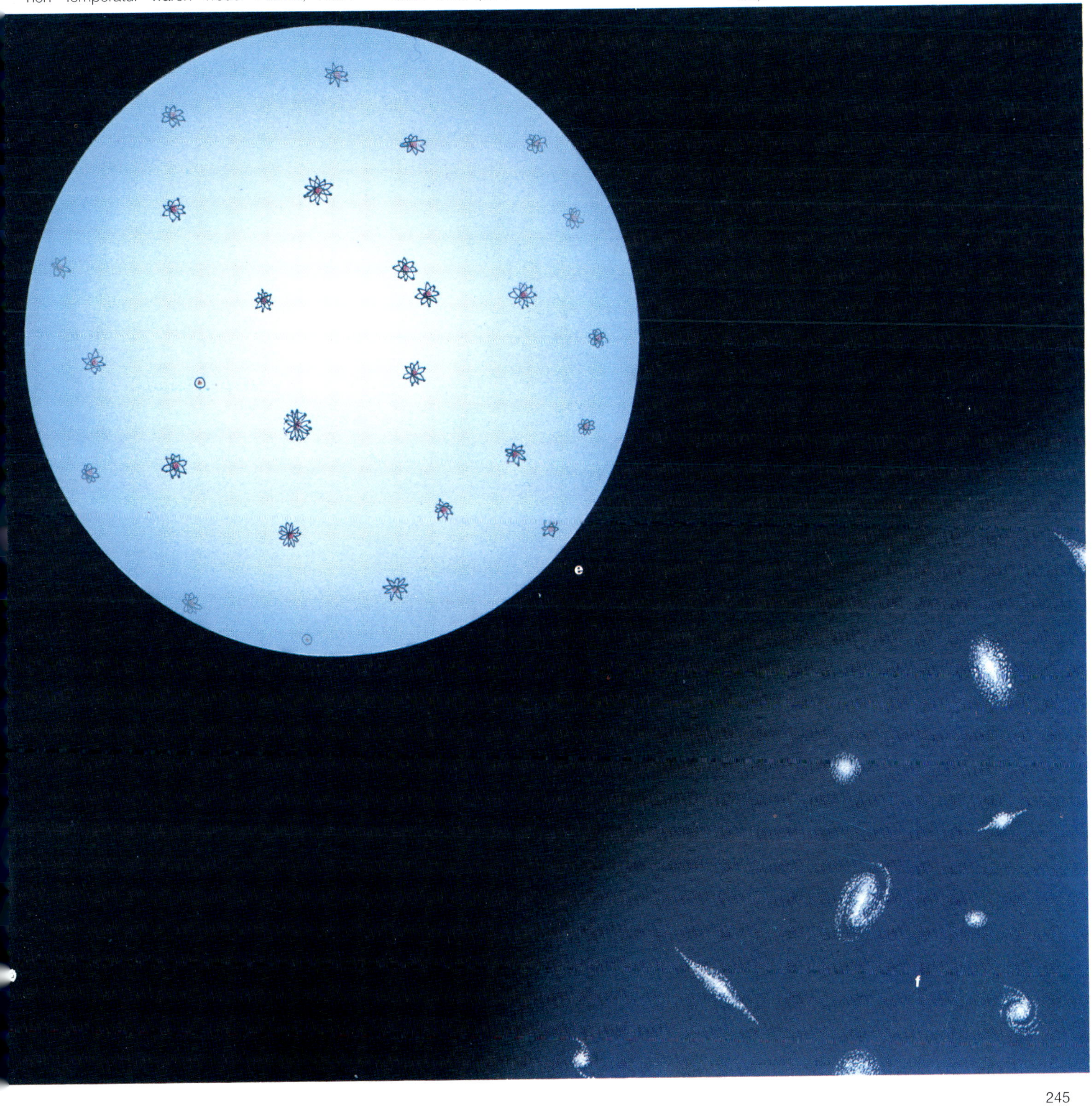

DAS ENDE, DAS EINEN NEUEN AUSGANGSPUNKT DARSTELLEN SOLLTE. In diesem Band haben wir uns bemüht, nur jene Argumente zu behandeln, bei denen der Amateuratronom die Möglichkeit hat, einige Aspekte beobachten zu können. In diesem letzten Kapitel und auch zum Teil in den vorangegangenen ist jedoch von Gestirnen und Situationen die Rede gewesen, die nur schwerlich in der Reichweite des Amateurs liegen.
Sogar der Berufsastronom benötigt zu deren Erforschung eine große Anzahl kostspieliger Spezialinstrumente. Es war dennoch wichtig, vom Ursprung des Universums zu sprechen, um zu zeigen, daß alles, was man am Himmel beobachten kann, in die Geschichte dieses Ursprungs eingeordnet werden muß, und es ist auch sehr wichtig zu verstehen, daß jedes beobachtete Gestirn, ob es sich um Planeten, Sterne, Galaxien oder Galaxienhaufen handelt, ein Bruchteil des gesamten Universums ist und jenen Teil seines Lebens und seiner Entwicklung darstellt, den man direkt mit den Augen oder mit Hilfe der Instrumente verfolgen kann.
Es ist deshalb sehr wichtig, von diesem Punkt aus alle besprochenen Beobachtungen nochmals zu überdenken, da sie im Zusammenhang mit dem Entstehungsmodell des Universums betrachtet werden müssen, das auf den beiden vorangegangenen Seiten beschrieben wurde.
Wenn man also ein Gestirn beobachtet, weiß man, daß es sich um einen winzigkleinen Teil der gesamten Materie des Universums handelt. Die Ausmaße, so riesig sie auch sein mögen, sind jedoch nur ein winziger Teil der Dimensionen des gesamten Universums. Und das ist noch nicht alles. Wenn man dieses Gestirn beobachtet, ist die Zeit, die während seiner Beobachtung verstreicht, die Zeit, seit der die Astronomen seine Entwicklung kennen, und die Zeit, die vergehen wird, bis man voraussehen kann, wie es sich vermutlich entwickeln wird, nur eine infinitesimale Zeitspanne im Vergleich zu jener, die seit dem Beginn des gesamten Universums vergangen ist. Aus diesem Grund müßten alle Beobachtungen, durch die man in das Studium des Universums eingeführt wurde, in dieser Optik wiederholt werden. Auf diese Weise käme man nicht nur in den unmittelbaren Genuß, neue Gestirne entdecken zu können und zu verstehen, wie sie einzeln aufgebaut sind, sondern man würde auch begreifen, daß sie den Stein eines riesigen Spiels darstellen, dessen Großartigkeit der Beobachter nur schwerlich ermessen kann, da es ihm nur mit Mühe gelingt, einige (und nicht immer die wichtigsten) Verflechtungen zu erfassen.
Jedes Mal, wenn man das gesamte Universum mit Hilfe immer leistungsstärkerer Instrumente und gedanklicher Mittel von neuem erforscht, wird man von seiner phantastischen Großartigkeit stärker berührt sein, und selbst wenn man nur darauf hoffen könnte, die bereits errungenen Kenntnisse zu vertiefen, man wird den Wunsch verspüren, noch einmal von vorne zu beginnen.

Register